머리말

◆

◆

전기전자 공학과 관련된 기술은 대단히 빠른 속도로 발전하고 있으며 앞으로 사회 전반에 걸쳐 미칠 영향의 폭과 깊이를 예측하기 어려울 정도이다. 나날이 깊어지고 세분화되고 있는 전지 및 전자 공학에 대해 근본적이면서 균형잡힌 시각을 갖도록 하는 것이 이 책의 목적이다. 따라서 전기전자 공학을 전공하는 초보자들이거나 또는 전기전자 공학을 전공하지 않지만 그 필요성을 느끼는 과학도들이나 기술자들에게도 적합하도록 구성하였다. 특히 개정판에서는 모든 그림에 풍부한 색상을 이용하여 새롭게 꾸밈으로써 시각적인 학습 효과를 대폭 증가시키고자 하였다. 나아가 현대의 메카트로닉스에 부응하기 위해 계측 제어 분야를 새로이 첨가하였다. 이 책의 내용은 다음과 같이 5 분야로 대별된다: 1부 전기 회로, 2부 자기 및 응용, 3부 반도체, 4부 전자 회로 5부 제어 계측. 물론 각 분야는 필요한 정도에 따라 취사 선택을 할 수 있지만 가능한 빼놓지 않고 읽어보기를 권한다. 각 부의 내용은 다음과 같다:

1부 전기 회로 이 부분은 전기 회로를 이루는 소자, 회로 법칙 및 회로 해석을 포함하는 이른바 회로 이론 분야이다. 회로 이론은 전기전자 공학의 가장 바탕이 되는 학문이므로 1부는 가능한 한 일어보는 것이 앞으로의 진도에도 유리하다. 1부에 포함된 각 장의 내용은 다음과 같다.

1장 전기에서는 전기의 기본적인 속성과 저항과 옴의 법칙, 전원 및 전력 등 기본적인 내용들을 설명한다.

2장 회로 법칙에서는 회로내의 전압과 전류를 지배하는 가장 중요한 법칙인 키르히호프 법칙을 먼저 설명하고 이를 바탕으로 한 여러 가지의 회로 해석 기법을 소개한다. 이 장에서 소개하는 회로 해석 기법들은 모든 전지 전자 공학 이론에 보편적으로 사용되는 중요한 도구이다.

3장 회로 소자에서는 수동 회로를 이루는 핵심 소자인 저항성 소자, 용량성 소자 및 유도성 소자의 전기적인 성질에 대해 설명한다.

4장 회로 방정식에서는 회로를 해석하여 방정식으로 표현하는 방법을 설명한다. 전기전자 공학을 공부하는 학생들이 가장 힘들어하는 부분 중 하나가 회로 방정식을 구하는 것이다. 선형 회로는 회로 방정식이 미분 방정식 형태로 표현될 뿐 아니라 그 미분 방정식을 구하는 작업이 간단한 것이 아니다. 따라서 매우 손쉬운 방법으로 회로 방정식을 구하는 법을 소개함으로써 회로에 대한 공포심을 없애고자 하였다. 이는 비단 기술적인 문제일 뿐 아니라 용량성 소자와 유도성 소자를 저항성 소자와 같이 취급할 수 있는 길을 열어준다.

5장 교류 회로에서는 전원이 교류일 경우 간단한 복소수 연산으로써 번거로운 미분 방정식 풀이를 대신할 수 있음을 인식시킨다. 특히 용량성 소자와 유도성 소자가 포함된 회로의 주파수 응답은 페이저라는 개념을 이용하여 보다 쉽게 이해할 수 있음을 이해시킨다. 나아가 교류 회로에서는 공진이라는 중요한 에너지 교환 현상이 일어남을 설명한다. 그 이유는 공진 현상은 특정 주파수를 취사 선택하는데 매우 중요한 이론이기 때문이다.

6장 필터는 교류 회로의 주파수 응답을 이용한 중요한 시스템이며 여기서도 공진 개념이 활용된다.

2부 자기와 응용 이 부분은 자기의 속성과 자기와 전기와의 상호 관계 및 자기를 이용한 여러가지 중요한 응용 분야에 대해 설명한다.

7장 자기는 자기가 어떻게 형성되는가를 보여주며 여기에는 암페어 법칙 파라데이 법칙 등 중요한 법칙이 개념적으로 소개되며 이는 전자기학의 기초가 되는 내용들이다. 자기는 전기와 결합하여 전기기계라는 중요한 장치들을 만들어 낸다는 것을 설명하고 그 외의 여러 가지 응용에 대해 설명한다.

8장 발전기와 전동기에서는 자기와 전기가 결합하여 어떻게 발전기와 전동기를 만들 수 있는지를 설명한다. 특히 전동기는 전기계와 기계계를 결합시켜 주는 전초적인 역할을 하므로 메카트로닉스 분야를 제대로 이해하기 위해서는 전동기의 원리를 필히 알아야 한다.

3부 반도체 이 부분은 소위 능동 소자인 반도체의 구성과 동작 원리에 대해 설명하며 이는 전자 회로를 이해하는데 필수적이다. 이 책에서는 가능한 한 복잡한 수식은 배제하고 그림을 통해 반도체 소자 를 이해시키고자 하였다.

9장 반도체에서는 반도체가 도체 및 부도체와 근본적으로 다른 점을 먼저 설명한다. 그리고 반도체에는 N형과 P형의 두 유형이 있으며 진정한 반도체는 이 두 가지를 결합한 PN 접합 다이오드임을 이해시킨다. 특히 PN 접합 다이오드는 트랜지스터를 이해하는데 필수적이다.

10장 다이오드와 전원 장치에서는 다이오드의 가장 특징인 스위치 기능에 대해 먼저 이해시킨다. 그리고 교류를 직류로 바꾸는 전원 공급 장치를 통해 다이오드의 스위치 기능을 백분 이해하도록 한다.

11장 트랜지스터에서는 증폭 기능이 가능한 트랜지스터의 구조와 동작에 대해 설명하며 이는 특히 복잡한 전자 회로들을 이해하는데 바탕이 됨을 설명한다.

4부 전자 회로 이 부분은 트랜지스터를 이용한 전자 회로들 중 가장 대표적인 증폭기를 위주로 다양한 전자 회로를 소개한다.,

12장 증폭기에서는 기본 증폭기의 원리와 유형 및 다양한 증폭기 형태에 대해 설명한다. 특히 증폭기는 기본 증폭기에 대한 이해가 중요하며 가능한 그림을 통해 쉽게 이해할 수 있도록 하였다.

13장 증폭기의 주파수 특성에서는 실제 증폭기의 대역폭, 즉 한계성에 대해 설명한다. 특히 증폭기는 이득과 대역폭의 곱이 거의 일정하다는 보편적인 속성을 이해시킨다.

14장 발진기는 직류로부터 교류를 생산할 수 있는 장치로서 통신 시스템에서 필수적인 내용들이다. 그리고 발진기를 설명하는데 복잡한 이론은 가능한 멀리하고 그림으로 쉽게 이해할 수 있도록 노력하였다. 그리고 진폭 변조기(AM) 및 주파수 변조기(FM)에 발진기가 어떻게 사용되는가를 설명함으로써 그 중여성에 대한 인식을 더 고취시키고자 하였다.

5부 제어 계측 이 부분은 근자에 크게 각광을 받고 있는 메카트로닉스의 기초가 될 수 있는 내용들이다.

15장 자동 제어는 전자 공학의 중요한 분야 중 하나로 전기계와 기계계의 복합으로 이루어진다. 따라서 전기전자 공학을 전공하는 학생들의 경우 기계계를 따로 공부하여야 하는 어려움이 따를 수 있다. 그러나 이 책에서는 기계계를 상사 회로로 변환시켜 해석함으로써 전기기계계를 전기계 일색으로 해석할 수 있는 방법을 소개한다. 이 방법은 매우 간단하므로 조금만 공부하면 전기기계계를 공부하는데 큰 도움이 될 수 있다. 그리고 대표적인 제어 시스템들을 그림으로 소개하여 어렵다고 느껴지는 자동 제어와 쉽게 친할 수 있도록 노력하였다. **16장 계측**에서는 전기량을 측정하는 계측기에 대해 설명하다. 나아가 전기량이 아닌 물리량을 감지하여 이를 전기적인 양으로 변환시켜 주는 중요한 센서들에 대해 설명한다. 센서는 차원이 다른 시스템을 결합시키는데 중요한 역할을 하며 이 역시 그림을 통해 쉽게 접근할 수 있도록 하였다.

이상의 5개 분야는 공부하는 사람이나 가르치는 분들의 여건에 맞추어 취사 선택할 수 있으며 전체 16장은 한 학기에 적합한 분량이라 생각한다. 그리고 책 말미에는 선별된 문제들에 대한 해답을 제공하여 학습자들에게 도움이 되도록 하였다. 아무튼 전기전자 공학에 첫발을 내딛는 사람들이나 전기전자 공학 전반에 대해 알고자 하는 과학도들에게 부담이 없으면서 요긴한 책이 되었으면 하는 바람이다. 끝으로 언제나 참고 기다려 주는 사랑하는 아내 金美林과 딸 辛智瑗에게 고마움을 전하며 아울러 GS인터비전 출판사의 송기수 대표님을 비롯한 관계자 분들에게도 감사드린다.

2014년 2월 18일 大眞大學校에서

저자 辛潤烝

차 례

1부 전기 회로

2부 자기와 응용

3부 반도체

1부 전기 회로

1장

전기

(Electricity)

전기(電氣)란 도체 내의 전하를 움직이게 하는 힘을 말하며 이에 의해 전기적인 에너지가 형성된다. 전기로써 도체 내 전하의 흐름을 적절히 제어함으로써 원하는 다양한 형태로 전기적인 에너지를 제어할 수 있다. 이 장에서는 전기의 기본적인 성질에 대해 설명하며 그 내용은 다음과 같다.

1.1 전기

전기 일반적으로 전기라 하면 도체 내의 전하의 운동만 생각하지만 이 밖에도 절연 물질(부도체)를 서로 마찰할 때 발생하는 마찰 전기도 있으며, 편의상 전자를 동전기(動電氣)라 하고 후자를 정전기(靜電氣)라 한다. 그러나 동전기는 단순히 전기로 부르는 것이 보통이다.

물질을 구성하는 원자는 그림 1-1의 예와 같이 양 전하로 대전된 원자핵과 음전하로 대전된 전자들로 구성되어 있다. 특히 최외각의 전자들은 원자핵에 의한 속박이 가장 약하므로 열이나 마찰과 같은 외부의 에너지에 의해 핵으로부터 벗어나는 자유 전자가 될 수 있다. 특히 두 물질을 마찰할 때 이탈한 자유 전자가 한 물질에서 다른 물질로 옮아갈 수 있다. 그 결과 전자를 잃은 물질은 양전하로 대전되고 전자를 얻은 물질은 반대로 음전하로 대전되게 되며 이를 마찰 전기라 한다. 고대 그리스인들은 장식용으로 애용하던 호박(琥珀)을 헝

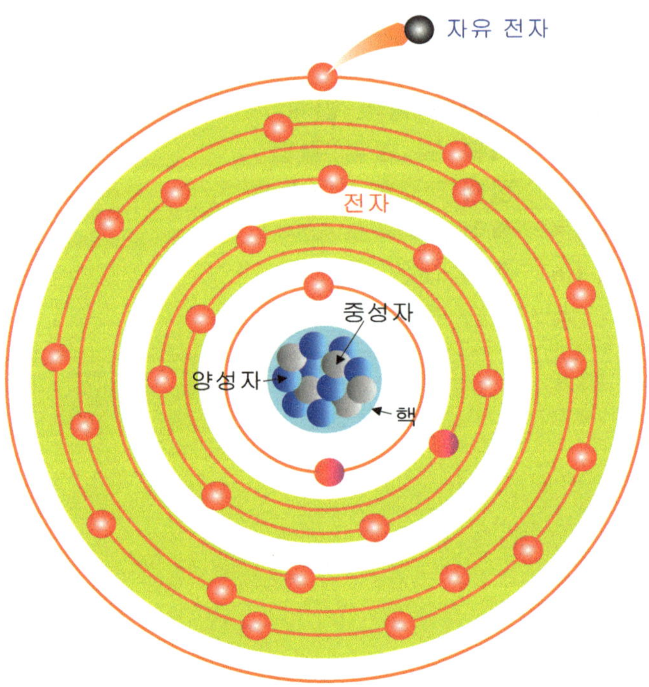

▶그림 1-1
원자의 구조

겊으로 문지르면 먼지나 실을 당긴다는 것을 알고 있었으며 이로부터 호박의 그리스어인 ELEKTRON에서 전자를 의미하는 "electron"이 유래하게 되었다.

정전기는 우리에게 불쾌감을 주는 것으로서 일상 많이 접할 수 있으며 명주, 유리봉, 모피, 플라스틱 등의 절연물에 잘 대전(帶電)된다. 그러나 금속에서는 정전기 현상이 거의 일어나지 않으며 그 이유는 대전된 전하는 금속성의 전도성에 의해 즉시 중화되는 방향으로 이동하여 전기가 소멸되기 때문이다. 이와 반대로 우리가 잘 알고 있듯이 동전기, 즉 일반 전기는 구리, 알루미늄, 은 등의 이른바 금속을 통해서는 잘 전도되지만 유리나 도자기 등의 절연물은 전달되지 않는다.

정전 유도와 쿨롱의 법칙

정전기는 직접 마찰에 의해 발생하는 외에도 전장 내에 물질을 놓은 경우 발생하는 유도 정전기도 있다. 양전하 또는 음전하로 대전된 물체에 도체를 가까이 하면 대전체에 가까운 도체의 표면에는 대전체와 반대 극성의 전하가 유도되며 도체의 반대쪽에는 대전체와 같은 극성의 전하가 유도된다. 이상과 같은 현상을 정전 유도라 하며 대전체와 도체 사이에는 서로 다른 극성으로 인한 정전 흡인력이 발생한다. 그림 1-2를 예로 들어보자. 도체 B를 대전체 A에 가까이 하면 B의 자유 전자들이 A의 양전하에 끌림으로써(흡인력) A에 가까운 쪽은 음으로 대전되며, 그 결과 A로부터 먼 쪽은 전자가 부족하여 양으로 대전된다. 만일 B를 A로부터 멀리하면 B는 원상태로 돌아가 전하가 섞임으로써 전기적으로 중성이 된다. 만일 대전체에 절연체를 가까이 하면 도체를 가까이 하는 경우에 비해 정전 유도는 덜하겠지만 일단

▶그림 1-2
정전 유도의 예

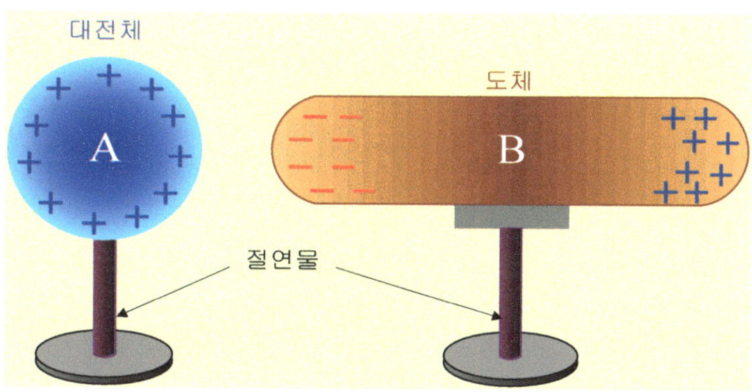

대전된 절연체는 대전체로부터 멀리 해도 전하는 오랫동안 유지될 것이다. 극성이 다른 두 대전체간의 흡인력인 정전기력은 프랑스의 물리 학자 쿨롱(Coulomb)이 최초로 체계화하여 정전기력에 관한 쿨롱의 법칙을 발표하였으며 다음과 같다.

두 대전체에 작용하는 정전기력 F[N]는 그들의 전하 q_1[C]과 q_2[C]의 곱에 비례하고 양자 사이의 거리 r[m]의 제곱에 반비례한다. 즉

$$K = 9 \times 10^9 \frac{N \cdot m^2}{C^2} \quad [1]$$

단 두 대전체가 극성이 같을 경우는 척력이 발생하고 극성이 다를 때는 인력이 발생한다.

두 전하 사이의 전기력은 그림 1-3과 같이 전기력선으로 표현하며 전기력선은 전기장 내의 어떤 한 점에서 접선의 방향이 그 점에서의 전기장(간단히 전장)의 방향을 나타낸다. 전기력선은 양의 전하에서 나와 음의 전하로 향하고 있으며 그 분포 밀도에 의해 전장의 세기를 나타낼 수 있다. 즉 전기장의 세기 E[N/C]는 전기장의 방향과 수직인 단면을 통과하는 전기력선을 1 m^2당 E 개의 비율로 그리면 된다.

플라스틱이나 모피 등의 마찰에 의한 정전기도 우리 인체에 통증을 느낄 정도의 고전압일 수 있지만 이들에 대전된 전하량은 매우 작아서 겨우 종이 조각을 끌어 당길 정도에 불과하다. 한 예를 들면 1 W(100 V)의 전구를 점등하기 위해서는 10^{-1} 쿨롱 정도의 전기량이

▶그림 1-3
전하간 전기력선 분포:
(a) 다른 극성;
(b) 같은 극성.

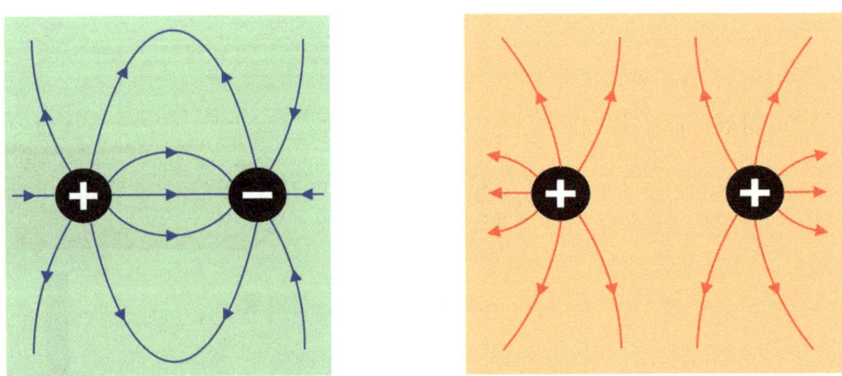

(a) (b)

필요하다. 그러나 수 mm 두께의 플라스틱의 경우 $1\,cm^2$ 당 10^{-7} 쿨롱 정도의 전하밖에 빼낼 수 없으므로 만약 이 전하를 연속적으로 빼낼 수 있다고 해도 100만 명의 사람이 계속하여 마찰 전기를 발생시켜야만 겨우 1W의 전등을 점등시킬 수 있을 뿐이다. 그러나 자연계에 있는 정전기가 이와 같이 미미한 것뿐인가 하면 그렇지 않다. 번개의 경우 자연계에서 가장 거대한 정전기로서 그 전력은 실로 엄청나다.

구름 내의 전하 분포는 그림 1-4과 같이 구름의 상층부는 양전하로 대전되며 하층부는 음전하로 대전된다. 다만 구름 내에 이와 같은 전하 분포가 생기는 원인에 대해서는 여러 가지 설이 있긴 하지만 정확한 이유는 아직 밝혀지지 않은 상태이다. 구름 하층부에 의한 정전 유도로 지표는 양 전하로 대전되며 구름과 지표 사이에는 강력한 전압이 발생한다. 이 전압은 구름 내의 전하가 축적될수록 증가하여 마침내 공기 절연체를 파괴함으로써 방전이 일어나며 이것이 번개이다. 낙뢰(落雷)가 발생할 때 구름과 지상 사이에는 어느 정도의 전압이 걸리게 되는가? 한 예로 1[cm] 떨어진 공기 절연체의 절연이 파괴되어 방전이 일어나기 위해서는 수천 볼트 이상의 전압이 필요하다. 따라서 구름의 밑 부분이 지상에서 2000[m] 상공에 있고 1[cm] 당의 방전 전압이 5000 볼트 정도로 보면 낙뢰시의 전압은

▶그림 1-4
뇌운(雷雲)에 의한 정전 유도와 번개

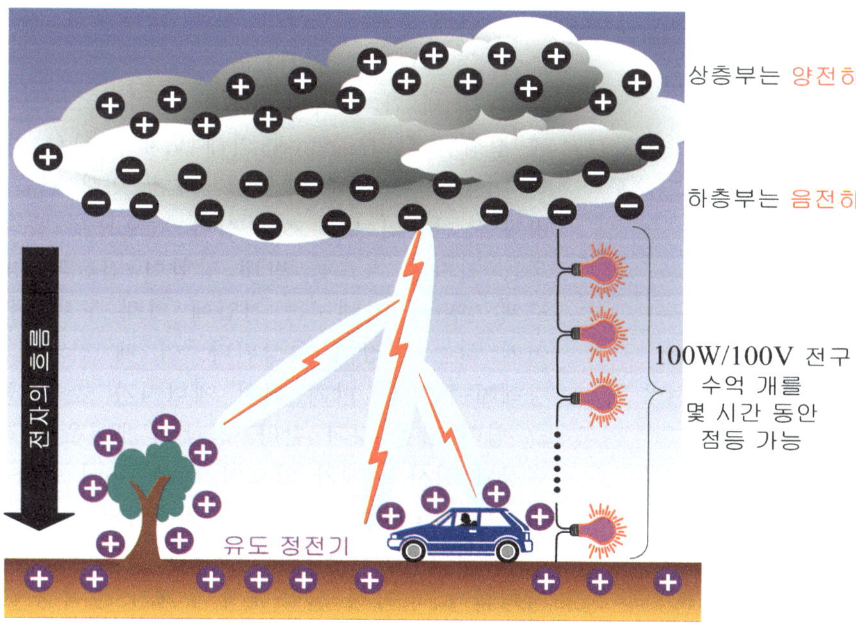

$$V = 5000 \times 2 \times 10^5 = 10^9 \text{ V}$$

로 약 10억 볼트에 이르며 단 한번의 낙뢰로 100W(100V)의 전등 수억 개를 몇 시간에 걸쳐 점등할 수 있다고 한다. 더구나 전세계적으로 보면 매일 평균 약 2,500만 번의 낙뢰가 발생하고 있으므로 구름에 의해 하루 동안 생산되는 전기력은 상상을 초월하는 양임을 알 수 있다.

전압과 전류

자연계의 모든 현상은 순환 작용을 근본으로 하고 있으며 순환을 위해서는 여러 형태의 에너지원이 필요하다. 먼저 그림 1-5의 (a)와 같이 태양 에너지에 의해 수분이 순환하는 과정은 모두가 익히 알고 있는 상식이다. 땅 위의 물이 태양 에너지에 의해 증발되어 구름이 형성됨으로써 지상에 비해 상대적으로 높은 위치 에너지를 갖게 되며 이 에너지에 의해 구름 속의 수분이 땅으로 자유 낙하하여 비가 되는 것이다. 일단 지상에 도달하여 위치 에너지가 0이 된 빗물은 태양 에너지에 의한 기압(氣壓)의 작용으로 다시 높은 위치 에너지를 얻어 구름이 되는 순환 과정을 반복하게 된다. 그림 (b)는 순환의 또 다른 예인 신체의 혈액 순환이며 이는 심장의 펌프 작용에 의해 정맥에 비해 높은 혈압(血壓)이 동맥에 가해짐으로써 혈액 순환이 지속되는 것이다. 그리고 그림 (c)는 모터의 펌프 작용으로 생성되는 수압(水壓)에 의해 물이 순환되는 과정이다.

위의 세 가지 예와 유사한 원리로 그림 1-5(d)와 같이 도체 양단간에 형성된 전압(電壓)에 의해 도체 내에서 자유 전자의 흐름이 일어나며 이를 전류(電流)라 한다. 다만 오랜 관습상 양의 전하가 운동하는 방향을 전류의 방향으로 삼아 왔으므로 음의 전하를 띠는 전자의 경우는 전자가 흐르는 반대 방향이 전류의 방향임을 유의하여야 한다. 도체 양단에 가해지는 전압에 의해 도체 내에는 자유 전자들을 움직이게 하는 전장이 형성된다. 이 때 전압이 높을수록 전장의 세기는 강해지며 이는 마치 위치 에너지가 높은 곳에서 떨어지는 물일수록 그 힘이 강한 것과 같다. 전장의 개념은 여러분이 익히 알고 있는 중력장과 상사 관계가 있으며 그림 1-6이 이를 설명해준다.

그림 1-6의 (a)는 중력장 내에서의 물체의 운동을 나타내며 중력장의 세기 G는 단위 질량의 물체가 중력장 내에서 받는 힘의 세기로 정의된다. 따라서 질량 m의 물체가 중력장 G에 의해 받는 힘은

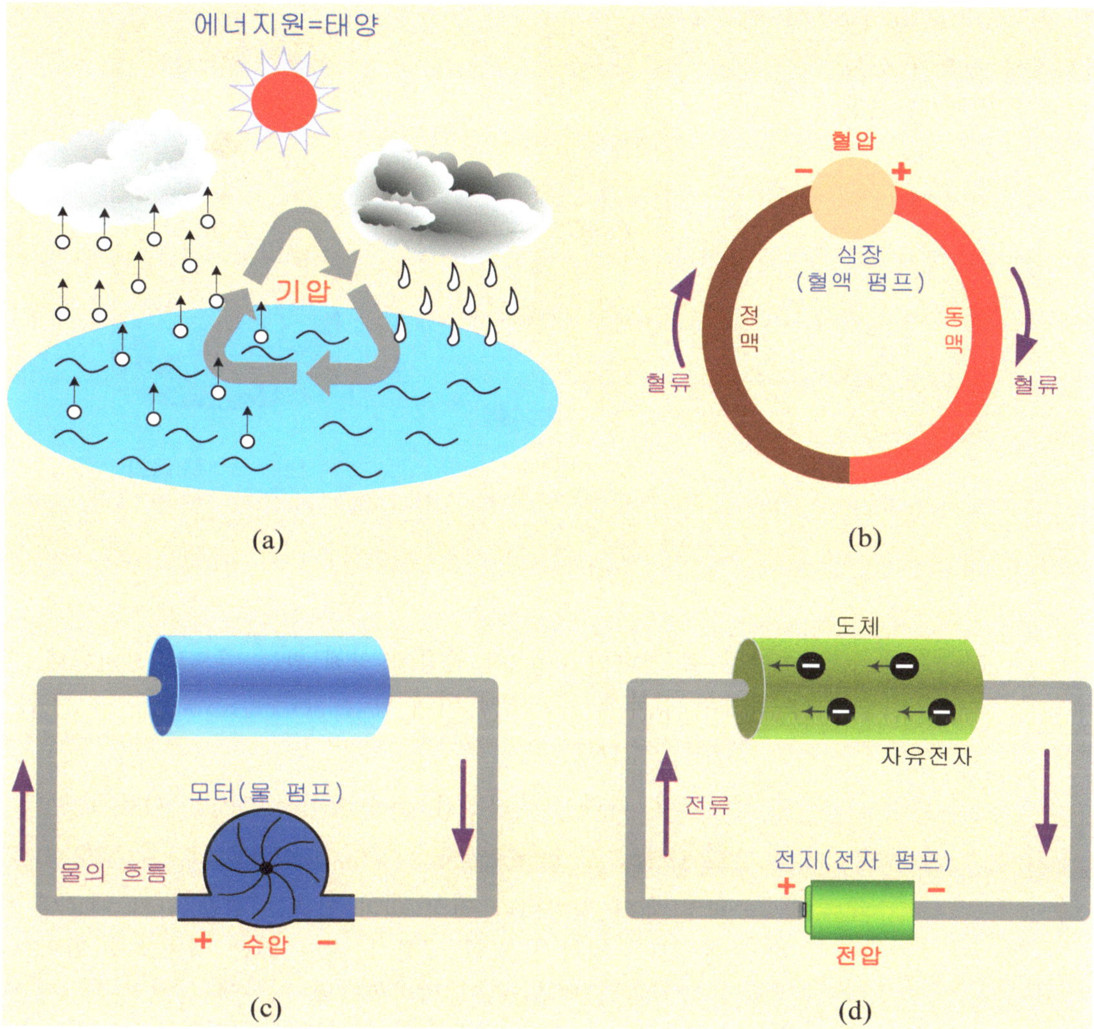

▲그림 1-5 자연계의 순환 작용: (a) 기압에 의한 대기의 순환; (b) 혈압에 의한 혈액의 순환; (c) 수압에 의한 물의 순환; (d) 전압에 의한 전류의 순환.

$$f = mG \quad [\mathrm{N}] \qquad \textbf{[2]}$$

로 주어지며 기호 [N]은 힘의 단위인 뉴톤(newton)을 나타낸다. 한편 그림 1-6의 (b)는 중력장 G에 대비하여 전장의 세기를 E로 나타내며

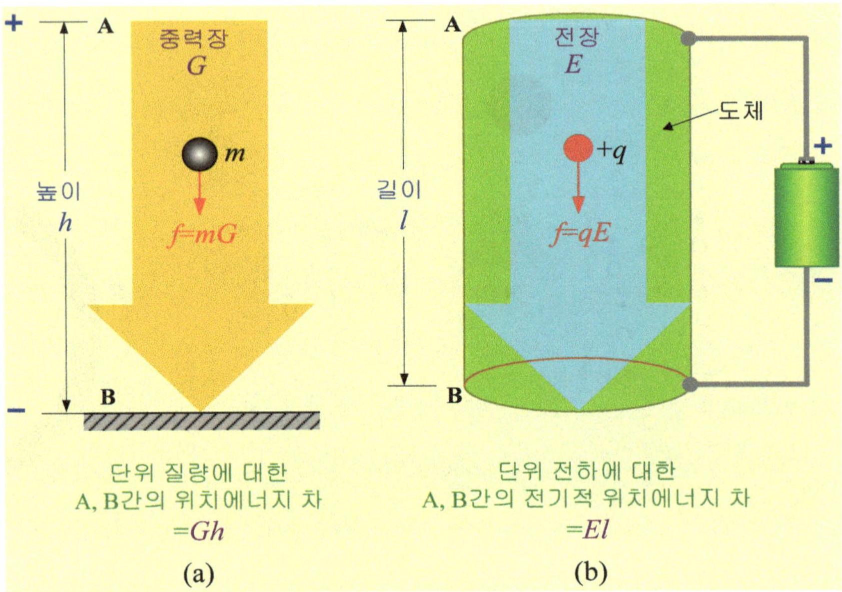

▶그림 1-6
중력장과 전장의 상사: (a) 중력장; (b) 전장.

이는 단위 전하인 1 [C]이 전장에 의해 받는 힘으로 정의된다. 따라서 q 쿨롱의 전하가 전장 E에 의해 받는 힘은

$$f = qE \quad [\mathrm{N}] \qquad \textbf{[3]}$$

로 주어진다. 따라서 중력장과 전장 사이의 상사는 다음과 같다.

$$G \leftrightarrow E, \qquad m \leftrightarrow q \qquad \textbf{[4]}$$

중력장 내의 질량이나 전장 내의 전하는 힘을 받기 때문에 가속도가 붙게 된다. 따라서 만일 구름과 같이 높은 위치에서 떨어지는 빗방울이 공기와의 마찰 없이 낙하한다면 지상에 도달할 때 그 속도는 엄청날 것이다. 그러나 빗방울은 공기와의 끊임없는 마찰로 인해 평균적인 등속 운동을 하게 됨은 잘 알려진 사실이다. 이와 마찬가지로 도체 내의 자유 전자 역시 운동 과정에서 도체 내의 원자들과 지속적인 충돌을 일으키므로 일정한 전장 내의 전자는 가속 운동 대신 평균적인 등속 운동을 하게 된다.

전압(voltage)

그림 1-6(a)에서 크기가 일정한 중력장 내에 있는 두 점간에는 위치 에너지 차가 생기며 두 점간의 높이 차를 h라 하면 단위 질량에

대한 위치 에너지 차는 Gh이다. 이와 같은 차원에서 균일한 전장 E 내에서 거리가 l인 두 점 사이의 전기적인 위치 에너지 차 V는

$$V = El \quad [\text{V}] \qquad [5]$$

로 정의되며 단위는 볼트(volt)이고 기호는 [V]로 한다. 전기적인 위치 에너지 차를 줄여서 전위차 또는 전압이라 하고 이는 전류를 일으키는 힘이 되므로 기전력(起電力)이라 하기도 한다.

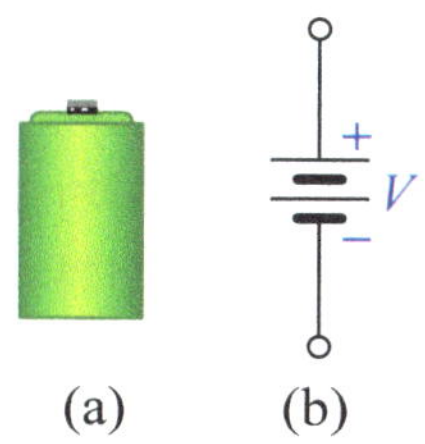

▲그림 1-7 건전지의 외관과 기호

전압을 만들어 주는 에너지원을 전압원이라 하며 크기가 일정한 전압원을 직류 전압원이라 한다. 우리가 흔히 사용하는 그림 1-7의 (a)와 같은 형태의 전지(밧테리)가 직류 전압원의 대표적인 것이며 기호로는 그림 (b)와 같이 나타낸다.

전류(current)

전압에 의해 만들어진 전장 내에 놓인 도체의 자유 전자들은 전장과 반대 방향으로 운동함으로써 전류가 형성된다. 즉 전류란 전하가 이동하는 현상이며 회로의 임의의 점에서의 전류의 크기는 매초 그 점을 통과하는 전하량으로 정한다. 전류의 방향은 양전하가 이동하는 방향으로 정하며 단위는 암페어(ampere), 단위 기호는 [A]를 사용한다.

이제 회로에서 어떤 점의 단면을 미소 시간 dt 동안에 전하량 dQ가 통과했다고 하면 전류의 크기 I는

$$I = \frac{dQ}{dt} \quad [\text{A}] \qquad [6]$$

로 주어진다. 또한 전하 q가 속도 v[m/s]로 운동할 때 이것도 전류로 간주되고 그 크기는

$$I = qv \quad [\text{A}] \qquad [7]$$

로 주어진다. 예를 들어 전자의 전하량은 1.6×10^{-19} C이므로 1초당 약 6.24×10^{18}개의 전자가 흐른다면 전류는 1 A의 전류에 해당한다.

예제 1-1

어떤 도체 내에서 1 초당 24.96×10^{18} 개의 전자가 흐르고 있을 때 전류의 세기를 구하라.

풀이 1 초당 6.24×10^{18} 개의 전자가 흐르는 것이 1A이므로 구하고자 하는 전류의 세기는 다음과 같이 주어진다.

$$\frac{\text{매초 } 24.96\times10^{18} \text{ 개의 전자}}{\text{암페어당 매초 } 6.24\times10^{18} \text{ 개의 전자}} = \mathbf{4\ A}$$

어떤 물체가 전장에 놓였을 때 그 물체 내부에 반드시 전류가 형성되는 것은 아니다. 이는 중력장에 놓여 있을지라도 나무 가지에 매여 있는 잎이나 열매는 자유 낙하를 할 수 없는 것과 같이 원자 핵에 구속되어 있는 전자들은 전류의 전도에 기여할 수 없기 때문이다. 다만 핵의 구속력이 가장 약한 최외각의 전자들 중에서 핵의 구속을 벗어나 자유로이 운동할 수 있는 자유 전자들만이 전류의 전도에 기여할 수 있다. 따라서 자유 전자가 많은 물질은 전류를 잘 전도시키므로 도체라 하고 이와 반대로 자유 전자가 거의 없어 전류의 전도가 일어나지 않는 물질을 부도체라 한다.

1.2 저항과 옴(Ohm)의 법칙

옴의 법칙

전장에 의해 도체 내에서 운동하는 전자들은 원자들과의 계속적인 충돌로 평균적인 등속 운동을 하며 그 속도는 도체 양단의 전압에 비례한다. 그리고 전류는 전자의 속도에 비례하므로 결국 도체 양단의 전압과 도체 내의 전류는 비례 관계가 된다. 19 세기의 독일 과학자 옴(Ohm)은, 일정한 온도 하에서 도체를 흐르는 전류 I는 도체 양단의 전압 V에 비례한다는 사실을 발견하였으며 그 비례 상수를 저항(resistance)이라 한다. 저항은 기호로는 R을 사용하고 단위는 옴이며 단위 기호로 [Ω]을 사용한다. 그리고 전압과 전류 관계는

$$V = RI \quad [8]$$

로 나타내며 이를 옴의 법칙이라 한다. 저항의 기호는 그림 1-8의 (a)와 같다. 예를 들어 전지를 이용하여 전등을 밝히는 회로인 그림 (b)에서 전등의 필라멘트 저항을 R로 표현하면 이에 대한 회로 기호는 그림 (c)와 같다. 회로에서 소자들간의 결합에 사용되는 결선은 가능한 한 저항이 0에 가까운 도체를 사용하며 이를 도선(導線, wire)이라 한다. 이상적인 도선의 저항은 0이며 차후로는 모든 도선은 이상적인 것으로 가정한다.

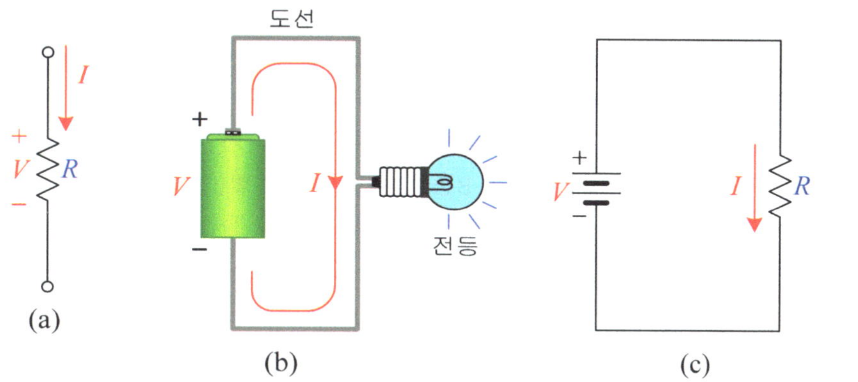

▶그림 1-8
(a) 저항의 기호;
(b) 실제 회로의 예;
(c) 회로 기호적 표현.

저항

어떤 특정한 저항 값을 갖도록 제작된 전기 부품을 저항기(resistor)라 하고 간단히 저항이라 부른다. 그림 1-9는 이상적인 저항의 전압-전류 특성 곡선을 보여준다. 이상적인 저항은 그 전압 전압-전류 특성이 모든 범위의 전압과 전류에 대해 직선적이어야 하지만 실제의 저항은 제한된 범위 내의 전압과 전류에 대해서만 직선적인 특성이 된다. 그러나 이 책에서는 모든 저항은 이상적인 특성으로 간주한다.

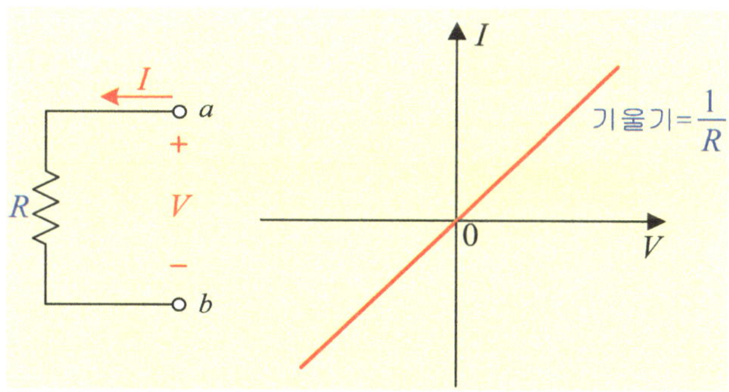

▶그림 1-9
이상적인 저항의
전압-전류 특성 곡선

예제 1-2

그림 1-8(c)에서 인가된 전압 V=10 V 하에서 전류 I가 0.1 A일 때 저항 R의 값을 구하라.

풀이 옴의 법칙에 의해

$$R=\frac{V}{I}=\frac{10\text{ V}}{0.1\text{ A}}=\mathbf{100\,\Omega}$$

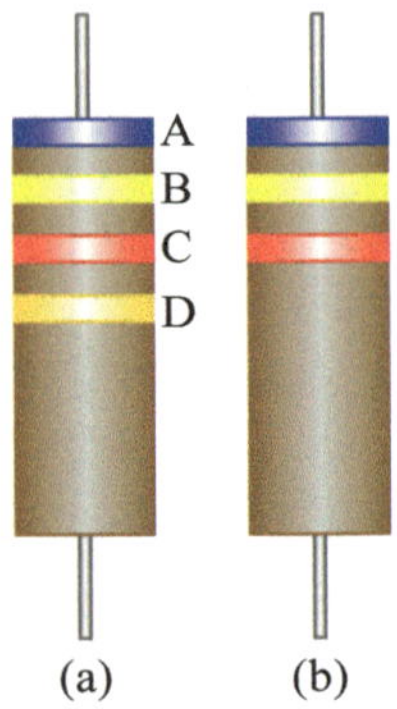

▲그림 1-10 저항기 예

저항의 형태와 그 값은 여러 가지이다. 가장 흔한 종류의 예가 그림 1-10에 보인 것과 같이 둥근 관 모습을 하고 있으며 세 개 이상의 색 띠가 있다. 이 색 띠는 저항 값을 나타내는 부호이다. 그림 1-10의 (a)와 같이 네 개의 색 띠가 있는 저항의 경우, 첫 번째 띠 A와 두 번째 띠 B는 저항의 첫째 및 둘째 자리 숫자를 나타내며 세 번째 띠 C는 그 숫자에 붙는 0의 개수를 나타낸다. 그리고 네 번째 띠 D는 보통 금색 아니면 은색으로서 각각 5 % 및 10 %의 허용 오차를 나타낸다. 만약 그림 (b)와 같이 네 번째 띠가 없다면 이는 허용 오차가 20%임을 암시한다. 띠의 각 색상 부호에 대응되는 숫자는 표 1-1과 같다.

▶표 1-1 저항기의 색 부호

색상	첫째 자리 A	둘째 자리 B	승수 C	오차 D
흑색	0	0	1	–
갈색	1	1	10	±1 %
적색	2	2	100	±2 %
등색	3	3	1,000	±3 %
황색	4	4	10,000	±4 %
녹색	5	5	100,000	–
청색	6	6	1,000,000	–
자색	7	7	10,000,000	–
회색	8	8	–	–
백색	9	9	–	–
금색	–	–	0.1	±5 %
은색	–	–	0.01	±10 %
무색	–	–	–	±20 %

예제 1-3

저항의 색 띠가 다음과 같이 이루어져 있을 때 각 경우에 대한 저항 값을 구하라.

(a) 적색, 적색, 갈색, 은색.

(b) 녹색, 청색, 등색, 금색.

(c) 갈색, 흑색, 흑색.

(d) 갈색, 흑색, 녹색, 금색.

풀이 표 1-1의 각 부호로부터 다음과 같다.

(a) 적색(2) 적색(2) 갈색(10) 은색(10 %의 오차)

→ R = 220 Ω ± 10 %

(b) 녹색(5) 청색(5) 등색(10^3) 금색(5 %의 오차)

→ R = 55,000 ± 5 % = 55 kΩ ±

(1 kΩ = 1,000 Ω)

(c) 갈색(1) 흑색(0) 흑색(10^0) 무색(20 %의 오차)

→ R = 10 Ω ± 20 %

(d) 갈색(1) 흑색(0) 녹색(10^5) 금색(5 %의 오차)

→ R = 1,000,000 Ω ± 5 % = 1 MΩ ± 5 %

(1 MΩ = 10^6 Ω)

전위차계 전위차계는 특수하게 제작된 저항기로서 일반 저항기의 단자가 2개인 것에 비해 3개의 단자로 구성되어 있으며 기호는 그림 1-11(a)와 같다. 머리 부분에 화살표로 표시된 제3의 단자 B를 와이퍼(wiper)라 하며 와이퍼는 저항기의 한 끝에서 다른 끝까지 이동할 수 있다. 와이퍼가 움직임으로써 단자 A-B 및 B-C간의 저항은 가변되지만 A-C간의 저항은 변함없이 항상 일정하다. 전위차계의 형태를 예로 든 것이 그림 (b)와 (c)이며 그림 (b)를 슬라이딩 저항이라 하기도 한다.

▶그림 1-11 전위차계의 (a) 기호와 (b), (c) 구조

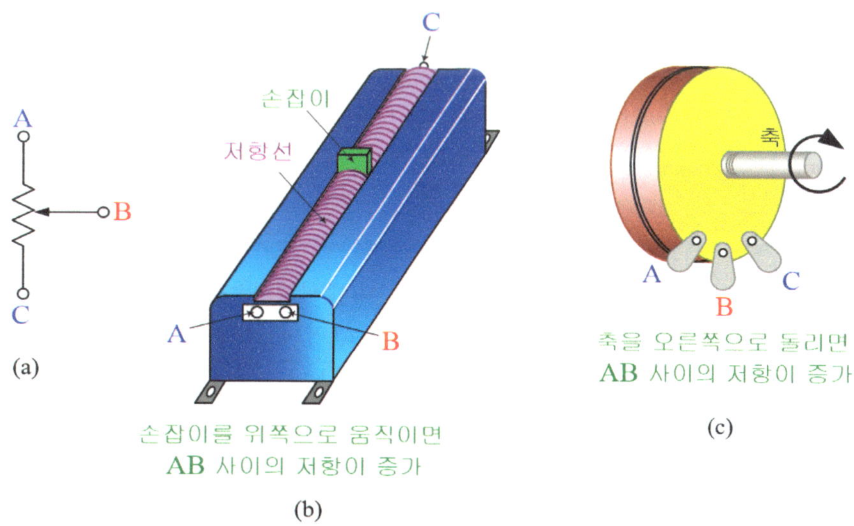

전위차계는 회로에 연결되어 부하 전압을 조절하는데 사용할 수 있으며, 그림 1-12는 전위차계를 이용하여 전구의 밝기를 조절하는 회로의 예이다. 와이퍼 B가 단자 A에 있을 때 전구의 밝기는 최대가 되며 반대로 C에 있을 때는 전구 양단의 전압은 0이 되어 전구는 꺼진 상태가 된다. 그림의 회로에 대한 구체적인 해석은 내용이 진행됨에 따라 자연히 이해된다.

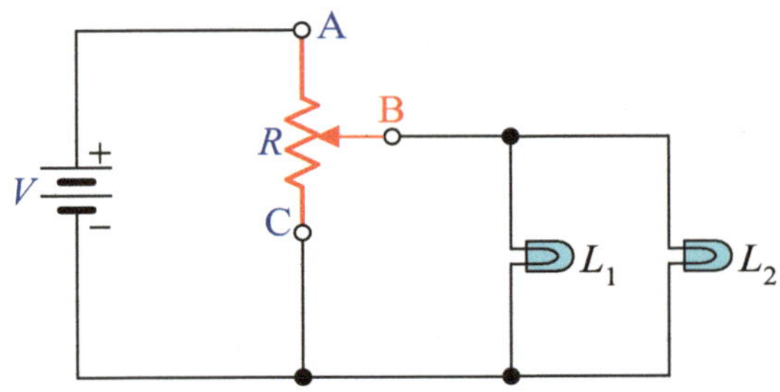

▶그림 1-12 전위차계를 이용하여 구성한 회로의 예

가감 저항기

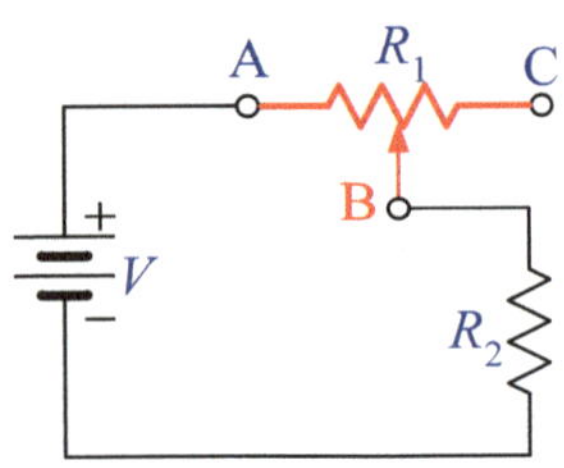

▲그림 1-13 가감 저항

전위차계는 흔히 그림 1-13 회로의 예에서와 같이 두 단자 A, C 중 한 쪽이 연결되지 않는 상태로 사용되며, 이런 경우 전위차계는 단순한 가변 저항기인 가감 저항기(Rheostat) 역할을 한다. 그림 1-13의 경우 A-B간의 저항만 사용되며 단자 B-C간의 저항은 회로에 아무런 영향을 주지 않는다. 따라서 와이퍼를 움직여 A-B간의 저항을 조절함으로써 전원에 의해 저항 R_2에 분배되는 전압을 조절할 수 있다(전압 분배에 대해서는 다음 절에서 설명한다).

1.3 직렬 및 병렬 결합

실제 회로 내에서는 많은 소자들이 서로 복잡한 형태로 결합되어 동작하고 있다. 그러나 소자의 결합 방식은 크게 직렬 결합 및 병렬 결합의 두 종류로 나눌 수 있다.

직렬 결합

그림 1-14(a) 회로에서 두 저항 R_1과 R_2가 결합된 방식을 직렬 결합이라 한다. 여기서 저항 R_1에 흐르는 전류 I는 저항 R_2 외에는 나뉘어져 흐를 다른 길이 없으므로 모두 저항 R_2로 흘러 들어가게 된다. 따라서

▶그림 1-14
(a) 직렬 결합 저항;
(b) 등가 저항.

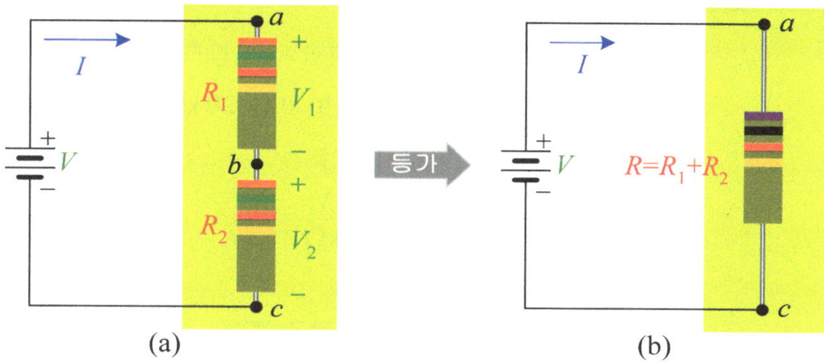

두 저항에 흐르는 전류는 같을 수 밖에 없으며 각 저항 양단에 인가되는 전압은 다음과 같다.

$$V_1 = R_1 I, \quad V_2 = R_2 I \qquad [9]$$

한편 그림 1-14(a) 회로에서 c점에 비해 b 점의 전위가 V_2 만큼 높고, b 점에 비해 a 점의 전위가 V_1 만큼 높으므로 결국 a 점의 전위는 c 점에 비해 V_1+V_2 만큼 높아지며 이는 직류 전압원 V의 크기와 같다. 이로부터 전압의 직렬 결합은 각 전압을 합한 것과 같음을 알 수 있다. 즉 전체 전압은 다음과 같다.

$$\begin{aligned} V = V_1 + V_2 &= R_1 I + R_2 I \\ &= (R_1 + R_2) I \\ &= RI \end{aligned} \qquad [10]$$

여기서 합성 저항 R은

$$R \equiv R_1 + R_2 \qquad [11]$$

로 주어진다. 따라서 그림 1-14의 (a) 회로와 (b) 회로는 단자 a, c에 대해 서로 동등하며 이 관계를 등가 회로라 한다. 이상으로 두 저항의 직렬 결합에서는 전체 저항은 각 저항을 합한 것과 같고 각 저항에 흐르는 전류는 동일함을 알 수 있다. 일반적으로 n 개의 저항을 직렬로 결합하면 전체 저항은 다음과 같다.

$$R = R_1 + R_2 + \Lambda + R_n = \sum_{i=1}^{n} R_i \quad \text{(직렬 결합)} \qquad [12]$$

따라서 전체 등가 저항은 가장 큰 저항보다 항상 크게 되며 만일 각 저항의 값이 동일하면 전체 등가 저항은 하나의 저항 값의 n 배이다.

예제 1-4

다음의 그림 1-15 회로에서 전류 I를 구하라.

풀이 세 개의 저항이 직렬로 결합되어 있으므로 전체 저항은

$$R = (6+4+10)\ \text{k}\Omega = 20\ \text{k}\Omega$$

이다. 따라서 전류는

$$I = \frac{V}{R} = \frac{20\ \text{V}}{20\ \text{k}\Omega} = \mathbf{1\ mA}$$

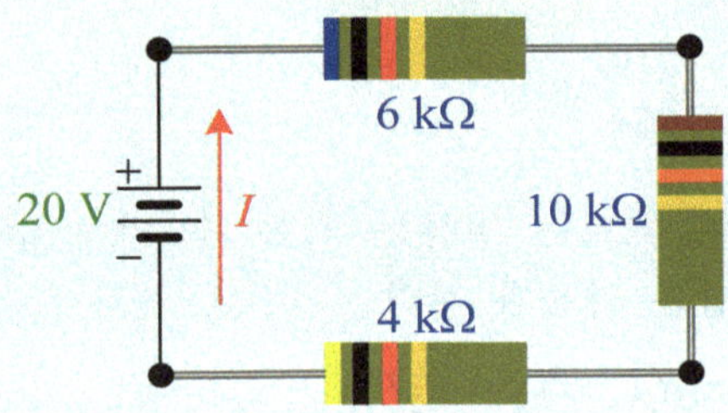

◀그림 1-15 예제 1-4 의 그림

전압 분배

그림 1-16과 같이 n 개의 저항을 직렬로 결합하여 그 양단에 전압 V를 인가할 때 임의의 저항 R_x의 양단 전압 V_x는

$$V_x = R_x I \qquad [13]$$

이며 전류 I는 저항의 직렬 결합에 의해

$$I = \frac{V}{R_1 + R_2 + \Lambda + R_n} \qquad [14]$$

이므로 위의 두 식으로부터 V_x는 다음과 같다.

$$V_x = \left(\frac{R_x}{R_1 + R_2 + \Lambda + R_n} \right) V \qquad [15]$$

▶그림 1-16 직렬 회로에서의 전압 분배

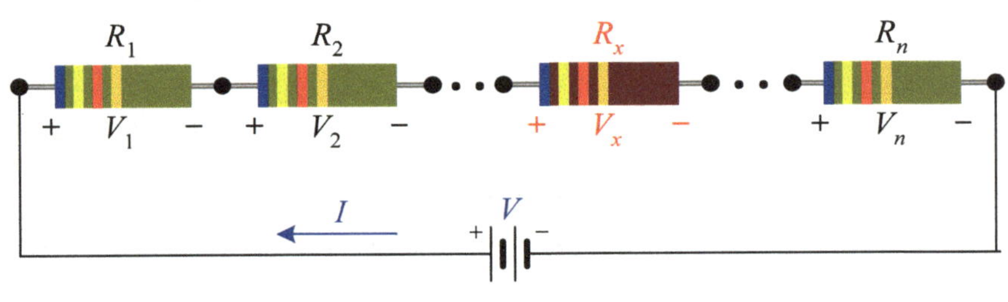

즉 직렬 결합을 이루고 있는 각 저항들의 양단 전압은 전체 저항에 대한 해당 저항의 비에 비례하여 전압이 분배됨을 알 수 있으며 이를 **전압 분배 법칙**이라 한다.

예제 1-5

그림 1-17의 전위차계 회로에서 단자 *a-c*간의 저항은 1.5kΩ이다. 와이퍼 *b*를 이동하여 단자 *a-b*간의 저항이 500Ω이 되도록 조정하였다면 단자 *b-c*간의 전압 V_{bc}는 얼마인가?

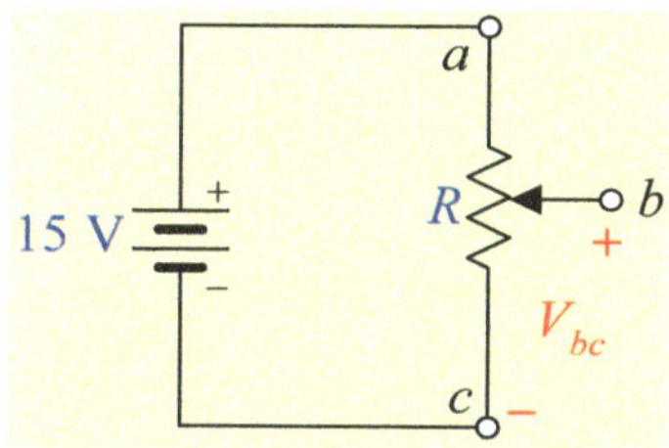

▲그림 1-17 예제 1-5의 그림

풀이 단자 *a-b*, *b-c* 및 *a-c*간의 저항을 각각 R_{ab}, R_{bc}, R_{ac}라 하면 R_{ab}=500 Ω이므로 단자 *b-c*간의 저항 R_{bc}는

$$R_{bc} = R_{ac} - R_{bc} = 1.5\ \text{k}\Omega - 500\ \Omega = 1\ \text{k}\Omega$$

이다. 그리고 R_{ab}와 R_{bc}는 서로 직렬로 결합되어 있으므로 R_{bc}에 걸리는 전압 V_{bc}는 전압 분배 법칙에 의해 다음과 같다.

$$V_{bc} = \left(\frac{R_{bc}}{R_{ac}}\right)V = \frac{1\ \text{k}\Omega}{1.5\ \text{k}\Omega} \times 15\ \text{V} = \mathbf{10\ V}$$

병렬 결합

각 결합 소자들에 흐르는 전류가 같도록 결선하는 직렬 결합 방식에 비해 병렬 결합 방식은 그림 1-18(a)와 같이 각 결합 소자들의 양단 전압이 같도록 하는 결선 방법이다. 임의의 회로 내의 한 점은 유일하게 하나의 전위만 정의되며 이는 중력장에서 임의의 한 점의 위치 에너지가 한 가지로만 정의되는 것과 동일하다. 따라서 그림 1-18의 (a) 회로에서 점 *a*와 *b*의 전위는 각기 고유한 한 가지 값으로 고정되므로 두 저항 R_1과 R_2의 양단 전압은 같을 수 밖에 없다. 두 저항의 병렬 결합은 이중 수선을 사용하여 다음과 같이 표현한다.

▶그림 1-18
(a) 병렬 결합 저항;
(b) 등가 저항.

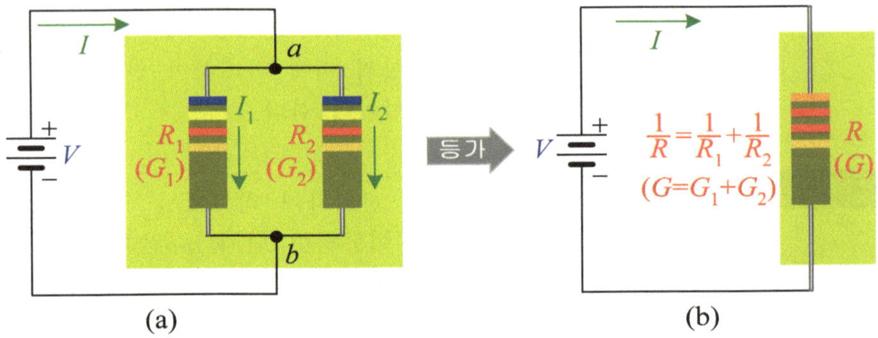

$$R = R_1 \| R_2 \qquad \textbf{[16]}$$

그리고 저항 R의 역수를 컨덕턴스(conductance)라 하여

$$G = \frac{1}{R} \quad [\mathrm{S}] \qquad \textbf{[17]}$$

로 정의하며 단위는 지멘스(siemens)이고 단위 기호는 [S]로 한다. 그림 1-18(a)에서 두 저항 양단의 전압은 V로 동일하므로 저항의 전류는

$$I_1 = \frac{V}{R_1} = G_1 V, \qquad I_2 = \frac{V}{R_2} = G_2 V \qquad \textbf{[18]}$$

으로 주어진다. 따라서 전압원으로부터 공급되는 전체 전류 I는 두 전류 I_1과 I_2의 합으로서 다음과 같이 표현된다.

$$I = I_1 + I_2 = \frac{V}{R_1} + \frac{V}{R_2} = \left(\frac{1}{R_1} + \frac{1}{R_2}\right)V \qquad \textbf{[19]}$$

만일 그림 1-18(a)에서 두 저항의 병렬 결합을 그림 (b)와 같이 하나의 저항 R로 등가화한다면 두 회로로부터 다음의 관계를 만족한다.

$$I = \frac{V}{R} = \left(\frac{1}{R_1} + \frac{1}{R_2}\right)V \qquad \textbf{[20]}$$

이로부터 등가 저항 R 및 이에 대한 등가 컨덕턴스 G는

$$\frac{1}{R} = \frac{1}{R_1} + \frac{1}{R_2} \quad \text{또는} \quad R = \frac{1}{1/R_1 + 1/R_2} = \frac{R_1 R_2}{R_1 + R_1} \qquad \textbf{[21]}$$

및

$$G = G_1 + G_2 \qquad \textbf{[22]}$$

의 관계가 성립된다. 따라서 병렬 결합시는 각 컨덕턴스가 합해지며 이는 직렬 결합시에 각 저항이 합해지는 것과 대조를 이룬다. 일반적으로 n 개의 저항을 병렬 결합하면 전체 저항 및 컨덕턴스는 다음과 같다.

$$\frac{1}{R}=\frac{1}{R_1}+\frac{1}{R_2}+\Lambda+\frac{1}{R_n} \quad \text{또는} \quad R=\frac{1}{\frac{1}{R_1}+\frac{1}{R_2}+\Lambda+\frac{1}{R_n}}$$

$$G=G_1+G_2+\Lambda+G_n=\sum_{i=1}^{n}G_i \tag{23}$$

예제 1-6

그림 1-19의 회로에서 전압원에 의해 공급되는 전류 I를 구하라.

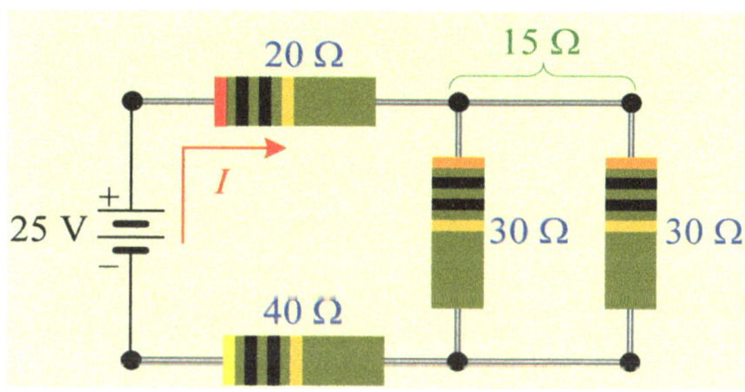

▲그림 1-19 예제 1-6의 그림

풀이 30Ω 저항의 두 병렬 결합은 30Ω‖30Ω=15Ω인 하나의 저항과 등가이다. 따라서 전체 등가 저항은 20 Ω과 15 Ω 및 40 Ω의 직렬 결합과 같으므로 (20+15+40)=75 Ω이 되어 전류 I는

$$I=\frac{25\text{ V}}{75\,\Omega}=\frac{1}{3}\text{ A}$$

전류 분배

그림 1-20과 같이 n 개의 저항을 병렬 결합하여 그 양단에 전압 V를 가할 때 임의의 저항 R_x를 통해 흐르는 전류 I_x는

$$I_x=G_xV \tag{24}$$

이며 전체 전류 I는 각 저항에 흐르는 전류의 합인

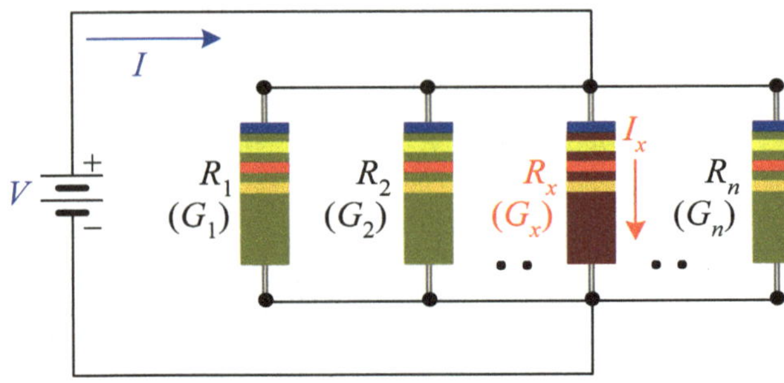

그림 1-20
저항의 병렬 결합

$$I = (G_1 + G_2 + \Lambda + G_n)V \qquad [25]$$

이므로 위의 두 식으로부터 다음과 같은 관계를 구할 수 있다.

$$I_x = \left(\frac{G_x}{G_1 + G_2 + \Lambda + G_n} \right) V \qquad [26]$$

위의 관계를 **전류 분배 법칙**이라 하며 이는 병렬 결합을 이루고 있는 저항들 중에서 임의의 저항에 흐르는 전류는 전체 컨덕턴스에 대한 해당 저항의 컨덕턴스의 비율로 전류가 분배됨을 의미한다.

예제 1-7

그림 1-21의 회로에서 저항 R_4 양단 전압 V_4의 범위를 구하라.

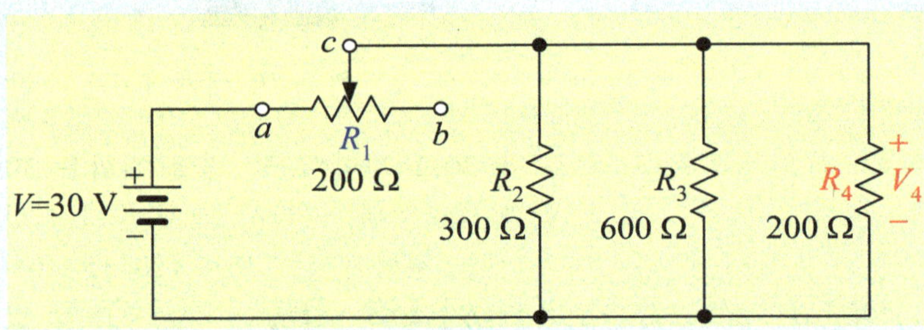

▲그림 1-21 예제 1-7의 그림

풀이

(a) **와이퍼가 단자 a에 있을 때**; 와이퍼가 단자 a에 있으면 a-b간의 저항이 0이므로 가감 저항은 회로에서 없는 것과 같다. 따라서 300Ω, 600Ω 및 200Ω의 세 저항이 전압원에 병렬 연결된 형태이므로 R_4 양단 전압은

$$V_4 = 30\text{ V}$$

로 최대가 된다.

(b) 와이퍼가 단자 b에 있을 때; 이 경우는 가감 저항기의 전체 저항인 200 Ω이 모두 회로에 연결된다. 먼저 병렬 결합된 세 저항 300 Ω, 600 Ω 및 200 Ω의 전체 저항을 구하면

$$300\ \Omega \| 600\ \Omega \| 200\ \Omega = \frac{1}{1/300 + 1/600 + 1/200} = 100\ \Omega$$

이며 이는 또한 200 Ω의 가감 저항기와 직렬 결합을 이루게 된다. 따라서 병렬 결합 저항들의 양단 전압 V_4는 전압 분배 법칙에 의해

$$V_4 = \frac{100\ \Omega}{200\ \Omega + 100\ \Omega} \times 30\ \text{V} = 10\ \text{V}$$

로서 최소가 된다. 이상으로 V_4의 범위는 다음과 같다.

$$\mathbf{10\ V \le V_4 \le 30\ V}$$

단락과 개방

회로 내의 임의의 두 단자 간에 소자를 접속할 때 가장 극단적인 두 경우가 단락(短絡;short)과 개방(開放;open)이다. 단락은 그림 1-22의 (a)와 같이 두 단자 사이를 저항이 0인 도선으로 연결하는 것과 같다. 이와 반대로 개방은 그림 (b)와 같이 두 단자 사이의 도선을 절단함으로써 전류가 흐르지 못하도록 두 단자 사이를 개방시키는 것이다. 즉 단락 회로는 R=0인 저항과 같고 개방 회로는 R=∞인 저항과 같다. 따라서 단락 회로에는 전류의 흐름이 허용되지만 양단 전압은 0이며, 개방 회로는 반대로 양단 전압은 허용되지만 전류는 0이 된다.

▶그림 1-22
(a) 단락 회로;
(b) 개방 회로.

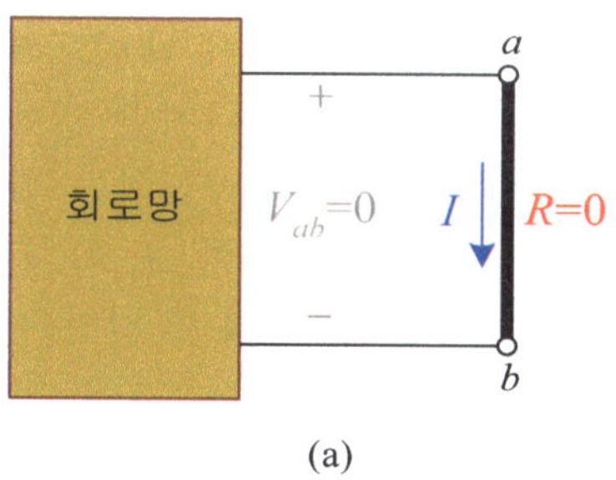

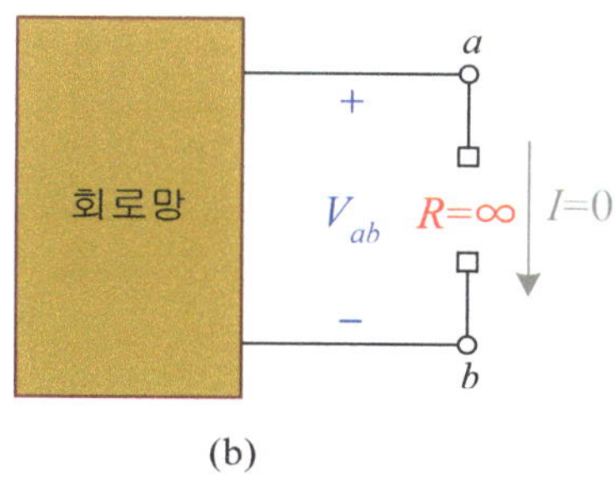

그림 1-23은 단락 및 개방 회로가 유한한 저항과 직렬 또는 병렬로 결합되는 경우에 대한 등가 회로를 보여주고 있으며 이에 대한 증명은 매우 간단하므로 독자들에게 맡긴다.

▶그림 1-23
유한한 저항과 단락 및 개방 회로의 결합

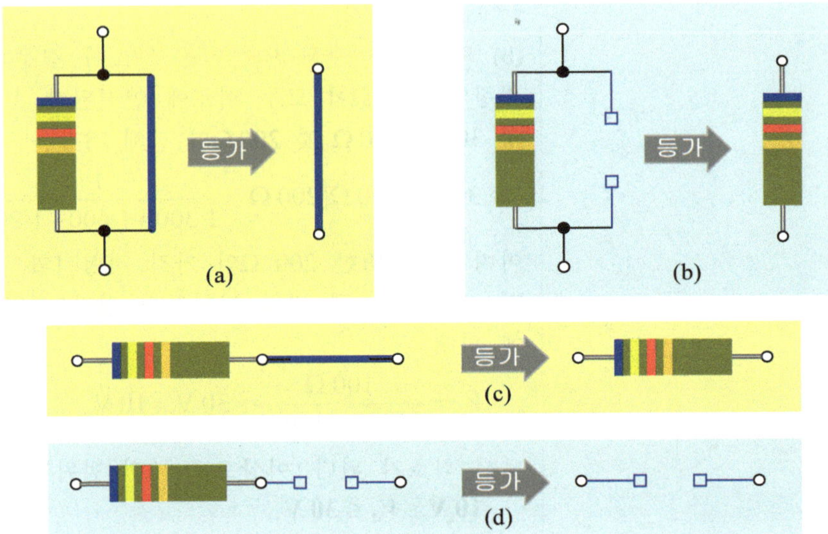

1.4 전원

전원이란 한마디로 전기를 생산하는 에너지원이다. 전원에는 전압을 위주로 전기 에너지를 생산하는 전압원과, 전류를 위주로 전기 에너지를 생산하는 전류원이 있으며 실제로 접할 수 있는 것은 전압원이다. 예를 들어 직류 전압을 생산하는 전지나 발전소에서 생산하는 교류 전원은 모두 전압원에 해당한다. 전원과는 개념이 약간 다르지만 신호를 발생시키는 원천을 신호원이라 한다. 예를 들면 안테나에 유기된 수신 신호의 전압이나 자기 테이프의 헤드에서 검출되는 전압 등이 있으며 이들은 전기적인 에너지란 점에서는 전원과 성질이 같다. 그러나 전원은 외부에 에너지를 공급하는 것이 주 목적이지만 신호원은 신호(또는 정보)를 공급하는 것이 주 목적이다.

시간에 따라 변하지 않고 일정한 전압(전류)을 정전압(정전류) 또는 직류 전압(직류 전류)이라 한다. 직류 전압과 직류 전류는 V, I 등과 같이 대문자 변수로 표현하는 것이 관례이다. 그리고 시간에 따라 변하는 전압과 전류는 v, i 등 소문자 변수로 표현하며 특히 시간의 함수임을 강조하고자 할 경우는 $v(t)$, $i(t)$ 등으로 표시한다. 이에 덧붙여 이 책에서는 전원을 나타내는 변수들은 모두 첨자 s를 사용하여 표기하기로 한다. 즉 직류 전원은 V_s 및 I_s로, 시간에 따라 변하는 전원은 $v_s(t)$, $i_s(t)$ 등으로 표시하기로 한다. 그리고 전원의 회로 기호는 그림 1-24와 같으며 특히 그림 (a)의 직류 전압원의 경우는 그림 1-7의 (b)와 같이 나타내기도 한다.

▶그림 1-24
전원의 회로 기호;
(a),(b) 전압원;
(c),(d) 전류원.

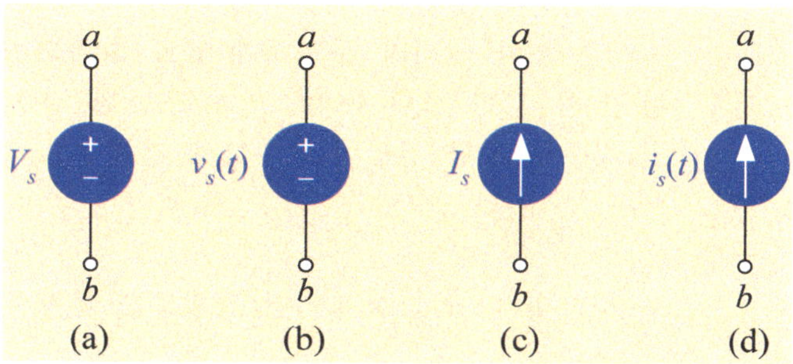

전압원

그림 1-24의 (a), (b)에서 전압원 양단 전압은 단자 *a-b*에 연결되는 외부 회로에 의해 어떠한 영향도 받지 않고 독자적으로 정해지며 다만 전압원을 통해 흐르는 전류는 크기와 방향에 있어서 전혀 제한을 받지 않는다. 이러한 성질의 전압원을 이상적인 전압원이라 하며 그림 1-25의 (a)는 이상적인 직류 전압원과 그 전압-전류 특성 곡선을 보여준다. 즉 단자 *a-b*간의 전압은 전류에 무관하게 항상 일정하며 전류는 $-\infty$에서 $+\infty$까지 제한 없이 흐를 수 있어야 한다. 따라서 전압원을 끈다는 것은 전압만 0으로 하면서 흐르는 전류는 제한하지 않는 것이므로 이는 단락 회로의 특성과 동일하다. 따라서 전압원을 끄는 작용은 그림 1-25의 (b)와 같이 전압원을 단락시키는 것과 등가이다.

▶그림 1-25
이상적인 전압원의
(a) 전압-전류 특성;
(b) 전압원 차단.

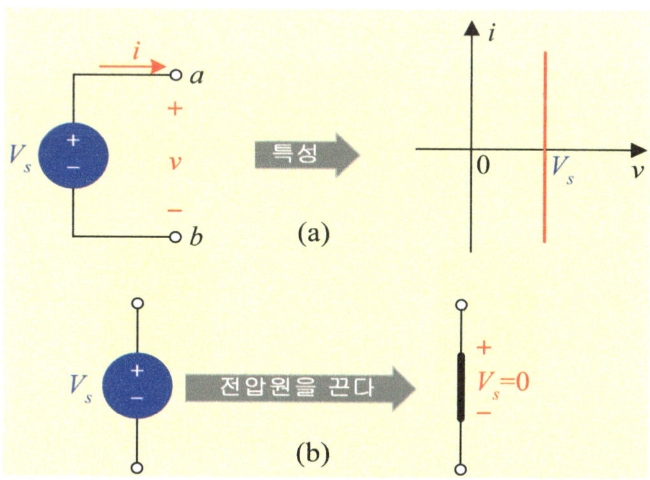

이상적인 전압원은 $-\infty$에서 $+\infty$까지 이르는 전류를 흘려 줄 수 있어야 하므로 현실적으로는 불가능하다. 이에 대해 좀 더 구체적으로 알아보기 위해 그림 1-26의 두 회로를 살펴보자. 그림 (a)는 이상적인 직류 전압원의 양단에 가변 저항 R_x를 부하로 연결한 회로이며 R_x 양단 전압은 R_x의 크기와 무관하게 V_s로 고정되어야 한다. 따라서 만일 그림 (b)와 같이 극단적으로 $R_x=0$으로 할 경우, 즉 단자 a-b간을 단락시킬 경우도 양단 전압이 V_s이므로 전류는

$$i=\frac{V_s}{0}=\infty \qquad [27]$$

로 무한대가 되어 실제 전압원으로는 불가능하다.

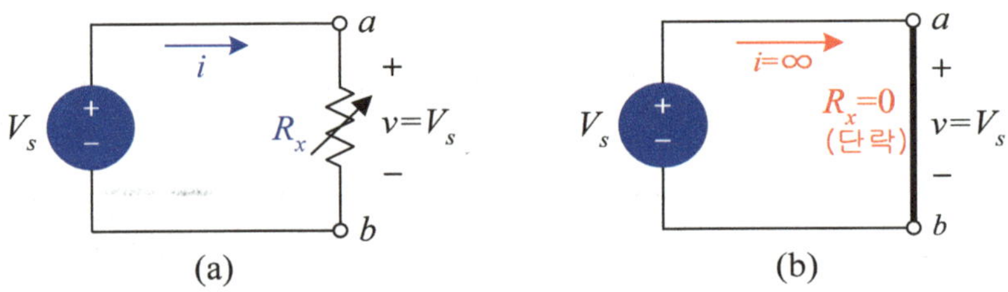

▶그림 1-26
이상적인 전압원:
(a) 유한한 부하;
(b) 부하가 0.

실제의 모든 전원은 그 자체 내에 어느 정도 크기의 저항 성분을 포함하고 있으며 이를 **전원 저항** 또는 **내부 저항**이라 한다. 그림 1-27은 직류 전압원인 전지의 예를 든 것으로 저항 r은 전지의 내부 저항을 나타낸다. 그림 (a)와 같이 전지에 아무 것도 접속하지 않고 양단 전압을 측정하면 V_s가 그대로 나타나지만 그림 (b)와 같이 부하를 연결한 상태에서는 내부 저항 r에 의한 전압 강하에 의해 전지 양단에는 V_s보다 작은 전압이 나타난다. 전지의 경우 내부 저항 값은 새로운 전지일수록 작고 사용하고 있는 중에는 점점 커지게 된다.

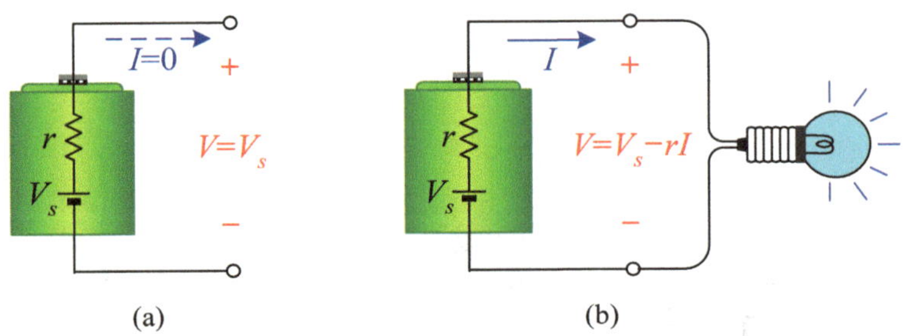

▶그림 1-27
실제 전지의 특성:
(a) 부하가 없을 때;
(b) 부하가 있을 때.

실제 직류 전압원은 그림 1-28의 (a)와 같이 내부 저항 R_S와 이상적인 전압원의 직렬 결합으로 등가화할 수 있으며 그 전압-전류 특성은 그림 (b)와 같다. 즉 그림 (a)에서 정한 전류 i의 방향을 고려하면 저항 R_S 양단의 전압 강하로 인해

$$v = V_s - R_S i \quad [28]$$

의 관계를 만족하므로 그림 (b)와 같은 것이다. 따라서 그림 (a)에서 단자를 단락시켜도 내부 저항에 의해 전류는

$$i = \frac{V_s}{R_S} < \infty \quad [29]$$

와 같이 제한되므로 실제적인 전압원으로 동작할 수 있는 것이다. 실제 전압원은 내부 저항이 작을수록 이상적인 전압원에 가까워진다.

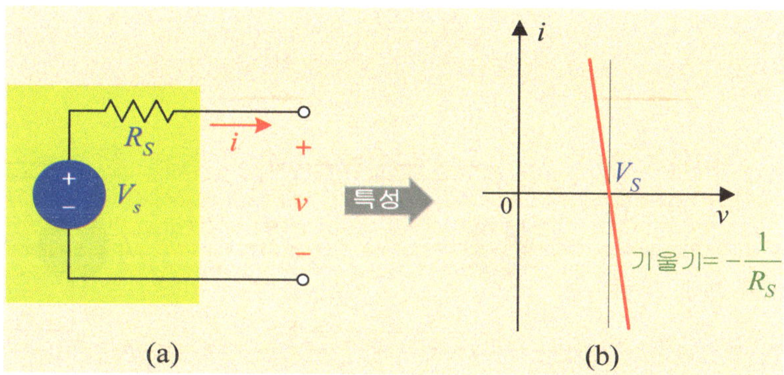

▶그림 1-28 실제 직류 전압원의 (a) 등가 회로; (b) 전압-전류 특성.

전류원

전류원은 전압원과 여러모로 대조적인 특성을 지닌다. 그림 1-29의 (a)는 이상적인 직류 전류원의 전압-전류 특성을 나타낸다. 즉 이상적인 전류원이 되기 위해서는, 단자에 결합되는 어떠한 외부 회로에 의해서도 그 전류가 영향을 받지 않음과 동시에 전류원의 양단 전압은 크기와 극성에 제한이 없어야 한다. 그리고 전류원을 끈다는 것은 전류만 0으로 하고 양단 전압은 제한하지 않는 것이므로 개방 회로와 등가이며 그림 1-29(b)가 이를 나타낸다.

이상적인 전압원이 실재할 수 없는 것과 같이 이상적인 전류원도 실재할 수 없으며 그림 1-30이 이를 보여준다. 전류원에 부하를 결합한 그림 1-30(a)의 회로에서 부하 저항 R_x가 유한할 경우는 전압 v도 유한하다. 그러나 부하가 개방된($R_x=\infty$) 그림 (b)의 경우에서도 전류는 흘러야 하므로 단자 a-b간의 전압은 $+\infty$가 되어야 한다. 즉 전류원은

▶**그림 1-29**
이상적인 전류원의
(a) 전압-전류 특성;
(b) 전류원 차단.

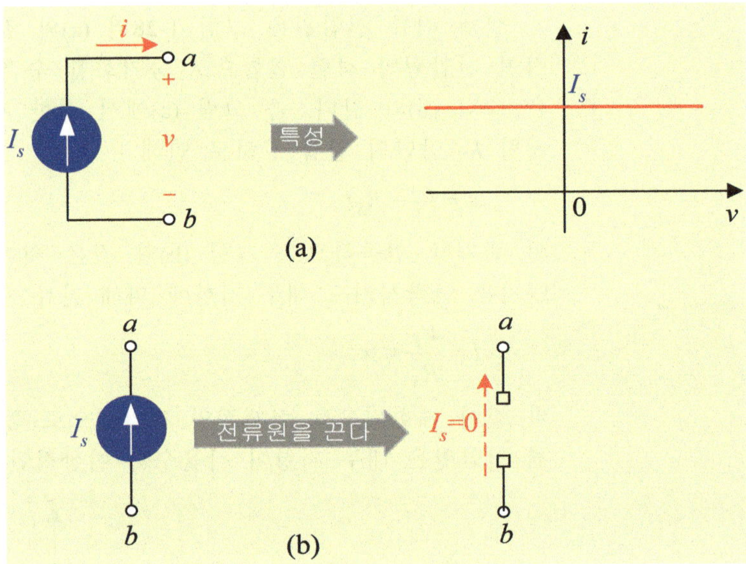

▶**그림 1-30**
이상적인 전류원:
(a) 유한한 무하;
(b) 무한대 부하.

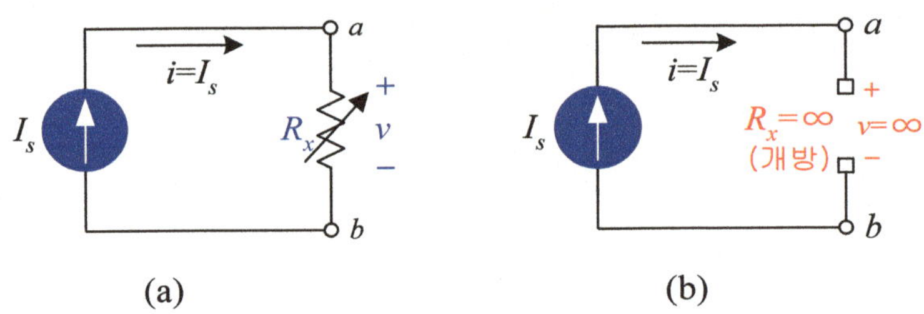

즉 전류원은 무한대의 전압을 제공할 수 있어야 하므로 현실적으로 불가능한 것이다. 실제적인 전류원은 그림 1-31의 (a)와 같이 이상적인 전류원과 내부 저항의 병렬 결합으로 등가화할 수 있다. 이 경우 전류원의 단자가 개방되어도 전류원의 전류가 모두 내부 저항 R_S를 통해 흐를 수 있으므로 전압은 무한대가 아니라

$$v = R_S I_s \qquad [30]$$

로 제한된다. 그리고 실제 전류원에서는 내부 저항이 클수록 이상적인 전류원에 가까워지며 이는 실제 전압원의 경우와 반대이다. 그림 1.31(a)에서 저항 R_S에 흐르는 전류는 v/R_S이므로 전류 i는

$$i = I_s - \frac{v}{R_S} \qquad [31]$$

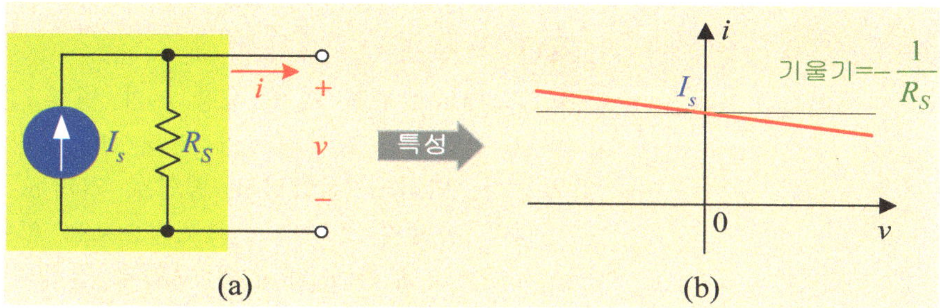

▸그림 1-31 실제 직류 전류원의 (a) 등가 회로; (b) 전압-전류 특성.

이므로 v-i의 관계는 그림 1-31의 (b)와 같다.

이상으로 이상적인 전압원과 저항의 직렬 결합(그림 1-32(a)) 및 이상적인 전류원과 저항의 병렬 결합(그림 1-32(b))는 가장 단순하지만 전기 회로의 기본 개념을 담고 있는 매우 의미 있는 것이다. 이와는 정 반대로 회로적으로 아무 의미가 없는 회로가 있으니 그것은 전압원과 저항의 병렬 결합, 전류원과 저항의 직렬 결합이며 이에 대해서는 다음의 예제를 통해 알아본다.

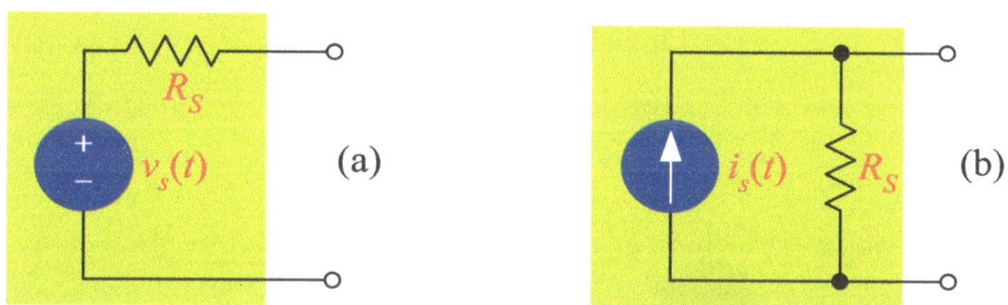

▸그림 1-32 등가회로: (a) 실제 전압원; (b) 실제 전류원.

예제 1-8

그림 1-33의 두 회로에서 전압 v, 전류 i에 R_S가 미치는 영향을 알아 보아라.

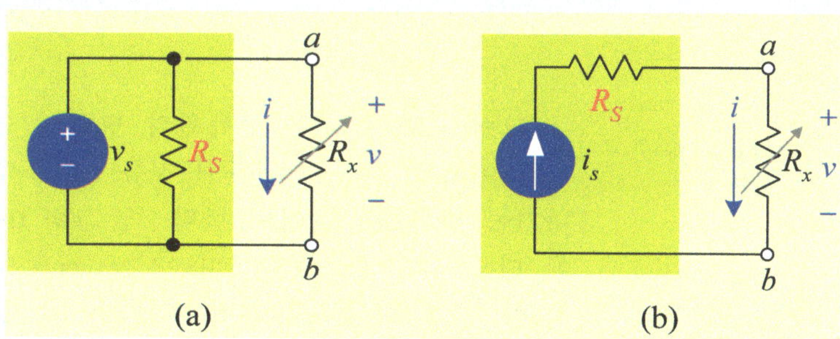

▲그림 1-33 예제 1-8의 그림

풀이

(a) 그림 *a*; 부하 R_x가 저항 R_S와 병렬 결합된 상태이므로 R_x의 양단 전압 v는 전압원 v_s에 의해서만 결정되며 R_S의 영향을 받지 않는다. 따라서 전압원과 병렬로 결합된 소자는 부하에 아무런 영향을 미치지 못하므로 회로적으로는 의미가 없다.

(b) 그림 *b*; 부하 R_x가 R_S와 직렬로 결합되어 있으므로 두 저항에 흐르는 전류는 전류원의 전류 i_s로 정해진다. 즉 R_x에 흐르는 전류 i는 i_s로 정해지며 저항 R_S의 영향을 받지 않는다. 따라서 전류원과 직렬로 결합된 소자는 부하에 아무런 영향을 미치지 못하므로 의미가 없다.

전원의 결합

그림 1-34의 (a)과 같이 두 전압원을 직렬로 결합할 경우를 살펴보자. *b* 점의 전위에 비해 *c* 점의 전위가 $+v_1$ 만큼 높으며 다시 *c* 점에 비해 *a* 점의 전위가 $+v_2$ 만큼 높으므로 *b* 점에 비해 *a* 점의 전위가 v_1+v_2 만큼 높아진다. 따라서 그림 (a)는 그림 (b)와 단자 *a*, *b*에 대해 서로 등가이다. 따라서 *n* 개의 전압원을 직렬로 결합하면 전체 등가 전압원은 각 전압원의 대수적 합과 같다(전압원들의 극성에 유의).

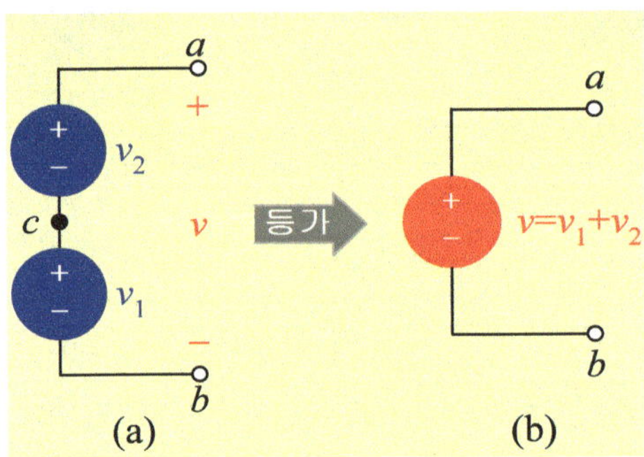

►그림 1-34 전압원의 (a) 직렬 결합; (b) 등가 회로.

그림 1-35의 (a)는 전류원의 병렬 결합이다. 마디인 점 *c*로부터 흘러 들어오는 전류는 전류원 전류 i_1과 i_2의 합이며 이는 *c* 점으로 흘러 나가는 전류 *i*와 같아야 한다. 즉 그림 (b)의 두 회로는 서로 단자 *a*, *b*에 대해 서로 등가이다. 따라서 *n* 개의 전류원을 병렬로 결합하면 전체 등가 전류원은 각 전류원의 대수적 합과 같다(전류원 전류들의 방향에 유의).

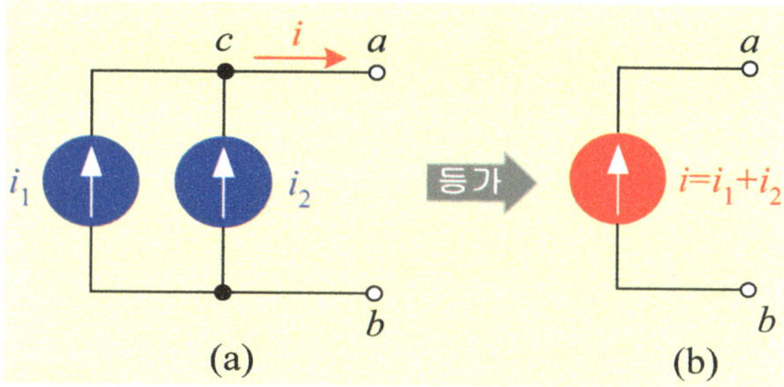

▶그림 1-35 전류원의 (a) 병렬 결합; (b) 등가 회로.

예제 1-9

그림 1.36의 (a) 회로는 전원 저항이 각각 0.3 Ω 및 0.2 Ω인 1.5 V 짜리 두 전지를 직렬로 연결하여 저항이 2.5Ω인 전구를 켜는 회로이다. 전구에 흐르는 전류 I를 구하라.

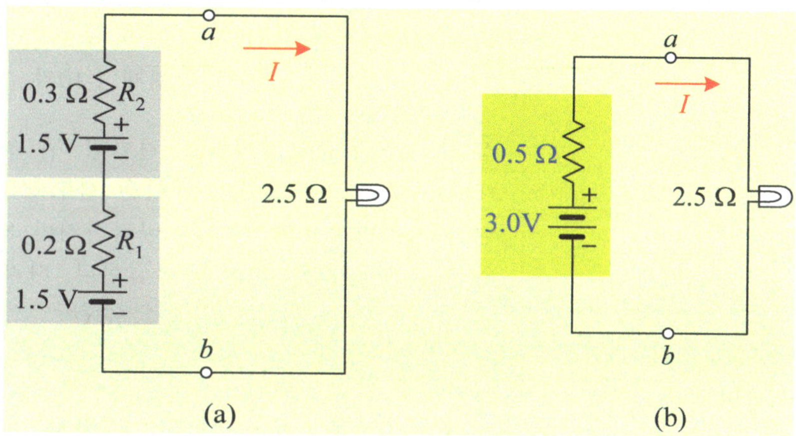

▲그림 1-36 예제 1-9의 그림

풀이 그림 (a)에서 1.5V 짜리 두 전압원이 같은 극성으로 직렬 결합되어 있으므로 전체 전압은 3.0V가 된다. 그리고 두 저항 R_1, R_2 역시 직렬 결합이므로 전체 저항은 0.5Ω이다. 따라서 그림 (a)는 그림 (b)와 등가이며 이로부터 전류 I는

$$I = \frac{3.0\ \text{V}}{(0.5+2.5)\ \Omega} = \mathbf{1\ A}$$

저항의 결합과는 달리 전원의 결합에서는 전압원의 극성과 전류원의 방향에 유의하여야 하며 다음의 예를 통해 알아보자.

예제 1-10

그림 1.37의 (a) 회로에서 전류 I를 구하고 이로부터 R_2 양단의 전압 V_x를 구하라.

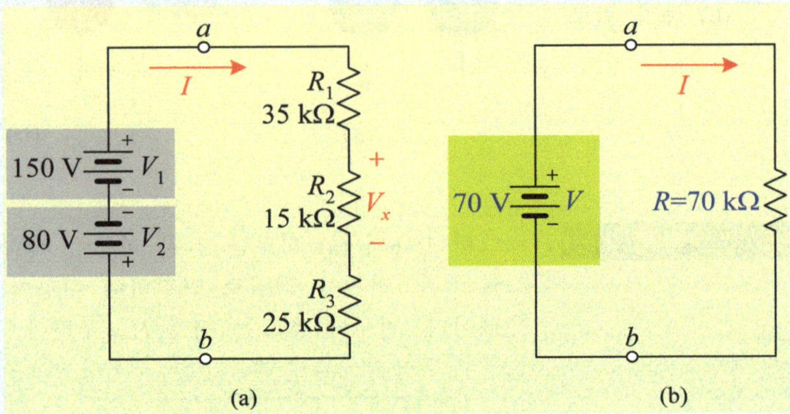

▲그림 1-37 예제 1-10의 그림

풀이 그림 (a)에서 직렬로 결합된 두 전압원의 극성이 서로 반대이다. 150V 전압원의 극성은 회로에 표시된 전류 I 의 방향과 일치하는 방향으로 전류를 공급하지만 80V 전압원의 극성은 이와 반대 방향으로 전류를 공급한다. 따라서 전체 전압은

$$V = V_1 - V_2 = (150 - 80)\ \text{V} = 70\ \text{V}$$

저항들은 모두 직렬로 결합되어 있으므로 전체 저항은

$$R = R_1 + R_2 + R_3 = (35 + 15 + 20)\ \text{k}\Omega = 70\ \text{k}\Omega$$

따라서 그림 (a)의 등가 회로는 그림 (b)와 같으며 이로부터 전류 I를 구하면

$$I = \frac{V}{R} = \frac{70\ \text{V}}{70\ \text{k}\Omega} = \mathbf{1\ mA} \qquad (1\ \text{mA} = 10^{-3}\ \text{A})$$

이상으로 그림 (a)에서 전압 V_x는

$$V_x = R_2 I = 15\ \text{k}\Omega \times 1\ \text{mA} = \mathbf{15\ V}$$

로 주어진다.

접지 공간에서 임의의 한 점에 대한 절대적인 위치 에너지는 정의할 수 없으며 단지 두 점간의 위치 에너지 차만 정의될 수 있다. 이와 마찬가지로 회로에서도 임의의 한 점의 절대적인 전위는 정의될 수 없고 다만 두 점 사이의 전위차 즉 전압만 정의된다. 그러나 편의상 땅의 위치 에너지를 기준으로 하여 다른 부분의 위치 에너지를 정의하면 편리하듯이 회로에서도 임의의 한 점의 전위를 기준 전위로 삼아 다른 부분의 전위는 이에 대한 상대적인 차로 나타내면 편리하다. 이 때 기준이 되는 점을 접지(接地)라 하고 전위는 0 V로 한다.

예를 들어 예제 1-6의 그림 1-19의 경우 전압원 및 각 저항의 양단 전압을 표시하면 그림 1-38(a)와 같으며, 이 회로에서 A 점을 접지로 하여 각 점의 전위를 표현한 것이 그림 (b)이다. 여기서 A 점에 표시된 기호가 접지 기호이며 일반적으로 전압원의 음극 단자를 접지로 삼는 것이 보통이다. 그리고 대부분의 전기 기기는 대지(earth)를 통해 접지되므로 이를 특히 대지 접지(earth ground)라 한다.

▶그림 1-38
(a) 회로의 예;
(b) 마디 A를 접지한 회로.

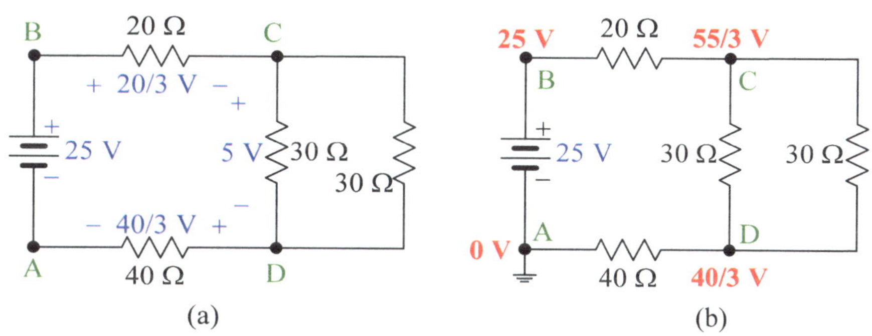

자동차와 상용차들은 내부의 다양한 전기 장치에 전력을 공급하기 위해 일반적으로 12 V의 축전지를 내장하고 있으며 그림 1-39의 (a)와 같이 차량 내부의 전기 회로들은 차의 금속 몸체를 공통 접지로 사용한다. 이와 같은 개념으로, 전기가 공급되는 많은 전기 장비들은 그 장비들의 케이스나 섀시(chassis)를 기준 접지로 사용하며 이러한 접지 형태를 섀시 접지(chassis ground)라 한다. 자동차의 경우 차체는 절연체인 타이어를 통해 대지와 접촉하므로 섀시 접지의 전위와 대지 접지의 전위는 꼭 같을 필요는 없다. 그러나 차체와 대지 사이에 방전로를 연결함으로써 두 종류의 전위는 같게 할 수 있다. 그림 (b)의 세탁기 경우는 안정성을 고려하여 섀시 접지와 대지 접지를 함께 접속

▶그림 1-39
새시 접지와
대지 접지의 예

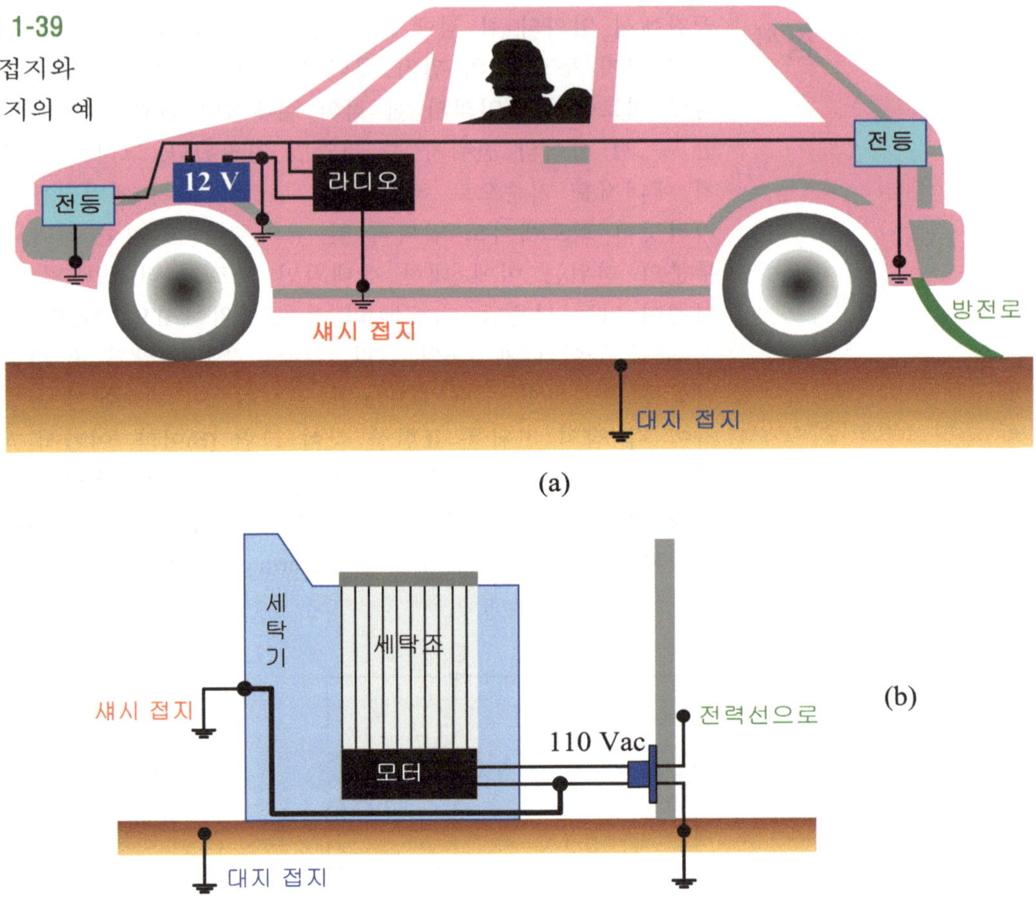

접속시킨다. 만일 두 접지를 연결하지 않으면 누전 등으로 대지 접지와 섀시 접지간에는 전위차가 존재할 수 있으므로 사용자가 접지된 바닥 위에서 세탁기를 만지면 전기적인 충격으로 위험해질 수 있다.

1.5 전력

전위차(전압)에 의한 전류의 발생은 전기가 하는 일, 즉 전력과 관련이 있다. 전력은 단위 시간 당 한 일의 양으로 정의하므로 회로 소자에서 발생되거나 또는 소모되는 전력 P는 다음과 같이 표현된다.

$$P = \frac{\text{일}}{\text{시간}} = \frac{\text{일}}{\text{단위 전하}} \times \frac{\text{전하}}{\text{시간}} = \text{전압} \times \text{전류} \quad [32]$$

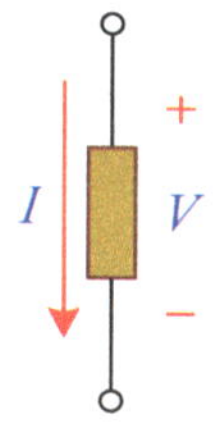

▲그림 1-40
수동 부호 규정

임의의 소자의 양단 전압과 흐르는 전류가 그림 1-40과 같은 극성과 방향을 만족하면 이를 수동 부호 규정이라 하며 이 소자를 수동 소자라 한다. 수동 소자에 의해 소비되는 전력은

$$P = VI \tag{33}$$

로 주어진다. 전력의 단위는 와트(watt)이며 단위 기호는 W이다. 저항은 대표적인 수동 소자이며 이 경우 식 (33)은 옴의 법칙에 의해 다음과 같이 표현할 수 있다.

$$P = VI = I^2R = \frac{V^2}{R} \tag{34}$$

여기서 중요한 것은 전력의 부호이다. 만일 그림 1-40에서 전압의 극성과 전류의 방향 중 하나만 반대가 되면 식 [33]의 소비 전력이 음이 된다. 이러한 소자는 전력을 소비하는 것이 아니라 전력을 생산하는 차원이 되므로 능동 소자라 하며 전원이 대표적인 경우이다.

그림 1-41(a)에서 왼쪽 그림은 수동 소자의 경우이며 이를 중력장에서 비유하면 오른쪽 그림과 같다. 즉 어떤 물체가 위치 에너지가 높은 A 점에서 위치 에너지가 낮은 B 점으로 운동할 때는 물체는 자기가 가진 위치 에너지를 다른 형태로 소모하는 차원이 된다. 반대로 능동 소자인 그림 1-41(b)의 왼쪽 경우는 오른쪽과 같이 비유할 수 있으며, 이는 물체가 위치 에너지가 낮은 쪽에서 높은 쪽으로 이동하기 위해서는 스스로 에너지를 생산해야 하는 경우이다. 능동 소자인 전원은 외부 환경에 따라 수동 부호 규정을 만족할 수도 있고 만족하지 않을 수도 있다. 즉 전원이 외부에 에너지를 공급하면 수동 부호 규정을 만족하지 않지만 보다 큰 전원으로부터 에너지를 흡수하는 경우는 수동 부호 규정을 만족하게 된다. 다음의 예제를 통해 알아보자.

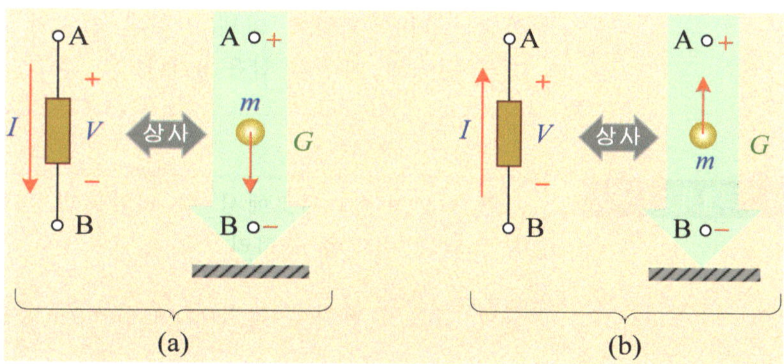

▶그림 1-41
전장과 중력장의 상사:
(a) 수동 소자;
(b) 능동 소자.

예제 1-11

그림 1-42의 (a) 회로에서 12V 전압원을 비롯하여 두 저항 R_1, R_2에 의해 소비(또는 공급)되는 전력을 구하라.

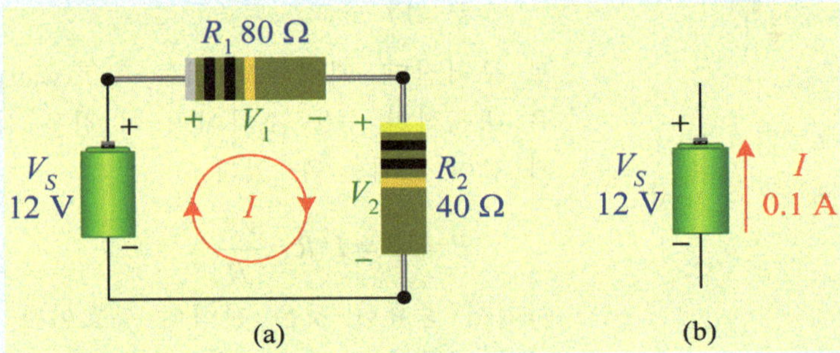

▲그림 1-42 예제 1-11의 그림

풀이 전류의 방향을 그림 (a)에 표시된 방향으로 정하면

$$I = \frac{V_s}{R_1 + R_2} = \frac{12\,\text{V}}{80\,\Omega + 40\,\Omega} = 0.1\,\text{A}$$

저항 R_1과 R_2의 전압과 전류는 수동 부호 규정을 만족하므로 소비 전력은 다음과 같다.

$$P_1 = I^2 R_1 = 0.1^2 \times 80 = \mathbf{0.8\ W}$$
$$P_2 = I^2 R_2 = 0.1^2 \times 40 = \mathbf{0.4\ W}$$
(전력 소비)

다음으로 12V 전압원의 경우는 그림 (b)에서 보는 바와 같이 수동 부호 규정을 만족하지 않는다. 따라서

$$P_s = -V_s I = -12\,\text{V} \times 0.1\,\text{A} = \mathbf{-1.2\ W}$$ (전력 공급)

로서 1.2W의 전력을 생산하는 것이다. 이상으로 전원에 의해 생산된 전력은 저항에 의해 소비된 전력과 같음을 알 수 있다. 즉 전체 전력의 대수적 합은 0이다.

예제 1-12

그림 1-43의 (a) 회로에서 두 전압원과 저항 R에 의해 소비(또는 공급)되는 전력을 구하라.

풀이 전류의 방향을 그림 (a)에 표시된 방향으로 정하면 전류는

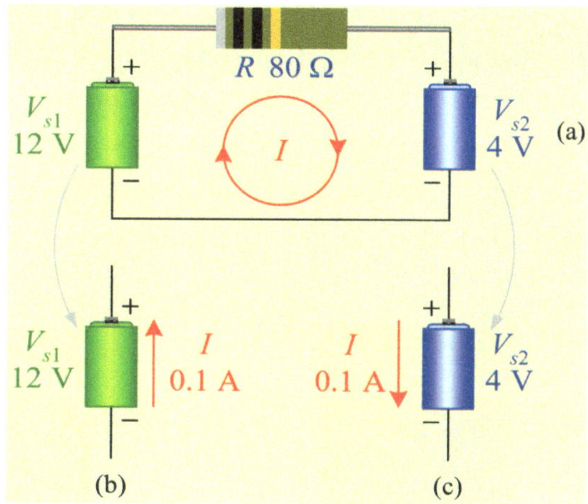

▲그림 1-43 예제 1-12의 그림

$$I=\frac{V_{s1}-V_{s2}}{R}=\frac{12\text{ V}-4\text{ V}}{80\,\Omega}=0.1\text{ mA}$$

저항은 당연히 수동 부호 규정을 만족하므로 소비 전력은

$$P=I^2R=0.1^2\times 80=\mathbf{0.8\ W}$$ (전력 소비)

다음으로 두 전압원에 대한 그림 (b), (c)로부터 12 V 전압원은 수동 부호 규정을 만족하지 않지만 4 V 전압원은 수동 부호 규정을 만족함을 알 수 있다. 따라서

$$P_{s1}=-V_{s1}I=-12\text{ V}\times 0.1\text{ A}=\mathbf{-1.2\ W}$$ (전력 공급)

$$P_{s2}=V_{s2}I=4\text{ V}\times 0.1\text{ A}=0.4\ \mathbf{W}$$ (전력 소비(흡수))

이상으로 전체 전력의 대수적인 합은 0이 된다.

1.6 종속 전원

회로 한 부분의 전압이나 전류가 회로 내의 다른 부분의 전압이나 전류에 의해 제어를 받아 결정되는 경우가 있다. 이 때 제어 받는 측의 전압이나 전류를 제어 전원 또는 종속 전원(dependent source)이라

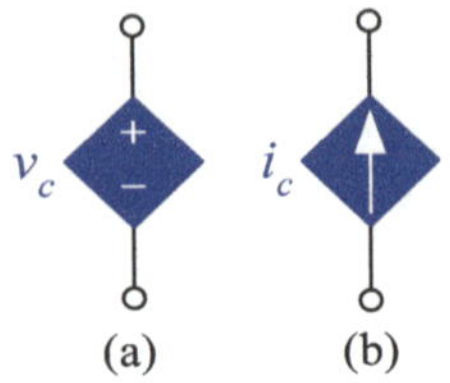

▲그림 1-44 종속 전원

하며 이 책에서는 종속 전원으로 통일하기로 한다. 그림 1-44는 종속 전원의 기호로서 그림 (a)는 종속 전압원, 그림 (b)는 종속 전류원이다. 물론 그림 상에서는 나타나 있지 않지만 종속 전압원 v_c 및 종속 전류원 i_c를 제어하는 전압 또는 전류가 회로의 다른 부분에 반드시 있다는 것을 염두에 두어야 한다. 실제적인 종속 전원 역시 그림 1-45와 같이 내부 저항을 포함하게 된다.

▶그림 1-45 실제적인 (a) 종속 전압원; (b) 종속 전류원.

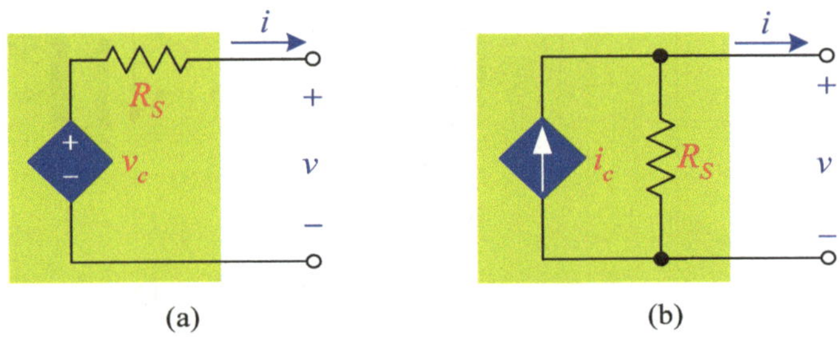

반도체 소자로 구성된 소위 전자 회로 해석에 있어서 종속 전원의 개념은 매우 중요하며 그림 1-46은 네 가지 유형의 종속 전원 회로들을 보여준다. 그 중 그림 (a)는 반도체 소자인 쌍극성 트랜지스터(BJT;

▶그림 1-46 종속 전원 회로의 네가지 등가회로.

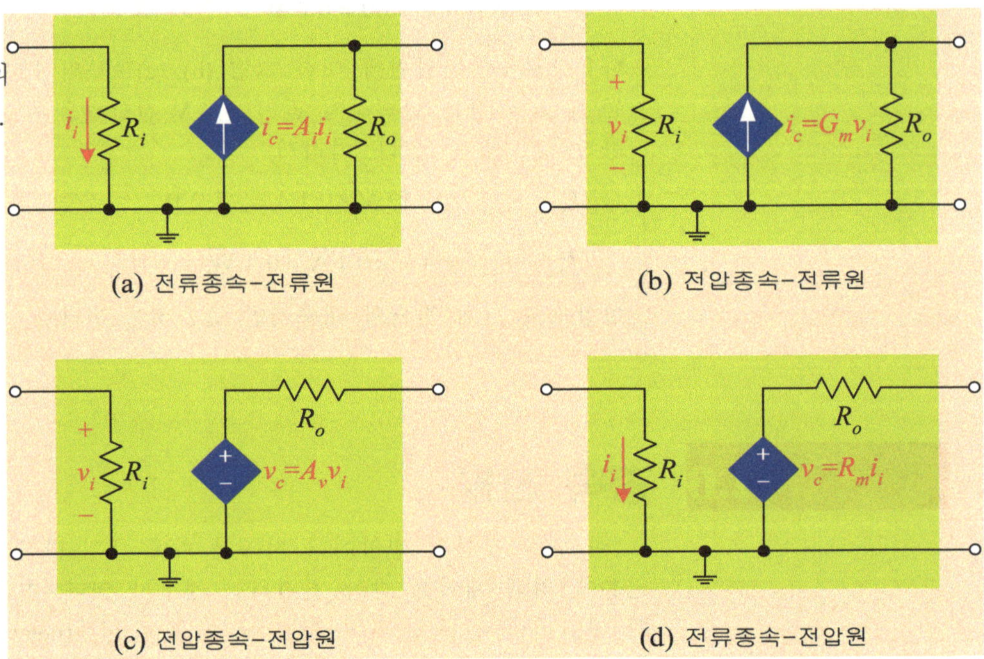

bipolar transistor)에 대한 등가 회로이며 그림 (b)는 전계효과 트랜지스터(FET; field effect transistor), 그림 (c)는 연산 증폭기에 대한 각각의 등가 회로들이다. 그리고 파라미터 A_i, G_m, A_v, R_m은 모두 비례 상수로서 순서대로 전류 이득, 전달-컨덕턴스, 전압 이득, 전달-저항이라 부른다. 각 회로의 왼쪽 두 단자는 신호를 입력하는 입력단이며 오른쪽 두 단자는 부하를 접속하여 원하는 신호를 끌어다 쓰는 출력단이다. 그리고 각 입력단의 전압 v_i 또는 전류 i_i는 종속 전원을 조정하는 제어 변수이다. 그리고 입력단에 있는 저항 R_i를 입력 저항이라 하고 출력단에 있는 저항 R_o를 출력 저항이라 한다(증폭기는 12장에서 설명).

예제 1-13

그림 1-47은 BJT 증폭기에 대한 등가 회로의 한 예이다. 소자 값들이 아래와 같을 때 다음을 구하라:

R_S=500 Ω, R_i=1 kΩ, R_o=40 kΩ, R_L=10 kΩ, A_i=100

(a) 전류 비(전류 이득) i_o/i_i　　(b) 전압 비(전압 이득) v_o/v_s

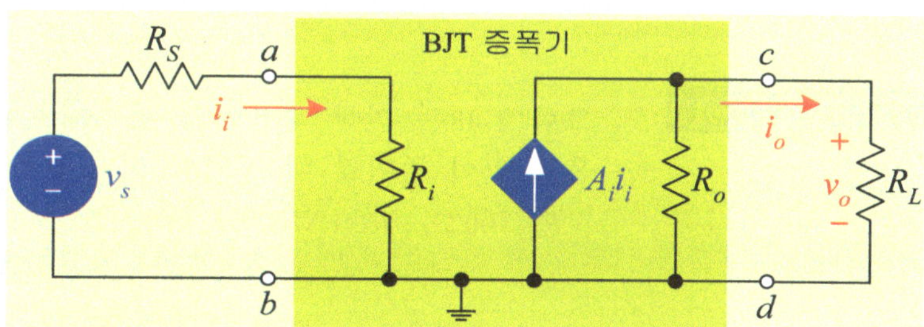

▲그림 1-47 예제 1-13의 그림.

풀이

(a) 출력단에서 전류 분배 법칙에 의해

$$i_o = A_i i_i \left(\frac{R_o}{R_o + R_L}\right) = \left(\frac{A_i R_o}{R_o + R_L}\right) i_i = \left(\frac{100 \times 40}{50}\right) i_i = 80 i_i$$

$$\therefore \frac{i_o}{i_i} = \mathbf{80}$$

(b) 그림 1.42의 입력단은 전원 v_s와 저항 R_S, R_i가 직렬로 결합되어 있으므로 전류 i_i는 옴의 법칙에 의해

$$i_i = \frac{v_s}{R_S + R_i} = \frac{v_s}{1.5 \times 10^3}$$

이다. 따라서 출력 전류 i_o는 (a)의 결과로부터

$$i_o = 80 i_i = \frac{80 v_s}{1.5 \times 10^3}$$

이며 출력 전압 v_o는 다음과 같다.

$$v_o = R_L i_o = \frac{80 \times 10^4 v_s}{1.5 \times 10^3} = 533 v_s$$

$$\therefore \frac{v_o}{v_s} = \mathbf{533}$$

그림 1-47에서 입력단의 전원 v_s가 신호원의 전압이라면 출력단에는 신호 전압의 533 배가 되는 전압을 얻을 수 있으며 이것이 증폭기의 원리이다. 특히 그림 1-47과 같이 입력의 전류를 증폭하는 유형을 전류 증폭기라 하며 BJT가 이에 속한다. 이제 다음의 예제를 통해 입력 전압을 증폭하는 전압 증폭기의 예를 들어보자.

예제 1-14

그림 1-48은 연산 증폭기의 등가회로이다. 각 소자들의 값은 다음과 같이 주어질 때 전압의 비 v_o/v_s를 구하라:

R_S=100 Ω, R_i=1 MΩ, R_o=100 Ω, R_L=10 kΩ , A_v=10,000

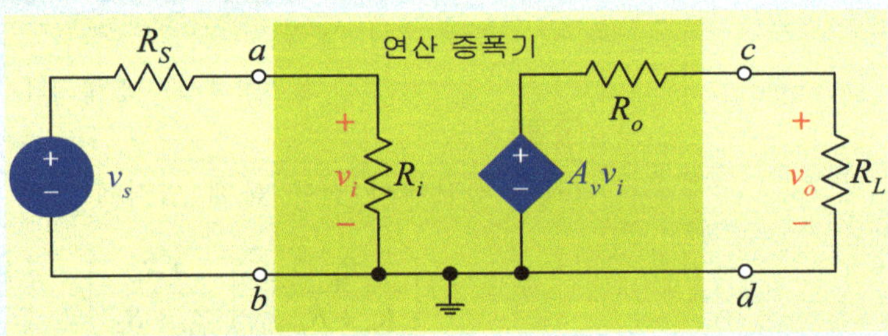

▲그림 1-48 예제 1-14의 그림.

풀이 신호원 v_s와 저항 R_S, R_i가 직렬 결합이며 R_i>>R_S이므로 입력 전압 v_i는 전압 분배 법칙에 의해 근사적으로 다음과 같다.

$$v_i = \left(\frac{R_i}{R_S + R_i}\right)v_s \cong v_s$$

출력단 역시 종속 전압원과 두 저항의 직렬 결합이며 $R_L >> R_o$이므로 출력 전압 v_o는 근사적으로

$$v_o \cong A_v v_i \cong A_v v_s$$

이다. 따라서 전압 비는 다음과 같다.

$$\frac{v_o}{v_s} \cong A_v = \mathbf{10{,}000}$$

♣ 연습 문제 ♣

1-1 2kΩ과 4kΩ 및 6kΩ의 세 저항이 (a)직렬로 결합될 때와 (b) 병렬로 연결될 때 전체 저항을 구하라.

1-2 그림 P1-2의 전체 저항 R_{eq}을 구하라.

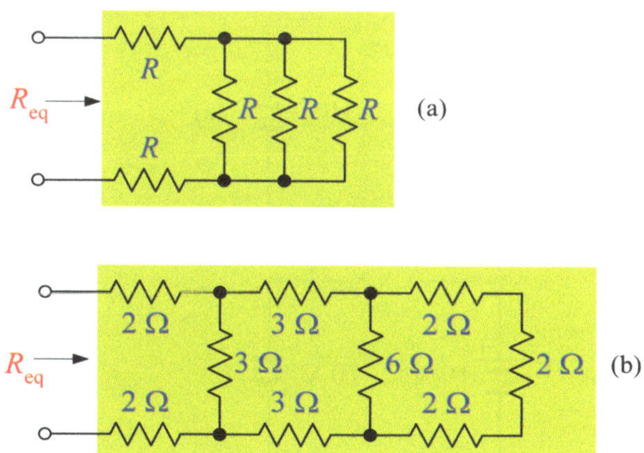

▲그림 P1-2

1-3 그림 P1-3에서 전압 분배 법칙에 의해 전압 V_1과 V_2를 구하라.

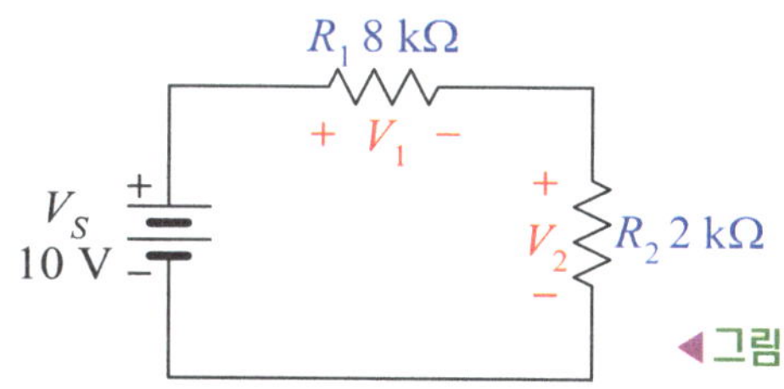

◀그림 P1-2

1-4 그림 P1-4의 회로에서 표시된 바와 같은 전압을 얻기 위해 필요한 저항 R_x를 구하라.

1-5 그림 P1-5에서 전류 분배 법칙을 이용하여 I를 구하라.

1-6 그림 P1-6에서 v_x=20V, v_y=10V일 때 R_x와 R_y를 구하라.

1-7 그림 P1-7에서 전압 관계가 그림과 같다. R_1=1Ω을 시작으로 하여 각 저항을 구하라.

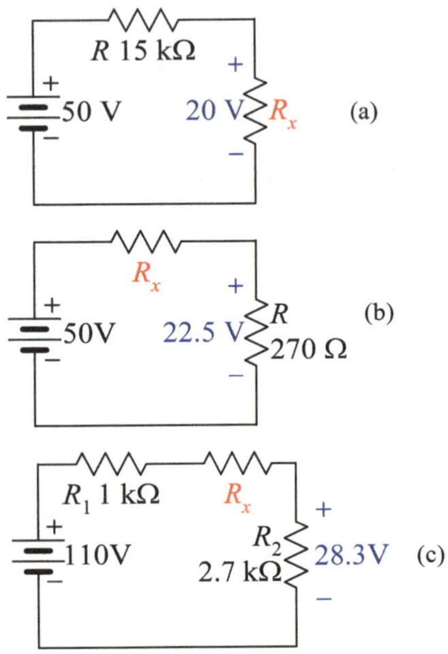

▲그림 P1-4

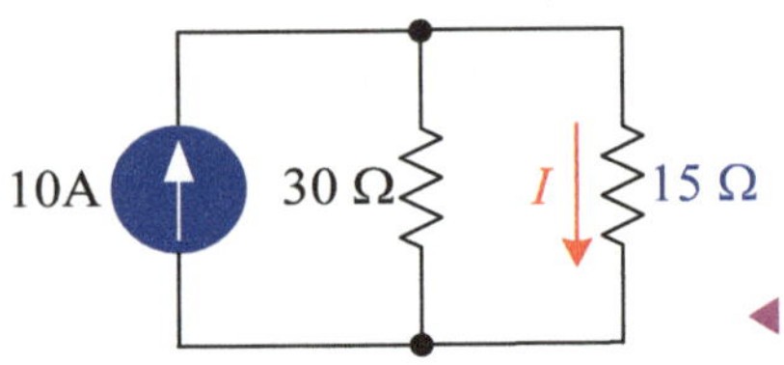

◀그림 P1-5

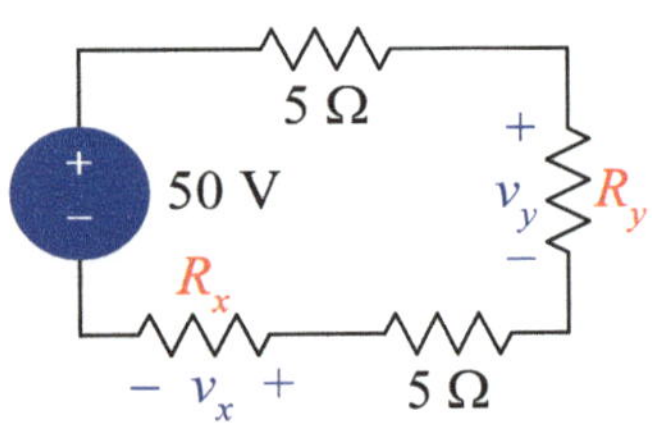

◀그림 P1-6

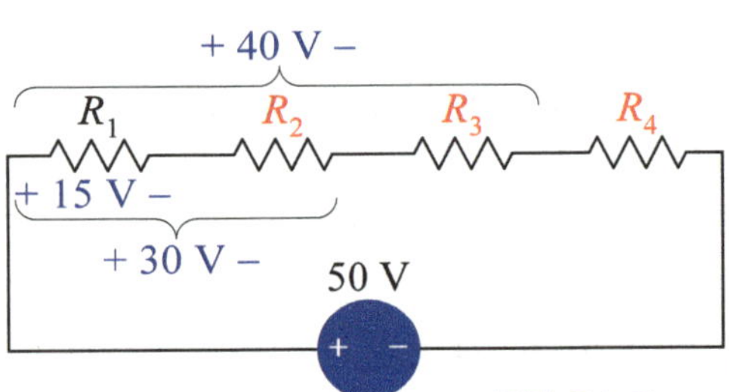

▲그림 P1-7

1-8 그림 P1-8에서 저항 R_x 및 양단 전압 v_x를 구하라.

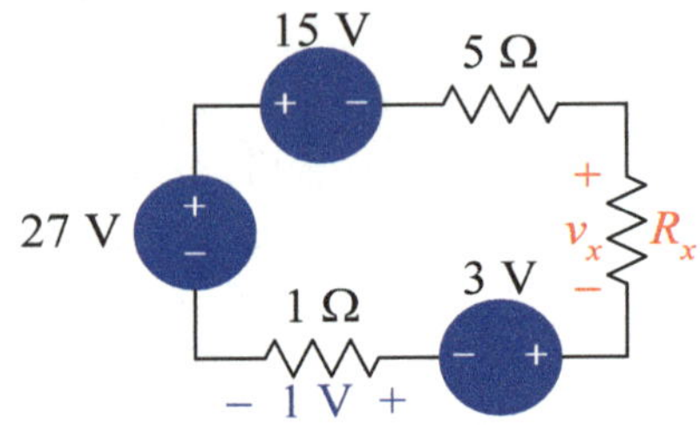

▲그림 P1-8

1-9 그림 P1-9에서 전압 v를 구하라.

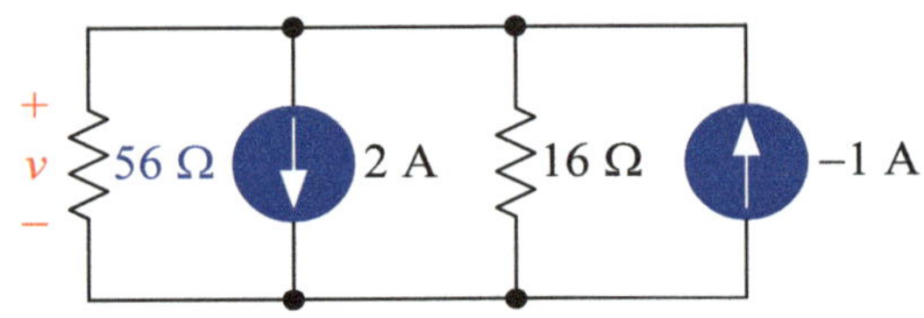

▲그림 P1-9

1-10 그림 P1-10의 두 회로에서 저항 R 양단에 걸리는 전압을 구하고 각 전압은 저항과 무관함을 보여라.

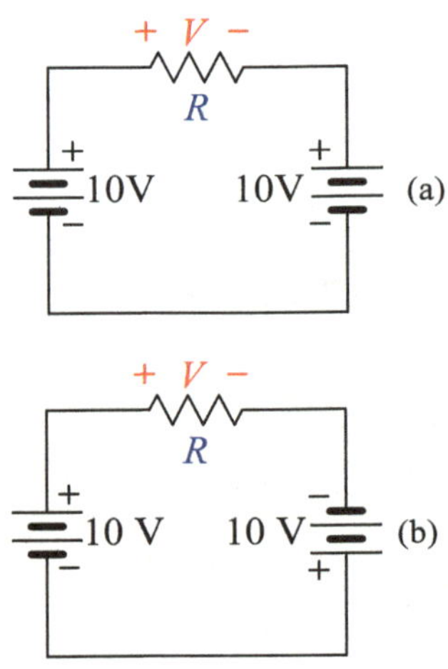

▲그림 P1-10

1-11 그림 P1-11에서 저항 R에 흐르는 전류를 구하고 각 전류는 저항과 무관함을 보여라.

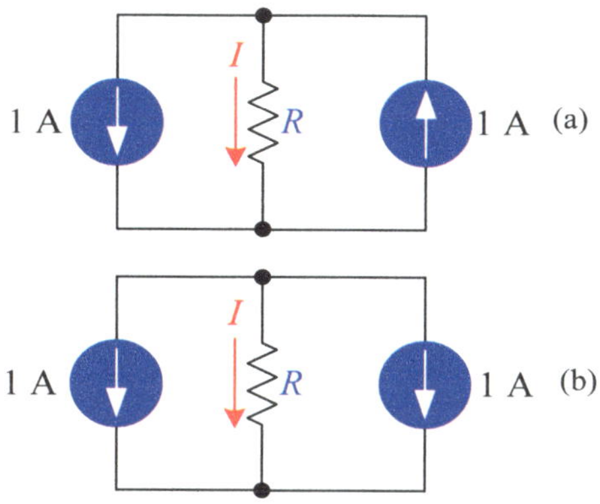

▲그림 P1-11

1-12 어떤 전구가 120V 전압에 연결되어 있다. 전구의 저항이 72Ω일 때 소비되는 전력을 구하라.

1-13 2W짜리의 100Ω 저항에 15V 전지가 연결되어 있다면 저항에 의해 소비되는 전력은 얼마인가? 만일 이 전력이 2W를 초과하면 어떤 일이 생기겠는가?

1-14 그림 P1.14의 각 회로에서 전원을 비롯한 저항에 의해 소비되거나 공급된 전력을 계산하라.

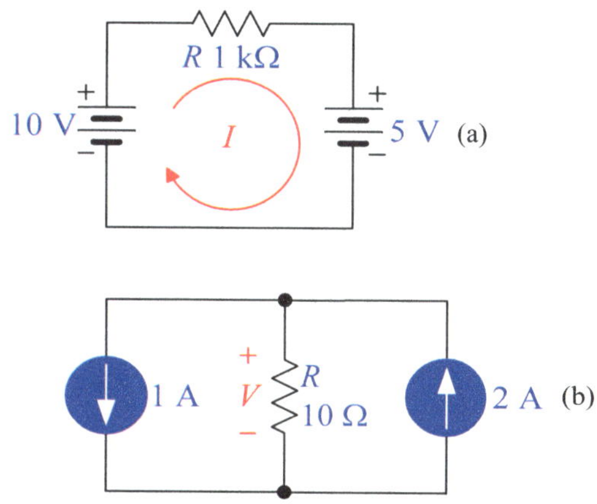

▲그림 P1-14

2장

회로 법칙 (Circuit Law)

전기의 기본 요소인 전압과 전류는 회로 내에서 일정한 법칙에 따라 분배되게 된다. 이 장에서는 회로 내에서 전압과 전류를 지배하는 법칙에 대해 알아보고 이를 바탕으로 보다 일반적인 회로를 체계적으로 해석할 수 있는 여러 가지 방법에 대해 알아본다. 이 장에서 배울 내용은 다음과 같다.

§ 2.1 키르히호프의 법칙
§ 2.2 루프 전류법과 마디 전압법
§ 2.3 전원 변환
§ 2.4 중첩 원리
§ 2.5 테브닌/노턴 등가회로
§ 2.6 최대 전력 전달
♣ 연습 문제

2.1 키르히호프의 법칙

회로를 지배하는 기본 법칙이 키르히호프 법칙이며 여기에는 전압을 지배하는 키르히호프 전압 법칙(Kirchhoff voltage law; KVL)과 전류를 지배하는 키르히호프 전류 법칙(Kirchhoff current law; KCL)의 두 법칙이 있다.

전압 법칙(KVL)

이 법칙은 회로의 전압에 적용되는 것이며 이에 대한 이해를 돕기 위해 먼저 그림 2-1을 이용하여 중력장에서의 위치 에너지 성질에 대해 잠깐 설명하도록 한다. 그림 2-1에서 독자 여러분들이 계단을 따라 오르고 내린다고 상상해 보자. 계단을 오르고 내림에 따라 각 계단의 높이에 비례하여 여러분들의 위치 에너지가 증가하거나 감소할 것이다. 먼저 지상(G)에서 출발하여 계단 1에 오르면 위치 에너지가 V_1만큼 증가하고 다시 계단 2를 오르면 위치 에너지는 V_2만큼 더 증가한다. 따라서 계단 3을 오르면 최대의 위치 에너지 $V_1+V_2+V_3$를 얻게 된다. 이제 계단 4로 내려가면 위치 에너지는 V_4만큼 줄어 $V_1+V_2+V_3-V_4$가 되며 계단 5, 6으로 내려가 출발 높이인 G에 도달하면 V_5, V_6만큼의 위치 에너지를 잃으면서 위치 에너지는 $V_1+V_2+V_3-V_4-V_5-V_6=0$이 된다. 이상으로 원래의 높이로 돌아오면 계단에 의한 위치 에너지의 대수적인 합은 0이 됨을 알 수 있다.

이제 그림 2-2의 전기 회로를 예로 들어 전기적인 위치 에너지(전위)도 위치 에너지와 같이 대수적인 합이 0이 되는 성질이 있음을 알

▶그림 2-1
위치 에너지의 증감

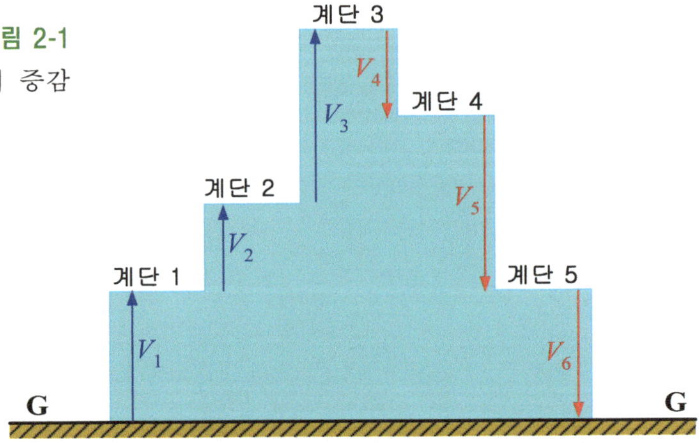

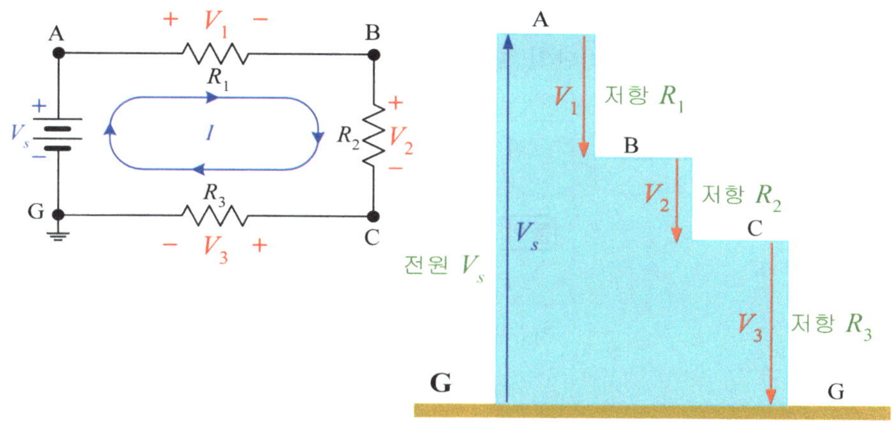

▶그림 2-2
전위의 증감과 대수적인 합을 알아보는 그림

아보자. 이를 위해 접지 G를 기준 전위 0으로 하여 그림에서 표시된 전류의 방향을 따라 시계 방향으로 일주하면서 다시 G로 돌아오는 과정에서 전하가 받는 전위의 대수적 합을 구해본다. 전하가 G로부터 출발하여 A 점에 이르게 되면 전원의 작용으로 G에 비해 전위가 $+V_s$ 만큼 상승하게 된다. 다음으로 A로부터 저항 R_1을 통과하여 B 점에 이르면 옴의 법칙에 의해 전위는 V_1만큼 강하하여 전위는 $V_s - V_1$이 된다. 마찬가지로 R_2를 통과하여 C에 이르고 다시 R_3를 통과하여 G에 돌아오는 과정에서 V_2+V_3만큼의 전압 강하가 생기면서 G 점의 전위는 0이 되므로 모든 전압의 대수적인 합은 $V_s - V_1 - V_2 - V_3=0$이 됨을 알 수 있다. 여기서 유념해야 할 것은 회로의 한 점에서 출발하여 다시 그 점으로 돌아올 때만 위의 식이 성립하므로 전압의 대수적인 합이 0이 되는 것은 닫힌 회로, 즉 폐로(閉路)에서만 성립한다는 점이다. 폐로는 보통 루프(loop)라 하며 이 책에서는 루프로 통일하기로 한다. 이상으로 KVL을 표현하면 다음과 같다.

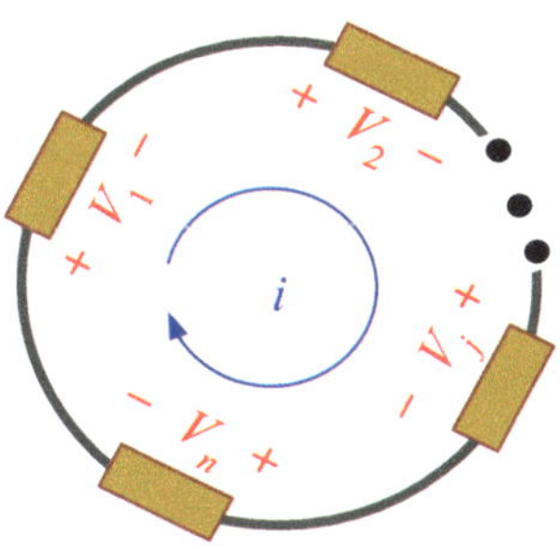

▲그림 2-3
루프와 KVL

그림 2-3과 같은 일반적인 루프에서 정해진 전류의 방향(일반적으로 시계 방향)으로 루프를 일주하면서 만나는 각 소자에 전압 상승이 발생하면 극성을 +로 하고 전압 강하가 생기면 극성을 −로 하여 루프에 달린 모든 전압을 합하면 0이 된다. 즉

$$\sum_{j=1}^{n} V_j = 0 \quad \text{(KVL)} \qquad [1]$$

그림 2-3에서와 같이 단일 루프에 흐르는 전류를 **루프 전류**라 하며 단일 루프에 있는 모든 소자들은 공통된 하나의 루프 전류가 흐른다.

예제 2-1

그림 2-2 회로에서 KVL을 이용하여 전류 I에 관한 식을 구하라.

풀이 KVL을 적용하면

$$V_s - V_1 - V_2 - V_3 = 0$$

각 저항에는 하나의 루프 전류 I가 동일하게 흐르고 있으므로

$$V_1 = R_1 I, \quad V_2 = R_2 I, \quad V_3 = R_3 I$$

위의 두 식으로부터

$$V_s - I(R_1 + R_2 + R_3) = 0$$

$$\therefore\ I = \frac{V_s}{R_1 + R_2 + R_3}$$

이상과 같이 KVL은 루프 전류를 이용하는 것이 정석이며 루프 전류의 방향은 시계 방향으로 정하는 것이 보통이다. 만일 회로에 두 개 이상의 루프가 있는 경우는 각 루프 전류간에 간섭이 생긴다. 예를 들어 그림 2-4의 (a)와 같은 경우는 두 루프에 공통되는 저항 R_2에 흐르는 실제 전류가 두 루프 전류의 차와 같다. 즉 R_2를 통해 루프 전류 I_1의 방향으로 흐르는 전류는 $I_1 - I_2$이며(그림 (b)) 루프 전류 I_2의 방향으로 흐르는 전류는 $I_2 - I_1$이 된다(그림 (c)). 물론 두 루프에 공통되지 않는 저항들의 전류는 해당 루프의 루프 전류와 동일하다.

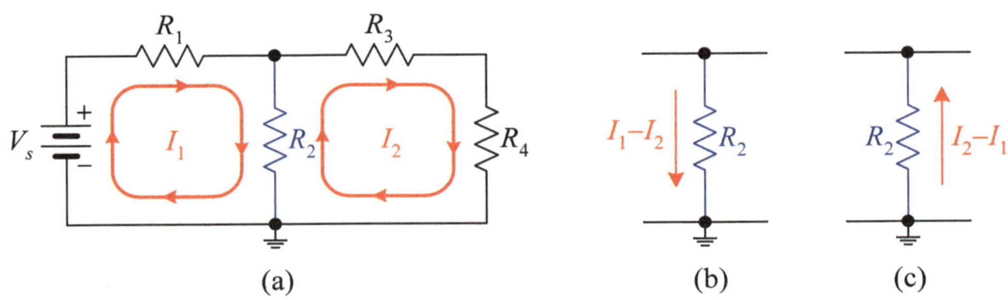

▲그림 2-4 (a) 루프가 두 개인 경우의 루프 전류; (b), (c) R_2를 통해 흐르는 실제 전류.

예제 2-2

그림 2-4의 회로에서 각 소자들의 값이 다음과 같을 때 KVL을 이용하여 루프 전류 I_1과 I_2를 구하라.

V_s=10 V, R_1=1 kΩ, R_2=2 kΩ, R_3=3 kΩ, R_4=4 kΩ

풀이

루프 1: R_2를 통해 전류 I_1 방향으로 흐르는 전류는 I_1-I_2이므로

$$V_s - R_1 I_1 - R_2(I_1 - I_2) = 0$$

$$\therefore\ (R_1 + R_2)I_1 - R_2 I_2 = V_s$$

루프 2: R_2를 통해 전류 I_2 방향으로 흐르는 전류는 I_2-I_1이므로

$$-R_2(I_2 - I_1) - R_3 I_2 - R_4 I_2 = 0$$

$$\therefore\ -R_2 I_1 + (R_2 + R_3 + R_4)I_2 = 0$$

위의 두 결과 식에 소자 값들을 대입하면

$$\begin{cases} 3000I_1 - 2000I_2 = 10 \\ -2000I_1 + 9000I_2 = 0 \end{cases}$$

$$\therefore\ I_1 = \frac{\mathbf{90}}{\mathbf{23}}\ \mathbf{mA},\quad I_2 = \frac{\mathbf{20}}{\mathbf{23}}\ \mathbf{mA}$$

전류 법칙(KCL)

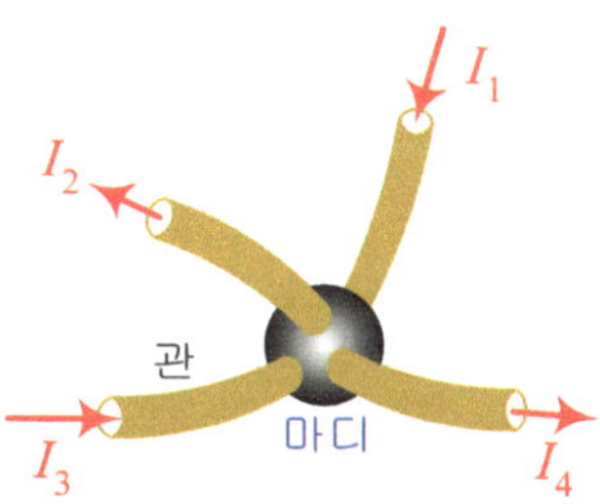

▲그림 2-5

마디에 유입되는 물의 대수적인 합은 0이다.

키르히호프 전류 법칙(KCL)은, 회로의 한 점으로 흘러 들어오는 총 전류는 그 점으로부터 흘러 나가는 총 전류와 같다는 것이다. 이를 쉽게 이해하기 위해 먼저 그림 2-5를 보도록 한다. 그림에서 하나의 마디에 연결된 4 개의 각 관을 통해 물이 흘러 들어오거나 흘러 나갈 것이며, 마디에 물이 저장되지 않는다면 마디에 흘러 들어온 물의 전체 양과 마디를 통해 흘러 나간 물의 총량은 같아야 한다. 이 때 흘러 나가는 물의 부호를 +로 하고 흘러 들어오는 물의 부호를 −로 하면(물론 이와 반대로 정할 수도 있다) $-I_1+I_2-I_3+I_4=0$으로 표현된다. 마디에 두 개의 관이 연결되어 있으면 한 쪽 관으로 들어오는 모두 다른 쪽 관으로 흘러 나가므로 물의 분배에 대해 고려해 볼 의미가 없다.

이제 전기 회로의 일부가 그림 2-6과 같이 구성된 경우를 보자. 그림과 같이 여러 개의 소자들이 회로 내의 한 점에서 만날 때 이 점을 마디(node)라 하며 마디는 세 개 이상의 소자가 이루는 마디만 고려 대상이 된다. 이 책에서는 마디로부터 흘러 나가는 전류를 +로 하고 흘러 들어오는 전류를 −로 하며 KCL은 다음과 같다.

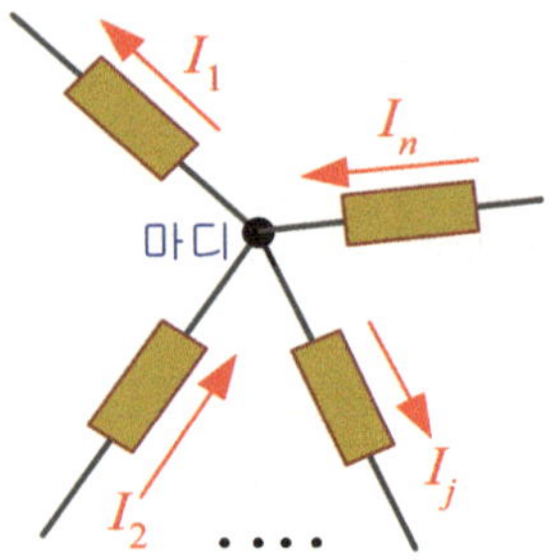

▲그림 2-6
마디에 유입되는 전류의 대수적인 합은 0.

그림 2.6과 같은 일반적인 마디에서 마디로 흘러 들어오거나 흘러 나가는 전류의 대수적인 합은 0이다. 즉

$$\sum_{j=1}^{n} I_j = 0 \quad \text{(KCL)} \qquad [2]$$

그림 2.7의 회로를 예로 들어 KCL을 적용해 보기로 하자. 마디가 A, B 두 개 밖에 없으며 그 중 마디 B는 접지이며 전위는 0이다. 따라서 마디 A의 전압만 구하면 되며 이를 V_A라 하고 마디 A에 KCL을 적용하면 된다. 저항 R_1의 한 쪽 단자는 전압원 V_1에 의해 전위가 V_1으로 강제적으로 정해지며, 저항 R_2의 한 쪽 단자 역시 전압원 V_2에 의해 전위가 V_2로 강제적으로 정해진다. 따라서 마디 A에 연결된 세 개의 저항으로부터 흘러 나가는 전류는 다음과 같이 표현된다.

저항 R_1을 통해 흘러 나가는 전류: $I_1 = \dfrac{V_A - V_1}{R_1}$

저항 R_2을 통해 흘러 나가는 전류: $I_2 = \dfrac{V_A}{R_2}$

저항 R_3를 통해 흘러 나가는 전류: $I_3 = \dfrac{V_A - V_2}{R_3}$

KCL인 $I_1+I_2+I_3=0$를 적용하면 변수 V_A에 대한 방정식은

$$\frac{V_A - V_1}{R_1} + \frac{V_A}{R_2} + \frac{V_A - V_2}{R_3} = 0 \qquad [3]$$

이로부터 V_A는 다음과 같이 구해진다.

$$V_A = \frac{G_1V_1 + G_3V_2}{G_1 + G_2 + G_3} \qquad (\text{단 } G_1 = 1/R_1,\ G_2 = 1/R_2,\ G_3 = 1/R_3) \qquad [4]$$

▸그림 2-7
KCL 적용을 위한 회로의 예.

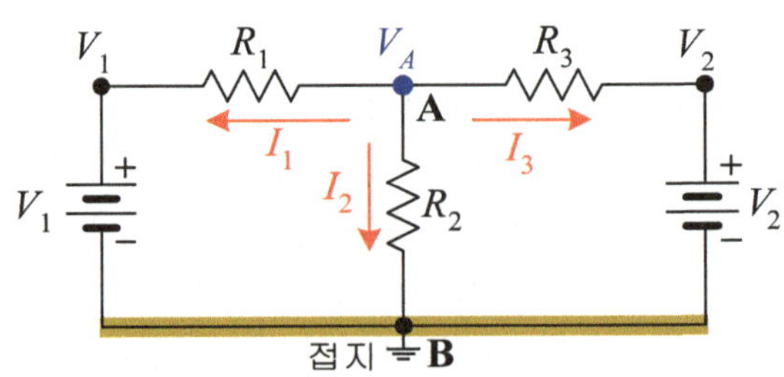

회로 내의 모든 마디의 전위는 각자 한가지로서 두 개 이상이 될 수 없다. 따라서 마디를 통하는 전류의 개수는 여러 개가 될 수 있어도 마디 전압은 단 하나뿐이므로 KCL은 마디 전압을 변수로 사용하는 것이다. 이와 반대로 하나의 루프에는 여러 개의 전압이 포함되어 있을 수 있지만 루프 전류는 단 하나이므로 KVL에서는 루프 전류를 변수로 사용한다. 그리고 KVL에서는 저항을 사용하고 KCL에서는 컨덕턴스를 사용하는 것이 방정식 표현하기에 편리하다.

예제 2-3

그림 2-7에서 소자들이 다음과 같을 때 마디 전압 V_A를 구하라.

V_1=12 V, V_2=8 V, R_1=5 Ω, R_2=2 Ω, R_3=4 Ω

풀이 각 저항의 컨덕턴스를 먼저 구하면

$$G_1 = 1/R_1 = 0.2\,\mathrm{S},\quad G_2 = 1/R_2 = 0.5\,\mathrm{S},\quad G_3 = 1/R_3 = 0.25\,\mathrm{S}$$

따라서 식 [4]로부터

$$V_A = \frac{G_1V_1 + G_3V_2}{G_1 + G_2 + G_3} = \frac{(0.2\times12 + 0.25\times8)\mathrm{A}}{(0.2+0.5+0.25)\mathrm{S}} \cong \mathbf{8.4\ V}$$

회로의 마디가 두 개 이상일 경우는 마디 전압들 사이에 간섭이 일어난다. 예를 들어 마디가 두 개인 그림 2-8(a)의 경우에서 마디 1과 2 사이에 있는 저항 R_2에 흐르는 전류는 두 마디 전압 V_1과 V_2의 차에 의해 정해진다. 즉 저항 R_2를 통해 마디 1로부터 흘러 나가는 전류는 $G_2(V_1 - V_2)$이며(그림 (b)) 마디 2로부터 흘러 나가는 전류는 $G_2(V_2 - V_1)$이다(그림 (c)). 물론 한쪽이 접지된 저항들에 흐르는 전류는 하나의 마디 전압에 의해서만 결정된다.

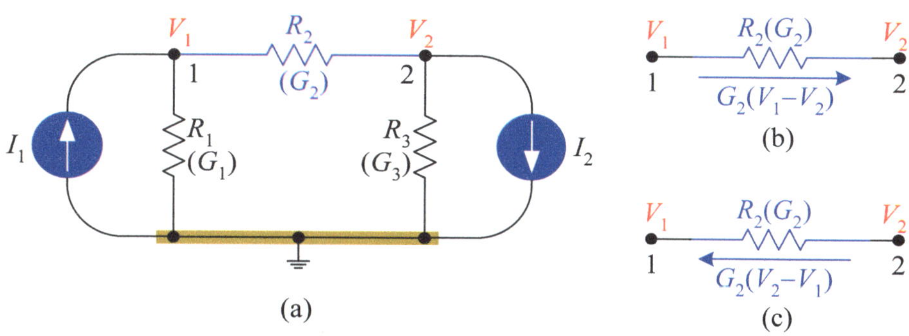

▸그림 2-8 마디가 두 개인 회로의 예

예제 2-4

그림 2-8(a)의 회로에서 각 마디에 대한 KCL 방정식을 구하라.

풀이

마디 1:

저항 R_1을 통해 흘러 나가는 전류=G_1V_1

저항 R_2을 통해 흘러 나가는 전류=$G_1(V_1-V_2)$

전류원 I_1를 통해 흘러 들어오는 전류=I_1

그러므로 마디 1 에서의 KCL 방정식은

$$G_1V_1 + G_2(V_1 - V_2) - I_1 = 0$$

$$\therefore (G_1 + G_2)V_1 - G_2V_2 = I_1$$

마디 2:

저항 R_2를 통해 흘러 나가는 전류=$G_2(V_2-V_1)$

저항 R_3를 통해 흘러 나가는 전류=G_3V_2

전류원 I_2를 통해 흘러 나가는 전류=I_2

그러므로 마디 2 에서의 KCL 방정식은

$$G_2(V_2 - V_1) + G_3V_2 + I_2 = 0$$

$$\therefore -G_2V_1 + (G_2 + G_3)V_2 = -I_2$$

이상으로 다음의 연립 방정식을 얻을 수 있다.

$$\begin{cases}(G_1 + G_2)V_1 - G_2V_2 = I_1 \\ -G_2V_1 + (G_2 + G_3)V_2 = -I_2\end{cases}$$

2.2 루프 전류법과 마디 전압법

이제 여러분은 회로를 지배하는 두 법칙인 KVL과 KCL을 이해하였을 것이다. 그러나 루프나 마디가 많을 경우 이 두 법칙을 적용함에 있어서 약간 불편한 점이 있을 수 있으며 이는 예제 2-2와 2-4를 통해 느꼈을 것이다. 이러한 점을 보완하기 위해 이 절에서는 KVL과 KCL 방정식을 체계적으로 세우는 방법에 대해 설명한다.

루프 전류법

그림 2-4 회로를 예로 들어 설명한다. 이에 대한 KVL 방정식(예제 2-4 참조)을 다시 모아보면 그림 2-9에 표시된 바와 같으며 이 방정식은 다음과 같이 행렬 방정식 형태로 표현할 수 있음을 알 수 있다.

$$\underbrace{\begin{bmatrix} R_1+R_2 & -R_2 \\ -R_2 & R_2+R_3+R_4 \end{bmatrix}}_{\mathbf{Z}}\underbrace{\begin{bmatrix} I_1 \\ I_2 \end{bmatrix}}_{\mathbf{I}} = \underbrace{\begin{bmatrix} V_s \\ 0 \end{bmatrix}}_{\mathbf{V}_s} \quad (\mathbf{ZI}=\mathbf{V}_s) \qquad [5]$$

위의 식에서 행렬 **Z**의 각 요소들을 살펴보면 다음과 같다.

$$\begin{cases} Z_{11}=R_1+R_2 \\ Z_{22}=R_2+R_3+R_4 \\ Z_{12}=Z_{21}=-R_2 \end{cases} \qquad [6]$$

이들은 각기 중요한 의미가 있다. 즉 그림 2-9와 비교해 보면 Z_{11}은 루프 1에 포함된 모든 저항들의 합이고 Z_{22}는 루프 2에 포함된 모든 저항들의 합이며, Z_{12} 또는 Z_{21}은 루프 1과 2에 공통되는 저항의 음의 값임을 알 수 있다. 일반적으로 행렬 **Z**는 임피던스 행렬이라 부른다. 그리고 벡터 **I**는 우리가 구하고자 하는 루프 전류로 구성된 벡터이다.

나아가 식 [5]의 우변 벡터 $\mathbf{V}_s$는 각 루프에 있는 전압원의 총합을 나타내는 전압원 벡터이다. 즉 루프 1에는 전압원 V_s 하나가 있으며 그 극성은 루프 1의 루프 전류와 방향이 일치하므로 전압원 벡터 $\mathbf{V}_s$의 첫 번째 요소는 V_s이다. 만일 V_s의 극성이 회로에서 보는 것과 반대로 되면 $\mathbf{V}_s$의 첫 번째 요소는 $-V_s$가 되는 것이다. 그리고 루프 2에는 전압원이 하나도 없으므로 $\mathbf{V}_s$의 두 번째 요소는 0이 되는 것이다.

이상의 내용들을 루프가 n 개인 회로로 확장하여 일반화시키면 매우 조직적인 형태로 KVL 방정식을 구할 수 있으며 이 방법을 루프 전류법이라 한다. 루프 전류법은 다음과 같이 정리할 수 있다.

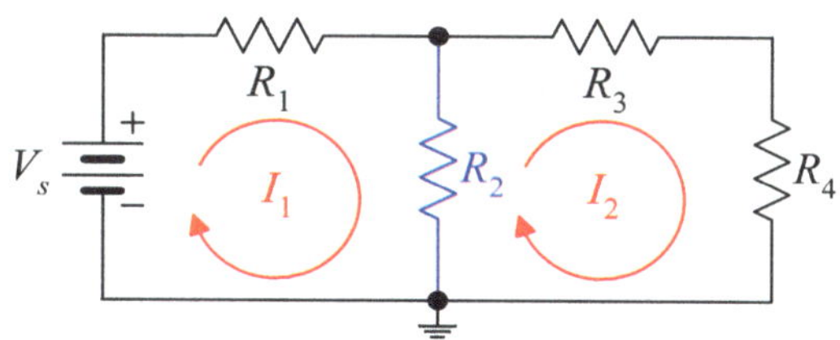

$$\begin{cases} (R_1+R_2)I_1-R_2I_2=V_s \\ -R_2I_1+(R_2+R_3+R_4)I_2=0 \end{cases}$$

▸그림 2-9 루프가 두 개인 회로의 예와 해당 KVL 방정식

$$\begin{bmatrix} \text{O} & & \text{N} \\ \Lambda & Z_{ij} & \Lambda \\ \text{N} & & \text{O} \end{bmatrix} \begin{bmatrix} \text{M} \\ I_i \\ \text{M} \end{bmatrix} = \begin{bmatrix} \text{M} \\ V_{s,i} \\ \text{M} \end{bmatrix} \quad (\mathbf{ZI} = \mathbf{V}_s) \qquad [7]$$

Z_{ii} (i=1, 2, ⋯, n); 루프 i 에 있는 모든 저항들의 합.

Z_{ij} (i≠j); 루프 i 와 j 가 공유하는 저항의 음.

$V_{s,i}$ (i=1, 2, ⋯, n); 루프 i에 있는 모든 전압원의 대수적인 합.

식 [7]로부터 모든 루프 전류는 역행렬을 이용해

$$\mathbf{I} = \mathbf{Z}^{-1}\mathbf{V}_s \qquad [8]$$

와 같이 한꺼번에 구할 수 있다. 여기서 한 가지 유의할 점은 식 [7]의 형태는 회로 내의 모든 전원이 전압원일 때만 가능하다는 것이며 이는 벡터 $\mathbf{V}_s$가 전압원으로 이루어지기 때문이다. 따라서 회로 내에 전류원이 있을 경우는 이를 전압원으로 환산한 다음 루프 전류법을 적용하여야 한다. 전류원을 전압원으로, 또는 전압원을 전류원으로 변환시키는 방법을 전원 변환이라 하며 다음 절에서 자세히 설명한다.

예제 2-5

그림 2-10에서 저항 R_1의 전류 I_x를 루프 전류법으로 구하라.

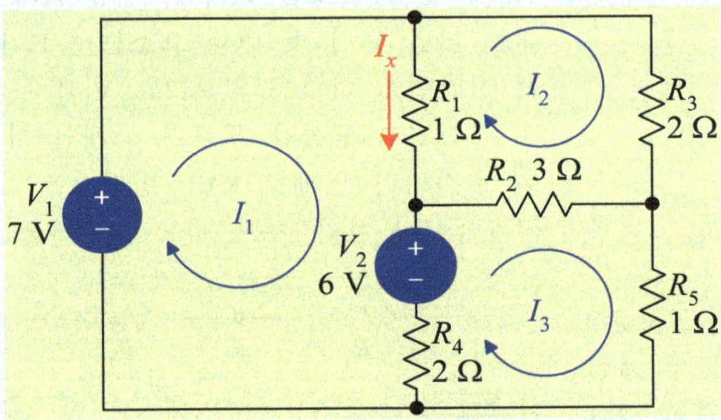

▲그림 2-10 예제 2-5의 그림

풀이 그림에 표시된 바와 같이 루프 전류 I_1, I_2, I_3를 표시한다.

(1) 임피던스 행렬:

$$Z_{11} = R_1 + R_4 = 1 + 2 = 3$$

$$Z_{22} = R_1 + R_2 + R_3 = 1 + 3 + 2 = 6$$
$$Z_{33} = R_2 + R_4 + R_5 = 3 + 2 + 1 = 6$$

및

$$Z_{12} = Z_{21} = -R_1 = -1$$
$$Z_{13} = Z_{31} = -R_4 = -2$$
$$Z_{23} = Z_{32} = -R_2 = -3$$

$$\therefore \mathbf{Z} = \begin{bmatrix} 3 & -1 & -2 \\ -1 & 6 & -3 \\ -2 & -3 & 6 \end{bmatrix}$$

(2) 전압원 벡터:

루프 1; $V_{s,1}=V_1 - V_2=7-6=1$ V

루프 2; $V_{s,2}=0$ V

루프 3; $V_{s,1}=V_2=6$ V

$$\therefore \mathbf{V}_s = \begin{bmatrix} 1 \\ 0 \\ 6 \end{bmatrix}$$

(3) KVL 방정식:

$$\begin{bmatrix} 3 & -1 & -2 \\ -1 & 6 & -3 \\ -2 & -3 & 6 \end{bmatrix} \begin{bmatrix} I_1 \\ I_2 \\ I_3 \end{bmatrix} = \begin{bmatrix} 1 \\ 0 \\ 6 \end{bmatrix}$$

크래머의 공식(Cramer's rule)에 의해 위의 방정식을 풀면

$$I_1 = \frac{\Delta_1}{\Delta} = \frac{\begin{vmatrix} 1 & -1 & -2 \\ 0 & 6 & -3 \\ 6 & -3 & 6 \end{vmatrix}}{\begin{vmatrix} 3 & -1 & -2 \\ -1 & 6 & -3 \\ -2 & -3 & 6 \end{vmatrix}} = \frac{117}{39} = 3 \text{ A}$$

$$I_2 = \frac{\Delta_2}{\Delta} = \frac{\begin{vmatrix} 3 & 1 & -2 \\ -1 & 0 & -3 \\ -2 & 6 & 6 \end{vmatrix}}{\Delta} = \frac{78}{39} = 2 \text{ A}$$

$$\therefore I_x = I_1 - I_2 = \mathbf{1\ A}$$

마디 전압법

루프 전류법으로 KVL을 체계적으로 적용할 수 있는 바와 같이 KCL을 체계적으로 적용할 수 있는 방법이 마디 전압법이다. 그림 2-8(a)의 회로 및 그 KCL 방정식을 예로 들어 설명하면 그림 2-11과 같으며 방정식을 행렬 형태로 고쳐 쓰면 다음과 같다.

$$\underbrace{\begin{bmatrix} G_1+G_2 & -G_2 \\ -G_2 & G_2+G_3 \end{bmatrix}}_{\mathbf{Y}} \underbrace{\begin{bmatrix} V_1 \\ V_2 \end{bmatrix}}_{\mathbf{V}} = \underbrace{\begin{bmatrix} I_1 \\ -I_2 \end{bmatrix}}_{\mathbf{I}_s} \quad (\mathbf{YV}=\mathbf{I}_s) \qquad [9]$$

여기서 행렬 **Y**를 어드미턴스 행렬이라 부르며 각 요소를 살펴보면 다음과 같다.

$$\begin{aligned} Y_{11} &= G_1 + G_2 \\ Y_{22} &= G_2 + G_3 \\ Y_{12} &= Y_{21} = -G_2 \end{aligned} \qquad [10]$$

그림 2-11상에서 Y_{11}은 마디 1에 연결된 모든 컨덕턴스들의 합이고 Y_{22}는 마디 2에 연결된 모든 컨덕턴스들의 합이며, Y_{12} 또는 Y_{21}은 마디 1과 2 사이에 연결되어 있는 컨덕턴스의 음임을 알 수 있다. 그리고 식 [9]의 우변 벡터 $\mathbf{I}_s$는 전류원 벡터로서 각 마디에 흘러 들어오는 전류원의 대수적인 합을 나타낸다. 즉 그림 2-11에서 마디 1에 흘러 들어오는 전류원은 I_1이므로 벡터 $\mathbf{I}_s$의 첫 번째 요소는 I_1이다. 반면에 마디 2에 흘러 들어오는 전류원은 $-I_2$이므로 $\mathbf{I}_s$의 두 번째 요소는 $-I_2$가 된다.

이상의 원리를 마디가 n 개인 회로로 확장하여 일반화시키면 다음과 같은 조직적인 형태로 KCL 방정식이 구해지며 이를 마디 전압법이라 한다. 마디 전압법을 정리하면 다음과 같다.

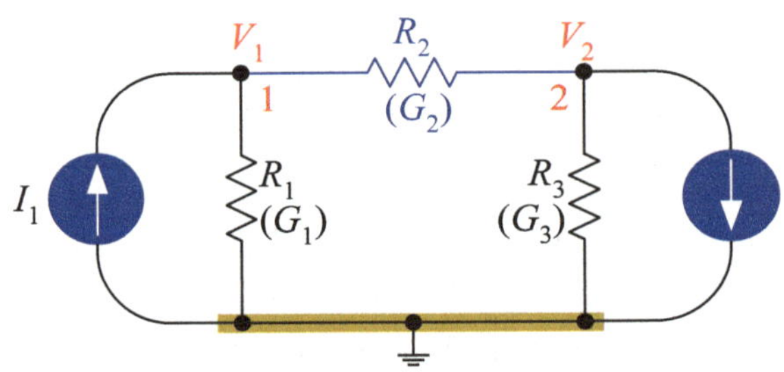

$$\begin{cases} (G_1+G_2)V_1 - G_2V_2 = I_1 \\ -G_2V_1 + (G_2+G_3)V_2 = -I_2 \end{cases}$$

▸그림 2-11 마디가 두 개인 회로의 예와 해당 KCL 방정식

$$\begin{bmatrix} \mathrm{O} & & \mathrm{N} \\ \Lambda & Y_{ij} & \Lambda \\ \mathrm{N} & & \mathrm{O} \end{bmatrix} \begin{bmatrix} \mathrm{M} \\ V_i \\ \mathrm{M} \end{bmatrix} = \begin{bmatrix} \mathrm{M} \\ I_{s,i} \\ \mathrm{M} \end{bmatrix} \quad (\mathbf{YV} = \mathbf{I}_s) \qquad [11]$$

Y_{ii} (i=1, 2, ⋯, n); 마디 i에 연결된 모든 컨덕턴스들의 합.
Y_{ij} ($i \neq j$); 마디 i와 j 사이에 연결된 컨덕턴스의 음.
$I_{s,i}$ (i=1, 2, ⋯, n); 마디 i로 흘러 들어오는 전류원의 대수적인 합.

식 [11]로부터 모든 마디 전압은 역행렬을 이용해

$$\mathbf{V} = \mathbf{Y}^{-1}\mathbf{I}_s \qquad [12]$$

와 같이 한꺼번에 구할 수 있다. 마디 전압법에서도 주의할 점은 회로 내의 모든 전원이 전류원일 때만 가능하다는 것이며 이는 벡터 $\mathbf{I}_s$가 전류원으로 이루어지기 때문이다. 따라서 회로 내에 전압원이 있을 경우는 이를 전류원으로 환산한 다음 마디 전압법을 적용하여야 한다.

예제 2-6

그림 2-12에서 마디 전압법으로 마디 전압 V_1과 V_2를 구하라.

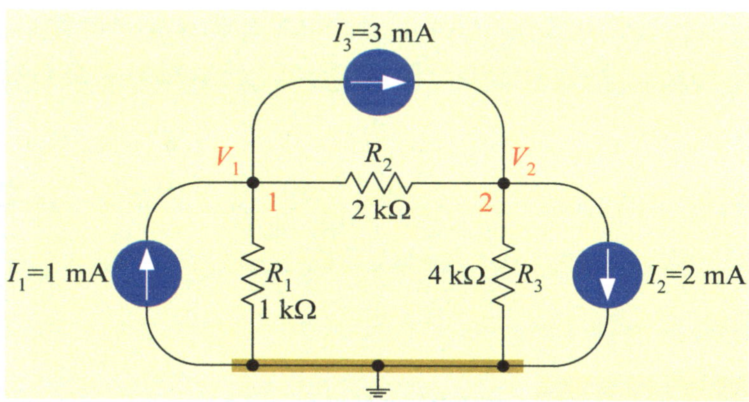

▲그림 2-12 예제 2-6의 그림

풀이

각 저항들의 컨덕턴스는 다음과 같다.

$$G_1 = 1/R_1 = 1\,\text{mS}, \quad G_2 = 1/R_2 = 0.5\,\text{mS}, \quad G_3 = 1/R_3 = 0.25\,\text{mS}$$

$$G_1 = 1/R_1 = 1\,\text{mS}, \quad G_2 = 1/R_2 = 0.5\,\text{mS}, \quad G_3 = 1/R_3 = 0.25\,\text{mS}$$

(1) 어드미턴스 행렬:

$$Y_{11} = G_1 + G_2 = 1.5\times10^{-3}$$
$$Y_{22} = G_2 + G_3 = 0.75\times10^{-3}$$
$$Y_{12} = Y_{21} = -G_2 = -0.5\times10^{-3}$$

$$\therefore\ \mathbf{Y} = \begin{bmatrix} 1.5\times10^{-3} & -0.5\times10^{-3} \\ -0.5\times10^{-3} & 0.75\times10^{-3} \end{bmatrix}$$

(2) 전류원 벡터:

마디 1 에 흘러 들어오는 전류원의 합 $I_{s,1}=I_1-I_3=-2\,\text{mA}$

마디 2 에 흘러 들어오는 전류원의 합 $I_{s,2}=I_3-I_2=1\,\text{mA}$

$$\therefore\ \mathbf{I}_s = \begin{bmatrix} -2\times10^{-3} \\ 10^{-3} \end{bmatrix}$$

(3) KCL 방정식:

$$\begin{bmatrix} 1.5\times10^{-3} & -0.5\times10^{-3} \\ -0.5\times10^{-3} & 0.75\times10^{-3} \end{bmatrix}\begin{bmatrix} V_1 \\ V_2 \end{bmatrix} = \begin{bmatrix} -2\times10^{-3} \\ 10^{-3} \end{bmatrix}$$

따라서 크래머 공식에 의해 마디 전압은 다음과 같이 주어진다.

$$V_1 = \frac{\begin{vmatrix} -2 & -0.5 \\ 1 & 0.75 \end{vmatrix}}{\begin{vmatrix} 1.5 & -0.5 \\ -0.5 & 0.75 \end{vmatrix}} = -\frac{\mathbf{8}}{\mathbf{7}}\,\mathbf{V}, \quad V_2 = \frac{\begin{vmatrix} 1.5 & -2 \\ -0.5 & 1 \end{vmatrix}}{\begin{vmatrix} 1.5 & -0.5 \\ -0.5 & 0.75 \end{vmatrix}} = \frac{\mathbf{4}}{\mathbf{7}}\,\mathbf{V}$$

2.3 전원 변환

그림 2-13과 같이 내부 저항이 같은 전압원과 전류원이 있다고 하자. 이 때 전압원의 크기 v_s와 전류원의 크기 i_s가 다음과 같은 관계인

▶그림 2-13
단자 a-b에 대해 등가인 두 회로

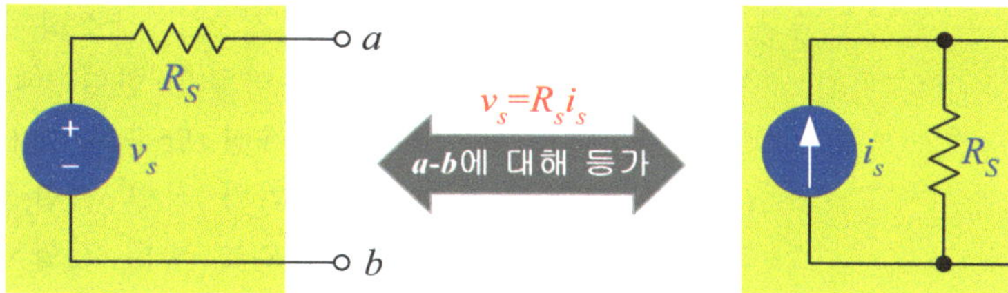

$$v_s = R_S i_s \tag{13}$$

를 만족하면 이 두 회로는 단자 a-b에 대해 동일한 특성을 나타내며 이를 **등가적**이라 한다. 그림 2-13에서 두 회로가 단자 a-b에 대해 등가가 되기 위해서는 단자 a-b에 동일한 부하 저항을 연결할 때 동일한 전기적 특성을 보여야 한다. 부하 저항은 0(단락)에서 무한대(개방)까지 변할 수 있지만 단락과 개방의 경우에 대해 특성이 동일하면 그 사이에 있는 모든 유한한 부하 저항에 대해서도 자연히 등가가 된다. 따라서 그림 2-13의 두 회로에서 단자 a-b를 단락시켰을 때(그림 2-14(a))와 개방시켰을 때(그림 2-14(b))의 두 극단적인 경우만 살펴보면 된다. 그 결과 식 [13]을 만족하면 그림 2-14(a)에서 두 회로의 단락 전류가 동일하며 그림 2-14(b)에서 두 회로의 개방 전압이 동일하므로 두 회로는 단자 a-b에 대해 등가가 됨을 증명할 수 있다.

▶그림 2-14
그림 2-13 두 회로의
(a) 단락 전류;
(b) 개방 전압.

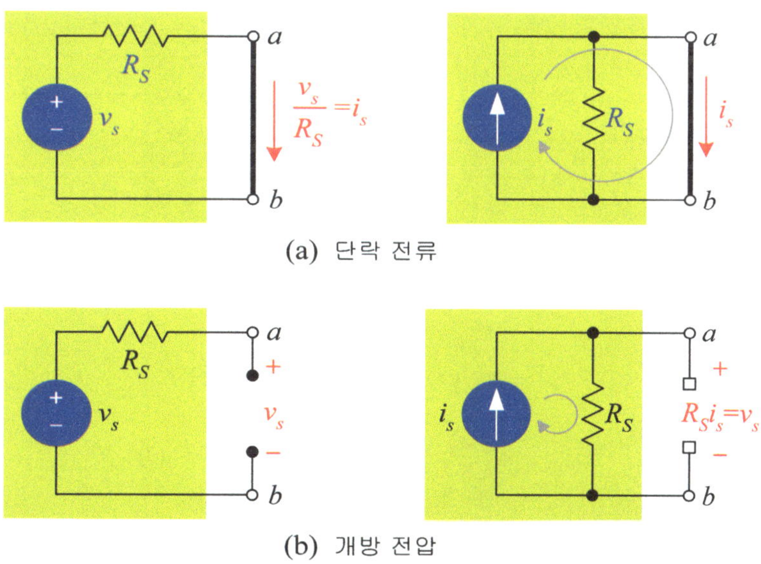

전원 변환은 회로를 등가적으로 간소화시키거나 해석을 간단히 하는데 매우 중요하고 유용한 역할을 한다. 예를 들어 그림 2-15(a) 회로를 전원 변환을 이용하여 가장 단순화시켜 보기로 하자. 먼저 그림 (a)에서 전압원 V_1과 저항 R_1의 직렬 결합을 전류원으로 변환시키면 그림 (b)가 되며 저항 R_1과 R_2는 병렬 결합되어 하나의 저항 $R=R_1 \| R_2$로 표시할 수 있다. 다시 그림 (b)에서 전류원 I_1과 저항 R의 병렬 결

▶그림 2-15
전원 변환으로 회로를 단순화시키는 과정의 한 예.

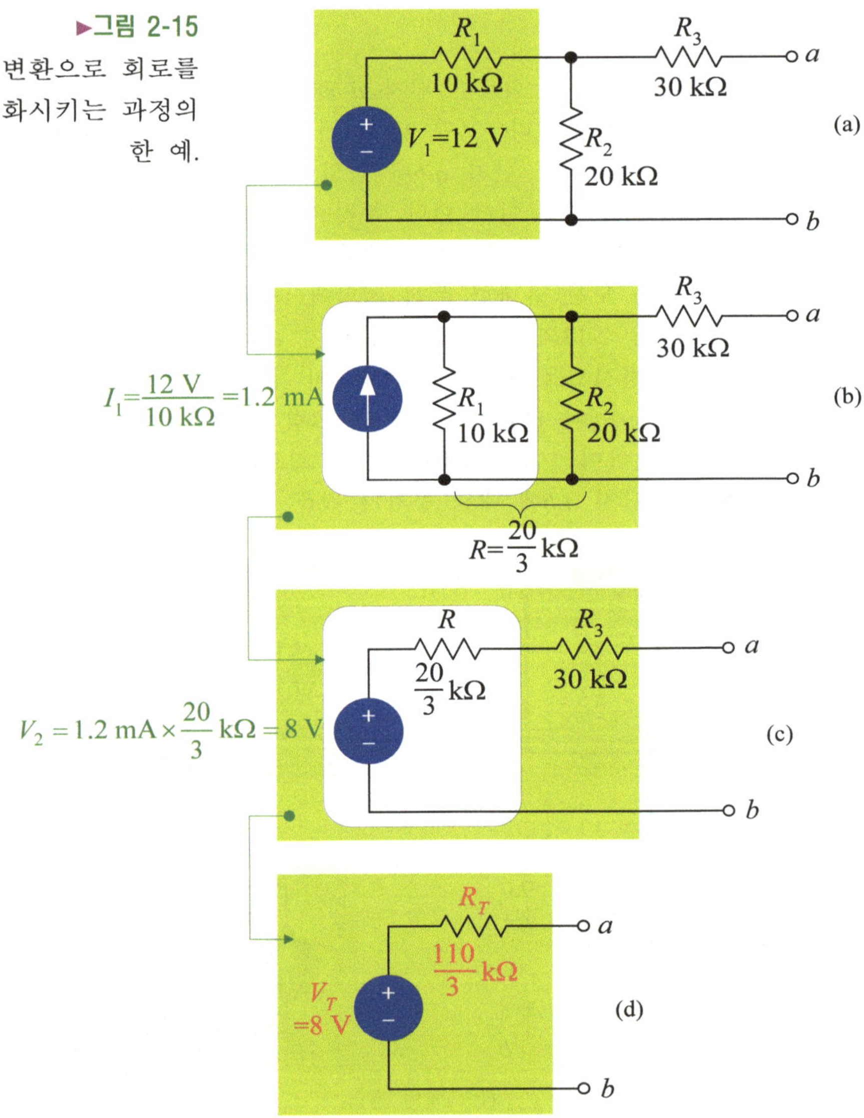

합을 그림 (c)와 같이 전압원 V_2와 저항 R_1의 직렬로 변환하면 저항 R과 R_3는 직렬 결합 형태가 된다. 따라서 그림 (a)는 최종적으로 그림 (d)와 같이 8V의 전압원 하나와 하나의 저항 $R_T=R+R_3$의 직렬로 나타낼 수 있다. 즉 그림 (a)와 (d)는 단자 a-b에 대해 등가가 되는 것이다. 이와 같이 전원 변환을 활용하면 필요한 단자에 대한 회로를 간단하게 표현할 수 있게 되는 것이다.

예제 2-7

그림 2-16(a)의 회로에서 루프 전류법으로 전류 I를 구하라.

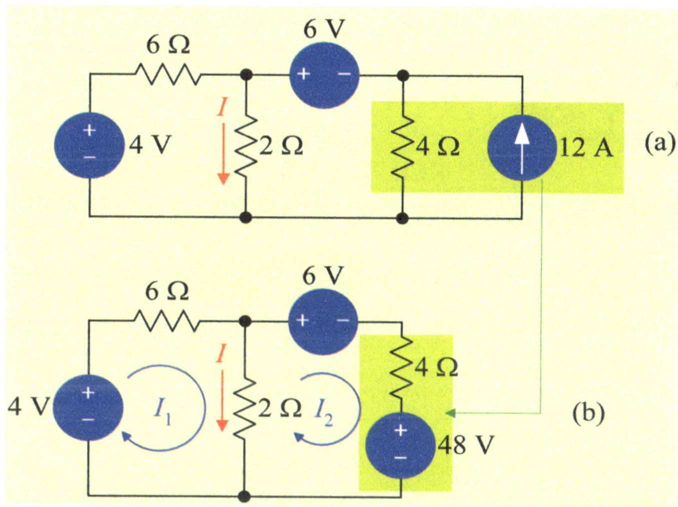

▲그림 2-16 예제 2-7의 그림

풀이 루프 전류법을 적용하기 위해서는 회로 내의 전원이 모두 전압원이어야 한다. 따라서 그림 (a)에서 12A의 전류원과 4Ω 저항을 전원 변환시킨 그림 (b)에서 루프 전류법을 적용하면 된다.

(1) 임피던스 행렬:

$$Z_{11} = 6 + 2 = 8\,\Omega$$
$$Z_{22} = 2 + 4 = 6\,\Omega \qquad \therefore\ \mathbf{Z} = \begin{bmatrix} 8 & -2 \\ -2 & 6 \end{bmatrix}$$
$$Z_{12} = Z_{21} = -2\,\Omega$$

(2) 전압원 벡터;

$$\mathbf{V}_s = \begin{bmatrix} 4 \\ -6-48 \end{bmatrix} = \begin{bmatrix} 4 \\ -54 \end{bmatrix}$$

(3) KVL 방정식:

$$\begin{bmatrix} 8 & -2 \\ -2 & 6 \end{bmatrix}\begin{bmatrix} I_1 \\ I_2 \end{bmatrix} = \begin{bmatrix} 4 \\ -54 \end{bmatrix}$$

위의 식을 풀면

$$\begin{bmatrix} I_1 \\ I_2 \end{bmatrix} = \begin{bmatrix} 8 & -2 \\ -2 & 6 \end{bmatrix}^{-1}\begin{bmatrix} 4 \\ -54 \end{bmatrix} = \begin{bmatrix} 0.1364 & 0.0455 \\ 0.0455 & 0.1818 \end{bmatrix}\begin{bmatrix} 4 \\ -54 \end{bmatrix} = \begin{bmatrix} -1.91 \\ -9.64 \end{bmatrix}$$

$\therefore\ I = I_1 - I_2 = -1.91 + 9.64 = \mathbf{7.73\ A}$

예제 2-8

그림 2-17(a)의 회로에서 마디 전압법으로 전압 V_1과 V_2에 관한 KCL 방정식을 구하라.

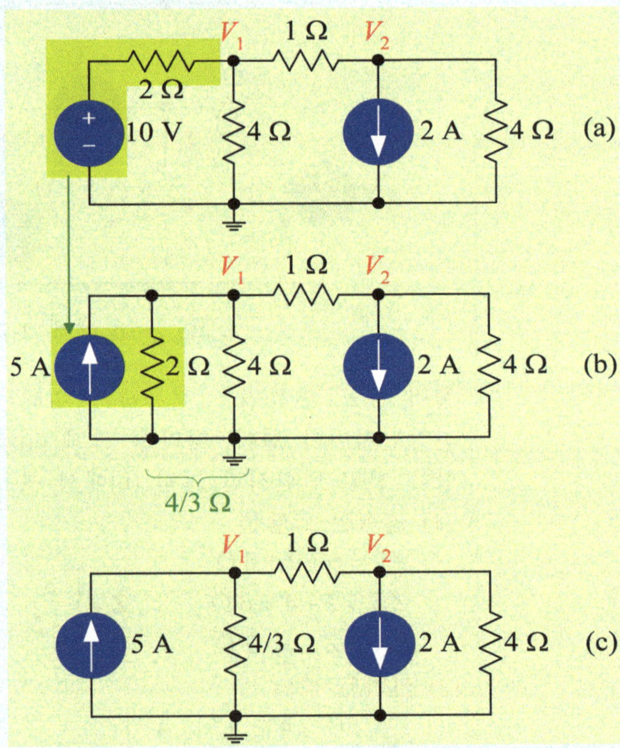

▲그림 2-17 예제 2-8의 그림

풀이 마디 전압법을 적용하기 위해서는 회로 내의 전원을 모두 전류원으로 변환시킨다. 즉 그림 (a)에서 10V의 전압원과 2Ω 저항을 전원 변환시키면 그림 (b)가 된다. 그 결과 2Ω과 4Ω이 병렬 결합이므로 등가 저항은 4/3Ω이다. 따라서 최종적으로 그림 (c)에서 마디 전압법을 적용한다.

(1) 어드미턴스 행렬:

$$Y_{11} = 1 + 3/4 = 1.75\,\text{S}$$
$$Y_{22} = 1 + 1/4 = 1.25\,\text{S} \qquad \therefore\ \mathbf{Y} = \begin{bmatrix} 1.75 & -1 \\ -1 & 1.25 \end{bmatrix}$$
$$Y_{12} = Y_{21} = -1\,\text{S}$$

(2) 전류원 벡터;

$$\mathbf{I}_s = \begin{bmatrix} 5 \\ -2 \end{bmatrix}$$

(3) KCL 방정식:

$$\begin{bmatrix} 1.75 & -1 \\ -1 & 1.25 \end{bmatrix}\begin{bmatrix} V_1 \\ V_2 \end{bmatrix} = \begin{bmatrix} 5 \\ -2 \end{bmatrix}$$

2.4 중첩 원리

두 개 이상의 전원을 포함한 회로에서 임의의 단자에 대한 출력을 구하고자 할 때, 개개의 전원에 의한 출력을 따로 구한 다음 이 출력들을 모두 합하면 전체 전원에 대한 출력과 같으며 이를 중첩(重疊)이라 한다. 이 때 임의의 한 전원에 의한 출력만 구하고자 할 때는 해당 전원을 제외한 다른 모든 전원은 끈 상태로 하여야 한다. 그리고 전압원을 끌 때는 단락시키면 되고(그림 1-25(b) 참조) 전류원을 끌 때는 개방시키면 된다(그림 1-29(b) 참조).

그림 2-18의 (a) 회로에 중첩의 원리를 적용하여 3Ω에 흐르는 전류 I를 구해 보자. 두 전원 중 전류원을 끄고 전압원만 남겨 놓은 회로가 그림 (b)이며 이 때 3Ω에 흐르는 전류를 I_1이라 한다. 그리고 두 전원 중 전압원을 끄고 전류원만 남겨 놓은 회로가 그림 (c)이며 이 때 3Ω에 흐르는 전류를 I_2라 한다. 먼저 그림 (a)에서 직관에 의해

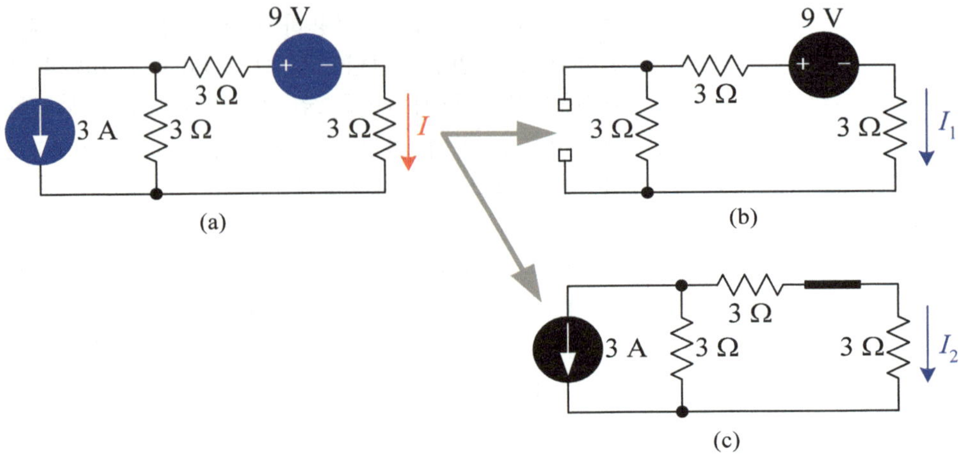

▶그림 2-18
중첩 원리의 예

$$I_1 = -\frac{9\ \text{V}}{3\,\Omega + 3\,\Omega + 3\,\Omega} = -1\ \text{A} \tag{14}$$

이다. 다음으로 그림 (b)의 전류 I_2는 전류 분배 법칙에 의해

$$I_2 = \frac{3\,\Omega}{3\,\Omega + (3\,\Omega + 3\,\Omega)} \times (-3\ \text{A}) = -1\ \text{A} \tag{15}$$

따라서 두 전원에 의한 전체 전류 I는 각각의 전류를 합하여

$$I = I_1 + I_2 = \mathbf{-2\ A} \tag{16}$$

로 구할 수 있다.

2.5 테브닌/노턴 등가회로

주어진 회로 전체를 회로의 특정 단자에 대해 등가적으로 간소화한 회로를 등가회로라 한다. 등가회로는 회로를 간단히 표현해줌으로써 해석에 많은 도움을 줄 수 있으며 테브닌(Thevenin) 등가회로와 노턴(Norton) 등가회로의 두 종류가 있다.

테브닌 등가회로

그림 2-19(a)와 같이 임의의 회로망에서 특정 단자 a-b에 대한 그 회로의 특성은 하나의 등가 전압원과 하나의 등가 저항의 직렬 결합으로 표현할 수 있으며 이를 테브닌 등가회로라 한다. 테브닌 등가 회로에서 등가 전압원 v_{op}와 등가 저항 R_{eq}는 전원 변환의 증명에서와

▶그림 2-19
테브닌
등가회로

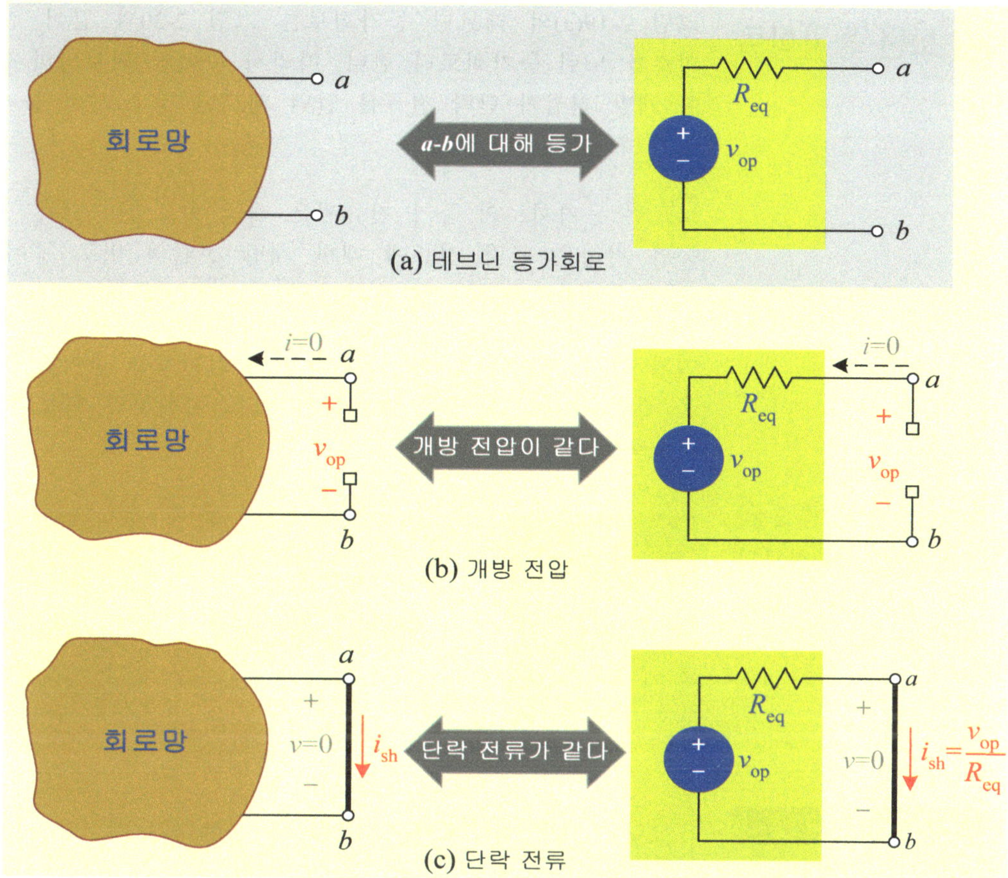

같이 단자 a-b의 개방 전압과 단락 전류로부터 쉽게 구할 수 있다. 먼저 그림 2-19(a)에서 회로망의 개방 전압 v_{op}와 등가 회로의 개방 전압 v_{op}는 같은 것이다. 다음으로 그림 (b)에서 등가 회로의 단락 전류는 v_{op}/R_{eq}이며 이는 회로망의 단락 전류 i_{sh}와 같아야 하므로 등가 저항은 다음과 같이 주어진다.

$$R_{eq}=\frac{v_{op}}{i_{sh}} \qquad [17]$$

이상으로 테브닌 등가회로를 정리하면 다음과 같다.

테브닌 등가회로의 등가 전압원은 해당 회로망의 개방 전압과 같으며 등가 저항은 단락 전류에 대한 개방 전압의 비로 주어진다.

노턴 등가회로

그림 2-19(a)의 테브닌 등가회로를 그림 2-20과 같이 전원 변환시킨 회로를 노턴 등가회로라 한다. 따라서 주어진 회로망의 단자 *a*-*b*에 대한 개방 전압과 단락 전류를 알면 테브닌 및 노르턴 등가회로를 쉽게 구할 수 있다. 이상으로

노르턴 등가회로의 등가 전류원은 해당 회로망의 단락 전류와 같으며 등가 저항은 단락 전류에 대한 개방 전압의 비로 주어진다. 그리고 노턴 등가회로와 테브닌 등가회로는 전원 변환 관계이다.

이와 같이 테브닌 등가회로와 노턴 등가회로는 주어진 복잡한 회로망을 간단히 하는데 매우 중요하며 이를 이용하면 회로의 해석을 크게 간소화할 수 있다.

▶그림 2-20 테브닌 등가회로와 노턴 등가회로의 관계

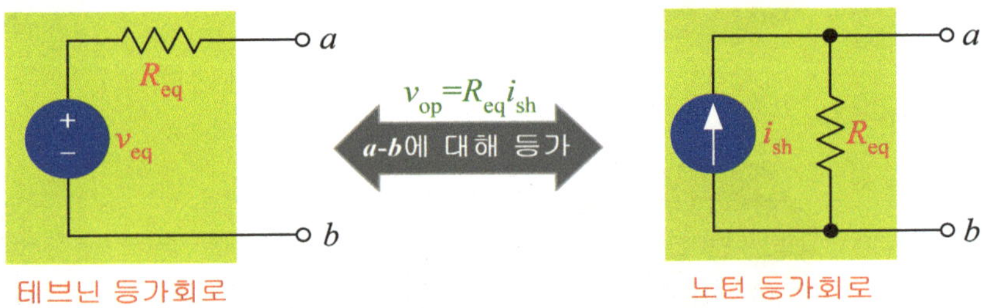

예제 2-9

그림 2-21의 회로에서 단자 *a*-*b*에 대한 테브닌 및 노턴 등가회로를 구하라.

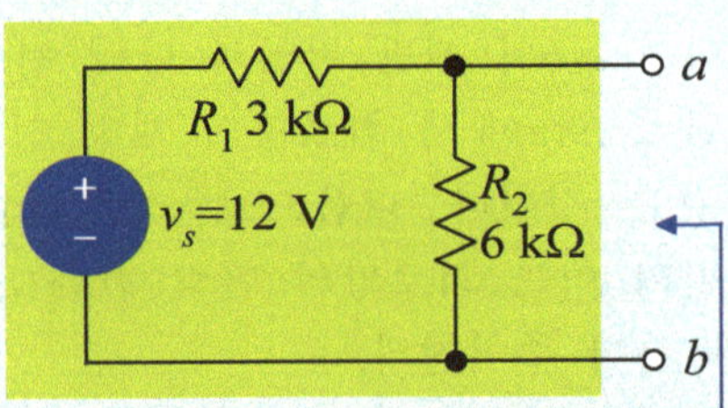

▲그림 2-21 예제 2-9의 그림

풀이 그림 2-21에서 단자 *a*-*b*의 개방 전압과 단락 전류는 각각 그림 2-22(a) 및 (b)로부터 각각 다음과 같이 구한다.

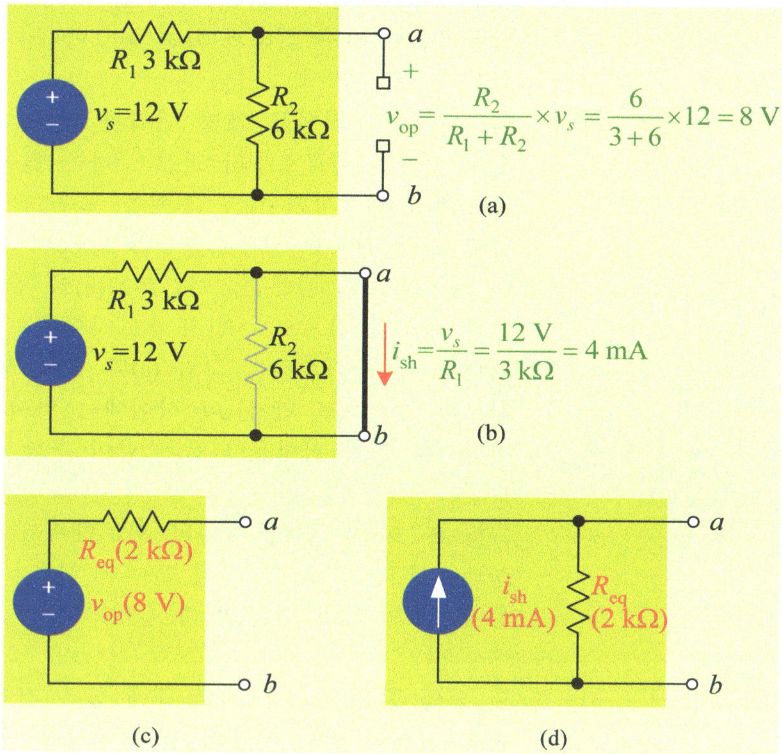

▲그림 2-22 그림 2-21에 대한 (a) 개방 전압; (b) 단락 전류; (c) 테브닌 등가회로; (d) 노턴 등가회로.

(1) 개방 전압(그림 2-22(a)):

$$v_{op} = \frac{R_2}{R_1 + R_2} \times v_s = \frac{6}{3+6} \times 12 = \mathbf{8\ V}$$

(2) 단락 전류(그림 2-22(b)):

$$i_{sh} = \frac{v_s}{R_1} = \frac{12\text{ V}}{3\text{ k}\Omega} = \mathbf{4\ mA}$$

이상으로 등가 저항은

$$R_{eq} = \frac{v_{op}}{i_{sh}} = \frac{8\text{ V}}{4\text{ mA}} = \mathbf{2\ k\Omega}$$

이상으로 그림 2-21의 단자 a-b에 대한 테브닌 및 노턴 등가회로는 각각 그림 2-22의 (c) 및 (d)와 같다.

그림 2-21과 같은 형태의 회로를 전압 분배기(voltage divider)라 하며 일반적으로 자주 접하게 되는 회로이다.

등가 저항

회로의 등가 저항은 개방 전압과 단락 전류로부터 간접적으로 구할 수도 있지만 회로로부터 직접 구하는 편이 빠른 경우가 많다. 그림 2-23(a)에서 회로망의 내부 전원을 모두 끄게 되면 단자 *a*-*b*의 개방 전압과 단락 전류는 모두 $v_{op}=0$ 및 $i_{sh}=0$이 된다. 따라서 이에 대한 테브닌 등가회로의 경우는 그림 2-23(b)와 같이 등가 전압원이 $v_{op}=0$으로 단락 회로와 같으므로 단자 *a*-*b* 사이에는 등가 저항 R_{eq}만 남게 된다. 한편 노턴 등가회로는 그림 (c)와 같이 등가 전류원이 $i_{sh}=0$으로 개방 회로와 같으므로 단자 *a*-*b* 사이에는 역시 등가 저항 R_{eq}만 남게 된다. 이상으로 등가 저항을 다음과 같이 구할 수 있다.

> 그림 2-23(a)와 같이 임의의 회로망에서 내부의 모든 전원을 차단한 상태에서 단자 *a*-*b*를 통해 들여다 본 저항이 바로 테브닌 및 노르턴 등가회로의 등가 저항 R_{eq}과 같다.

단 위와 같은 방법은 회로 내에 종속 전원이 없는 경우에만 적용된다. 종속 전원이 있는 경우의 등가 저항은 구하기가 비교적 복잡하며 이 책에서는 다루지 않기로 한다.

▶그림 2-23 테브닌 및 노턴 등가회로에서 등가 저항을 구하는 방법

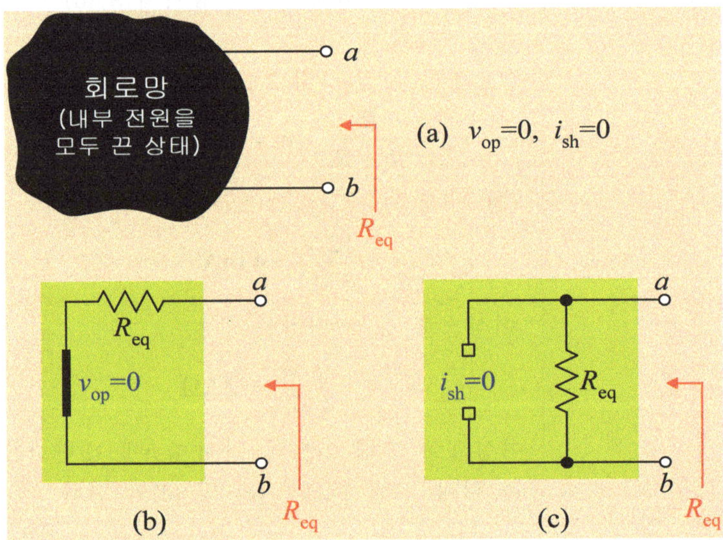

예제 2-10

그림 2-24 회로의 단자 a-b에 대한 테브닌 등가회로를 구하고 단자 a-b에 R_x=60kΩ의 부하가 연결될 때 양단 전압 v_x를 구하라.

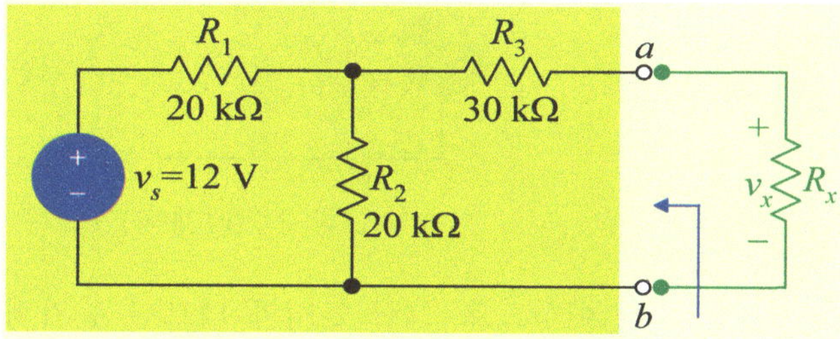

▲그림 2-24 예제 2-10의 그림

풀이 그림 2-25에서

(1) 개방 전압(그림 (a)):

$$v_{op} = \frac{R_2}{R_1 + R_2} \times v_s = \frac{20}{20+20} \times 12 = 6\text{ V}$$

(2) 등가 저항(그림 (b)): 전압원 v_s=12 V를 끈 상태

$$R_{eq} = (R_1 \| R_2) + R_3 = (20\text{ k}\Omega \| 20\text{ k}\Omega) + 30\text{ k}\Omega = 40\text{ k}\Omega$$

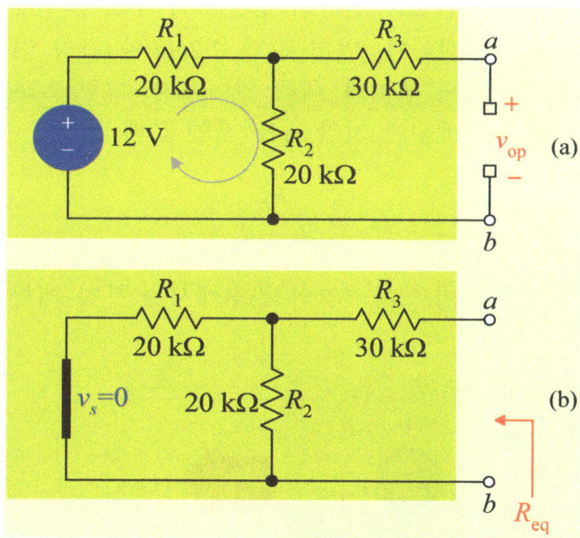

▲그림 2-25 그림 2-24에 대한 (a) 개방 전압; (b) 등가 저항; (c) 테브닌 등가회로.

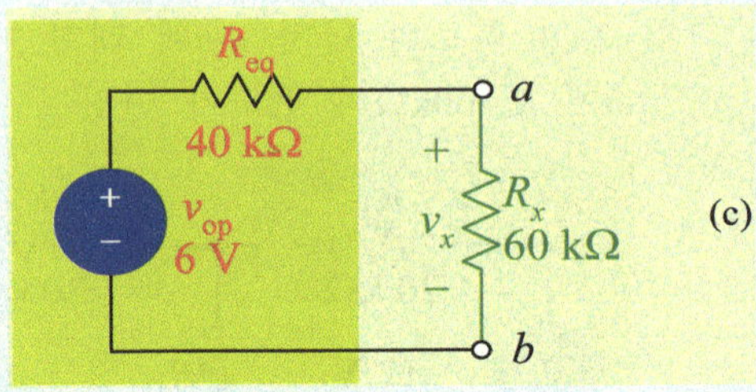

▲그림 2-25 (계속)

이상으로 그림 2-24의 테브닌 등가회로는 그림 2-25(c)와 같으며

$$v_x = \frac{R_x}{R_{eq} + R_x} \times v_{op} = \frac{60}{40+60} \times 6 = \mathbf{3.6\ V}$$

2.6 최대 전력 전달

주어진 전원에 연결된 부하는 전원으로부터 전압과 전류를 공급받으며, 부하 전압과 전류는 부하 저항의 크기에 따라 변한다. 따라서 전압과 전류의 곱으로서 부하에 전달되는 전력은 부하에 의해 영향을 받는다. 먼저 그림 2-26(a)와 같이 전압원에 의해 부하에 전달되는 전력 관계에 대해 알아보자. 그림 2-26(a)에서 전압원에 의해 부하에 분배되는 전압 v_L은 전압 분배 법칙에 따라

$$v_L = \left(\frac{R_L}{R_S + R_L}\right) v_s \qquad \textbf{[18]}$$

이므로 전압의 관점에서는 부하 저항 R_L이 클수록 더 큰 전압이 부하

▶그림 2-26
전력 전달:
(a) 전압원;
(b) 전류원.

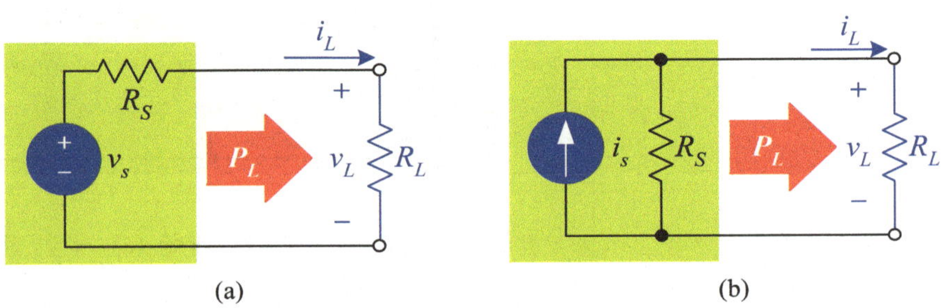

에 전달된다. 그러나 이와 반대로 부하 전류의 입장에서는

$$i_L = \frac{v_s}{R_S + R_L} \qquad [19]$$

이므로 부하 저항이 작을수록 커진다. 따라서 위의 두 식 [18]과 [19]의 곱으로 주어지는 부하 전력은 특정한 부하 값에서 최대가 될 것이며 이를 최대 전력 전달이라 한다. 부하 전력은

$$P_L = v_L i_L = \left[\frac{R_L}{(R_S + R_L)^2}\right] v_s^2 \qquad [20]$$

이다. 따라서 주어진 v_s와 R_L에 대해 P_L을 최대로 하는 R_L은

$$\frac{\partial P_L}{\partial R_L} = \frac{v_s^2 (R_S + R_L)^2 - 2v_s^2 R_L (R_S + R_L)}{(R_S + R_L)^4} = 0 \qquad [21]$$

로부터 구할 수 있으며 이 식의 해는 다음과 같음을 쉽게 알 수 있다.

$$R_L = R_S \qquad [22]$$

따라서 그림 2-26(a)에서 전원으로부터 부하에 최대 전력이 공급되기 위해서는 부하 저항이 전원 저항과 크기가 같아야 하며 이러한 상태를 정합(整合; matching)이라 한다. 이 때 전원 R_L에 의해 부하 전력과 동일한 전력이 소모되며 이는 외부로 전달되지 않고 전원 자체에서 소비되는 전력이다. 정합된 상태에서 최대 전력은

$$P_{L,\max} = \frac{v_s^2}{4R_S} = \frac{v_s^2}{4R_L} \qquad [23]$$

로 주어진다. 그림 2-26(b)의 전류원에 의한 전력 전달 역시 식 [22]의 조건에서 최대가 되며 이에 대한 증명은 독자들에게 미루기로 한다.

예제 2-11

그림 2-27(a)는 스테레오 증폭기(stereo amplifier)에 스피커를 결합한 모습이다. 증폭기를 테브닌 등가회로로 단순화한 것이 그림 (b)이며 증폭기의 내부 저항, 즉 등가 저항은 R_S=8 Ω으로 한다. 증폭기의 내부 저항을 모르는 상태에서 R_L=16Ω인 정합되지 않은 스피커를 연결하였을 때와 정합된 스피커를 연결하였을 때를 전력 전달 면에서 비교하여라.

풀이 16 Ω의 스피커에 진달되는 진력은 식 [20]으로부터

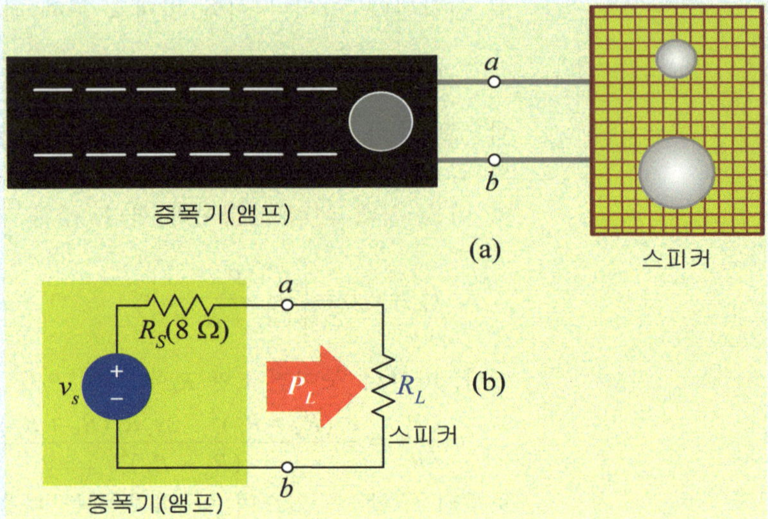

▲그림 2-27 예제 2-11의 그림

$$P_L = v_L i_L = \left[\frac{R_L}{(R_S + R_L)^2}\right] v_s^2 = \frac{16}{(8+16)^2} \times v_s^2 = 0.0278 v_s^2$$

이에 비해 스피커가 8 Ω으로 정합된 경우는 식 [23]으로부터

$$P_{L,\max} = \frac{v_s^2}{4R_S} = \frac{v_s^2}{4 \times 8} = 0.03125 v_s^2$$

이므로 정합되지 않은 경우에 비해 12.5%의 전력 증가를 기할 수 있다.

♣ 연습 문제 ♣

2-1 그림 2-4의 회로에서 V_s=10V, R_1=3kΩ, R_2=2kΩ, R_3=1kΩ, R_4=0일 때 KVL을 이용하여 전류 I_1과 I_2를 구하라.

2-2 그림 2-7의 회로에서 V_1=8V, V_2=12V, R_1=2kΩ, R_2=4kΩ, R_3=5kΩ일 때 KCL을 이용하여 전압 V_A를 구하라.

2-3 그림 P2-3의 회로에서 KVL을 이용하여 I_1과 I_2를 구하고 이로부터 마디 전압 V를 구하라.

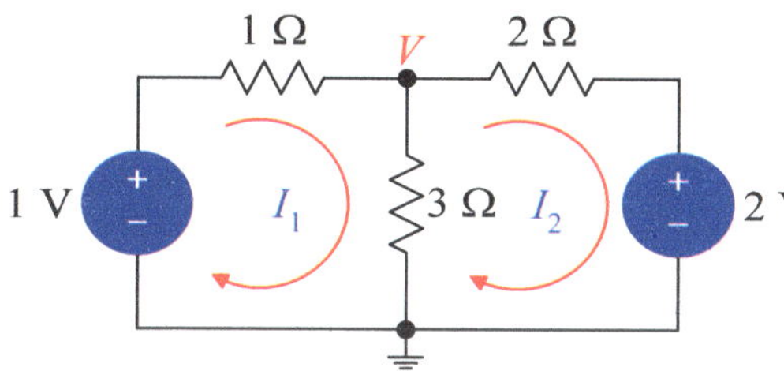

▲그림 P2-3

2-4 그림 P2-4에서 KVL을 이용하여 I_1과 I_2를 구하고 25Ω에 걸리는 전압 V를 구하라

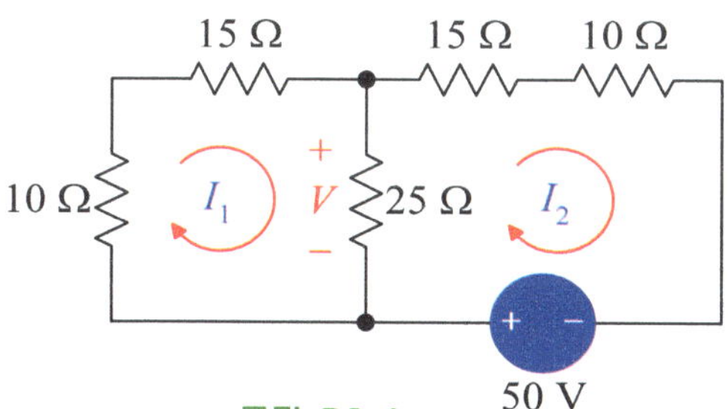

▲그림 P2-4

2-5 그림 P2-3의 회로에서 KCL을 이용하여 전압 V를 구하고 문제 2-3의 결과와 비교하라.

2-6 그림 P2-6의 두 회로에서 루프 전류법을 이용하여 전류 I를 구하라.

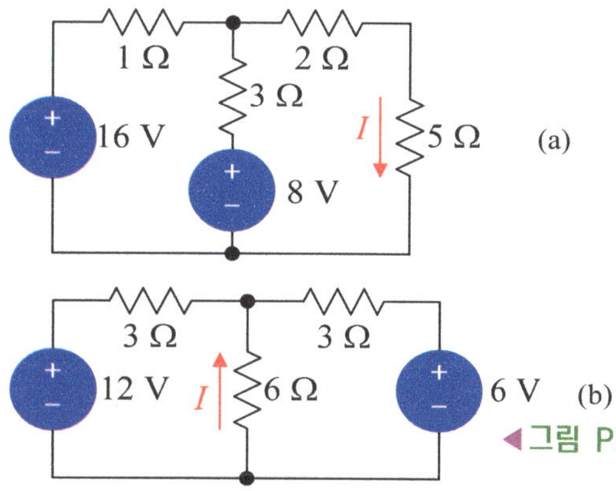

◀그림 P2-6

2-7 그림 P2-7의 각 회로에서 마디 전압법을 이용하여 표시된 마디 전압을 구하라.

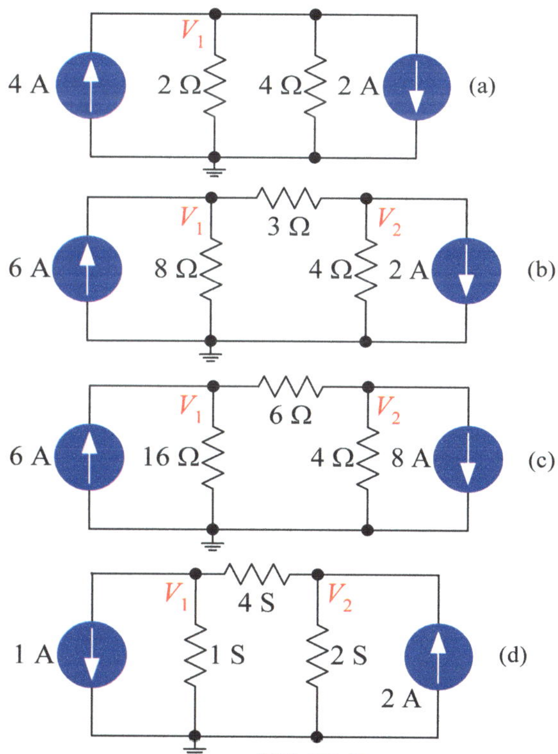

▲그림 P2-7

2-8 그림 P2-8에서 마디 전압법을 사용하여 전압 V_1, V_2를 구하라(힌트: 20V와 30Ω의 직렬 결합을 전류원으로 변환시킨 다음 마디 전압법을 적용하라).

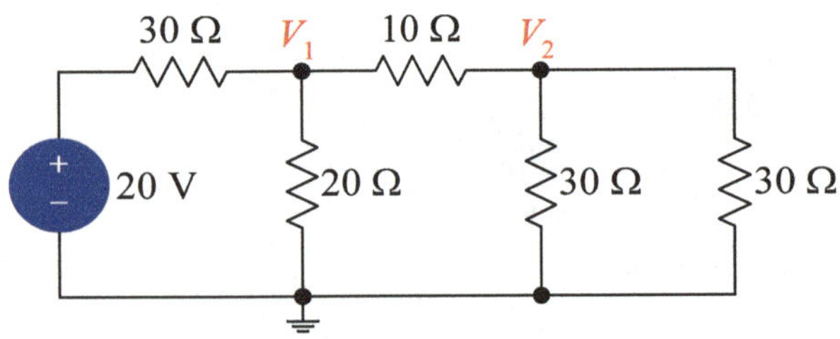

▲그림 P2-8

2-9 그림 P2-9의 각 회로에서 다자 a-b에 대한 테브닌 및 노턴 등가회로를 구하라.

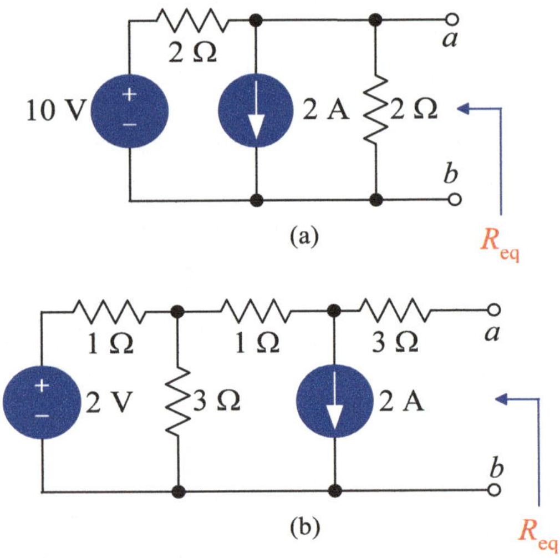

▲그림 P2-9

2-10 전원 변환을 이용하여 문제 2-9를 반복하라.

2-11 그림 P2-9의 각 회로에서 중첩의 원리를 적용하여 단자 a-b간의 전압을 구하라.

2-12 그림 2-26(b)에서 최대 전력 전달을 위한 조건이 식 [22]와 같음을 증명하라.

2-13 그림 P2-9의 각 회로에서 단자 a-b간에 부하 R_L을 연결하여 최대 전력을 얻고자 한다. 부하 R_L이 얼마여야 하는가? 문제 2-9에서 구한 테브닌 등가회로를 이용하라.

2-14 문제 2-13의 결과 부하에 전달되는 최대 전력을 구하라.

2-15 그림 P2-9의 각 회로에서 단자 a-b를 들여다 보았을 때의 등가 저항을 직접 구해보아라.

3장

회로 소자

(Circuit Element)

전원인 전압원이나 전류원은 전기 에너지를 생산할 수 있으므로 능동 소자(active element)라 한다. 이에 비해 저항은 전원으로부터 공급 받은 에너지를 열이나 빛 에너지 등으로 소모하면서 일을 하지만 에너지를 생산할 수 없으므로 수동 소자(passive element)라 한다. 수동 소자에는 저항 외에도, 에너지를 생산하지는 못하지만 저장하는 능력이 있는 소위 에너지 저장 소자들이 있다. 즉 에너지 저장 소자는 전원으로부터 받은 에너지를 소모하지 않고 저장하였다가 다시 전원으로 되돌려 주는 성질이 있다. 이러한 에너지 저장 소자들을 저항과 결합하여 사용하면 더욱 역동적인 전기 에너지 제어가 가능하며 이러한 회로를 동적 회로(dynamic circuit)라 한다. 이 장에서는 수동 소자들의 구성과 그 전기적인 특성에 대해 알아보며 목차는 다음과 같다.

3.1 저항성 소자

금속 내의 자유 전자의 이동은 그림 3-1과 같이 격자 형태로 이루어진 금속 이온 사이를 통과해 나간다. 이 때 양 전하로 대전된 금속 이온은 절대 온도에 비례하는 평균 에너지로 열진동하고 있으므로 전자가 산란되어 무질서한 운동(일명 브라운 운동)을 계속한다. 따라서 그림 3-1의 (a)와 같이 전장이 E=0인 평균 속도는 0이 되지만 그림 (b)와 같이 균일한 전장이 존재할 경우는 전체적으로 전장 E에 비례하는 평균 등속 운동을 한다. 이 때 평균 속도 u는

$$u = \mu E \quad [1]$$

와 같으며 μ는 전자의 이동도(移動度; mobility)이다.

▶그림 3-1
금속 내의 전자 운동: (a) 전장이 없는 경우; (b) 전장이 있는 경우.

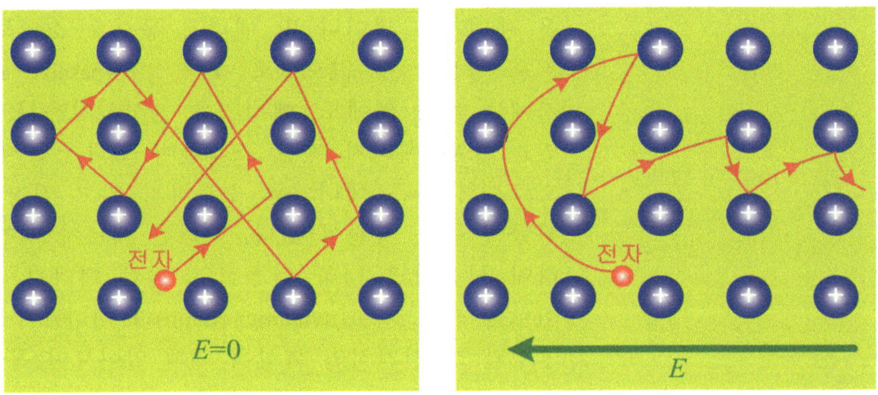

(a) (b)

그림 3-2의 (a)와 같이 금속 이온의 총 수는 자유 전자의 총 수와 같으므로 금속은 전체적으로는 전기적으로 중성이다. 그리고 그림 (b)와 같이 외부의 전압원에 의해 자유 전자가 운동하는 경우에도 도체의 한 쪽에서 흘러 나간 전자는 모두 다른 한 쪽으로 흘러 들어오게 되므로 여전히 도체 내의 총 전하는 중성을 유지한다. 그림 (b)에서 전압원 V에 의해 도체 내에 형성 되는 전장 E는

$$E = \frac{V}{l} \quad [\mathrm{V/m}] \quad [2]$$

이므로 식 [1]과 [2]로부터 전자의 평균 속도는 다음과 같다.

▶그림 3-2
금속 내부의 전하 관계

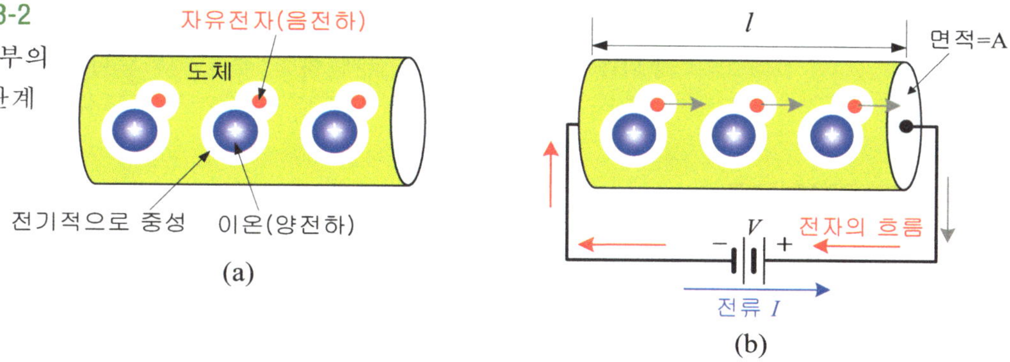

$$u = \mu E = \frac{\mu}{l}V \qquad [3]$$

그림 3-2(b)에서 단위 체적(1 m^3)당 n 개의 자유 전자가 있다고 하면 단위 시간(1 sec)당 이동하는 전하의 총 량, 즉 전류는 $I=Anqu$ [A]이므로 식 [3]에 의해

$$I = Anqu = \left(\frac{\mu Anq}{l}\right)V = \left(\sigma\frac{A}{l}\right)V \qquad [4]$$

로 주어지며 σ는 $\sigma=\mu nq$로서 전도율(conductivity)이라 한다. 식 [4]를 옴의 법칙인 $V=RI$의 형태로 표현하면 도체의 저항 R은 다음과 같다.

$$R = \frac{l}{\sigma A} \qquad [5]$$

즉 저항은 도체의 길이에 비례하고 면적에 반비례한다.

예제 3-1

단면적 1mm²의 구리선에 1A의 전류가 흐를 때 구리선 내의 전자의 평균 속도를 구하라. 단 구리선의 단위 체적당 자유 전자의 밀도 n 및 전자의 전하량 q는 다음과 같다.

$n=8.54\times10^{28}$ 개/m^3, $q=1.60\times10^{-19}$ C

풀이 식 [4]로부터

$$u = \frac{I}{Anq} = \frac{1}{10^{-6}\times(8.54\times10^{28})\times(1.60\times10^{-19})} = \mathbf{7.32\times10^{-5}\ m/s}$$

구리선을 흐르는 전자의 이동 속도는 광속인 $c=3\times10^8$ m/s에 비해 훨씬 느림을 알 수 있다. 그러나 도체의 한 끝에서 전자의 움직임이 그 옆의 전자에 영향을 주는 형태로서 이어져 나가므로 이 전송 속도는 광속도와 같다. 따라서 도체 내에서 전기 신호가 전송되는 속도와 전자의 실제 이동 속도는 다르다.

3.2 용량성 소자

장(場; field)은 곧 힘이며 힘은 에너지와 연관된다. 따라서 내부에 장을 저장할 수 있는 소자는 곧 에너지를 저장할 수 있으며 이는 마치 용수철이나 플라이휠(flywheel)이 기계적인 에너지를 저장할 수 있는 것과 같다. 전기에는 전장(電場)과 자장(磁場) 두 종류의 장이 있으며 이들을 합하여 보통 전자장(電磁場; electromagnetic field)라 한다. 이 중에서 전장을 저장할 수 있는 소자를 용량성(容量性; capacitive) 소자라 하고 자장을 저장할 수 있는 소자를 유도성(誘導性; inductive) 소자라 한다.

용량 저항의 경우는 그림 3-2(b)에서 외부 전원을 차단하면 곧 도체 내의 전장도 사라지며 그 이유는 도체 내는 전체적으로 중성이기 때문이다. 그러나 그림 3-3과 같이 순수 전하를 공간상에서 따로 떼어 놓을 수 있으면 전장이 유지되어 에너지를 저장할 수 있다. 그림 3-3의 (a)와 (b)의 경우는 여러분이 익히 알고 있는 형태이므로 설명을 피하고 대신 그림 (c)를 눈 여겨 보도록 한다. 그림 3-3(c)는 도체로 된 두 평형판에 각각 양전하와 음전하를 따로 대전시켜 놓은 형태이며 이 전하

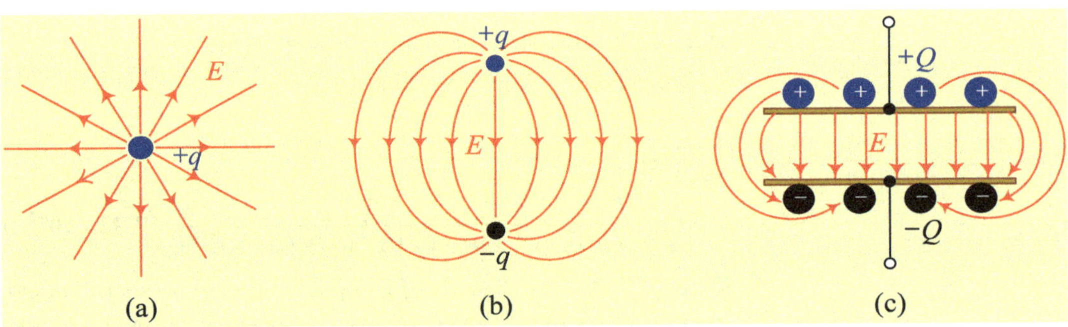

▲그림 3-3 순수 전하의 전장: (a) 단일 양전하에 의한 전장; (b) 두 양전하와 음전하에 의한 전장; (c) 평형판에 축적된 전하에 의한 전장.

는 외부 전압을 이용하여 그림 3.4와 같이 대전시킨다. 여기서 평형판의 면적 A가 두 평형판 사이의 간격 l에 비해 충분히 클 경우 두 평형판간에 형성되는 전장은 그림과 같은 방향으로 균일하며 그 크기는 다음과 같다.

$$E = \frac{Q}{\varepsilon A} \qquad [6]$$

여기서 ε은 두 평형판 사이에 놓여 있는 유전체(誘電體; dielectric)의 유전율(誘電率)을 나타낸다. 참고로 진공에서의 유전율은 자유 공간에서의 유전율이라 하며 기호로는 ε_o를 사용하고 그 값은 ε_o=8.85×10^{-12} [F/m]이다. 다른 물질의 유전율은 보통 공기를 기준으로 나타내며 비유전율 ε_r을 사용하여 다음과 같이 나타낸다.

$$\varepsilon = \varepsilon_r \varepsilon_o \qquad [7]$$

유전율이 높은 물질일수록 평형판 사이의 물질로서 유리하다.

그림 3-4에서 두 판간의 간격을 l이라 할 때 두 판 사이의 전압은 식 [6]으로부터

$$V = El = \left(\frac{l}{\varepsilon A}\right)Q \qquad [8]$$

와 같다. 여기서

$$C \equiv \frac{\varepsilon A}{l} \qquad [9]$$

로 정의하면 판에 대전된 전하량 Q와 전압 V의 관계는 다음과 같다.

$$Q = CV \qquad [10]$$

▸그림 3-4
외부 전압에 의한 평형판의 대전

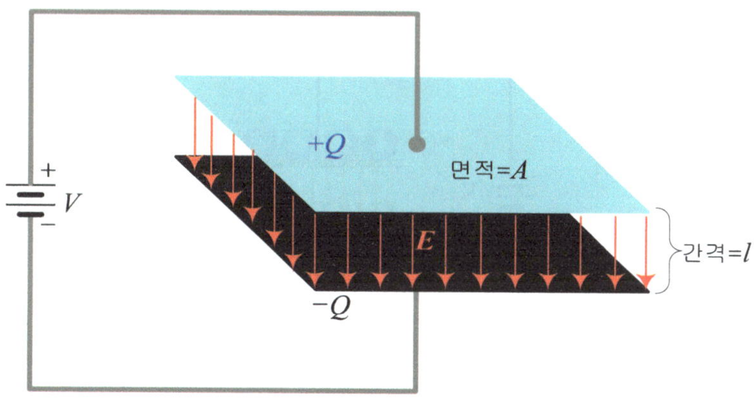

비례 상수 C를 용량이라 하며 전하를 축적하는 능력 척도를 나타낸다. 용량의 단위는 coulomb/volt이지만 발견자의 이름을 따 패럿(Farad)이라 부르고 단위 기호는 [F]를 사용한다. 실제로 1 [F]는 비현실적으로 매우 큰 값이기 때문에 μF(microfarad; $\mu F=10^{-6}F$) 또는 pF(picofarad; $pF=10^{-12}F$)의 단위를 사용한다. 용량을 가지는 소자를 용량성 소자라 하여 커페시터(capacitor)로 부른다.

전압-전류 특성

커페시터에 전하가 축적되는 과정을 충전(充電; charging)이라 하며 그림 3-5가 그 과정을 보여준다. 먼저 전압이 가해지기 전인 그림 (a)의 상태에서는 평형판의 자유 전자들은 양이온과 함께 전기적인 중성을 이루고 있다. 이제 그림 (b)와 같이 전압이 가해지면 전압원 V_s의 펌프 작용에 의해 위쪽 평판의 자유 전자들이 아래 평판으로 이동하기 시작한다. 따라서 자유 전자가 떠난 위쪽 평판은 전자의 부족으로 양전하로 대전되며 아래쪽 평판은 과잉 전자로 인해 음전하로 대전된다.

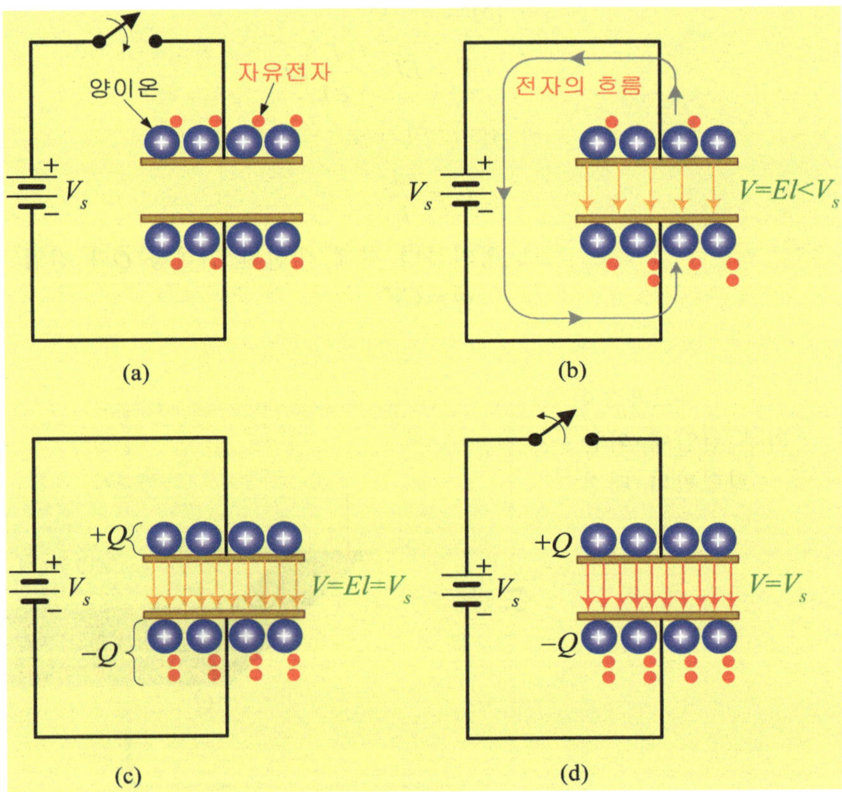

►그림 3-5
커페시터 충전 과정:
(a) 전압원 인가 전;
(b) 충전중($V<V_s$);
(c) 충전 완료 ($V=V_s$);
(d) 전압원 제거 후.
(전장은 보존)

그 결과 평형판 사이는 그림에서 표시된 방향으로 전장 E가 형성되며 평형판 사이의 전압은 $V=El$로 증가한다. 전자의 이동이 누적될수록 양 평면판의 순 전하가 증가하여 전장 및 전압의 세기도 점차 증가하다가 그림 (c)와 같이 $V=V_s$일 때 전자의 이동은 중지된다. 만일 커패시터 자체의 저항이나 도선의 저항이 0이라면 충전 과정은 순간에 이루어지게 된다. 전자의 이동이 끝난 상태, 즉 충전이 완료된 상태에서 그림 (d)와 같이 전압원을 제거했다고 하자. 이 상태에서는 아래쪽 평판에 모인 자유 전자들이 위쪽 평판의 양이온들과 다시 결합할 수 있는 길이 없어지므로(유전체는 부도체이다) 전하는 충전 상태 그대로 보존되며 이에 따라 커패시터 내부의 전장도 지속적으로 유지되어 에너지가 보존되는 것이다. 그러나 실제로는 평형판 사이의 유전체는 완전한 부도체가 아니므로 이를 통해 매우 적은 누설 전류가 흐르게 되므로 언젠가는 모든 전하가 방전되어 에너지는 소멸된다. 누설 전류의 크기는 대개 nA(10^{-9}A) 수준 또는 그 이하이다. 평형판 사이의 유전체가 완전한 부도체일 뿐 아니라 커패시터의 모든 저항 성분이 전혀 없을 경우를 이상적인 커패시터라 하며 지금부터 모든 커패시터는 이상적인 것으로 간주하기로 한다.

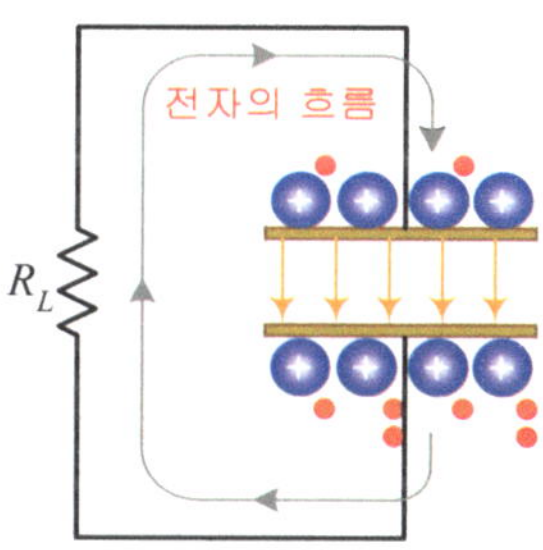

▶그림 3-6
커패시터의 방전

커패시터에 축적된 전하가 소모되는 과정을 방전(放電; discharging)이라 한다. 즉 그림 3-5(c)에서와 같이 충전된 커패시터를 그림 3-6과 같이 저항 양단에 연결하게 되면 한쪽 평판에 모여 있던 자유 전자들이 저항을 통해 다른 쪽 평판으로 이동하므로 전류가 흐르기 시작한다. 따라서 평형판의 전하는 줄어들기 시작하여 전장 및 전압도 감소하며 전하가 모두 방전되면 전류의 흐름은 중지된다. 방전 속도는 커패시터에 결합된 저항의 크기에 의해 결정되며 이를 시정수라 한다(시정수에 대해서는 4장에서 자세히 설명한다).

그림 3-7(a)와 같이 커패시터 양단에 가해지는 전압이 시간에 따라 변하는 경우, 전압의 변화에 따라 커패시터에 충전된 전하량이 변할 수 있도록 전류가 흐른다. 이 때 전하의 시간에 따른 변화인 전류는

$$i(t)=\frac{dQ(t)}{dt}=C\frac{dv(t)}{dt} \qquad [11]$$

와 같이 전압의 미분에 비례하게 되며 이는 전압과 전류가 비례하는 저항의 특성과는 완전히 다른 형태이다. 그림 3-7(a)에서 유의해야 할 것은 전류가 커패시터의 양 극판 사이를 관통하여 직접 흐르는 것이 아니라는 점이다. 그러나 외부에서 보았을 때는 커패시터 전류가 마

▶**그림 3-7** 커페시터의
(a) 전압-전류 관계;
(b) 회로적인 표현.

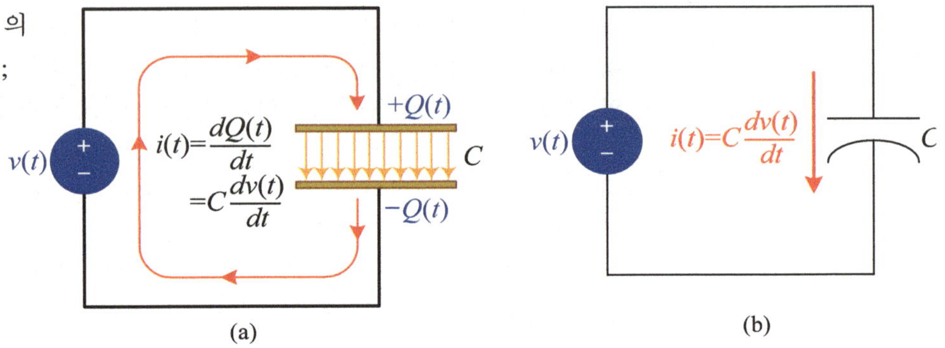

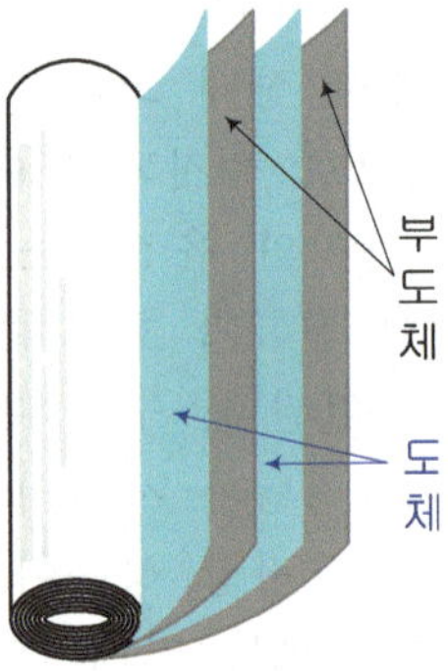

▲**그림 3-8**
커페시터 구조

치 양 극판을 관통해서 흐르고 있는 것과 같으며 또한 이렇게 생각해 버림으로써 저항과 같이 하나의 소자로 보기에 편하기 때문에 그림 3-7의 (a)는 그림 (b)와 같이 표현하는 것이다.

실제 커페시터의 구조는 평형판 대신 그림 3-8과 같이 도체와 부도체(유전체)를 교대로 포개 원통형으로 말은 형태를 많이 사용한다. 커페시터는 용량뿐 아니라 정격 전압도 매우 중요하며 이를 표시하는 방법을 예로 들면 "10μF 50DCMWV"등과 같다. 이는 커페시터의 용량이 10μF이며 직류 정격 전압은 50V라는 의미이며 만일 50V이상의 전압이 가해지면 커페시터의 유전체가 파괴될 수 있다는 의미이다.

예제 3-2

면적이 300cm^{2}이고 평형판 간격이 1mm인 한 쌍의 금속 평형판이 있다. 평형판 사이의 유전체가 (a) 비유전율이 1인 공기, (b) 비유전율이 6인 운모일 때 각 용량을 구하라.

풀이 식 [7]과 [9]를 이용하면

(a) $C = \dfrac{\varepsilon_o \varepsilon_r A}{l} = \dfrac{1 \times (8.85 \times 10^{-12}) \times (300 \times 10^{-4})}{10^{-3}} = \mathbf{266\ pF}$

(b) $C = \dfrac{\varepsilon_o \varepsilon_r A}{l} = \dfrac{6 \times (8.85 \times 10^{-12}) \times (300 \times 10^{-4})}{10^{-3}} = \mathbf{1596\ pF}$

저장 에너지

커페시터는 전기적인 에너지를 전장 형태로 저장할 수 있는 에너지 저장 소자임을 알아보았다. 그러면 저장된 에너지를 커페시터의 전압과 전류로 표현해 보자. 그림 3-7(b)에서 전원에 의해 커페시터에 공급된 순시(瞬時) 전력은 다음과 같이 표현된다.

$$P(t)=v(t)\times i(t)=v(t)\times C\frac{dv(t)}{dt}=Cv(t)\frac{dv(t)}{dt} \quad [12]$$

여기서 전력은 단위 시간에 전기가 한 일의 양이므로 전력을 시간에 대해 적분하면 에너지가 된다. 따라서 커패시터에 저장된 에너지는 다음과 같이 주어진다.

$$\begin{aligned} W_C(t) &= \int_{-\infty}^{t} Cv(\tau)\frac{dv(\tau)}{dt}d\tau \\ &= C\int_{-\infty}^{t} v(\tau)dv(\tau)d\tau \\ &= \frac{1}{2}Cv^2(t) \end{aligned} \quad [13]$$

이는 속도가 $u(t)$인 질량 M의 물체가 가지는 운동 에너지의 식인

$$W_M(t)=\frac{1}{2}Mu^2(t) \quad [14]$$

와 형태가 유사함이 흥미롭다(이러한 관련성을 상사(analogy)라 한다).

예제 3-3

12V 밧테리에 의해 충전된 12μF 커패시터를 생각해 볼 때 (a) 커패시터에 축적된 전하와 (b) 커패시터에 저장된 에너지를 구하라.

풀이

(a) 식 [10]으로부터 축적된 전하는

$$Q=CV=10^{-5}\times 12=\mathbf{1.2\times 10^{-4}\ [C]}$$

(b) 식 [13]으로부터 저장된 에너지는

$$W_C=\frac{1}{2}CV^2=\frac{1}{2}\times 10^{-5}\times 144=\mathbf{7.2\times 10^{-4}\ [J]}$$

커패시터 결합

커패시터들의 값은 대체로 1×10^{-12} F (1 pF)에서 1×10^{-2} F (10,000μF) 정도이며 커패시터를 직렬 또는 병렬로 결합시켜 원하는 용량을 얻을 수 있다. 만일 동일한 두 커패시터를 병렬로 접속한다면 유효 극판 면적이 두 배로 늘어나므로 전체 합성 용량도 두 배가 됨을 쉽게 알 수 있다.

병렬 결합

그림 3-9와 같이 용량이 서로 다른 n 개의 커패시터를 병렬로 결합할 경우 전체 합성 용량에 대해 알아보자. 병렬 결합에 의해 각 커패시터의 양단에 인가되는 전압은 일정하므로 임의의 i 번째 커패시터 C_i에 저장되는 전하 Q_i는 $Q_i=C_i v$이다. 따라서 전체 축적 전하는 C는 각 커패시터의 축적 전하를 더한

$$Q=\sum_{i=1}^{n}Q_i=v\sum_{i=1}^{n}C_i=Cv \qquad [15]$$

이므로 전체 용량은

$$C=\sum_{i=1}^{n}C_i \qquad [16]$$

와 같이 각 용량을 합한 것과 같다.

▶그림 3-9 커패시터의 (a) 병렬 결합; (b) 등가 회로.

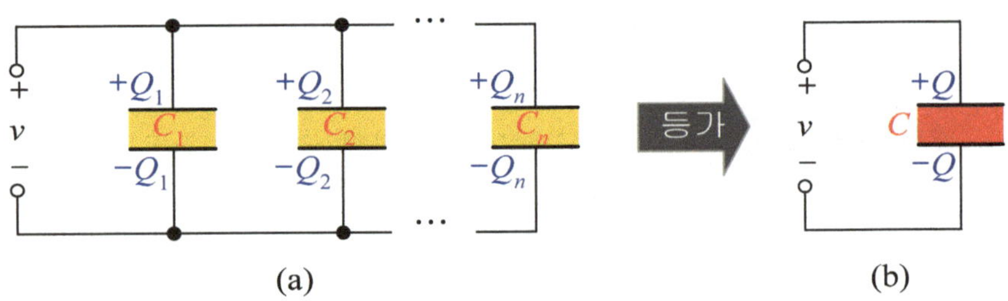

직렬 결합

그림 3-10과 같이 n 개의 커패시터를 직렬 결합할 경우 전체 합성 용량에 대해 알아보자. 이 경우는 각 커패시터에 인가되는 전압의 합이 전체 전압 v와 같아야 하므로

$$v=\sum_{i=1}^{n}v_i \qquad [17]$$

이다. 그러나 그림에서와 같이 정전 유도 현상에 의해 각 커패시터는

▶그림 3-10 커패시터의 (a) 직렬 결합; (b) 등가 회로.

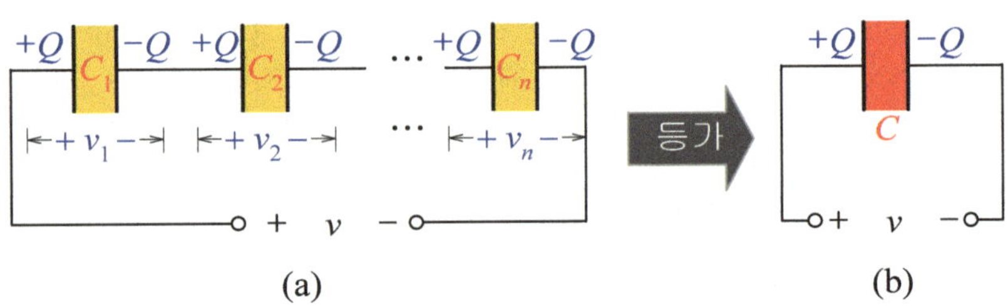

동일한 양의 전하로 대전되므로 다음 관계를 만족하여야 한다.

$$C_1 v_1 = C_2 v_2 = \Lambda = C_n v_n = Q \qquad [18]$$

따라서 위의 두 식으로부터

$$v = \sum_{i=1}^{n} \frac{Q}{C_i} = Q \sum_{i=1}^{n} \frac{1}{C_i} = \frac{Q}{C} \qquad [19]$$

이므로 전체 용량 C는 다음과 같이 주어진다.

$$\frac{1}{C} = \sum_{i=1}^{n} \frac{1}{C_i} \qquad [20]$$

따라서 전체 합성 용량의 역수는 각 용량의 역수의 합과 같으며 이는 병렬 결합된 저항들의 합성 저항과 같은 성질임을 알 수 있다.

예제 3-4

그림 3-11에서 두 평형판 사이의 면적이 A=300 cm^{2}이며 비유전율은 ε_{r1}=1(공기), ε_{r2}=6(운모)이다. 각각의 전체 용량을 구하라.

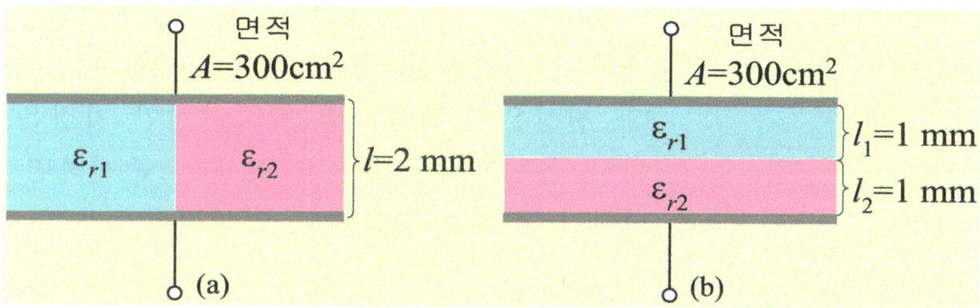

▲그림 3-11 예제 3-4의 그림

풀이

(a) 두 커페시터의 병렬 결합이다. 각 커페시터의 평형판 면적이 150 cm^2 이므로 각각의 용량은 다음과 같다.

$$C_{공기} = \frac{\varepsilon_o \varepsilon_{r1} A_1}{l} = \frac{1 \times (8.85 \times 10^{-12}) \times (150 \times 10^{-3})}{2 \times 10^{-3}} = 66 \text{ pF}$$

$$C_{운모} = \frac{\varepsilon_o \varepsilon_{r2} A_2}{l} = \frac{6 \times (8.85 \times 10^{-12}) \times (150 \times 10^{-3})}{2 \times 10^{-3}} = 396 \text{ pF}$$

따라서 전체 용량은 식 [16]으로부터

$$C = C_{공기} + C_{운모} = 66 \text{ pF} + 396 \text{ pF} = \mathbf{464 \text{ pF}}$$

(b) 두 커페시터는 직렬 결합이며 각 용량은

$$C_{\text{공기}} = \frac{\varepsilon_o \varepsilon_{r1} A}{l_1} = \frac{1 \times (8.85 \times 10^{-12}) \times (300 \times 10^{-3})}{1 \times 10^{-3}} = 266 \text{ pF}$$

$$C_{\text{운모}} = \frac{\varepsilon_o \varepsilon_{r2} A}{l_2} = \frac{6 \times (8.85 \times 10^{-12}) \times (300 \times 10^{-3})}{1 \times 10^{-3}} = 1593 \text{ pF}$$

따라서 전체 용량은 식 [20]으로부터

$$C = \frac{1}{1/C_{\text{공기}} + 1/C_{\text{운모}}} = \frac{1}{1/266 + 1/1593} = \mathbf{228\ pF}$$

3.3 유도성 소자

전기로 인해 발생하는 장은 전장 외에 자장(磁場)이 있으며 자장이 가지는 자기적인 에너지를 저장할 수 있는 소자를 유도성 소자라 한다. 전장은 전하로부터 형성되지만 자장은 전하의 흐름, 즉 전류에 의해서 형성된다. 따라서 전하가 존재하면 전장은 형성되지만 자장은 전하가 움직일 경우에만 형성된다.

자장 전류와 자장의 관계는 암페어 법칙에 의해 결정되며 그림 3-12(a)는 직선 도선에 전류가 흐를 때 도선 주위에 형성되는 자장을 나타낸다. 그림과 같이 도선에 흐르는 전류의 방향으로 오른손의 엄지가 향하도록 하면서 나머지 오른 손가락들로 도선을 감싸 쥐면 손가락들이 감싸는 방향이 자력선의 방향이 되며 이는 오른손 엄지 손가락 법칙으로 잘 알려져 있다. 그림 3-12(a)에서 전류가 흐르는 도선의 길이가 무한대일 경우 자장의 세기는 다음과 같이 주어진다.

$$H = \frac{I}{2\pi r} \text{ [A/m]} \qquad \textbf{[21]}$$

오른손 엄지 손가락 법칙은 일명 오른 나사 법칙으로도 잘 알려져 있으며 그림 3-13(b)가 이를 보여준다. 즉 그림과 같이 오른 나사를 죄었을 때 진행하는 방향으로 전류가 흐르게 하면 오른 나사를 죄는 회전 방향(시계 방향)으로 자기장이 발생한다. 그림과 반대로 오른 나사를 풀었을 때의 진행 방향으로 전류를 흐르게 하면 오른 나사를 푸는

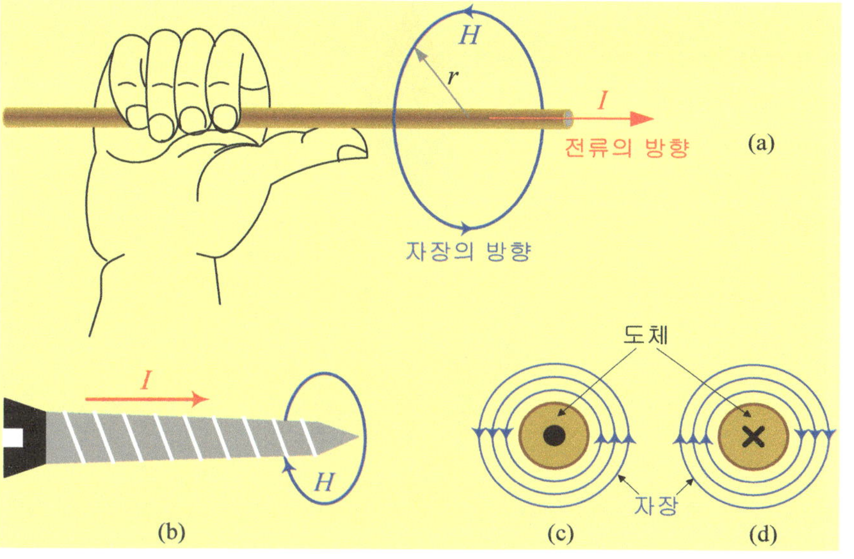

▶그림 3-12
암페어의 법칙:
(a) 오른속 엄지 손가락 법칙;
(b) 오른 나사 법칙;
(c),(d) 그림 (b)의 단면.

방향(반시계 방향)으로 자기장이 발생한다. 그림 3-12의 (c)와 (d)는 도선의 단면을 보여주는 것으로 기호 "●"과 "×" 는 전류의 방향을 암시한다. 먼저 그림 (c)는 전류가 종이 뒤쪽에서 앞쪽으로 흐르는 경우이다. 따라서 이는 그림 (b)의 나사를 앞 부분에서 정면으로 바라 본 것과 같으므로 나사의 머리 부분을 본 때 전류의 방향을 "●"로 표현한다. 반대로 그림 (d)는 전류가 종이 앞쪽에서 뒤쪽으로 흐르는 경우이므로 이는 그림 (b)의 나사를 뒤 부분에서 바라 본 것과 같다. 따라서 나사의 뒤 부분을 본 딴 "×"로 전류의 방향을 표현한다.

그림 3-13은 자장을 형성하는 대표적인 경우들로서 그림 (a)는 영구 자석이 만들어 내는 자장 형태이다. 그림 (b)는 핵 주위의 궤도를 운행하는 전자에 의해 형성되는 자장이며 전류는 전자의 운동 방향과 반대이므로 자장은 그림에서 표시된 방향으로 형성된다. 따라서 원자핵과 그 주위를 일주 운동을 하는 전자는 하나의 자석과 동일함을 알 수 있다. 그림 (c)는 원형의 도선에 전류를 흘림으로써 그림 (b)와 같이 원자 내부에서 발생하는 자장을 인위적으로 형성시킨 것으로 이러한 형태의 도선을 코일(coil)이라 한다. 그리고 지구는 하나의 거대한 영구 자석으로서 그림 (d)와 같이 자장이 형성되어 있다. 특히 지구의 자장은 지구상 생물체들에게 매우 중요한 영향을 미치고 있는 것으로 알려져 있다.

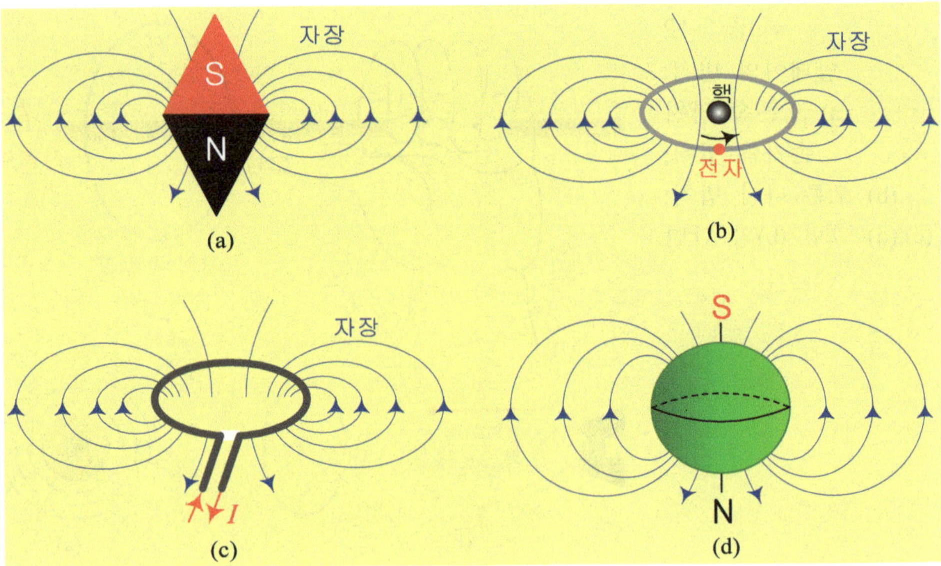

▶그림 3-13
자장의 형성:
(a) 영구 자석;
(b) 원자;
(c) 코일;
(d) 지구.

인덕턴스

그림 3-14는 그림 3-13(c)의 코일을 직렬로 여러 번 감은 형태이다. 이 경우 각 코일에 흐르는 전류는 오른 나사 법칙에 의해 각 코일 권선의 둘레에 원형으로 자력선을 만들며 이들은 코일 내부에서 모두 같은 방향이 되어 서로 합해짐으로써 보다 강한 자장이 형성된다. 그러나 코일 바깥 부분에서는 인접한 코일 권선들 사이의 자력선 방향이 서로 반대가 되어 상쇄되므로 매우 약한 자장이 형성될 뿐이다. 따라서 코일 바깥의 자장은 무시할 수 있는 정도이면서 코일 내부에서는 거의 균일하면서도 강한 자장이 형성된다. 이 같은 성질로 인해 코일은 N극과 S극이 있는 자석과 같이 동작할 뿐 아니라 자장을 저장하

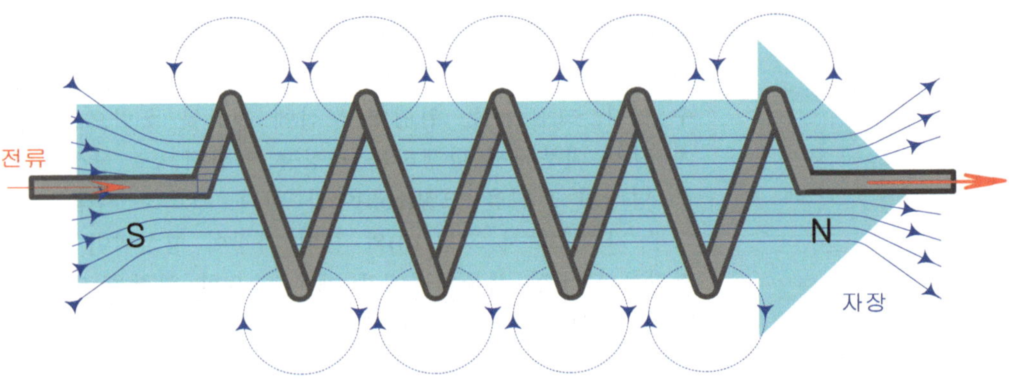

▶그림 3-14
코일 주위의
자장 분포

는 유도성 소자 역할을 한다. 권선 수가 N인 코일에 전류 I가 흐르며 코일 단면적의 반경에 비해 코일 길이(l)가 충분히 길 때 내부의 자장은 거의 균일하게 되며 다음과 같이 주어진다.

$$H = \frac{NI}{l}\ [\mathrm{A/m}] \tag{22}$$

여기서 자장의 세기는 코일의 전류 I와 권선 수 N의 곱에 비례하므로 NI를 기자력(起磁力)이라 하여 mmf(magnetic motive force)로 표 현한다. 따라서 식 [22]는

$$H = \frac{\mathrm{mmf}}{l} \quad (\mathrm{mmf} = NI) \tag{23}$$

로 표현되며 이는 간격이 l인 평형판에서 양단 전압, 즉 기전력(emf) V에 의한 전장 E가

$$E = \frac{\mathrm{emf}}{l} \quad (\mathrm{emf} = V) \tag{24}$$

로 주어지는 것과 유사한 형태가 된다(그림 3-15).

그림 3-15는 용량성 소자와 유도성 소자간의 유사성을 보여준다. 즉 용량성 소자인 그림 (a)는 양 극판간의 전압에 의해 극판 사이에 균일한 전장 E=emf/l가 형성되는 원리이며, 그림 (b)의 유도성 소자는 코일에 흐르는 전류에 의해 코일 내부에 균일한 자장 H=mmf/l가 형성되는 원리이다. 전장의 세기 H로부터 자속 밀도(磁束密度) B는 다음과 같이 정의된다.

▶그림 3-15 용량성 및 유도성 소자간의 상사: (a) 용량성 소자; (b) 유도성 소자.

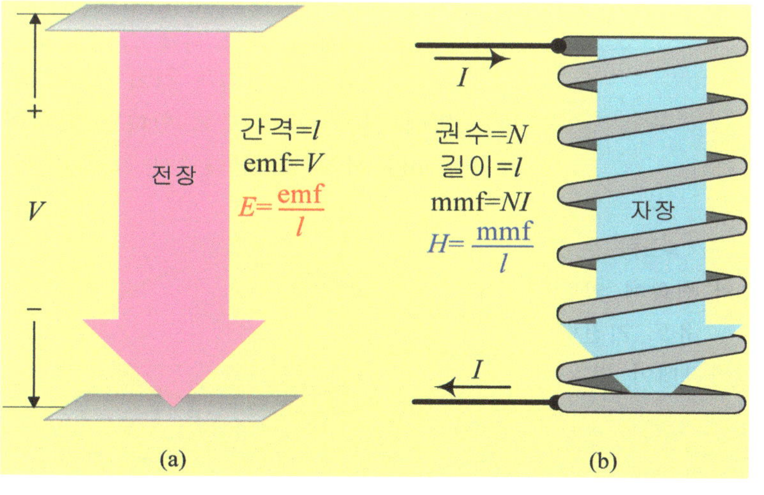

$$B = \mu H \quad [\text{weber}/\text{m}^2] \qquad [25]$$

여기서 μ는 투자율(透磁率)이며 진공에서의 투자율을 특히 μ_o로 나타내고 μ_o=4π×10^{-7} weber/m^2이다. 그리고 다른 물질의 투자율은 진공 중의 투자율에 대해 상대적으로

$$\mu = \mu_r \mu_o \qquad [26]$$

로 표현하며 μ_r을 비투자율이라 한다. 그리고 면적 A에 대해 자속 밀도 B의 균일한 자장이 수직으로 통과할 경우 그 면적의 자속(磁束; magnetic flux)는 다음과 같이 정의된다.

$$\Phi = AB \quad [\text{weber}] \qquad [27]$$

코일의 자기 특성을 증가시키기 위해 코일의 내부에 투자율이 높은 자성체(보통 연철)를 두며 이를 자심(磁芯; magnetic core)이라 한다.

1831년 Michael Farady는 시간에 따라 변하는 자속 내에 놓인 코일에 기전력이 유도되는 유도 기전력 현상을 발견하였다. 즉 그림 3-16에서 유도 기전력 v는

$$v = \frac{d\Phi}{dt} \quad [\text{V}] \qquad [28]$$

로 주어지며 이를 파라데이 법칙이라 한다. 한편 파라데이 법칙에 의한 유도 기전력의 극성은 렌쯔(Lentz)의 법칙을 따른다. 즉 그림 3-16에서 단자 a-b가 외부와 연결되어 코일이 페로를 이룬다면, 유도 기전력 v의 극성은 자속 Φ의 변화를 상쇄시키는 방향으로 전류를 생산하도록 정해지며 이를 렌쯔의 법칙(일명 청개구리 법칙)이라 하기도 한다. 렌쯔에 대한 이해를 돕기 위해 그림 3-17을 보기로 한다.

그림 3-17(a)의 코일에서 단자 a-b가 어떤 외부 회로와 연결됨으로써 코일에 전류 i가 흐르고 있다고 가정하고 이로 인한 코일 내부의 자속을 Φ라 하자. 이 상태에서 그림 (b)와 같이 외부 회로에 의해 미

►그림 3-16
자속의 변화에 의한 유도 기전력 (파라데이 법칙)

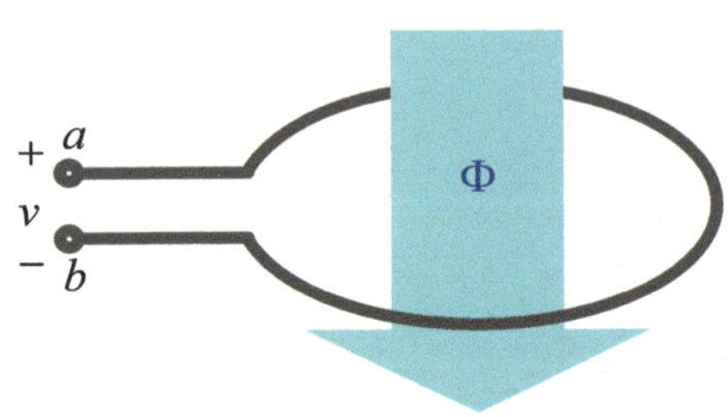

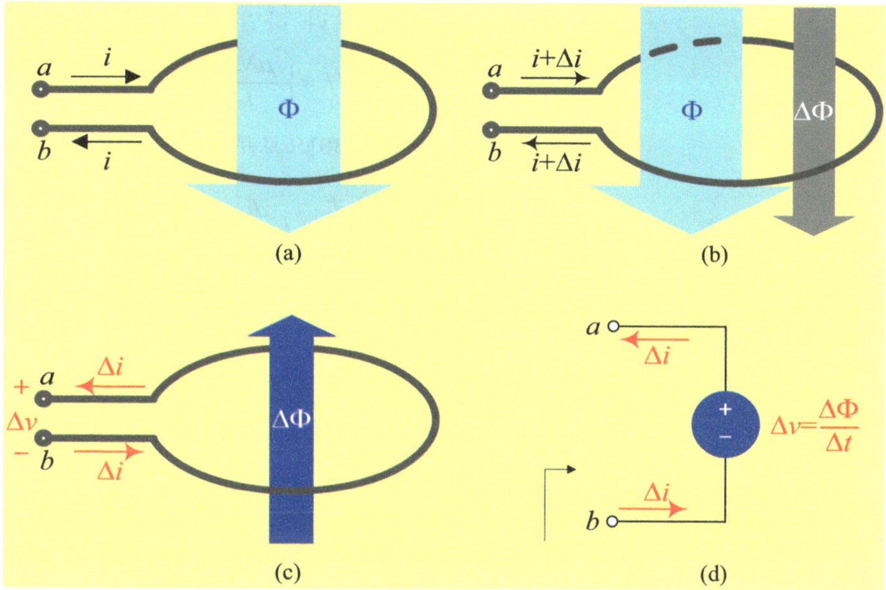

▶그림 3-17 렌쯔 법칙:
(a) 정상 상태 전류;
(b) 전류의 변화;
(c) 유도 기전력;
(d) 외부에 대한 표현.

소 시간 Δt 동안에 Δi 만큼의 전류 변화가 일어나게 하면 자속 역시 $\Delta\Phi$ 만큼 증가하게 되므로 파라데이 법칙에 의해 코일 내에 기전력 Δv가 유도될 것이다. 이 때 유도 기전력 Δv 및 이로 인한 전류 변화량 Δi와 자속 변화량 $\Delta\Phi$만 보인 것이 그림 (c)이다. 여기서 전류 Δi에 의한 자속 $\Delta\Phi$는 렌쯔의 법칙에 따라 그림 (b)의 자속 변화량 $\Delta\Phi$를 상쇄시키는 방향이 되도록 Δi의 방향이 정해지므로 전류의 방향은 그림 (c)에 표시된 바와 같다. 따라서 전류 Δi는 단자 a에서 흘러 나와 외부 회로를 거친 다음 단자 b로 흘러 들어가게 되므로 외부 회로에 대해서는 단자 a가 b에 비해 전압이 높은 것으로 비치게 된다. 따라서 딘자 a-b간은 외부 회로에 대해 그림 (d)와 같은 극성의 전압원과 등가가 되며 전압원의 극성은 그림 (b)에서의 전류 Δi를 방해하는 방향임을 확인할 수 있다.

그림 3-17은 단일 코일에 유도되는 기전력이다. 단일 코일을 N번 감아 그림 3-14와 같이 코일 권선을 구성할 경우 동일한 자속을 가진 N개의 코일을 직렬로 연결한 것과 같다. 따라서 코일 권선에 유도되는 전체 기전력은 단일 코일의 기전력의 N배가 되어

$$v = N\frac{d\Phi}{dt} \tag{29}$$

로 주어진다. 그리고 코일 권선의 단면적 및 길이를 각각 A, l이라 하

고 흐르는 전류를 i라 하면 식 [22], [25], [27]로부터 자속은

$$\Phi = AB = \mu AH = \left(\frac{\mu NA}{l}\right)i \qquad [30]$$

따라서 식 [29]와 [30]으로부터 유도 기전력은

$$v = \left(\frac{\mu N^2 A}{l}\right)\frac{di}{dt} = L\frac{di}{dt} \qquad [31]$$

로 주어지며 L은 인덕턴스로

$$L \equiv \frac{\mu N^2 A}{l} \qquad [32]$$

로 정의된다. 식 [31]과 같이 전압이 전류의 미분에 비례하는 소자를 인덕터(inductor)라 한다. 인덕턴스의 단위는 헨리(henry)이며 단위 기호는 [H]이다. 이상으로 유도성 소자인 인덕터는 전압이 전류의 미분에 비례하며, 이는 전류가 전압의 미분에 비례하는 커패시터와 정 반대의 특성임을 알 수 있다. 그림 3-18의 (a)는 인덕터의 전압과 전류 관계를 보인 것이며 이를 회로 기호로 표현한 것이 그림 (b)이다.

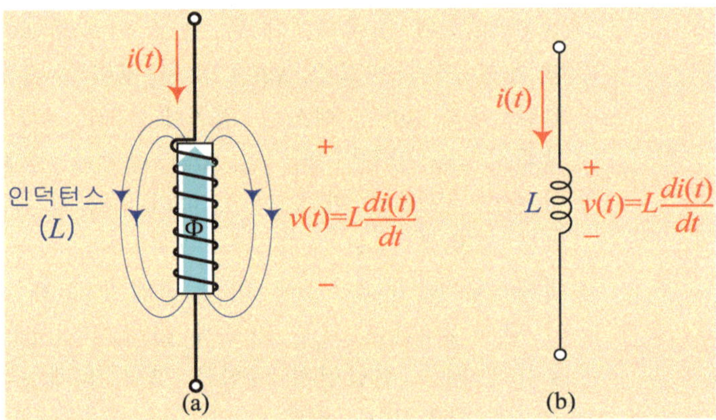

▶그림 3-18
(a) 인덕터와
(b) 회로 기호

저장 에너지

커패시터는 에너지를 전기장 형태로 저장할 수 있는 소자이며 인덕터는 에너지를 자기적으로 저장할 수 있는 소자임을 알았다. 그림 3-18에서 인덕터에 공급되는 순시(瞬時) 전력은 다음과 같이 표현된다.

$$P(t) = i(t) \times v(t) = i(t) \times L\frac{di(t)}{dt} = Li(t)\frac{di(t)}{dt} \qquad [33]$$

따라서 인덕터에 저장된 에너지는 다음과 같다.

$$
\begin{aligned}
W_L(t) &= \int_{-\infty}^{t} Li(\tau)\frac{di(\tau)}{dt}d\tau \\
&= L\int_{-\infty}^{t} i(\tau)di(\tau)d\tau \\
&= \frac{1}{2}Li^2(t)
\end{aligned} \qquad [34]
$$

여기서 다시 한번 저항과 커페시터 및 인덕터의 에너지 저장 능력을 비교해서 설명해 보도록 하자. 그림 3-19는 외부 전원으로부터 각 소자에 에너지를 공급한 후 충분한 시간이 지나 전원을 제거했을 때 각 소자들이 그 전에 공급 받은 에너지를 보존할 수 있는가를 알아보는 그림이다. 먼저 그림 3-19의 (a)인 저항의 경우는 전압원 V가 도체(저항) 양단에 인가되는 동안에는 도체 내에 전장이 형성되어 전류가 흐른다. 그러나 스위치를 열어 도체로부터 전압원을 제거하는 순간 도체 내의 전장이 0이 되므로 에너지도 사라지게 된다. 이에 비해 그림 (b)의 커페시터 경우는 스위치가 열려 전원이 제거된 후에도 극판에 대전된 전하가 그대로 유지된다. 따라서 전장이 보존되므로 에너지도 보존된다. 그리고 그림 (c)의 인덕터 경우는 전류원을 제거하면서 인덕터 양단을 단락시켜도 전류는 그대로 유지된다. 그 이유는 렌쯔의 법칙에 따라 인덕터 내의 자속을 유지하고자 할 뿐 아니라 자속을 바꿔 줄 수 있는 외부 전원도 없기 때문에 단락 회로를 통하여 전류 흐름이 지속된다. 따라서 자장이 보존되어 에너지가 보존된다.

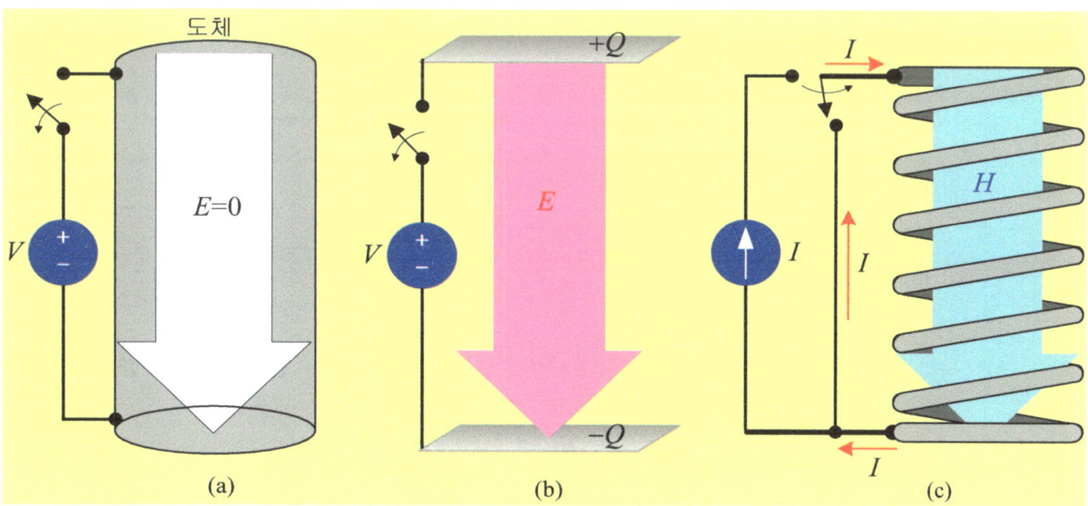

▲그림 3-19 R, C, L의 에너지 저장 기능의 비교: (a) R; (b) C; (c) L.

인덕터 결합

직렬 결합

그림 3-20은 인덕터의 직렬 결합 회로이다. 직렬 결합에 의해 각 인덕터에 흐르는 전류는 i로 동일하다. 따라서 인덕터들의 전압을 모두 합한 전체 전압 v는 다음과 같다.

$$v = \sum_{i=1}^{n} v_i = \sum_{i=1}^{n} L_i \frac{di}{dt} = \left(\sum_{i=1}^{n} L_i \right) \frac{di}{dt} = L \frac{di}{dt} \qquad [35]$$

여기서 L은 전체 인덕턴스로서 다음과 같이 주어진다.

$$L \equiv \sum_{i=1}^{n} L_i \qquad [36]$$

이상으로 직렬로 결합된 인덕턴스들의 합성 인덕턴스는 식 [36]과 같이 각 인덕턴스들을 합한 것과 같다.

▶그림 3-20
인덕터의 직렬 결합

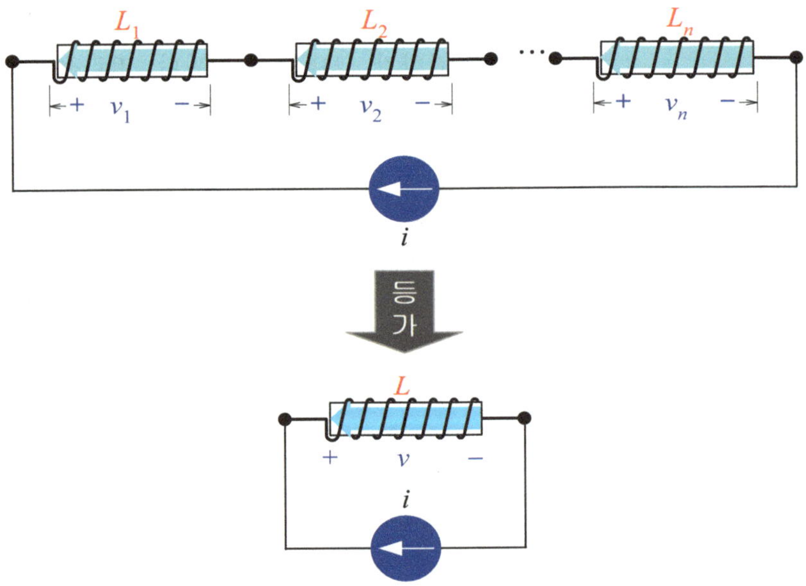

병렬 결합

그림 3-21과 같이 병렬로 결합될 경우 인덕터들의 양단 전압은 모두 같아야 하기 때문에 각 인덕터에 흐르는 전류는

$$L_1 \frac{di_1}{dt} = L_1 \frac{di_1}{dt} = \Lambda = L_n \frac{di_n}{dt} = v \qquad [37]$$

를 만족하여야 한다. 따라서

▶그림 3-21 인덕터의 병렬결합

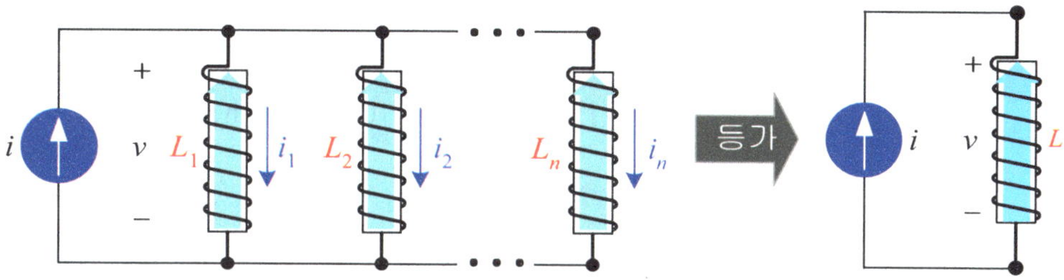

$$i_i = \frac{1}{L_i}\int_{-\infty}^{t} v(\tau)d\tau \quad i = 1, \Lambda\ , n \qquad [38]$$

이며 각 인덕터에 흐르는 전류의 합은 전류 i와 같으므로 다음과 같이 표현할 수 있다.

$$i = \sum_{i=1}^{n} i_i = \sum_{i=1}^{n}\left(\frac{1}{L_i}\int_{-\infty}^{t} v(\tau)d\tau\right) = \left(\sum_{i=1}^{n}\frac{1}{L_i}\right)\int_{-\infty}^{t} v(\tau)d\tau \qquad [39]$$

여기서

$$\frac{1}{L} \equiv \sum_{i=1}^{n}\frac{1}{L_i} \qquad [40]$$

로 정의하면 이는 곧 전체 합성 인덕턴스와 같음을 알 수 있다. 따라서 병렬로 결합된 인덕턴스의 합성 인덕턴스의 역수는 각 인덕턴스의 역수를 합한 것과 같으며 이는 병렬 결합된 저항들의 합성 저항과 같은 형태임을 알 수 있다.

예제 3-5

그림 3-22의 회로에서 전압 $v(t)$를 구하라.

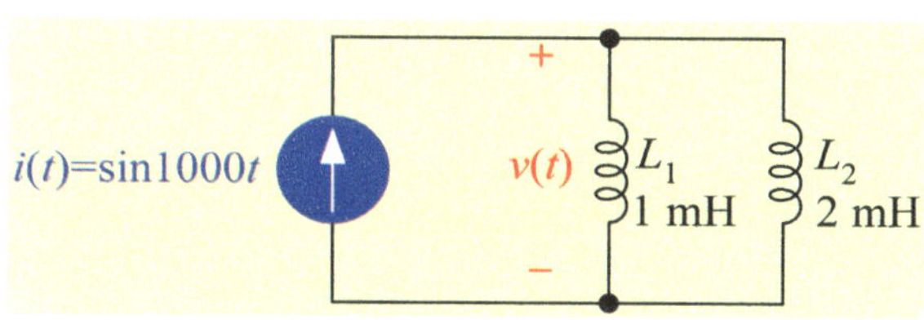

▲그림 3-22 예제 3-5의 그림

풀이 두 인덕터가 병렬 결합되어 있으므로 합성 인덕턴스는

$$L = \frac{1}{1/L_1 + 1/L_2} = \frac{1}{1/10^{-3} + 2/10^{-3}} = \frac{2}{3}\text{ mH}$$

따라서 전압 $v(t)$는

$$v(t) = L\frac{di(t)}{dt} = \frac{2}{3}\times 10^{-3}\times\frac{d}{dt}(\sin 1000t)$$
$$= \frac{2}{3}\cos 1000t$$

3.4 연속성 조건

몇 가지 유형의 에너지를 소개하면 표 3-1과 같으며, 이로부터 각 에너지간의 유사성을 알 수 있다. 에너지는 일이다. 따라서 같은 양의 일을 얼마만한 시간 내에 했느냐는 또 다른 문제이며 이 척도가 전력(power)이다. 즉 전력은 단위 시간 내에 한 일의 양으로서 시간에 대한 에너지의 미분으로 정의된다. 만일 시간의 함수로 주어지는 시간의 함수로 주어지는 어떤 에너지가 시간에 대해 불연속적으로 변하는 순간이 있다고 하면 그 순간의 미분인 전력은 무한대가 되며 이는 현실적으로 불가능한 일이다. 따라서 실제 세상에서는 모든 에너지가 시간에 따라 연속적인 변화를 보여야 하며 이를 연속성 조건이라 한다. 이에 따라 C와 L에 대한 연속성 조건은 다음과 같다.

C에서는 전압의 변화가 연속적이어야 하고 L에서는 전류의 변화가 연속적이어야 한다. 그러나 C의 전류와 L의 전압은 연속성 조건과는 무관하다.

▶표 3-1 물리계의 에너지 상사

분 류	에 너 지	비 고
운동 에너지	$W_M = \frac{1}{2}Mu^2$	M은 질량, u는 속도
탄성 에너지	$W_K = \frac{1}{2}Kx^2$	K은 탄성 계수, x는 변위
커페시터 에너지	$W_C = \frac{1}{2}Cv^2$	C는 용량, v는 전압
인덕터 에너지	$W_L = \frac{1}{2}Li^2$	L은 인덕턴스, i는 전류

3.5 스위칭 소자

지금까지 소개한 저항, 커페시터 인덕터 등의 수동 소자들은 소자에 흐르는 전류의 방향에 제약이 없다. 이와는 달리 그림 3-23(a)에서와 같이 특정 방향의 전류에 대해서는 소자가 단락과 같이 행동하고 그 반대 방향의 전류에 대해서는 개방과 같이 행동하는 특수한 소자가 있으며 이를 스위칭 소자라 한다. 스위칭 소자에서 허용되는 방향의 전류를 순방향 전류라 하고 허용되지 않는 방향의 전류를 역방향 전류라 한다. 그림 3-23(a)의 이상적인 스위칭 소자의 경우는 순방향 전류에 대해서는 R=0과 같고 역방향 전류에 대해서는 $R=\infty$와 같다. 그림 3-23(b)는 실제적인 스위칭 소자의 특성으로 순방향 전류에 대해서도 약간의 내부 저항이 존재하며 저항 R이 이를 나타낸다.

스위칭 소자는 아날로그 회로뿐 아니라 2진법을 사용하는 디지털 회로에서 매우 유용하게 사용되며, 디지털 시스템의 성능은 스위칭 소자의 스위칭 속도와 직결된다. 특히 기계적인 스위치로는 단락과 개방 동작의 속도에 큰 제약이 있지만 전기로써 제어되는 스위칭 소자(이를 전자 스위치라 한다)는 기계적 스위치에 비할 수 없이 빠른 속도로 스위칭 동작이 가능하다. 전자 스위치는 반도체 소자인 다이오드(diode)나 트랜지스터 등으로 구현한다(15장에서 자세히 설명한다).

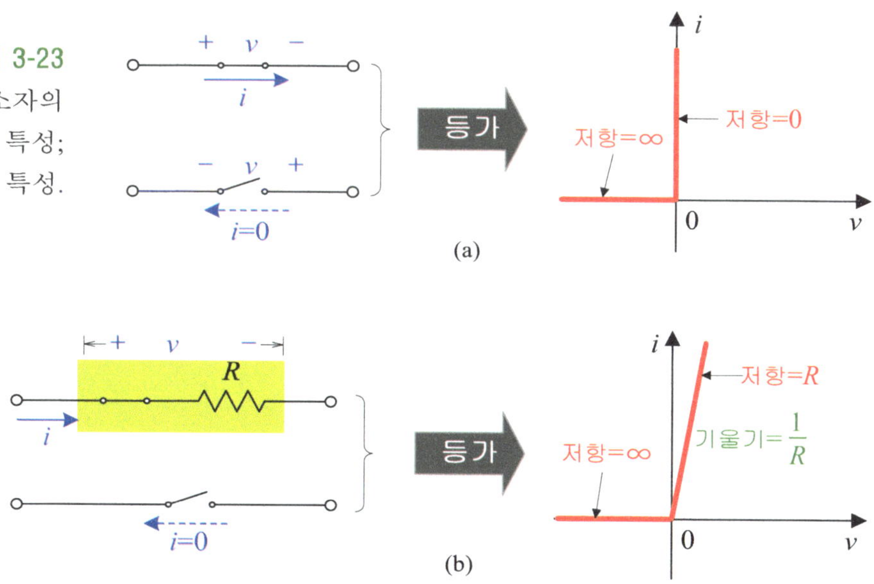

▶그림 3-23 스위칭 소자의 (a) 이상적인 특성; (b) 실제적인 특성.

예제 3-6

그림 3-24의 회로에서 전자 스위치 S가 이상적이며 입력 전압원 $v_s(t)$는 그림과 같은 정현파이다. 저항 R_L 양단의 전압 $v_o(t)$의 파형을 그려보아라.

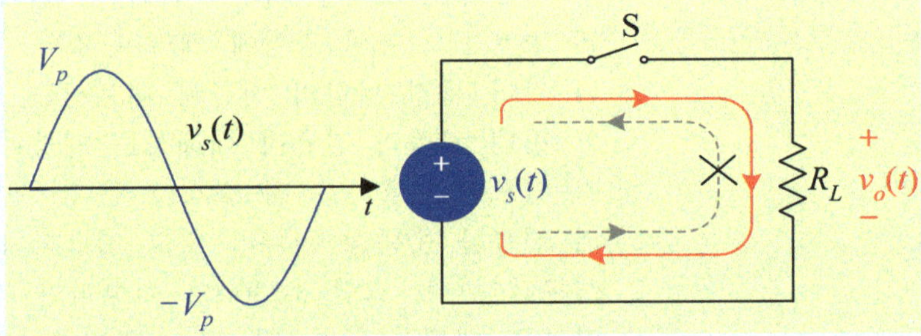

▲그림 3-24 예제 3-6의 그림

풀이 전압원 $v_s(t)$의 양의 반주기 동안에는 실선으로 표시된 방향으로 순방향 전류가 흐르며 스위칭 소자의 저항이 0이다. 따라서 $v_s(t)$는 모두 R_L 양단에 걸리므로 $v_o(t)=v_s(t)$이다. 그러나 $v_s(t)$의 음의 반주기 동안에는 역방향인 점선의 방향으로 전류가 흘러야 하며 이때는 스위칭 소자의 저항이 ∞이다. 따라서 $v_s(t)$는 모두 스위칭 소자 양단에 인가되므로 R_L 양단의 전압은 $v_o(t)=0$이다. 이상으로 입력 전압원 $v_s(t)$와 출력 $v_o(t)$의 파형을 함께 그려보면 그림 3-25와 같으며 $v_o(t)$를 맥류(脈流)라 한다.

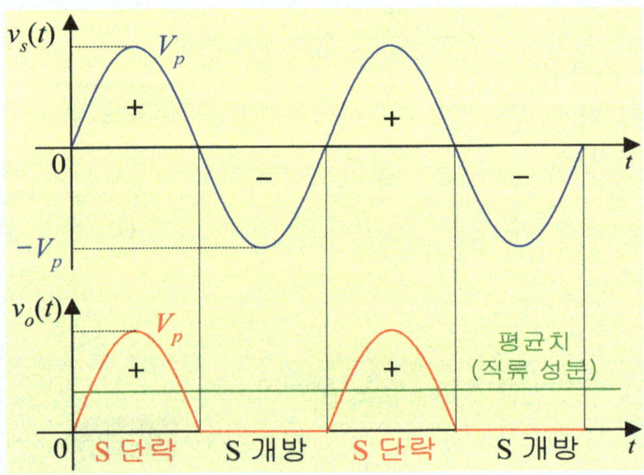

▲그림 3-25 그림 3-24 회로의 입력과 출력 파형 관계.

연습 문제

3-1 도선 내의 총 전하는 중성을 유지함을 설명하라.

3-2 1μF짜리의 커패시터 양단에 10V의 전압이 인가되면 평형판에 존재하는 전하량은 얼마인가?

3-3 면적이 0.01m^2이고 평형판 사이의 거리가 10mm인 평형판 커패시터 사이가 (a) 비유전율이 1인 공기, (b) 비유전율이 23인 폴리틴(polythene)으로 채워져 있다면 각 경우의 용량은 얼마인가?

3-4 면적이 100cm^2이고 평형판 사이의 거리가 1.0mm이며 비유전율이 3인 유전체로 채워진 평형판 커패시터가 있다. 평형판에 100V의 전압이 인가될 때 (a) 전장의 세기와 (b) 용량을 구하라.

3-5 외부 전압에 의해 평형판 커패시터에 전하가 충전되는 과정을 간단히 설명하라.

3-6 커패시터에 인가된 전압과 저장된 에너지간의 관계를 설명해 보아라.

3-7 용량이 500pF인 평형판 커패시터가 필요하다. 극판간의 거리가 1×10^{-4}m이고 절연재료는 공기로 할 때 필요한 극판의 면적을 구하라.

3-8 용량이 10μF, 5μF 및 15μF인 세 커패시터가 병렬로 결합되어 있으며 이것이 다시 60μF의 커패시터와 직렬 결합될 때 전체 용량을 구하라.

3-9 용량이 2μF와 8μF인 두 커패시터가 (a) 병렬로 결합될 때와 (b) 직렬로 결합될 때 전체 용량을 구하라.

3-10 4μF짜리 커패시터 양난에 12V의 전압 인가될 때 이 커패시터에 저장된 에너지는 얼마인가?

3-11 10μF짜리 커패시터가 100V 전압에 의해 충전되어 있다. 이어서 전원을 분리시키고 충전되지 않은 5μF짜리 커패시터를 이와 병렬로 결합할 때 결합하기 전과 후의 커패시터에 저장된 총 에너지를 구하라.

3-12 그림 P3-12의 각 경우에 대한 전체 용량을 계산하라.

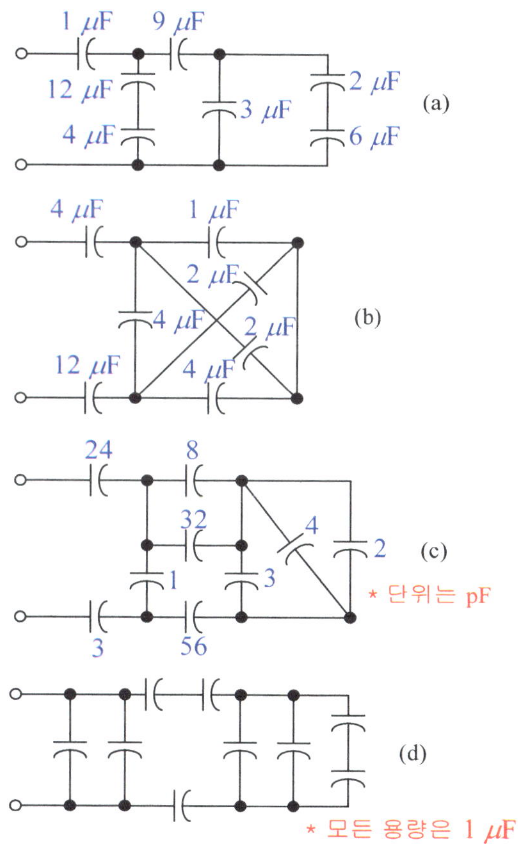

▲그림 P3-12

3-13 그림 P3-13은 1μF 커패시터의 양단 전압이다. 커패시터에 흐르는 전류의 파형을 그려 보아라.

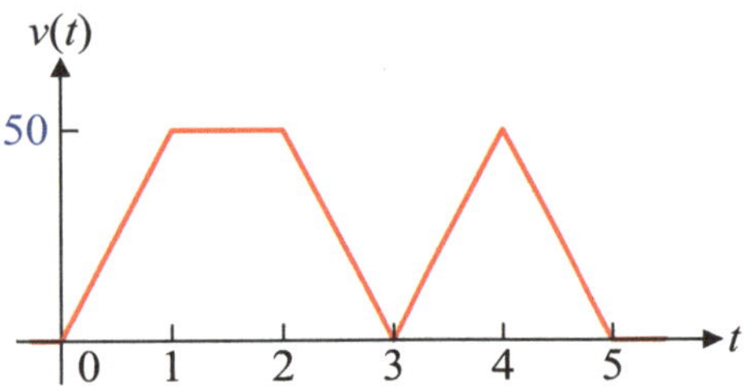

▲그림 P3-13

3-14 암페어의 법칙을 간단히 설명하라.

3-15 렌쯔의 법칙을 일명 청개구리 법칙이라 하는 이유가 무엇인가?

3-16 자속의 변화가 기전력을 유도하는 원리를 간단히 설명하라.

3-17 다음의 각 경우에 대한 전체 인덕턴스를 구하라:

(a) 1mH와 9mH의 직렬 결합.

(b) 7mH와 3mH의 병렬 결합과 직렬로 결합된 4mH.

(c) 8mH와 12mH의 병렬 결합.

(d) 27mH, 100mH, 320mH의 병렬 결합.

3-18 그림 P3-18의 각 경우에 대한 전체 인덕턴스를 계산하라.

3-19 20mH의 인덕터에 100mA의 전류가 흐르고 있을 때 인덕터에 저장된 에너지는 얼마인가?

3-20 에너지를 저장하는 소자는 연속성을 만족해야 하는데 대해 설명하라.

3-21 이상적인 스위칭 소자의 전압-전류 특성에 대해 설명하라.

3-22 이상적인 스위칭 소자에서는 전력이 소모되지 않음을 보여라.

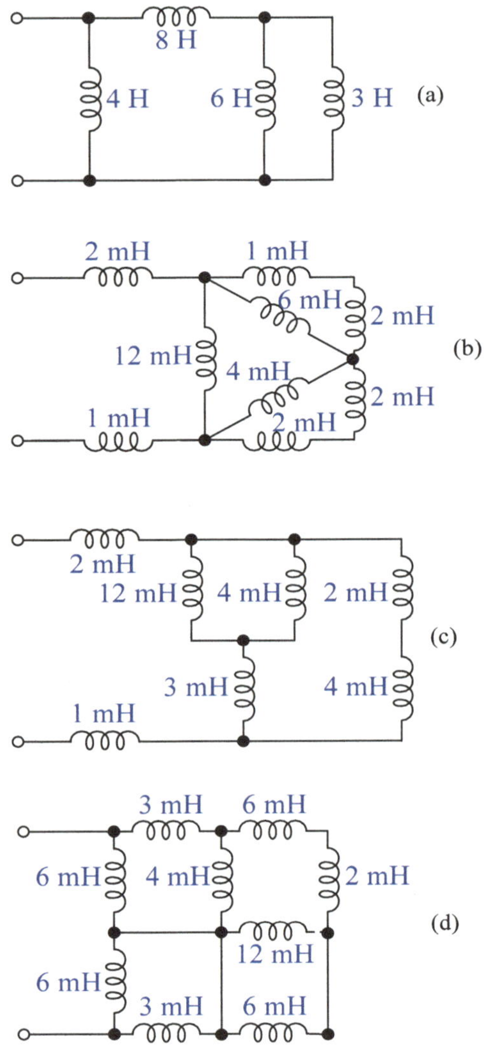

▲그림 P3-18

4장

회로 방정식

(Circuit Equation)

회로의 입력 단자에 가해지는 전원이나 신호원을 입력이라 하며 입력에 대해 회로의 특정 부분이 보이는 반응을 출력이라 한다. 회로의 입력과 출력은 회로의 구성에 따라 특정한 관계가 맺어지며 이를 표현한 것을 회로 방정식이라 한다. 주어진 회로에 대한 회로 방정식은 그 회로의 모든 특성을 설명해 주는 매우 중요한 내용이다. 이 장에서는 주어진 회로에서 입력과 출력간의 회로 방정식을 구하는 법과 그 풀이에 대해 알아보며 목차는 다음과 같다.

4.1 회로 방정식

우리는 앞에서 저항(R), 커페시터(C), 인덕터(L) 및 전원 등의 소자들에 대한 전기적 특성에 대해 배웠다. 이 외에도 반도체를 이용한 소자 등 여러 가지가 있으나 이들은 차후로 미루고 당분간은 R, L, C 및 전원으로만 구성되는 회로만 고려하기로 한다. 그리고 R, L, C는 전압과 전류에 따라 변하지 않는 상수로 간주한다.

R, L, C 소자 중에서 저항만 전압과 전류가 비례 관계이다. 따라서 만일 저항과 전원으로만 구성된 전기 회로가 있다면 출력과 입력은 항상 상수 비례 관계로만 맺어지게 된다. 그러나 L과 C는 전압과 전류가 미분 또는 적분의 관계를 맺고 있으므로 하나 이상의 L과 C가 포함된 회로에서는 입력과 출력의 관계가 미적분 방정식으로 표현된다. 가장 간단한 예로 그림 4-1의 회로를 예로 들어 보자.

그림 4-1의 (a)는 R과 L의 직렬로 구성된 RL 회로이며 직렬 결합에 의해 두 소자의 전류는 같다. 따라서 루프 전류를 $i(t)$에 의해 R과 L 양단에 걸리는 전압 $v_R(t)$, $v_L(t)$는 각각

$$v_R(t) = Ri(t), \quad v_L(t) = L\frac{di(t)}{dt} \tag{1}$$

로 주어진다. 그리고 KVL에 의해

$$v_R(t) + v_L(t) = v_s(t) \tag{2}$$

이므로 위의 두 식으로부터 전류 $i(t)$에 관해

$$L\frac{di(t)}{dt} + Ri(t) = v_s(t) \tag{3}$$

와 같은 미분 방정식을 얻을 수 있다. 이 방정식은 계수가 1이며 도

▶그림 4-1
L, C 일차 회로의 예:
(a) RL 회로
(b) RC 회로

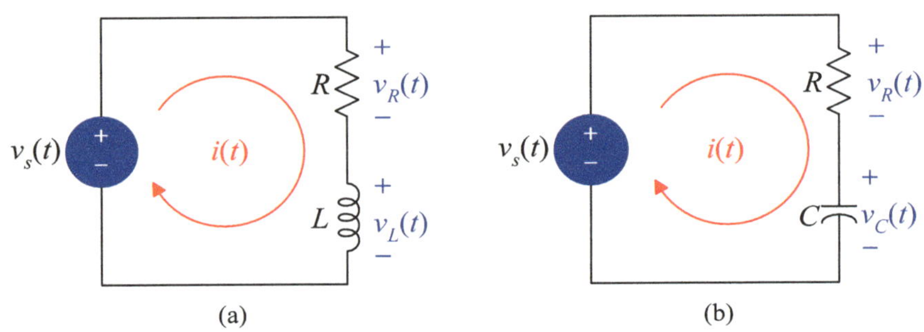

함수 차수가 1차이므로 상계수 1차 선형 미분 방정식이라 한다. 그리고 회로를 표현하는 미분 방정식을 회로 방정식이라 하며 그림 4-1과 같이 L 또는 C 하나만 포함된 회로를 일차 회로라 한다(미분 방정식이 1차이므로). 미분 방정식의 해법에 대해서는 일단 뒤로 미루고 회로 방정식의 유도에 대해서만 알아보기로 한다.

그림 4-1의 (b)는 R과 C의 직렬로 구성된 RC 회로이며 이 역시 루프 전류를 $i(t)$에 의해 R과 C 양단에 걸리는 전압 $v_R(t)$, $v_C(t)$는 각각

$$v_R(t) = Ri(t), \quad v_C(t) = \frac{1}{C}\int_{-\infty}^{t} i(\tau)d\tau \qquad \textbf{[4]}$$

이며 KVL에 의해

$$v_R(t) + v_C(t) = v_s(t) \qquad \textbf{[5]}$$

이다. 따라서 위의 두 식으로부터

$$Ri(t) + \frac{1}{C}\int_{-\infty}^{t} i(\tau)d\tau = v_s(t) \qquad \textbf{[6]}$$

의 식이 구해지며 양변을 미분하면 다음과 같은 1차 미분 방정식을 얻을 수 있다.

$$R\frac{di(t)}{dt} + \frac{1}{C}i(t) = \frac{dv_s(t)}{dt} \qquad [7]$$

이상으로 L과 C가 포함되면 회로 방정식은 미분 방정식 형태가 된다.

예제 4-1

그림 4-2의 (a) 병렬 RL 회로 및 (b) 병렬 RC 회로에서 전압 $v(t)$와 전류원 $i_s(t)$간의 회로 방정식을 세워라.

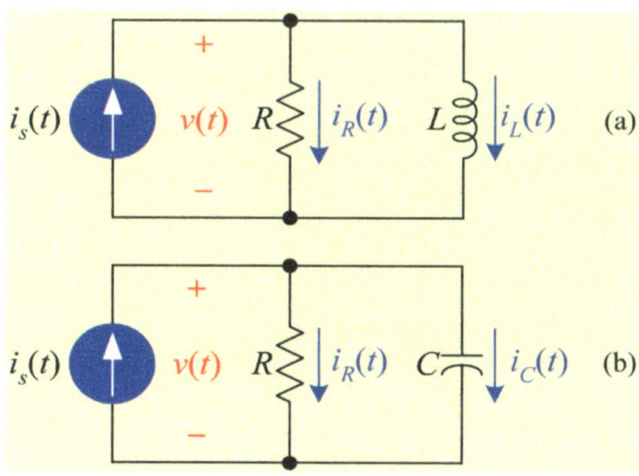

▲그림 4-2 예제 4-1의 그림

풀이

(a) 병렬 결합이므로 R과 L의 양단 전압은 $v(t)$로 동일하다. R과 L에 흐르는 전류를 각각 $i_R(t), i_L(t)$라 하면 $v(t)$로부터

$$i_R(t) = \frac{v(t)}{R}, \quad i_L(t) = \frac{1}{L}\int_{-\infty}^{t} v(\tau)d\tau$$

그리고 KCL을 적용하면

$$i_R(t) + i_L(t) = i_s(t)$$

따라서 위의 두 식으로부터 회로 방정식은 다음과 같다.

$$\frac{v(t)}{R} + \frac{1}{L}\int_{-\infty}^{t} v(\tau)d\tau = i_s(t)$$

위의 식은 미적분 방정식이므로 미분 방정식으로 고치기 위해 양변을 미분하면 $v(t)$에 관한 회로 방정식을 다음과 같이 구할 수 있다.

$$\frac{1}{R}\frac{dv(t)}{dt} + \frac{1}{L}v(t) = \frac{di_s(t)}{dt}$$

또는

$$\frac{dv(t)}{dt} + \frac{R}{L}v(t) = R\frac{di_s(t)}{dt}$$

(b) 병렬 결합이므로 R과 C의 양단 전압 $v(t)$로부터 R과 C에 흐르는 전류 $i_R(t), i_C(t)$를 구하면

$$i_R(t) = \frac{v(t)}{R}, \quad i_C(t) = C\frac{dv(t)}{dt}$$

이다. 그리고 KCL에 의해

$$i_R(t) + i_C(t) = i_s(t)$$

이므로 위의 두 식으로부터 회로 방정식은 다음과 같다.

$$C\frac{dv(t)}{dt} + \frac{1}{R}v(t) = i_s(t)$$

또는

$$\frac{dv(t)}{dt} + \frac{1}{RC}v(t) = \frac{1}{C}i_s(t)$$

이상으로 회로 내에 에너지 저장 소자인 C 또는 L이 한 개만 들어 있으면 회로 방정식은 1차 미분 방정식이 됨을 알았다. 따라서 하나의 C와 다수의 저항이 있는 회로를 1차 RC 회로, 간단히 *RC 회로*라 부르며 하나의 L과 다수의 저항이 있는 회로를 1차 RL 회로, 간단히 *RL 회로*라 부른다. 일반적으로 회로 방정식의 차수는 다음과 같이 결정된다:

회로에 포함된 독립적인 L과 C를 합한 개수가 n이면 회로 방정식은 n차 미분 방정식이 되며 이를 n차 회로라 한다. 단 여기서 독립적인 L과 C란 직렬 또는 병렬 결합에 의해서도 더 이상 합성될 수 없는 L과 C를 의미한다.

예를 들어 그림 4-3의 회로를 보도록 한다. 그림 4-3의 (a) 회로에는 L과 C를 합한 개수가 2이므로 회로 방정식은 2차 미분 방정식이 된다. 그러나 그림 (b)의 경우는 L과 C를 합한 개수가 6이므로 6차 미분 방정식이 될 것으로 생각할 수 있다. 그러나 세 개의 커페시터 C_1, C_2, C_3는 모두 병렬 결합에 의해 하나의 독립된 커페시터 C로 합성할 수 있다. 그리고 인덕터 L_2와 L_3는 병렬 결합에 의해 하나의 인덕터로 합성할 수 있고 이는 또 다시 L_1과 직렬로 결합되므로 이를 합성하면 결국 독립된 인덕터는 하나 밖에 없는 셈이다. 따라서 독립된 L과 C는 합해 두 개이므로 이 회로의 방정식 역시 2차 미분 방정식이 된다.

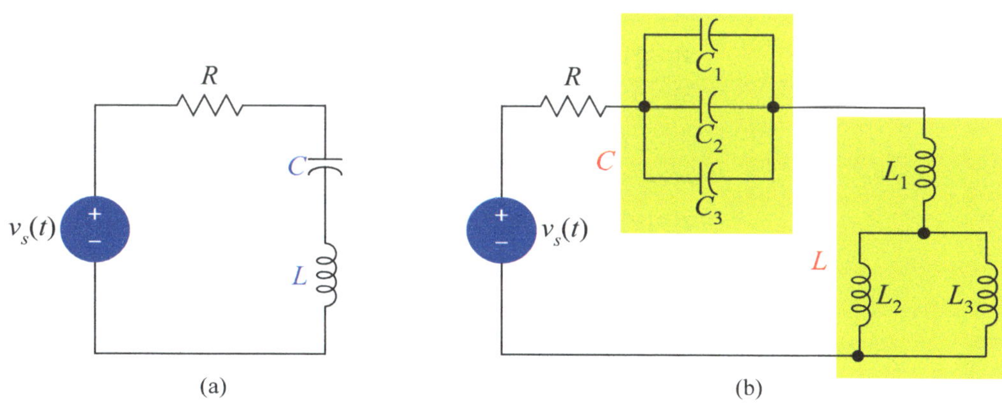

▲그림 4-3 L과 C의 개수는 다르지만 회로 방정식의 차수가 2차로 동일한 두 회로의 예.

4.2 미분 방정식

이제 미분 방정식의 풀이에 눈을 돌려 보기로 하자. 여기서는 기본적인 해법과 개념에 대해서만 이야기하기로 하고 더 자세한 내용은 전공 서적을 참조하기 바란다. 그리고 이 책에서 취급하는 모든 미분 방정식은 상계수 선형 미분 방정식에 한정하며 간단히 미분 방정식으로 부르기로 한다.

일반적인 n차 미분 방정식의 형태는 다음과 같으며 가장 높은 도함수의 계수를 1로 정규화하는 것이 편리하다.

$$\frac{d^n x(t)}{dt^n} + a_{n-1}\frac{d^{n-1}x(t)}{dt^{n-1}} + \cdots + a_1\frac{dx(t)}{dt} + a_0 x(t) = f(t) \tag{8}$$

식 [8]에서 우변의 $f(t)$를 강제 함수(强制函數)라 하며 계수 a_i는 모두 상수인 경우로 한정한다. 그리고 함수 $x(t)$의 i차 도함수는 편의상

$$x^{(i)}(t) \equiv \frac{d^i x(t)}{dt^i} \tag{9}$$

로 간단히 표현하기도 한다. 미분 방정식은 강제 함수가 0일 경우는 제차(homogeneous) 미분 방정식이라 하며 강제 함수가 0이 아닌 경우는 비제차(nonhomogeneous) 미분 방정식이라 한다.

제차 미분방정식

식 [8]에서 우변이 $f(t)=0$일 경우인 제차 미분 방정식 형태는

$$\frac{d^n x(t)}{dt^n} + a_{n-1}\frac{d^{n-1}x(t)}{dt^{n-1}} + \cdots + a_1\frac{dx(t)}{dt} + a_0 x(t) = 0 \tag{10}$$

와 같다. 위의 제차 미분 방정식을 만족하는 해 $x(t)$는 일단 Ke^{st}와 같이 지수 함수 형태로 가정한다. 그 이유는 서로 다른 n개의 시간 함수 $x^{(i)}(t)$ $(i=1,\cdots,n)$의 선형합이 모든 시간에 대해 항상 0이 되기 위해서는 일차적으로 각 함수의 형태가 우선 같아야 한다는 것이 필요 조건이기 때문이다. 따라서 도함수 $x^{(i)}(t)$의 형태가 i에 관계없이 같은 형태의 함수가 되기 위해서는 $x(t)$는 지수 함수 형태가 될 수 밖에 없다. 따라서 식 [10]의 해 $x(t)$는 다음과 같이 가정할 수 있다.

$$x(t) = Ke^{st} \tag{11}$$

여기서 지수 s 및 계수 K는 실수를 포함하여 임의의 복소수가 될 수 있으며 식 [11]에 의해 $x^{(i)}(t)$는

$$x^{(i)}(t) = \frac{d^i x(t)}{dt^i} = s^i x(t) \qquad \textbf{[12]}$$

이므로 이를 식 [10]에 대입하면 다음의 식을 얻을 수 있다.

$$(s^n + a_{n-1}s^{n-1} + \cdots + a_1 s + a_0)x(t) = 0 \qquad \textbf{[13]}$$

위의 식에서 함수 $x(t)$는 모든 시간에 대해 항상 0 이 아니다. 따라서 식 [13]이 모든 시간에 대해 성립하기 위해서는 $x(t)$의 계수가 0 이 되면 되므로

$$s^n + a_{n-1}s^{n-1} + \cdots + a_1 s + a_0 = 0 \qquad \textbf{[14]}$$

을 만족하여야 하며 이 방정식을 특성 방정식이라 한다. 즉 특성 방정식의 좌변은 미분 방정식의 연산자 d/dt 대신에 변수 s를 대입한 것과 같다. 식 [14]의 n차 특성 방정식의 근 $s=s_1, s_2; \cdots, s_n$을 특성근이라 하며 이는 식 [11]의 지수 s 에 해당한다. 만일 특성근이 모두 서로 다를 경우는

$$x(t) = K_1 e^{s_1 t} + K_2 e^{s_2 t} + \cdots + K_n e^{s_n t} \qquad \textbf{[15]}$$

와 같이 n 개의 지수 함수의 선형합으로 결정된다. 이제 남은 문제는 n개의 계수 K_i를 구하는 일이며 이는 $x(t)$에 관한 n개의 초기 조건인

$$x(0),\ x^{(1)}(0), \cdots, x^{(n-1)}(0)$$

들을 이용하여 구한다. 이 초기 조건들은 주어지거나 또는 회로에서 직접 구하여 사용하여야 한다.

만일 식 [14]의 특성근들 중 일부가 다중근일 때는 식 [15]의 지수 함수들을 일부 수정하여야 하며 이를 "t-곱하기"라 한다. 예를 들어 특성 방정식이 $s^2+2s+1=0$인 경우 특성근은 $s=-1$에서 중근을 가지므로 미분 방정식의 해는 $x(t)=K_1e^{-t}+K_2e^{-t}=Ke^{-t}$와 같이 결국 하나의 함수가 된다. 그러나 이 해는 변수가 K 하나 밖에 없으므로 두 개의 초기 조건 $x(0)$와 $x^{(1)}(0)$를 동시에 만족시킬 수 없게 된다. 이를 방지하기 위해 하나의 지수 함수에 t를 곱하여 $x(t)=K_1e^{-t}+K_2te^{-t}$로 수정시켜야 한다. 더 나아가 3차 미분 방정식의 특성근이 모두 $s=-1$에서 삼중근이라면 $x(t)=K_1e^{-t}+K_2te^{-t}+K_3t^2e^{-t}$와 같이 t-곱하기를 두번 적용하면 되며 이는 더 높은 차수에서도 그대로 확장된다. 이와 같은 t-곱하기 원리에 대해서 전공 서적을 참조하기 바란다. 제차 미분 방정식의 해를 보통

보조해(complementary solution)라 하며 이 책에서는 첨자 "c"를 써서 $x_c(t)$로 표현하기로 한다. 즉 식 [15]는 다음과 같이 표현된다.

$$x_c(t) = K_1 e^{s_1 t} + K_2 e^{s_2 t} + \cdots + K_n e^{s_n t} \qquad [16]$$

예제 4-2

그림 4-1(b)의 RC 회로에서 $i(t)$의 초기 조건을 $i(0)=I_0$라 하고 전압원은 직류 전압원으로서 $v_s(t)=V_s$라 할 때 전류 $i(t)$를 구하라.

풀이 회로 4-1(b)에서 $i(t)$에 대한 미분 방정식은 식 [7]인

$$R\frac{di(t)}{dt} + \frac{1}{C}i(t) = \frac{dv_s(t)}{dt}$$

이다. 여기서 $v_s(t)=V_s$로 상수이므로 우변의 강제 함수가 0이 되어

$$R\frac{di(t)}{dt} + \frac{1}{C}i(t) = 0$$

의 제차 미분 방정식이 된다. 이로부터 특성 방정식 및 특성근은

$$s + \frac{1}{RC} = 0 \quad \therefore\ s = -\frac{1}{RC}$$

따라서 전류 $i(t)$는 다음과 같이 표현된다.

$$i(t) = Ke^{-t/RC}$$

계수 K는 $i(t)$의 초기 값 $i(0)=I_0$를 이용하면 $i(0)=K=I_O$이므로

$$i_c(t) = I_O e^{-t/RC}$$

비제차 미분방정식

식 [8]의 비제차 미분 방정식을 다시 써 보면

$$\frac{d^n x(t)}{dt^n} + a_{n-1}\frac{d^{n-1}x(t)}{dt^{n-1}} + \cdots + a_1\frac{dx(t)}{dt} + a_0 x(t) = f(t) \qquad [17]$$

이며 이 방정식을 만족하는 해 $x(t)$를 특수해(particular solution)라 하여 첨자 "p"를 써서 $x_p(t)$로 나타내기로 한다. 특수해를 구하는 원리는 다음과 같다: 비제차 미분 방정식의 특수해는 강제 함수 $f(t)$ 및 $f(t)$의 모든 도함수들의 선형합으로 이루어지며 다음 형태로 주어진다.

$$x_p(t) = c_0 f(t) + c_1 f^{(1)}(t) + \cdots + c_n f^{(n)}(t) + \cdots \qquad [18]$$

식 [18]에서 각 계수 c_i는 위의 $x_p(t)$를 식 [17]의 $x(t)$에 대입한 다음 좌변과 우변 함수들간의 계수 비교법으로 구할 수 있다. 다음의 예제를 통해 특수해를 구하는 예를 들어보자.

예제 4-3

그림 4-1(a)의 RL 회로에서 전압원이 직류 전압원으로서 $v_s(t)=V_s$일 때 전류 $i(t)$의 특수해를 구하라.

풀이 회로 4-1(a)에서 $i(t)$에 대한 미분 방정식인 식 [3]로부터

$$L\frac{di(t)}{dt}+Ri(t)=V_s$$

이며 강제 함수는 $f(t)=V_s$로서 상수이다. 강제 함수가 상수이면 특수해도 상수이므로

$$i_p(t)=A$$

로 놓는다. 이 식을 위의 미분 방정식의 $i(t)$에 대입하면

$$L\frac{di_p(t)}{dt}+Ri_p(t)=V_s$$

$$\rightarrow RA=V_s$$

$$\rightarrow A=\frac{V_s}{R}$$

$$\therefore\ i_p(t)=\frac{V_s}{R}$$

이상으로 미분 방정식의 보조해와 특수해를 구하는 방법에 대해 알아보았다. 다만 여기서 첨부할 것은, 식 [17]의 비제차 미분 방정식에서 우변의 강제 함수 $f(t)$를 0으로 하여 구한 보조해 $x_c(t)$ 역시 식 [17]의 해가 된다는 것이다. 그 이유는 식 [17]에서 $x(t)=x_p(t)+x_c(t)$를 대입하면 그 결과 우변이 $f(t)+0=f(t)$이기 때문이다. 따라서 비제차 미분 방정식의 해는 특수해와 보조해를 합해야 완전한 형태가 되며 이를 완전해(complete solution)라 한다. 즉 비제차 미분 방정식의 완전해는

$$x(t)=x_p(t)+x_c(t) \qquad [19]$$

로 주어지며 보조해 $x_c(t)$에 포함된 미지수들은 $x(t)$의 초기 조건들로부터 구한다.

예제 4-4

그림 4-1(a)의 RL 회로에서 전압원이 $v_s(t)=V_s$인 직류 전압원이고 $i(t)$의 초기 조건이 $i(0)=I_0$일 때 전류 $i(t)$의 완전해를 구하라.

풀이 미분 방정식이 식 [3]으로부터

$$L\frac{di(t)}{dt}+Ri(t)=V_s$$

(1) 특수해: 예제 4-3의 결과로부터

$$i_p(t)=\frac{V_s}{R}$$

(2) 보조해: 특성 방정식이

$$Ls+R=0$$

이므로 특성근은

$$s=-\frac{R}{L}$$

따라서 보조해 형태는 다음과 같다.

$$i_c(t)=Ke^{-t(R/L)}$$

(3) 완전해: 완전해는 다음과 같은 형태가 된다.

$$i(t)=i_p(t)+i_c(t)=\frac{V_s}{R}+Ke^{-t(R/L)}$$

끝으로 완전해의 초기 조건 $i(0)=I_0$로부터

$$i(0)=\frac{V_s}{R}+K=I_O$$

이므로 계수 K는 다음과 같이 구해진다.

$$K=I_O-\frac{V_s}{R}$$

이상으로 완전해는 다음과 같다.

$$i(t)=\frac{V_s}{R}+\left(I_O-\frac{V_s}{R}\right)e^{-t(R/L)}$$

또는

$$i(t)=I_Oe^{-t(R/L)}+\frac{V_s}{R}[1-e^{-t(R/L)}]$$

4.3 연산자 회로 방정식

이제 여러분은 R, L 및 C로 구성된 전기 회로의 회로 방정식은 미분 방정식 형태로 주어짐을 알았으며 나아가 이를 푸는 방법에 대해서도 이해하였을 것이다. 그러나 L과 C의 개수가 많을수록 회로 방정식을 구하는 일은 전문가의 입장에서도 결코 쉬운 작업이 아니다. 이를 보이기 위해 다음의 예제를 보도록 하자.

예제 4-5

그림 4-4의 회로에서 $v_s(t)$와 $v_o(t)$간의 회로 방정식을 구하라.

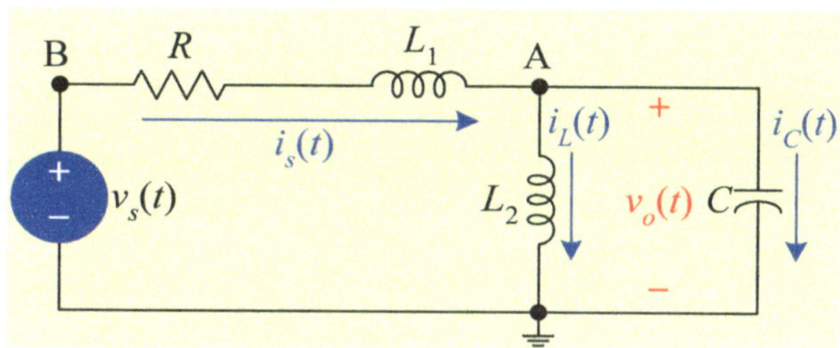

▲그림 4-4 예제 4-5의 그림

풀이 알고자 하는 변수가 $v_o(t)$이다. 따라서 가능한 한 회로의 모든 부분의 전압과 전류를 $v_o(t)$로 표현해 나가다 보면 최종적으로 $v_o(t)$에 관한 미분 방정식을 얻을 수 있다는 것이 요령이다. 먼저 L_2와 C가 병렬로 결합되어 있으므로 양단 전압은 모두 $v_o(t)$와 같다. 따라서 L_2와 C에 흐르는 전류 $i_L(t)$와 $i_C(t)$를 $v_o(t)$로 표현하면 다음과 같다.

$$i_L(t) = \frac{1}{L_2}\int_{-\infty}^{t} v_o(\tau)d\tau, \qquad i_C(t) = C\frac{dv_o(t)}{dt} \tag{i}$$

다음으로 마디 A에 KCL을 적용하면

$$i_s(t) = i_L(t) + i_C(t) \tag{ii}$$

이므로 식 (i), (ii)로부터 다음의 방정식을 얻을 수 있다.

$$i_s(t) = \frac{1}{L_2}\int_{-\infty}^{t} v_o(\tau)d\tau + C\frac{dv_o(t)}{dt} \tag{iii}$$

여기서 $i_s(t)$는 직렬로 결합된 R과 L_1을 통해 흐르는 전류이다.

그리고 그림 4-4의 마디 B의 전위는 전압원 $v_s(t)$와 같으며 이로부터 전류 $i_s(t)$에 의해 R과 L_1의 양단 전압 강하를 빼면 마디 A의 전위인 $v_o(t)$가 된다. 따라서

$$v_o(t) = v_s(t) - Ri_s(t) - L_1\frac{di_s(t)}{dt} \qquad \textbf{(iv)}$$

식 (iv)에서 $i_s(t)$는 식 (iii)과 같이 $v_o(t)$의 함수로 표현되어 있으므로 식 (iii)의 $i_s(t)$를 (iv)에 대입하여 정리하면 다음과 같이 $v_o(t)$에 관한 관계식을 얻을 수 있다.

$$\begin{aligned} v_o(t) &= v_s(t) - R\left\{\frac{1}{L_2}\int_{-\infty}^{t} v_o(\tau)d\tau + C\frac{dv_o(t)}{dt}\right\} \\ &\quad - L_1\frac{d}{dt}\left\{\frac{1}{L_2}\int_{-\infty}^{t} v_o(\tau)d\tau + C\frac{dv_o(t)}{dt}\right\} \\ &= v_s(t) - L_1C\frac{d^2v_o(t)}{dt^2} - RC\frac{dv_o(t)}{dt} - \frac{L_1}{L_2}v_o(t) - \frac{R}{L_2}\int_{-\infty}^{t} v_o(\tau)d\tau \end{aligned}$$

위의 식은 미적분 방정식이므로 양변을 미분하면 다음과 같은 3차 미분 방정식을 얻을 수 있다.

$$L_1C\frac{d^3v_o(t)}{dt^3} + RC\frac{d^2v_o(t)}{dt^2} + \left(\frac{L_1+L_2}{L_2}\right)\frac{dv_o(t)}{dt} + \left(\frac{R}{L_2}\right)v_o(t) = \frac{dv_s(t)}{dt}$$

현재까지 여러분이 배운 바로는 예제 4-5의 과정이 매우 부담스럽게 느껴질 것이며, 만일 이러한 과정이 반복된다면 여러분은 회로에 대한 흥미를 잃게 될 것이다. 따라서 이 시점에서 여러분에게 회로 방정식을 쉽게 구할 수 있는 방법을 소개하도록 한다.

연산자 임피던스

회로 방정식의 주를 이루는 연산은 미분이다. 이제 미분 연산자를

$$p \equiv \frac{d}{dt} \qquad \textbf{[20]}$$

와 같이 연산자 p로 대신 나타내기로 한다. 즉

$$px(t) = \frac{dx(t)}{dt} \qquad \textbf{[21]}$$

을 의미한다. 따라서 연산자 p를 이용하면 저항을 포함한 인덕터와

커페시터의 전압과 전류 관계를 다음과 같이 표현할 수 있다.

$$\begin{cases} v(t) = Ri(t) \quad (\text{저항}) \\ v(t) = L\dfrac{di(t)}{dt} \rightarrow v(t) = Lpi(t) \quad (\text{인덕터}) \\ i(t) = C\dfrac{dv(t)}{dt} \rightarrow i(t) = Cpv(t) \quad (\text{커페시터}) \end{cases} \qquad [22]$$

여기서 주의할 것은 p는 연산자이지 일반적인 변수가 아니라는 점이다. 따라서 여러분들이 만약 p를 변수로 오인하여 식 [22]를

$$\begin{cases} \dfrac{v(t)}{i(t)} = R \quad (\text{저항}) \\ \dfrac{v(t)}{i(t)} = pL \quad (\text{인덕터}) \\ \dfrac{v(t)}{i(t)} = \dfrac{1}{pC} \quad (\text{커페시터}) \end{cases} \qquad [23]$$

와 같이 표현한다면 두 번째 및 세 번째 식은 마치

$$y(t) = \log x(t) \rightarrow \frac{y(t)}{x(t)} = \log \quad (\text{틀림 !!})$$

와 같이 표기하는 것과 같은 차원이므로 모순이다. 그러나 여기서 중요한 것은 이런 모순에도 불구하고 미분 연산자 p를 마치 변수인 양 취급하여 식 [23]과 같이 표현해 버림으로써 회로 방정식을 대단히 편리하게 구할 수 있게 된다는 점이다. 이제 이를 입증해 보자.

지금부터 p는 연산자가 아닌 하나의 변수로 가정하며 이 가정 하에서는 식 [23]이 유효하다. 식 [23]의 중요한 점은 인덕터와 커페시터의 전압-전류 관계를 마치 저항과 같이 비례 관계로 나타낼 수 있다는 것이다. 즉 인덕터는 저항이 pL인 저항과 같이 취급할 수 있으며 커페시터는 저항이 $1/pC$인 저항처럼 취급할 수 있게 되며 이것이 연산자 p를 변수로 취급하는 근본적인 이유이다. 다만 앞으로 pL이나 $1/pC$을 연산자 임피던스(간단히 임피던스)로 부르기로 한다. 우선 그림 4-1의 회로에 대한 회로 방정식을 연산자 임피던스를 이용해 구해 보기로 한다. 그림 4-5의 (a)와 (b)는 각각 그림 4-1의 (a)와 (b)를 연산자 임피던스로 표현한 것이며 이를 연산자 회로라 한다.

그림 4-5(a)에서는 인덕터를 저항이 pL인 하나의 저항으로 간주하는 것이므로 마치 저항이 R과 pL인 두 저항의 직렬 결합인 것으로 본

▶그림 4-5
연산자 회로:
(a) *RL* 회로;
(b) *RC* 회로.

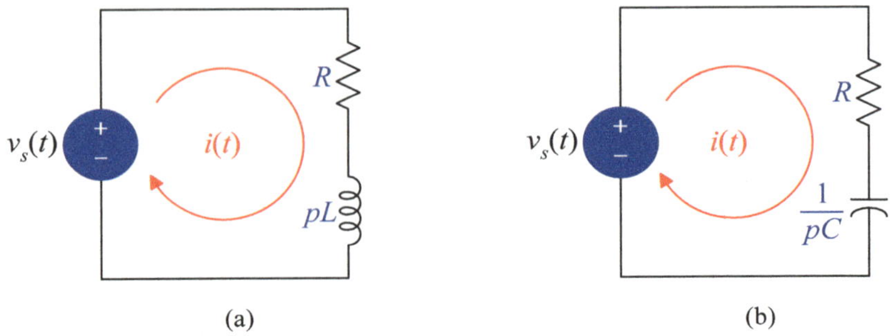

다. 따라서 전체 합성 임피던스(차후로는 저항 대신 임피던스라는 용어를 사용하기로 한다) $Z(p)$는

$$Z(p) = R + pL = pL + R \qquad [24]$$

로 표현된다. 따라서 전류 $i(t)$는 옴의 법칙을 그대로 적용하면

$$i(t) = \frac{v_s(t)}{Z(p)} = \frac{v_s(t)}{pL + R} \qquad [25]$$

와 같으며 이를 연산자 회로 방정식이라 한다. 자, 이제 여러분들에게 식 [25]의 의미를 설명할 차례이다. 결론을 이야기 하면 식 [25] 자체로는 어떤 실제적인 의미가 없으며 연산자 p를 변수로 가정한 의미가 아직 나타나지 않는다. 이제 식 [25]에 의미를 부여하기 위해 식 [25]의 우변 분모를 양변에 곱하면

$$(pL + R)i(t) = v_s(t) \;\rightarrow\; pLi(t) + Ri(t) = v_s(t) \qquad [26]$$

를 얻을 수 있다. 여기서 p를 본래의 기능인 미분 연산자로 환원시키면 식 [26]으로부터 미분 방정식

$$L\frac{di(t)}{dt} + Ri(t) = v_s(t) \qquad [27]$$

를 구할 수 있으며 이는 식 [3]과 일치한다.

위의 과정을 식 4-5(b)에도 적용시켜 보자. 저항 R과 커페시터의 임피던스 $1/pC$이 직렬로 결합되므로 합성 임피던스 $Z(p)$는

$$Z(p) = R + \frac{1}{pC} = \frac{pRC + 1}{pC} \qquad [28]$$

따라서 전류 $i(t)$는

$$i(t) = \frac{v_s(t)}{Z(p)} = \left(\frac{pC}{pRC + 1}\right)v_s(t) \qquad [29]$$

이므로 우변 분모를 양변에 곱하면

$$(pRC+1)i(t) = pCv_s(t) \rightarrow pRCi(t) + i(t) = pCv_s(t) \quad \textbf{[30]}$$

따라서 위의 식에서 p를 미분 연산자로 환원시키면 다음 미분 방정식을 얻을 수 있다.

$$RC\frac{di(t)}{dt} + i(t) = C\frac{dv_s(t)}{dt} \quad \textbf{[31]}$$

위의 미분 방정식은 식 [7]의 양변에 상수 C를 곱한 것이므로 식 [7]과 동일함을 알 수 있다.

이상으로 식 [23]의 연산자 임피던스는 L과 C를 저항 차원으로 취급할 수 있게 함으로써 회로 방정식을 쉽게 구할 수 있도록 한다. 여기서 한 가지 첨부할 것은 p를 변수로 사용하면 이차 도함수는

$$\frac{d^2x(t)}{dt^2} = p(px(t)) = ppx(t) = p^2x(t) \quad \textbf{[32]}$$

로 표현되며 이를 확장하면 n차 도함수는

$$\frac{d^nx(t)}{dt^n} = p^nx(t) \quad \textbf{[33]}$$

의 형태로 표현할 수 있는 것이다.

예제 4-6

예제 4-5를 연산자 임피던스를 이용하여 해석하라.

풀이 그림 4-5에 대한 연산자 회로는 그림 4-6(a)와 같다. 여기서 L_2와 C의 병렬 합성 임피던스를 $Z(p)$라 하면 $Z(p)$는 다음과 같다.

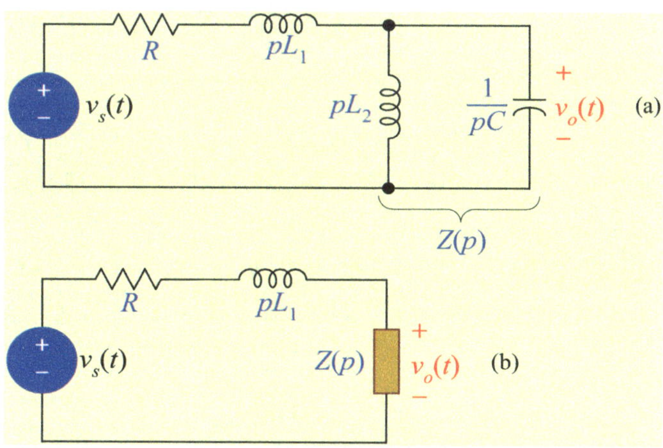

▲그림 4-6 그림 4-4의 (a) 연산자 회로; (b) 등가 회로.

$$Z(p) = pL_2 \Big\| \frac{1}{pC} = \frac{pL_2 \times \frac{1}{pC}}{pL_2 + \frac{1}{pC}} = \frac{pL_2}{p^2 L_2 C + 1} \qquad \textbf{(i)}$$

따라서 그림 4-6의 (a)는 (b)로 등가화할 수 있으며 그 결과 R, pL_1 및 $Z(p)$가 직렬 결합된 형태이다. 따라서 전압 분배에 의해 $Z(p)$ 양단의 전압 $v_o(t)$는 다음과 같이 표현된다.

$$v_o(t) = \left(\frac{Z(p)}{R + pL_1 + Z(p)} \right) v_s(t) \qquad \textbf{(ii)}$$

위의 식에 $Z(p)$에 관한 식 (i)을 대입하여 p에 대한 다항식을 정리하면 연산자 회로 방정식은 다음과 같이 구해진다.

$$v_o(t) = \left[\frac{pL_2}{p^3 L_1 L_2 C + p^2 R L_2 C + p(L_1 + L_2) + R} \right] v_s(t) \qquad \textbf{(iii)}$$

위의 식에서 우변 분모 다항식을 양변에 곱하면

$$[p^3 L_1 L_2 C + p^2 R L_2 C + p(L_1 + L_2) + R] v_o(t) = pL_2 v_s(t) \qquad \textbf{(iv)}$$

따라서 미분 방정식은 다음과 같이 구해진다.

$$L_1 L_2 C \frac{d^3 v_o(t)}{dt^3} + R L_2 C \frac{d^2 v_o(t)}{dt^2} + (L_1 + L_2) \frac{d v_o(t)}{dt} + R v_o(t) = L_2 \frac{d v_s(t)}{dt}$$

위의 미분 방정식은 식 예제 4-5의 회로 방정식에 상수 L_2를 곱한 것과 같기 때문에 두 결과는 동일하다.

이상의 예제 4-5와 4-6의 풀이를 비교해 봄으로써 여러분은 연산자 임피던스의 유용성과 편리성을 이해했을 것으로 믿는다.

전달 함수

그림 4-7과 같이 R, L 및 C로 구성된 일반적인 RLC 회로망에서 입력을 $x(t)$라 하고 출력을 $y(t)$라 할 때 입력과 출력의 관계를 연산자 임피던스를 이용하여 구하면 반드시

$$\frac{y(t)}{x(t)} = H(p) \qquad \textbf{[34]}$$

와 같은 형태의 연산자 회로 방정식(이하 회로 방정식)으로 표현할 수

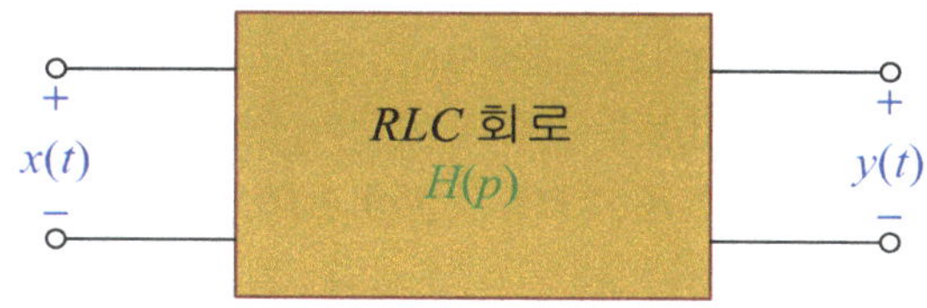

▶그림 4-7
RLC 회로망.

있다. 여기서 $H(p)$는 분모와 분자가 p의 다항식인 함수로서

$$H(p)=\frac{N(p)}{D(p)}=\frac{b_m p^m+b_{m-1}p^{m-1}+\cdots+b_1 p+b_0}{a_n p^n+a_{n-1}p^{n-1}+\cdots+a_1 p+a_0} \qquad [35]$$

와 같이 일반적인 형태로 나타낼 수 있다. 물론 식 [34]와 [35]에 대한 미분 방정식은 다음과 같음을 쉽게 알 수 있다.

$$a_n\frac{d^n y(t)}{dt^n}+a_{n-1}\frac{d^{n-1}y(t)}{dt^{n-1}}+\cdots+a_1\frac{dy(t)}{dt}+a_0 y(t) \\ =\underbrace{b_m\frac{d^m x(t)}{dt^m}+b_{m-1}\frac{d^{m-1}x(t)}{dt^{m-1}}+\cdots+b_1\frac{dx(t)}{dt}+b_0 x(t)}_{f(t)} \qquad [36]$$

함수 $H(p)$는 입력 $x(t)$가 출력 $y(t)$로 전달되는 관계를 나타내는 전달 함수(transfer function)이며 회로 해석에 있어서 결정적인 역할을 한다.

예제 4-7

주어진 회로망의 전달 함수가 다음과 같다.

$$H(p)=\frac{2p}{p^2+3p+2}$$

입력 함수가 $x(t)=t$일 때 출력 $y(t)$에 대한 미분 방정식을 구하라.

풀이 입력과 출력의 관계가

$$y(t)=\left(\frac{2p}{p^2+3p+2}\right)x(t)$$

$$\rightarrow (p^2+3p+2)y(t)=\underbrace{2px(t)}_{f(t)}$$

이며 $x(t)=t$이므로 강제 함수 $f(t)$는 다음과 같다.

$$f(t)=2px(t)=2\frac{dx(t)}{dt}=2\frac{d}{dt}t=2$$

$$\therefore\ \frac{d^2y(t)}{dt^2}+3\frac{dy(t)}{dt}+2y(t)=2$$

예제 4-8

그림 4-8(a)의 회로에서

(a) 입력 $v_s(t)$와 출력 $v_o(t)$간의 전달 함수를 구하라.

(b) R_1=1 kΩ, R_2=2 kΩ, C=1 μF, $v_s(t)$=10 V, $v_o(0)$=0일 때 $v_o(t)$를 구하라.

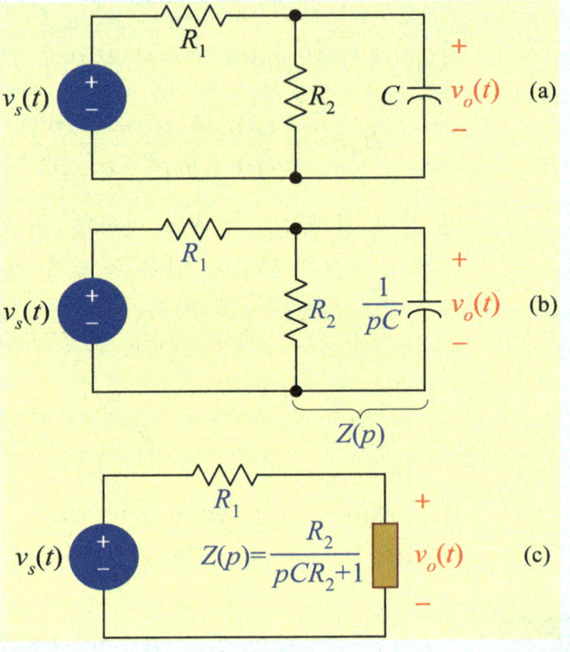

▲그림 4-8 예제 4-8의 그림

풀이 그림 4-8(a)의 연산자 회로가 그림 (b)이며 R_2와 C의 병렬 합성 저항 $Z(p)$는

$$Z(p) = R_2 \left\| \frac{1}{pC} \right. = \frac{R_2 \times \dfrac{1}{pC}}{R_2 + \dfrac{1}{pC}} = \frac{R_2}{pR_2C+1}$$

따라서 그림 (b)는 그림 (c)와 같이 등가화할 수 있으므로 $v_o(t)$는 전압 분배에 의해 다음과 같이 구해진다.

$$v_o(t) = \left(\frac{Z(p)}{R_2 + Z(p)} \right) v_s(t) = \left[\frac{R_2}{pR_1R_2C + (R_1 + R_2)} \right] v_s(t)$$

따라서 전달 함수는 다음과 같다.

$$H(p)=\frac{v_o(t)}{v_s(t)}=\frac{R_2}{pR_1R_2C+(R_1+R_2)}$$

(b) 위의 전달 함수에 소자 값을 대입하면

$$H(p)=\frac{2\times10^3}{p(10^3\times2\times10^3\times10^{-6})+3\times10^3}=\frac{2\times10^3}{2p+3\times10^3}$$

미분 방정식: 위의 전달 함수로부터

$$(2p+3\times10^3)v_o(t)=2\times10^3v_s(t)=2\times10^4$$

이므로 미분 방정식은

$$2\frac{dv_o(t)}{dt}+3\times10^3v_o(t)=2\times10^4$$

특수해: 위의 미분 방정식에서 강제 함수가 상수이므로 $v_o(t)$의 특수해 $v_p(t)$ 역시 상수로서 다음과 같다.

$$v_p(t)=\frac{2\times10^4}{3\times10^3}=\frac{20}{3}$$

보조해: 특성 방정식과 특성근이

$$2s+3\times10^3=0$$

$$s=-1.5\times10^3$$

따라서 보조해는

$$v_c(t)=Ke^{-1.5\times10^3t}$$

완전해: 위에서 구한 특수해와 보조해로부터

$$v_o(t)=v_p(t)+v_c(t)=\frac{20}{3}+Ke^{-1.5\times10^3t}$$

최종적으로 초기 조건 $v_o(0)=0$을 이용하면

$$v_o(0)=\frac{20}{3}+K=0\ \rightarrow\ K=-\frac{20}{3}$$

이상으로 $v_o(t)$는 다음과 같이 구해진다.

$$v_o(t)=\frac{20}{3}-\frac{20}{3}e^{-1.5\times10^3t}=\frac{20}{3}(1-e^{-1.5\times10^3t})$$

4.4 과도 상태 응답

일반적인 n차 회로에서 특성근 s_i, $i=1,\cdots,n$이 서로 다를 경우 출력의 완전해는

$$y(t) = y_p(t) + y_c(t) = y_p(t) + \sum_{i=1}^{n} K_i e^{s_i t} \quad [37]$$

의 형태로 주어지며 계수 K_i, $i=1,\cdots,n$은 $y(t)$의 초기 조건들인 $y(0)$, $y^{(1)}(0)$, $\cdots$, $y^{(n-1)}(0)$을 이용하여 구한다. 식 [37]에서 특이한 것은 보조해 성분인 지수 함수들의 지수 s_i가 모두 0보다 작을 경우(실제 회로에서는 특성근의 크기는 반드시 0보다 작다) 보조해 성분은 시간이 충분히 경과함에 따라

$$\lim_{t\to\infty} y_c(t) = \lim_{t\to\infty} \sum_{i=1}^{n} K_i e^{s_i t} = 0 \quad [38]$$

와 같이 사라지게 된다는 점이다. 따라서 최종적으로는($t\to\infty$) 입력 $x(t)$에 의해 결정되는 특수해인 $y_p(t)$만 남게 되며 이러한 상태를 정상 상태라 한다. 이에 비해 보조해 성분이 존재하는 동안을 과도 상태라 한다. 물론 회로의 특성근이 다중일 때는 t-곱하기에 의해 보조해가 Kte^{st}, Kt^2e^{st} 등등의 형태를 가질 수 있지만 이들 역시 $t\to\infty$에 따라 0으로 수렴하게 된다. 이제 입력이 직류인 일차 RC 및 RL 회로에서의 과도 현상에 대해 알아보기로 한다.

RC 회로

그림 4-9는 커페시터의 충전 과정에서 일어나는 과도 현상을 알아 보기 위한 회로이다. 즉 그림 (a)에서와 같이 전원 스위치가 닫히기 직전에는 커페시터에 충전된 전압은 0V이며 $t=0$에서 닫히는 전원 스위치에 의해 전압이 공급되기 시작하는 것이다. 그림 4-9의 (b)는 $t\geq0$에 대한 그림 (a)의 연산자 회로이며 커페시터 양단 전압 $v_C(t)$는 전압 분배에 의해 다음과 같이 주어진다.

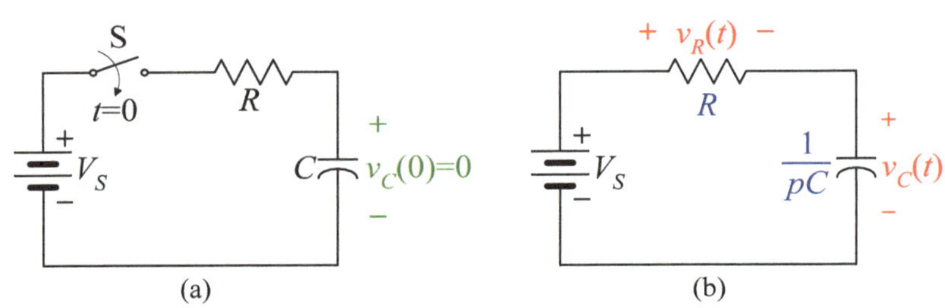

▶그림 4-9 커페시터의 충전: (a) $t<0$에 대한 회로; (b) $t\geq0$에 대한 연산자 회로.

$$v_C(t) = \left(\frac{1/pC}{R+1/pC}\right)V_S = \left(\frac{1}{pRC+1}\right)V_S \qquad [39]$$

위의 식에 대한 미분 방정식이

$$RC\frac{dv_C(t)}{dt} + v_C(t) = V_S \qquad [40]$$

이므로 이에 대한 완전해는 다음과 같이 주어진다.

$$v_C(t) = V_S + Ke^{-t/RC} \qquad [41]$$

끝으로 초기 조건 $v_C(0)=0$을 이용하면 계수는 $K=-V_S$이므로

$$v_C(t) = V_S(1-e^{-t/\tau}), \quad \tau \equiv RC \qquad [42]$$

이다. 여기서 상수 τ는 시정수(時定數; time constant)라 하며 식 [42]의 커페시터 양단 전압을 도시하면 그림 4-10(a)와 같다. 다음으로 그림 4-9(b)에서 저항 양단의 전압 $v_R(t)$는 $v_R(t)=V_S-v_C(t)$이므로

$$v_R(t) = V_S - V_S(1-e^{-t/\tau}) = V_S e^{-t/\tau} \qquad [43]$$

이며 그 파형은 그림 4-10(b)와 같다.

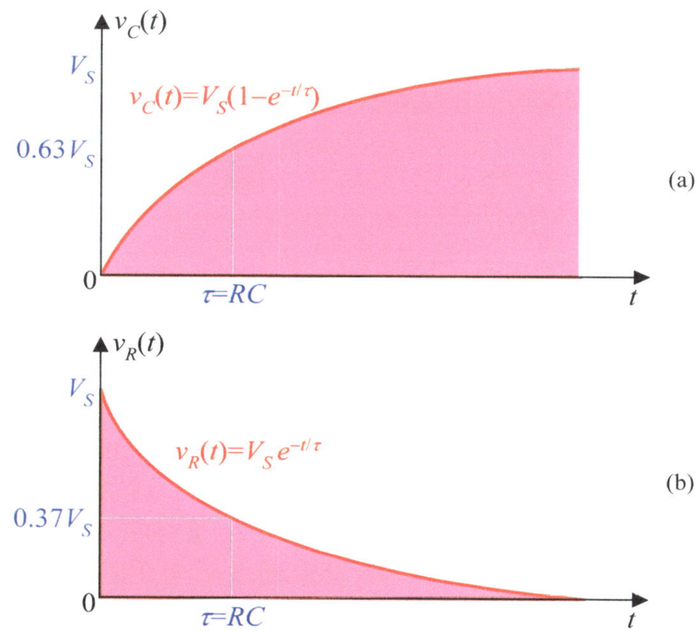

▸그림 4-10
그림 4-9(b)에서
(a) $v_C(t)$의 파형;
(b) $v_R(t)$의 파형;

물론 $v_R(t)$ 역시 $v_C(t)$와 같이 전달 함수를 직접 구해 해석할 수 있겠지만 이는 독자들의 연습으로 남긴다.

이상의 결과를 놓고 그림 4.10의 의미를 살펴보도록 하자. 먼저 커페시터에 충전되는 전압 $v_C(t)$는 그림 4.10(a)와 같이 초기치인 0V로부터 시작하여 지수적으로 서서히 증가하여 최종적으로 전압 V_S에 도달하며 급작스러운 변화를 보이지 않는다. 그 이유는 3.4 절에서 설명한 연속성 조건에 의해 커페시터 양단 전압은 불연속적으로 변할 수 없기 때문이다. 커페시터의 충전 속도는 시정수 $\tau=RC$에 의해 결정되며 시정수는 최종치의 e^{-1}=63%에 도달하는데 걸리는 시간과 같다. 따라서 시정수가 클수록 충전에 많은 시간이 소요된다.

저항 양단 전압 $v_R(t)$는 그림 4-10(b)와 같이 커페시터 양단 전압과는 달리 불연속적으로 변할 수 있으며 이는 저항에는 연속성 조건이 적용되지 않기 때문이다. 저항 양단 전압은 스위치가 닫히기 전의 0V에서 스위치가 닫힘과 동시에 V_S로 급격한 변화를 보인 다음 시간이 경과할수록 0V로 수렴한다.

이상으로 그림 4-9의 회로는 과도 상태가 지나 정상 상태에 이르게 되면 저항 양단 전압은 0V가 되며 커페시터 양단 전압은 V_S가 되어 모든 직류 전압은 커페시터 양단에 인가된다. 따라서 직류 정상 상태에서는 커페시터가 개방 회로와 같으며 그림 4-11이 이를 보여준다. 단 직류 정상 상태란 입력이 직류일 때 회로의 정상 상태이다.

▶그림 4-11
직류 정상 상태에서는 C가 개방 회로로 동작.

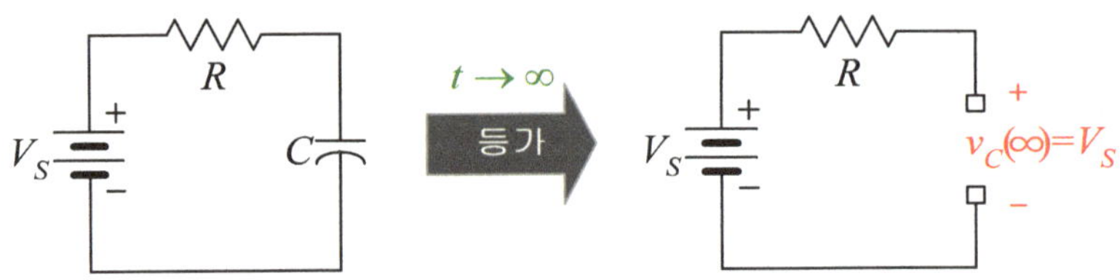

RC 회로의 시정수 $\tau=RC$는 과도 상태의 특성을 결정짓는 중요한 요소이다. 이 시정수는 미분 방정식을 구하지 않고도 회로로부터 간단히 찾을 수 있으며 그림 4-12가 이를 보여준다. 즉 그림 4-12의 왼쪽 그림에서 C의 입장에서 회로를 바라 보았을 때의 등가 저항 R_{eq}을 C와 곱한 것이 시정수이다. 이 때 등가 저항은 오른쪽 그림과 같이 내부 전원을 차단하고 C가 들여다 보면서 구한 저항이며 이 경우는 $R_{eq}=R$이다. 이와 같은 방법을 활용하면 회로의 시정수를 구하는데 매우 편리하다. 이상으로 그림 4-11의 직류 정상 상태에서의 등가회로와

▶그림 4-12
RC 회로의 시정수를
구하는 방법.

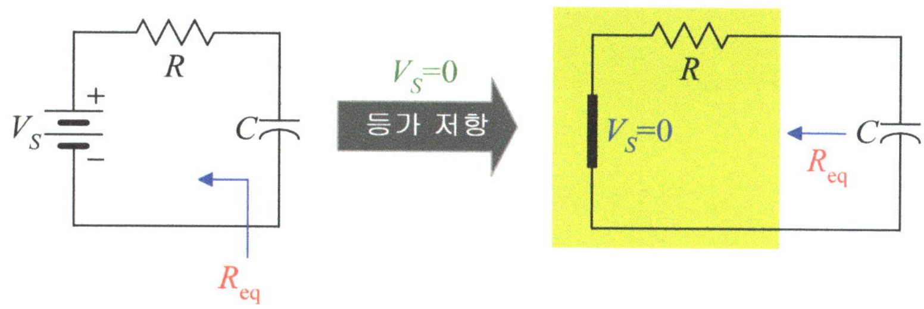

그림 4-12의 등가 저항은 직류에 대한 일차 *RC* 회로의 특성을 해석함에 있어서 퍽 중요한 내용이다.

예제 4-9

그림 4-13의 *RC* 회로에서 t=∞에서의 $v_C(\infty)$ 및 회로의 시정수를 구하라.

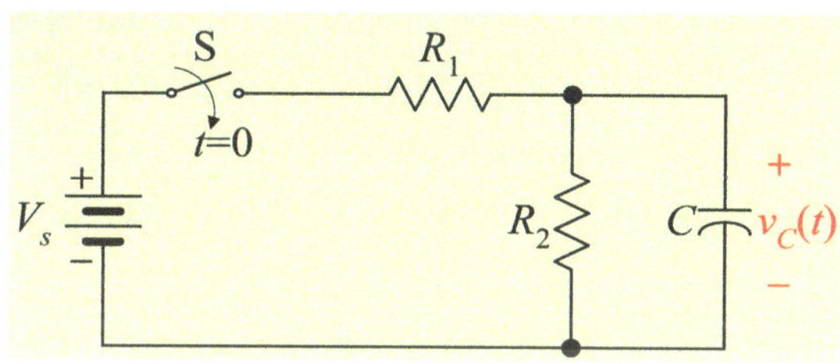

▲그림 4-13 예제 4-9의 그림

풀이 직류 정상 상태(t=∞)에서의 등가회로는 그림 4-14(a)이며 전압 분배 법칙에 의해

$$v_C(\infty) = \left(\frac{R_2}{R_1 + R_2}\right)V_S$$

다음으로 시정수는 등가 저항을 구하는 그림 4-14(b)의 회로로부터 구할 수 있다. 여기서

$$R_{eq} = R_1 \| R_2$$

이므로 시정수는

$$\tau = R_{eq}C = (R_1 \| R_2)C$$

로 주어진다.

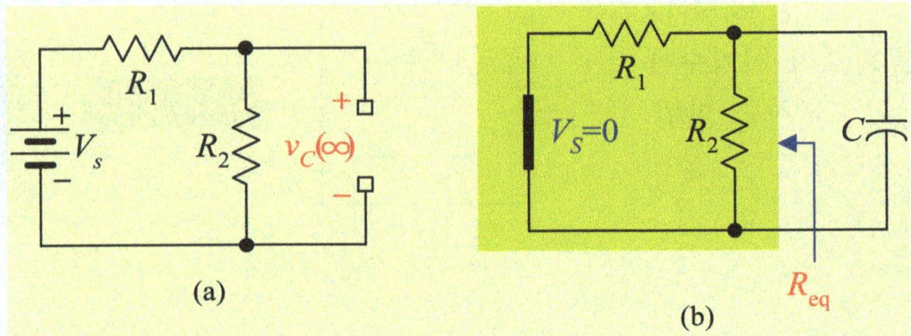

▲그림 4-14 그림 4-13의 (a) 직류 정상 상태 등가회로; (b) 시정수를 구하는 회로.

예제 4-10

그림 4-15의 (a)는 RC 회로에서 커패시터의 방전 특성에 대해 알아보기 위한 회로이다. 시간 t=0에서 스위치가 닫히기 전에 커패시터 C에는 어떤 외부 회로에 의해 전압 V_O로 충전되어 있었다. 즉 $v_C(0)=V_O$이다. t=0에서 스위치가 닫힌 이후의 커패시터 전압 $v_C(t)$를 해석하고 그 파형을 그려보아라.

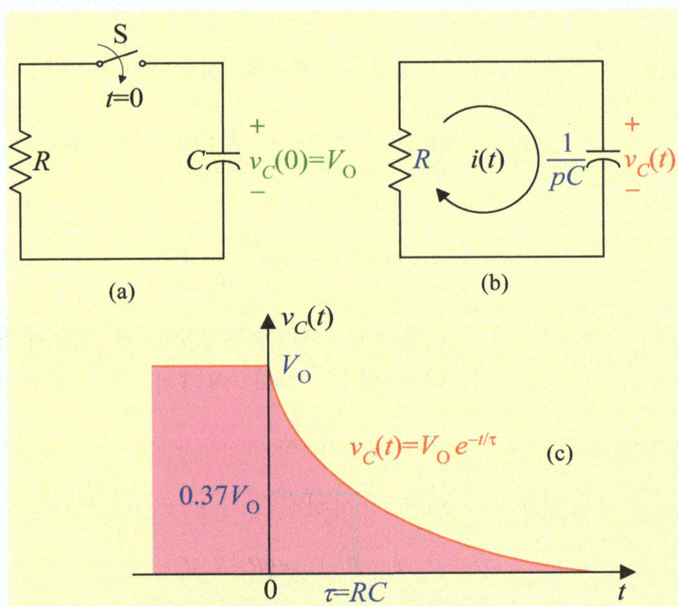

▲그림 4-15 예제 4-10의 그림

풀이 그림 4-15의 (b)는 $t \geq 0$에 대한 그림 (a)의 연산자 회로이다. 그림에 표시된 방향으로 루프 전류를 정하면 전원이 없으므로 KVL에 의해

$$\left(R + \frac{1}{pC}\right)i(t) = 0$$

이다. 그리고 구하고자 하는 $v_C(t)$는 $i(t)$와

$$v_C(t) = \frac{1}{pC}i(t)$$

의 관계가 있다. 따라서 위의 두 식에서 $i(t)$를 소거하면 연산자 회로 방정식은 다음과 같다.

$$\left(R + \frac{1}{pC}\right)pCv_C(t) = 0 \rightarrow (pRC + 1)v_C(t) = 0$$

이로부터 제차 미분 방정식이

$$RC\frac{dv_C(t)}{dt} + v_C(t) = 0$$

이므로 이의 해는

$$v_C(t) = Ke^{-t/\tau} = Ke^{-t/RC}$$

이다. 그리고 초기 조건 $v_C(0)=V_O$로부터 $K=V_O$이므로

$$v_C(t) = V_O e^{-t/\tau}, \quad \tau = RC$$

와 같이 지수적으로 방전되며 그림으로 나타내면 그림 4-15의 (c)와 같다. 따라서 커패시터의 전압은 충전(식 [42])뿐 아니라 방전 과정에서도 항상 연속적인 변화를 보임을 확인할 수 있다.

RL 회로

앞에서는 에너지 저장 소자인 커패시터의 충전과 방전을 통해 과도 현상을 살펴보았다. 이와 마찬가지로 또 하나의 에너지 저장 소자인 인덕터의 경우도 저장된 에너지가 불연속적으로 변할 수 없으므로 과도 현상이 나타난다. 그림 4-16의 (a)는 일차 *RL* 회로이다. 인덕터의 초기 전류는 $i_L(0)=0$이며 $t=0$에서 전원 스위치가 닫혀 인덕터에 에너지가 공급되는 경우이다. 이 경우 역시 인덕터의 전류는 연속적으로 변할 것이며 이에 대해 알아본다. 그림 (a)의 $t \geq 0$에 대한 연산자 회로가 그림 (b)이며 루프 전류 $i_L(t)$로써 KVL 방정식을 세우면 다음과 같다.

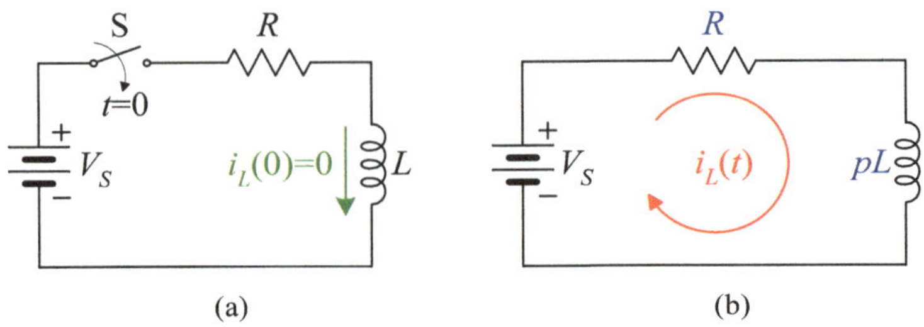

▶그림 4-16
RL 회로:
(a) $t<0$에 대한 회로;
(b) $t\geq 0$에 대한 연산자 회로;
(c) 전류의 파형.

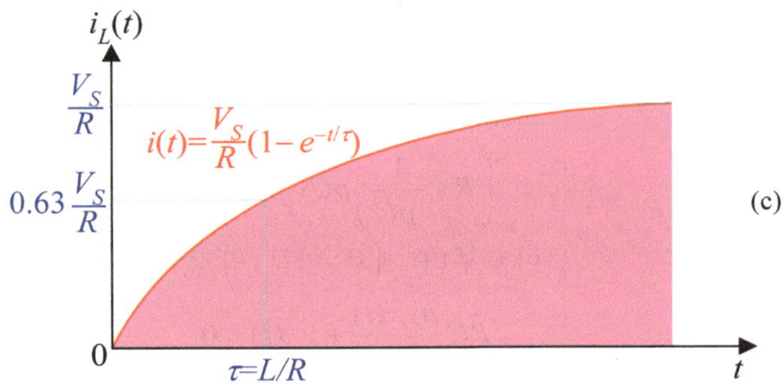

$$(pL+R)i_L(t)=V_S \rightarrow L\frac{di_L(t)}{dt}+Ri_L(t)=V_S \quad \textbf{[44]}$$

스위치가 닫히기 직전의 인덕터 전류는 $i(0)=0$이므로 다음의 미분 방정식을 풀면 된다.

$$\begin{cases} L\dfrac{di_L(t)}{dt}+Ri_L(t)=V_S \\ i_L(0)=0 \end{cases} \quad \textbf{[45]}$$

위의 방정식으로부터 인덕터의 전류는 다음과 같다.

$$i_L(t)=\frac{V_S}{R}(1-e^{-t/\tau}), \quad \tau\equiv\frac{L}{R} \quad \textbf{[46]}$$

여기서 τ는 시정수이며 *RC* 회로에서는 $\tau=RC$로 주어지는데 비해 *RL* 회로에서는 $\tau=L/R$로 주어진다. 전류의 파형을 도시하면 그림 4-16의 (c)와 같이 연속적으로 변하며, 초기치 0으로부터 시작하여 최종치인 V_S/R을 향해 지수적으로 수렴한다. 식 [46]에서 관찰할 수 있는 또 한 가지 중요한 사실은 회로가 정상 상태에 도달했을 때의 전류 $i_L(\infty)$는

$$i_L(\infty)=\frac{V_S}{R} \quad \textbf{[47]}$$

로 주어진다는 것이며 이는 그림 4-16(b)에서 인덕터가 단락일 경우의

전류와 같다. 따라서 직류 정상 상태에서는 인덕터는 단락 회로와 같으며(커패시터는 직류 정상 상태에서 개방 회로와 같다) 직류 정상 상태에서의 회로는 그림 4-17의 (a)와 같이 등가화할 수 있다. 그리고 *RL* 회로의 시정수는 그림 (b)와 같이 회로적으로 쉽게 구할 수 있다. 즉 전원을 차단한 상태에서(전압원은 단락, 전류원은 개방) 인덕터 입장에서 바라 본 등가 저항만 구하면 $\tau = L/R_{eq}$로 간단히 구해지는 것이다.

▶그림 4-17 직류 *RL* 회로의 등가 회로: (a) 정상 상태; (b) 등가 저항.

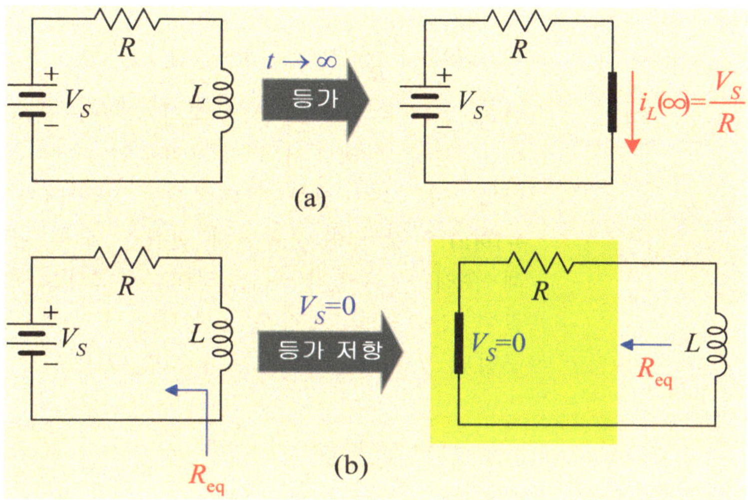

예제 4-11

그림 4-18(a)의 회로에서 인덕터 초기 전류가 $i_L(0)=0\,\text{A}$이며 시간 $t=0$에서 전원 스위치가 닫힌다. $t \geq 0$에 대한 $i_L(t)$를 구하라.

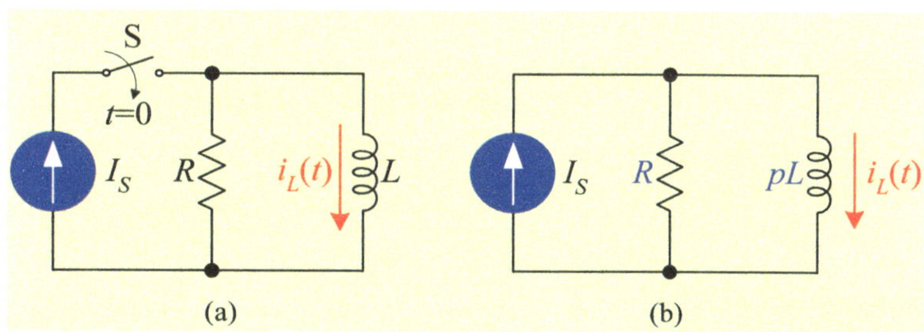

▲그림 4-18 (a) 예제 4-11의 그림; (b) $t \geq 0$에 대한 연산자 회로.

풀이 그림 4-18(a)의 연산자 회로인 그림 (b)에서 전류 분배 법칙을 적용하면 $i_L(t)$는

$$i_L(t) = \left(\frac{R}{R+pL}\right) I_S \rightarrow (pL+R)i_L(t) = RI_S$$

이므로 해당 미분 방정식은 다음과 같다.

$$\begin{cases} L\dfrac{di_L(t)}{dt} + Ri_L(t) = RI_S \\ i_L(0) = 0 \end{cases}$$

따라서 위의 미분 방정식을 풀면

$$i_L(t) = \frac{RI_S}{R}(1-e^{-t/\tau}) = I_S(1-e^{-t/\tau}), \quad \tau = \frac{L}{R}$$

위의 결과로부터 정상 상태의 전류는 $i_L(\infty)=I_S$임을 알 수 있으며 이는 정상 상태에서의 등가회로인 그림 4-19(a)로부터 확인할 수 있다. 즉 직류 정상 상태에서는 인덕터가 단락과 같으므로 그림 4-19(a)와 같으며 전류원의 전류는 모두 단락 회로인 인덕터를 통해 흘러 $i_L(\infty)=I_S$가 되는 것이다. 그리고 시정수는 그림 4-19(b)와 같이 전류원을 개방시킨 상태에서 L이 바라본 등가 저항 R_{eq}를 구하면 되며 $R_{eq}=R$이므로 $\tau=L/R_{eq}=L/R$로 주어짐을 알 수 있다.

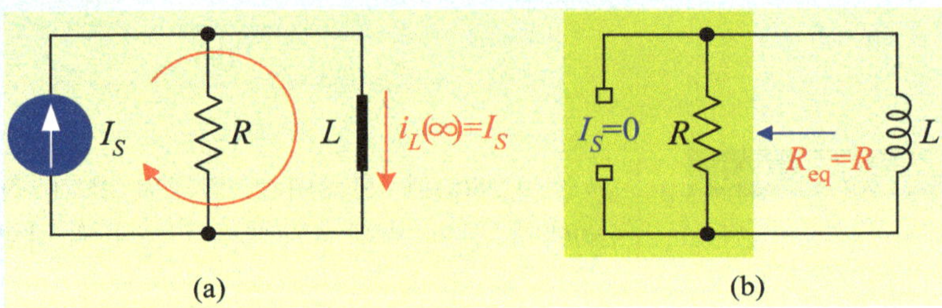

▲그림 4-19 그림 4-18(b)에 대한 (a) 정상 상태의 등가회로; (b) 시정수를 구하는 회로.

예제 4-12

그림 4-20은 인덕터에 공급되는 전원이 차단되면 인덕터 전류가 지수적으로 감소함을 보이기 위한 것이다. 전원 스위치는 $t=0$에서 열리며 그 이전에는 회로가 정상 상태가 되도록 전원 스위치가 충분히 오래 동안 닫혀 있었다고 가정한다. $t\geq 0$에 대한 인덕터 전류 $i(t)$를 구하라.

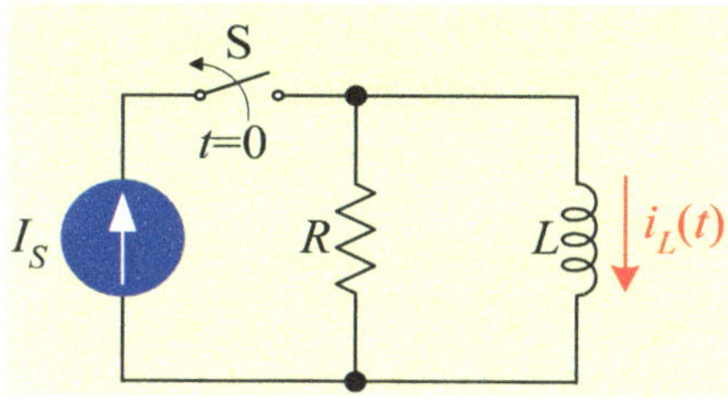

◀그림 4-20 예제 4-12의 그림

풀이 그림 4-20의 회로는 t=0 순간에는 직류 정상 상태에 있다. 따라서 t=0 순간의 등가 회로는 그림 4-21(a)와 같으므로 전류의 초기치는 $i_L(0)=I_S$가 된다. 그리고 $t\geq0$에 대한 그림 4-20의 연산자 회로는 그림 4-21(b)와 같으며 초기치는 물론 $i_L(0)=I_S$이다. 그림 4-21(b)에 KVL을 적용하면

$$(pL+R)i_L(t)=0$$

이다. 따라서 초기 조건을 포함한 미분 방정식은 다음과 같다.

$$\begin{cases} L\dfrac{di_L(t)}{dt}+Ri_L(t)=0 \\ i_L(0)=I_S \end{cases}$$

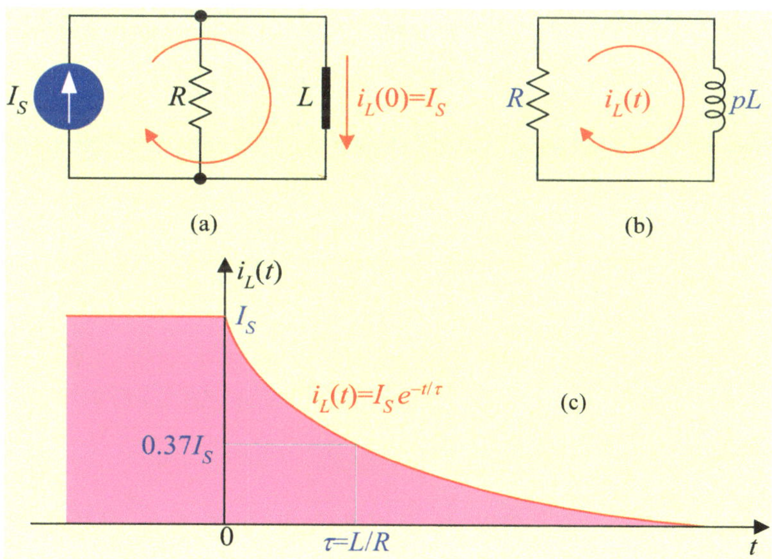

▲그림 4-21 그림 4-20 회로에 대한 (a) t=0 순간의 등가회로(직류 정상 상태); (b) $t\geq0$에 대한 연산자 회로; (c) 전류 $i(t)$의 파형.

이상으로 전류 $i(t)$는 다음과 같은 보조해 성분만 있게 되며 파형은 그림 4-21의 (c)와 같다.

$$i_L(t) = I_S e^{-t/\tau}, \quad \tau = \frac{L}{R}$$

4.5 일차 회로의 직류 특성

앞 절을 통해 입력 전원이 직류일 때 RC와 RL 회로의 과도 상태에 대해 알아보았다. 여기서는 직류에 대한 일차 RC와 RL 회로의 완전해를 미분 방정식을 통하지 않고 회로적으로 간단히 구하는 법을 설명한다. 입력이 직류인 일차 RC와 RL 회로 내의 임의의 변수를 $x(t)$라 하면 그 특수해는 상수가 되고 보조해는 단순 감소하는 지수 함수이므로 완전해는

$$x(t) = A + Ke^{-t/\tau} \qquad \textbf{[48]}$$

의 형태로 주어진다(A와 K는 상수). 따라서 보조해가 사라지는 $t=\infty$(직류 정상 상태)에서의 최종치는 $x(\infty)=A$이다. 그리고 초기치에 의해

$$x(0) = A + K = x(\infty) + K \qquad \textbf{[49]}$$

이므로 계수 K는 다음과 같이 표현할 수 있다.

$$K = x(\infty) - x(0) \qquad \textbf{[50]}$$

위의 두 식을 식 [48]에 대입하면

$$x(t) = x(\infty) + [x(\infty) - x(0)]e^{-t/\tau} \qquad \textbf{[51]}$$

이며 이를 정리하면 다음과 같이 표현할 수 있다.

$$x(t) = \underbrace{x(0)e^{-t/\tau}}_{\substack{\text{지수적으로} \\ \text{소멸하는} \\ \text{초기치}}} + \underbrace{x(\infty)(1-e^{-t/\tau})}_{\substack{\text{지수적으로} \\ \text{수렴하는} \\ \text{최종치}}} \qquad \textbf{[52]}$$

위의 식 우변에서 첫 번째 항은 시간이 경과함에 따라 지수적으로 소멸해 나가는 초기치 성분을 나타내며 두 번째 항은 지수적으로 수렴해 나가는 최종치 성분을 나타낸다. 따라서 변수 $x(t)$의 초기치와 최종치 및 그 중간 과정을 이어주는 시정수 τ 세 가지만 알면 미분 방정

식을 풀지 않고도 식 [52]와 같이 완전해를 바로 구할 수 있음을 알 수 있다. 초기치, 최종치 및 시정수는 다음과 같은 절차로 구한다.

(1) 초기치는 주어진 초기 조건을 이용하여 얻는다.
(2) 최종치는 커페시터는 개방으로(그림 4-11), 인덕터는 단락으로 한 등가회로(그림 4-18(a))를 이용하여 구한다.
(3) 회로의 시정수는 회로의 전원을 끈 상태에서 C 또는 L의 입장에서 들여다 본 등가 저항 R_{eq}를 구하여 다음과 같이 정할 수 있다.

$$\tau = \begin{cases} R_{eq}C & \text{(커페시터)} \\ \dfrac{L}{R_{eq}} & \text{(인덕터)} \end{cases} \quad [53]$$

예제 4-13

그림 4-22(a) 회로에서 t=0에서 스위치가 닫히며 커페시터의 초기 전압은 $v_C(0)=V_O$이다. 스위치가 닫힌 후 $v_C(t)$의 완전해를 구하라.

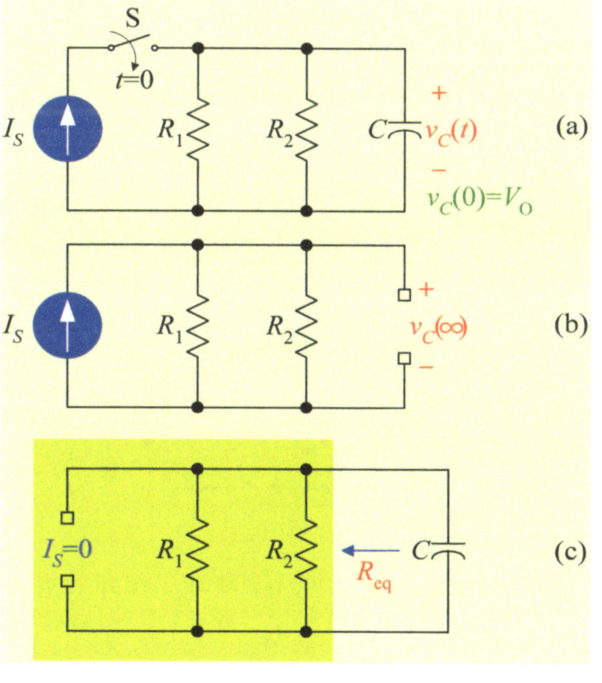

▲그림 4-22 (a) 예제 4-13의 그림; (b) 정상 상태 등가회로; (c) 시정수를 구하는 회로.

풀이 그림 4-22의 (b)는 $t=\infty$에서의 등가회로이며 최종치는

$$v_C(\infty) = (R_1 \| R_2) I_S = \frac{R_1 R_2 I_S}{R_1 + R_2}$$

다음으로 시정수는 전원을 끈 그림 (c)로부터 구하면

$$R_{eq} = R_1 \| R_2 = \frac{R_1 R_2}{R_1 + R_2}$$

$$\therefore \ \tau = R_{eq} C = \frac{R_1 R_2 C}{R_1 + R_2}$$

이상으로 식 [52]를 이용하면 $v_C(t)$의 완전해는 다음과 같다.

$$\begin{aligned} v_C(t) &= v_C(0) e^{-t/\tau} + v_C(\infty)(1 - e^{-t/\tau}) \\ &= V_O e^{-t/\tau} + \frac{R_1 R_2 I_S}{R_1 + R_2}(1 - e^{-t/\tau}) \end{aligned}$$

예제 4-14

그림 4-23(a)의 회로에서 $t=0$에서 스위치가 닫히며 인덕터의 초기 전류는 $i_L(0)=I_O$이다. 스위치가 닫힌 후 $i_L(t)$의 완전해를 구하라.

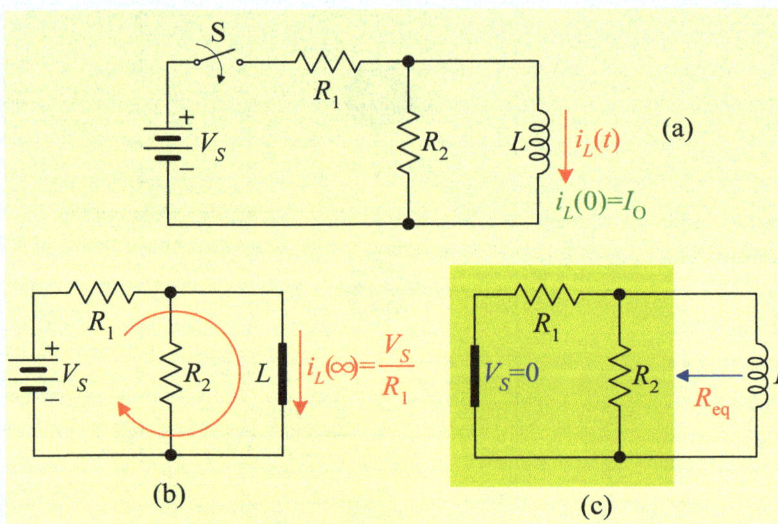

▲그림 4-23 (a) 예제 4-14의 그림; (b) 정상 상태 등가회로; (c) 시정수를 구하는 회로.

풀이 그림 4-23의 (b)는 $t=\infty$에서의 등가회로이며 최종치는

$$i_L(\infty) = \frac{V_S}{R_1}$$

다음으로 시정수는 전원을 끈 그림 (c)로부터 구하면

$$R_{\text{eq}} = R_1 \| R_2 = \frac{R_1 R_2}{R_1 + R_2}$$

$$\therefore\ \tau = \frac{L}{R_{\text{eq}}} = \frac{(R_1 + R_2)L}{R_1 R_2}$$

이상으로 식 [52]을 이용하면 $i_L(t)$의 완전해는 다음과 같다.

$$\begin{aligned} i_L(t) &= i_L(0)e^{-t/\tau} + i_L(\infty)(1 - e^{-t/\tau}) \\ &= I_O e^{-t/\tau} + \frac{V_S}{R_1}(1 - e^{-t/\tau}) \end{aligned}$$

4.6 이차 회로의 특성

회로에 포함된 독립된 에너지 저장 소자의 수에 비례하여 회로의 차수가 높아진다. 그러나 실제로 회로 해석에서 가장 중요시되는 것은 이차 회로이다. 그 이유는 3차 이상의 회로는 일차 및 이차 회로를 여러 개 조합한 특성이 나타나기 때문이다. 예를 들면 3차 회로는 서로 다른 일차 회로 세 개의 조합이거나 일차 회로 하나와 이차 회로 하나를 조합한 것과 같다. 그리고 일차 회로의 특성은 앞서 설명한 바와 같이 시정수 하나로 좌우되는 매우 간단한 형태이다. 이에 비해 이차 회로는 특성 방정식이 2차이므로 특성근이 판별식에 따라 세 가지가 나올 수 있기 때문이다. 입력이 $x(t)$이고 출력이 $y(t)$인 이차 회로에서 $y(t)=H(p)x(t)$일 때 전달 함수 $H(p)$의 일반 형태는

$$H(p) = \frac{N(p)}{p^2 + a_1 p + a_o} \qquad [54]$$

로 표현할 수 있으며 $N(p)$는 분자 다항식이다. 실제 시스템에서는 전달 함수의 분자 다항식의 차수는 분모의 차수보다 클 수 없다. 따라서 식 [54]에서 $N(p)$는 이차 이하이다. 식 [54]의 전달 함수로 주어지는 회로망은 특성 방정식은 바로 분모 다항식으로부터 다음과 같다.

$$s^2 + a_1 s + a_o = 0 \qquad [55]$$

따라서 판별식 $D=a_1^2-4a_1a_0$의 크기에 따라 특성근 s_1, s_2는 서로 다른 실근이 되거나($s_1 \neq s_2$) 중근($s_1=s_2$) 또는 공액 복소수($s_1=s_2^*$)가 된다. 이로부터 출력 $y(t)$의 보조해 $y_c(t)$는 다음과 같은 세 가지 유형 중 하나가 된다(이에 대한 구체적인 증명은 전공 서적을 참조하기 바란다).

$$y_c(t) = \begin{cases} \underbrace{K_1 e^{s_1 t} + K_2 e^{s_2 t}}_{\text{과제동}} & (s_1 \neq s_2) \\ \underbrace{K_1 e^{st} + K_2 t e^{st}}_{\text{임계제동}} & (s_1 = s_2 = s) \\ \underbrace{e^{\sigma t}(K_1 \cos \omega t + K_2 \sin \omega t)}_{\text{부족제동}} & (s_1 = s_2^* = \sigma + j\omega) \end{cases} \qquad [56]$$

이상의 세 형태를 그림으로 보인 것이 그림 4-24이다. 먼저 서로 다른 실근인 첫번째 경우는 단순한 지수함수이며 이를 과제동(overdamped)이라 한다. 중근인 두번째 경우는 앞서 설명한 *t*-곱하기를 적용한 경우로 임계 제동(critically damped)이라 한다. 그리고 세 번째 경우는 지수적으로 감쇄하면서 진동하는 형태로서 부족 제동(under damped)이라 한다. 이 용어들은 제어 관점에서 붙여진 것이며 그 의미는 15 장에서 구체적으로 이해될 것이다. 그리고 식 [56]에서 한 가지 더 중요한 점은 특성근의 실수부가 0보다 크면 고유 응답은 무한대로 발산한다는 것이며 이는 실제 회로에서는 있을 수 없다. 따라서 실제 회로에서는 전달 함수의 특성근은 실수부가 반드시 0보다 작아야 한다.

▶그림 4-24
이차 회로의
세 가지 제동 형태

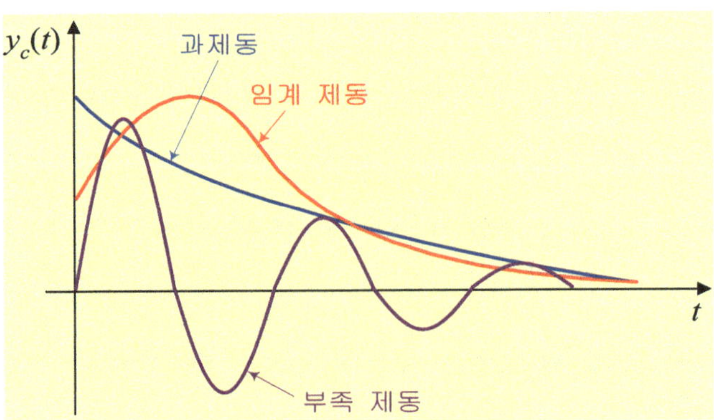

이차 회로의 완전 응답을 구하기 위해서는 출력 $y(t)$의 초기 조건인 $y(0)$와 도함수의 초기 조건인 $dy(0)/dt$ 두 가지가 필요하다. 그러나 일반적으로 $y(0)$는 주어지거나 또는 회로상에서 쉽게 구할 수 있지만 $dy(0)/dt$를 구하는 일이 결코 만만치가 않다. 회로의 차수가 3차라면 이차 도함수의 초기 조건 $d^2y(0)/dt^2$까지 구해야 하므로 차수가 늘수록 더욱 어려움에 봉착하게 된다. 그러나 도함수 초기 조건을 구하는 문제는 이 책에서는 더 이상 언급하지 않기로 하고 모든 초기 조건들은 주어지는 것으로 한다.

그림 4-25의 병렬 *RLC* 회로에서 초기 조건이 그림과 같이 주어질 때 전압 $v_C(t)$의 완전해를 구해보자. 먼저 그림에 표시된 연산자 임피던스를 이용하면 $v_C(t)$는 임피던스 합성에 의해 다음과 같다.

$$v_C = \left(4 \| 10p \| \frac{10}{p}\right) i_s = \frac{1}{\dfrac{1}{4} + \dfrac{1}{10p} + \dfrac{p}{10}} i_s = \frac{10p}{p^2 + 2.5p + 1} i_s \quad [57]$$

이로부터

$$(p^2 + 2.5p + 1)v_C = \underbrace{10pi_s}_{f} \quad [58]$$

이다. 여기서 i_s=1인 상수이므로 pi_s=0이다. 따라서 우변의 강제 함수가 f=0인 제차 미분 방정식이며 특수해는 없다. 특성 방정식

$$s^2 + 2.5s + 1 = 0 \quad [59]$$

으로부터 특성근이

$$s_1 = -2, \quad s_2 = -0.5 \quad [60]$$

인 과제동이다. 식 [56]으로부터 v_C는 다음과 같다.

$$v_C = K_1 e^{-2t} + K_2 e^{-0.5t} \quad [61]$$

위의 식에 주어진 초기 조건을 대입하면 다음의 연립 방정식을 얻을 수 있다.

▶그림 4-25

병렬 *RLC* 회로

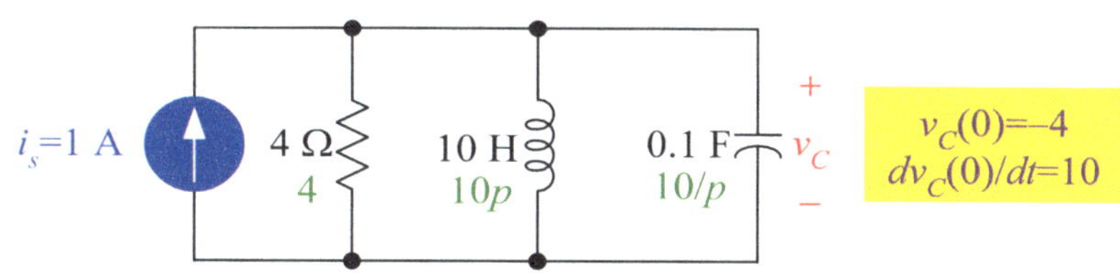

$$\begin{cases} v_C(0) = K_1 + K_2 = -4 \\ dv_C(0)/dt = -2K_1 - 0.5K_2 = 10 \end{cases} \quad \textbf{[62]}$$

이로부터 K_1=–16/3, K_2=4/3이므로 식 [61]의 완전해는 다음과 같다.

$$v_C = -\frac{16}{3}e^{-2t} + \frac{4}{3}e^{-0.5t} \quad \textbf{[63]}$$

그림 4-26의 직렬 *RLC* 회로에서 초기 조건이 그림과 같이 주어질 때 $i_L(t)$의 완전해를 구해보자. 그림에 표시된 연산자 임피던스에 의해

$$i_L = \frac{1}{6 + \dfrac{25}{p} + p}v_s = \frac{p}{p^2 + 6p + 25}v_s \quad \textbf{[64]}$$

이로부터

$$(p^2 + 6p + 25)i_L = pv_s \quad \textbf{[65]}$$

이다. 여기서 v_s=4인 상수이므로 pv_s=0이다. 따라서 우변의 강제 함수가 f=0인 제차 미분 방정식이며 특수해는 없다. 특성 방정식

$$s^2 + 6s + 25 = 0 \quad \textbf{[66]}$$

으로부터 특성근이

$$s = -3 \pm j4 \quad \textbf{[67]}$$

인 부족제동이다. 따라서 식 [56]으로부터 i_L은

$$i_L = e^{-3t}(K_1 \cos 4t + K_2 \sin 4t) \quad \textbf{[68]}$$

이며 주어진 초기 조건으로부터 K_1과 K_2는 다음의 연립 방정식으로부터 구할 수 있다.

$$\begin{cases} i_L(0) = K_1 = 0 \\ di_L(0)/dt = -3K_1e^{-3t}\sin 4t + 4K_2e^{-3t}\cos 4t\Big|_{t=0} = 4K_2 = -4 \end{cases} \quad \textbf{[69]}$$

따라서 K_1=0, K_2=–1이므로 완전해는 식 [68]로부터 다음과 같다.

▶그림 4-26
직렬 *RLC* 회로

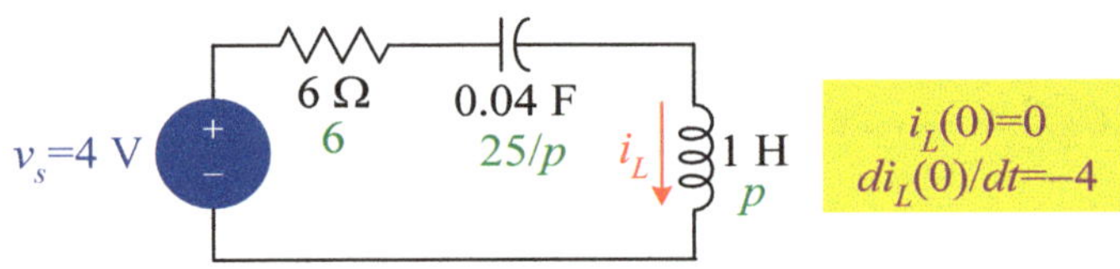

$$i_L = -e^{-3t}\sin 4t \qquad [70]$$

예제 4-15

그림 4-27(a)의 회로에서 $i_L(t)$의 완전해를 구하라.

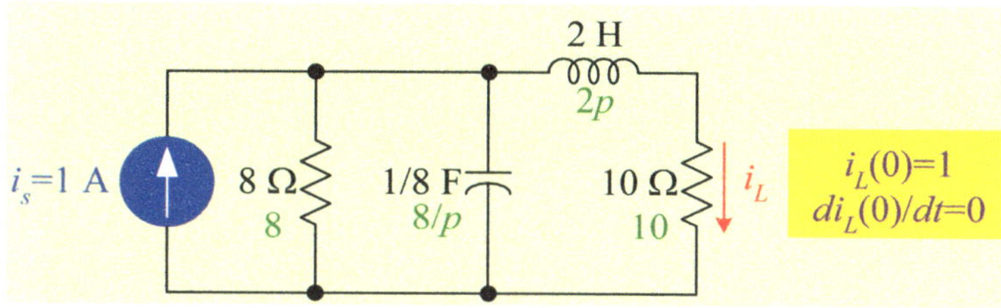

▲그림 4-27 예제 4-15의 그림

풀이 그림에 표시된 연산자 임피던스를 이용하면 전류 분배 법칙에 의해 $i_L(t)$는 다음과 같이 구할 수 있다.

$$i_L = \frac{\dfrac{1}{2p+10}}{\dfrac{1}{8}+\dfrac{p}{8}+\dfrac{1}{2p+10}} i_s = \frac{4}{p^2+6p+9} i_s$$

그리고 $i_s(t)=1$인 상수이므로

$$(p^2+6p+9)i_L = 4i_s = 4$$

특수해: 강제 함수가 상수이므로 특수해도 상수이며

$$i_{Lp} = \frac{4}{9}$$

보조해: 특성 방정식 및 특성근은

$$s^2+6s+9=0 \qquad \therefore s_1 = s_2 = -3$$

따라서 식 [56]의 임계 제동으로부터

$$i_{Lc} = K_1 e^{-3t} + K_2 t e^{-3t}$$

완전해: 완전해 $i_L = i_{Lp} + i_{Lc}$는

$$i_L = \frac{4}{9} + K_1 e^{-3t} + K_2 t e^{-3t}$$

주어진 초기 조건을 대입하면

$$\begin{cases} i_L(0) = \dfrac{4}{9} + K_1 = 0 \\ di_L(0)/dt = -3K_1 + K_2 e^{-3t} - 3K_2 te^{-3t}\Big|_{t=0} = -3K_1 + K_2 = 0 \end{cases}$$

위의 연립 방정식을 풀면

$$K_1 = -\frac{4}{9}, \quad K_2 = \frac{4}{3}$$

따라서 완전해는 다음과 같다.

$$i_L = \frac{4}{9} - \frac{4}{9}e^{-3t} + \frac{4}{3}te^{-3t} = \frac{4}{9}(1 - e^{-3t} + 3te^{-3t})$$

연습 문제

4-1 그림 P4-1의 각 회로에서 전류원 $i_s(t)$와 $v(t)$의 관계를 미분 방정식으로 표현하라.

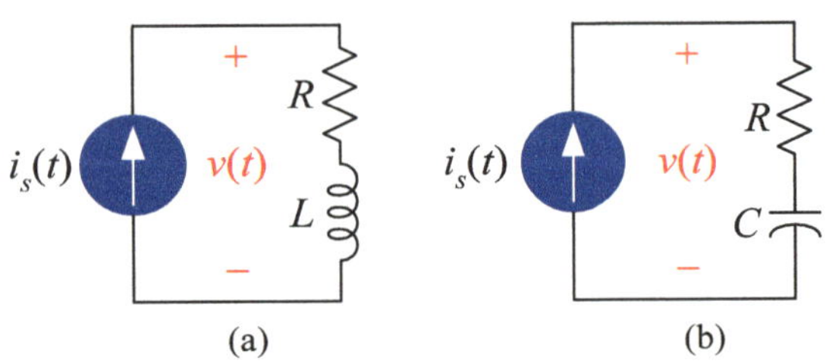

▲그림 P4-1

4-2 그림 4-1의 (a) 회로에서 R=1kΩ, L=1mH 이고 $v_s(t)$=10V일 때 전류 $i(t)$를 구하라. 단 $i(t)$의 초기 조건은 $i(0)$=0으로 한다.

4-3 그림 4-1(b) 회로에서 R=1kΩ, C=10μF이고 $v_s(t)$=10V일 때 전류 $i(t)$를 구하라. 단 $i(t)$의 초기 조건은 $i(0)$=100mA로 한다.

4-4 그림 4-2(a) 회로에서 R=100Ω, L=100mH 및 $i_s(t)$=1A이다. 그리고 $i_L(t)$의 초기 조건은 $i_L(0)$=0.5A이다.

(a) $i_R(t)$의 초기 조건은 $i_R(0)$=0.5A임을 보여라.

(b) 위로부터 $v(t)$의 초기 조건은 $v(0)$=50V임을 보여라.

(c) $v(t)$의 완전해를 구하라.

4-5 그림 4-2(b) 회로에서 R=100Ω, C=1μF이고 $i_s(t)$=1mA이다. 그리고 $v(t)$의 초기 조건은 $v(0)$=0.05V일 때 전압 $v(t)$의 완전해를 구하라.

4-6 그림 P4-1의 각 회로에서 연산자 회로 방정식을 구하고 이로부터 구한 미분 방정식이 문제 4-1의 결과와 부합하는지 알아보아라.

4-7 그림 P4-7의 각 회로에서 연산자법을 이용하여 $v_o(t)$에 대한 전달 함수를 구하고 이로부터 미분 방정식을 유도하라.

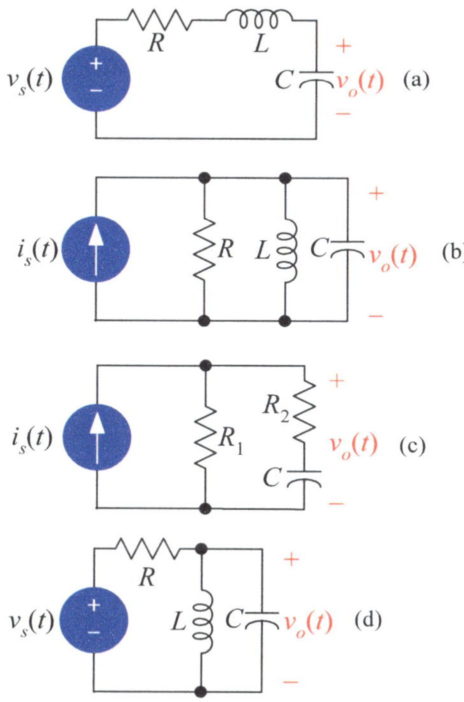

▲그림 P4-7

4-8 그림 P4-8 각 회로에서 시정수를 구하라.

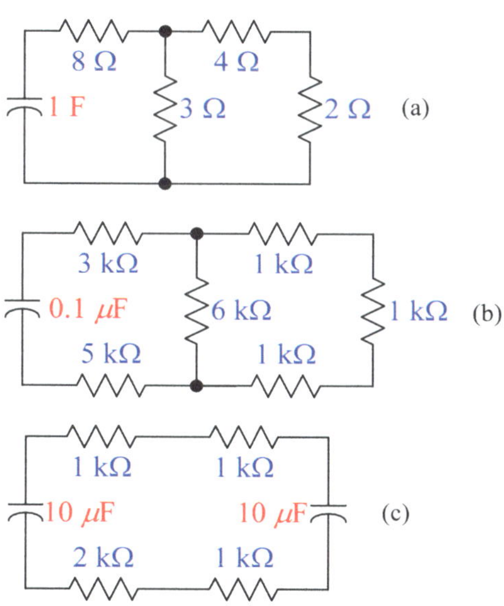

▲그림 P4-8

4-9 그림 P4-9의 회로에서 시정수를 구하라.

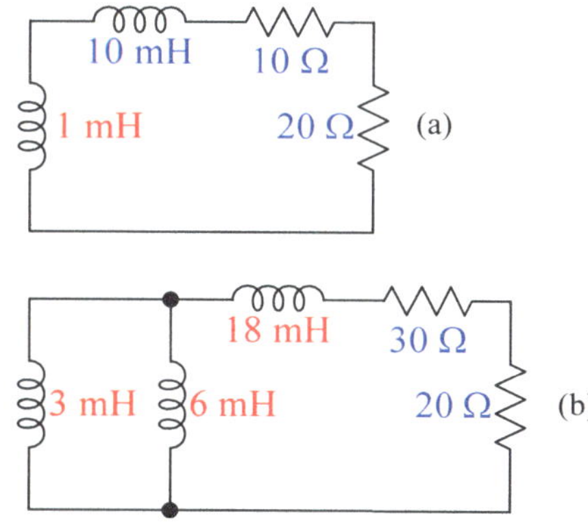

▲그림 P4-9

4-10 그림 P4.10의 각 회로는 직류 정상 상태에 있다. 그림에 표시된 전압 또는 전류를 구하라(힌트: 커페시터는 개방으로 인덕터는 단락으로 한다).

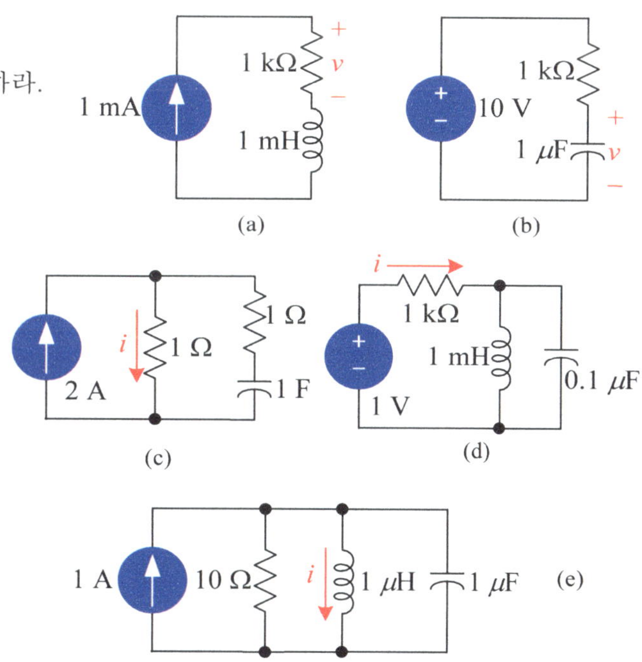

▲그림 P4-10

4-11 그림 P4-11의 회로에서 $v_C(0)=5\,\text{V}$이다.
(a) 시정수를 구하라.
(b) $v_C(t)$의 최종치 $v_C(\infty)$를 구하라.
(c) $v_C(t)$에 관한 식을 구하라.

4-12 그림 P4-12의 회로에서 $v_C(0)=1\,\text{V}$이다.
(a) 시정수를 구하라.
(b) $v_C(t)$의 최종치 $v_C(\infty)$를 구하라.
(c) $v_C(t)$에 관한 식을 구하라.

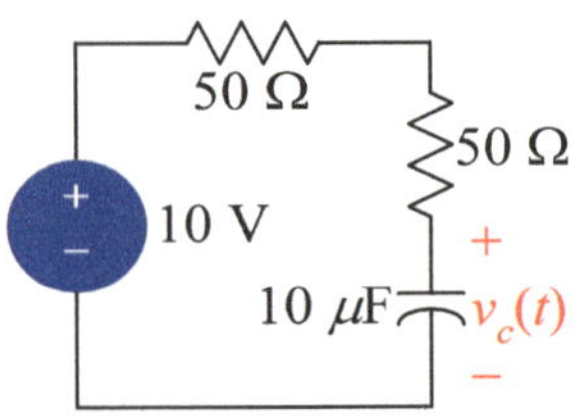

▲그림 P4-11

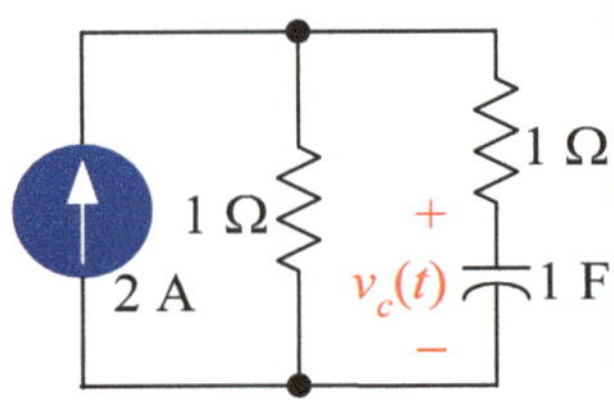

▲그림 P4-12

4-13 그림 P4-13에서 $i_L(0)=2.5\,\text{mA}$이다.
(a) 시정수를 구하라.
(b) $i_L(t)$의 최종치 $i_L(\infty)$를 구하라.
(c) $i_L(t)$에 관한 식을 구하라.

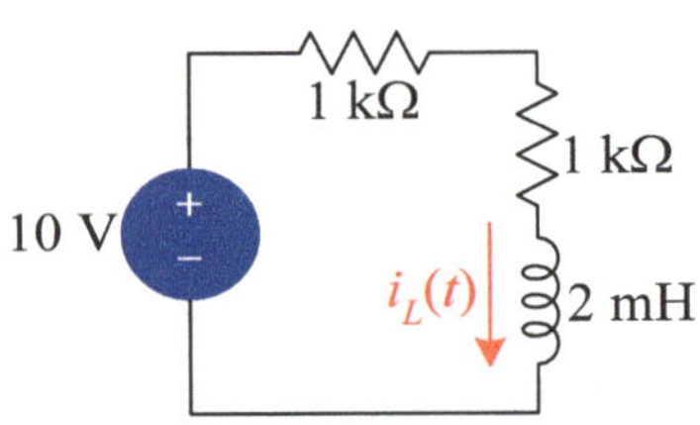

◀그림 P4-13

4-14 그림 P4-14에서 $i_L(0)=0.5\,\text{A}$이다.
(a) 시정수를 구하라.
(b) $i_L(t)$의 최종치 $i_L(\infty)$를 구하라.
(c) $i_L(t)$에 관한 식을 구하라.

4-15 그림 P4-11의 회로에서 $v_C(0)=10\,\text{V}$일 때 문제 4-11을 반복하라.

4-16 그림 P4-11의 회로에서 $v_C(0)=0\,\text{V}$일 때 문제 4-11을 반복하라.

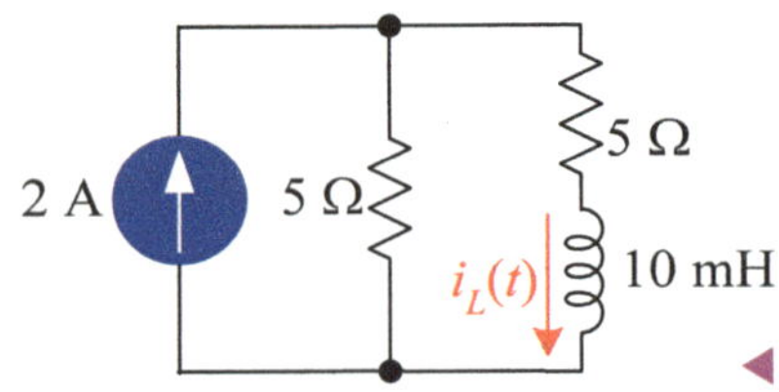

◀그림 P4-14

4-17 그림 P4-12의 회로에서 $v_C(0)=2\,\text{V}$일 때 문제 4-12를 반복하라.

4-18 그림 P4-12의 회로에서 $v_C(0)=0\text{V}$일 때 문제 4-12를 반복하라.

4-19 그림 P4-13의 회로에서 $i_L(0)=5\,\text{mA}$일 때 문제 4-13을 반복하라.

4-20 그림 P4-13의 회로에서 $i_L(0)=0\,\text{mA}$일 때 문제 4-13을 반복하라.

4-21 그림 P4-14의 회로에서 $i_L(0)=1\,\text{A}$일 때 문제 4-14를 반복하라.

4-22 그림 P4-14의 회로에서 $i_L(0)=0\,\text{A}$일 때 문제 4-14를 반복하라.

5장

교류 회로

(AC Circuits)

4 장에서는 주로 직류 전원에 대한 회로의 반응에 대해 알아보았다. 그러나 실제 회로에서 직류 전원의 주 역할은 회로에 기본적인 에너지를 공급하는 차원이 대부분이다. 뿐만 아니라 직류는 시간에 따라 변화가 없으므로 정보를 간직한 신호로 취급하지 않는다. 실제 신호원이나 전원의 파형은 시간에 따라 변하는 경우가 대부분이며 이들을 총칭하여 보통 교류(交流)라 하여 ac(alternating current)로 약해서 부르기도 한다. 이 장에서는 교류 중에서도 정현파(正弦波)에 대한 회로의 반응과 이를 바탕으로 하여 교류 회로의 해석 방법에 대해 알아본다.

5.1 교류와 페이저

시간에 따라 변하는 파형은 그 가지 수가 무한대이며 이들은 직류에 대비해 보통 교류라 부른다. 교류 중에서도 가장 대표적인 파형이 우리가 발전소로부터 늘 공급을 받고 있는 정현파(sinusoidal wave)이다. 다만 이 장에서는 교류 중에서 정현파만 취급할 것이므로 교류와 정현파를 같은 뜻으로 사용하기로 한다. 교류 전원의 기호 및 교류 파형은 각각 그림 5-1의 (a) 및 (b)와 같다. 교류에 대한 일반적인 식은

$$v_s(t) = A\sin(\omega t + \theta) \qquad [1]$$

이며 여기서

A=진폭(振幅; amplitude)

ω=각주파수(角周波數; angular frequency)

θ=위상(位相; phase)

이며 이들은 교류의 3 요소가 된다. 즉 진폭과 각주파수 및 위상만 알면 모든 시간에 대한 정현파의 값을 알 수 있게 된다. 각주파수는 단위가 rad/sec로서 각속도라 하기도 하며 이로부터 주파수가

$$f = \frac{\omega}{2\pi} \quad [1/\text{sec}] \text{ 또는 } [\text{Hz}] \qquad [2]$$

로 정의된다. 교류의 가장 큰 특징은 주기 함수라는 것이며 그림 5.1(b)에서 $\omega t = 2\pi$마다 같은 크기가 반복되어 나타나므로 주기 T는

$$T = \frac{2\pi}{\omega} = \frac{1}{f} \quad [\text{sec}] \qquad [3]$$

와 같이 주파수의 역수와 같다.

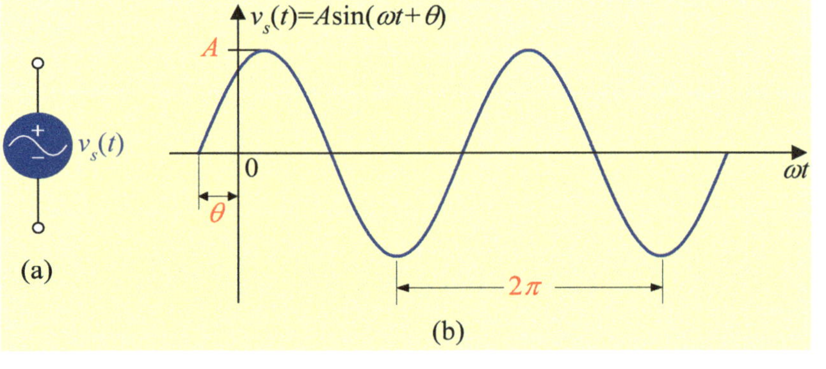

▶그림 5-1 교류 전원의 (a) 기호 (b) 파형

식 [1]은 매 시간에서의 교류의 값(이를 순시(瞬時)값이라 한다)을 알 수 있도록 표현한 식이다. 그러나 실제 회로상에서는 진폭과 주파수 및 위상의 세 요소 중에서 진폭과 위상만 표시할 수 있는 방법이 있으면 더 효과적이다. 그 이유는 회로 방정식은 미분 방정식으로 표현되며 미분과 적분이라는 연산자에 의해서도 교류의 주파수는 변하지 않으며 다만 진폭과 위상만 변하기 때문이다. 다음의 예제를 통해 알아보도록 한다.

예제 5-1

그림 5-2 회로에서 커패시터 양단 전압 $v_C(t)$의 특수해를 구하라.

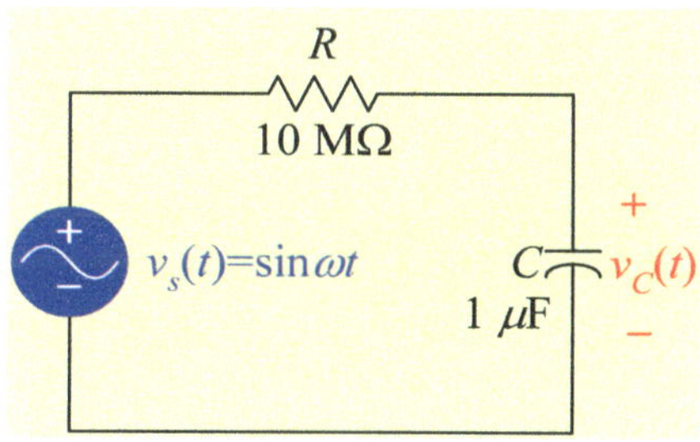

◀그림 5-2 예제 5-1의 그림

풀이 전압 분배에 의해

$$v_C(t) = \frac{1/pC}{R+1/pC} v_s(t) = \frac{1}{pRC+1} v_s(t) = \frac{1}{10p+1} v_s(t)$$

이며 $v_s(t)$=sinωt이므로 미분 방정식은 다음과 같다.

$$10\frac{dv_C(t)}{dt} + v_C(t) = \sin \omega t \qquad \text{(i)}$$

특수해를 구하기 위해 강제 함수 $f(t)$=sinωt의 모든 도함수를 살펴보면

$$f(t) = \sin \omega t$$
$$f^{(1)}(t) = \omega \cos \omega t$$
$$f^{(2)}(t) = -\omega^2 \sin \omega t$$
$$\vdots$$

이므로 결국 함수의 형태는 sinωt와 cosωt의 두 종류 밖에 존재하지 않는다. 따라서 특수해는

$$v_C(t) = C_1 \sin \omega t + C_2 \cos \omega t \qquad \text{(ii)}$$

의 형태가 되며 C_1과 C_2는 상수이다. 식 (i)을 (ii)에 대입하면

$$(C_1 - 10\omega C_2)\sin\omega t + (C_2 + 10\omega C_1)\cos\omega t = \sin\omega t$$

따라서 계수 비교법을 이용하면 계수를 다음과 같이 구해진다.

$$C_1 - 10\omega C_2 = 1, \quad C_2 + 10\omega C_1 = 0$$

$$\therefore\ C_1 = \frac{1}{1+100\omega^2}, \quad C_2 = -\frac{10\omega}{1+100\omega^2} \qquad \textbf{(iii)}$$

식 (iii)을 식 (ii)에 대입하여 정리하면 $v_C(t)$는 다음과 같다.

$$\begin{aligned} v_C(t) &= C_1\sin\omega t + C_2\cos\omega t \\ &= \sqrt{C_1^2 + C_2^2}\sin\left(\omega t + \tan^{-1}\frac{C_2}{C_1}\right) \\ &= \underbrace{\left[\frac{1}{1+100\omega^2}\right]}_{A}\sin(\underbrace{\omega t - \tan^{-1}(10\omega)}_{\theta}) \end{aligned}$$

따라서 그림 5-2에서 입력 $v_s(t)$와 출력 $v_C(t)$의 관계는 주파수는 변함이 없고 진폭과 위상만 변함을 알 수 있다.

페이저(phasor)

교류는 그림 5-3과 같이 각속도 ω로써 원형 경로를 회전하는 선을 이용하여 도식적으로 나타내면 편하며 회전하는 선을 페이저라 한다. 페이저를 수직선에 사영(射影)한 크기가 $A\sin\omega t$가 되며 이 때 페이저의 길이가 $A\sin\omega t$의 진폭이 되며 t=0일 때 수평선에 대해 페이저가 이루는 각 θ를 편각(偏角)이라 하며 교류의 초기 위상이 된다. 그림 (a)는 위상이 0°인 경우이며 그림 (b)와 (c)는 각각 위상이 $+\theta$, $-\theta$인 경우이며 (b)를 위상 선행이라 하고 (c)는 위상 지연이라 한다.

페이저는 일반적으로 그림 5-4와 같이 극좌표상에서 표현한다. 크기와 편각이 각각 A, θ인 페이저는 볼드체 활자로써

$$\mathbf{V} = A\angle\theta \qquad [4]$$

와 같은 기호로 표기한다. 그리고 페이저의 진폭은

$$A = |\mathbf{V}| \qquad [5]$$

로 나타낸다. 식 [4]는 페이저를 표현하는 단순한 기호 차원의 약속이므로 이를 실제 수식과 연계시킬 필요가 있다. 그림 5-4에서 페이저 **V**를 하나의 복소수로 보면

$$\mathbf{V} = A\cos\theta + jA\sin\theta \qquad [6]$$

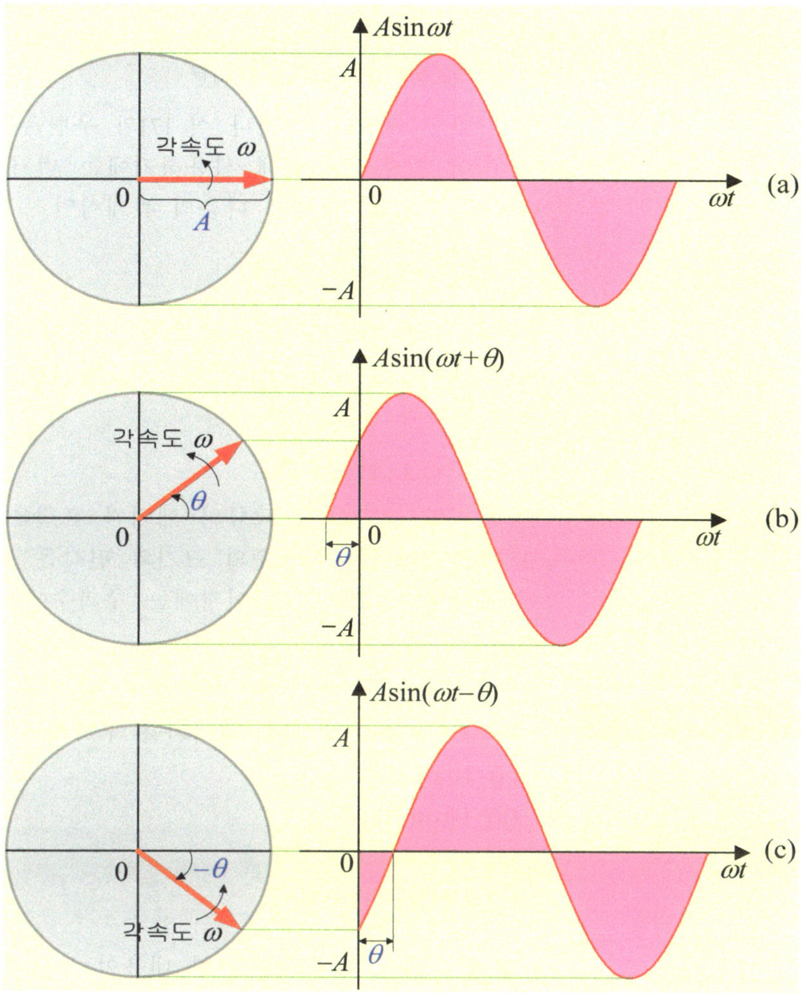

▸그림 5-3
교류의 페이저:
(a) 위상=0°;
(b) 위상 선행;
(c) 위상 지연.

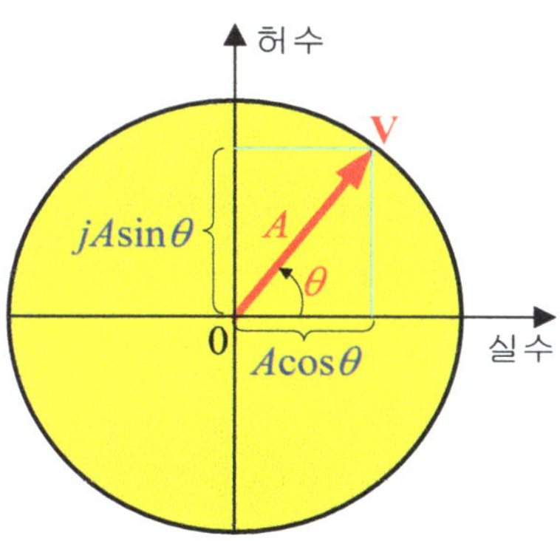

▸그림 5-4
복소 평면상의
페이저 표현

이므로 수식적으로는

$$A\angle\theta \equiv A\cos\theta + jA\sin\theta \tag{7}$$

와 같이 정의된다. 그러나 식 [7]의 우변은 실수부와 허수부 두 함수로 되어 있으므로 실제 사용하기에는 번거롭다. 따라서 한 걸음 더 나아가 식 [7]의 우변을 다음의 관계식인

$$e^{j\theta} = \cos\theta + j\sin\theta \tag{8}$$

를 이용하면 더 간단히 표현할 수 있으며 식 [8]을 오일러(Euler) 공식이라 한다(부록 A 참조). 이상의 두 식 [7], [8]로부터 페이저는 수학적으로 다음과 같다.

$$\mathbf{V} = A\angle\theta = Ae^{j\theta} \tag{9}$$

한 마디로 요약하면, 교류의 페이저 표현은 교류를 하나의 복소수로 표현하는 것이며 복소수의 크기와 편각은 교류의 진폭 및 초기 위상에 해당한다. 그리고 페이저에는 주파수에 관한 내용이 포함되지 않는다.

예제 5-2

다음의 교류들에 대한 페이저를 구하라.

(a) $10\sin 100t$

(b) $10\sin 200t$

(c) $10\sin(300t + 30°)$

(d) $10\sin(400t + 90°)$

풀이 교류의 주파수에 관한 내용이 포함되지 않으므로

(a) $\mathbf{10\angle 0°}$ (b) $\mathbf{10\angle 0°}$ (c) $\mathbf{10\angle 30°}$ (d) $\mathbf{10\angle 90°}$

페이저의 연산

페이저는 복소수의 곱하기와 나누기에 특히 편리하다. 먼저 두 페이저를 곱한 결과를 보면 다음과 같다.

$$\begin{aligned}\mathbf{V}_1 \times \mathbf{V}_2 &= A_1\angle\theta_1 \times A_2\angle\theta_2 \\ &= A_1e^{j\theta_1} \times A_2e^{j\theta_2} \\ &= A_1A_2e^{j(\theta_1+\theta_2)} \\ &= A_1A_2\angle(\theta_1+\theta_2)\end{aligned} \tag{10}$$

따라서 두 페이저의 곱은 각각의 페이저의 진폭은 곱해지고 편각은 더해진다. 이번에는 페이저의 나누기를 보면

$$\frac{\mathbf{V}_1}{\mathbf{V}_2}=\frac{A_1\angle\theta_1}{A_2\angle\theta_2}=\frac{A_1e^{j\theta_1}}{A_2e^{j\theta_2}}=\left(\frac{A_1}{A_2}\right)e^{j(\theta_1-\theta_2)}=\left(\frac{A_1}{A_2}\right)\angle(\theta_1-\theta_2) \qquad [11]$$

와 같이 진폭은 나누어지고 위상은 서로 빼진다.

예제 5-3

다음 복소수들을 페이저로 표현하라.

(a) $\frac{1}{\sqrt{2}}+j\frac{1}{\sqrt{2}}$

(b) $\frac{1}{\sqrt{2}}-j\frac{1}{\sqrt{2}}$

(c) -1

(d) $-j$

(e) j^2

풀이

(a) $A=\sqrt{(1/\sqrt{2})^2+(1/\sqrt{2})^2}=1$

$$\theta=\tan^{-1}\frac{1/\sqrt{2}}{1/\sqrt{2}}=\tan^{-1}(1)=45°$$

$\therefore\ A\angle\theta=\mathbf{1\angle 45°}$

(b) $A=\sqrt{(1/\sqrt{2})^2+(1/\sqrt{2})^2}=1$

$$\theta=\tan^{-1}\frac{-1/\sqrt{2}}{1/\sqrt{2}}=\tan^{-1}(-1)=-45°$$

$\therefore\ A\angle\theta=\mathbf{1\angle -45°}$

(c) $-1=\mathbf{1\angle 180°}$

(d) $-j=-1\times j=1\angle 180°\times 1\angle 90°=1\angle 270°=\mathbf{1\angle -90°}$

(e) $j^2=j\times j=1\angle 90°\times 1\angle 90°=1\angle 180°=\mathbf{-1}$

5.2 복소 임피던스

교류 회로에서 C와 L의 전압과 전류 관계를 페이저를 이용하여 표현하면 미분 방정식이 단순히 대수 방정식으로 전환되는 훌륭한 장점이 있다.

복소 임피던스

교류에서 C의 전압을 $v_C(t)=V_m \sin\omega t$라 하고 그 페이저를 $\mathbf{V}_C$라 하며 이에 대한 전류를 $i_C(t)$라 하고 그 페이저를 $\mathbf{I}_C$라 하자. 그러면

$$v_C(t) = V_m \sin\omega t \;\rightarrow\; \mathbf{V}_C = V_m \angle 0° \qquad [12]$$

이며 이에 대한 전류 $i_C(t)$는

$$\begin{aligned} i_C(t) &= C\frac{d(V_m \sin\omega t)}{dt} = \omega C V_m \cos\omega t \\ &= \omega C V_m \sin(\omega t + 90°) \end{aligned} \qquad [13]$$

이므로 전류 페이저 $\mathbf{I}_C$는

$$\mathbf{I}_C = \omega C V_m \angle 90° \qquad [14]$$

와 같다. 이로부터 식 [12]의 전압 페이저 $\mathbf{V}_C$와 식 [14]의 전류 페이저 $\mathbf{I}_C$의 관계는 다음과 같다.

$$\begin{aligned} \mathbf{I}_C &= \omega C V_m \angle 90° = \omega C \angle 90° \times V_m \angle 0° \\ &= j\omega C \mathbf{V}_C \end{aligned} \qquad [15]$$

따라서 교류 회로에서 커페시터의 전압 페이저와 전류 페이저는

$$\frac{\mathbf{V}_C}{\mathbf{I}_C} = \frac{1}{j\omega C} \quad (\text{커페시터}) \qquad [16]$$

와 같이 마치 저항에서처럼 단순한 비로 표현된다. 다음으로 교류에서 L의 전류를 $i_L(t)=I_m \sin\omega t$라 하고 그 페이저를 $\mathbf{I}_L$이라 하며 이에 대한 전압을 $v_L(t)$라 하고 그 페이저를 $\mathbf{V}_L$이라 하자. 그러면

$$i_L(t) = I_m \sin\omega t \;\rightarrow\; \mathbf{I}_L = I_m \angle 0° \qquad [17]$$

이며 이에 대한 전압 $v_L(t)$는

$$\begin{aligned} v_L(t) &= L\frac{d(I_m \sin\omega t)}{dt} = \omega L I_m \cos\omega t \\ &= \omega L I_m \sin(\omega t + 90°) \end{aligned} \qquad [18]$$

이므로 전압 페이저 $\mathbf{V}_L$은 다음과 같다.

$$\mathbf{V}_L = \omega L I_m \angle 90° \qquad [19]$$

이로부터 식 [17]의 전류 페이저 $\mathbf{I}_L$과 식 [19]의 전압 페이저 $\mathbf{V}_L$의 관계는 다음과 같다.

$$\begin{aligned}\mathbf{V}_L &= \omega L I_m \angle 90° = \omega L \angle 90° \times I_m \angle 0° \\ &= j\omega L \mathbf{I}_L\end{aligned} \qquad [20]$$

따라서 교류 회로에서 인덕터의 전압 페이저와 전류 페이저 역시

$$\frac{\mathbf{V}_L}{\mathbf{I}_L} = j\omega L \quad (\text{인덕터}) \qquad [21]$$

와 같이 마치 저항에서처럼 단순한 비로 표현되게 된다.

이상과 같이 교류 회로에서 커패시터와 인덕터의 전압 페이저와 전류 페이저는 마치 저항과 같이 비례 관계로 나타내진다. 따라서 교류 회로 해석이 저항뿐인 회로를 해석하는 것과 같은 차원이 된다. 물론 저항의 경우는 페이저 관계가 다음과 같음은 말할 필요가 없다.

$$\frac{\mathbf{V}_R}{\mathbf{I}_R} = R \quad (\text{저항}) \qquad [22]$$

식 [16]의 $1/j\omega C$과 식 [21]의 $j\omega L$은 복소 임피던스라 하며 간단히 임피던스라 하기도 한다. 그리고 각 복소 임피던스의 크기는

$$X_C = \frac{1}{\omega C}, \quad X_L = \omega L \qquad [23]$$

와 같이 표현하고 리액턴스(reactance)라 부른다. 때로는 이 둘을 구분하기 위해 X_C를 용량성 리액턴스, X_L을 유도성 리액턴스라 부르기도 한다. C와 L의 임피던스와 리액턴스의 관계는 다음과 같다.

$$\mathbf{Z}_C = -jX_C, \quad \mathbf{Z}_C = jX_L \qquad [24]$$

표 5-1은 4장의 연산자 임피던스와 위에서 설명한 복소 임피던스를 모아 정리한 것이다. 어드미턴스(admittance)는 임피던스의 역수이다. 표 5-1로부터 연산자 임피던스와 복소 임피던스간의 관련성은 다음과 같음을 알 수 있다.

▶표 5-1
연산자 임피던스와 복소 임피던스의 비교

소 자	연산자 임피던스	복소 임피던스
저항 R	$\frac{v_R(t)}{i_R(t)} = R$	$\frac{\mathbf{V}_R}{\mathbf{I}_R} = R$
커패시터 C	$\frac{v_C(t)}{i_C(t)} = \frac{1}{pC}$	$\frac{\mathbf{V}_C}{\mathbf{I}_C} = \frac{1}{j\omega C}$
인덕터 L	$\frac{v_L(t)}{i_L(t)} = pL$	$\frac{\mathbf{V}_L}{\mathbf{I}_L} = j\omega L$

$$p \to j\omega \qquad [24]$$

다만 연산자 임피던스에서 p는 연산자이지만 변수로 취급하여 사용하는 것뿐이지만 복소 임피던스에서는 완전히 변수로 작용한다는 점이 다르다. 따라서 연산자 p는 회로 방정식을 구하는 과정에서만 변수로 취급되며 해당 미분 방정식을 풀 때는 원래 연산자의 위치로 돌아가야 한다. 즉 미분 방정식은 그대로 풀 수 밖에 없다. 이에 비해 복소 임피던스는 완전히 변수로 작용하므로 미분 방정식 대신 단순한 대수식을 통해 해를 구할 수 있다는 큰 장점이 있다. 다만 연산자 임피던스를 이용하면 완전해를 구할 수 있지만 복소 임피던스로는 특수해밖 구할 수 없으며 또한 입력이 교류일 때로 제한된다. 그러나 두 연산자 임피던스와 복소 임피던스는 모두 저항과 같은 차원으로 취급된다는 점은 공통적이다. 그림 5-5는 C와 L에 대해 지금까지 설명한 모든 형태의 전류 전압 관계를 함께 도시한 것이다. 앞으로는 복소 임피던스로 표현한 회로를 페이저 회로라 한다.

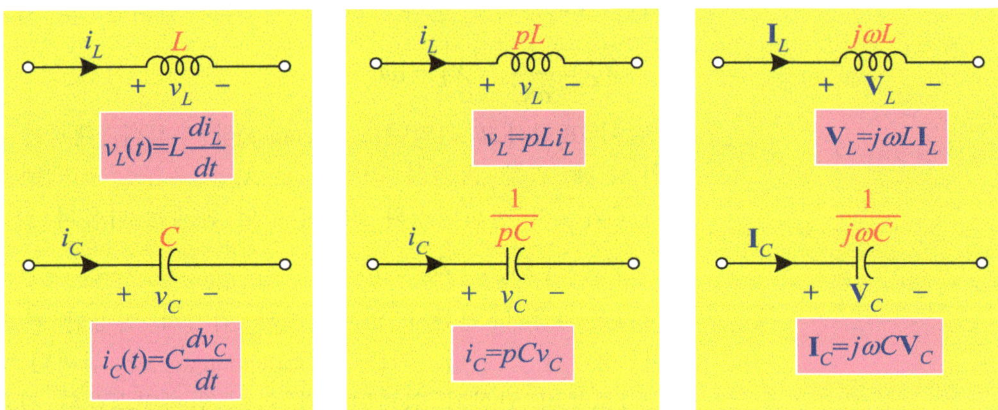

▲그림 5-5 여러 형태의 전압-전류 관계: (a) 근원적인 형태; (b) 연산자 임피던스 형태; (c) 복소 임피던스 형태.

예제 5-4

그림 5-6의 각 회로의 합성 임피던스 $\mathbf{Z}$를 구하여 페이저 형태로 나타내어라. 단 각주파수는 ω=1000rad/sec로 한다.

풀이

(a) 그림 5.6(a): 인덕터의 리액턴스가

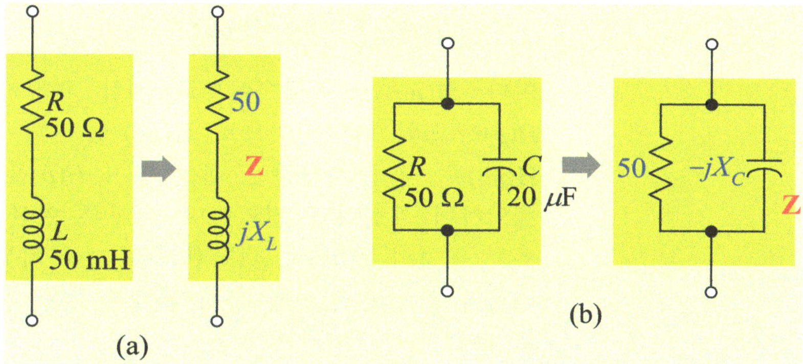

▲그림 5-6 예제 5-4의 그림

$$X_L = \omega L = 1000 \times (50 \times 10^{-3}) = 50\,\Omega$$

이므로 직렬 결합에 의해 합성 임피던스는

$$\mathbf{Z} = R + jX_L = 50 + j50 = \sqrt{50^2 + 50^2}\angle \tan^{-1}\left(\frac{50}{50}\right) = \mathbf{50\sqrt{2}\angle 45°}$$

(b) 그림 5.6(b): 커패시터의 리액턴스가

$$X_C = \frac{1}{\omega C} = \frac{1}{1000 \times (2 \times 10^{-5})} = 50\,\Omega$$

이므로 병렬 결합에 의해 합성 임피던스는

$$\mathbf{Z} = \frac{R(-jX_C)}{R + (-jX_C)} = \frac{-j2500}{50 - j50} = \frac{2500\angle -90°}{50\sqrt{2}\angle -45°} = \left(\frac{\mathbf{50}}{\sqrt{\mathbf{2}}}\right)\angle \mathbf{-45°}$$

복소 전달함수

임의의 회로의 입력 $x(t)$와 출력 $y(t)$간의 관계는

$$\frac{y(t)}{x(t)} = H(p) \qquad [25]$$

와 같이 전달 함수로 나타낼 수 있다. 따라서 교류 회로의 경우 입력 $x(t)$의 페이저 $\mathbf{X}$와 출력 $y(t)$의 페이저 $\mathbf{Y}$의 관계는 식 [24]에 의해 p 대신에 $j\omega$를 대입함으로써

$$\frac{\mathbf{Y}}{\mathbf{X}} = \mathbf{H}(j\omega) \qquad [26]$$

로 표현된다. 여기서 $\mathbf{H}(j\omega)$ 역시 복소수 형태이므로 볼드체로 표현하는 것이며 복소 전달 함수라 한다. 그리고

$$H(p) \xrightarrow{p=j\omega} \mathbf{H}(j\omega) \qquad [27]$$

이다. $\mathbf{H}(j\omega)$는 복소수이므로 계산 과정이 번거로운 경우가 많지만 $H(p)$는 p의 다항식이므로 $\mathbf{H}(j\omega)$에 비해 계산하기가 편하다. 따라서 $\mathbf{H}(j\omega)$를 직접 계산하는 대신 먼저 $H(p)$를 구한 다음 p 대신에 $j\omega$를 대입하여 계산하면 편리하다. 아무튼 연산자 임피던스나 복소 임피던스는 소자의 전압과 전류 관계를 저항 차원으로 나타낼 수 있게 하며 나아가 회로의 입력과 출력 관계를 전달 함수 형태로 나타낼 수 있도록 한다.

예제 5-5

그림 5-7(a) 회로에서 전압원 $v_s(t)$의 각주파수가 ω=1000rad/sec일 때 전류 $i(t)$를 구하라.

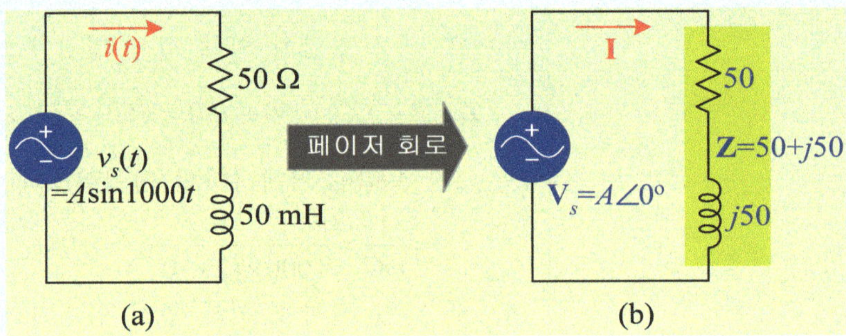

▲그림 5-7 예제 5-5의 그림

풀이 그림 5-7의 (a)에 대한 페이저 회로는 그림 (b)와 같으며 합성 임피던스 $\mathbf{Z}$는 예제 5-4 (a)의 결과로부터

$$\mathbf{Z} = 50\sqrt{2}\angle 45°$$

이며 전압원의 페이저는

$$v_s(t) = A\sin 1000t \rightarrow \mathbf{V}_s = A\angle 0°$$

이므로 페이저 전류 $\mathbf{I}$는 다음과 같다.

$$\mathbf{I} = \frac{\mathbf{V}_s}{\mathbf{Z}} = \frac{A\angle 0°}{50\sqrt{2}\angle 45°} = \left(\frac{A}{50\sqrt{2}}\right)\angle -45°$$

따라서 전류 $i(t)$는

$$i(t) = \left(\frac{A}{50\sqrt{2}}\right)\sin(1000t - 45°)$$

예제 5-6

그림 5-8(a) 회로에서 전류원 $i_s(t)$의 각주파수는 ω=1000 rad/sec이다. 저항과 커패시터에 흐르는 전류 $i_R(t)$와 $i_C(t)$를 구하라.

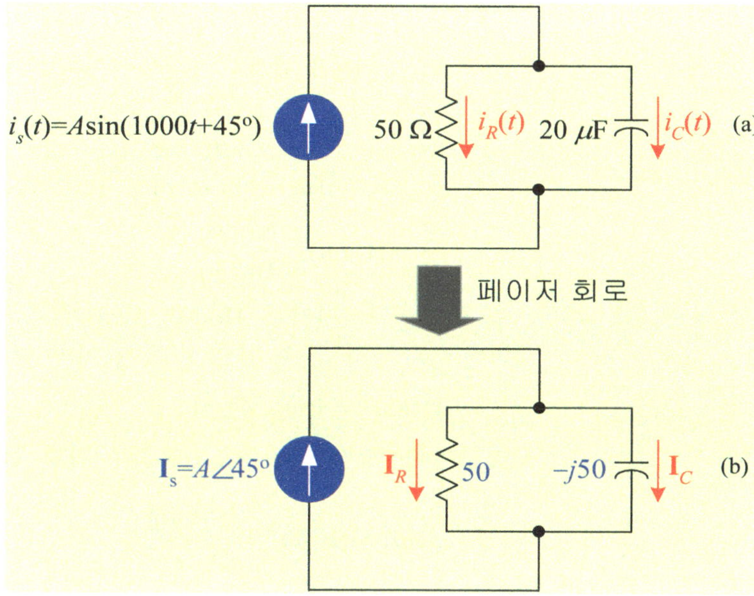

▲그림 5-8 예제 5-6의 그림

풀이 그림 5-8의 (a)에 대한 페이저 회로는 그림 (b)와 같다. 여기서 커패시터의 리액턴스는 예제 5-5 (b)의 결과로부터 X_C=50 Ω 이며 전류원의 페이저는 다음과 같다.

$$i_s(t) = A\sin(1000t + 45°) \rightarrow \mathbf{I}_s = A\angle 45°$$

따라서 전류 분배 법칙에 의해 페이저 전류 $\mathbf{I}_R$, $\mathbf{I}_C$는 다음과 같다.

$$\mathbf{I}_R = \frac{-j50}{50+(-j50)}\mathbf{I}_s = \frac{50\angle -90°}{50\sqrt{2}\angle -45°} \times A\angle 45° = \left(\frac{A}{\sqrt{2}}\right)\angle 0°$$

$$\mathbf{I}_C = \frac{50}{50+(-j50)}\mathbf{I}_s = \frac{50\angle 0°}{50\sqrt{2}\angle -45°} \times A\angle 45° = \left(\frac{A}{\sqrt{2}}\right)\angle 90°$$

이상으로 전류 $i_R(t)$와 $i_C(t)$는 다음과 같이 구해진다.

$$i_R(t) = \frac{A}{\sqrt{2}}\sin 1000t$$

$$i_C(t) = \frac{A}{\sqrt{2}}\sin(1000t + 90°) = \frac{A}{\sqrt{2}}\cos 1000t$$

5.3 주파수 응답

그림 5.9의 일반적인 *RLC* 회로에서 입력과 출력인 시간상에서의 함수 $x(t)$와 $y(t)$의 관계는 앞서 이야기한 바대로 전달 함수 형태인

$$\frac{y(t)}{x(t)} = H(p) = \frac{N(p)}{D(p)} \qquad [28]$$

로 나타낼 수 있다. 따라서 이에 대한 페이저 회로에서는

$$\frac{\mathbf{Y}}{\mathbf{X}} = \mathbf{H}(j\omega) = \frac{\mathbf{N}(j\omega)}{\mathbf{D}(j\omega)} \qquad [29]$$

로 주어진다. 여기서 $\mathbf{H}(j\omega)$는 주파수 함수로 주어지는 복소수이므로 페이저로 나타낼 수 있으며 그 크기와 편각을 각각 $A(\omega), \theta(\omega)$라 하면

$$\mathbf{H}(j\omega) = A(\omega)\angle\theta(\omega) \qquad [30]$$

로 표현할 수 있으며 $A(\omega), \theta(\omega)$는 각각 다음과 같이 정의된다.

$$A(\omega) \equiv |\mathbf{H}(j\omega)| = \frac{|\mathbf{N}(j\omega)|}{|\mathbf{D}(j\omega)|} \qquad [31a]$$

$$\theta(\omega) \equiv \angle\mathbf{H}(j\omega) = \angle\mathbf{N}(j\omega) - \angle\mathbf{D}(j\omega) \qquad [31b]$$

이제 그림 5-9에서 입력 $x(t)$가 교류로서 진폭과 주파수 및 위상이 각각 X_m, ω, ϕ라 하면

$$x(t) = X_m \sin(\omega t + \phi) \rightarrow \mathbf{X} = X_m\angle\phi \qquad [32]$$

이에 대한 출력 $y(t)$의 페이저 $\mathbf{Y}$는 식 [29]와 [30]으로부터 다음과 같이 표현할 수 있다.

$$\begin{aligned}\mathbf{Y} &= \mathbf{H}(j\omega)\mathbf{X} \\ &= A(\omega)\angle\theta(\omega) \times X_m\angle\phi \\ &= A(\omega)X_m\angle(\phi + \theta(\omega))\end{aligned} \qquad [33]$$

따라서 위의 페이저 $\mathbf{Y}$로부터 출력 $y(t)$는 다음과 같이 주어진다.

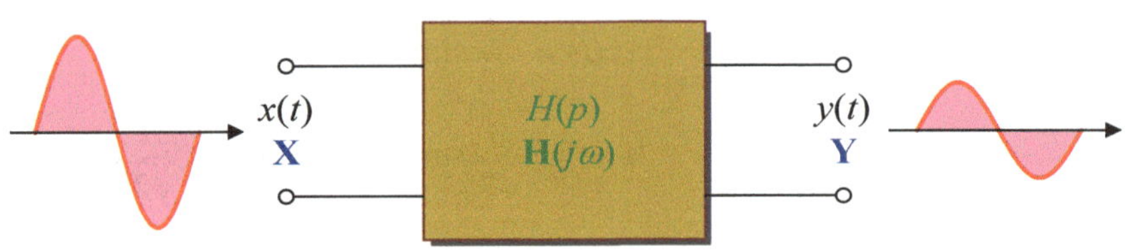

▶그림 5-9
일반적인 *RLC* 회로의 입력과 출력 관계

$$y(t) = A(\omega)X_m \sin(\omega t + \phi + \theta(\omega)) \qquad [34]$$

식 [34]의 $y(t)$와 식 [32]의 $x(t)$를 비교해 보면 다음과 같은 결론을 내릴 수 있다.

출력 진폭은 입력 진폭에 복소 전달 함수의 크기를 곱한 것과 같고 출력 위상은 입력 위상에 복소 전달 함수의 편각만큼 더한 것과 같다. 즉 입력 진폭에 대한 출력 진폭의 비는 복소 전달 함수의 크기와 같고 출력 위상과 입력 위상의 차는 복소 전달 함수의 편각과 같다.

따라서 크기 함수인 $A(\omega)$를 회로의 진폭 응답이라 하고 편각 함수인 $\theta(\omega)$를 회로의 위상 응답이라 하며 이 둘을 합하여 회로의 주파수 응답이라 한다. 이상의 내용은 교류 회로 이론의 핵심적인 부분이며 이를 이용하면 회로의 해석이 대수 방정식으로 귀결된다.

예제 5-7

그림 5-10의 회로에서 R_1=1kΩ, R_2=2kΩ, C=1μF이다. 입력 $v_s(t)$와 출력 $v_o(t)$간의 전달 함수를 구하고 입력이 $v_s(t)$=10sin(1500t+30°)일 때 출력 $v_o(t)$를 구하라.

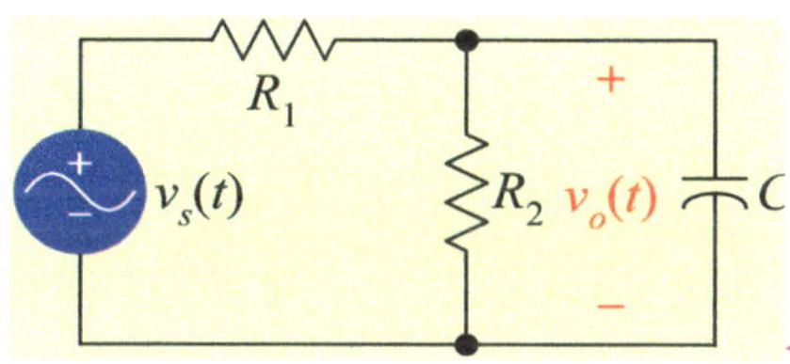

◂그림 5-10 예제 5-7의 그림

풀이 회로의 전달 함수는 다음과 같다.

$$H(p) = \frac{v_o(t)}{v_s(t)} = \frac{R_2 \| 1/pC}{R_1 + (R_2 \| 1/pC)}$$

$$= \frac{\dfrac{R_2}{pR_2C+1}}{R_1 + \dfrac{R_2}{pR_2C+1}}$$

$$= \frac{R_2}{pR_1R_2C + R_1 + R_2}$$

위의 식에 소자 값을 대입하여 정리하면

$$H(p) = \frac{10^3}{p + 1.5 \times 10^3}$$

따라서 각주파수 ω=1500에서의 주파수 특성은 $p=j\omega=j1500$을 대입하면 위의 식에 소자 값을 대입하여 정리하면

$$\mathbf{H}(j1500) = \frac{10^3}{j1500 + 1.5 \times 10^3} = \frac{1}{1.5\sqrt{2}\angle 45°} = \left(\frac{\sqrt{2}}{3}\right)\angle -45°$$

또한 전압원 $v_s(t)$의 페이저 $\mathbf{V}_s$는

$$\mathbf{V}_s = 10\angle 30°$$

이므로 출력의 페이저 $\mathbf{V}_o$ 및 $v_o(t)$는 다음과 같이 구해진다.

$$\mathbf{V}_o = \mathbf{H}(j1500)\mathbf{V}_s = \left(\frac{\sqrt{2}}{3}\right)\angle -45° \times 10\angle 30° = 4.71\angle -15°$$

$$\therefore\ v_o(t) = 4.71\sin(1500t - 15°)$$

5.4 교류 전력

전기 회로에 공급되는 전력은 전압과 전류의 곱이다. 그러나 교류에서는 전압과 전류가 시간에 따라 변하기 때문에 전력도 시간의 함수가 된다.

실효값(rms)

그림 5-11과 같이 교류 전원에 의해 RLC 회로에 공급되는 전력에 대해 알아보자. 직류 전원은 전압과 전류가 시간에 따라 변하지 않으므로 공급되는 전력 역시 상수가 되어 구하기 쉽다. 그러나 교류 전원은 시간에 따라 변하는 전압과 전류를 공급하므로 직류와는 달리 전력 문제가 간단치 않다. 한 주기 동안의 교류의 평균은 주파수에 상관없이 0이 된다. 즉

$$v(t) = V_m \sin(\omega t + \theta) \qquad [35]$$

의 한 주기 $T=2\pi/\omega$ 동안의 평균은 다음과 같다.

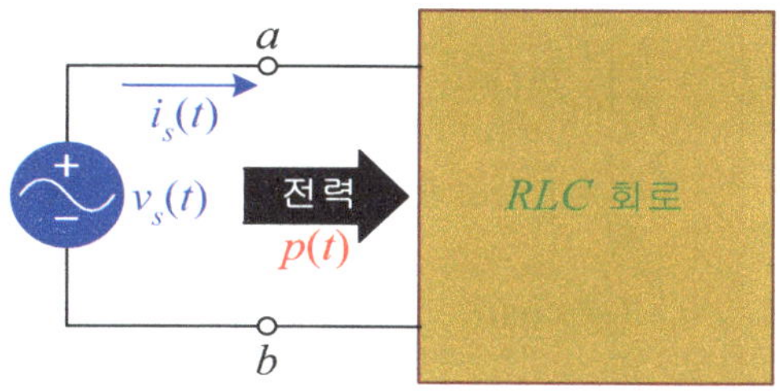

▶그림 5-11
교류 전원에 의한 전력 공급

$$\int_0^T V_m \sin(\omega t+\theta)dt = V_m\int_0^T \sin(\omega t+\theta)dt = 0 \qquad [36]$$

이므로 교류의 평균치는 전력 해석에 의미가 없다. 대신 교류의 전력을 나타내는 데는 실효값(effective value)이 유용하다. 실효값은 교류의 자승을 한 주기 동안에 평균한 값으로 간단히 rms(root mean square)로 표현한다. 따라서 식 [35]에 대한 실효값 V_{rms}는 다음과 같이 정의된다

$$\begin{aligned} V_{\text{rms}} &= \sqrt{\frac{1}{T}\left[\int_0^T v^2(t)dt\right]} = \sqrt{\frac{V_m^2}{T}\left[\int_0^T \sin^2(\omega t+\theta)dt\right]} \\ &= \sqrt{\frac{V_m^2}{2T}\left[\int_0^T \{1+\cos(2\omega t+2\theta)\}dt\right]} \\ &= \sqrt{\frac{V_m^2}{2}+\frac{V_m^2}{2T}\int_0^T \cos(2\omega t+2\theta)\}dt} \end{aligned} \qquad [37]$$

위의 식에서 우변 근호 안의 두 번째 적분 항은 0이 되므로 실효값은

$$V_{\text{rms}} = \frac{V_m}{\sqrt{2}} \qquad [38]$$

와 같이 교류 진폭의 $1/\sqrt{2}$ 배가 된다.

역률 그림 5-11에서 회로에 공급되는 전압과 전류의 형태가

$$v_s(t) = V_m \sin\omega t, \quad i_s(t) = I_m \sin(\omega t-\theta) \qquad [39]$$

이라면 순시 전력(瞬時 電力)은 다음과 같이 표현된다.

$$\begin{aligned} p(t) &= V_m I_m \sin\omega t \sin(\omega t-\theta) \\ &= \frac{V_m I_m}{2}\cos\theta + \frac{V_m I_m}{2}\sin(2\omega t-\theta) \end{aligned} \qquad [40]$$

그러나 순시 전력은 시간에 따라 변하므로 대신 평균 전력이 더 유용하다. 순시 전력의 평균을 P_{av}라 하면 다음과 같다.

$$\begin{aligned} P_{\text{av}} &= \frac{1}{T}\int_0^T p(t)dt \\ &= \frac{V_m I_m}{2T}\int_0^T \cos\theta dt + \frac{V_m I_m}{2T}\int_0^T \sin(2\omega t - \theta)dt \\ &= \frac{V_m I_m}{2}\cos\theta \end{aligned} \quad [41]$$

위의 식은 또한 식 [38]에 의해 다음과 같이 실효값으로도 표현할 수 있다.

$$P_{\text{av}} = \frac{V_m I_m}{2}\cos\theta = V_{\text{rms}} I_{\text{rms}} \cos\theta \quad [42]$$

식 [42]의 교류 전력이 직류 전력과 다른 점은 $\cos\theta$ 항이며 이는 교류에 의한 평균 전력은 전압과 전류의 크기뿐 아니라 위상차 θ에 의해서도 영향을 받는다는 것을 나타낸다. 교류 전력에 있어서 $\cos\theta$의 중요성을 인식시키기 위해 $\cos\theta$를 역률(力率; power factor)이라 부르며 간단히 pf로 표현한다.

만일 그림 5-11의 회로가 모두 저항들로만 이루어져 있다면 전압 $v_s(t)$와 전류 $i_s(t)$의 위상차가 $\theta=0$이므로 역률은 pf=1이 된다. 그러나 회로가 순전히 커패시터 또는 인덕터만으로 구성된 경우라면 전압과 전류의 위상차가 $\theta=\pm 90°$이 되어 역률이 pf=0이 되므로 회로가 소모하는 평균 전력은 0이 된다. 이는 당연한 이치로 커패시터나 인덕터는 에너지를 저장할 뿐 소비하지 않기 때문이다. 즉 이들은 전원으로부터 공급 받은 에너지를 언젠가는 다시 전원으로 되돌려 주기 때문이다. 또한 θ의 절대값이 0보다 크고 90도 보다 작을 경우($0<\text{pf}<1$)는 회로 내에 저장성 소자와 에너지 저장 소자가 함께 들어 있다는 것을 의미하며 이 중에서 저항 성분에 의한 소비 전력만 회로가 소비한 전력이 된다.

교류 전력의 관계는 그림 5-12(a)와 같이 세 가지로 나타내며 다음과 같이 정의된다.

$$\begin{cases} \text{피상 전력(apparent power)} = V_{\text{rms}} I_{\text{rms}} \ [\text{VA}] \\ \text{유효 전력(real power)} = V_{\text{rms}} I_{\text{rms}} \cos\theta \ [\text{W}] \\ \text{무효 전력(reactive power)} = V_{\text{rms}} I_{\text{rms}} \sin\theta \ [\text{VAr}] \end{cases} \quad [43]$$

피상 전력은 역률을 고려하지 않은 전력으로 일명 겉보기 전력이라 하며 단위는 VA이다. 위의 세 전력 중 유효 전력만 회로의 저항 성분

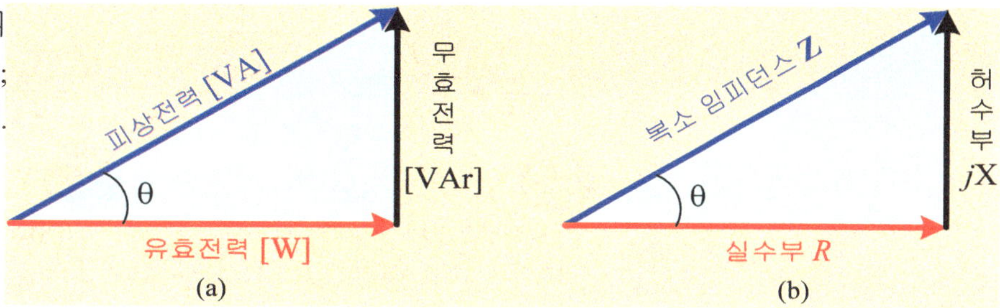

▶그림 5-12 소자의 (a) 전력 관계; (b) 임피던스 관계.

에 의해 소비되는 실제 전력이며 단위는 익히 알고 있는 W(watt)이다. 그리고 무효 전력은 회로의 용량성 소자나 유도성 소자에 의해 흡수되는 전력으로 실제 전력이 아니므로 무효 전력이라 하고 단위는 VAr로 한다. 전압 변압기 등에서는 종종 정격이 kVA로 표시되어 있으며, 이는 주어진 전압에서 운반할 수 있는 최대 전류 용량을 의미한다. 그리고 이 소자로부터 이끌어 낼 수 있는 전력은 소자의 kVA 정격과 소자에 연결된 부하의 역률로부터 구할 수 있다.

식 [39]로 주어지는 회로의 등가 복소 임피던스 **Z**라 하고 그 실수부를 R, 허수부를 X라 하면

$$\mathbf{Z} = \frac{\mathbf{V}_s}{\mathbf{I}_s} = \frac{V_m\angle 0^\circ}{I_m\angle -\theta} = \left(\frac{V_m}{I_m}\right)\angle\theta \qquad [44]$$

및

$$R = \left(\frac{V_m}{I_m}\right)\cos\theta, \quad X = \left(\frac{V_m}{I_m}\right)\sin\theta \qquad [45]$$

이상의 두 관계를 그림으로 도시하면 그림 5-12의 (b)와 같다. 따라서 그림 5-12의 (a)와 (b)를 비교하면 다음과 같은 결론에 이를 수 있다.

임의의 소자에서 복소 임피던스의 실수부와 허수부의 관계는 소자에 공급된 유효 전력과 무효 전력간의 관계와 같다.

예제 5-8

그림 5-13의 각 페이저 회로에서 전원에 의해 공급되는 전력을 구하라.

풀이 전압의 실효값은 모두 V_{rms}=100 V이다.

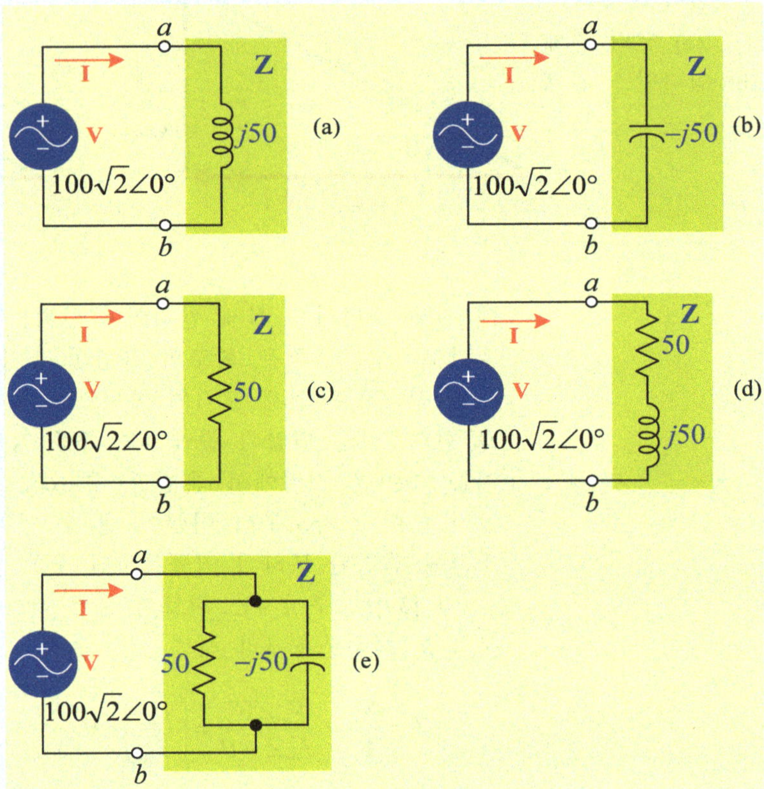

▲그림 5-13 예제 5-8의 그림

(a) 그림 (a):

$$v_s(t) = V_m \sin\omega t, \quad i_s(t) = I_m \sin(\omega t - \theta)$$

$$\mathbf{Z} = j50 = 50\angle 90° \quad \therefore\ \theta = 90°$$

$$I_{\text{rms}} = \frac{V_{\text{rms}}}{|\mathbf{Z}|} = \frac{100}{50} = 2$$

∴ 피상전력 $= V_{\text{rms}} I_{\text{rms}} =$ **200 VA**

유효전력 = 피상전력 × $\cos 90° =$ **0 W**

무효전력 = 피상전력 × $\sin 90° =$ **200 VAr**

(b) 그림 (b):

$$\mathbf{Z} = -j50 = 50\angle -90° \quad \therefore\ \theta = -90°$$

$$I_{\text{rms}} = \frac{V_{\text{rms}}}{|\mathbf{Z}|} = \frac{100}{50} = 2$$

$\therefore$ 피상전력 $= V_{\text{rms}} I_{\text{rms}} = \mathbf{200\ VA}$

유효전력 = 피상전력 $\times \cos(-90°) = \mathbf{0\ W}$

무효전력 = 피상전력 $\times \sin(-90°) = \mathbf{-200\ VAr}$

(c) 그림 (c):

$$\mathbf{Z} = 50 = 50\angle 0° \quad \therefore \ \theta = 0°$$

$$I_{\text{rms}} = \frac{V_{\text{rms}}}{|\mathbf{Z}|} = \frac{100}{50} = 2$$

$\therefore$ 피상전력 $= V_{\text{rms}} I_{\text{rms}} = \mathbf{200\ VA}$

유효전력 = 피상전력 $\times \cos 0° = \mathbf{200\ W}$

무효전력 = 피상전력 $\times \sin 0° = \mathbf{0\ VAr}$

(d) 그림 (d):

$$\mathbf{Z} = 50 + j50 = 50\sqrt{2}\angle 45° \quad \therefore \ \theta = 45°$$

$$I_{\text{rms}} = \frac{V_{\text{rms}}}{|\mathbf{Z}|} = \frac{100}{50\sqrt{2}} = \sqrt{2}$$

$\therefore$ 피상전력 $= V_{\text{rms}} I_{\text{rms}} = \mathbf{100\sqrt{2}\ VA}$

유효전력 = 피상전력 $\times \cos 0° = \mathbf{100\ W}$

무효전력 = 피상전력 $\times \sin 0° = \mathbf{100\ VAr}$

(e) 그림 (e):

$$\mathbf{Z} = 50 \| (-j50) = \frac{50}{\sqrt{2}}\angle -45° \quad \therefore \ \theta = -45°$$

$$I_{\text{rms}} = \frac{V_{\text{rms}}}{|\mathbf{Z}|} = \frac{100}{50/\sqrt{2}} = 2\sqrt{2}$$

$\therefore$ 피상전력 $= V_{\text{rms}} I_{\text{rms}} = \mathbf{200\sqrt{2}\ VA}$

유효전력 = 피상전력 $\times \cos(-45°) = \mathbf{200\ W}$

무효전력 = 피상전력 $\times \sin(-45°) = \mathbf{-200\ VAr}$

5.5 직렬 *LC* 및 병렬 *LC* 회로

용량이 C인 커패시터는 리액턴스가 $X_C = 1/\omega C$이다. 따라서 직류인 $\omega=0$에서는 개방($X_C=\infty$)과 같고 무한대의 주파수 $\omega=\infty$에서는 단락($X_C=0$)과 같다. 이와 반대로 인덕턴스가 L인 인덕터는 리액턴스가

$X_L=\omega L$이므로 $\omega=0$에서는 단락($X_L=0$)과 같고 $\omega=\infty$에서는 개방($X_L=\infty$)과 같다. 즉 C와 L은 영의 주파수와 무한대의 주파수에서는 임피던스가 0(어드미턴스는 무한대)이거나 임피던스가 무한대(어드미턴스는 0)라는 극한적인 특성을 보인다.

직렬 LC 회로

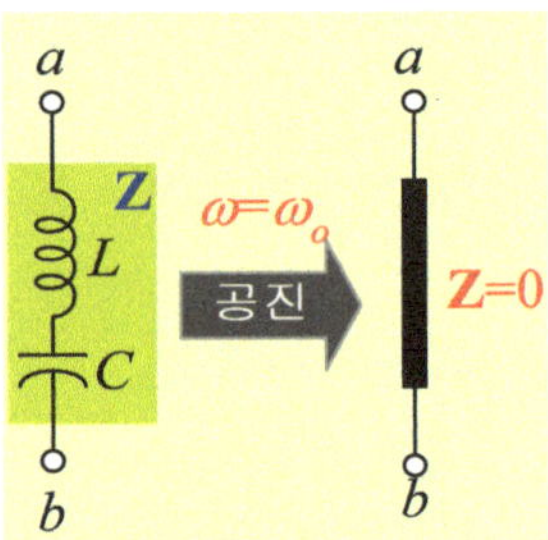

▲그림 5-14
직렬 LC 회로

그림 5-14 직렬 LC 회로의 임피던스 특성을 살펴보자. 이 회로의 합성 임피던스 **Z**는

$$\mathbf{Z} = jX_L - jX_C = j\left(\omega L - \frac{1}{\omega C}\right) \qquad [46]$$

이다. 여기서 임피던스가 0이 되는 각주파수를 ω_o라 하면

$$\omega_o L = \frac{1}{\omega_o C} \qquad [47]$$

를 만족해야 하므로 ω_o는

$$\omega_o = \frac{1}{\sqrt{LC}} \quad \text{또는} \quad f_o = \frac{1}{2\pi\sqrt{LC}} \qquad [48]$$

로 주어지며 이 주파수를 공진(共振) 주파수라 한다(공진의 물리적 의미에 대해서는 다음 절에서 소개한다). 그리고 식 [46] **Z**의 리액턴스 크기는 $\omega=0$ 및 $\omega=\infty$에서는 무한대임을 알 수 있다. 이상으로 직렬 LC 회로의 리액턴스 $X_{직렬}$은 $\omega=0$ 및 $\omega=\infty$에서는 $X_{직렬}=\infty$(개방)이며 영이 아닌 특정 주파수 $\omega=\omega_o$에서는 $X_{직렬}=0$(단락)이 된다.

병렬 LC 회로

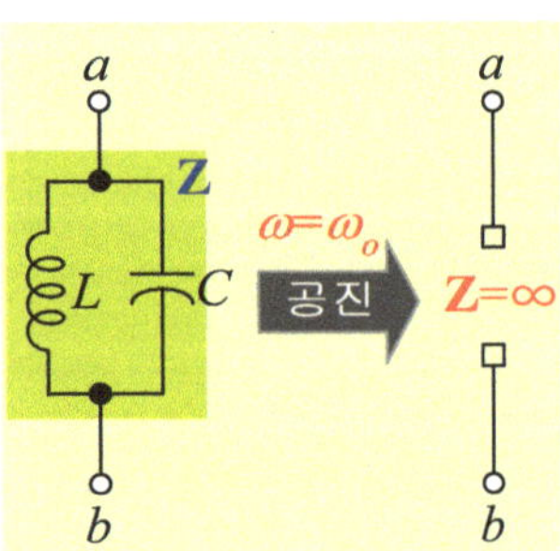

▲그림 5-15
병렬 LC 회로

이제 그림 5-15의 병렬 LC 회로에 대해서도 위와 같은 특성을 살펴보자. 이 경우 합성 어드미턴스 $\mathbf{Y}(=1/\mathbf{Z})$는

$$\mathbf{Y} = \frac{1}{-jX_C} + \frac{1}{jX_L} = j\left(\omega C - \frac{1}{\omega L}\right) \qquad [49]$$

이므로 **Y**=0인 주파수는 식 [48]로 주어지는 공진 주파수와 같다. 따라서 병렬 LC 회로의 리액턴스 $X_{병렬}$은 $\omega=\omega_o$에서는 $X_{병렬}=\infty$(개방)이며, $\omega=0$ 및 $\omega=\infty$에서는 $X_{병렬}=0$(단락)이 된다. 따라서 병렬 LC 회로 역시 영이 아닌 특정 주파수 $\omega=\omega_o$에서 리액턴스가 무한대의 특성을 보인다. 이상으로 L, C, 직렬 LC, 병렬 LC의 특성들을 정리하면 표 5-2와 같다. 표 5-2는 다음 장에서 소개할 필터의 특성을 이해하는데 매우 중요한 성질들이다.

▶표 5-2
L과 C 및 직렬 LC, 병렬 LC의 극단적인 주파수 특성

$$X_L = \begin{cases} 0, \ \omega = 0 \ \Rightarrow \ \text{단락} \\ \infty, \ \omega = \infty \ \Rightarrow \ \text{개방} \end{cases}$$

$$X_C = \begin{cases} \infty, \ \omega = 0 \ \Rightarrow \ \text{개방} \\ 0, \ \omega = \infty \ \Rightarrow \ \text{단락} \end{cases}$$

$$X_{\text{직렬}} = \begin{cases} \infty, \ \omega = 0 \ \Rightarrow \ \text{개방} \\ 0, \ \omega = \omega_o \ \Rightarrow \ \text{단락} \\ \infty, \ \omega = \infty \ \Rightarrow \ \text{개방} \end{cases}$$

$$X_{\text{병렬}} = \begin{cases} 0, \ \omega = 0 \ \Rightarrow \ \text{단락} \\ \infty, \ \omega = \omega_o \ \Rightarrow \ \text{개방} \\ 0, \ \omega = \infty \ \Rightarrow \ \text{단락} \end{cases}$$

5.6 직렬 *RLC* 및 병렬 *RLC* 회로

실제 *LC* 회로에서는 *L* 또는 *C* 자체에 저항 성분이 있으므로 저항 성분이 전혀 없는 이상적인 *LC* 회로는 존재하지 않는다. 따라서 저항과 결합된 *LC* 회로에 대한 지식이 필요하며 여기에는 직렬 *RLC* 회로 및 병렬 *RLC* 회로의 두 종류가 있다.

직렬 *RLC* 회로

그림 5-16의 (a)는 직렬 *RLC* 회로이며 (b)는 그 주파수 응답을 보여준다. 표 5-2를 참조하면 $\omega=0$와 $\omega=\infty$에서는 직렬 *LC* 회로는 개방과 같으므로 그림 5-16의 직렬 *RLC* 회로는 무한대의 임피던스(어드미턴스는 0)를 갖는다. 그리고 공진 주파수 $\omega=\omega_o$에서는 직렬 *LC* 회로가 단락과 같으므로 직렬 *RLC* 회로는 저항 성분 *R*만 남게 되어 임피던스는 순수 저항인 *R*(어드미턴스는 $1/R$)이 된다. 따라서 직렬 *RLC* 회로의 합성 어드미턴스 **Y**의 크기는 그림 5-16의 (b)와 같은 형태가 됨을 짐작할 수 있다.

그림 5-16(b)의 주파수 특성에서 한 가지 더 중요한 것은 어드미턴스가 최대치 $1/R$의 $1/\sqrt{2}=0.707$배가 되는 차단 주파수 ω_{oL}과 ω_{oH}이며 이 두 주파수에서는 어드미턴스의 크기의 자승이 공진 주파수에서의 크기의 자승에 비해 절반이 된다. 따라서 어드미턴스 **Y**의 주파수 특성은 그림에서 표시된 파란선과 같이 근사화해 버림으로써 대역폭 *B* 내에서는 어드미턴스의 크기가 $1/R$로 일정하고 그 밖의 대역에서는

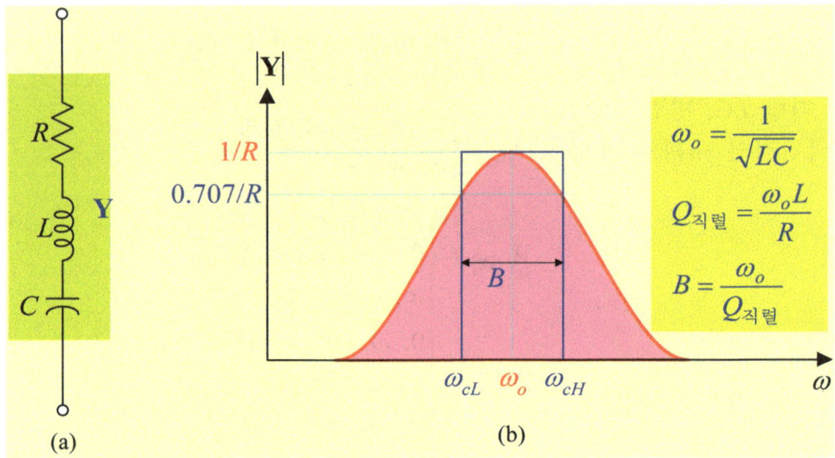

▶그림 5-16
(a) 직렬 RLC 회로
(b) 주파수 응답

어드미턴스가 0인 이상적인 것으로 근사화할 수 있기 때문이다. 이 두 주파수를 구하기 위해 어드미턴스 **Y**를 구해보면

$$\mathbf{Y} = \frac{1}{R + j\omega L - 1/j\omega C} = \frac{1}{R + j(\omega L - 1/\omega C)} \quad \text{[50]}$$

이므로 크기는 다음과 같다.

$$|\mathbf{Y}| = \frac{1}{\sqrt{R^2 + (\omega L - 1/\omega C)^2}} \quad \text{[51]}$$

따라서 식 [51]로부터 ω_{cL}과 ω_{cH}는 각각 다음의 두 식을 만족하여야 함을 알 수 있다.

$$\begin{cases} \omega_{cL} L - \dfrac{1}{\omega_{cL} C} = -R \\ \omega_{cH} L - \dfrac{1}{\omega_{cH} C} = +R \end{cases} \quad \text{[52]}$$

위의 두 식에서 $\omega_o^2 = 1/LC$의 관계를 이용함과 동시에 음의 주파수 해를 버리면 ω_{cL}과 ω_{cH}는 다음과 같이 주어진다.

$$\begin{cases} \omega_{cL} = -\dfrac{R}{2L} + \sqrt{\left(\dfrac{R}{2L}\right)^2 + \omega_o^2} \\ \omega_{cH} = \dfrac{R}{2L} + \sqrt{\left(\dfrac{R}{2L}\right)^2 + \omega_o^2} \end{cases} \quad \text{[53]}$$

따라서 식 [53]으로부터 그림 5-16에서 대역폭 $B=\omega_{cH}-\omega_{cL}$는 다음과 같이 주어짐을 알 수 있다.

$$B=\frac{R}{L}\,[\text{rad/sec}]=\frac{R}{2\pi L}\,[\text{Hz}] \tag{54}$$

직렬 *RLC*에서 대역폭 B에 대한 공진 주파수 ω_o의 비를 $Q_{직렬}$로 정의하면

$$Q_{직렬}\equiv\frac{\omega_o}{B}=\frac{\omega_o L}{R} \tag{55}$$

와 같다. 여기서 $Q_{직렬}$을 선택도(selectivity) 또는 양호도(quality factor)라 하며 중심 주파수 ω_o와 더불어 직렬 *RLC* 회로의 특성을 결정하는 중요한 변수이다. 선택도의 의미는 다음의 예제 5-9를 통해 이해할 수 있다.

예제 5-9

그림 5-16에서 대역폭 B=200Hz에서 f_o=1kHz일 때와 f_o=1MHz일 때의 $Q_{직렬}$을 비교하고 그 의미를 설명하라.

풀이 식 [55]로부터 f_o=1kHz일 때

$$Q_{직렬}=\frac{f_o}{B}=\frac{1\,\text{kHz}}{200\,\text{Hz}}=\mathbf{5}$$

이며 f_o=1MHz 일 때는

$$Q_{직렬}=\frac{f_o}{B}=\frac{1\,\text{MHz}}{200\,\text{Hz}}=\mathbf{5{,}000}$$

이므로 위의 두 경우를 그림으로 표현하면 각각 그림 5-17의 (a), (b)와 같다. 그림 (a)의 경우는 900Hz에서 1100Hz 사이의 주파수를 선별하는데 비해 그림 (b)는 999.9kHz에서 1000.1kHz 사이의 주파수를 선별하므로 선별 능력이 훨씬 정교함을 알 수 있다. 예를 들어 1kHz를 1m에 비유하면 그림 (a)의 경우는 1m의 자로써 200cm의 범위를 측정하는 것과 같으며, 그림 (b)는 1km의 자로써 200cm의 범위를 측정하는 것과 같기 때문에 후자가 훨씬 정교한 자임을 알 수 있다.

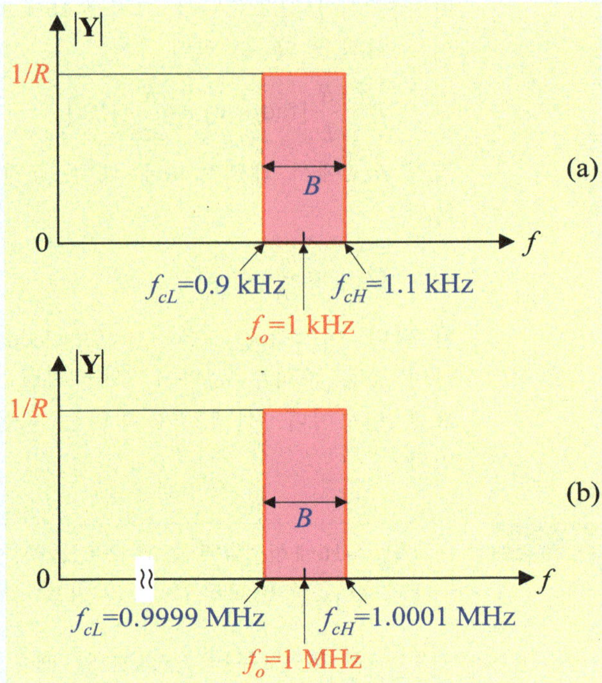

▲그림 5-17 예제 5-9의 결과: (a) f_o=1 kHz; (b) f_o=1 MHz.

예제 5-10

그림 5-16의 특성이 다음과 같다:

f_o=455 kHz, f_{cL}=450 kHz, f_{cH}=460 kHz.

(a) 대역폭, (b) 선택도 $Q_{직렬}$, (c) C=0.01μF일 때 L의 값, (d) 저항 R을 구하라.

풀이

(a) 대역폭; $B = 460\text{ kHz} - 450\text{ kHz} = \mathbf{10\text{ kHz}}$

(b) 선택도; $Q_{직렬} = \dfrac{f_o}{B} = \dfrac{455\text{ kHz}}{10\text{ kHz}} = \mathbf{45.5}$

(c) L의 값; $L = \dfrac{1}{(2\pi f_o)^2 C} = \dfrac{1}{4\pi^2 \times (455\times10^3)^2 \times 10^{-9}} = \mathbf{0.12\text{ mH}}$

(d) R의 값; $R = 2\pi BL = 2\pi \times (10\times10^3)\times(0.12\times10^{-3}) = \mathbf{7.52\,\Omega}$

병렬 *RLC* 회로

그림 5-18은 병렬 *RLC* 회로와 그 주파수 응답을 보여준다. 표 5-2를 참조하면 $\omega=0$와 $\omega=\infty$에서는 병렬 *LC* 회로는 단락과 같으므로 그림 5-18(a)의 병렬 *RLC* 회로는 임피던스가 0이다. 그리고 공진 주파수 $\omega=\omega_o$에서는 병렬 *LC* 회로가 개방과 같으므로 병렬 *RLC* 회로는 저항 성분 *R*만 남게 되어 임피던스는 *R*이 된다. 따라서 병렬 *RLC* 회로의 합성 임피던스 **Z**의 크기는 그림 5-18(b)와 같은 형태가 됨을 짐작할 수 있다.

임피던스의 크기가 최대치 최대치 *R*의 $1/\sqrt{2}=0.707$배가 되는 차단 주파수 ω_{oL}과 ω_{oH}를 구하기 위해 임피던스 **Z**를 구해보면

$$\mathbf{Z}=\frac{1}{1/R+j\omega C-1/j\omega L} \quad [56]$$

이므로 크기는 다음과 같다.

$$|\mathbf{Z}|=\frac{1}{\sqrt{1/R^2+(\omega C-1/\omega L)^2}} \quad [57]$$

따라서 약간의 계산을 거치면 차단 각주파수는 다음과 같이 구해진다.

$$\begin{cases} \omega_{cL}=-\dfrac{1}{2RC}+\sqrt{\left(\dfrac{1}{2RC}\right)^2+\omega_o^2} \\ \omega_{cH}=\dfrac{1}{2RC}+\sqrt{\left(\dfrac{1}{2RC}\right)^2+\omega_o^2} \end{cases} \quad [58]$$

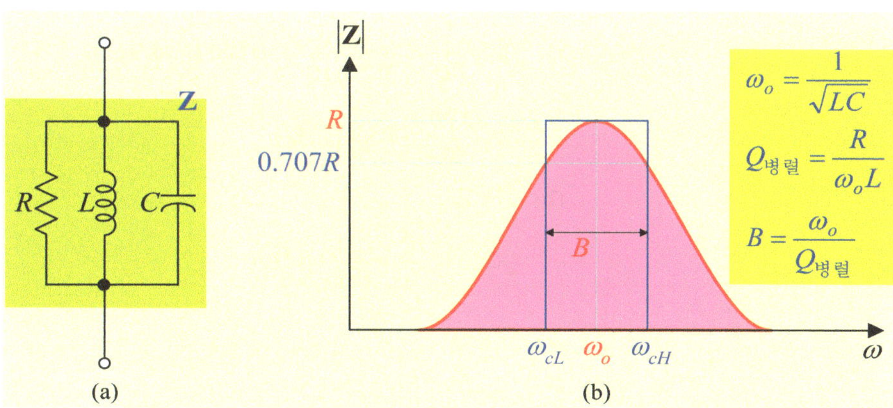

▲그림 5-18 (a) 병렬 *RLC* 회로; (b) 주파수 응답.

위의 식으로부터 대역폭 $B=\omega_{cH}-\omega_{cL}$는 다음과 같다.

$$B=\frac{1}{RC}\,[\text{rad/sec}]=\frac{1}{2\pi RC}\,[\text{Hz}] \qquad [59]$$

로 결정된다. 따라서 병렬 RLC의 선택도 $Q_{병렬}$은 다음과 같다.

$$Q_{병렬}\equiv\frac{\omega_o}{B}=\frac{R}{\omega_o L}=\omega_o RC \qquad [60]$$

여기서 식 [55]의 $Q_{직렬}$과 식 [60]의 $Q_{병렬}$은 분모와 분자가 바뀐 관계임을 알 수 있다. 즉 직렬 RLC 회로에서는 저항 R이 영에 가까울수록 이상적인 LC 회로가 되며 그 결과 식 [56]에 의해 $Q_{직렬}$은 증가하게 된다. 반면에 병렬 RLC 회로에서는 저항 R이 무한대에 가까울수록 이상적인 LC 회로가 되며 식 [62]에 의해 $Q_{병렬}$은 증가하게 되는 것이다.

예제 5-11

그림 5-18의 병렬 RLC 회로에서 소자 값들이 다음과 같다:

R=10 kΩ, L=10 mH, C=1 μF.

(a) 공진 주파수와 (b) 대역폭 및 (c) 선택도를 계산하라.

풀이

(a) 공진 주파수:

$$\omega_o=\frac{1}{\sqrt{LC}}=\frac{1}{\sqrt{10^{-2}\times10^{-2}}}=\mathbf{10^4\ [rad/sec]}$$

$$f_o=\frac{\omega_o}{2\pi}=\frac{10^4}{2\pi}=\mathbf{1.59\ [kHz]}$$

(b) 대역폭:

$$B=\frac{1}{RC}=\frac{1}{10^4\times10^{-6}}=\mathbf{100\ [rad/sec]}$$

$$B=\frac{100}{2\pi}=\mathbf{15.9\ [kHz]}$$

(b) 선택도:

$$Q_{병렬}=\frac{\omega_o}{B}=\frac{10^4}{100}=\mathbf{100}$$

5.7 공진

직렬 LC 회로에서 0이 아닌 특정 주파수에서 임피던스가 0이 되는 현상이나 병렬 LC 회로에서 0이 아닌 특정 주파수에서 임피던스가 무한대가 되는 현상을 공진(共振)이라 그 주파수가 공진 주파수이다. 그림 5-19는 LC 회로에서 일어나는 공진 현상을 설명하고 있으며 커패시터와 인덕터는 저항 성분이 없는 것으로 가정한다.

그림 5-19의 (a)는 외부 전원에 의해 일정한 전압으로 충전되어 있는 커패시터를 초기 전류가 없는 인덕터와 결합시키는 순간이다. 스위치가 닫히는 순간, 커페시터에 축적되어 있던 전하는 인덕터를 통해 방전하기 시작하며 그 결과 그림 (b)와 같이 커페시터의 전장 세기는 점차 약해짐과 동시에 인덕터의 자장 세기는 점차 강해진다. 방전의 결과 종국에는 그림 (c)와 같이 커페시터에 축적된 전하는 고갈되어 전장의 세기는 0이 되면서 인덕터의 자장 세기는 최대가 된다(전하가 고갈되는 순간 전하의 변화율, 즉 전류는 최대가 된다). 따라서 커페시터에 저장된 에너지는 모두 인덕터에 전달된 상태가 된다.

그림 (c)의 상태에 이르면 커페시터는 더 이상의 전하, 전류를 인덕터에 공급해 줄 수 없으므로 인덕터의 전류가 줄어들면서 자장의 세기는 약화되기 시작한다. 이 때 렌쯔의 법칙에 따라 인덕터는 자체의 자장이 감소하는 것을 막기 위해 인덕터 양단에 유도 기전력을 발생시키게 되며 이 전압에 의해 그림 (d)와 같이 전류에 의해 커페시터는 다시 충전되기 시작한다. 이 때 유의해야 할 것은 커페시터의 극성이 그림 (a), (b)의 경우와 반대가 되도록 충전된다는 점이다.

그림 (d)의 결과 인덕터의 에너지가 모두 커페시터로 전달되면서 그림 (e)와 같이 된다. 즉 커페시터의 에너지가 최대가 되면서 인덕터의 에너지는 0이 된다(인덕터의 전류가 고갈되는 순간 유도 전압은 최대가 된다). 그림 (e)에서는 커페시터의 전압 극성이 그림 (a)와 반대임을 유념하여야 한다.

그림 (a)의 커페시터 전하가 (b)와 (c)의 과정을 거쳐 방전되듯이 그림 (e)의 커페시터 전하 역시 (f)와 (g)의 과정을 거쳐 방전된다. 단 두 방전의 방향은 서로 반대이다. 그리고 그림 (h)의 단계에서 인덕터의 전류가 커페시터를 충전시키면서 다시 (a)의 단계로 돌아가 위의 과정들이 다시 반복되는 것이다.

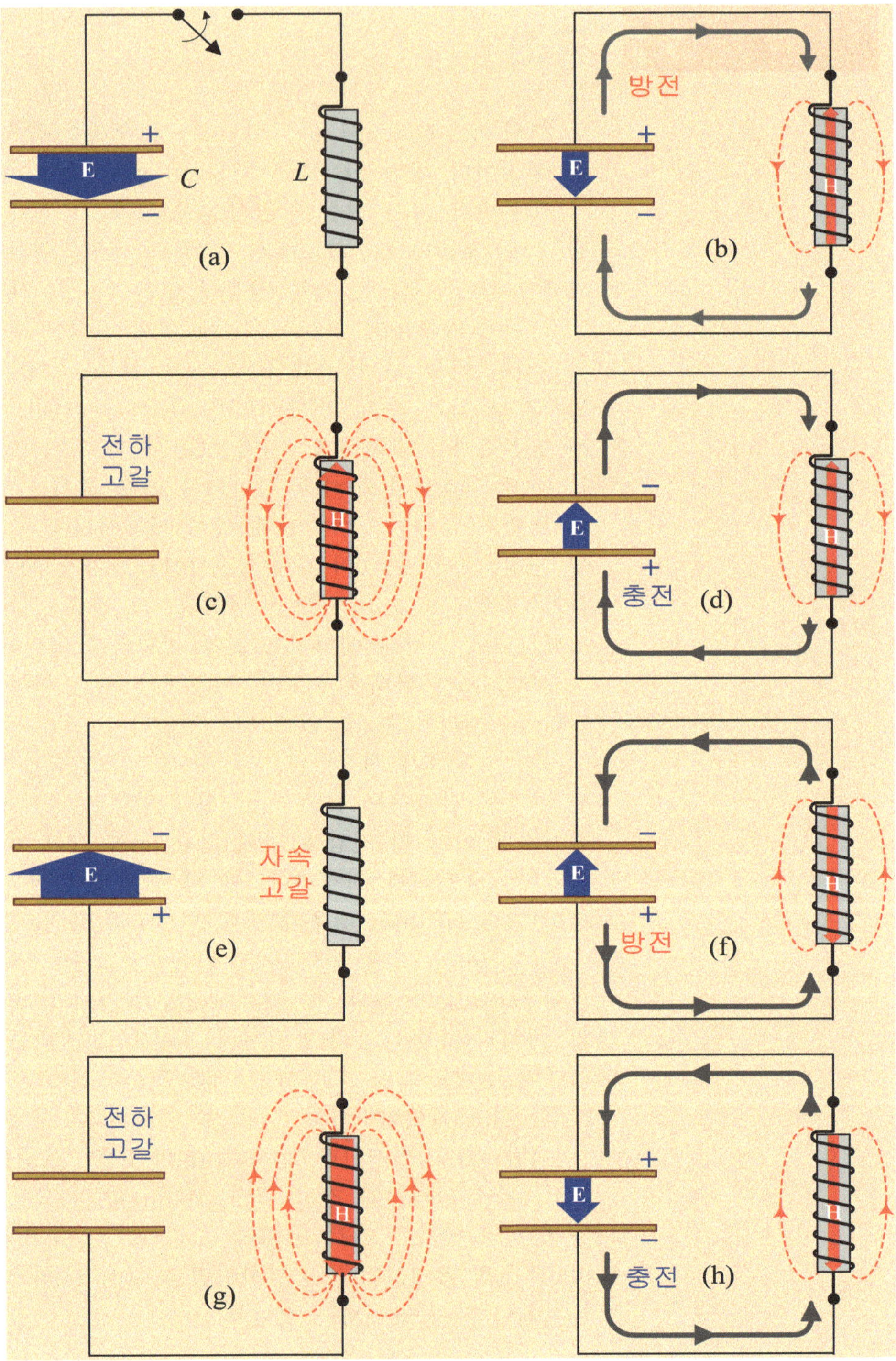

▶그림 5-19
LC 공진 회로의 물리적 설명

이상과 같은 에너지 교환 과정이 끊임없이 반복되며 그 주파수 또한 특정한 값으로 주어질 것이다. 그리고 커페시터의 전하가 최대가 될 때 전하의 미분, 즉 전류는 0이 되며(그림 (a), (e)) 커페시터의 전하가 0일 때 그 미분인 전류는 최대가 된다(그림 (c)와 (g)). 마찬가지로 인덕터의 전류가 최대일 때 그 미분인 유도 기전력은 0이 되며(그림 (c), (g)) 인덕터의 전류가 0일 때 그 미분인 유도 기전력은 최대가 된다(그림 (a), (e)). 따라서 이러한 성질을 만족하는 전압 또는 전류의 파형은 일정한 주파수의 정현파임을 예견할 수 있다. 이제 남은 것은 이러한 에너지 교환 작용이 끊임 없이 유지될 수 있는 주파수 ω_o를 구해보도록 한다. 먼저 상식적으로 생각할 수 있는 것은, 커페시터의 양단 전압이 인덕터 양단에 유도되는 기전력과 항상 크기가 같아야 한다는 것이다. 이를 위해 그림 5.20을 통해 *LC* 회로의 전압과 전류 관계를 살펴보자.

그림 5-20에서 전류는 t=0에서부터 흐르기 시작하는 것으로 하며 방향은 그림과 같이 하고 그 형태는

$$i(t) = I_m \sin\omega_o t \qquad \textbf{[61]}$$

로 하면 커페시터 양단 전압 $v_C(t)$와 인덕터 양단 전압 $v_L(t)$는 각각 다음과 같이 주어진다.

$$v_C(t) = \frac{1}{C}\int_0^t i(\tau)d\tau = \frac{I_m}{C}\int_0^t \sin\omega_o\tau d\tau = -\frac{I_m}{\omega_o C}\cos\omega_o t \qquad \textbf{[62]}$$

$$v_L(t) = L\frac{di(t)}{dt} = LI_m\frac{d\sin\omega_o t}{dt} = \omega_o LI_m\cos\omega_o t \qquad \textbf{[63]}$$

여기서 $v_C(t)$=− $v_L(t)$가 되면 에너지 순환이 계속된다. 따라서

▶그림 5-20
LC 공진 회로의 공진시 전압과 전류 관계를 보여주는 그림

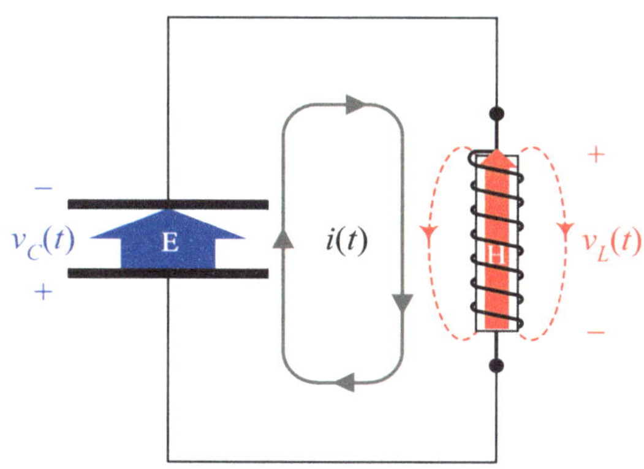

$$\frac{I_m}{\omega_o C} = \omega_o L I_m \qquad [64]$$

의 관계로부터 다음과 같은 결과를 얻을 수 있다.

$$\omega_o = \frac{1}{\sqrt{LC}} \qquad [65]$$

이상으로 저항 성분이 없는 LC 공진 회로는 더 이상 외부로부터의 에너지 공급이 없어도 L과 C의 크기로 결정되는 고유의 진동 주파수를 가진 전기적 진동이 지속되며, 그 이유는 L과 C는 에너지를 저장하는 능력이 있기 때문이다. 따라서 LC 회로를 일명 탱크(tank) 회로로 부르기도 한다. 그리고 정현파를 발생시키는 장치를 발진기(oscillator)라 하며 LC 회로는 발진기 구성에 핵심적인 역할을 한다. 발진기에 대해서는 14 장에서 자세히 설명한다.

연습 문제

5-1 정현파를 결정짓는 3요소에 대해 설명하라.

5-2 주기가 1/200초인 교류의 주파수는 얼마인가?

5-3 선형 회로의 입력이 교류인 경우 교류의 진폭과 위상만으로 해석하고자 하는 이유는 무엇인가?

5-4 교류의 진폭과 위상만으로 표현하는 페이저의 의미에 대해 설명하라.

5-5 페이저의 의미를 수식으로 설명하라.

5-6 다음 함수들을 페이저 형태로 표현하라.

(a) $v(t)=155\cos(377t-45^o)$

(b) $v(t)=5\cos(100t-40^o)$

(c) $i(t)=10\cos(10t+63^o)+15\cos(10t-42^o)$

(d) $i(t)=460\cos(1000\pi t-25^o)-220\sin(1000\pi t+42^o)$

5-7 다음의 복소수들을 페이저 형태로 표현하라.

(a) $4+j4$ (b) $-3+j4$ (c) $-2+j2$ (d) $j+2-j4+3$

5-8 페이저를 이용하여 다음을 계산하라.

(a) $(50+j10)(4+j8)$

(b) $(-2+j2)(1+j2)(2+j4)$

(c) $\dfrac{1+j10}{2+j2}$ (d) $\dfrac{j3}{2-j4}$

(e) $\left(\dfrac{3+j4}{2+j4}\right)\times\left(\dfrac{3-j4}{2-j4}\right)$

5-9 1μF 커페시터의 리액턴스를 (a) 100Hz와 (b) 1MHz에서 구하라.

5-10 1mH 인덕터의 리액턴스를 (a) 100Hz와 (b) 1MHz에서 구하라.

5-11 10μF 커페시터의 양단 전압이 주파수가 60Hz이고 진폭이 100V인 교류일 때 (a) 커페시터의 리액턴스를 구하고 (b) 커페시터에 흐르는 전류의 진폭을 구하라.

5-12 0.2H 인덕터의 양단 전압이 주파수가

60Hz이고 진폭이 200V인 교류일 때 (a) 인덕터의 리액턴스를 구하고 (b) 인덕터에 흐르는 전류의 진폭을 구하라.

5-13 그림 P5-13의 각 경우에서 단자 *a*-*b*간의 합성 임피던스와 그 크기를 구하라. 단 주파수는 60Hz로 한다.

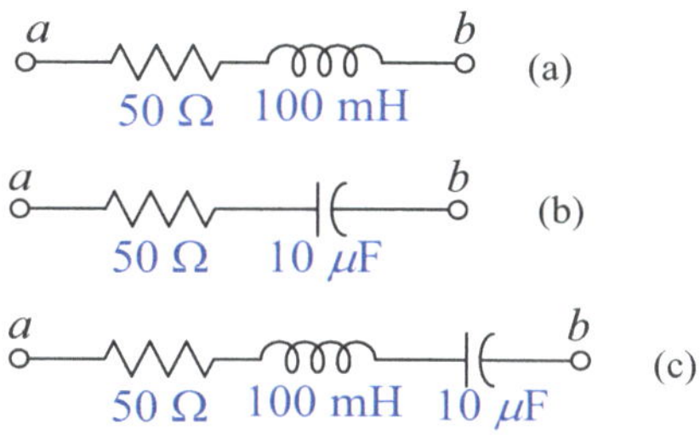

▲그림 P5-13

5-14 그림 P5-13의 각 경우에서 단자 *a*-*b*간에 100V, 60Hz의 교류 전압이 인가된다.

(a) 흐르는 전류의 진폭을 구하라.

(b) 단자 *a*-*b*간의 전압과 흐르는 전류의 위상차를 구하라.

5-15 그림 P5-15의 각 경우에서 단자 *a*-*b*간의 합성 임피던스와 그 크기를 구하라. 단 주파수는 100Hz로 한다.

5-16 그림 P5.15의 각 경우에서 단자 *a*-*b*간에 100V, 100Hz의 교류 전압이 인가된다. (a) 전류 *i*의 진폭을 구하라. (b) 단자 *a*-*b*간의 전압과 전류 *i*의 위상차를 구하라.

5-17 그림 P5-17의 페이저 회로에서 전류 $\mathbf{I}_1$과 $\mathbf{I}_2$를 구하라.

5-18 그림 P5-18의 각 회로에서 표시된 전압 또는 전류에 대한 연산자 전달 함수를 구하고 이를 이용하여 구하고자 하는 전압 또는 전류에 대한 식을 구하라.

5-19 그림 P5-18의 회로에서 역률을 구하고 전원으로부터 공급된 유효 전력을 구하라.

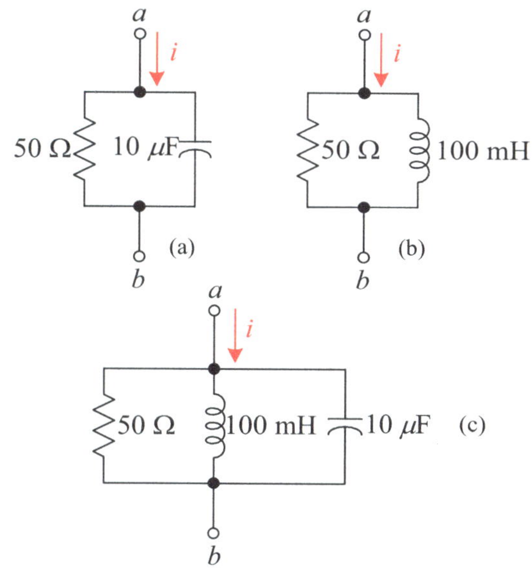

▲그림 P5-15

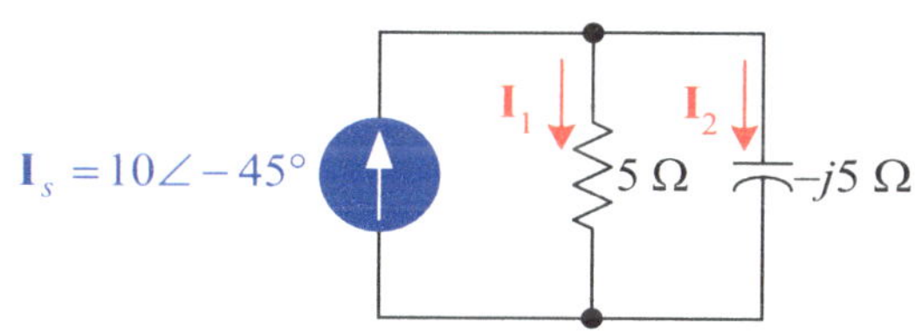

▲그림 P5-17

5-20 그림 5-16의 직렬 *RLC* 회로에서 R=10 Ω, L=50 mH, C=10 μF일 때 공진 주파수와 선택도 및 대역폭을 계산하라.

5-21 그림 5-18의 병렬 *RLC* 회로에서 R=10 kΩ, L=5 mH, C=2 μF일 때 공진 주파수와 선택도 및 대역폭을 계산하라.

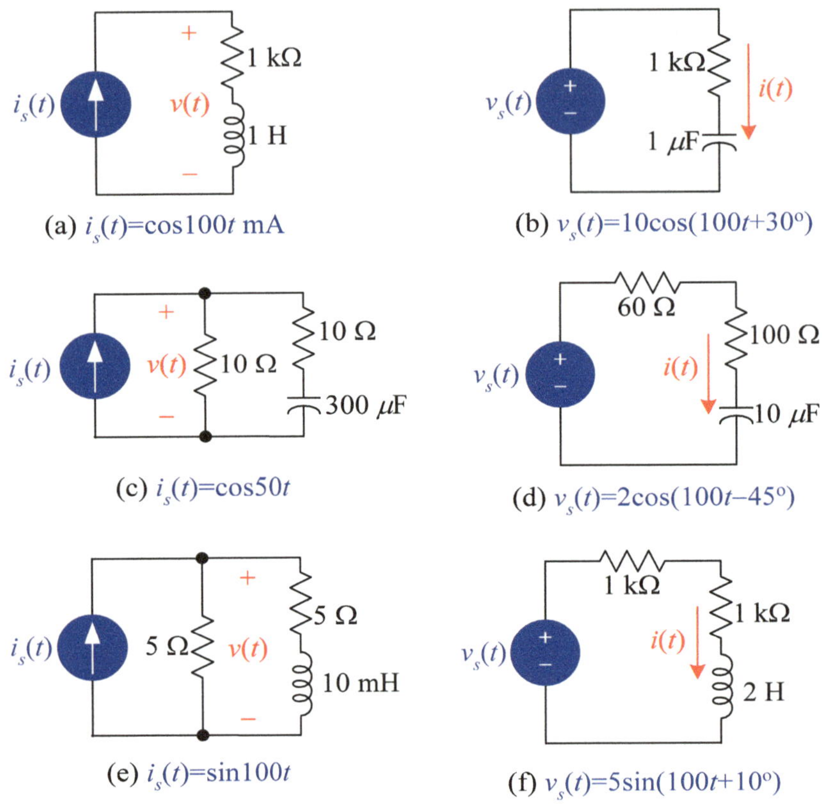
$i_s(t)$
$v(t)$
1 kΩ
1 H
(a) $i_s(t)=\cos 100t$ mA
$v_s(t)$
1 kΩ
1 μF
$i(t)$
(b) $v_s(t)=10\cos(100t+30°)$
$i_s(t)$
$v(t)$
10 Ω
10 Ω
300 μF
(c) $i_s(t)=\cos 50t$
$v_s(t)$
60 Ω
100 Ω
$i(t)$
10 μF
(d) $v_s(t)=2\cos(100t-45°)$
$i_s(t)$
5 Ω
$v(t)$
5 Ω
10 mH
(e) $i_s(t)=\sin 100t$
$v_s(t)$
1 kΩ
1 kΩ
$i(t)$
2 H
(f) $v_s(t)=5\sin(100t+10°)$

▲그림 P5-18

6장

필터

(Filters)

일반적인 신호에는 무수히 많은 주파수 성분이 포함되어 있으며 이 중 원하는 주파수 성분만 걸러내는 회로를 필터라 한다. 이 장에서는 필터의 기본 원리와 종류 및 특성들에 대해 간단히 설명하며 공부할 내용은 다음과 같다.

6.1 필터의 유형

필터는 일상적으로 많이 접할 수 있는 시스템이다. 예를 들어 물의 불순물을 제거하는 정수기 필터라든지, 햇빛의 강한 자외선 성분을 차단하는 광학 필터인 선글라스, 니코친이나 타르와 같은 유해 성분을 제거하는 담배 필터 등등이다. 이와 같이 원하는 성분과 원하지 않는 성분을 취사 선택할 수 있는 여과 작용은 전기 회로에서도 대단히 중요하다. 그러면 전기 회로에서의 필터는 그 여과하고자 하는 대상이 무엇인지를 먼저 알 필요가 있다.

우리는 5 장에서 정현파에 대해 공부한 바 있다. 정현파는 자연계에 존재할 수 있는 무수한 파형들 중 가장 기본이 되는 파형이다. 그 이유는 정현파는 미분과 적분에 의해서도 그 기본 형태를 이루는 주파수가 변하지 않는 성질이 있기 때문이다. 이 외에도 정현파가 중요한 또 하나의 이유는 주파수가 다른 다수의 정현파들을 적절한 상대적인 크기와 위상으로 섞으면 어떠한 형태의 파형도 만들어 낼 수 있으며 이를 푸리에(Fourier) 해석이라 한다. 전기 회로의 필터는 전압이나 전류의 파형에 포함된 주파수 성분들 중에서 원하는 성분만 선택하고 나머지는 제거하며 신호 처리에서 중요한 역할을 한다.

필터에는 크게 그림 6-1과 같은 네 종류가 있다. 그림 (a)는 특정 주파수 f_c 이하만 통과시키고 그 이상의 주파수는 차단시키며 이를 저역통과 필터라 한다. 저역통과 필터는 간단히 LPF(lowpass filter)로 표현한다. 이 때 필터에 의해 통과되는 주파수 범위를 통과대역이라 하고 차단되는 주파수 범위는 차단대역이라 한다.

그림 6-1(a)에서 표시된 파란선은 이상적인 저역통과 필터의 특성이며 이는 실제로는 구현할 수 없다. 따라서 실제 필터 특성은 그림에서 보듯이 통과대역과 차단대역 사이에 완만한 변화를 보인다. 실제 필터 특성에서 이득이 $1/\sqrt{2}=0.707$이 되는 주파수 f_c를 차단 주파수라 한다. 이득이 0.707이 되면 에너지는 1/2이 되며 이는 없는 것으로 간주하기 때문에 f_c를 차단 주파수로 삼는 것이다.

그림 6-1(b)는 차단 주파수 이상의 고주파 성분은 통과시키고 그 이하의 저주파 성분은 차단시키므로 고역통과 필터라 하며 간단히 HPF(highpass filter)로 표현한다. 그림 (c)는 특정 주파수 f_{cL}과 f_{cH} 사이의 대역만 통과되고 나머지 대역은 차단되므로 대역통과 필터라 하고

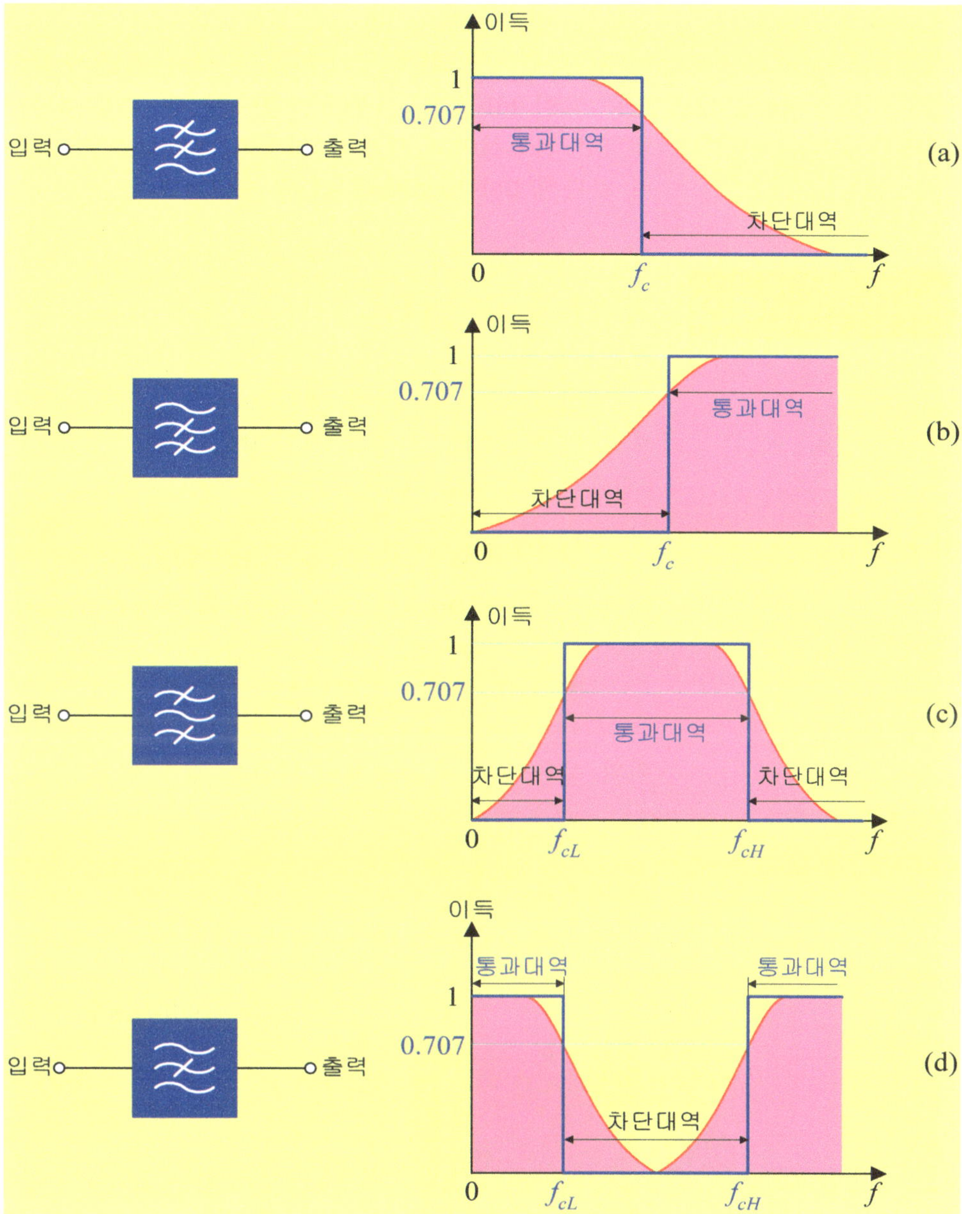

▲그림 6-1 필터 기호와 주파수 응답: (a) 저역통과 필터(LPF); (b) 고역통과 필터(HPF); (c) 대역통과 필터(BPF); (d) 대역차단 필터(BSF).

간단히 BPF(bandpass filter)로 표현한다. 그리고 아래쪽 주파수 f_{cL}을 하위 차단 주파수, 위쪽 주파수 f_{cH}를 상위 차단 주파수라 한다. 이와 반대로 그림 (d)는 하위 차단 주파수 f_{cL}과 상위 차단 주파수 f_{cH} 사이의 대역만 차단시키고 나머지 대역은 통과시키므로 대역차단 필터라 하며 간단히 BSF(bandstop filter)로 표현한다.

6.2 저역통과 필터

가장 간단한 저역통과 필터는 그림 6-2의 (a)와 같은 일차 RC 회로이며 그 주파수 특성은 그림 (b)와 같다. 전압 분배를 이용해 그림 6.4(a)의 복소 전달 함수를 구해보면

$$\mathbf{H}(j\omega)=\frac{\mathbf{V}_o}{\mathbf{V}_s}=\frac{1/j\omega C}{R+1/j\omega C}=\frac{1}{1+j\omega RC} \quad [1]$$

이며 이로부터 $\mathbf{H}(j\omega)$의 크기, 즉 이득 특성은 다음과 같다.

$$\left|\mathbf{H}(j\omega)\right|=\left|\frac{1}{1+j\omega RC}\right|=\frac{1}{\sqrt{1+(\omega RC)^2}} \quad [2]$$

위의 식은 $\omega=0$ 및 $\omega=\infty$에서 다음과 같음을 알 수 있다.

$$\left|\mathbf{H}(j\omega)\right|=\begin{cases}1, & \omega=0\\ 0, & \omega=\infty\end{cases} \quad [3]$$

즉 저주파 성분은 통과시키고 고주파 성분은 차단시키는 LPF일 것임을 짐작할 수 있다. 그리고 차단 각주파수를 ω_c라 하면 $\omega=\omega_c$에서는

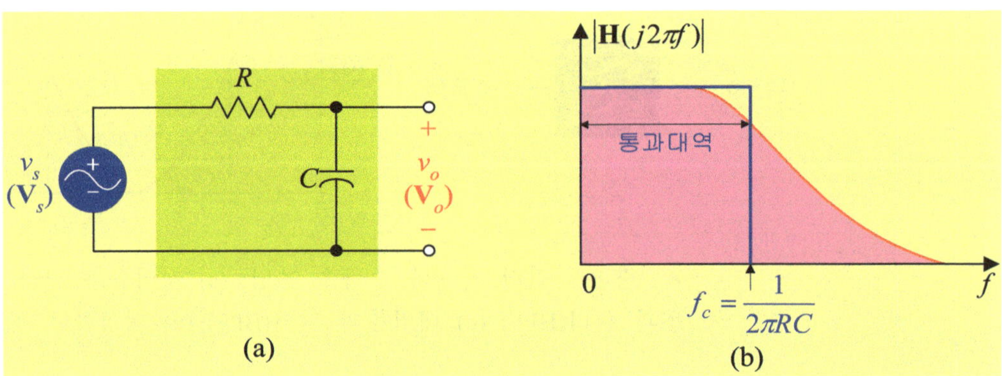

▲그림 6-2 일차 RC 저역통과 필터: (a) 회로; (b) 주파수 특성

식 [2]의 우변의 분모가 $\sqrt{2}$ 가 되어야 하므로

$$\omega_c = \frac{1}{RC} \quad \left(f_c = \frac{1}{2\pi RC} \right) \qquad [4]$$

로 결정됨을 알 수 있다. 따라서 그림 6.2(a)의 주파수 특성은 그림 (b)와 같은 저역통과 특성을 보이게 된다. 여기서 그림 6.2(a)의 *RC* 회로는 시정수가 $\tau = RC$이므로 식 [4]의 차단 주파수는

$$\omega_c = \frac{1}{\tau} \quad \left(f_c = \frac{1}{2\pi\tau} \right) \qquad [5]$$

와 같은 관계가 있음을 알 수 있다. 따라서 일차 *RC* LPF의 차단 주파수는 그 회로의 시정수로부터 쉽게 구할 수 있음을 알 수 있다.

그림 6-2(a) 회로의 특성은 시정수를 구하는 방법과(4장의 식 [53] 참조) 표 5-2를 이용하면 수식을 통하지 않고도 회로상에서 간단히 해석할 수 있으며 그림 6-3이 이를 보여준다. 먼저 그림 6-3의 (a), (b)로부터 회로가 LPF인지 HPF인지를 가릴 수 있다. 즉 그림 6.3의 (a)와 (b)는 각각 $\omega=0$일 때와 $\omega=\infty$일 때의 그림 6-2(a)에 대한 등가회로이다. 이 두 회로로부터 $|\mathbf{H}(j0)|=1$, $|\mathbf{H}(j\infty)|=0$이므로 저주파 성분은 그대로 통과되고 고주파 성분은 차단되는 LPF임을 알 수 있다. 다음으로 차단 주파수는 그림 6-3의 (c)와 같은 방법으로 *RC* 회로의 시정수를 구함으로써 간단히 계산할 수 있다.

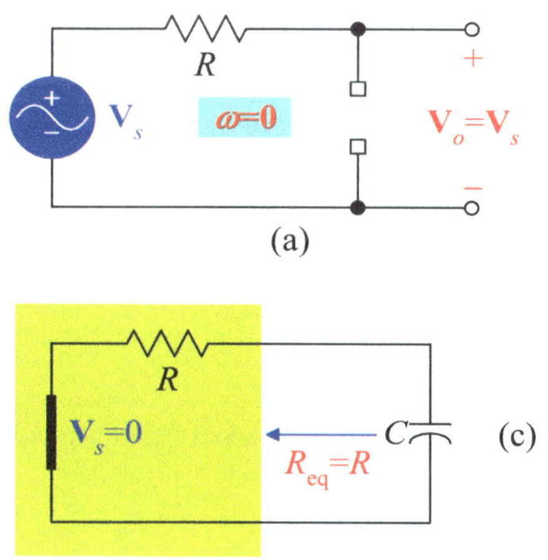

▸그림 6-3
일차 *RC* LPF를 회로적으로 해석하는 법

예제 6-1

그림 6-2(a)의 필터에서 차단 주파수를 1kHz로 하고자 한다. 저항이 500 Ω일 경우 얼마만한 용량의 커패시터가 필요한가?

풀이 식 [4]로부터

$$f_c = \frac{1}{2\pi RC} = \frac{1}{2\pi \times 500 \times C} = 10^3$$

$$\therefore\ C = \frac{1}{2\pi \times 500 \times 10^3} = \mathbf{0.32\ \mu F}$$

예제 6-2

그림 6-4의 (a) 회로는 그림 6-2(a) 필터에서 전원 저항 R_S와 부하 저항 R_L을 고려한 회로이다. 통과대역의 이득(직류에서의 이득)과 차단 주파수를 구하라.

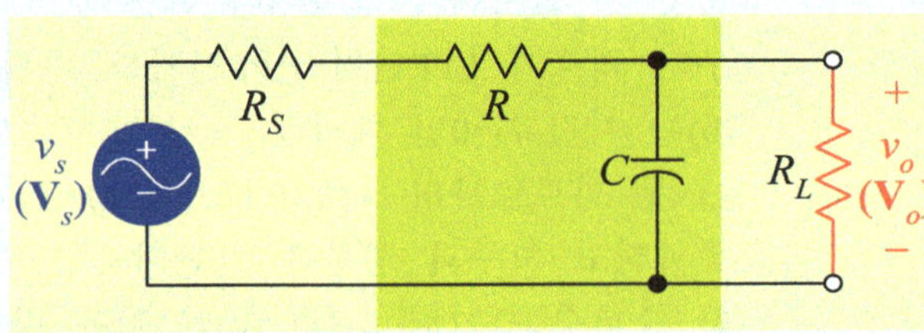

▲그림 6-4 예제 6-2의 그림

풀이 그림 6-4 회로에서 ω=0일 때의 등가회로, ω=∞일 때의 등가회로 및 시정수를 구하는 등가회로는 그림 6.5와 같다.

(a) 그림 (a): 커패시터가 개방이므로 통과대역의 이득은

$$\mathbf{V}_o = \frac{R_L}{R + R_S + R_L}\mathbf{V}_s \qquad \therefore\ |\mathbf{H}(j0)| = \frac{R_L}{R + R_S + R_L}$$

(b) 그림 (b): 커패시터가 단락이므로 고주파 이득은

$$\mathbf{V}_o = 0 \qquad \therefore\ |\mathbf{H}(j\infty)| = 0$$

(c) 그림 (c): 등가 저항을 구하여 차단 주파수를 구하면

$$R_{eq} = (R_S + R) \| R_L$$

$$\tau = R_{eq}C = \{(R_S + R) \| R_L\}C$$

$$\therefore\ f_c = \frac{1}{2\pi\tau} = \frac{1}{2\pi\{(R_S + R) \| R_L\}C}$$

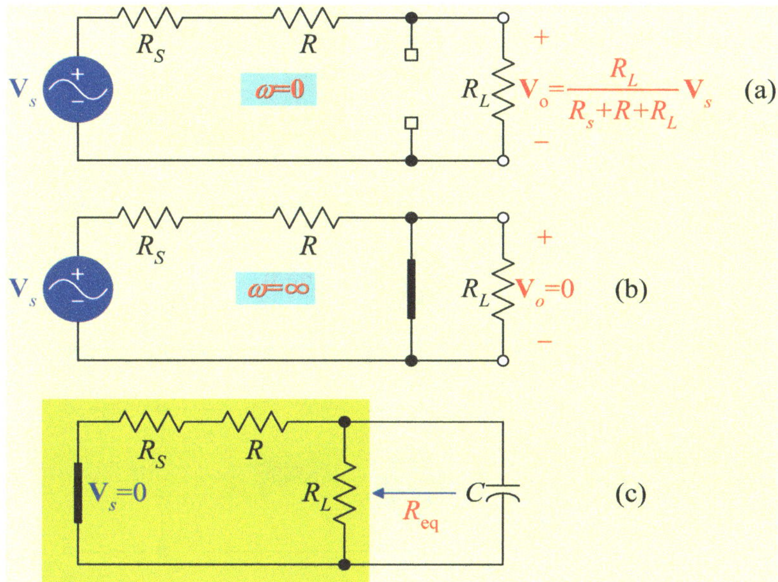

▲그림 6-5 그림 6-4의 (a) ω=0일 때의 등가회로; (b) ω=∞일 때의 등가회로; (c) 시정수를 구하는 등가회로.

LPF는 그림 6-6의 (a)와 같이 일차 *RL* 회로로도 구현할 수 있다. 이 회로의 주파수 특성은 전달 함수를 구하여 수식상으로 구할 수 있지만 표 5-2의 원리를 이용하여 회로상에서 간단히 해석할 수 있다. 먼저 그림 (a)의 ω=0에 대한 등가회로는 그림 (b)와 같으며(*L*은 직류에 대해 단락) ω=∞에 대한 등가회로는 그림 (c)와 같다(*L*은 개방). 따라서 이 두 회로로부터

$$|\mathbf{H}(j0)| = 1, \quad |\mathbf{H}(j\infty)| = 0 \qquad [6]$$

이므로 LPF 특성이다. 다음으로 그림 (d)의 등가회로에서 시정수를 구하면 $\tau = L/R$이므로(4장의 식 [53] 참조) 차단 주파수는

$$f_c = \frac{1}{2\pi\tau} = \frac{R}{2\pi L} \qquad [7]$$

로 주어진다.

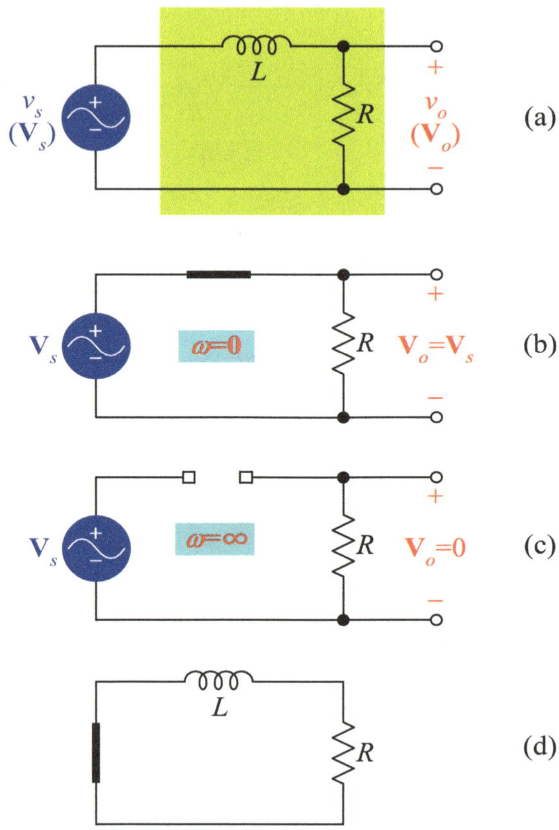

▶그림 6-6
(a) 일차 *RL* LPF;
(b) ω=0의 등가회로;
(c) ω=∞의 등가회로;
(d) 시정수 등가회로.

회로 6-6(a)의 전달 함수를 직접 구하여 주파수 응답을 구해보자. 먼저 전달 함수는 다음과 같이 주어진다.

$$\mathbf{H}(j\omega)=\frac{\mathbf{V}_o}{\mathbf{V}_s}=\frac{R}{R+j\omega L}=\frac{1}{1+j\omega L/R} \quad [8]$$

따라서 이득은

$$|\mathbf{H}(j\omega)|=\left|\frac{1}{1+j\omega L/R}\right|=\frac{1}{\sqrt{1+(\omega L/R)^2}} \quad [9]$$

와 같으며 이로부터 차단 주파수는 식 [7]과 같음을 확인할 수 있다.

6.3 고역통과 필터

RC HPF는 그림 6-7(a)와 같이 구성되며 이는 그림 6-2(a)의 *RC* LPF에서 *C* 대신 *R* 양단의 전압을 출력으로 한 것과 같다. 전달 함수가

$$\mathbf{H}(j\omega)=\frac{\mathbf{V}_o}{\mathbf{V}_s}=\frac{R}{R+1/j\omega C}=\frac{j\omega RC}{1+j\omega RC} \quad [10]$$

이므로 이득은 다음과 같다.

$$|\mathbf{H}(j\omega)|=\left|\frac{j\omega RC}{1+j\omega RC}\right|=\frac{\omega RC}{\sqrt{1+(\omega RC)^2}} \quad [11]$$

위의 식은 $\omega=0$에서 $|\mathbf{H}(j0)|=0$이며 $\omega=\infty$에서는

$$|\mathbf{H}(j\infty)|=\lim_{\omega\to\infty}\frac{\omega RC}{\sqrt{1+(\omega RC)^2}}=1 \quad [12]$$

이다. 따라서

$$|\mathbf{H}(j\omega)|=\begin{cases}0, & \omega=0\\ 1, & \omega=\infty\end{cases} \quad [13]$$

인 고역통과 특성이 된다. 그리고 차단 각주파수 $\omega=\omega_c$에서는

$$\frac{\omega_c RC}{\sqrt{1+(\omega_c RC)^2}}=\frac{1}{\sqrt{2}} \quad [14]$$

를 만족하므로 차단 주파수는 다음과 같이 주어진다.

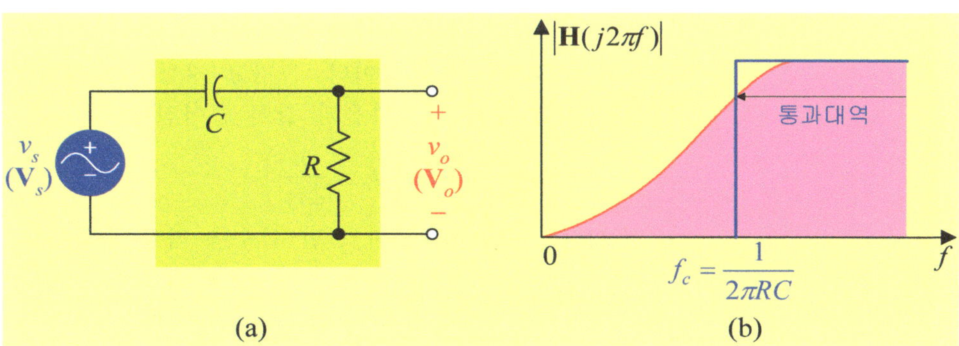

▲그림 6-7 일차 *RC* 고역통과 필터: (a) 회로; (b) 주파수 특성

$$\omega_c = \frac{1}{RC} = \frac{1}{\tau} \quad \left(f_c = \frac{1}{2\pi\tau} \right) \tag{15}$$

식 [15] 역시 식 [5], [7]과 같이 시정수에 의해 결정됨을 알 수 있다.

그림 6-7(a) 필터의 특성은 그림 6-8과 같이 회로상에서도 간단히 검증할 수 있다. 즉 그림 6-8의 (a)와 (b)로부터 식 [13]을 입증할 수 있으며 그림 (c)로부터 식 [15]의 시정수를 구할 수 있다.

▶그림 6-8

그림 6-7(a)의 (a) ω=0의 등가회로; (b) ω=∞의 등가회로; (c) 시정수 등가회로.

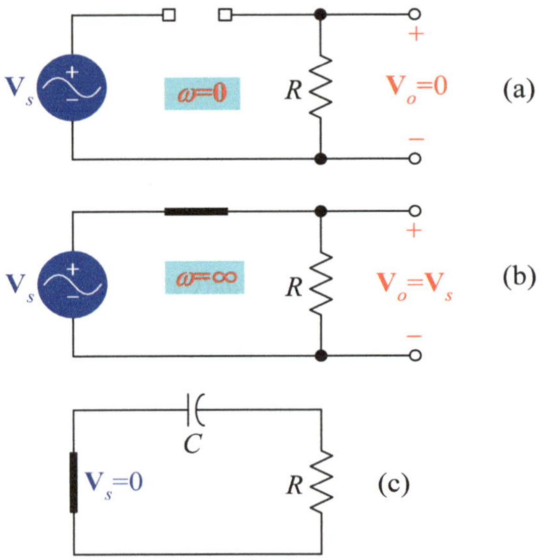

HPF는 그림 6-9의 (a)와 같이 일차 *RL* 회로로도 구성할 수 있다. 즉 그림 (b)와 (c)의 등가회로로부터

$$|\mathbf{H}(j\omega)| = \begin{cases} 0, & \omega = 0 \\ 1, & \omega = \infty \end{cases} \tag{16}$$

이므로 고역통과 특성이다. 그리고 시정수는 그림 (d)로부터 $\tau = L/R$이므로 차단 주파수는 다음과 같이 주어진다.

$$\omega_c = \frac{1}{\tau} = \frac{R}{L} \quad \left(f_c = \frac{1}{2\pi\tau} \right) \tag{17}$$

식 [17]은 그림 6-9(a)의 전달 함수를 직접 구해서도 알 수 있다. 즉

$$\mathbf{H}(j\omega) = \frac{\mathbf{V}_o}{\mathbf{V}_s} = \frac{j\omega L}{R + j\omega L} = \frac{j\omega L/R}{1 + j\omega L/R} \tag{18}$$

이므로 이득 특성은 다음과 같다.

▶그림 6-9
(a) 일차 RL HPF;
(b) ω=0의 등가회로;
(c) ω=∞의 등가회로;
(d) 시정수 등가회로.

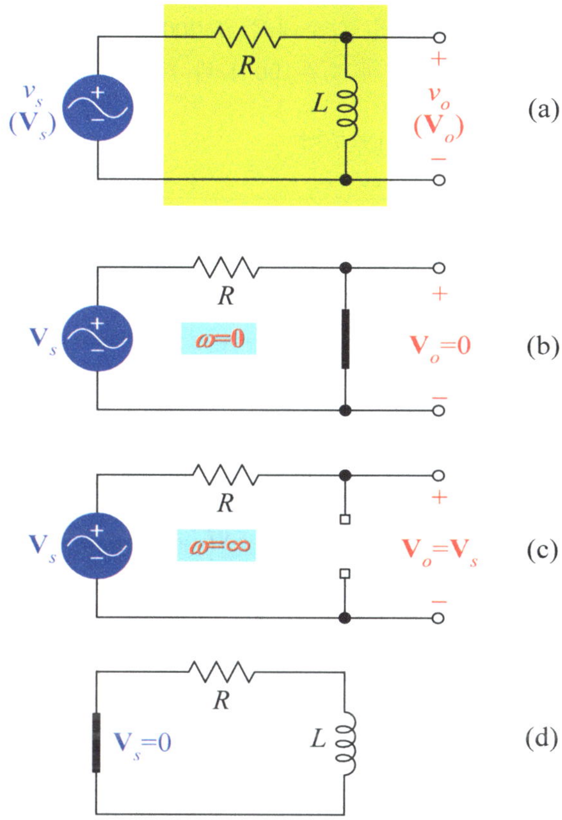

$$|\mathbf{H}(j\omega)| = \left|\frac{j\omega L/R}{1+j\omega L/R}\right| = \frac{\omega L/R}{\sqrt{1+(\omega L/R)^2}} \qquad [19]$$

이로부터

$$|\mathbf{H}(j\omega)| = \begin{cases} 0, & \omega = 0 \\ 1, & \omega = \infty \end{cases} \qquad [20]$$

의 고역통과 특성을 알 수 있다. 그리고 차단 주파수는

$$\frac{\omega_c L/R}{\sqrt{1+(\omega_c L/R)^2}} = \frac{1}{\sqrt{2}} \qquad [21]$$

로부터 식 [17]과 같이 구해짐을 확인할 수 있다.

예제 6-3

그림 6-7(a)의 회로에서 R=200Ω이며 C=0.199μF로 할 경우, 차단 주파수를 구하고 f=100 Hz와 f=10 kHz에서의 이득을 구하라.

풀이 식 [15]로부터

$$f_c = \frac{1}{2\pi RC} = \frac{1}{2\pi \times 200 \times (1.99 \times 10^{-6})} = \mathbf{4,000\ Hz}$$

식 [11]로부터

$$|\mathbf{H}(j\omega)| = \frac{\omega RC}{\sqrt{1+(\omega RC)^2}} = \frac{f/f_c}{\sqrt{1+(f/f_c)^2}}$$

따라서

$$|\mathbf{H}(j2\pi \times 100)| = \left.\frac{f/f_c}{\sqrt{1+(f/f_c)^2}}\right|_{f=100}$$

$$= \frac{100/4000}{\sqrt{1+(100/4000)^2}} = \mathbf{0.025}$$

$$|\mathbf{H}(j2\pi \times 10000)| = \left.\frac{f/f_c}{\sqrt{1+(f/f_c)^2}}\right|_{f=10000}$$

$$= \frac{10000/4000}{\sqrt{1+(10000/4000)^2}} = \mathbf{0.928}$$

6.4 대역통과 필터

그림 6-10은 직렬 RLC 회로로 구성된 대역통과 필터 및 그 주파수 특성을 보여준다. 대역통과 필터는 차단 주파수가 두 개이므로 일차 회로로는 구현할 수 없기 때문에 L과 C의 개수가 두 개 이상이어야 한다. 그림 6-10의 (a) 회로에서 직렬 LC 회로의 임피던스 $\mathbf{Z}$가

$$\mathbf{Z} = j\omega L - j\frac{1}{\omega C} = j\left(\omega L - \frac{1}{\omega C}\right) \quad \textbf{[22]}$$

이므로 전달 함수는 전압 분배 법칙에 의해 다음과 같이 주어진다.

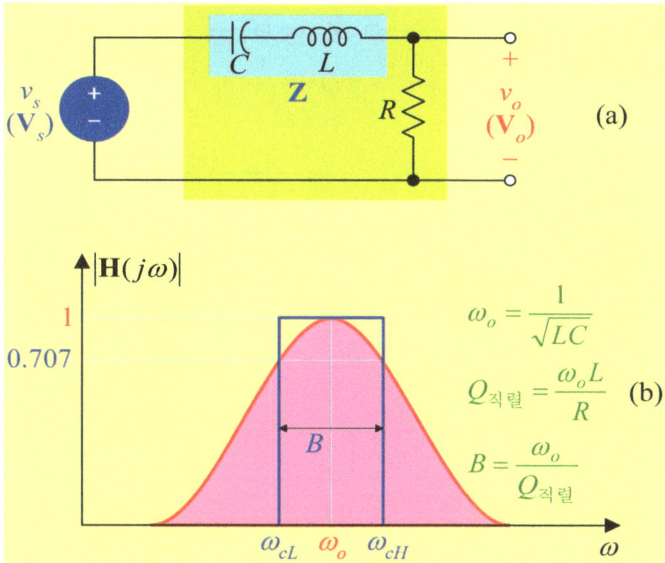

▸그림 6-10
(a) 직렬 *RLC* BPF;
(b) 주파수 응답.

$$\mathbf{H}(j\omega) = \frac{\mathbf{V}_o}{\mathbf{V}_s} = \frac{R}{\mathbf{Z}+R} = \frac{R}{R + j(\omega L - 1/\omega C)} \quad [23]$$

위의 식은 그림 5.16의 직렬 *RLC* 회로의 어드미턴스 **Y**인 5장의 식 [50]에 저항 *R*을 곱한 결과와 같다. 따라서 주파수 특성은 그림 5.16의 주파수 특성에 단순히 상수 *R*을 곱한 결과이므로 그림 6.10(b)와 같은 대역통과 필터가 된다.

그림 6-10(a)의 회로는 표 5-2를 이용하여 회로상에서 그림 6-11과 같이 구할 수 있다. 먼저 직렬 *LC* 회로의 임피던스를 **Z**는 표 5-2에 의해 각 주파수에 따라 그림 6-11과 같이 등가화할 수 있다. 따라서 그림 그림 6-11의 (a), (b) 및 (c)로부터

$$|\mathbf{H}(j\omega)| = \begin{cases} 0, & \omega = 0 \\ 1, & \omega = \omega_o \\ 0, & \omega = \infty \end{cases} \quad [24]$$

이므로 중심 주파수가 ω_o인 대역통과 특성임을 확인할 수 있다. 그리고 그림 6-11(c)는 직렬 *RLC* 회로이므로 회로의 $Q_{직렬}$은 5장의 식 [55]로부터 $Q_{직렬}=\omega_o L/R$이다. 따라서 대역폭은 다음과 같다(식 5장의 [54] 참조).

$$B = \frac{\omega_o}{Q_{직렬}} = \frac{R}{L}[\text{rad/sec}] = \frac{R}{2\pi L}[\text{Hz}] \quad [25]$$

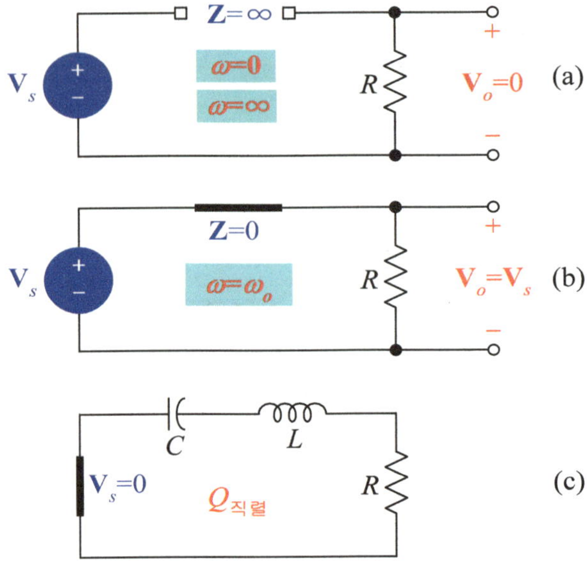

▶그림 6-11
그림 6-10(a)의 직렬 RLC BPF에 대한 (a) ω=0 및 ω=∞의 등가회로; (b) $\omega=\omega_o$의 등가회로; (c) 선택도 등가회로.

BPF는 그림 6.12와 같이 병렬 LC 회로로도 구현할 수 있으며 그 전달 함수를 구해보면 다음과 같다.

$$\mathbf{H}(j\omega)=\frac{\mathbf{V}_o}{\mathbf{V}_s}=\frac{\dfrac{1}{j(\omega C-1/\omega L)}}{R+\dfrac{1}{j(\omega C-1/\omega L)}}=\frac{1/R}{1/R+j(\omega C-1/\omega L)} \qquad [26]$$

위의 식은 그림 5-18의 병렬 RLC 회로의 임피던스 **Z**(5장의 식 [56])에 상수 $1/R$을 곱한 것과 같음을 알 수 있다. 따라서 그림 6-12의 BPF는 그림 5-18의 주파수 특성에 $1/R$을 곱한 그림 6-12(b)와 같다.

그림 6-12 회로의 특성은 그림 6-13의 과정으로 회로상에서 간단히 구할 수 있다. 즉 그림 6.13의 (a)와 (b)로부터 대역통과 특성을

$$|\mathbf{H}(j\omega)|=\begin{cases}0, & \omega=0\\ 1, & \omega=\omega_o\\ 0, & \omega=\infty\end{cases} \qquad [27]$$

와 같이 확인할 수 있다. 그리고 그림 6-13(c)는 병렬 RLC 회로이므로 선택도는 $Q_{병렬}=R/\omega_o L$이다(5장의 식 [60]). 따라서 대역폭은(5장의 식 [59])

$$B=\frac{1}{RC}\,[\text{rad/sec}]=\frac{1}{2\pi RC}\,[\text{Hz}] \qquad [28]$$

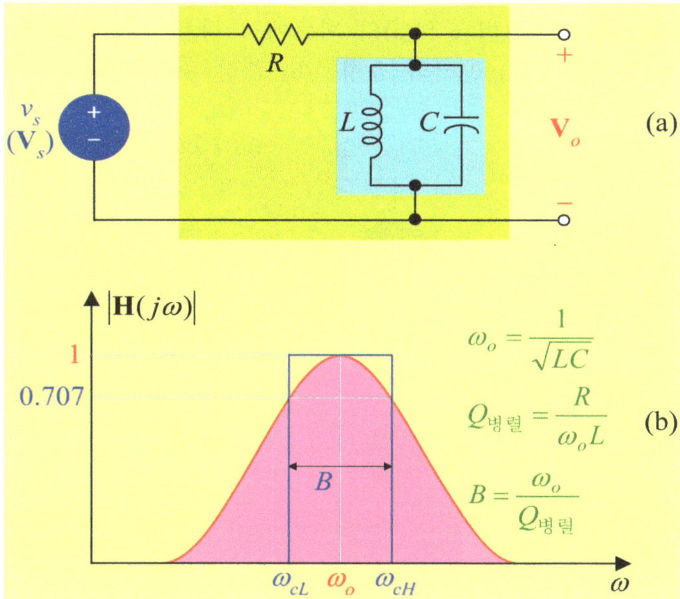

▶그림 6-12
(a) 병렬 *RLC* BPF;
(b) 주파수 응답.

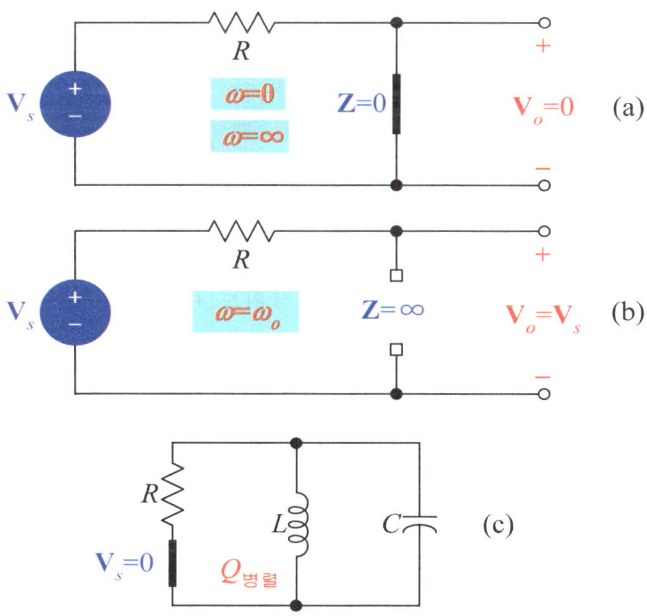

▶그림 6-13
그림 6-12(a)의 병렬 *RLC* BPF에 대한 (a) ω=0 및 ω=∞의 등가회로; (b) $\omega=\omega_o$의 등가회로; (c) 선택도 등가회로.

예제 6-4

그림 6-14(a)의 회로에서 다음을 구하라:
(a) 필터의 유형 (b) 중심 주파수 (c) 선택도 (d) 대역폭.

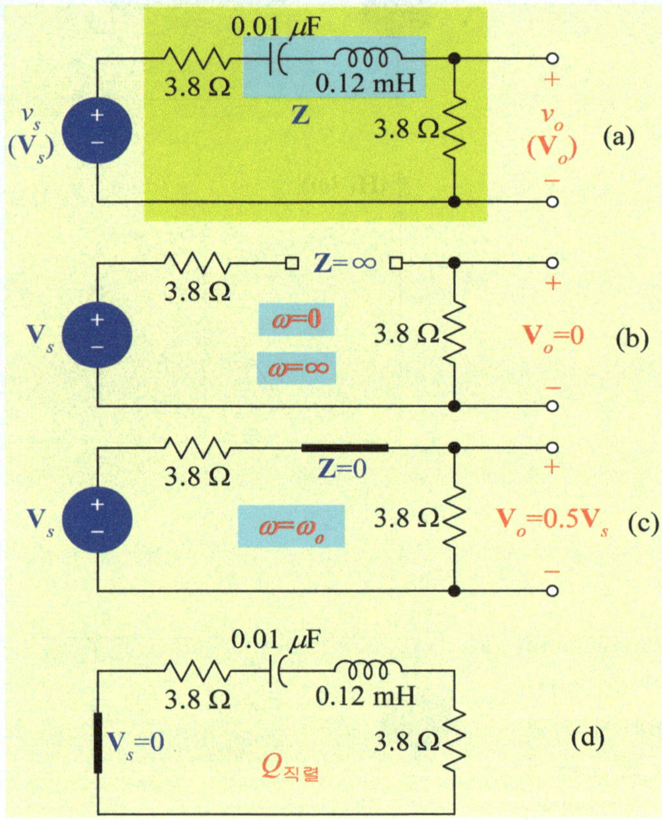

▲그림 6-14 (a) 예제 6-4의 그림; (b) ω=0 및 ω=∞ 때의 등가회로; (b) ω=ω_o일 때의 등가회로; (c) 선택도를 구하는 등가회로.

풀이

(a) 이득 특성: 그림 (b)와 (c)로부터

$$|\mathbf{H}(j\omega)| = \begin{cases} 0, & \omega = 0 \\ 0.5, & \omega = \omega_o \\ 0, & \omega = \infty \end{cases}$$

이므로 대역통과 특성이다.

(b) 중심 주파수:

$$\omega_o = \frac{1}{\sqrt{LC}} = \frac{1}{\sqrt{(0.12\times10^{-3})\times10^{-8}}} = \mathbf{2.89\times10^6\ [rad/sec]}$$

$$f_o = \frac{\omega_o}{2\pi} = \frac{2.89\times10^6}{2\pi} = \mathbf{459\ kHz}$$

(c) 선택도: 그림 6-14(d)로부터

$$Q_{직렬} = \frac{\omega_o L}{R} = \frac{(2.89\times10^6)\times(0.12\times10^{-3})}{3.8+3.8} = \mathbf{45.6}$$

(d) 대역폭:

$$B = \frac{f_o}{Q_{직렬}} = \frac{459\ \text{kHz}}{45.6} = \mathbf{10\ kHz}$$

6.5 대역차단 필터

그림 6-15(a)는 그림 6-10(a)의 BPF에서 출력을 R 대신 LC 회로 양단 전압으로 한 경우이며 이 회로의 특징은 그림 6-16과 같이 알아볼 수 있다. 즉 그림 6-16의 (a)와 (b)로부터 이득 특성이

$$|\mathbf{H}(j\omega)| = \begin{cases} 1, & \omega = 0 \\ 0, & \omega = \omega_o \\ 1, & \omega = \infty \end{cases} \qquad [29]$$

이므로 대역차단 특성이다. 그리고 그림 6-16의 (c)에서 회로의 $Q_{직렬}$은 $Q_{직렬}=\omega_o L/R$이므로 대역폭은 $B=\omega_o/Q_{직렬}=R/L$ [rad/sec]로 주어진다. 이상으로 그림 6-15에서 그림 (a)의 주파수 특성은 그림 (b)와 같다.

그림 6-15(a)에서 LC 회로의 임피던스를 $\mathbf{Z}$라 하면 전달 함수는

$$\mathbf{H}(j\omega) = \frac{\mathbf{Z}}{R+\mathbf{Z}} = \frac{j(\omega L - 1/\omega C)}{R + j(\omega L - 1/\omega C)} \qquad [30]$$

이므로 주파수 특성은 다음과 같다.

$$|\mathbf{H}(j\omega)| = \frac{\omega L - 1/\omega C}{\sqrt{R^2 + (\omega L - 1/\omega C)^2}} \qquad [31]$$

위의 식에서 차단 주파수를 구하기 위해

▶그림 6-15
(a) 직렬 RLC BSF;
(b) 주파수 응답.

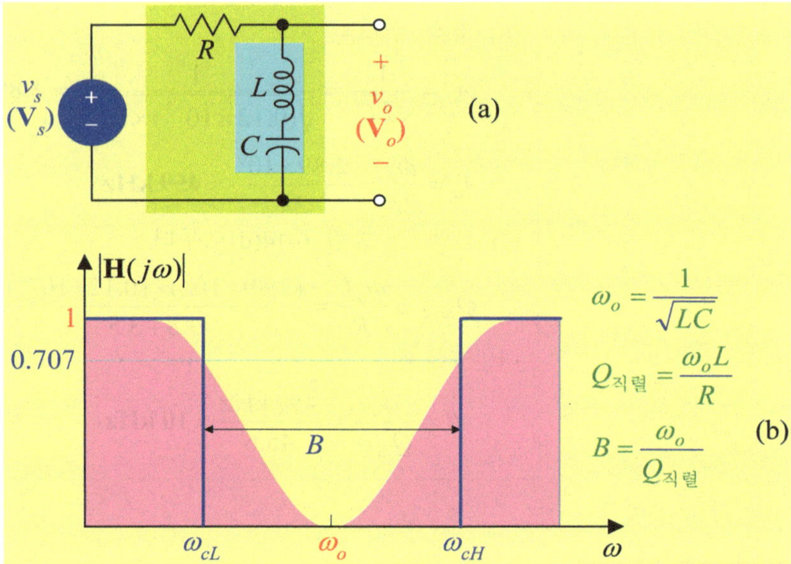

▶그림 6-16
그림 6-15(a)의 직렬 RLC BSF에 대한 (a) $\omega=0$ 및 $\omega=\infty$의 등가회로; (b) $\omega=\omega_o$의 등가회로; (c) 선택도 등가회로.

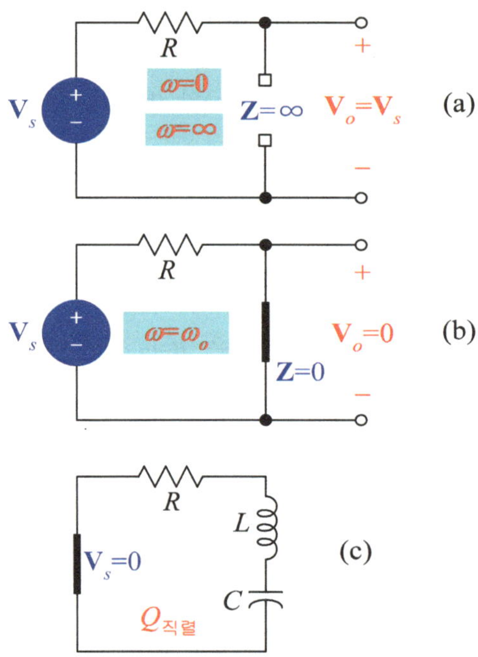

$$\omega L - \frac{1}{\omega C} = R \qquad [32]$$

로 하면 차단 주파수는 다음과 같이 주어짐을 알 수 있다.

$$\begin{cases} \omega_{cL} = -\dfrac{R}{2L} + \sqrt{\left(\dfrac{R}{2L}\right)^2 + \omega_o^2} \\ \omega_{cH} = \dfrac{R}{2L} + \sqrt{\left(\dfrac{R}{2L}\right)^2 + \omega_o^2} \end{cases} \qquad [33]$$

따라서 위의 식으로부터 대역폭 $B=\omega_{cH}-\omega_{cL}$은

$$B = \frac{R}{L}\,[\text{rad/sec}] = \frac{R}{2\pi L}\,[\text{Hz}] \qquad [34]$$

이므로 $B=\omega_o/Q_{직렬}$ [rad/sec]임을 다시 확인할 수 있다. 대역차단 필터는 중심 주파수 f_o 부근의 특정 대역만 제거하므로 노치(notch) 필터 또는 트랩(trap)이라 한다. 트랩은 텔레비전 수상기에서 특정 주파수 성분만 제거하는데 많이 사용되고 있다.

예제 6-5

그림 6-17의 회로에서 다음을 구하라:
(a) 필터의 유형 (b) 중심 주파수 (c) 선택도 (d) 대역폭.

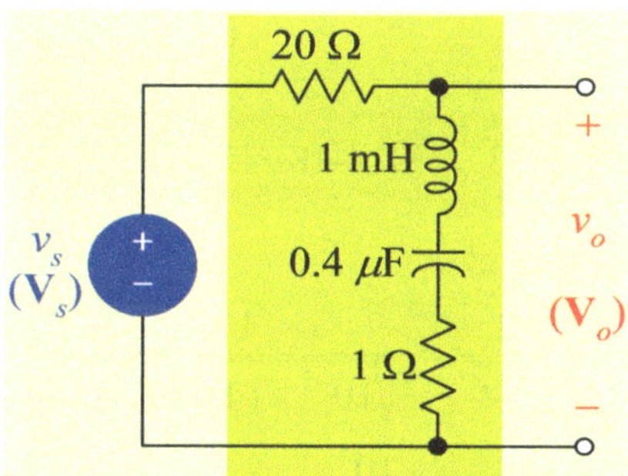

◀그림 6-17 예제 6-5 의 그림

풀이 그림 6-17 의 각종 등가회로는 그림 6-18 과 같다.

(a) 이득 특성: 그림 6-18 의 (a)와 (b)로부터

$$|\mathbf{H}(j\omega)| = \begin{cases} 1, & \omega = 0 \\ 1/21, & \omega = \omega_o \\ 1, & \omega = \infty \end{cases}$$

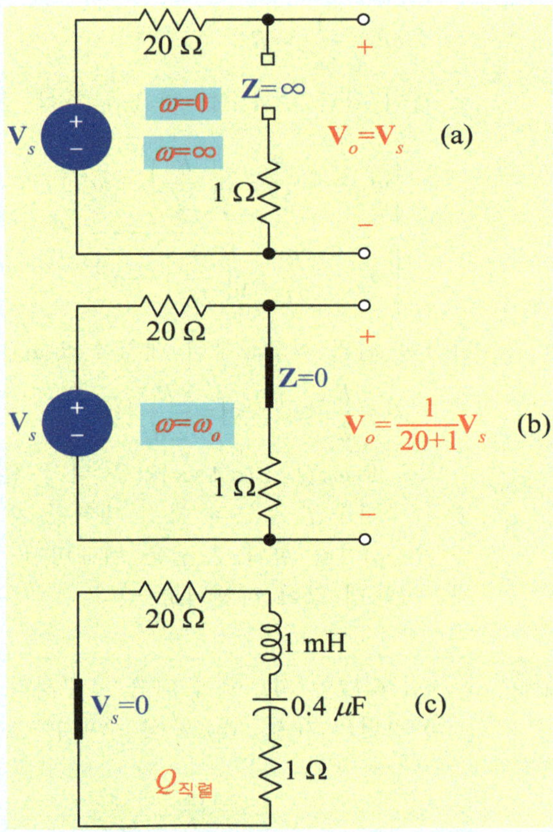

▲그림 6-18 그림 6-18 의 각종 등가회로들

(b) 중심 주파수:

$$\omega_o = \frac{1}{\sqrt{LC}} = \frac{1}{\sqrt{10^{-3} \times (4 \times 10^{-7})}} = 5 \times 10^4 \text{ [rad/sec]}$$

$$f_o = \frac{\omega_o}{2\pi} = \frac{2 \times 10^4}{2\pi} = \mathbf{7.96\ kHz}$$

(c) 선택도: 그림 6-18(c)로부터

$$Q_{직렬} = \frac{\omega_o L}{R} = \frac{(5 \times 10^4) \times 10^{-3}}{20+1} = \mathbf{2.4}$$

(d) 대역폭:

$$B = \frac{f_o}{Q_{직렬}} = \frac{7.96\text{ kHz}}{2.4} = \mathbf{3.3\ kHz}$$

대역차단 필터는 그림 6-19(a)와 같이 병렬 LC 회로로써도 구현할 수 있으며 이는 그림 6-12(a)에서 LC 회로와 R의 위치를 바꾼 것과 같다. 그림 6-19의 (a)에 대한 등가회로 (b), (c)로부터 대역차단 특성을 확인할 수 있다. 그리고 대역폭은 그림 (c)의 병렬 RLC 회로로부터 구한 $Q_{병렬}=R/\omega_o L$로부터 간단히 구할 수 있다.

▶그림 6-19

(a) 병렬 RLC BSF;
(a) $\omega=0$ 및 $\omega=\infty$의 등가회로;
(b) $\omega=\omega_o$의 등가회로;
(c) 선택도 등가회로.

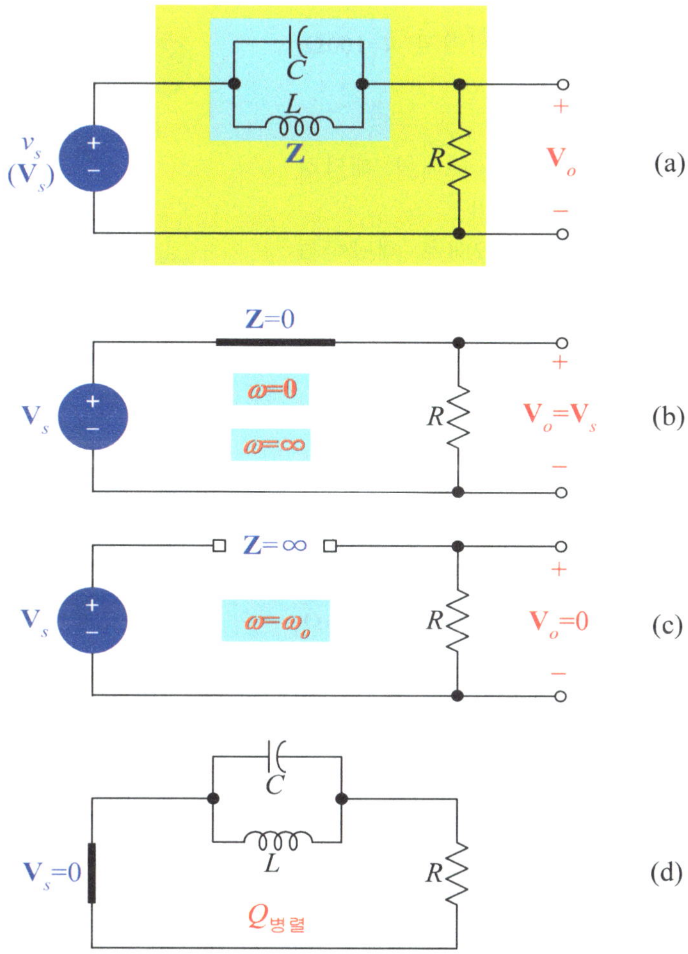

♣ 연습 문제 ♣

6-1 *RC* 필터는 *C*의 어떠한 성질을 이용한 것인가?

6-2 *RL* 필터는 *L*의 어떠한 성질을 이용한 것인가?

6-3 그림 6-2의 저역통과 필터에서 R=100Ω, C=10μF이다.

(a) 차단 주파수를 구하라.

(b) 차단 주파수의 1/10배 및 10배에 해당하는 주파수에서의 이득을 구하라.

(c) 차단 주파수의 1/2배 및 2배에 해당하는 주파수에서의 이득을 구하라.

6-4 그림 6-2의 필터에서 C=0.01μF일 때 차단 주파수가 25kH가 되도록 R을 정하라.

6-5 그림 6-4의 회로에서 R_S=50Ω, R=200Ω, R_L=500Ω 및 C=10μF일 때 차단 주파수를 구하라.

6-6 그림 6-6(a)에서 R=100kΩ, L=0.1H일 때 차단 주파수를 구하라.

6-7 그림 6-7의 고역통과 필터에서 R=100Ω, C=1μF이다.

(a) 차단 주파수를 구하라.

(b) 차단 주파수의 1/10배 및 10배에 해당하는 주파수에서의 이득을 구하라.

(c) 차단 주파수의 1/2배 및 2배에 해당하는 주파수에서의 이득을 구하라.

6-8 그림 6-7의 필터에서 C=0.001μF일 때 차단 주파수가 15kH가 되도록 R을 정하라.

6-9 그림 6-9(a)의 필터에서 L=10mH일 때 차단 주파수가 15kH가 되도록 R을 정하라.

6-10 그림 P6-10의 각 회로에 대해

(a) 필터의 유형을 밝혀라.

(b) 시정수를 구하라.

(c) 차단 주파수를 구하라.

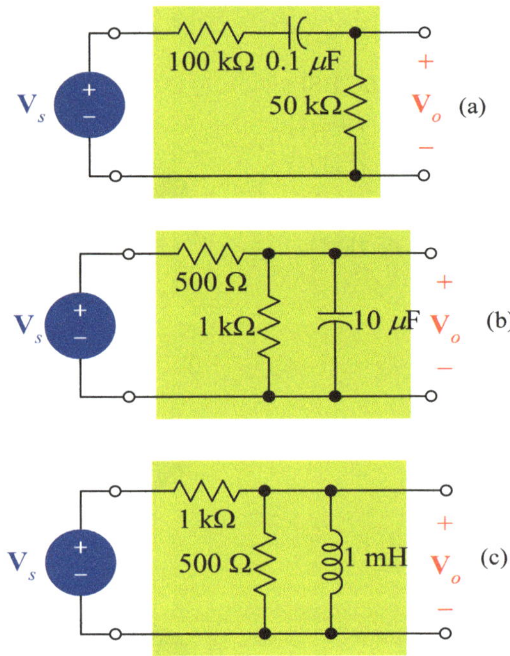

▲그림 P6-10

6-11 그림 6-10의 대역통과 필터에서 R=2Ω, C=10μF, L=25mH일 때

(a) 중심 주파수, 선택도 및 대역폭을 구하라.

(b) 저항 R이 R=4Ω으로 두 배가 되었을 때 무슨 변화가 생기는가?

(c) 저항 R이 R=1Ω으로 되었을 때 무슨 변화가 생기는가?

6-12 그림 6-12의 대역통과 필터에서 R=10kΩ, C=1μF, L=10mH일 때

(a) 중심 주파수, 선택도 및 대역폭을 구하라.

(b) 저항 R이 R=20kΩ으로 두 배가 되었을

때 무슨 변화가 생기는가?

(c) 저항 R이 R=5kΩ으로 되었을 때 무슨 변화가 생기는가?

6-13 그림 6-15의 필터에서 R=30Ω, C=0.1μF, L=3mH일 때 중심 주파수, 선택도 및 대역폭을 구하라.

6-14 그림 P6-14의 각 회로에 대해

(a) 필터의 유형을 밝혀라.

(b) 선택도를 구하라.

(c) 대역폭을 구하라.

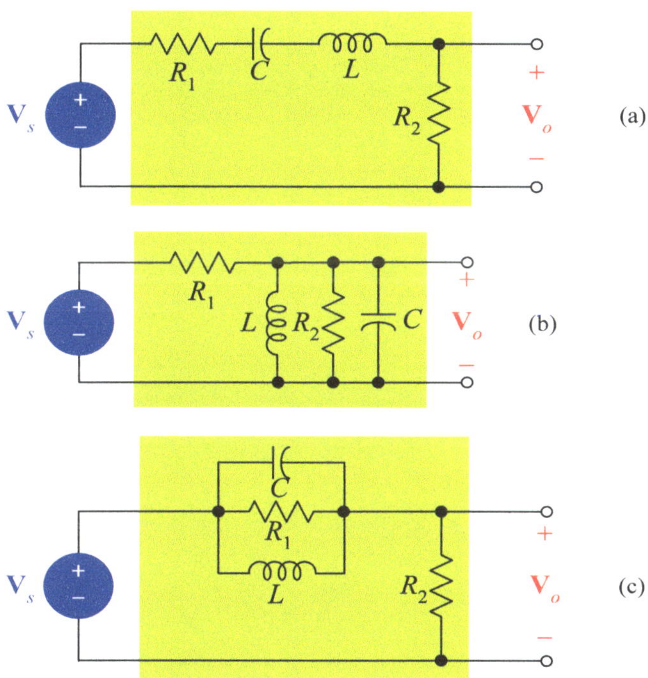

▲그림 P6-14

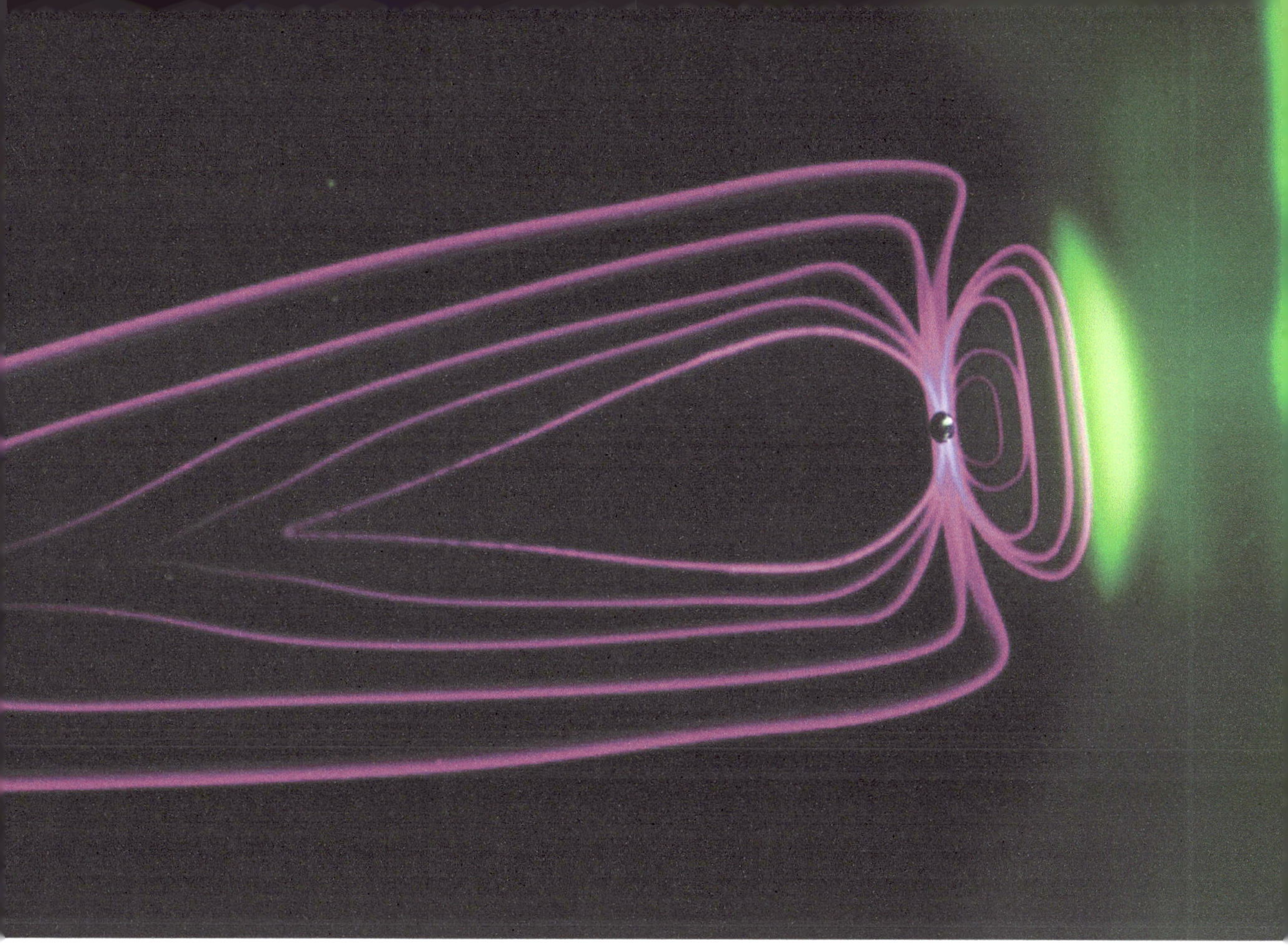

2부 자기와 응용

7장

자기

(Magnetism)

전하의 운동에 의해 발생하는 자기(磁氣)는 전기와 결합하여 전기적인 에너지를 다양한 형태의 다른 에너지로 변환시킬 수 있다. 만일 전기 에너지를 다른 형태의 에너지로 변환시키기가 쉽지 않았다면 전기의 유용성은 현재와는 달리 매우 제한되었을 것이다. 이 장에서는 자기의 기본 원리와 자기를 이용한 전기적인 에너지의 변환 원리에 대해 설명하며 그 내용은 다음과 같다.

7.1 자기

현대인들은 전기 에너지로부터 다양한 형태의 에너지를 변환시켜 활용하는데 매우 익숙해 있다. 예를 들어 냉장고, 에어컨, 선풍기, 스피커, 전동기(모터) 등등 전기 에너지를 열 에너지, 빛 에너지, 기계적 에너지 등으로 변환시켜 사용하고 있는 것이다. 이러한 에너지 변환 중에서 전기 에너지와 기계적 에너지간의 상호 변환이 가장 기본이 되며 여기에는 자기의 역할이 필수적이다.

그림 7-1은 자기의 활용에 대한 몇 가지 예를 보여주고 있다. 그림 (a)는 전기 에너지인 전압과 전류를 자기 에너지로 변환한 다음, 자기

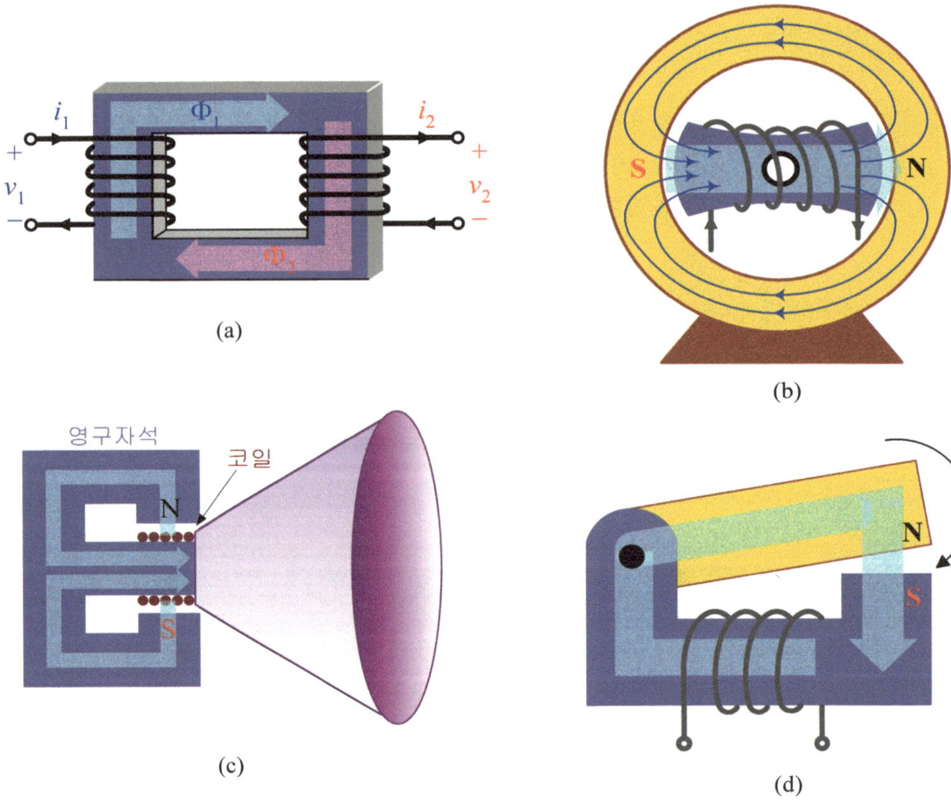

▲그림 7-1 자기 응용의 전형적인 예들: (a) 변압기; (b) 전동기 또는 발전기; (c) 스피커; (d) 계전기.

에너지를 다시 전기 에너지로 변환하여 크기가 다른 전압과 전류를 얻는 장치로서 변압기(變壓器; transformer)라 한다. 그림 (b)는 자기를 이용하여 전기 에너지를 기계적인 에너지로 변환시키는 전동기(電動機;motor) 또는 기계적 에너지를 전기 에너지로 변환시키는 발전기(發電機; generator)를 나타낸다. 그림 (c)는 자기를 이용하여 전기 신호를 음향 신호로 변환시키는 스피커(speaker)이며, 그림 (d)는 자기를 이용하여 전기 에너지로써 기계적인 스위치를 조작하는 계전기(繼電器; relay) 원리를 보여준다.

영구 자석

그림 7-2의 (a)는 영구자석에서 형성되는 자력선의 방향을 나타낸다. 즉 자력선 또는 자장의 방향은 나침반이 북쪽을 가리키는 방향으로 애초부터 정의되었으므로 자력선이 나오는 곳이 N극이 되고 자력선이 들어가는 곳이 S극이 된다. 물론 자석의 내부에서는 이와 반대로 S극에서 N극으로 자력선이 향한다는 점을 유의하여야 한다. 그리고 자석의 내부에는 무수한 자기 분자가 N극에서 S극으로 향하여 질서 있게 배열되어 있다. 따라서 그림 7-2의 (b)와 같이 자석을 계속적으로 잘라도 역시 각각의 단면에는 N극과 S극이 발생한다. 따라서 양극과 음극의 전하가 독립적으로 존재할 수 있는 전하의 경우와는 달리 N극과 S극이 따로 존재할 수 없다.

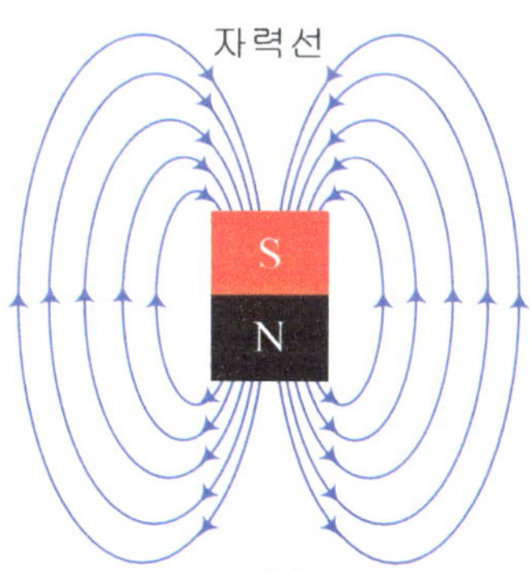

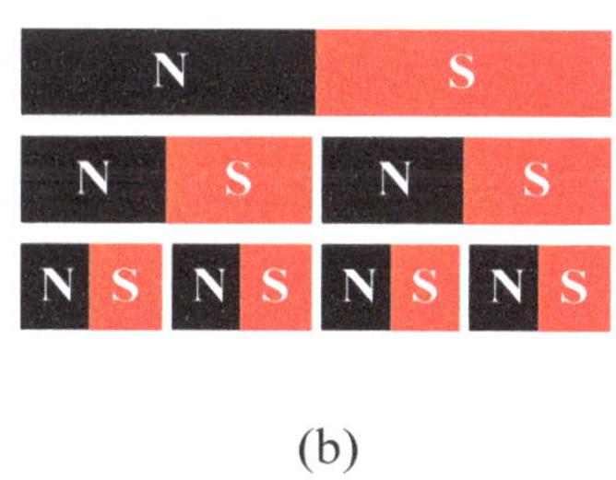

▶그림 7-2
(a) 영구 자석 자력선
(b) N극과 S극의 공존

자력선간의 상호 작용에 의해 자성체들끼리는 서로 당기는 인력(引力)과 서로 배척하는 척력(斥力)이 형성된다. 그림 7-3은 두 자석의 끝 부분이 일직선상에 놓이도록 배열하였을 때의 자력선 형성을 보여준다. 먼저 그림 7-3(a)는 두 자력선이 같은 방향으로 일치할 경우의

▶그림 7-3
두 자성의 자력선 방향 관계에 의한 (a) 인력 (b) 척력

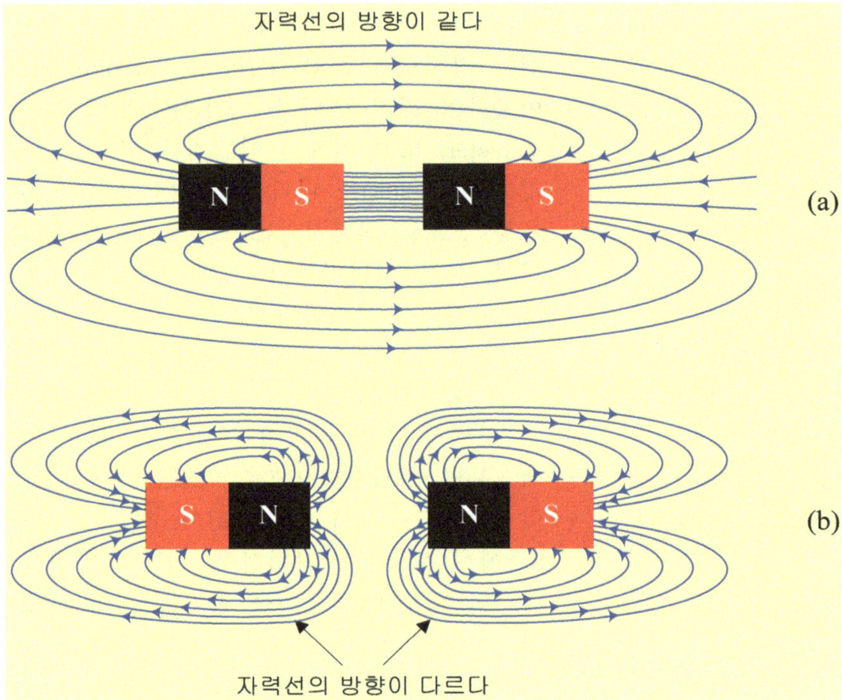

전체 자력선 형태이며 이 때는 두 자석 사이에 인력이 작용한다. 이와 반대로 그림 7-3의 (b)는 두 자력선의 방향이 반대일 경우이며 두 자석간에는 척력이 작용한다. 따라서 다른 자극끼리는 서로 당기는 인력이 생기고 같은 자극간에는 서로 배척하는 척력이 생겨 결과적으로 두 자석의 자력선 방향은 서로 일치되고자 한다. 그림 7-4는 그 예를 보여준다. 그림 7-4(a)와 같이 배열된 두 자석에서 하나의 자석은 고정되어 있고 또 하나의 자석은 회전축을 중심으로 회전할 수 있도

▶그림 7-4
자력선간의 정렬

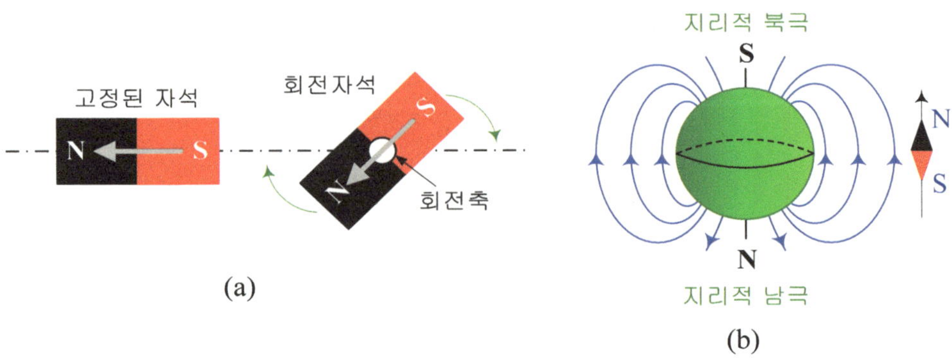

록 하면 두 자석의 자력선이 서로 일치하는 쪽으로 자석이 회전하게 되며 이 힘을 이용한 것이 전동기이다. 지구는 하나의 거대한 영구자석으로서 그림 7-4(b)와 같이 자장이 형성되어 있다. 우리가 보통 남극 또는 북극이라 부르는 것은 지리적인 극(geographic pole)이며 실제의 자극(magnetic pole)은 이와 반대로 남극이 N극이며 북극이 S극이다. 그 이유는 그림 7-4(b)와 같이 지구상에 나침반을 놓게 되면 나침반의 자력선 방향이 지구의 것과 일치하도록 나침반이 움직이게 되며, 그 결과 나침반의 N극이 북극을 가리키게 된다. 그러나 애초에 나침반의 N극이 가리키는 방향을 북극이라고 정해왔기 때문에 실제의 자극은 S극이지만 북극이라 하고 실제의 자극은 N극이지만 남극이라고 부르고 있는 것이다.

자화 어떤 물질이 자장 내에 놓이게 되면 그 물질의 자성이 변하는 자화(磁化) 현상이 일어난다. 예를 들어 어떤 물질을 그림 7.5와 같이 코일 내에 자심(磁芯)으로 사용하는 경우를 보자. 코일의 기자력(mmf)은 NI이며 이에 비례하는 코일 내부의 자장 H는

$$H = \frac{\text{mmf}}{l} = \frac{NI}{l} \qquad [1]$$

이다(3장의 식 [23] 참조). 위의 H는 자심의 물질적 특성과는 무관하게 결정된다. 그러나 자심 내의 자속 밀도 B는 물질의 투자율(透磁率)에 따라 다음과 같이 달라진다.

▶그림 7-5 자심이 있는 코일

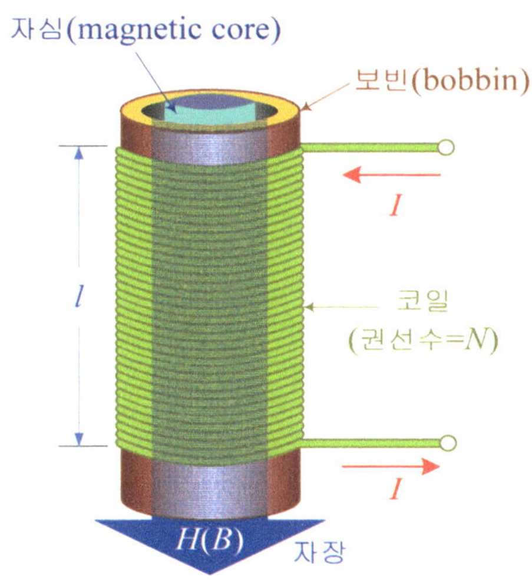

$$B = \mu_r \mu_o H \quad [\text{weber/m}^2] \text{ 또는 } [\text{T(teslar)}] \qquad [2]$$

물질의 투자율은 그 물질의 자화 정도를 나타낸다. 그리고 μ_o는 공기의 투자율이며 μ_r은 비투자율로서 공기에 대한 상대적인 투자율의 비를 나타낸다. 그러나 자장 H와 자속 밀도 B는 선형적인 관계가 아니다. 즉 그림 7-5에서 코일의 전류 I를 단계적으로 증가시켜 가면서 각 단계에서 자속 밀도를 측정해 보면 H에 대한 B의 관계를 알 수 있으며 이를 자화 곡선이라 한다. 그림 7-6은 자심으로 공기와 주철을 사용했을 때의 자화 곡선을 한 예로 보여준다. 그림에서 보는 바와 같이 자장의 세기 H_1에 대해 철심에서 생성된 자속 밀도가 공기에 비해 약 600배 정도가 된다. 그리고 철심의 경우 투자율 B/H는 상수가 아님을 알 수 있으며 이러한 현상은 모든 철심 코일에 적용된다. 자속 밀도가 매우 클 경우 철심은 포화되며 이후로는 자장의 세기가 증가하여도 자속 밀도는 별로 변화를 보이지 않게 된다.

자기 이론은 19세기의 독일 과학자 Wilhelm Weber에 의해 제안되었으며, 웨버는 물질의 분자가 외부 자장에 반응하는 양상에 따라 물질의 자성이 결정된다고 보았다. 즉 외부 자장에 대해 물질 내의 분자들이 같은 방향으로 정렬되면 자성체가 되고 반대로 분자들이 각기 제 멋대로 무질서하게 배열되면 비자성체가 된다고 생각하였다. 현대

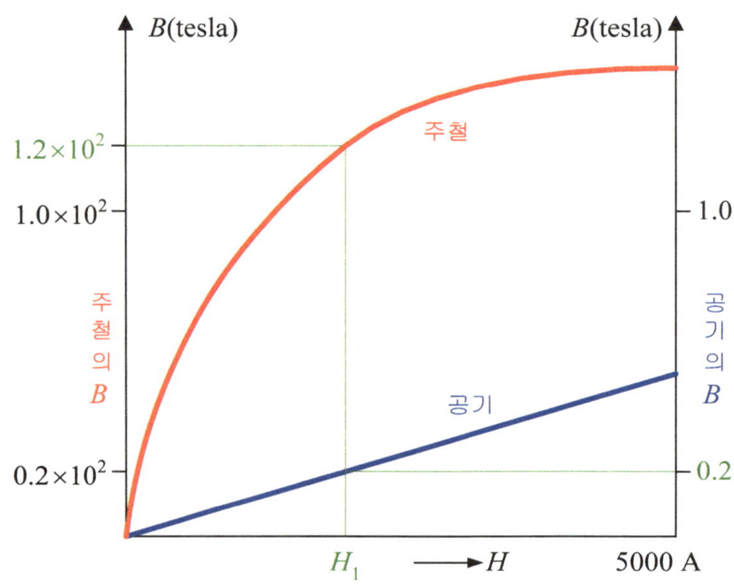

▶그림 7-6
B-H 관계를 나타내는 자화 곡선의 한 예

에는 이 이론에 수정을 가한 "영역(domain)" 이론이 받아들여지고 있으며, 이는 분자 단위로 생각하는 대신 영역 단위로 생각하는 것이다. 전자가 핵 주위를 선회함에 따라 하나의 작은 자석과 같은 효과를 가진다(3장의 그림 3-13(b) 참조). 따라서 일정 영역 내의 전자가 모두 같은 방향으로 돌고 있다면 그 영역을 하나의 자석으로 볼 수 있다. 즉 영역이란 같은 방향의 자속을 가진 원자들의 집합을 말하며, 보통 10^{15}개 정도의 원자가 한 영역을 이룬다.

그림 7-7은 비자성체, 약자성체 및 강자성체에 따른 영역(자석으로 표현되 있다)의 배열을 도식적으로 나타낸 것이다. 그림 (a)는 영역들의 무질서한 배열로 인해 각 영역들의 자속이 서로 상쇄되므로 전체 자속의 합이 없어지는 비자성체의 경우이다. 그림 (c)의 자성체는 모든 영역들이 같은 방향으로 정렬되므로 각 자석들이 자속이 합해지는 강자성체의 경우이다. 따라서 자성체는 전체가 하나의 자석과 같아진다. 그리고 그림 (b)는 (c)에 비해 상대적으로 자성이 약하므로 약자성체라 한다. 그림 (c)와 같이 외부 자장에 의해 한 번 배열된 영역들이 외부 자장이 없어져도 그대로 유지되면 영구자석이 되는 것이다.

▶그림 7-7 자기의 영역 이론: (a) 비자성테; (b) 약자성테; (c) 강자성체.

외부 자장에 의해 자화된 자성체는 외부 자장이 차단된 후에도 어느 정도 자화된 상태로 남아 있을 수 있으며, 이는 자성체 내부에 있는 영역들의 일부가 정렬된 상태로 남아 있기 때문이다. 그림 7-8은 자장의 변화에 따른 자성체의 자속 밀도 변화를 보여주며 이를 히스테리시스(hysteresis) 곡선이라 한다. 그림 7-8에서 AB 부분에서는 자장

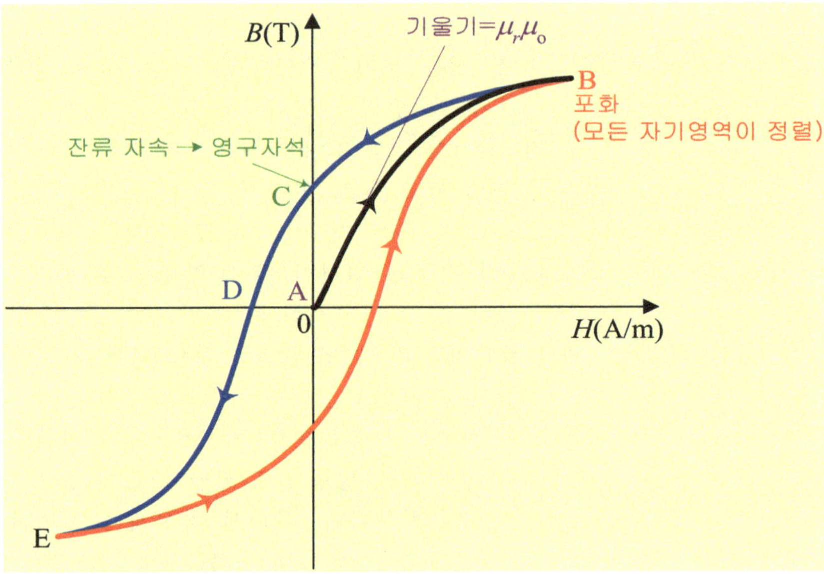

▶그림 7-8
히스테리시스 곡선

의 세기에 비례하여 자속 밀도가 증가 하는 부분이다. 그러나 자장이 어느 정도에 이르면 자성체 내의 거의 모든 영역들이 정렬된 상태가 되어 더 이상 정렬될 영역이 남아 있지 않기 때문에 자속 밀도는 포화된다. 이제 B점에서부터 자장을 0으로 향해 감소시켜 나가면 자장이 0일 때도 자성체의 자속 밀도는 0이 되지 않고 그래프의 C점에 머물게 된다. 이 때 C점에서의 자속 밀도를 잔류 자속밀도 또는 렘넌스(remnance)라 한다. 따라서 자성체의 자속 밀도를 완전히 0으로 만들기 위해서는 자장의 세기를 그래프의 D점으로 표시된 음의 값으로 하여야 하며 이 자장의 세기를 보자력(coercive force)이라 한다.

그림 7-9는 강자성체와 약자성체의 히스테리시스 곡선을 비교하여 보여주고 있으며 강자성체의 렘넌스가 약자성체에 비해 높다는 것을 알 수 있다. 그러나 강자성체와 약자성체는 용도에 따라 필요성이 다르다. 즉 전기기계, 변압기, 전자석, 계전기, 솔레노이드(solenoid) 등에서는 약자성체가 필요하다. 예를 들어 전자석의 경우는 코일에 흐르는 전류를 차단하면 전부 또는 대부분의 자성이 사라져야 하므로 약자성체가 필요한 것이다. 그러나 영구자석은 매우 높은 렘넌스가 요구되므로 강자성체가 요구된다. 그림 7-10과 같이 영구자석에 철편을 가까이 하면 흡인력이 생긴다. 그 이유는 영구자석의 자력선에 의해 철편이 자화되기 때문이며 이를 자기 유도라 한다. 영구자석을 제거

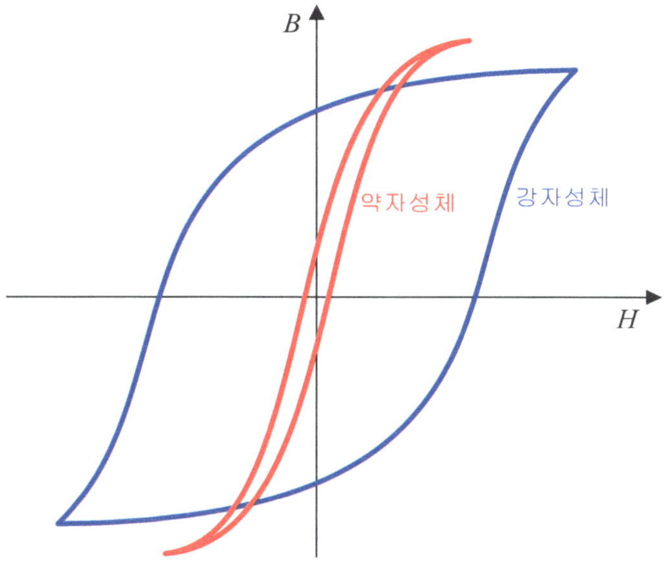

▸그림 7-9 양자성체와 강자성체간의 히스테리시스 곡선의 비교

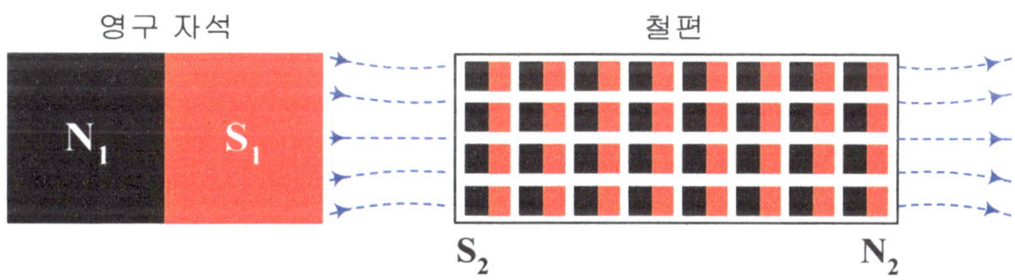

▸그림 7-10 자기 유도 현상

하면 철편의 자성은 사라지거나 일부 남게 되며 이는 철편의 자성에 달려 있다.

7.2 전기기계의 기본 원리

암페어 법칙에 의해 전자의 흐름(전류)에 의해 자장이 형성되며 또한 자력선간의 상호 작용에 의해 자성체에 작용하는 힘이 생긴다. 따라서 자장 내에 전류가 흐르는 도체 또는 움직이는 전하가 놓이게 되면, 전류(전기적인 에너지)에 의해 발생하는 자장과 주어진 자장간의 상호 작용에 의해 전류가 흐르는 도체에 기계적인 힘이 가해진다(기계적인 에너지). 이와 같이 전기적인 에너지로부터 기계적인 에너지를 얻는 장치가 전동기(motor)이며, 이와 반대 과정에 의해 기계적인 에너지로부터 전기적인 에너지를 얻는 장치가 발전기(generator)이다. 그림 7-11은 전기 기계인 발진기와 전동기의 관계를 보여준다. 발진기나 전동기의 구조는 움직이지 않는 요소와 회전하는 요소로 크게 나눌 수 있으며, 움직이지 않는 부분을 고정자(固定子; stator)라 하고 회전하는 부분을 회전자(回轉子; rotor)라 한다. 그림 7-11에서 기계적인 에너지가 입력되면 전기적인 에너지를 출력으로 생산할 수 있으므로 발전기가 된다. 역으로 전기적인 에너지를 입력하면 출력에서는 기계적인 에너지를 생산할 수 있는 전동기가 된다. 따라서 발전기와 전동기는 기본 구조가 동일하며 다만 입력과 출력이 전도된 관계로 보면 된다.

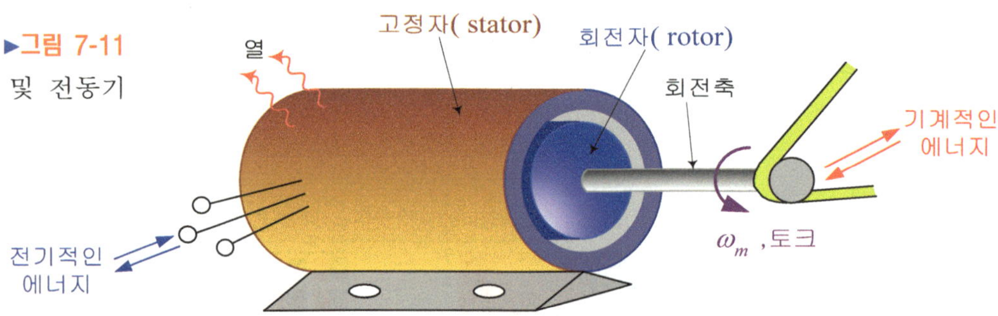

▶그림 7-11
발전기 및 전동기

그림 7-12는 전장 내에서 운동하는 전하와 그 전하가 받는 힘의 관계를 보여주는 그림으로 발전기와 전동기의 기본 원리가 된다. 자장 **B** 내에서 속도 **u**로 운동하는 전하 *q*가 받는 힘 **f**의 상호 관계는 다음과 같은 벡터 방정식으로 주어진다.

$$\mathbf{f} = q\mathbf{u} \times \mathbf{B} \qquad [3]$$

여기서 **B**, **u**, **f**는 모두 벡터이고 ×는 벡터의 외적이다. 그림 7-12는 위의 식을 알기 쉽게 보여주는 것이다. 즉 그림에서 **B**의 방향은 종이 앞면에서 뒷면으로 향하고 있으며 이 자장 내에 속도 **u**로 입사한 전하 *q*는 식 [3]에 의해 그림과 같이 항상 진행 방향에 수직이 되도록 힘 **f**를 받기 때문에 곡선을 그리며 운동하게 된다. 물론 전하의 속도 중에서 자장과 수직인 성분만 유효하며 전하의 속도가 일정하면 원운동을 하게 된다.

▶그림 7-12
자장 내에서의 전하의 운동과 작용하는 힘의 관계를 보여주는 그림

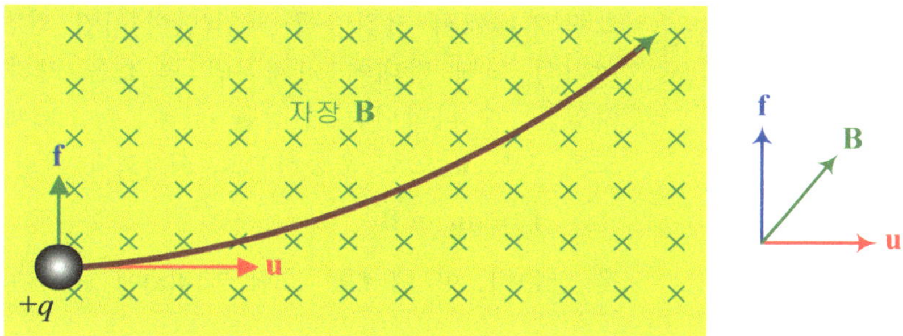

이제 식 [3]을 기본으로 하는 발전기와 전동기의 원리를 그림 7-13과 같은 간단한 구조의 변환기(transducer)를 통해 알아본다. 그림 7-13에서 자속 밀도 **B**의 크기는 일정하며 도체 막대는 전도도 잘 되면서 또한 움직일 수 있도록 전도가 잘 되는 고정된 레일 위에 놓여 있다. 그리고 도체 막대의 왼쪽에 있는 레일과 도체 막대 및 전원 *V*는 전류가 흐를 수 있는 루프를 형성하고 있으며 이 루프의 개폐는 스위치 S로 조작한다. 다만 자장 내에서 도체가 받는 기계적인 힘과 도체 내의 전하가 받는 전기적인 힘이 서로 혼동되기 쉬우므로 이를 구별하기 위해 앞으로 다음과 같이 약속한다.

도체가 받는 기계적인 힘을 $\mathbf{f}_m$으로 하고 도체 내의 전하가 받는 전기적인 힘은 $\mathbf{f}_e$로 한다. 따라서 전기적인 힘 $\mathbf{f}_e$의 방향이 도체 내 전장의 방향이 되며 이는 곧 도체에 흐르는 전류 *i*의 방향이 된다.

▶그림 7-13
발전기와 전동기의 원리를 보여주는 간단한 변환기

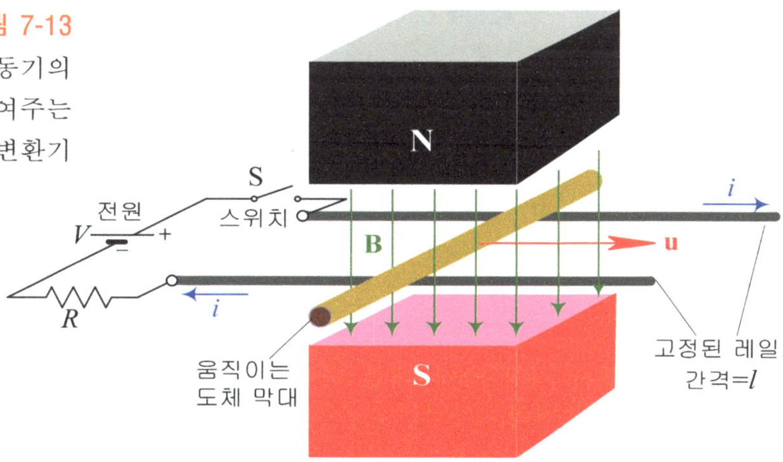

발전기 그림 7-13에서 전원 V를 제거(단락)시킨 평면도는 그림 7-14(a)와 같다. 여기서 도체 막대에 기계적인 힘 $\mathbf{f}_m$을 가하여 속도 $\mathbf{u}_m$으로 움직이게 하였을 때 나타나는 현상을 살펴본다. 도체 막대 내의 전하 q 역시 도체 속도 $\mathbf{u}_m$으로 운동하므로 식 [3]에 의한 전기적인 힘

$$\mathbf{f}_e = q\mathbf{u}_m \times \mathbf{B} \qquad [4]$$

을 받는다. 이 힘 $\mathbf{f}_e$는 그림 7-14(a)에 표시된 방향으로 도체 내 전하

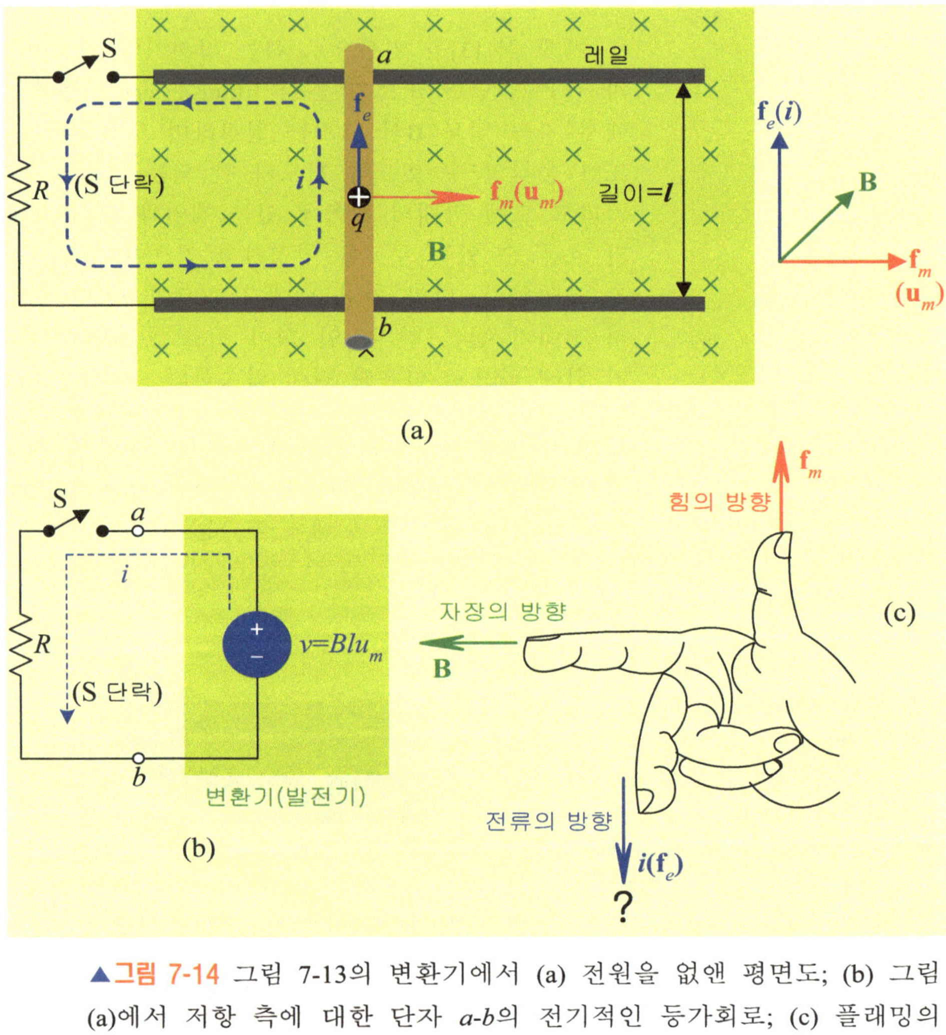

▲**그림 7-14** 그림 7-13의 변환기에서 (a) 전원을 없앤 평면도; (b) 그림 (a)에서 저항 측에 대한 단자 a-b의 전기적인 등가회로; (c) 플래밍의 오른손 법칙.

를 움직여 전류 i를 일으킬 수 있는 유도 기전력(emf)이 된다. 물론 이 전류는 스위치가 닫힐 때만 흐른다. 도체 막대 양단 a-b간에 유도되는 유도 기전력을 구해보자. 식 [4]에서 $\mathbf{u}_m$과 $\mathbf{B}$는 서로 수직이므로 식 [4]는 다음과 같은 스칼라 방정식으로 나타낼 수 있다.

$$f_e = qBu_m \qquad [5]$$

전장의 세기는 단위 전하당 받는 힘이므로 그림 7-14(a)의 막대 도체 내에서 $\mathbf{f}_e$ 방향으로 형성되는 전장의 세기 E는 다음과 같다.

$$E = \frac{f_e}{q} = Bu_m \qquad [6]$$

따라서 도체 막대 양단 a-b간에 유도되는 기전력(전압) v는

$$v = El = Blu_m \qquad [7]$$

이 되며 이는 그림 7-14(b)와 같이 하나의 전압원으로 등가화할 수 있다. 물론 전류 i는 스위치 S가 닫힐 때만 흐른다. 이상으로 자장 내에서 움직이는 도체는 유도 전압을 생산하는 발전기 기능이 있다는 것을 알 수 있다.

그림 7-14의 (c)는 그림 (a)의 결과를 자장의 방향, 기계적인 힘의 방향 및 유도되는 전기적인 힘의 방향(전류 방향)간의 관계를 오른손 손가락을 이용하여 표현한 것이며 이를 플래밍의 오른손 법칙이라 한다. 즉 플래밍의 오른손 법칙에서 오른손 엄지는 도체에 가해지는 기계적인 힘의 방향을, 둘 째 손가락은 자장의 방향을, 세 째 손가락은 유도되는 전기적 힘의 방향(전류 및 유도 전압의 방향)을 가리킨다. 여기서 강조할 것은 플래밍의 오른손 법칙은 자장과 기계적인 힘의 방향이 주어진 상태에서 유도되는 전기적인 힘의 방향을 구하고자 할 때 사용되는 것이다. 식 [4]를 바탕으로 구한 유도 기전력인 식 [7]은 파라데이 법칙(3장의 식 [28])에 의해서도 같은 결과를 얻을 수 있다.

예제 7-1

그림 7-14(a)의 도체 막대 a-b간에 유도되는 기전력 v를 파라데이 법칙으로써 구하고 그 결과를 식 [7]과 비교하라. 단 도체는 속도 u_m으로 등속 운동한다.

풀이 그림 7-14(a)에서 자장이 도체 막대의 왼쪽 부분을 통과하는 면적을 $A(t)$라 하면 도체는 등속 운동에 의해

$$A(t) = l \times \int_0^t u_m dt = l u_m t$$

로 표현된다. 따라서 도체 왼쪽의 폐로를 쇄교하는 자속 $\Phi(t)$는

$$\Phi(t) = A(t)B = Blu_m t$$

이므로 유도 기전력 v는 파라데이 법칙에 의해 다음과 같다.

$$v = \frac{d\Phi(t)}{dt} = \frac{d(Blu_m t)}{dt} = Blu_m$$

이상으로 위의 결과는 식 [7]과 동일함을 알 수 있다.

전동기 이제 전기적인 에너지를 기계적인 에너지로 변환시키는 전동기의 원리에 대해 알아보자. 이를 위해 그림 7-13에서 전원 V를 공급한 상태에서 평면도를 그려보면 그림 7-15(a)와 같다. 여기서 전원으로부터 도체에 공급되는 전류 i에 의해 도체 막대에 발생하는 기계적인 힘에 대해 알아보는 것이다.

그림 7-15(a)에서 도체가 받는 힘의 방향에 대해 먼저 알아보면 그림 (b)와 같다. 즉 도체에는 종이 뒷면으로부터 앞면으로 전류가 흐르므로 암페어 법칙에 의해 점선으로 표시된 방향으로 자력선이 형성된다. 따라서 도체 왼쪽에서는 자속이 더해지므로 자속 밀도가 증가하지만 도체 오른쪽에서는 이와 반대로 자속이 서로 상쇄되므로 밀도가 낮아진다. 따라서 자속 밀도가 높은 도체의 왼쪽에서 자속 밀도가 낮은 도체의 오른쪽으로 힘 $\mathbf{f}_m$이 작용하게 되며 이 힘은 도체를 움직이는 기계적인 힘으로 작용하게 된다.

이제 기계적인 힘 $\mathbf{f}_m$의 크기를 구해보자. 그림 7-15(a)에서 도체 내에서 속도 $\mathbf{u}_e$로 움직이는 전하 q가 미소 시간 dt 동안에 진행한 길이를 dl이라 하면 다음과 같다.

$$idl = \left(\frac{dq}{dt}\right)dl = \left(\frac{dq}{dt}\right)u_e dt \qquad \textbf{[8]}$$

여기서

$$idl = dqu_e \qquad \textbf{[9]}$$

또는

$$il = qu_e \qquad \textbf{[10]}$$

로 표현할 수 있다. 따라서 식 [4]의 벡터 방정식으로부터

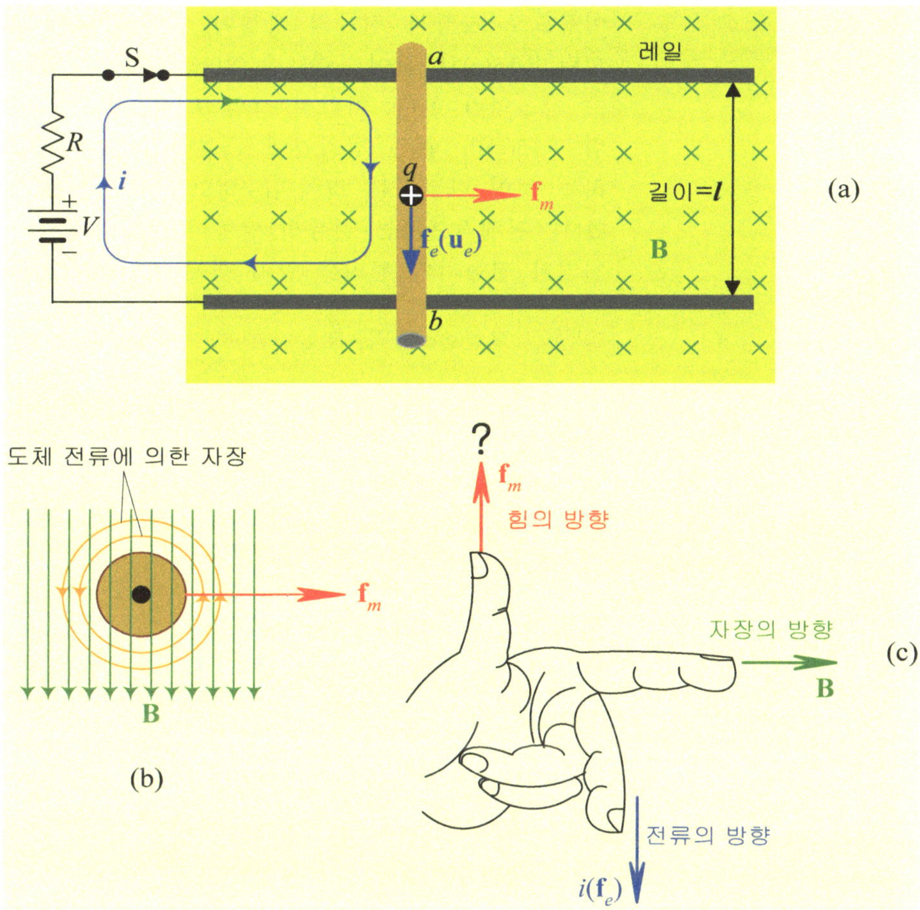

▲그림 7-15 그림 7-13의 변환기에서 (a) 전원을 공급할 때의 평면도; (b) 도체 막대 주위에 형성되는 자장; (c) 플래밍의 왼손 법칙.

$$\mathbf{f}_m = q\mathbf{u}_e \times \mathbf{B} = i\mathbf{l} \times \mathbf{B} \qquad [11]$$

로 표현되는 방정식을 얻을 수 있다. 여기서 벡터 $\mathbf{l}$은 도체의 길이를 나타내는 벡터로서 크기는 l이며 방향은 전류의 방향과 같다. 이상으로 식 [4]가 발전기에 대한 식이라면 식 [11]은 전동기에 대한 식이 된다. 그림 7-15(a)에서 전류의 방향과 자장의 방향이 수직이므로 식 [11]은 다음과 같은 스칼라 방정식으로 표현된다.

$$f_m = Bli \qquad [12]$$

이상으로 자장과 전류의 방향이 주어졌을 때 기계적인 힘의 방향은 그림 7-15(c)와 같이 구할 수 있음을 알 수 있으며 이를 플래밍의 왼손 법칙이라 한다. 따라서 그림 7-14(c)의 플래밍의 오른손 법칙과 그림 7-15(c)의 왼손 법칙간에 근본적인 차이는 주어진 것과 구하고자 하는 것이 다르다는 것이며(구하고자 하는 것은 그림상에서 "?"로 표시하였다), 전체적으로는 전류의 방향이 반대임을 알 수 있다. 이상으로 발전기와 전동기의 원리를 알기 쉽게 정리하면 다음과 같다.

발전기(오른손 법칙, 또는 "*Blu*" 법칙);

$$f_m(\text{기계적인 힘}) \xrightarrow{\text{자장 } B} f_e(\text{전기적인 힘})$$

$$\begin{cases} \mathbf{f}_e = q\mathbf{u}_m \times \mathbf{B} \\ v = Blu_m \end{cases} \qquad \textbf{[13]}$$

(단 u_m은 **B**에 수직인 성분으로 한다)

전동기(왼손 법칙, 또는 "*Bli*" 법칙);

$$f_e(\text{전기적인 힘}) \xrightarrow{\text{자장 } B} f_m(\text{기계적인 힘})$$

$$\begin{cases} \mathbf{f}_m = i\mathbf{l} \times \mathbf{B} \\ f_m = Bli \end{cases} \qquad \textbf{[14]}$$

(단 i는 **B**에 수직인 성분으로 한다)

발전기와 전동기는 입력과 출력이 전도된 관계이므로 기능이 원리상 상호 호환이 가능하다. 즉 그림 7-16의 (a)와 같이 입력을 기계적인 에너지로 하면 출력이 전기 에너지인 발전기가 되며, 동일한 장치를 그

▶그림 7-16 발전기와 전동기의 기능상 호환 관계

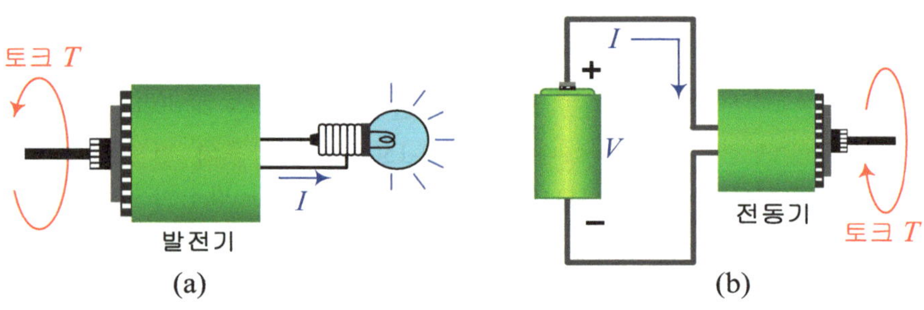

림 (b)와 같이 입력을 전기 에너지로 하면 출력은 기계적 에너지인 전동기로 작용하는 것이다.

부하 효과 그림 7-14를 통해 자장 내에서 움직이는 도체는 유도 기전력을 생산함을 알았다. 이제 한 걸음 더 나아가 그림 7-17(a)와 같이 발전기에 부하를 접속하여 전류를 공급 받을 때 발전기에 미치는 부하 효과에 대해 알아보자. 그림 7-17(a)는 그림 7-14(a)에서 스위치를 닫아 부하 R을 발전기에 접속한 형태이며 폐로가 형성되어 도체에 부하 전류 I_L이 흐르게 된다. 그 결과 자장 $\mathbf{B}$와 전류 I_L은 왼손 법칙에 의해 그림에서 표시된 방향으로 기계적 힘 $\mathbf{f}_m'$를 생산하게 되는 전동기 효과가 나타나게 된다. 그러나 $\mathbf{f}_m'$는 도체를 움직이는 힘 $\mathbf{f}_m$을 방해하는 쪽으로 작용하므로 전기자 반작용이라 한다. 즉

$$f_m \xrightarrow{\text{발전기}} f_e \xrightarrow{\text{전동기}} f_m' \qquad [15]$$

와 같이 두 원리가 동시에 발생하는 것이다. 전기자 반작용은 부하 전류 I_L에 비례하므로 발전기가 공급하여야 할 부하 전류가 증가할수록 도체의 움직임을 방해하는 역토크가 증가한다. 따라서 전압 생산

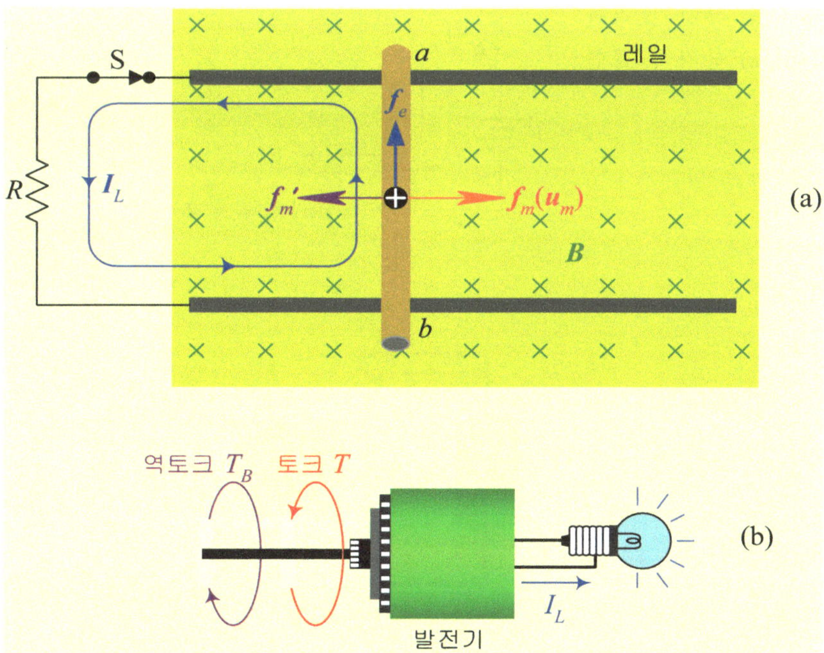

▶그림 7-17 발전기에서의 (a) 부하 효과와 (b) 회로적 표현

을 일정한 수준으로 유지하기 위해서는 더 많은 기계적인 힘이 요구되며 이는 에너지 보존 차원에서 당연한 귀결이다. 그리고 그림 7-17의 (b)는 그림 (a)를 회로적으로 표현한 것이며 역토크 T_B는 부하 전류 I_L에 비례하여 증가한다.

발전기에서와 마찬가지로 그림 7-15(a)의 전동기에서도 부하 효과가 일어나며 그림 7-18의 (a)가 이를 보여준다. 도체에 흐르는 전류 I와 자장 **B**는 전동기 원리에 의해 기계적인 힘 $\mathbf{f}_m$을 만들며 $\mathbf{f}_m$은 다시 **B**와 결합하여 발전기 원리에 의해 그림에서 표시된 방향으로 전기적인 힘 $\mathbf{f}_e'$를 생산한다. 즉

$$f_e \xrightarrow{\text{전동기}} f_m \xrightarrow{\text{발전기}} f_e' \qquad [16]$$

이며 $\mathbf{f}_e'$는 $\mathbf{f}_e$와 반대 방향으로 작용하므로 역기전력이라 한다. 역기전력에 의한 전류 I_B는 전원에서 공급되는 전류 I를 방해하는 방향으로 흐른다. 그림 7-18의 (a)를 간단히 표현한 것이 그림 (b)이며 이의 회로적 표현이 그림 (c)이다. 그림 (c)에서 전압원 V_B는 역기전력을 등가

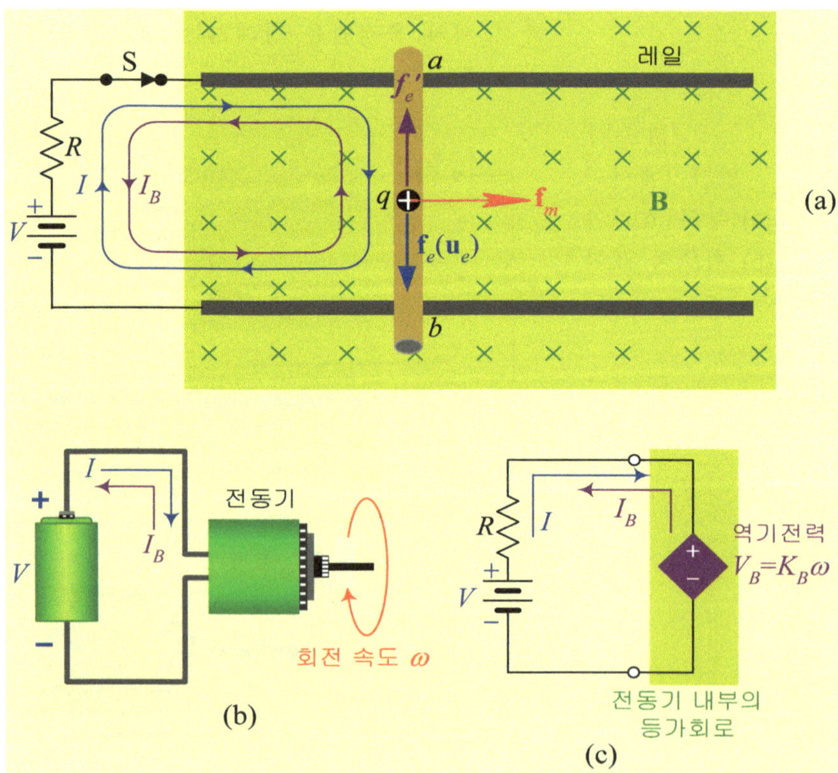

▶그림 7-18
전동기에서의
(a) 부하 효과와
(b),(c) 등가적 표현

등가화한 것으로 전동기의 회전 속도 ω에 비례한다(K_B는 비례 상수). 이상으로 부하가 결합된 발전기와 전동기 내부에서는 발전기 원리와 전동기 원리가 모두 공존함을 알 수 있다.

7.3 변압기

변압기는 파라데이 법칙을 바탕으로 전기 에너지와 자기 에너지의 상호 변환을 이용하는 것으로 그 구조는 그림 7-19의 (a)와 같으며 기호로는 그림 (b)와 같이 표현한다. 그림 (a)에서 전원이 입력되는 코일을 일차 코일이라 하고 부하가 연결되는 코일을 이차 코일이라 한다. 물론 일차 코일의 전압과 전류는 일차 전압, 일차 전류라 하고 이차 코일의 전압과 전류를 이차 전압, 이차 전류라 한다. 그리고 3장의 식 [32]에 의해 코일의 인덕턴스 L과 권선수 N의 관계는 $L \propto N^2$과 같다.

▸그림 7-19 변압기의 (a) 구조와 (b) 기호

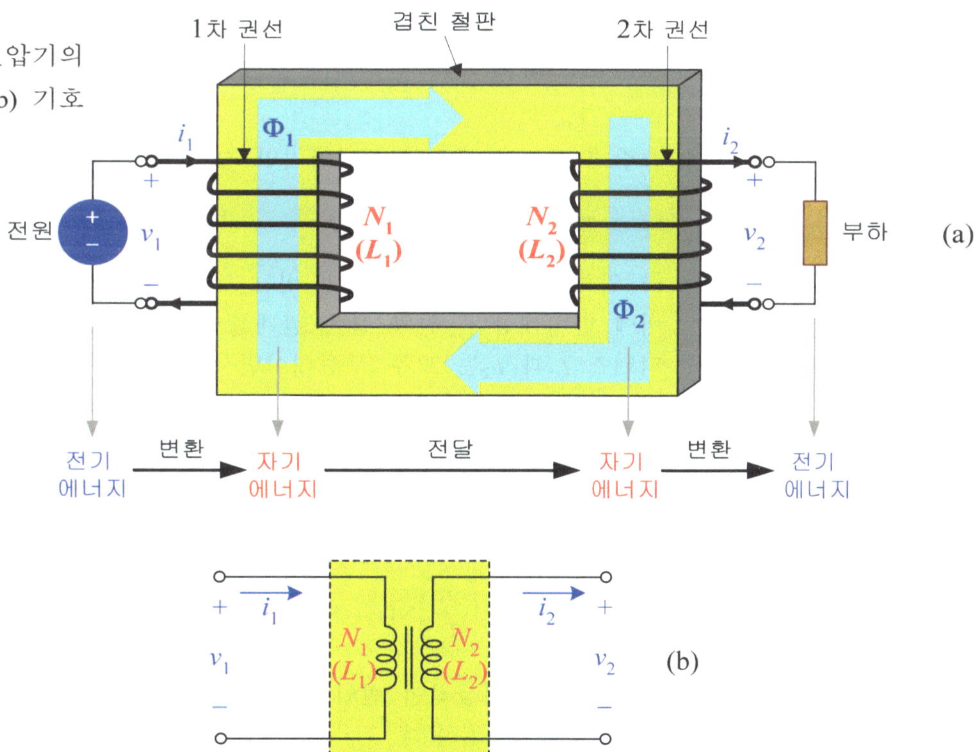

따라서 그림 7-19(a)에서 일차 코일과 이차 코일의 권선수를 각각 N_1, N_2라 하고 각 인덕턴스를 L_1, L_2라 하면 두 코일의 권선비 T_r은

$$T_r = \frac{N_2}{N_1} = \sqrt{\frac{L_2}{L_1}} \quad [17]$$

로 주어진다. 그림 7-19(a)에서 일차 측에 입력된 전압 v_1(전기 에너지)에 의한 전류 i_1은 일차 코일에 의해 자기 에너지인 자속 Φ_1으로 변환된 다음, 철심에 의해 이차 코일에 쇄교되어 자속 Φ_2를 형성시킨다. 그리고 자속 Φ_2의 변화는 이차 측에 유도 기전력 v_2를 유도함으로써 다시 전기적인 에너지로 변환된다. 물론 이 때 자속의 변화가 없으면 이차 전압은 유도되지 않으므로 변압기는 교류만 변압시킬 수 있다. 이와 같이 변압기는

전기 에너지 → 자기 에너지 → 전기 에너지

순으로 에너지를 변환 및 전달하는 작용을 한다. 한 쪽 코일에 의해 형성된 자속이 상대 코일로 얼마나 많이 쇄교되는가 하는 자기 결합 정도는 결합 계수 k로 나타내며 $0 \leq k \leq 1$이다. 만일 $k=0$이면 이는 두 코일간에 자기 결합이 없다는 뜻이다. 그리고 $k=1$이면 100% 쇄교됨을 의미하며 이를 완전 결합이라 한다.

이상적인 변압기

그림 7-19(a)가 이상적인 변압기일 경우 다음의 관계를 만족한다.

$$\frac{v_2}{v_1} = \frac{i_1}{i_2} = T_r \quad [18]$$

즉 일차 전압과 이차 전압의 비는 권선비와 같으며 전류의 비는 권선비에 반비례한다. 위와 같은 관계를 만족하기 위해서는 두 코일의 인덕턴스 L_1과 L_2는 모두 무한대이면서 그 상관 관계는 식 [17]과 같아야 하고, 결합은 완전 결합이어야 한다($k=1$). 따라서 이상적인 변압기는 실현 불가능하다. 이상적인 변압기에 의한 전력 전달을 살펴보자. 그림 7-19(a)에서 일차 측에 입력된 전력을 P_1이라 하고 이차 측에 전달된 전력을 P_2라 하면 식 [18]의 관계에 의해

$$P_1 = v_1 i_1 = \left(\frac{v_2}{T_r}\right) \times (T_r i_2) = v_2 i_2 = P_2 \quad [19]$$

와 같다. 즉 이상적인 변압기는 전력을 소비하지 않고 그대로 전달한다는 것을 알 수 있다.

예제 7-2

120 V, 60 Hz의 전압원을 이용하여 12 V 전구가 동작할 수 있도록 변압기를 사용하고자 한다. 필요한 권선비를 구하고 일차 코일의 권선수가 300일 때 이차 코일의 권선수를 구하라. 단 변압기는 이상적인 것으로 가정한다.

풀이 권선비는

$$T_r = \frac{v_2}{v_1} = \frac{12}{120} = 0.1$$

따라서 이차 코일의 권선수는 다음과 같다.

$$N_2 = T_r N_1 = 0.1 \times 300 = 30$$

예제 7-3

예제 7-2의 전구가 12 V에서 1 A 전류가 흐를 때 일차측 전류를 구하라.

풀이 권선비가 T_r=0.1이므로

$$i_1 = T_r i_2 = 0.1 \times 1 = 0.1\,[\mathrm{A}]$$

임피던스 변환기

전원으로부터 부하로 공급되는 전력은 부하의 크기에 좌우되며, 부하가 전원의 내부 저항과 같을 때 최대 전력 전달이 가능하다. 그러나 부하를 임의로 설정할 수 없는 경우에는 변압기를 이용하여 부하를 변환시켜 주는 것과 같은 효과를 얻을 수 있으며 이러한 기능을 임피던스 변환이라 한다.

그림 7-20의 왼쪽 회로에서 일차측에서 들여다 본 등가 저항 R_1을 구해보자. 권선비가 $T_r=N_2/N_1$이므로 식 [18]로부터

▶그림 7-20
임피던스 변환

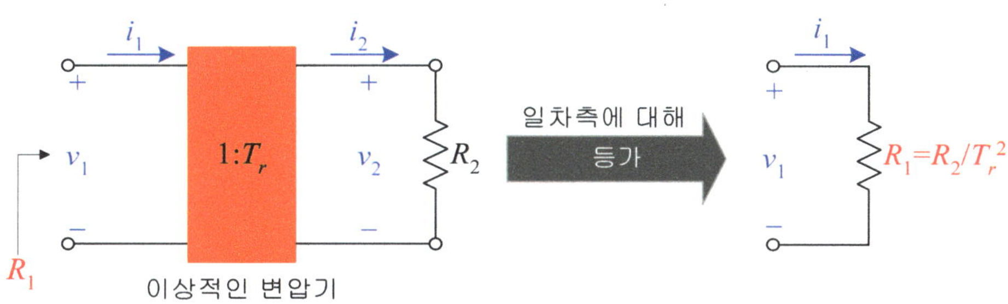

$$R_1 = \frac{v_1}{i_1} = \frac{v_2/T_r}{T_r i_2} = \frac{1}{T_r^2}\left(\frac{v_2}{i_2}\right) \qquad [20]$$

이다. 그리고 $v_2/i_2=R_2$이므로 식 [20]으로부터

$$R_1 = \frac{R_2}{T_r^2} \qquad [21]$$

의 관계를 얻을 수 있으며 그림 7-20의 오른쪽 등가회로가 이를 보여준다. 따라서 권선비 T_r을 적절히 조절함으로써 원하는 만큼 저항을 변환시킬 수 있는 것이다. 만일 저항을 크게 변환시키고자 하면 $T_r<1$, 즉 일차 코일의 권선수가 이차 코일에 비해 더 많도록 하면 되고, 저항을 줄이고자 하면 이차 코일의 권선수가 더 많게 하여 $T_r>1$로 한다.

예제 7-4

그림 7-21에서 부하 $R_L=200\Omega$에 최대 전력이 전달되도록 변압기의 권선비 T_r을 구하라.

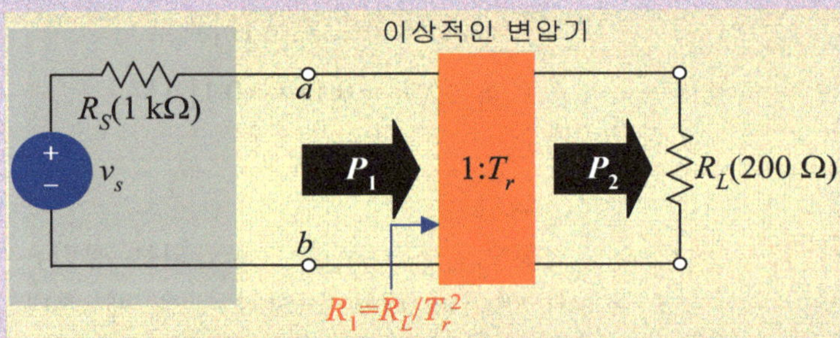

▲그림 7-21 예제 7-4의 그림

풀이 최대 전력 전달을 위해서는 단자 a-b에서 부하를 바라 볼 때의 등가 저항 R_1이 $R_1=R_S=1\text{ k}\Omega$이 되어야 한다. 따라서

$$R_1 = \frac{R_L}{T_r^2} = 1\text{ k}\Omega$$

로부터 권선비는

$$T_r = \sqrt{\frac{R_L}{R_1}} = \sqrt{\frac{200}{1000}} = \frac{1}{\sqrt{5}}$$

$$\therefore N_1 = N_2/T_r = \sqrt{5}N_2$$

실제적인 변압기

이상적인 변압기가 되기 위해서는 첫째 완전 결합을 이루어야 하며 (k=1) 둘째로 두 코일의 인덕턴스는 무한대가 되면서 그 비만 유한하여야 한다. 따라서 이상적인 변압기는 실현 불가능하지만 완전 결합은 자성체의 발전으로 거의 실현 가능하다. 그림 7-22는 완전 결합을 이루는 실제적인 변성기 및 그 등가회로이다. 등가회로로부터 알 수 있듯이 일차 코일의 인덕턴스 L_1이 무한대가 되면 실제적인 변성기는 이상적인 변성기와 같아짐을 알 수 있다.

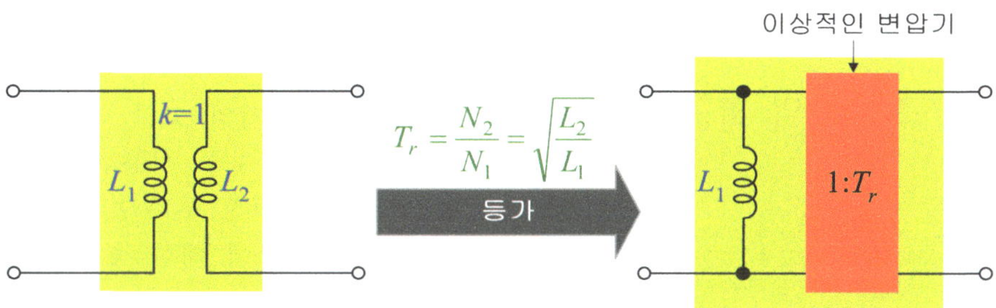

(a) (b)

▶그림 7-22 완전 결합을 이룬 (a) 실제 변압기와 (b) 등가 회로

그림 7-23의 (a)와 같이 철심에 감겨진 코일 b-c의 중간에서 하나의 탭(tap) 단자 a를 설치한 형태를 단권 변압기라 하며 기호는 그림 (b)와 같다. 만일 입력 교류 전압이 단자 a-c간에 인가된다면 전체 권선이 감겨진 철심 주위에 자장이 변화하도록 전류가 흐르며 이 자장의 변화에 의해 코일 b-c의 양단에 기전력이 유도된다. 단권 변성기는 구조상 완전 결합을 이루기가 용이하므로 그 등가회로는 그림 7-24와 같다. 즉 이는 결합 계수가 1인 그림 7-22의 실제 변압기와 같다. 단권 변성기는 가변 교류 전압이 필요한 실험실 등에서 사용하기에 적합하며 상업적으로 이용할 수 있는 가변 단권 변압기를 바리액(variac)이라 부른다.

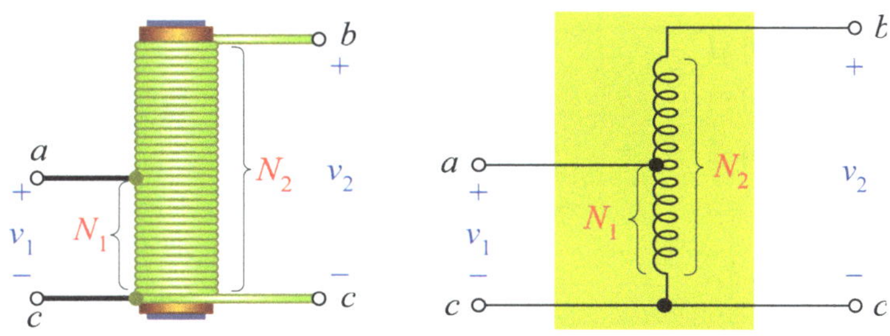

(a) (b)

▶그림 7-23 단권 변압기의 (a) 구조 (b) 기호

▶그림 7-24
단권 변압기와
등가 회로

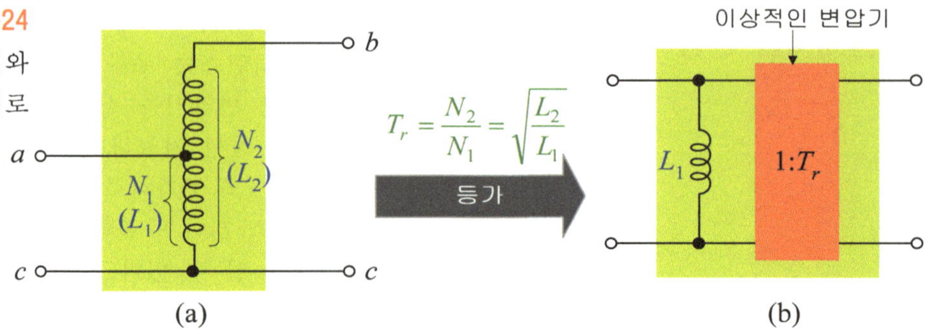

공진회로와의 결합

RLC 공진 회로의 *L*이 변압기의 코일 역할을 겸함으로써 공진 회로의 특성을 개선시키는 방법이 자주 사용된다. 예를 들어 그림 7-25(a)와 같이 병렬 공진 회로에 주어진 부하 R_L을 직접 접속할 경우를 생각해 보자. 이 경우 *LC* 공진 회로에 대한 총 부하는

$$R_T = R \| R_L < R \quad \textbf{[22]}$$

로 *R*보다 낮아지므로 저항에 비례하는 공진 회로의 선택도 $Q_{병렬}$이 저하된다(5장의 식 [60] 참조). 따라서 부하 저항이 작을수록 주파수 선택도는 심각하게 저하될 것이다. 이러한 문제점을 방지하는 것이 그림 7-26이다. 그림 7-26(a)는 병렬 공진 회로의 *L*을 변압기의 일차 코일로도 겸용한 형태로서 공진 회로와 변압기를 결합한 기능이 있다. 그림 7-26의 (a)에서 *L*의 변압기로서의 기능을 먼저 등가화하면 그림 (b)가 된다(그림 7-22 참조). 그리고 그림 (b)는 이상적인 변압기의 임피던스 변환기 기능에 의해 그림 (c)와 같이 최종적으로 등가화할 수 있다.

▶그림 7-25
(a) 부하가 결합된
병렬 *RLC* 공진회로
(b) 등가 회로

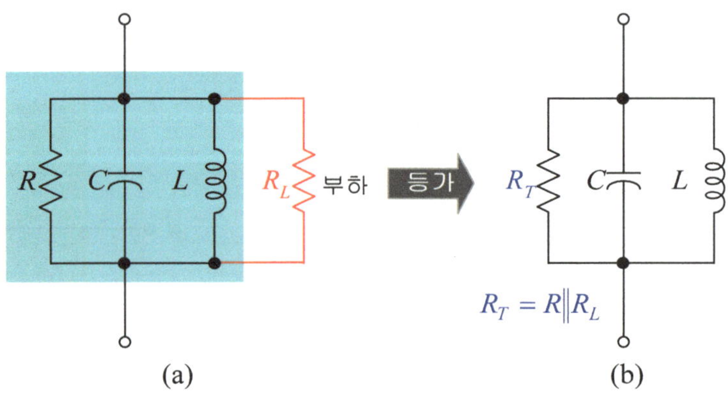

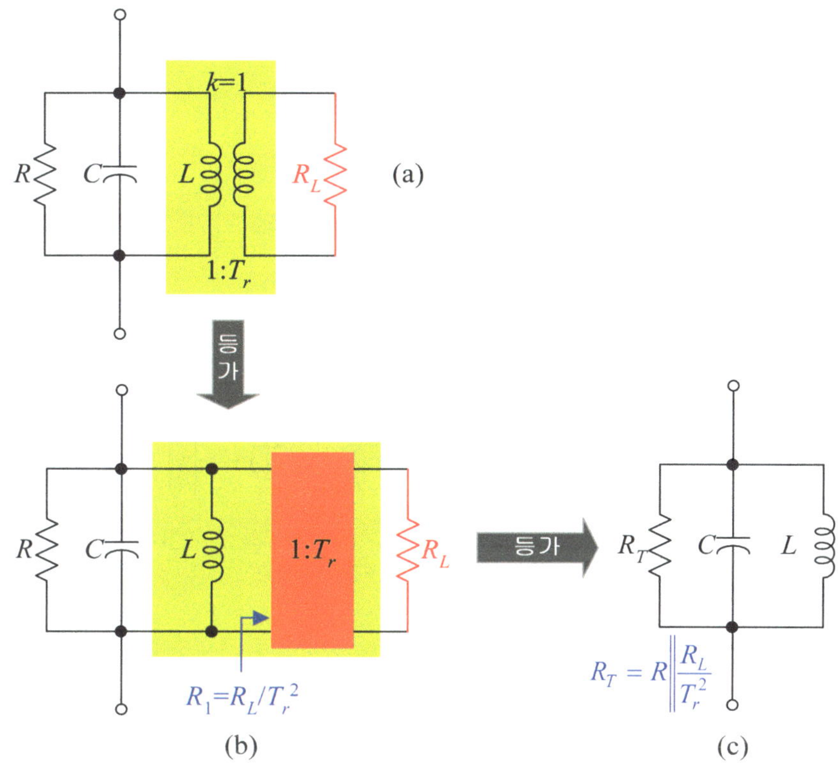

▶그림 7-26
(a) 변압기를 통해 부하가 결합된 병렬 *RLC* 공진회로;
(b) 등가 회로 1;
(c) 등가 회로 2.

결과적으로 공진 회로의 총 부하는 식 [22] 대신

$$R_T = R \left\| \frac{R_L}{T_r^2} \right. \qquad [23]$$

로 주어지므로 T_r을 1보다 작게 하여 공진 회로의 선택도를 개선시킬 수 있는 것이다.

승압과 강압

발전소는 일반적으로 사람이 사는 마을과는 멀리 떨어진 해안이나 산간 벽지에 건설되므로 도시와 같은 대전력 소비지까지 송전하기 위해서는 상당히 긴 거리의 전선이 필요하다. 그 결과 전선 자체의 저항도 상당히 커지므로 발열에 의한 큰 손실이 발생한다. 이 손실은 $P=I^2R$[W]로 주어지므로 송전선의 전류가 대전류이면 손실도 커진다. 이를 막을 대책으로 송전 전압을 대폭 상승시켜서 전류 값을 작게 하고 있으며 발전소의 송전선은 20만 볼트 전후의 매우 높은 고전압으로 한다. 따라서 그림 7-27(a)와 같이 발전소에 병설된 변전소의 역할

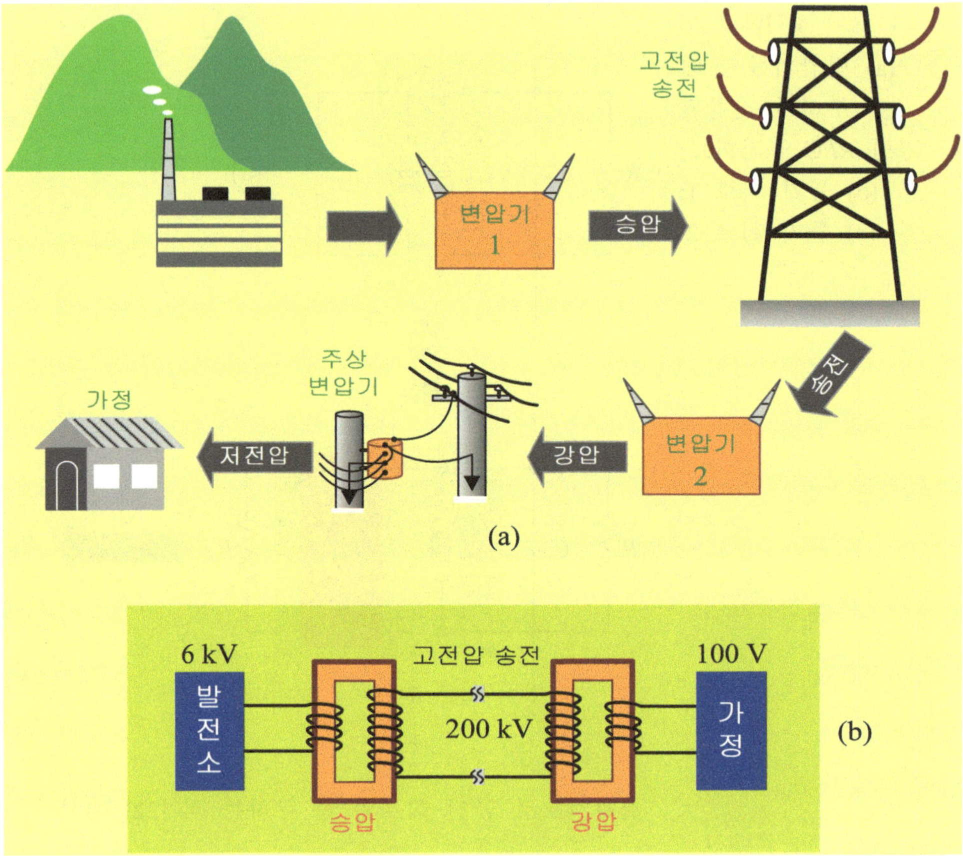

▶그림 7-27
(a) 송전 과정
(b) 도식적 표현

은 일반적으로 승압용이며 전력 소비지에 가까운 변전소와 주상 변압기의 역할은 강압용이다. 그림 (b)는 (a)의 도식적인 표현이다.

7.4 자기의 기타 응용

유도 가열

전류와 자장 사이는 그림 7-28과 같이 표리일체의 관계가 있다. 즉 그림 (a)는 암페어 법칙으로서 전류가 흐르는 주위에 자장이 형성되는 원리이며 여기서 전류와 자장의 위치를 바꾸면 그림 (b)의 파라데이 법칙이 된다. 그림 (b)의 원리에 의해, 도체에 수직으로 자속이 관통할 때 자속 주위에 맴돌이 전류(eddy current)가 형성되며 그림 (c)가 이를 보여준다. 맴돌이 전류란 도체를 관통하는 자속에 변할 때 도체 내부

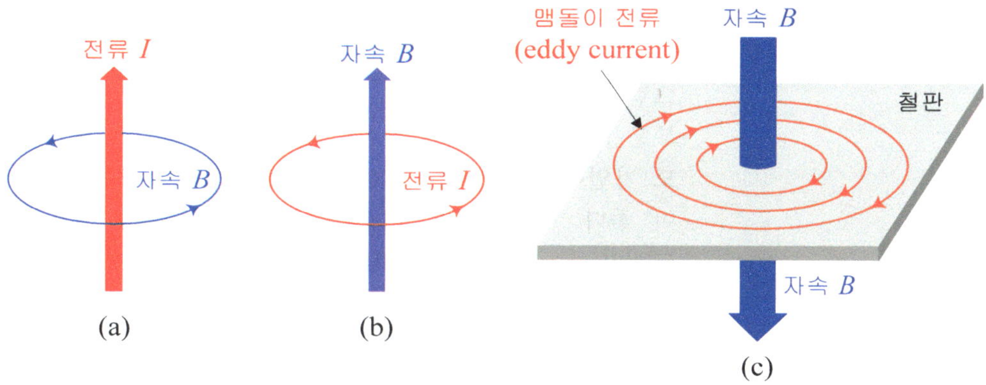

▲그림 7-28 (a) 암페어 법칙; (b) 파라데이 법칙; (c) 맴돌이 전류.

자속에 직각인 면에 유도 기전력이 생기고 이 기전력에 의해 도체 내에 흐르는 맴돌이 모양의 전류를 말한다. 도체 내에 맴돌이 전류가 흐르게 되면 $P=I^2R$[W]에 해당하는 열이 발생하며 이를 유도 가열(IH; induction heating)이라 한다. 그러나 발열을 필요로 하지 않는 전기 기기에서는 유도 가열은 전력 손실로 이어진다. 예를 들어 그림 7-19의 변압기 경우 자속이 관통하는 철심의 단면에는 그림 7-29(a)와 같이 맴돌이 전류가 발생하며 이에 따라 발열 손실이 생긴다. 이에 대한 대책으로 일체형의 철심을 사용하지 않고 그림 7-29(b)와 같이 겹친 철판을 자심으로 사용하게 되면 그림 (a)에 비해 맴돌이 전류의 통로가 짧아져 저항 R이 작아지므로(저항은 도선의 길이에 비례) 전력 손실이 감소하게 된다. 이에 비해 맴돌이 전류에 의한 유도 가열을 적극

▶그림 7-29 맴돌이 전류에 의한 전력 손실: (a) 일체형 철판; (b) 겹친 철판.

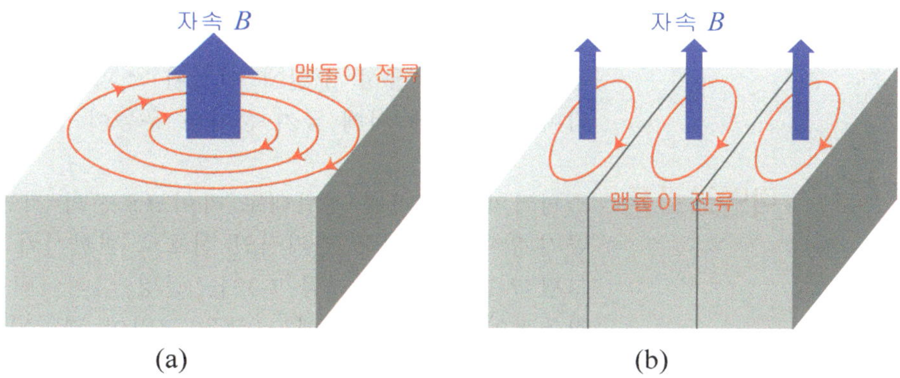

적으로 활용할 수 있으며 그림 7-30의 자기 조리기가 한 예이다. 자기 조리기는 철판 밑에 설치된 자력 발생 코일에 전류를 흘려줌으로써 그림에서 표시된 방향으로 자력선이 발생하며, 이 자력선이 철판 밑 부분을 관통하면서 맴돌이 전류를 발생시키는 것이다. 이와 같이 유도 가열은 불꽃이 없을 뿐 아니라 철판을 직접 가열하기 때문에 효율이 좋다. 우리 실생활에서 유도 가열을 이용한 또 하나의 대표적인 사례가 유도 가열 밥솥(IH 전기 밥솥)이다.

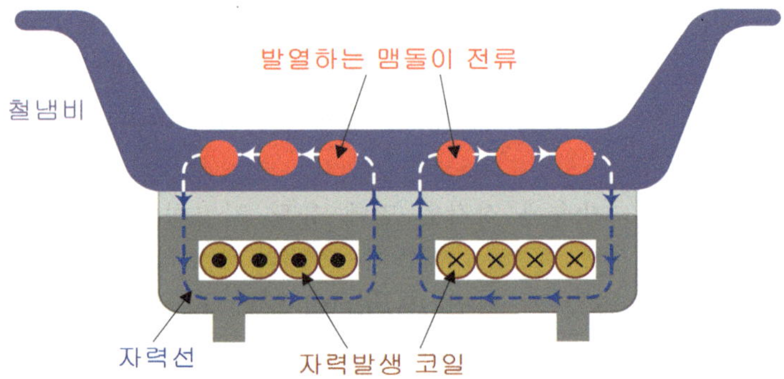

▶그림 7-30
유도 가열을 이용한 자기 조리기

스피커

라디오와 스테레오 등의 음향 기기에는 여러 가지 스피커가 사용되고 있다. 예를 들면 휴대용의 소형 스피커, 실내에서 음악을 즐길 수 있도록 음질이 좋은 스피커, 가두용으로 사용하는 라우드 스피커(loud speaker) 등 여러 종류가 있다. 스피커는 전기 에너지를 음향 에너지로 변환시키는 변환기로서 도식적인 구조는 그림 7-31의 (a)과 같으며 플래밍의 왼손 법칙에 의한 전동기 원리를 이용한다. 가청 주파수 대의 전기 신호가 음성 코일에 전류를 흘려주게 되면 그림 (b)와 같이 도체인 코일과 자장간의 상호 작용에 의해 힘이 형성된다. 이 힘에 의해 음성 코일 및 음성 코일에 연결된 스피커 콘(cone) 종이가 움직이게 되며 이 진동에 의해 공기 분자의 운동이 일어나 음파가 발생한다.

마이크로폰

스피커의 기능과는 정반대로 마이크로폰의 기능은 음성 신호에 의한 공기 압력의 변화를 전기적인 신호로 변환시키는데 있으며 그 구조는 그림 7-32와 같다. 그림 7-32는 일명 다이나믹 마이크로폰이라 하며 진동판이라 불리는 콘에는 작은 코일이 결합되어 있어 이 코일은 진동판과 함께 움직이도록 되어 있다. 따라서 음성 신호에 의한 공기

▶그림 7-31
스피커
(a) 구조
(b) 원리

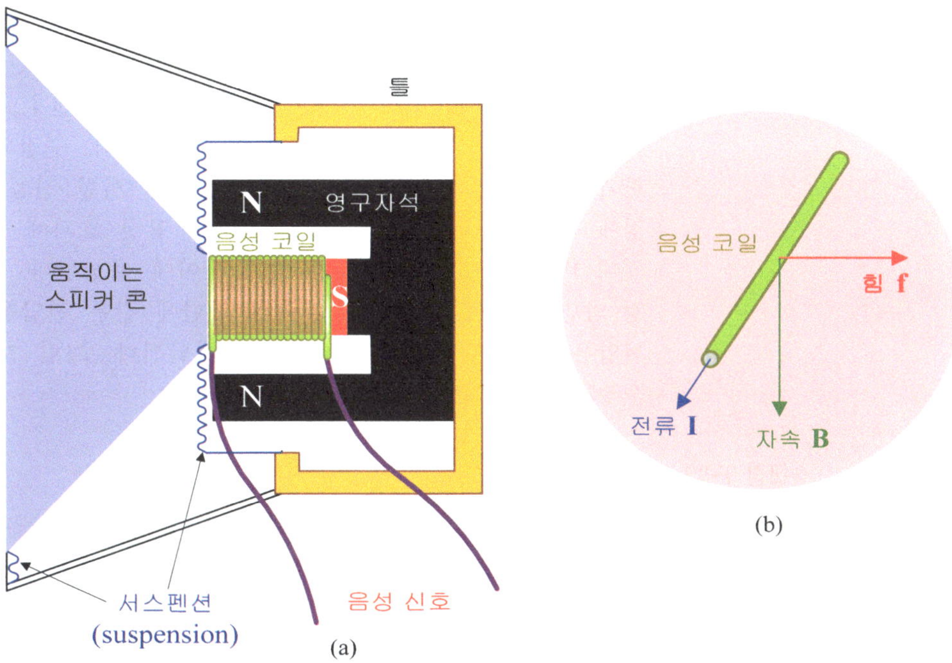

▶그림 7-32
다이나믹 마이크로폰 의 구조

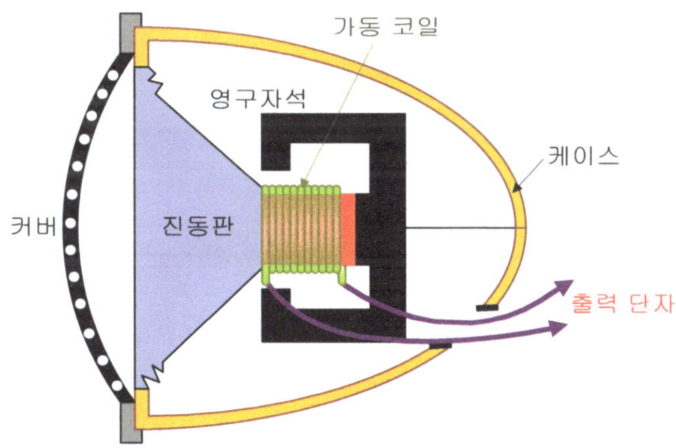

압력의 변화는 진동판과 더불어 코일을 움직이므로 코일은 영구 자석의 자장 속에서 직선 운동하게 된다. 자장 내의 도체 운동은 플래밍의 오른손 법칙에 의한 발전기의 원리로 유도 기전력을 생산하므로 코일의 양단에는 음성 신호와 닮은 꼴의 유도 전압이 발생하게 된다.

수정은 기계적인 힘으로 굽히거나 압력을 가하면 전압이 생성되며 이를 압전 효과(壓電效果; piezoelectric effect)라 한다. 수정의 이와 같은 압전 효과를 이용하여 음성 신호를 전기적인 신호로 바꾸는 수정 마이크로폰은 그 구조가 그림 7-33의 (a)와 같다. 수정의 한 단면은 진동판과 연결되어 있다. 따라서 음성 신호에 의한 진동판의 움직임은 수정에 기계적인 압력을 가하게 되므로 압전 효과에 의해 기계적인 압력에 비례하는 전압이 수정 양면 사이에 생성된다. 생성된 전압은 수정 양면에 부착되어 있는 금속판 양단에 같은 전압을 만들어 주며 이 전압은 출력 단자를 통해 외부로 전달된다. 그림 7-33(b)는 일반적인 수정 마이크로폰의 외관을 보여준다.

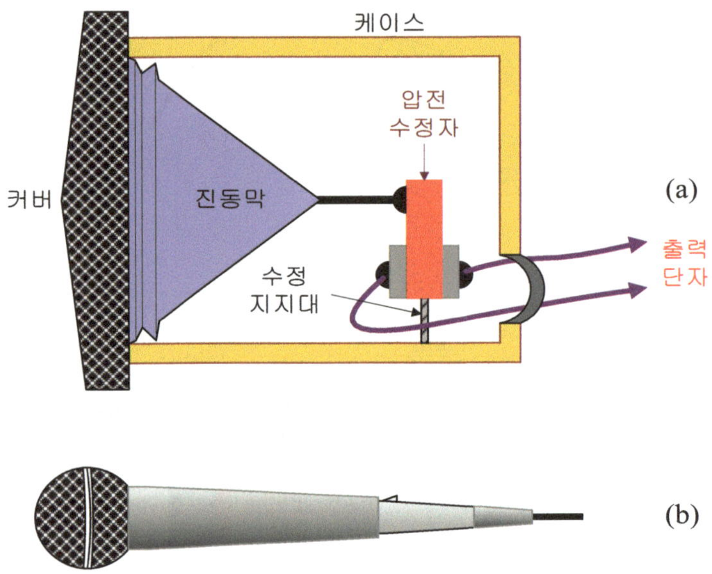

▶그림 7-33 수정 마이크로폰의 (a) 내부 구조; (b) 외관.

스피커와 마이크로폰의 관계는 전동기와 발전기의 관계와 같다. 따라서 스피커는 그림 7-34와 같이 스피커와 마이크로폰 두 기능간에 전환될 수 있 으며, 이는 전동기와 발전기가 서로간의 기능으로 전환될 수 있는 것과 같다. 스피커를 마이크로폰으로 사용하고 있는 예가 일반 가정의 현관에 설치되어 있는 인터폰이다.

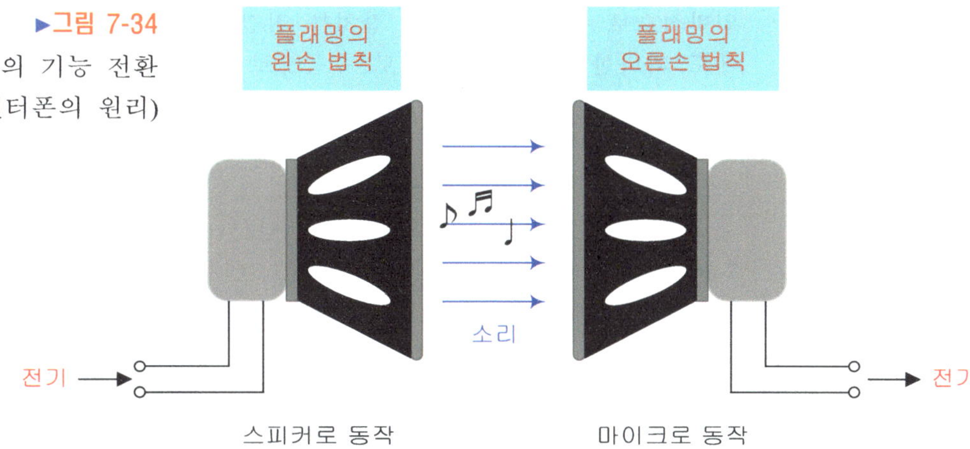

▶그림 7-34
스피커의 기능 전환
(인터폰의 원리)

자기 테이프

자기 테이프는 음성 신호, 영상 신호(텔레비전 신호) 그리고 여러 가지 컴퓨터 정보를 저장하고 재생하는데 널리 사용되고 있으며, 그 원리를 간단히 나타내면 그림 7-35와 같다. 그림에서 전자석 코일에 전기 신호를 입력시켜 주는 전자석을 테이프의 헤드(head)라 하며, 헤드에 가해지는 전기 신호의 진폭과 주파수에 따라 자기 테이프가 자화되는 양상이 변한다. 즉 헤드 밑을 지나가는 테이프는 전기 신호의 변화와 동일하게 N극과 S극으로 자화되며, 이 과정에서 테이프에 기록되는 자장의 세기는 전기 신호의 진폭에 비례하고 자장의 극성의 변화율은 전기 신호의 주파수에 비례한다. 따라서 전기 신호는 자기 복제로 변환되는 것이다. 재생 과정은 앞서 설명한 과정과 반대이다.

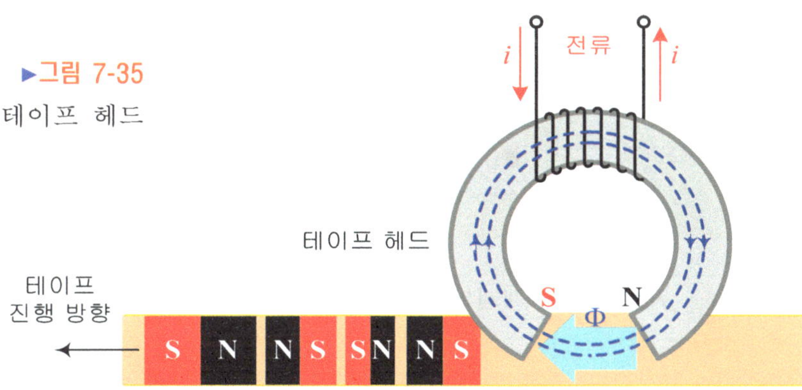

▶그림 7-35
자기 테이프 헤드

계전기(relay)

일반적으로 부하 전류가 큰 장치를 직접 ON/OFF 할 경우 그 스위치에도 과다한 전류가 흐르므로 수동으로 조작할 경우 매우 위험하다. 그 때문에 전류에 알맞은 스위치의 접점 용량 및 구조 등을 특별히 고려해야 하므로 대단히 비싼 스위치가 된다. 이러한 문제의 해결책으로 등장한 것이 계전기(繼電器)이다.

계전기는 자기력에 의해 열리고 닫히는 스위치로서 구조는 그림 7-36과 같다. 움직일 수 있는 소자인 기전자는 보통의 상태에서는 스프링의 장력에 의해 당겨진 상태에 있으므로 접점 *a*와 *b*는 떨어져 고전압 회로의 스위치는 닫힌 상태가 된다. 그러나 저전압인 계전기 코일의 전원 스위치 S가 닫히게 되면 계전기 코일에 전류가 흘러 코일이 전자석이 되어 기전자를 당기므로 접점 *a*와 *b*가 붙어 고전압 회로의 스위치가 닫히게 된다. 물론 저전압 회로의 스위치 S가 열리면 코일의 전자석 기능이 없어지므로 스프링 장력에 의해 고전압 회로의 스위치는 열리게 된다.

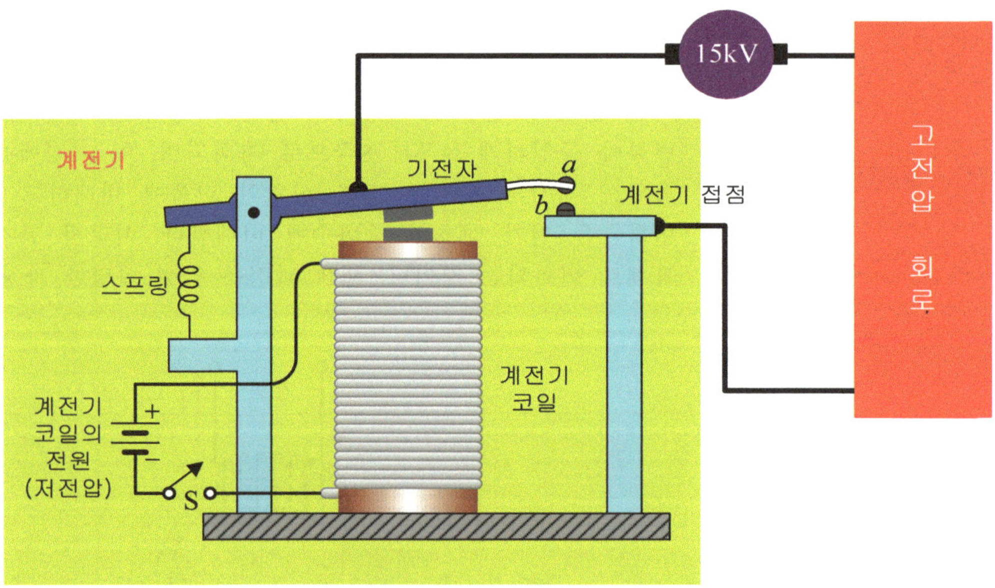

▲그림 7-36 계전기를 이용한 고전압 회로의 개폐

솔레노이드

그림 7-37의 (a)는 솔레노이드(solenoid)의 기본 외관이다. 구조는 그림 (b)와 같이 속이 비어있는 비자성체를 도선으로 감아 전자석과 같이 동작하게 한다. 그리고 그 내부에는 고정된 정지 철심과 이동할 수 있는 이동 철심 및 스프링으로 되어 있으며 이동 철심을 플런저(plumger)라 한다. 솔레노이드의 코일에 전류를 흘려주지 않으면 그림 (b)와 같이 플런저가 밖으로 돌출된 상태에 머물러 있다. 그러나 그림 (c)와 같이 코일에 전류를 흘려주면 솔레노이드 내부에 자장이 형성되며 이 자장에 의해 두 개의 철심이 자화된다. 그 결과 고정된 정지 철심의 S극이 플런저의 N극을 당기므로 플런저가 안으로 이동하며 스프링은 압축된다. 이 상태는 코일에 전류가 흐르는 동안 계속되며 전류가 끊어지면 자성을 잃어면서 스프링의 장력에 의해 플런저는 다시 밖으로 밀려난다. 솔레노이드는 밸브나 자동차의 잠금 장치를 전기적으로 제어하는 등 여러 가지 용도로 사용되고 있다.

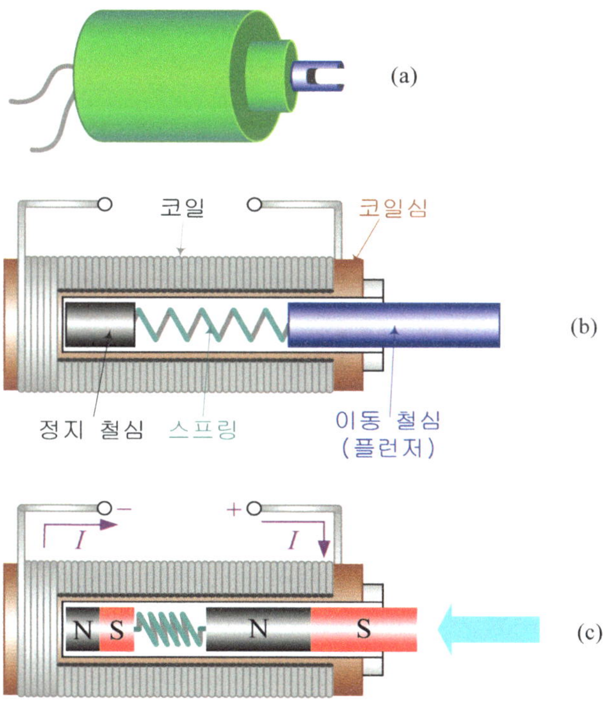

▶그림 7-37 솔레노이드의 (a) 외관; (b) 내부; (c) 동작 원리.

7.5 전자기파

전장의 변화는 암페어 법칙에 의해 자장의 변화를 일으키고 자장의 변화는 파라데이 법칙에 의해 다시 전장의 변화를 일으키는 과정이 연속적으로 반복되면 전자기파(電磁氣波)가 발생하며 전자기파는 간단히 전파라 부른다. 특히 전파는 시간에 따라 진행하는 진행파(traveling wave)를 형성하므로 공간을 통해 전파(傳播)될 수 있다. 따라서 전파는 라디오, 텔레비전을 비롯하여 위성 통신, 항공 무선, 방재무선, 휴대용 전화 등 모든 무선 통신 분야에 이용되고 있다.

전파는 전장과 자장간의 상생 관계에 의해 진행파가 형성되므로 전장과 자장이 단독으로 존재하는 일이 없고 그림 7-38과 같이 반드시 공존한다. 이 때 전장과 자장은 모두 진행 방향에 대해 수직일 뿐 아니라 서로간에도 수직을 이루는 횡파(橫波)이다.

▶그림 7-38
전자기파

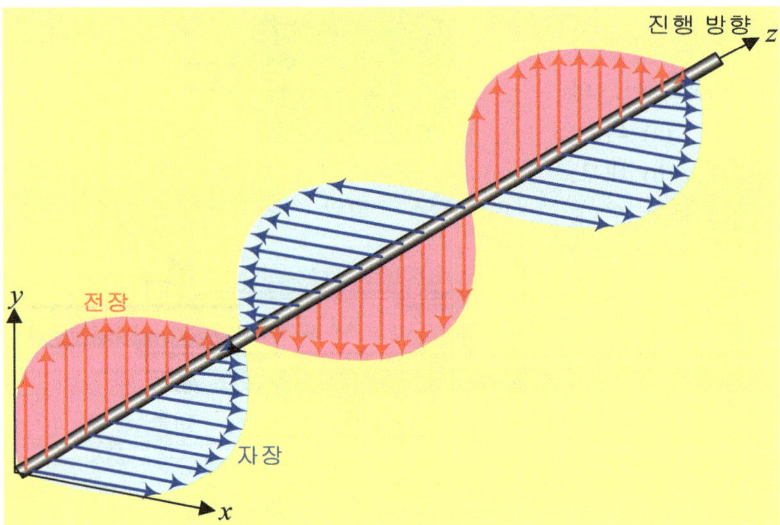

전파의 전파

전파로 정보를 전달하는 원리를 간단히 설명하면 그림 7-39과 같다. 그림 7-39의 (a)는 물결파로서 전파와 마찬가지로 진행 방향에 대해 수직을 이루는 횡파이다. 만일 그림과 같이 한 쪽 부분에서 물체를 이용하여 수면의 진동 운동을 일으키면 이에 의한 물결파가 진행하여 상대방에 도달하게 된다. 따라서 또 다른 한쪽에 예를 들어 종이배를 두었다면 종이배의 진동 운동 양상은 원인 제공자의 운동 양상과 동

▶그림 7-39
파에 의한 정보 전달 원리: (a) 물결파; (b) 전파.

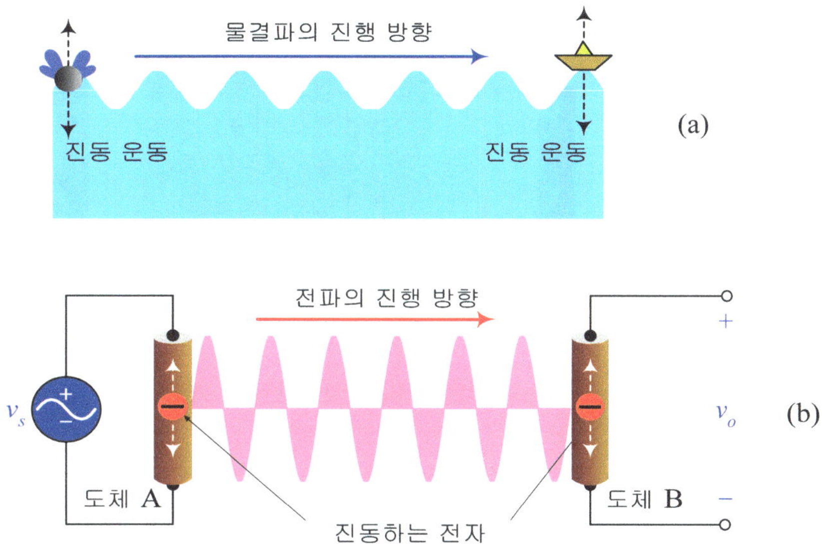

일할 것이다. 즉 물결파에 의해 정보가 전달된 것이다. 전파에 의한 정보 전달도 이와 같으며 그림 7-39(b)가 이를 보여준다. 단 그림 (b)에는 편의상 전장만 표현하였다. 그림 7-39(b)에서 도체 A의 양단에 전압을 가하면 이에 의해 도체 내의 전자가 진동하게 되며 전자의 진동은 전파를 발생시키게 된다. 발생된 전파가 공간을 통해 도체 B에 전달되면 도체 B 내에 있는 전자가 전파의 전장에 따라 동일한 양식으로 진동하게 되며 이에 따라 도체 B의 양단에는 전압이 유기된다. 따라서 도체 B 양단의 유도 전압 v_o는 도체 A 양단의 전압 v_s와 닮은 꼴이 되어 정보는 전달되게 되는 것이다. 물론 전파는 거리의 자승에 비례하여 약해지므로 v_o는 v_s에 비해 전력은 약해진 상태이며 이는 증폭기 등으로 증폭할 수 있다. 이상으로 그림 7-39(b)에서 도체 A를 송신 안테나로 보면 도체 B는 수신 안테나 역할을 하게 된다.

참고로 그림 7-39(b)에서 전파를 수신하는 수신 안테나 부분의 신호 처리 과정을 개괄적으로 설명하면 그림 7-40과 같다. 수신된 전파에 의해 진동하는 전자, 즉 전류의 흐름은 인덕터 L_a 양단에 유도 기전력 v_a를 발생시키며 이 전압은 변압기의 이차 코일인 L에 전달된다. 코일 L은 변압기의 이차 코일이면서 동시에 공진 회로의 인덕터 역할도 겸한다(그림 7.26 참조). 병렬 공진 회로 RLC는 원하는 대역의 주파수 성분만 선택하는 동조(同調; tuning) 작용을 하며 중심 주파수는

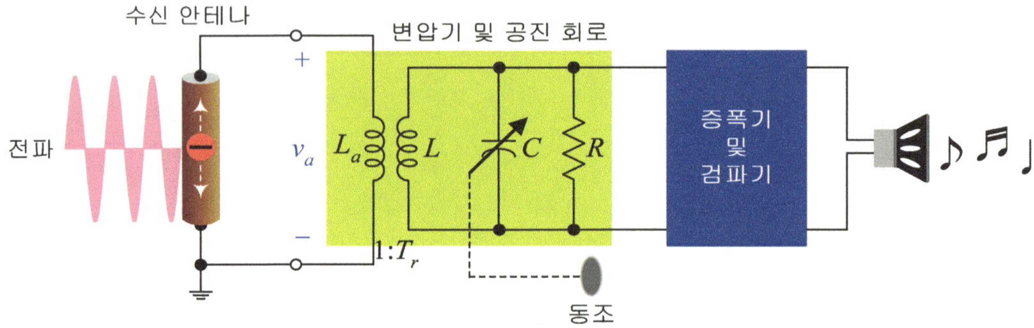

▲그림 7-40 수신 안테나 부분의 신호 처리 과정

C의 용량을 가변시켜 조절한다. 선택된 대역의 신호는 증폭기와 검파기를 거쳐 최종적으로 스피커(영상 신호의 경우는 브라운관)을 거쳐 듣거나 볼 수 있다.

전파를 공중으로 전파하는 방법은 그림 7-41과 같이 전파의 파장에 따라 몇 가지 방법이 있다. 지표면으로부터 약 60km에서 400km 사이의 높이에 있는 상층 대기권의 희박 가스층에는 전리층(電離層)이 존재한다. 전리층은 태양 광선 등에 의해 공기 분자나 원자들이 전자와 이온으로 전리된 상태로 존재하는 부분이며 전파를 반사시키는 기능이 있다. 따라서 전리층을 향해 복사된 전파는 전리층과 지표면 사이를 여러 번 반사하면서 지구의 뒤쪽까지 전파될 수 있는 것이며 이러한 파를 공중파(sky wave)라 한다. 전리층을 이용한 공중파는 송출 전력을 과하게 하지 않고서도 간단한 장비로 매우 먼 거리까지 통신할 수 있다. 예를 들어 1 W 정도 출력의 아마추어 무선 장비로도 전 세계적인 통신이 가능하다. 그러나 전리층은 낮과 밤 또는 기온 등의 영향을 많이 받아 변화가 심하므로 공중파를 이용한 통신은 잡음이 심하여 안정적이지 못하다.

극초단파나 초단파는 전리층에 의해 반사되지 않고 통과하여 우주 공간으로 날라가 버리므로 공중파로는 사용할 수 없다. 따라서 초단파 통신에서는 송신 안테나와 수신 안테나를 서로 내다 보이는 장소에 설치하여 서로의 시선을 마주 보는 것과 같이 전파를 주고 받으며 이를 직접파(space wave)라 한다. 직접파는 VHF 또는 그 이상의 높은 주파수에 유용한 전파 방식이다(전파의 분류에 대해서는 부록 B 참조). 최근에는 위성 방송의 인기가 높아지고 있는데 이것은 지구로부

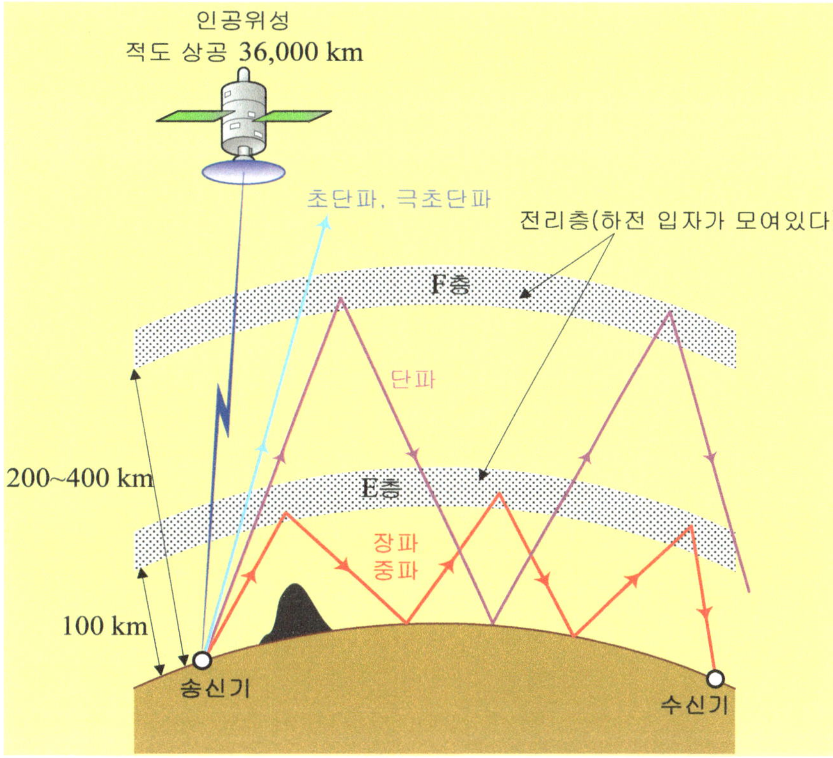

▶그림 7-41 전파의 여러 가지 전파 방식

터 36,000km 상공의 정지 위성 궤도에 인공 위성을 쏘아 올려 여기에서 지표의 넓은 범위에 전파를 송신하는 것이다(물론 수신도 가능하다). 위성 방송은 직접파이기 때문에 산이나 건물 등에 영향을 받지 않아 깨끗한 화상을 즐길 수 있다. 정지 위성(geostationary satellite)에 의한 통신에서는 통신로의 길이가 36,000km에 달하므로 수신되는 신호의 전력이 매우 약하다. 따라서 지구국(earth station)의 안테나는 그림 7-42의 (a)와 같이 지향성(指向性; directivity)을 높이기 위해 포물경을 이용한 파라볼릭 안테나(parabolic antenna)를 이용한다. 파라볼릭 안테나는 그 생김새로 인해 접시 안테나(dish antenna)라 하기도 한다. 그림 7-42의 (b)는 파라볼릭 안테나의 원리로서 꼬마 전구를 사용하는 손전등 원리와 같으며 그림 (c)와 같이 높은 지향성을 갖게 된다.

정지 위성은 지구에 대해 정지한 것과 같으므로 지구국 안테나를 한번만 고정하면 움직일 필요가 없다. 다만 36,000km에 달하는 통신로의 길이로 전파의 감쇄가 심하므로 직경이 큰 안테나가 필요하다.

►그림 7-42
(a) 직접파 방식의 위성 통신;
(b) 파라볼릭 안테나;
(b) 안테나의 지향성.

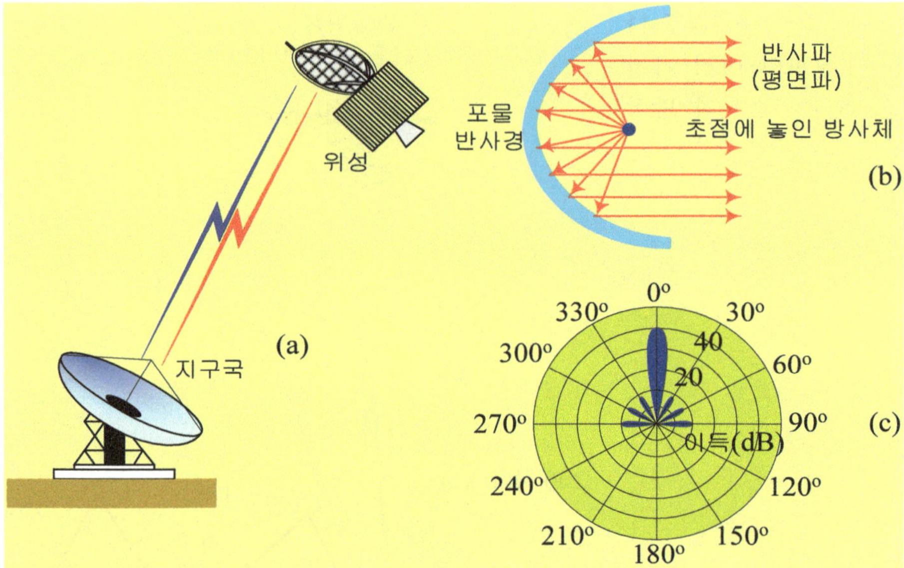

이에 비해 낮은 궤도를 선회하는 저궤도 위성(low orbit satellite)을 이용하면 전파의 감쇄가 상대적으로 적기 때문에 안테나의 직경을 작게 할 수 있다. 그러나 저궤도 위성은 지구국과의 상대적인 위치가 계속 변하므로 지구국의 안테나는 위성을 향해 끊임없이 방향을 조정해야 하는 불편이 있다.

공중파와는 달리 지표파(ground wave)는 그림 7-43과 같이 지표면을 따라 전파되는 방식으로 주파수 2MHz까지 이르는 전파는 이 방식을 이용할 수 있다. 지표파는 공중파와는 달리 대기의 상태나 태양의 활동에 거의 영향을 받지 않으므로 매우 신뢰성 있는 통신이 가능하고 전세계를 통해 통신할 수 있다. AM 통신은 주로 지표파에 의존한다. 그러나 지표파는 2MHz 이상의 주파수에서는 급격히 감쇄되므로 사용 주파수 대역이 더 이상 확대될 수 없다는 큰 단점이 있다.

►그림 7-43
지표파의 전파

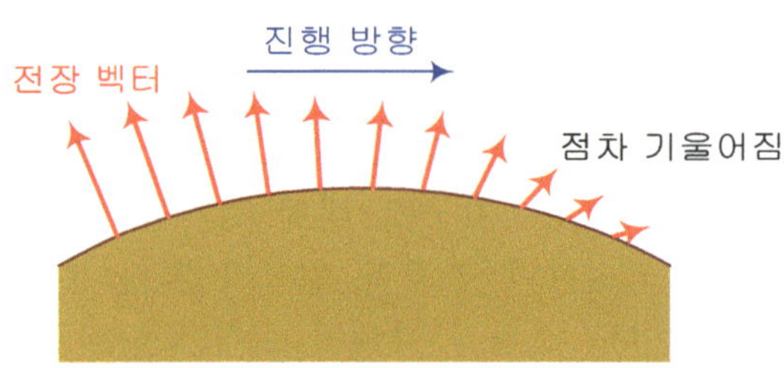

안테나 그림 7-39(b)로부터 안테나는 전파의 송신과 수신에 필수적임을 알 수 있으며 안테나의 본래 뜻은 동물의 더듬이를 가리키는 말이다. 수신 안테나는 전파의 전장과 같은 방향으로 배치하며 그 이유는 안테나의 전하를 진동시키는 것은 자장이 아닌 전장이 하기 때문이다. 안테나에는 다양한 형태가 있으며 그 중 그림 7-44는 일반 가정에서 설치하는 텔레비전의 수신 안테나 모습이다. 그림에서 실제 안테나 역할은 급전선이 달린 소자가 담당하며 나머지 가로 막대는 보조적인 역할을 한다. 즉 안테나의 앞 부분에 있는 짧은 가로 막대는 입사 전파의 에너지를 높여주는 도파기(導波器) 역할을 한다. 그리고 안테나 맨 뒤의 긴 막대는 반사기이며, 이는 안테나를 통과한 전파를 다시 안테나로 되돌려 줌으로써 입사 전파의 에너지를 높이는 작용을 한다.

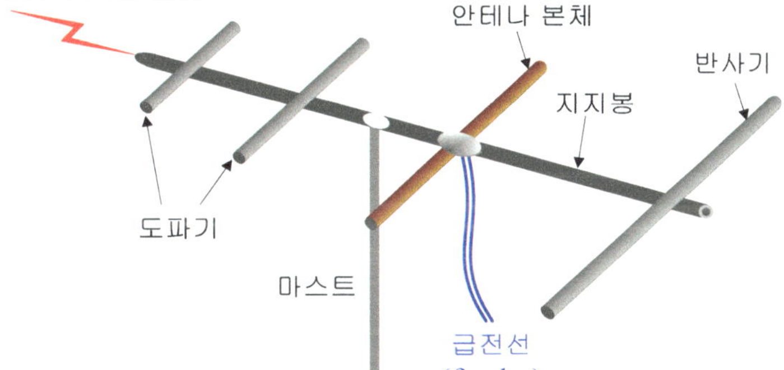

▶그림 7-44 가정용 텔레비전 수신 안테나의 구조

앞서 이야기한 대로 수신 안테나는 입사 전파의 전장과 같은 방향으로 배열하여야 한다. 전장의 방향이 지면에 대해 수평인 전파를 수평편파(偏波)라 하고 반대로 수직인 전파는 수직편파라 한다. 때로는 파가 진행되면서 그림 7-45와 같이 편파축이 한 파장마다 360도씩 회전하는 파를 원편파라 한다. 원편파의 회전 방향은 그림 7-45에 표시된 바와 같은 시계 방향일 수도 있고 반대로 반시계 방향일 수도 있다. 원편파는 원편파된 안테나에 의해서만 아니라 수직편파나 수평편파된 안테나 모두에 의해 수신될 수 있으므로 FM 방송의 경우에 사용되는 것이 보통이다.

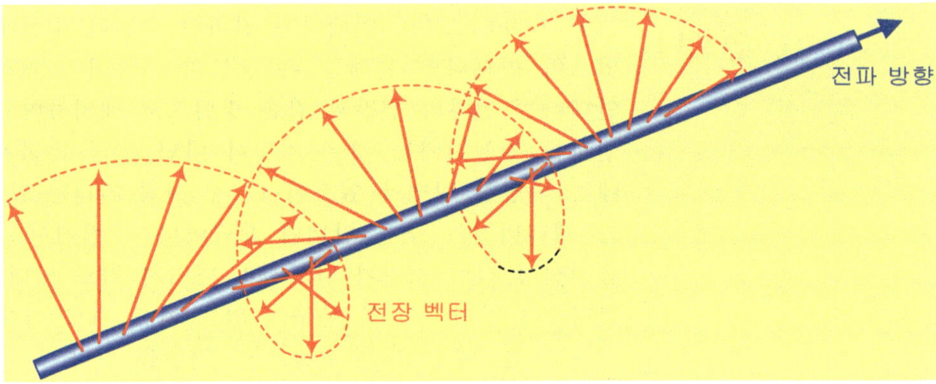

▶그림 7-45
원편파 방식의 전파

♣ 연습 문제 ♣

7-1 영구 자석과 전자석의 차이를 설명하라.

7-2 자장 내에 놓인 물질이 자화되는 이유에 대해 설명하라.

7-3 히스테리시스 곡선의 의미와 보자력에 대해 설명하라.

7-4 발전기의 오른손 법칙과 전동기의 왼손 법칙을 설명하라.

7-5 발전기와 전동기의 기능상 호환 관계에 대해 설명하라.

7-6 부하가 결합된 발전기와 전동기 내부에서는 플래밍의 오른손 및 왼손 법칙이 모두 공존함을 설명하라.

7-7 발전소에서 생산하는 전기는 전압이 일정한 전압원이며 이를 사용하는 가정과 공장들은 병렬로 결합된다. 가정 등에서 전류를 많이 소비할수록 발전소의 발전기를 회전시키는 원동기에 더 많은 기계적인 힘이 소비되는 이유를 설명하라.

7-8 변압기의 에너지 변환 과정에 대해 설명하라.

7-9 실제적인 변압기와 이상적인 변압기의 차이를 설명하라.

7-10 변압기를 공진 회로와 결합하여 사용하면 유리한 점이 무엇인가?

7-11 발전소에서 전압을 고전압으로 승압시켜 전송하는 이유는 무엇인가?

7-12 생활 속에서 유도 가열이 응용되는 분야를 살펴 보아라.

7-13 스피커는 일종의 전동기와 같음을 보여라.

7-14 전자기파를 송신하고 수신하는 원리에 대해 간단히 설명하라.

7-15 주파수에 따라 전파를 전달하는 방식에 대해 설명하라.

8장

발전기와 전동기

(Generators & Motors)

전기와 자기와의 관계를 이용한 발전기와 전동기는 우리 일상 생활에서 떼 놓을 수 없는 분야이다. 이 장에서는 7장에서 설명한 자기 및 그 원리를 이용한 가장 대표적인 장치인 발전기와 전동기에 대해 설명하며 그 내용은 다음과 같다.

8.1 교류 발전기

자장 내에서 도체를 움직일 때는 실제로는 직선 운동이 아닌 원운동을 이용한다. 그림 8-1은 코일을 이루는 도체를 균일한 자장 **B** 내에서 회전시킴으로써 전기를 생산하는 발전기 구조이다. 자장 **B**는 영구자석에 의해 형성되며 이 속에서 도체 코일은 회전축을 중심으로 각속도 ω_m으로 회전한다. 회전하는 코일, 즉 회전자(rotor)만 따로 그린 것이 그림 8-2(a)이며 회전각 $\theta(t)$는 코일이 이루는 면이 수직 방향과 만드는 각이다. 회전각이 $\theta(t)=0$일 때 코일을 수직으로 통과하는 자속이 최대가 되며 이를 Φ_{max}라 하면 다음과 같다.

$$\Phi_{\text{max}} = BWl \qquad \textbf{[1]}$$

여기서 l과 W는 각각 코일의 길이와 폭을 나타낸다. 코일 면적을 수직으로 통과하는 자속 $\Phi(t)$는 회전각 $\theta(t)$에 따라 다음과 같이 변한다.

$$\Phi(t) = \Phi_{\text{max}} \cos\theta(t) = \Phi_{\text{max}} \cos\omega_m t \qquad \textbf{[2]}$$

파라데이 법칙에 의해 코일의 단자 a-b 양단에 유도되는 기전력 v는

$$v = \frac{d\Phi(t)}{dt} = \frac{d(\Phi_{\text{max}} \cos\omega_m t)}{dt} = -\omega_m \Phi_{\text{max}} \sin\omega_m t \qquad \textbf{[3]}$$

와 같이 교류가 된다. 이와 같이 교류를 생산하는 발전기를 교류 발전기(ac generator)라 한다. 회전각 $\theta(t)=0$일 때는 코일을 통과하는 자속

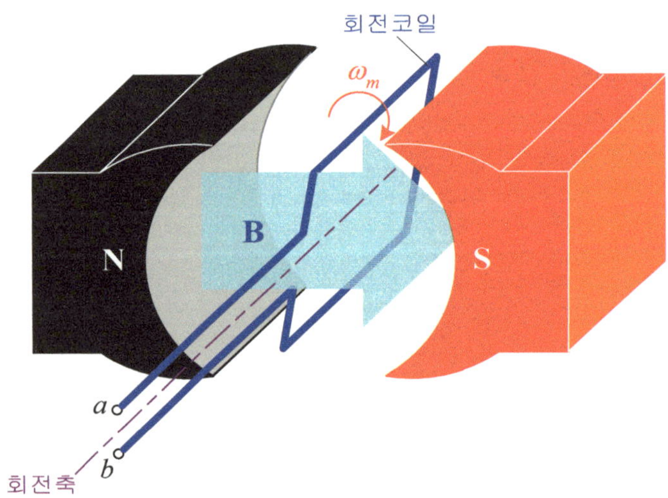

►그림 8-1 영구 자석의 자장 속에서 회전하는 코일을 이용한 교류 발전기

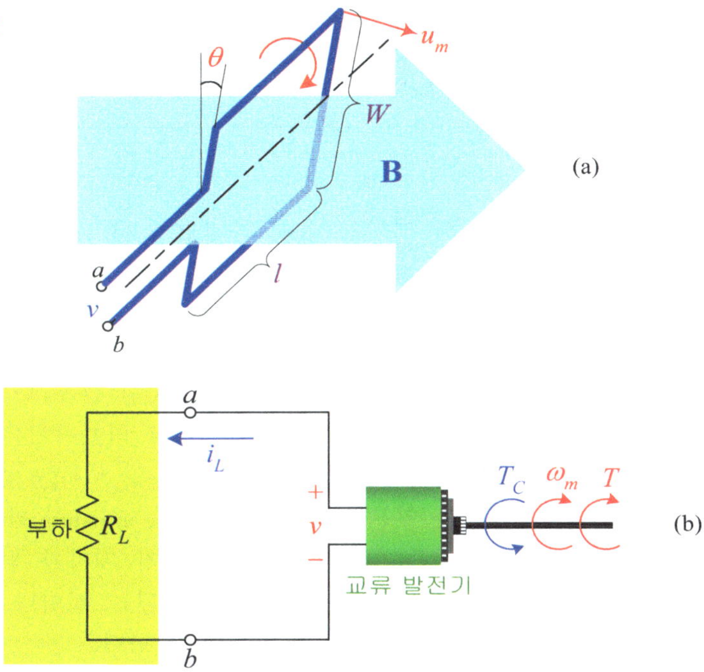

▶그림 8-2
그림 8-1의
(a) 회전자와
(b) 도식화된 그림.

은 최대가 되지만 자속의 변화는 0이므로 기전력은 0이다. 그리고 $\theta(t)$=90°일 때는 코일을 통과하는 자속은 최소지만 이 근처에서는 자속의 변화율이 가장 높기 때문에 유도 기전력은 최대가 된다. 그림 8-2의 (a)에서 회전자의 양단 *a*-*b*에 부하를 결합한 형태를 도식화한 것이 그림 (b)이다. 기계적인 입력 에너지가 만들어 주는 토크 T와 반대 방향으로 부하 효과에 의한 역토크 T_C가 부하 전류 i_L에 비례하여 형성되며, T가 최소한 T_C와 같을 때 회전자는 각속도 ω_m으로 회전하게 된다(발전기의 부하 효과는 그림 7-17 참조).

예제 8-1

그림 7-14의 발전기 원리를 이용하여 식 [3]을 증명하라.

풀이 그림 8-2(a)에서 선속도 u_m은 각속도 ω_m으로부터

$$u_m = \omega_m W$$

으로 주어지며 이 중 자장 **B**와 수직인 다음의 성분만 유효하다.

$$u_m \sin\theta(t) = u_m \sin\omega_m t = \omega_m W \sin\omega_m t$$

따라서 유도 전압은 7장의 식 [13]의 발전기 원리인 "*Blu*"로부터

$$v = Blu_m \sin \omega_m t = \omega_m BWl \sin \omega_m t = \omega_m \Phi_{\max} \sin \omega_m t$$

로 구해지며 극성은 렌쯔 법칙에 따른다.

회전자의 코일은 실제로 그림 8-3과 같이 원통형의 드럼상에 축방향으로 홈을 파서 감으며 더 많은 유도 기전력을 얻기 위해서는 코일을 권선을 늘리면 된다. 그리고 코일 양단에 유기되는 전압을 외부와 결합시키기 위해 축과 같이 회전하는 두 개의 슬립링(slip ring)에 코일의 단자를 연결한다. 슬립링은 고정된 탄소 브러쉬(brush)를 통해 외부와 접속되며, 브러쉬는 슬립링과 잘 미끄러지는 접점을 갖도록 한다.

발전기에서 자장을 만드는 부분을 계자(界磁; field)라 하고 유도 전기를 만드는 부분을 전기자(電機子; armature)라 한다. 따라서 그림 8-3의 구조에서는 영구자석인 고정자가 계자가 되며, 회전자에서 전기가 만들어지므로 회전자가 전기자가 되는 것이다. 그리고 계자가 영구자석인 경우를 계자극(filed pole)이라 한다.

발전기의 회전자를 구동하는 장치를 원동기(prime mover)라 하며 원동기로 증기 터빈이나 수차를 이용하는 방법이 있다. 증기 터빈 방식은 석탄, 석유 또는 핵 반응 등을 통해 고압의 수증기를 만들어 터

▶그림 8-3
슬립링 및 브러쉬를 통해 외부와 접속된 교류 발전기의 구조

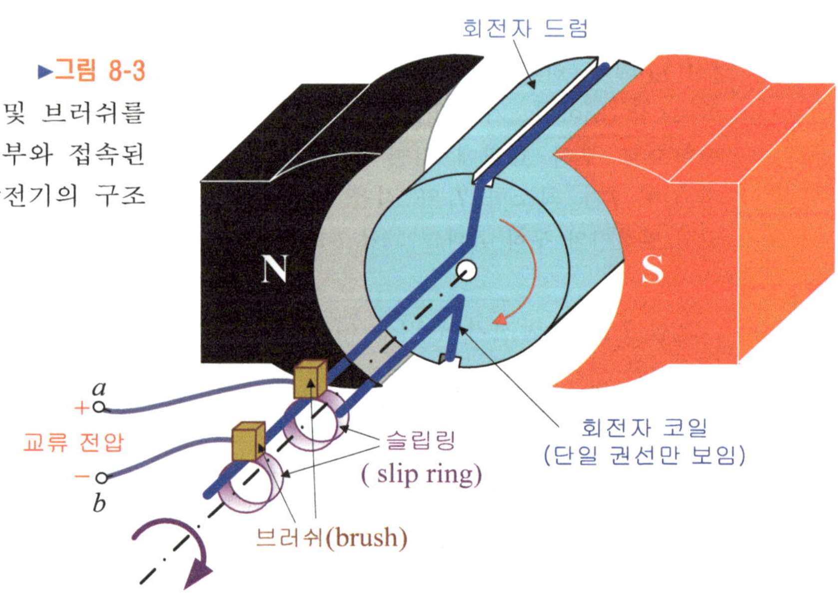

빈을 돌리는 방법이며, 수자원이 풍부한 나라에서는 수차를 이용한 수력 발전이 이용된다.

교류 발전기는 부하가 증가하면 역토크로 인해 회전자의 속도가 느려지므로 생산 전압의 주파수가 감소할 수 있다. 많은 응용에서는 주파수의 작은 변화는 허용될 수 있다. 그러나 특별히 일정한 주파수가 요구될 경우에는 모든 부하에 대해 원동기의 속도를 일정하게 유지시킬 수 있는 장치가 따로 필요하다.

증기 터빈은 고속으로 회전할 수 있으므로 이를 주로 이용하는 영국의 경우는 일반적으로 2극 발전기를 3000rpm으로 구동하여 50Hz의 주파수를 얻고 있다(3000/60=50Hz). 여기서 2극 발전기란 그림 8-3과 같이 계자가 두 개의 극으로 된 경우를 말한다. 만일 원동기의 속도가 동일하다면 4극의 경우는 2극에 비해 주파수가 두 배로 빨라지게 된다. 따라서 수차를 이용하는 수력 발전의 경우는 원동기가 저속으로 운행하므로 극이 많은 저속 발전기가 대부분이다. 예를 들어 미국의 표준 주파수인 60Hz를 발생시키기 위해 극이 36개인 발전기가 200rpm으로 동작하여야 한다. 즉 (200rpm/60Hz)×(36/2)=60Hz이다.

그림 8-4는 교류 발전기에서 회전자의 위치에 따른 교류 전압의 유도 과정을 A에서 E까지의 단계별로 나누어 설명하는 그림이다. 그 결과 각 단계별로 형성되는 교류 전압은 그림에 표시된 바와 같이 한 사이클의 파형과 같다. 이상으로 발전기가 기계적인 에너지를 전기적인 에너지로 변환하기 위해서는 다음의 세 가지 조건을 반드시 만족시켜야 한다.

1. 계자: 자장이 반드시 있어야 한다.
2. 전기자: 자장 내에 도체가 반드시 있어야 한다.
3. 회전자와 고정자: 자장과 도체 사이에는 상대적인 속도가 반드시 있어야 한다.

교류 발전기 유형

교류 발전기의 구조는 그림 8-5와 같이 유형이 있으며 그림 8-5의 (a)는 그림 8-3과 같다. 이 구조는 고정자인 영구자석이 계자이므로 계자에 따로 에너지를 공급할 필요가 없지만 계자의 자장 세기를 조절하기 어려운 점이 있다. 이에 비해 그림 (b)는 계자가 코일로 된 전자석이며 이들 코일을 계자권선(field winding)이라 한다. 물론 계자를 자화

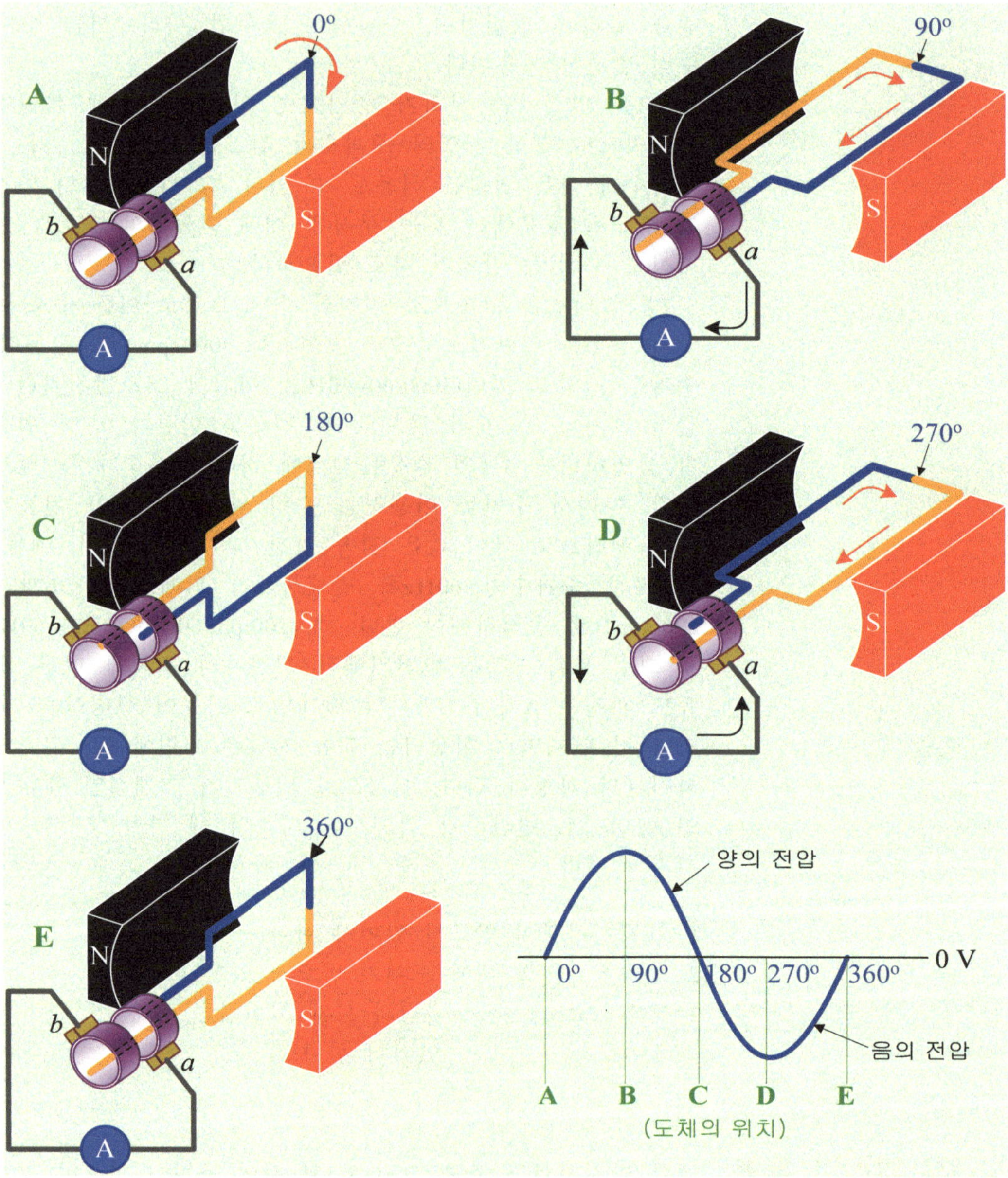

▲그림 8-4 교류 발전기에서 회전자의 위치에 따른 유도 전압의 변화와 파형을 단계별로 보여주는 그림.

▶그림 8-5
교류 발전기의 유형:
(a) 계자극 방식;
(b) 회전-전기자 방식;
(c) 회전-계자 방식.

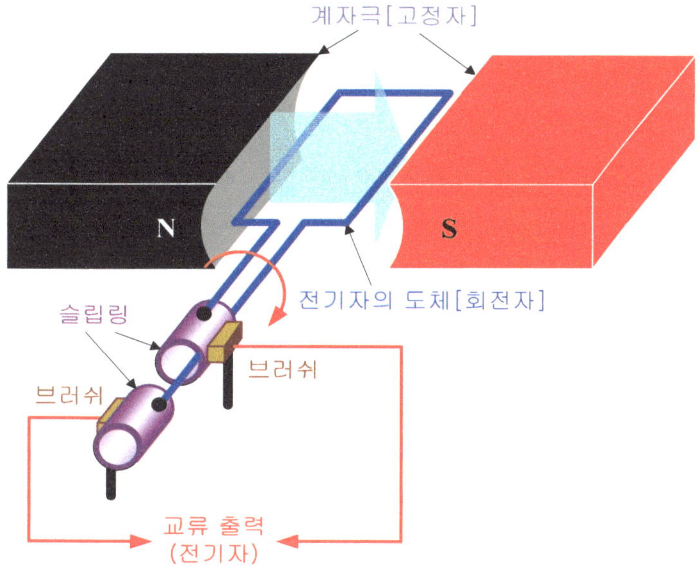

(a)

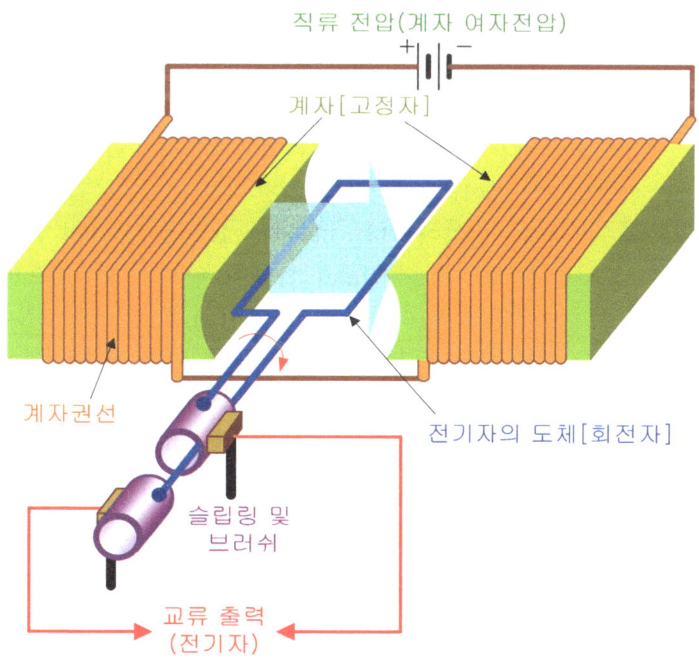

(b)

▶그림 8-5
(계속)

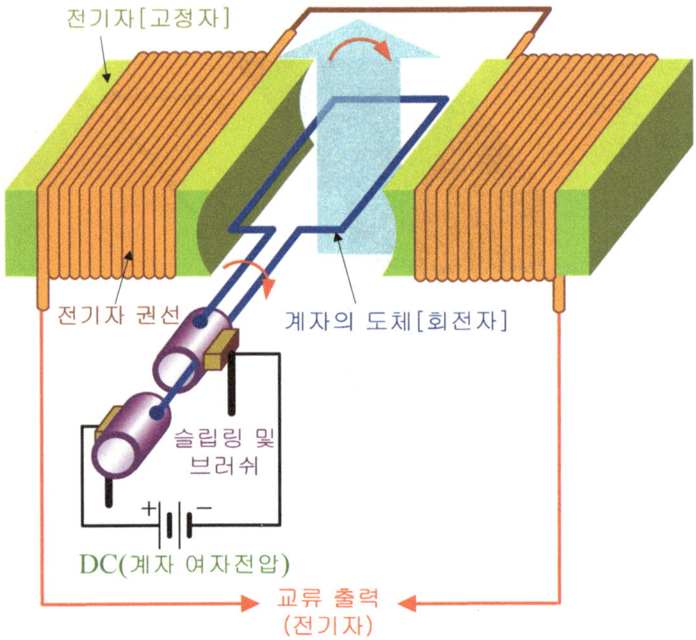

(c)

시키기 위해 계자권선에 직류의 자화 전류를 흘려 주어야 하며 이를 계자여자(界磁勵磁; field excitation)이라 한다. 그리고 그림 8-5의 (b)와 같은 구조는 회전자가 전기자가 되므로 회전-전기자(rotating-armature) 방식이라 한다. 회전-전기자 방식은 슬립링과 브러쉬를 통해 교류 전압이 얻어진다. 따라서 고전압 발전일 경우는 슬립링과 브러쉬간에 스파크나 아크(arc) 현상이 일어날 수 있으며, 브러쉬를 교체하거나 슬립링을 수리하는데 비용이 많이 드는 단점이 있다. 이러한 이유로 회전 전기자 방식은 저전압의 교류 발전기에 사용된다.

그림 8-5의 (c)는 (b)와 반대로 회전자를 계자로 하고 고정자를 전기자로 한 회전-계자(rotating-field) 방식이다. 이 방식의 장점은, 고정자인 전기자에서 얻는 교류 출력 전압에 비해 매우 낮은 계자여자 전압이 회전자에 공급되기 때문에 슬립링을 통하는 전력이 적어지므로 슬립링의 크기도 작아지고 절연도 용이해진다. 따라서 회전자의 무게가 작아져 베어링의 강도 문제도 최소화되며 회전자의 보수 유지 문제가 경감된다는 것이다. 뿐만 아니라 고정자는 움직이지 않기 때문에 도선을 많이 감아 크게 할 수 있다. 따라서 고정자인 전기자로부터 더 많은 전류를 공급받을 수 있으므로 고전압 발전기에 알맞다.

회전-계자 그림 8-5(c)의 회전-계자 방식 교류 발전기는 그림 8-6과 같은 형태들로 구성할 수 있다. 그림 8-6(a)와 (b)는 모두 전기자의 코일이 회전자 쪽으로 돌출된 형태이다. 또한 그림 (a)의 경우는 회전자도 고정자를 향해 돌출된 형태이므로 이런 구조의 극을 돌극(突極; salient ploe)이라

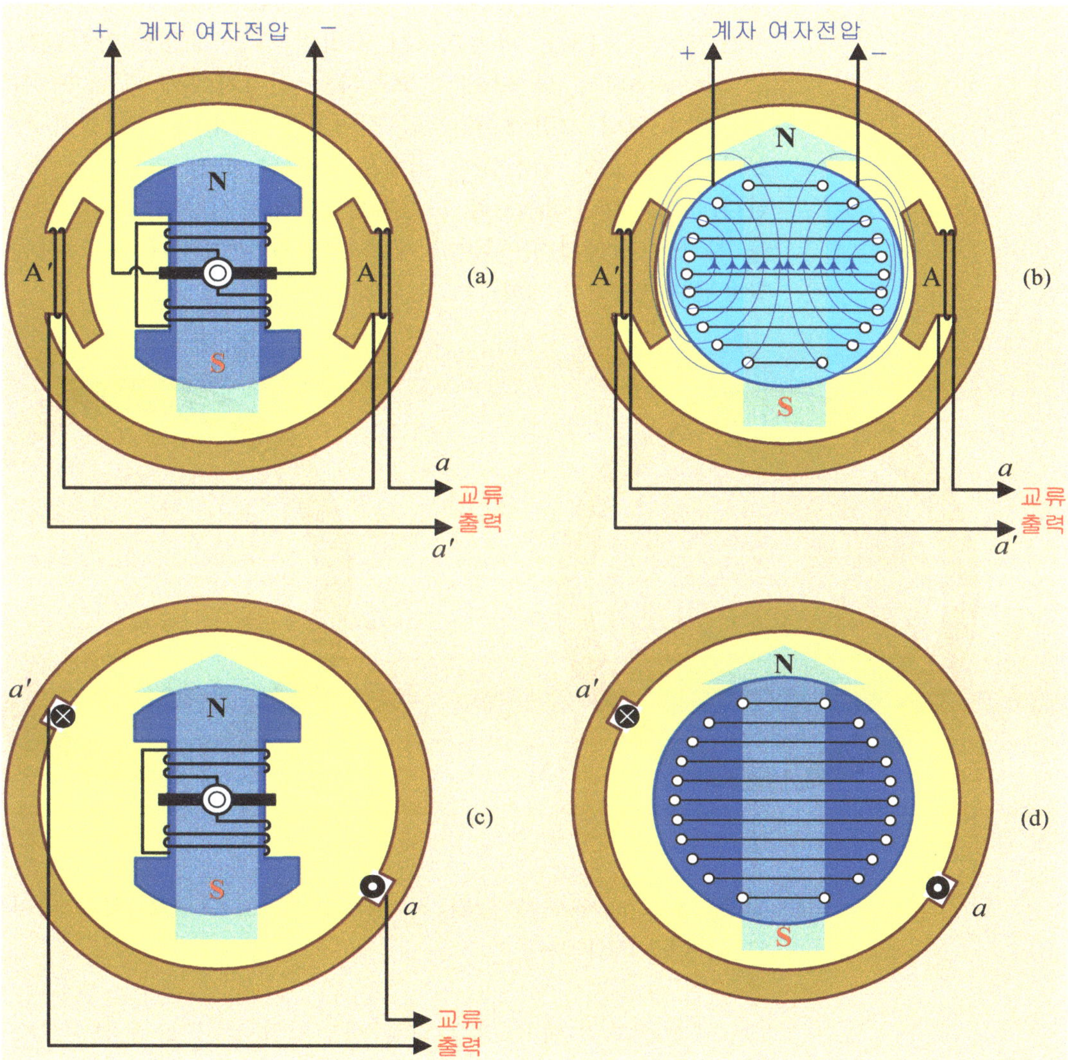

▲그림 8-6 회전-계자 교류 발전기: (a) 돌출된 고정자의 코일과 돌극 회전자; (b) 돌출된 고정자와 원통형 회전자; (c) 홈에 위치한 고정자 권선과 돌극 회전자; (d) 홈에 위치한 고정자 권선과 원통형 회전자.

한다. 이에 비해 그림 8-6(b)의 회전자는 원통형을 이루고 있다. 그러나 흔히 권선은 돌극의 경우에서처럼 단순하게 배열되지 않는다. 많은 회전 기계에서는 권선이 고정자 또는 회전자 안으로 파여 있는 홈 속에 자리잡고 있으며 그림 8-6의 (c)와 (d)는 이러한 형태의 고정자의 단면을 보여주고 있다. 여기서 "×" 표시는 지면 안으로, "• " 표시는 지면 밖으로 나오는 방향으로서 코일의 감는 방향을 암시한다.

그림 8-6의 (c)와 (d)에서 고정자인 전기자에서 더 많은 전압을 발생시키기 위해 그림 8-7(a)처럼 전기자의 코일 권수를 늘려 사용할 수 있다. 다만 코일 권선들이 직렬로 연결된 단일 코일임을 유의하여야 한다. 만일 그림 8-7(a)의 고정자를 계자로 사용한다면 그림 (b)와 같은 자장이 형성되며, 이러한 구조는 직류 전동기나 유도 전동기 등에 활용된다(전동기에 대해서는 뒤에 설명한다).

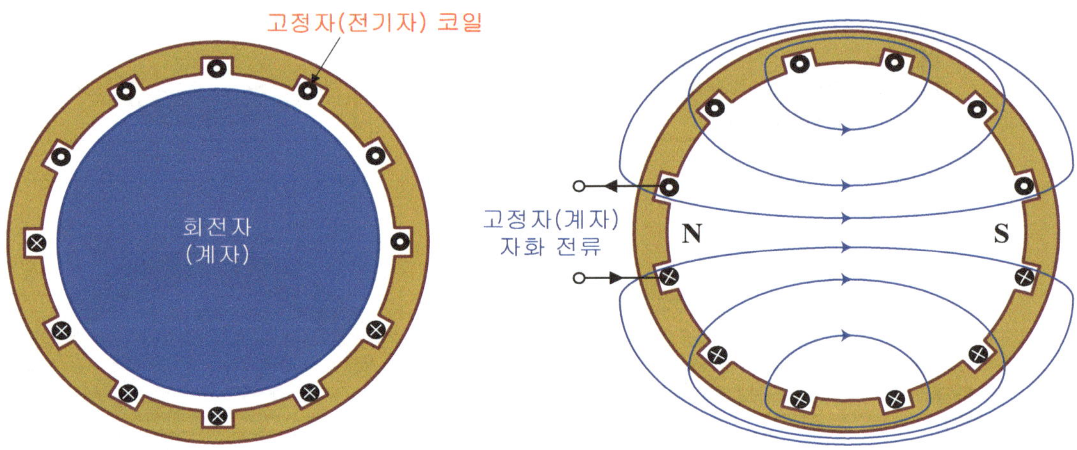

(a) (b)

▲그림 8-7 (a) 권수를 늘린 전기자 코일; (b) 그림 (a)의 고정자를 계자로 사용할 때의 자장.

그림 8-8은 회전-계자 방식 교류 발전기의 보다 실제적인 모습으로 회전자는 두 개의 N극과 두 개의 S극을 만드는 4개의 계자권선으로 이루어진다. 고정자는 많은 도체가 들어 있는 전기자이며 고정자의 유도 전압은 정현파이다. 계자극이 2극 이상인 발전기의 경우 교류 발전기에 의해 도출되는 정현파 전압의 주파수는 다음과 같이 주어진다.

▶그림 8-8
회전-계자 구조의
4극 교류 발전기

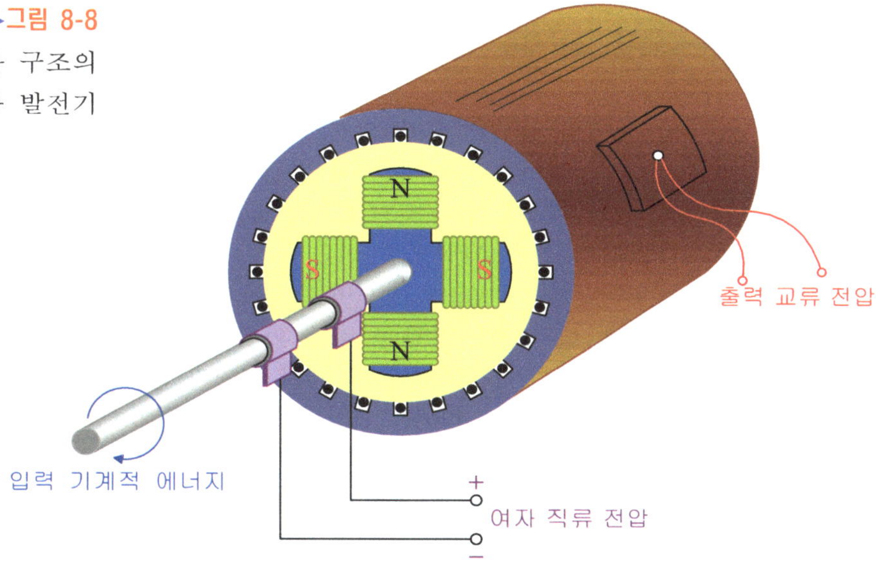

$$f = \frac{P \times N}{120} \quad [4]$$

여기서 각 변수는 다음과 같이 정의된다.

P=계자극의 수
N=회전자의 분당 회전 수(rpm)
f=교류 전압의 주파수

예제 8-2

계자극 수가 72개인 교류 발전기에서 60Hz의 전압을 얻고자 한다. 회전자의 분당 회전 수를 구하고 동일한 주파수를 얻기 위한 2극 발전기의 분당 회전 수와 비교하라.

풀이 식 [4]로부터

$$N = \frac{120f}{P} = \frac{120 \times 60\text{ Hz}}{72} = \mathbf{100\ rpm}$$

이 필요하다. 그리고 2 극의 경우는

$$N = 100\text{ Hz} \times 36 = \mathbf{3600\ rpm}$$

이므로 매우 고속의 원동기를 필요로 한다.

8.2 3상 교류 발전기

앞에서 설명한 교류 발전기는 단상의 교류 전압을 생산하므로 단상 교류 발전기라 하며 특히 가정에서는 단상 전력을 사용한다. 그러나 실제 발전소에서는 3상(三相; three phase) 전력이 생산되며 가정에 공급되기 전에 단상으로 변환되어 공급된다. 3상 발전기의 기본적인 구조는 그림 8-9(a)와 같으며 이를 그림 8-6(a)의 단상 교류 발전기와 비교해 보면 3상 발전 원리를 어렵지 않게 짐작할 수 있을 것이다. 즉 3상 발전기는 독립된 세 개의 전기자 코일쌍인 AA′, BB′ 및 CC′를 공간적으로 서로 120°의 위상차가 나도록 배치함으로써, 각 코일의 교류 출력은 그림 8-9(b)와 같이 위상차가 서로 120°가 되도록 한 것이다. 따라서 3상 교류 발전기의 각 출력은 그림 8-9(c)와 같이 세 개의 전압원 페이저로 등가화할 수 있으며 이를 상전압(phase voltage)라 한다. 상전압의 크기는 모두 V_P로 같다고 가정한다. 만일 그림 8-9(a)에서 3상 전기를 그대로 전송한다면 모두 6개의 전송선이 필요하다. 그러나 실제로 3상 전압은 특별한 결선 방법을 통해 3개의 전송선만 있으면 된다.

성형 결선

그림 8-9(a)에서 각 코일의 단자 a', b' 및 c'를 그림 8-10의 (a)에서와 같이 공통으로 결선하면 그림 (b)와 같이 도식적으로 나타낼 수 있다. 이러한 결선을 성형(星形) 결선 또는 Y-결선이라 하며 a', b' 및 c'가 만나는 점을 중성점(neutral line)이라 한다. 그림 8-10의 (b)를 페이저 전압원으로 등가화하면 그림 (c)와 같다. 여기서 전압원에 흐르는 전류를 상전류(phase current)라 하고 선과 선 사이의 전압의 크기를 선전압(line voltage)이라 한다. 그림 8-10(c)에서 선 1과 2 사이의 전압을 구해보면 다음과 같다.

$$\mathbf{V}_A - \mathbf{V}_B = V_P\angle 0° - V_P\angle -120° = \frac{\sqrt{3}V_P}{2}\angle 30° \qquad [5]$$

따라서 선전압의 크기 V_L과 상전압의 크기 V_P의 관계는

$$V_L = \sqrt{3}V_P \qquad [6]$$

와 같으며 다른 선전압의 경우도 동일하다. 그러나 Y-결선에서는 선전류와 상전류는 크기가 같음을 알 수 있다.

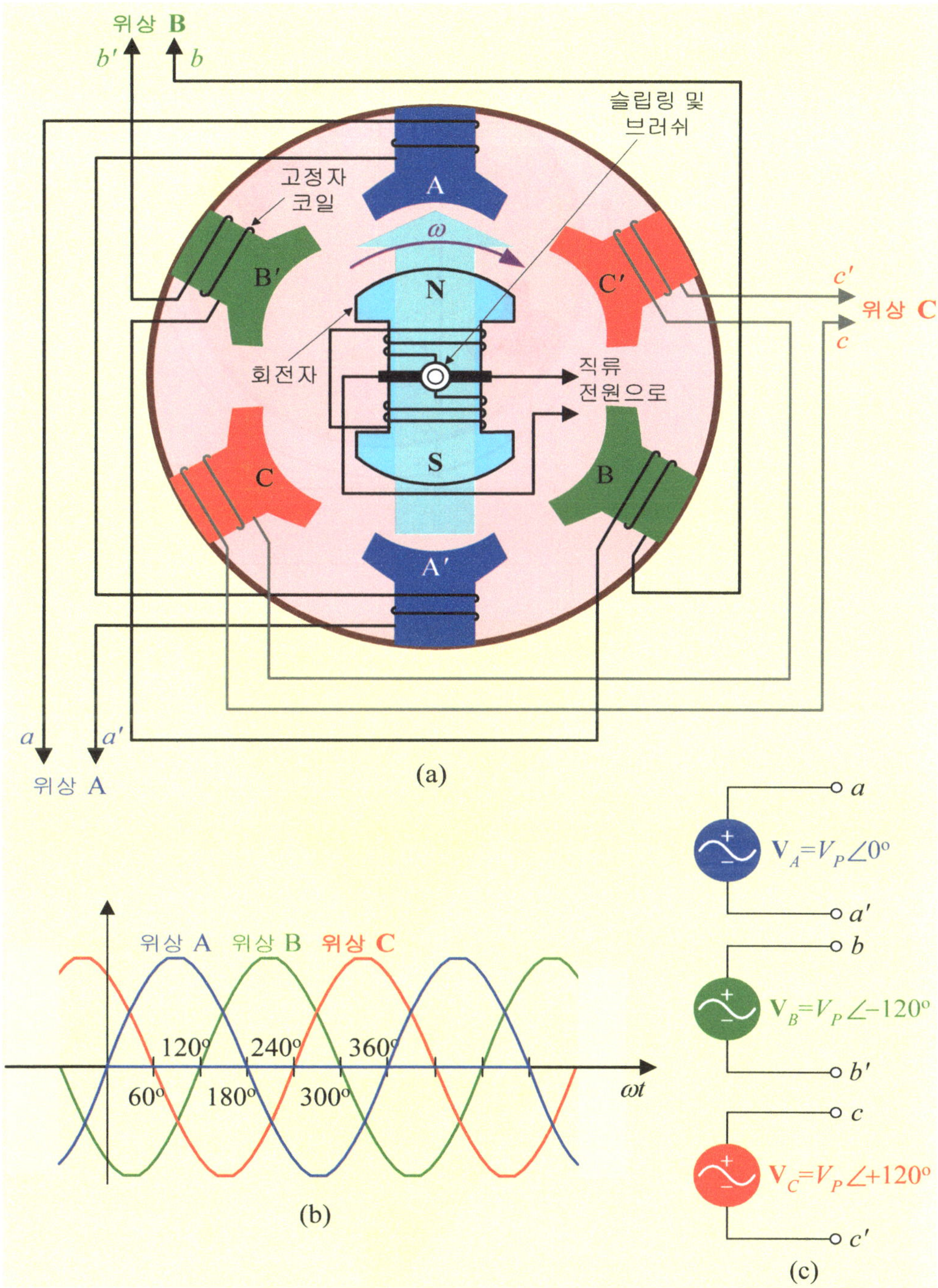

▲그림 8-9 3상 시스템: (a) 구조; (b) 3상 전압의 파형; (c) 등가 전압원.

▶그림 8-10
성형 결선 방식의
(a) 결선 방법;
(b) 도식적인 표현;
(c) 페이저 등가회로.

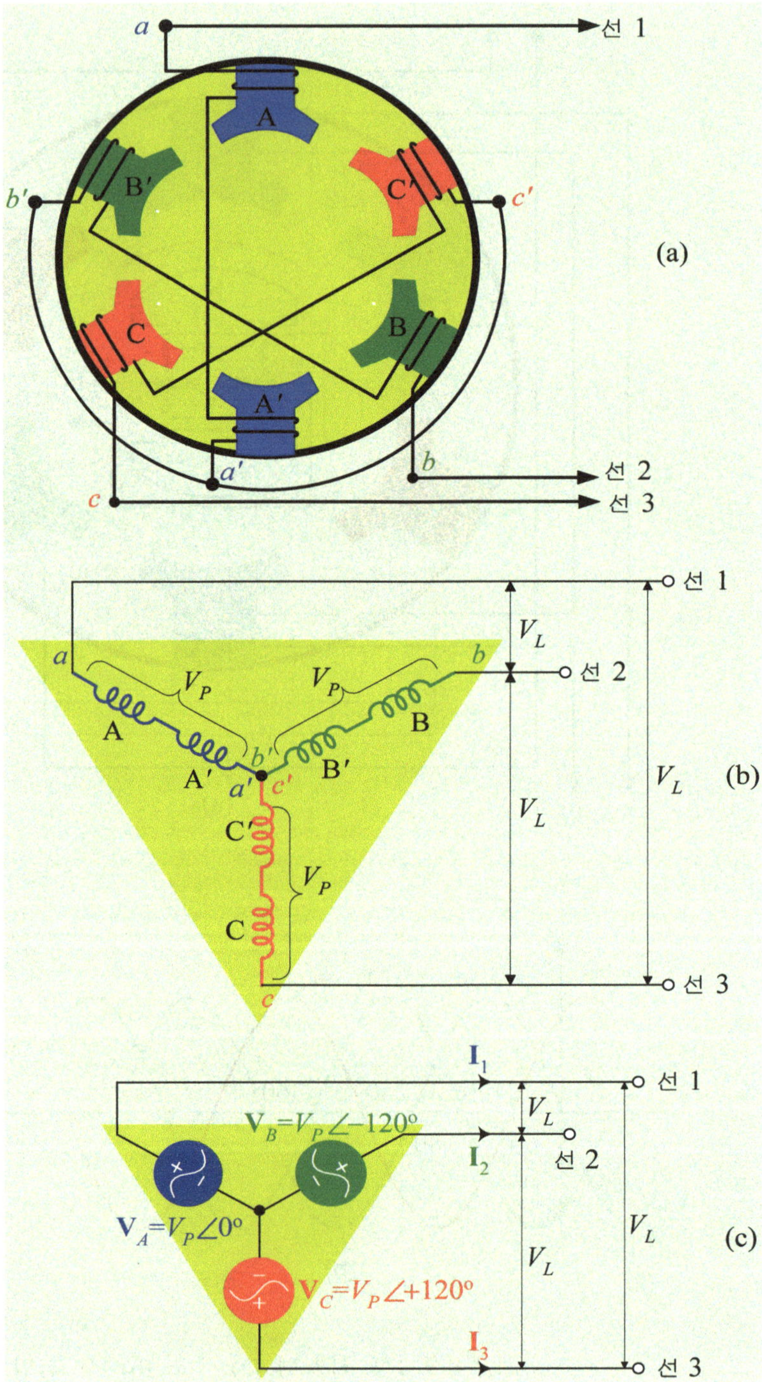

예제 8-3

상전압이 240 V인 3상 발전기에서 선전압은 얼마인가?

풀이 식 [6]으로부터

$$V_L = \sqrt{3}V_P = \sqrt{3} \times 240\text{ V} = \mathbf{416\ V}$$

델타(delta) 결선

그림 8-9(a)의 상전압을 그림 8-11과 같이 결선하는 것을 델타 결선이라 한다. 그림 8-11의 (a)는 결선 방식이며 이를 도식적으로 표현한 것이 그림 (b)이다. 그리고 델타 결선을 페이저 전압원으로 등가화한 그림 (c)에서 선전압의 크기는 상전압의 크기와 같은

$$V_L = V_P \qquad [7]$$

임을 쉽게 알 수 있다. 이에 비해 선전류는 상전류와 크기가 다르다. 즉 그림 (c)에서 각 상전류의 크기가 모두 I_P로 같으면 위상 관계는 상전압 관계와 같으므로 선전류 $\mathbf{I}_1$을 구하면 다음과 같다.

$$\mathbf{I}_1 = \mathbf{I}_B - \mathbf{I}_A = I_P\angle -120° - I_P\angle 0° = \frac{\sqrt{3}I_P}{2}\angle 210° \qquad [8]$$

이상으로 성형 결선과 델타 결선의 특성을 요약하면 다음과 같다.

성형 결선: $V_L = \sqrt{3}V_P, \qquad I_L = I_P$

델타 결선: $V_L = V_P, \qquad I_L = \sqrt{3}I_P$

이상의 3상 발전기는 전기자가 회전자에 돌출된 형태이다. 이 외에도 그림 8-12와 같이 고정자의 축 방향으로 코일을 감는 형태도 많이 사용되며 코일 aa', bb' 및 cc'는 독립된 세 개의 코일을 이룬다.

그림 8-13은 발전소로부터 공급된 3상 전력을 240V의 단상 전력으로 변환하여 가정용으로 공급하는 예이며, 그림의 예에서는 3상 교류의 선전압이 12.5kV이다. 세 전선 중에서 하나의 전선과 접지간의 전압이 변압기에 의해 240/120V로 변환되어 가정에 공급된다. 이상의 3상 교류는 현재 전세계적으로 사용되는 전력 형태이다.

▶**그림 8-11**
델타 결선 방식의
(a) 결선 방법;
(b) 도식적인 표현;
(c) 페이저 등가회로.

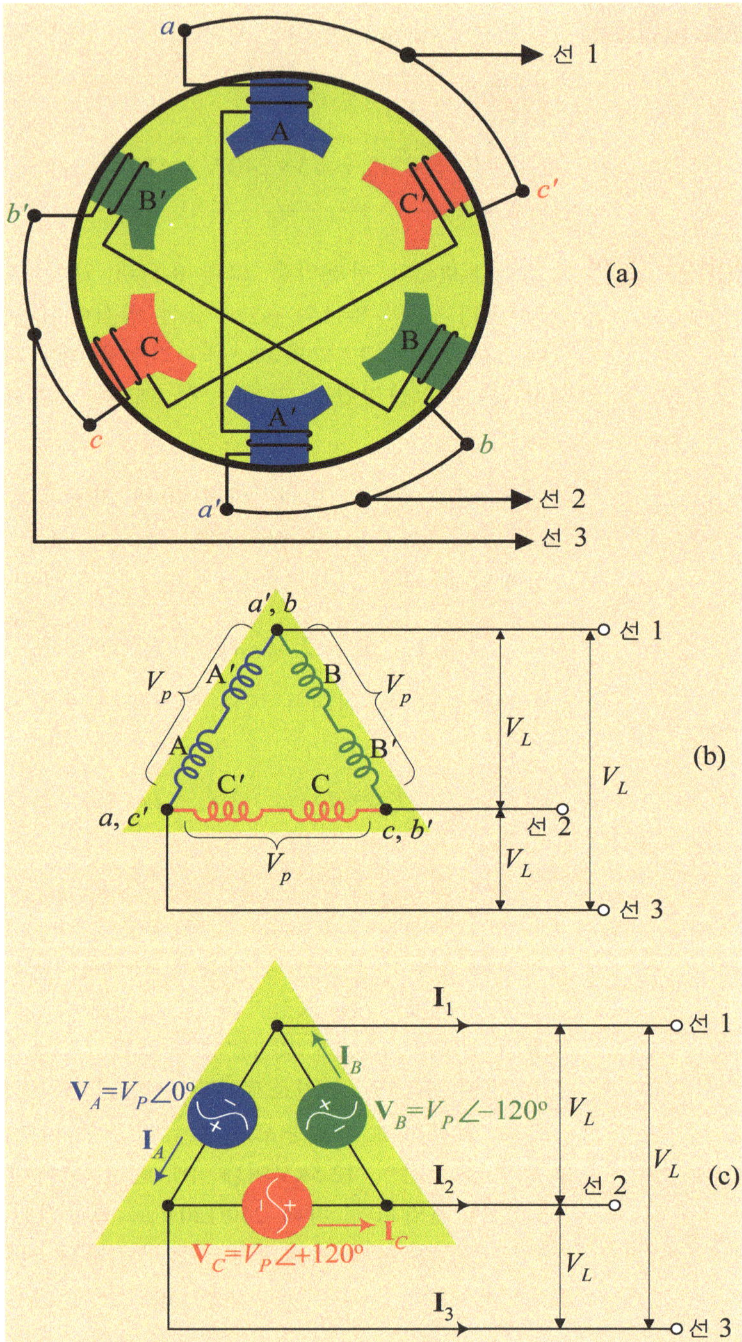

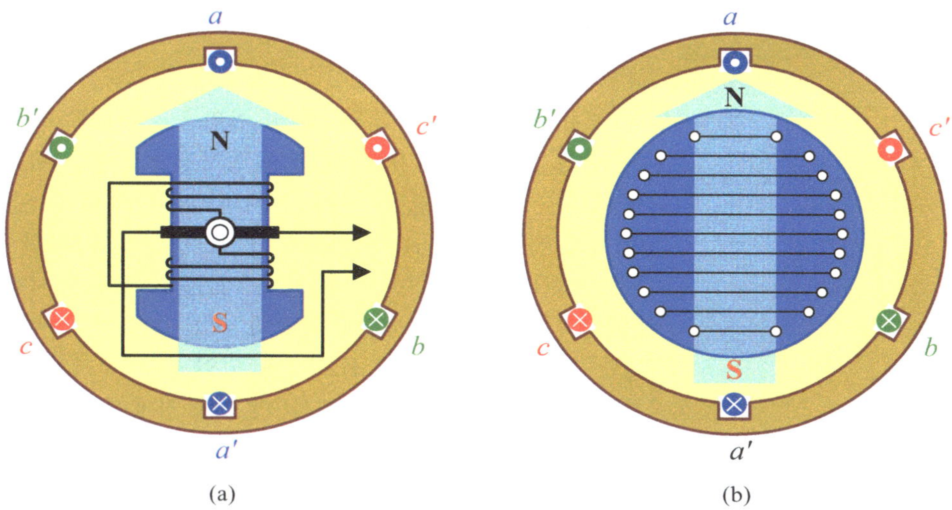

▲그림 8-12 고정자에 코일을 감은 형태의 전기자를 사용하는 3상 교류 발전기: (a) 돌극 회전자; (b) 원통형 회전자.

▶그림 8-13
공급된 3상 전력으로부터 가정용 단상 전력을 얻는 과정

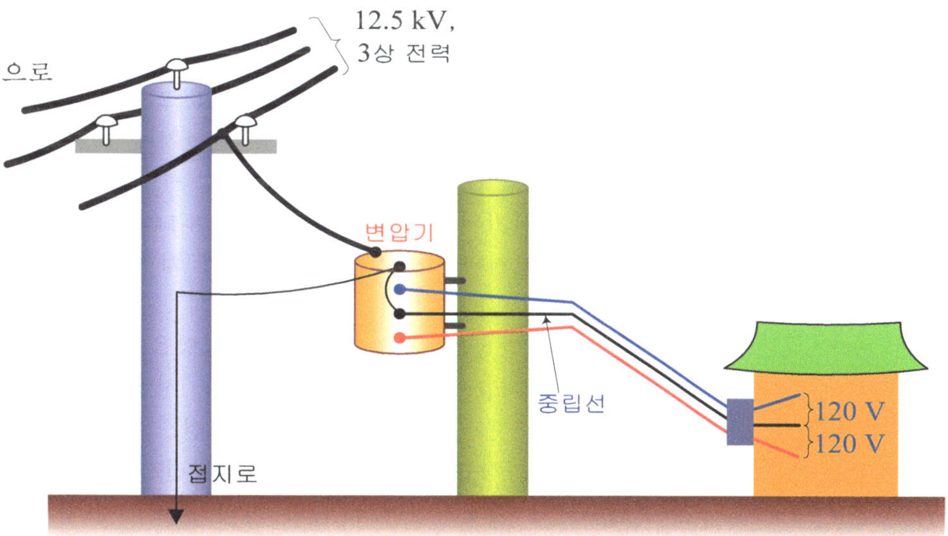

8.3 직류 발전기

직류 발전기는 일정한 직류 전압을 생산하는 기계이며 앞서 설명한 단상 교류 발전기를 약간 변형시킴으로써 직류 전압을 쉽게 얻을 수 있다. 여기서 잠깐 전기 기계의 역사에 대해 알아보면 다음과 같다: 1820년에 Oersted가 직류에 의해 부근의 나침반 바늘의 방향이 바뀌는 것을 발견하면서부터 전기 기계의 역사는 시작되었다. 그 후 일년 뒤에 파라데이에 의해 최초의 직류 전동기가 발명되고 그 10년 후에는 최초의 발전기가 선보이게 되었지만 축전지로만 전력 공급이 이루어졌기 때문에 증기 기계와 비교해 경제성이 없었다. 1830년대의 초기 직류 발전기는 회전하는 영구자석을 이용해 오다가, 1856년에 Siemens에 의해 비로소 영구자석의 극 사이에 코일을 설치하는 기기가 고안되었다. 1866년 다시 Siemens가 영구자석을 전자석으로 대체함으로써 전기 기계 분야에 큰 진보가 이루어지게 되었다. 1883년 영국의 Compton과 미국의 Edison이 대용량의 직류 발전기를 내놓았으며 그 후 Ferranti, Teslar 등이 교류 발전기, 유도 발전기 등을 개발하여 19 세기말에 오늘날의 전기 기계가 탄생하게 되었다. 따라서 역사적으로는 직류 기계가 먼저 출현하였던 것이다. 그러나 직류 발전기는 교류 발전기를 이용하여 쉽게 얻을 수 있을 뿐 아니라, 모든 전기 기계의 기본 원리가 교류 발전기에 있으므로 이 책에서는 교류 발전기에 대해 먼저 설명한 다음 직류 발전기에 대해 설명하는 것이다.

정류자

직류 발전기의 기본 구조는 그림 8-14와 같으며 이를 그림 8-5(a)의 교류 발전기와 비교해 보면 약간의 차이를 발견할 수 있다. 즉 그림 8-5(a)의 교류 발전기에서는 두 개의 슬립링을 사용하지만 그림 8-14의 직류 발전기에서는 하나의 슬립링을 두 부분으로 나눈 형태인 정류자(整流子;commutator)를 사용한다. 정류자는 교류 전압을 직류 전압으로 변환시키는 작용을 하며 운모선으로 분리된 두 개의 금속편으로 구성된다. 정류자의 각 금속편은 회전자인 전기자 단자의 한 쪽씩과 연결되어 회전축상에서 같이 회전하면서 각기 브러쉬를 통해 외부와 접속된다.

정류자의 정류 기능을 알아보기 위해 그림 8-14의 회전자 부분만 도식적으로 나타내면 그림 8-15의 (a), (b), (c)와 같다. 먼저 그림 (a)는

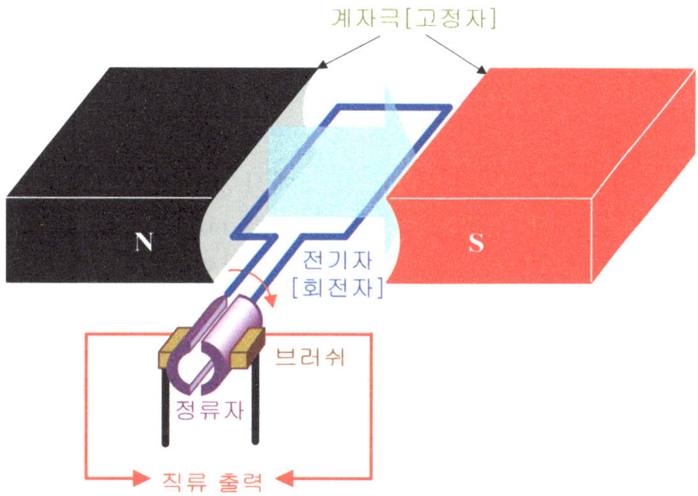

▶그림 8-14
직류 발전기 구조

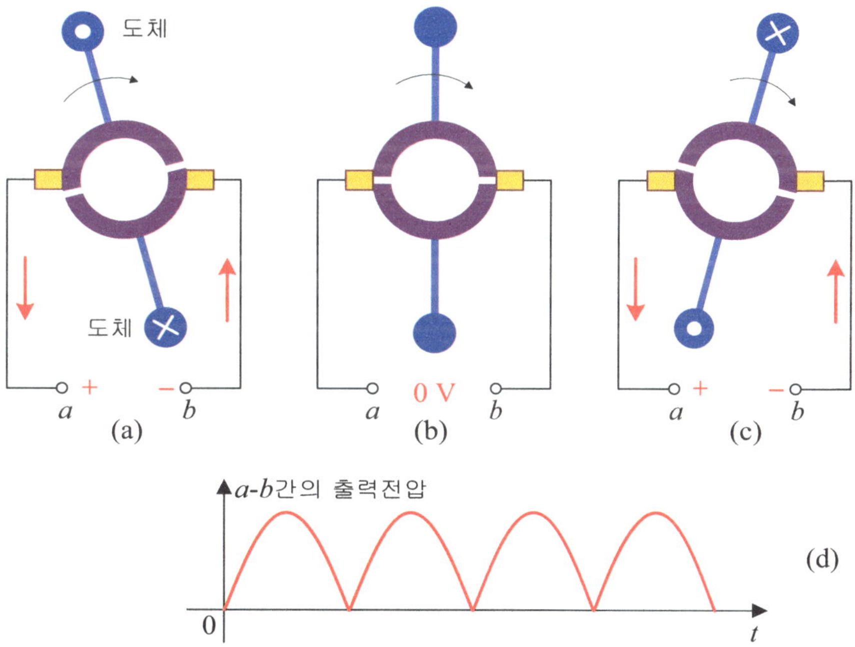

▶그림 8-15
정류자의 기능: 회전자 도체가 자장과 이루는 각도가 (a) 90°를 이루기 전; (b) 90°일 때; (c) 90°를 넘은 후; (d) 출력 전압의 파형.

회전자의 도체가 자장과 90°를 이루기 직전의 상태를 보여주는 것으로, 위쪽 도체의 전류는 종이 뒷면에서 앞으로 흐르고 아래쪽 도체에서는 이와 반대로 흐르므로 브러쉬 *a*-*b*의 양단에는 양의 전압이 유도

된다. 다음으로 각이 90°일 때인 그림 8.15(b)에서는 유도 전압이 없으므로 전류가 흐르지 않는다. 이제 세 번째 단계인 그림 (c)를 보자. 이 경우에는 도체의 전류 방향이 (a)와 반대이므로 교류 발전기의 경우라면 이 단계에서부터 단자 *a-b* 양단에 음의 전압이 유도되기 시작할 것이다. 그러나 그림에서 보는 바와 같이 정류자의 작용으로 브러쉬에 접점되는 도체가 그림 (a)와 바뀌게 되므로 출력 전압은 여전히 양의 값이 된다. 따라서 브러쉬 양단 전압은 그림 (d)와 같이 항상 양의 값이 되며 이러한 형태를 맥류(脈流)라 한다.

그림 8-15(d)의 파형은 완전한 직류와는 거리가 있으므로 좀 더 직류에 가까운 맥류를 얻기 위해 그림 8-16(a)와 같이 두 개 이상의 코일을 동일한 간격으로 배치하여 구성한다. 이 때 *N*개의 코일을 사용하면 정류자의 금속편은 2*N*개가 되어야 하며 90°/*N*마다 정류 작용이 일어나게 된다. 예를 들어 *N*=3일 경우는 60°마다 정류 작용이 일어나므로 출력 전압의 파형은 그림 8-16(b)와 같은 형태가 되며 이는 그림 8-15(d)에 비해 더욱 직류에 가까운 형태이다. 전형적인 직류 기계에

▸그림 8-16
(a) 다수의 코일을 사용한 직류 발전기; (b) 코일이 3개일 때의 출력 전압.

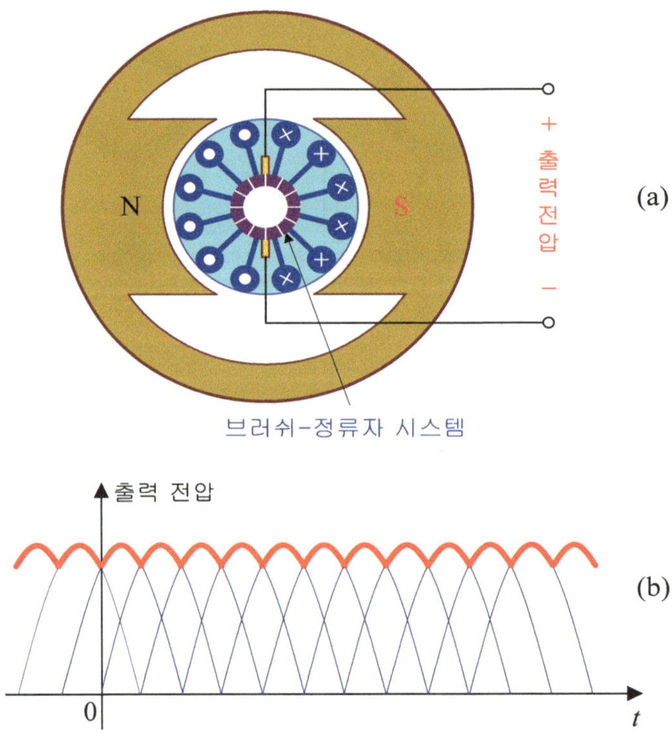

서는 36개의 코일이 사용되며 72개 혹은 그 이상이 필요할 수도 있다. 그림 8-17의 (a)는 전기자의 코일 권선과 브러쉬 및 정류자를 포함하여 하나의 기호로 나타낸 것이다. 그리고 그림 (b)는 이 기호를 이용하여 그림 8-14를 도식적으로 표현한 것이며 이를 더욱 간단히 표현한 것이 그림 (c)이다. 여기서 “PM”은 영구자석(permanent magnet)을 의미한다.

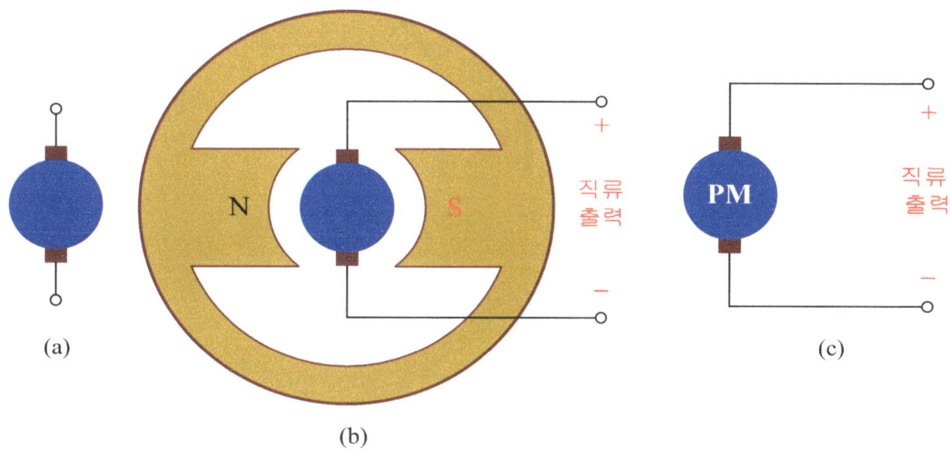

▲그림 8-17 (a) 전기자의 코일 권선과 브러쉬 및 정류자를 포함한 회전자 전체를 기호화한 것; (b) 영구자석을 이용한 직류 발전기(그림 8-14)의 도식적인 표현; (b) 그림 (b)를 더욱 간단히 표현한 그림.

교류 발전기에서 그림 8-5의 (a)와 (b) 관계와 같이 그림 8-14의 직류 발전기에서도 계자극 대신에 계자권선을 자화시켜 사용한다. 계자권선을 자화시키는 것을 여자(勵磁)라 하며 여기에는 타여자(他勵磁; separate excitation) 방식과 자여자(自勵磁; self excitation) 방식의 두 가지 유형이 있다.

타여자 발전기

그림 8-14에 대한 타여자 방식은 그림 8-18(a)와 같으며 자화 전류를 공급하는 여자 전압이 외부로부터 공급되므로 타여자 방식이라 한다. 타여자 방식은 여자 전압으로써 자장을 조절할 수 있으므로 직류 발전기의 출력 전압을 세밀히 제어할 수 있다. 또한 전기자 권선과 계자권선이 분리되어 있으므로(그림 8-18(c)) 부하 전류 I_L의 변동에 따

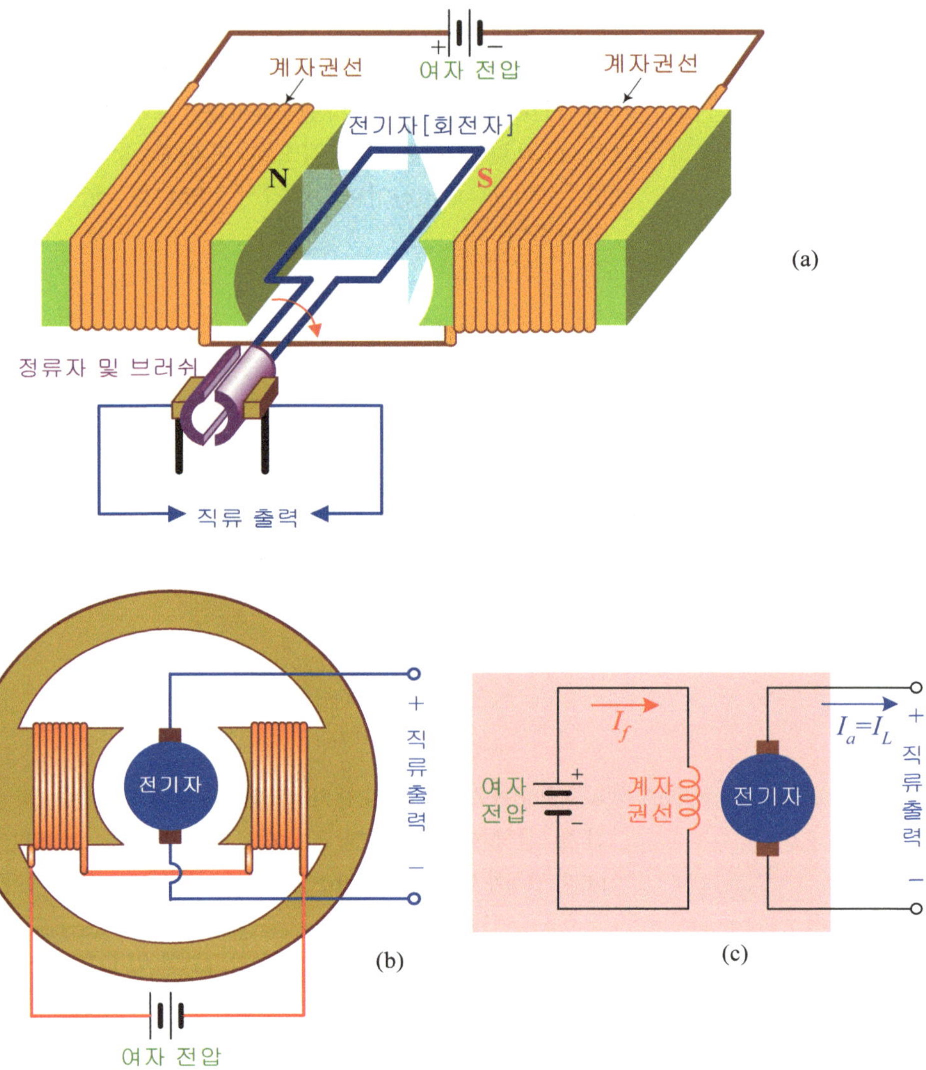

▶그림 8-18
타여자 발전기의
(a) 구조;
(b) 도식적 표현;
(c) 회로적 표현.

라 전기자 전류 I_a는 변하지만 계자 전류 I_f는 영향을 받지 않는다. 따라서 출력 전압의 변동이 매우 적다. 대신에 계자 여자를 위한 별도의 전원이 필요하다. 만일 직류 발전기 자체에서 생산되는 직류 전압을 이용하여 계자를 여자시킨다면 계자를 위한 외부 전압이 별도로 필요하지 않을 것이다. 이와 같이 발전기 자체 출력의 일부를 계자 여자에 이용하는 방식을 자여자 방식이라 하며 여기에는 직권(直捲; series-wound) 발전기, 분권(分捲; shunt-wound) 발전기 및 복권(複捲;

compound-wound) 발전기의 세 종류가 있다.

직권 발전기

직권 발전기는 그림 8-19의 (a)와 같이 전기자 권선과 계자권선을 부하와 함께 직렬로 연결하는 방식이며 이에 대한 도식적 표현 및 회로적 표현은 각각 그림 (b), (c)와 같다. 일반적으로 계자의 여자는 전기자 전류에 비해 충분히 적은 전류로도 가능하다. 그러나 그림 (c)와 같이 전기자 전류 I_a가 바로 계자 전류 I_f가 되므로 계자가 포화되지 않도록 계자의 권선수를 작게 한다. 그리고 계자권선이 부하와 직렬

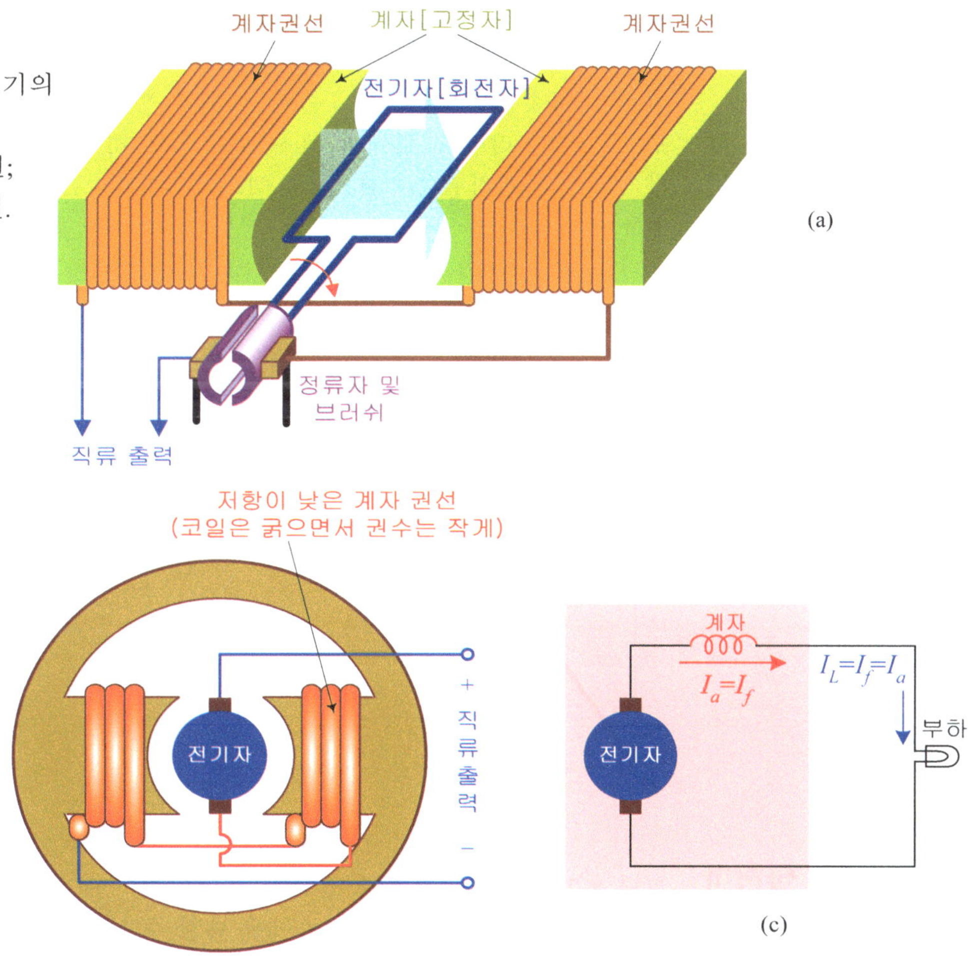

▸그림 8-19
직권 직류 발전기의
(a) 구조;
(b) 도식적 표현;
(c) 회로적 표현.

로 결합되어 권선의 자체 저항이 부하와 같은 효과를 나타내므로 이를 줄이기 위해 계자권선은 저항이 굵은 코일을 사용하여야 한다. 이상으로 그림 8-19(b)에 표시된 바와 같이 직권 발전기에서는 계자 코일이 굵으면서 권수는 작도록 한다.

직권 발전기에서는 부하가 연결되지 않으면 발전기에 전류가 흐르지 않으므로 계자의 자화 전류도 끊어진다. 그러나 계자가 한 번이라도 여자된 후에는 자화 전류를 끊어도 잔류 자속, 즉 렘넌스가 일부 남게 되어 발전기를 다시 운행시키면 계자의 렘넌스에 의해 전기자에 전압이 유도되어 전류가 흐르기 시작한다. 따라서 렘넌스가 없으면 스스로 여자될 수 없다. 전기자의 전류가 흐르기 시작하면 이 전류에 의해 증가된 계자의 자속이 출력 전압의 증가를 유도하고 이는 다시 계자의 자속을 증가시키는 순환 작용이 일어나며 그림 8-20이 이를 보여준다. 그러나 그림에서 표시된 최대 부하 전류에 이르면 계자는 자기적으로 포화된다(그림 7-8의 히스테리시스 곡선 참조). 따라서 부하 전류가 이 점을 넘어서게 되면 전류의 증가는 히스테리시스에 의해 에너지 손실을 야기시키므로 출력 전압은 감소하기 시작한다. 이상으로 전체 출력 특성은 그림 8-20과 같은 형태가 되는 것이다.

▶그림 8-20 직권 발전기의 출력 특성

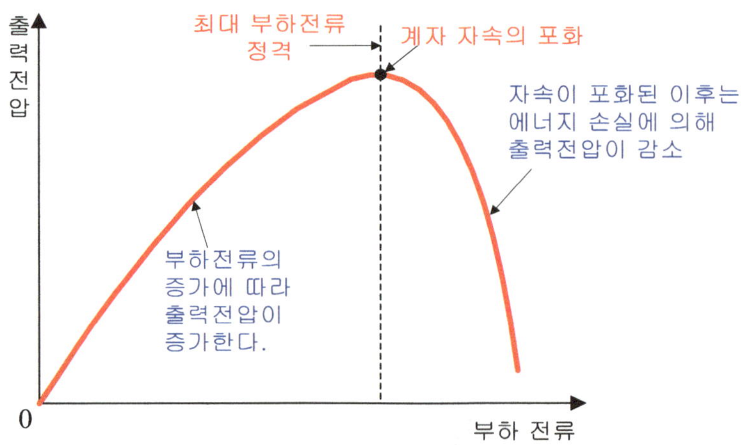

분권 발전기

그림 8-21의 (a)는 전기자 권선과 계자권선이 부하와 함께 병렬로 결합한 복권 발진기의 구조이며 이에 대한 도식적인 표현 및 회로적 표현은 각각 그림 (b), (c)와 같다. 그림 (c)에서 보이는 바와 같이 전기자에 의해 생산된 전류 I_a는 계자의 자화 전류 I_f와 부하 전류 I_L로 나눠

▶그림 8-21
분권 직류 발전기
(a) 구조;
(b) 도식적 표현;
(c) 회로적 표현.

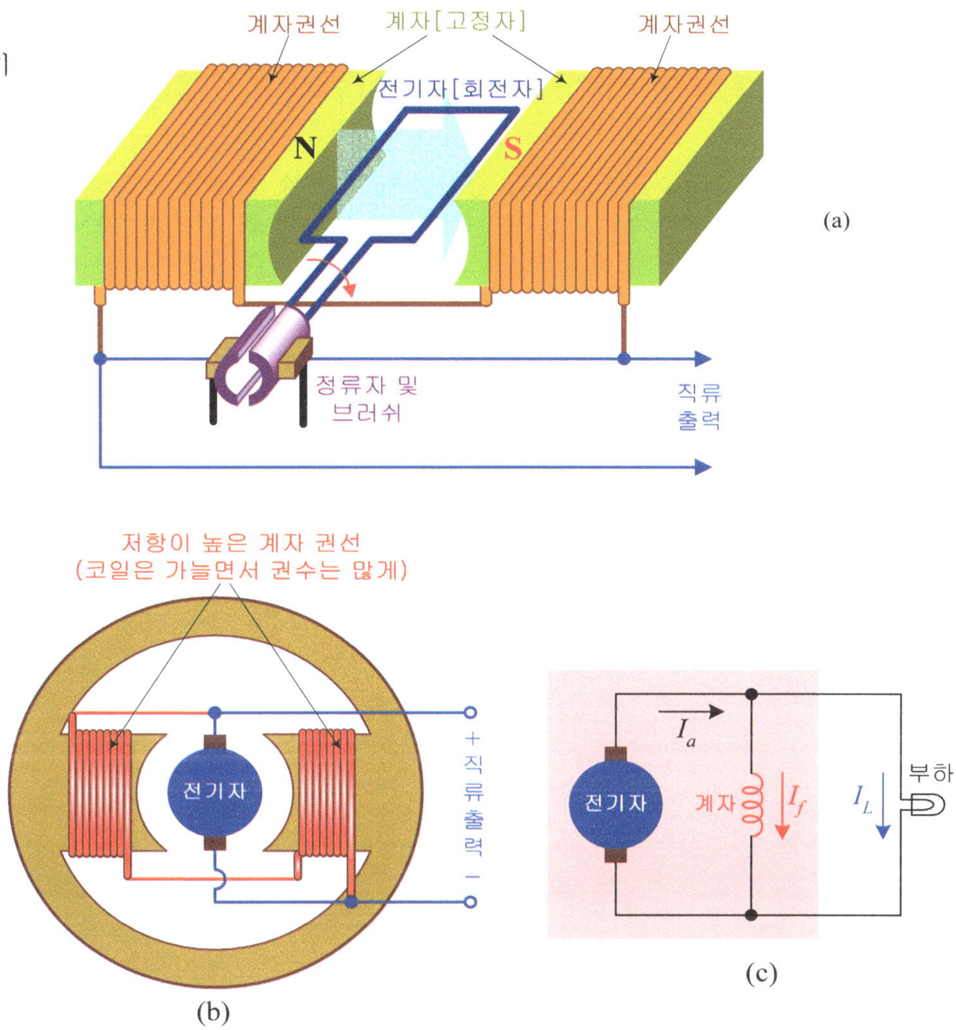

어진다. 일반적으로 분권 발전기에서는 계자권선을 가늘게 하여 저항을 높임으로써 대부분의 전기자 전류가 부하로 흐르도록 유도하고, 계자의 자화 전류는 전체 전기자 전류의 10%를 넘지 않도록 한다. 따라서 적은 자화 전류에 의한 부족한 자속을 보상하기 위해 계자의 권선수를 충분히 늘려 자화 전류에 거의 의존하지 않도록 조치한다. 이상으로 분권 발전기의 계자는 굵기가 가늘고 권선수가 많은 코일을 사용한다. 분권 발전기에서는 병렬 결합을 사용하므로 부하가 접속되지 않아도 전압이 발생한다. 렘넌스는 분권 발전기에서도 역시 중요하다. 즉 전동기가 운행하기 시작하면 계자의 렘넌스에 의해 전기자에 전류가 흐르기 시작하며, 순환 작용에 의해 전기자 전류가 증가함에 따라 출력 전압이 증가하며 이는 계자가 포화될 때까지 계속된다.

분권 발전기에 부하가 접속되면 그림 8-21(c)에서 $I_a=I_f+I_L$이므로 전기자 전류가 증가한다. 전기자 전류가 증가하면 전기자 자체의 내부 저항에 의해 전압 강하가 생길 뿐 아니라 발전기의 역기전력에 의한 전기자 반작용도 일어나므로 그림 8-22와 같이 출력 전압이 약간씩 감소한다. 그러나 부하 전류가 정격 이하일 경우는 출력 전압은 거의 일정하며 다만 부하 전류가 정격 이상이 되면 에너지 손실에 의해 출력 전압이 급격히 떨어지게 된다. 이상으로 분권 직류 발전기는 상당히 일정한 출력 전압이 요구되는 경우에 사용한다.

▸그림 8-22
분권 발전기의 출력 특성

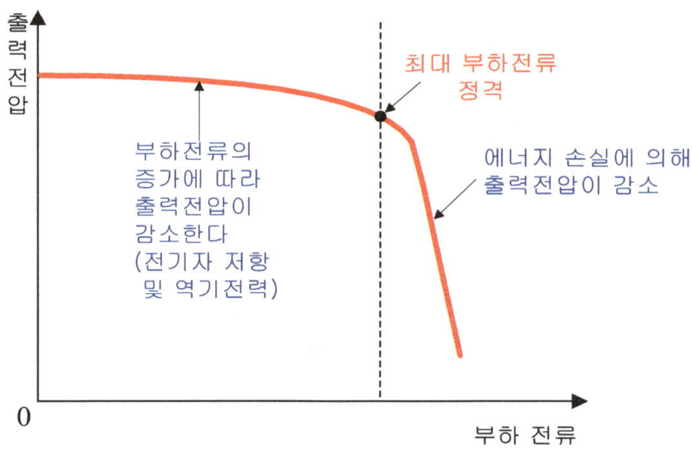

복권 발전기

복권 발전기는 직권과 분권 여자형의 효과를 합성하여 만들어진 것으로 그 도식적인 표현은 그림 8-23의 (a)와 같다. 여기서 권수가 작으면서 굵은 코일은 직권 계자를 나타내며 권수가 많으면서 가는 코일은 분권 계자에 해당한다. 그림 (a)의 회로적 표현은 그림 (b)와 같다. 복권 발전기는 일반적으로 분권 계자가 주가 되고 직권 계자는 분권 계자를 지원하도록 구성한다.

직권 발전기의 출력 전압은 부하 전류에 따라 증가하며, 복권 발전기의 출력 전압은 부하 전류의 증가에 따라 조금씩 감소한다. 따라서 이 둘을 합성한 복권 발전기는 부하 전류에 거의 무관하게 일정한 출력 전압을 생산할 수 있는 것이다. 특히 직권 계자는 전기자 저항

▸그림 8-23
복권 직류 발전기의
(a) 도식적 표현;
(b) 회로적 표현.

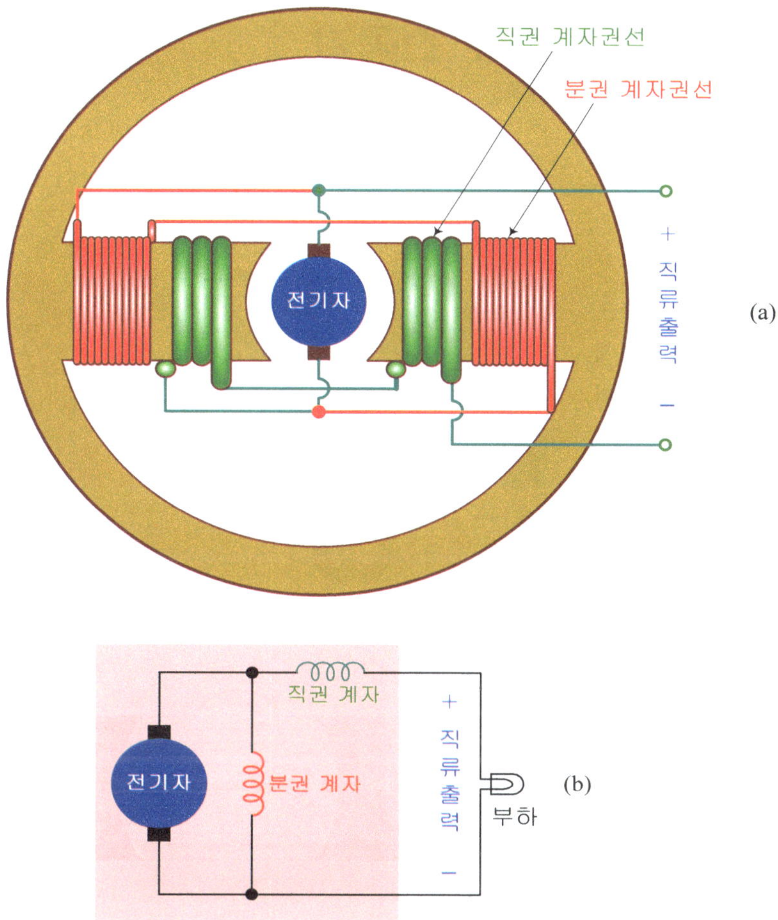

과 전기자 반작용에 의한 전압 강하를 상쇄시키는 방향으로 자장을 형성하기 때문에 복권 발전기의 출력 전압을 더욱 일정하게 유지시켜 주는 것이다.

복권 발전기에서는 직권 계자와 분권 계자의 자장이 서로 도와주는 방향이 되도록 하는 방법과 반대되는 방향이 되도록 하는 방법이 있다. 그 중 전자를 누적 복권 직류 발전기(cumulative compound dc generator)라 하고 후자를 차동 복권 직류 발전기(differential compound dc generator)라 하며 거의 전자 방식이 사용되고 있다. 이상으로 복권 직류 발전기는 일정한 출력이 요구되는 곳에 사용됨을 알 수 있다.

8.4 직류 전동기

직류 전동기의 기본 구조는 그림 8-24(a)와 같으며 이를 그림 8-14와 비교해 보면 입력과 출력이 바뀐 관계임을 알 수 있다. 즉, 직류

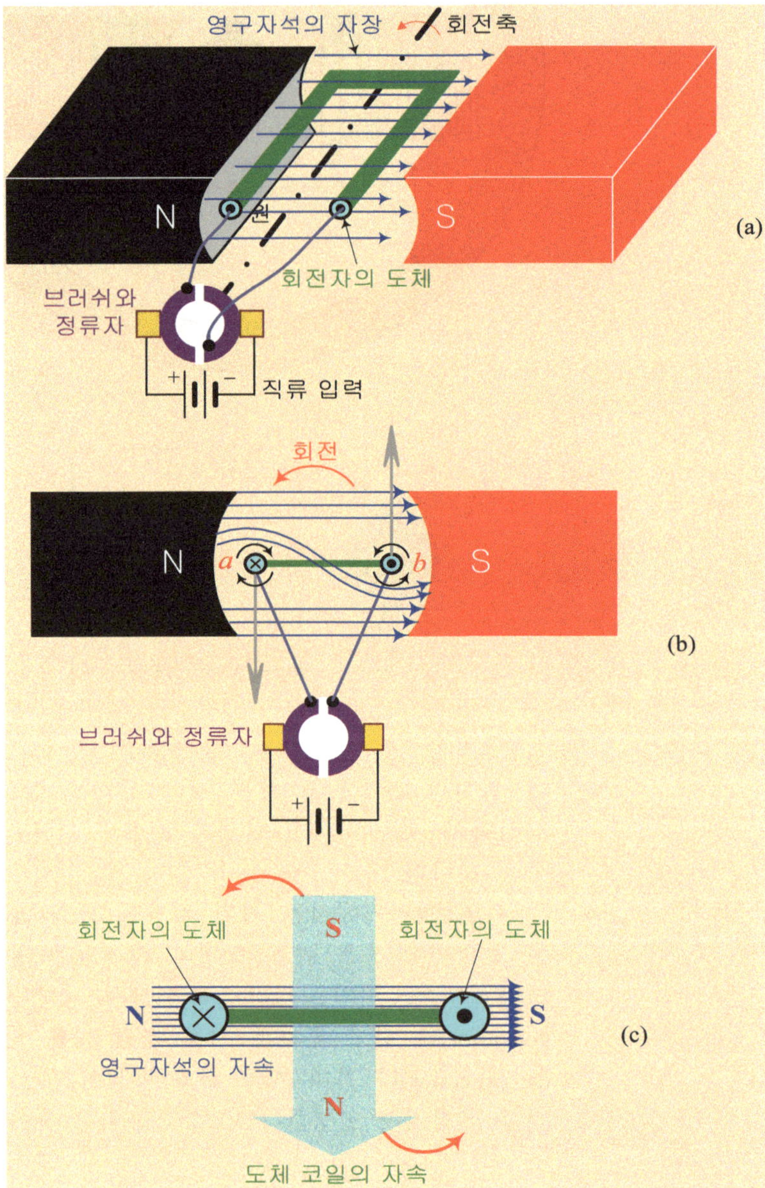

▶그림 8-24
(a) 직류 전동기 구조;
(b) 자장간 상호 관계;
(c) 회전 원리.

발전기는 회전자의 회전력으로 정류기와 브러쉬로부터 직류 전압을 얻는 반면, 직류 전동기는 반대로 정류기와 브러쉬를 통해 입력된 직류 전압으로 회전자의 회전력인 토크를 얻는다.

그림 8-24(b)는 자장간의 상호 작용을 보여준다. 정류기와 브러쉬를 통해 입력된 직류 전압에 의해 도체 *a*에는 종이 앞면에서 뒷면으로 전류가 흐르고 도체 *b*에서는 반대로 흐르므로 전체 자장은 그림에서 표시된 형태가 된다. 따라서 도체 *a*의 상단이 하단에 비해 자속밀도가 높아 도체 *a*는 아래쪽으로 힘을 받게 되며, 이와 반대로 도체 *b*의 경우는 위쪽으로 힘을 받게 되므로 결과적으로 도체 전체는 반시계 방향으로 회전력을 얻게 된다. 또 다르게 보면, 도체 코일을 하나의 전자석으로 볼 수 있으므로 결과적으로 그림 8-24(c)와 같이 자장내에 놓인 자석이 자속이 정렬되는 방향으로 회전하는 것과 같다.

이제 직류 전동기에서 회전자가 회전하는 전체 과정과 이 과정에서 정류자의 역할에 대해 알아보자. 그림 8-25의 각 단계는 회전자의 위치에 따른 토크의 방향 및 이를 자석간의 인력과 척력으로 묘사한 그림이다. 그림 8-25(a)의 단계에서는 회전자 코일이 이루는 면이 자장과 수평을 이루어 자속의 변화가 가장 심하므로 유도되는 기전력과 토크가 최대가 되는 순간이며, 이를 자석으로 나타낸 그림에서도 자력선을 정렬하고자 하는 힘이 가장 강함을 알 수 있다.

그림 (b)의 단계에서는 회전자 코일에 작용하는 두 힘이 서로 반대방향이므로 토크는 0이 되며, 이는 자석으로 나타낸 그림에서도 쉽게 알 수 있다. 따라서 만일 다른 조치가 없다면 전동기는 운행을 중지하게 될 것이며 이 순간을 사점(死点; dead point)이라 한다. 그러나 이 순간에 정류자의 두 금속편이 서로 위치를 바꾸어 브러쉬에 접속되므로 도체에 흐르는 전류의 방향이 바뀌게 된다(그림 8-15 참조). 따라서 그림 (b)의 상태는 정류자에 의해 그림 (c)의 단계로 변하게 되며, 이때 관성으로 남아 있는 회전자의 토크에 의해 회전이 시작된다(그림 (c)의 자석 그림 참조). 따라서 단계 (c)는 단계 (d)를 거쳐 다시 단계 (a)로 넘어가 위와 같은 과정을 반복하게 된다. 이상으로 직류 발전기뿐 아니라 직류 전동기에서도 필요한 순간에 전류의 방향을 바꿔주는 정류기 역할에 대해 알 수 있다.

교류 발전기에서는 계자가 회전하고 고정자가 전기자가 되는 회전-계자 방식이 회전-전기자 방식에 비해 유리하다는 것을 설명하였다. 그러나 직류 기계의 경우 고정자에는 정류기를 설치할 수 없으므로

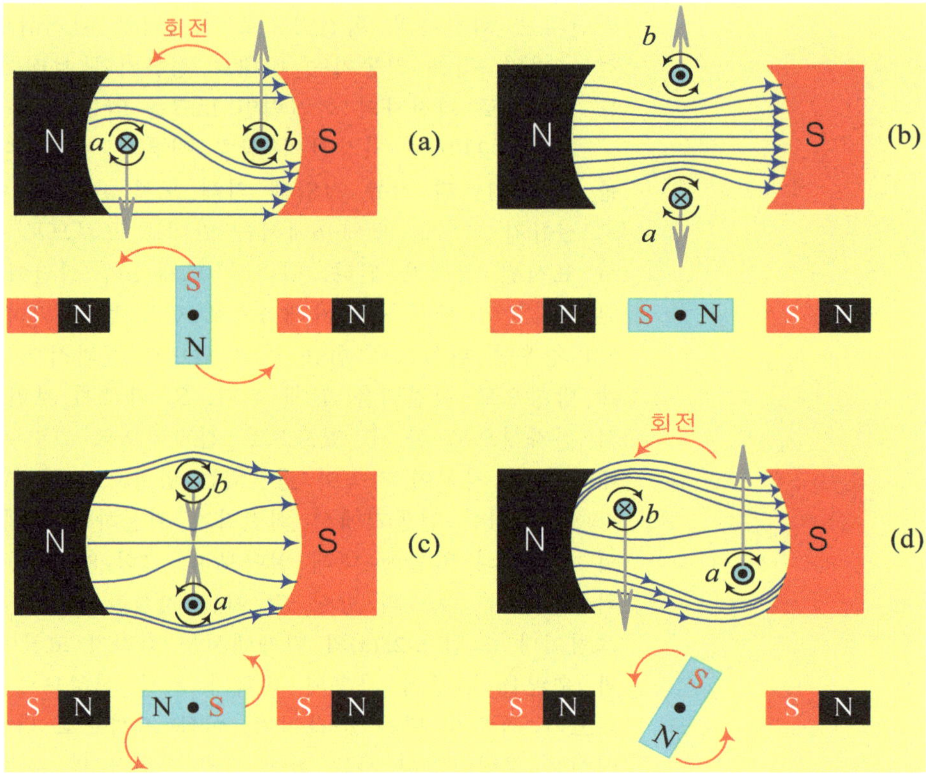

▲그림 8-25 그림 8-24 직류 전동기의 회전 원리를 단계별로 보인 것.

회전자가 전기자가 되어야 한다. 따라서 회전-계자 방식은 다른 특수한 장치의 도움 없이는 직접 직류 기계로 사용하기 어렵다.

그림 8-26은 영구자석을 사용하는 직류 전동기를 도식적으로 표현한 것이다. 이를 그림 8-17(b)의 직류 발전기와 대조하면 서로 입력과 출력이 전도된 관계임을 알 수 있으며 이 관계를 회로적으로 표현한 것이 그림 8-27이다.

발전기와 전동기는 입력과 출력이 서로 바뀐 관계일 뿐 나머지의 구조는 원칙적으로 동일하므로 직류 발전기의 계자권선 결합 방식이 직류 전동기에도 그대로 적용된다. 따라서 직류 전동기에서도 직권 직류 전동기, 분권 직류 전동기 및 복권 직류 전동기의 세 가지 유형이 있다.

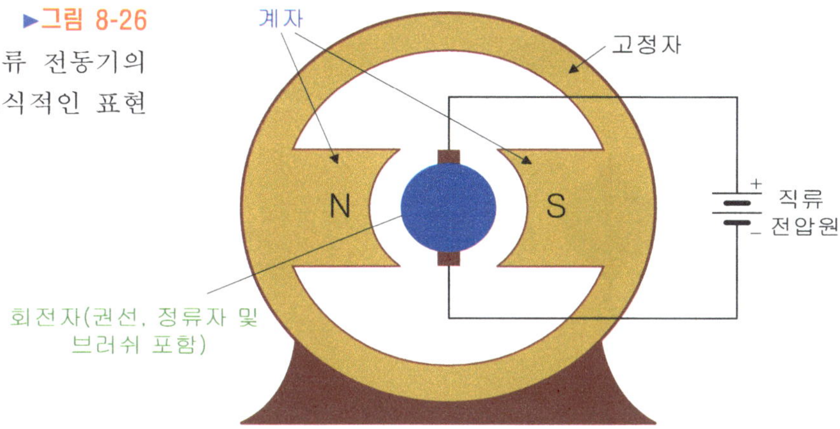

▶그림 8-26
직류 전동기의
도식적인 표현

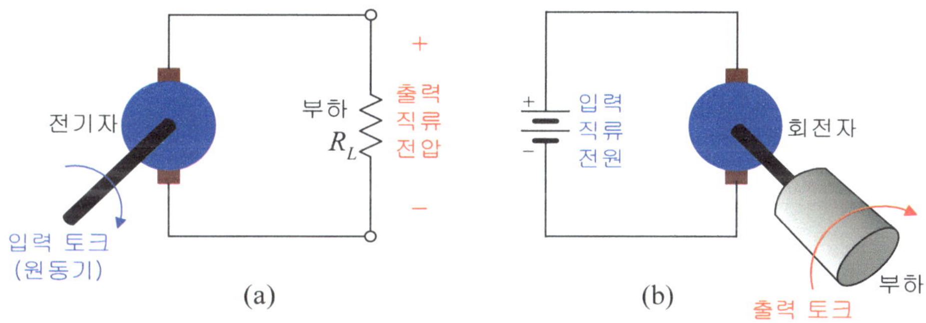

▶그림 8-27
(a) 발전기와
(b) 전동기의
기능적인 비교

직권 전동기

직권 직류 전동기는 그림 8-28의 (a)와 같이 구성되며 그 회로적 표현인 그림 (b)에서는 가감 저항기가 사용되고 있다. 가감 저항기는 계자권선에 흐르는 전류를 조절하여 전동기 속도를 제어하기 위한 것이다. 물론 직류 발전기의 경우도 가감 저항기로써 출력 전압의 크기를 조절할 수 있다. 계자권선은 직권 직류 발전기처럼 저항이 낮으며 권수가 작은 코일을 사용한다. 직권 전동기는 회전자 전류와 계자 전류가 같기 때문에 부하의 변화에 따라 전동기 운행 속도가 직접 영향을 받는다. 즉 부하가 없을 경우는 속도가 매우 빠르지만 부하가 클수록 속도는 현저하게 떨어진다. 반면에 회전자의 전류와 동일한 큰 전류가 계자에 흐르므로 기동(起動) 토크가 크다. 따라서 직권 직류 전동기는 무거운 부하를 움직일 때 사용된다.

▶그림 8-28
직권 직류 전동기의
(a) 결선 방식과
(b) 회로적 표현

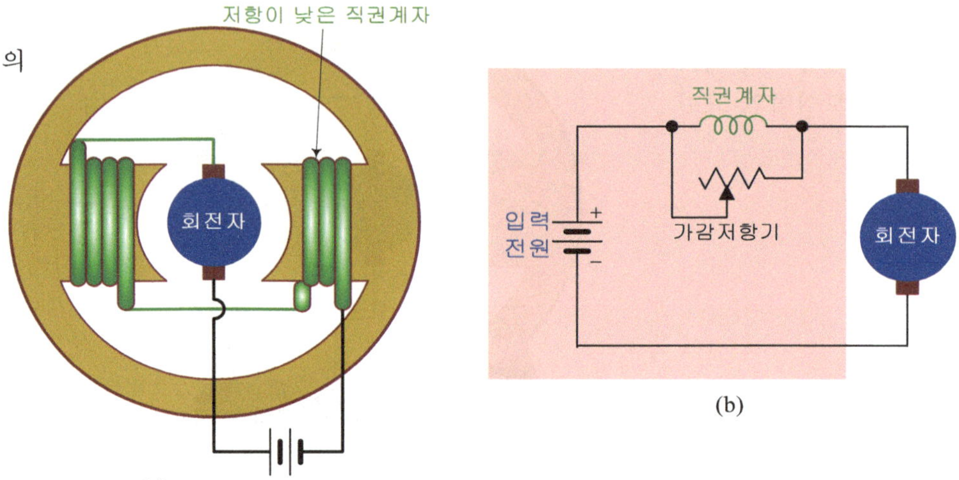

(a) (b)

분권 전동기

분권 직류 전동기는 그림 8-29의 (a)와 같이 결선되며 그림 (b)와 같은 방법으로 가감 저항기를 사용하여 속도를 제어할 수 있다. 분권 직류 발전기 경우와 같이 계자의 권선은 저항이 높고 권수가 많은 코일을 사용한다. 그리고 분권 전동기에서도 전원에서 공급되는 전류 중 10% 미만의 적은 전류가 계자권선에 흐르도록 하여 부하의 변동에 거의 무관하게 일정한 속도를 유지할 수 있다. 따라서 분권 직류 전동기는 속도가 일정한 전동기가 요구되는 곳에 사용된다.

▶그림 8-29
분권직류 전동기의
(a) 결선과
(b) 회로적 표현

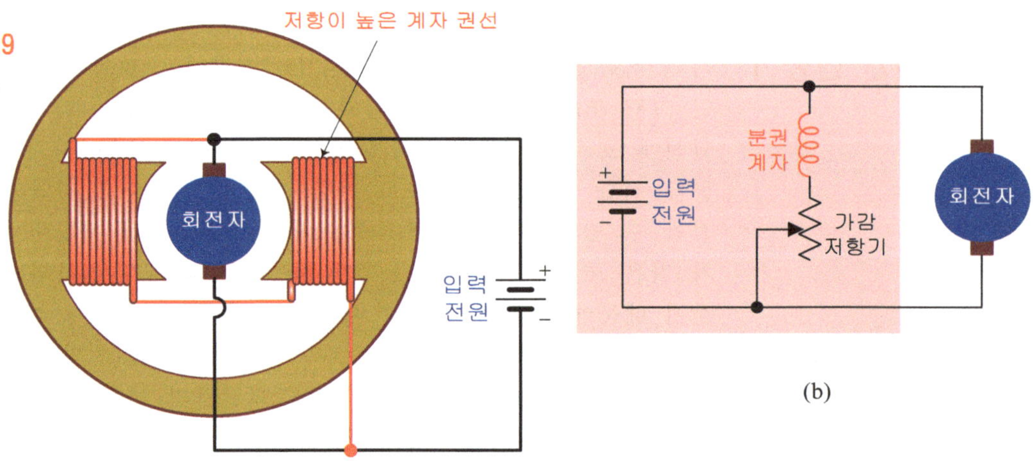

(a) (b)

복권 전동기

복권 직류 전동기는 그림 8-28의 직권 계자와 그림 8-29의 복권 계자를 동시에 사용하여 그림 8-30과 같이 결선하며, 그림과 같이 연결된 가감 저항기로써 전동기의 속도를 제어한다. 복권 직류 전동기는, 기동 토크가 큰 직권 전동기의 장점과 부하에 무관하게 거의 일정한 운행 속도를 갖는 분권 전동기의 장점을 모두 취할 수 있다.

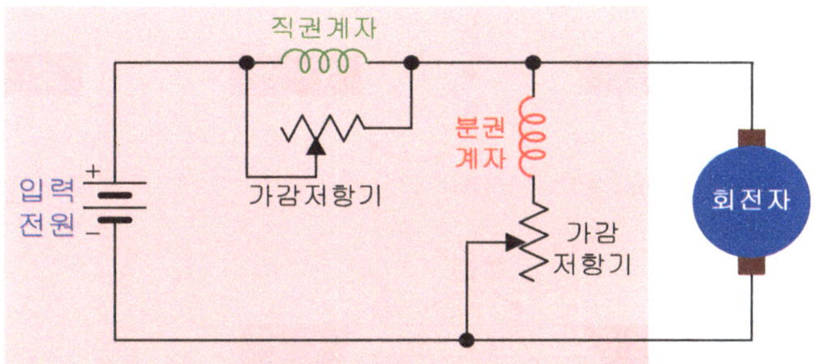

▸그림 8-30
복권 직류 전동기의 회로적 표현

직류 전동기는 회전자와 계자 모두에 직류 전류가 공급되며, 정류자가 사점에서 전류의 방향을 바꾸어줌으로써 회전이 지속될 수 있다. 그러면 다음의 그림 8-31을 통해 회전자와 계자의 전류 방향이 직류 전동기의 회전 방향에 미치는 영향에 대해 살펴보자.

그림 8.31에서 회전자의 전류 방향은 나타나 있지만 계자권선 및 계자 전류의 방향은 표시하지 않고 다만 계자의 극성으로 대신한다. 먼저 그림 (a)의 경우는 반시계 방향으로 회전함을 알 수 있다. 이 단계에서 회전자의 전류는 방향은 그대로 두고 계자 전류의 방향을 반대로 하면 계자의 극이 바뀌므로 그림 (b)처럼 시계 방향으로 회전하게 된다. 만일 그림 (a)에서 회전자와 계자의 전류 방향을 모두 반대로 하면 그림 (c)의 상태가 되어 역시 반시계 방향으로 회전한다. 이상으로써 회전자와 계자의 전류 방향이 동시에 바뀌면 전동기의 회전 방향은 바뀌지 않는다는 것을 알 수 있으며 이는 다음 절에서 설명할 교류 전동기의 원리가 된다.

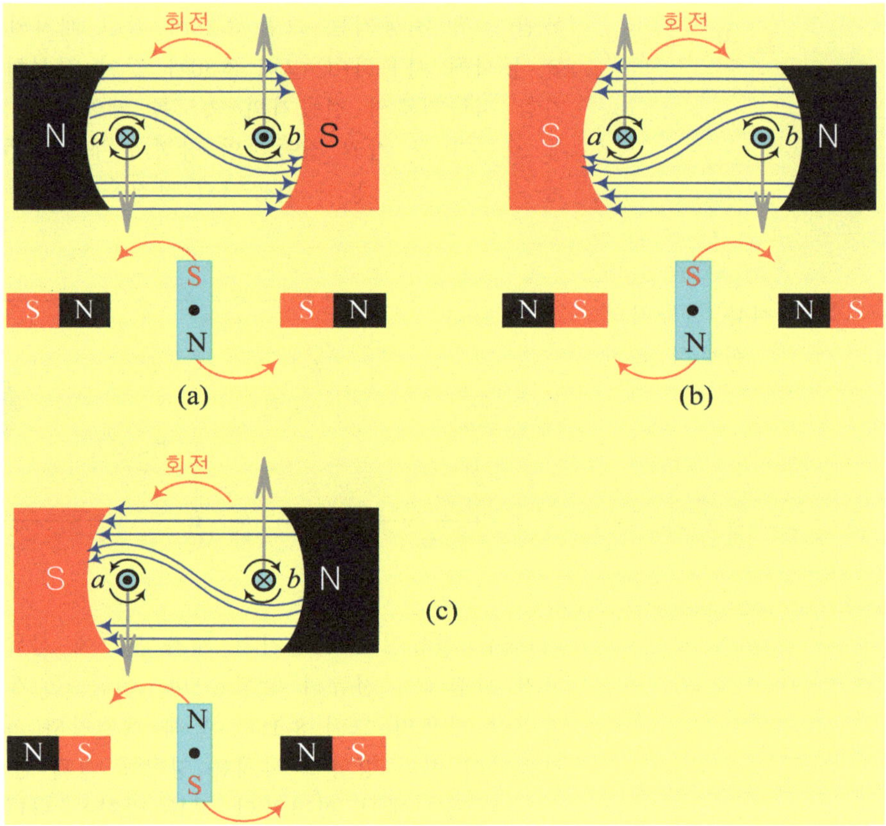

▶그림 8-31 회전자 전류와 계자 전류간의 상대적인 방향이 전동기의 회전에 미치는 영향.

8.5 교류 전동기

가정이나 공장 등에서는 직류 전원보다 교류 전원이 더 손쉽다. 따라서 단상 교류로 동작하는 교류 전동기는 가정용 등으로 유용하다. 앞 절에서 우리는 직류 전동기의 원리와 종류에 대해 알아보았다. 특히 그림 8-31을 통해 알았다시피 전동기의 회전자와 계자에 흐르는 전류의 극성이 함께 바뀌면 전동기의 회전 방향에 영향을 미치지 않는다. 따라서 직류 전동기의 전원을 교류로 대체하여도 전동기의 동작은 직류의 경우와 거의 동일하며 이것이 교류 전동기이다. 특히 직권 계자 방식이 교류 전동기에 적합하며 그림 8-32는 직권 교류 전동기의 구조이다. 그림 8-32의 직권 교류 전동기는 직권 직류 전동기의 전원을 단상 교류 전원으로 대체한 형태이다. 그림에서 교류 전원이

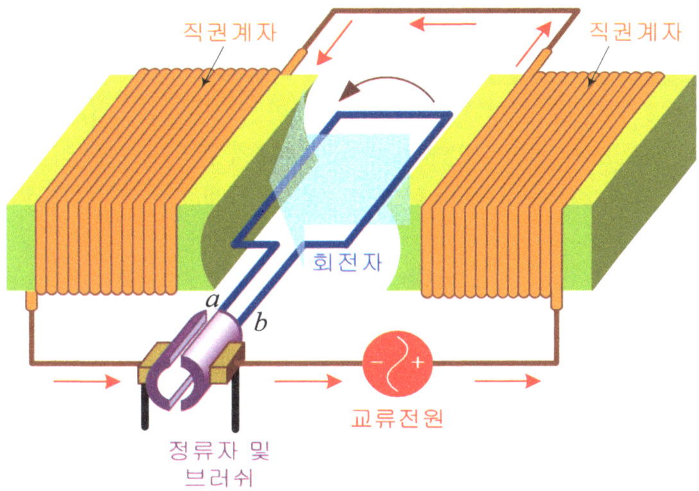

▶그림 8-32
직권 교류 전동기

양일 때 전류 및 계자의 자장 방향은 그림에서 표시된 바와 같으며 이 상태는 그림 8-31(c)에 해당한다. 이 상태에서 교류 전원의 극성이 반대가 되어 음이 되면 회전자와 계자의 전류 방향이 함께 바뀌므로 그림 8-31(a)의 상태가 되어 회전 방향은 전과 같다. 그리고 회전자의 도체가 사점에 이르면 정류자에 의해 전류의 방향이 반대가 되어 회전이 지속된다. 따라서 교류 전원의 주파수를 f라 하면 정류자의 작용에 의해 전류의 방향은 초당 $2f$번 변하는 셈이다. 만일 직권 교류 전동기에서 60Hz의 교류 전원을 사용하면 전류의 방향은 초당 120번 변하게 된다. 이상으로 직권 전동기는 원리상 직류와 교류 양쪽 모두를 전원으로 사용할 수 있다. 이와 같이 직류와 교류 전원을 병용할 수 있도록 구성된 전동기를 특히 만능 전동기(universal motor)라 한다. 그러나 대부분의 만능 전동기는 교류에서 동작하도록 설계된다. 만능 전동기의 속도와 토크 특성은 직권 전동기와 유사하며 믹서기나 드릴 및 톱 등 휴대용 기구에 널리 사용되고 있다.

교류 전동기에는 분권 방식이 효과적이지 못하다. 그 이유는 첫째로 회전자의 전류와 계자의 전류가 90도의 위상차를 가지기 때문이며, 둘째로는 권선수가 많은 가는 코일을 사용하는 분권 계자의 경우는 교류에 대한 리액턴스가 높아지기 때문이다. 교류를 사용하는 전동기에는 직권 교류 전동기 외에도 단상 동기 전동기 및 단상 유도 전동기 등이 있다.

8.6 3상 교류 전동기

지금까지 소개한 발전기와 전동기에서는 계자가 고정되어 있거나 또는 회전-계자 방식의 경우에도 기계적인 힘에 의해서만 자장의 회전이 가능하였다. 만일 기계적인 힘을 빌리지 않고 자장을 회전시킬 수 있다면 구조가 매우 간단한 전기 기계를 만들 수 있을 것이며 3상 교류가 이를 가능하게 한다. 3상 교류를 이용하면 계자의 자장을 전기적으로 회전시킬 수 있으며 이를 이용한 전동기로서 3상 동기 전동기, 3상 유도 전동기 등이 있다.

회전 자장

그림 8-33을 통해 3상 교류를 이용하여 자장을 전기적으로 회전시키는 원리에 대해 먼저 알아본다. 그림 (a)는 고정자에 120도 간격으로 배치된 세 개의 코일 *aa'*, *bb'*, *cc'* 및 각 코일에 의해 만들어지는 자장의 위상축을 보여주며, 그림 (b)에는 각 코일에 입력되는 3상 교류의 위상 관계를 보여준다. 각 코일에 최대 전류가 흐를 때의 코일 자속을 Φ_{max}라 하자. 그리고 그림 (b)에서 $\omega t=0$, $\pi/3$, $2\pi/3$일 때 그림 (a)의 각 코일에 만들어지는 자속 및 고정자 전체의 자속에 대해 살펴보자.

먼저 $\omega t=0$일 때는 코일 *aa'*의 전류가 양의 방향으로 최대가 되며 *bb'*와 *cc'*의 전류는 음의 값이면서 크기는 최대 전류의 1/2이다. 따라서 코일 *aa'*의 자속 $\mathbf{\Phi}_a$는 크기가 Φ_{max}이며, 코일 *bb'*와 *cc'*에 의한 자속 $\mathbf{\Phi}_b$와 $\mathbf{\Phi}_c$는 크기가 $\Phi_{max}/2$가 된다. 그리고 각 코일의 자속 방향은 코일의 전류 방향을 참조하면 $\omega t=0$에서 고정자의 자속 형태는 그림 8-34(a)와 같음을 알 수 있다. 따라서 고정자 전체 자속의 방향은 $\mathbf{\Phi}_a$와 일치하며 크기는 $3\Phi_{max}/2$이 된다. 이와 같은 원리로 3상 교류의 위상이 $\omega t=\pi/3$, $2\pi/3$로 진행됨에 따라 자속의 형태는 각각 그림 8.34의 (b) 및 (c)와 같은 형태가 됨을 알 수 있다. 이상의 그림 (a), (b), (c)로부터 고정자의 자장이 회전하는 것을 알 수 있으며 이를 회전 자장(rotating field)이라 한다. 여기서 중요한 것은 자장을 기계적이 아닌 전기적으로 회전시킨다는 점과 자장의 회전 주파수가 교류 전원의 주파수와 같다는 점이다. 이는 우리가 앞서 배운 교류 발전기, 직류 발전기, 직류 전동기 및 교류 전동기와는 근본적으로 사뭇 다른 방식이라는 것을 알 수 있다.

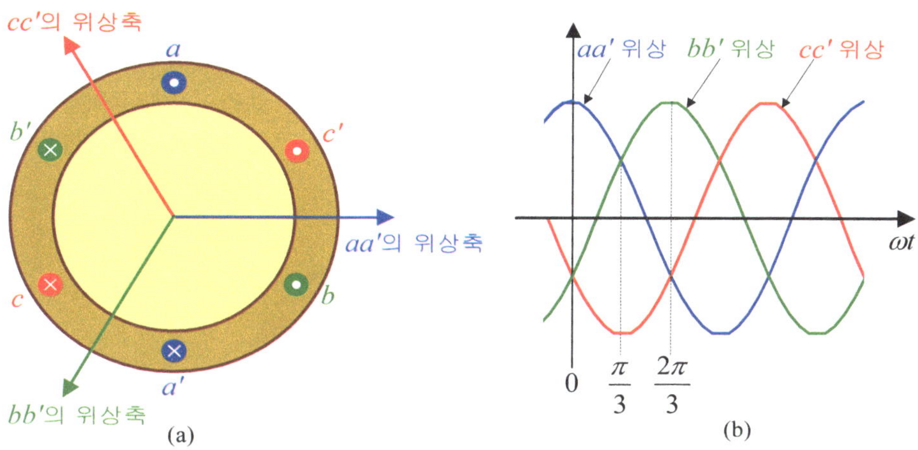

►그림 8-33
(a) 고정자의 3상 코일과
(b) 3상 교류의 위상 관계

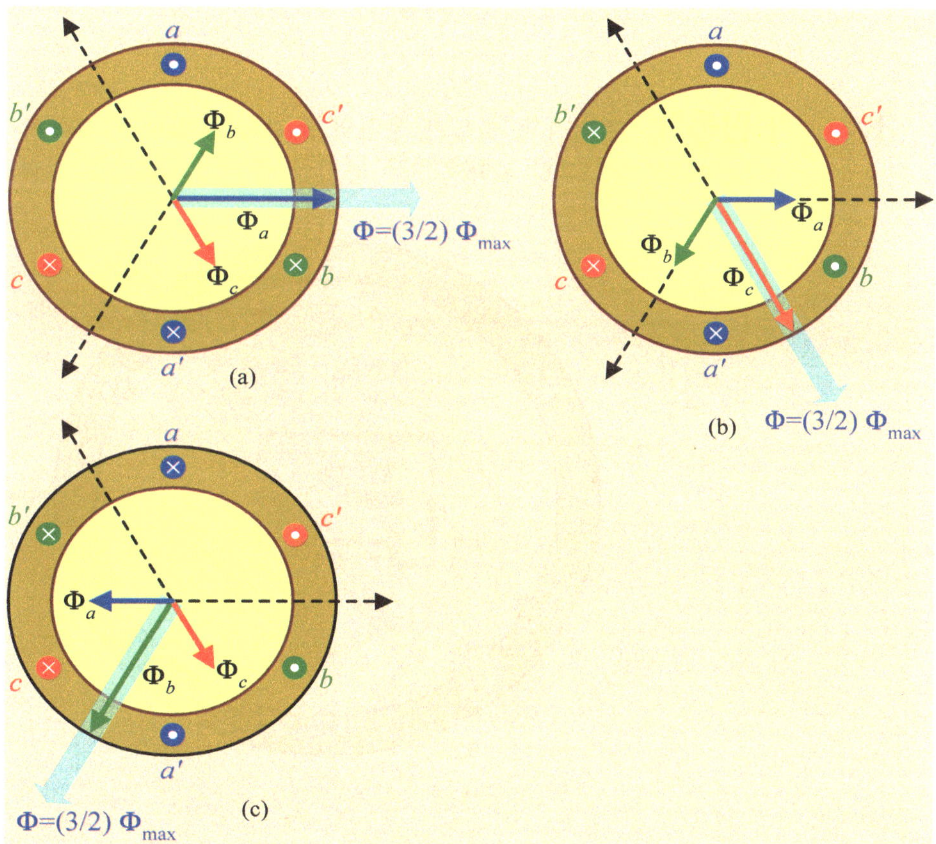

►그림 8-34
고정자의 자속:
(a) $\omega t=0$;
(b) $\omega t=\pi/3$;
(c) $\omega t=2\pi/3$.

그림 8-34에는 각 코일의 단일 권수로 되어 있지만 자장의 세기를 높이기 위해 그림 8-35와 같은 방식으로 각 코일의 권수를 늘려 사용한다. 다만 여기서 유의할 점은 동일 코일을 이루는 권선끼리는 서로 직렬로 연결되지만 다른 코일간에는 서로 독립적이라는 것이다.

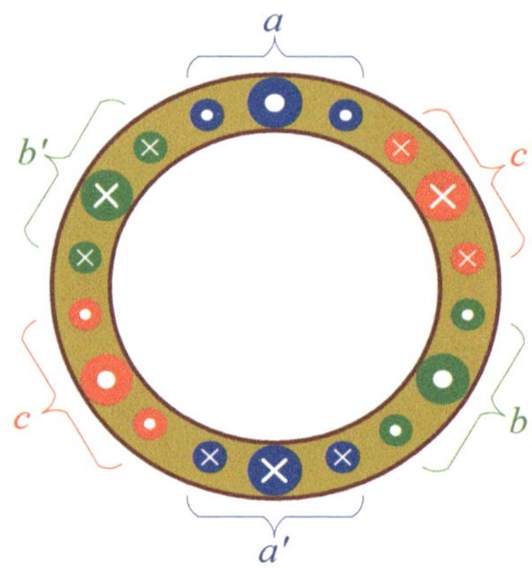

▶그림 8-35
다수의 권선으로 결선된 3상 코일

3상 동기 전동기

회전자의 속도가 부하와 무관하게 일정한 전동기를 동기 전동기라 하며 그림 8-36은 3상 동기 전동기의 구조 및 원리를 보여준다. 고정자

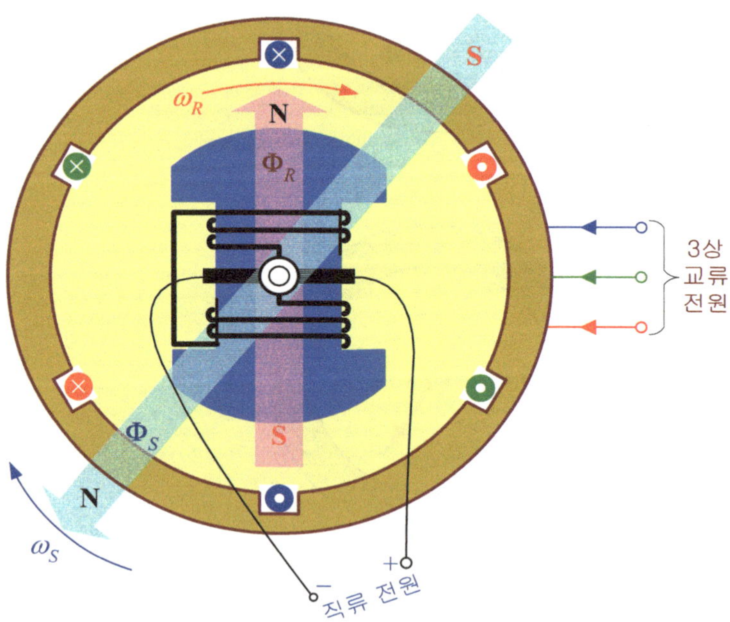

▶그림 8-36
3상 동기 전동기의 구조와 동작 원리

에 입력된 3상 교류는 교류 주파수와 같은 속도의 회전 자장 Φ_S를 고정자에 형성하고, 회전자에 입력된 직류 전원은 회전자의 자장 Φ_R을 형성한다. 따라서 회전자의 자력선이 고정자의 회전 자력선과 같은 방향으로 정렬하고자 하므로 회전자는 회전하게 된다. 이 때 회전자의 속도는 회전자에 연결된 부하와는 상관없이 고정자의 회전 자장 속도와 같기 때문에 3상 동기 전동기라 한다. 따라서 동기 전동기는 매우 일정한 속도가 요구되는 곳에 사용되며, 실제의 예로 시계의 전동기나 레코드 턴테이블 및 사무용 기기 등이 이에 해당한다. 그러나 3상 동기 전동기의 운행 속도를 변경하려면 교류 전원의 주파수를 바꿔야 하지만 일반적으로 교류의 주파수를 바꾸는 작업이 그리 용이하지 않기 때문에 3상 동기 전동기의 용도가 제한된다.

3상 유도 전동기

3상 동기 전동기는 속도 조정이 쉽지 않을 뿐 아니라 전원은 3상 교류와 직류의 두 종류가 필요하다. 그림 8-37의 3상 유도 전동기는 발전기와 전동기의 원리를 함께 이용하기 때문에 3상 교류 전원 한 가지만으로도 운행이 가능하며 이에 따라 기계의 구조도 간단해진다.

▶그림 8-37
유도 전동기의 원리

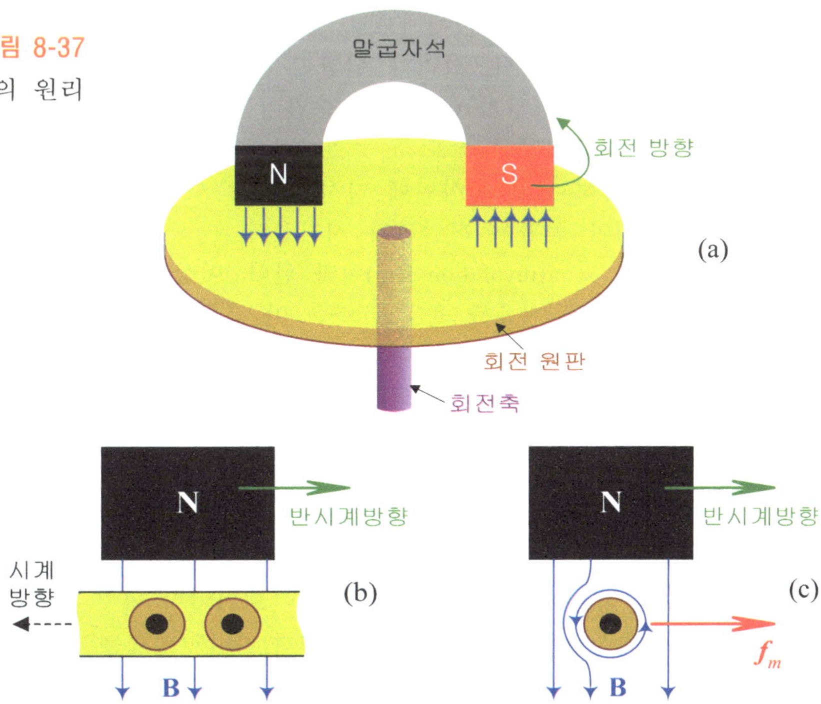

그림 8-37은 유도 전동기의 원리를 가장 간단하게 설명해주는 그림이다. 그림 (a)와 같이 말굽자석 아래에 회전할 수 있는 금속 원판이 놓여져 있으며 말굽자석은 이 원판에 대해 상대적으로 회전하고 있다(그림상에서는 반시계 방향임). 이러한 회전에 따라 자계는 원판을 따라 교번하게 되며, 더불어 금속 원판은 많은 도체판들이 포개져 있는 것으로 볼 수 있으므로 그림 (b)와 같이 표현할 수 있다. 즉 그림 (b)는 N극 아래에 있는 원판의 가장자리에서 바라본 형태이며, 도체와 자장 사이의 상대적인 운동을 염두에 둔다면 원판은 고정된 자장에 대해 상대적으로 시계 방향으로 움직이는 것과 같다. 따라서 발전기의 원리에 의해 금속 원판의 도체들에는 기전력이 유도되어 전류가 흐르게 되며(오른손 법칙), 그 방향은 그림에 표시된 바와 같이 지면 뒤에서 앞으로 향한다. 따라서 그림 (b)의 결과 그림 (c)와 같은 자장이 형성되며 전동기의 원리에 의해 금속판은 왼쪽에서 오른쪽으로 기계적인 힘을 받게 된다(왼손 법칙). 이 때 힘의 방향은 원판 위에서 움직이는 자석의 방향과 같다.

원판은 자석과 같은 방향으로 회전하지만 자석에 비해 약간 느리게 회전하게 된다. 만일 원판이 자석의 속도와 같으면 둘 사이의 상대적인 운동이 없어지므로 유도 전압이 없어져 원판은 회전력을 상실하기 때문이다. 그러나 원판이 상대적으로 느린 속도로 회전하다 보면 상대 속도가 0이 되는 순간이 생기며 이 순간에는 원판의 회전력이 상실되면서 속도가 늦추어지게 된다. 일단 원판의 속도가 느려지면 자석과 원판 사이에 다시 상대 속도가 생기므로 전동기 작용이 재생되어 원판이 회전하기 시작한다. 자석과 원판 사이의 속도 차이를 회전 슬립(revolution slip)이라 한다. 이상과 같이 회전하는 자장으로써 회전자에 전류를 유도한 다음 이 전류를 이용하여 회전자를 구동하는 형태를 유도 전동기라 한다. 실제의 유도 전동기에서는 자석을 회전시키는 대신 그림 8-34의 회전 자장을 이용하며, 회전자로는 다권선의 원통을 이용한다. 그림 8-38은 이러한 구조의 3상 유도 전동기를 보여준다.

그림 8-38(a)에서 고정자에 만들어진 회전 자장 내에 위치한 전기자는 그림 8-37(b)의 원리에 의해 그 내부에 유도 전류가 발생하게 되며, 유도된 전류에 의해 생기는 회전자의 자장은 고정자의 회전 자장에 반응하여 토크를 발생시킨다. 물론 토크는 그림 8-37(c)의 원리에 의해 자장이 회전하는 방향으로 전기자인 회전자를 회전시킨다. 여기

▶그림 8-38
유도 전동기의
(a) 구조와
(b) 농형 회전자

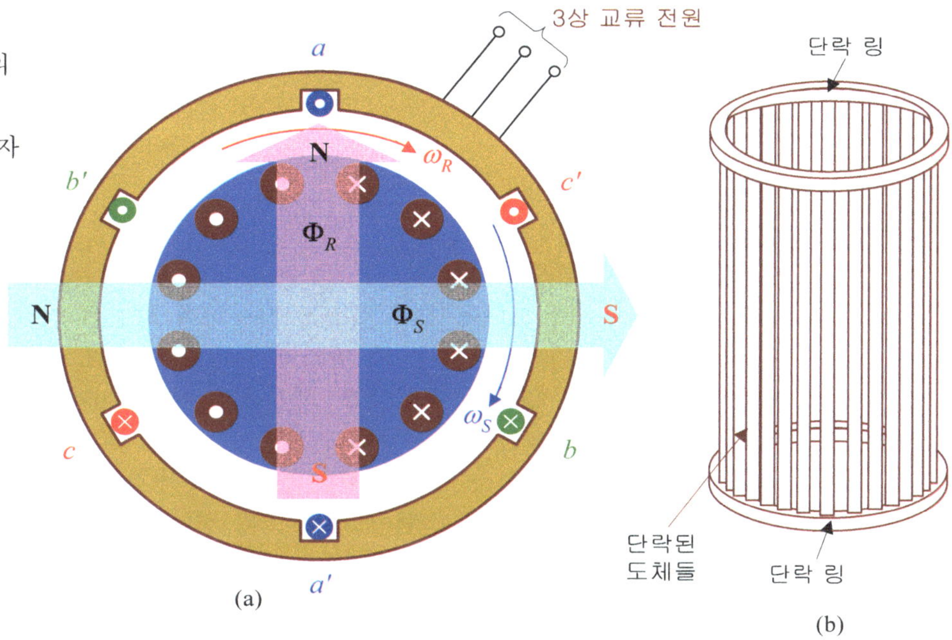

서 회전 자장의 속도 ω_S를 전동기의 동기 속도라 하며 동기 속도 ω_S와 전동기 속도 ω_R간의 차가 회전 슬립이 된다. 대개 슬립은 동기 속도의 백분율로 주어진다. 예를 들어 전동기의 동기 속도가 3600rpm이고 전동기 속도가 3528rpm이면 슬립은 다음과 같다.

$$\frac{3600-3528}{3600}\times 100\,\% = 2\,\%$$

일반적으로 회전자는 농형(籠形; squirrel cage) 또는 권선형의 두 가지 중 하나이다. 그 중 농형 회전자는 그림 8-38(b)와 같이 회전자 도체들의 끝 부분이 단락 링에 의해 단락된 형태이다. 무부하시에는 농형 회전자의 슬립은 매우 작으나 부하가 증가하면 슬립이 증가하여야 한다. 즉 부하 운전에 필요한 토크를 만들어내기 위해 더 많은 전류가 전기자인 회전자에 유도되어야 하며, 이러한 전류를 유도하기 위해서는 단위 시간 당 더 많은 자력선이 쇄교되어야 한다. 따라서 회전자는 회전 자장에 대해 더 큰 상대적인 운동을 해야 하므로 슬립은 커지는 것이며, 적당한 토크가 만들어질 때까지 슬립은 증가한다. 유도 전동기의 동작은, 변압기의 일차 코일처럼 동작하는 고정자의 전류가 이차 코일처럼 작용하는 회전자의 전류를 유도한다는 점에서 변압기 동작과 유사하다. 따라서 대부분의 유도 전동기에서는 회전자에 대해 외부의 전기적 접속이 필요하지 않으므로 슬립링 또는 브러쉬가 필요 없이 단순하면서도 단단한 구조를 갖게 되어 가장 널리 사용되는 기계이다.

8.7 스텝 모터

스텝 모터는 전력 펄스를 사용하여 회전을 임의로 제어할 수 있는 특수한 전동기이다. 즉 펄스가 한번씩 가해질 때마다 스텝 모터의 회전축은 일정한 각만큼씩 회전하게 된다. 따라서 컴퓨터로 제어되는 많은 기계들을 구동하는데 사용되는 서보모터(servomotor)로 사용되어 전기적인 펄스 신호를 회전 운동으로 변환시켜 준다.

그림 8-39는 스텝 모터 구조의 한 예를 보여준다. 회전자는 영구자석으로 되어 있으며 고정자 코일들 사이에 위치하고 있다. 만일 고정자 여자 코일 L_1이 전기적인 펄스에 의해 여자되면 L_1은 회전자 쪽이 S극이 되는 전자석이 되어 회전자의 N극이 L_1 밑에 위치하도록 시계 방향으로 회전하게 된다. 다음 펄스를 이용하여 L_2를 여자시키면 회전자의 N극은 L_2 밑에 위치하도록 다시 시계 방향으로 회전한다. 이

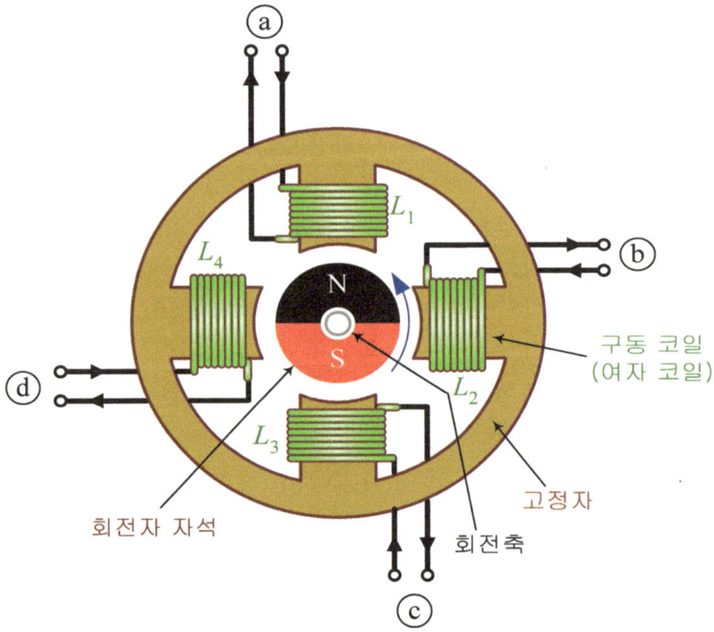

▶그림 8-39
스텝 모터 구조의 예

러한 과정을 $L_1 \rightarrow L_2 \rightarrow L_3 \rightarrow L_4 \rightarrow \cdots$와 같이 순환적으로 여자시키면 회전자는 일정한 각(그림상에서는 90도)으로 연속적으로 회전시킬 수 있다. 만일 여자 코일의 수를 늘리면 회전자는 더욱 예리한 각도로 위치를 변경시킬 수 있다. 예를 들어 200개의 단계를 거쳐 한번 회전하는 스텝 모터는 한 단계당 1.8도씩 움직이게 된다. 즉 360/200=1.8이다.

♣ 연습 문제 ♣

8-1 계자, 전기자, 계자극 및 원동기에 대한 정의를 내려라.

8-2 교류 발전기에서 슬립링의 역할은 무엇인가?

8-3 발전기가 기계적인 에너지를 전기적인 에너지로 변환시키는데 필요한 세 가지 조건을 설명하라.

8-4 교류 발전기에서 회전-전기자 방식과 회전-계자 방식 방식을 설명하고 각각의 장단점에 대해 설명하라.

8-5 회전-계자 방식을 사용하는 교류 발전기의 여러 가지 형태에 대해 알아보아라.

8-6 계자극 수가 288개인 교류 발전기에서 60Hz의 전압을 얻고자 할 때 회전자의 분당 회전 수를 구하고 동일한 주파수를 얻기 위한 2극 발전기의 분당 회전 수와 비교하라.

8-7 3상 교류 발전기의 원리에 대해 알아보고 단상 교류 발전기와의 구조상 차이에 대해 알아보아라.

8-8 3상 전압을 전송하기 위한 두 가지 결선 방법에 대해 설명하라.

8-9 직류 발전기와 교류 발전기의 구조상 유사한 점과 차이점을 설명하라.

8-10 직류 발전기에서 정류자의 역할에 대해 설명하라.

8-11 직류 발전기의 계자 권선을 자화시키는 방법에 대해 알아보아라.

8-12 직권 직류 발전기와 분권 직류 발전기의 장단점에 대해 설명하라.

8-13 직권 직류 발전기와 분권 직류 발전기에 사용하는 계자 권선의 차이점에 대해 설명하라.

8-14 직류 전동기의 기본 구조와 회전 원리에 대해 설명하라.

8-15 직류 전동기에서 회전자 전류와 계자 전류 사이의 상대적인 영향이 전동기의 회전에 미치는 영향을 설명하고 이 관계가 직류 전동기의 동작에 중요한 바탕임을 설명하라.

8-16 직류 전동기의 사점에 대해 설명하고 이를 피할 수 있는 원리를 설명하라.

8-17 교류 전동기와 직류 전동기간의 원리상 유사점에 대해 설명하라.

8-18 3상 교류를 이용하여 회전 자장을 만드는 원리에 대해 설명하라.

8-19 3상 동기 전동기를 동기 전동기라 하는 이유는 무엇인가?

8-21 유도 전동기의 동기 속도 및 회전 슬립에 대해 설명하라.

8-22 스텝 모터의 응용을 주위에서 찾아보아라.

3부 반도체

9장

반도체

(Semiconductors)

반도체가 없이는 현재와 같은 전자 공학의 발전은 상상하기 어려울 것이다. 반도체는 단순한 도체나 부도체와는 달리 조건에 따라 도체가 되기도 하고 부도체가 되기도 하는 특수한 성질이 있다. 따라서 반도체를 이용한 능동 소자들이 개발됨으로써 수동 소자인 *RLC*만으로는 수행할 수 없었던 고차원의 기능들이 가능하게 되어 전자 공학이 현대 문명을 주도하는 위치에 서게 되었다. 이 장에서 배울 내용은 다음과 같다.

9.1 원자 이론

물질을 도체, 부도체 및 반도체로 나누는 기준은 그 물질의 전기적인 특성을 바탕으로 하는 것이며, 물질의 전기적인 특성은 그 물질을 이루고 있는 원자의 구조에 의해 좌우된다. 원소들은 원자번호라는 각기 고유한 번호가 부여되어 있으며 이는 원자의 핵에 있는 양성자의 개수를 나타낸다. 원자의 핵은 양전하를 띄는 양성자(proton)라는 알맹와 전하를 띄지 않는 중성자(neutron)가 하나 또는 그 이상이 들어 있다. 다만 가장 가벼운 원소들의 경우는 중성자가 없는 경우도 있으며 원자의 무게는 핵에 들어 있는 양성자와 중성자를 합한 값이다. 물질의 전기적인 특성은 거의 전적으로 원자에 들어 있는 전자들에 의해 결정되며, 전자는 핵의 주위를 선회하는 음전하의 알맹이다. 전자의 수는 핵의 양성자 수와 일치하기 때문에 정상적인 원자의 총 전하는 0으로 중성을 이룬다. 전자는 매우 작으며 그 무게는 양성자 무게의 1/1850에 불과하므로 원자의 무게는 전적으로 핵에 다 실려 있다고 볼 수 있다.

그림 9-1은 도체의 대표격인 구리의 원자 구조를 예로 보여주고 있다. 그림에서 보는 바와 같이 핵 주위를 도는 전자들은 핵으로부터 모두 같은 거리에 위치하는 것이 아니라 일정한 각(殼; shell)들에 배치되어 있다. 덴마크의 과학자 Niels Bohr는 전자가 배치된 각의 명칭을 *K*, *L*, *M*, *N*, *O*, *P* 식으로 정하였으며 이 중 *K* 각이 핵과 가장 가까운 궤도에 해당한다.

모든 전자들은 각기 일정한 에너지를 가지고 핵 주위를 돌고 있으며 각 각에 속하는 전자들이 가질 수 있는 에너지 준위(energy level)는 연속적이지 않고 분리된 형태로 존재한다. 여기서 전자의 에너지 준위란 두 가지 의미를 포함하고 있다: 첫째는 핵으로부터의 거리이고 (위치 에너지) 둘째는 전자가 가지고 있는 에너지(운동 에너지)이다. 따라서 핵에 가까운 각에 있는 전자일수록 에너지 준위는 낮으며 반대로 핵으로부터 멀수록 전자의 에너지 준위는 높아진다.

각 각에는 6개의 분리된 에너지 준위가 있으며 전자는 이들 준위 사이의 에너지는 가질 수 없다. 6개의 에너지 준위는 *s*, *p*, *d*, *f*, *g* 및 *h*로 분류되며 이 중 *s* 준위가 핵과 가장 가깝다. 각 에너지 준위에 속하는 전자의 개수는 2, 6, 10, 14, 18 및 22개 식의 형태로 정해지며, 각 각의

▶그림 9-1
구리의 원자 구조

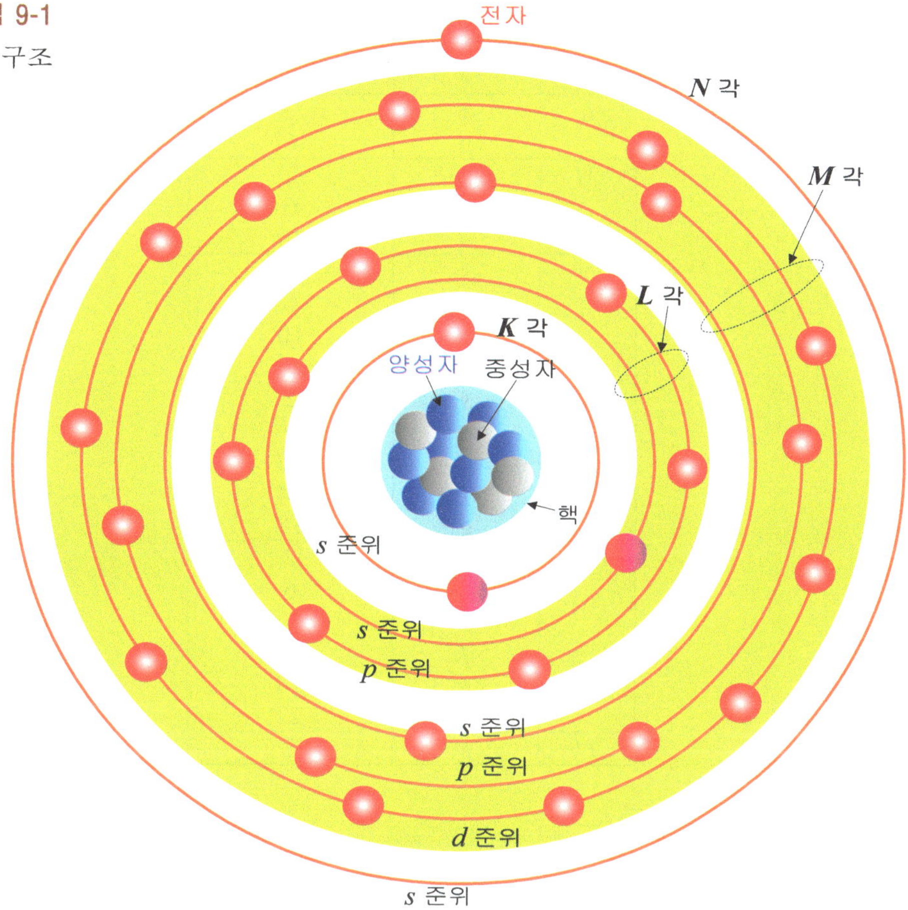

에너지 준위와 각 에너지 준위에 속할 수 있는 전자의 최대 개수 관계는 표 9-1과 같다. 예를 들어 표 9-1에서 *P* 각을 보면 여기에는 6개의 에너지 준위가 존재할 수 있으며 각 준위에 들어갈 수 있는 전자의 최대 수는 2, 6, 10, 14, 18, 22로 배치되므로 *P* 각에는 최대 72개의 전자가 존재할 수 있다. 그림 9-1의 구리 원자에서의 전자 배치를 예로 들면 다음과 같다.

K 각: *s* 준위(2)
L 각: *s* 준위(2), *p* 준위(6)
M 각: *s* 준위(2), *p* 준위(6), *d* 준위(10)
N 각: *s* 준위(1), *p* 준위(0), *d* 준위(0), *f* 준위(0)

▶표 9-1
각 에너지 준위 및 최대 전자 수의 관계

각	에너지 준위	전자의 최대 개수
K	*s*	2
L	*s* *p*	2 6
M	*s* *p* *d*	2 6 10
N	*s* *p* *d* *f*	2 6 10 14
O	*s* *p* *d* *f* *g*	2 6 10 14 18
P	*s* *p* *d* *f* *g* *h*	2 6 10 14 18 22
Q	*s*	2

따라서 구리 원자의 경우는 *K*부터 *M*까지는 전자로 완전히 채워졌지만 *N* 각의 *s* 준위는 하나가 비었고 *p*, *d*, *f* 준위는 모두 비게 된다. 핵으로부터 가장 먼 각을 최외각이라 하며 이들에 의해 원소의 전기적 및 화학적 특성이 결정된다.

각 원소의 원자들은 원자 형태로 남아 있기를 바라는 것이 있는가 하면 다른 원소와 결합함으로써 더욱 안정된 상태를 얻고자 하는 것도 있다. 이러한 현상은 모두 핵 주위를 도는 전자의 배치 상태와 직결된다. 즉 최외각이 전자로 채워진 원자는 원자의 상태로 남아 있고자 하는 경향이 크며 이를 안정 상태 또는 안정된 원자라 한다. 반면에 채워지지 않은 최외각에 있는 전자를 가전자(價電子)라 하며 이는 원자에서 가장 높은 에너지 준위에 있으면서 다른 원자와 결합하여 화학적인 변화를 일으키는 중요한 역할을 한다. 전혀 다른 물질을 이루고 있는 원소들이 결합하여 새로운 특성의 물질로 된 것을 화합물이라 하며, 원소가 결합하는 방법은 여러 가지가 있다.

이온 결합

자연계에서 일어나는 이온 결합의 좋은 예가 소금(염화나트륨)이며 그림 9-2와 같다. 나트륨(Na) 원자는 최외각에 가전자가 하나뿐이므로 이를 방출하여 안정된 상태가 되고자 한다. 반대로 염소(Cl) 원자는 최외각에 7개의 가전자가 있으므로 외부로부터 전자 하나를 더 보충하여 8개의 안정된 상태가 되고자 한다. 따라서 이 두 원자가 결합하면 나트륨은 전자 한 개를 염소 원자에 주면서 양이온인 Na^+가 되고 염소는 전자를 하나 받아들여 음이온 Cl^-가 되어 서로간에 이온 결합이 이루어진다.

산화구리 역시 이온 결합의 좋은 예이다. 그림 9-1에서와 같이 구리는 *N*각의 *s* 준위에 가전자 한 개가 있으며 훌륭한 전기 도체이다. 그리고 산소는 *L* 각에 6개의 가전자가 있으며 그 중 두 개는 *s* 준위

►그림 9-2
염화나트륨 원자의 이온 결합:
(a) 독립된 정상 원자;
(b) 이온 결합된 원자.

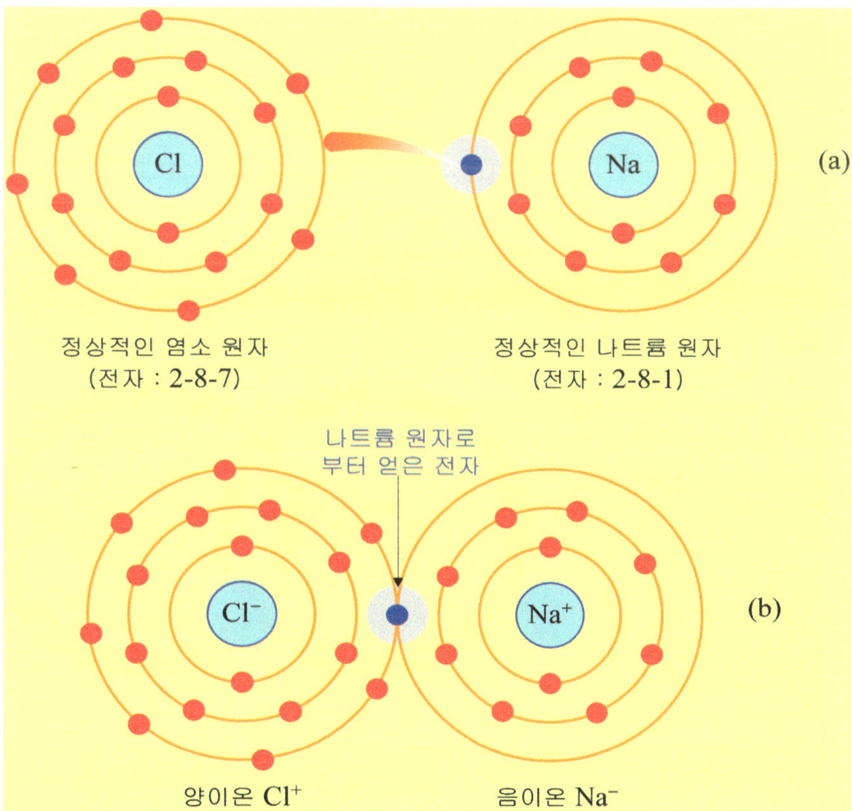

에, 나머지 4개는 p 준위에 존재한다. 따라서 산소 원자는 두 개의 구리 원자로부터 각각 한 개씩 두 개의 전자를 받아들여 L 각 p 준위를 6개의 전자로 완전히 채우게 되며, 그 결과 매우 안정되어 훌륭한 부도체로 되어 버린다.

공유 결합

원자가 안정되기 위해 최외각에 있는 가전자를 버릴 경우의 전자의 수가, 모자란 전자를 채움으로써 안정을 취할 경우에 받아들여야 하는 전자의 수와 같을 때는 두 원자가 서로간의 가전자를 공유해버림으로써 최외각을 완전히 채우는 방식으로 결합하며 이를 공유 결합이라 한다. 이는 이온 결합의 경우처럼 한 쪽 원자는 일방적으로 전자를 방출하고 다른 쪽 원자는 일방적으로 전자를 받아들이는 것과는 달리 서로의 가전자를 공유하는 형태이므로 이온이 형성되지 않는다. 대신에 가전자를 공유하는 결속력으로써 결합이 유지되며, 공유된 전자들은 한 쪽 원자에서 다른 쪽 원자로 교대로 옮겨 다니며 존재한다. 공유 결합은 이온 결합보다 결합하는 힘이 강하다.

두 개의 수소 원자가 공유 결합하는 모습이 그림 9-3과 같으며 그림상에서 두 원자의 K 각은 서로 겹쳐 있는 형태를 하고 있다. 이는 두 원자가 그들의 전자를 공유하는 모습을 표현한 것이며 두 원자는 각기 s 준위를 채울 수 있으므로 안정된 결합이 이루어진다. 산소나 질소 같은 흔한 공기 분자들은 주로 공유 결합으로써 유지된다. 특히 차후에 설명할 반도체들, 즉 실리콘이나 게르마늄 등은 공유 결합의 대표적인 예이다.

▶그림 9-3
두 수소 원자간의 공유 결합

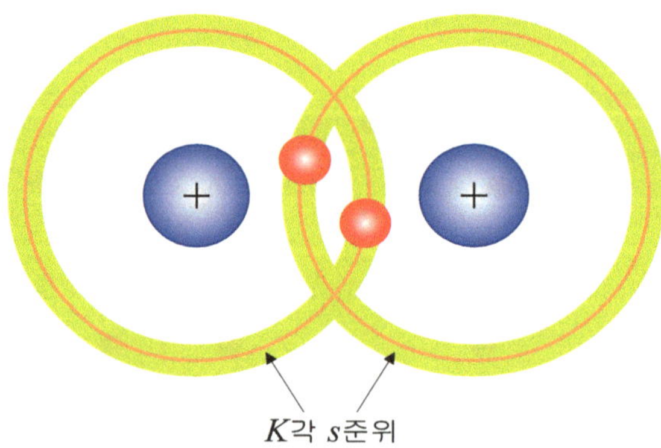

금속 결합

전기 전도가 훌륭한 도체에서 일어나는 결합으로 금속 결합을 들 수 있다. 구리와 같은 도체에서는 N 각의 s 준위에 가전자가 하나가 외부로부터의 작은 에너지에도 쉽게 영향을 받아 원자들 사이를 떠돌아다니게 된다. 이와 같이 가전자가 충분한 에너지를 얻어 원자를 완전히 떠나게 되면 자유 전자가 되고 해당 원자는 양이온이 된다. 따라서 원자들이 자유 전자들을 서로 공유하는 형태가 되며 이를 금속 결합이라 한다.

도체 내의 자유 전자들은 어떤 의미에서는 마치 구름과 같이 무리 지어 떠다니는 것과 같으며 이러한 전자 구름과 양이온간에는 불규칙하지만 끊임없는 인력이 발생하므로 원자간에 결합하는 힘이 생기는 것이다. 그림 9-4는 구리의 금속 결합을 예로 든 것이다.

▸그림 9-4
구리의 금속 결합

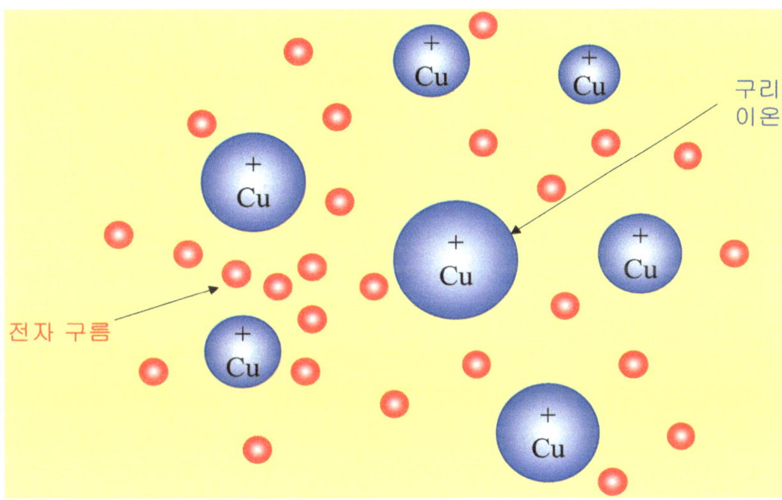

에너지 준위

물질은 전기적 전도성을 기준으로 도체와 부도체 및 그 중간 성질인 반도체로 나눌 수 있다. 각 특성을 비교하기 쉽도록 부피가 1 cm^3인 도체, 반도체 및 부도체를 놓고 양면간의 저항을 측정하면 각 물질의 특성이 명확히 비교된다. 즉, 부도체의 경우는 수 백만 Ω에 이르는 저항을 나타내며 도체는 10^{-6} Ω에 불과하고 반도체는 약 300 Ω의 저항을 나타낸다. 그러면 이 세 가지 물질의 전도성이 이렇게 큰 차이를 보이는 이유에 대해 알아보도록 하며, 여기에는 에너지 준위 개념이 효과적이다.

그림 9-5는 부도체, 반도체 및 도체의 에너지 준위를 비교해 보인 것이며, 각 그림에서 가전자대는 아래쪽에 위치하고 전도대는 위쪽에 위치한다. 가전자대(valence band)란 전자들이 가질 수 있는 가장 높은 에너지 준위이면서 아직은 원자의 핵에 영향을 받는 에너지 준위이다. 여기서 "아직"이란 뜻은 외부의 여건이 맞으면 핵의 구속을 벗어날 수 있는 에너지 준위를 의미한다.

전도대(conduction band)란 가전자대의 전자가 원자 핵의 구속으로부터 해방되어 전도에 기여할 수 있도록 자유의 몸이 되는데 필요한 에너지 준위이다. 이 때 가전자대의 전자는 일정한 수준 이상의 에너지를 얻어야만 전도대에 이를 수 있으며 이를 설명하는 것이 금지대(forbidden band)이다. 즉 가전자대의 전자는 금지대의 폭에 해당하는 에너지 이상을 얻어야 금지대를 넘어 전도대에 들어갈 수 있는 것이며 그렇지 못하면 핵에 구속된 상태로 머물러야 한다. 따라서 어떤 물질의 금지대의 폭이 그 물질의 전도성과 직접 관련이 있음을 알 수 있으며, 원자 이론에서는 금지대의 폭을 eV(electron volt)라는 단위로 나타낸다. 1eV는 전자 하나가 1V의 전위차에 의해 얻거나 또는 잃어버린 에너지를 의미한다.

부도체의 경우는 그림 9-5(a)와 같이 금지대의 폭이 매우 넓기 때문에 가전자대의 전자들이 전도대에 들어서기가 매우 어렵다. 대표적인 부도체인 탄소 결정의 경우 금지대 폭이 거의 6eV에 이른다. 그림 (b)의 반도체 경우는 부도체와 달리 대역폭이 매우 좁다. 예를 들어 실리콘의 경우 절대 온도 0도에서 1.21eV의 에너지를 얻으면 전도가 가능하다. 그러나 이 정도 에너지 역시 쉽게 얻어지는 것이 아니므로

▶그림 9-5
에너지 준위:
(a) 부도체;
(b) 반도체;
(c) 도체.

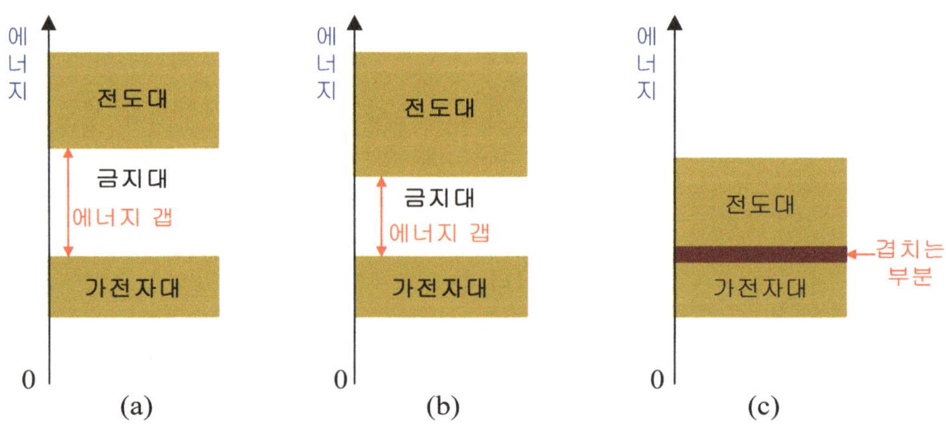

실리콘의 가전자대는 차고 전도대는 빈 상태로 유지되어 부도체와 같다. 그러나 온도가 올라가서 상온(25°C)에 이르면 가전자대의 전자가 받는 열에너지가 1.21eV보다 크므로 반도체는 도체로 전환된다.

도체의 경우는 그림 9-5(c)에서 보듯이 부도체나 반도체의 경우와 판이하다. 즉 어떤 의미에서는 가전자대와 전도대가 따로 구별되지 않고 하나인 것으로 볼 수 있으므로 도체는 항상 자유 전자가 존재하는 것이다.

9.2 반도체

실리콘과 게르마늄은 반도체를 대표하는 물질들이며 이들은 원소 주기율표상으로는 4족 원소에 속한다. 이 중에서 실리콘 원자는 그림 9-6(a)와 같이 14개의 전자가 있으며 K 각과 L 각은 모두 차있다. 그러나 최외각인 M 각은 s 준위만 차고 나머지 p 준위는 6개 중 두 개만 채워진 상태이므로 p 준위를 채우기 위해 모두 4개의 전자를 외부로부터 얻어와야 한다. 따라서 M 각은 p 준위를 채우기 위해 실리콘 원자는 사방으로 이웃해 있는 원자들과 그림 9-6(b)와 같이 공유 결합한다. 즉 주위의 4개의 원자들과 각각 하나씩의 전자를 공유함으로써 모든 원자들은 최외각의 p 준위를 6개의 전자들로 완전히 채울 수 있

▶그림 9-6
실리콘 원자:
(a) 단일 원자;
(b) 공유 결합한 원자;
(c) 도식적 표현.

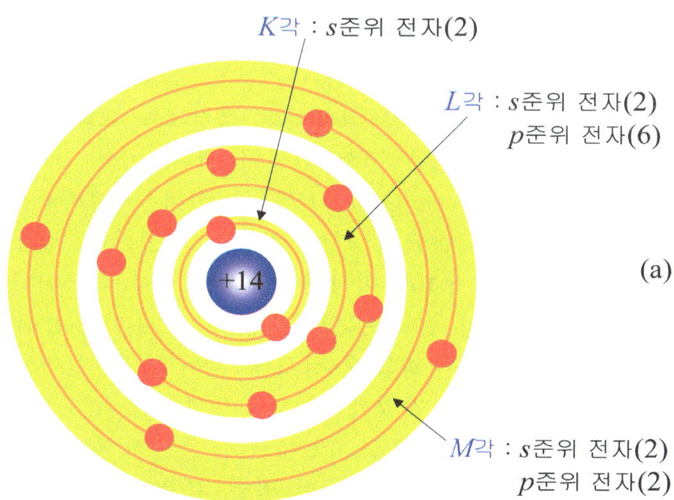

▸그림 9-6
(계속)

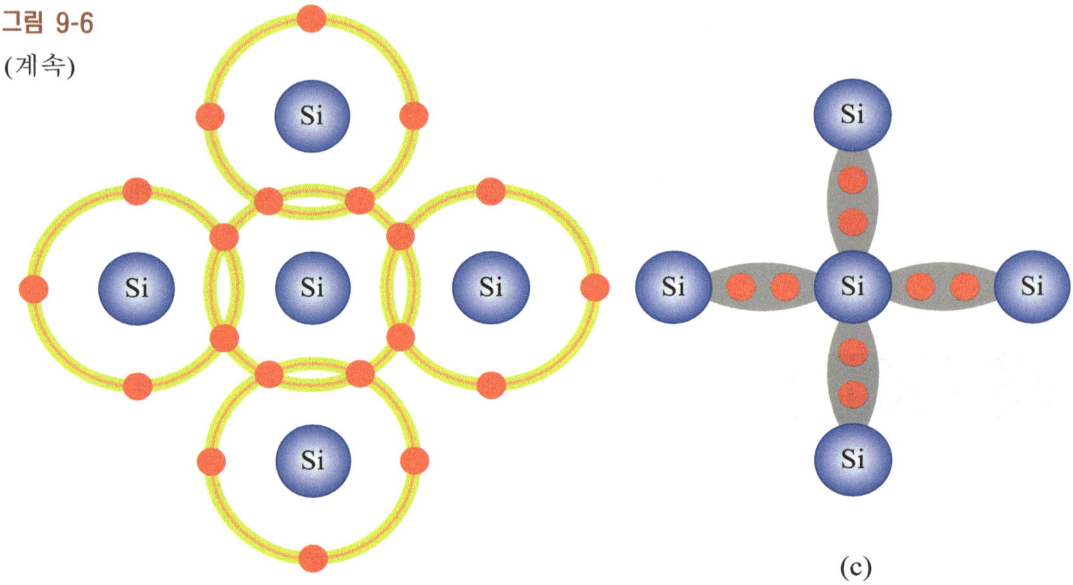

(b) (c)

는 것이다. 이와 같이 4족 원소인 실리콘은 4개의 원자와 공유 결합하여 그림 9-6(c)와 같이 매우 단단하고 규칙적인 격자 배열을 갖는 결정 구조가 된다.

진성 반도체

실리콘과 게르마늄 결정체는 자연산의 원소를 녹여 인공적으로 얻게 되면 공정 과정이 복잡하고 비용도 많이 들지만 순도가 매우 높은 결정체를 얻을 수 있다. 전자 소자로 사용되는 반도체는 순도가 매우 높아야 하므로 자연산의 결정체를 그대로 사용할 수 없으며 인위적인 제조 공정을 거쳐 만들어 낸다. 이와 같이 순도가 매우 높은 반도체를 진성(intrinsic) 반도체라 하며, 게르마늄의 경우는 원자 10^8개당 하나의 불순물이 섞인 정도를 진성이라 하고 실리콘의 경우는 불순물 농도가 $1:10^{13}$ 이상이어야 진성으로 취급된다.

진성 실리콘 결정체는 그림 9-7과 같이 견고한 격자 구조이므로 제한된 전자들만 전도에 기여할 수 있다. 그 결과 진성 실리콘이나 게르마늄 결정은 어느 정도까지는 부도체에 가깝다. 진성 실리콘 결정은 절대 온도 0°C에서는 완전히 부도체로 간주되지만 상온에서의 열에너지는 원자들의 공유 결합을 깰 수 있을 정도로 충분하므로 어

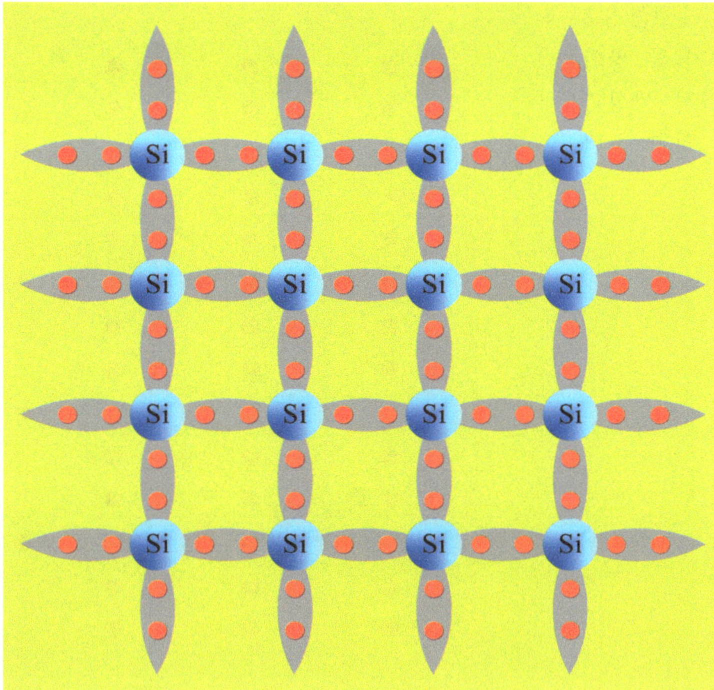

▶그림 9-7 순수 실리콘의 결정체 구조

느 정도 도체에 가깝게 된다.

진성 반도체에서의 전도는 도체의 경우와는 달리 매우 특이한 개념이 생긴다. 즉 열에너지를 받아 전자들이 공유 결합을 깨고 원자로부터 탈출하면 전자가 있던 곳에 빈 자리가 남게 되며 이를 홀(hole)이라 한다. 홀은 자유 전자와 1:1로 생성되며 음전하인 전자가 없어진 자리이므로 홀은 양전하가 된다. 즉 전자를 잃어 양이온이 되는 것은 홀을 얻어 양이온이 되는 것과 같은 개념이다. 한 번 생성된 자유 전자와 홀은 계속 존재하는 것이 아니라 어느 정도 시간이 지나면 다시 결합하여 전기적으로 중성이 되며 이를 재결합이라 한다. 이상으로 진성 실리콘에서 열적으로 생성된 자유 전자와 홀의 관계를 그림으로 나타내면 그림 9-8과 같다.

출산율과 사망률이 같아지면 인구가 일정하게 유지되는 것과 같이, 홀과 자유 전자의 쌍이 생성되는 율과 재결합에 의해 소멸되는 율이 같아지면 홀과 자유 전자의 농도는 1:1로 일정한 수준을 유지할 것이다. 홀과 자유 전자 쌍의 농도는 온도에 영향을 받으며 온도가 높아질수록 홀과 자유 전자의 쌍은 증가한다.

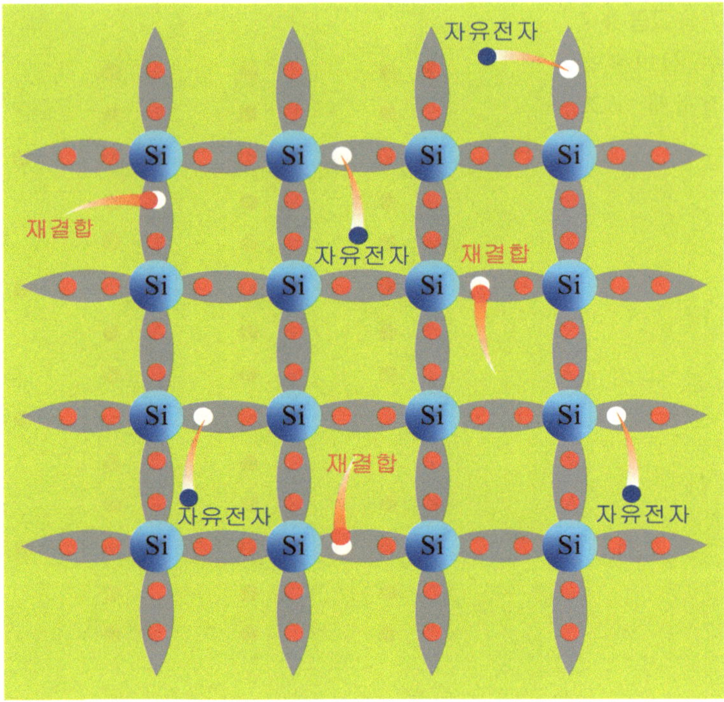

▶그림 9-8
자유전자-홀 쌍의 열적 생성과 재결합에 의한 소멸

홀의 전도

반도체에서의 홀의 개념에 대래 설명하였다. 하지만 이보다 더 중요한 것은 자유 전자뿐 아니라 홀도 전류의 전도에 기여한다는 점이다. 즉 홀이 움직인다는 것이다. 여러분은 전자가 떠난 빈자리인 홀이 움직인다는 개념이 쉽게 이해되지 않을 것이므로 이해를 돕기 위해 그림 9-9를 보도록 한다. 그림에서 1이라고 표시된 자유 전자가 하나 발생하면 그에 따라 홀도 하나 생기며 이 홀을 1이라 하자. 홀 1은 주변의 자유 전자들이나 공유 결합된 전자들 중 하나를 끌어 당겨 홀 1을 채우게 되며 이 전자를 전자 2라 하자. 그 결과 전자 2의 자리에 새로운 홀 2가 생기면서 먼저의 홀 1은 없어지므로 홀은 1에서 2의 자리로 이동한 것과 같다. 따라서 전자가 **7→6→5→4→3→2→1**로 이동할 동안 홀은 전자와 반대 방향인 **1→2→3→4→5→6→7**로 이동하게 된다. 이와 같이 반도체에서는 전자가 한쪽 방향으로 이동하면 홀은 그 반대쪽 방향으로 이동함으로써 음전하인 전자 이동과 더불어 양전하인 홀의 이동 역시 전류 전도에 기여하게 되는 것이다.

그러면 금속 결합된 도체에서도 전자가 떠난 자리에 당연히 홀이

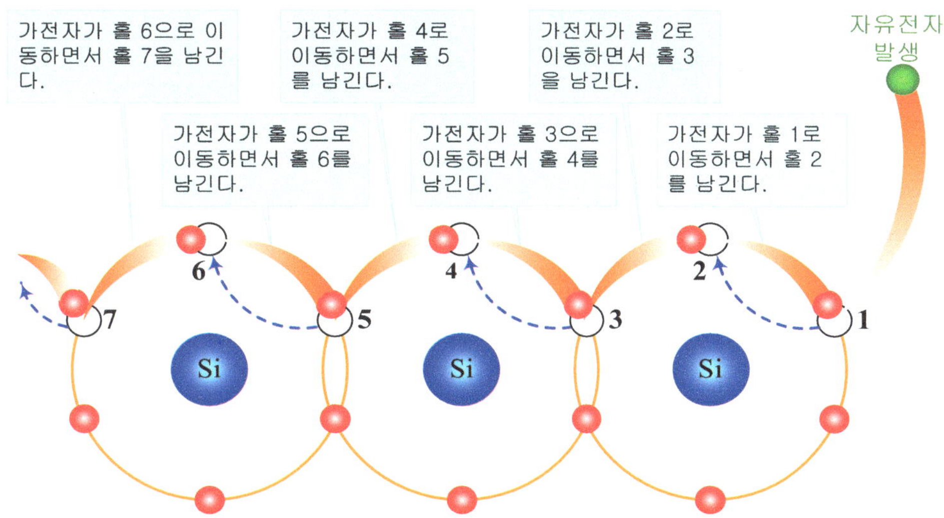

▸그림 9-9
홀의 이동

생기지만 전도에 기여할 수 없는 것은 무슨 이유인가? 그것은 한 마디로 말해 결합 방식이 다른데 기인한다. 즉 반도체는 공유 결합으로 이루어진 안정된 물질이므로 공유 결합이 깨진 빈자리인 홀을 채움으로써 안정된 상태로 돌아가고자 하지만, 금속 결합으로 이루어진 도체 내의 홀은 전자로 채울 필요성이 없기 때문이다. 따라서 같은 전자라도 전류의 전도에 기여할 수 있는 자유 전자가 있는가 하면 핵에 구속되어 전도에 기여할 수 없는 구속 전자도 있듯이, 같은 홀이라도 전자에 의해 채워지고자 하는 홀이 있는가 하면 전자에 의해 채워질 필요가 없는 홀이 있는 것이다. 즉 전자에 의해 채워지고자 하는 홀만 이동하게 된다. 이상으로 도체에서의 전도는 자유 전자에만 의존하지만 반도체에서는 음전하인 자유 전자와 양전하인 홀 모두가 전도에 기여한다는 중요한 차이가 있다.

그림 9-10은 상온에서 진성 반도체의 양단에 전압을 가했을 때 전류가 전도되는 양상을 보여준다. 진성 반도체이므로 홀과 전자의 농도가 동일하며 음전하인 전자는 전원의 양전극으로 끌려가는 반면에 양전하인 홀은 음전극으로 이끌려 간다. 따라서 전류의 방향은 홀의 이동 방향과 같고 그 세기는 홀과 전자에 의한 전류를 합한 것과 같다. 홀과 전자의 개수는 온도에 의해 정해지므로 반도체의 전류는 동작 온도와 인가 전압에 의해 좌우된다.

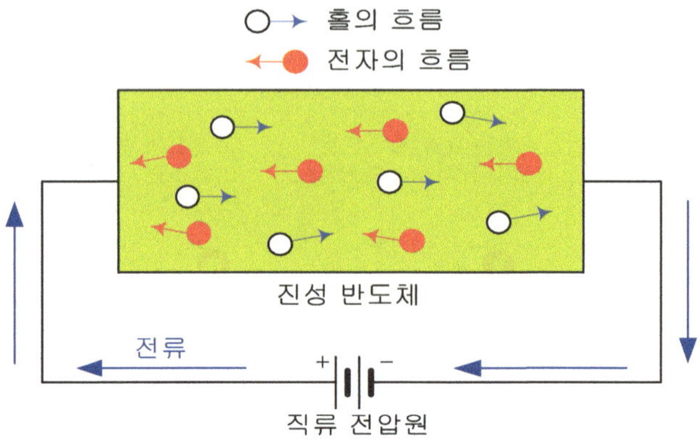

▶그림 9-10 진성 반도체의 전류 전도

진성 반도체는 실제로는 반도체 소자로서 거의 사용하지 않는다. 그 이유는 비록 반도체에서는 두 가지 종류의 전하가 전류의 전도에 이바지하지만 전체를 합한 전류는 전자에만 의존하는 도체의 전류에 훨씬 못 미치기 때문에 굳이 반도체를 도체로 사용할 이유가 없는 것이다. 반면에 적절한 양의 특정 원소를 진성 반도체에 섞게 되면 전기적으로 대단히 유용한 두 종류의 반도체가 만들어진다. 이 때 반도체에 섞는 특정 원소를 불순물이라 하고 불순물을 섞는 과정을 도우핑(doping)이라 하며, 도우핑된 반도체를 외인성(extrinsic) 반도체라 한다. 실제 전자 소자로 사용되는 것은 외인성 반도체이며 여기에는 *N*형과 *P*형의 두 종류가 있다.

N형 반도체

주기율표 5족에 속하는 원소는 최외각 전자가 5개이며 이러한 원소 소량을 잘 조절하여 진성 반도체 불순물로 첨가하면 진성 반도체와는 특성이 현저히 다른 *N*형 반도체가 만들어진다. 5족 원소 중에서 안티몬(Sb)이나 비소(As), 인(P)등이 *N*형 반도체 제조에 사용될 수 있으며 이들은 실리콘의 기본적인 결정 구조나 결합 형태를 바꾸지 않으면서 그림 9-11과 같이 격자의 실리콘 원자를 대신해 자리잡는다.

그림 9-11에서 5족 원소의 가전자 5개 중에서 4개가 이웃의 4족 원소들과 공유 결합하고 나면 전자 하나가 여분으로 남게 되며 이는 공유 결합에 참여하지 않는다. 공유 결합에 참여하지 않는 전자는 5족 원자와 매우 느슨하게 결합된 상태이므로 약간의 에너지를 얻어도 바로 전도대로 올라가 자유 전자가 된다. 절대 온도 0ºC에서 실리콘의 금지대 폭이 약 1.2eV이다. 이에 비해 여분의 불순물 전자를 방출

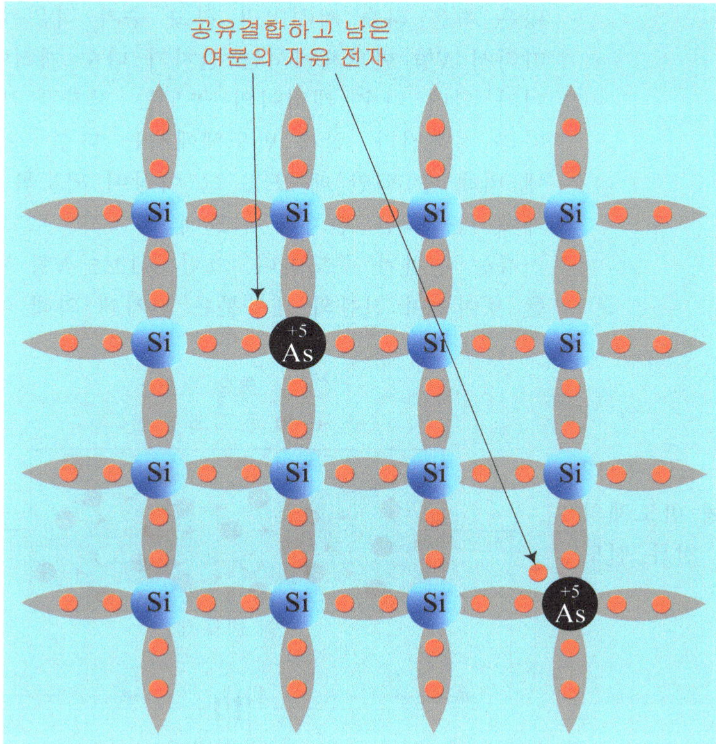

▸그림 9-11 *N*형 반도체의 결정 구조

하는데 필요한 에너지는 0.01eV로 대단히 낮으며 이는 *N*형 반도체가 상당한 도체가 될 수 있음을 의미한다. 여기서 유의할 것은, 공유 결합에 참여하지 않는 여분의 전자가 떠난 빈자리는 다른 전자들에 의해 채워질 확률이 매우 희박하므로 이 빈자리는 홀이 되지 않는다는 것이다. 이는 금속 결합에서 자유 전자가 남긴 빈자리가 홀이 되지 않는 것과 같은 이치이다.

이상으로 5족 원소당 자유 전자만 하나씩 생성되며 홀은 만들어지지 않는다. 따라서 그림 9-11에서 열에 의해 생성되는 홀과 자유 전자 쌍(그림상에서는 표시하지 않았다) 외에 5족 원소당 하나씩 방출되는 자유 전자가 더해지므로 *N*형 반도체에서는 양전하인 홀의 농도에 비해 음전하인 전자의 농도가 커지게 된다. 따라서 5족을 첨가한 반도체를 *N*(negative)형 반도체라 하는 것이며 전자를 방출하는 5족을 도우너(donor)라 한다. 반도체에서 홀과 전자가 전류의 전도에 기여하는 전하를 운반하므로 캐리어(carrier)라 한다. 캐리어 중 상대적으로 수가 많은 쪽을 다수 캐리어라 하고 수가 적은 쪽을 소수 캐리어라 한다. 따라서 N형 반도체에서는 전자가 다수 캐리어가 되고 홀이 소수 캐리어가 되며 다수 캐리어의 농도는 전자를 방출하는 도우너의 농도에 따라 정해진다. 실제 반도체에서는 다수 캐리어의 수가 소수 캐리어에 비해 수 백만 배 또는 그 이상이 되도록 한다. 이상으로 N형 반도체에서는 많은 전자가 전도에 참여하므로 상당히 좋은 도체가 되며 전류는 전자가 주도한다. 그림 9-12는 N형 반도체에서의 전류의 전도를 보여주며 전류의 대부분은 전자에 의해 이루어짐을 알 수 있다.

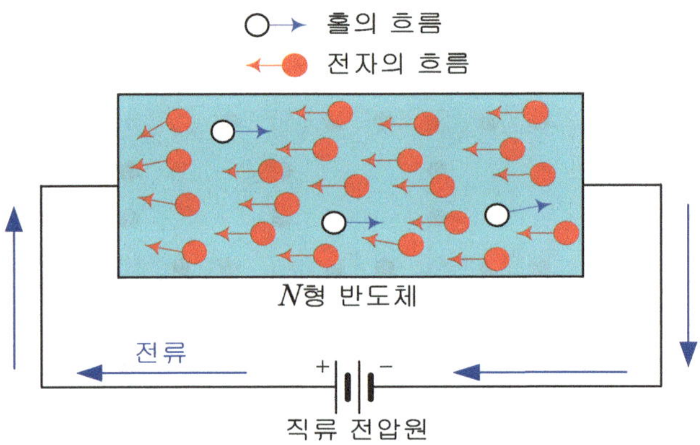

▶그림 9-12
N형 반도체의 전류 전도

P형 반도체

P형 반도체는 주기율표의 3족 원소인 인듐(In), 갈륨(Ga) 등을 진성 반도체에 도우핑하여 제조하며 그 전기적 특성은 N형 반도체와 완전히 대조를 이룬다. 그림 9-13은 인듐 원소로 도우핑된 P형 반도체의 결정 구조를 보여준다. 3족 원소는 가전자가 3개뿐이므로 주위의 4족 원소들과 완전한 공유 결합을 이루기 위해서는 하나의 전자가 부족한 상태이며 이것이 곧 홀과 연결된다. 즉 3족 원소는 주위의 전자를 강력하게 끌어들여 빈 공유 결합 자리를 메우고자 하므로 홀이 생성된다.

3족 불순물이 첨가된 반도체에서는 4족 원소로부터 열적으로 생성되는 홀과 전자 쌍 외에 3족 원소에서 생성되는 홀이 여분으로 더해진다. 따라서 양전하의 홀이 다수 캐리어가 되고 음전하인 전자가 소수 캐리어가 되므로 P(positive)형 반도체라 하는 것이다. P형 반도체의 3족 원소는 전자를 받아들이고자 하므로 억셉터(acceptor)라 하며 홀을 방출하는(전자를 받아들이는) 억셉터의 농도에 의해 다수 캐리어 인 홀의 농도가 결정된다. 참고로 실리콘의 전형적인 도우핑율은 10^6 정

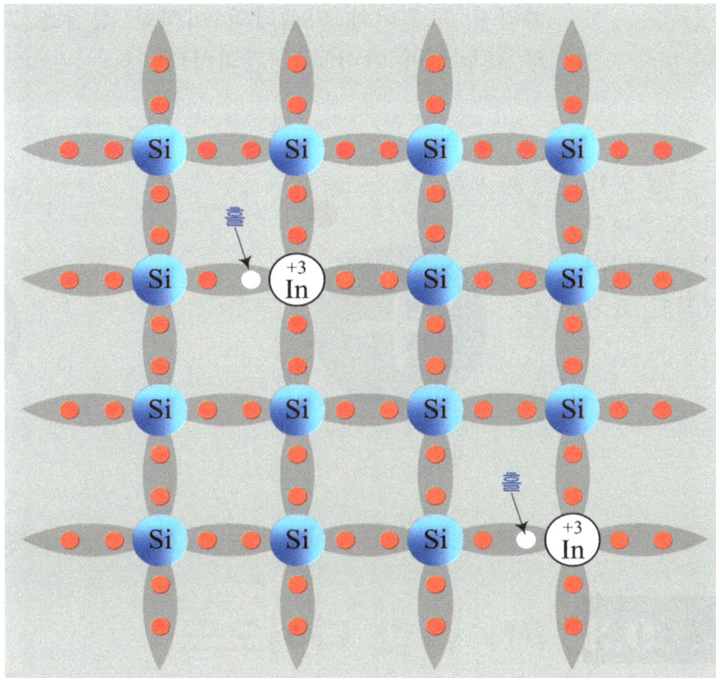

▶그림 9-13
*P*형 반도체의 결정 구조

도로서 10^6개의 4족 원소당 불순물 원소를 하나씩 섞는 셈이다. *P*형 반도체의 전류는 다수 캐리어인 홀에 의해 주도되며 그림 9-14가 이를 보여준다.

도우너는 전자를 잃으면서 양이온이 되고 억셉터는 홀을 잃으면서 음이온이 되며 이는 차후에 반도체 성질을 설명하는데 매우 중요하다.

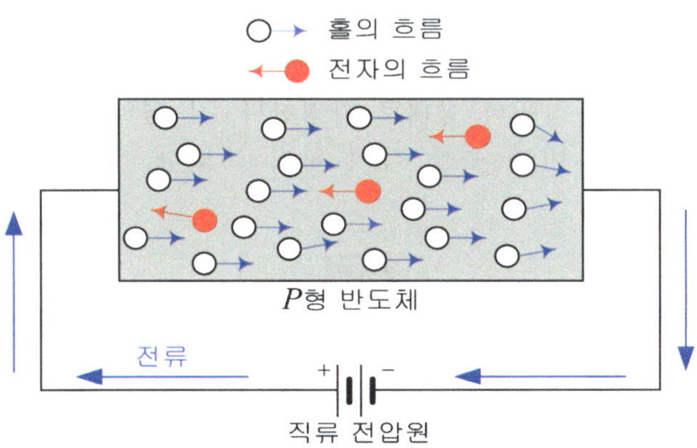

▶그림 9-14
*P*형 반도체의 전류 전도

따라서 도우너와 억셉터의 이러한 성질을 그림 9.15와 같이 도식적으로 표현하면 여러모로 편리하다.

▶그림 9-15 양이온인 도우너와 음이온인 억셉터의 도식적인 표현

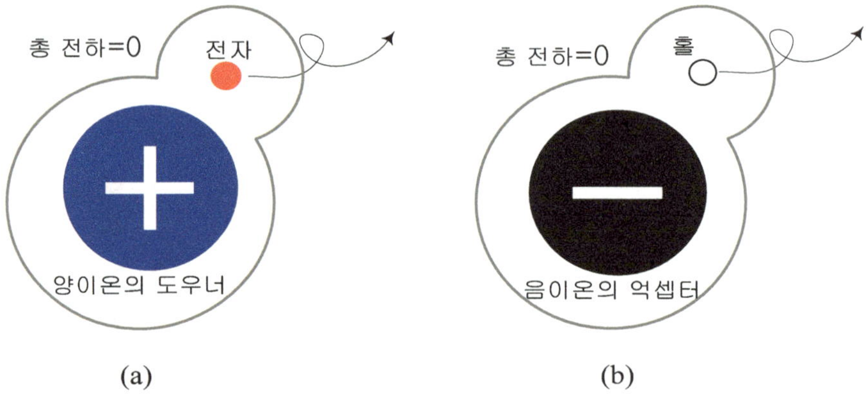

9.3 PN 접합 다이오드

*N*형 반도체와 *P*형 반도체는 모든 면에서 반대 양상을 보이므로 이 두 소자를 접합시키면 경계를 이루는 접합부에서 특이한 경계 조건이 생기며 이 현상이 반도체의 핵심이 되는 내용이다. 그림 9-16(a)와 같이 *P*형 반도체와 *N*형 반도체를 접합시킨 구조를 *PN* 접합 다이오드라 하며 간단히 다이오드(diode)라 한다. 다이오드의 *P* 영역에 접속된 단자를 애노드(anode)라 하고 *N* 영역에 접속된 단자를 캐소드(cathode)라 하며 다이오드 기호는 그림 9-16(b)와 같다.

이제 그림 9-17을 통해 다이오드의 내부에서 일어나는 현상에 대해 알아보자. 그림 9-17의 (a)는 *P*형 반도체와 *N*형 반도체를 막 접합한 직후의 상태로 가정한다. 각 영역에서 소수 캐리어는 다수 캐리어에 비해 수를 작게 하여 그렸다. 접합이 이루어지면 *P*형과 *N*형의

▶그림 9-16 *PN* 접합 다이오드의 (a) 구조와 (b) 기호

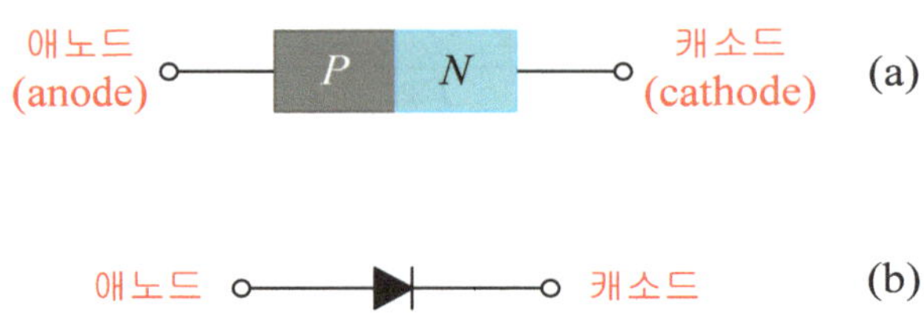

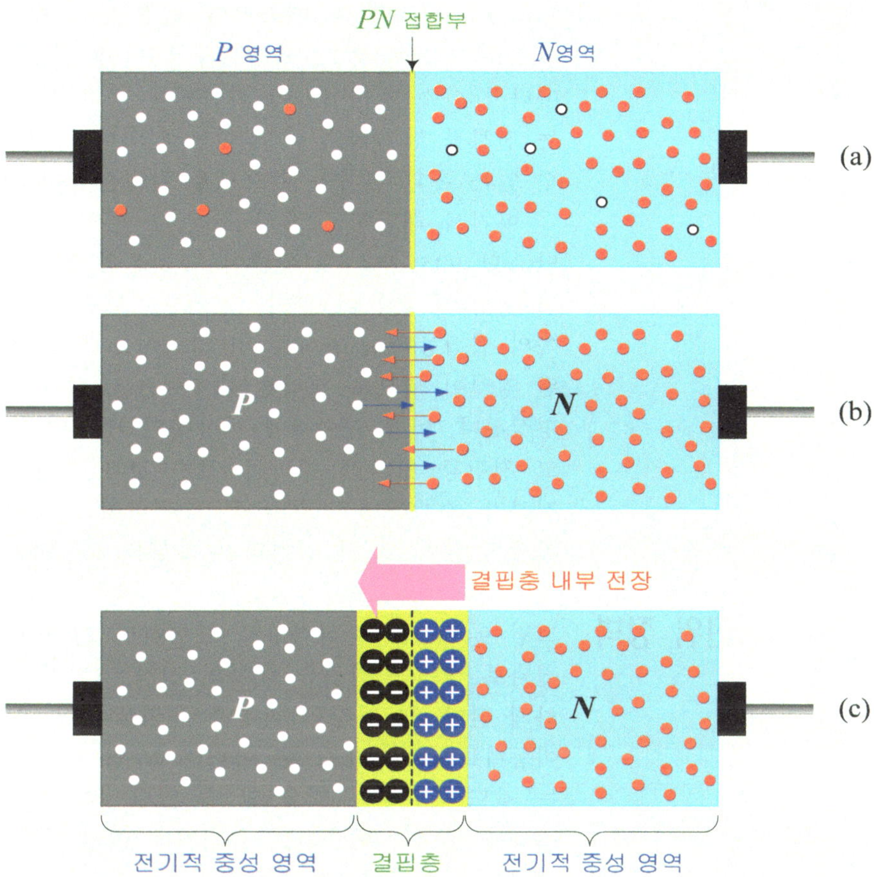

▶그림 9-17
접합 다이오드의 내부에서 일어나는 현상: (a) 접합 직후의 상태; (b) 접합후 과도 상태; (c) 접합후 정상 상태.

반도체에 있는 캐리어들이 접합부를 통해 상대 영역으로 이동할 수 있게 되며 캐리어들은 확산에 의해 농도가 높은 곳에서 낮은 곳으로 이동한다. 따라서 그림 9-17(b)와 같이 홀은 농도가 높은 *P* 영역에서 농도가 낮은 *N* 영역으로 확산되며, 전자는 반대로 농도가 높은 *N* 영역에서 농도가 낮은 *P* 영역으로 확산된다. 단 각 영역의 소수 캐리어는 다수 캐리어에 비해 그 수가 매우 작기 때문에 확산 과정 이후에서는 그림에서 소수 캐리어를 생략한다. 확산까지는 쉽게 이해할 수 있는 내용이며 남은 문제는 확산이 어느 수준까지 지속될 것이며 또한 확산의 결과는 어떤 것인가 하는 점이다. 홀이 떠난 억셉터는 음이온이 되며 전자가 떠난 도우너는 양이온이 되며 이 들은 모두 움직일 수 없다. 따라서 홀과 전자의 확산은 부동의 이온을 만들어 낸다.

그리고 상식적으로 생각하면 접합부로부터 멀리 떨어진 캐리어보다 접합부 가까이 있는 캐리어들이 먼저 상대 영역으로 확산될 것이다. 따라서 다수 캐리어들이 확산됨에 따라 그림 9-17(c)와 같이 접합부에는 전하를 띤 이온들이 쌓이는 영역이 생기게 되며 이 영역은 이동할 수 있는 홀과 전자가 없으므로 결핍층(depletion layer)라 한다.

여기서 대단히 중요한 점은, P 영역과 N 영역은 총 전하가 0이지만(그림 9.15 참조) 결핍층에는 이온만 남아 있기 때문에 전기적으로 더 이상 중성이 아니라는 점이다. 즉 그림 9-17(c)에서 보듯이 P 영역 쪽의 결핍층은 음전하를 띈 영역이고 N 영역 쪽의 결핍층은 양전하를 띈 영역이 되므로 결핍층 내부에는 그림에서 표시된 방향으로 전장이 형성된다. 이를 중력장에 비유하면 P 영역과 N 영역은 무중력 상태이고 결핍층 영역만 중력이 있는 것과 같다. 이와 같이 결핍층에서는 전하가 존재하므로 공간-전하 영역이라 하기도 한다. 결핍층 내부의 전장은 다이오드의 전기적인 특성을 좌우하는 결정적인 역할을 한다.

전위 장벽

그림 9-17(c)를 도식적으로 표현하면 그림 9-18의 (a)와 같다. 확산의 결과로 생기는 결핍층 내부의 전장은 확산을 저지하는 방향으로 작용하게 된다. 즉 전장의 방향을 유의해 보면 P 영역의 홀이 N 영역으로 이동하는 것을 막을 뿐 아니라 N 영역의 전자가 P 영역으로 이동하는 것도 막는다는 것을 알 수 있다. 따라서 확산이 진행됨에 따라 결핍층에 쌓이는 이온들도 증가하며 이에 따라 확산을 저지하는 전장의 세기도 증가한다. 따라서 어느 순간에 캐리어들의 확산력과 이를 저지하는 전장의 세기가 같아지면 더 이상의 확산이 중지되는 평형 상태가 된다. 이상의 내용을 전위로써 설명하는 것이 그림 9-18의 (b) 및 (c)이다.

그림 9-18의 (b)는 홀에 대한 다이오드 내부의 전위 분포이다. 즉 양전하가 전장을 거슬러 운동하기 위해서는 에너지가 필요하므로 홀의 입장에서는 N 영역이 P 영역에 비해 전위가 높다. 물론 이와 반대 극성인 전자에 대해서는 P 영역이 N 영역에 비해 전위가 높기 때문에 전자에 대한 전위 분포는 그림 (c)와 같다. 따라서 두 영역간의 전위차에 의해 P 영역의 홀은 N 영역으로 이동할 수 없고 N 영역의 전자는 P 영역으로 이동할 수 없는 것이다. 따라서 두 영역의 전위차를 전위 장벽이라 하며 실리콘의 경우는 약 0.7V이고 게르마늄의 경우는 약 0.3V이다. 앞으로는 전위 장벽의 전압은 V_T로 표시하기로 한다.

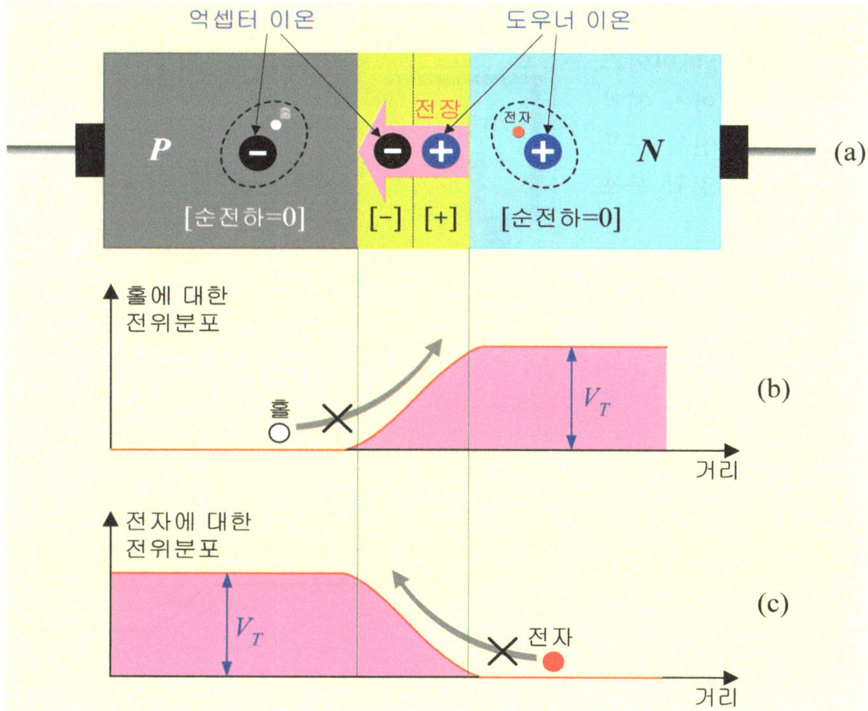

▸그림 9-18
(a) 결핍층 내의 전장;
(b) 홀의 전위 분포;
(c) 전자의 전위 분포,

그림 9-18은 다이오드를 포함한 모든 반도체 소자들의 동작을 이해하는데 가장 중요한 개념이다. 정상 상태의 다이오드는 내부의 전위 장벽에 의해 캐리어의 이동이 없으므로 부도체와 같다. 그러나 다이오드 양단에 외부 전압을 인가하여 내부의 전위 장벽을 허물 수 있다면 다시 캐리어가 이동하는 도체가 될 것이며, 반대로 외부 전압에 의해 내부 전위 장벽을 더욱 강화시키면 다이오드는 더욱 부도체가 될 것이다. 이와 같이 다이오드는 외부로부터 인가되는 양단 전압에 의해 도체와 부도체로 기능을 전환할 수 있으며, 이 때 인가되는 전압을 바이어스(bias) 전압 또는 간단히 바이어스라 한다.

순방향 바이어스

그림 9-19의 (a)와 같이 *P*형 반도체가 *N*형 반도체에 비해 상대적으로 높은 전압이 가해지도록 한 바이어스를 순방향 바이어스라 한다. 그림 (a)에서 보는 바와 같이 *P*형 반도체와 결핍층 및 *N*형 반도체는 직렬로 결합된 형태이며, *P*형 반도체와 *N*형 반도체 개개는 비교적 양호한 도체이다. 따라서 순방향 바이어스 전압 V_F의 거의 대부분은 전압 분배 법칙에 의해 결핍층 양단에 인가되게 된다. 그 결과 바이어스에

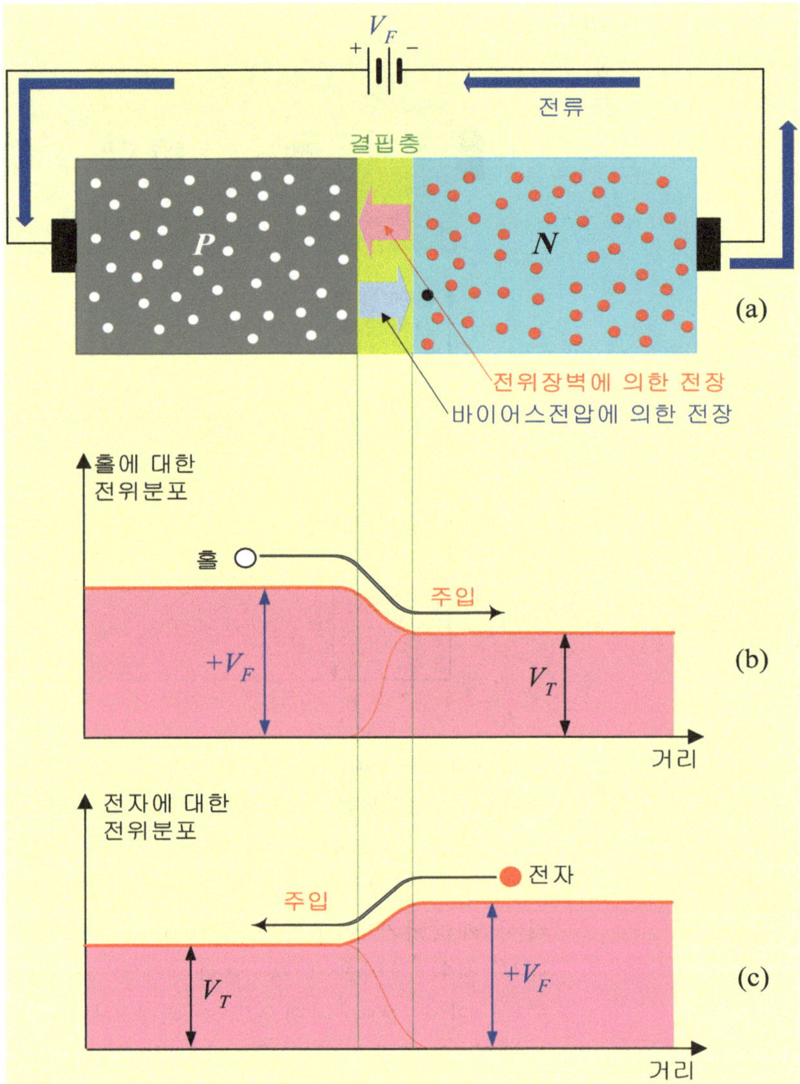

▶그림 9-19
순방향 바이어스:
(a) 바이어스 전압;
(b) 홀의 전위 분포;
(c) 전자의 전위 분포.

의해 결핍층에 만들어지는 전장은 전위 장벽에 의한 전장을 상쇄시키는 방향이 된다는 것이 중요하다. 따라서 $V_F > V_T$이면 결핍층 내의 전장의 방향은 바이어스가 없는 그림 9-18(a)의 경우와 반대가 되므로 홀과 전자에 대한 전위 분포도 역전되어 그림 9-19의 (b) 및 (c)와 같이 된다. 따라서 *P* 영역의 홀과 *N* 영역의 전자는 상대 영역으로 주입(injection)되어 전류가 흐르기 시작한다. 순방향 바이어스에 의해 다이오드가 전류를 전도할 수 있는 상태를 도통(導通)이라 하며 이 때의 전류를 **순방향 전류**라 하고 I_F로 표시한다. 순방향 전류는 그림 9-19의 (a)에서 표시한 방향으로 흐른다.

순방향 바이어스에 의한 또 하나의 변화는 결핍층의 폭이 좁아진다는 것이다. 그 이유는 *P* 영역의 홀은 바이어스 양극에 의해 결핍층 쪽으로 밀려가며 역시 *N* 영역의 전자도 바이어스의 음극에 의해 결핍층으로 밀려가기 때문에 전자와 홀이 없는 결핍층 영역은 폭이 좁아지게 되는 것이다. 그림 9-20의 (a)는 순방향으로 바이어스된 다이오드의 전압 극성과 전류 방향이며 그림 (b)는 이를 회로적으로 나타낸 것이다. 이상으로 순방향 바이어스는 다음과 같다.

순방향 바이어스는 결핍층 내의 전위 장벽을 제거하여 다이오드가 도통되게 하며 결핍층의 폭을 좁혀준다. 그리고 전위 장벽을 완전히 제거하기 위해서는 실리콘은 약 0.7V, 게르마늄은 약 0.3V 이상의 순방향 전압이 필요하다.

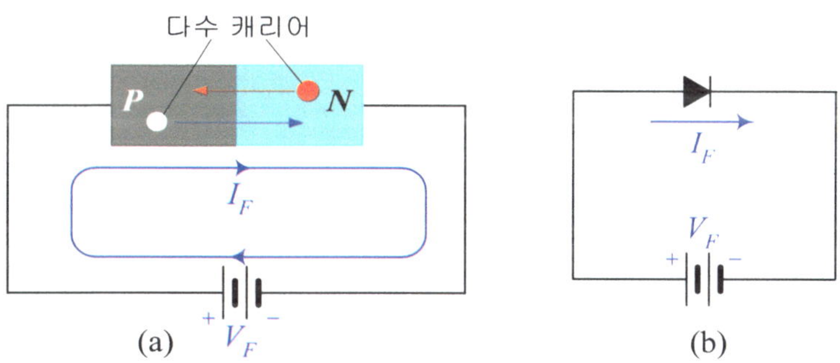

▶그림 9-20
순방향 바이어스: (a) 전압과 전류; (b) 회로적 표현.

역방향 바이어스

역방향 바이어스는 순방향과는 반대로 다이오드의 전위 장벽을 강화시키는 쪽으로 가해지는 전압이다. 즉 그림 9-21의 (a)와 같이 역방향 바이어스 전압 V_R의 극성은 애노드 쪽이 음극이 되고 캐소드 쪽이 양극이 되도록 하여 결핍층 내부의 전장과 전위 장벽을 강화시키며 그 결과로 홀과 전자에 대한 전위 분포는 그림 (b) 및 (c)와 같은 형태가 된다. 따라서 *P* 영역의 다수 캐리어인 홀과 *N* 영역의 다수 캐리어인 전자는 상대 영역으로 이동할 수 없으므로 다이오드는 전류가 흐르지 않을 것이다. 그러나 역방향 바이어스에서도 실제로는 매우 약한 전류가 흐르게 된다. 그 이유는 그림 9-21(a)에는 표시되어 있지 않지만

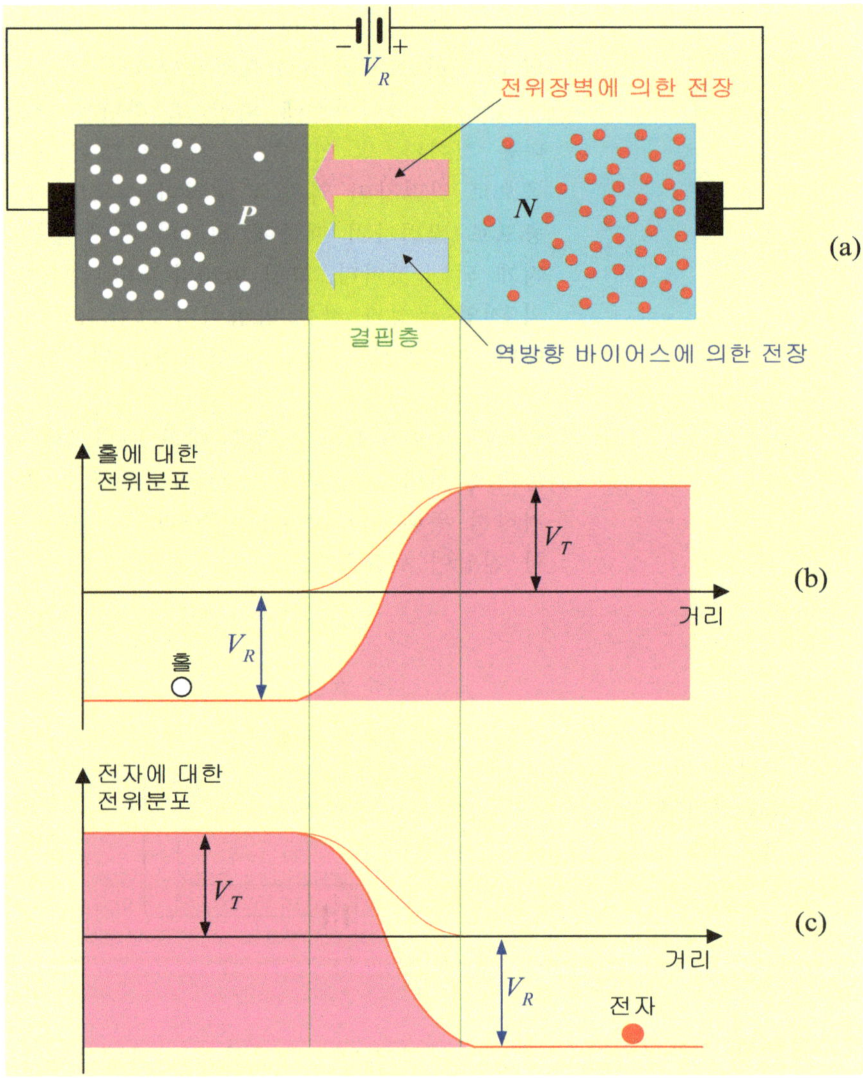

▶그림 9-21
역방향 바이어스:
(a) 바이어스 전압;
(b) 홀의 전위 분포;
(c) 전자의 전위 분포.

각 영역에는 소수 캐리어가 존재하기 때문이다. 즉 N 영역의 소수 캐리어인 홀이 그림 9-21(b)의 전위 분포에 의해 P 영역으로 쉽게 주입되며, P 영역의 소수 캐리어인 전자는 그림 (c)의 전위 분포에 의해 N 영역으로 쉽게 주입된다. 따라서 이 두 전류에 의해 N 영역에서 P 영역으로 전류가 흐르며 이를 역방향 전류라 하고 I_R로 표시한다. 그러나 일반적으로 소수 캐리어의 농도는 다수 캐리어에 비해 수 백만 분의 일 이하이므로 소수 캐리어에 의한 역방향 전류의 크기는 순방향 전류에 비해 거의 무시할 수 있는 정도이며 실제로 μA 수준 이하이다. 따라서 역방향 바이어스에서는 다이오드는 부도체가 된다. 그리고 역방향 전류가 완전히 0이 되는 것이 이상적이므로 역방향 전류를 누설 전류라 하기도 한다.

역방향 바이어스에 의한 또 하나의 변화는 결핍층의 폭이 넓어진다는 것이다. 즉 *P* 영역의 홀이 전압원의 음극에 의해 애노드 단자 쪽으로 이끌려 가며, *N* 영역의 전자는 전원의 양극에 의해 캐소드 쪽으로 끌려 가기 때문에 중간에 있는 결핍층의 범위가 확장되는 것이다. 그림 9-22의 (a)는 역방향 바이어스에서 다이오드의 전압과 전류를 나타내며 그림 (b)는 이에 대한 회로적 표현이다. 이상으로 역방향 바이어스는 다음과 같다.

역방향 바이어스는 결핍층 내의 전위 장벽을 강화시켜 다이오드가 부도체가 되게 하며 결핍층을 폭을 넓혀준다.

▸그림 9-22
역방향 바이어스:
(a) 전압과 전류;
(b) 회로적 표현.

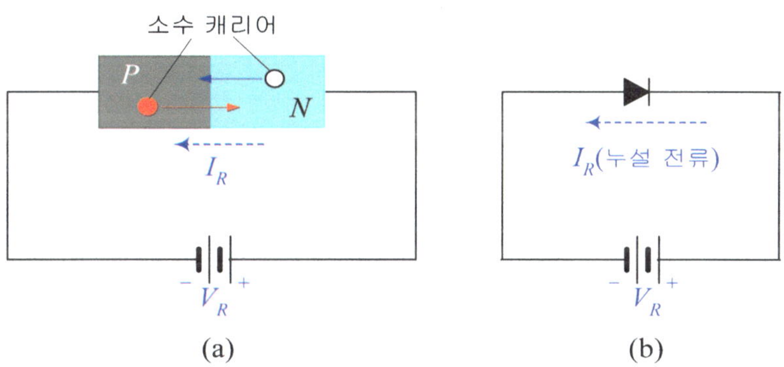

다이오드 특성

이상으로 다이오드의 바이어스에 대해 알아보았으며 실리콘 다이오드의 실제 전압-전류 특성 곡선을 예로 들면 그림 9-23과 같다. 다만 여기서 순방향 바이어스에서의 전압과 전류의 척도가 역방향에서의 전압과 전류의 척도와 다름을 유의하여야 한다. 즉 순방향 전류는 mA 단위이지만 역방향 전류는 μA 단위이며, 순방향 전압은 0.1V 단위이지만 역방향 전압은 10V 단위이다. 따라서 역방향 바이어스에서는 매우 큰 역전압에서도 전류는 μA 단위로 거의 변하지 않는다. 다이오드의 전압과 전류 관계를 식으로 나타내면 다음과 같으며 이는 다이오드 방정식으로 알려져 있다.

▶**그림 9-23**
실리콘 다이오드의 전압-전류 특성 곡선에 대한 예

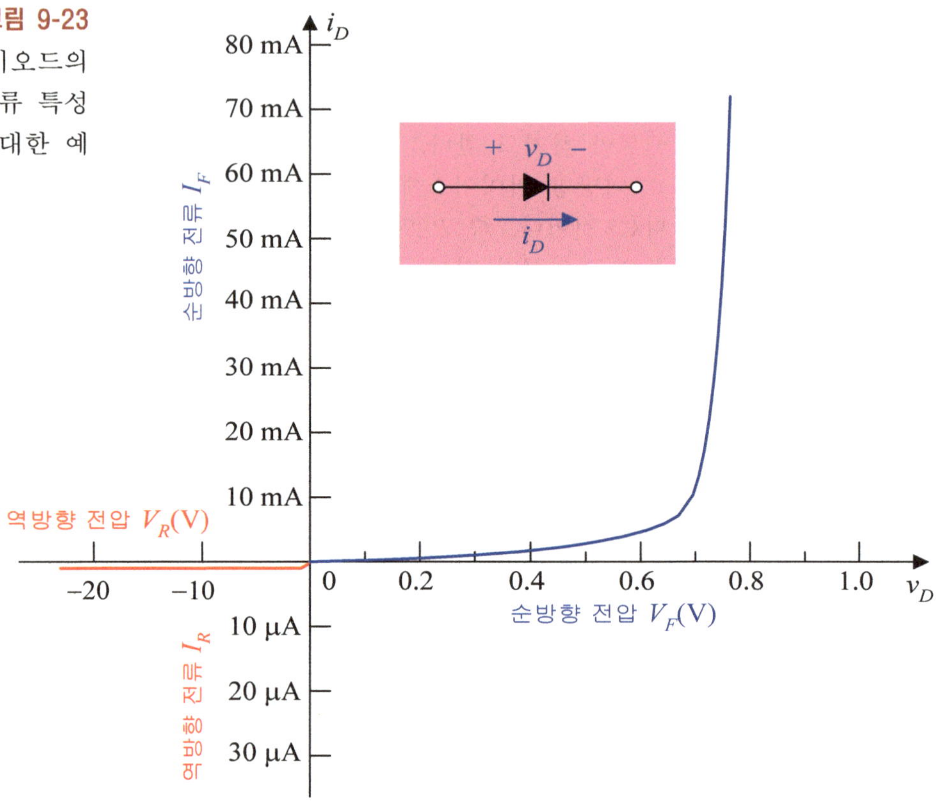

$$i_D = I_S\left[\exp\left(\frac{v_D}{kT/q}\right) - 1\right] \qquad [1]$$

단 위의 식에 각 변수는 다음과 같이 정의된다:

- k=볼쯔만(Boltzman) 상수 (k=1.381×10^{-23} J/K)
- q=전자 하나의 전하량
- T=물체의 절대 온도(K)
- I_S=역포화 전류(10^{-9}~10^{-15} A)

특히 상온(25ºC)에서는

$$kT/q \cong 26 \text{ mV (상온에서)} \qquad [2]$$

이므로 다이오드 전압 v_D가 십 분의 수 볼트만 넘어도 식 [1]은

$$i_D \cong I_S\, exp\left(\frac{v_D}{kT/q}\right) \text{ (순방향 바이어스)} \qquad [3]$$

로 표현해도 무방하다. 실제로 실리콘 다이오드는 그림 9-23에서 보듯이 약 0.7V의 다이오드 전압을 전후해서 전류가 급격히 증가하기 시작하며 이 전압을 문턱 전압, 도통 전압 또는 무릎 전압 등 여러 이름으로 부른다. 이 책에서는 도통 전압으로 통일하고 기호는 V_T로 하며 특별한 조건이 없는 한 상온에서는 V_T=0.7V로 한다. 식 [1]에서 다이오드 전압이 상온에서 $-V_R$과 같이 약간의 음의 값만 되어도

$$i_D = I_S\left[\exp\left(\frac{v_D}{kT/q}\right)-1\right] \cong -I_S \quad (\text{역방향 바이어스}) \qquad [4]$$

와 같이 다이오드 전류는 $-I_S$로 거의 일정하게 유지된다. 따라서 위의 두 식 [3]과 [4]로부터 다이오드의 전형적인 특성 곡선은 그림 9-23과 같은 형태임을 알 수 있다. 그림 9-23과 식 [3]에서 알 수 있듯이 문턱 전압을 넘어서 다이오드가 도통하기 시작하면 작은 전압의 변화에도 전류는 급격하게 변한다. 예를 들어 전압이 0.8V만 되어도 다이오드는 예측할 수 없는 과도한 전류가 흐르게 된다. 이와 같이 다이오드의 순방향 전류는 전압에 대단히 민감할 뿐 아니라 온도의 변화에도 민감하며 그림 9-24가 이를 보여준다.

그림 9-24와 같이 상온에서는 다이오드 도통 전압이 약 0.7V이지만 주변 온도가 감소하면 도통 전압이 상승하며(그래프 (C)), 반대로 온도가 증가하면 도통 전압이 낮아진다(그래프 (B)). 예를 들어 그림 9-25(a)와 같이 다이오드 양단에 전압 V_D=0.7V를 바로 인가한다면 온

▶그림 9-24
온도에 따른 다이오드의 특성 곡선 변동

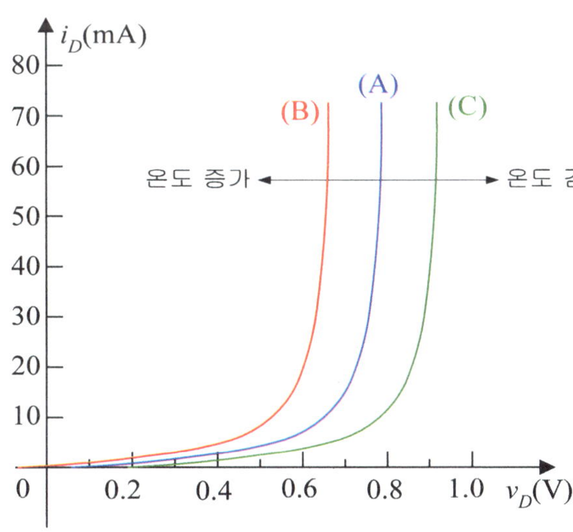

▶**그림 9-25**
(a) 다이오드 회로와
(b) 온도에 따른 변화

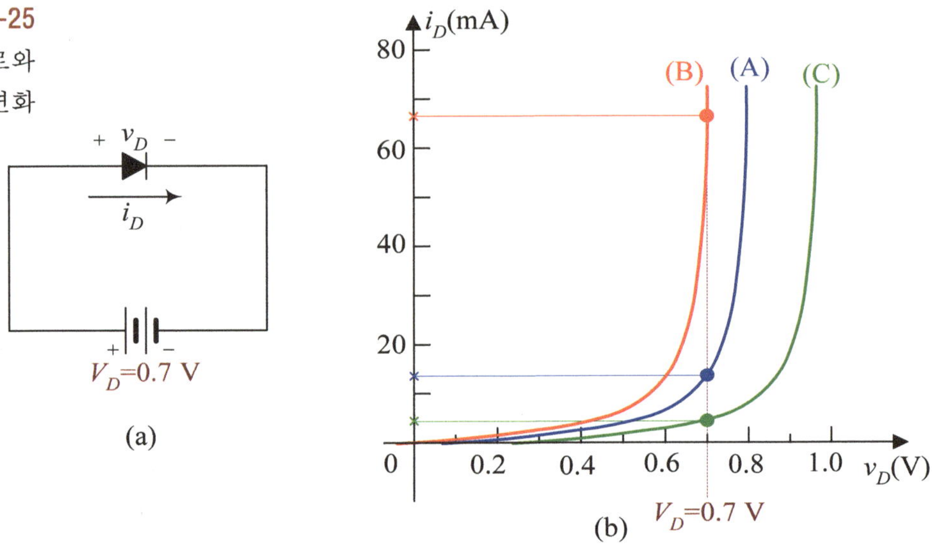

도에 따른 다이오드 전류 i_D는 그림 9-25(b)와 같이 대단히 심하게 변동한다. 특히 온도가 상승하는 (B)의 경우는 예측할 수 없는 과도한 전류가 흘러 다이오드가 파괴될 수 있다. 이러한 위험을 방지하기 위해 실제 회로에서는 그림 9-26의 (a)와 같이 저항을 다이오드와 직렬로 결합하여 사용하는 것이 상식이다. 그림 9-26(a)에서 KVL에 의해

$$v_D + i_D R = V_D \qquad [5]$$

이므로 이 식은 그림 9-26(b)의 그래프상에서 기울기가 $-1/R$인 직선으로 표시되며 전압 축과 만나는 값은 V_D이다. 그림과 같이 이 직선과 다이오드의 특성 곡선이 만나는 점이 다이오드의 전압과 전류로 결정된다. 그 결과 그림 9-26(b)에서 다이오드 특성 곡선이 변하더라도 다이오드 전류의 변화는 그림 9-25의 경우에 비해 훨씬 적다는 것을 알 수 있다. 따라서 그림 9-26(a)와 같이 다이오드와 직렬로 저항을 결합하여 사용하면 다이오드 전류가 매우 안정되므로 대부분의 다이오드 회로에서는 전류를 안정시키는 저항을 다이오드와 직렬로 결합하여 사용하는 것이 상식이다.

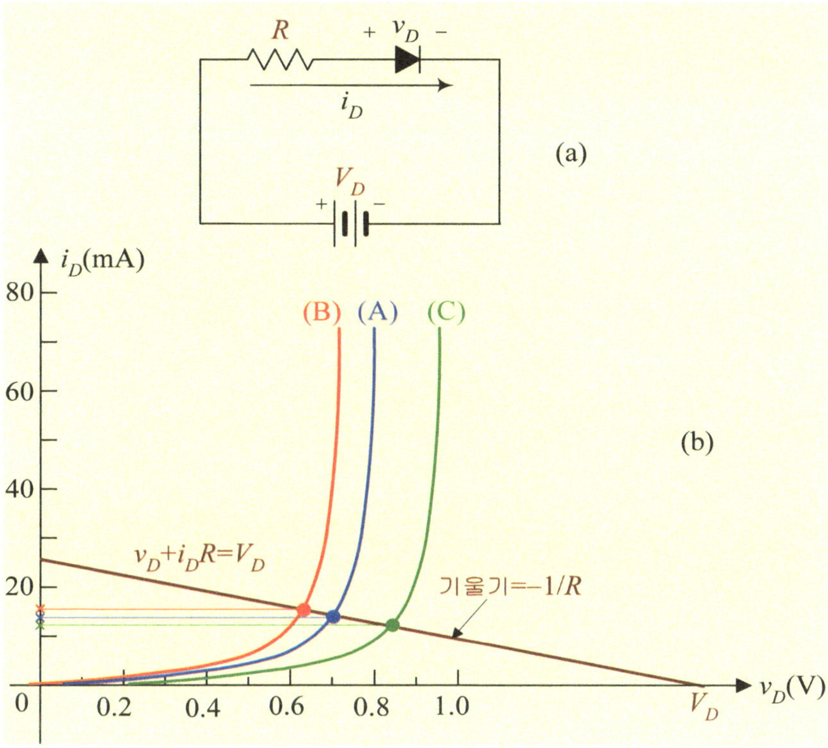

▸그림 9-26
(a) 저항을 결합한 다이오드 회로와 (b) 온도에 따른 변화

오늘날 다양한 외양과 정격을 가진 다이오드들이 생산되고 있다. 그림 9-27은 취급 전류에 따라 다이오드를 분류한 것이며 그 중 대표적인 외형 몇 가지를 보여주고 있다. 그림 (a)는 저전류용으로 크기가 가장 작으며 길이는 0.3cm를 넘지 않는다. 다이오드의 캐소드는 색 띠를 이용하여 구분하고 있으며, 두 개 또는 세 개의 색 띠로 표시된 다이오드들도 있다. 이러한 유형의 다이오드는 보통 100mA의 순방향 전류가 허용되며 역방향 전류는 상온에서 5μA가 보통이다.

그림 (b)는 중전류용 다이오드 형태이며 종종 다이오드 기호로써 애노드와 캐소드를 구별할 수 있도록 하며 색 띠로 캐소드를 표시하기도 한다. 순방향으로는 약 5A에 이르는 전류를 흘릴 수 있다.

대전류용은 크기가 가장 크며 그림 (c)와 같다. 이런 유형의 다이오드는 순방향 전류가 수 백 암페어에 이르며 많은 열이 발생하므로 금속판의 방열판을 장착시켜 사용한다.

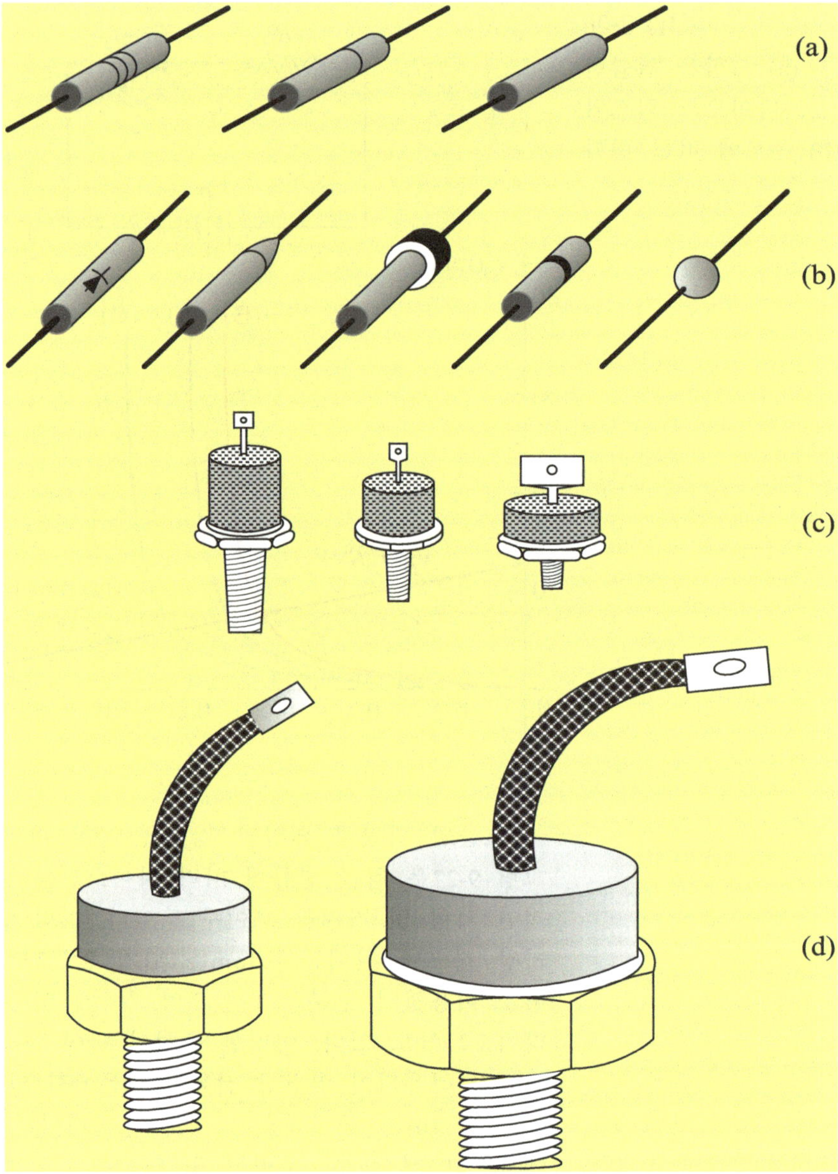

▶그림 9-27
다이오드의 외관:
(a) 저전류용;
(b) 중전류용;
(c) 대전류용;

♣ 연습 문제 ♣

9-1 원자의 대표적인 결합 방식을 열거하고 그 원리를 간단히 설명하라.

9-2 다음 용어들에 대한 정의를 내려라.
(a) 가전자대 (b) 금지대 (c) 전도대

9-3 자유 전자의 개념을 설명하고 이들이 물질의 전기적 특성에 매우 중요함을 설명하라.

9-4 도체와 부도체 및 반도체의 차이를 에너지 준위로 설명하라.

9-5 금지대와 자유 전자간의 관계를 설명하라.

9-6 반도체 원자의 결합 방식에 대해 설명하라.

9-7 진성 반도체와 홀 및 재결합에 대한 정의를 내려라.

9-8 홀이 이동하는 원리를 설명하라.

9-9 반도체에서는 홀이 이동하지만 도체에서는 이동하지 않는 이유를 설명하라.

9-10 다음 용어들을 설명하라.
(a) 불순물 (b) 외인성 반도체 (c) 도우너
(d) 억셉터

9-11 *N*형 반도체에서는 자유 전자의 농도가 홀에 비해 높은 이유가 무엇인가? 도우너는 무슨 역할을 하는가?

9-12 *P*형 반도체에서는 홀의 농도가 자유 전자에 비해 높은 이유가 무엇인가? 억셉터는 무슨 역할을 하는가?

9-13 *N*형 반도체 또는 *P*형 반도체 단독으로는 반도체로서 별 의미가 없는 이유를 설명하라.

9-14 다음 용어들을 설명하라.
(a) *PN* 접합부 (b) 확산 (c) 다수 캐리어
(d) 소수 캐리어 (e) 결핍층
(f) 공간-전하 영역 (g) 전위 장벽

9-15 *PN* 접합 다이오드를 진정한 의미의 반도체로 만드는 것이 전위 장벽임을 설명하라.

9-16 *PN* 접합 다이오드의 접합부에 전위 장벽이 생기는 원인에 대해 설명하라.

9-17 다음 용어들을 설명하라.
(a) 순방향 바이어스 (b) 역방향 바이어스
(c) 도통 전압

9-18 전위 장벽에 대한 바이어스의 역할에 대해 설명하라.

9-19 역방향 바이어스에서 누설 전류가 흐르는 이유에 대해 설명하라.

9-20 바이어스 전압이 *PN* 접합 다이오드의 결핍층 폭에 미치는 영향을 설명하라,

9-21 다이오드를 전류 제한용 저항과 직렬로 결합하여 사용하는 것은 무엇 때문인가?

9-22 그림 9-26 회로에서 V_D=5V, R=1kΩ일 때 다이오드에 흐르는 전류를 구하라. 단 다이오드 도통 전압은 0.7V로 한다.

9-23 문제 9-22에서 다이오드의 도통 전압이 (a) V_T=0.5V (b) V_T=0.8V로 변할 때 각 경우에 대한 다이오드 전류를 구하고 문제 9-22의 결과와 비교했을 때 변동폭을 살펴보아라.

10장

다이오드와 전원 장치
(Diode & Power supply)

다이오드는 모든 반도체 소자들의 기본을 이루는 소자이며 그 성격은 일방성이다. 다이오드는 전압과 전류 특성이 직선적이지 않기 때문에 선형적인 회로 모델로 근사화하여 해석하면 편리하다. 이 장에서는 다이오드를 선형적으로 표현하는 방법과 아울러 다이오드의 대표적인 응용인 전원 공급기의 원리에 대해 설명하며 내용은 다음과 같다.

10.1 다이오드의 선형 모델

다이오드는 전압-전류 특성이 선형적이지 않는 비선형 소자이며 비선형 소자를 포함한 회로는 일반적으로 해석이 복잡해진다. 따라서 회로를 효과적으로 해석하기 위해 비선형 소자를 선형적인 모델로 근사화하면 매우 편리하며 이를 간단히 등가회로라 한다. 다이오드는 직류와 교류에 대한 등가 회로가 다르므로 다이오드에 대한 직류 등가회로와 교류 등가회로를 분리하여 설명한다. 이 등가회로들은 다음 장에서 공부할 트랜지스터에 그대로 적용할 수 있다.

직류 등가회로

그림 10-1은 다이오드의 직류 등가회로이다. 다이오드가 회로의 한 부분으로 사용될 경우 도통 전압 0.7V는 주위 소자들의 동작 전압에 비해 무시할 수 있는 경우가 많다. 그리고 도통 전압을 넘어선 순방향에서는 특성 곡선이 거의 수직에 가까운 특성을 보인다. 따라서 도통 전압을 0으로 무시하고 순방향에서의 특성 곡선을 수직선으로 근사화하면 그림 10-1(a)의 등가회로가 되며 이상적인 다이오드 특성과 같다. 그리고 다이오드의 도통 전압 V_T를 고려하면 등가회로는 그림 (b)와 같으며 스위치 S의 왼쪽 단자 전압이 V_T일 때 스위치는 닫힌다.

▶그림 10-1 다이오드의 직류 등가회로; (a) 이상적; (b) 실제적.

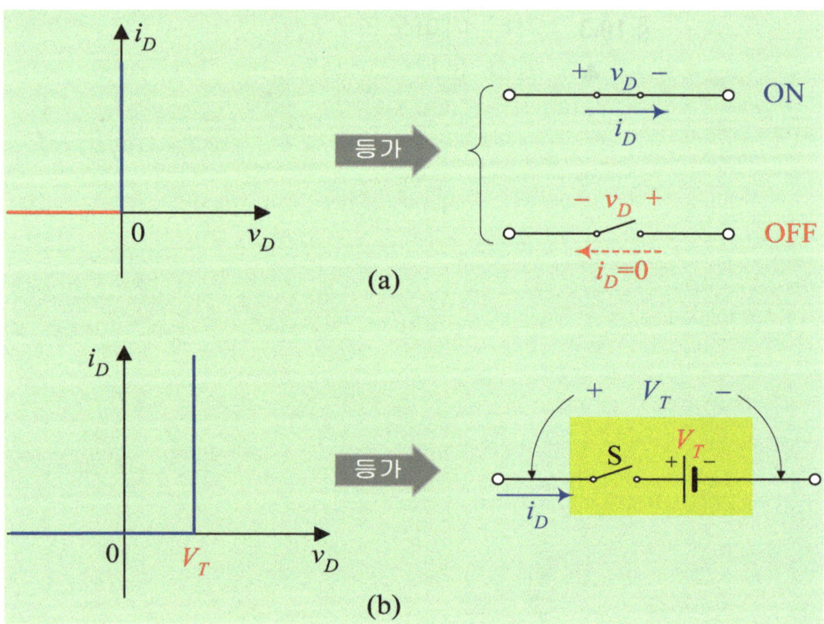

예제 10-1

그림 10-2의 회로에서 다이오드에 전류가 흐르는지 알아보아라. 단 다이오드는 이상적인 것으로 가정한다.

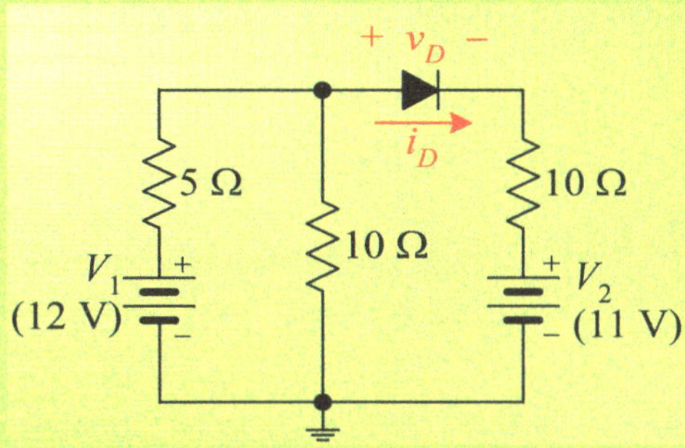

▲그림 10-2 예제 10-1의 그림

풀이 다이오드에 전류가 흐르는지 또는 안 흐르는지 판단할 수 없으므로 가정을 해야 한다. 그림 10-2에서 다이오드에 전류가 흐르지 않는다고 가정하면 그림 10-3의 (a)로 등가화할 수 있으며 흐른다고 가정하면 등가회로는 그림 (b)와 같다.

(a) 그림 (a)에서 11 V와 직렬로 결합된 저항 10Ω에는 전류가 흐르지 않으므로 또 다른 10Ω에 걸리는 전압은

$$\frac{10}{5+10} \times 12\text{ V} = 8\text{ V}$$

이다. 따라서 다이오드 양단 전압 v_D는

$$v_D = 8 - 11 = -3\text{ V}$$

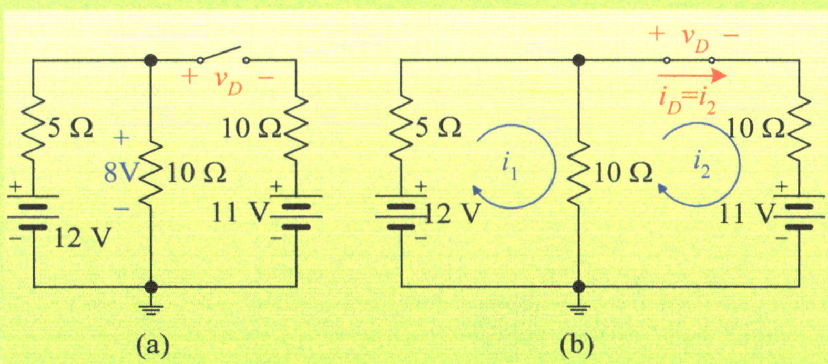

▲그림 10-3 그림 10-2의 등가회로: (a) 다이오드가 도통된다고 가정할 때; (b) 다이오드가 도통되지 않는다고 가정할 때.

이므로 전류가 흐르지 않는 가정이 맞다. 따라서 다이오드에는 전류가 흐르지 않는다.

(b) 그림 (b)에서 루프 전류 i_1, i_2를 이용하여 KVL을 적용하면

$$\begin{cases}(10+5)i_1+(-10)i_2=12\\(-10)i_1+(10+10)i_2=-11\end{cases}$$

이로부터

$$i_2=-0.225\text{ A}$$

여기서 다이오드에 흐르는 전류 i_D는 i_2와 같기 때문에 다이오드에는 역방향 전류가 흐르는 결과가 된다. 따라서 다이오드에는 전류가 흐르지 않으며 이는 전류가 흐른다는 가정과 맞지 않게 된다. 이상으로 다이오드는 전류가 흐르지 않는다. 이상과 같이 다이오드 회로를 해석할 때는 R, L, C의 선형 소자와는 달리 가정을 통한 풀이가 필요하며 이는 다이오드가 비선형 소자이기 때문이다.

교류 등가회로

그림 10-4는 교류에 대한 다이오드의 특성을 알아보기 위해 직류 전압 V_D와 교류 전압 v_d의 합을 다이오드 양단에 인가한 회로이다. 여기서 교류 전압 v_d의 진폭은 직류 전압 V_D에 비해 매우 작다고 가정하며 이러한 교류를 소신호(small signal)라 한다. 소신호의 대표적인 예는, 라디오 안테나에 유기되는 μV 단위의 유도 전압이나 테이프의 헤드에서 검출되는 mA 단위의 유도 전압 등을 들 수 있다.

그림 10-4에서 다이오드 양단 전압은 직류와 교류를 합한 $v_D=V_D+v_d$이며 다이오드 전류 역시 직류와 교류를 합한 $i_D=I_D+i_d$의 두 성분이 있다. 그림 10-5(a)는 v_D와 i_D의 관계를 다이오드 특성 곡선상에서 알아보는 것이며 특히 직류 전압 V_D와 직류 전류 I_D를 나타내는 점을

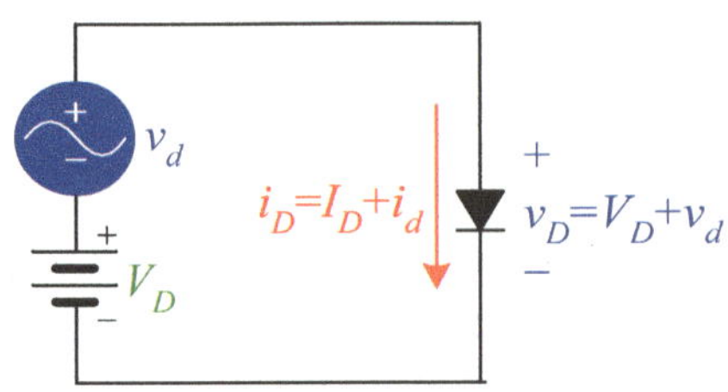

▶그림 10-4 다이오드 회로 (직류와 교류의 합)

▶그림 10-5
다이오드의 교류 특성: (a) 전체 특성 곡선; (b) Q점을 중심으로 강조한 그림

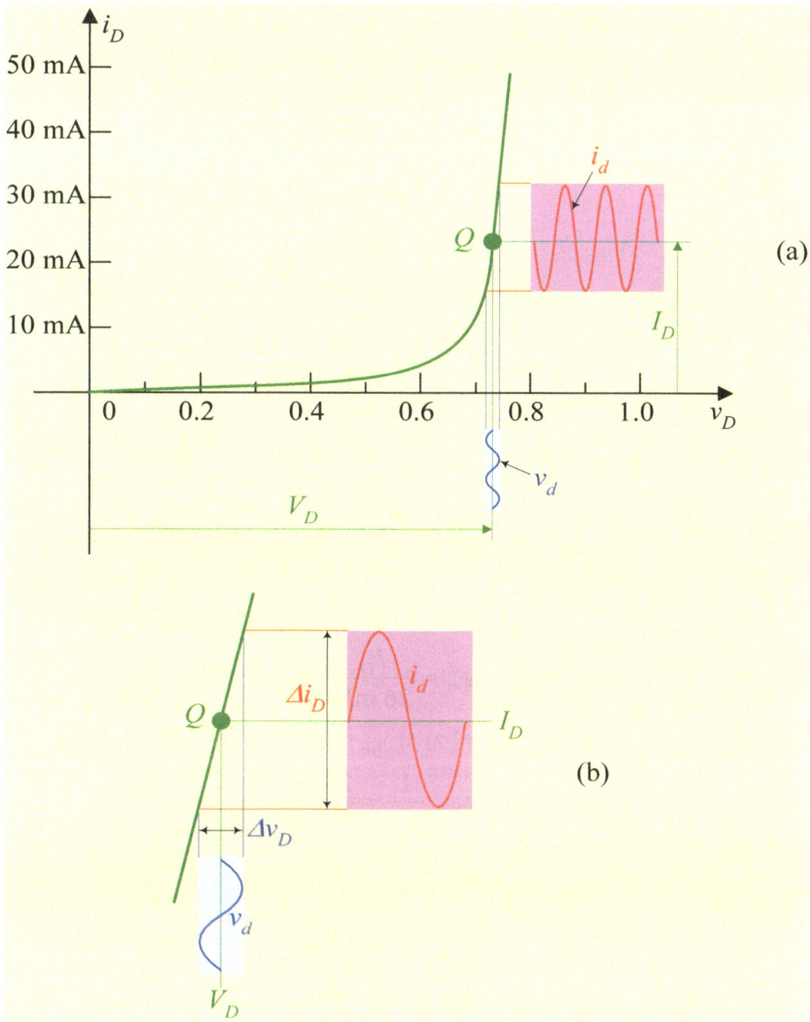

Q점(quiescent point; 靜点)이라 한다. Q점을 중심으로 한 소신호 전압 v_d는 그림과 같이 Q점을 중심으로 소신호 전류 i_d를 일으킨다. 그러나 특성 곡선의 기울기가 직선적이지 않기 때문에 Q점의 위치에 따라 소신호 전류의 진폭이 달라짐을 알 수 있다. 따라서 다이오드의 교류 특성은 직류의 영향을 받는다는 것을 알 수 있다.

그림 10-5의 (a)에서 Q점 부근을 확대하여 그려보면 (b)와 같다. 여기서 Q점을 중심으로 한 전압과 전류의 미소 변화 Δv_D와 Δi_D의 폭이 매우 좁을 경우 이 구간에서 다이오드 특성 곡선을 하나의 직선으로

근사화할 수 있으며 그 기울기는 Q점에서의 접선 기울기와 같다. 따라서 Q점에서의 접선 기울기를 g_m이라 하면

$$g_m = \frac{di_D}{dv_D} \cong \frac{\Delta i_D}{\Delta v_D} \cong \frac{i_d}{v_d} \qquad [1]$$

이므로 소신호 전압과 전류의 관계는 다음과 같다.

$$i_d = g_m v_d \qquad [2]$$

9장의 식 [1]인 다이오드 방정식으로부터 순방향 바이어스에서는

$$i_D = I_S\left[\exp\left(\frac{v_D}{kT/q}\right) - 1\right] \cong I_S \exp\left(\frac{v_D}{kT/q}\right) \qquad [3]$$

이므로 g_m은 다음과 같이 표현할 수 있다.

$$g_m = \left.\frac{di_D}{dv_D}\right|_Q = \left.\frac{i_D}{kT/q}\right|_Q = \frac{I_D}{kT/q} \qquad [4]$$

특히 상온에서는 kT/q가 약 26 mV이므로

$$g_m = \frac{I_D}{26\text{ mV}} \quad (\text{상온에서}) \qquad [5]$$

이다. 여기서 g_m의 역을 r_d라 하면

$$r_d = \frac{1}{g_m} = \frac{26\text{ mV}}{I_D} \quad (\text{상온에서}) \qquad [6]$$

이며 이를 다이오드의 **동저항**(dynamic resistance)라 한다. 따라서 식 [2]와 [6]으로부터 교류(소신호)에 대한 다이오드의 특성은

$$\frac{v_d}{i_d} = r_d = \frac{26\text{ mV}}{I_D} \quad (\text{상온에서}) \qquad [7]$$

로 주어지며 다이오드의 직류 전류에 의해 영향을 받는다. 이상으로 다이오드의 직류 및 교류 등가회로를 정리하면 그림 10-6과 같다.

예제 10-2

상온에서 다이오드에 흐르는 직류 전류가 5.2mA일 때 다이오드의 동저항을 구하라.

풀이 식 [6]으로부터

$$r_d = \frac{26\text{ mV}}{\text{직류 전류}} = \frac{26\text{ mV}}{5.2\text{ mA}} = 5\ \Omega$$

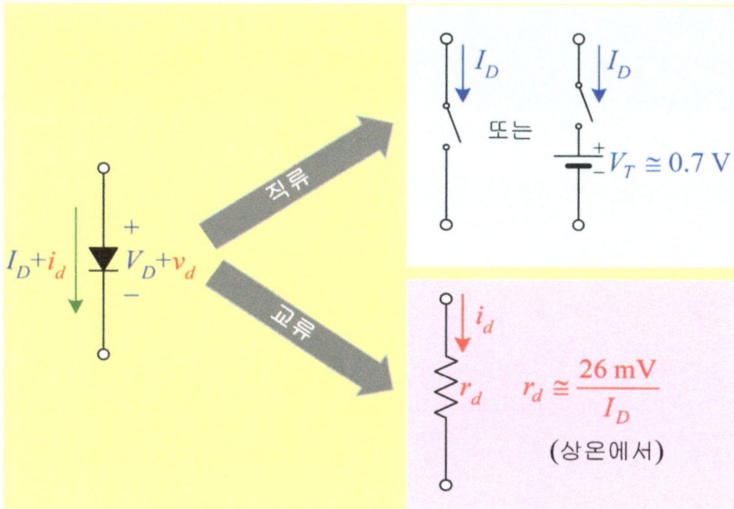

▸그림 10-6 다이오드의 직류 및 교류 등가회로

10.2 전원 장치

대부분의 전자 장치는 에너지원으로 직류 전압과 직류 전류를 필요로 하며 이들을 전원 장치라 한다. 몇몇 시스템에서는 단순히 건전지를 전원으로 사용하며 휴대용 라디오나 카세트 테이프, 전자 계산기 등이 좋은 예이다. 그러나 텔레비전 수상기나 컴퓨터 단말기, 스테레오 증폭기 등은 가정으로 공급되는 120 V, 60 Hz의 교류 전원을 직류로 변환시켜 사용하며 이를 흔히 어댑터(adaptor)라 부르고 있다.

다이오드의 중요한 응용 중의 하나가 교류를 직류로 변환시키는 전원 공급기이며 이는 다이오드의 일방성을 바탕으로 이루어진다. 교류를 직류로 변환시키는 작용을 정류(整流)라 하며 여기에는 반파 정류와 전파 정류가 있다.

반파 정류기

그림 10-7의 (a)는 교류의 양의 반주기만 이용하여 정류하여 사용하므로 반파 정류기라 한다. 즉 양의 반주기 동안에는 그림 (b)와 같이 다이오드가 도통하므로 출력 전압은 입력 전압과 같다. 그러나 음의 반주기 동안에는 그림 (c)와 같이 다이오드는 역방향으로 바이어스되어 열린 스위치와 같으므로 출력 전압은 없다. 따라서 반파 정류기의 입력과 출력 파형 관계는 그림 10-8과 같으며 출력은 맥류가 된다. 교류

▶그림 10-7
(a) 반파 정류기;
(b) 양의 반주기;
(c) 음의 반주기

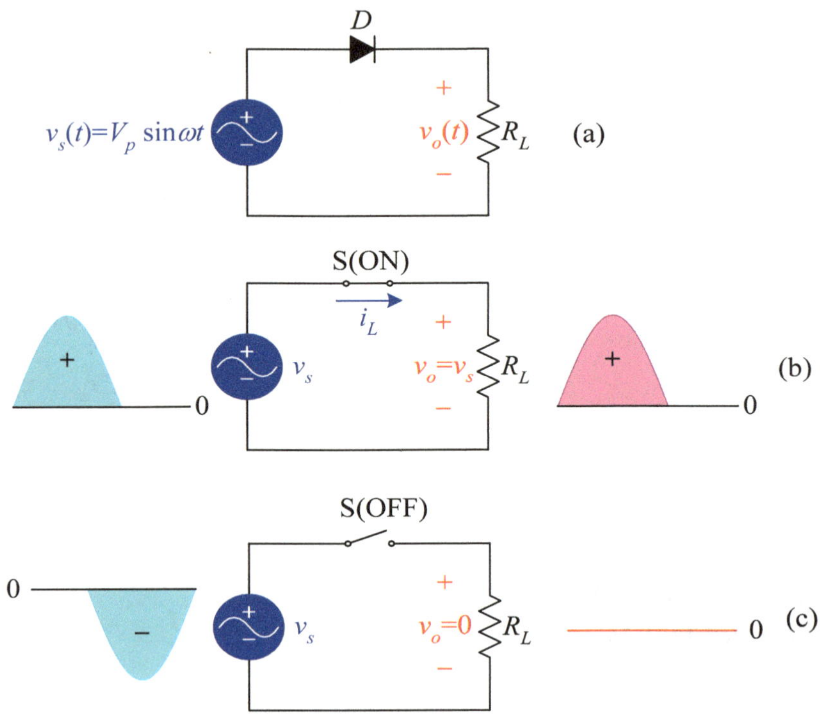

▶그림 10-8
반파 정류기의
입력과 출력 파형

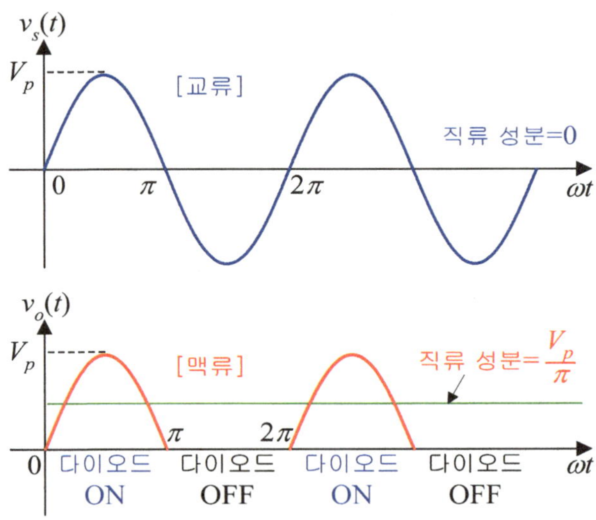

는 평균이 0이지만 맥류의 평균은 0이 아니다. 즉 그림 10-8(b)의 출력은 $v_o(t)=0, \pi \le \omega t \le 2\pi$이므로 평균은 다음과 같다.

$$V_{DC} = \frac{1}{2\pi}\int_0^{2\pi} v_o(t)d(\omega t) = \frac{1}{2\pi}\int_0^{\pi} V_p \sin \omega t d(\omega t) \quad [8]$$

위의 식의 적분 결과로부터

$$V_{DC} = \frac{V_p}{\pi} \quad \text{(반파 정류)} \quad [9]$$

그러나 맥류는 완전한 직류와는 아직 거리가 멀기 때문에 직접 전원으로 사용할 수 없으며 맥류로부터 직류 성분만 추출하여 사용한다(이에 대해서는 차후에 설명한다). 반파 정류기의 출력의 직류 성분은 식 [9]와 같이 입력 교류의 진폭에 비례하므로 일반 가정이나 공장에 공급되는 120V, 60Hz의 교류를 이용하면 직류 성분이 $120/\pi$=38.2V로 고정되어 버린다. 따라서 우리가 원하는 크기의 직류원을 얻기 위해서는 그림 10-9와 같이 변압기를 이용하여 입력 교류 전압의 크기를 조정하여야 한다. 만일 입력이 120V, 60Hz의 교류이며, 변압기의 권선비가 $N_1:N_2$=4.8:1로 하면 반파 정류기의 입력은 25V, 60Hz가 되고 출력에서는 $25/\pi$=8V의 직류 성분을 얻을 수 있다. 물론 이 때 더욱 정확한 직류 값을 구하기 위해서는 다이오드의 도통에 필요한 0.7V의 전압 강하를 고려해야 한다.

▸그림 10-9
변압기를 사용한 반파 정류기

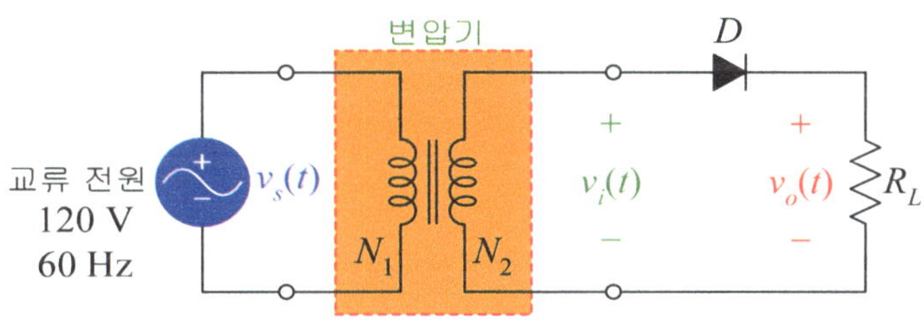

전파 정류기

반파 정류기는 교류의 한 사이클의 절반만 이용하므로 효율이 떨어진다. 전파 정류기는 교류의 전 사이클을 이용하는 것이며 음의 반주기 동안에는 입력 교류의 위상을 180도 바꾸어 양의 전압으로 만들어 사용한다. 그림 10-10(a)는 2개의 다이오드를 이용한 전파 정류기이다. 변압기의 이차 권선에는 중간 탭 단자 CT를 만들어 사용하며 CT를 기준으로 하여 A점의 전압과 B점의 전압이 180도 위상차가 나도록 구성한다. 그 결과 양의 반주기에 대한 등가회로는 그림 10-10(b)와

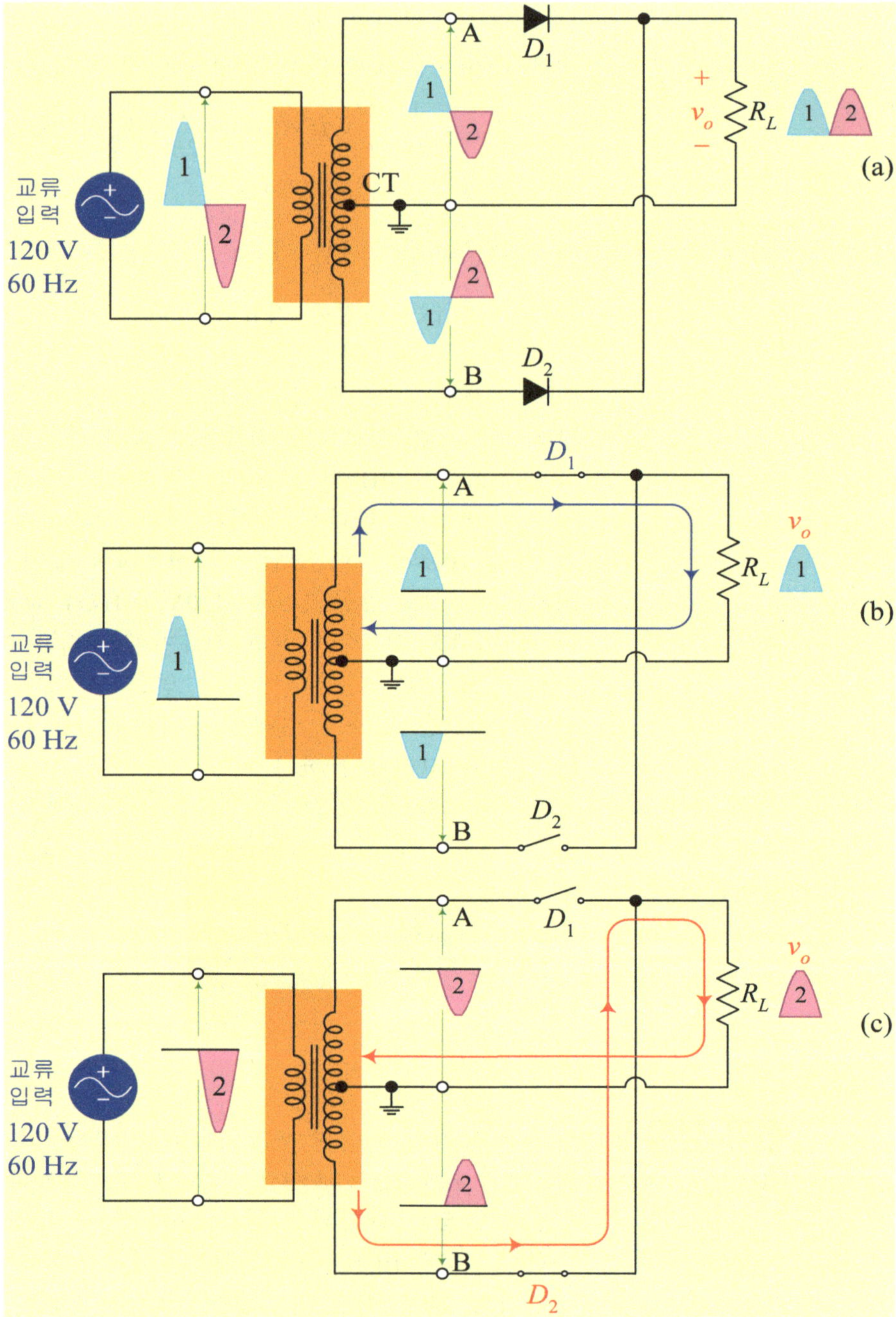

▶그림 10-10
(a) 전파 정류기;
(b) 양의 반주기;
(c) 음의 반주기.

같고 음의 반주기에 대한 등가회로는 그림 10-10(c)와 같다. 먼저 그림 10-10의 (b)에서 양의 반주기 동안은 다이오드 D_1의 애노드 전압이 0보다 크므로 D_1은 도통하지만 다이오드 D_2의 애노드 전압은 0보다 작기 때문에 D_2는 차단되어 그림 (b)와 같은 결과가 된다. 전류의 흐름은 D_1을 통해 그림에 표시된 방향으로 흐르므로 출력 전압은 단자 A와 CT 사이의 전압과 같은 양의 전압이 된다.

다음으로 음의 반주기에 대한 그림 (c)에서는 다이오드 D_2의 애노드 전압이 0보다 크므로 도통되지만 D_1은 애노드 전압이 0보다 작기 때문에 차단되어 그림 (c)와 같은 결과가 된다. 따라서 전류의 흐름은 D_2를 통해 그림에서 표시된 방향으로 흐르므로 부하에 흐르는 전류는 그림 (b)의 경우와 같게 된다. 즉 양의 반주기나 음의 반주기 모두 출력 전압은 양의 전압으로 같은 파형이 된다. 이상으로 전파 정류기의 출력 전압은 그림 10-11과 같은 파형이 되며 출력의 직류 성분은 반파 정류기의 두 배가 된다. 즉

$$V_{DC} = \frac{2V_p}{\pi} \quad \text{(전파 정류)} \qquad [10]$$

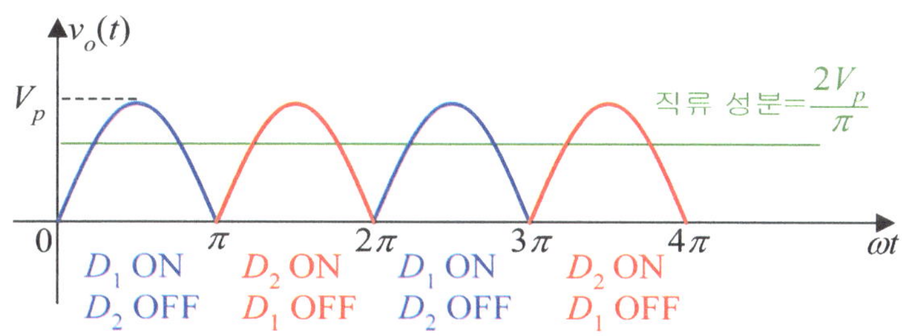

▶그림 10-11 전파 정류기의 출력 파형

브리지 정류기

전파 정류기에서 이차 권선의 중간 탭 단자를 사용하지 않고 대신 4개의 다이오드를 이용하면 그림 10-12의 (a)와 같이 전파 정류기를 구성할 수 있으며 이를 브리지 정류기라 한다. 먼저 양의 반주기 동안은 점 a의 전압이 높기 때문에 다이오드 D_1의 애노드 전압이 높아 D_1은 도통될 것이며 반대로 D_2는 캐소드 전압이 높아 차단될 것임을 짐작할 수 있다. 따라서 전류는 D_1을 통해 부하 R_L로 흐르므로 v_o는 양이 되어 c점에 비해 b점의 전압이 높아진다. 그 결과 D_4의 캐소드(b점)가 애노드(c점)에 비해 전압이 높아지므로 D_4는 차단되고 D_3에는 순방향 전류가 흘러 도통한다. 이상으로 양의 반주기에 대한 등가회

▸그림 10-12

(a) 브리지 정류기:
(b) 양의 반주기;
(c) 음의 반주기;
(d) 출력 파형.

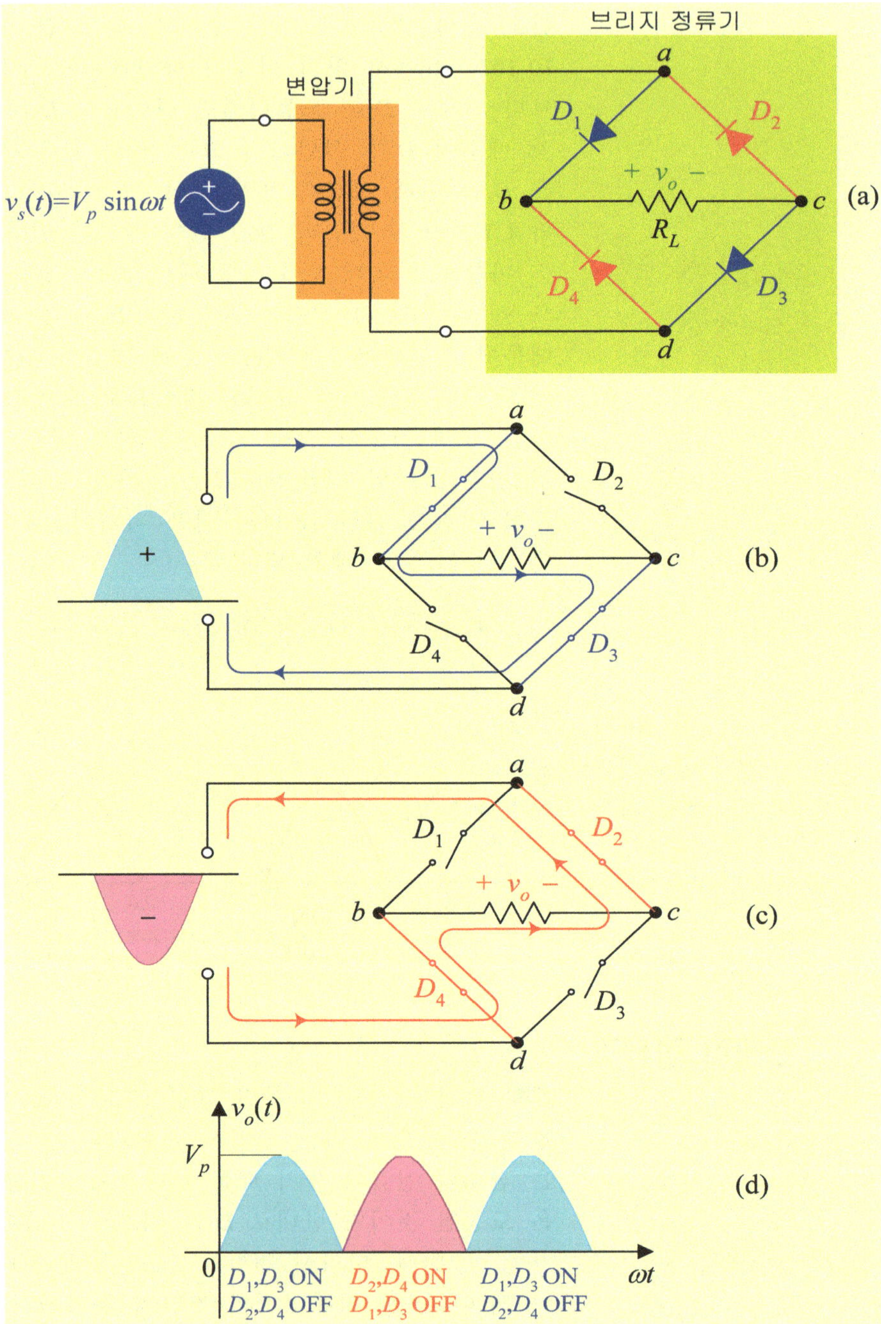

로는 그림 10-12의 (b)가 되며 출력 전압은 입력과 같은 파형이 된다. 음의 반주기 동안에는 각 다이오드들의 상태가 양의 반주기 경우와 완전히 반대가 되므로 그림 (c)와 같아진다. 그 결과 출력 전압은 여전히 양이 되므로 출력의 파형은 전체적으로 그림 (c)와 같다.

정류 필터

위에서 언급한 반파 및 전파 정류기의 출력은 맥류이므로 맥류를 여파(濾波)하여 직류만 추출하는 정지 작업이 필요하다. 정류기 출력의 교류 성분은 그림 10-13과 같이 부하 저항과 병렬로 커패시터를 접속하여 효과적으로 제거할 수 있다. 이 방법은 커패시터만 더 연결하면 되는 간단한 방법이므로 오늘날 전원 장치에 널리 사용되고 있다.

그림 10-13에서 입력을 $v_i = V_p \sin\omega t$로 생각하고, $t=0$에서부터 시작하여 출력의 파형을 단계적으로 살펴보자. 단 $t<0$에서 커패시터에 충전된 전압은 없는 것으로 한다. 다이오드의 애노드 전압은 v_i이며 캐소드 전압은 출력인 커패시터 양단 전압 v_o이다. 따라서 $t=0$에서부터 입력 전압이 증가하기 시작하면 애노드 전압이 증가하므로 다이오드는 도통하여 그림 10-14의 (a)와 등가가 된다. 따라서 $v_i = v_o$로 출력은 입력을 그대로 추종하므로 커패시터는 입력 전압을 따라 최대 V_p(점 A)까지 충전된다.

A점을 지난 직후를 살펴보면, 입력 전압(애노드 전압)인 v_i는 V_p 이하로 빠른 속도로 감소하지만 커패시터 양단 전압(캐소드 전압)은 최대값인 V_p로 충전된 상태이므로 다이오드의 바이어스는 역방향으로 전환된다. 따라서 A점 이후에는 다이오드가 차단되어 회로 상태는 그림 10-14의 (b)와 등가가 되며, 최대 전압 V_p로 충전되었던 커패시터 전압은 시정수 $\tau = R_L C$로 서서히 방전하기 시작한다. 그러나 어느 정도 시간이 지나면 애노드 전압 v_i는 다시 빠른 속도로 증가하기 시작하며 그 동안 커패시터 전압 v_o는 지수적으로 감소하고 있었으므로 두 전압이 같아지는 점 B의 순간이 오게 된다. 따라서 B점을 지나면서부터

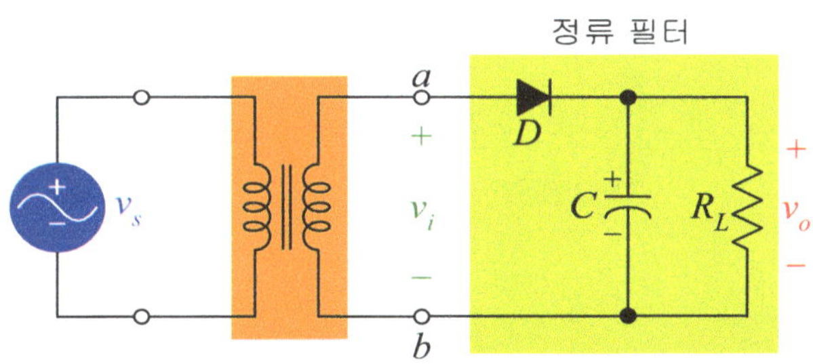

▸그림 10-13
정류 필터를 채용한 반파 정류기의 구성

▶그림 10-14
그림 10-13 회로의 단계별 동작

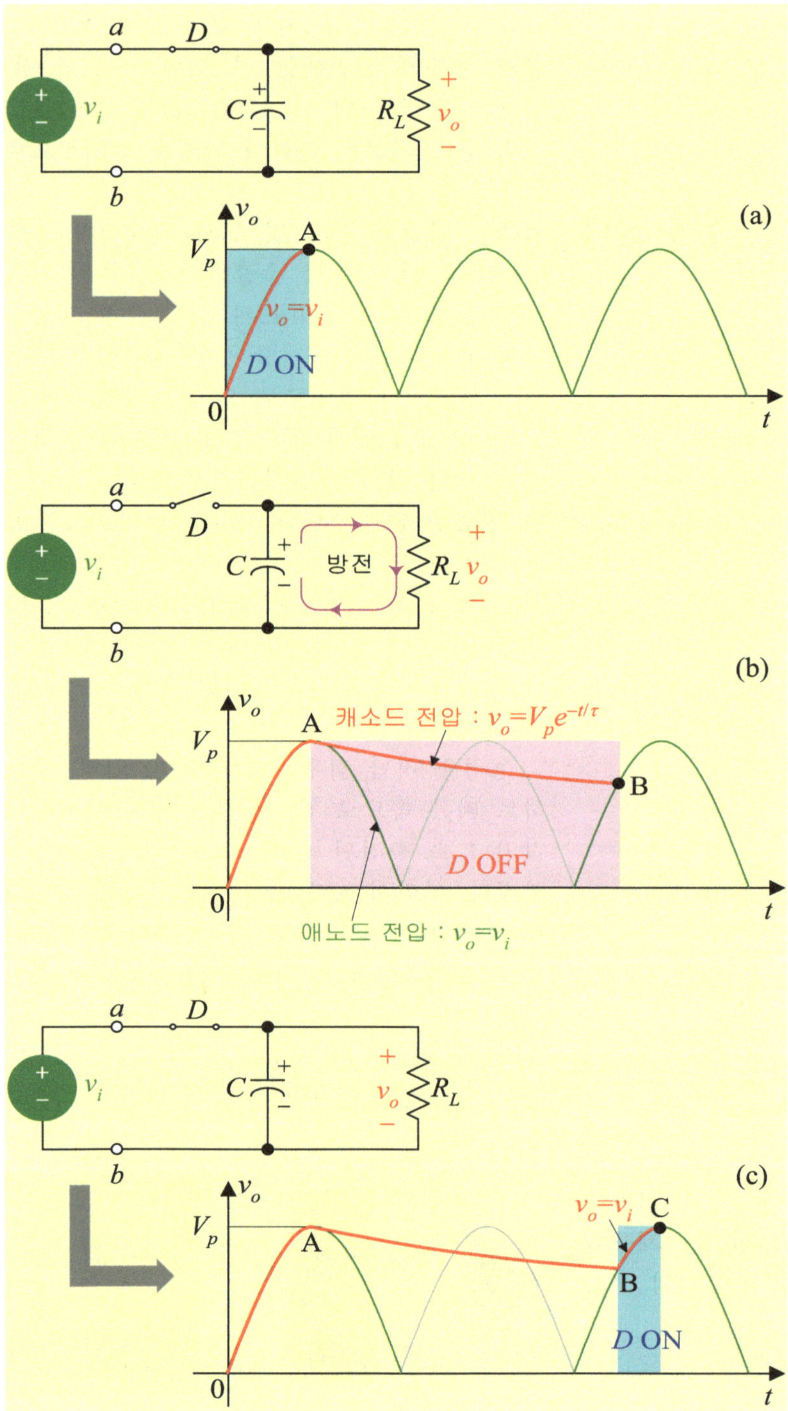

는 다시 애노드 전압이 캐소드 전압보다 커지므로 다이오드는 다시 도통되어 그림 (c)의 단계로 접어 든다.

그림 10-14의 (c)에서 점 B 이후에는 다이오드는 도통되므로 출력은 다시 입력을 추종하게 되며 커페시터는 다시 최대 값인 V_p까지 충전된다(점 C). 그리고 점 C를 지나면 다시 애노드 전압이 강하하므로 그림 (b)의 단계로 넘어가 같은 과정을 반복하게 된다. 이상으로 출력 v_o의 파형은 그림 10-15와 같이 맥동이 훨씬 줄어든 모습이며 시정수 $\tau=R_LC$를 크게 할수록 더욱 직류에 가깝다는 것을 알 수 있다. 그림 10-16의 (a)는 브리지 정류기에 커페시터를 사용한 회로이며 그 출력 파형은 그림 (b)와 같다. 그림 (b)의 파형을 그림 10-15와 비교하면 맥동이 더욱 줄어들었음을 알 수 있다.

▶그림 10-15 그림 10-14의 출력 파형.

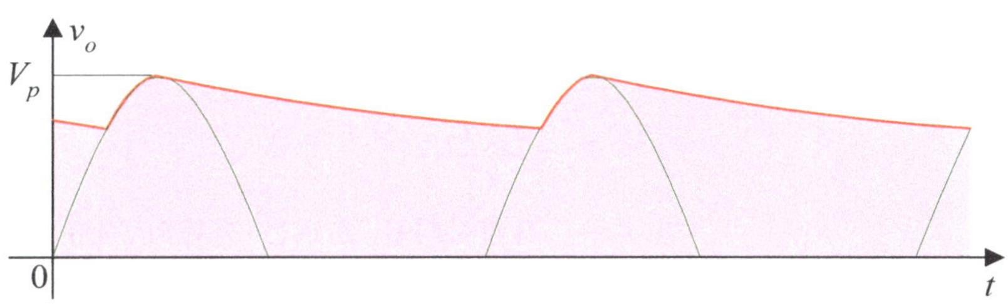

▶그림 10-16 정류 필터를 사용한 브리지 정류기의 (a) 구조와 (b) 파형

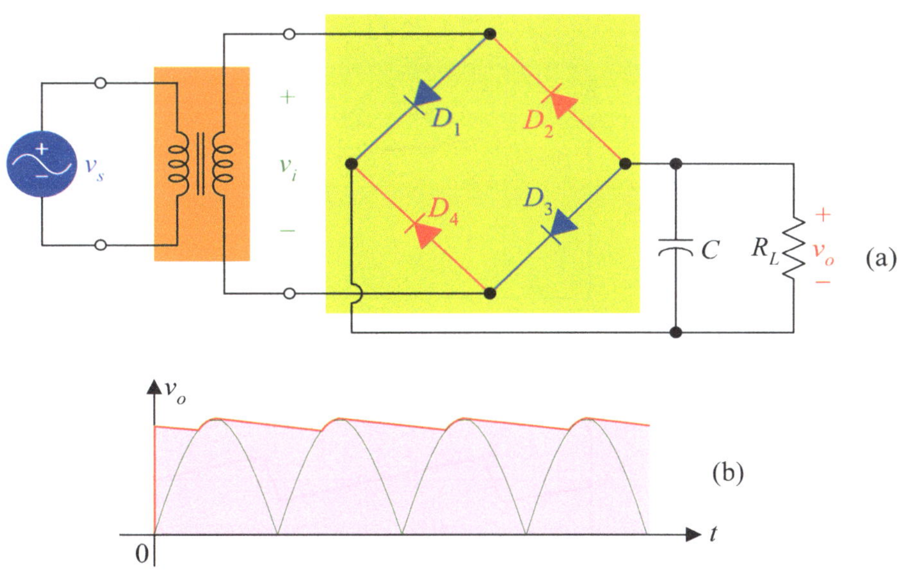

맥동율 정류기의 출력 전압은 우리가 원하는 순수한 직류 성분 외에도 맥동 성분이 포함된다. 맥동 성분은 그 모양새에 따라 잔물결을 의미하는 리플(ripple)이라 하며 리플이 적을수록 안정된 전원 장치가 됨은 물론이다. 직류 성분 V_{DC}에 대한 리플 실효값 $V_{r(rms)}$의 비를 맥동율이라 하며 다음과 같이 정의한다.

$$r \equiv \frac{V_{r(\text{rms})}}{V_{\text{DC}}} \times 100\,\% \qquad [11]$$

해석을 간단히 하기 위해 정현파를 그림 10-17의 (a)와 같이 삼각파로 근사화하면 간단한 수학적인 계산으로 맥동율을 구할 수 있다. 그림에서 v_r은 리플 전압으로 그 폭은 V_r이며 V_{DC}는 직류 성분으로

$$V_{\text{DC}} = V_p - \frac{V_r}{2} \qquad [12]$$

이다. 그리고 커패시터가 방전하는 기간인 T_2 동안에는 커패시터 C의 양단 전압 변화인 V_r은 다음과 같다.

$$V_r = \frac{I_{\text{DC}} T_2}{C} \qquad [13]$$

단 I_{DC}는 커패시터를 흐르는 전류의 직류 성분이다. 그리고 그림 (b)로부터 리플 v_r의 실효값 $V_{r(rms)}$는 다음과 같음을 약간의 계산 끝에 알 수 있다(연습 문제).

$$V_{r(\text{rms})} = \frac{V_r}{2\sqrt{3}} \qquad [14]$$

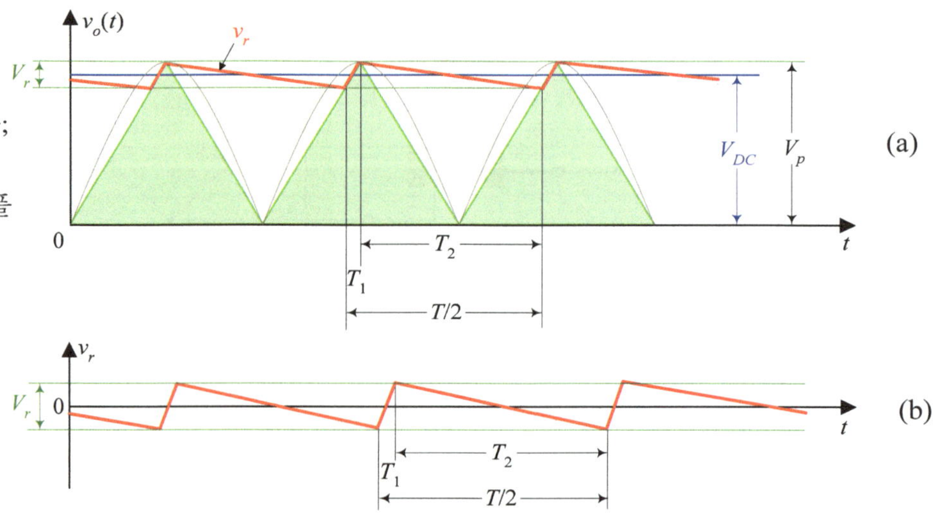

▸그림 10-17 (a) 정현파를 삼각파로 근사화; (b) 리플 전압; (c) 삼각파와 리플의 관계.

▸그림 10-17
(계속)

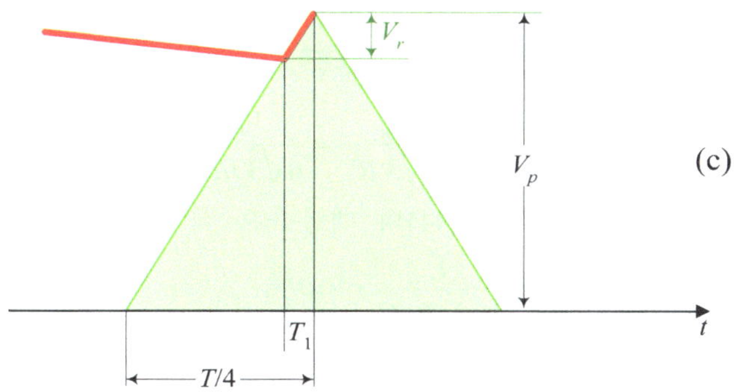

그리고 그림 10-17(c)의 더 자세한 파형을 이용하면

$$\frac{V_r}{T_1} = \frac{V_p}{T/4} \quad [15]$$

이므로 다이오드 도통 기간이 T_1과 교류의 주기 T와의 관계는

$$T_1 = \left(\frac{V_r}{4V_p}\right)T \quad [16]$$

이다. 따라서 다이오드가 차단되는 기간인 T_2는 위의 두 식을 이용하면 다음과 같이 표현됨을 알 수 있다.

$$T_2 = \frac{T}{2} - T_1 = \frac{T}{2} - \left(\frac{V_r}{4V_p}\right)T = \left(\frac{2V_p - V_r}{V_p}\right)\frac{T}{4} \quad [17]$$

식 [12]와 [17]을 결합하면 다이오드가 차단되는 기간인 T_2는

$$T_2 = \left(\frac{V_{DC}}{V_p}\right)\frac{T}{2} \quad [18]$$

로 주어진다. 다시 위의 식 [18]을 식 [13]에 대입하면 다음과 같다.

$$V_r = \frac{I_{DC}T}{2C} \times \frac{V_{DC}}{V_p} = \frac{I_{DC}}{2fC} \times \frac{V_{DC}}{V_p} \quad [19]$$

단 여기서 f는 교류의 주파수이다. 식 [14]와 [19]로부터 리플 v_r의 실효값 $V_{r(\text{rms})}$는 다음과 같이 표현할 수 있다.

$$V_{r(\text{rms})} = \frac{V_r}{2\sqrt{3}} = \frac{I_{DC}}{4\sqrt{3}fC} \times \frac{V_{DC}}{V_p} \quad [20]$$

일반적으로 V_{DC}는 거의 V_p와 같으므로 $V_{DC}=R_LI_{DC}$의 관계를 이용하면

식 [19]와 [20]은 다음과 같이 근사화할 수 있다.

$$V_r \cong \frac{I_{DC}}{2fC} = \frac{V_{DC}}{2fR_LC} \tag{21}$$

$$V_{r(rms)} \cong \frac{I_{DC}}{4\sqrt{3}fC} = \frac{V_{DC}}{4\sqrt{3}fR_LC} \tag{22}$$

이상으로 식 [11]의 맥동율은 식 [22]로부터 다음과 같이 결정된다.

$$r = \frac{1}{4\sqrt{3}fR_LC} \times 100\ \% \tag{23}$$

그리고 직류 전압 성분 V_{DC}와 교류의 최대 값 V_p의 관계는 식 [12]에 식 [21]의 관계를 대입하여 정리하면 다음과 같이 주어진다.

$$V_{DC} = \left(\frac{4fR_LC}{4fR_LC+1}\right)V_p \tag{24}$$

예제 10-3

전파 정류기에서 입력이 120V, 60Hz의 교류이며 변압기의 권선비가 $N_1{:}N_2$=10:1이다. 그리고 커페시터는 C=100μF이고 부하는 R_L=1kΩ으로 주어진다. (a) 맥동율과 (b) 출력 전압의 직류 성분을 구하라.

풀이 정류기 이차 코일에 입력되는 교류의 최대 전압은

$$V_p = \frac{120\ \text{V}}{10} = 12\ \text{V}$$

(a) 식 [23]으로부터 맥동율은

$$r = \frac{1}{4\sqrt{3}fR_LC} \times 100\ \% = \frac{1}{4\sqrt{3} \times 60 \times 10^3 \times 10^{-4}} \times 100 = \mathbf{2.4\ \%}$$

(b) 식 [24]로부터 직류 전압은

$$V_{DC} = \left(\frac{4fR_LC}{4fR_LC+1}\right)V_p = \frac{4 \times 60 \times 10^3 \times 10^{-4}}{4 \times 60 \times 10^3 \times 10^{-4} + 1} \times 12\ \text{V} = \mathbf{11.5\ V}$$

10.3 기타 다이오드

제너 다이오드

일반 다이오드는 순방향에서 동작하는 것이 주가 되며 역방향에서는 매우 작은 누설 전류 외에는 전류가 흐르지 않는다. 그러나 특이하게도 역방향 전압이 어느 크기 이상이 되면 그림 10-18와 같이 다이오드는 갑자기 큰 역방향 전류가 흐르게 되며 이 현상을 항복이라 한다. 항복 영역에서는 역방향의 큰 전압과 전류에 의해 다이오드가 손상될 수 있다. 그러나 다이오드를 손상시키지 않는 범위 내에서 항복 현상을 의도적으로 이용하는 다이오드를 제너 다이오드라 한다.

그림 10-18이 보여주는 바와 같이 순방향 바이어스에서는 제너 다이오드도 일반 다이오드와 같이 동작하며, 역방향 바이어스에서도 일정한 전압에 도달하기 전에는 일반 다이오드와 같이 누설 전류 외에는 흐르지 않는다. 그러나 역방향 바이어스가 어느 한도에 이르면 갑자기 큰 역방향 전류가 흐르기 시작하며 이 전압을 제너 전압이라 하고 V_Z로 표현한다. 제너 영역에서는 전류 변화폭이 매우 커도 제너 전압은 거의 일정하게 유지되는 점이 제너 다이오드의 큰 특징이다.

▶그림 10-18
제너 다이오드의 전압-전류 특성

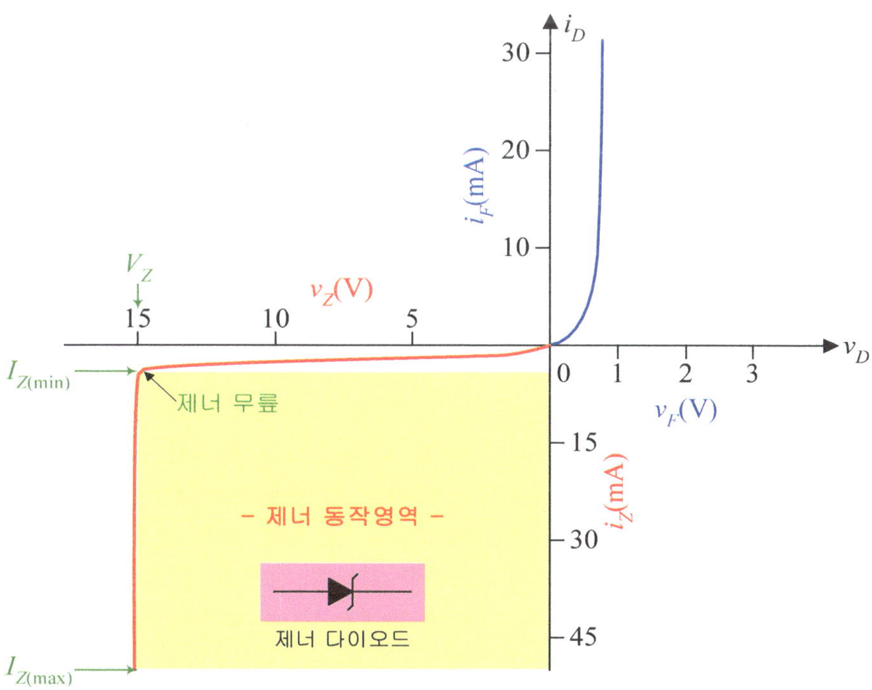

그림 10-18에서는 제너 전압이 약 15V이다. 그리고 $I_{Z(min)}$은 제너 영역에서 동작하기 위한, 즉 항복이 일어나기 위한 최소 전류이며 항복이 일어나는 순간에는 전압-전류 특성 곡선이 마치 무릎과 같이 꺾이므로 이 점을 제너 무릎이라 부른다. 그리고 $I_{Z(max)}$은 제너 다이오드의 전력 정격을 넘지 않는 최대 전류를 말한다.

이상으로 제너 다이오드는 $I_{Z(min)}$과 $I_{Z(max)}$ 사이의 역방향 전류에서는 양단 전압이 V_Z로 거의 일정하므로 직류 전압원과 같은 성질이 있다. 따라서 일반 다이오드와 제너 다이오드는 각각 그림 10-19의 (a) 및 (b)와 같이 등가화할 수 있다. 다만 여기서 유의할 점은 제너 다이오드는 역방향, 그 중에서도 제너 영역에서만 동작한다는 점이다. 일반 다이오드에서는 도통 전압 V_T가 거의 0.7V로 고정된다. 그러나 제너 다이오드에서는 제너 전압 V_Z가 매우 다양한 값이 되도록 제조할 수 있으며 그 범위는 1.4V에서 2000V에 이르고 오차는 1%에서 20% 사이에 있다. 제너 다이오드는 전압을 일정하게 유지하는데 사용되며 이러한 기능을 전압 조정이라 한다.

▶그림 10-19
다이오드 등가회로:
(a) 일반 다이오드;
(b) 제너 다이오드.

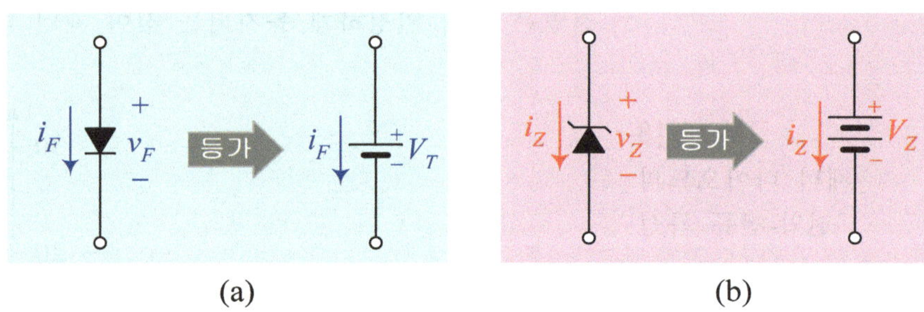

그림 10-20은 제너 다이오드를 이용하여 전원 장치의 출력 전압을 조정하는 예이며 직류 전원의 출력 전압은 25V이다. 이 전압에는 리플이 섞여 있을 뿐 아니라 출력의 최대치가 교류 입력 전압의 최대치와 같으므로 교류의 변동에 따라 출력 전압이 변하게 된다. 저항 R_S와 제너 다이오드 D_Z는 조정기로서 부하 전압이 항상 V_Z로 일정하게 유지되도록 하며 그림상에서는 15V이다. 저항 R_S는 제너 전압을 유지하면서 한편으로는 필요한 부하 전류를 공급하기 위해 항상 충분한 전류가 흐를 수 있도록 정확히 선택하여야 한다.

그림 10-20에서 전원 장치의 출력 전압이 25V일 경우 저항 R_S의 양단 전압은 25V−15V=10V이고 출력인 제너 전압은 15V이다. 만일

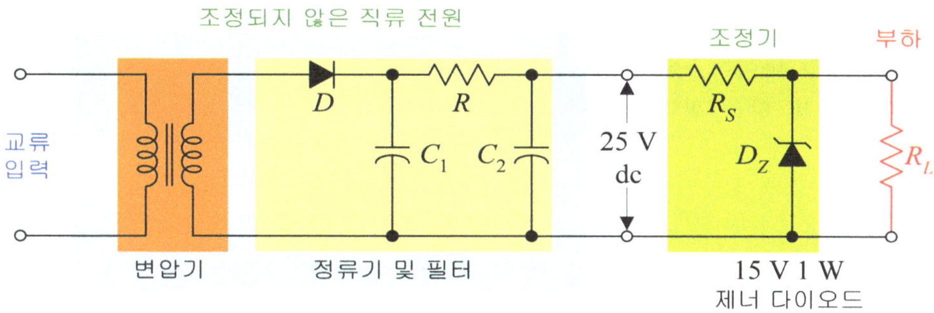

▶그림 10-20 제너 다이오드 전압 조정기를 설치한 전원장치

교류의 변동으로 전원 장치의 출력 전압이 30V로 증가했다고 가정한다면, R_S의 양단 전압은 30V−15V=15V가 되어 R_S의 전류가 증가한다. 그러나 이 전류 증가분은 모두 제너 다이오드가 흡수해 버림으로써 부하 전압은 여전히 15V로 유지되는 것이다. 물론 제너 다이오드는 전류가 증가해도 전압은 변하지 않는다. 역으로 전원 장치의 출력 전압이 20V로 떨어졌다고 가정한다면, R_S의 양단 전압은 5V로 떨어지면서 흐르는 전류도 감소한다. 그러나 이 전류 감소분 역시 모두 제너 다이오드가 보충해 주기 때문에 부하 전압은 여전히 15V로 유지될 수 있는 것이다. 즉 전원 공급이 25V를 중심으로 ±5V의 변동을 보이더라도 부하 전압은 15V로 일정하다. 이처럼 제너 다이오드의 전압 조정 기능은 전자 회로의 전원 공급에서 중요한 역할을 한다.

발광 다이오드

발광 다이오드(LED; light-emitting diode)는 *PN* 접합 다이오드로서 순방향으로 동작할 때 특정한 파장의 빛을 방출하며 그 기호와 전형적인 패키지는 그림 10-21과 같다. LED는 그림 (b)와 같이 투명한 렌즈를 가지고 있으며 빛을 효율적으로 방출시키기 위해 빛이 발생하는 *PN* 접합부에 초점이 맞추어져 있다. LED의 보다 자세한 구조와 동작 원리는 그림 10-22가 설명한다.

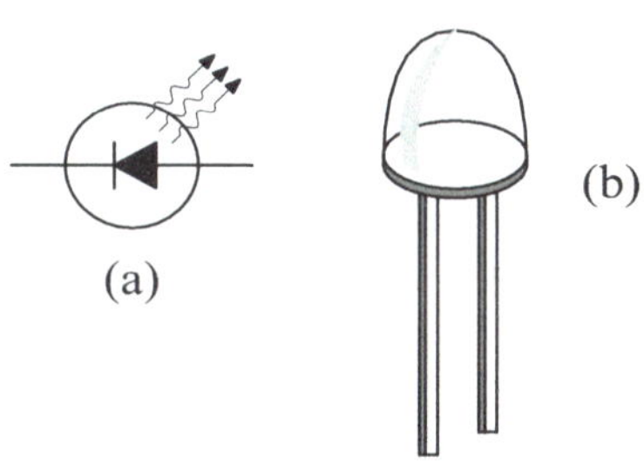

▶그림 10-21 발광 다이오드(LED)의 (a) 기호와 (b) 패키지 예

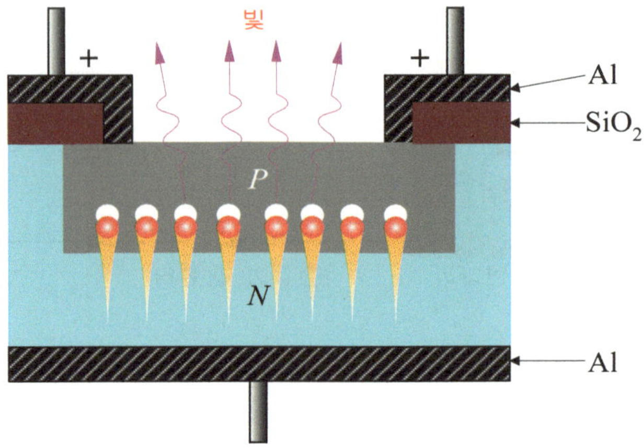

▶그림 10-22
순방향 바이어스된 LED의 빛 방출 원리

그림 10-22에서와 같이 LED에 순방향 바이어스가 걸리면 N 영역의 전자가 접합부를 통과하여 P 영역에 주입되며, 이 과정에서 P 영역의 홀과 재결합 하게 된다. 전자가 홀과 재결합한다는 것은 높은 에너지의 전도대에 있던 전자가 에너지를 방출하면서 낮은 에너지의 가전자대로 떨어진다는 것이다. 이 때 전자가 방출하는 에너지가 열 또는 빛 에너지 형태로 나타나게 된다. 갈륨 아시나이드(GaAs)나 갈륨 포스파이드(GaP) 같은 특수한 물질을 접합 다이오드로 사용하면 전자가 재결합하면서 방출하는 에너지가 빛으로 나타난다. GaAs는 적외선 빛을 방출하며 GaAsP는 적색이나 황색의 가시 광선을 방출한다. 또한 GaP의 경우는 적색이나 녹색의 가시 광선을 방출하며 적색이 보통이다. 이외에도 반도체 도우핑 과정에서 다양한 불순물을 첨가함으로써 방출되는 빛의 색상을 조절할 수 있다. 다만 LED에서는 실리콘이나 게르마늄을 사용하지 않는다. 왜냐하면 실리콘이나 게르마늄은 원천적으로 열을 방출하는 소자이므로 빛을 방출하는 데는 매우 비효율적이기 때문이다.

LED의 순방향 바이어스 전압은 실리콘 다이오드에 비해 상당히 크며 소자에 따라 차이는 있지만 전형적인 LED의 경우 최대 순방향 전압은 약 1.2V에서 3.2V에 이른다. 대신에 역방향에서의 항복 전압은 3V에서 10V가 전형적인 실리콘 정류용 다이오드에 비해 매우 작다. LED는 그림 10-23의 (a)와 같이 충분한 순방향 전류 I_F에 반응하여 빛을 방출하며 그림 (b)와 같이 출력의 빛 에너지는 순방향 전류에 직접 비례한다. 따라서 I_F가 클수록 빛의 출력도 증가한다.

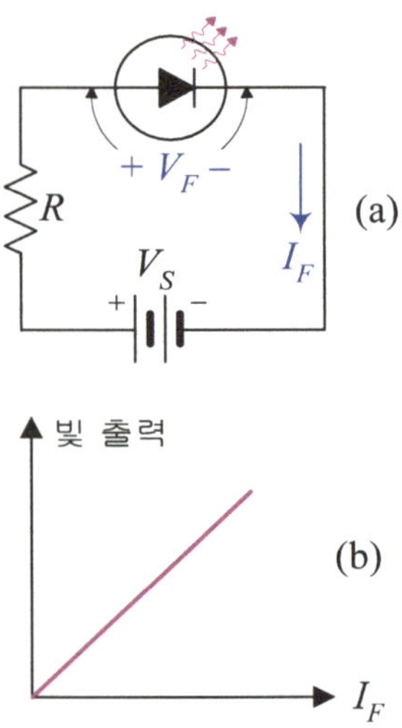

▲그림 10-23
LED의 기본 동작

LED는 컴퓨터로부터 과학 장비에 이르기까지 많은 계측기에서 지시 램프나 수치 표시기로 사용되고 있으며, 보편적으로 사용되는 것이 그림 10-24의 (a)와 같은 형태의 LED 표시관(seven-segment display)이다. 즉 7개의 부분 각각이 LED이며 LED를 선택적으로 조합하여 순방향 바이어스를 가함으로써 10진수 0에서 9까지 및 소수점을 표기할 수 있다. 이는 우리 일상 생활에서 가장 많이 접할 수 있는 LED 응용이며 시계나 계산기 등 그 예가 대단히 많다. 그림 (b)는 전형적인 LED 소자 모습이다.

(a)

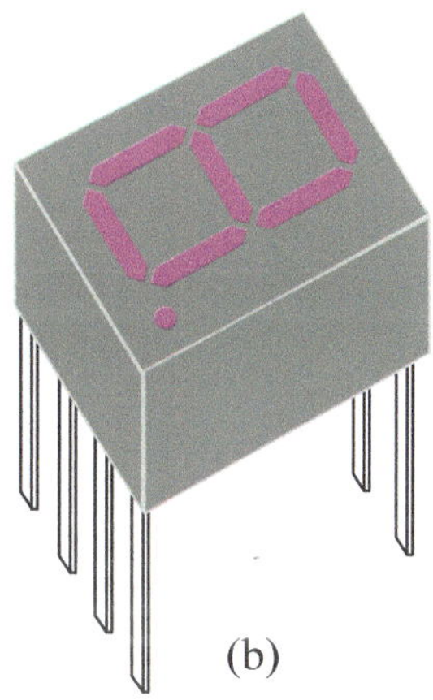

(b)

▶그림 10-24
(a) LED 수치 표시관;
(b) LED 소자의 예.

광 다이오드

광다이오드는 역방향 바이어스로 동작하는 *PN* 접합 다이오드로서 빛 에너지를 받으면 전류를 흘리는 소자이다. 따라서 이 소자는 역방향으로 동작하기 위해 외부로부터 전원을 필요로 한다. 광다이오드의 구조는 그림 10-25의 (a)와 같으며 그림 (b)는 기호를, 그림 (c)는 여러 유형의 광다이오드 소자를 보여준다.

역방향 동작에서는 다이오드에 매우 작은 누설 전류만 흐르며 이 누설 전류는 온도에 따라 증가한다. 온도, 즉 열 에너지 대신에 빛 에너지를 가해도 누설 전류가 증가하는 효과를 얻을 수 있으며 이점이 광다이오드의 기본 원리이다. 그림 10-26의 (a)는 광다이오드의 기본 동작을 보여주며, 역방향 바이어스된 다이오드에 빛을 가하면 그림 (b)와 같이 빛의 세기에 비례하여 누설 전류가 증가한다. 그림 (b)에는 표시되어 있지 않지만 누설 전류는 수 μA 수준이므로 실제로는 누설 전류를 증폭하여 사용한다.

▶그림 10-25
광다이오드의
(a) 구조;
(b) 기호;
(c) 외관

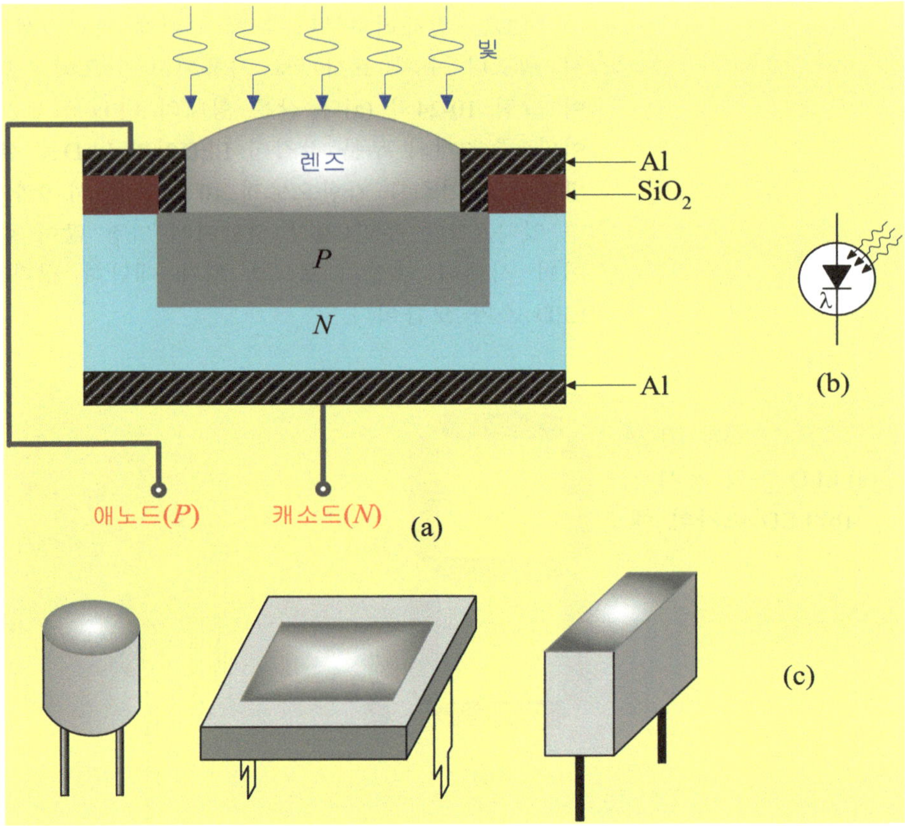

▶그림 10-26
광다이오드의
기본 동작

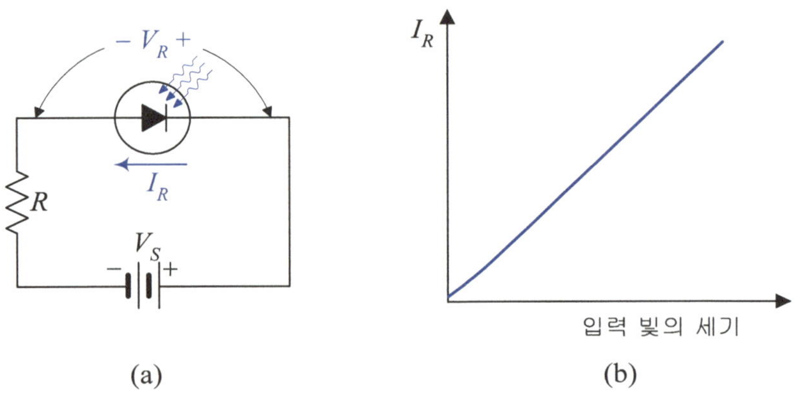

태양 전지

전기 에너지를 빛 에너지로 변환시켜 주는 LED의 기능과 반대로 빛 에너지를 전기 에너지로 변환시키는 소자가 태양 전지이며, 이는 외부의 전원 없이 전류를 흘려 줄 수 있으므로 전원으로 사용된다. 이는 무진장한 빛 에너지로부터 전기 에너지를 얻을 수 있으므로 대단한 가치가 있으며 개발의 소지가 많다. 특히 인공 위성에서와 같이 전원을 교체하거나 재충전시키기 어려운 환경에서는 태양 전지의 가치성은 매우 높다.

그림 10-27은 태양 전지의 결정 구조 및 동작 원리를 보여주며 기본 구조는 *PN* 접합 다이오드와 같다. 다이오드는 외부 전원에 의해 적절히 순방향 바이어스되어 있지 않으므로 빛이 가해지지 않으면 전류가 흐르지 않는다. 그러나 빛이 *PN* 접합부에 입사되면 접합부 양단

▶그림 10-27
태양 전지의 구조 및 동작

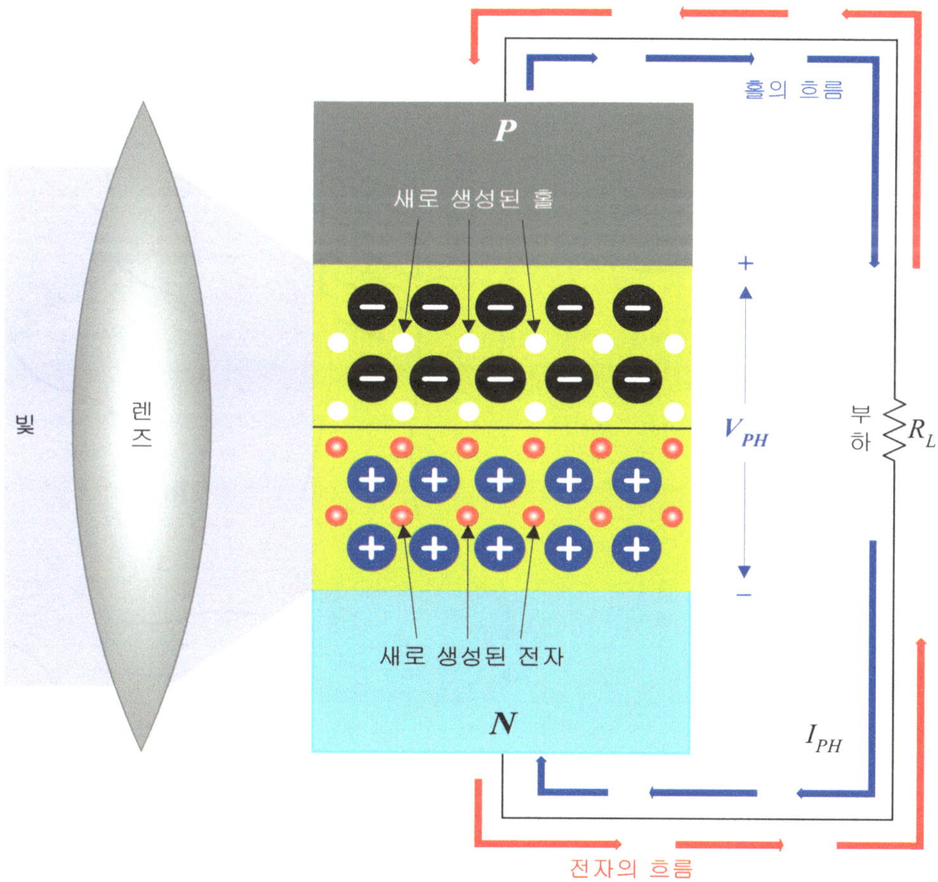

에 전압(V_{PH})가 형성된다. 그 이유는 빛 에너지가 결핍층에 있는 이온들의 공유 결합을 파괴함으로써 새로운 전자와 홀 쌍들이 생성되기 때문이다. 그리고 생성된 전자와 홀들은 결핍층의 내부 전장의 방향에 따라 홀은 *P* 영역으로, 전자는 *N* 영역으로 이끌려 간다. 따라서 *N* 영역의 결핍층에는 음의 캐리어가 축적되고 *P* 영역의 결핍층에서는 양의 캐리어가 축적되어 *PN* 접합부는 결과적으로 하나의 축전지와 같은 역할을 하게 된다. 빛이 쪼이고 있는 한 축전기의 기능은 계속되므로 다이오드 양단간에 부하를 결합하면 전류가 계속적으로 흐르게 된다. 따라서 태양 전지는 빛 에너지를 전기 에너지로 변환하며 그 효율은 현재 약 10%에서 15% 정도이다. 그림 10-27에서 렌즈의 역할은 빛 에너지를 *PN* 접합부에 집중시키기 위한 것이다. 태양 전지는 그림 10-28(a)와 같은 기호로 나타내며 그림 (b)는 실제 태양 전지의 형태들을 예로 든 것이다.

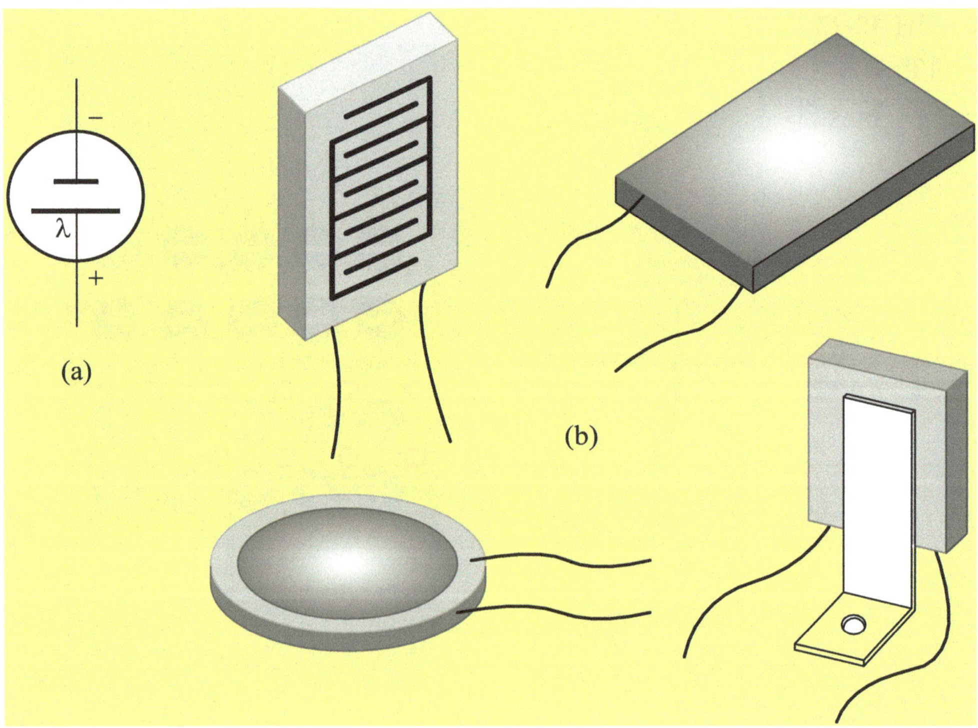

▲그림 10-28 태양 전지의 (a) 기호와 (b) 여러 가지 형태들

♣ 연습 문제 ♣

10-1 다이오드의 직류 특성이 스위칭 소자로서 적합한 이유를 설명하라.

10-2 다이오드의 교류 특성이 저항으로 등가화할 수 있는 이유와 그 저항이 직류 전류에 의해 영향을 받는 이유를 설명하라.

10-3 그림 P10-3의 각 회로에서 다이오드에 전류가 흐르는가 안 흐르는가? 흐를 경우 전류를 구하라. 단 모든 다이오드들의 특성은 이상적인 것으로 간주한다.

10-4 상온에서 실리콘 다이오드에 흐르는 직류 전류가 (a) 0.1mA, (b) 1mA, (c) 10mA일 때 각 경우의 다이오드 동저항을 구하라.

10-5 정류의 의미를 설명하라.

10-6 진폭이 100V인 교류가 반파 정류기에 입력되었을 때 출력의 직류 성분을 구하라. 단 다이오드 양단의 전압 강하는 0V로 한다.

10-7 그림 P10-7의 각 회로에서 입력이 그림에 표시된 바와 같을 때 출력 전압 v_o의 파형을 그려라. 단 다이오드는 이상적이다.

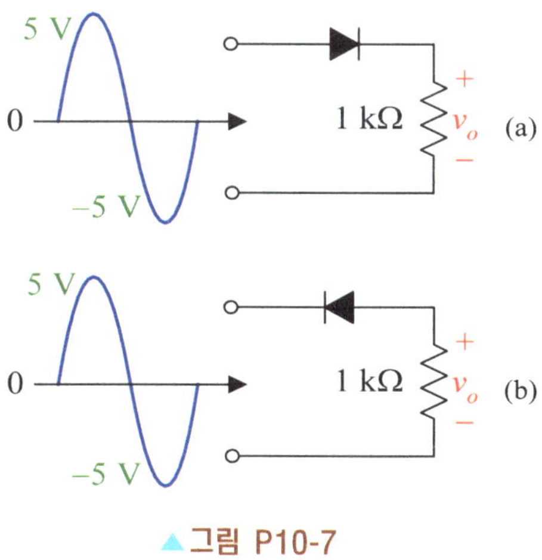

▲그림 P10-7

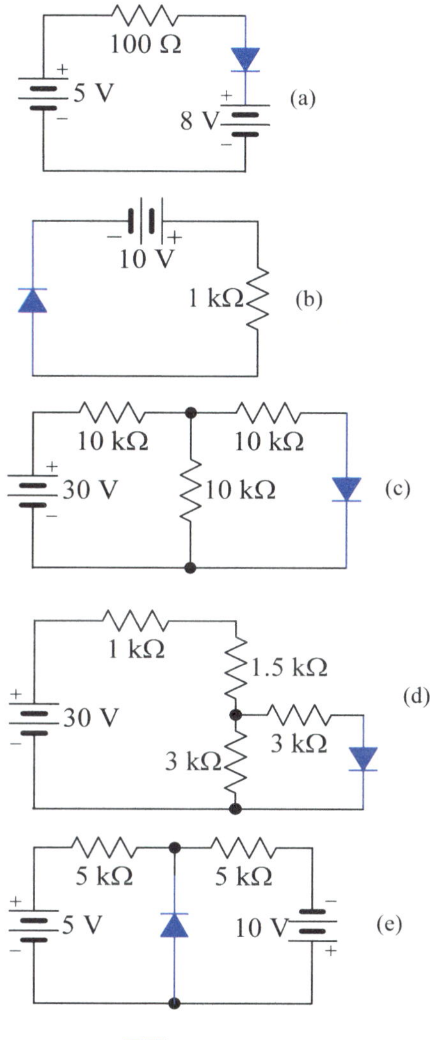

▲그림 P10-3

10-8 직류, 교류 및 맥류의 차이를 설명하라.

10-9 진폭이 100V인 교류가 전파 정류기에 입력되었을 때 출력의 직류 성분을 구하라. 단 다이오드 양단의 전압 강하는 0V로 한다.

10-10 브리지 정류기의 동작 원리에 대해 설명하라.

10-11 정류기 필터의 역할은 무엇인가? 정류기 필터는 저역통과 필터임을 보여라.

10-12 정류기에서 맥동율의 의미에 대해 설명하라.

10-13 전파 정류기에서 입력이 100V, 60Hz의 교류이며 변압기의 권선비가 $N_1:N_2=5:1$이다. 커페시터와 부하는 $C=1000\mu F$, $R_L=100\Omega$으로 주어진다. (a) 맥동율과 (b) 출력 전압의 직류 성분을 구하라.

10-14 그림 P10-14의 회로에서 입력이 그림에서 주어진 바와 같을 때 출력 전압 v_o의 파형을 그려보아라(힌트: 제너 다이오드는 양단 전압이 0.7V로 바이어스될 때는 일반 다이오드로 동작하며 $-V_Z$로 바이어스될 때는 제너 다이오드로 동작한다).

10-15 발광 다이오드는 전기적인 에너지를 빛 에너지로 바꾸는 에너지 변환기임을 설명하고 주변에서 볼 수 있는 발광 다이오드의 사용처에 대해 알아보아라.

10-16 광다이오드의 기능과 원리에 대해 설명하라.

10-17 태양 구조의 원리에 그 응용에 대해 알아보아라.

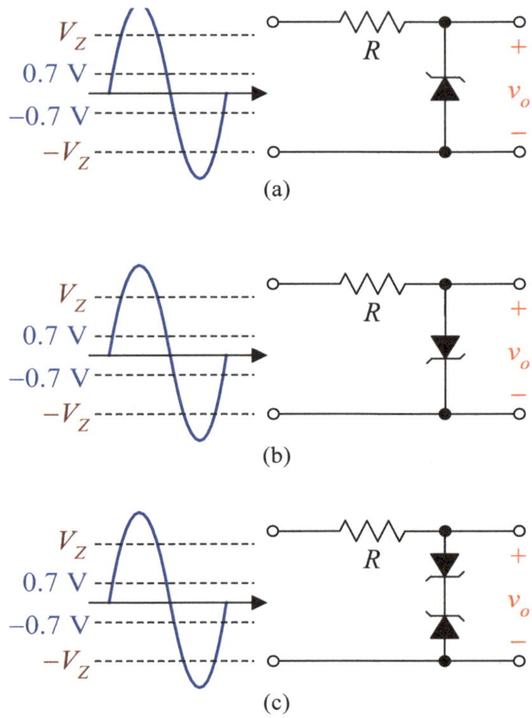

▲그림 P10-14

11장

트랜지스터 (Transistors)

1948년도에 트랜지스터가 발명됨으로써 전자 공학은 새로운 장을 열게 되었다. 트랜지스터의 발명은 기존의 진공관에 비해 회로를 매우 작게 만들었으며 열을 에너지원으로 하지 않으므로 낮은 전압원으로도 신호의 증폭이 가능하게 되었다. 그리고 집적 회로의 기술은 다시 전자 공학을 한 단계 높게 하였으며 마이크로프로세서, 탁상용 계산기, 개인용 컴퓨터 및 비디오 게임 등을 가능하게 하였다. 이처럼 트랜지스터라는 하나의 소자가 전자 공학뿐 아니라 사회 전반에 걸쳐 끼친 영향은 말할 수 없을 정도다. 이 장에서는 트랜지스터의 원리와 그 회로적 특성에 대해 설명하며 그 내용은 다음과 같다.

11.1 쌍극성 접합 트랜지스터(BJT)

쌍극성 접합 트랜지스터는 우리가 보통 "트랜지스터"로 부르는 소자로서 P형 반도체와 N형 반도체를 교대로 하여 세 개를 연속으로 접합시킨 구조이며 접합 순서에 따라 NPN 트랜지스터와 PNP 트랜지스터 두 종류가 있다. 이 두 종류의 트랜지스터는 전류의 전도에 양전하의 홀과 음전하의 전자를 모두 이용하므로 쌍극성이라 한다. 쌍극성 접합 트랜지스터는 간단히 BJT(bipolar junction transistor)라 한다.

NPN 트랜지스터는 그림 11-1의 (a)와 같이 N형 반도체, P형 반도체, N형 반도체의 순으로 접합한 구조이며 기호로는 그림 (b)와 같이 나타낸다. NPN 트랜지스터의 세 단자 중에서 N형 반도체 중 하나에 연결된 단자를 컬렉터(collector)라 하고 나머지 하나의 N형 반도체에 연결된 단자를 이미터(emitter)라 하며 P형 반도체에 연결된 단자를 베이스(base)라 한다.

결론부터 먼저 이야기 하자면 BJT 특성은 회로적으로 그림 11-1의 (c)와 같다. 즉 베이스와 이미터간의 PN 접합 다이오드는 일반 다이오드와 같은 역할을 하며 컬렉터와 이미터간은 독특하게도 종속 전류원 기능을 한다. 즉 그림 (c)에서 컬렉터 전류 i_C는 i_B에 비례하여 $i_C=\beta i_B$와 같이 종속되며 β는 전류 증폭률이라 하여 수십에서 수백에 이른다. 따라서 컬렉터에는 베이스 전류가 증폭되어 나타나므로 증폭 기능이 생기게 되는 것이다. 그리고 KCL에 의해 이미터 전류는 베이스 전류와 컬렉터 전류를 합한 것이 흐르므로 $i_E=(\beta+1)i_B$가 된다. 예를 들어

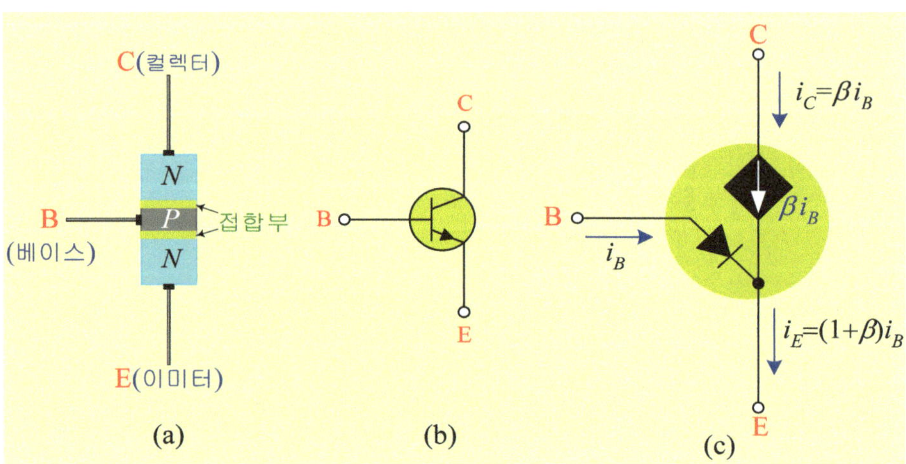

▸그림 11-1
NPN 트랜지스터의
(a) 구조;
(a) 기호;
(b) 등가회로.

β=100인 트랜지스터에서 베이스 전류가 진폭이 0.1mA인 교류라면 컬렉터에는 진폭이 10mA인 동일한 주파수의 교류 전류가 흐르게 되는 것이다. 트랜지스터가 회로적으로 그림 11-1(c)와 같이 동작하는 이유는 차후에 자세히 설명된다.

PNP 트랜지스터는 그림 11-2의 (a)와 같이 *NPN* 트랜지스터와 반대로 *P*형 반도체, *N*형 반도체, *P*형 반도체의 순으로 접합한 구조이며 기호로는 그림 (b)와 같이 나타낸다. *PNP* 트랜지스터는 전류의 방향 및 전압의 극성 등이 *NPN* 트랜지스터와 정반대이므로 등가 회로는 그림 (c)와 같다. 트랜지스터는 그림 11-3과 같이 제조할 수 있다. 이 구조는 집적 회로에서 사용하는 방법으로 에피텍셜 플라나(epitaxial planar) 구조라 한다. 그리고 특별한 경우가 아니면 대부분 *NPN* 트랜

▸그림 11-2
PNP 트랜지스터의
(a) 구조;
(a) 기호;
(b) 등가회로.

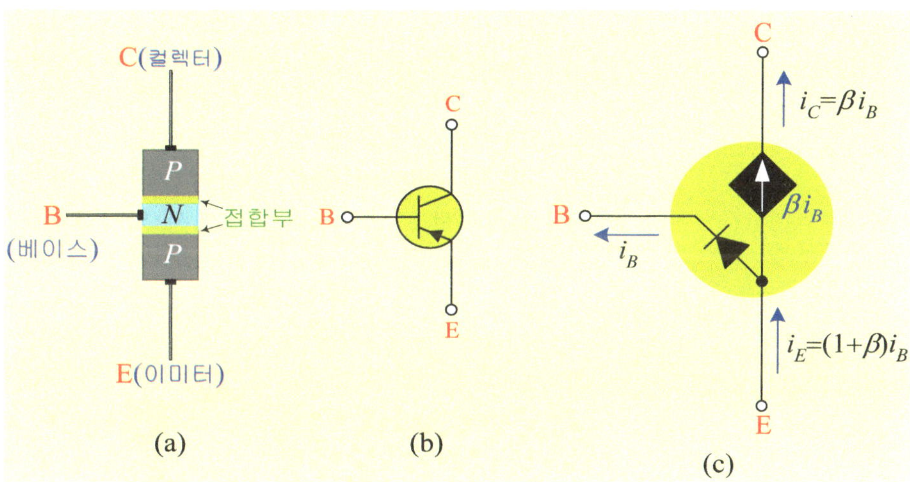

▸그림 11-3
트랜지스터의
에피텍셜 플라나 구조

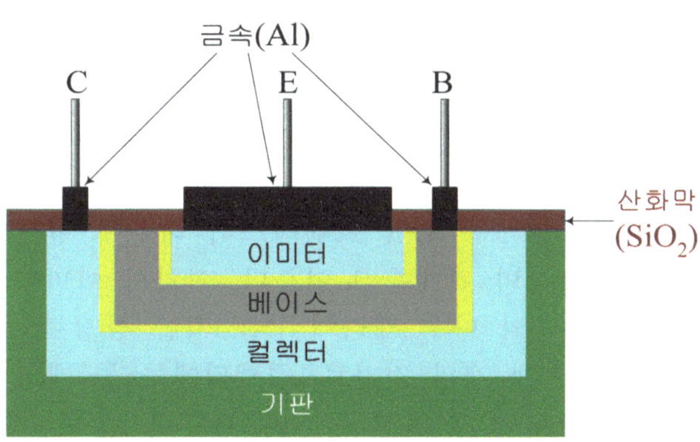

지스터가 사용되며 *PNP* 트랜지스터는 *NPN* 트랜지스터와 정 반대이므로 이 책에서는 *NPN* 트랜지스터를 위주로 설명한다.

11.2 BJT의 동작 원리

BJT의 구조는 근본적으로 *PN* 접합 다이오드를 바탕으로 하므로 그 동작 원리 역시 *PN* 접합 다이오드에 뿌리를 둔다. 그림 11-4는 *NPN* 트랜지스터의 도식적인 구조를 보여준다. 트랜지스터의 이미터와 컬렉터는 같은 유형의 반도체이므로 서로 기능이 전도될 수 있다. 따라서 이 둘을 차별화시키기 위해 다수 캐리어의 농도가 컬렉터에 비해 이미터가 훨씬 높도록 한다. 이렇게 함으로써 기능상의 차별과 전류 전도상의 효율을 기할 수 있으며 이는 내용이 전개됨에 따라 이해하게 된다. 따라서 그림 11-4에서 N^{+}의 기호는 N에 비해 전자의 농도가 상대적으로 높은 N형 반도체란 뜻이며, 더 나아가 N^{++}는 N^{+}에 비해 상대적으로 농도가 높다는 뜻이다. 이를 그림상으로 나타내기 위해 그림 11-4에서는 홀과 전자의 개수를 차별화하여 나타내고 있다. 그림 11-4에서 트랜지스터 내부에서 일어나는 현상에 대해 알아보자.

▶그림 11-4
NPN 트랜지스터의 도식적인 구조

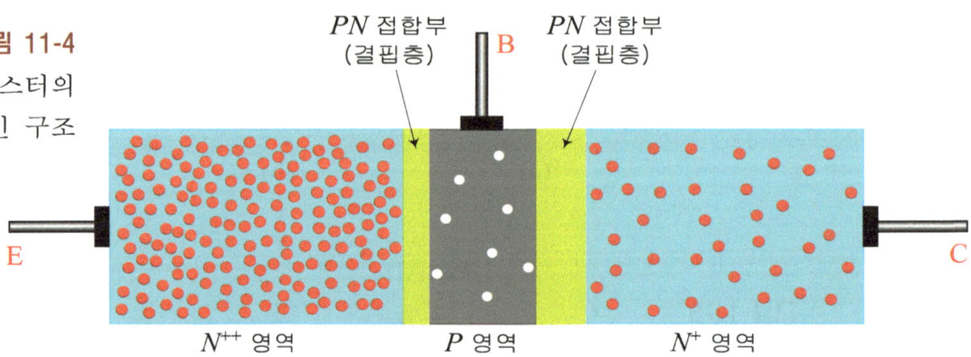

BJT 내부의 전위장벽

그림 11-5는 *NPN* 트랜지스터 내부에 형성되는 결핍층과 이에 의한 전위 장벽 관계를 보여준다. 여기서 이미터(N^{++}), 컬렉터(N^{+}) 및 베이스(P)간의 다수 캐리어 농도 차를 상징적으로 표현하기 위해 이미터에 는 세 개의 전자로, 컬렉터에는 두 개의 전자로, 그리고 베이스에는 하나의 홀로 각각 표현하였다. 또한 캐리어의 농도가 높을수록

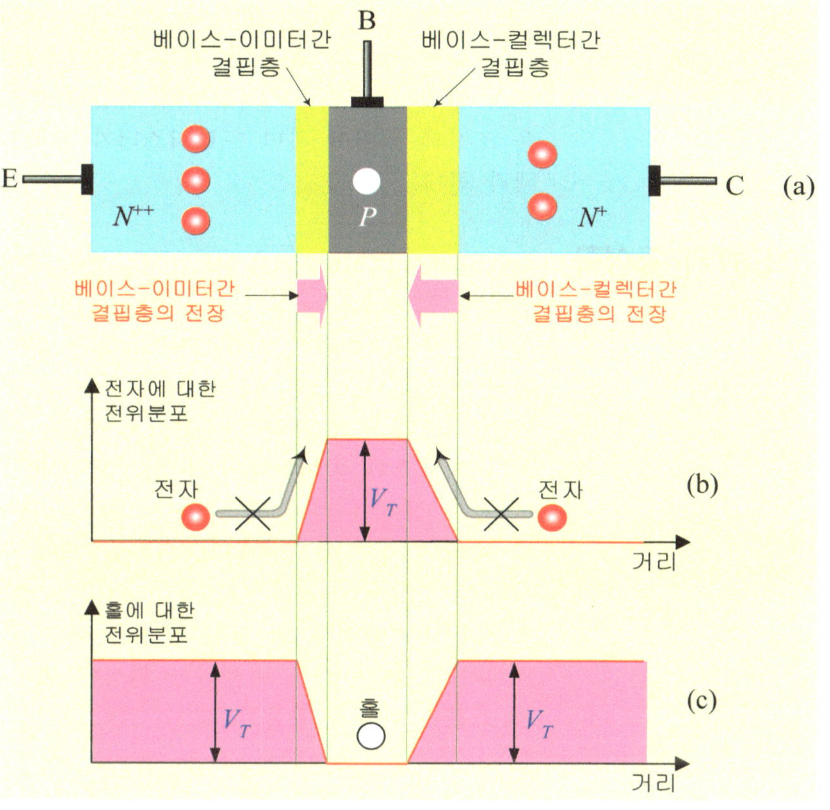

▸그림 11-5
NPN 트랜지스터의
(a) 구조;
(b) 전자의 전위;
(c) 홀의 전위.

접합부에 형성되는 결핍층은 폭이 좁아지므로 그림에서 보는 바와 같이 베이스-이미터간의 결핍층은 베이스-컬렉터간의 결핍층보다 폭을 좁게 그렸다. 그리고 각 결핍층 아래 표시된 화살표는 해당 결핍층 내부에 형성된 전장의 방향을 나타낸다. 이는 이미 여러분이 9장에서 배운 바와 같이 *PN* 접합부의 결핍층에 형성되는 전장은 *N*영역에서 *P* 영역으로 향하기 때문이다(그림 9-17 참조).

그림 11-5의 (a)에서 결핍층 내부의 전장에 의해 전자에 대해서는 *P* 영역이 *N* 영역에 비해 전위가 높고, 홀에 대해서는 *N* 영역이 *P* 영역에 비해 전위가 높다(그림 9-18 참조). 따라서 *NPN* 트랜지스터의 전자와 홀에 대한 전위 분포는 그림 (b) 및 (c)와 같다. 물론 각 전위 장벽 V_T는 실리콘의 경우 약 0.7V이다. 그림 (b)에서 전위 장벽으로 인해 이미터의 전자는 베이스를 지나 컬렉터로 이동할 수 없고 컬렉터 전자 역시 베이스를 거쳐 이미터로 이동할 수 없음을 알 수 있다. 그리고 그림 (c)에서 베이스의 홀 역시 전위 장벽에 의해 이미터나 컬렉

터로 이동할 수 없다. 따라서 모든 다수 캐리어들은 이동이 중지되므로 전류는 흐르지 않는다. 이제 트랜지스터에 전류 증폭 기능을 부여하기 위해서는 두 *PN* 접합부에 적절한 바이어스를 가하여 전위 장벽을 조절해 주어야 하며 트랜지스터가 증폭할 수 있는 상태를 활성 상태라 한다.

BJT의 활성화

우선 그림 11-5(b)의 전자에 대한 전위 분포를 살펴보면서 이미터의 전자가 컬렉터로 이동할 수 있는 방법을 생각해 보자. 미리 이야기하지만 트랜지스터의 전류는 캐리어 농도가 가장 높은 이미터 전자에 의해 주도된다. 그림 11-5(b)에서 이미터 전자가 컬렉터로 이동하기 위해서는 일단 *P* 영역인 베이스로 주입되어야 하지만 이를 방해하는 것이 베이스와 이미터간의 전위 장벽이다. 따라서 베이스와 이미터간의 전위 장벽이 먼저 제거되어야 할 것이다. 다음으로 베이스로 주입된 이미터 전자가 컬렉터로 이동할 때는 베이스와 컬렉터간의 전위 장벽은 오히려 전자의 이동을 도와주는 역할을 하게 된다. 이상으로 트랜지스터 내부의 두 전위 장벽은 서로 상반된 기능을 한다는 것이 트랜지스터의 동작을 이해하는 핵심이 되며 트랜지스터를 활성화시키는 조건은 다음과 같음을 알 수 있다.

베이스-이미터간의 전위 장벽은 제거되어야 하며 베이스-컬렉터간의 전위 장벽은 유지 내지는 강화되어야 한다. 따라서 *NPN* 트랜지스터의 바이어스는 베이스-이미터간에는 순방향 바이어스를 걸어 전위 장벽을 제거하며 이와 반대로 베이스-컬렉터간은 역방향 바이어스를 걸어 전위 장벽을 강화시켜 준다.

이상으로 *NPN* 트랜지스터를 활성화시키는 바이어스는 그림 11-6의 (a)와 같다. 즉 전압 $V_{BE}(\geq V_T)$는 베이스-이미터간에 대한 순방향 전압이며 $V_{CB}(>0)$는 베이스-컬렉터간의 역방향 전압이며 그 결과 전자에 대한 전위 분포는 그림 (b)와 같음을 알 수 있다. 이는 그림 11-5(b)와 비교하면 이미터 영역은 V_{BE}만큼 전위가 상승하고 컬렉터 영역의 전위는 V_{CB}만큼 낮아진 결과이다. 따라서 그림 11-6(b)의 전위 분포에 의해 이미터의 전자는 베이스를 지나 컬렉터로 이동할 수 있게 되며 컬렉터로 이동한 전자는 전원 V_{CB}의 양극에 끌려 단자로 흘러나가게 된다.

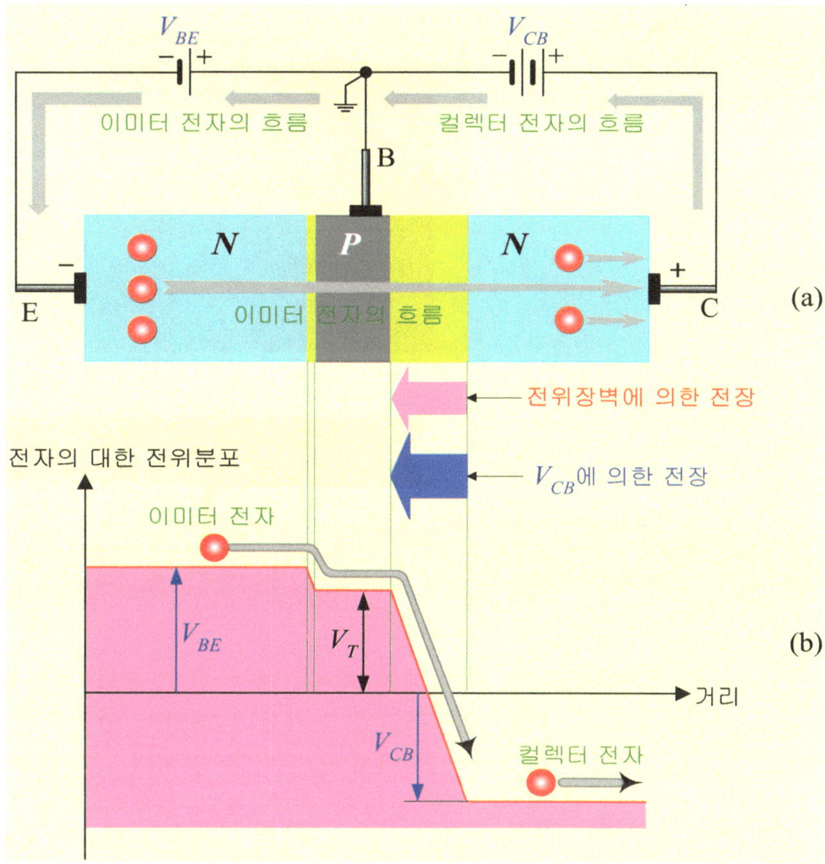

▶그림 11-6
(a) *NPN* 트랜지스터 활성화를 위한 바이어스 방식과 (b) 홀에 대한 전위

PN 접합이 순방향으로 바이어스되면 결핍층의 폭이 좁아지며 역방향으로 바이어스되면 반대로 결핍층 폭이 넓어진다. 따라서 그림 11-6(a)에서 순방향 바이어스된 베이스-이미터간의 결핍층은 폭이 좁게 표시되어 있고 역방향 바이어스된 베이스-컬렉터간 결핍층은 폭이 넓게 표시되어 있다. 그리고 *NPN* 트랜지스터에서는 이미터의 캐리어 농도가 컬렉터나 베이스에 비해 압도적으로 높기 때문에 실제 전류는 거의 이미터 전자의 이동에 의한다. 따라서 앞으로는 이미터 전자의 이동에 초점을 맞추어 설명한다.

NPN 트랜지스터를 활성화시키는 바이어스 방법에 대해 알아보았다. 이제 이미터 전자가 베이스를 통과하여 컬렉터에 이르는 과정에서 베이스 영역에서 일어나는 현상에 대해 알아본다. 그림 11-7은 두 결핍층 사이에 있는 베이스 영역을 묘사한 그림이다. 여기서 중요한

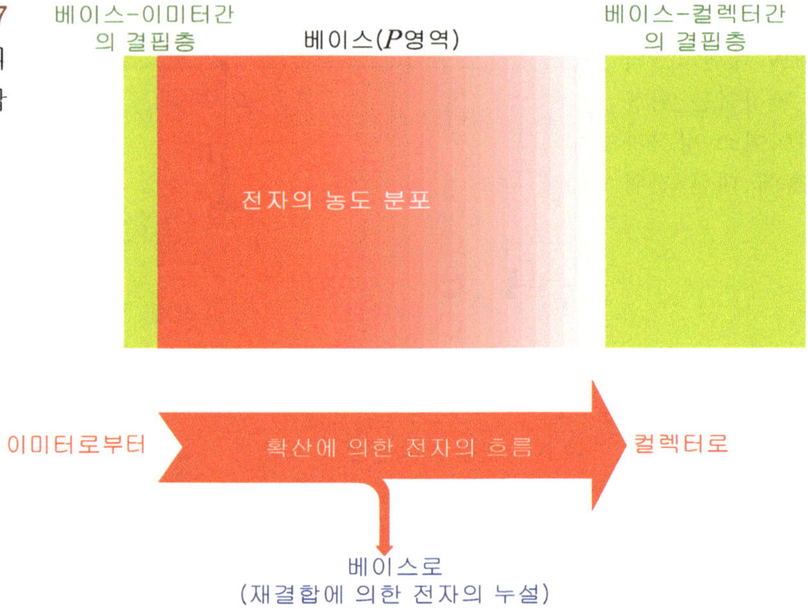

▶**그림 11-7**
베이스 영역에서의 확산과 재결합

것은 P 영역인 베이스에는 다수 캐리어인 홀이 분포해 있으므로 이미터로부터 주입된 전자들이 베이스 영역을 통과하는 과정에서 홀과 재결합이 이루어지게 된다는 것이다. 그 결과 베이스 영역에서의 전자의 농도는 이미터 쪽이 높고 컬렉터 쪽으로 갈수록 낮아지므로 베이스의 전자 농도 분포는 그림 11-7에서 음영의 농도 차로 표현한 형태가 된다. 이와 같은 농도의 차는 전자의 확산 작용을 일으키므로 베이스 영역에서의 전자의 이동은 확산에 의해 이루어진다.

베이스 영역에서 일어나는 가장 중요한 현상은 재결합에 의한 누설 전류이다. 즉 이미터로부터 주입된 전자와 재결합하여 소멸되는 홀을 보충하기 위해 베이스 단자를 통해 베이스 영역으로 홀이 지속적으로 공급되어야 하며, 홀이 공급된다는 것은 전자가 빠져 나가는 것과 같다. 따라서 이미터로부터 베이스 영역에 주입된 전자들이 확산에 의해 이동하는 과정에서 일부 전자가 베이스 단자로 누설되고 나머지만 컬렉터에 도달하게 되며 그림 11-7의 전류 흐름이 이를 나타내고 있다. 여기서 매우 중요한 것은 베이스 단자로 누설되는 전자의 양과 컬렉터 단자에 도달하는 전자의 양 사이에는 일정한 비율이 존재한다는 것이며 이것이 BJT의 증폭 원리이다. 즉 그림 11-7에서 화살표로 표시된 전자의 흐름에서 컬렉터 단자에 도달하는 전자의 양이 이미터에서 방출된 전자의 $\alpha(<1)$배이면 전체 전자의 $(1-\alpha)$배만 베이스 단자로 흘러나가게 된다. 이 관계를 전류로 표현하기 위해 그림 11-7에서 표시된 전자의 흐름과 반대 방향으로 하여 전류를 표현하면 그림 11-8과 같다. 그림 11-8에서 컬렉터 전류 i_C와 베이스 전류 i_B 및 이미터 전류 i_E의 관계는

$$i_C = \alpha i_E, \quad i_B = (1-\alpha) i_E \qquad [1]$$

이며 KCL에 의해 $i_E = i_C + i_B$이다. 따라서 컬렉터 전류 i_C와 베이스 전류 i_B의 관계는 다음과 같이 주어진다.

$$\frac{i_C}{i_B} = \frac{\alpha i_E}{(1-\alpha) i_E} = \frac{\alpha}{1-\alpha} \equiv \beta \qquad [2]$$

위의 식에서 비례 상수 β를 전류 증폭률이라 하며 α가 1에 가까울수록 β는 커진다. 즉 $\alpha=0.99$일 경우 $\beta=0.99/0.01=99$이지만, $\alpha=0.999$일 경우 $\beta=0.999/0.001=999$가 된다. 이와 같이 베이스 전류의 적은 변화가 컬렉터 전류에는 큰 변화를 유도하며 이 기능을 증폭(增幅)이라 한다. 이상으로 BJT의 전류 관계는

$$i_C = \beta i_B, \quad i_E = i_B + i_C = (\beta+1) i_B \qquad [3]$$

이다. 실제로 β는 수십에서 수백에 이르므로 $i_E \cong i_C$로 봐도 무방하다.

식 [3]에서 i_C는 $i_C=\beta i_B$로 i_B에 종속된 관계이므로 종속 전류원으로 등가화할 수 있다. 따라서 *NPN* 트랜지스터는 그림 11-9의 (a)와 같이 등가적으로 표현할 수 있으며, 베이스-이미터는 일반적인 다이오드와 같고 컬렉터는 종속 전류원과 같다. 그리고 *PNP* 트랜지스터는 모든 면에서 *NPN* 트랜지스터와 역상의 관계에 있으므로 등가회로는 그림 (b)와 같다.

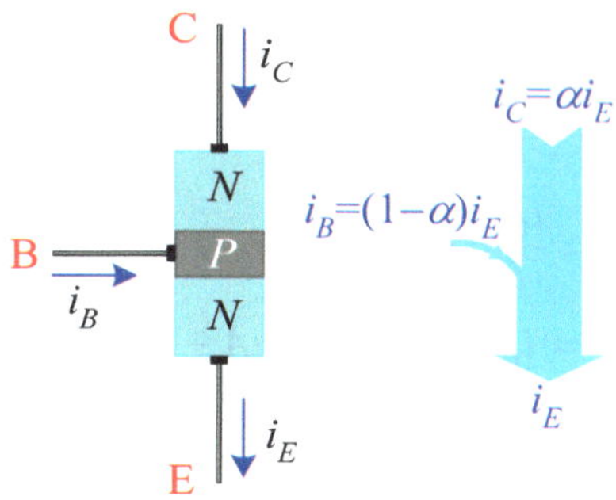

▸그림 11-8
NPN 트랜지스터의 전류 관계

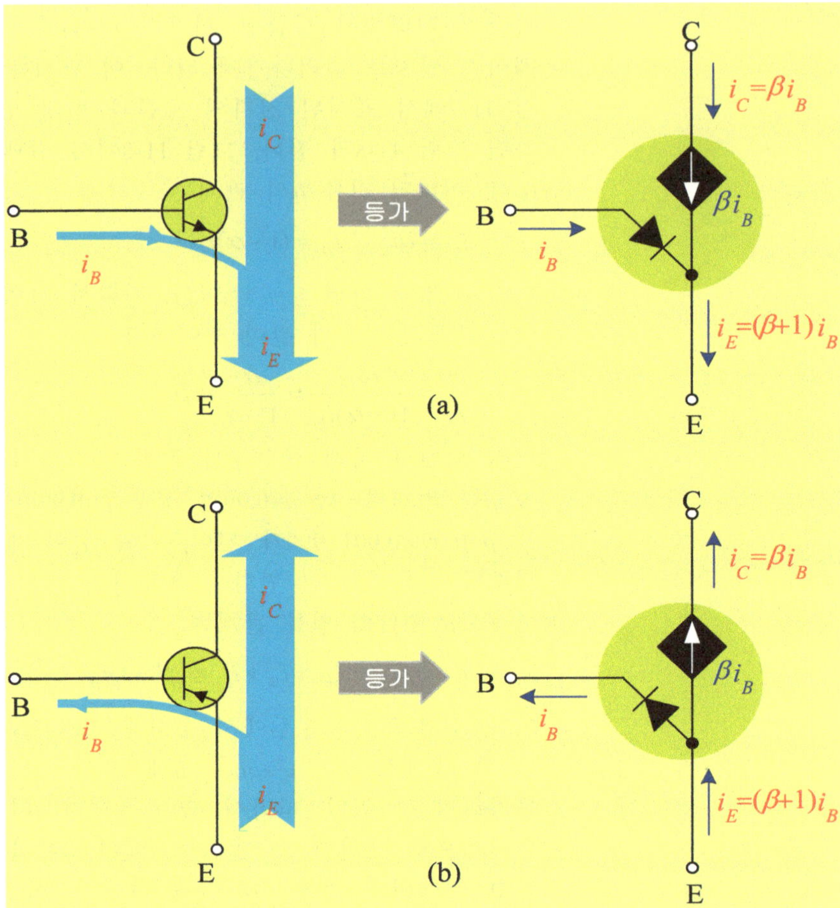

▸그림 11-9
BJT의 등가적 표현:
(a) *NPN* 트랜지스터;
(b) *PNP* 트랜지스터.

예제 11-1

어떤 트랜지스터에서 i_B=50μA, i_C=3.65mA일 때 전류 증폭률 β와 이미터 전류 i_E 및 α를 구하라.

풀이

$$\beta = \frac{i_C}{i_B} = \frac{3.65\ \text{mA}}{50\ \mu A} = \mathbf{73}$$

$$i_E = i_B + i_C = 50\ \mu A + 3.65\ \text{mA} = \mathbf{3.70\ mA}$$

$$\alpha = \frac{i_C}{i_E} = \frac{3.65\ \text{mA}}{3.70\ \text{mA}} = \mathbf{0.986}$$

그림 11-10은 BJT의 전류 관계를 비유적으로 설명한 그림이다. 즉 베이스 전류와 컬렉터 전류의 연동 관계는 그림과 같이 베이스 측의 판과 컬렉터 측의 수문이 함께 움직이는 것으로 표현되며, 베이스 측의 판이 열리는 것은 베이스-이미터간의 순방향 바이어스에 비유된다. 따라서 그림 11-10의 (a)는 바이어스가 없을 때의 상태로 베이스 판이 닫혀 있으므로 베이스 수로와 컬렉터 수로에는 물이 흐르지 않는다. 이에 비해 그림 (b)는 트랜지스터가 활성화된 상태에 대한 것으로 베이스 판이 열리면 이와 연동된 컬렉터의 수문도 열리며 컬렉터 수문을 통하는 물의 양은 베이스 판을 통하는 물의 양의 β배가 되도록 한다. 그리고 이 두 물은 합해서 이미터 측 수로로 흘러 들어간다.

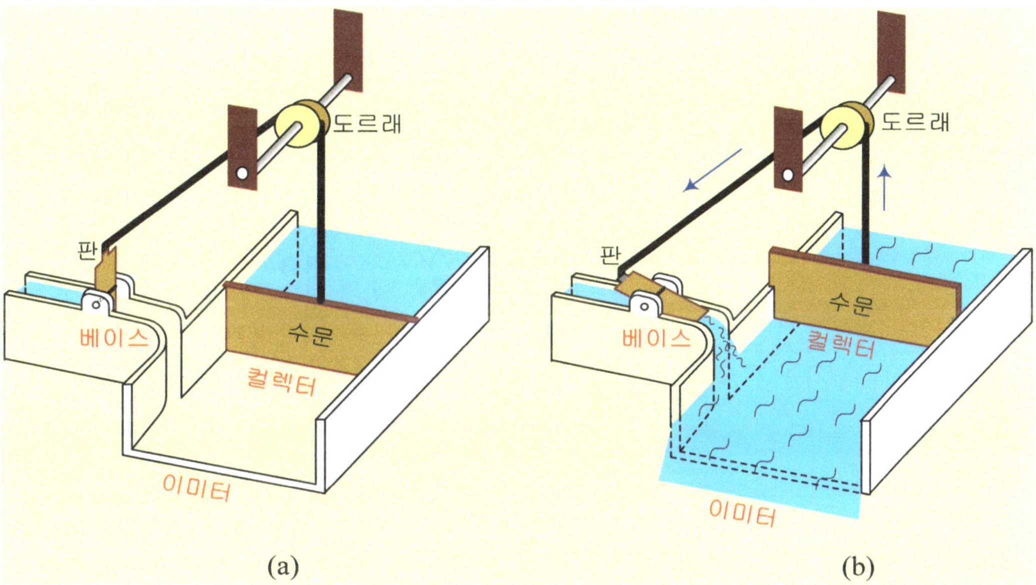

▲그림 11-10 BJT의 동작 원리를 비유한 그림: (a) 바이어스가 안된 상태; (b) 바이어스에 의해 활성화된 상태.

BJT의 실제 바이어스

BJT의 바이어스 방법에는 그림 11-11의 (a)와 같이 베이스를 접지로 하는 형태가 있고 그림 (b)와 같이 이미터를 접지로 한 두 가지 형태가 있는데 실제로는 그림 (b) 방식이 사용된다. 지금까지 설명한 바이어스 방법은 그림 (a)이며 그 이유는 바이어스 원리를 이해하기 쉽기

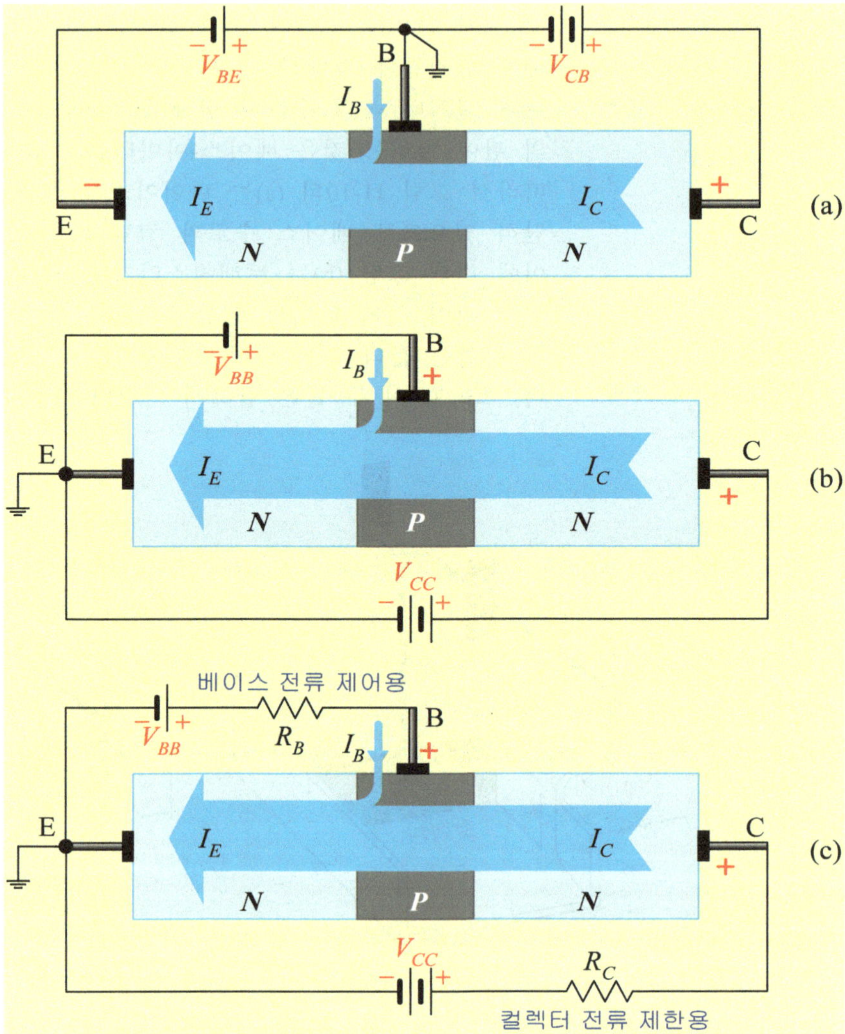

▸그림 11-11
BJT의 바이어스: (a) 베이스 접지; (b) 이미터 접지; (c) 전류 제어용 및 전류 제한용 저항을 결합

때문이었다. 두 방식 모두 전류의 방향과 단자들의 극성 관계를 유의하면 이해가 쉽다. 특히 그림 11-11의 (b)에서 베이스에 대한 컬렉터의 전압인 V_{CB}는 $V_{CC}-V_{BB}$이므로 $V_{CC}>V_{BB}$이면 그림 (a)와 같은 바이어스임을 알 수 있다. 일반적으로 다이오드는 전류의 변화가 매우 민감하므로 반드시 전류를 제어하는 저항을 직렬로 결합하여 사용해야 한다(그림 9.26 참조). 따라서 그림 (c)는 그림 (b)의 베이스 단자에 전류 제어용 저항 R_B를 결합한 것이다. 그리고 컬렉터에는 큰 전류가 흐르므로 지나친 전류로 인해 트랜지스터가 파괴되는 것을 방지하기 위해

그림 (c)와 같이 컬렉터 단자에 전류 제한용 저항 R_C를 연결해 사용한다(이에 대해서는 추후에 설명한다). 이상으로 그림 11-11(c)의 *NPN* 트랜지스터 바이어스 회로를 회로적으로 나타내면 그림 11-12의 (a)와 같으며 그림 (b)는 *PNP* 트랜지스터에 대한 것이다. 두 경우 모두 전원 V_{BB}는 베이스 전류를 공급하고 V_{CC}는 컬렉터 전류를 공급한다.

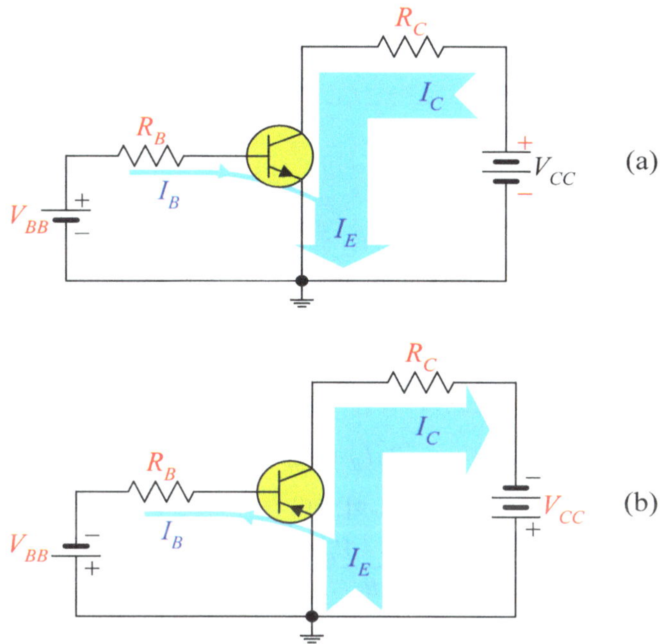

▸그림 11-12
기본 BJT 회로:
(a) *NPN* 트랜지스터;
(b) *PNP* 트랜지스터.

11.3 BJT의 전압-전류 특성

NPN 트랜지스터의 기본 회로인 그림 11-12(a)의 전압-전류 특성에 대해 알아보기 위해 이를 등가회로로 나타내면 그림 11-13과 같다. 그림에는 베이스-이미터간의 루프와 컬렉터-베이스간의 루프 두 개가 있으며 전자를 **입력 루프**, 후자를 **출력 루프**라 한다. 그리고 입력 루프에서의 전압-전류 특성을 **입력 특성**이라 하고 출력 루프에서의 전압-전류 특성을 **출력 특성**이라 한다. 여기서 한번 더 전류, 전압의 표기법에 대해 짚고 넘어가기로 한다. 직류 전압과 전류는 변수와 첨자를 모두 대문자로 하고 교류 전압과 전류는 변수와 첨자를 모두 소문자

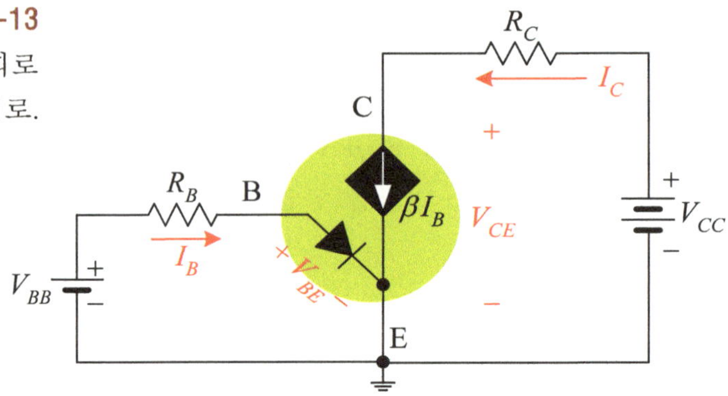

▶그림 11-13
NPN BJT의 기본 회로에 대한 등가회로.

로 하며, 직류와 교류가 합해진 경우는 변수는 소문자로 첨자는 대문자로 한다. 예를 들어 베이스 전류는 직류인 경우 I_B로, 교류인 경우는 i_b로, 직류와 교류를 합한 경우는 i_B로 하는 식이다.

입력 특성

그림 11-13에서 입력 루프는 전압원 V_{BB}와 저항 R_B 및 베이스-이미터 다이오드의 직렬 결합이므로 KVL을 적용하면

$$V_{BB} = R_B I_B + V_{BE} \tag{4}$$

그리고 베이스-이미터간의 전압은 $V_{BE}=V_T=0.7\text{V}$이므로 베이스 전류는

$$I_B = \frac{V_{BB} - V_{BE}}{R_B} = \frac{V_{BB} - 0.7}{R_B} \tag{5}$$

이며 베이스 저항 R_B에 의해 베이스 전류를 조절할 수 있다.

출력 특성

그림 11-13의 출력 루프는 전압원 V_{CC}와 저항 R_C 및 종속 전류원의 직렬 결합으로 되어 있다. 종속 전류원에 의해 컬렉터 전류는 $I_C=\beta I_B$로 결정되며 종속 전류원은 특성상 전류 I_C는 양단 전압 V_{CE}와 무관하다. 여기서 한 가지 더 중요한 것은 컬렉터-이미터간의 전압 V_{CE}는 절대로 0이하가 될 수 없다는 점이다. 즉 그림에서 표시된 전압 V_{CE}의 극성과 전류 I_C의 방향을 기준으로 하면 컬렉터와 이미터간에 소비되는 전력은 $P=I_C V_{CE}$이다. 따라서 만일 $V_{CE}<0$이면 $P<0$이 되어 트랜지스터는 전력을 공급하는 전원 차원이 되기 때문이다(트랜지스터는 하나의 돌이다). 따라서 출력 루프의 전압-전류 특성은 그림 11-14와 같다.

이상으로 출력 루프의 변수는 I_C와 V_{CE} 두 개이므로 두 개의 방정식이 필요하다. 먼저 KVL에 의해 다음의 방정식 한 개를 얻는다.

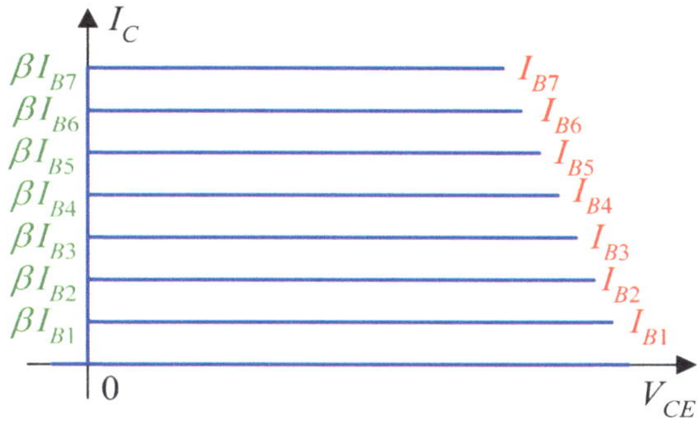

▶그림 11-14 그림 11-13 회로의 출력 전압-전류 특성

$$V_{CC} = R_C I_C + V_{CE} \quad [6]$$

그리고 나머지 하나는 그림 11-14의 특성 곡선을 이용한다. 그림 11-15는 식 [6]의 직선과 그림 11-14의 특성 곡선을 한 그래프에 그린 것으로 식 [6]의 직선을 부하선(load line)이라 한다. 입력 루프에서 베이스 전류가 특정 값 I_{BQ}로 일단 결정되면 해당 특성 곡선과 부하선이 만나는 점이 해가 되며 이 점을 동작점 또는 Q점이라 한다. Q점은 반드시 부하선 상을 따라 움직여야 하며 Q점의 V_{CE}와 I_C를 각각 V_{CEQ}와 I_{CQ}로 표현한다. 식 [6]에서 $V_{CE}>0$이므로

$$V_{CE} = V_{CC} - R_C I_C > 0 \quad [7]$$

의 관계를 항상 만족하여야 한다. 따라서 컬렉터에 흐를 수 있는 최대 전류를 $I_{C(\max)}$라 하면 다음과 같이 정해진다.

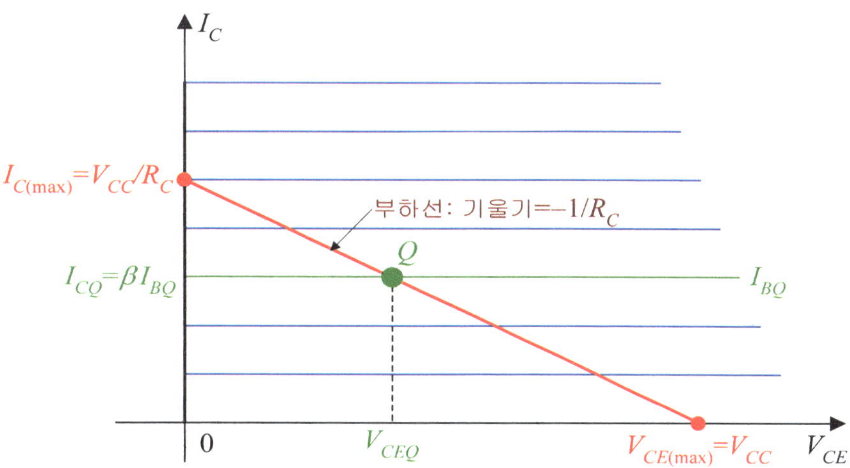

▶그림 11-15 그림 11-13 회로의 출력 특성 곡선과 부하선의 결합

$$I_{C(\max)} = \frac{V_{CC}}{R_C} \quad [8]$$

위의 식으로부터 컬렉터 최대 전류 $I_{C(\max)}$은 저항 R_C에 의해 제한된다. 그리고 베이스 전류와 컬렉터 전류는 항상 0이상이어야 함을 상기하면 식 [8]에 의해 컬렉터 전류의 최대 및 최소값은

$$I_{C(\min)} = 0, \quad I_{C(\max)} = \frac{V_{CC}}{R_C} \quad [9]$$

로 정해지며 그림으로는 그림 11-16과 같다. 그림 11-16이 중요한 이유는 BJT가 올바른 증폭 기능을 발휘할 수 있는 전류의 동작 범위를 결정하기 때문이다. 만일 그림에서 표시된 $I_{B(\max)}$보다 더 큰 베이스 전류가 흐를 경우 컬렉터 전류는 더 이상 베이스 전류에 비례하지 않고 $I_{C(\max)}$로 고정되기 때문에 증폭 기능이 상실되게 된다. 이러한 상태를 포화(飽和; saturation)라 하며 V_{CE}=0이 된다. 그러나 실제 트랜지스터에서는 V_{CE}=0.2 V 정도에서 이미 포화 현상이 나타나기 시작한다.

▸그림 11-16
베이스 및 컬렉터 전류의 동작 범위

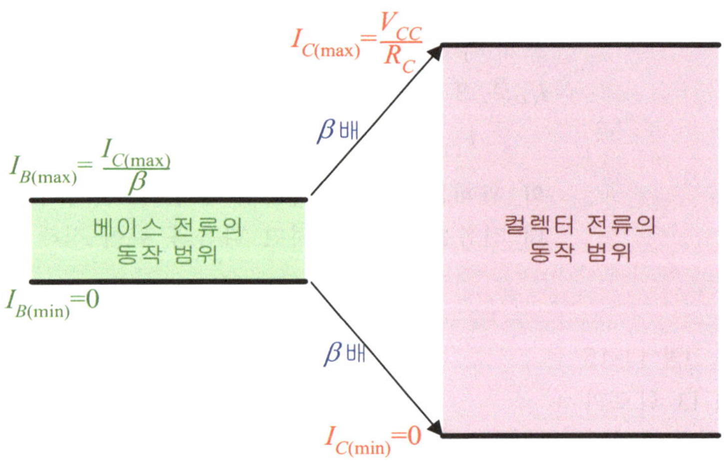

예제 11-2

그림 11-17의 회로에서 다음을 구하라.
(a) I_B, I_C, I_E (b) I_C의 최대 값. (c) R_B=6 kΩ으로 할 때의 I_C.

풀이

(a) $I_B = \frac{V_{BB} - 0.7}{R_B} = \frac{4.3\text{ V}}{10\text{ k}\Omega} = \mathbf{430\ \mu A}$

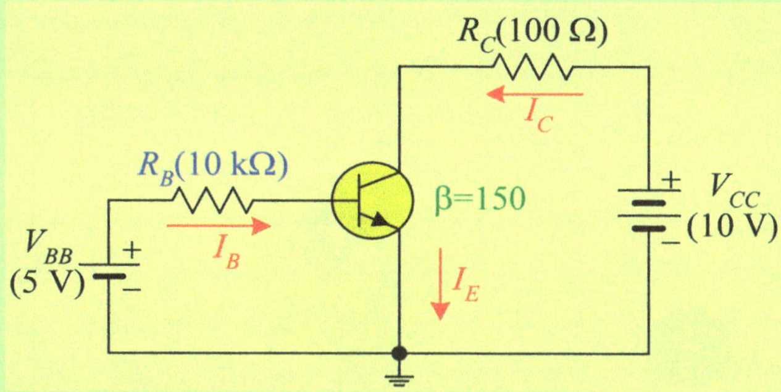

▲그림 11-17 예제 11-2의 그림

$$I_C = \beta I_B = 150 \times 430\ \mu A = \mathbf{64.5\ mA}$$

$$I_E = I_B + I_C = 430\ \mu A + 64.5\ \text{mA} = \mathbf{64.9\ mA}$$

(b) $I_{C(max)} = \frac{V_{CC}}{R_C} = \frac{10\ V}{100\ \Omega} = \mathbf{100\ mA}$

(c) R_B=6 kΩ 이므로

$$I_B = \frac{4.3\ V}{6\ k\Omega} = 0.717\ \mathbf{mA}$$

$$\therefore\ I_C = \beta I_B = 150 \times 0.717\ \text{mA} = \mathbf{108\ mA}$$

그러나 I_C는 $I_{C(max)}$=100mA 를 넘을 수 없으므로

$$I_C = \mathbf{100\ mA}$$

Q점의 역할

그림 11-12의 BJT 회로는 그림 11-16과 같이 제한된 전류 범위 내에서 동작하여야 올바르게 증폭 작용을 할 수 있으며 실제로 우리가 증폭하고자 하는 것은 직류가 아니라 소신호 교류이다. 그러나 그림 11.12의 회로들은 그림에서 표시된 방향으로만 전류가 흐르며 그 반대 방향으로 흐르는 전류는 허용되지 않는다. 따라서 전류의 방향이 음과 양의 두 방향인 교류의 경우는 증폭에 문제가 발생한다.

예를 들어 그림 11-18(a)와 같이 베이스에 교류 전압 v_s만 입력할 경우 베이스-이미터간의 다이오드(편의상 이상적으로 간주)에 의해 베이스 전류는 양의 반주기 동안만 흐르게 되므로 출력인 컬렉터 전류 역시 음의 반주기는 차단되고 양의 반주기만 증폭된다. 이러한 문제는 그림 11-18(b)와 같이 교류 전압 v_s에 적절한 직류 전압 V_{BB}를 합해

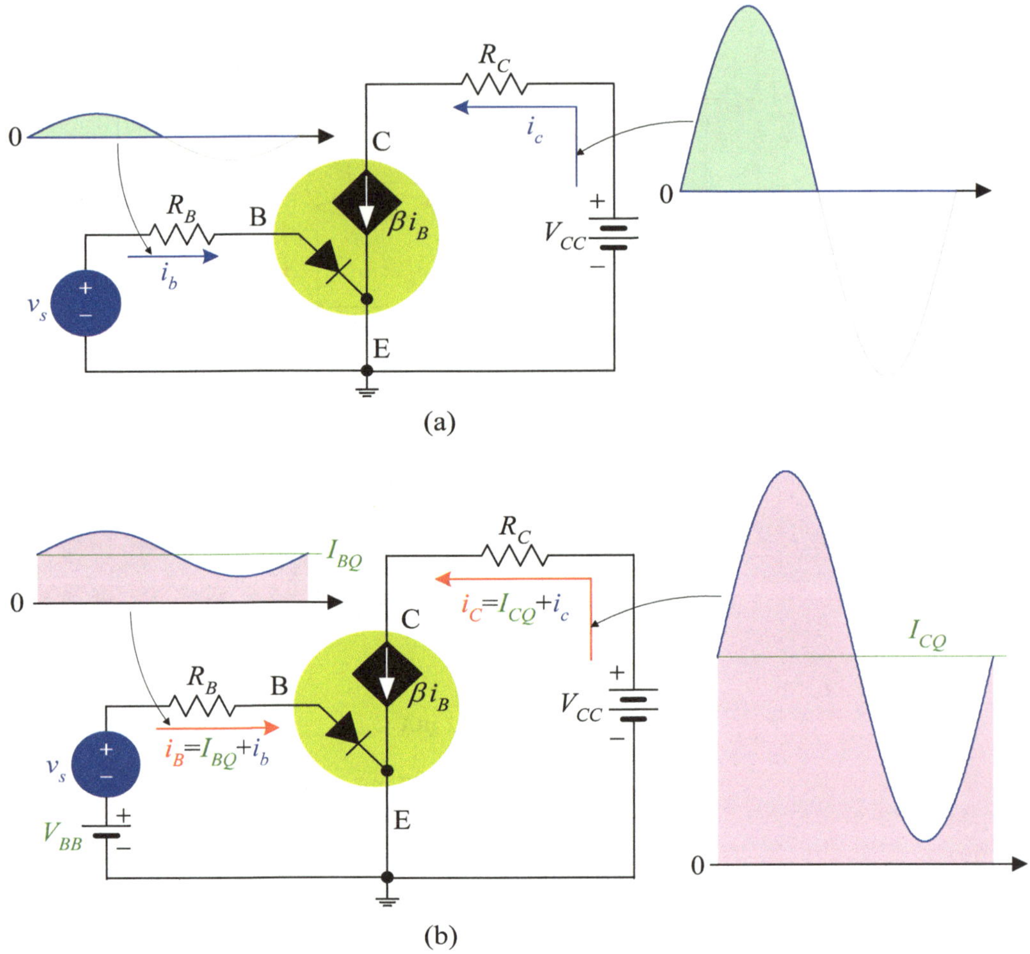

▲**그림 11-18** 베이스에 (a) 교류만 인가한 경우; (b) 교류와 직류를 합해 입력한 경우.

항상 $v_s + V_{BB} > V_T$가 되게 하여 입력시킴으로써 해결할 수 있다. 즉 교류는 직류의 도움으로 항상 다이오드의 도통 전압을 넘어서게 되므로 전 주기에 걸쳐 증폭된 교류 전류가 흐르게 되는 것이다. 이상으로 Q점으로 정해지는 I_{BQ}, I_{CQ} 및 V_{CEQ}는 교류의 증폭에 매우 중요한 역할을 하게 되며 그 크기도 중요하다. 예를 들어 I_{BQ}가 적절한 수준 이하가 되면 교류 전류의 음의 반주기 일부가 차단될 것이며, 이와 반대로 I_{BQ}가 적합한 수준 이상이 되어 컬렉터의 최대 전류가 $I_{C(\max)}$을 넘어서게 되면 양의 반주기 일부가 차단될 것이다. 따라서 트랜지스터의 바이어스는 트랜지스터를 활성화시킬 뿐 아니라 교류를 왜곡 없이 증폭하는데 결정적인 역할을 하게 된다.

11.4 BJT 기본 증폭기

PN 접합 다이오드가 직류 및 교류에 대해 다른 특성을 보이듯이 BJT도 직류와 교류에 대한 등가회로가 다르다. *PN* 접합 다이오드는 직류에 대해서는 일정한 직류 전압과 같으며(그림 10-6 참조) 소신호 교류에 대해서는 하나의 동저항과 같다. 따라서 BJT는 직류 및 교류에 대해 그림 11-19와 같이 등가화할 수 있다. 다만 실제 BJT는 직류와 교류에 대해 증폭률이 약간 차이가 나므로 그림에서는 직류 증폭률은 β_o로 표시하고 교류 증폭률은 β로 표시하였다. 그리고 그림 11-19의 왼쪽 그림에서 다이오드에 흐르는 직류 전류는 I_{BQ}이므로 교류 등가회로의 동저항 r_π는 10장의 식 [7]로부터 다음과 같이 주어진다.

$$r_\pi = \frac{26\text{ mV}}{I_{BQ}} \quad \text{(상온에서)} \qquad [10]$$

▶그림 11-19
BJT의 직류 및 교류 등가회로

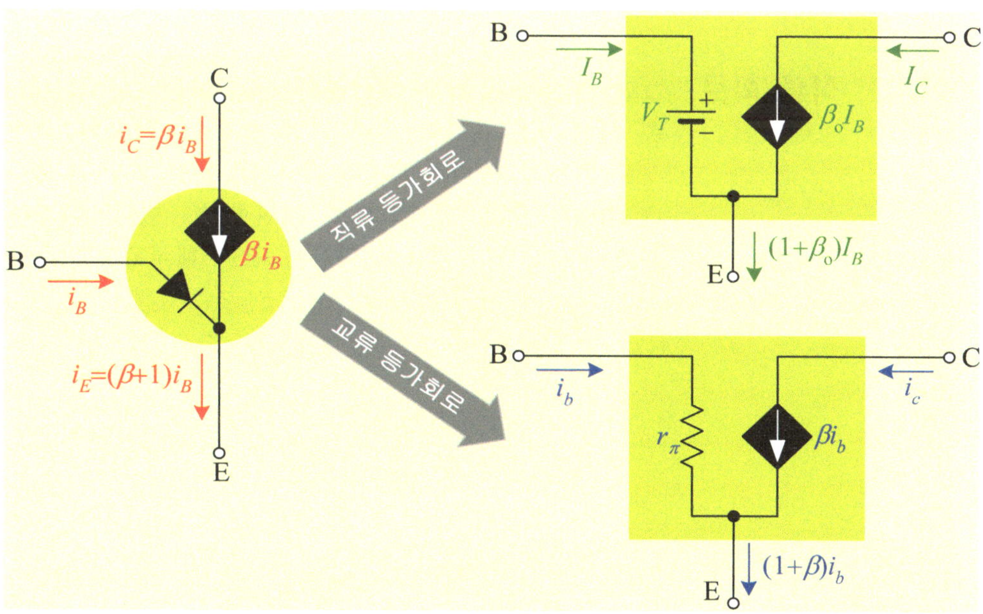

그림 11-20은 가장 기본적인 BJT 증폭기로서 모든 증폭기를 이해하는 데 기초가 되는 중요한 회로이다. 이 회로를 그림 11-19의 등가회로를 이용하여 해석해 본다. 지금까지는 주로 직류 특성에 대해 언급하였지만 실제 우리가 원하는 것은 교류 v_s의 증폭이다. 즉 그림에서 v_s에 의해 베이스 교류 전류 i_b가 만들어지면 이에 비례하여 컬렉터 전류 $i_c=\beta i_b$가 저항 R_C를 통해 흐른다. 따라서 R_C 양단에는 교류 전압 $v_o=-R_C i_C=-\beta R_C i_b$가 형성되며 v_s에 대한 v_o의 비가 전압 증폭률이 되는 것이다. 물론 직류의 도움으로 BJT는 교류에 대해 더 이상 일방성 소자가 아닌 양방성 소자로 동작하게 된다.

▶그림 11-20
기본적인 BJT 증폭기

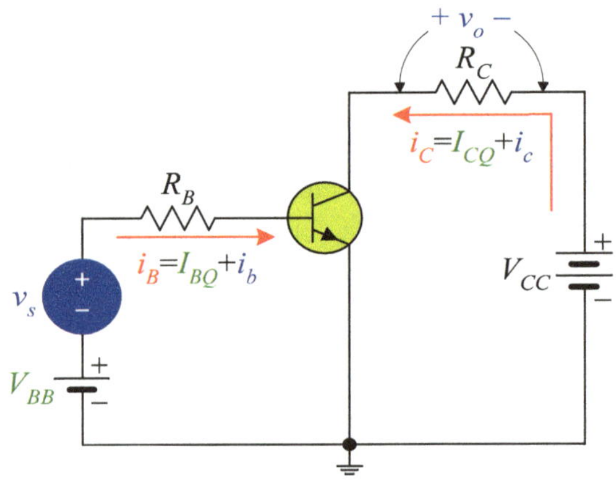

직류 회로

그림 11-20에서 직류 전원에만 의해 구동되는 회로를 구하기 위해 교류 전원 v_s를 0(단락)으로 하면 그림 11-21(a)가 되며 이러한 회로를 직류 회로라 한다. 그리고 직류 회로는 그림 11-19를 이용하면 그림 11-21(b)의 직류 등가회로로 표현할 수 있다. 이로부터 입력 루프와 출력 루프로부터 직류는 다음과 같이 해석됨을 알 수 있다.

$$\begin{cases} I_{BQ}=\dfrac{V_{BB}-0.7}{R_B} \\ I_{CQ}=\beta I_{BQ} \\ V_{CEQ}=V_{CC}-R_C I_{CQ} \end{cases} \quad [11]$$

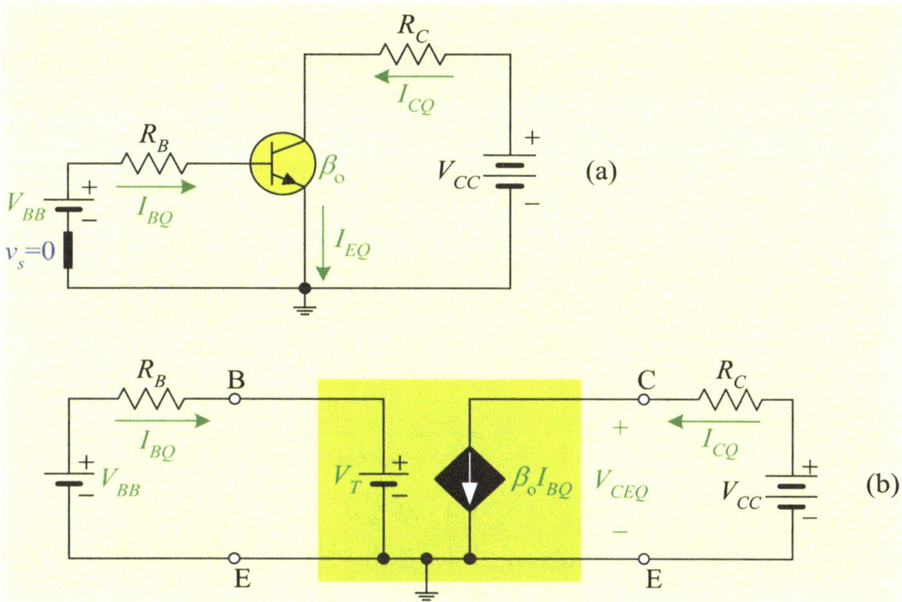

▶그림 11-21
그림 11-20 회로의
(a) 직류 회로;
(b) 직류 등가회로.

교류 회로

그림 11-20에서 교류 전원 v_s에 의해서만 의해 구동되는 교류 회로는 모든 직류 전원을 0으로(단락)하여 그림 11-22의 (a)와 같이 구할 수 있으며 이에 대한 교류 등가회로는 그림 (b)와 같다(그림 11-19로부터).

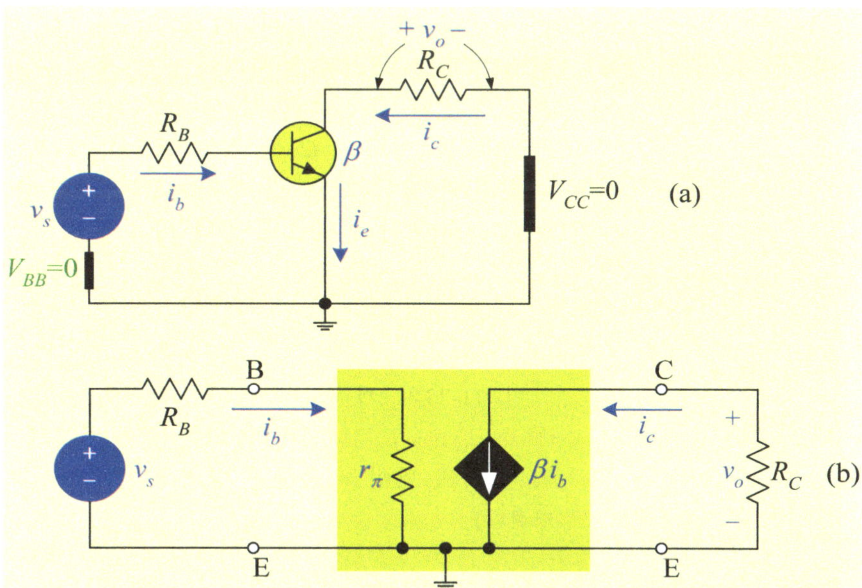

▶그림 11-22
그림 11-20 회로의
(a) 교류 회로;
(b) 교류 등가회로.

여기서 저항 r_π의 크기는 앞서 직류 회로에서 구한 I_{BQ}로부터 식 [10]과 같이 정해진다. 그림 11.22(b)의 입력 루프에서 베이스 전류 i_b가

$$i_b = \frac{v_s}{R_B + r_\pi} \qquad [12]$$

이므로 출력 루프의 전압 v_o는 다음과 같다.

$$v_o = -i_c R_C = -\beta i_b R_C = -\left(\frac{\beta R_C}{R_B + r_\pi}\right) v_s \qquad [13]$$

따라서 전압 이득 A_v는

$$A_v \equiv \frac{v_o}{v_s} = -\left(\frac{R_C}{R_B + r_\pi}\right)\beta \qquad [14]$$

로 주어지며, 부호가 음인 것은 입력과 출력 전압의 위상차가 180도라는 것이다. 전압 이득은 증폭기의 성능을 좌우하는 것으로 물론 클수록 좋다.

식 [14]의 전압 이득을 살펴보면 저항 R_B가 전압 이득을 저하시키는 원인이 된다는 것을 알 수 있다. 그러나 R_B는 베이스 전류 제어용으로 직류에 대해서는 없어서는 안 되는 소자이다. 그림 11-23과 같이 용량이 매우 큰 커페시터 C_{by}를 저항 R_B와 병렬로 결합하면, 직류에 대한 R_B의 기능은 그대로 유지하면서 교류에 대해서만 R_B를 0으로 하는 효과를 거둘 수 있다. 즉 C_{by}의 용량을 매우 크게 하면 교류에 대한 리액턴스가 거의 무시되어 단락 회로로 볼 수 있으며 직류에 대해서는 개방과 같다. 따라서 베이스 전류 중 직류 성분은 R_B를 통해 흐르고 교류 성분은 C_{by}를 통해 흐르므로 R_B=0과 같다. 이상으로 그림 11-23(a)의 교류 회로 및 등가회로는 그림 (b), (c)와 같으며 전압 이득은 식 [14]에서 R_B=0으로 하면 다음과 같다.

$$A_v = -\left(\frac{R_C}{r_\pi}\right)\beta \qquad [15]$$

그림 11-23의 커페시터 C_{by}는 교류에 대한 샛길 역할을 하므로 측로(側路; bypass) 커페시터라 하며 증폭기에서 교류 전압 이득을 향상시키기 위해 많이 사용하는 방법이다(여기에 대해서는 12장에서 자세히 설명한다).

▶그림 11-23

(a) 그림 11-20의 회로에 측로 커페시터를 채용한 회로

(b) 교류 회로;

(c) 교류 등가회로.

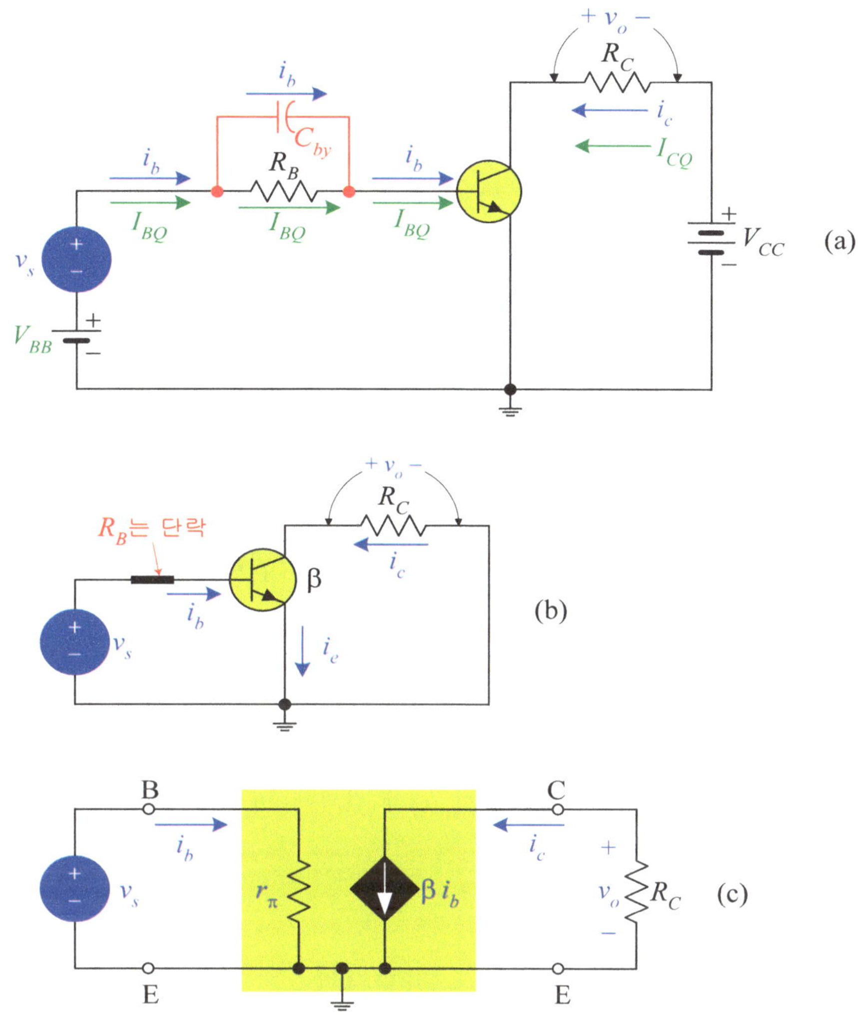

예제 11-3

그림 11-23(a)의 회로는 상온에서 동작하며 각 소자 값들이

V_{BB}=5 V, V_{CC}=10 V, R_B=200 kΩ, R_C=3 kΩ, $C_{by}=\infty$, $\beta_o=\beta=100$

일 때 다음을 구하라.

(a) I_{BQ}, I_{CQ}, V_{EQ} (b) 저항 r_π (c) 전압 이득 A_v

(d) 커페시터가 없을 경우의 전압 이득을 구하고 (c) 결과와 비교하라.

풀이

(a) 식 [11]로부터

$$I_{BQ}=\frac{V_{BB}-0.7}{R_B}=\frac{4.3\text{ V}}{200\text{ k}\Omega}=\mathbf{21.5\ \mu A}$$

$$I_{CQ}=\beta_o I_{BQ}=100\times 21.5\ \mu\text{A}=\mathbf{2.15\ mA}$$

$$I_{EQ}=I_{BQ}+I_{CQ}=21.5\ \mu\text{A}+2.15\text{ mA}=\mathbf{2.17\ mA}$$

(b) 식 [10]으로부터

$$r_\pi=\frac{26\text{ mV}}{I_{BQ}}=\frac{26\text{ mV}}{21.5\ \mu\text{A}}=\mathbf{1.2\ k\Omega}$$

(c) 식 [15]로부터

$$A_v=-\left(\frac{R_C}{r_\pi}\right)\beta=-\frac{3\text{ k}\Omega}{1.2\text{ k}\Omega}\times 100=\mathbf{-250}$$

(d) 식 [14]로부터

$$A_v=-\left(\frac{R_C}{R_B+r_\pi}\right)\beta=-\frac{3\text{ k}\Omega}{200\text{ k}\Omega+1.2\text{ k}\Omega}\times 100=\mathbf{-1.5}$$

따라서 (c)의 결과에 비하면 전압 이득은 167분의 1에 불과하다.

11.5 BJT 바이어스 회로

트랜지스터의 바이어스 도움으로 교류에 대한 BJT의 특성이 일방성이 아닌 양방성이 된다. 나아가 Q점의 위치 선정은 교류를 왜곡 없이 증폭하는데 매우 중요하다. 이 절에서는 BJT에 대한 보다 구체적이고 실제적인 바이어스 방법에 대해 알아본다.

Q점의 중요성

Q점의 중요성에 대해서는 그림 11-18을 통해 간단히 알아보았으며 구체적으로 Q점의 위치가 교류 증폭에 미치는 영향을 보인 것이 그림 11-24이다. 먼저 그림 (a)는 Q점이 알맞게 선정된 경우로 교류가 왜곡

▶그림 11-24
Q점의 위치가 교류 출력에 미치는 영향

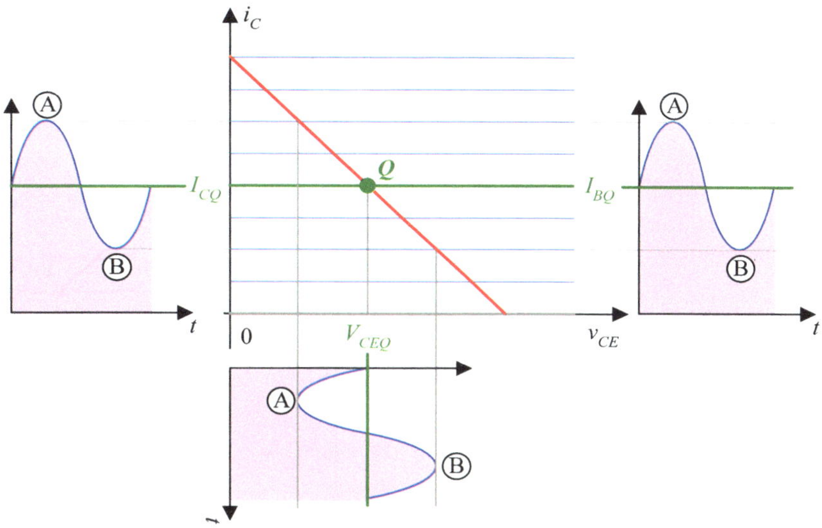

(a)

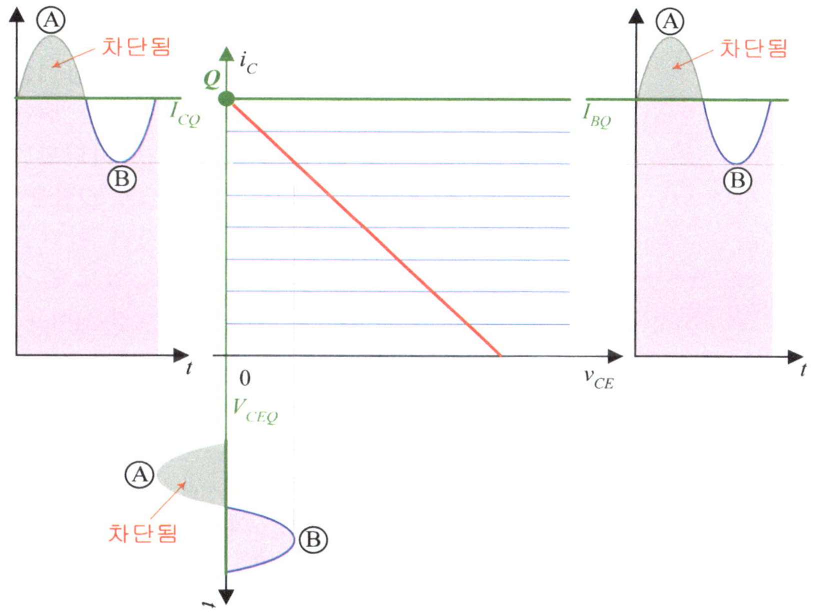

(b)

▶그림 11-24
(계속)

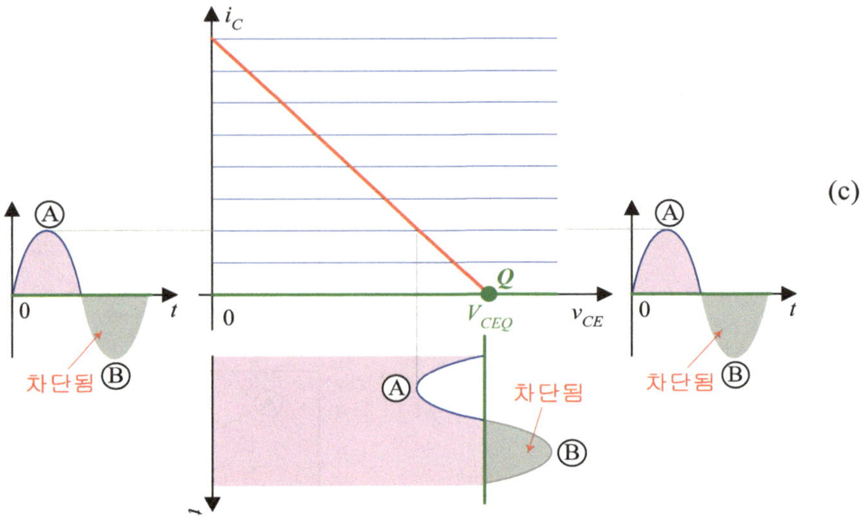

없이 증폭되고 있다. 그림에서 알 수 있듯이 Q점이 부하선의 중앙 부근에 있도록 하는 것이 안전하다. 그림 12-24의 (b)는 I_{BQ}가 지나치게 커서 트랜지스터가 포화되도록 Q점을 설정한 극단적인 경우로서 컬렉터 교류 전류의 양의 반주기가 차단된다. 이와 반대로 그림 (c)는 I_{BQ}=0으로 트랜지스터가 차단되도록 Q점을 설정한 극단적인 경우로서 컬렉터 교류 전류의 음의 반주기가 차단된다. 이상으로 Q점(I_{BQ}, I_{CQ}, V_{CEQ})이 부하선의 가운데 근처에 있도록 설계하는 것이 안전함을 알 수 있다. 특히 교류의 진폭이 클 경우(이를 대신호라 한다)는 Q점의 위치 선정이 더욱 중요하다.

이미터 안정화 바이어스

반도체의 캐리어 농도는 온도에 영향을 많이 받기 때문에 다이오드를 비롯한 트랜지스터의 제반 전기적 특성들은 온도에 민감하다. 즉 온도가 증가하면 다이오드의 도통 전압 V_T는 낮아지고 트랜지스터의 전류 증폭률 β는 증가하며 온도가 내려갈 경우는 이와 반대다. 표 11-1은 온도에 따른 실리콘 트랜지스터의 특성 변화를 예로 든 것이다. 온도의 변화가 미치는 영향은 첫째 바이어스 변동이다. 즉 온도에 의해 트랜지스터의 직류 전압과 전류가 변하면 Q점의 위치가 변동된다. Q점의 위치 변동은 진폭이 작은 소신호 경우는 큰 문제가 되지 않지만 진폭이 큰 대신호 교류의 경우는 파형의 왜곡을 초래하게 된다. 온도의 두 번째 변동은 교류에 대한 이득에 영향을 준다. 예를 들어

▶표 11-1
온도에 따른 실리콘 트랜지스터의 특성 변화의 예

온도	β_o	V_T
−65°	20	0.85 V
25°	50	0.7 V
100°	80	0.48 V
175°	120	0.3 V

그림 11-23(a) 회로에서 전압 이득이 $A_v=-(R_C/r_\pi)\beta$이며 $r_\pi=26\,\mathrm{mV}/I_{BQ}$이다. 여기서 온도에 따라 V_T가 변하면 I_{BQ}가 변해 r_π가 변하게 되며, 여기에 β까지 변하면 전압 이득의 변동은 피할 수 없는 것이다. 증폭기에서는 이득만 중요한 것이 아니라 안정성도 중요하다.

그림 11-25(a)는 바이어스의 안정화를 위해 이미터 단자에 저항 R_E를 삽입한 회로이다. 그림 (b) 등가회로의 입력 루프에서 $I_{EQ}=(\beta_o+1)I_{BQ}$를 이용하여 KVL을 적용하면 다음과 같다.

$$\begin{aligned} V_{BB} &= I_{BQ}R_B + V_T + I_{EQ}R_E \\ &= I_{BQ}R_B + V_T + (\beta_o+1)I_{BQ}R_E \end{aligned} \qquad [16]$$

위의 식으로부터 I_{BQ}를 구하면 다음과 같다.

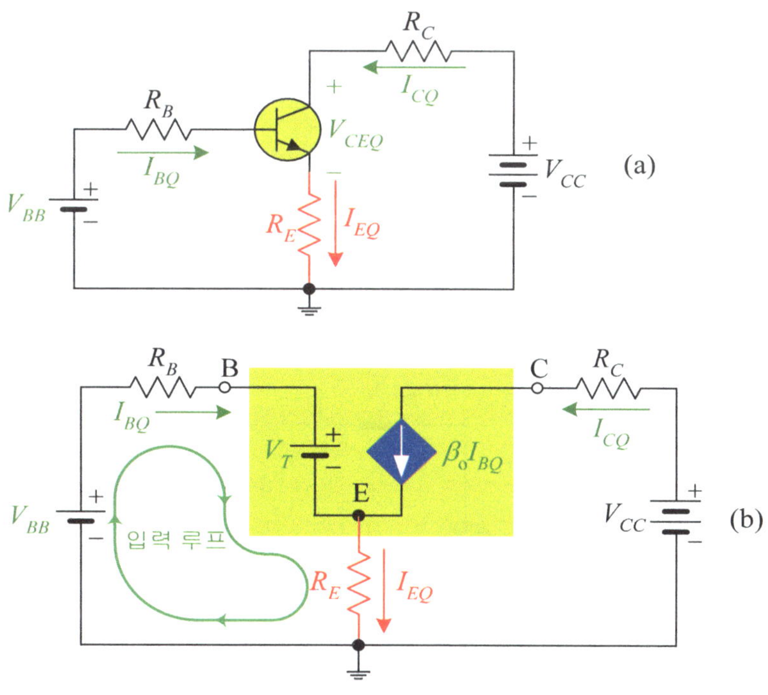

▶그림 11-25
이미터 안정화 바이어스: (a) 직류 회로; (b) 직류 등가회로.

$$I_{BQ} = \frac{V_{BB} - V_T}{(\beta_o + 1)R_E + R_B} \quad [17]$$

여기서 $V_{BB} >> V_T$로 하면

$$I_{CQ} = \beta_o I_{BQ} \cong \frac{\beta_o V_{BB}}{(\beta_o + 1)R_E + R_B} \quad [18]$$

와 같이 V_T와 무관하게 결정된다. 또한 일반적으로 $\beta_o >> 1$이며 나아가 $(\beta_o+1)R_E >> R_B$를 만족하도록 R_E를 정하면 식 [18]의 I_{CQ}는

$$I_{CQ} \cong \frac{\beta_o V_{BB}}{\beta_o R_E} \cong \frac{V_{BB}}{R_E} \quad (\beta_o + 1 \cong \beta_o, \quad \beta_o R_E >> R_B) \quad [19]$$

로서 β_o와도 무관하게 결정된다. 이상으로 이미터 저항 R_E는 I_{CQ}로 하여금 V_T와 β_o의 변화에 무관하도록 만들어 줌으로써 바이어스를 안정시키는 역할을 하므로 이미터 안정화 저항이라 하며 이 바이어스를 이미터 안정화 바이어스라 하는 것이다.

그림 11-23(a)의 회로에 이미터 안정화 저항을 결합한 회로가 그림 11-26(a)이며 이를 통해 저항 R_E가 전압 이득에 미치는 효과를 알아본다. 그림 11-26(b) 교류 등가회로의 입력 루프로부터 KVL에 의해

$$v_s = i_b r_\pi + i_e R_E = i_b r_\pi + (\beta + 1) i_b R_E \quad [20]$$

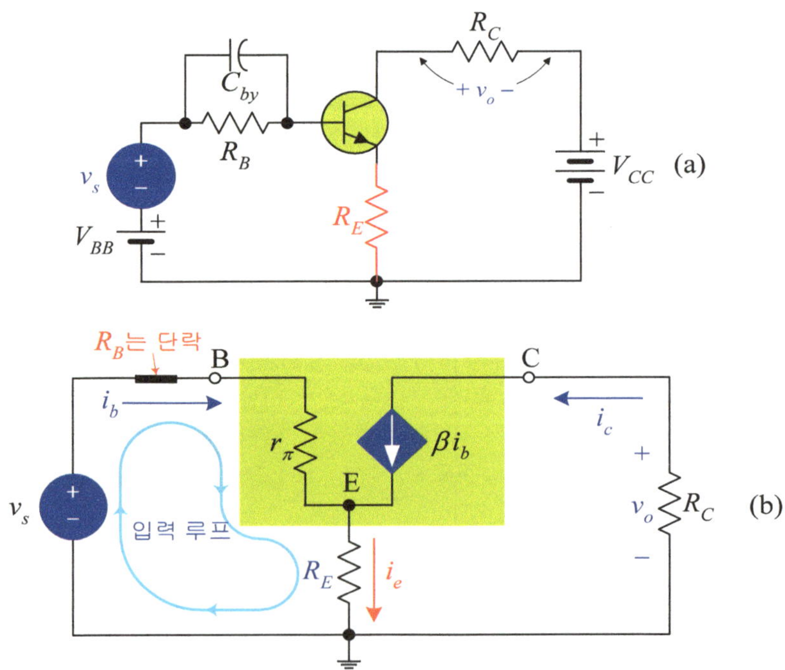

▶그림 11-26 그림 11-23(a)에 이미터 안정화 저항을 채용한 (a) 전체 회로 및 (b) 교류 등가회로.

이다. 여기서 β>>1 및 $(\beta+1)R_E >> r_\pi$를 만족하도록 하면

$$i_b = \frac{v_s}{(\beta+1)R_E + r_\pi} \cong \frac{v_s}{\beta R_E} \quad [21]$$

및

$$i_c \cong \frac{\beta v_s}{\beta R_E} \cong \frac{v_s}{R_E} \quad [22]$$

이다. 따라서 출력 전압 v_o는

$$v_o = -i_c R_C \cong -\left(\frac{R_C}{R_E}\right) v_s \quad [23]$$

이므로 전압 이득 $A_v = v_o/v_s$는 다음과 같이 주어진다.

$$A_v \cong -\frac{R_C}{R_E} \quad [24]$$

따라서 이미터 안정화 저항 R_E는 전압 이득이 β와 r_π의 변화에 무관하게 식 [24]와 같이 단지 두 저항의 비로서만 정해지도록 한다. 이상으로 이미터 안정화 저항은 바이어스뿐 아니라 교류 특성도 안정되게 함을 알 수 있다. 다만 식 [24]의 전압 이득을 가능한 한 크게 하기 위해 R_E의 크기는 $(\beta+1)R_E >> r_\pi$를 만족하는 범위 내에서 가능한 한 작게 정한다.

고정 바이어스

그림 11-25(a)의 회로를 비롯하여 지금까지 설명한 기본 증폭 회로는 공급 전원으로 V_{BB}와 V_{CC}의 두 종류를 필요로 한다는 것이 단점이다. 만약 여러분들이 사용하는 휴대용 카세트나 라디오에 서로 다른 두 종류의 전지를 사용해야 한다면 매우 불편할 것이다. 그림 11-27(a)는 하나의 전원으로서 두 전원의 기능을 할 수 있는 바이어스 회로이며 이를 고정 바이어스라 한다. 이 방법은 하나의 전원 V_{CC}로 저항 R_C를 통해 컬렉터 전류에 공급함과 동시에 저항 R_B를 통해 베이스 전류도 공급한다. 이 회로는 그림 11-27(b)와 등가임을 알 수 있으며 이는 그림 11-25(a)와 같다. 그러나 베이스에 전원 V_{CC}가 직접 공급되므로 낮은 베이스 전류 수준을 유지하기 위해 저항 R_B는 매우 커야 하는 것이 흠이다.

▸**그림 11-27**
고정 바이어스
(a) 회로;
(b) 등가회로.

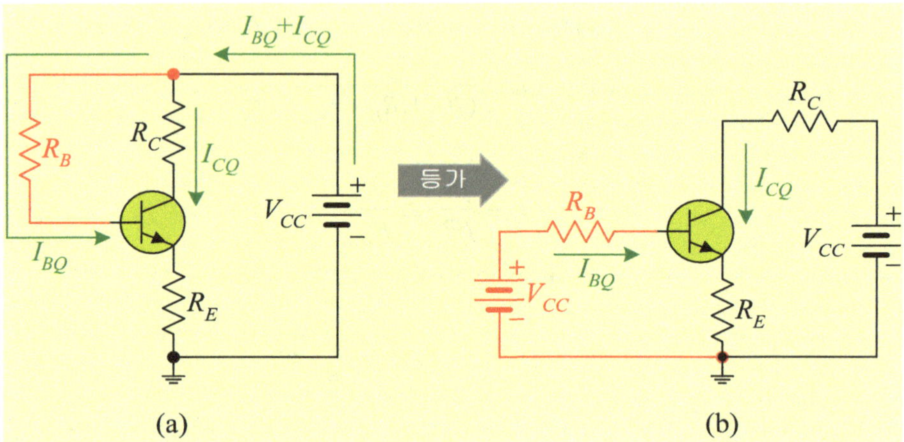

전압분배 바이어스

그림 11-28의 (a)는 단일 전원 V_{CC}를 사용하되 전압 분배기인 저항 R_1과 R_2로써 전원 V_{CC}를 적절한 수준으로 분배한 후 베이스 전원으로 사용하는 방식으로 전압 분배 바이어스라 한다. 그림 (a)에서 베이스에 대한 테브닌 등가회로를 구하면 그림 (b)의 등가회로를 구할 수 있으며 다음과 같다.

$$\begin{cases} V_{BB} = \dfrac{R_2}{R_1 + R_2} V_{CC} \\ R_B = R_1 \| R_2 = \dfrac{R_1 R_2}{R_1 + R_2} \end{cases} \quad [25]$$

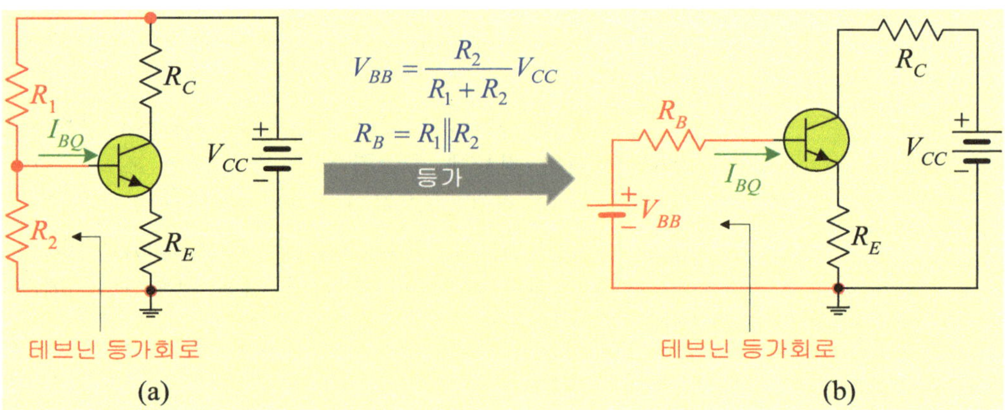

▴**그림 11-28** 전압분배 바이어스: (a) 회로; (b) 등가회로.

따라서 전압 분배 바이어스 역시 그림 11-27(b)와 등가임을 알 수 있다. 고정 바이어스의 경우 베이스에 전원 V_{CC}를 직접 공급하지만 전압 분배 바이어스에서는 전압을 원하는 수준으로 분배시켜 공급할 수 있으므로 편리하다. 따라서 실제 BJT 증폭기에서는 전압 분배 바이어스가 주로 사용되고 있다.

예제 11-4

그림 11-28(a)의 회로에서 β_o=75이며 V_{CC}=20 V다. 각 저항 값이

R_1=5 kΩ, R_2=500 Ω, R_E=100 Ω

일 때 I_{BQ} 및 I_{CQ}를 구하라.

풀이 식 [25]로부터

$$V_{BB} = \frac{R_2}{R_1 + R_2} V_{CC} = \frac{0.5}{5+0.5} \times 20 \text{ V} = 1.82 \text{ V}$$

$$R_B = \frac{R_1 R_2}{R_1 + R_2} = \frac{0.5 \times 5}{0.5+5} \text{ k}\Omega = 455\ \Omega$$

따라서 식 [17]로부터

$$I_{BQ} = \frac{V_{BB} - V_T}{(\beta_o + 1) R_E + R_B} = \frac{1.82 - 0.7}{76 \times 100 + 455} \cong \mathbf{0.14\ mA}$$

$$I_{CQ} = \beta_o I_{BQ} = 75 \times 0.14 \text{ mA} = \mathbf{10.5\ mA}$$

11.6 BJT의 실제 특성

BJT의 특성 곡선이 그림 11-14와 같이 컬렉터 전류 i_C가 컬렉터-이미터간의 전압 v_{CE}와 무관하게 일정한 것은 이상적인 경우이며 실제 특성은 예를 들면 그림 11-29와 같다. 그림에서 BJT의 증폭 기능은 포화 영역과 차단 영역을 제외한 활성 영역에서만 가능하며, 활성 영역에서도 컬렉터 전류의 특성 곡선에는 약간의 기울기가 생긴다. Q점에서의 기울기의 역수를 r_o라 하면 다음과 같다.

$$r_o = \left. \frac{\Delta v_{CE}}{\Delta i_C} \right|_Q = \frac{v_{ce}}{i_c} \qquad [26]$$

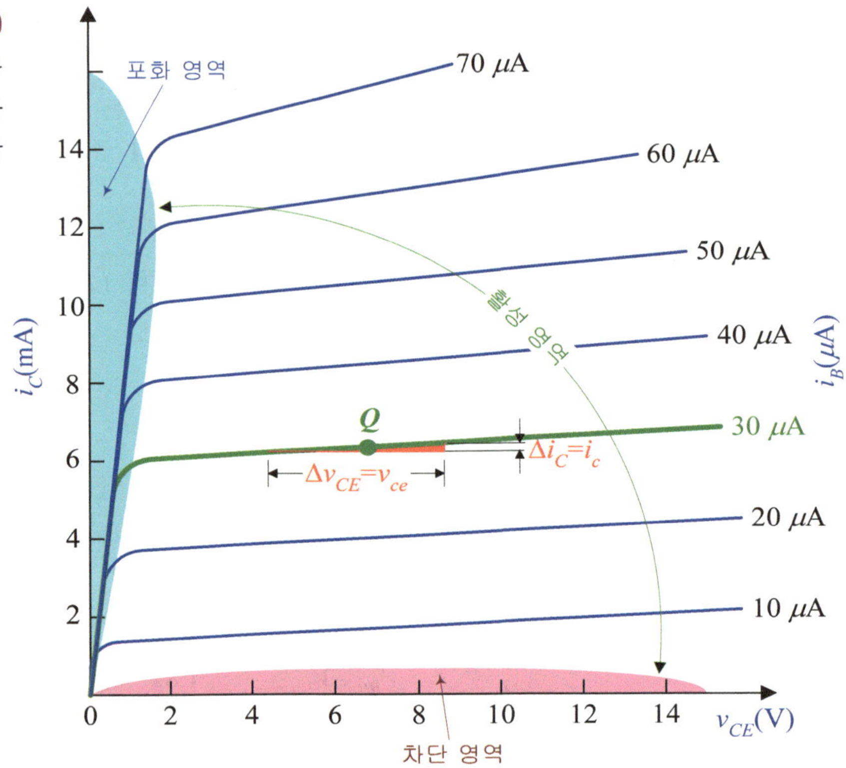

▶그림 11-29
BJT의 실제 전압-전류 특성 곡선의 예와 영역별 동작

여기서 저항 r_o의 값은 동작점인 Q점의 위치에 따라 변동이 있을 수 있으며 보통 수십 kΩ 수준이다. 저항 r_o를 BJT의 출력 저항이라 하며 출력 저항을 고려한 교류 등가회로는 그림 11.30(a)와 같다. 즉 컬렉터-이미터간의 종속 전류원은 더 이상 이상적인 종속 전류원이 아닌 실제적인 종속 전류원 형태가 된다. 그림 11-30(a)에서 베이스-이미터간의 전압을 v_{be}라 하면

$$i_b = \frac{v_{be}}{r_\pi} \qquad \textbf{[27]}$$

이므로 출력단의 종속 전류원 βi_b는 다음과 같은 형태로도 표현할 수 있다.

$$\beta i_b = \left(\frac{\beta}{r_\pi}\right) v_{be} = g_m v_{be} \qquad \textbf{[28]}$$

여기서

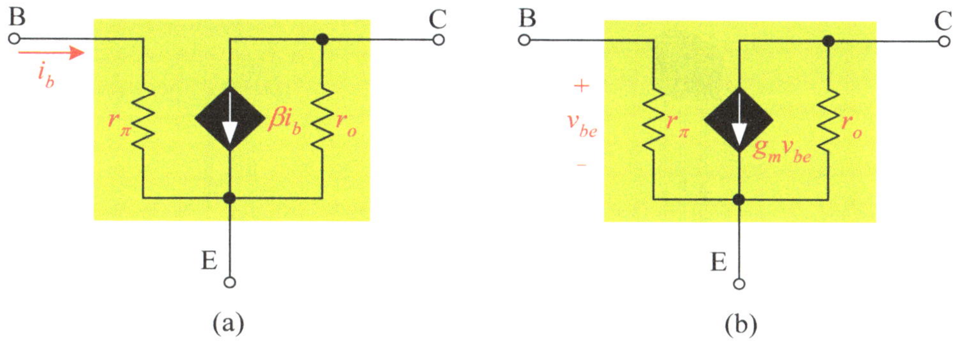

▲그림 11-30 BJT의 실제 등가회로: (a) 전류-제어 형태; (b) 전압-제어 형태.

여기서

$$g_m \equiv \frac{\beta}{r_\pi} \qquad [29]$$

로 정의되며 전달 컨덕턴스(transconductance)라 부른다. 따라서 그림 11-30의 (a)는 등가적으로 그림 (b)와 같이 표현할 수 있으며 이 두 등가회로는 상황에 따라 골라 사용하면 편리하다.

그림 11-30에서 컬렉터와 이미터간에 연결되는 부하가 실제로 출력 저항 r_o에 비해 충분히 작은 경우가 보통이므로 r_o를 무시하는 것이 일반적이다. 따라서 앞으로 특별한 경우를 제외하고는 그림 11-30의 등가회로에서 저항 r_o는 없는 것으로 한다.

BJT의 실제 외형은 그림 11-31과 같이 여러 형태가 있으며, 크게 범용의 소신호 트랜지스터와 전력 트랜지스터 및 고주파용 트랜지스터로 나눈다. 범용의 소신호 트랜지스터는 그림 11-31의 (a)와 같이 플라스틱 케이스로 된 것과 그림 (b)처럼 금속 케이스로 된 것이 주를 이룬다. 전력 트랜지스터는 1A 이상의 큰 전류나 큰 전압을 취급하는데 사용하며 금속 케이스는 보통 컬렉터와 접속되면서 열을 방출하는 방열판 기능도 겸한다.

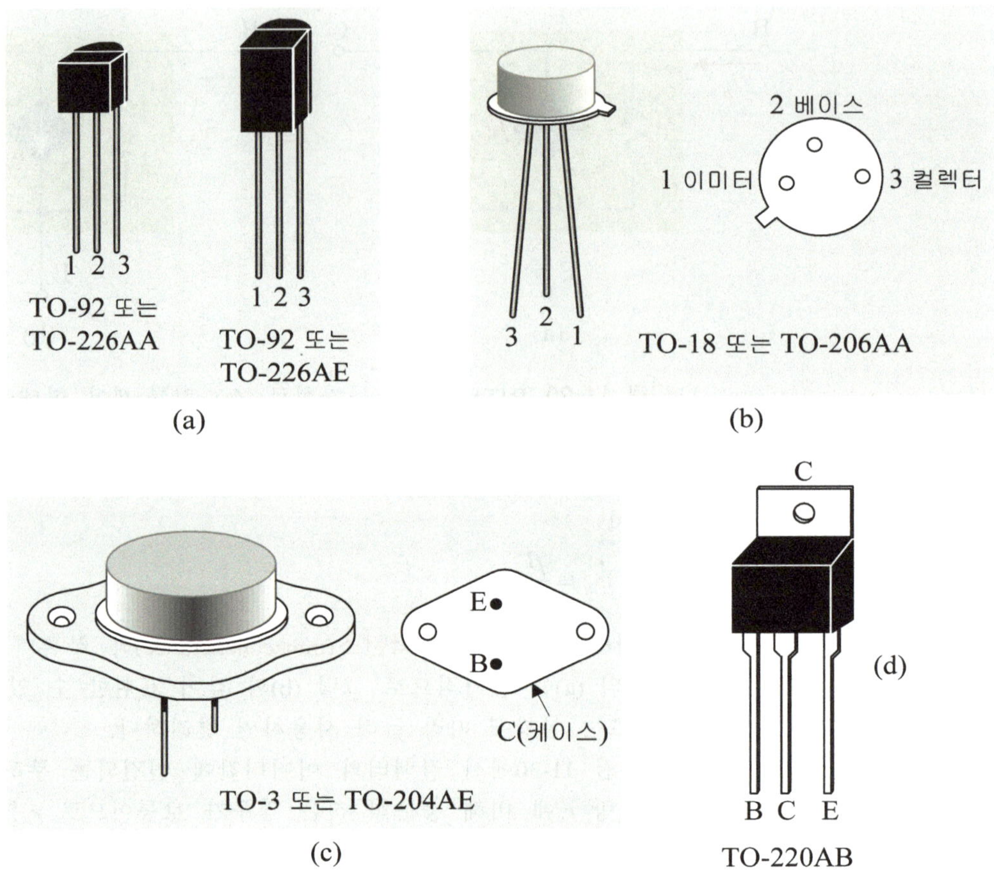

▲그림 11-31 BJT의 패키지: (a) 플라스틱 케이스로 된 범용의 소신호 트랜지스터; (b) 금속 케이스로 된 범용의 소신호 트랜지스터; (c), (d) 전력 트랜지스터.

11.7 전계효과 트랜지스터(FET)

쌍극성 트랜지스터 BJT와 쌍벽을 이루는 또 하나의 중요한 증폭 소자가 전계효과 트랜지스터(FET; field effect transistor)이다. FET는 BJT와 달리 홀이면 홀, 전자면 전자 한 종류의 캐리어에 의해서만 전도가 일어나므로 단극성 트랜지스터(unipolar transistor)라 한다. 또한 FET는 BJT와 달리 하나의 *PN* 접합으로만 구성되며 이는 BJT에서와는 전혀 다른 기능을 한다.

접합 FET(JFET)

그림 11-32는 두 종류의 접합 FET(이하 JFET)의 구조와 기호를 보여주며 그림 (a)는 *N*-채널 JFET, 그림 (b)는 *P*-채널 JFET이다. 그림 (a)의 *N*-채널 JFET는 *N*형 반도체 내에 *P*형 반도체가 접합된 구조이며 두 접합부에는 결핍층이 형성되어 있다. *P*형 반도체에 연결된 단자를 게이트(gate)라 하며, *N*형 반도체의 아래쪽에 연결된 단자를 소스(source)라 하고 위쪽에 연결된 단자를 드레인(drain)이라 한다. 이 세 단자에 외부 바이어스 전압을 적절히 가하여 *PN* 접합부의 결핍층 폭을 조정함으로써 소스와 드레인간의 전류를 제어할 수 있는 것이다. 그리고 그림 11-32(b)의 *P*-채널 JFET의 구조는 모든 면에서 *N*-채널 JFET와 정 반대이다. JFET의 전류는 소스와 드레인 사이만 흐르며 이 통로를 채널(channel)이라 한다. *N*-채널 JFET에서는 채널이 *N*형 반도체이므로

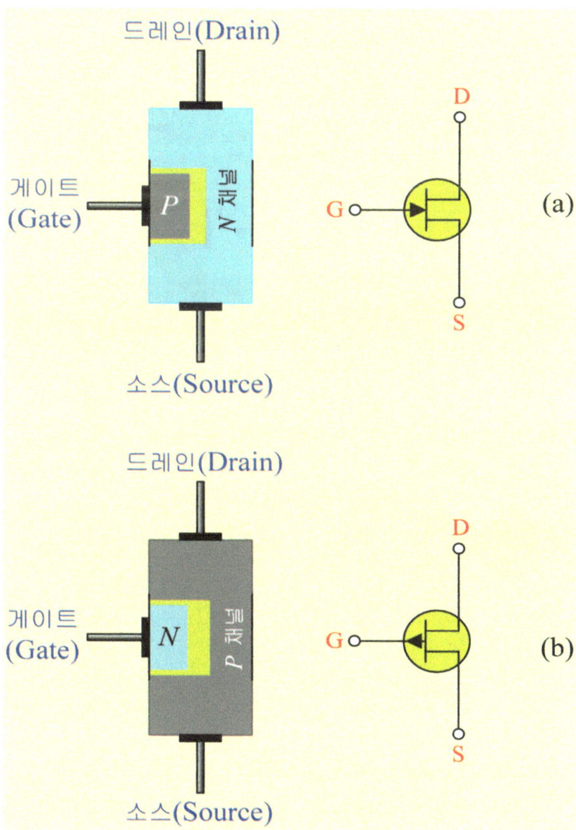

▶그림 11-32 JFET의 구조와 기호: (a) *N*-채널 JFET; (b) *P*-채널 JFET.

N-채널이라 하며 *P*-채널 JFET에서는 채널이 *P*형 반도체이므로 *P*-채널이라 하는 것이다.

그림 11-33(a)는 *N*-채널 JFET의 구체적인 바이어스와 그 동작 원리를 보여준다. 소스를 기준으로 할 때 드레인 전위는 V_{DD} 만큼 전위가 높도록 한다. 따라서 채널의 캐리어인 전자는 소스를 출발하여 드레인으로 이끌려 가므로 전류는 드레인에서 소스로 흐르게 된다. 이처럼 소스는 전자를 제공하므로 "source"라 하며 드레인은 전자를 받아들이므로 배수구란 뜻의 "drain"이라 하는 것이다. 즉 FET의 "source"와 "drain"은 BJT의 "emitter" 및 "collector"와 동일한 의미이다.

그림 11-33(a)에서 전압 V_{GG}에 의해 *P*형 반도체인 게이트가 *N*형 반도체인 소스에 비해 전위가 낮기 때문에 게이트와 소스간의 *PN* 접합은 역방향 바이어스가 가해진다. 그리고 소스에 비해 드레인 쪽의 전위가 더 높기 때문에 게이트-드레인간의 *PN* 접합은 게이트-소스간

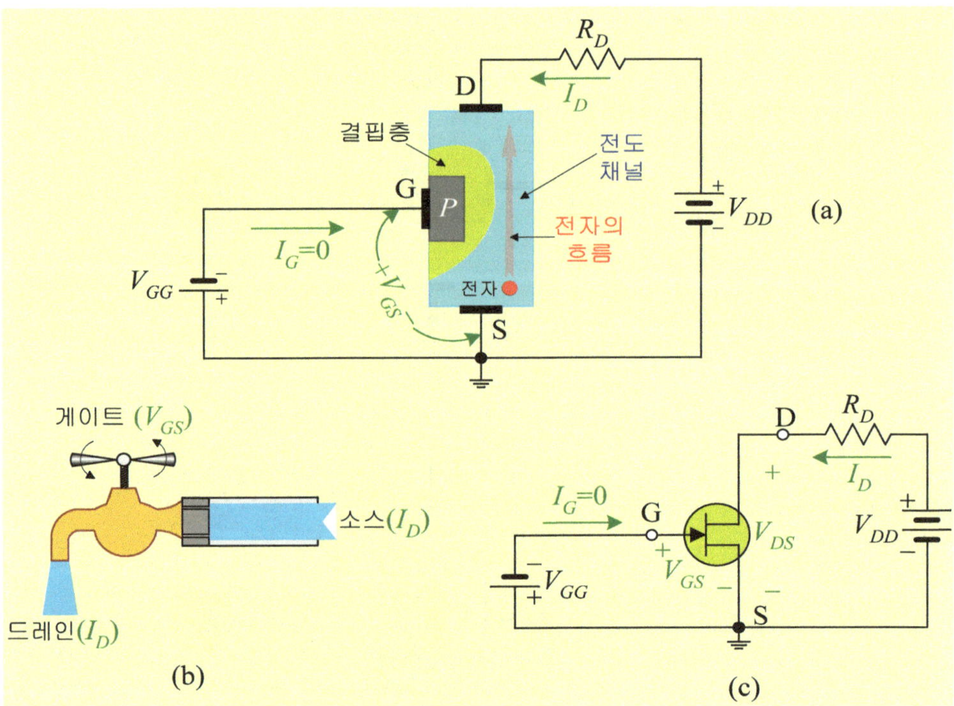

▲그림 11-33 *N*-채널 JFET의 바이어스와 동작 원리: (a) 바이어스; (b) 동작 원리의 비유적 표현; (c) 회로적 표현.

의 PN 접합에 비해 더 심한 역방향 바이어스가 걸리게 된다. 따라서 그림 11-33(a)에서 표시된 바와 같이 PN 접합부의 결핍층 폭은 소스 측에 비해 드레인 측이 더 넓어진다. 결핍층은 전류를 전도할 캐리어가 없는 영역이므로 그림 11-33(a)에서 드레인과 소스 사이의 N형 반도체에서 결핍층을 제외한 부분만 전도 채널 역할을 한다. 따라서 게이트의 전압을 조절하여 결핍층의 폭을 변화시키면 전도 채널의 폭을 조절할 수 있게 되어 전류의 흐름을 제어할 수 있게 되는 것이다. 예를 들어 게이트에 음의 전압을 더 많이 가하면 결핍층의 폭이 늘어 채널의 폭은 줄어들게 되며 드레인 전류는 감소하는 것이다.

이상으로 JFET의 PN 접합의 역할은 다만 채널의 폭을 조절하는데 있을 뿐이므로 PN 접합을 통해 전류가 흘러서는 안된다. 따라서 JFET의 PN 접합에는 반드시 역방향 바이어스만 허용된다는 점을 유념하여야 한다. 이상으로 다음과 같은 사실을 알 수 있다.

JFET에서는 게이트-소스간의 역방향 바이어스인 게이트 전압 V_{GS}로써 드레인 전류 I_D를 제어하는데 비해 BJT에서는 순방향 바이어스에 의한 베이스 전류로써 컬렉터 전류를 제어한다.

그림 11-33의 (b)는 JFET의 동작 원리를 수도 꼭지에 비유한 것이다. 수도 꼭지를 잠그는 정도를 게이트-소스간의 역방향 전압 V_{GS}에 비유하면 수도 꼭지를 통해 흘러 나오는 물의 양을 드레인 전류에 비유할 수 있다. 물론 소스 전류와 드레인 전류는 같아야 한다. 그리고 그림 (c)는 그림 (a)를 회로적으로 나타낸 것이다.

게이트-소스간의 전압 V_{GS}와 드레인 전류 I_D의 관계는 그림 11-34와 같은 곡선과 같다. 물론 가장 이상적인 것은 V_{GS}와 I_D의 관계가 직선적인 것이다. 그림에서 특성 곡선은 전압 축의 $V_{GS(\text{off})}$점과 전류 축상의 I_{DSS}점을 이은 이차 곡선이므로 두 변수 V_{GS}와 I_D에 관한 식은 다음과 같이 주어진다.

$$I_D = I_{DSS}\left(1 - \frac{V_{GS}}{V_{GS(\text{off})}}\right)^2 \qquad (V_{GS} < 0) \qquad [30]$$

여기서 $V_{GS(\text{off})}$는 채널이 완전히 닫혀 드레인 전류가 0이 되는 V_{GS}의 전압으로서 핀치오프(pinch-off) 전압이라 한다. 핀치오프 전압 $V_{GS(\text{off})}$는 그림 11-34의 (A)점과 같이 수도 꼭지를 완전히 잠근 상태에 비유할

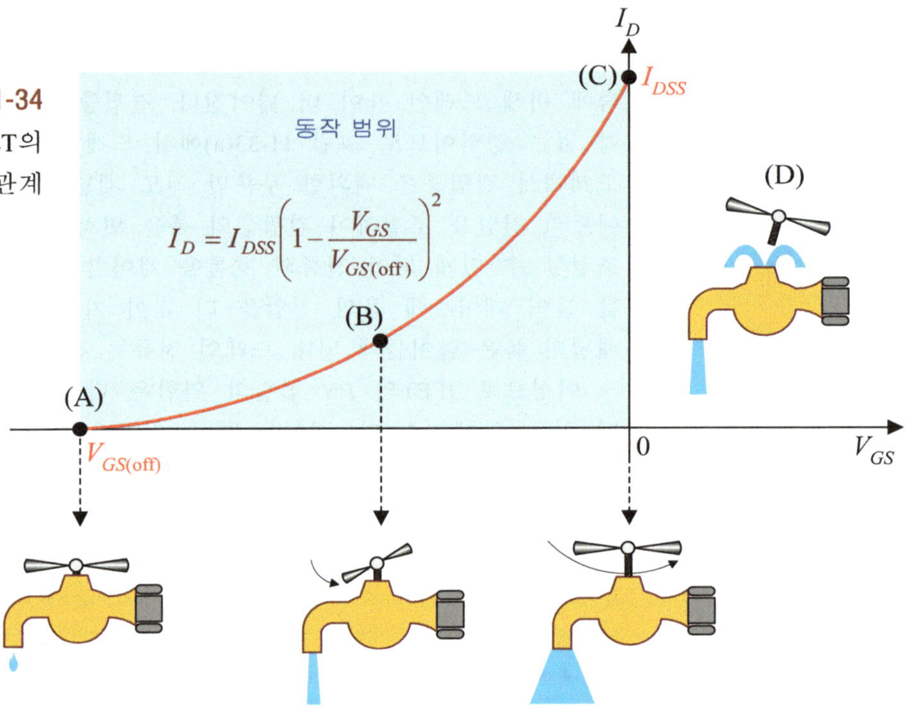

▶그림 11-34
N-채널 JFET의 V_{GS}-I_D 관계

수 있다. 그리고 곡선상의 I_{DSS}는 드레인과 소스 사이에 흐를 수 있는 최대 전류를 의미하며 이는 V_{GS}=0일 때이다. 따라서 이 상태는 그림상 에서 점 (C)와 같이 수도 꼭지를 완전히 튼 상태에 비유할 수 있다. 만약 V_{GS}>인 경우라면 *PN* 접합이 순방향으로 바이어스되어 게이트에 전류가 흐르기 시작하며 이를 누설 전류라 한다. 누설 전류는 비유하자면 그림 11-34의 (D) 부분과 같이 수도 꼭지가 빠진 경우와 같으므로 V_{GS}>0는 허용되어서는 안 된다.

그림 11-35는 V_{GS}를 매개 변수로 하여 V_{DS}와 I_D의 관계를 보여주는 드레인 특성 곡선의 한 예이다. 여기서 푸른색으로 표시한 영역을 제외하면 I_D는 V_{DS}의 영향을 거의 받지 않는다. 그러나 표시된 영역에서는 I_D는 더 이상 V_{GS}의 제어를 받지 않게 되어 증폭 기능이 상실된다. 이상으로 *N*-채널 JFET의 동작 원리 및 전기적 특성에 대해 설명하였다. 그리고 *N*-채널 JFET와 *P*-채널 JFET의 관계는 *NPN* BJT와 *PNP* BJT의 관계와 같다. 따라서 *P*-채널 JFET는 모든 면에서 *N*-채널 JFET과 반대이므로 설명을 생략하기로 한다.

▶그림 11-35
N-채널 JFET의 드레인 특성 곡선(V_{GS}-I_D)의 예.

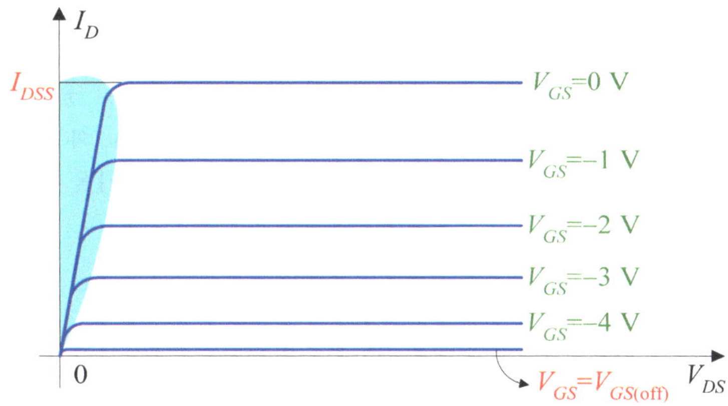

예제 11-5

그림 11-34(c)의 회로에서 JFET의 특성이 I_{DSS}=9 mA, $V_{GS(pff)}$=−8 V이다. V_{GG}=0 V, V_{GG}=1 V, V_{GG}=4 V의 각각에 대한 드레인 전류 I_D를 구하라.

풀이 $V_{GS}=-V_{GG}$이므로

V_{GG}=0 V :

$I_D=I_{DSS}$=9 mA

V_{GG}=1 V :

$$I_D = I_{DSS}\left(1-\frac{V_{GS}}{V_{GS(\text{off})}}\right)^2 = 9\text{ mA}\times\left(1-\frac{-1}{-8}\right)^2 = \mathbf{6.89\text{ mA}}$$

V_{GG}=4 V :

$$I_D = 9\text{ mA}\times\left(1-\frac{-4}{-8}\right)^2 = \mathbf{2.25\text{ mA}}$$

JFET의 소신호 특성

식 [30]에서 직류와 교류를 함께 고려하기 위해 V_{GS} 대신에 v_{GS}를, I_D 대신에 i_D를 사용하면 다음과 같다.

$$i_D = I_{DSS}\left(1-\frac{v_{GS}}{V_{GS(\text{off})}}\right)^2 \qquad [31]$$

그리고 $v_{GS}=V_{GSQ}+v_{gs}$, 및 $i_D=I_{DQ}+i_d$이며 V_{GSQ}와 I_{DQ}는 Q점을 이루는 직류 성분(바이어스)이며 v_{gs}와 i_d는 소신호 성분이다. 여기서 소신호 성분인 v_{gs}와 i_d의 관계를 그림으로 나타내면 그림 11-36과 같다. 소신호의 동작 폭이 직류에 비해 매우 좁다면 v_{gs}와 i_d는 거의 비례 관계로 볼 수 있으며 그 비례 상수는 Q점에서의 기울기인

$$g_m \equiv \frac{i_d}{v_{gs}} \cong \left.\frac{di_D}{dv_{GS}}\right|_Q \qquad [32]$$

로 근사화할 수 있으며 g_m은 전달 컨덕턴스이다. 따라서 식 [31], [32]로부터 다음과 같이 구할 수 있다.

$$g_m = \left.\frac{di_D}{dv_{GS}}\right|_Q = -\frac{2I_{DSS}}{V_{GS(\text{off})}}\left(1-\frac{V_{GSQ}}{V_{GS(\text{off})}}\right) = g_{mo}\left(1-\frac{V_{GSQ}}{V_{GS(\text{off})}}\right) \qquad [33]$$

단

$$g_{mo} = -\frac{2I_{DSS}}{V_{GS(\text{off})}} \qquad [34]$$

▸그림 11-36
JFET의 소신호 특성

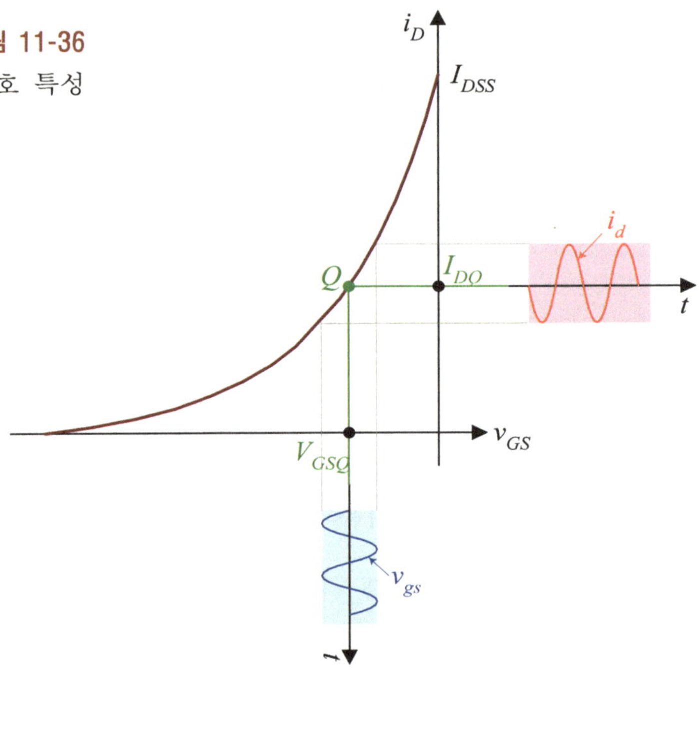

JFET의 전달 컨덕턴스는 직류 영향을 받는다는 것을 알 수 있으며 게이트와 소스간에는 전류가 흐르지 않으므로 개방 회로와 같다. 이상을 바탕으로 JFET에 대한 교류 등가회로는 그림 11-37과 같이 나타낼 수 있다. 그림 11-37의 (b)는 드레인 특성 곡선이 이상적인 것으로 가정한 경우이다. 그러나 BJT와 마찬가지로 JFET에서도 드레인-소스간의 전압의 증가에 따라 드레인 전류도 약간의 증가를 보이므로 출력 저항을 고려한 등가회로는 그림 (c)와 같다. 여기서 출력 저항 r_{ds}는

$$r_{ds} \equiv \left.\frac{dv_{DS}}{di_D}\right|_Q = \frac{v_{ds}}{i_d} \qquad [35]$$

로 정의된다. 보통 r_{ds}는 수십 kΩ 이상으로서 드레인과 소스간에 접속되는 부하에 비해 충분히 크므로 무시하는 것이 일반적이다. 따라서 특별한 경우가 아니면 그림 11-37(b)의 등가회로를 사용한다.

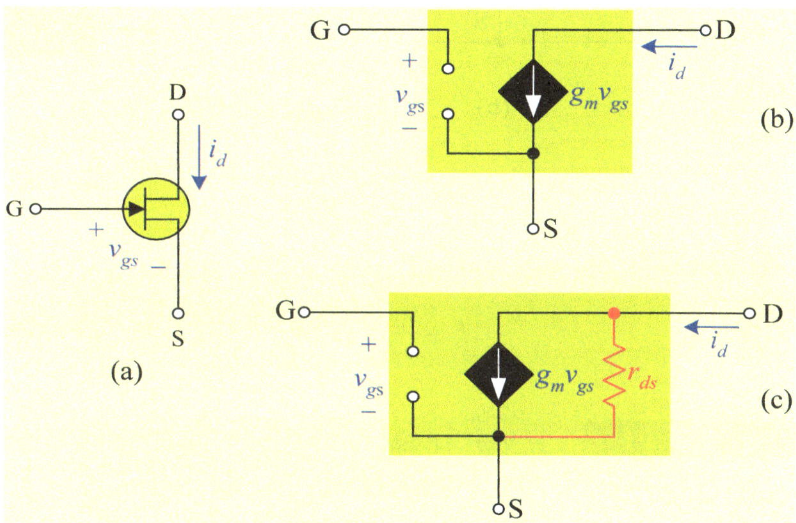

▶그림 11-37
JFET 교류 등가회로:
(a) JFET 기호;
(b) 간단한 등가회로;
(c) 실제 등가회로.

그림 11-33(c)의 회로에 증폭하고자 하는 교류 v_s를 결합한 회로가 그림 11-38(a)이며 이 회로는 JFET 증폭기의 원리를 이해할 수 있는 기본적인 회로가 된다. 그림 11-38의 (a)의 교류 회로는 그림 (b)이며 이에 대한 등가회로는 그림 (c)와 같음을 알 수 있다(그림 11-37(b) 참조). 그림에서 $v_{gs}=v_s$이므로

▶그림 11-38
기본적인 JFET 회로:
(a) 전체 회로;
(b) 교류 회로;
(c) 교류 등가회로.

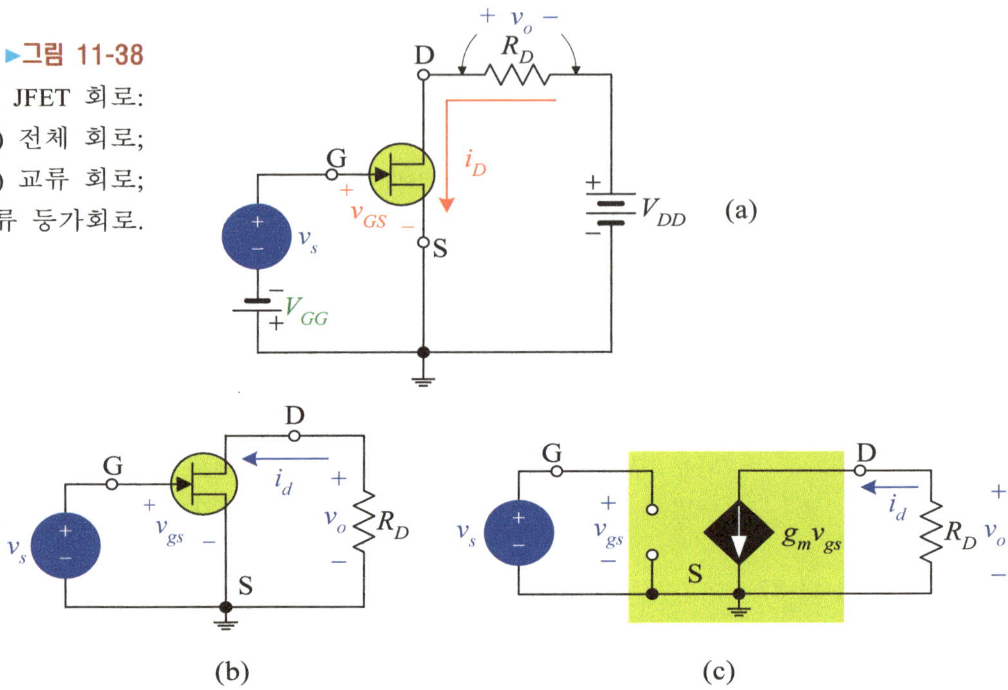

$$v_o = -g_m v_{gs} R_D = -g_m v_s R_D \qquad [36]$$

이다. 따라서 전압 이득은 다음과 같이 주어진다.

$$A_v = \frac{v_o}{v_s} = -g_m R_D \qquad [37]$$

예제 11-6

그림 11-38(a)의 회로에서 JFET의 특성이 I_{DSS}=3 mA, $V_{GS(off)}$=−6 V, V_{GSQ}=−4 V이며 V_{DD}=20 V이다.
(a) 동작점(Q점)을 구하라.
(b) 전달 컨덕턴스를 구하라.
(c) v_s=10sin100t mV이고 R_D=15 kΩ일 때 전압 v_o를 구하라.

풀이

(a) V_{GS}=−V_{GG}이므로 식 [31]에 의해

$$I_{DQ} = I_{DSS}\left(1 - \frac{V_{GSQ}}{V_{GS(\text{off})}}\right)^2 = 3 \text{ mA} \times \left(1 - \frac{-4}{-6}\right)^2 = \mathbf{0.33}\ \boldsymbol{mA}$$

따라서 동작점은 다음과 같다.

$$V_{GSQ} = -4\ V,\quad I_{DQ} = 0.33 \text{ mA},$$

$$V_{DSQ} = V_{DD} - I_{DQ}R_D = 20 - 0.33 \times 15 = 15\ V$$

(b) 식 [33]과 [34]로부터

$$g_{mo} = -\frac{2I_{DSS}}{V_{GS(\text{off})}} = \frac{6 \text{ mA}}{6 \text{ V}} = 10^{-3} \text{ S}$$

따라서 전달 컨덕턴스는

$$g_m = g_{mo}\left(1 - \frac{V_{GSQ}}{V_{GS(\text{off})}}\right) = 10^{-3} \times \left(1 - \frac{-4}{-6}\right) = 0.33 \text{ mS}$$

(c) 식 [37]로부터

$$A_v = -g_m R_D = -0.33 \text{ mS} \times 15 \text{ k}\Omega \cong -5$$

따라서 출력 전압은

$$v_o = A_v v_s = -50 \sin 100t \text{ mV}$$

JFET의 바이어스

그림 11-33(c)는 V_{GG}로써 게이트와 소스간의 PN 접합에 역방향 전압을 가하므로 드레인 전류를 공급하는 V_{DD}와 함께 두 종류의 전원이 필요하다. 그러나 그림 11-39와 같이 소스에 적절한 크기의 저항 R_S를 연결하면 바이어스 전원 V_{GG}가 없어도 게이트와 소스간을 역방향으로 바이어스시킬 수 있으며 이 방법을 자기 바이어스(self bias)라 한다. 즉 드레인 전류 I_D에 의한 R_S의 양단 전압에 의해 접지에 대한 소스의 전위 V_S는

$$V_S = I_D R_S \tag{38}$$

로 0보다 커지며 게이트 전압은 0이다. 따라서 전압 V_{GS}는

$$V_{GS} = V_G - V_S = 0 - I_D R_S = -I_D R_S < 0 \tag{39}$$

이 되어 역방향 전압이 되는 것이다. 따라서 저항 R_S의 값을 적절히 정하면 원하는 위치에 Q점을 설정할 수 있게 된다.

▶**그림 11-39**
JFET의 자기 바이어스

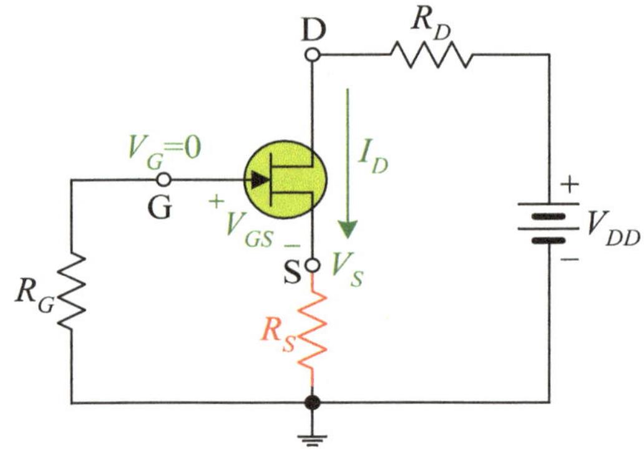

그림 11.40(a)는 전압 분배기인 두 저항 R_1과 R_2로써 전원 V_{DD}를 적절한 값으로 분배하여 게이트 전압 V_{GG}로 삼는 전압 분배 바이어스이다. 등가 전압 V_{GG}는

$$V_{GG} = \left(\frac{R_2}{R_1 + R_2}\right)V_{DD} \qquad [40]$$

이며 게이트-소스간은 개방 회로이므로 등가 저항은 무의미하다. 따라서 그림 11.40(a)는 그림 (b)와 등가이다. 그림 (b)에서 $V_S=I_DR_S$이므로 V_{GS}는 다음과 같다.

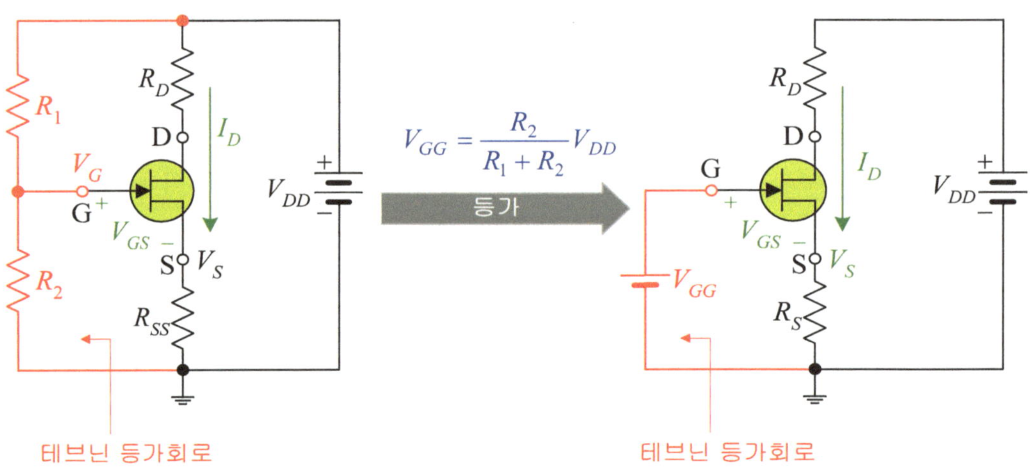

▲**그림 11-40** JFET의 전압분배 바이어스: (a) 회로; (b) 등가회로.

$$V_{GS} = V_{GG} - I_D R_S = \left(\frac{R_2}{R_1 + R_2}\right) V_{DD} - I_D R_S < 0 \qquad [41]$$

따라서 V_{GS}가 적절한 음 전압이 되도록 소자 값들을 정하면 된다. 그림 11-39와 11-40에서 저항 R_S는 $V_{GS}<0$을 만족하기 위해 반드시 필요한 것이다. 그러나 BJT의 경우 이미터 저항 R_E는 단지 바이어스 안정화가 목적이며 바이어스에서 반드시 필요한 것은 아니다.

MOSFET

FET에는 접합 FET외에 MOSFET(Metal-Oxide-Semiconductor FET)라는 또 다른 유형이 있다. 그림 11-41은 MOSFET 중에서도 공핍형 MOSFET의 구조와 기호 및 전압-전류 특성이다. 그림에서 보듯이 MOSFET는 금속과 절연체인 산화막 그리고 반도체의 순으로 조합되어 있으므로 metal-oxide-semiconductor(MOS)라 부르는 것이다. 드레인과 소스간에는 제조시부터 채널이 형성되어 있으며 게이트 전압으로써 채널의 폭을 늘리거나(증가형) 좁혀서(공핍형) 사용할 수 있도록 한다. 공핍형 MOSFET의 동작 원리는 그림 11-42를 통해 설명할 수 있다.

그림 11-42의 (a)는 채널의 폭을 넓혀 사용하는 증가형 동작으로 게이트 전압의 극성을 소스에 비해 양으로 한다. 그러면 산화막(SiO_2) 내부에는 그림에서 표시된 방향으로 전장이 형성된다. 이 전장에 의해 P 기판의 소수 캐리어인 전자들이 채널에 몰려들게 되므로 N 채널이 보강 되는 것이다. 드레인-소스간의 채널폭이 늘어나면 당연히 드

▶그림 11-41
공핍형 MOSFET:
(a) 구조;
(b) 기호;
(c) 특성.

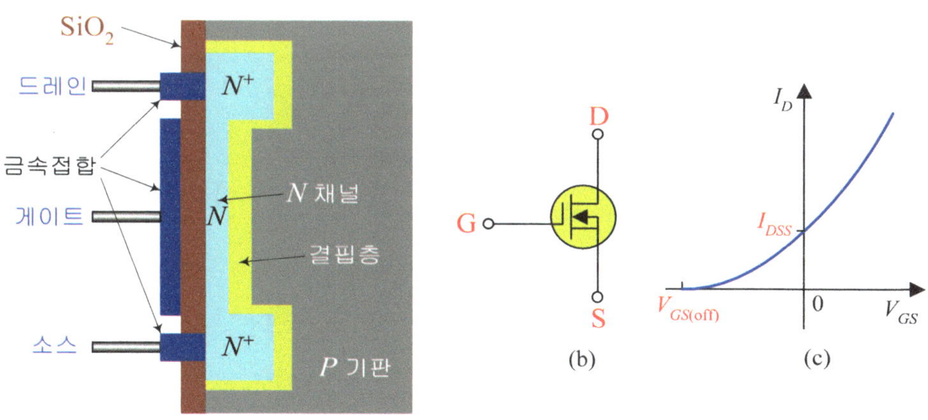

(a) (b) (c)

▶그림 11-42
공핍형 MOSFET의 동작 방식:
(a) 증가형 동작;
(b) 공핍형 동작.

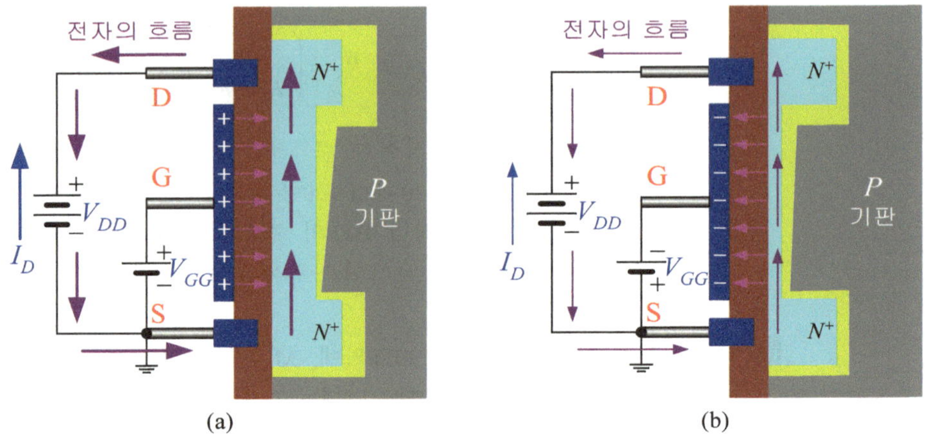

레인 전류 I_D는 증가한다. 이와 반대 동작이 그림 11-42의 (b)이며 게이트 전압의 극성을 소스에 비해 음으로 한다. 그 결과 산화막 내부 전장의 방향이 그림에 표시된 바와 같으므로 N 채널에 있던 전자들이 P 기판 쪽으로 축출된다. 따라서 채널의 폭이 줄어드는 공핍형으로 동작하게 되며 드레인 전류는 감소한다. 이상으로 공핍형 MOSFET는 증가형($V_{GS}>0$)과 공핍형($V_{GS}<0$) 모두 동작 가능하므로 그림 11-41의 (c)와 같은 전압-전류 특성이 생긴다.

그림 11-43(a)는 증가형 MOSFET이다. 이 소자는 애초부터 채널이 없도록 제조되므로 게이트 전압을 이용해 채널을 만들어 써야 한다. 따라서 그림 11-42의 (a)와 같이 $V_{GS}>0$으로 하여 채널이 형성되어야만

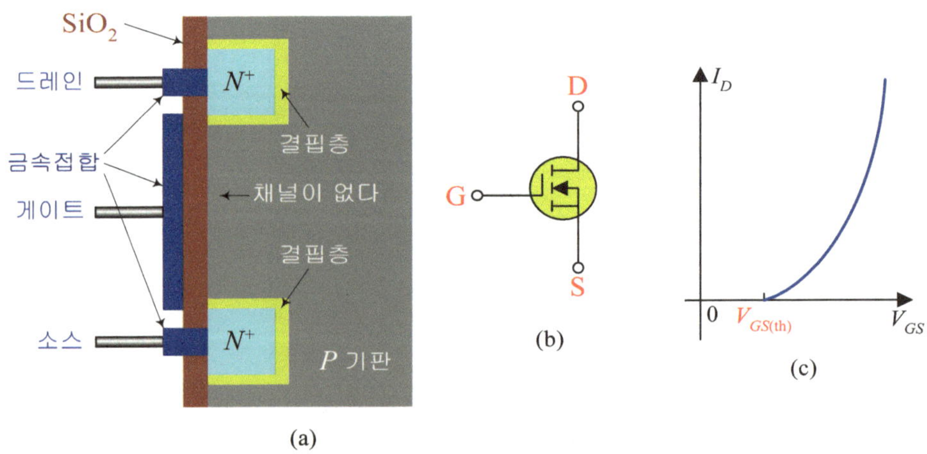

드레인 전류가 흐르므로 전압-전류 특성은 그림 11-43의 (c)와 같다. 여기서 $V_{GS(th)}$는 채널이 형성될 수 있는, 즉 드레인 전류가 흐를 수 있는 최소한의 게이트 전압을 나타낸다. 이상으로 JFET는 $V_{GS}<0$으로 동작하고 공핍형 MOSFET는 $V_{GS}>0$, $V_{GS}<0$ 두 쪽 다 동작하며 증가형 MOSFET는 $V_{GS}>0$으로만 동작한다.

♣ 연습 문제 ♣

11-1 바이어스가 없는 상태에서 BJT 내부의 두 전위 장벽이 하는 역할에 대해 설명하라.

11-2 BJT를 활성화시키는 바이어스 방법에 대해 설명하라.

11-3 만일 BJT의 베이스-이미터 사이와 베이스-컬렉터 사이를 모두 순방향으로 바이어스를 걸어주게 되면 어떤 현상이 일어나겠는가 생각해 보아라(이 상태를 포화라 한다).

11-4 BJT의 베이스 영역에서의 전류는 확산에 의한 전류가 주가 됨을 설명하라.

11-5 BJT의 증폭 기능은 베이스 영역에서의 확산과 재결합에 있음을 설명하라.

11-6 BJT 의 베이스 영역의 폭을 좁게 할수록 이미터로부터 주입된 다수 캐리어가 베이스를 통과하는데 걸리는 시간이 단축될 것이다. 그 결과 베이스 영역에서의 재결합 확률이 낮아지겠는가 높아지겠는가? 만일 재결합 확률이 낮아진다면 전류 증폭률은 증가하는가 감소하는가?

11-7 BJT에서 베이스-이미터간은 다이오드 역할을 하지만 컬렉터는 종속 전류원 역할을 하는 이유가 무엇인가?

11-8 BJT에서 α=0.99이며 베이스 전류가 I_B=10μA일 때 전류 증폭률 β와 컬렉터 전류 I_C를 구하라.

11-9 그림 11-12의 회로에서 베이스 저항 R_B와 컬렉터 저항 R_C의 역할은 무엇인가?

11-10 부하선의 의미를 설명하고 BJT의 전압과 전류는 모두 부하선 상에 존재함을 설명하라.

11-11 BJT의 포화 현상에 대해 설명하고 컬렉터 저항 R_C가 포화에 미치는 영향을 설명하라.

11-12 그림 11-17에서 R_C가 100Ω에서 200Ω으로 바뀌면 컬렉터 전류의 최대 값은 얼마인가?

11-13 그림 11-12(a)의 회로에서 V_{BB}=10V, V_{CC}=15V, R_B=62.7kΩ, R_C=375Ω이며 전류 증폭률은 β=100로 한다. 베이스 전류와 컬렉터 전류 그리고 컬렉터-이미터간 전압을 구하라. 단 V_{BE}=0.7V로 한다.

11-14 문제 11-13에서 베이스 전압원 V_{BB}를 변화시키면서 컬렉터 전류를 조정할 때 컬렉터에 흐를 수 있는 최대 전류는 얼마인가?

11-15 그림 11-12(a)의 회로에서 V_{BB}=5.7V, V_{CC}=10V, R_B=50kΩ, R_C=1kΩ이며 전류 증폭률이 β=200일 때 트랜지스터가 포화 상태에 있음을 보여라(힌트: $I_C<\beta I_B$이면 포화 상태이다).

11-16 그림 11-18(b)의 회로에서 V_{BB}를 증가시키면 I_{BQ}가 증가하고 이에 따라 I_{CQ}가 증가하게 된다. 만일 V_{BB}가 지나치게 크면 컬렉터 교류 전류에 무슨 문제가 생길 수 있겠는가? (포화에 대해 생각해 보아라)

11-17 BJT의 직류 등가회로와 교류 등가회로간의 차이점에 대해 설명하라.

11-18 그림 11-23(a)의 회로에서 V_{BB}=3V, V_{CC}=8V, R_B=27kΩ, R_C=390Ω이며 전류 증폭률이 β_o=β=125이다.

(a) I_{BQ}, I_{CQ}, I_{EQ}를 구하라.

(b) 동저항 r_π를 구하라.

(c) 전압 이득 A_v를 구하라.

11-19 그림 11-23(a)에서 측로 커페시터 C_{by}가 없을 경우 문제 11-18을 반복하고 문제 11-8의 전압 이득과 비교하라.

11-20 그림 11-23(a)에서 V_{BB}=5V, V_{CC}=15V, R_B=10kΩ, R_C=180Ω이다. 그리고 전류 증폭률이 β_o=β=70일 때 다음을 구하라.

(a) I_{BQ}, I_{CQ}, I_{EQ}를 구하라.

(b) 동저항 r_π를 구하라.

(c) 전압 이득 A_v를 구하라.

11-21 그림 11-23(a)에서 측로 커페시터 C_{by}가 없을 경우 문제 11-20을 반복하고 문제 11-20의 전압 이득과 비교하라.

11-22 BJT에서 Q점의 중요성을 설명하라.

11-23 그림 11-25(a)의 회로에서 V_{BB}=1V, V_{CC}=6V, R_B=R_C=1kΩ, R_E=100Ω이며 전류 증폭률이 β_o=100일 때 Q점을 구하라.

11-24 문제 11-23에서 β_o가 50에서 200 사이에서 변할 때 Q점의 변화에 대해 알아보라.

11-25 그림 11-25(a)에서 V_{BB}=2V, V_{CC}=10V, R_B=R_C=0, R_E=1kΩ이며 전류 증폭률이 β_o=90일 때 Q점을 구하라.

11-26 그림 11-27(a)의 회로에서 V_{CC}=12V, R_B=100kΩ, R_C=560Ω, R_E=0이며 전류 증폭률이 β_o=100일 때 Q점을 구하라.

11-27 그림 11-27(a)의 회로에서 V_{CC}=25V, R_B=180kΩ, R_C=820Ω, R_E=200Ω이며 전류 증폭률이 β_o=100일 때 Q점을 구하라.

11-28 그림 11-28(a)의 회로에서 V_{CC}=10V, R_1=10kΩ, R_2=5.6kΩ, R_C=1kΩ, R_E=560Ω이며 전류 증폭률이 β_o=100일 때 Q점을 구하라.

11-29 그림 11-28(a)의 회로에서 V_{CC}=10V, R_1=10kΩ, R_2=22kΩ, R_C=1kΩ, R_E=2.2kΩ이며 전류 증폭률이 β_o=150일 때 Q점을 구하라.

11-30 그림 11-28(a)의 회로에서 V_{CC}=20V, R_1=8.2kΩ, R_2=1kΩ, R_C=1.5kΩ, R_E=500Ω이며 전류 증폭률이 β_o=50일 때 Q점을 구하라.

11-31 그림 11-28(a)의 회로에서 V_{CC}=15V, R_1=3.3kΩ, R_2=560Ω, R_C=2.7kΩ, R_E=680Ω이며 전류 증폭률이 β_o=100일 때 Q점을 구하라.

11-32 BJT는 전류에 의해 제어되는 종속 전류원인 반면에 FET는 전압에 의해 제어되는 종속 전류원임을 설명하라.

11-33 BJT에서의 *PN* 접합과 FET에서의 *PN* 접합 사이의 기능상 차이를 설명하라.

11-34 BJT의 베이스에는 전류가 흐르지만 FET의 게이트에는 전류가 흐르지 않는다. 그 이유에 대해 설명하라.

11-35 FET의 핀치-오프 현상을 설명하라.

11-36 BJT의 이미터 저항과 FET의 소스 저항 사이에는 기능상 큰 차이가 있다. 이를 설명하라.

11-37 FET의 바이어스에 대해 설명하라.

11-38 공핍형 MOSFET 및 증가형 MOSFET 사이의 근본적인 차이는 무엇인가?

4부 전자 회로

12장

증폭기

(Amplifiers)

증폭기란 세기가 약한 신호를 원하는 세기로 키워 주어진 장치이며 이를 구성하는 핵심적인 역할은 트랜지스터가 담당한다. 앞 장에서는 트랜지스터의 원리 및 기본적인 증폭 회로에 대해 알아보았다. 이를 바탕으로 이 장에서는 여러 유형의 증폭기에 대해 보다 심도 있게 알아보도록 하며 공부할 내용은 다음과 같다.

12.1 BJT 기본 증폭기

BJT 증폭기에는 그림 12-1과 같이 세 가지의 기본 유형이 있다. 먼저 그림 (a)는 이미터를 접지(공통) 단자로 하고 베이스를 입력으로, 컬렉터를 출력으로 하는 방식으로 이미터 공통 증폭기(common emitter; CE)라 한다. 그리고 그림 (b)는 컬렉터를 접지로 하여 베이스를 입력으로, 이미터를 출력으로 하는 방식으로 컬렉터 공통 증폭기(common collector; CC)라 한다. 마지막으로 그림 (c)는 베이스를 접지로 하여 이미터를 입력으로, 컬렉터를 출력으로 하는 방식으로 베이스 공통 증폭기(common base; CB)라 한다. 이 세 가지 방식은 각기 나름대로 고유한 특징이 있으며 이들을 충분히 이해하는 것이 전자 회로 전체를 이해하는 지름길이 된다.

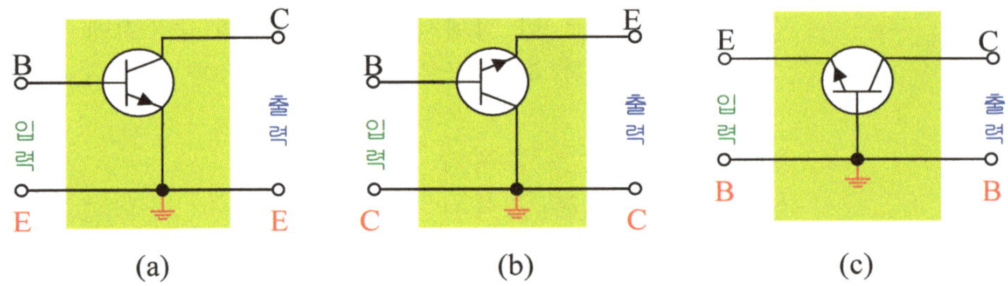

▶그림 12-1 BJT 증폭기의 기본 유형: (a) 이미터-공통; (b) 커렉터-공통; (c) 베이스-공통;

이미터-공통 증폭기

그림 12-2는 전압 분배 바이어스로 활성화된 BJT의 베이스에 입력 신호원을 연결하고 출력 부하를 컬렉터에 연결하고 있다. 단 결합에서 입력 신호원은 커페시터 C_{in}을 통해, 부하는 커페시터 C_{out}을 통해 결합되며 이 커페시터들을 결합 커페시터라 한다. 결합 커페시터는 직류에 대해 개방과 같으므로 입력 신호원과 부하를 직접 결합함으로써 생기는 BJT의 Q점 변동을 막아준다. 그리고 교류에 대해서는 결합 커페시터의 리액턴스가 0에 가까울수록 유리하므로 결합 커페시터의 용량은 클수록 유리하다. 따라서 당분간은 결합 커페시터의 용량을 무한대로 가정하여 교류에 대해 단락과 같이 취급한다.

그림 12-2에서 이미터 안정화 저항 R_E는 Q점을 안정화시켜 주지만 교류에 대해서는 전압 이득을 저하시키는 역효과가 있다. 따라서 용량이 매우 큰 측로 커페시터(그림 11-23 참조) C_{by}를 R_E와 병렬로 접속

▸그림 12-2
이미터-공통(CE) 증폭기의 전체 회로

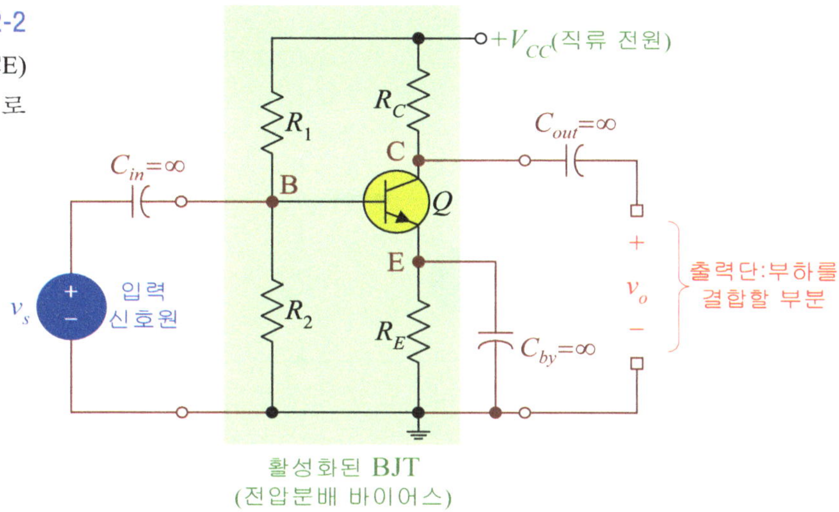

하여 교류에 대해 R_E를 단락시키는 작용을 한다. 따라서 C_{by}에 의해 이미터 단자는 교류적으로는 접지된 것과 같다. 이상으로 그림 12-2는 베이스에 교류 입력을, 컬렉터에는 교류 출력을 연결하고 이미터를 교류적으로 접지시킨 형태이므로 이미터 공통 증폭기이다. 그리고 당분간은 부하를 연결되지 않은 상태로 해석한다.

교류에 대해서는 결합 커페시터와 측로 커페시터가 모두 단락과 같을 뿐 아니라 직류 전압원 역시 단락과 같다. 따라서 그림 12-2에 대한 교류 회로는 그림 12-3(a)와 같으며 여기서 교류 회로란 교류가 흐르는 길만 모은 것이다. 그림 12-3의 (a)의 교류 회로를 정리하면 그림 (b)와 같음을 알 수 있으다. 여기서 저항 R_1과 R_2는 교류 전압원 v_s와 병렬로 결합되어 있으므로 회로에 영향을 미치지 못한다. 따라서 그림 (b)는 그림 (c)는 회로적으로 같은 것이며 이는 CE 유형임을 알 수 있다. 그리고 BJT의 교류 등가 회로(그림 11-19 참조)를 이용하면 그림 (c)에 대한 교류 등가회로는 그림 (d)가 된다. 그림 (d)의 입력 루프에서 베이스 전류가

$$i_b = \frac{v_s}{r_\pi} \qquad [1]$$

이며 출력에서는 i_o=$-\beta i_b$이므로 출력 전압은 다음과 같다.

$$v_o = i_o R_C = -\beta i_b R_C = -\beta\left(\frac{R_C}{r_\pi}\right)v_s \qquad [2]$$

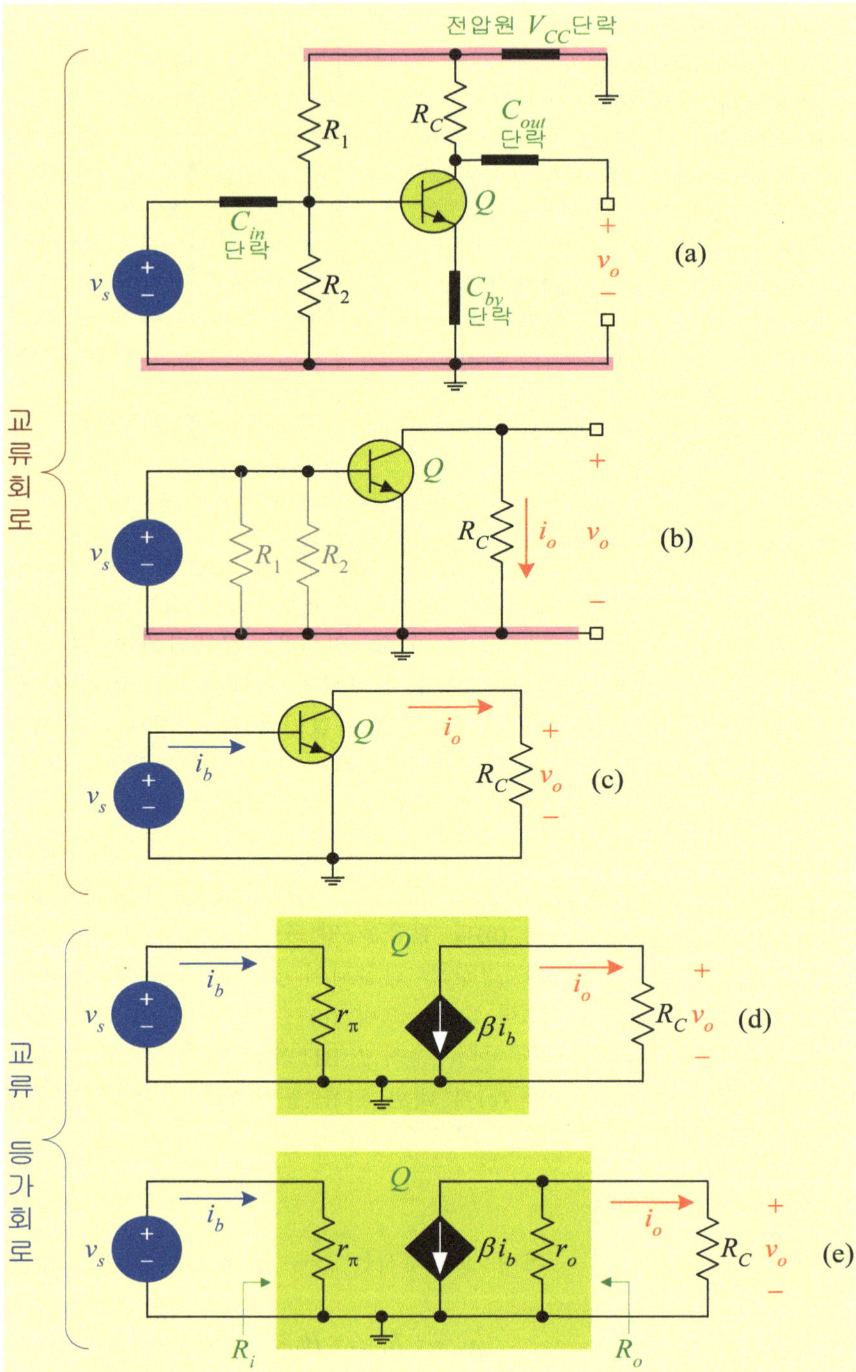

▶그림 12-3
그림 12-2에 대한 교류 회로((a), (b), (c)); 교류 등가회로((d), (e)).

따라서 전압 이득은 다음과 같다.

$$A_v = \frac{v_o}{v_s} = -\beta\left(\frac{R_C}{r_\pi}\right) \quad [3]$$

그리고 전류 이득은 다음과 같다.

$$A_i = \frac{i_o}{i_b} = -\beta \quad [4]$$

전압 이득은 식 [3]에 의해 R_C에 직접 비례한다. 그러나 실제로는 R_C가 어느 이상 증가하면 전압 이득은 더 이상 증가하지 않으며 이는 그림 12-3(e)가 보여준다. 그림 (e)는 BJT의 실제 등가회로(그림 11-30(a) 참조)를 이용한 것이며 r_o는 트랜지스터 출력 저항이다. 이 경우의 실제 전압 이득은

$$A_v = -\beta\left(\frac{r_o \| R_C}{r_\pi}\right) \quad (r_o\text{를 고려}) \quad [5]$$

이며 실제 전류 이득은 다음과 같음을 알 수 있다.

$$A_i = -\beta\left(\frac{r_o}{r_o + R_C}\right) \quad (r_o\text{를 고려}) \quad [6]$$

그러나 일반적으로 r_o는 수십 kΩ 이상이므로 R_C는 수 kΩ 수준이 보통이므로 r_o는 R_C에 비해 충분히 크다. 따라서 R_C가 수 kΩ 이하인 상황에서는 R_C의 효과는 무시된다. CE 증폭기의 입력 저항 R_i 및 출력 저항R_o는 그림 12-3(e)로부터 다음과 같다.

$$R_i = r_\pi, \quad R_o = r_o \quad (r_o\text{를 고려}) \quad [7]$$

예제 12-1

그림 12-2의 증폭기에서 $\beta=\beta_o=160$, $r_o=40\text{k}\Omega$이며 모든 커패시터의 용량은 무한대로 가정한다. 그리고 각 저항은 다음과 같다:

$R_1=47\text{k}\Omega$, $R_2=10\text{k}\Omega$, $R_C=4.7\text{k}\Omega$, $R_E=1\text{k}\Omega$.

(a) Q점 구하라.

(b) 전압 이득과 전류 이득을 구하라.

풀이 식 [25]로부터

(a) 전압 분배 바이어스 회로이므로 그림 11-28를 이용하면

$$V_{BB} = \frac{R_2}{R_1 + R_2} V_{CC} = \frac{10\ \text{k}\Omega}{47\ \text{k}\Omega + 10\ \text{k}\Omega} \times 12\ \text{V} = 2.1\ \text{V}$$

$$R_B = \frac{R_1 R_2}{R_1 + R_2} = \frac{47\ \text{k}\Omega \times 10\ \text{k}\Omega}{47\ \text{k}\Omega + 10\ \text{k}\Omega} = 8.25\ \text{k}\Omega$$

따라서 베이스 바이어스 전류는 11장의 식 [17]로부터

$$I_{BQ} = \frac{V_{BB} - 0.7\ \text{V}}{R_B + (\beta_o + 1)R_E} = \frac{2.1\ \text{V} - 0.7\ \text{V}}{8.25\ \text{k}\Omega + 161 \times 1\ \text{k}\Omega} = \mathbf{8.25\ \mu A}$$

컬렉터, 이미터 바이어스 전류는

$$I_{EQ} \cong I_{CQ} = \beta_o I_{BQ} = 160 \times 8.25\ \mu\text{A} = \mathbf{1.33\ mA}$$

컬렉터-이미터 전압은

$$\begin{aligned} V_{CEQ} &= V_{CC} - I_{CQ}R_C - I_{EQ}R_E \\ &\cong V_{CC} - I_{CQ}(R_C + R_E) \\ &= 12 - (1.33 \times 10^{-3}) \times (5.7 \times 10^3) \\ &= \mathbf{4.42\ V} \end{aligned}$$

이상으로 Q점은 다음과 같다.

$$I_{BQ} = \mathbf{8.25\ \mu A}, \quad I_{EQ} \cong I_{CQ} = \mathbf{1.33\ mA}, \quad V_{CEQ} = \mathbf{4.42\ V}$$

(b) (a)의 결과를 이용하면 동저항 r_π는

$$r_\pi = \frac{26\ \text{mV}}{I_{BQ}} = \frac{26\ \text{mV}}{8.25\ \mu\text{A}} = \mathbf{3.15\ k\Omega}$$

그리고 $r_o >> R_C$이므로 전압 이득과 전류 이득은 식 [3], [4]로부터

$$A_v = -\beta\left(\frac{R_C}{r_\pi}\right) = -160 \times \frac{4.7\ \text{k}\Omega}{3.15\ \text{k}\Omega} = \mathbf{-239}$$

$$A_i = -\beta = \mathbf{-160}$$

이미터-공통 증폭기는 전압 이득과 전류 이득이 모두 β에 비례하므로 높은 이득을 얻을 수 있다. 따라서 다음에 소개할 컬렉터-공통 증폭기와 베이스-공통 증폭기에 비해 이득면에서는 가장 우수하다.

컬렉터-공통 증폭기

그림 12-4는 결합 커페시터 C_{in}을 통해 베이스에 입력을, C_{out}을 통해 이미터에 출력을 연결하면서 측로 커페시터 C_{by}로 컬렉터를 교류적으로 접지시킨 컬렉터 공통 증폭기이다. 이 회로의 교류 회로는 그림 12-5의 (a)와 같으며 이를 정리한 것이 그림 (b)이다. 여기서도 저항 R_1과 R_2가 교류 전압원 v_s와 병렬로 결합되어 있으므로 회로에 영향을 미치지 못한다. 따라서 그림 (b)는 그림 (c)와 같은 회로이며 이로부터 컬렉터-공통 유형임이 확인된다. 이 역시 BJT의 교류 등가 회로(그림 11-19)를 이용하면 그림 (d)의 교류 등가회로를 얻을 수 있다. 그림 (d)에서 $i_e=(\beta+1)i_b$의 관계를 이용하여 KVL을 적용하면 다음과 같다.

$$v_s = i_b r_\pi + i_e R_E = i_b[r_\pi + (\beta+1)R_E] \qquad [8]$$

따라서 베이스 전류는 다음과 같다.

$$i_b = \frac{v_s}{r_\pi + (\beta+1)R_E} \qquad [9]$$

그리고 $i_o=i_e=(\beta+1)i_b$의 관계에 의해 출력 전압은 다음과 같다.

$$v_o = i_o R_E = (\beta+1)i_b R_E = \left[\frac{(\beta+1)R_E}{r_\pi + (\beta+1)R_E}\right]v_s \qquad [10]$$

이상으로 컬렉터-공통 증폭기의 전압 이득 $A_v=v_o/v_s$는 다음과 같이 주어짐을 알 수 있다.

▶그림 12-4
컬렉터-공통(CC) 증폭기의 전체 회로

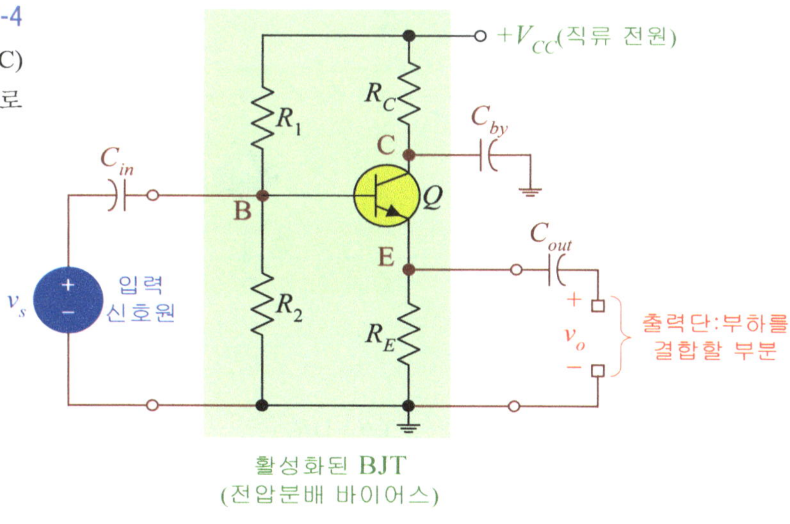

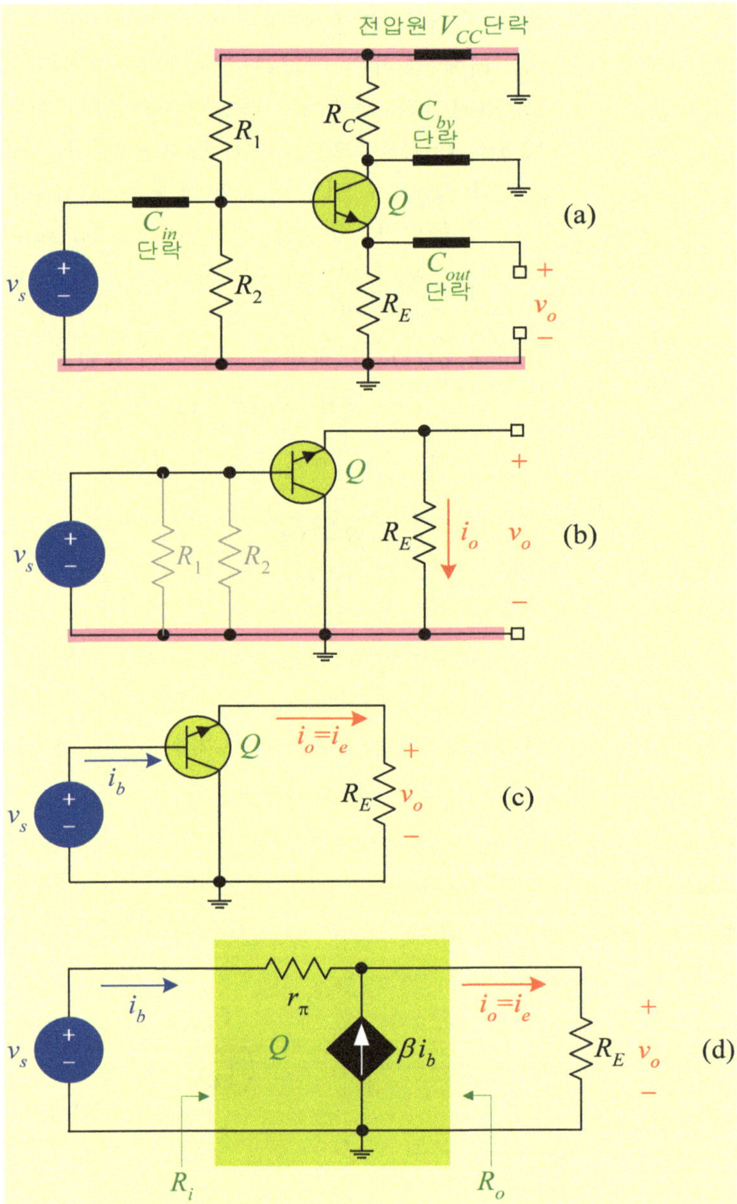

▶그림 12-5
그림 12-4에 대한 교류 회로((a), (b), (c)); 교류 등가회로((d)).

$$A_v = \frac{v_o}{v_s} = \frac{(\beta+1)R_E}{r_\pi + (\beta+1)R_E} \quad [11]$$

위의 식은 분모가 분자보다 항상 크므로 $A_v<1$의 특성이 있다. 즉

즉 컬렉터-공통 증폭기의 전압 이득은 최대 1을 넘을 수 없다. 그러나 일반적으로 $(\beta+1)R_E >> r_\pi$의 관계를 만족하도록 하므로 전압 이득은

$$A_v = \frac{(\beta+1)R_E}{r_\pi + (\beta+1)R_E} \cong 1 \quad ((\beta+1)R_E >> r_\pi) \qquad [12]$$

로 근사화할 수 있다. 반면에 전류 이득은

$$A_i = \frac{i_o}{i_b} = \frac{i_e}{i_b} = \beta + 1 \qquad [13]$$

로서 1보다 충분히 크게 할 수 있다. 그리고 그림 12-5(d)의 입력 저항 R_i는 식 [9]로부터 다음과 같음을 알 수 있다.

$$R_i = \frac{v_s}{i_b} = r_\pi + (\beta+1)R_E \qquad [14]$$

이며 이 관계는 그림 12-6과 같다. 즉 **이미터에 있는 저항은 베이스 측에서 보았을 때는 β+1배로 커 보이며** 이는 변압기의 임피던스 변환기 역할(그림 7-20 참조)과 유사하다. 다음으로 그림 12-5(d)에서 증폭기의 출력 저항 R_o를 구하는 회로는 그림 12-7과 같다. 즉 입력 전원 v_s를 끈(단락)한 상태에서 출력단에 가상의 시험 전원 v_x를 결합한다고 상상하면 $R_o=v_x/i_x$로 주어진다. 전류 i_x는 $i_x=i_b+\beta i_b=(1+\beta)i_b$이며 r_π의 양단

►그림 12-6
컬렉터-공통 증폭기의 입력 저항.

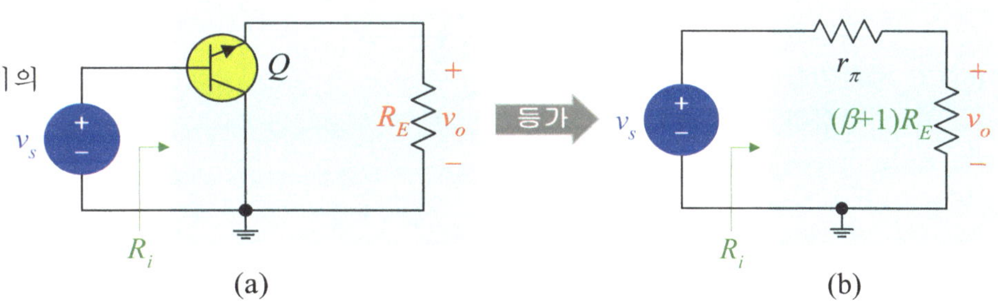

►그림 12-7
컬렉터-공통 증폭기의 출력 저항을 구하는 회로.

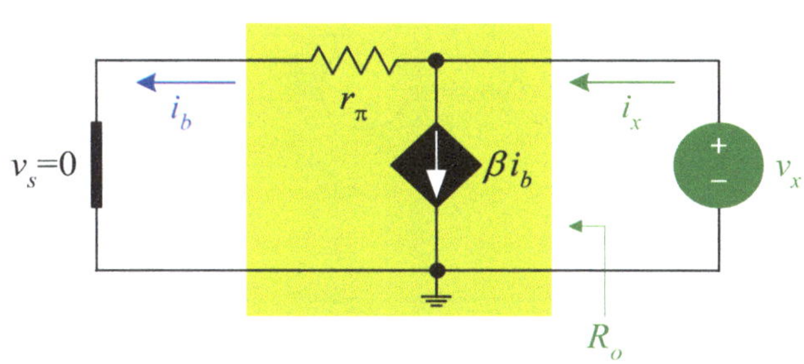

전압이 v_x이므로 $i_b = v_x/r_\pi$이다. 따라서 i_x와 v_x의 관계는 다음과 같다.

$$i_x = (\beta + 1)i_b = \left(\frac{\beta + 1}{r_\pi}\right)v_x \tag{15}$$

이로부터 출력 저항 $R_o = v_x/i_x$는

$$R_o = \frac{r_\pi}{\beta + 1} \tag{16}$$

로서 매우 낮다. 이상으로 컬렉터-공통 증폭기는 전압 이득은 거의 1이며 입력 저항은 매우 높고 출력 저항은 매우 낮은 특성이 있다.

그림 12.8을 통해 컬렉터-공통 증폭기의 임피던스 변환 기능에 대해 잘 알 수 있다. 먼저 그림 12-8의 (a)에서 부하 저항 R_L이 전원 저항 R_S에 비해 매우 작다고 하고 우리가 원하는 것은 출력의 전압 v_o라 하자. 이 경우 $R_L \ll R_S$이므로 출력에 분배되는 전압 v_o는 매우 작을 것이다. 그림 (b)는 변압기를 통해 부하 R_L을 증가시켜 결합한 경우이며

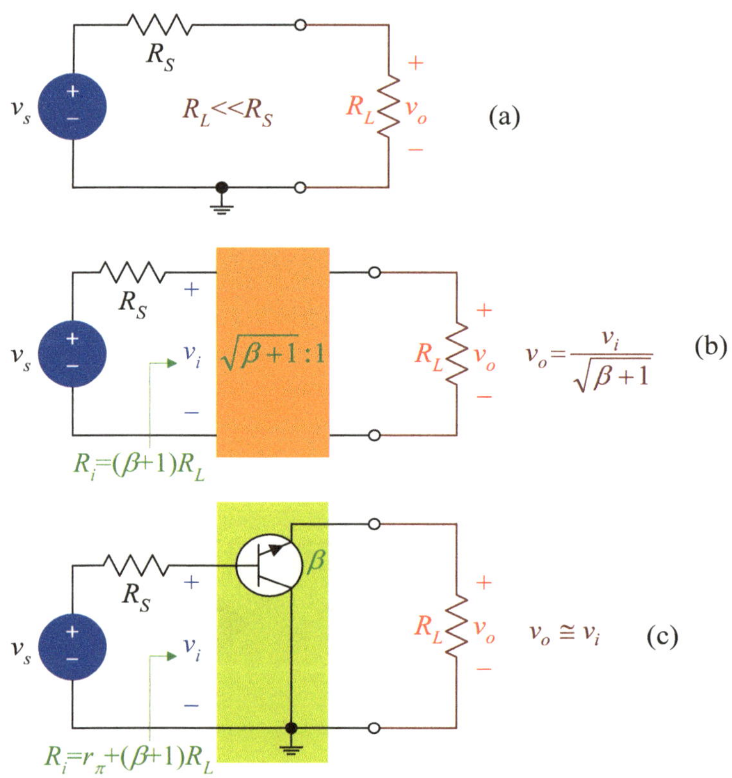

▶그림 12-8 부하를 (a) 직접 결합한 형태; (b) 변압기를 통해 결합한 형태 (c) CC 증폭기를 통해 결합한 형태

$R_i=(\beta+1)R_L$로 증가된다. 따라서 변압기 입력에 분배되는 전압 v_i는 증가할 것이다. 그러나 전압 v_i가 변압기 출력에 전달될 때

$$v_o = \frac{v_i}{\sqrt{\beta+1}} \qquad [17]$$

로 강압되어 버리므로 임피던스 변환 기능이 무색해지게 된다. 그러나 그림 12-8의 (c)와 같이 컬렉터-공통 증폭기를 통해 부하를 결합하면 상황이 달라진다. 즉 임피던스 변환 기능에 의해 $R_i=r_\pi+(\beta+1)R_L$로 증가하므로 베이스 전압 v_i가 증가할 뿐 아니라 증폭기의 전압 이득이 거의 1이므로 v_i가 컬렉터로 전달될 때 $v_o \cong v_i$가 된다. 따라서 변압기는 저항이 높게 변환되는 반면에 전달 과정에서 강압되지만 컬렉터-공통 증폭기의 경우는 저항도 높게 변환되면서 전압도 거의 그대로 전달된다. 그 이유는 변압기는 에너지를 창출할 수 없는 수동 소자이지만 증폭기는 에너지를 생산할 수 있는 능동 소자이기 때문이다.

그림 12-9는 BJT의 임피던스 변환 효과를 보여주는 그림이다. 그림 (a)는 베이스에서 바라보았을 때 이미터 저항이 확대되는 원리이며 그림 (b)는 이미터에서 바라보았을 때 베이스 저항이 축소되는 원리이다. 즉 그림 (a)는 돋보기 기능에, 그림 (b)는 졸보기 기능에 비유할 수 있다. 이 기능은 트랜지스터 회로에서 임피던스 정합을 위해 매우 널리 사용되고 있으며 이를 완충기(buffer)라 한다.

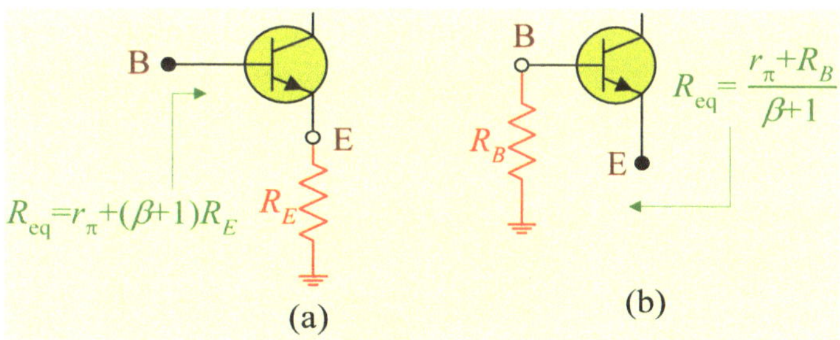

▶그림 12-9 BJT에서 베이스와 이미터간의 임피던스 환산 관계. (a) 돋보기 기능; (b) 졸보기 기능.

예제 12-2

그림 12-8에서 R_S=900Ω, R_L=100Ω, β=149이며 그림 12-8(c)에서는 r_π=1kΩ이다. 각 경우에 대한 전압 이득 $A_v=v_o/v_s$를 구하라.

풀이

(a) 그림 12-8(a): $A_v = \frac{R_L}{R_S+R_L} = \frac{100}{900+100} = \mathbf{0.1}$

(b) 그림 12-8(b):

$$R_i = (\beta+1)R_L = 150 \times 100\ \Omega = 15\ \text{k}\Omega$$

$$v_i = \frac{R_i}{R_S + R_i} v_s = \frac{15}{0.9+15} v_s = 0.94 v_s$$

$$v_o = \frac{v_i}{\sqrt{\beta+1}} = \frac{v_i}{\sqrt{150}} = 0.082 v_i = 0.077 v_s$$

$\therefore A_v =$ **0.077**

(c) 그림 12-8(c):

$$R_i = r_\pi + (\beta+1)R_L = 1\ \text{k}\Omega + 150 \times 100\ \Omega = 16\ \text{k}\Omega$$

$$v_i = \frac{R_i}{R_S + R_i} v_s = \frac{16}{0.9+16} v_s = 0.95 v_s$$

$$v_o = \left[\frac{(\beta+1)R_L}{r_\pi + (\beta+1)R_L}\right] v_i = \frac{15}{1+15} \times v_i = 0.94 v_i = 0.89 v_s$$

$\therefore A_v =$ **0.89**

베이스-공통 증폭기

그림 12-10은 C_{in}을 통해 이미터에 입력을, C_{out}을 통해 컬렉터에 출력을 연결하면서 C_{by}로 베이스를 교류적으로 접지시킨 베이스-공통 증폭기이다. 이 회로의 교류 회로는 그림 12-11의 (a)와 같으며 이를 정리한 것이 그림 (b)이다. 여기서도 저항 R_E가 교류 전압원 v_s와 병렬로

▸그림 12-10
베이스-공통(CB) 증폭기의 전체 회로

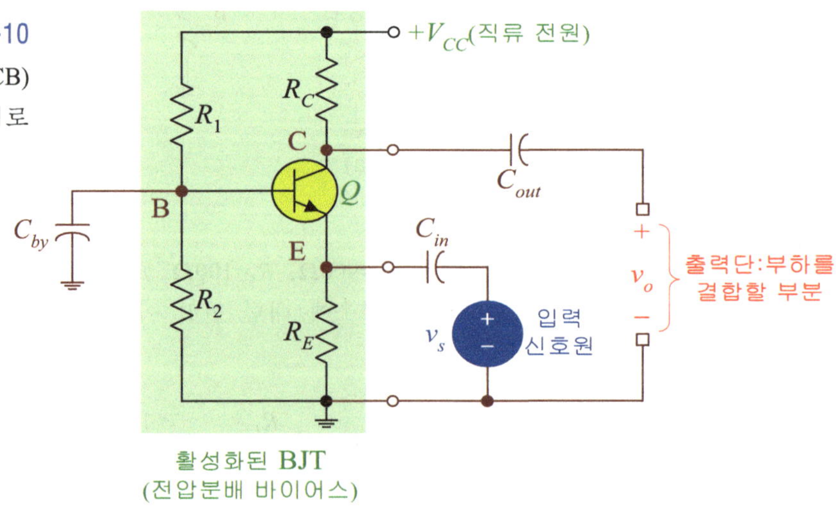

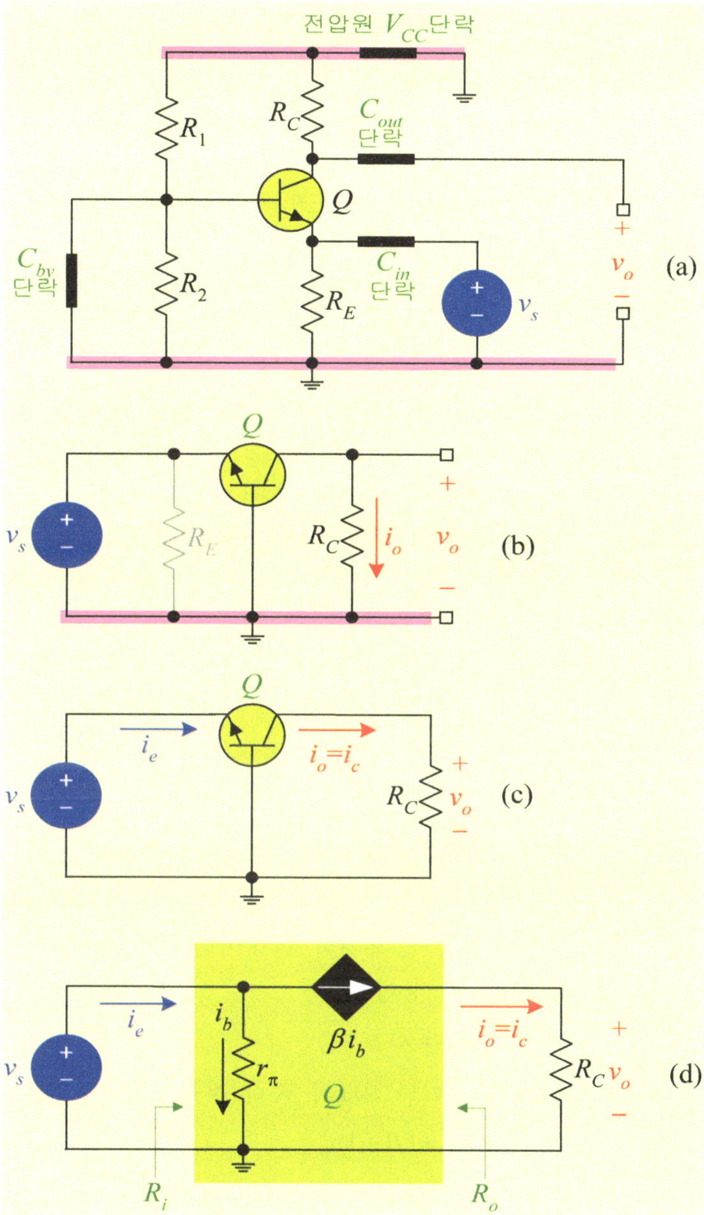

▶그림 12-11
그림 12-10에 대한 교류 회로((a), (b), (c)); 교류 등가회로((d)).

결합되어 있으므로 회로에 영향을 미치지 못한다. 따라서 그림 12-11의 (b)는 그림 (c)와 같으며 베이스-공통임이 확인된다. 이 역시 BJT의 교류 등가 회로를 이용하면 그림 (d)의 교류 등가회로를 얻을 수 있다.

그림 12-11(d)에서

$$i_b = v_s / r_\pi \qquad [18]$$

이므로 출력 전압 v_o는 다음과 같다.

$$v_o = i_c R_C = \beta i_b R_C = \left(\frac{\beta R_C}{r_\pi}\right) v_s \qquad [19]$$

따라서 전압 이득은

$$A_v = \frac{\beta R_C}{r_\pi} \qquad [20]$$

로서 이미터-공통 증폭기의 전압 이득인 식 [3]과 부호만 다르다. 이에 비해 전류 이득은

$$A_i = \frac{i_c}{i_e} = \frac{\beta i_b}{(\beta+1) i_b} = \frac{\beta}{\beta+1} \qquad [21]$$

로서 항상 1보다 작으며 β>>1이므로 A_i는 거의 1이다. 이 성질은 컬렉터-공통 증폭기에서는 전압 이득이 거의 1인 것과 반대이다. 그리고 그림 12-11(d)에서 CB 증폭기의 입력 저항 R_i는 다음과 같이 정의된다.

$$R_i = \frac{v_s}{i_e} = \frac{v_s}{(\beta+1) i_b} \qquad [22]$$

위의 식에 식 [18]의 관계를 이용하면

$$R_i = \frac{r_\pi}{\beta+1} \qquad [23]$$

와 같이 입력 저항은 매우 작다. 이 또한 입력 저항이 매우 높은 컬렉터-공통 증폭기와 반대이다. 그리고 출력 저항 R_o는 그림 12-11(d)의 등가회로 상에서는

$$R_o = \infty \qquad [24]$$

이다. 그러나 BJT의 출력 저항 r_o를 고려한 실제적인 경우에는

$$R_o = (\beta+1) r_o \qquad [25]$$

로 주어지므로 역시 매우 높다(이에 대한 구체적인 설명은 생략한다). 이상으로 베이스-공통 증폭기는 1에 가까운 전류 이득, 매우 낮은 입력 저항, 매우 높은 출력 저항이 특징이며 모든 면에서 컬렉터-공통 증폭기와 상반된다. 표 12-1은 BJT 증폭기의 특성을 요약한 것이다.

▶표 12-1
BJT 증폭기의 제반 특성

	전압 이득	전류 이득	입력 저항	출력 저항
이미터-공통	$-\beta R_C/r_\pi$	$-\beta$	r_π	r_o
컬렉터-공통	$\cong 1$	$\beta+1$	$r_\pi+(\beta+1)R_E$	$r_\pi/(\beta+1)$
베이스-공통	$\beta R_C/r_\pi$	$\cong 1$	$r_\pi/(\beta+1)$	$(\beta+1)r_o$

다링턴 증폭기

단일 BJT의 전류 증폭률을 높이는 데는 한계가 있다. 따라서 두 개의 트랜지스터(Q_1, Q_2)를 그림 12-12와 같은 방식으로 결합하여 하나의 트랜지스터(Q)로 사용하면 매우 높은 전류 증폭률을 얻을 수 있으며 이를 다링턴쌍(Darlington pair)이라 한다. 다링턴쌍의 직류 및 교류 특성은 그림 12-13을 통해 쉽게 이해할 수 있으며 Q_1과 Q_2는 완전히 같은 트랜지스터로 한다. 먼저 그림 12-13의 (a)에서 Q의 도통 전압을 V_{TD}라 하면 이는 Q_1과 Q_2의 도통 전압을 합한 것이므로 $V_{TD}=2V_T\cong 1.4\text{V}$ 정도이다. 그리고 교류 특성은 그림 (b)의 전류 관계로부터 알 수 있으며 다링턴쌍의 전류 증폭률을 β_D라 하면 다음과 같다(β>>1).

$$\beta_\text{D}=\beta(\beta+2)\cong\beta^2 \quad [26]$$

따라서 다링턴쌍의 전류 증폭률은 단일 트랜지스터 증폭률의 자승으로 매우 높아지게 된다. 그리고 Q의 입력 저항을 $r_{\pi\text{D}}$라 하면

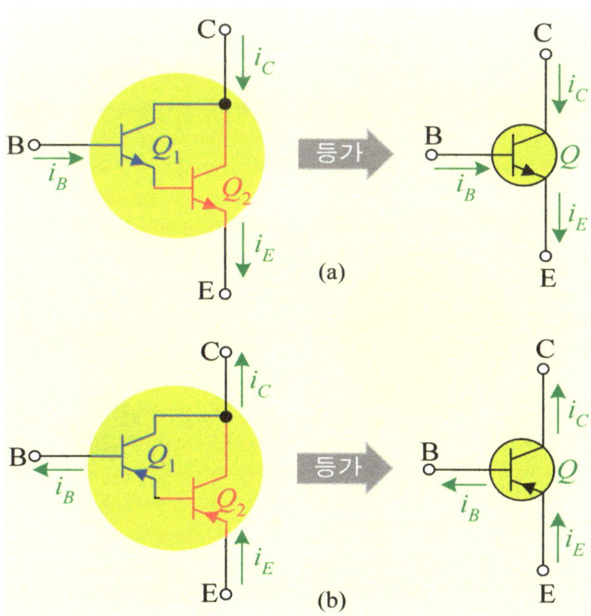

▶그림 12-12
다링턴쌍: (a) *NPN* BJT; (b) *PNP* BJT.

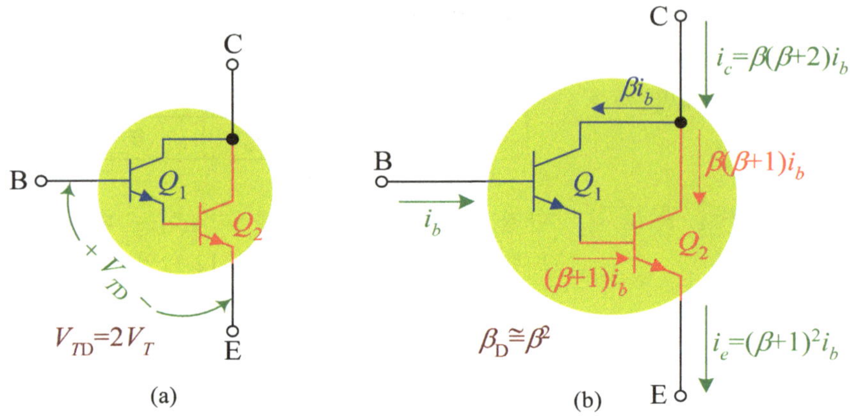

▶그림 12-13 다링턴쌍의 (a) 도통 전압 V_{TD}; (b) 전류 증폭률 β_D;

$$r_{\pi D} = 2r_\pi \qquad [27]$$

이다. 이상으로 다링턴쌍의 특성을 정리하면 다음과 같다.

$$V_{TD} = 2V_T, \quad \beta_D \cong \beta^2, \quad r_{\pi D} = 2r_\pi \qquad [28]$$

다링턴쌍은 제조시부터 하나의 패키지로 제공되고 있으며 전류 증폭률이 매우 높기 때문에 증폭기에서 많이 활용되고 있다. 그림 12-14의 (a)는 이미터-공통 다링턴 증폭기 회로의 예이며 그림 (b)는 컬렉터-공통 다링턴 증폭기의 예이다.

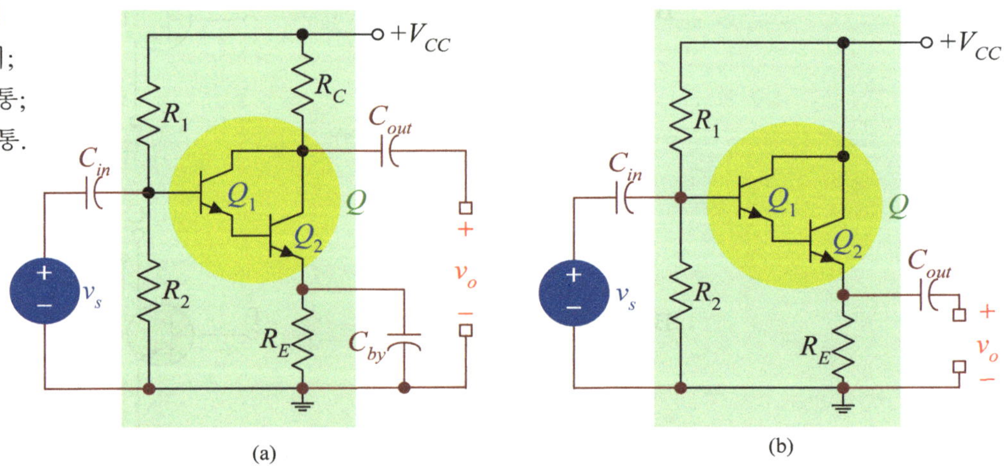

▶그림 12-14 다링턴 증폭기; (a) 이미터-공통; (b) 컬렉터-공통.

12.2 FET 기본 증폭기

FET 증폭기 역시 그림 12-15와 같이 세 가지 유형이 있다. 그림 (a)는 소스를 접지 단자로 하고 게이트를 입력으로, 드레인을 출력으로 하는 소스 공통 증폭기(common source; CS)있으며 그림 (b)는 드레인을 접지로 하여 게이트를 입력으로, 소스를 출력으로 하는 드레인 공통 증폭기(common drain; CD)이다. 그리고 그림 (c)는 게이트를 접지로 하여 소스를 입력으로, 드레인을 출력으로 하는 게이트 공통 증폭기(common gate; CG) 방식이다. 각 유형의 증폭기를 해석하기 전에 각 유형에 대한 교류 등가회로를 알면 매우 편리하다.

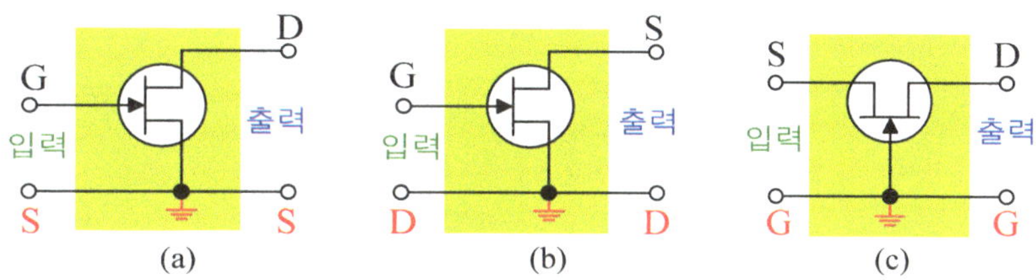

►그림 12-15 FET 증폭기의 기본 유형: (a) 소스-공통; (b) 드레인-공통; (c) 게이트-공통;

그림 12-16은 소스-공통 방식 FET에 대한 간소화된 교류 등가회로이다(그림 11-37(b) 참조). 다음으로 그림 12-17은 드레인-공통 방식에 대한 교류 등가회로를 보여준다. 먼저 그림 12-17(b)는 그림 12-16을 바탕으로 그린 드레인-공통 교류 등가회로임을 알 수 있다. 여기서 그림 12-17(b)에 약간의 회로 이론을 적용하면 그림 12-17(c)와 같이 등가적으로 나타낼 수 있으며(부록 E 참조) 이는 소스-공통 방식의 등가회로와 유사한 형태가 된다. 그리고 그림 12-18은 게이트-공통 방식에 대한 등가회로를 보여준다. 그림 12-18(b)는 게이트-공통 등가회로를 그림 12-16을 바탕으로 그린 것임을 알 수 있으며 이 역시 약간의 회로 이론을 적용하면 그림 12-18(c)와 같이 소스-공통 등가회로 형태로 바꿀 수 있다(부록 F 참조). 이상으로 드레인-공통 및 게이트-공통 등가회로도 모두 소스-공통 등가회로 형태로 통일할 수 있으므로 FET 회로를 해석하는데 있어 매우 편리하다. 물론 BJT 경우에도 컬렉터-공통 및 베이스-공통 등가회로를 이미터-공통 등가회로의 형태로 고쳐 표현할 수 있지만 지나치게 번거러워 이 책에서는 다루지 않았다.

▶그림 12-16
소스-공통에 대한 교류 등가회로

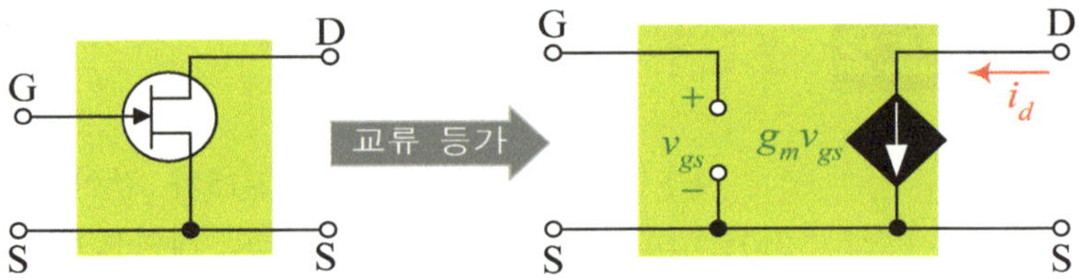

▶그림 12-17
드레인-공통에 대한 교류 등가회로

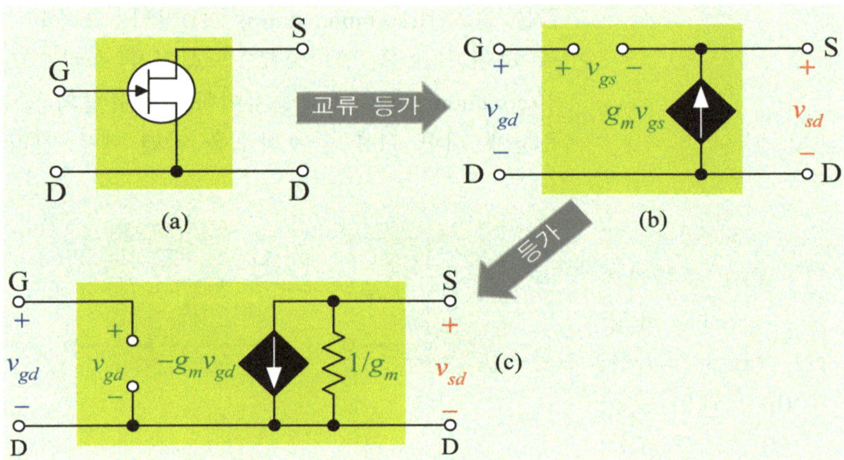

▶그림 12-18
게이트-공통에 대한 교류 등가회로

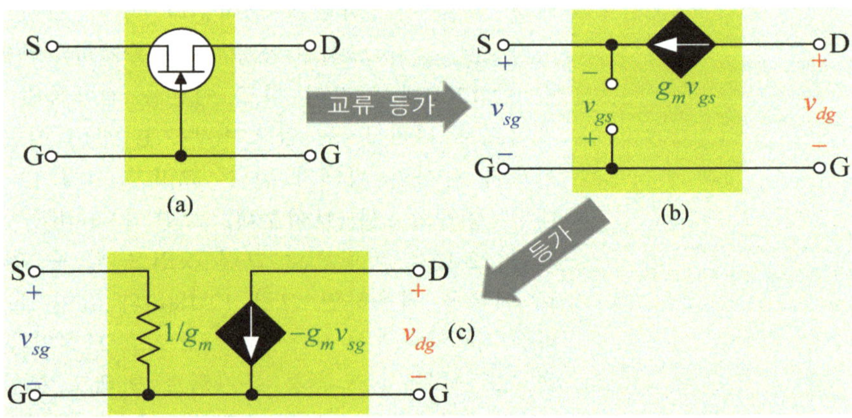

소스-공통 증폭기

그림 12-19의 (a)는 자기 바이어스(그림 11-39 참조)를 사용한 소스-공통 증폭기로 입력은 결합 커페시터 C_{in}을 통해 게이트로 연결되고 출력은 C_{out}을 통해 드레인에 연결된다. 그리고 소스는 측로 커페시터 C_{by}에 의해 교류적으로 접지된다. 그림 (a)의 교류 회로를 구하기 위해 직류 전압원을 비롯하여 모든 커페시터를 단락시키면 그림 (b)와 같으며 입력 전압원과 병렬 결합된 게이트 저항 R_G는 교류에 대해 무의미하다. 따라서 그림 (b)에 대한 교류 등가회로는 그림 (c)와 같다(그림 12-16 참조). 그림 (c)에서 $v_{gs}=v_s$이며 $i_d=g_m v_{gs}=g_m v_s$이므로 출력 전압 v_o는 다음과 같다.

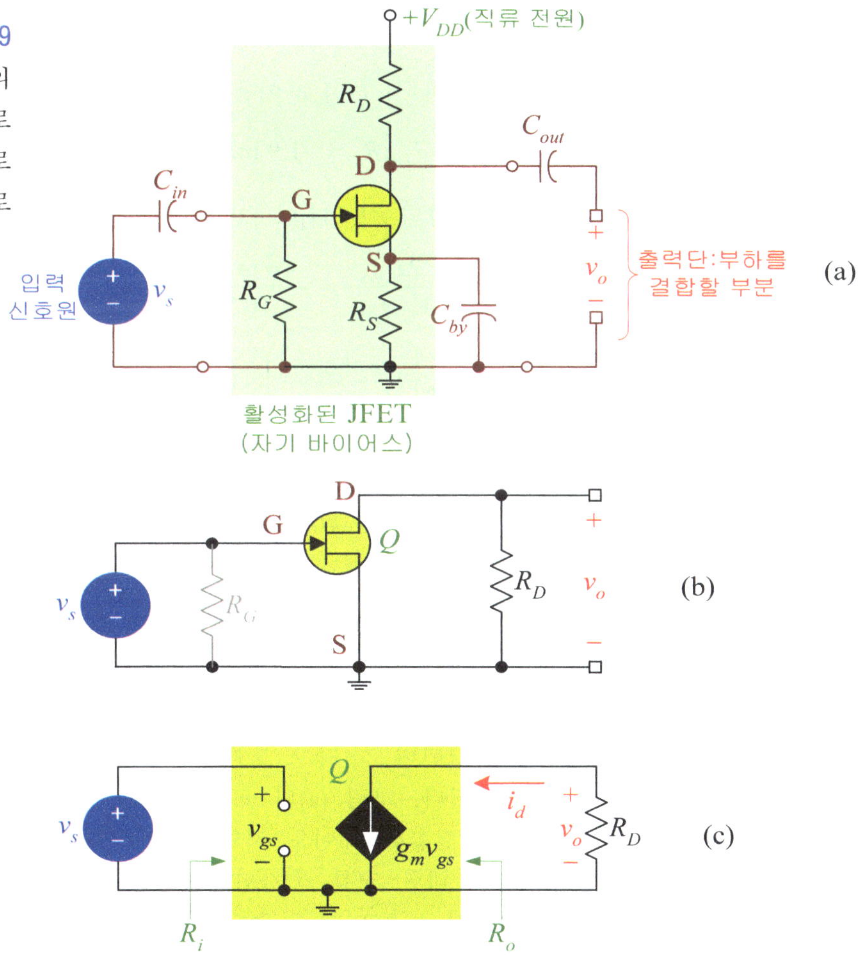

▶그림 12-19
소스-공통 증폭기의
(a) 전체 회로
(b) 교류 회로
(c) 교류 등가회로

$$v_o = -i_d R_D = -g_m R_D v_s \qquad [29]$$

따라서 전압 이득 $A_v = v_o/v_s$는 다음과 같이 주어진다.

$$A_v = -g_m R_D \qquad [30]$$

그리고 그림 12-19(c)에서 입력 저항 R_i는 출력 저항 R_o는

$$R_i = \infty, \quad R_o = \infty \qquad [31]$$

이다. 물론 실제 출력 저항은 $R_o = r_{ds}$이지만(그림 11-37(b) 참조) r_{ds}가 충분히 실제 거의 문제되지 않는다.

예제 12-3

그림 12-19(a)의 회로에서 I_{DSS}=8mA, $V_{GS(off)}$=−10V이며 R_D=3.3kΩ, R_S=2.7kΩ이다. I_{DQ}=1.9mA로 주어질 경우 전압 이득을 구하라.

풀이 11장의 식 [39]를 이용하면

$$V_{GSQ} = -I_{DQ} R_S = -1.9\text{ mA} \times 2.7\text{ k}\Omega = -5.13\text{ V}$$

그리고 11장의 식 [34]와 [33]으로부터

$$g_{mo} = -\frac{2I_{DSS}}{V_{GS(\text{off})}} = -\frac{16\text{ mA}}{-10\text{ V}} = 1.6\text{ mS}$$

$$g_m = g_{mo}\left(1 - \frac{V_{GSQ}}{V_{GS(\text{off})}}\right) = (1.6\times10^{-3})\times\left(1 - \frac{-5.13}{-10}\right) = 0.779\text{ mS}$$

따라서 전압 이득은 식 [30]으로부터 다음과 같다.

$$A_v = -g_m R_D = -(0.779\times10^{-3})\times(3.3\times10^3) \cong \mathbf{-2.6}$$

드레인-공통 증폭기

그림 12-20의 (a)는 자기 바이어스를 사용한 드레인-공통 증폭기로 입력은 결합 커패시터 C_{in}을 통해 게이트로 연결되고 출력은 C_{out}을 통해 소스에 연결된다. 그리고 드레인은 측로 커패시터 C_{by}에 의해 교류적으로 접지된다. 그림 (a)의 교류 회로는 그림 (b)와 같으며 입력 전압원과 병렬 결합된 게이트 저항 R_G는 교류에 대해 무의미하다. 따라서 그림 (b)에 대한 교류 등가회로는 그림 (c)와 같다(그림 12-17(c) 참조). 그림 (c)에서 $v_{gd} = v_s$이므로 출력 전압 v_o는 다음과 같다.

▶그림 12-20
드레인-공통 증폭기의
(a) 전체 회로
(b) 교류 회로
(c) 교류 등가회로

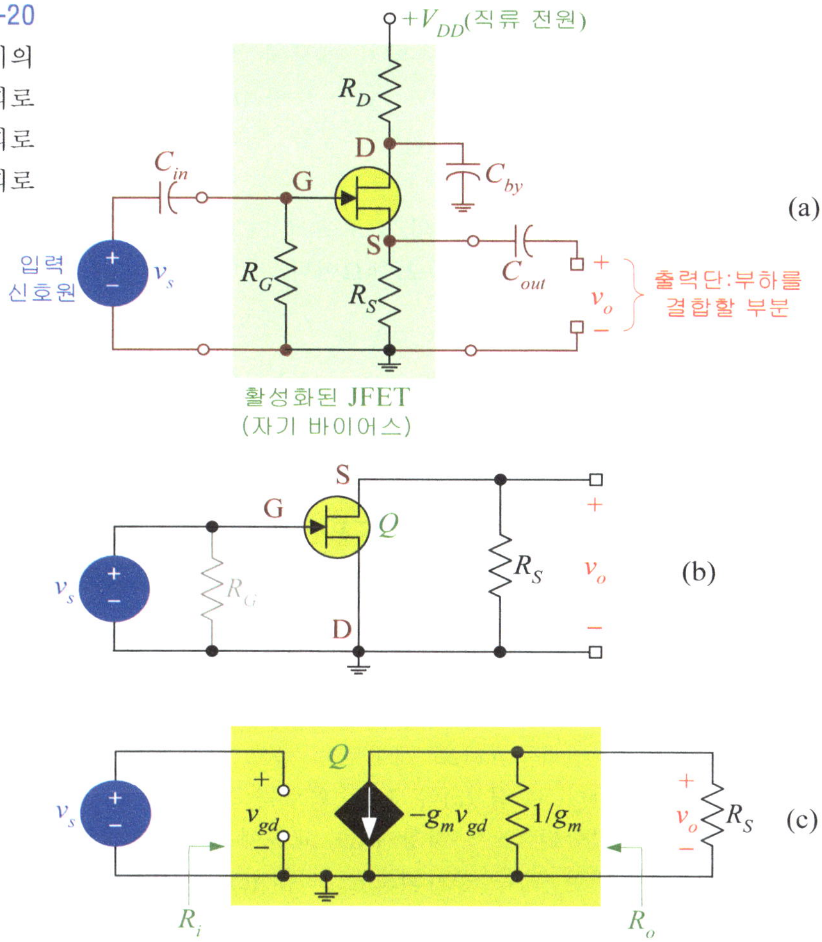

$$v_o = -g_m v_s\left(\frac{1}{g_m}\|R_S\right) = -\left(\frac{g_m R_S}{1+g_m R_S}\right)v_s \quad [32]$$

따라서 전압 이득 $A_v=v_o/v_s$는 다음과 같이 주어진다.

$$A_v = -\frac{g_m R_S}{1+g_m R_S} \quad [33]$$

그리고 그림 12-20(c)에서 입력 저항 R_i는 출력 저항 R_o는 다음과 같다.

$$R_i = \infty, \quad R_o = \frac{1}{g_m} \quad [34]$$

식 [33]에서 전압 이득의 크기는 최대 1이하이며 이는 컬렉터-공통 증폭기의 특성과 일치한다. 그리고 식 [34]로부터 입력 저항은 매우 높고 출력 저항은 낮기 때문에 이 역시 컬렉터-공통 증폭기 특성과 일치한다(일반적으로 $1/g_m$은 수백 Ω 이하이다). 따라서 드레인-공통 증폭기는 전체적으로 컬렉터-공통 증폭기와 성질이 같다.

예제 12-4

그림 12-20(a)의 회로에서 FET의 전달 컨덕턴스는 g_m=3.3mS이며 R_S=1.1kΩ, R_D=2.2kΩ이다. 전압 이득과 출력 저항을 구하라.

풀이 식 [33]으로부터

$$A_v = -\frac{g_m R_S}{1+g_m R_S} = -\frac{(3.3\times10^{-3})(1.1\times10^{3})}{1+(3.3\times10^{-3})(1.1\times10^{3})} \cong -0.8$$

그리고 식 [34]로부터

$$R_o = \frac{1}{g_m} = \frac{1}{3.3\times10^{-3}} = 300\,\Omega$$

게이트-공통 증폭기

그림 12-21의 (a)는 게이트-공통 증폭기의 전체 회로이며 입력은 결합 커페시터 C_{in}을 통해 소스로 연결되고 출력은 C_{out}을 통해 드레인에 연결된다. 그리고 게이트는 측로 커페시터 C_{by}에 의해 교류적으로 접지된다. 그림 (a)의 교류 회로는 그림 (b)와 같으며 입력 전압원과 병렬 결합된 소스 저항 R_S는 교류에 대해 의미가 없다. 따라서 그림 (b)에 대한 교류 등가회로는 그림 (c)와 같다(그림 12-18(c) 참조). 그림 (c)에서 $v_{sg}=v_s$이므로 출력 전압 v_o는 다음과 같다.

$$v_o = g_m v_{sg} R_D = g_m R_D v_s \qquad [35]$$

따라서 전압 이득 $A_v=v_o/v_s$는 다음과 같이 주어진다.

$$A_v = g_m R_D \qquad [36]$$

즉 게이트-공통 증폭기의 전압 이득은 소스-공통 증폭기 전압 이득인 식 [30]과 크기는 같고 부호만 반대임을 알 수 있다. 이는 이미터-공통 증폭기와 베이스-공통 증폭기의 전압 이득 관계와 같다. 그리고 그림 12-21(c)에서 입력 저항 R_i는 출력 저항 R_o는 다음과 같다.

$$R_i = \frac{1}{g_m}, \quad R_o = \infty \qquad [37]$$

▶그림 12-21
게이트-공통 증폭기의
(a) 전체 회로
(b) 교류 회로
(c) 교류 등가회로

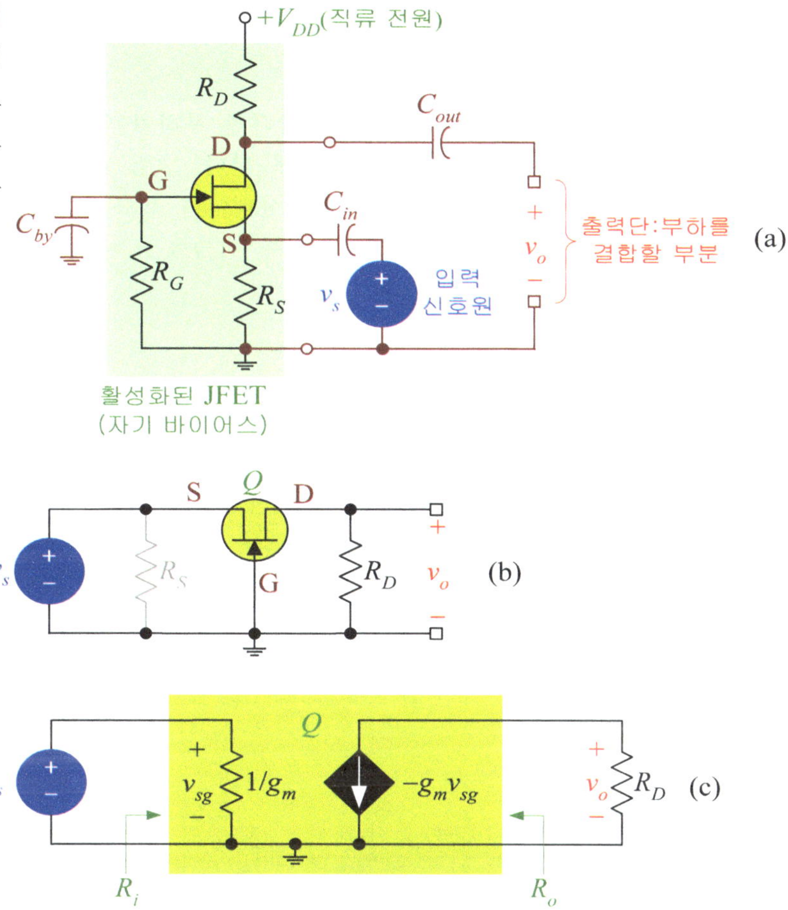

따라서 게이트-공통 증폭기는 입력 저항이 매우 낮고 출력 저항이 매우 높으며 이는 식 [34]의 드레인-공통 증폭기 경우와 정 반대이다. 이상으로 FET의 소스-공통은 BJT의 이미터-공통에 상응하고 FET의 드레인-공통은 BJT의 컬렉터-공통에, FET의 게이트-공통은 BJT의 베이스-공통에 각각 상응한다.

이상으로 BJT와 FET의 기본 증폭기에 대해 알아보았다. BJT는 전류 전도에 홀과 전자가 함께 기여하므로 전도 과정이 복잡하다. 이에 비해 FET는 홀이나 전자 중 한 가지로만 전류의 전도가 이루어지므로 BJT에 비해 잡음이 적다. 그러나 FET는 전달 컨덕턴스 g_m이 비교적 낮기 때문에 BJT에 비해 전체적으로 전압 이득이 매우 낮다는 큰 약점이 있다.

12.3 부하 결합

증폭기에 부하를 결합하면 부하가 없을 때에 비해 전압 이득과 전류 이득 모두가 감소하게 된다. 그림 12-22의 (a)는 이미터-공통 증폭기에 부하 R_L을 결합한 상태이며 교류 등가회로는 그림 (b)와 같음을 알 수 있다. 그림에서 전류 이득을 $A_i{'}=i_o/i_b$라 하면

$$A_i' = -\beta\left(\frac{R_C}{R_C + R_L}\right) \quad [38]$$

이며 이를 부하가 없을 때의 전류 이득인 식 [4]의 A_i와 비교하여 감소된 것임을 알 수 있다. 한편 전압 이득을 $A_v{'}=v_o/v_s$라 하면

$$A_v' = \frac{v_o}{v_s} = \frac{i_o R_L}{i_b r_\pi} = A_i' \frac{R_L}{r_\pi} \quad [39]$$

이므로 식 [38]을 이용하면 다음과 같다.

▶그림 12-22 부하를 결합한 (a) 이미터-공통 증폭기 (b) 교류 등가회로

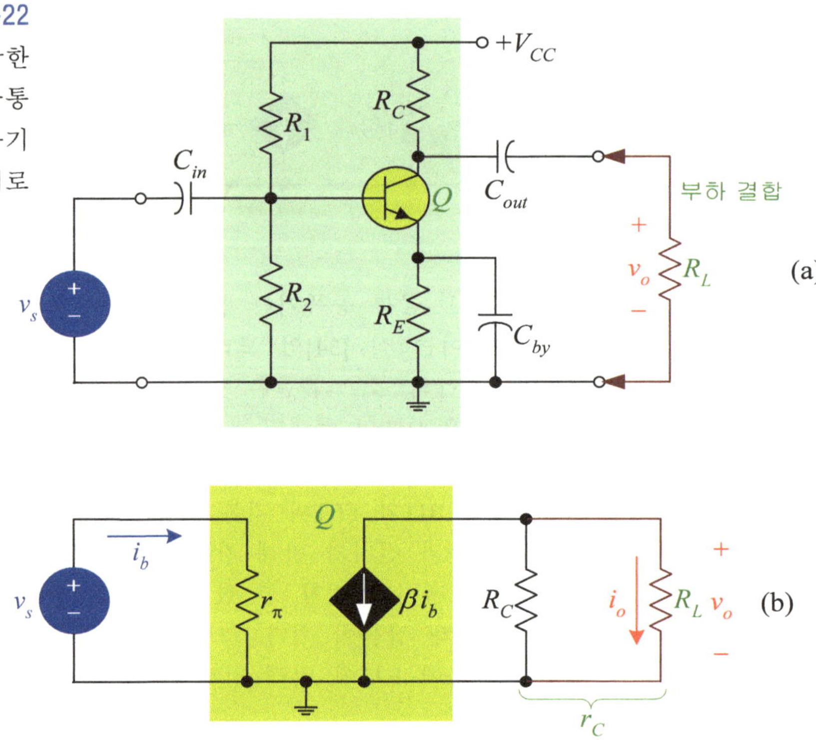

$$A_v' = -\beta\left(\frac{r_C}{r_\pi}\right), \quad r_C = R_C \| R_L \qquad [40]$$

따라서 식 [40]을 부하가 없을 때의 결과인 식 [3]과 비교하면 전압 이득이 감소함을 알 수 있다($r_C < R_C$).

식 [39]와 [40]으로부터 컬렉터 저항 R_C가 부하 R_L에 비해 클수록 전류 이득과 전압 이득이 개선됨을 알 수 있다. 그러나 직류 입장에서는 R_C에 의해 컬렉터 바이어스 전류가 $I_{C(max)}=V_{CC}/(R_C+R_E)$로 제한되므로($V_{CE}$=0V) 임의대로 크게 할 수 없다. 따라서 직류에 대해서는 영향을 주지 않으면서 교류에 대해서만 R_C가 충분히 크게 되는 효과를 얻을 수 있는 방법이 필요하므로 이에 대해 설명한다.

인덕터 결합

교류에 대한 컬렉터 저항 R_C의 부하 효과를 없앰으로써 이득을 극대화시키는 방법 중 하나가 그림 12-23의 (a)와 같이 리액턴스가 충분히 높은 인덕터인 RFC 코일을 통해 부하를 결합하는 방법이다. 여기서 RFC(radio frequency choke)는 코일의 권수를 충분히 많이 하여 인덕턴스를 매우 높게 한 소자로서 교류에 대해서는 거의 개방과 같게 동작한다. 이에 비해 직류에 대한 권선 저항이 충분히 낮아 직류에 대해서는 거의 단락과 같이 동작한다. 그림 (a)의 교류 등가회로는 그림 (b)임을 알 수 있으며 여기서 RFC가 교류에 대해 개방 회로와 같이 동작하므로 그림 (b)는 결국 그림 (c)와 같다. 그림 12-23(c)를 그림 12-22(b)와 비교하면 컬렉터 저항 R_C를 무한대로 한 것과 같은 효과를 얻을 수 있다. 따라서 전류 이득과 전압 이득은 식 [38]과 [40]에서 R_C를 무한대로 하면

$$A_i = -\beta \qquad [41]$$

및

$$A_v = -\frac{\beta R_L}{r_\pi} \qquad [42]$$

이다. 그리고 최대 컬렉터 바이어스 전류, 즉 포화 전류는 R_C=0으로 하면 $I_{C(max)}=V_{CC}/R_E$로 주어진다. 그러나 인덕터 결합의 단점은 RFC 코일의 단가가 비싸다는 것과 주파수 특성에 문제가 있다는 것이다.

▸그림 12-23
인덕터 결합 방식:
(a) 전체 회로;
(b) 교류 등가회로;
(c) 실제 등가회로.

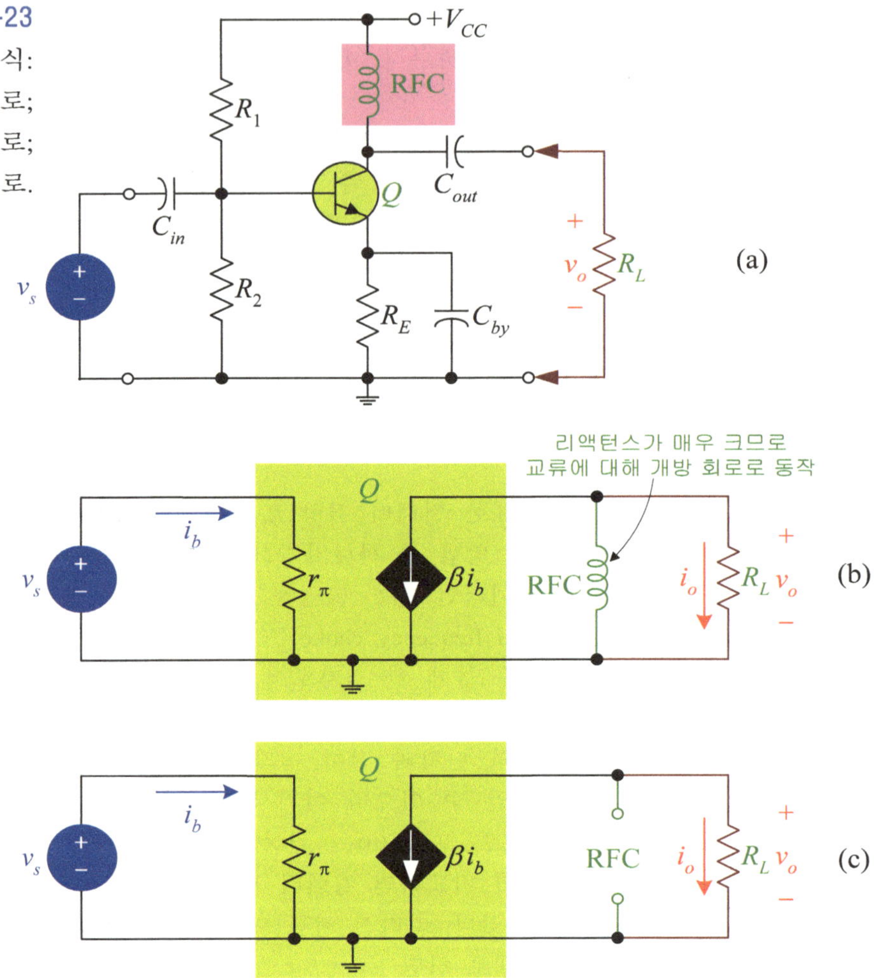

변압기 결합

컬렉터 저항 대신에 RFC 코일을 사용할지라도 부하 저항 R_L 자체가 지나치게 작을 때는 인덕터 결합 방식으로도 더 이상 전압 이득을 증가시킬 수 없다. 이런 경우는 그림 12-24(a)와 같이 변압기를 통해 부하를 결합시키는 방식이 효과적이다.

그림 12-24의 (a)에서 직류는 변압기를 통해 전달되지 못한다. 따라서 부하 R_L은 바이어스에 영향을 미치지 않으면서 증폭기와 교류적으로만 결합된다. 그림 (a)의 교류 등가회로는 그림 (b)와 같으며 변압기 T의 이차 측에 있는 저항 R_L과 그 양단 전압 v_o와 전류 i_o를 일차 측으로 환산하면 그림 (c)와 같이 된다(이상적인 변압기로 가정).

▶그림 12-24
변압기 결합 방식:
(a) 전체 회로;
(b) 교류 등가회로;
(c) 일차측으로 환산한
교류 등가회로.

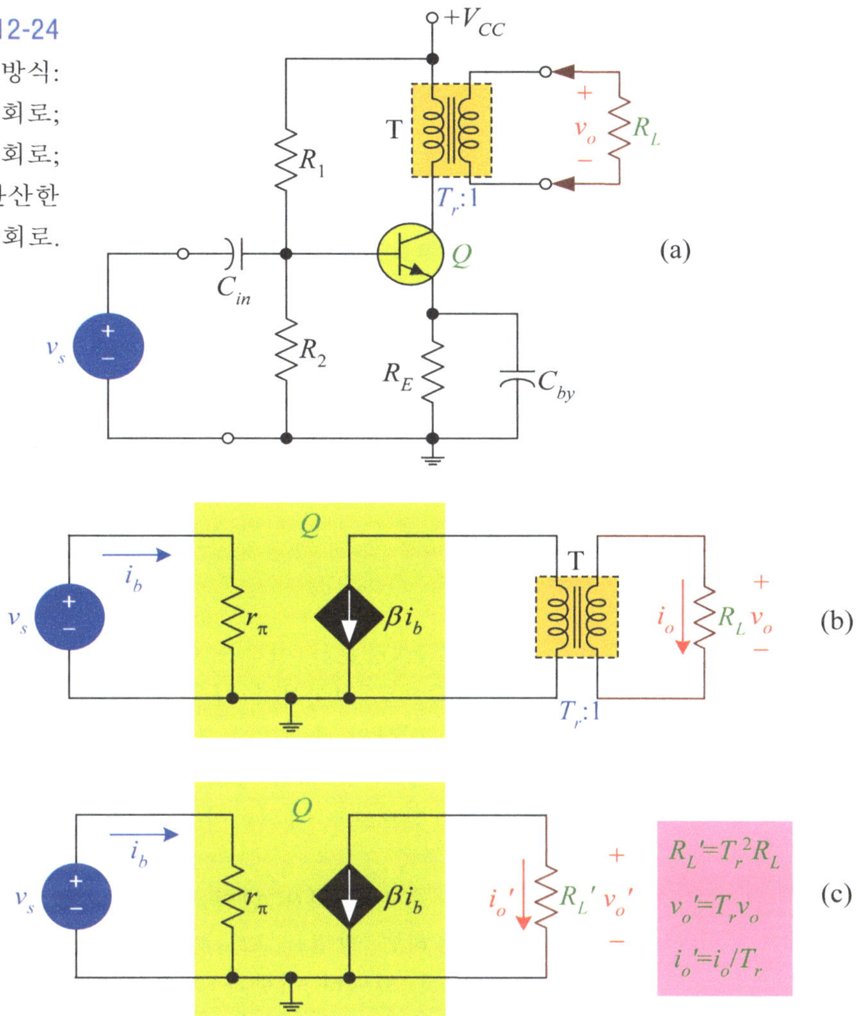

$$R_L' = T_r^2 R_L, \quad v_o' = T_r v_o, \quad i_o' = i_o/T_r \qquad [43]$$

따라서 전압 이득과 전류 이득은 각각 다음과 같다.

$$A_v' = \frac{v_o'}{v_s} = -\beta\left(\frac{R_L'}{r_\pi}\right) = -\beta\left(\frac{T_r^2 R_L}{r_\pi}\right) \qquad [44]$$

$$A_i' = i_o'/i_b = -\beta \qquad [45]$$

식 [44]와 [45]에 식 [43]의 변환 관계를 대입하여 정리하면 구하고자 하는 전체 전압 및 전류 이득은 각각 다음과 같이 주어지게 된다.

$$A_v = \frac{v_o}{v_s} = \frac{v_o'/T_r}{v_s} = \frac{A_v'}{T_r} = -\beta T_r\left(\frac{R_L}{r_\pi}\right) \quad [46]$$

$$A_i = \frac{i_o}{i_b} = \frac{T_r i_o'}{i_b} = T_r A_i' = -\beta T_r \quad [47]$$

따라서 T_r을 1보다 충분히 크게 하면 전압 이득과 전류 이득을 늘릴 수 있다. 그러나 T_r을 어느 정도 이상 크게 하면 저항 R_L'에 비교해 BJT의 출력 저항 r_o가 무시할 수 없는 수준이 되므로 더 이상의 권선비 증가는 효과를 나타내지 못한다.

12.4 다단 증폭기

단일 증폭기로는 충분한 이득을 얻을 경우에는 두 개 이상의 증폭단을 직렬로 연속으로 결합하여 사용하면 전체 이득을 높일 수 있다. 이와 같이 두 단 이상의 증폭기를 결합하여 사용하는 것을 다단 증폭기(多段增幅器)라 한다. 그러나 증폭단간의 결합은 서로간의 바이어스에 영향을 줄 수 있으므로 유의하여야 한다.

RC 결합

하나의 증폭단의 출력을 다음 단의 입력에 결합시킬 때 저항(R)과 커페시터(C)를 이용하는 방법을 *RC* 결합이라 한다. 그림 12-25(a)는 두 개의 CE 증폭기를 컬렉터 저항과 커페시터를 통해 결합시키고 있으며 전단의 직류 성분은 커페시터 C에 의해 차단되며 교류 성분만 다음 단으로 연결된다. 이 방법의 장점은 각 증폭단의 Q점이 서로 영향을 주지 않도록 커페시터에 의해 격리되기 때문에 직류의 변동으로 인한 Q점의 유동(流動)이 누적되지 않는다는 점이다. 그림 12-25의 (a)에 대한 교류 등가회로는 그림 (b)와 같으며

$$R_{B2} = R_3 \| R_4 \quad [48]$$

이다. 트랜지스터 Q_1의 컬렉터에 대해 R_{C1}만 부하 역할을 하는 것이 아니라 다음 단 Q_2의 베이스 저항 R_3와 R_4의 병렬 결합인 R_{B2} 및 트랜지스터 Q_2의 베이스-이미터간 동저항 $r_{\pi 2}$도 부하 역할을 한다. 따라

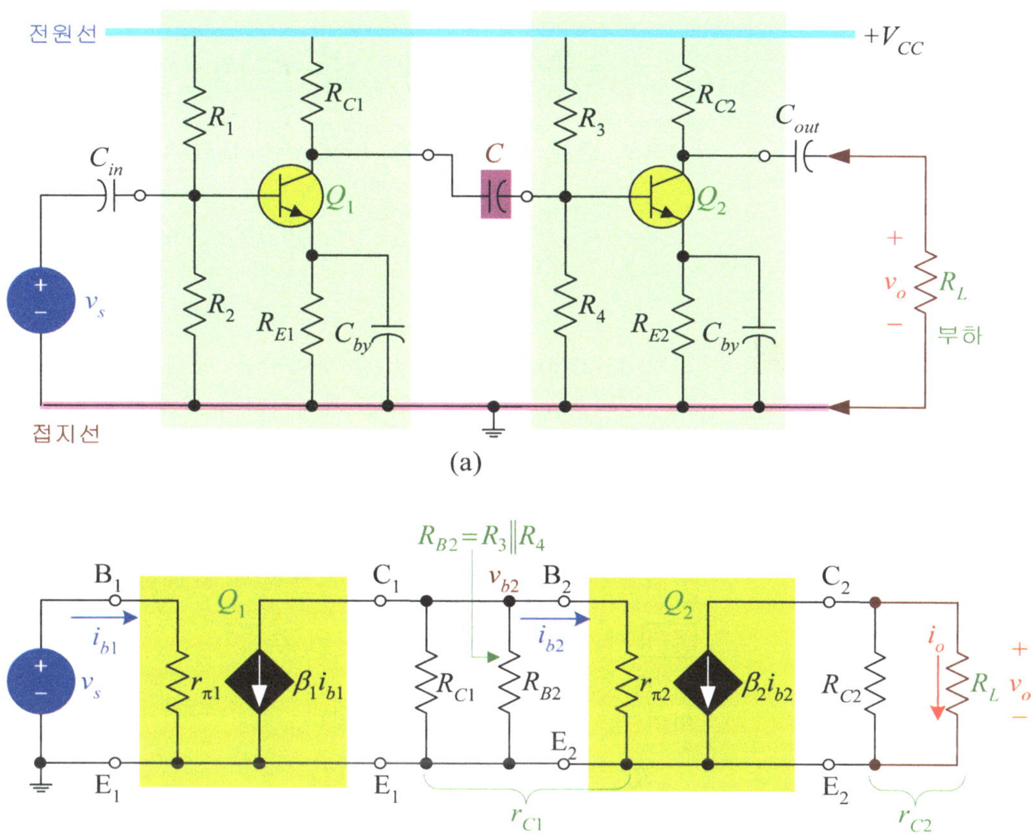

▲그림 12-25 (a) *RC* 결합 2단 이미터-공통 증폭기; (b) 교류 등가회로

서 R_{B2}가 클수록 유리하며, 이로부터 전압 분배 바이어스 저항은 가능한 클수록 교류에 대해 바람직하다는 것을 알 수 있다. 그림 12-25(b)에 표시된 바와 같이 Q_1의 컬렉터에 대한 총 부하를 r_{C1}이라 하면

$$r_{C1} = R_{C1} \| R_{B2} \| r_{\pi 2} \tag{49}$$

로 주어진다. 따라서 v_s와 v_{b2}의 관계는 다음과 같다.

$$A_{v1} = \frac{v_{b2}}{v_s} = -\beta\left(\frac{r_{C1}}{r_{\pi 1}}\right), \qquad r_{C1} = R_{C1} \| R_{B2} \| r_{\pi 2} \tag{50}$$

그리고 v_{b2}와 v_o의 관계는 다음과 같다.

$$A_{v2}=\frac{v_o}{v_{b2}}=-\beta\left(\frac{r_{C2}}{r_{\pi 2}}\right), \qquad r_{C2}=R_{C2}\|R_L \tag{51}$$

이상으로 전체 전압 이득은 $A_v=v_o/v_s=A_{v1}A_{v2}$는 다음과 같이 주어진다.

$$A_v=\beta^2\left(\frac{r_{C1}r_{C2}}{r_{\pi 1}r_{\pi 2}}\right), \qquad (r_{C1}=R_{C1}\|R_{B2}\|r_{\pi 2}, \quad r_{C2}=R_{C2}\|R_L) \tag{52}$$

예제 12-5

그림 12-25(a)의 회로에서 각 증폭단은 예제 12-1의 경우와 같다. 즉 모두 $\beta=\beta_o=160$이며 모든 커페시터의 용량은 무한대로 가정한다. 그리고 각 저항은 다음과 같다:

$R_1=R_3=47\,\text{k}\Omega$, $R_2=R_4=10\,\text{k}\Omega$, $R_{C1}=R_{C2}=4.7\,\text{k}\Omega$, $R_{E1}=R_{E2}=1\,\text{k}\Omega$, $R_L=4.7\,\text{k}\Omega$.

전체 전압 이득을 구하고 예제 12-1의 결과와 비교하라.

풀이 예제 12-1의 결과로부터

$$r_{\pi 1}=r_{\pi 2}=3.15\,\text{k}\Omega$$

이며 등가 저항들은 다음과 같다.

$$R_{B2}=47\,\text{k}\Omega\|10\,\text{k}\Omega=8.25\,\text{k}\Omega$$
$$r_{C1}=R_{C1}\|R_{B2}\|r_{\pi 2}=4.7\,\text{k}\Omega\|8.25\,\text{k}\Omega\|3.15\,\text{k}\Omega=1.53\,\text{k}\Omega$$
$$r_{C2}=R_{C2}\|R_L=4.7\,\text{k}\Omega\|4.7\,\text{k}\Omega=2.35\,\text{k}\Omega$$

따라서 식 [52]로부터

$$A_v=\beta^2\left(\frac{r_{C1}r_{C2}}{r_{\pi 1}r_{\pi 2}}\right)=160^2\times\frac{1.53\times 2.35}{3.13^2}\cong 9400$$

이며 이는 단일 증폭단인 예제 12-1의 전압 이득 239에 비해 매우 높다.

RC 결합 2단 소스-공통 증폭기를 예로 들면 그림 12-26의 (a)와 같으며 두 증폭기는 드레인 저항과 커페시터 *C*를 통해 결합된다. 이 회로의 교류 등가회로는 그림 (b)이며 일반적으로 게이트 저항 R_{G2}는 드레인 저항 R_{D1}에 비해 매우 크므로 무시할 수 있다. 게이트 저항이 큰

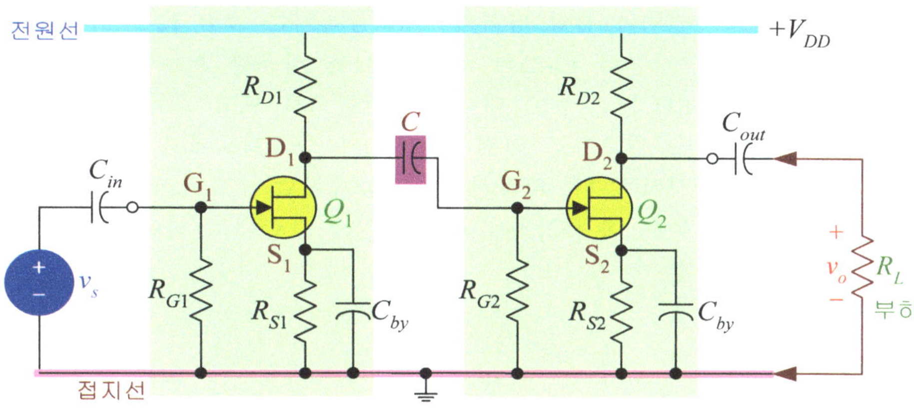

(a)

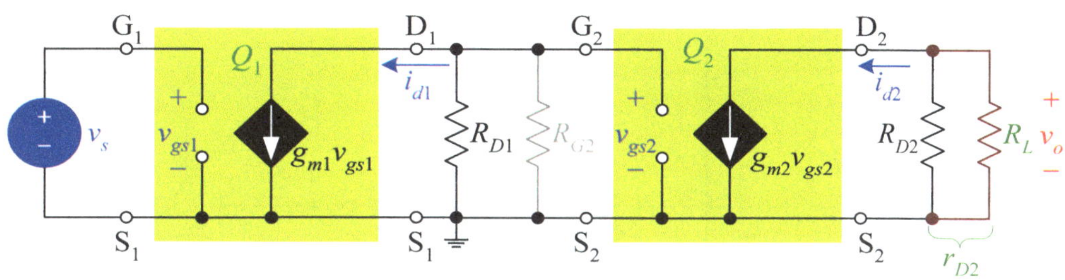

(b)

▲그림 12-26 (a) *RC* 결합 2단 소스-공통 증폭기; (b) 교류 등가회로

이유는 게이트에는 전류가 흐르지 않으므로 게이트 저항은 임의대로 크게 할 수 있기 때문이다. 즉 게이트 저항은 회로의 *Q*점에 아무런 영향을 미치지 않으며 다만 교류 전압을 게이트에 결합시킬 때 필요하다. 그림 12-26(b)에서 $v_{gs1}=v_s$이므로

$$A_{v1} = \frac{v_{gs2}}{v_s} = -g_{m1}R_{D1} \tag{53}$$

및

$$A_{v2} = \frac{v_o}{v_{gs2}} = -g_{m2}r_{D2} \quad (r_{D2} = R_{D2} \| R_L) \tag{54}$$

이다. 따라서 전체 전압 이득 $A_v=v_o/v_s$는 다음과 같다.

$$A_v = A_{v1}A_{v2} = g_{m1}g_{m2}R_{D1}r_{D2} \quad (r_{D2} = R_{D2} \| R_L) \tag{55}$$

인덕터 결합

인덕터 결합 방식의 다단 증폭기는 그림 12-27(a)와 같이 구성되며 이는 그림 12-23의 결합 방식을 사용한 회로이다. 앞서 이야기 했듯이 RFC는 직류에 대해서는 단락으로 보고 교류에 대해서는 개방으로 볼 수 있으므로 그림 12-25(b)의 등가회로에서 R_{C1}과 R_{C2}를 무한대로 한 것과 같다. 따라서 교류 등가회로는 그림 12-27(b)와 같으며 전압 이득은 식 [52]에서 R_{C1}과 R_{C2}를 무한대로 하여 다음과 같이 간단히 구할 수 있다.

$$A_v = \beta^2\left(\frac{r_{C1}R_L}{r_{\pi 1}r_{\pi 2}}\right), \qquad (r_{C1} = R_{B2}\|r_{\pi 2}) \tag{56}$$

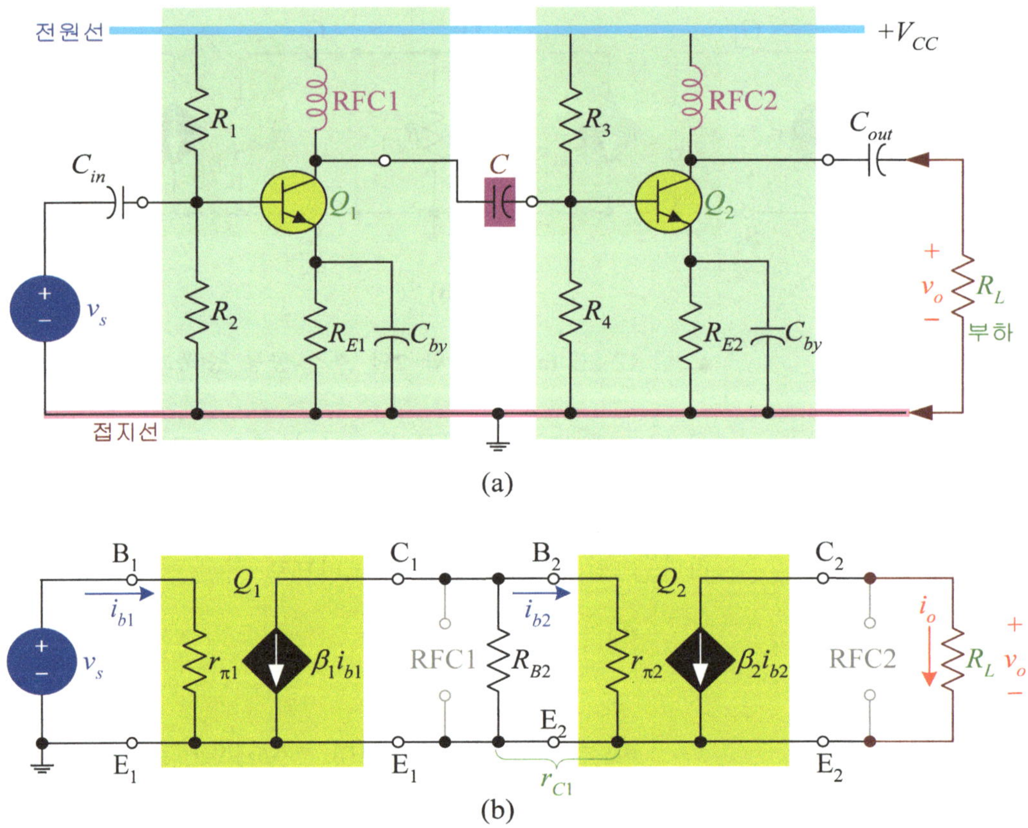

▲그림 12-27 (a) 인덕터 결합 2단 이미터-공통 증폭기; (b) 교류 등가회로

12.5 동조 증폭기(Tuned amplifier)

지금까지 설명한 증폭기들은 가능한 한 넓은 주파수 대역에 걸쳐 일정한 이득을 내는 것이 바람직하며 이러한 증폭기를 광대역(廣帶域) 증폭기라 한다. 그러나 경우에 따라서는 특정한 주파수를 중심으로 협대역의 신호만 선별하여 증폭할 필요가 있으며 이는 무선 통신에서는 필수적이다. 이처럼 특정의 좁은 대역만 선택적으로 증폭하는 증폭기를 협대역(狹帶域) 증폭기라 한다. 그리고 증폭기의 협대역 특성은 공진 회로(또는 동조 회로)와 결합하여 얻을 수 있으므로 동조(同調) 증폭기라고도 한다.

그림 12-28의 (a)는 이미터-공통 증폭기에서 컬렉터 저항 대신에 *LC* 병렬 공진 회로를 채용한 동조 증폭기이며 교류 회로는 그림 (b)와 같다. 수 있다(전압과 전류 및 임피던스는 페이저로 표시한다). 등가회로인 그림 (c)에서 전압 이득은 다음과 같이 $\mathbf{Z}_C$에 비례한다.

$$\mathbf{A}_v = \frac{\mathbf{V}_o}{\mathbf{V}_s} = -\frac{\beta \mathbf{Z}_C}{r_\pi} \qquad [57]$$

LC 병렬 공진 회로의 임피던스 $\mathbf{Z}_C$는 주파수 특성이 그림 12-29(a)와 같으므로(그림 5-18 참조) 이에 비례하는 식 [57]의 전압 이득의 주파수 특성은 그림 12-29(b)와 같다. 따라서 동조 증폭기는 중심 주파수 ω_o를 중심으로 대역폭 B 내의 주파수 성분만 증폭하며 중심 주파수에서의 이득은 $\beta R_L/r_\pi$이다.

▶그림 12-28
(a) 동조 증폭기 예;
(b) 교류 회로;
(c) 교류 등가회로.

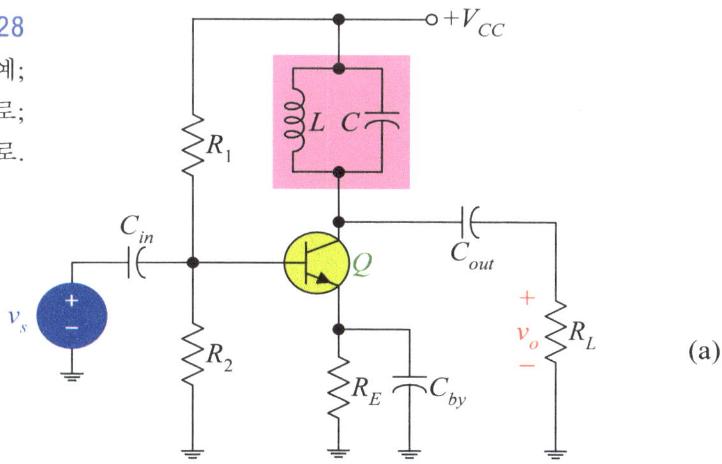

▶그림 12-28
(계속)

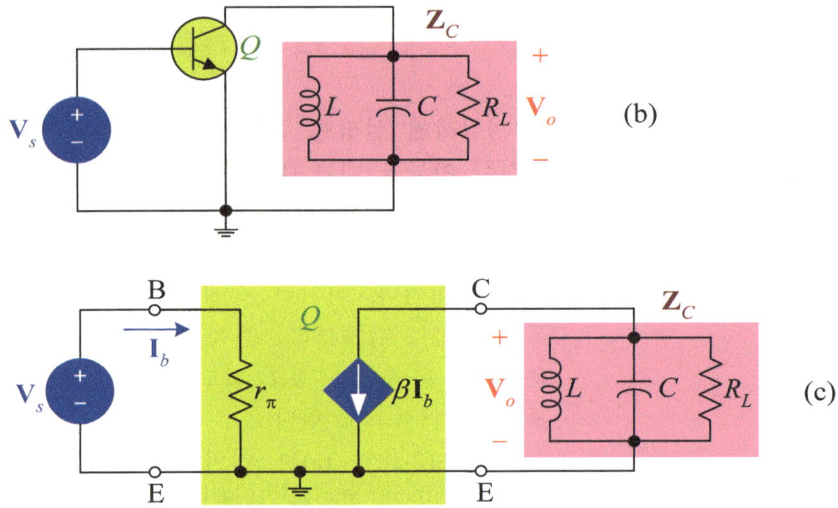

▶그림 12-29
그림 12-28 회로의
(a) 공진 회로 특성;
(b) 전압 이득 특성.

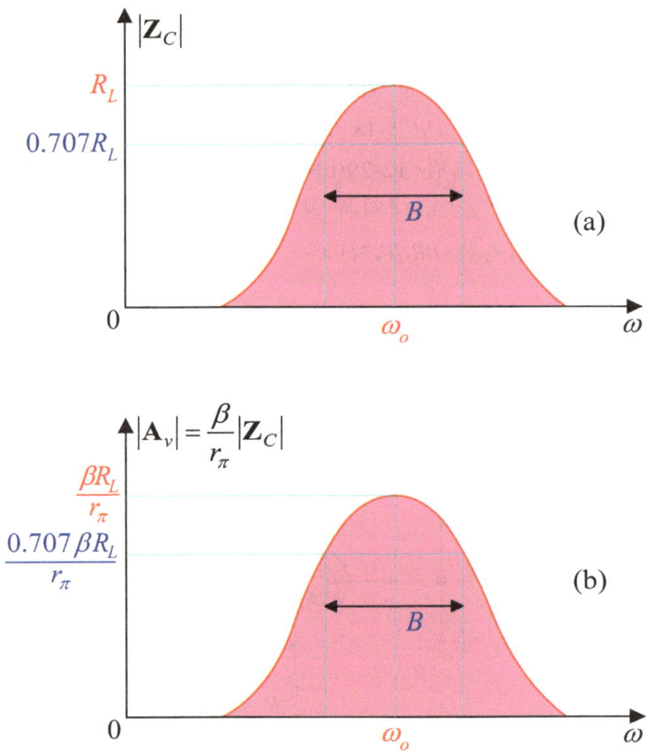

$$\omega_o = \frac{1}{\sqrt{LC}}$$

$$Q_{병렬} = \frac{R_L}{\omega_o L}$$

$$B = \frac{\omega_o}{Q_{병렬}}$$

예제 12-6

그림 12-28(a)의 동조 증폭기에서 β=100, r_π=2.5kΩ이며 공진 회로는 L=6.9 μH, C=0.017 μF이며 부하 저항이 R_L=930Ω이다. 증폭기의 중심 주파수, 최대 전압 이득, 선택도 및 대역폭을 구하라.

풀이

$$f_o = \frac{1}{2\pi\sqrt{LC}} = \frac{1}{2\pi \times \sqrt{(6.9\times10^{-6})\times(0.017\times10^{-6})}} = \mathbf{455\ kHz}$$

$$A_{v(\max)} = \frac{\beta R}{r_\pi} = \frac{100\times0.93}{3} = \mathbf{31}$$

$$Q_{병렬} = \frac{R}{\omega_o L} = \frac{930}{(2\pi\times455\times10^3)\times(6.9\times10^{-6})} = \mathbf{45.5}$$

$$B = \frac{f_o}{Q_{병렬}} = \frac{455\ \text{kHz}}{45.5} = \mathbf{10\ kHz}$$

그림 12-29에서 부하 R_L이 작을 경우는 이에 비례하는 증폭기의 선택도 $Q_{병렬}$이 낮아지게 된다. 이를 방지하기 위해 그림 12-30의 (a)와 같이 부하를 변압기를 통해 결합하여 변압기의 임피던스 변환 기능을 이용한다. 그림에서 인덕터 L은 공진 회로를 구성하면서 동시에 결합 계수가 k=1인 실제 변압기의 일차 코일 역할도 겸하게 한다. 그림 (a)의 교류 회로는 그림 (b)이다. 여기서 결합 계수가 k=1인 실제 변성기의 성질을 이용하여 부하를 변압기 일차측으로 환산하면 그림 (b)의 등가회로는 그림 (c)와 같다(그림 7-26 참조). 따라서 공진 회로의 총 저항은

$$R = T_r^2 R_L \qquad [58]$$

와 같이 권선비의 자승에 비례하여 증가한다. 즉 권선비 T_r>1을 조절하여 총 저항 R, 즉 대역폭을 원하는 수준으로 조절할 수 있다. 이 방법은 부하 저항이 특히 낮을 때 유리하다. 이상으로 동조 증폭기는 대역통과 필터와 증폭기를 하나로 일체화한 장치이며 주파수 분할 다중통신 방식(FDM)에서 필수적으로 사용된다. FDM 방식에는 잘 알려진 AM, FM 등이 있다.

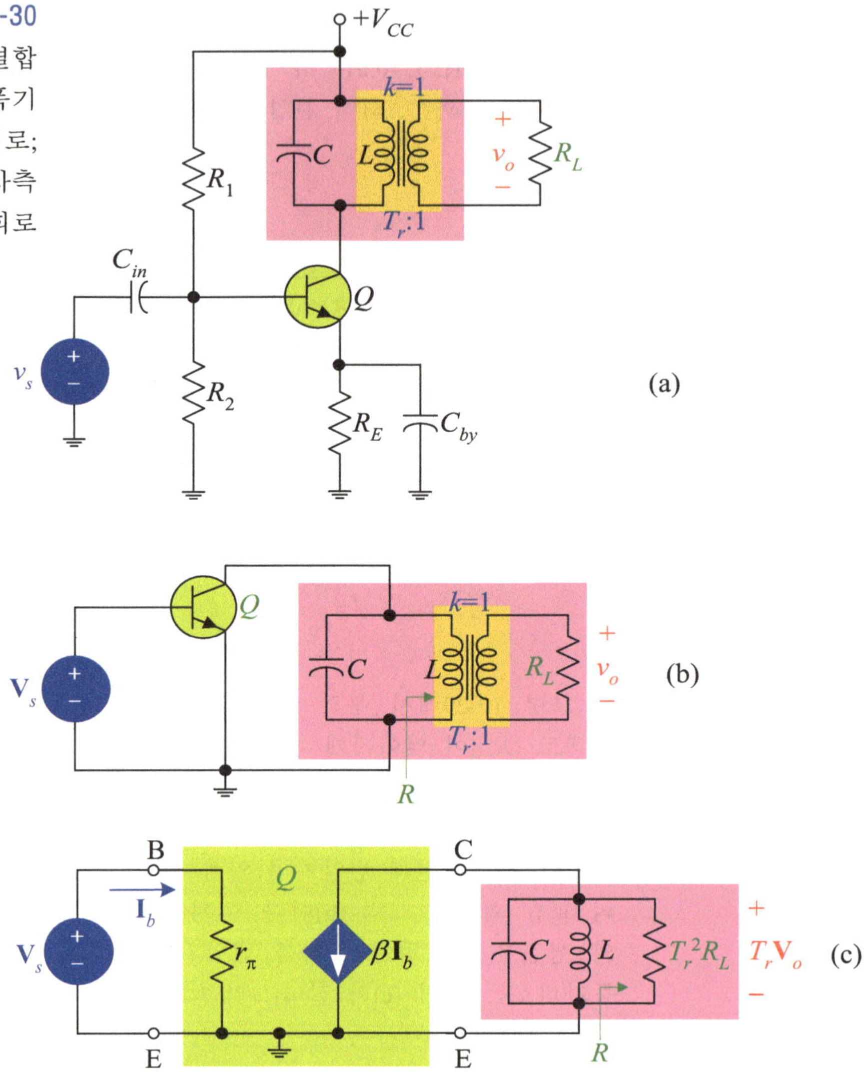

►그림 12-30
(a) 변압기 결합 동조 증폭기
(b) 교류 회로;
(c) 변압기 일차측으로 환산한 등가회로

그림 12-31은 AM 수신기에 실제로 사용되고 있는 변압기 결합 2단 동조 증폭기 회로의 예이다. 각 변압기의 일차측 코일은 임피던스 정합을 위해 단권 변압기로 구성되며 권선비를 조절하여 임피던스를 정합시킨다. 이 회로는 상업용 AM 방송에 적합하도록 중심 주파수는 455 kHz이고 대역폭은 10 kHz이다.

▶그림 12-31
변압기 결합 방식의
2단 동조 증폭기 예

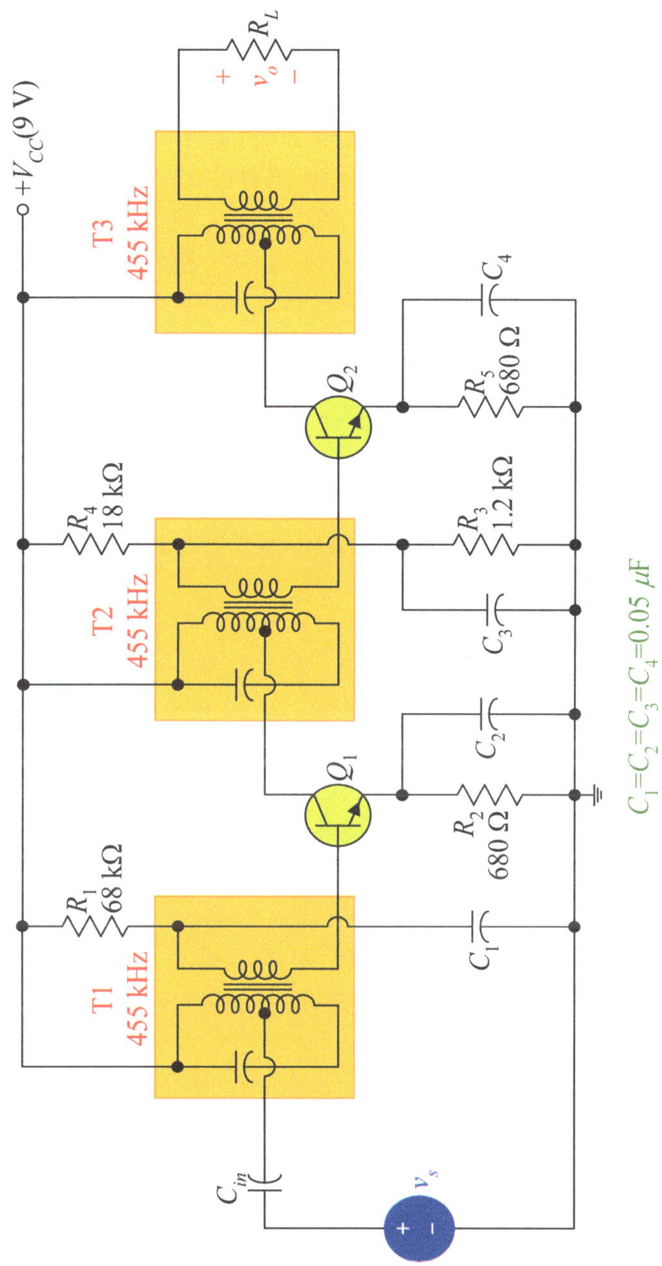

12.6 전력 증폭기(Power amplifier)

지금까지의 증폭기는 소신호를 증폭하는 소신호 증폭기였다. 일반적으로 교류 신호의 진폭이 바이어스 크기의 1/10 이하이면 소신호로 분류하고 그 이상일 경우는 대신호라 한다. 그러나 소신호도 여러 단의 증폭기를 거치면 결국은 대신호가 되며 대신호를 취급하는 증폭기를 대신호 증폭기 또는 전력 증폭기라 한다. 따라서 증폭 시스템의 최종단은 거의 전력 증폭기가 담당한다.

전력 증폭기는 일반 증폭기에 비해 대단히 많은 열을 소비하며 트랜지스터 증폭기에서는 1W 이상의 전력이 소모되면 전력 증폭기로 분류한다. 특히 전력 증폭기에서는 신호의 진폭이 크므로 Q점의 위치 선정이 중요하며 대부분 부하선의 중앙에 Q점이 있도록 한다. 전력 증폭기에서는 이득보다는 증폭기의 효율이 중요시되며 효율은 다음과 같이 정의된다.

$$\%\ 효율 = \frac{출력\ 교류전력}{총\ 공급된\ 직류전력} \times 100\ \% \qquad [59]$$

소신호 증폭기에서는 분류 방식이 CE, CC 및 CB 등이지만 전력 증폭기에서는 효율을 분류 기준으로 하여 A급, B급, AB급, C급 등으로 분류한다.

A급 증폭기

A급 증폭기는 지금까지 배운 소신호 증폭기와 같이 하나의 트랜지스터가 교류의 전주기를 모두 담당하는 방식이다. 다만 소신호 증폭기의 경우는 신호의 진폭이 작기 때문에 Q점의 위치 선정이 그리 심각하지 않지만 전력 증폭기에서는 대신호이므로 Q점의 위치 선정에 신중해야 한다.

그림 12-32는 A급으로 동작하는 전형적인 오디오 증폭기이다. 여기서 "오디오(audio)"란 사람 귀로 들을 수 있다는 뜻이며 보통 15Hz에서 15kHz까지를 오디오 주파수(audio frequency; AF)라 한다. 그림에서 증폭기의 부하 결합은 변압기 결합 방식이며 바이어스는 고정 바이어스를 사용하고 있다. 그리고 그림의 파형이 보여주는 것처럼 Q점은 최대 최소의 정 중앙에 오도록 해야 최대의 효율을 얻을 수 있다. A급 동작은 정해진 동작 영역 내에서 전체 주기의 교류를 증폭해야 하므로 효율이 약 30% 이하이다. 예를 들어 효율이 33%인 A급 증폭

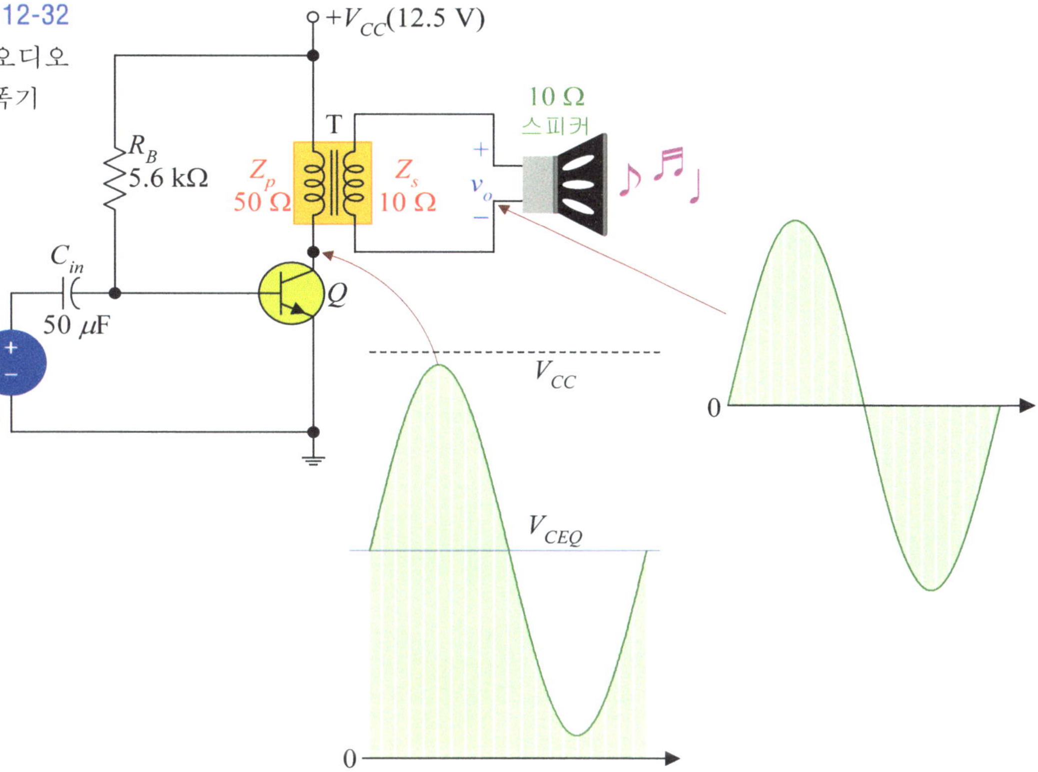

►그림 12-32
A급 오디오 증폭기

기에서는 3W의 출력을 얻기 위해 9W의 직류 전력이 소비된다.

B급 푸시-풀 증폭기

하나의 트랜지스터로써 교류 전체 주기를 담당하는 대신 두 개의 트랜지스터를 사용하여 양의 반주기와 음의 반주기를 분리 담당케 하면 전력 효율을 크게 높일 수 있으며 이를 B급 동작이라 한다. 그림 12-33(a)는 B급 전력 증폭기의 기본 구조를 보여주며 이러한 구성을 푸시-풀(push-pull) 형태라 한다. 입력 변압기 T_1과 출력 변압기 T_2는 모두 중간 탭 단자를 내어 사용하고 있으며 편의상 교류의 양의 반주기를 1로, 음의 반주기를 2로 표시하기로 한다.

입력 변압기 T_1의 이차 측 탭 단자인 C_1에 대한 점 A_1과 B_1의 전위는 그림에서 나타낸 바와 같으며 서로 위상이 반전된 관계이다. 트랜지스터 Q_1과 Q_2는 베이스-이미터간에 바이어스 전압이 없으므로 교류 신호가 부재중일 때는 Q_1과 Q_2는 모두 차단 상태에 있게 된다. 그리고 Q_1과 Q_2의 컬렉터 전류는 단일 전원 V_{CC}로부터 공급되며 출력

▶**그림 12-33**
(a) B급 푸시-풀 증폭기
(b) 양의 반주기
(c) 음의 반주기

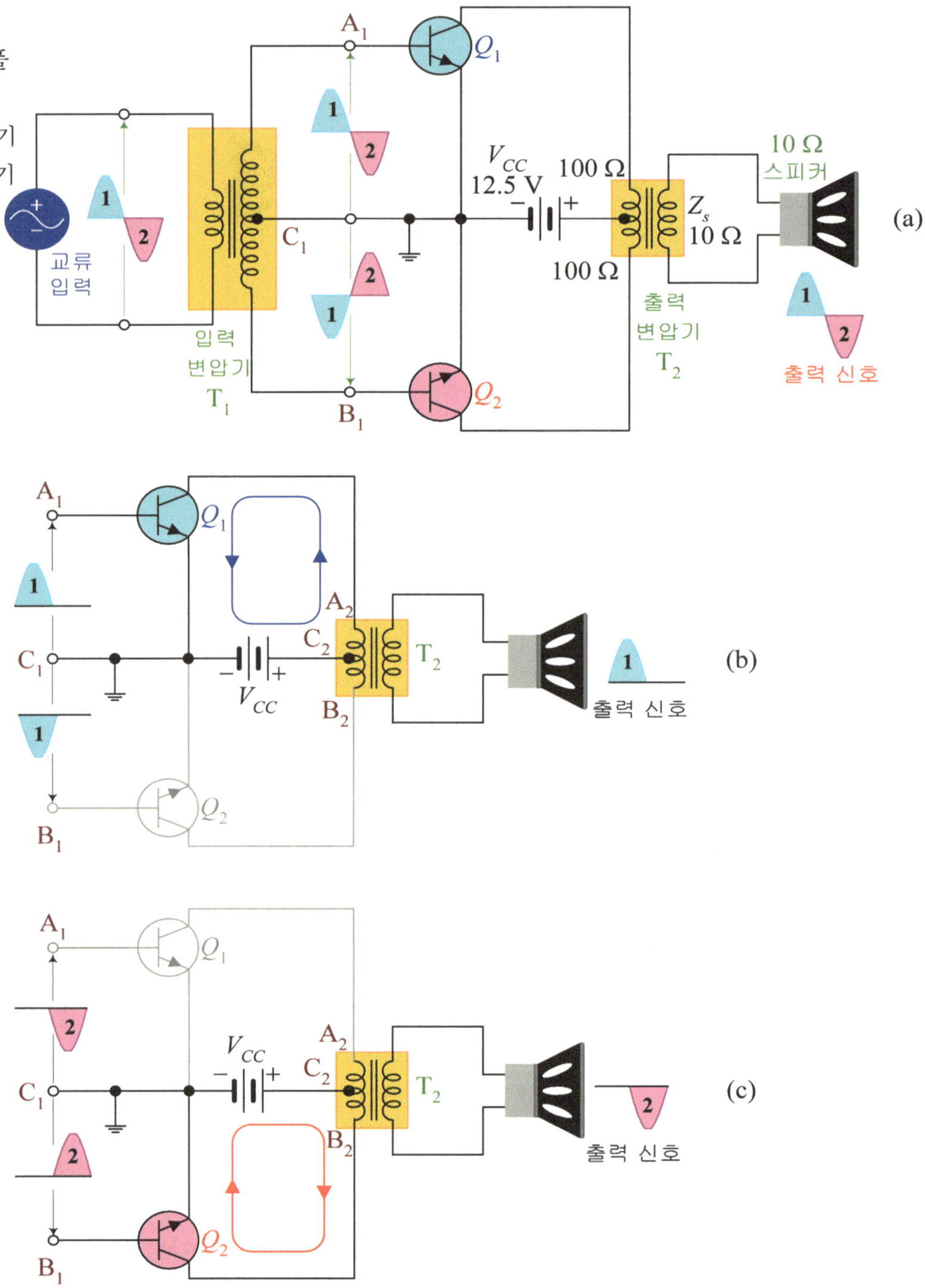

변압기 T_2의 일차 측의 전압은 위상이 반전되어 이차 측으로 전달되도록 권선을 감는다.

양의 반주기 동안에는 회로가 그림 12-33의 (b)와 같이 동작한다. 접지점에 해당하는 C_1에 대해 Q_1의 베이스(점 A_1)의 전위는 양이 되어 Q_1은 도통되며, 반대로 Q_2의 베이스(점 B_1)의 전위는 음이 되어 Q_2는 차단된다. 따라서 양의 반주기 동안에는 그림 (b)에 표시된 방향으로 Q_1의 컬렉터 전류가 흐르게 되며 이에 따라 출력 변압기 T_2의 일차 측에는 유도 전압이 발생한다. 이 때 변압기 T_2의 일차 측 중간 탭 단자인 C_2에 비해 점 A_2의 전압이 음이 되도록 유도 전압의 극성이 결정되며, 이 전압은 위상이 반전되어 이차 측에 전달된다. 따라서 출력 신호의 파형은 그림에서 표시된 바와 같이 양의 반주기가 된다.

이와 반대로 음의 반주기 동안에는 트랜지스터 Q_1이 차단되고 Q_2가 도통되므로 그림 (c)와 같이 동작하게 된다. 이상으로 양의 반주기는 Q_1이 담당하고 음의 반주기는 Q_2가 담당함으로써 컬렉터 전류의 전체 동작 영역을 반주기에 할당할 수 있다. 따라서 컬렉터 전류의 전체 동작 영역을 전주기에 할당하는 A급에 비해 B급은 전력 효율이 상당히 개선되며 최대 약 80%에 가까운 효율을 얻을 수 있다. 예를 들어 효율이 78%일 경우 3W의 교류 출력 전력을 얻기 위해서는 3.85W의 직류 전력이 필요하다.

AB급 증폭기

BJT가 도통하기 위해서는 도통 전압인 0.7V 정도의 바이어스 전압이 필요하다. 그러나 그림 12-33(a)의 B급 증폭기는 두 트랜지스터 모두 순방향 바이어스가 없는 상태이므로 베이스에 인가되는 교류 전압의 크기가 0.7V 이상이 되어야 비로소 도통하기 시작한다. 따라서 그림 12-33(a) 증폭기의 출력 파형은 그림 12-34와 같이 영점을 기준으로 ±0.7V 범위 내에서는 증폭되지 않으므로 왜곡이 생긴다. 이 왜곡은 영점을 교차하면서 생기는 왜곡이므로 교차 왜곡(crossover distortion)이

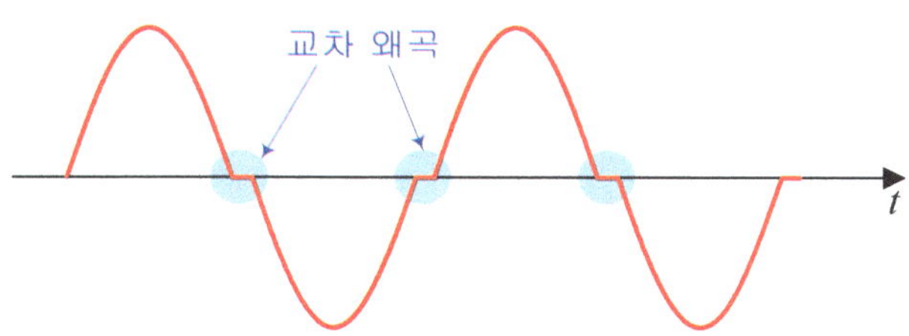

►그림 12-34
B급 증폭기의 교차 왜곡

라 한다. 교차 왜곡을 없애기 위해 각 트랜지스터를 도통 직전의 상태가 되도록 바이어스 전압을 가해줌으로써 교류 전압이 실리는 순간 바로 도통될 수 있도록 하며 이러한 동작을 AB급 동작이라 한다.

그림 12-35의 (a)는 AB급 푸시-풀 증폭기이다. 이는 그림 12-33(a)의 B급 푸시-풀 증폭기에서 트랜지스터 Q_1과 Q_2의 베이스-이미터가 교류 부재중에서도 도통 직전의 상태에 있도록 저항 R_1과 R_2 및 전압원 V_{CC}를 통해 바이어스를 걸어준 것이다. 이 사실은 그림 12-35(a)의 바이어스 회로인 그림 (b)를 보면 알 수 있다. 즉 그림 (a)에서 입력 변압기 T_1의 이차 측 코일의 권선 저항은 수 십 Ω 수준이므로 저항 R_1이나 R_2에 비해 무시할 수 있다. 따라서 트랜지스터 Q_1과 Q_2에 대한 바이어스 회로는 그림 (b)와 같으며 출력 변압기 T_2의 일차 권선 저항인 50Ω이 컬렉터 저항 역할을 하게 된다. 그 결과 트랜지스터 Q_1과

▶그림 12-35
(a) AB급 증폭기
(b) 바이어스

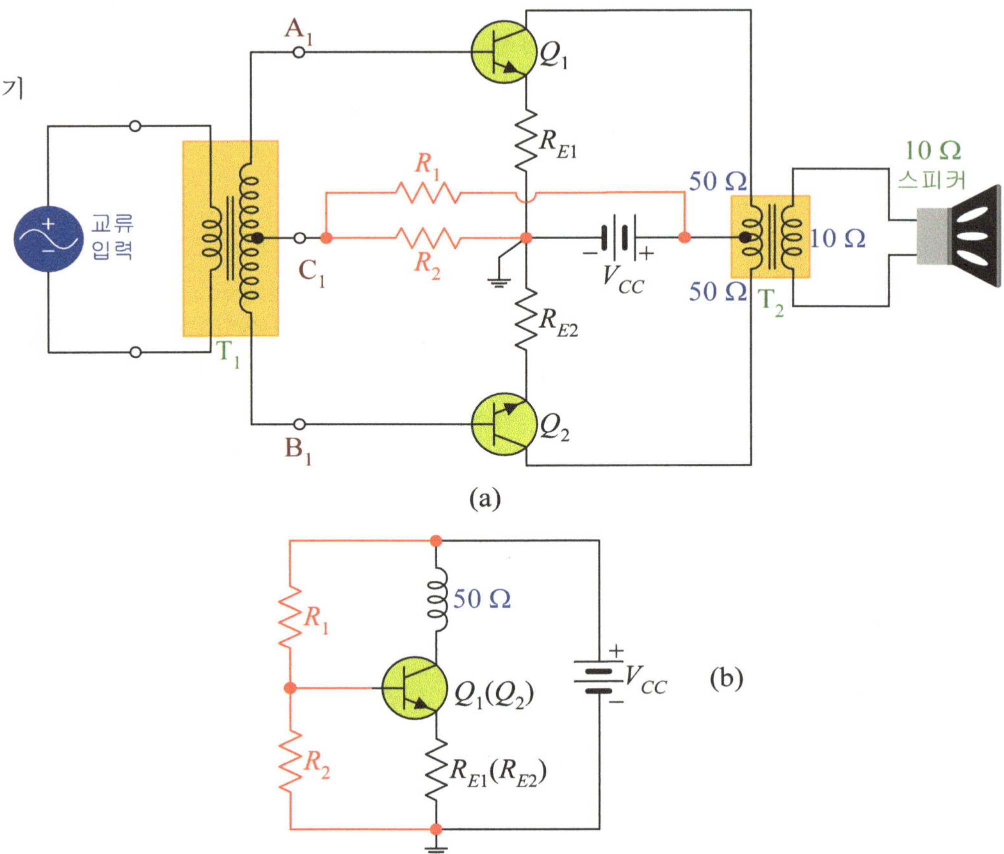

Q_2에 대해 그림 12-35(b)와 같은 전압 분배 바이어스 회로를 형성할 수 있으며 R_{E1}과 R_{E2}는 이미터 안정화 저항이다.

상보대칭 푸시-풀 증폭기

NPN 트랜지스터와 *PNP* 트랜지스터는 특성이 정 반대이므로 서로 상보적으로 동작할 수 있다. 그림 12-36은 *NPN* 및 *PNP* 트랜지스터의 상보적인 특성을 이용하여 구성한 상보 대칭형 푸시-풀 증폭기이다. 특히 출력단에 변압기가 필요 없으므로 OTL(output-transformerless) 증폭기로 부르기도 한다. OTL 증폭기는 변압기가 필요 없으므로 단가가 쌀 뿐 아니라 주파수 특성도 좋다.

그림 12-36(a)에서 *NPN* 트랜지스터 Q_1과 *PNP* 트랜지스터 Q_2는 모두 바이어스가 없으므로 신호가 없는 상태에서는 두 트랜지스터 모두 차단 상태이며 부하 R_L에는 전류가 흐르지 않으므로 두 트랜지스터는

▶그림 12-36
상보대칭형 증폭기:
(a) B급 푸시-풀;
(b) AB급 푸시-풀.

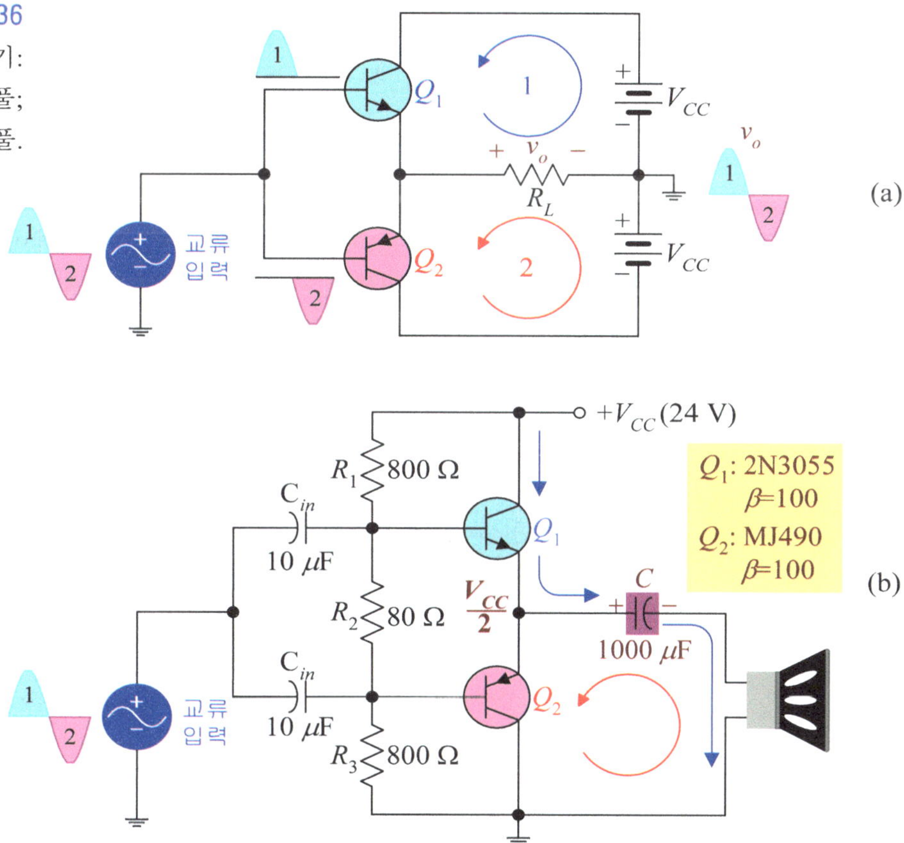

모두 차단 상태이며 부하 R_L에는 전류가 흐르지 않으므로 두 트랜지스터의 이미터 전압은 0이다. 교류의 양의 반주기 동안에는 Q_1과 Q_2의 베이스 전압이 증가하므로 *NPN*인 Q_1은 도통되고 *PNP*인 Q_2는 차단된다. 따라서 Q_1의 출력단에는 1로 표시된 전류가 흐르며 부하 전압 v_o는 양이 된다. 다음으로 음의 반주기 동안에는 상황이 역전되어 *NPN*인 Q_1은 차단되고 *PNP*인 Q_2는 도통된다. 따라서 Q_2의 출력단에는 2로 표시된 전류가 흐르며 부하 전압 v_o는 음이 된다.

이상으로 그림 12-36(a)에서 Q_1은 양의 반주기를, Q_2는 음의 반주기를 담당하는 상보적인 동작을 하므로 상보형이라 하며 회로 형태가 대칭적이므로 상보 대칭형이라 한다. 그러나 이 회로는 B급으로 동작하므로 교차 왜곡이 생기며 두 개의 전원이 필요하다는 단점이 있다.

그림 12-36(b)는 두 트랜지스터를 도통 직전 상태로 바이어스를 걸어주는 AB급으로 Q_1과 Q_2의 베이스 바이어스는 저항 R_1과 R_2 및 R_3에 의해 전압 분배 방식으로 공급되며 하나의 전원만 사용할 수 있다. 먼저 신호가 없는 상태에서는 Q_1과 Q_2의 컬렉터 전류는 거의 0이며, 두 트랜지스터의 특성이 동일하다면 각 컬렉터-이미터간 전압은 V_{CC}를 절반씩 나누어 가지므로 $V_{CC}/2$가 된다. 즉 두 트랜지스터의 이미터 바이어스 전압은 $V_{CC}/2$이다. 그리고 그림 12-36(b)에서 저항 R_1과 R_2 및 R_3에 흐르는 직류 전류에 비해 Q_1과 Q_2의 베이스 직류 전류가 충분히 작도록 한다. 따라서 두 트랜지스터의 베이스 직류 전류를 상대적으로 0으로 무시하면 저항 R_2에 걸리는 직류 전압은

$$V_{R3} = V_{CC}\left(\frac{R_2}{R_1 + R_2 + R_3}\right) \qquad \textbf{[60]}$$

이며 이 전압은 Q_1의 베이스-이미터 전압과 Q_2의 베이스-이미터 전압을 합한 것과 같다. 따라서 식 [60]의 전압이 대략 0.6 V의 두 배 정도가 되면 두 트랜지스터는 모두 도통 직전의 상태로 바이어스된다. 그림 12-36(b)에 주어진 실제 소자 값을 이용하면

$$V_{R3} = 24 \times \left(\frac{80}{800 + 80 + 800}\right) \cong 1.1\ \text{V} \qquad \textbf{[61]}$$

이므로 트랜지스터의 베이스-이미터간 바이어스 전압은 1.1/2=0.55 V이며 이 정도면 트랜지스터를 도통 직전의 상태로 하기에 적합한 전압이 된다. 이상의 바이어스 상태에서 교류의 양의 반주기는 Q_1만 도통되며 음의 반주기 동안에는 Q_2만 도통되므로 전류는 붉은 색으로

표시된 방향으로 흐른다. 그리고 이 전류는 커패시터 C에 충전되어 있던 직류 전압 $V_{CC}/2$가 방전하면서 만들어진다. 즉 양의 반주기 동안에는 전압원 V_{CC}가 전원이며 음의 반주기에서는 C에 충전된 직류 전압이 전원 역할을 한다. 그리고 그림 12-37은 FET를 이용한 상보대칭형 푸시-풀 증폭기의 간단한 구성을 보여준다. 트랜지스터 Q_1은 N-채널 JFET이며 Q_2는 P-채널 JFET로서 서로 상보적으로 동작한다.

▶그림 12-37
JFET로 구성한 상보대칭형 푸시-풀 증폭기

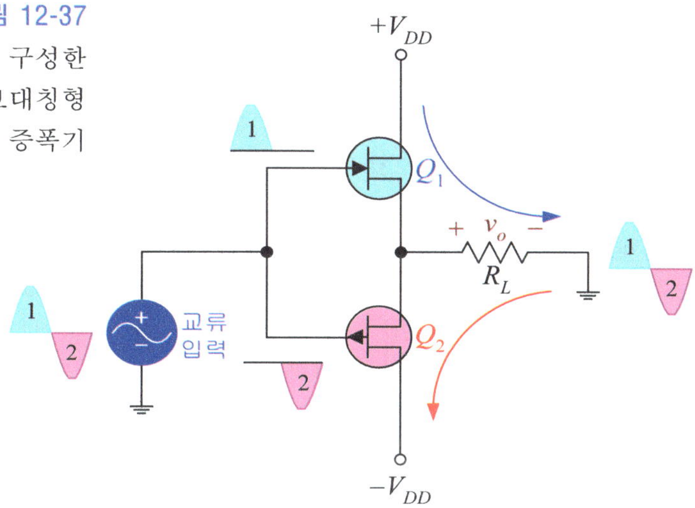

열 발산

전력 트랜지스터는 많은 전력을 소비하므로 열이 많이 발생한다. 따라서 어느 한도 이상의 열에서는 트랜지스터가 파괴되므로 열을 효과적으로 방출할 수 있는 구조로 만들어져야 한다. 특히 트랜지스터에서 소비되는 전력 중에서 컬렉터-베이스 접합에서 소비되는 양이 가장 크다. 따라서 컬렉터 단자를 금속 케이스에 전기적으로 접속시켜 주어 컬렉터에서 발생한 열이 금속 케이스를 통해 주변 공기로 빠져나갈 수 있도록 하는 것이 통례이다. 열을 좀 더 적극적으로 방출하기 위해서는 넓은 금속면 위에 트랜지스터를 장착시키며 이 금속을 방열판이라 한다. 방열판은 가능한 한 넓은 면적을 갖도록 하며 때로는 장비의 몸체 전체를 방열판으로 삼기도 한다. 다만 이 경우는 절연을 꼭 확인하여야 한다.

12.7 연산 증폭기(Operational amplifier)

1960년대 초에 상품화되기 시작한 집적 회로(integrated circuit; IC)는 짧은 기간 동안에 IC→MSI→LSI→VLSI 등의 차원으로 급속히 발전하여 전자 공학뿐 아니라 사회 전반에 걸친 모든 분야에 지대한 영향을 미치고 있다. 특히 집적 회로는 표준적인 인쇄 회로에 비해 규모가 엄청나게 축소될 뿐 아니라 대량 생산 기술에 힘 입어 개별 소자에 비해 가격 면에서도 훨씬 유리하다. 이와 같은 IC 기술을 이용하여 이상적인 증폭기의 특성에 가깝도록 집적화한 증폭기를 연산 증폭기(演算增幅器)라 한다. 연산 증폭기는 초기의 아날로그 컴퓨터에서 수학 연산을 위해 처음으로 고안되었으므로 연산 증폭기라 한다.

연산 증폭기 구성

실제로 원하는 특성의 증폭기를 개별 소자를 이용하여 구성한다는 것은 전자 공학을 어느 정도 이해하는 사람에게도 그리 용이한 일이 아니다. 더욱이 이상적인 특성에 가까운 좋은 증폭기를 설계하기란 더욱 어려운 일이다. 그러나 연산 증폭기는 수십 개 이상의 트랜지스터로써 이상적인 특성에 가깝도록 집적화한 하나의 증폭기로서 기성품과 같다. 따라서 전자 공학의 배경이 거의 없는 과학도들이나 기술자들도 연산 증폭기는 지시대로 연결한 잘하면 쉽게 응용할 수 있는 하나의 “암상자(black box)”로 취급되고 있다.

연산 증폭기는 여러 계열이 있으며, RCA 연산 증폭기 전 계열에 쓰이는 내부 회로를 한 예로 들면 그림 12-38(a)와 같다. 물론 이 회로를 해석하는 것은 이 책 수준 밖이다. 다만 연산 증폭기의 내부 회로를 예로 보임으로써 우리가 지금까지 알아본 개별 소자 증폭기에 비해 연산 증폭기의 성능이 훨씬 이상적인 것에 가까울 것이라는 것을 인식할 수 있게 하는데 목적이 있다. 그림에서 숫자로 표시한 부분은 내부 회로가 외부와 연결되는 단자들인 핀(pin)이며 그림 12-38(b)는 연산 증폭기의 회로 기호이다. 단 접지 단자는 보통 생략한다.

연산 증폭기는 입력 단자가 두 개이고 출력 단자가 하나인 것이 특징이다. 그림 12-38에서 2번 핀과 3번 핀이 입력 단자이며 9번 핀이 출력 단자이다. 그리고 공급 전원은 한 가지 극성의 전원만 사용하는 경우와 극성이 다른 이중 전원을 사용하는 경우가 있다. 그림 12-38의 경우는 10번 핀을 통해 $+V_{CC}$ 전원을 연결하고 4번 핀을 통해 $-V_{EE}$

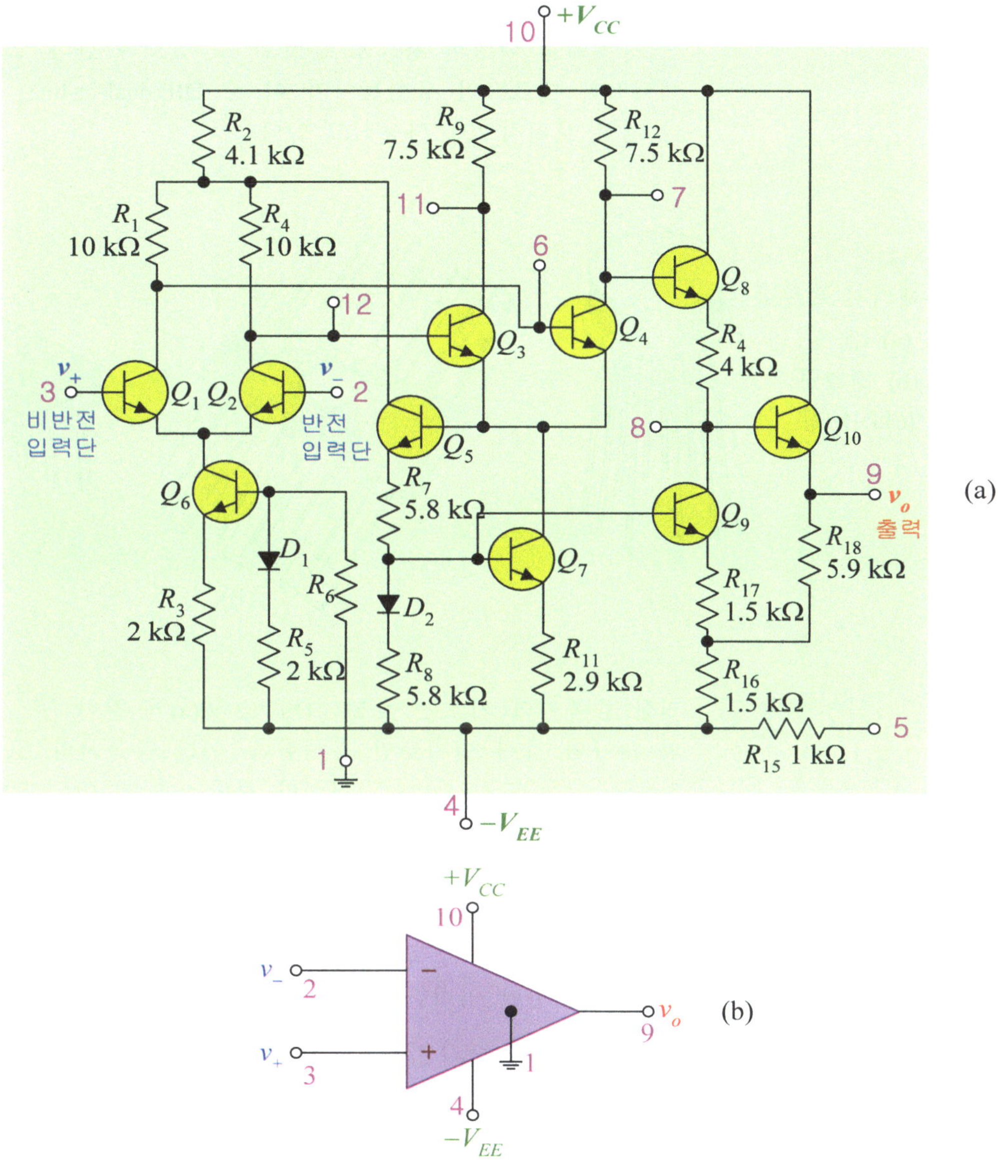

▲그림 12-38 연산 증폭기의 (a) 내부 회로 예(RCA 계열); (b) 기호.

전원을 연결하여 사용하도록 되어 있다. 따라서 9번 핀의 출력 전압은 0V를 기준으로 최대 $+V_{CC}$에서 최소 $-V_{EE}$ 사이에서 동작한다. 그리고 내부 회로에서 기준 전위가 되는 접지 단자가 1번 핀이다. 이

외의 다른 핀들은 용도에 따라 외부 소자를 적절히 연결함으로써 연산 증폭기를 다양한 용도로 응용할 수 있도록 한다. 그림 12-39는 IC 패키지의 대표적인 유형들이며 이 중 DIP(dual-in-line) 패키지가 오늘날 가장 보편적으로 사용되고 있다.

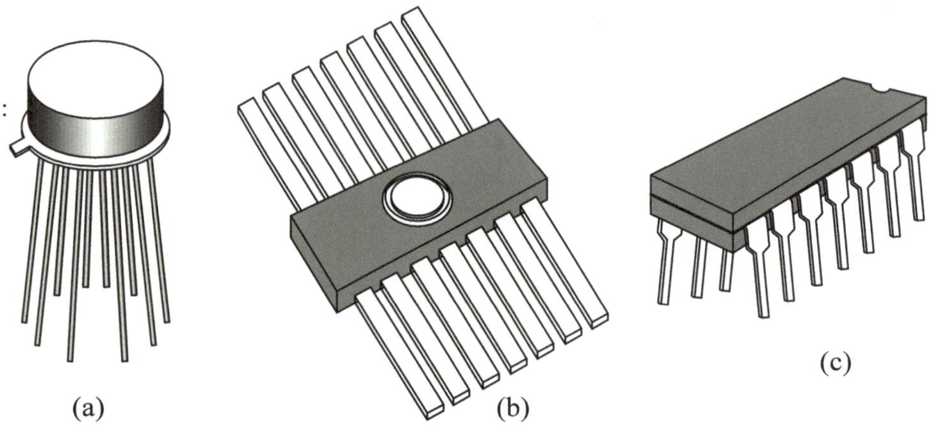

▶그림 12-39
IC 패키지 유형들:
(a) 캔 형;
(b) 평면형;
(c) DIP 형.

연산 증폭기 특성

연산 증폭기의 기호는 보통 그림 12-40(a)와 같이 두 개의 입력 단자와 하나의 출력 단자로만 표시한다. 연산 증폭기의 두 입력 단자 중 하나는 반전(inverting) 입력단이라 하여 "−" 기호로 표시하고 다른 하나는 비반전(noninverting) 입력단이라 하며 "+" 기호로 표시한다. 반전 입력단에 입력된 신호는 위상이 반전되어 출력에 나타나며 비반전 입력단에 입력된 신호는 위상이 바뀌지 않고 출력에 나타난다. 즉 그림 12-40(a)에서 연산 증폭기의 개방 이득을 A라 하고 반전 입력단의 신호를 v_-, 비반전 입력단의 신호를 v_+라 하면 출력 v_o는 다음과 같다.

$$v_o = A(v_+ - v_-) = Av_i, \qquad v_i \equiv v_+ - v_- \qquad [62]$$

따라서 연산 증폭기의 출력 전압은 두 입력 전압의 차에 비례하며 이런 유형의 증폭기를 차동 증폭기(differential amplifier)라 한다. 연산 증폭기의 전기적 특성은 그림 12-40(b)의 등가회로로 나타낼 수 있으며 출력단은 테브닌 등가회로 형태이다. 두 입력 단자 중 한 쪽을 접지시켜 사용할 수도 있으며 이상적인 연산 증폭기의 조건은 다음과 같다.

▶**그림 12-40**
연산 증폭기의
(a) 기호와
(b) 등가회로.

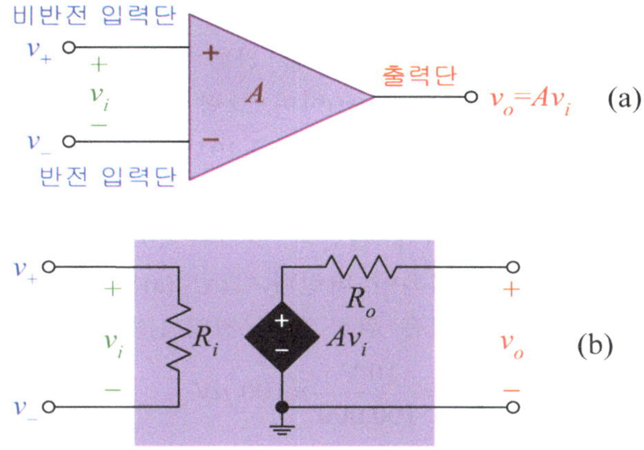

1. 무한대의 개방 이득: $A=\infty$
2. 무한대의 입력 저항: $R_i=\infty$
3. 영의 출력 저항: $R_o=0$

이상적인 조건 중에서 이득이 무한대로 클수록 좋다는 것은 당연한 귀결이다. 나머지 조건인 입력 저항과 출력 저항에 대한 조건은 그림 12-41을 통해 쉽게 이해할 수 있다. 그림 12-41은 입력과 부하를 결합한 등가회로이며 전체 전압 이득은 다음과 같다.

$$A_v = \frac{v_o}{v_s} = A\left(\frac{R_i}{R_S + R_i}\right)\left(\frac{R_L}{R_o + R_L}\right) \quad [63]$$

따라서 R_i는 클수록 유리하고 R_o는 작을수록 유리함을 알 수 있다. 실제 연산 증폭기의 개방 전압 이득은 100,000 이상이 전형적이며 입력 저항은 수 MΩ 이상이고 출력 저항은 수십 Ω 이하이다.

▶**그림 12-41**
입력과 부하가 결합된
연산 증폭기의
등가회로

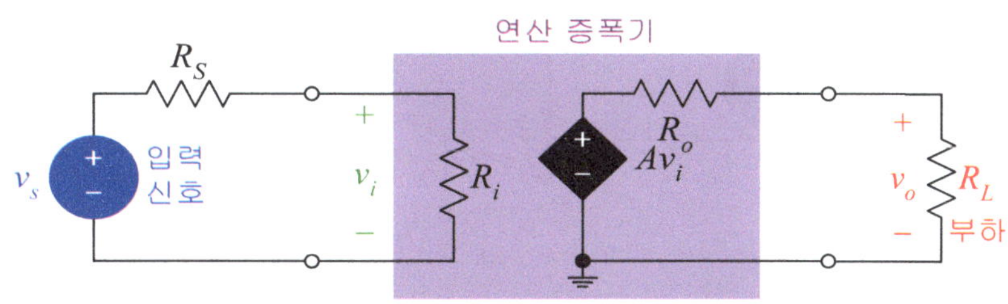

가상 단락

연산 증폭기는 사용하기도 편할 뿐 아니라 해석하기도 편하다. 연산 증폭기를 이용한 회로를 간단하게 해석할 수 있도록 하는 개념이 가상 단락(virtual short)이며 그림 12-42(a)의 예를 통해 설명해 본다. 그림 (a)의 경우는 +10V와 −10V의 이중 전원이 공급되므로 출력 v_o는 0V를 중심으로 ±10V 이내의 전압만 가질 수 있다. 따라서 입력 전압을 증폭한 결과 전압의 크기가 10V 이상이 되면 출력은 +10V 또는 −10V로 포화되어 버린다. 그림 (a)의 경우는 개방 이득이 100,000이므로 선형 동작을 위한 입력 전압 v_i의 최대 크기는

$$v_{i(\max)} = \frac{10\ \text{V}}{100{,}000} = 100\ \mu\text{V} \qquad [64]$$

에 불과하며 그림 (a)의 동작 특성은 그림 (b)와 같다. 여기서 연산 증폭기가 선형 영역에서 동작할 수 있는 입력 전압의 범위는 +100μV에서 −100μV 사이에 불과하며 실제 회로에서 이런 수준의 전압은 주위의 다른 소자들의 전압 수준에 비하면 0으로 무시할 수 있다. 따라서 연산 증폭기는 주위에 소자가 결합될 경우 반전 입력단과 비반전 입력단은 서로 단락된 것(v_i=0)으로 간주할 수 있다.

또한 그림 12.29(a)에서 입력 전류 i_i는 $i_i = v_i/R_i$이며 선형 동작을 위한 v_i의 최대 값은 100μV이고 입력 저항 R_i는 1MΩ이므로 i_i의 최대 값은

$$i_{i(\max)} = \frac{100\ \mu\text{V}}{1\ \text{M}\Omega} = 10^{-10}\ \text{A} = 10\ \text{nA} \qquad [65]$$

에 불과하다. 따라서 연산 증폭기에 외부 소자가 결합되어 연산 증폭기의 입력단 외에도 전류가 흐를 수 있는 길이 있다면 입력단에는 전류가 흐르지 않는 것으로 볼 수 있다. 즉 연산 증폭기의 반전 입력단과 비반전 입력단 사이는 개방된 것과 같다. 이상의 식 [64]와 [65]로

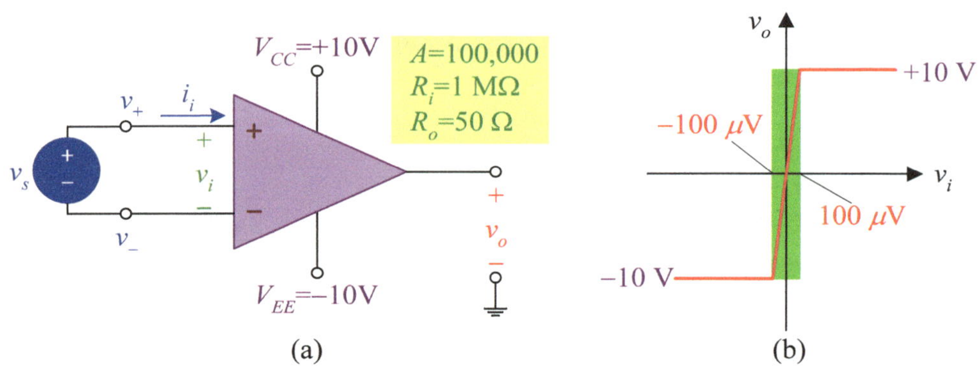

►그림 12-42
(a) 시험 회로
(b) 동작 특성.

부터 다음과 같은 결론을 얻을 수 있다.

연산 증폭기가 다른 소자와 결합할 경우 두 입력 단자 사이는 단락과 개방의 두 특성을 동시에 가지게 되며 이를 가상 단락이라 한다.

앞으로 가상 단락은 그림 12-43과 같이 반전 입력단과 비반전 입력단 사이에 양방향의 굵은 화살표로 나타내기로 한다. 먼저 다음의 예제를 통해 가상 단락의 편리함에 대해 알아보자.

▶그림 12-43
가상 단락의 표현

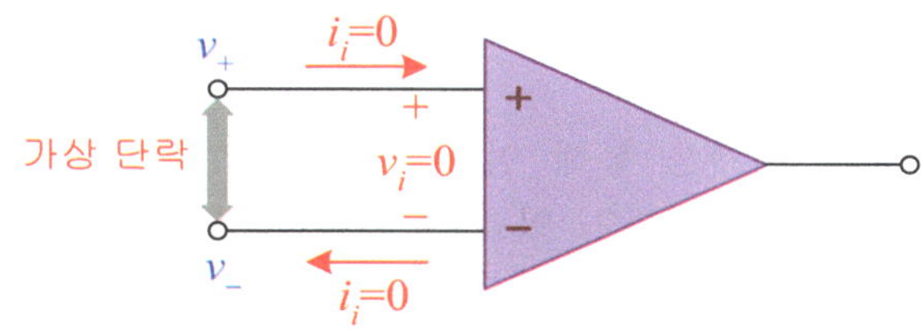

예제 12-7

그림 12-44의 회로에서 가상 단락을 사용하여 입력 전압과 출력 전압의 관계를 구하라.

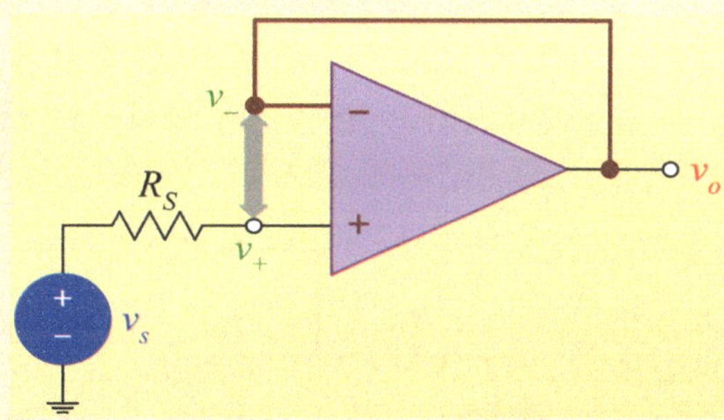

▲그림 12-44 예제 12-7의 그림

풀이 그림에 표시된 가상 단락을 참조하면 가상 단락의 개방 성질에 의해 비반전 입력단의 전류가 0이므로 저항 R_S 양단의 전압은 0이다. 따라서

$$v_+ = v_s$$

이다. 다음으로 가상 단락의 단락 성질로 인해 비반전 입력단과

반전 입력단 사이가 단락과 같으므로

$$v_- = v_+ = v_s$$

끝으로 출력단이 반전 입력단과 연결되어 있으므로

$$v_o = v_- = v_s$$

의 결과를 얻을 수 있다. 이 회로는 $v_o=v_s$로서 별 의미가 없는 것 같지만 컬렉터 공통 증폭기와 같이 시스템간의 완충기로 사용되는 회로이다.

위의 예제를 통해 연산 증폭기가 있는 회로는 가상 단락을 이용하면 쉽게 해석할 수 있음을 알았다. 따라서 앞으로는 선형 동작을 하는 연산 증폭기 회로는 모두 가상 단락을 통해 해석하기로 한다.

반전 증폭기

연산 증폭기는 개방 전압 이득이 매우 높기 때문에 포화를 이용한 비선형 동작이 요구되는 상황이 아니면 출력과 입력을 소자로 결합하여 궤환(feedback)을 이용하여야 선형 동작이 가능하다. 그림 12-45(a)는 두 개의 저항을 사용하여 연산 증폭기의 전체 전압 이득을 쉽게 조정할 수 있도록 한 반전 증폭기이다. 반전 증폭기는 비반전 입력단은 단락시키고 반전 입력단에 신호를 입력시키며 저항 R_2를 통해 출력과

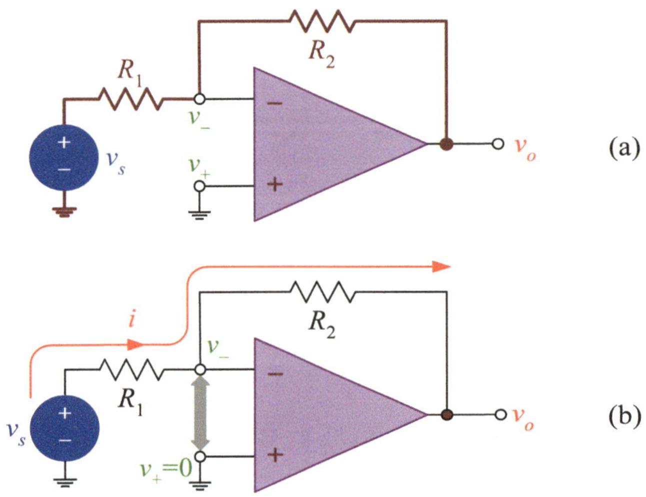

►그림 12-45
(a) 반전 증폭기와 (b) 가상 단락을 이용한 해석

입력 사이의 궤환을 형성시킨다. 그림 12-45(b)는 반전 증폭기를 가상 단락으로 해석하는 것이다. 먼저 접지에 의해 $v_+=0$이므로 가상 단락의 단락 성질에 의해

$$v_- = v_+ = 0 \qquad [66]$$

이 된다. 따라서 저항 R_1에 흐르는 전류 i는 다음과 같이 주어진다.

$$i = \frac{v_s - v_-}{R_1} = \frac{v_s}{R_1} \qquad [67]$$

그리고 가상 단락의 개방 성질에 의해 반전 입력단은 개방과 같으므로 전류 i는 모두 저항 R_2를 통해 흐르게 된다. 따라서 출력 전압은

$$v_o = v_- - R_2 i = -R_2 i \qquad [68]$$

이므로 식 [67]과 [68]로부터 전압 이득 $A_v=v_o/v_s$는 다음과 같다.

$$A_v = -\frac{R_2}{R_1} \qquad [69]$$

이상으로 음의 전압 이득에 의해 출력은 입력과 위상이 반전되므로 반전 증폭기라 하는 것이다. 그리고 반전 증폭기의 매력은 전압 이득이 단지 두 저항 R_1과 R_2의 비로만 결정된다는 것이며 저항의 비를 조절함으로써 전압 이득을 손쉽게 가변시킬 수 있다는 점이다.

예제 12-8

그림 12-45의 반전 증폭기에서 $R_1=1\text{k}\Omega$, $R_2=2\text{k}\Omega$일 때와 $R_1=100\Omega$, $R_2=10\text{k}\Omega$일 때 전압 이득을 구하라.

풀이 첫번째 경우는

$$A_v = -\frac{R_2}{R_1} = -\frac{100\ \text{k}\Omega}{1\ \text{k}\Omega} = -100$$

두 번째 경우도

$$A_v = -\frac{R_2}{R_1} = -\frac{10\ \text{k}\Omega}{100\ \Omega} = -100$$

비반전 증폭기

반전 증폭기에서 접지와 신호원의 위치를 반대로 하면 그림 12-46의 (a)와 같이 비반전 증폭기가 되며 가상 단락을 통한 해석은 그림 (b)와 같다. 신호원은 비반전 입력단으로 입력되므로

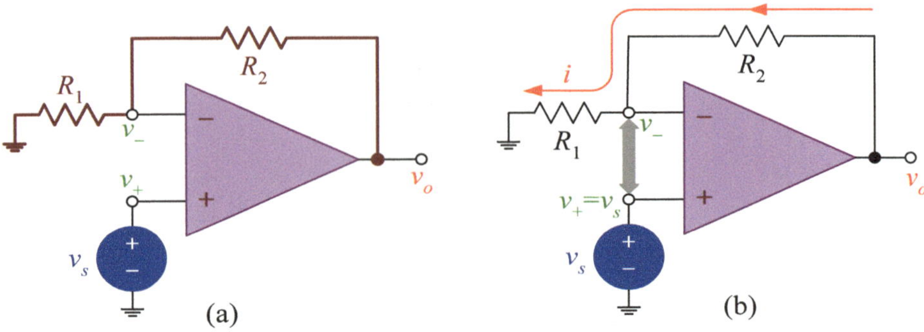

▶그림 12-46
(a) 비반전 증폭기
(b) 가상 단락을 이용한 해석

$$v_+ = v_s \tag{70}$$

이며 가상 단락의 단락 성질에 의해

$$v_- = v_+ = v_s \tag{71}$$

이다. 따라서 저항 R_1을 통해 흐르는 전류 i는

$$i = \frac{v_-}{R_1} = \frac{v_s}{R_1} \tag{72}$$

이며 이 전류는 가상 단락의 개방 성질에 의해 모두 R_2를 통해 흐르므로 출력 전압은

$$v_o = v_- + R_2 i = v_s + R_2 i \tag{73}$$

이다. 따라서 위의 두 식 [72]와 [73]으로부터 전압 이득 $A_v = v_o/v_s$는 다음과 같이 결정된다.

$$A_v = \frac{R_1 + R_2}{R_1} = 1 + \frac{R_2}{R_1} \tag{74}$$

따라서 출력의 위상이 입력과 반전되지 않으므로 비반전 증폭기라 하며 이 역시 두 저항 R_1과 R_2의 비로만 전압 이득이 결정되므로 저항의 비를 조절하여 이득을 손쉽게 가변시킬 수 있다.

예제 12-9

그림 12-46에서 $R_1 = 1\,\text{k}\Omega$, $R_2 = 99\,\text{k}\Omega$일 때 전압 이득을 구하라.

풀이 식 [74]로부터

$$A_v = 1 + \frac{R_2}{R_1} = 1 + \frac{99\,\text{k}\Omega}{1\,\text{k}\Omega} = 100$$

연산 증폭기 응용

반전 및 비반전 증폭기는 소신호 증폭기로 적합하며 이득을 쉽게 조절할 수 있어 편리하다. 이외에도 연산 증폭기는 많은 형태의 선형 및 비선형 시스템에 활용되고 있으며 이를 다 설명하자면 책 한권 분량이 될 정도이다. 그러나 최근 들어서는 디지털 신호 처리 분야의 DSP(digital signal processing) 칩이 놀라울 정도로 발전함으로써 연산 증폭기의 활용도가 격감하고 있는 실정이다. 따라서 여기서는 연산 증폭기의 대표적인 몇 가지 응용 사례에 대해서만 알아보기로 한다.

가산기(adder)

연산 증폭기를 이용하면 두 개 이상의 신호를 선형합하는 회로를 구성할 수 있으며 이를 가산기라 한다. 그림 12-47은 세 개의 신호를 선형적으로 합하는 가산기이다. 비반전 입력단의 전압은 $v_+=0$이며 가상 단락에 의해 $v_-=v_+=0$이 된다. 따라서 각 저항에는 그림에서 표시된 방향으로 전류가 흐르며 다음과 같다.

$$i_1 = \frac{v_1}{R_1}, \quad i_2 = \frac{v_2}{R_2}, \quad i_3 = \frac{v_3}{R_3} \qquad [75]$$

가상 단락에 의해 반전 입력단은 개방과 같으므로 각 전류를 합한 전체 전류 $i=i_1+i_2+i_3$는 모두 저항 R을 통해 흐른다. 따라서 출력 전압은

$$v_o = v_- - Ri = -R(i_1 + i_2 + i_3) \qquad [76]$$

이며 위의 두 식 [75], [76]로부터 다음과 같은 결과를 얻을 수 있다.

$$v_o = k_1 v_1 + k_2 v_2 + k_3 v_3 \quad \left(k_1 = -\frac{R}{R_1},\ k_2 = -\frac{R}{R_2},\ k_3 = -\frac{R}{R_3}\right) \qquad [77]$$

▶그림 12-47 가산기 회로

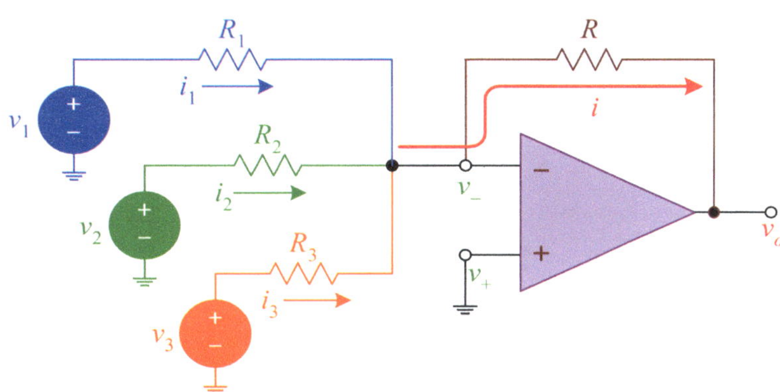

만일 그림 12-47에서 각 저항을 $R_1=R_2=R_3=R$로 같게 하면

$$v_o = -(v_1 + v_2 + v_3) \quad [78]$$

가 되며 $R_1=R_2=R_3=R/3$로 하면 다음과 같다.

$$v_o = -\frac{v_1 + v_2 + v_3}{3} \quad [79]$$

감산기

그림 12-48은 두 신호의 차를 구하는 감산기 회로이다. 반전 및 비반전 입력단의 전류가 0이므로 입력 신호원 v_1과 v_2로부터 공급되는 전류 i_1과 i_2는 각각 그림에서 표시된 방향으로 흐른다. 비반전 입력 전압 v_+는 v_2로부터 전압 분배에 의해 다음과 같다.

$$v_+ = \left(\frac{R_B}{R_A + R_B}\right) v_2 \quad [80]$$

그리고 가상 단락에 의해 v_- 역시 다음과 같다.

$$v_- = v_+ = \left(\frac{R_B}{R_A + R_B}\right) v_2 \quad [81]$$

따라서 반전 입력단에 연결된 저항 R_A에 흐르는 전류 i_1은

$$i_1 = \frac{v_1 - v_-}{R_A} = \frac{v_1}{R_A} - \left(\frac{R_B}{R_A + R_B}\right)\frac{v_2}{R_A} \quad [82]$$

►그림 12-48
감산기 회로

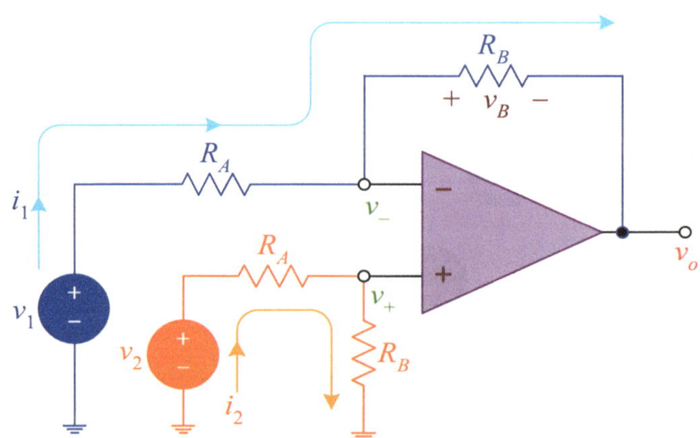

전류 i_1은 가상 단락에 의해 모두 R_B를 통해 흐르므로 반전 입력단에 연결된 R_B 양단의 전압 v_B는 다음과 같다.

$$v_B = i_1 R_B = \left(\frac{R_B}{R_A}\right)v_1 - \left(\frac{R_B}{R_A}\right)\left(\frac{R_B}{R_A + R_B}\right)v_2 \tag{83}$$

끝으로 $v_o = v_- - v_B$이므로 식 [81]과 [83]를 결합하여 다음의 관계를 구할 수 있다.

$$v_o = \left(\frac{R_B}{R_A}\right)(v_2 - v_1) \tag{84}$$

만일 위의 식에서 $R_A = R_B$이면 $v_o = v_2 - v_1$이 된다.

미분기

연산 증폭기로 미분기를 구성한 것이 그림 12-49이며 이는 그림12-45의 반전 증폭기에서 저항 R_1 대신에 커패시터 C를 사용한 것과 같다. 이 역시 가상 단락에 의해 $v_- = v_+ = 0$이므로 C에 흐르는 전류 i는

$$i = C\frac{dv_s}{dt} \tag{85}$$

이며 모두 저항 R을 통해 흐른다. 따라서 출력 전압 $v_o = -iR$는

$$v_o = -RC\frac{dv_s}{dt} \tag{86}$$

와 같이 입력의 미분에 비례한다.

►그림 12-49
미분기 회로

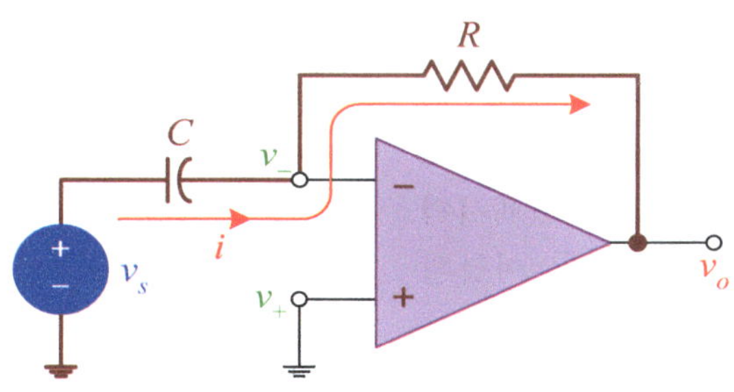

적분기

그림 12-49의 미분기에서 저항과 커패시터의 위치를 맞바꾸면 그림 12-50의 적분기가 된다. 즉 전류 i가

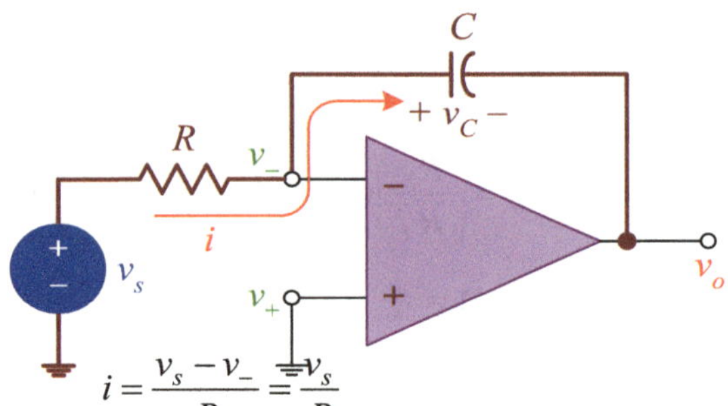

▶그림 12-50
적분기 회로

$$i = \frac{v_s - v_-}{R} = \frac{v_s}{R} \quad [87]$$

이므로 커패시터 양단 전압은 다음과 같이 주어진다.

$$v_C = \frac{1}{C}\int_{-\infty}^{t} i\,d\tau = \frac{1}{RC}\int_{-\infty}^{t} v_s\,d\tau \quad [88]$$

따라서 출력 전압 $v_o = -v_C$는

$$v_o = -\frac{1}{RC}\int_{-\infty}^{t} v_s\,d\tau \quad [89]$$

와 같이 입력의 적분에 비례한다.

이상으로 연산 증폭기의 몇 가지 응용에 대해 알아보았다. 연산 증폭기는 단지 몇 개의 외부 소자만 연결함으로써 다양한 기능을 발휘할 수 있는 것이 특징이므로 광범위하게 응용되어 왔다. 이와 같이 넓은 분야에 두루 사용될 수 있는 IC를 범용 IC라 하며 그 중 하나가 연산 증폭기이다.

♣ 연습 문제 ♣

* 모든 문제에서 측로 커패시터와 결합 커패시터들의 용량은 무한대로 가정한다.

12-1 트랜지스터 증폭기에서 측로 커패시터와 결합 커패시터의 역할을 설명하라. 이들의 용량은 클수록 좋은가 작을수록 좋은가?

12-2 그림 12-2에서 V_{CC}=12V, R_1=22kΩ, R_2=6.8kΩ, R_C=1kΩ, R_E=56Ω, $R_L=\infty$이며 전류 증폭률이 $\beta_o=\beta=80$이다. r_π=1kΩ으로 할 때 전압 이득을 구하라.

12-3 그림 12-2의 회로에서 V_{CC}=15V, R_1=22kΩ, R_2=4.7kΩ, R_C=2.2kΩ, R_E=1kΩ, $R_L=\infty$이며 전류 증폭률이 $\beta_o=\beta=99$이다.

(a) 동작점을 구하고 이로부터 r_π를 구하라.

(b) 위에서 구한 r_π를 이용하여 전압 이득과 전류 이득을 구하라.

12-4 그림 12-2에서 V_{CC}=18V, R_1=47kΩ, R_2=12kΩ, R_C=3.3kΩ, R_E=1kΩ, $R_L=\infty$이며 전류 증폭률이 $\beta_o=\beta=79$이다.

(a) 동작점을 구하고 이로부터 r_π를 구하라.

(b) 위에서 구한 r_π를 이용하여 전압 이득과

전류 이득을 구하라.

12-5 컬렉터 공통(CC) 증폭기의 변압기 기능에 대해 설명하고 그 용도에 대해 알아보아라.

12-6 그림 12-4에서 V_{CC}=15V, R_1=30kΩ, R_2=30kΩ, R_C=3.9kΩ, R_E=12kΩ, R_L=∞이며 전류 증폭률이 β_o=β=129이다.

(a) 동작점을 구하고 이로부터 r_π를 구하라.

(b) 위에서 구한 r_π를 이용하여 전압 이득과 전류 이득 및 입력 저항을 구하라.

12-7 그림 12-10에서 V_{CC}=15V, R_1=10kΩ, R_2=2.4kΩ, R_C=3.3kΩ, R_E=1.2kΩ, R_L=∞이며 전류 증폭률이 β_o=β=89이다.

(a) 동작점을 구하고 이로부터 r_π를 구하라.

(b) 위에서 구한 r_π를 이용하여 전압 이득과 전류 이득 및 입력 저항을 구하라.

12-8 그림 12-19(a)의 회로에서 R_G=1MΩ, R_D=3.3kΩ, R_S=2.7kΩ, R_L=∞이며 전달 컨덕턴스가 g_m=1mS로 주어질 때 전압 이득을 구하라.

12-9 문제 12-2에서 부하 저항이 R_L=1kΩ일 경우 문제 12-2를 반복하라.

12-10 문제 12-2에서 R_L=1kΩ이며 R_C 대신에 RFC를 사용할 경우 문제 12-2를 반복하라.

12-11 문제 12-3에서 부하 저항이 R_L=2.2kΩ일 경우 문제 12-3을 반복하라.

12-12 문제 12-3에서 R_L=2.2kΩ이며 R_C 대신에 RFC를 사용할 경우 문제 12-3을 반복하라.

12-13 문제 12-4에서 부하 저항이 R_L=6kΩ일 경우 문제 12-4를 반복하라.

12-14 문제 12-4에서 R_L=6kΩ이며 R_C 대신에 RFC를 사용할 경우 문제 12-4를 반복하라.

12-15 문제 12-6에서 부하 저항이 R_L=1.2kΩ일 경우 문제 12-6을 반복하라.

12-16 문제 12-7에서 R_L=6.8kΩ일 경우 문제 12-7을 반복하라.

12-17 문제 12-8에서 부하 저항이 R_L=4.7kΩ일 경우 문제 12-8을 반복하라.

12-18 부하 결합 방식에 대해 설명하라.

12-19 그림 12-25에서 V_{CC}=15V, β_o=β=150이며 각 저항 값은 다음과 같다: R_1=R_3=24kΩ, R_2=R_4=6.2kΩ, R_{C1}=R_{C2}=5.1kΩ, R_{E1}=R_{E2}=1.5kΩ, R_L=5kΩ.

(a) 각 트랜지스터의 동작점을 구하라.

(b) 각 트랜지스터의 동저항 r_π를 구하라.

(c) 전체 전압 이득을 구하라.

12-20 그림 12-25에서 V_{CC}=15V, β_o=β=175이며 각 저항 값은 다음과 같다:

R_1=R_3=33kΩ, R_2=R_4=8.2kΩ, R_{C1}=5.1kΩ, R_{C2}=3.3kΩ, R_{E1}=R_{E2}=1kΩ, R_L=3kΩ.

(a) 각 트랜지스터의 동작점을 구하라.

(b) 각 트랜지스터의 동저항 r_π를 구하라.

(c) 전체 전압 이득을 구하라.

12-21 문제 12-19에서 R_{C1}과 R_{C2} 대신에 RFC를 사용할 경우 문제 12-19를 반복하라.

12-22 문제 12-20에서 R_{C1}과 R_{C2} 대신에 RFC를 사용할 경우 문제 12-20을 반복하라.

12-23 그림 12-26에서 V_{DD}=12V, g_m=10mS이며 각 저항이 다음과 같을 때 전체 전압 이득을 구하라: R_{G1}=R_{G2}=10MΩ, R_{D1}=R_{D2}=1.5kΩ, R_{S1}=R_{S2}=560Ω, R_L=3kΩ.

12-24 문제 12-23에서 R_{D1} 대신에 RFC를 사용할 경우 전체 전압 이득을 구하라.

12-25 동조 증폭기는 대역통과 특성의 증폭기임을 설명하라.

12-26 그림 12-28(a)의 동조 증폭기에서 r_π=1kΩ, β=100이며 공진 회로는 L=1 μH, R_L=5 kΩ일 때 다음을 구하라.

(a) 회로가 1MHz에 동조되도록 C의 값을 구

하라.

(b) 증폭기의 선택도와 대역폭 및 최대 전압 이득을 구하라.

12-27 그림 12-30(a)의 회로에서 변압기를 제외하고는 문제 12-26의 조건과 동일하다. 문제 12-26에 비해 대역폭을 1.5배 줄이기 위해서는 변압기의 권선비 T_r은 얼마이어야 하는가?

12-28 전력 증폭기는 소신호 증폭기와는 달리 분류하는 관점이 다르다. 전력 증폭기의 유형을 열거하고 그 의미를 설명하라.

12-29 푸시-풀 증폭기의 동작 원리를 간단히 설명하라.

12-30 B급 증폭기에서 일어나는 교차 왜곡에 대해 설명하라.

12-31 상보 대칭형 증폭기의 장점에 대해 설명하라.

12-32 이상적인 연산 증폭기가 갖추어야 할 조건에 대해 설명하라.

12-33 연산 증폭기의 가상 단락은 연산 증폭기의 어떠한 특성을 바탕으로 하는가?

12-34 연산 증폭기를 이용한 대표적인 증폭기 두 가지를 설명하고 이들이 편리한 이유를 설명하라.

12-35 그림 12-45(a)의 반전 증폭기에서 R_1과 R_2의 값이 다음과 같을 때 전압 이득을 구하라: (a) R_1=10kΩ, R_2=150kΩ (b) R_1=470Ω, R_2=10kΩ

12-36 그림 12-46(a)의 비반전 증폭기에서 R_1과 R_2의 값이 다음과 같을 때 전압 이득을 구하라: (a) R_1=4.7kΩ, R_2=47kΩ (b) R_1=10kΩ, R_2=1MΩ

13장

증폭기의 주파수 응답 (Frequency response of Amplifiers)

일반적으로 증폭기의 특성은 주파수에 따라 변하므로 증폭기가 실제로 동작할 수 있는 주파수 대역은 제한된다. 따라서 입력 신호를 제대로 증폭하기 위해서는 증폭기의 대역이 입력 신호의 대역을 포함하여야 하며 증폭하고자 하는 신호의 대역에 맞추어 증폭기의 대역이 결정되어야 한다. 이 장에서는 증폭기의 주파수 대역을 제한하는 요소들과 이들이 증폭기 주파수 특성에 미치는 영향에 대해 알아본다.

13.1 BJT 증폭기의 주파수 응답

12장을 통해 다양한 증폭기 유형에 대해 설명하였으며 증폭기의 이득에 대해 알아보았다. 그러나 증폭기 이득은 모든 주파수에 대해 균일하지 않고 일정한 대역 내에서만 제한된다. 이러한 주파수 특성은 트랜지스터의 주파수 특성이나 증폭기 내의 주파수 선택성 소자들에 의해 결정된다. 그림 13-1은 이미터-공통 증폭기이며 이 회로를 통해 BJT 증폭기의 주파수 특성에 대해 알아본다. 단 해석을 간단히 하기 위해 이미터 안정화 저항 및 측로 커페시터는 생략하였다.

먼저 그림 13-1에서 주파수에 의존하는 소자로 결합 커페시터 C_{in}과 C_{out}가 있다. 이 두 커페시터는 교류에 대해 리액턴스가 0에 가깝도록 용량이 충분히 커야 하지만 실제로는 μF 단위의 용량을 사용하므로 저주파 대역에서는 리액턴스를 무시할 수 없게 된다. 물론 이러한 상황은 측로 커페시터에 있어서도 마찬가지이다. 예를 들어 용량이 1μF인 커페시터의 100 kHz에 대한 리액턴스는

$$X_C = \frac{1}{\omega C} = \frac{1}{2\pi \times 100 \times 10^3 \times 10^{-6}} \cong 1.6\,\Omega$$

이므로 거의 무시할 수 있다. 그러나 주파수가 100 Hz인 경우

$$X_C = \frac{1}{\omega C} = \frac{1}{2\pi \times 100 \times 10^{-6}} \cong 1.6\,\text{k}\Omega$$

로 상당히 크므로 더 이상 교류에 대해 단락과 같지 않다. 따라서 μF

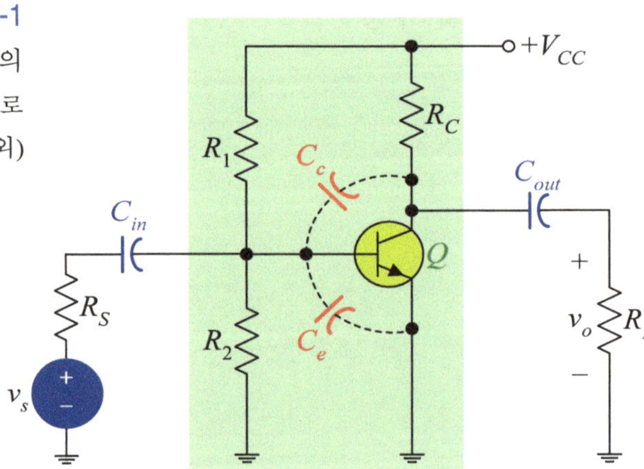

▶그림 13-1 이미터-공통 증폭기의 커페시터들(측로 커페시터는 제외)

단위의 결합 커패시터와 측로 커패시터는 저주파 대역에서는 증폭기의 주파수 특성에 영향을 미치지만 고주파 대역에서는 그 영향이 거의 무시된다.

PN 접합에 의해 형성되는 결핍층에는 순수한 전하가 축적되므로 커패시터 효과를 나타낸다. 따라서 두 개의 *PN* 접합으로 이루어진 BJT에서는 베이스-이미터간의 *PN* 접합과 베이스-컬렉터간의 *PN* 접합에 용량이 형성된다. 그러나 이들은 대부분 원하지 않는 성분이므로 부유 용량(浮游容量) 또는 기생 용량이라 하며 그림 13-1에서 C_e와 C_c가 이를 나타낸다. 커패시터 C_e는 베이스-이미터간 부유 용량이며 베이스-컬렉터간 부유 용량인 C_c에 비해 크다. 이들 부유 용량은 대체로 수 pF에서 수십 pF 사이에 분포한다. 결합 커패시터와 측로 커패시터는 외부 소자로서 증폭기의 저주파 특성에 영향을 미친다. 이에 비해 트랜지스터 내부에 존재하는 pF 단위의 부유 용량들은 저주파 대역에서는 거의 개방 회로와 같으므로 영향을 미치지 않고 고주파 대역에서만 영향을 미친다. 예를 들어 10pF의 100Hz에 대한 리액턴스는

$$X_C = \frac{1}{\omega C} = \frac{1}{2\pi \times 100 \times 10^{-11}} \cong 160\ \text{M}\Omega$$

로 대단히 크다. 따라서 부유 용량의 영향은 저주파 대역에서는 무시되고 고주파 대역에서만 드러남을 알 수 있다. 이상으로 그림 13-1에서 고주파 대역에서는 C_{in}과 C_{out}가 단락되어 없는 것과 같고 저주파 대역에서는 C_e와 C_c가 개방되어 없는 것과 같다. 따라서 C_{in}과 C_{out}는 저주파 대역에만 영향을 미치고 C_e와 C_c는 고주파 대역에서만 영향을 미친다. 그리고 중간 대역에서는 C_{in}과 C_{out}의 리액턴스가 무시될 수 있을 정도로 주파수가 높고 C_e와 C_c의 리액턴스가 개방과 같을 정도로 주파수가 낮기 때문에 모든 커패시터들의 영향이 없어진다.

저주파 응답

그림 13-1의 저주파 대역에서의 특성을 구하기 위해 결합 커패시터만 남겨두고 부유 용량을 모두 개방시키면 그림 13-2(a)의 저주파 등가회로를 얻을 수 있다(그림 11-30(b)의 전압-제어 등가회로를 이용한 것으로 출력 저항 r_o는 무시). 그림 (a)를 페이저 회로로 정리하면 그림 (b)가 되며(출력단은 전원 변환시킨 결과이다) 이로부터 입력단과 출력단은 모두 일차의 고역통과 필터임을 알 수 있다(그림 6-7 참조). 따라서 입력단에서 형성되는 하위 차단 주파수를 f_{L1}이라 하고 출력단에서 형성되는 하위 차단 주파수를 f_{L2}라 하면 각각 다음과 같다.

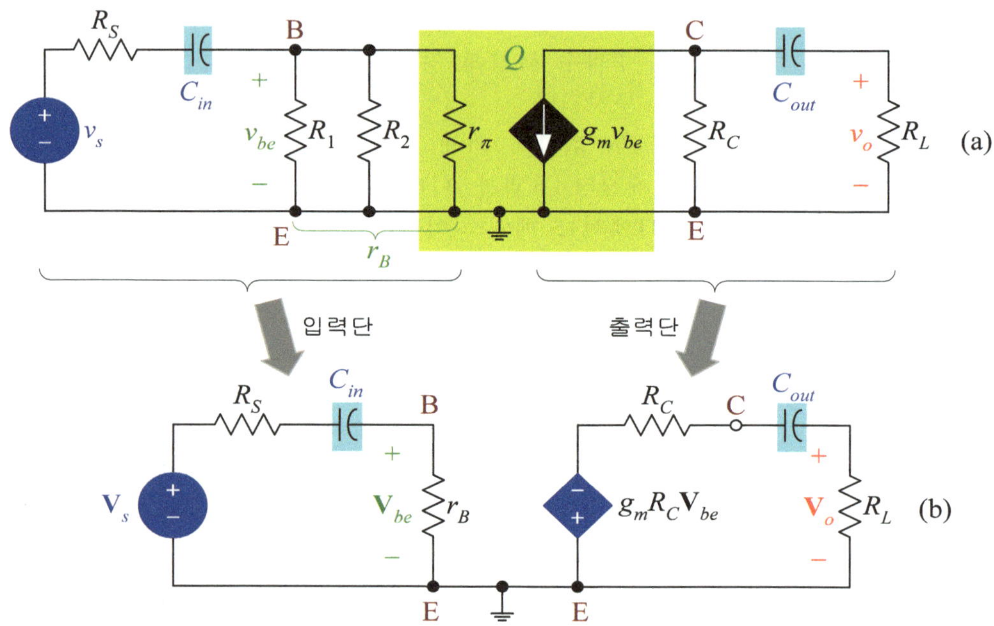

▲그림 13-2 그림 13-1의 (a) 저주파 등가회로; (b) 정리된 페이저 회로.

$$f_{L1}=\frac{1}{2\pi(R_S+r_B)C_{in}},\quad f_{L2}=\frac{1}{2\pi(R_C+R_L)C_{out}} \qquad [1]$$

단 식 [1]에서 r_B는 등가 저항으로서 $r_B=R_1\|R_2\|r_\pi$이다. 이상으로 그림 13-2의 전체 주파수 특성은 입력단의 주파수 특성과 출력단의 주파수 특성을 곱한 것과 같으므로 전체 하위 차단 주파수는 f_{L1}과 f_{L2} 중 높은 쪽으로 결정된다. 따라서 f_{L1}과 f_{L2} 중 높은 쪽을 f_L이라 하면 그림 13-1의 저주파 특성은 그림 13-3과 같다.

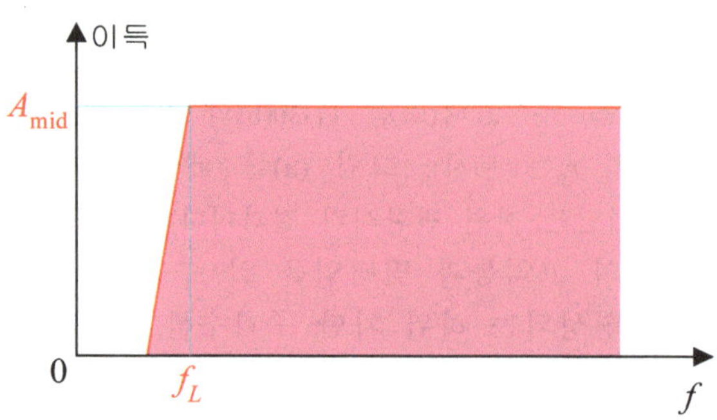

$$f_{L1}=\frac{1}{2\pi(R_S+r_B)C_{in}}$$

$$f_{L2}=\frac{1}{2\pi(R_C+R_L)C_{out}}$$

$$f_L=\max(f_{L1},f_{L2})$$

►그림 13-3 그림 13-1 회로의 저주파 응답

예제 13-1

그림 13-1의 증폭기에서 β=150, r_π=1.5kΩ이며 각 저항과 커페시터들은 다음과 같다. 저주파 대역에서의 차단 주파수를 구하라.

R_S=1kΩ, R_1=10kΩ, R_2=2.2kΩ, R_C=3.6kΩ, R_L=1.5kΩ

C_{in}=0.47μF, C_{out}=2.2μF.

풀이 먼저 등가 저항 r_B를 구하면

$$r_B = R_1 \| R_2 \| r_\pi = 10\text{ k}\Omega \| 2.2\text{ k}\Omega \| 1.5\text{ k}\Omega \cong 0.82\text{ k}\Omega$$

식 [1]로부터

$$f_{L1} = \frac{1}{2\pi(R_S + r_B)C_{in}} = \frac{1}{2\pi \times 1820 \times (0.47 \times 10^{-6})} \cong 186\text{ Hz}$$

$$f_{L2} = \frac{1}{2\pi(R_C + R_L)C_{out}} = \frac{1}{2\pi \times 5100 \times (2.2 \times 10^{-6})} \cong 14\text{ Hz}$$

$$\therefore f_L = \mathbf{186\text{ Hz}}$$

고주파 응답

고주파 등가회로

그림 13-4는 BJT의 고주파 특성(그림 (a)) 및 고주파 등가회로(그림 (b))를 나타내며 그림 (b)를 특히 하이브리드-π 등가회로라 한다. 그림 13-4(b)를 이용하여 그림 13-1의 고주파 등가회로를 구하면 그림 13-5와 같음을 알 수 있다. 그림 13-5를 보면 부유 용량 C_c에 의해 출력단인 컬렉터와 입력단인 베이스가 연결되어 출력에서 입력으로 궤환이 발생한다. 궤환에 대해서는 뒤에서 설명하겠지만 궤환이 있는 회로의 해석은 비교적 복잡하다. 따라서 궤환 회로의 해석을 간단하게 하는 밀러 정리에 대해 먼저 알아보도록 한다.

▶그림 13-4 BJT의
(a) 고주파 회로
(b) 등가 회로.

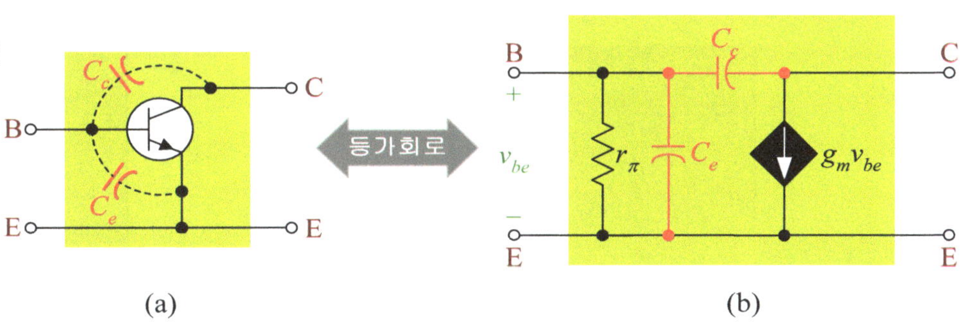

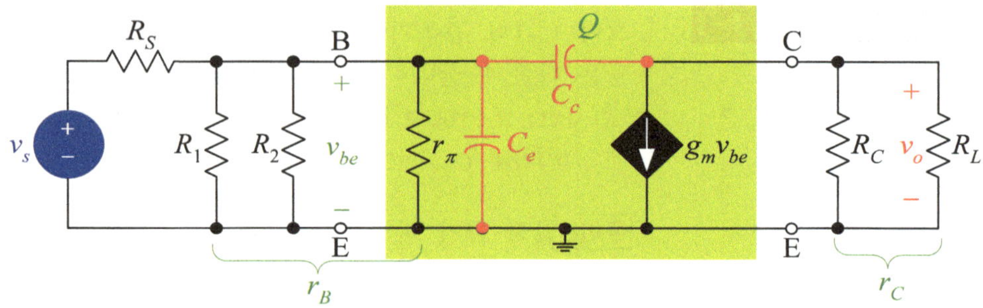

►그림 13-5
그림 13-1 회로의 고주파 등가회로

밀러(Miller) 정리

밀러 정리를 그림으로 설명하면 그림 13-6과 같다. 그림 (a)에서 임피던스가 Z인 소자가 마디 1과 2 사이에 연결되어 있으며 마디 1과 2의 전압 비는 $K=V_2/V_1$라 한다. 이 때 두 마디 사이의 소자 Z는 그림 (b)와 같이 마디 1과 접지 사이의 Z_1과 마디 2와 접지 사이의 Z_2로 각각 분리시킬 수 있으며 이 두 회로가 마디 1과 2에 대해 등가가 되기 위해서는 다음의 조건을 만족하면 된다(증명은 부록 C 참조).

$$Z_1 = \frac{Z}{1-K}, \quad Z_1 = \left(\frac{K}{K-1}\right)Z \qquad [2]$$

밀러 정리의 의의는 단자 1을 입력 단자로, 2를 출력 단자로 생각하면 쉽게 이해된다. 즉 궤환이 있는 회로를 궤환이 없는 등가회로로 바꿔 해석을 간단하게 하는 것이다. 즉 그림 13-5의 베이스 단자(B)와 컬렉터 단자(C)를 각각 그림 13-6의 마디 1과 2에 대응시켜 밀러 정리를 적용하면 그림 13-5와 등가이면서 궤환이 없는 회로를 구할 수 있다.

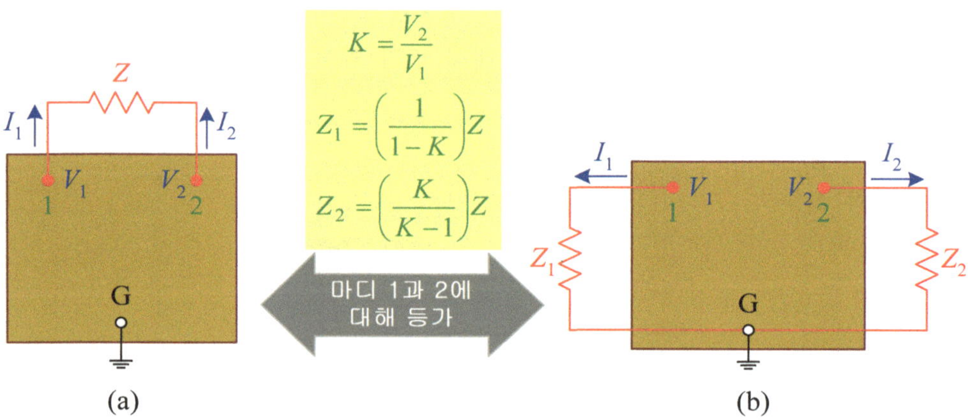

►그림 13-6
밀러 정리

예제 13-2

그림 13-5의 고주파 등가회로에서 궤환을 일으키는 부분만 도식적으로 그려보면 그림 13-7의 (a)와 같다. 그림 (a)와 그림 (b)가 단자 B와 C에 대해 등가임을 보여라.

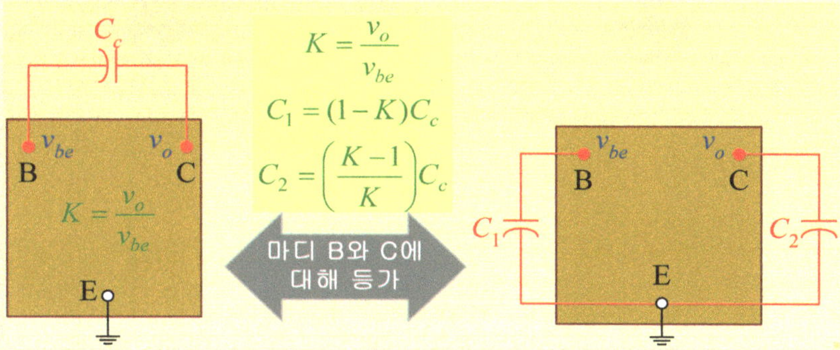

▲그림 13-7 그예제 13-2의 그림

풀이 커패시터의 임피던스는 용량에 반비례한다. 따라서 C_c와 C_1 및 C_2의 임피던스를 각각 Z, Z_1, Z_2라 하면

$$Z \xrightarrow{1/(1-K)\text{배}} Z_1 \Leftrightarrow C_c \xrightarrow{(1-K)\text{배}} C_1$$
$$Z \xrightarrow{K/(K-1)\text{배}} Z_2 \Leftrightarrow C_c \xrightarrow{(K-1)/K\text{배}} C_2$$

따라서

$$\begin{cases} C_1 = (1-K)C_c \\ C_2 = \left(\dfrac{K-1}{K}\right)C_c \end{cases}$$

일 때 그림 13-7의 (a)와 (b)는 단자 B와 C에 대해 등가이다.

예제 13-2의 결과를 그대로 이용하면 그림 13-5의 고주파 등가회로에 대한 밀러 등가회로는 그림 13-8의 (a)와 같음을 알 수 있다. 이제 남은 문제는 C_1과 C_2를 구하기 위해 전압 이득 $K=v_o/v_{be}=\mathbf{V}_o/\mathbf{V}_{be}$를 구하는 일이다. 그림 13-8(a)에서 전압 이득 K의 크기가 1보다 충분히 크다면 (실제로도 그러하다)

$$C_2=\left(\frac{K-1}{K}\right)C_c \cong C_c \qquad \textbf{[3]}$$

로 근사화할 수 있으며 C_c의 용량은 pF 단위이다. 따라서 그림 13-8(a)

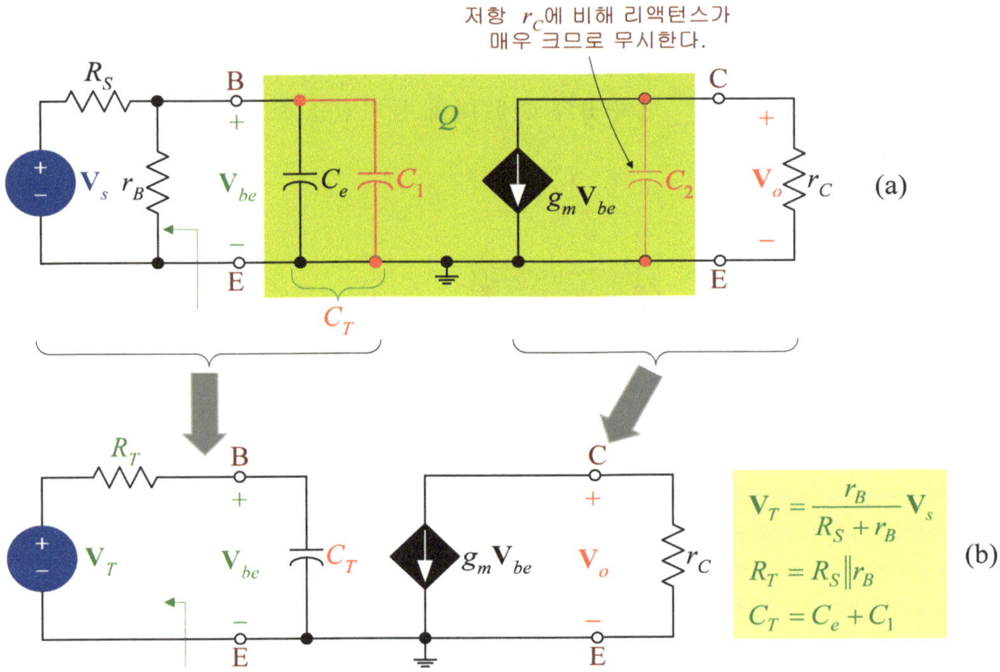

▲그림 13-8 그림 13-5의 (a) 밀러 등가회로; (b) 정리한 등가회로.

에서 수 kΩ 이하의 수준인 $r_C = R_C \| R_L$에 비해 C_c의 리액턴스는 매우 클 수 밖에 없으므로 개방과 같다. 따라서 그림 13-8(a)의 출력단에서 전압 이득 K는 다음과 같이 근사적으로 구할 수 있다.

$$K = \frac{v_o}{v_{be}} = \frac{\mathbf{V}_o}{\mathbf{V}_{be}} \cong -g_m r_C \qquad [4]$$

위의 식을 이용하면 입력단의 밀러 용량 C_1은

$$C_1 = (1 - K)C_c \cong (1 + g_m r_C)C_c \qquad [5]$$

으로 주어진다. 이상으로 그림 13-8의 (a)는 그림 (b)로 정리할 수 있으며 이 과정에서 입력단의 테브닌 등가회로를 이용하였다. V_T, R_T 및 C_T는 그림 (b)에 표시된 바와 같다. 그러나 일반적으로 $|K| = g_m r_C >> 1$이므로 입력단의 전체 용량 $C_T = C_e + C_1$은 다음과 같이 근사화된다.

$$C_T = C_e + C_1 \cong C_e + (1 + g_m r_C)C_c \cong |K| C_c \qquad [6]$$

이상으로 그림 13-8(b)의 등가회로에서 입력단에는 R_T와 C_T로 구성된 저역통과 필터가 형성됨을 알 수 있으며 이에 의한 상위 차단 주파수 f_H는 다음과 같이 결정된다.

$$f_H = \frac{1}{2\pi R_T C_T} \cong \frac{1}{2\pi R_T |K| C_c} \quad (R_T = R_S \| r_B = R_S \| R_1 \| R_2 \| r_\pi) \qquad [7]$$

따라서 그림 13-1 증폭기의 고주파 특성은 그림 13-9와 같다.

▶그림 13-9
그림 13-1 회로의 고주파 응답

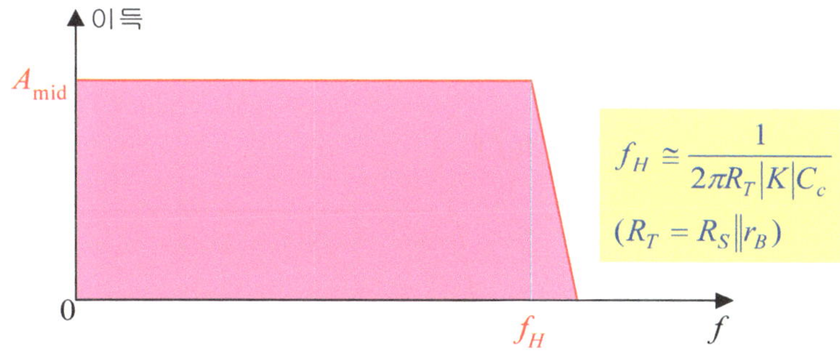

중간대역 응답

중간 대역에서는 모든 커페시터의 영향이 무시되므로 그림 13-1의 등가회로는 그림 13-10과 같다. 중간 대역에서의 전압 이득 $A_v=v_o/v_s$는

$$A_v = \frac{v_o}{v_s} = \left(\frac{v_{be}}{v_s}\right)\left(\frac{v_o}{v_{be}}\right) \qquad [8]$$

이다. 그림에서 $v_{be}/v_s=r_B/R_S$이며 식 [4]를 이용하면

$$\frac{v_o}{v_{be}} = -g_m r_C = -|K| \qquad [9]$$

이므로 전압 이득은 다음과 같다.

$$A_v = -|K|\left(\frac{r_B}{R_S}\right) \qquad [10]$$

▶그림 13-10
그림 13-1 회로의 중간대역 등가회로

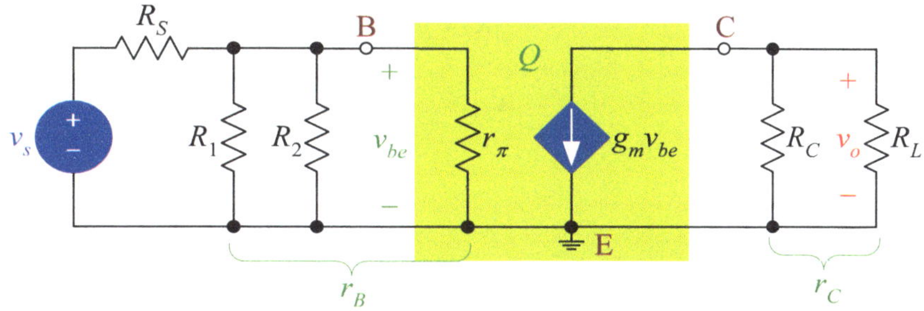

따라서 중간 대역에서의 이득의 크기 A_{mid}는 다음과 같이 주어진다.

$$A_{mid} = |K|\left(\frac{r_B}{R_S}\right) \qquad (r_B = R_1 \| R_2 \| r_\pi) \tag{11}$$

이상으로 저주파 대역 응답인 그림 13-3과 고주파 대역 응답인 그림 13-9 및 중간 대역 이득인 식 [11]을 종합하면 그림 13-1 증폭기의 전체 주파수 응답은 그림 13-11과 같다.

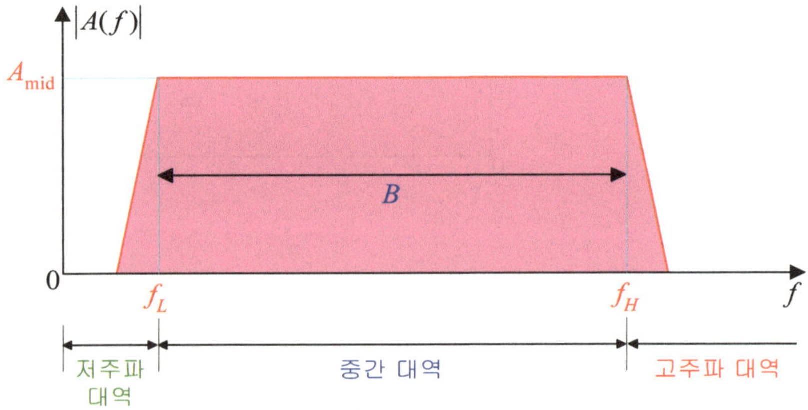

$$A_{mid} = |K|\left(\frac{r_B}{R_S}\right)$$

$$\left.\begin{aligned} f_{L1} &= \frac{1}{2\pi(R_S + r_B)C_{in}} \\ f_{L2} &= \frac{1}{2\pi(R_C + R_L)C_{out}} \end{aligned}\right\} \rightarrow f_L = \max(f_{L1}, f_{L2})$$

$$f_H \cong \frac{1}{2\pi R_T |K| C_c}$$

* $|K| = g_m r_C$, $r_B = R_1 \| R_2 \| r_\pi$, $R_T = R_S \| r_B$, $r_C = R_C \| R_L$

▲그림 13-11 그림 13-1 증폭기의 전체 주파수 응답

예제 13-3

그림 13-1의 증폭기에서 β=150, r_π=1.5kΩ이며 각 저항과 커페시터들의 용량은 다음과 같다. 전체 주파수 특성을 구하라.

R_S=1kΩ, R_1=10kΩ, R_2=2.2kΩ, R_E=1kΩ, R_C=3.6kΩ, R_L=1.5kΩ

C_{in}=0.47μF, C_{out}=2.2μF, C_e=12pF, C_c=4pF.

풀이 저주파 특성은 예제 13-1의 결과와 같다. 그리고 BJT의 전달 컨덕턴스를 구하면

$$g_m = \frac{\beta}{r_\pi} = \frac{150}{1.5\ \text{k}\Omega} = 0.1\ \text{S}$$

다음으로 필요한 등가 저항들을 순서대로 구하면 다음과 같다.

$$\begin{cases} r_B = R_1 \| R_2 \| r_\pi = 10\ \text{k}\Omega \| 2.2\ \text{k}\Omega \| 1.5\ \text{k}\Omega = 0.82\ \text{k}\Omega \\ R_T = R_S \| r_B = 1\ \text{k}\Omega \| 0.82\ \text{k}\Omega = 0.45\ \text{k}\Omega \\ r_C = R_C \| R_L = 3.6\ \text{k}\Omega \| 1.5\ \text{k}\Omega = 1.06\ \text{k}\Omega \end{cases}$$

따라서 이득 K의 크기는

$$|K| = g_m r_C = 0.1 \times (1.06 \times 10^3) = 106$$

저주파 특성은 예제 13-1로부터 하위 차단 주파수는

$$f_L = \mathbf{186\ Hz}$$

그리고 식 [7]로부터 상위 차단 주파수는

$$f_H \cong \frac{1}{2\pi R_T |K| C_c} = \frac{1}{2\pi \times 450 \times 106 \times (4 \times 10^{-12})} = \mathbf{834.2\ kHz}$$

식 [11]로부터 중간 대역 이득은

$$A_{\text{mid}} = |K| \left(\frac{r_B}{R_S} \right) = 106 \times \frac{0.82}{1} = \mathbf{87}$$

이득-대역 곱

그림 13-11에서 $f_H >> f_L$이므로 증폭기의 대역폭 B는

$$B = f_H - f_L \cong f_H \quad \textbf{[12]}$$

이므로 식 [7]로부터 대역폭은 근사적으로 다음과 같이 주어진다.

$$B \cong \frac{1}{2\pi R_T |K| C_c} \quad \textbf{[13]}$$

식 [11]의 중간대역 이득 A_{mid}와 대역폭 B를 곱한 것을 GBW=$A_{mid}B$라 하면 다음과 같이 주어진다.

$$\mathrm{GBW} \cong |K|\left(\frac{r_B}{R_S}\right)\times\frac{1}{2\pi R_T|K|C_c}=\frac{r_B}{2\pi R_S R_T C_c}=\text{일정} \qquad [14]$$

식 [14]로부터 증폭기의 이득과 대역폭을 곱한 값은 일정하다는 중요한 결과를 얻을 수 있다. 따라서 증폭기의 이득이 증가하는 만큼 반대로 대역폭은 줄어들게 되고 대역폭이 증가하는 만큼 반대로 이득은 감소해야 하며, 이러한 현상은 증폭기를 지배하는 일반적인 법칙이다. 증폭기에서 우리가 원하는 것은 높은 이득과 넓은 대역폭이다. 그러나 두 마리 토끼를 쫓을 수 없듯이 이득과 대역폭 두 쪽 모두를 취할 수 없다는 것을 알았다. 특히 하위 차단 주파수는 결합 커페시터나 측로 커페시터 등 외부 소자에 의해 결정되므로 조정이 가능하지만 상위 차단 주파수는 트랜지스터 내부의 부유 용량에 의해 결정되므로 조정하기가 간단치 않다.

베이스-공통 증폭기의 주파수 응답

베이스 공통 증폭기의 특징은 광대역이라는 점이다. 그림 13-12는 베이스-공통 증폭기의 입력 저항과 전압 이득을 다시 보인 것으로(그림 12-11 참조) 전압 이득 A_v와 입력 저항 R_i는 다음과 같다(12장의 식 [20]과 [23] 참조).

$$A_v=\frac{v_o}{v_{eb}}=\beta\left(\frac{R_C}{r_\pi}\right),\quad R_i=\frac{r_\pi}{\beta+1} \qquad [15]$$

그림 13-12를 이용하면 베이스-공통 증폭기의 고주파 교류 회로는 그림 13-13과 같다. 여기서 R_S는 전원 v_s의 내부 저항이고 R_L은 출력단인

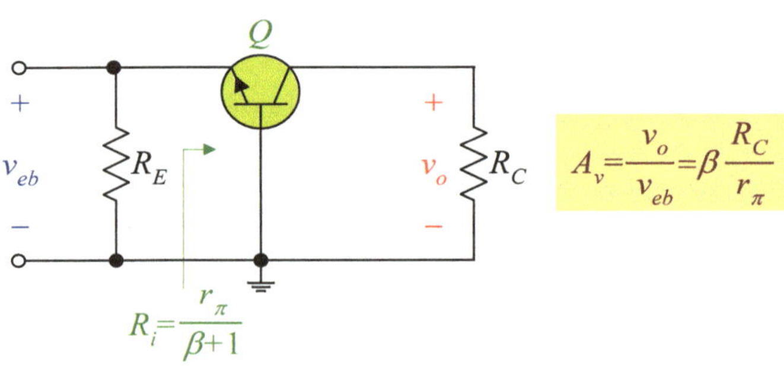

▶그림 13-12 베이스-공통 증폭기의 교류 회로와 특성

▶그림 13-13
베이스-공통 증폭기의 고주파 등가회로

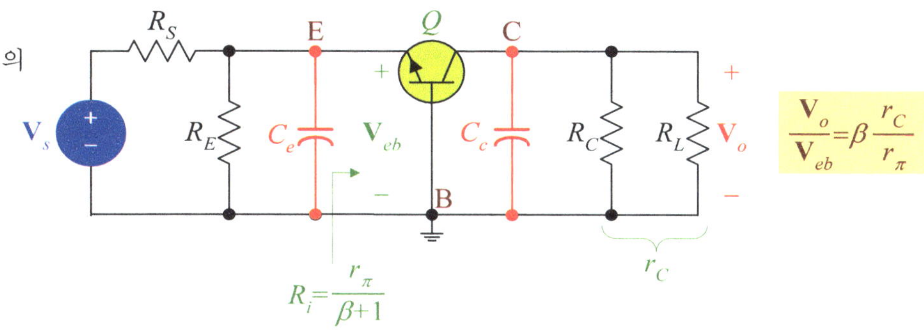

컬렉터에 결합된 부하이며 C_e와 C_c는 트랜지스터의 부유 용량이다. 그림 13-13을 보면 입력단인 이미터와 출력단인 컬렉터 간에는 이미터-공통 증폭기 경우와는 달리 부유 용량에 의한 궤환이 없다. 따라서 입력 및 출력단에 밀러 효과가 나타나지 않아 광대역의 특성이 있음을 짐작할 수 있을 것이다. 그림 13-13에서 입력단과 출력단 모두에 저역통과 필터가 형성된다. 먼저 입력단에서 커페시터 C_e와 결합되는 등가 저항을 R_{eq1}이라 하면

$$R_{\text{eq1}} = R_S \| R_E \| R_i \qquad [16]$$

이며 $R_i = r_\pi/(\beta+1)$로 매우 작기 때문에 근사적으로

$$R_{\text{eq1}} \cong R_i = \frac{r_\pi}{\beta+1} \qquad [17]$$

로 주어진다. 따라서 입력단의 상위 차단 주파수 f_{H1}은

$$f_{H1} = \frac{1}{2\pi R_{\text{eq1}} C_e} \cong \frac{\beta+1}{2\pi r_\pi C_e} \qquad [18]$$

로 매우 높게 정해진다. 다음으로 출력단에 형성되는 상위 차단 주파수 f_{H2}는 다음과 같다.

$$f_{H2} = \frac{1}{2\pi r_C C_c} = \frac{1}{2\pi (R_C \| R_L) C_c} \qquad [19]$$

이상으로 전체 상위 차단 주파수 f_H는 f_{H1}과 f_{H2} 중 낮은 쪽으로 결정되며 밀러 용량이 없으므로 일반적으로 f_H는 매우 높게 결정된다. 그리고 식 [18]의 f_{H1}은 증폭기의 이득과도 무관하다. 이와 같이 베이스-공통 증폭기는 광대역 증폭기라는 장점이 있으며 이는 이득을 위주로 하는 이미터-공통 증폭기와 완충기 역할을 하는 컬렉터-공통 증폭기와 더불어 BJT 증폭기의 골격을 이루고 있다.

13.2 FET 증폭기의 주파수 응답

JFET 역시 *PN* 접합으로 이루어지므로 게이트와 소스, 게이트와 드레인 사이에 pF 수준의 부유 용량이 존재하므로 고주파 등가회로는 그림 13-14와 같다. 여기서 C_{gs}는 게이트-소스간의 부유 용량을, C_{gd}는 게이트-드레인간의 부유 용량을 나타내며 보통 C_{gs}가 C_{gd}보다 크다. 그림 13-15는 소스-공통 증폭기이며 소스 저항 R_{SS}에 대한 측로 커페시터는 생략하였다(실제로 소스 저항은 교류 회로에 영향을 거의 미치지 않는다).

▶그림 13-14
JFET의 고주파 등가회로

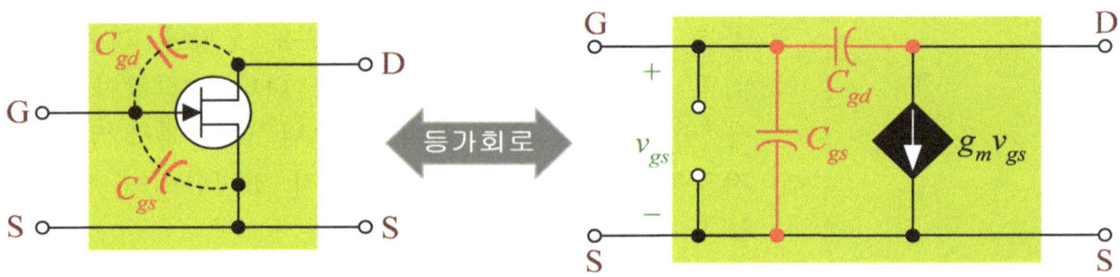

▶그림 13-15
소스-공통 증폭기
(측로 커페시터는 제외)

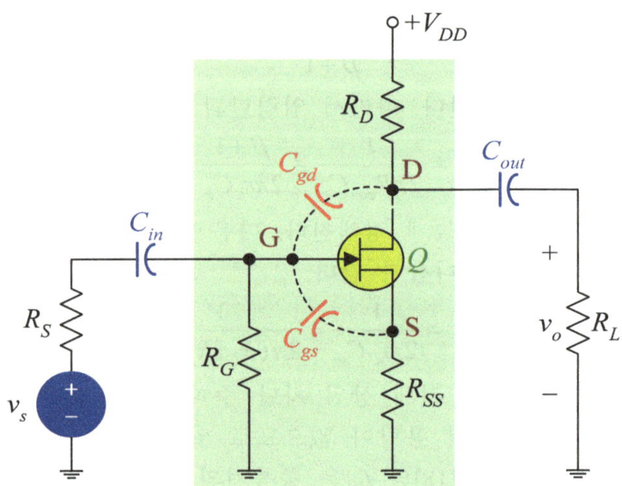

저주파 응답

그림 13-15 증폭기의 저주파 특성을 구하기 위해 C_{gs}와 C_{gd}를 개방시키면 그림 13-16(a)와 같다. 여기서 저항 R_{SS}는 입력 측에서는 개방 회로와 직렬 결합되고 출력단에서는 종속 전류원과 직렬 결합되어 회로의 주파수 특성에 영향을 미치지 않으므로 R_{SS}=0과 같다. 따라서 그림 13-16의 (a)에 대한 페이저 회로는 그림 (b)가 되며 출력단은 전원 변환을 이용하여 정리하였다. 그 결과 그림 (b)는 입력단과 출력단에 모두 고역통과 필터가 형성된다. 입력단과 출력단의 하위 차단 주파수를 각각 f_{L1}, f_{L2}라 하면 R_G>>R_S이므로(R_G는 임의대로 크게 할 수 있다) 각각 다음과 같이 주어진다.

$$f_{L1} = \frac{1}{2\pi(R_S + R_G)C_{in}} \cong \frac{1}{2\pi R_G C_{in}} \tag{20}$$

$$f_{L2} = \frac{1}{2\pi(R_D + R_L)C_{out}} \tag{21}$$

로 주어진다. 따라서 전체 하위 차단 주파수 f_L은 f_{L1}과 f_{L2} 중에서 높은 쪽으로 결정된다.

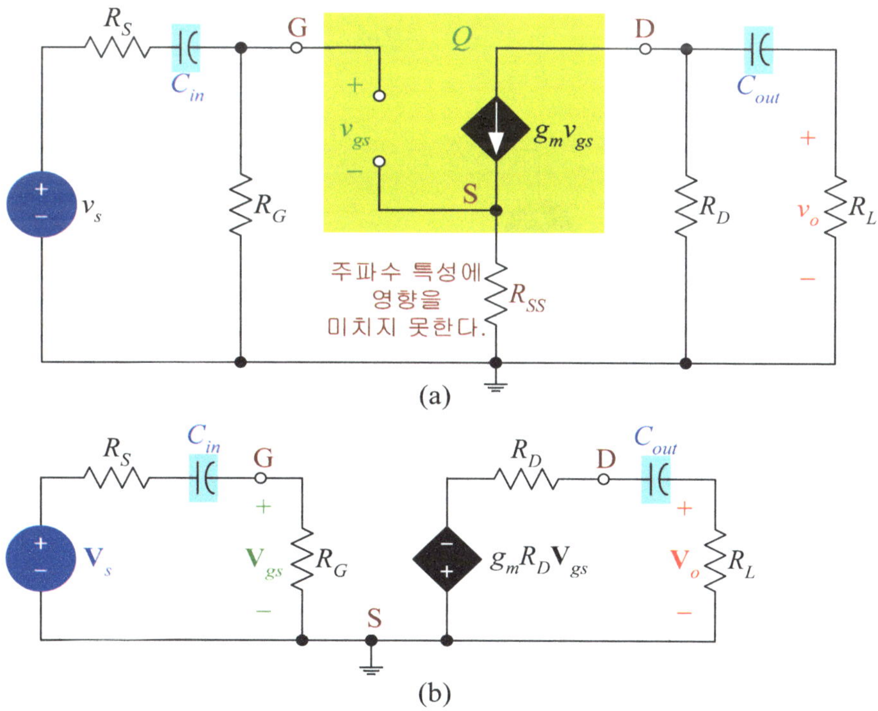

►그림 13-16
그림 13-15 회로의
(a) 저주파 등가회로;
(b) 정리된 페이저 회로

고주파 응답

그림 13-15에서 결합 커페시터들을 모두 단락시키면 그림 13-17의 (a)의 고주파 등가회로가 된다. C_{gd}에 의해 입력단과 출력단에 형성되는 밀러 용량을 각각 C_1, C_2라 하면 그림 (a)의 페이저 회로는 그림 (b)와 같으며 입출력단 모두 저역통과 필터이다. 출력단 C_2의 리액턴스가 저항 r_D에 비해 매우 크므로 $K=\mathbf{V}_o/\mathbf{V}_{gs}$는 근사적으로 다음과 같다.

$$K \cong -g_m r_D \quad [22]$$

따라서 밀러 용량 C_1, C_2와 입력단 총 용량 C_T는 각각 다음과 같다.

$$\begin{aligned} C_1 &= (1-K)C_{gd} \cong |K|C_{gd} \\ C_T &= C_{gs} + C_1 \cong C_1 \cong |K|C_{gd} \\ C_2 &= \left(\frac{K-1}{K}\right)C_{gd} \cong C_{gd} \end{aligned} \quad [23]$$

이상으로 그림 (b)에서 입력단에 형성되는 차단 주파수 f_{H1}과 출력단에 형성되는 차단 주파수 f_{H2}는 각각 다음과 같이 주어진다.

$$\begin{aligned} f_{H1} &= \frac{1}{2\pi R_S C_T} \cong \frac{1}{2\pi |K| R_S C_{gd}} \\ f_{H2} &= \frac{1}{2\pi r_D C_2} \cong \frac{1}{2\pi r_D C_{gd}} \end{aligned} \quad [24]$$

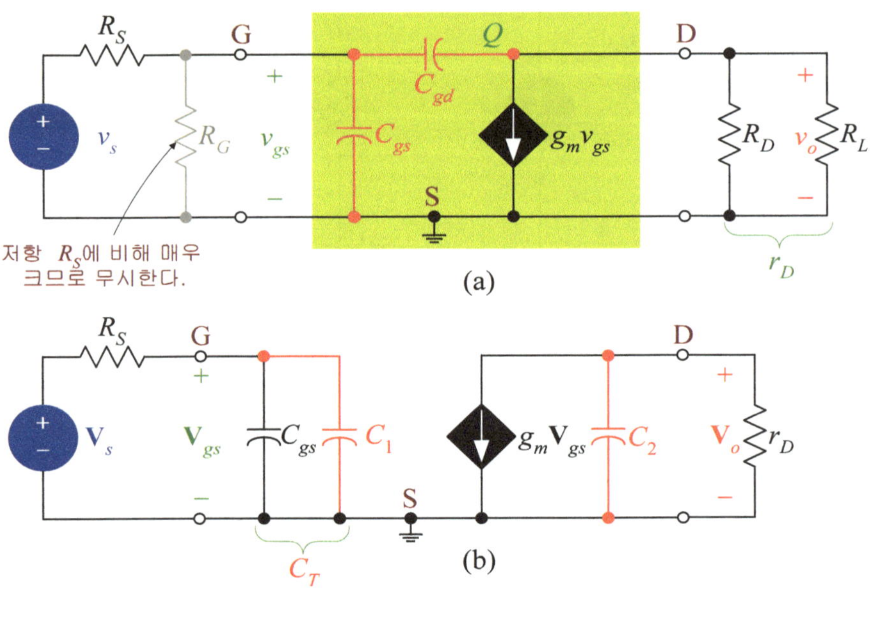

▶그림 13-17
그림 13-15의 (a) 고주파 등가회로; (b) 밀러 정리로 정리한 페이저 회로

식 [24]의 두 차단 주파수 중에서 낮은 쪽이 최종 상위 차단 주파수가 되며 일반적으로 $f_{H1} << f_{H2}$이므로 $B \approx f_{H1}$으로 주어진다. 따라서 FET 증폭기에서도 이득과 대역폭의 곱 GBW는 다음과 같이 일정한 값으로 주어진다.

$$\mathrm{GBW} \cong |K| \times \frac{1}{2\pi |K| R_S C_{gd}} = \frac{1}{2\pi R_S C_{gd}} = \text{일정} \qquad [25]$$

13.3 궤환 증폭기의 주파수 응답

앞에서 증폭기의 GBW는 일정하다는 것을 배웠다. 이제 다음 단계로 주어진 GBW 하에서 이득 또는 대역폭을 원하는 크기로 조절하여 사용하는 방법이 필요하다. 물론 증폭기의 특성을 바꾸고자 하면 처음부터 새로운 증폭기를 설계하여 사용할 수도 있지만 증폭기를 설계한다는 것은 전문가가 아니면 쉬운 일이 아니다. 따라서 만일 증폭기는 그대로 두고 주변에 간단한 외부 회로를 결합하여 이득 또는 대역폭을 쉽게 조절할 수 있다면 증폭기를 다시 설계하는 번거로움은 없어질 것이다. 물론 이 때 결합하여 사용하는 외부 회로는 매우 간단하여 조정이 편리해야 의미가 있다. 이러한 목적을 이룰 수 있는 방법이 궤환 회로를 이용한 궤환 증폭기(feedback amplifier)이다.

그림 13-18은 기본 증폭기에 궤환 회로를 더한 궤환 증폭기 구조이다. 여기서 기본 증폭기 A는 그대로 두고 궤환 회로 β만 조절함으로써 결국 새로운 증폭기 A_f를 얻는 것과 같은 효과를 얻을 수 있으

▶그림 13-18
궤환 증폭기의 구성

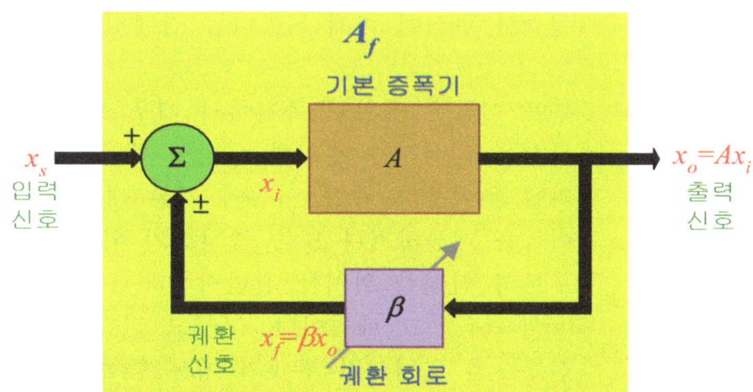

며 이 때 궤환 회로 β는 구성이 간단하고 조정이 용이해야 한다. 그림 13-18에서 기본 증폭기는 변하지 않고 고정되며 입력에서 출력의 방향으로만 신호 전달을 담당한다. 그리고 궤환 회로는 가변적이며 출력에 서 입력 방향으로의 궤환만 담당하는 것으로 가정한다. 이 조건하에서 증폭기의 입력 신호 x_i 및 x_o는 각각

$$x_i = x_s \pm x_f = x_s \pm \beta x_o \qquad [26]$$

$$x_o = Ax_i = A(x_s \pm \beta x_o) \qquad [27]$$

로 주어진다. 여기서 입력 신호 x_s와 궤환 신호 x_f의 합을 이용할 경우를 정궤환(positive feedback), 차를 이용할 경우를 부궤환(negative feedback) 방식이라 한다. 그리고 $A=x_o/x_i$는 기본 증폭기의 이득이며 β는 궤환 이득(feedback gain)이라 한다. 위의 두 식 [26]과 [27]로부터 궤환 증폭기의 이득 A_f는

$$A_f = \frac{x_o}{x_s} = \frac{A}{1-(\pm\beta A)} \qquad [28]$$

로 주어진다. 식 [28]은 기본 증폭기의 이득 A와 궤환 증폭기의 이득 A_f간의 관계를 보여주는 중요한 식이며 분모의 $\pm\beta A$를 루프 이득(loop gain)이라 하여

$$T \equiv \pm\beta A \qquad [29]$$

로 정의된다. 따라서 식 [28]은

$$A_f = \frac{A}{1-T} \qquad [30]$$

로 표현된다. 식 [29]에서 부궤환일 때는 부호가 음이며 정궤환일 때는 부호가 양이 된다. 이 장에서는 모든 궤환을 부궤환으로 한정하며 정궤환 방식에 대해서는 다음 장에서 설명한다.

루프 이득

루프 이득은 궤환 증폭기에서 매우 중요한 개념으로서 궤환 증폭기의 특성을 해석하는 편리한 수단일 뿐 아니라 궤환 회로 β가 미치는 효과를 보여준다. 루프 이득의 기본 개념은 그림 13-19와 같다. 즉 루프 이득을 계산하거나 또는 측정하기 위해 먼저 입력을 차단한 상태에서 루프의 적절한 위치를 절단시킨다. 이 때 절단 위치는 임의이며 그림 (a)와 (b)는 그 예들이다. 그리고 절단된 곳을 통해 그림과 같이 시험 신호 x_t를 입력시킨 후 x_t가 기본 증폭기와 궤환 회로를 거쳐 다시 루

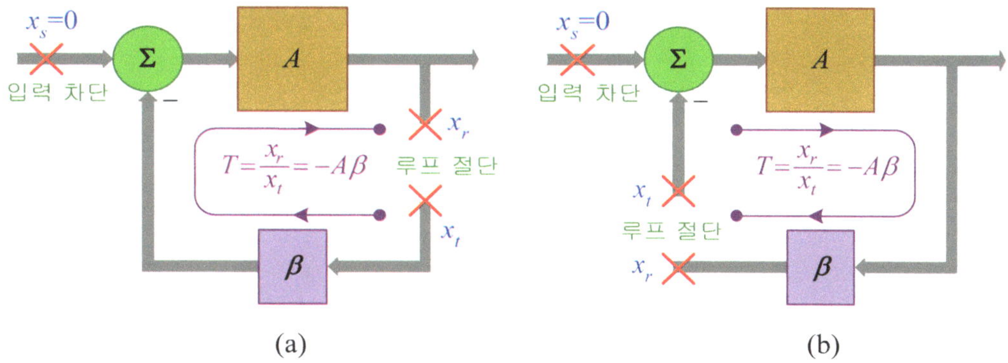

▶그림 13-19 루프 이득을 구하는 방법

프가 절단된 위치로 돌아온 신호 x_r을 계산하거나 또는 측정한 다음 $T=x_r/x_t$로 구한다. 루프를 절단한다는 것은 신호의 궤환이 없는 상태를 만든다는 것이다. 그러나 신호의 형태는 전압이 될 수도 있고 전류가 될 수도 있으므로 루프 절단은 신호의 형태에 따라 개방일 수도 있고 단락일 수도 있다. 예를 들어 그림 13-19에서 돌아온 신호 x_r이 전압인 경우는 루프를 단락시키면 $x_r=0$이 되어 계산, 또는 측정할 수 없으므로 루프를 개방시켜야 한다. 반대로 신호 x_r이 전류인 경우는 루프를 개방시키면 $x_r=0$이 되므로 루프를 단락시켜야 한다. 즉 궤환이 없는 상태를 만들기 위해 x_r이 전압인 경우는 루프를 개방시켜야 하고 x_r이 전류인 경우는 루프를 단락시켜야 한다. 그리고 x_t와 x_r은 차원이 같으므로 루프 이득은 단위가 없다.

궤환 증폭기의 주파수 응답

궤환 회로 β가 전체 이득 $A_f(f)$의 주파수 특성에 미치는 영향을 알아보자. 가장 간단하게 기본 증폭기의 주파수 특성 $\mathbf{A}(f)$가 저역통과 특성인

$$\mathbf{A}(f)=\frac{A_o}{1+jf/f_H} \qquad [31]$$

인 경우에 대해 살펴본다. 이 증폭기의 상위 차단 주파수는 f_H이며 통과 대역에서의 이득은 A_o이므로 GBW=A_of_H이다. 이에 대한 궤환 증폭기의 이득은(부궤환) 식 [31]을 식 [28]의 A에 대입하면 다음과 같다.

$$\mathbf{A}_f(f)=\frac{\mathbf{A}(f)}{1+\beta\mathbf{A}(f)}=\frac{\dfrac{A_o}{1+jf/f_H}}{1+\dfrac{\beta A_o}{1+jf/f_H}} \qquad [32]$$

식 [32]는 다음과 같은 형태로 정리할 수 있다.

$$\mathbf{A}_f(f) = \frac{A_{of}}{1 + jf/f_{Hf}} \qquad \begin{cases} A_{of} = \dfrac{A_o}{1+\beta A_o} \\ f_{Hf} = f_H(1+\beta A_o) \end{cases} \tag{33}$$

즉 궤환 증폭기의 주파수 특성 $\mathbf{A}_f(f)$ 역시 저역통과 특성이 되며 이득 A_{of} 및 차단 주파수 f_{Hf}는 식 [33]에 주어진 바와 같다. 따라서 궤환 증폭기의 GBW_f는

$$\text{GBW}_f = A_{of} f_{Hf} = \frac{A_o}{1+\beta A_o} \times f_H(1+\beta A_o) = A_o f_H \tag{34}$$

와 같이 기본 증폭기의 경우와 변함이 없다. 즉

$$\text{GBW}_f = \text{GBW} \tag{35}$$

따라서 궤환 작용에 의해 이득과 대역폭은 식 [34]와 같이 조절되지만 GBW는 변동이 없다는 중요한 사실을 알 수 있으며 이를 그림으로 나타내면 그림 13-20과 같다. 이상으로 궤환 증폭기는 간단한 궤환 회로 β를 조절함으로써 일정한 GBW 하에서 이득과 대역폭을 손쉽게 조절할 수 있는 것이 특징이다.

▶그림 13-20
저역통과 기본 증폭기와 그에 대한 궤환 증폭기의 주파수 응답

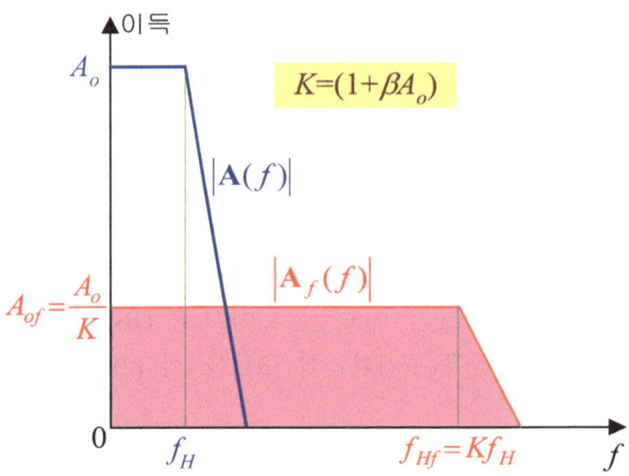

연산 증폭기의 주파수 응답

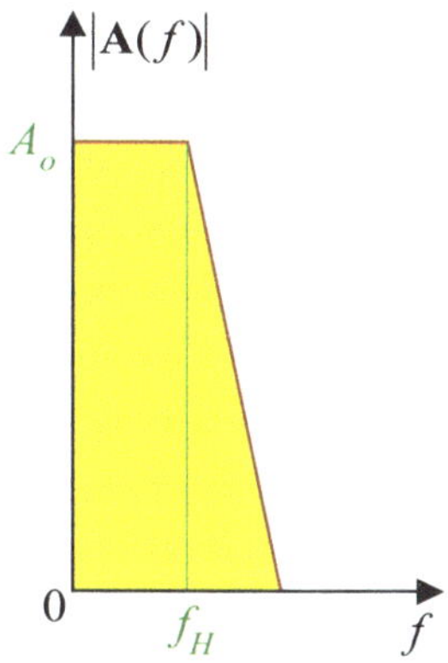

▲그림 13-21 연산 증폭기의 주파수 응답

연산 증폭기는 여러 단의 증폭기가 집적된 다단 증폭기 구조이므로 전압 이득이 매우 높다. 집적 회로에서는 제조상 약 1000pF 이상의 용량은 제조하기 어렵기 때문에 μF 단위의 결합 커페시터나 측로 커페시터는 사용하지 않는다. 대신 증폭단과 증폭단은 커페시터를 통하지 않고 직접 결합하며 이를 직결 방식이라 한다. 따라서 연산 증폭기에서는 결합 커페시터에 의한 하위 차단 주파수가 형성되지 않으므로 직류 성분까지 증폭이 가능하며 주파수 특성은 그림 13-21의 형태와 같다.

그러나 연산 증폭기는 증폭기의 다단 결합으로 인해 트랜지스터의 부유 용량에 의한 영향이 누적되기 때문에 상위 차단 주파수 f_H는 매우 낮으며 보통 수백 Hz 또는 그 이하 수준이다. 따라서 연산 증폭기는 통과 대역의 이득은 매우 높은 반면 대역폭은 매우 낮기 때문에 궤환 회로를 결합하여 그림 13-20과 같이 대역폭을 조절하여 사용하여야 한다. 연산 증폭기에 궤환을 이용한 대표적인 형태가 그림 12-45의 반전 증폭기 및 그림 12-46의 비반전 증폭기 등이다. 물론 그림 12-47의 가산기, 그림 12-48의 감산기, 그림 12-49의 미분기 및 그림 12-50의 적분기 등도 모두 궤환을 사용하고 있다.

예제 13-4

그림 13-22에서 연산 증폭기의 주파수 특성은 다음과 같다.

$$\mathbf{A}(f) = \frac{A_o}{1 + jf/f_H} = \frac{100{,}000}{1 + jf/100}$$

(a) R_1=1kΩ, R_2=99kΩ일 때 전체 주파수 특성 $\mathbf{A}_f(f)$를 구하라.

(b) 이 증폭기를 이용하여 대역폭이 400Hz인 신호를 증폭하고자 할 때 최대 이득은 얼마를 얻을 수 있겠는가?

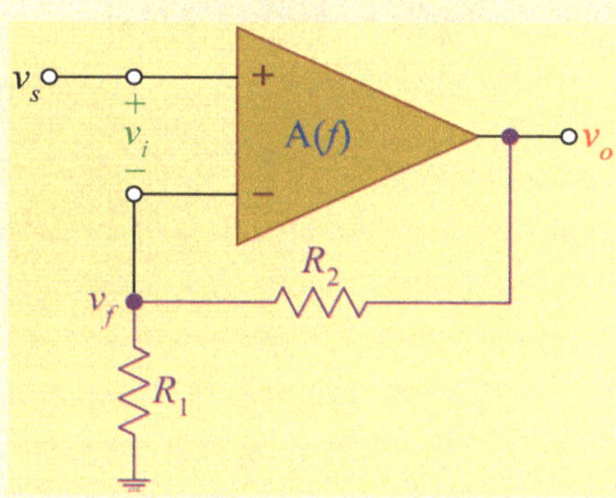

◀그림 13-22 예세 13-4의 그림

풀이

(a) 그림 13-22를 궤환 형태가 드러나도록 고쳐 그려보면 그림 13-23의 (a)와 같다. 그림 (a)의 궤환 이득과 루프 이득을 구하는 회로는 그림 (b)이며 먼저 궤환 이득을 구하면

$$\beta = \frac{v_r}{v_o} = \frac{R_1}{R_1 + R_2} = \frac{1}{1+99} = 0.01$$

따라서 식 [33]으로부터

$$1 + \beta A_o = 1 + 0.01 \times 100{,}000 \cong 1000$$

$$A_{of} = \frac{A_o}{1+\beta A_o} \cong \frac{100{,}000}{1000} = 100$$

$$f_{Hf} = f_H(1+\beta A_o) \cong 100 \times 1000 = 100 \text{ kHz}$$

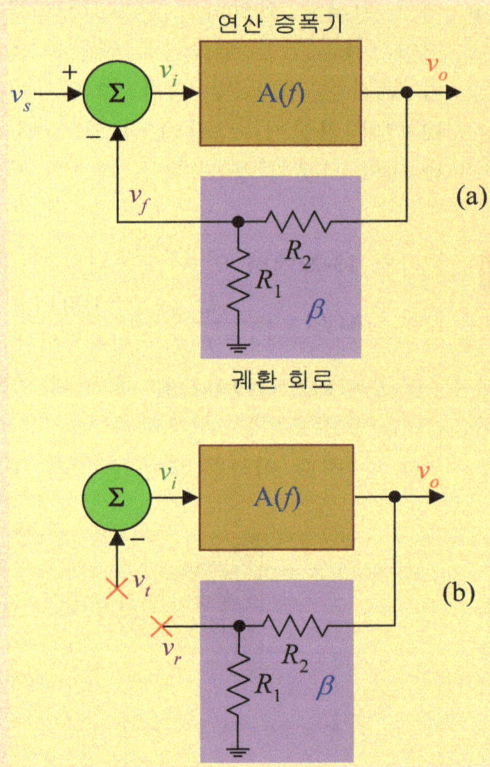

▲그림 13-23 그림 13-22에 대한 (a) 등가회로; (b) 궤환 이득과 루프 이득을 구하는 회로

이로부터 궤환 증폭기의 이득은 다음과 같다.

$$\mathbf{A}_f(f)=\frac{A_{of}}{1+jf/f_{Hf}}=\frac{100}{1+jf/10^5}$$

그림 13-22는 비반전 증폭기이므로 가상 단락을 이용하여 증폭기의 이득을 직접 구하면(12장의 식 [74] 참조)

$$A_{of}=1+\frac{R_2}{R_1}=1+\frac{99}{1}=100$$

으로 위에서 구한 A_{of}와 일치함을 알 수 있다.

(b) 주어진 대역폭 100kHz와 필요한 대역폭 400Hz의 비가

$$\frac{f_{Hf}}{400\text{ Hz}}=\frac{100\text{ kHz}}{400\text{ Hz}}=250$$

이므로 대역폭은 250배로 이득은 250배로 늘릴 수 있다. 따라서 이용할 수 있는 최대 이득은

$$250A_{of}=250\times100=\mathbf{25{,}000}$$

궤환 증폭기 감도

안정되지 못한 증폭기는 여러 가지 이유로 이득이 변동한다. 이득이 A인 증폭기의 이득 감도(感度)는 dA/A로 정의되며 이득 감도가 낮을수록 변동이 적은 안정된 증폭기이다. 이득이 A이며 감도가 dA/A인 증폭기를 기본 증폭기로 하고 궤환 이득이 β인 궤환 증폭기의 이득 감도에 대해 알아보자. 궤환 증폭기의 이득이

$$A_f=\frac{A}{1+\beta A} \qquad \textbf{[36]}$$

이므로 이득 A에 대한 A_f의 변화는 다음과 같이 표현된다.

$$\frac{dA_f}{dA}=\frac{(1+\beta A)-\beta A}{(1+\beta A)^2}=\frac{1}{(1+\beta A)^2} \qquad \textbf{[37]}$$

위의 두 식을 조합하면

$$\frac{dA_f}{dA}=\frac{1}{(1+\beta A)^2}=\frac{1}{1+\beta A}\times\frac{A_f}{A} \qquad \textbf{[38]}$$

이므로 다음과 같은 관계식을 얻을 수 있다.

$$\frac{dA_f}{A_f} = \frac{1}{1+\beta A} \times \frac{dA}{A} \qquad [39]$$

따라서 궤환 증폭기의 전체 감도는 기본 증폭기의 감도에 비해 $(1+\beta A)$배로 감소되므로 그만큼 안정되게 된다. 이상으로 부궤환의 효과는 다음과 같다.

1. 전체 이득은 $(1+\beta A)$배로 감소한다.
2. 대역폭은 $(1+\beta A)$배로 증가한다.
3. 이득 감도는 $(1+\beta A)$배로 감소한다.

예제 13-5

이득이 A=200인 기본 증폭기가 출력의 1/4을 입력으로 궤환시키는 부궤환 회로와 연결되어 있다.
(a) 궤환 증폭기의 이득을 구하라.
(b) 기본 증폭기의 이득이 20% 감소할 경우 궤환 증폭기의 이득 변화율을 구하라,

풀이 궤환 이득은 β=1/4이다.
(a) 궤환 증폭기의 이득은

$$A_f = \frac{A}{1+\beta A} = \frac{200}{1+\frac{1}{4}\times 200} = \mathbf{3.92}$$

(b) 기본 증폭기의 이득이 20% 감소하여 160으로 되면 dA=40이다. 따라서 식 [39]로부터 궤환 증폭기의 감도는

$$\frac{dA_f}{A_f} = \frac{1}{1+\beta A} \times \frac{dA}{A} = \frac{1}{1+\frac{1}{4}\times 200} \times \frac{40}{200} = 0.039$$

따라서

$$dA_f = 0.039 A_f = 0.039 \times 3.92 = 0.015$$

즉 **0.4%**의 이득 변화율을 보인다.

13.4 궤환 증폭기의 구성

궤환 방식

그림 13-18의 궤환 증폭기에서 출력의 전압과 전류 중 무엇을 궤환시킬 것이며 또한 입력에서의 신호 차를 전압의 차로 할 것인지 전류의 차로 할 것인지에 따라 모두 네 가지 유형의 궤환 증폭기가 있을 수 있다. 따라서 그림 13-18에서 변수를 x로 한 이유는 그것이 전압 v인지 전류 i인지 결정되지 않은 상태이기 때문이다. 궤환의 네 가지 유형은 다음과 같으며 각 유형과 각 유형에서 대표적으로 사용되는 궤환 회로를 보인 것이 그림 13-24이다.

전압 궤환-전압 오차: $x_o=v_o$(전압), $x_i=v_i$(전압)
전압 궤환-전류 오차: $x_o=v_o$(전압), $x_i=i_i$(전류)
전류 궤환-전압 오차: $x_o=i_o$(전류), $x_i=v_i$(전압)
전류 궤환-전류 오차: $x_o=i_o$(전류), $x_i=i_i$(전류)

전압 궤환-전압 오차(그림 13-24(a))

그림 13-24(a)는 출력의 전압을 궤환시켜 입력에 전압 차를 발생시키는 전압 궤환-전압 오차 방식이다. 따라서 기본 증폭기의 이득 A는 $A_v=v_o/v_i$의 전압 이득으로 표현하며 궤환 이득 $\beta=v_f/v_o$는 단위가 없는 상수이다. 오른쪽에 있는 궤환 회로는 전압 분배기를 이용한 예로서

$$\beta = \frac{R_1}{R_1+R_2} \tag{40}$$

이다. 이상으로 루프 이득과 궤환 증폭기의 전압 이득은 다음과 같다.

$$T = -\beta A_v = -\left(\frac{R_1}{R_1+R_2}\right)A_v \qquad A_{vf} = \frac{A_v}{1-T} \tag{41}$$

전압 궤환-전류 오차(그림 13-24(b))

그림 13-24(b)는 출력의 전압을 궤환시켜 입력에 전류 차를 발생시키는 전압 궤환-전류 오차 방식이다. 이 경우는 기본 증폭기의 이득 A를 $R_m=v_o/i_i$의 전달 저항으로 표현하여야 하며 궤환 이득 $\beta=i_f/v_o$는 단

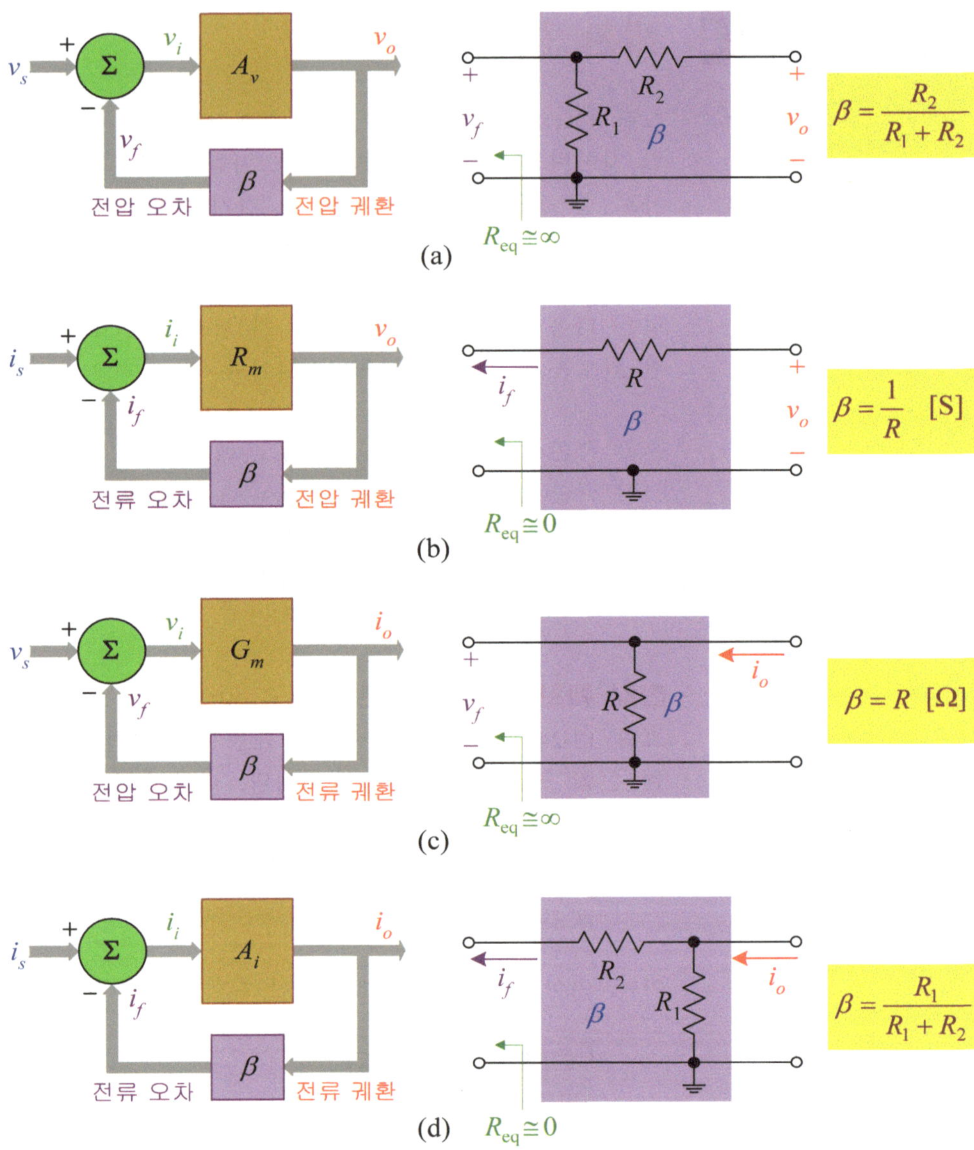

▲그림 13-24 궤환 증폭기의 유형과 대표적인 궤환 회로: (a) 전압 궤환-전압 오차; (b) 전압 궤환-전류 오차; (c) 전류 궤환-전압 오차; (d) 전류 궤환-전류 오차.

위가 지멘스(S)이다. 오른쪽의 궤환 회로에 대해서는 궤환 이득이

$$\beta = \frac{1}{R} \tag{42}$$

이다. 이상으로 루프 이득과 궤환 증폭기의 전달 저항은 다음과 같이 구해진다.

$$T = -\beta R_m = -\frac{R_m}{R}$$
$$R_{mf} = \frac{R_m}{1-T} \tag{43}$$

식 [43]에서 루프 이득 T는 단위가 없음을 알 수 있다.

전류 궤환-전압 오차(그림 13-24(c))

그림 13-24(c)는 출력의 전류를 궤환시켜 입력에 전압 차를 발생시키는 전류 궤환-전압 오차 방식이다. 이 경우는 기본 증폭기의 이득 A를 $G_m=i_o/v_i$의 전달 컨덕턴스로 표현하여야 한다. 그리고 궤환 이득 $\beta=v_f/i_o$는 단위가 옴이며 오른쪽의 궤환 회로에 대해서는

$$\beta = R \tag{44}$$

이다. 이상으로 루프 이득과 궤환 증폭기의 전달 컨덕턴스는 다음과 같이 구해진다.

$$T = -\beta G_m = -RG_m$$
$$G_{mf} = \frac{G_m}{1-T} \tag{45}$$

식 [45]에서 루프 이득 T는 단위가 없음을 알 수 있다.

전류 궤환-전류 오차(그림 13-24(d))

그림 13-24(d)는 출력의 전류를 궤환시켜 입력에 전류 차를 발생시키는 전류 궤환-전류 오차 방식이며 이 경우는 기본 증폭기의 이득 A를 $A_i=i_o/i_i$의 전류 이득으로 표현하여야 한다. 그리고 오른쪽의 궤환 회로는 전류 분배기를 활용한 것으로 궤환 이득 $\beta=i_f/i_o$는

$$\beta = \frac{R_1}{R_1+R_2} \tag{46}$$

로 단위가 없다. 이상으로 루프 이득과 궤환 증폭기의 전류 이득은 다음과 같이 구해진다.

$$T = -\beta A_i = -\left(\frac{R_1}{R_1 + R_2}\right)A_i$$
$$A_i = \frac{A_i}{1-T} \quad [47]$$

이상의 여러 방식에서 유의할 것은 기본 증폭기의 표현이다. 즉 궤환 방식에 따라 전압 이득, 전류 이득, 전달 저항 및 전달 컨덕턴스 중에서 적합한 것을 선택하여야 하며 잘못 선택하면 루프 이득이 달라지므로 오류가 생기게 된다. 그리고 그림 13-24에서 소개한 각 궤환 회로는 저항 한 개 내지는 두 개로써 매우 간단히 구성되어 있으며 이들을 조절하여 증폭기 전체 특성을 쉽게 조정할 수 있는 것이다.

결선 방식

그림 13-25는 궤환 증폭기의 입력에서 신호의 차를 만드는 방법을 보여준다. 그림 (a)는 전압 차를 만들기 위해 기본 증폭기와 궤환 회로의 입력단이 서로 직렬이 되도록 결선한 것이다. 그 결과 $v_i = v_s - v_f$가 되어 전압 차를 만들게 된다. 이와 반대로 그림 (b)는 기본 증폭기와 궤환 증폭기의 입력단을 병렬로 결합함으로써 $i_i = i_s - i_f$와 같이 전류 차를 얻고 있다.

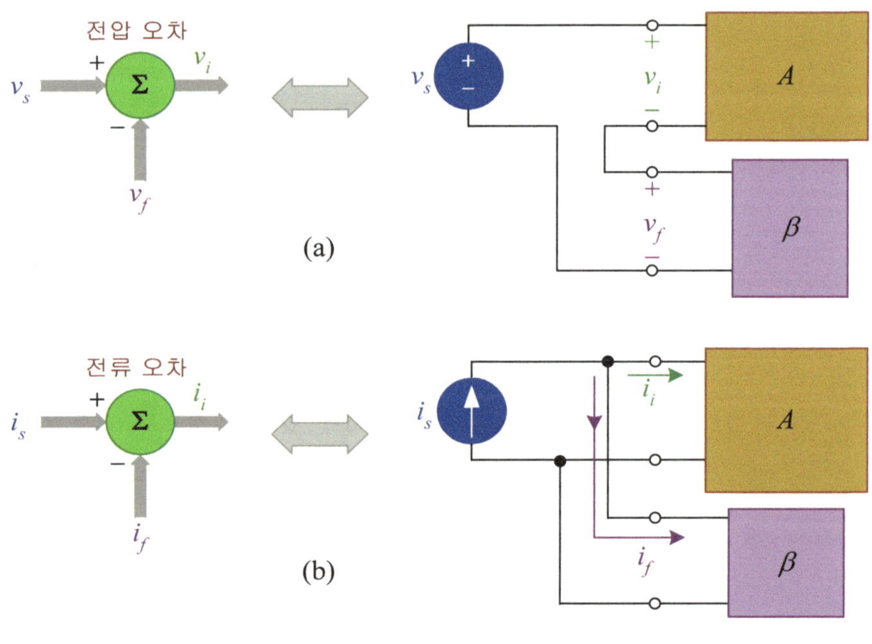

▸그림 13-25 궤환 증폭기 입력단에서 오차 신호를 만드는 결선 방식: (a) 전압 오차; (b) 전류 오차.

다음으로 그림 13-26은 출력의 전압 또는 전류를 궤환시키는 방식을 보여준다. 먼저 그림 (a)는 출력의 전압을 궤환시키는 방법이다. 이를 위해 기본 증폭기와 궤환 회로의 출력단을 병렬로 결합함으로써 기본 증폭기의 출력 전압이 궤환 증폭기의 출력 전압으로 그대로 전달되게 하고 있다. 이에 비해 그림 (b)는 두 회로의 출력단을 직렬로 결합함으로써 증폭기의 출력 전류가 궤환 증폭기의 출력으로 그대로 전달되게 하는 방법이다. 따라서 그림 (a)는 출력 전압을 궤환시키며 그림 (b)는 출력 전류를 궤환시킨다. 이상으로 그림 13-25와 13-26의 결선 방식을 결합하면 그림 13-24의 각 유형에 대한 결선 방식은 실제로 그림 13-27과 같이 구성된다.

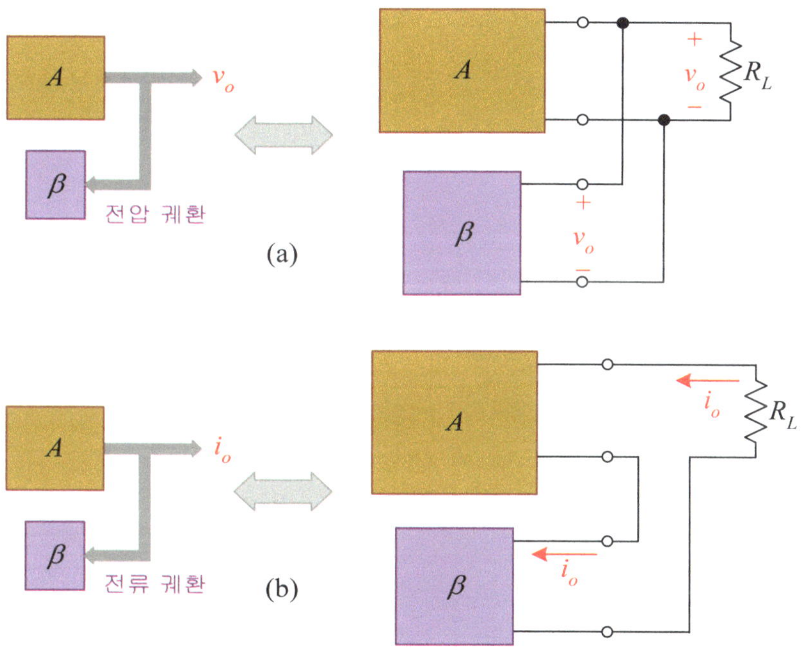

▶그림 13-26 궤환 증폭기 출력을 궤환시키는 결선 방식: (a) 전압 궤환; (b) 전류 궤환.

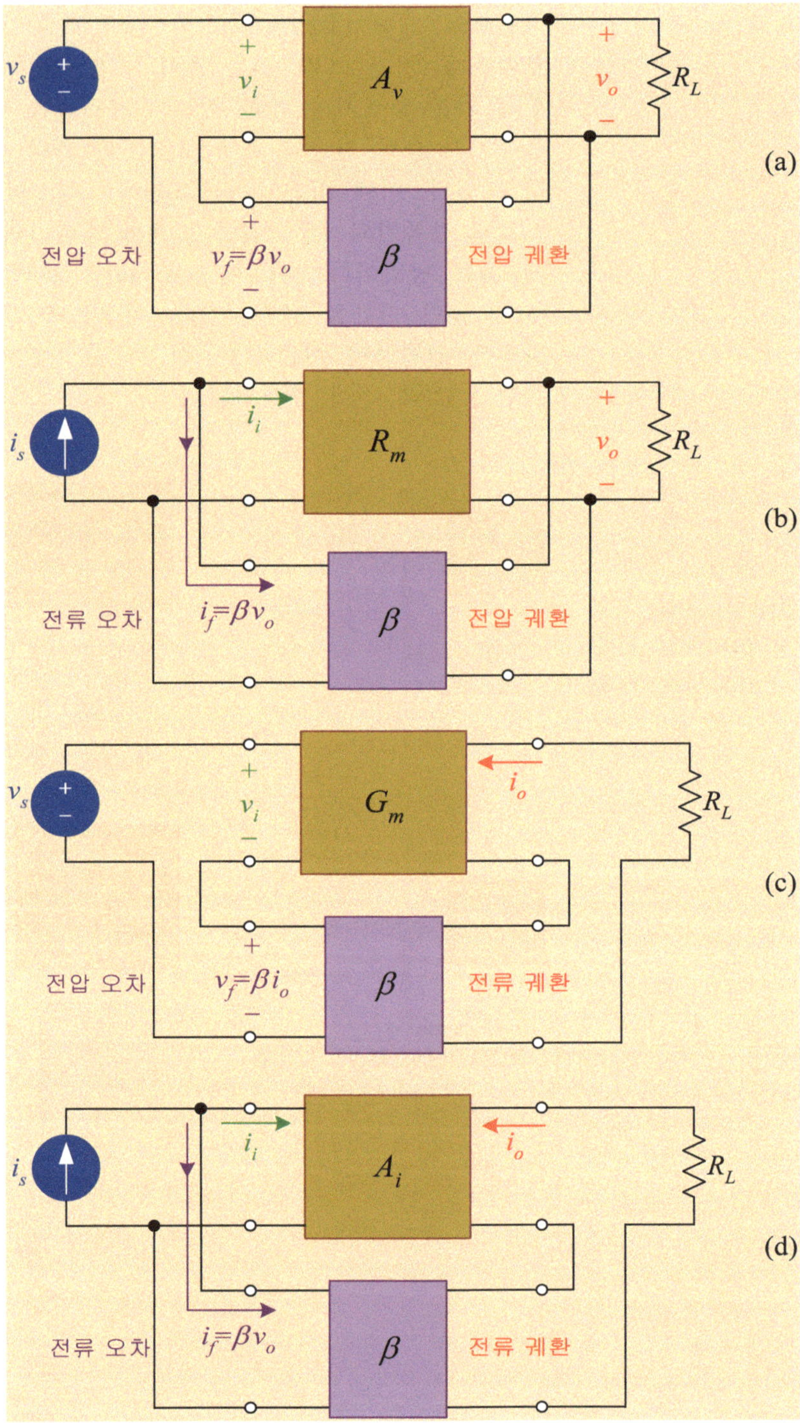

▶그림 13-27 궤환 증폭기의 전체적인 결선:
(a) 전압궤환-전압오차
(b) 전압궤환-전류오차
(c) 전류궤환-전압오차
(d) 전류궤환-전류오차

♣ 연습 문제 ♣

13-1 트랜지스터 증폭기에서 측로 커패시터와 결합 커패시터들이 증폭기의 주파수 특성에 미치는 영향을 설명하라.

13-2 BJT의 부유 용량이 생기는 이유에 대해 설명하고 이들이 증폭기의 주파수 특성에 미치는 영향을 설명하라.

13-3 밀러 효과에 대해 설명하라.

13-4 증폭기의 전압 이득에 비례하여 밀러 용량이 증가함을 보여라.

13-5 일반적인 트랜지스터 증폭기는 이득과 대역폭의 곱이 일정하다는 법칙을 따름을 설명하라.

13-6 그림 13-1의 회로에서 각 소자들의 값은 다음과 같다(β=100, r_π=1kΩ):
R_S=1kΩ, R_1=10kΩ, R_2=2kΩ, R_C=1kΩ, R_L=1kΩ
C_{in}=1μF, C_{out}=2μF, C_e=12pF, C_c=4pF,
(a) 저주파 대역의 우세 하위 차단 주파수
(b) 고주파 대역의 우세 상위 차단 주파수
(c) 중간 대역에서의 이득
(d) 이득과 대역폭의 곱

13-7 문제 13-6에서 우세 하위 차단 주파수를 1/2로 낮추고자 할 때 C_{in}을 두 배로 하여야 하는가 C_{out}를 두 배로 하여야 하는가?

13-8 베이스 공통 증폭기가 이미터 공통 증폭기에 비해 광대역 특성을 보이는 이유는 무엇인가?

13-9 그림 13-13에서 각 소자들의 값이 다음과 같을 때 우세 상위 차단 주파수를 계산하라(β=80, r_π=1.5kΩ): R_S=100Ω, R_E=1.2kΩ,
R_2=2kΩ, R_C=3.3kΩ, R_L=4.7kΩ, C_e=36pF, C_c=4pF.

13-10 그림 13-15의 회로에서 각 소자들의 값은 다음과 같다(g_m=5×10^{-3}):
R_S=5kΩ, R_G=1MΩ, R_D=5kΩ, R_S=5kΩ, R_L=10kΩ
C_{in}=0.1μF, C_{out}=1μF, C_{gs}=6pF, C_{gd}=3pF,
(a) 저주파 대역의 우세 하위 차단 주파수
(b) 고주파 대역의 우세 상위 차단 주파수
(c) 중간 대역에서의 이득
(d) 이득과 대역폭의 곱

13-11 문제 13-10에서 우세 하위 차단 주파수를 1/2로 낮추고자 할 때 C_{in}을 두 배로 하여야 하는가 C_{out}를 두 배로 하여야 하는가?

13-12 궤환 증폭기에서 궤환 회로의 기능에 대해 설명하라.

13-13 부궤환과 정궤환의 차이를 설명하라.

13-14 궤환 회로에 의해 전체 증폭기의 이득과 대역폭 곱은 변하는가?

13-15 부궤환에서 루프 이득의 크기가 1보다 충분히 크면 A_f≈1/β로 주어짐을 보여라.

13-16 루프 이득의 개념을 설명하라.

13-17 어떤 증폭기에 궤환을 걸어줄 때 β=0.005로 하였더니 이득이 100이 되었다. 만일 궤환이 없다면 이 증폭기의 이득은 얼마가 되겠는가?

13-18 어떤 증폭기의 이득이 150이다. 이 증폭기에 부궤환을 걸어줌으로써 이득이 10이 되게 하고자 한다. β는 얼마로 정해야 하는가?

13-19 연산 증폭기가 선형 증폭기로 동작하기 위해서는 궤환 회로가 필수적인 이유를 설명하라.

13-20 궤환 증폭기의 유형에 대해 설명하라.

13-21 궤환 증폭기의 입력에서 전압 차를

일으키기 위해서는 어떠한 결선이 필요한가?

13-22 궤환 증폭기의 입력에서 전류 차를 일으키기 위해서는 어떠한 결선이 필요한가?

13-23 출력의 전압을 궤환시키기 위해서는 출력단 결선을 어떻게 하여야 하는가?

13-24 출력의 전류를 궤환시키기 위해서는 출력단 결선을 어떻게 하여야 하는가?

13-25 궤환 증폭기의 네 가지 유형에 대한 결선 방법을 설명하라.

14장

발진기와 변조기

(Oscillators & Modulators)

발진기는 직류 형태의 전기적인 에너지를 특정 주파수의 교류 형태로 변환시키는 회로이다. 발진기는 신호 발생기 등 넓은 분야에 응용될 뿐 아니라 특히 무선 통신 시스템에서는 변조기라는 중요한 부분을 차지하고 있다. 이 장에서는 여러 가지 유형의 발진기의 원리와 그 회로 구성에 대해 설명한다. 그리고 발진기의 응용인 변조기에 대해 설명하며 전체 내용은 다음과 같다.

14.1 *LC* 탱크 회로의 전기적인 진동

발전기와 발진기

8장에서 설명한 발전기(generator)는 그림 14-1의 (a)와 같이 기계적인 힘을 이용하여 교류 전압이라는 전기적인 진동을 유발한다. 이에 비해 발진기(oscillator)는 그림 (b)와 같이 직류 전기로부터 교류 전기를 얻는 점이 완전히 다르다. 다시 말해서 발전기는 기계적인 요소와 전기적인 요소가 결합된 시스템이지만 발진기는 순수한 전기적인 시스템인 것이다. 따라서 발진기는 발전기에 비해 규모가 대단히 작을 뿐 아니라 전기적인 에너지만 이용한다는 점이 전기적인 시스템에 있어서 매우 유리하다.

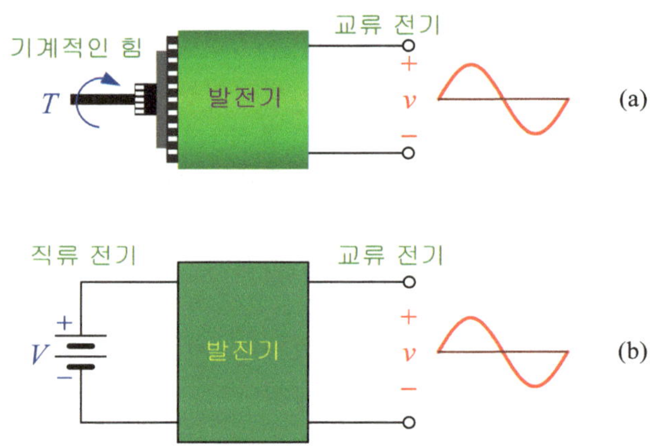

►그림 14-1 교류 전기의 발생: (a) 발전기; (b) 발진기.

LC 탱크 회로

교류 전기, 즉 전기적인 진동은 *LC* 탱크 회로 내에서 일어나는 전기적인 에너지 교환을 이용한다(5.7 절 참조). *LC* 탱크 회로 내의 전기적인 진동과 유사한 것이 흔들리는 진자(振子; pendulum)의 기계적인 진동이며 그림 14-2가 이를 보여준다. 그림 (a)에서 진자를 중간 지점에서 A점까지 이동시키면 위치 에너지가 생긴다. 이후 진자를 놓으면 진자가 운동하면서 위치 에너지와 운동 에너지간의 상호 변환 과정이 시작된다. 만일 공기 저항에 의한 마찰 등의 에너지 손실이 없다면 B점의 진자 변위는 A점과 같다. 따라서 시간에 따른 변위의 파형은 그림 (b)와 같으며 진자 운동은 무한히 지속된다. 그러나 마찰 등에 의해 에너지 변환 과정에서 손실이 생기면 그림 (c)와 같은 감쇄 운동이 일어나게 되어 종래에 진자는 멈추게 된다.

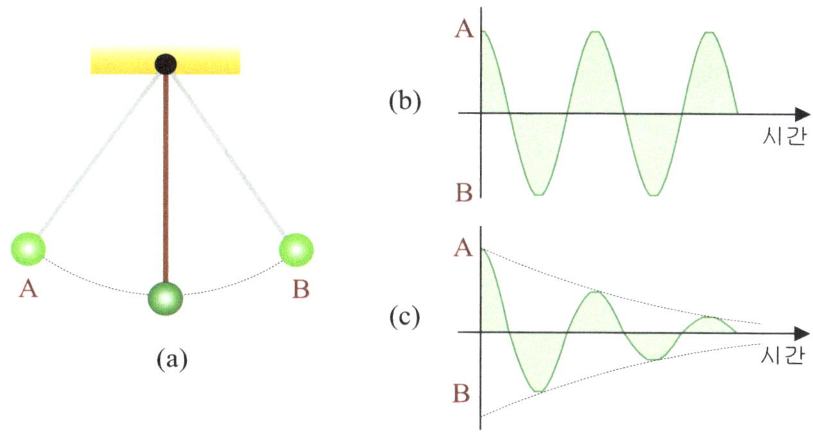

▶그림 14-2
기계적 진동:
(a) 진자 운동;
(b) 감쇄가 없을 때;
(c) 감쇄가 있을 때.

그림 14-3(a)는 저항이 없는 *LC* 탱크 회로의 전기적인 진동을 보여준다. 커페시터 양단에 전압이 충전되어 있는 상태에서 스위치를 닫게 되면 커페시터와 인덕터 사이에 주기적인 에너지 교환이 일어난다(그림 5-19 참조). 그 결과 회로 내의 모든 전압과 전류는 공진 주파수의 정현파를 형성하게 되며(그림 5-20 참조) 이 주파수는 다음과 같다.

$$f_o = \frac{1}{2\pi\sqrt{LC}} \qquad [1]$$

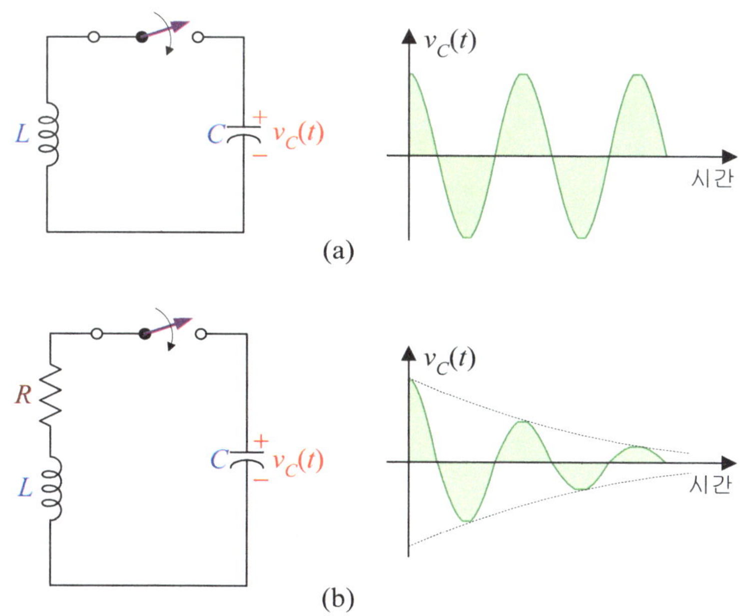

▶그림 14-3
LC 탱크 회로의
전기적인 진동(공진):
(a) 저항이 없을 때;
(b) 저항이 있을 때.

발진기에서는 식 [1]의 공진 주파수를 **발진 주파수**라 부른다. 그러나 실제 *L*과 *C*는 그림 14-3(b)와 같이 자체 저항 성분이 반드시 있다. 따라서 *L*과 *C* 사이의 에너지 교환 과정에서 손실이 생기게 되므로 시간에 따라 그림 (b)의 파형과 같이 감쇄 진동하게 된다. 만일 저항에 의한 에너지 손실을 외부로부터 지속적으로 보상해주게 되면 *LC* 탱크 회로에서는 감쇄가 없는 지속적인 전기 진동이 발생할 것이며 이것이 우리가 공부하고자 하는 발진기의 기본 원리이다.

14.2 *LC* 발진기의 기본 원리

그림 14-4는 *LC* 궤환 회로를 이용하여 발진을 일으키는 *LC* 발진기의 기본 원리이다. *LC* 궤환 회로는 공진 주파수에 해당하는 교류에 대해서만 궤환 루프를 형성시켜주며 기타 주파수 성분들은 차단시킨다. 그리고 교류가 *LC* 회로의 출력에서 입력으로 궤환되는 과정에서 *LC* 회로의 저항 성분으로 인해 에너지 손실이 생기지만 이는 증폭기에 의해 보충되어 출력으로 나오게 된다. 그림 14-4에서 보인 바와 같

▶그림 14-4
LC 궤환 회로에 의한 정궤환을 이용한 발진기의 기본 원리

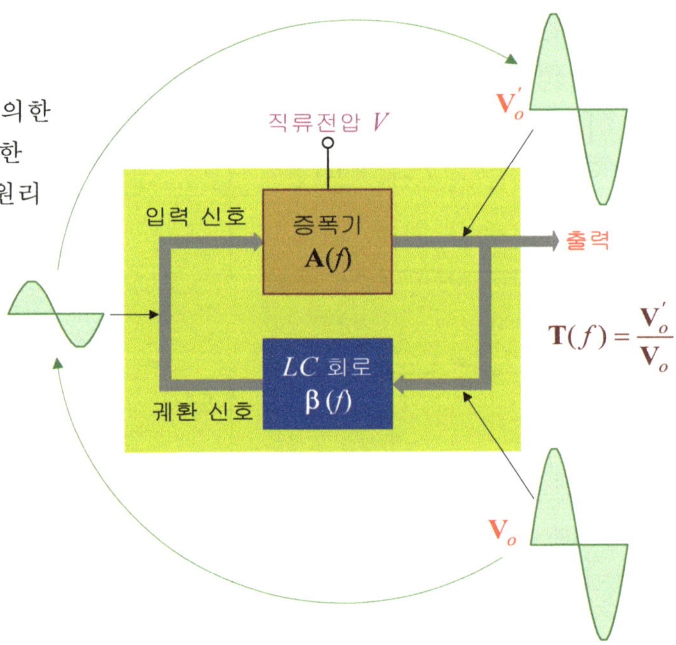

이 출력 신호 $\mathbf{V}_o$가 궤환 루프를 거쳐 다시 출력에 나타났을 때를 $\mathbf{V}_o'$라 할 때 $\mathbf{V}_o'$가 $\mathbf{V}_o$와 위상 및 크기에서 같다면 발진이 일어난 것이다. 즉 정궤환이므로 루프 이득이

$$\mathbf{T}(f)=\frac{\mathbf{V}_o'}{\mathbf{V}_o}=\boldsymbol{\beta}(f)\mathbf{A}(f) \qquad [2]$$

이며 특정 주파수 f_o에서 발진이 일어나기 위해서는 이 주파수에서의 루프 이득이 다음을 만족하여야 한다.

$$|\mathbf{T}(f_o)|=1, \quad \angle\mathbf{T}(f_o)=0° \qquad [3]$$

위의 조건을 바우크하우젠(Baukhausen) 조건이라 한다. 식 [3]의 결과 발진 주파수에서의 전체 이득은

$$\mathbf{A}_f(f_o)=\frac{\mathbf{A}(f_o)}{1-\mathbf{T}(f_o)}=\infty \qquad [4]$$

로 무한대가 된다. 그러면 발진 주파수 f_o에서 이득이 무한대가 된다는 것은 무슨 의미인가? 그것은 주파수 f_o의 입력 신호가 없어도 출력에는 주파수 f_o의 신호가 생긴다는 뜻이다. 다시 말해 입력이 0이고 출력이 유한하면 이득은 무한대가 되는 것이다.

여러분들은 종종 스피커 근처에서 마이크를 사용할 때 "삐"하는 단일 톤(tone)만 크게 들리는 경우를 경험하였을 것이다. 이것을 그림으로 표현하면 그림 14-5(a)와 같으며 이는 정궤환에 의한 발진 현상이 일어난 결과이다. 그림에서 마이크로폰을 증폭기의 입력단으로 보고 스피커를 증폭기의 출력단으로 보면 경로 (C)를 통한 신호 전달이 바로 궤환 작용을 하는 것이다. 따라서 마이크와 증폭기 및 스피커를 잇는 궤환 루프가 형성되므로 특정한 주파수에서 바우크하우젠 조건이 만족되는 순간 발진된다. 그리고 이 때 "삐"하는 단일 톤은 바로 발진 주파수에 해당하는 정현파인 것이다. 그림 14-5의 (a)는 그림 (b)와 같이 도식적으로 나타낼 수 있다. 그림 14-5와 같은 발진 현상은 물론 원하는 바가 아니다. 그러나 이러한 현상을 의도적으로 일으켜서 원하는 주파수의 정현파를 쉽게 생산하고자 하는 것이 발진기의 목적인 것이다. 물론 실제 발진기에서는 발진 정현파의 주파수뿐 아니라 진폭도 임의대로 조정할 수 있어야 한다.

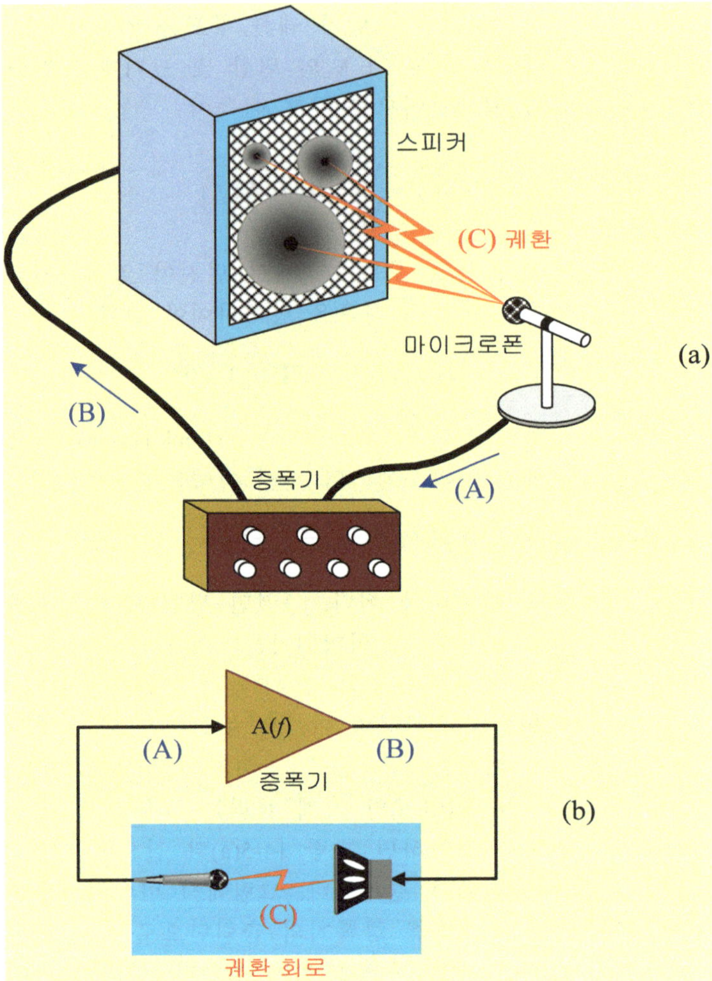

▶그림 14-5
(a) 발진 현상의 예와
(b) 도식적인 표현

동조 발진기

특정 주파수에서만 공진을 일으키는 *LC* 동조 회로와 증폭기를 결합하여 발진기를 만들 수 있으며 이를 동조 발진기라 한다. 그림 14-6은 변압기로 결합된 *LC* 동조 회로를 궤환 회로로 사용하고 있다. 그 중 그림 (a)는 기본 증폭기의 이득이 양일 때이며 그림 (b)는 이득이 음일 때이다. 먼저 그림 (a)를 보면 증폭기의 출력 전압 v_o가 *LC* 동조 회로를 거치면서 공진 주파수 성분 하나만 선택되며 이는 L_1과 L_2의 변압기 결합을 통해 v_i가 되어 증폭기 입력으로 궤환된다. 이 때 v_o와 궤환 전압 v_i는 위상이 같도록 하며 변압기에 표시된 점 표식(dot)이 이를 나타낸다. 그리고 궤환된 전압 v_i는 이득이 양인 증폭기에 의해

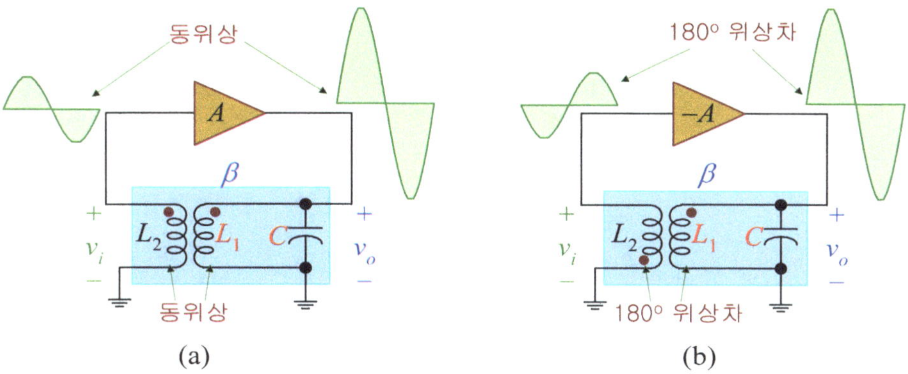

►그림 14-6
동조 발진기의 원리:
(a) 양의 이득;
(b) 음의 이득.

증폭되어 출력으로 나타나므로 루프 이득의 위상은 0이 된다. 그리고 전압 이득 A를 어느 수준 이상으로 높여 주면 루프 이득의 크기도 1 이상이 되어 발진하게 된다. 발진 주파수는 동조 회로 L_1과 C의 공진 주파수와 같다.

그림 14-6의 (b)는 증폭기 이득이 음인 경우이며 v_o와 v_i의 극성이 서로 180도 차이가 나도록 변압기의 권선 방향을 정해야 한다(점 표식이 그림 (a)와 반대이다). 그 결과 변압기에 의한 180도 위상차와 증폭기에 의한 180도 위상차가 합해져 루프 이득의 위상은 360도, 즉 0도가 되므로 발진 조건이 갖추어지게 된다. 그림 14-6에서는 동조 회로가 변압기의 이차 측에 설치되어 있지만 일차 측으로 위치를 바꾸어도 상관 없다.

그림 14-7은 BJT로 구성한 동조 발진기이며 바이어스 회로는 생략되어 있다. 먼저 그림 14-7(a)의 경우는 전압 이득이 음인 이미터-공통 증폭기를 기본 증폭기로 하였으며(12장의 식 [3] 참조) 그림 14-6(b)에 해당한다. 이 회로는 동조 회로가 컬렉터에 있으므로 컬렉터 동조 발진기라 부른다. 그림 14-7의 (b)는 그림 (a)와 동조 회로의 위치를 바꾼 것이며 이미터에 동조 회로가 있으므로 이미터 동조 발진기라 한다. 그리고 그림 14-7(c)는 전압 이득이 양인 베이스-공통 증폭기를 사용하며(12장의 식 [20] 참조) 그림 14-6(a)에 해당한다. 이 회로는 베이스에 동조 회로가 설치되 있으므로 베이스 동조 발진기라 부른다.

그림 14-7(a)의 컬렉터 동조 발진기에 바이어스 회로를 결합한 실제 발진기를 예로 들면 그림 14-8(a)와 같다. 저항 R_1과 R_2에 의해 전압 분배 바이어스가 형성되며 R_E는 이미터 안정화 저항이다. 그리고 C_{by}는 측로 커패시터이며 C는 베이스 단자가 코일 L_2에 의해 직류적

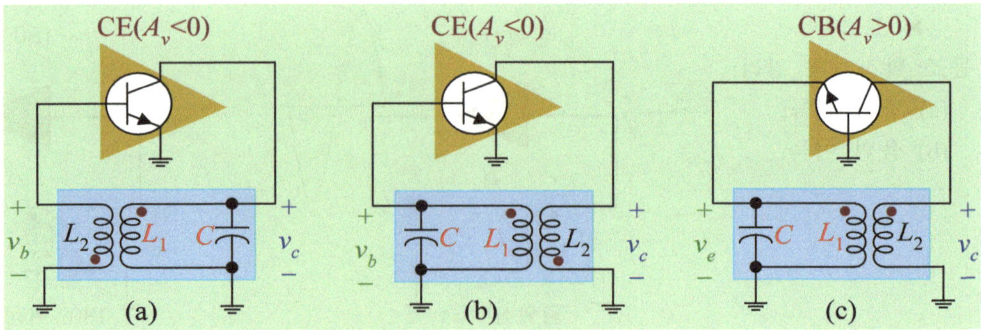

▲그림 14-7 BJT 동조 발진기의 기본 회로(바이어스 회로는 생략): (a) 컬렉터 동조 발진기; (b) 베이스 동조 발진기; (c) 이미터 동조 발진기.

►그림 14-8 컬렉터 동조 발진기: (a) 전체 회로; (b) 교류 회로; (c) 등가 회로.

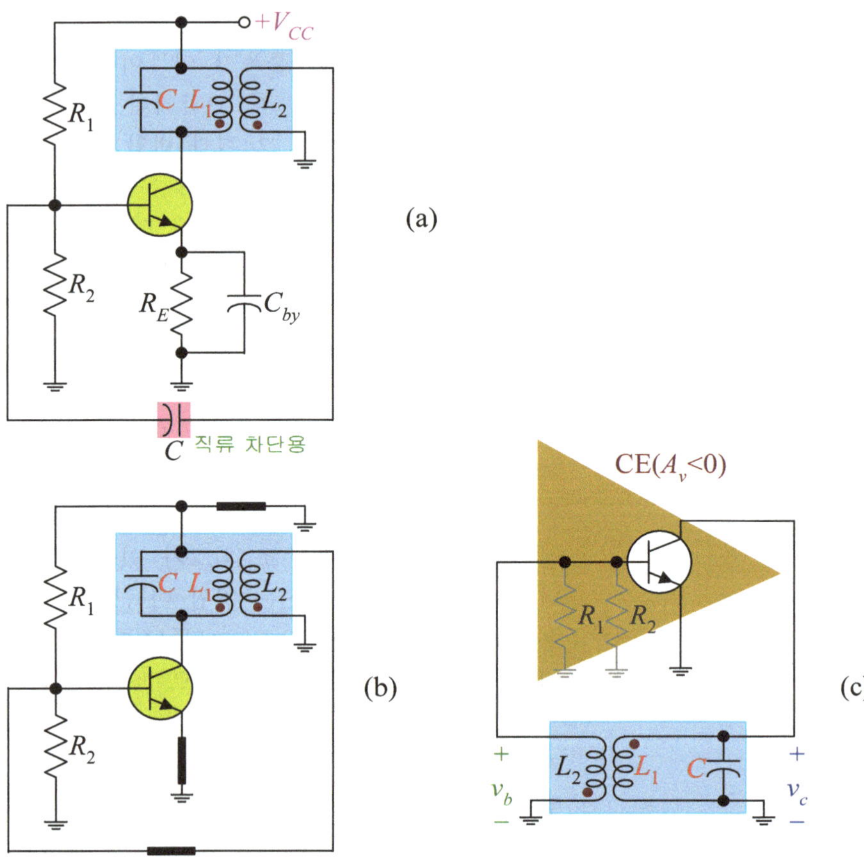

으로 접지되는 것을 막는 직류 차단용이다. 이상으로 그림 14-8의 (a)에 대한 교류 회로는 그림 (b)와 같음을 쉽게 알 수 있으며 이를 정리하면 그림 (c)의 컬렉터 동조 발진기가 된다. 단 베이스 바이어스 저항인 R_1과 R_2는 단순히 r_π와 병렬로 접속되어 BJT의 입력 저항에만 영향을 주며 회로 동작에는 거의 영향을 미치지 않는다.

그림 14-9의 (a)는 베이스 동조 발진기의 전체 회로와 교류 회로이며 그림 (b)는 이미터 동조 발진기의 전체 회와 교류 회로이다. 각각의 전체 회로에 대한 교류 회로는 측로 커페시터 C_{by}를 모두 단락시킴으로써 그림과 같이 쉽게 구할 수 있다. 그리고 바이어스 회로는 커페시터들을 개방시키고 인덕터들을 단락시키면 전압 분배 바이어스임을 쉽게 알 수 있다.

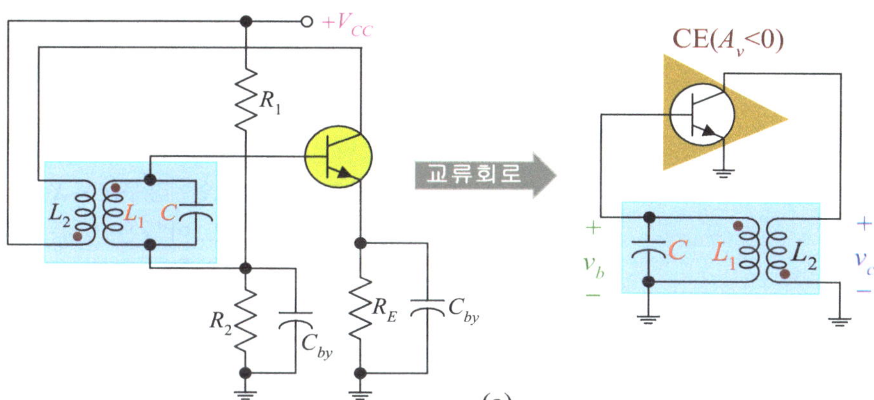

(a)

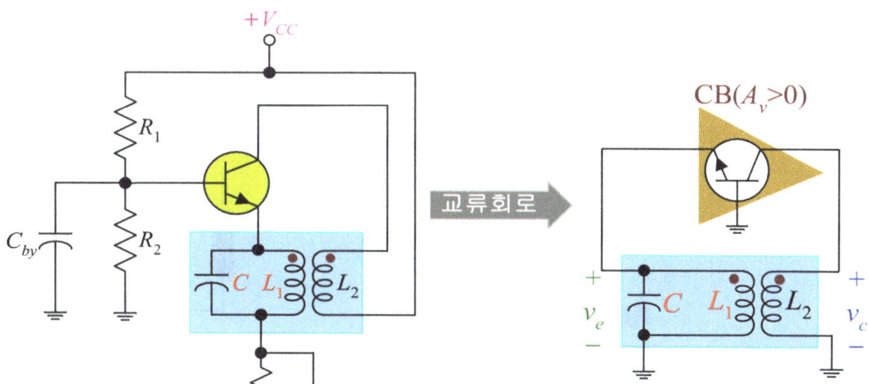

(b)

▸그림 14-9
(a) 베이스 동조 발진기의 전체 회로와 교류 회로.
(b) 이미터 동조 발진기의 전체 회로와 교류 회로

14.3 LC 3소자 발진기

궤환 회로가 그림 14-10(a)와 같은 형태의 세 소자로 구성된 발진기를 3소자 발진기라 하며 $\mathbf{Z}_1, \mathbf{Z}_2, \mathbf{Z}_3$는 모두 L아니면 C인 순수 리액턴스 소자들이다. 이 회로에서 단자 3은 접지 단자이며 $\mathbf{Z}_1$은 입력단 1과 접지 사이에 연결되고 $\mathbf{Z}_2$는 출력단 2와 접지 사이에 연결되며 $\mathbf{Z}_3$가 출력과 입력 사이에 연결되어 궤환을 일으킨다. 연산 증폭기의 등가회로를 이용하면 그림 (a)의 페이저 등가회로는 그림 (b)와 같으며 여기서 입력 저항 R_i는 $\mathbf{Z}_1$의 리액턴스에 비해 무한대로 가정한다. 그 결과 그림 14-10(b)의 루프 이득은 다음과 같다(부록 (D) 참조).

$$\mathbf{T}(f) = \frac{\mathbf{V}_o'}{\mathbf{V}_o} = \frac{-A\mathbf{Z}_1\mathbf{Z}_2}{R_o(\mathbf{Z}_1+\mathbf{Z}_2+\mathbf{Z}_3)+\mathbf{Z}_2(\mathbf{Z}_1+\mathbf{Z}_3)} \qquad [5]$$

여기서 $\mathbf{Z}_1, \mathbf{Z}_2, \mathbf{Z}_3$는 L이나 C의 순수 리액턴스 소자들이므로

$$\mathbf{Z}_1 = jX_1, \quad \mathbf{Z}_2 = jX_2, \quad \mathbf{Z}_3 = jX_3 \qquad [6]$$

로 표현할 수 있다. 각 리액턴스 X는 유도성인 경우(L) $X=\omega L$로 주어지며 부호는 양이고, 용량성인 경우(C) $X=-1/\omega C$로 주어지며 부호는 음이다. 따라서 식 [5]의 루프 이득은 다음과 같이 표현할 수 있다.

$$\mathbf{T}(f) = \frac{AX_1X_2}{jR_o(X_1+X_2+X_3)-X_2(X_1+X_3)} \qquad [7]$$

이제 위의 식에 바우크하우젠 조건을 적용시켜 보자. 먼저 루프 이득의 위상이 0이 되기 위해서는 식 [7]의 분모의 허수부가 0이 되어야 하므로 다음의 첫번째 조건을 얻을 수 있다.

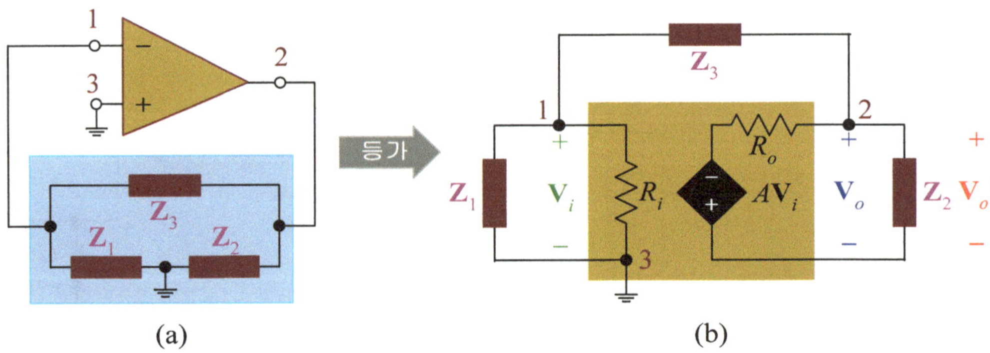

▲그림 14-10 (a) 3소자 발진기의 구성; (b) 그림 (a)의 페이저 등가회로

$$X_1 + X_2 + X_3 = 0 \quad [8]$$

다음으로 식 [8]을 [7]에 대입한 다음 루프 이득의 크기가 1보다 큰 조건을 구하면 다음과 같은 두 번째 조건을 얻을 수 있다.

$$\mathbf{T}(f) = \frac{AX_1X_2}{-X_2(X_1+X_3)} = -\frac{AX_1}{X_1+X_3} = \frac{AX_1}{X_2} \geq 1 \quad [9]$$

따라서 증폭기의 이득은

$$A \geq \frac{X_2}{X_1} \quad [10]$$

을 만족하여야 한다. 여기서 A는 0보다 큰 상수이므로 X_1과 X_2는 부호가 같아야 한다. 즉 $\mathbf{Z}_1$과 $\mathbf{Z}_2$는 똑 같이 유도성이든지 또는 용량성이든지 해야 함을 알 수 있다. 그 결과 식 [8]로부터 $X_3 = -(X_1+X_2)$이므로 X_3는 X_1 및 X_2와 부호가 달라야 하므로 $\mathbf{Z}_3$만 리액턴스의 종류가 달라야 한다. 이상으로 $\mathbf{Z}_1$과 $\mathbf{Z}_2$는 같은 종류이고 $\mathbf{Z}_3$만 다른 종류이며 $\mathbf{Z}_1$과 $\mathbf{Z}_2$의 리액턴스 관계는 식 [10]과 같아야 한다.

위의 결과 3소자 발진기는 두 종류가 생기게 된다. 먼저 그림 14-11의 (a)와 같이 $\mathbf{Z}_1$과 $\mathbf{Z}_2$는 모두 용량성인 C_1 및 C_2이고, $\mathbf{Z}_3$만 유도성인 L인 경우를 콜핏츠(Colpitts) 발진기라 한다. 그리고 이와 반대로 그림 (b)와 같이 $\mathbf{Z}_1$과 $\mathbf{Z}_2$는 유도성인 L_1 및 L_2이고, $\mathbf{Z}_3$만 용량성인 C인 경우를 하틀리(Hartley) 발진기라 한다.

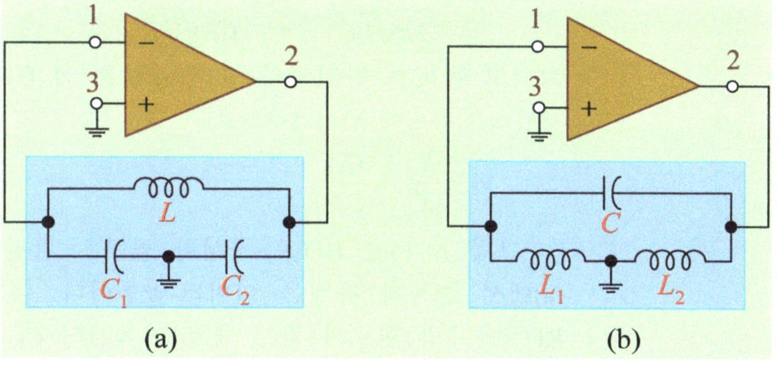

▸그림 14-11
(a) 콜핏츠 발진기;
(b) 하틀리 발진기.

콜핏츠 발진기

그림 14-12(a)의 콜핏츠 발진기에서 실제 LC 탱크 회로는 저항 성분이 존재하게 되므로 증폭기의 도움이 없다면 그림 14-3(b)와 같은 감쇄 진동을 할 것이다. 그러나 탱크 회로의 에너지 손실이 증폭기에 의해

▶그림 14-12
콜핏츠 발진기에서 증폭기의 에너지 펌핑 기능

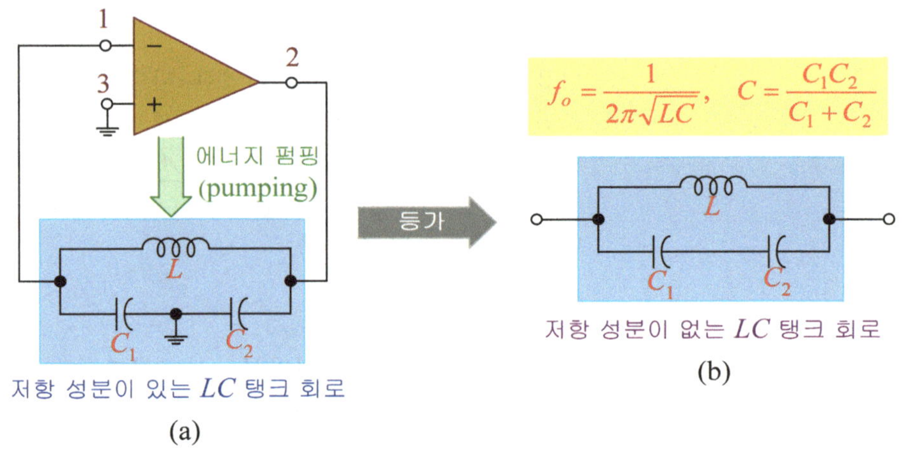

보충됨으로써 발진이 지속되는 것이며 증폭기의 이러한 작용을 에너지 펌핑(pumping)이라 한다. 따라서 그림 14-12(a)의 실제 LC 탱크 회로는 증폭기의 도움으로 그림 (b)와 같이 저항 성분이 없는 LC 탱크 회로와 등가가 된다. 그 결과 두 개의 커패시터 C_1과 C_2가 직렬로 결합되므로 전체 용량 C는

$$C = \frac{C_1C_2}{C_1+C_2} \quad [11]$$

이다. 따라서 그림 14-12의 발진 주파수는 다음과 같이 주어진다.

$$f_o = \frac{1}{2\pi\sqrt{LC}}, \quad C = \frac{C_1C_2}{C_1+C_2} \quad [12]$$

그리고 콜핏츠 발진기의 발진 조건은 식 [10]으로부터 다음과 같다(리액턴스는 용량에 반비례하므로).

$$A \geq \frac{X_2}{X_1} = \frac{C_1}{C_2} \quad [13]$$

그림 14-13은 BJT로 구성한 콜핏츠 발진기이며 전체 회로인 그림 (a)에서 증폭기 유형은 이미터-공통이다. 여기서 발진 주파수에 대해 RFC는 개방 회로와 같고 측로 커패시터 C_{by} 및 직류 차단용 커패시터 C는 모두 단락 회로와 같다. 따라서 그림 (a)에 대한 교류 회로는 그림 (b)와 같으며 베이스 저항 $R_1 \| R_2$의 영향은 거의 무시할 수 있다. 물론 RFC는 거의 개방 회로와 같으므로 회로상에서 없는 것과 같다. 그림 14-14는 JFET로 구성한 콜핏츠 발진기 회로이다. 전체 회로인 그림 (a)에 대한 교류 회로는 그림 (b)와 같고 증폭기는 소스-공통이다.

▶그림 14-13
이미터-공통 BJT 콜핏츠 발진기:
(a) 전체 회로;
(b) 교류 회로.

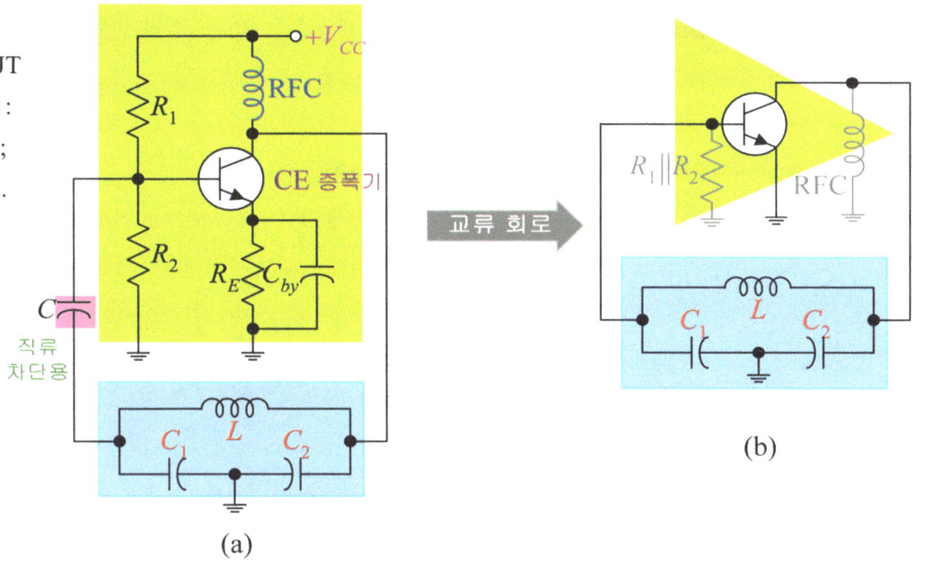

▶그림 14-14
소스-공통 JFET 콜핏츠 발진기:
(a) 전체 회로;
(b) 교류 회로.

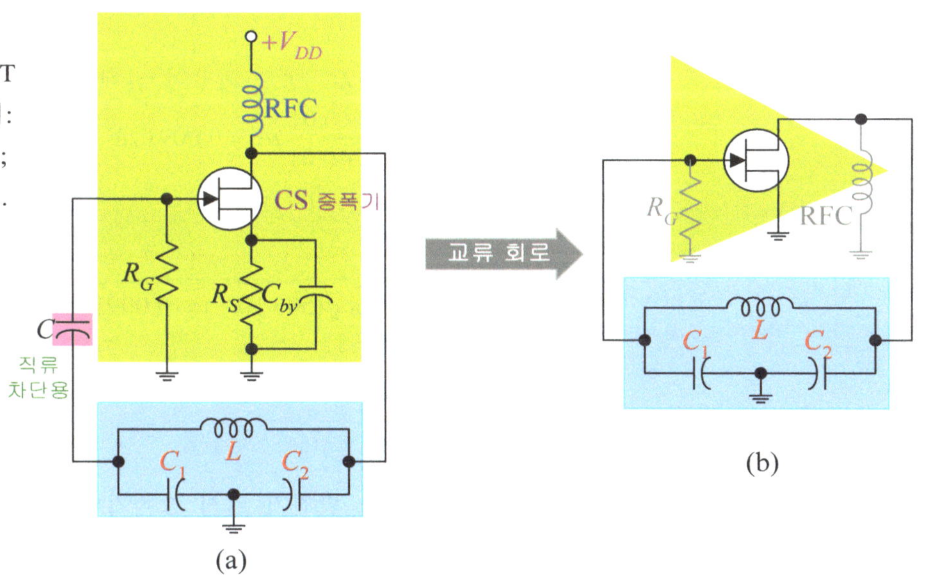

예제 14-1

그림 14-15의 발진기에 대한 발진 주파수를 구하라.

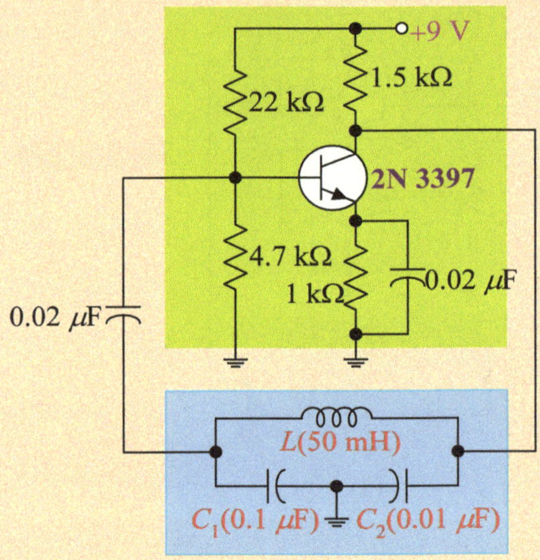

▲그림 14-15 예제 14-1의 그림

풀이 식 [11]에 의해 LC 탱크 회로의 전체 용량 C는

$$C = \frac{C_1 C_2}{C_1 + C_2} = \frac{0.1 \times 0.01}{0.1 + 0.01} \mu\text{F} = 0.0091\,\mu\text{F}$$

따라서 발진 주파수는 식 [12]로부터

$$f_o = \frac{1}{2\pi\sqrt{LC}} = \frac{1}{2\pi\sqrt{(50\times10^{-3})\times(0.0091\times10^{-6})}}$$
$$= \mathbf{7.46\ kHz}$$

하틀리 발진기

그림 14-16(a)의 콜핏츠 발진기 역시 증폭기의 에너지 펌핑 작용에 의해 실제 LC 탱크 회로가 그림 (b)와 같이 저항 성분이 없는 LC 탱크 회로로 동작한다. 그 결과 두 개의 인덕터 L_1과 L_2가 직렬로 결합되므로 전체 인덕턴스 L은

$$L = L_1 + L_2 \qquad \textbf{[14]}$$

이다. 이로부터 발진 주파수는 다음과 같이 주어진다.

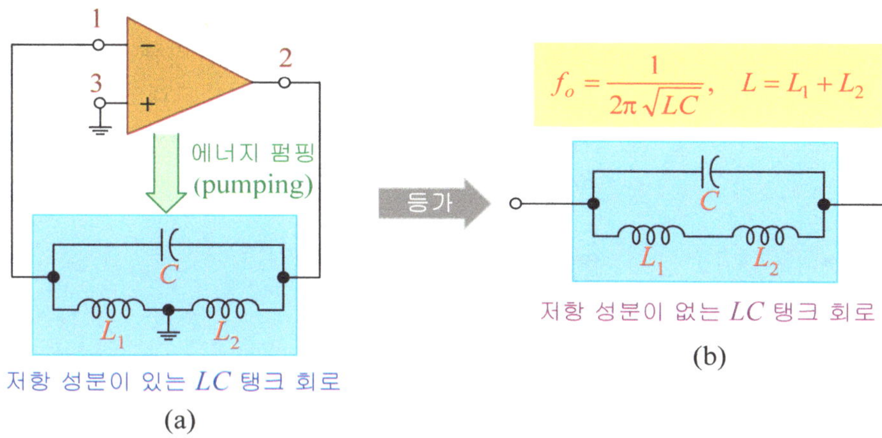

▶그림 14-16 하틀리 발진기에서 증폭기의 에너지 펌핑 기능

$$f_o = \frac{1}{2\pi\sqrt{LC}}, \quad L = L_1 + L_2 \tag{15}$$

그리고 발진 조건은 식 [10]으로부터 다음과 같다.

$$A \geq \frac{X_2}{X_1} = \frac{L_2}{L_1} \tag{16}$$

그림 14-17은 이미터-공통 BJT 하틀리 발진기의 전체 회로 및 교류 회로이다. 그림 (a)에서 두 개의 직류 차단 커패시터 C는 베이스가 L_1에 의해 직류적으로 접지되거나 컬렉터가 L_2에 의해 직류적으로 접지

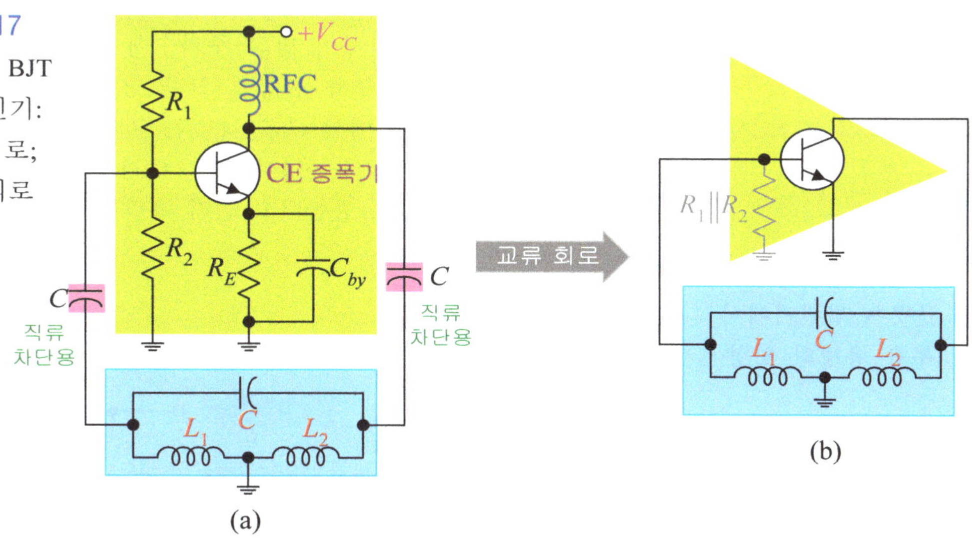

▶그림 14-17 이미터-공통 BJT 하틀리 발진기: (a) 전체 회로; (b) 교류 회로

되는 것을 막아준다. 그림 14-18(a)는 소스-공통 JFET 하틀리 발진기 전체 회로로서 이 역시 두 개의 직류 차단 커페시터 C로써 게이트가 L_1에 의해 직류적으로 접지되고 드레인이 L_2에 의해 직류적으로 접지되는 것을 막아준다. 그림 (a)에 대한 교류 회로는 그림 (b)와 같으며 R_G는 매우 크므로 무시할 수 있다.

▶그림 14-18
소스-공통 JFET 하틀리 발진기:
(a) 전페 회로;
(b) 교류 회로.

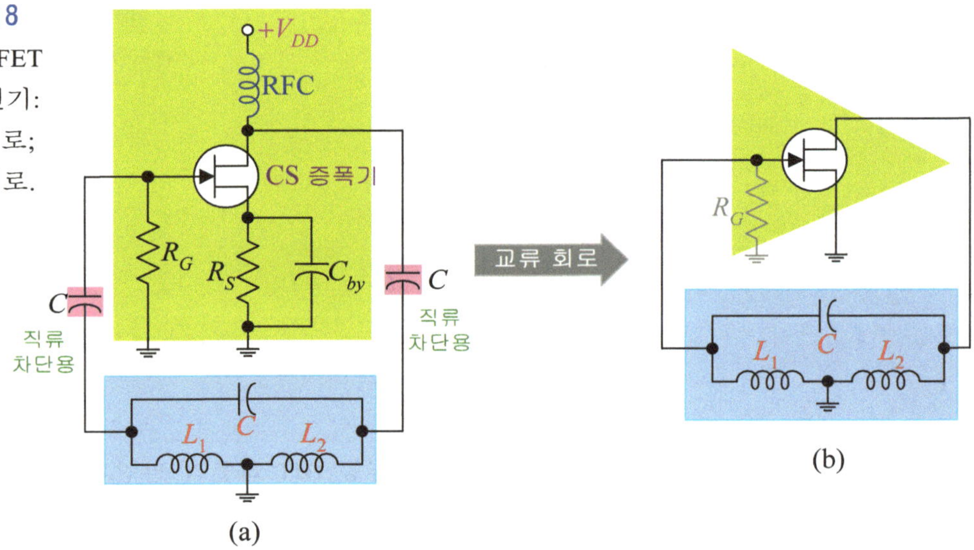

클랩 발진기

트랜지스터 내부에는 부유 용량이 존재하며 이 용량들이 LC 탱크 회로의 커페시터들과 결합하여 발진 주파수에 영향을 줄 수 있다. BJT 콜핏츠 발진기의 경우 부유 용량에 의한 영향은 그림 14-19와 같다. 그림 14-19의 왼쪽 그림에서 C_{M1}과 C_{M2}는 밀러 효과에 의해 베이스와 컬렉터 나타나는 밀러 용량들이다(그림 13-4와 13-8 참조). 그 결과 밀러 용량 C_{M1}은 C_1과 병렬로 결합되고 밀러 용량 C_{M2}는 C_2와 병렬로 결합

▶그림 14-19
콜핏츠 발진기에서
부유 용량의 영향

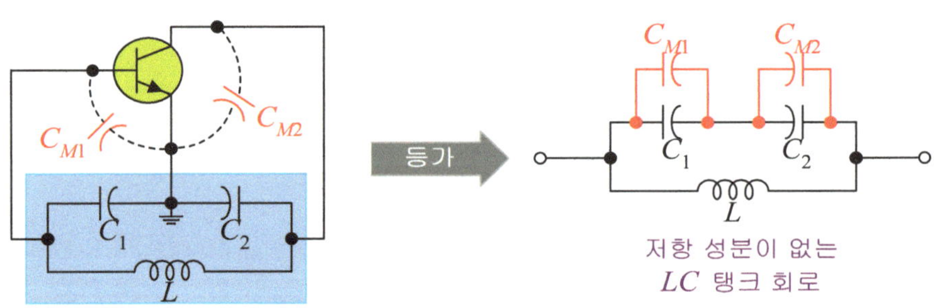

되므로 등가회로는 오른쪽 그림과 같다. 따라서 밀러 용량에 의해 전체 용량은 다음과 같이 변하게 된다.

$$C = \frac{(C_1 + C_{M1})(C_2 + C_{M2})}{C_1 + C_2 + C_{M1} + C_{M2}} \qquad \textbf{[17]}$$

그러나 밀러 용량은 변동이 심할 뿐 아니라 예측하기 어렵기 때문에 발진 주파수도 불확실하게 변한다.

부유 용량이 발진기 동작에 미치는 악영향을 줄이기 위해 그림 1420의 (a)와 같이 콜핏츠 발진기의 인덕터 L과 직렬로 커페시터 C_3를 결합하며 이를 클랩 발진기라 한다. 클랩 발진기의 등가회로는 그림 (b)와 같이 되며 여기서 C_3를 C_1이나 C_2에 비해 용량을 매우 작게 하면 전체 용량은 다음과 같다.

$$C = \frac{1}{\dfrac{1}{C_1 + C_{M1}} + \dfrac{1}{C_2 + C_{M2}} + \dfrac{1}{C_3}} \cong \frac{1}{1/C_3} = C_3 \qquad \textbf{[18]}$$

즉 C는 전적으로 C_3에만 의존하여 밀러 용량의 영향이 없어진다. 따라서 발진 주파수는 다음과 같이 안정된다.

$$f_o \cong \frac{1}{2\pi\sqrt{LC_3}} \qquad \textbf{[19]}$$

이상으로 클랩 발진기는 콜핏츠 발진기에서의 부유 용량에 의한 주파수 변동을 막아주며 이 점이 콜핏츠 발진기에 비해 개선된 점이다. 그림 14-21은 이미터-공통 BJT 클랩 발진기의 전체 회로 및 그에 대한 교류 회로를 보여준다.

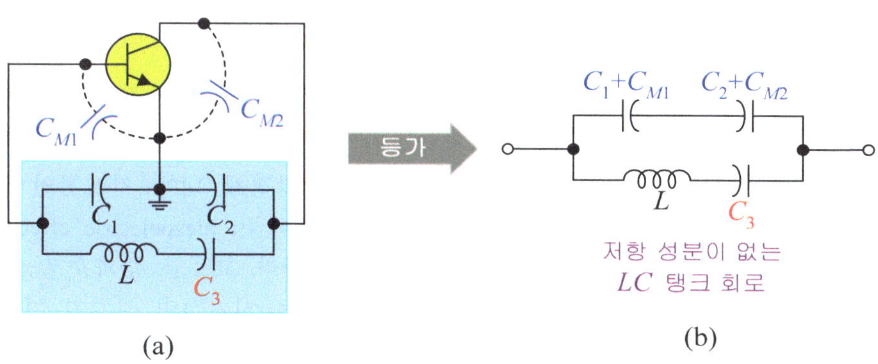

▶그림 14-20
클랩 발진기의 원리

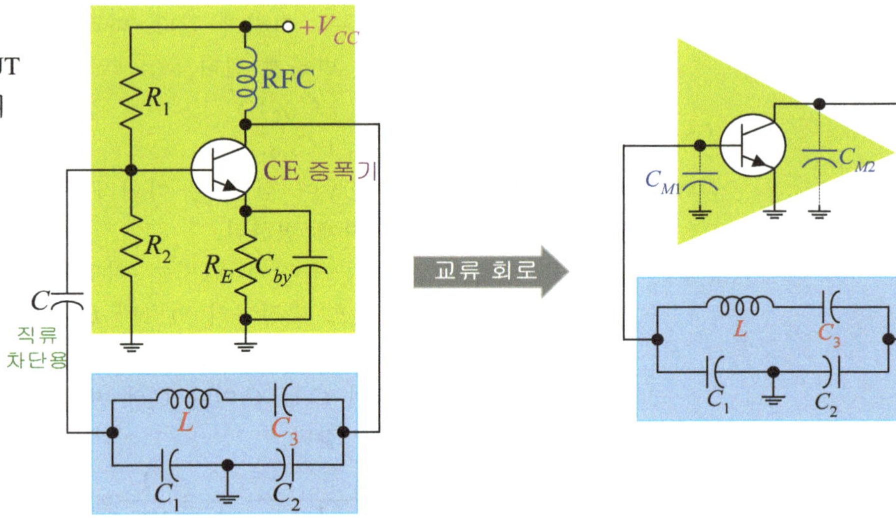

▶그림 14-21
이미터-공통 BJT 클랩 발진기의 전체 회로와 교류 회로.

14.4 수정 발진기

발진기를 구성하고 있는 증폭기의 반도체 소자나 *LC* 탱크 회로의 소자들은 온도나 기타의 영향들로 인해 그 특성이 유동적이다. 따라서 발진 주파수는 일정한 폭으로 유동하며 이 변화폭이 발진기의 정확도와 안정성을 저해한다. 그러나 전자 장비가 날로 정교해짐에 따라 사용되는 발진기 역시 주파수가 안정되어 변동이 적어야 한다. 매우 안정된 발진이 요구될 때는 수정 발진기(crystal oscillator)가 널리 사용된다.

수정 진동자

적절한 형태가 되도록 절단된 수정 결정체에 기계적인 힘을 가하면 수정 결정체 내에서는 특정한 방향으로 기전력이 발생하고, 그 반대로 전기력을 가하면 결정체 내에 기계적인 진동이 일어나며 이러한 효과를 압전 효과(壓電效果; piezoelectric effect)라 한다. 이 때 수정 결정은 절단된 형태에 따라 고유한 주파수로 기계적인 진동을 하며 이 진동 주파수와 일치하는 전기적인 신호가 가해지면 수정은 공진 현상을 일으키게 된다. 따라서 수정 결정은 그림 14-22(a)와 같이 전기적으로 직렬 공진 회로와 같은 특성을 가진다. 이 때 수정 진동자의 고유 진동 주파수를 직렬공진 주파수 f_s라 하며

▶그림 14-22
(a) 수정 진동자;
(b) 전극이 부착된 수정 진동자

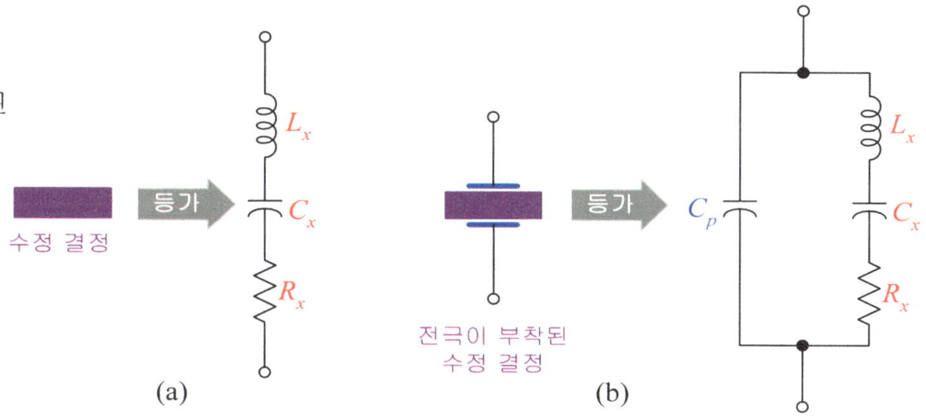

$$f_s = \frac{1}{2\pi\sqrt{L_x C_x}} \tag{20}$$

로 주어지고 이 주파수에서 임피던스는 R_x로 최소가 된다. 수정 진동자에서 발생한 기전력을 외부로 뽑아 쓰기 위해 그림 14-22(b)와 같이 수정 결정의 양면에 전극을 부착하여 사용한다. 이 때 전극간의 정전용량을 C_p라 하면 수정 진동자의 전기적 특성은 그림 14-22(b)의 직렬-병렬 공진 회로와 같으므로 직렬 공진과 병렬 공진 두 형태로 동작하게 된다. 그림 14-23은 전기 응용에 사용되는 수정 진동자의 모습이다. 그림 (a)는 케이스로 싼 전체 외관으로 내부 모습은 그림 (b)와 같으며 수정 진동자는 그림 (c)와 같은 기호로 표시한다.

그림 14-22(b)의 직렬-병렬 공진 회로에서 저항 R_x를 0으로 했을 때 수정 진동자의 리액턴스는

▶그림 14-23
수정 진동자의
(a) 외관
(b) 내부
(c) 기호

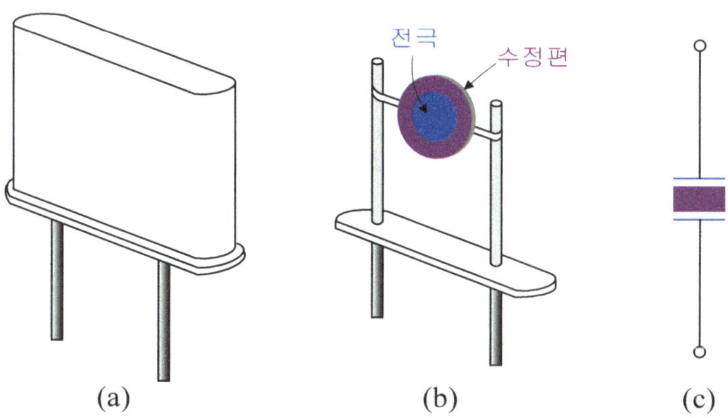

$$jX = -\frac{1}{2\pi f C_p}\left(\frac{f^2 - f_s^2}{f^2 - f_p^2}\right) \quad [21]$$

로 주어지며 직렬공진 주파수 f_s와 병렬공진 주파수 f_p는 다음과 같다.

$$f_s = \frac{1}{2\pi\sqrt{L_x C_x}}, \quad f_p = \frac{1}{2\pi\sqrt{L_x\left(\frac{C_p C_x}{C_p + C_x}\right)}} \quad [22]$$

식 [21]의 리액턴스를 그림으로 나타내면 그림 14-24와 같으며 수정 진동자는 주파수에 따라 유도성의 인덕터가 되기도 하고 용량성의 커패시터가 되기도 함을 알 수 있다. 여기서 결정적으로 중요한 것은 직렬공진 주파수와 병렬공진 주파수와의 관계이다. 일반적으로 전극판 사이의 정전 용량 C_p는 $C_p >> C_x$이므로 f_p와 f_s의 관계는 다음과 같다.

$$f_p = \frac{1}{2\pi\sqrt{L_x C_x}}\sqrt{1+\frac{C_x}{C_p}} = f_s\sqrt{1+\frac{C_x}{C_p}} \cong f_s\left(1+\frac{C_x}{2C_p}\right) \quad [23]$$

식 [23]에서 $C_p >> C_x$이므로 $f_p \approx f_s$이다. 한 가지 실례를 들자면 C_p=3.5pF이며 C_x=0.0235pF인 경우 f_p=1.00336 f_s가 된다. 따라서 수정 진동자는 그림 14-23과 같이 대단히 좁은 대역인 $f_s < f < f_p$에서만 유도성이 되며

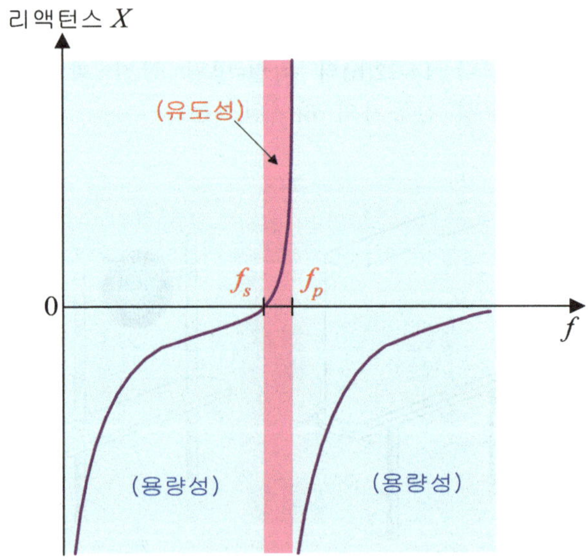

▶그림 14-24 수정 진동자의 리액턴스(Rx=0일 때)

이러한 좁은 대역 내에서 직렬 공진의 단락 성질과 병렬 공진의 개방 성질이 다 포함되어 있다는 것이 큰 특징이다. 수정 진동자가 유도성 소자로 되는 대역 $f_s<f<f_p$는 $f_p \approx f_s$이므로 이를 f_s와 f_p의 중간 주파수인 f_o 하나로 나타내기로 한다. 여기서 극단적으로 $f_p=f_s=f_o$라 하면 수정 진동자는 단 하나의 주파수 f_o에서만 인덕터로 동작하게 되며 나아가 이 주파수에서의 인덕터는 0에서 무한대로 가변될 수 있다. 이 성질은 수정 진동자의 핵심적인 동작 원리이며 그림 14-25가 이를 설명하고 있다.

먼저 그림 14-25(a)의 병렬 공진 회로에서 인덕턴스 L은 고정되어 있으며 공진 주파수 f_o는 L과 결합하는 C에 따라 가변된다. 그러나 그림 (b)의 경우 수정 진동자의 인덕턴스 L은 가변적이고 공진 주파수 f_o는 고정된다. 따라서 수정 진동자와 결합하는 용량 C가 변하더라도 수정 진동자의 인덕턴스 L은 자체적으로 조정되어 공진 주파수 f_o를 유지하게 되는 것이다. 즉 만일 그림 14-25(a)에서 C가 100배로 증가한다면 공진 주파수 f_o는 1/10로 감소할 것이다. 그러나 같은 경우 그림 (b)에서는 수정 진동자의 인덕턴스 L 자체가 1/100로 줄어들어 공진 주파수는 변함없이 f_o로 유지되는 것이다. 이상으로 일반적인 인덕턴스는 L이 고정되고 동작 주파수가 0에서 무한대로 허용되지만 수정 진동자는 동작 주파수가 고유한 값으로 고정되며 대신 L이 0에서 무한대까지 허용된다. 수정 진동자의 이러한 성질은 안정된 발진기 구성에 매우 적합하다.

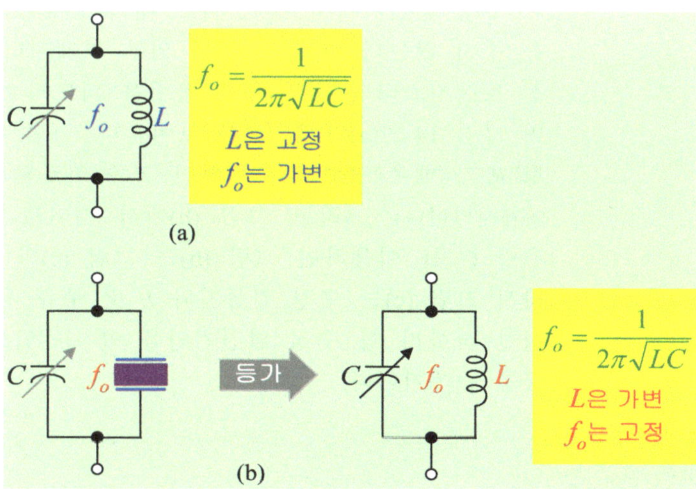

▶그림 14-25 인덕터로 동작하는 수정 진동자와 일반 인덕터의 비교: (a) 일반 인덕터; (b) 수정 진동자.

수정 발진기

그림 14-26의 두 회로는 수정 진동자를 탱크 회로 내의 인덕터 소자로 사용하는 방식이다. 그림 (a)는 콜핏츠 발진기의 인덕터로 수정 진동자를 사용한 것으로 발진 주파수는 C_1과 C_2와는 무관하게 수정 진동자의 진동 주파수로 정해진다. 그림 (b)는 하틀리 발진기에서 두 개의 인덕터 중 하나를 수정 발진기로 사용한 것이며 이 역시 발진 주파수는 C 및 L_2와는 무관하게 수정 진동자에 의해서만 정해진다.

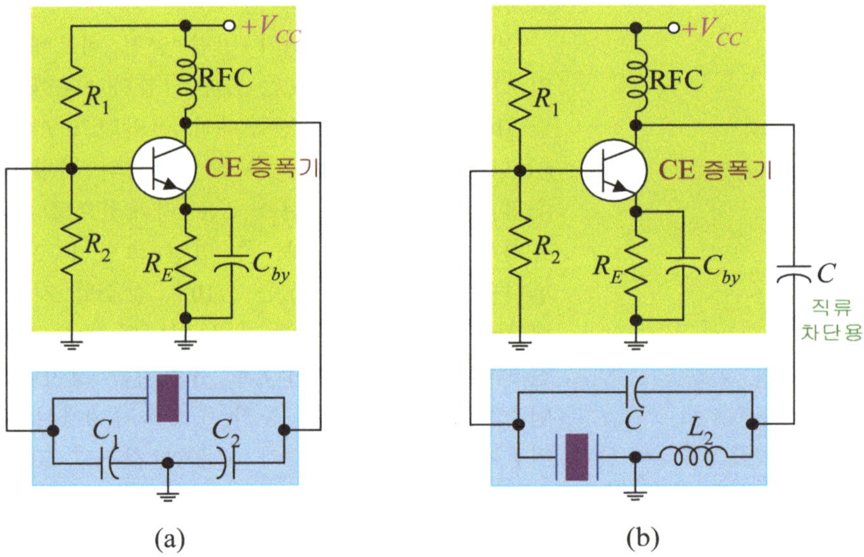

▶그림 14-26 수정 발진기가 탱크 회로 내의 유도성 소자로 사용되는 방식 (a) 콜핏츠 형; (b) 하틀리 형.

수정 발진기에서 탱크 회로 내의 용량은 발진 주파수에 거의 영향을 주지 않는다. 따라서 굳이 외부 커페시터를 연결하여 사용하는 대신 트랜지스터의 내부 부유 용량을 의도적으로 이용하는 방법이 있으며 그림 14-27(a)가 한 예를 보여준다. 그림 14-27의 (a)에서 게이트 저항 R_G가 매우 크므로 무시하면 교류 회로는 그림 (b)와 같다(C_S는 측로 커페시터이다). 그리고 그림 (b)에서 게이트-드레인 사이에 있는 부유 용량 C_{gd}를 이용하면 그림 (b)는 그림 (c)와 등가임을 알 수 있다. 따라서 그림 (c)는 수정 진동자와 L 및 부유 용량 C_{gd}의 탱크 회로로 구성한 하틀리 형 수정 발진기임을 알 수 있으며 기본 증폭기는 소스-공통 증폭기이다.

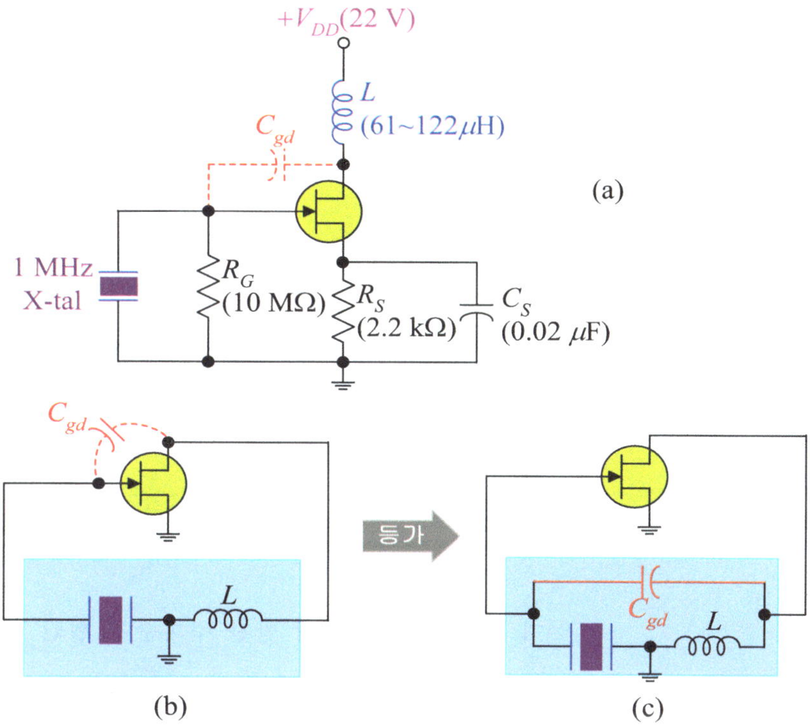

▶그림 14-27
트랜지스터의 부유 용량을 탱크 회로의 용량으로 삼은 하틀리형 수정 발진기:
(a) 전체 회로;
(b) 교류 회로;
(c) 등가 회로.

수정-제어 발진기

그림 14-28은 탱크 회로 내에 수정 진동자를 두는 대신 증폭기의 출력에서 LC 탱크 회로로 향하는 궤환 경로에 수정 진동자를 두는 방식으로 수정-제어 발진기라 한다.

그림 14-28의 (a)는 수정-제어 콜핏츠 발진기이고 그림 (b)는 수정-제어 하틀리 발진기이다. 수정에 의해 발진이 제어되는 원리는 다음과 같다: 수정 진동자의 리액턴스는 직렬공진 주파수 f_s에서 최소가 되므로 수정 진동자는 주파수 f_s 성분만 탱크 회로로 궤환시키고 나머지 주파수는 차단하는 매우 날카로운 대역통과 필터 역할을 한다. 한편 수정 진동자와 직렬로 결합된 커페시터 C_x는 수정 진동자의 직렬공진 주파수 f_s를 가변시키는 역할을 하며 동시에 직렬공진 주파수 f_s와 병렬공진 주파수 f_p 사이를 더욱 좁혀주는 역할을 한다.

이상으로 그림 14-28에서 LC 탱크 회로의 발진 주파수 f_o를 직렬공진 주파수 f_s와 같게 하면 주파수 f_o 성분만 궤환 루프를 통해 발진된다. 특히 탱크 회로의 공진 주파수에 약간의 변동이 있을지라도 수정 진동자의 직렬 공진 주파수는 거의 변동이 없으므로 수정으로 제어되

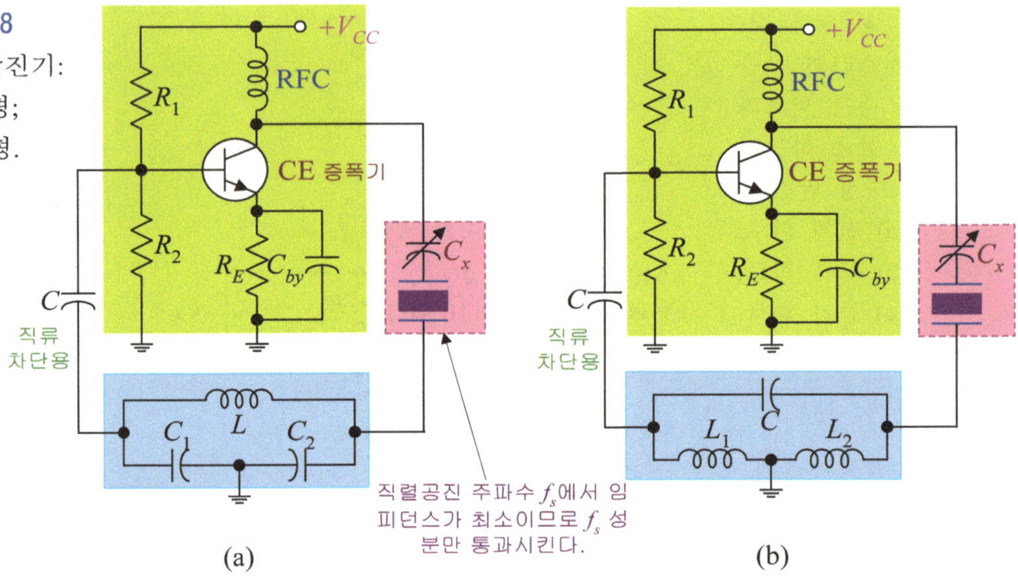

▶그림 14-28
수정-제어 발진기:
(a) 콜핏츠 형;
(b) 하틀리 형.

지 않는 경우에 비해 발진 주파수가 훨씬 안정된다.

14.5 이장 발진기

지금까지 설명한 발진기는 전기적인 진동이 모두 정현파 형태이므로 정현파 발진기로 분류된다. 그러나 회로에서는 구형파(矩形波)나 톱니파 등 정현파가 아닌 전기적인 진동을 필요로 하는 경우가 많다. 이와 같은 비정현파 발진기는 주로 트랜지스터의 스위칭 기능과 커패시터의 충방전 기능을 결합한 형태이며 이러한 부류를 이장(弛張) 발진기라 한다.

BJT 스위치

지금까지 설명한 증폭기 및 발진기는 모두 트랜지스터의 증폭 기능을 이용한 것이며 이를 위해 트랜지스터가 활성 영역에서 동작하도록 바이어스를 정한다. 그러나 디지털 회로에서는 트랜지스터의 스위칭 기능을 이용하므로 트랜지스터가 차단 영역과 포화 영역에서만 동작하도록 구동된다. 그림 14-29는 BJT의 세 가지 동작 영역을 보여준다. 먼저 그림 (a)는 가장 간단한 BJT 이미터-공통 증폭기이며 입력 v_i와 출력 v_o는 서로 위상이 반전된 관계이다. 그리고 그림 (b)는 증폭기의

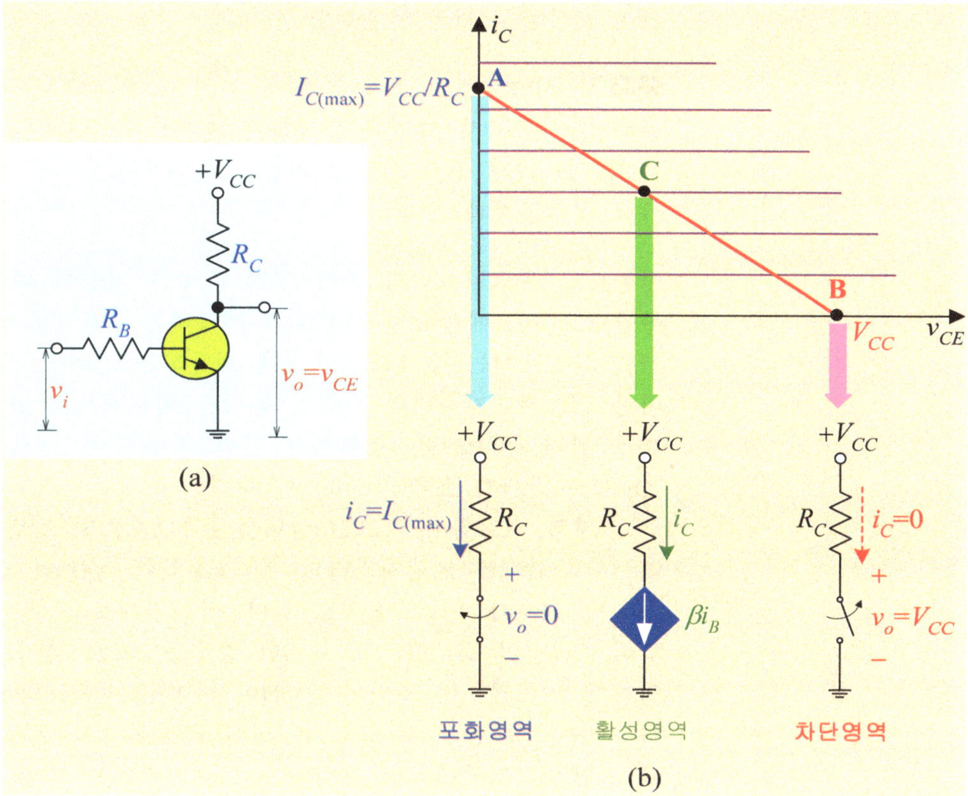

▲그림 14-29 (a) BJT 회로와 (b) 동작 영역에 따른 기능 변화

출력 특성 곡선과 부하선 및 동작점에 따른 동작 영역을 보여준다.

스위치 기능

그림 14-29(b)에서 동작점 A는 트랜지스터가 포화된 상태로서 컬렉터에는 최대 전류인 $I_{C(max)}=V_{CC}/R_C$가 흐르며 출력 전압은 $v_{CE}=0$이다. 따라서 트랜지스터의 기능은 그림에서 표시된 바와 같이 단락된 스위치로 표현할 수 있다. 그리고 트랜지스터가 포화되기 위해서는 베이스-이미터간 다이오드의 양단 전압이 약 $V_\sigma=0.8\text{V}$ 정도에 이르러야 되며 이를 다이오드의 포화 전압이라 한다.

동작점 B의 경우는 베이스-이미터간 양단 전압이 다이오드의 도통 전압인 $V_T=0.7\text{V}$ 이하가 되어 트랜지스터가 차단된 상태로서 $i_C=0$이고 출력 전압은 $v_{CE}=V_{CC}$이다. 따라서 트랜지스터는 그림에서 표시된 바와 같이 개방된 스위치로 표현할 수 있다.

증폭기 기능

동작점 C는 활성 영역에 동작하는 경우로서 트랜지스터는 증폭 작용을 할 수 있는 종속 전류원 기능을 한다. 이는 지금까지 설명한 소위 아날로그 동작과 같다.

이상으로 트랜지스터의 동작 영역에 따른 기능에 대해 알아보았으며 아날로그 회로에서는 동작점 C에 해당하는 증폭 기능이 주가 되고 디지털 회로에서는 동작점 A와 B에 해당하는 스위칭 기능이 주가 된다. 이상으로 트랜지스터의 스위칭 동작을 회로적으로 표현하면 그림 14-30과 같다. 앞으로는 스위치가 닫힌 경우를 "ON"으로, 열린 경우를 "OFF"로 간단히 표현하기로 약속한다.

디지털 회로에서는 모든 상태를 **1**과 **0**으로만 판별한다. 따라서 그림 14-30(a)에서 트랜지스터의 입력 전압이 $v_i > V_\sigma$인 경우를 **1**로 삼고 $v_i < V_T$인 경우를 **0**으로 삼기로 한다. 마찬가지로 트랜지스터의 출력 전압이 $v_o = V_{CC}$인 경우를 **1**로, $v_i = 0$인 경우를 **0**으로 삼기로 한다. 그 결과 입력이 **1**인 경우는 스위치가 ON이 되어 출력은 **0**이 되며, 반대로 입력이 **0**인 경우는 스위치가 OFF되어 출력은 **1**이 된다. 이상으로 포화와 차단 두 영역에서만 동작하는 트랜지스터는 그림 (b)와 같은 디지털 소자로 나타낼 수 있으며 이러한 기능을 인버터(inverter)라 한다. 이상으로 트랜지스터가 인버터 기능의 스위칭 소자, 즉 디지털 소자로 사용되기 위해서는 구동 입력은 **1**($>V_\sigma$)과 **0**($<V_T$)의 두 상태만 허용된다.

그림 14.31의 (a)는 커패시터의 충방전 기능과 트랜지스터의 스위칭 기능을 결합한 예이다. 그림 (b)는 입력이 $v_i = \mathbf{0}$인 경우로서 스위치가 OFF되어 C는 저항 R을 통해 시정수 $\tau = RC$로서 전압 V_{CC}로 충전된다. 그림 (c)는 입력이 $v_i = \mathbf{1}$인 경우로서 스위치는 ON된다. 따라서 C에 충전된 전압은 스위치를 통해 급속도로 방전되며 저항이 없는 이상적인 스위치로 가정하면 방전 시정수는 0이다. 이와 같이 트랜지스터의 스위칭 기능으로 커패시터의 충전과 방전을 제어할 수 있으며 이는 디지털 발진기의 기본 원리가 된다.

▶그림 14-30
BJT의
(a) 스위칭 동작;
(b) 인버터 특성.

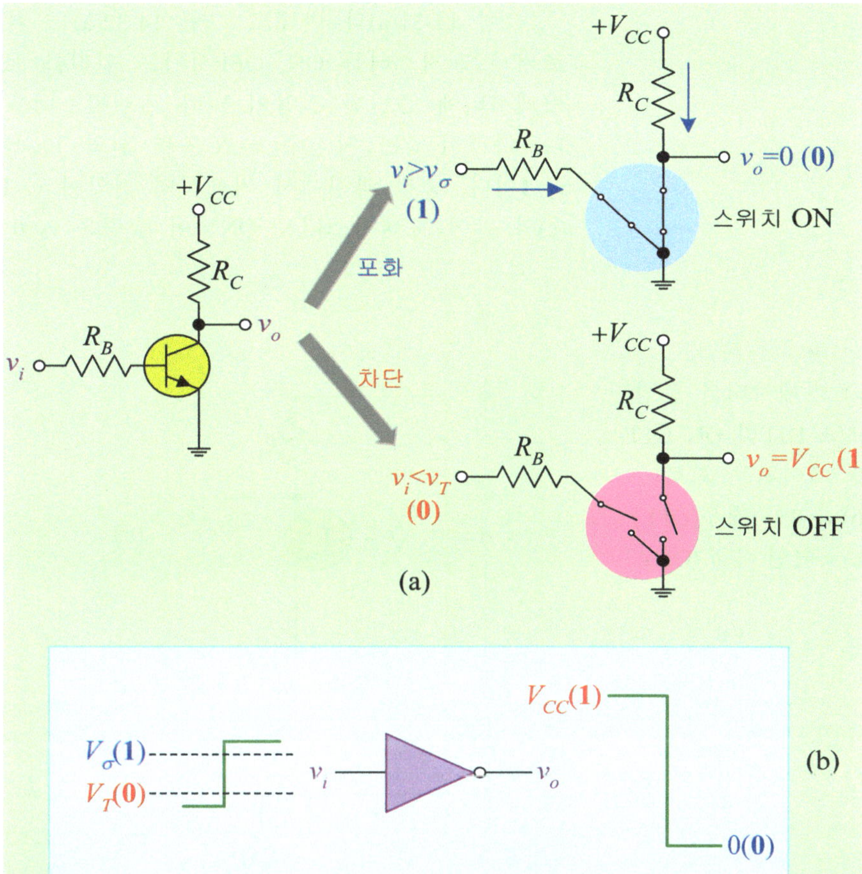

▶그림 14-31
(a) BJT의 스위칭으로 커페시터의 충전과 방전을 제어하는 회로:
(b) v_i=**0**인 경우(충전);
(c) v_i=**1**인 경우(방전).

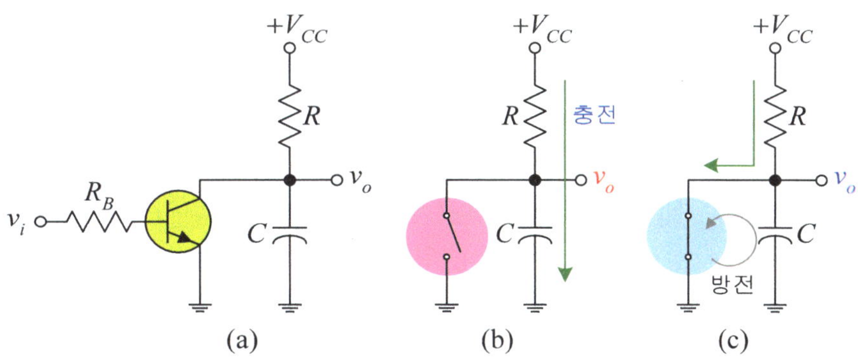

그림 14-31(a)와 반대로 그림 14-32(a)는 커페시터의 충방전 기능으로써 트랜지스터를 ON, OFF시키는 원리를 보여준다. 그림 14-32(b)는 커페시터에 충전된 전압이 낮아 트랜지스터를 ON시키지 못하는 경우다. 따라서 C는 시정수 $\tau=RC$로써 전압 V_{CC}를 향해 충전되며 출력은 $v_o=\mathbf{1}$이다. 충전 과정에서 커페시터 전압이 $v_i=\mathbf{1}$에 이르면 그림 14-32의 (c)와 같이 트랜지스터는 ON되어 출력은 $v_o=\mathbf{0}$이 된다.

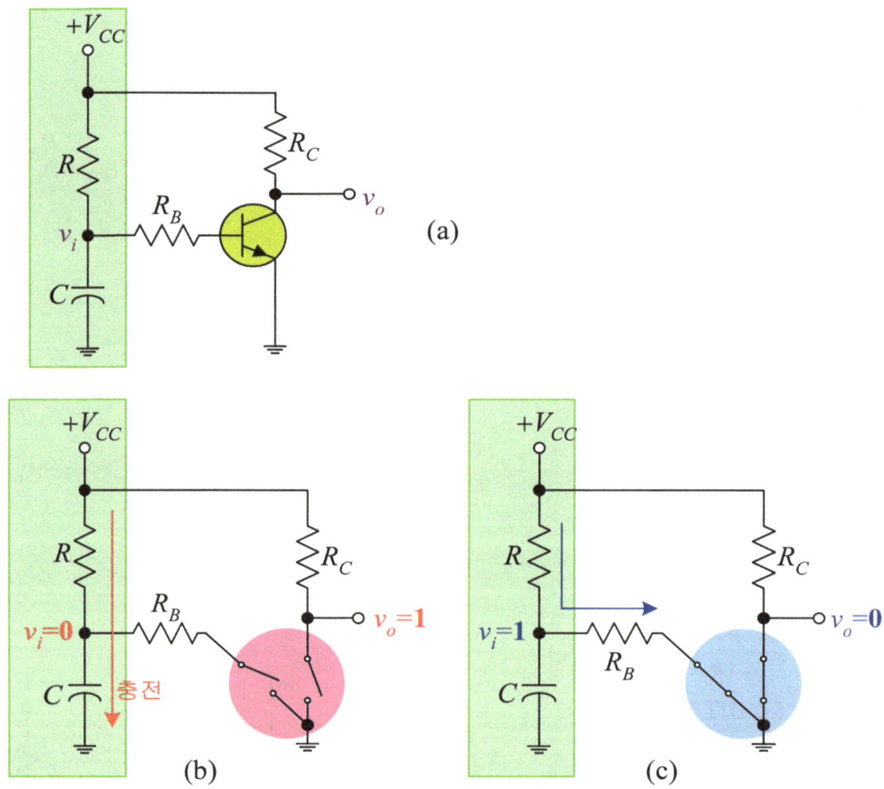

►그림 14-32
(a) 커페시터의 충방전으로 BJT의 ON, OFF를 제어하는 회로;
(b) $v_i=\mathbf{0}$인 경우(OFF);
(c) $v_i=\mathbf{1}$인 경우(ON).

이장 발진기

이장 발진기는 커페시터의 방전(弛緩)과 충전(緊張)을 이용한 것으로 그 대표적인 예가 그림 14-33(a)이다. 그림에서 연산 증폭기는 항상 포화 상태가 되도록 함으로써 출력 전압은 $+V_{\max}$와 $-V_{\max}$의 두 상태 중 하나에 머물도록 한다. 연산 증폭기의 반전 입력은 C의 양단 전압 v_C이며, 비반전 입력은 저항 R_1과 R_2의 궤환 회로로 의한 궤환 전압 v_f이다. 회로가 켜지는 순간 C에는 충전된 전압이 없다고 하면 반전 입

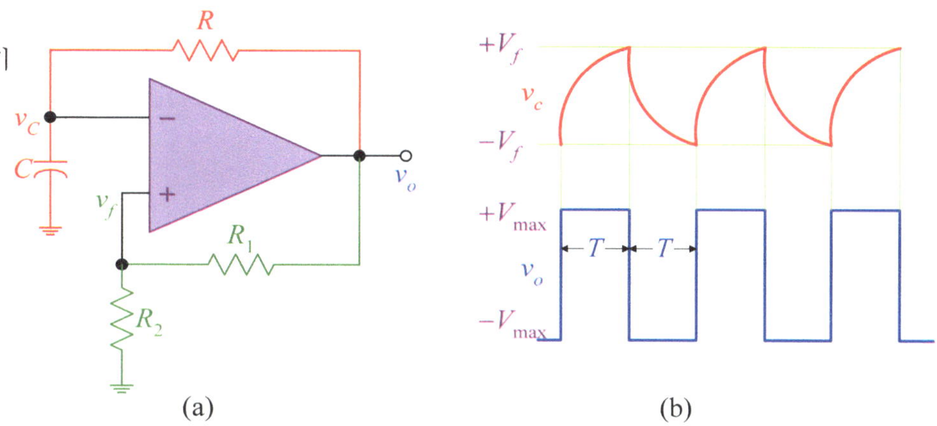

►그림 14-33
(a) 이장 발진기
(b) 파형.

력은 초기 전압은 0이다. 따라서 연산 증폭기의 출력은 $+V_{max}$으로 유지되며, 그 이유는 비반전 입력 전압 v_f가 다음과 같이

$$v_f = \frac{R_2}{R_1 + R_2} V_{max} = V_f \qquad [24]$$

로서 반전 입력 전압보다 크기 때문이다. 이제 비반전 입력 전압이 V_f로 유지되는 동안 C는 시정수 τ=RC로써 $+V_{max}$를 향해 충전되고 있다. 이제 C의 전압 v_C가 V_f를 넘는 순간 반전 입력이 비반전 입력에 비해 높아지기 때문에 연산 증폭기 출력은 $-V_{max}$로 전환되어 버린다. 따라서 이번에는 비반전 입력 전압이 $-V_f$로 유지되며 그 동안 커페시터 C는 시정수 τ=RC로써 $-V_{max}$를 향해 방전되기 시작한다. 물론 이 과정에서도 v_C가 $-V_f$보다 낮아지는 순간 연산 증폭기의 출력은 다시 $+V_{max}$로 전환되므로 동일한 과정 이 무한히 반복되게 된다. 따라서 커페시터 양단 전압과 출력 전압은 그림 14-33의 (b)와 같이 발진하게 되며 T는 다음과 같이 주어진다(연습 문제).

$$T = R_1 C \ln\left(\frac{R_2 + 2R_3}{R_2}\right) \qquad [25]$$

따라서 발진 주파수는 다음과 같이 결정된다

$$f_o = \frac{1}{2T} = \frac{1}{2R_1 C \ln\left(\dfrac{R_2 + 2R_3}{R_2}\right)} \qquad [26]$$

식 [26]에서 발진 주파수는 용량 C에 반비례하며 이는 정현파 발진기에서 발진 주파수가 C의 제곱근에 반비례하는 것과 비교하면 주파수 조정 면에서 유리한 점이다. 이상으로 그림 14-33(a)는 커페시터의 충방전 기능과 연산 증폭기의 포화 동작을 결합한 발진기로서 그림 14-32의 원리를 이용한 것이다.

14.6 다중 바이브레이터

디지털 회로에는 다중 바이브레이터(multivibrator; MV)라는 중요한 회로가 있다. 다중 바이브레이터에는 정보를 저장하는 메모리 소자로 사용되는 쌍안정과 펄스 성형에 사용되는 단안정 및 디지털 발진기로 사용되는 비안정 다중 바이브레이터 등이 있으며 이들이 디지털 회로에서 핵심적인 역할을 담당한다.

쌍안정 MV 그림 14-34(a)는 두 인버터간에 정궤환이 일어나도록 구성한 쌍안정 다중 바이브레이터이다. 즉 각 인버터의 출력은 다른 인버터의 입력으로 연결되어 궤환 루프를 형성하여 정궤환이 일어나도록 한다. 만일 인버터 Q_1의 출력이 **1**이라 가정하면 Q_2의 입력도 **1**이 되어 Q_2의 출력은 **0**이 된다. 그리고 Q_2의 출력 **0**이 Q_1의 입력에 연결되므로 Q_1의 입력은 **0**이 되고 Q_1의 출 력은 **1**이 되어 가정과 일치한다. 물론 이와 반대 상태도 성립되며 이 관계는 그림 14-34(a)의 괄호 안에 표

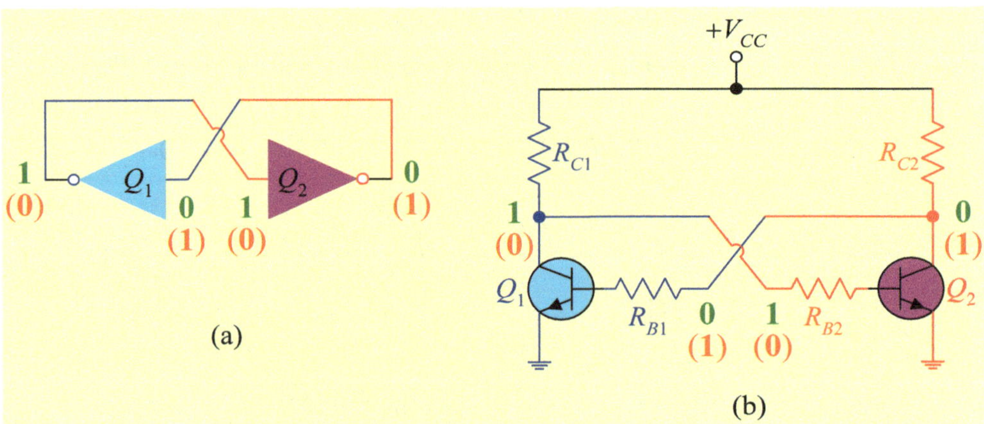

▲그림 14-34 쌍안정 다중 바이브레이터의 (a) 도식적인 구조; (b) 실제 구성.

시되어 있다. 이와 같이 그림 14-34(a)의 다중 바이브레이터에서는 안정된 두 상태가 존재하며 어느 상태이든 외부로부터 자극이 없는 한 그 상태는 유지되므로 쌍안정이라 하는 것이다. 두 안정 상태 사이에 전이가 일어나도록 외부로부터 가하는 자극을 트리거(trigger)라 하며 이에 대해서는 조금 뒤에 설명한다.

그림 14-34의 (a)는 BJT 인버터(그림 14-30 참조)를 이용하여 그림 (b)와 같이 구성할 수 있다. 즉 Q_1과 R_{C1} 및 R_{B1}이 한 조를 이루어 인버터를 구성하고 Q_2와 R_{C2} 및 R_{B2}가 또 한 조를 이루어 인버터를 구성하며 한 인버터의 출력은 상대방 인버터의 입력으로 연결되어 있다.

쌍안정 다중 바이브레이터의 상태는 그림 14-35와 같이 트리거를 이용하여 바꾸어 줄 수 있으며 이를 상태 전이라 한다. 우선 그림에서와 같이 바이브레이터의 상태가 Q_1이 ON이고 Q_2가 OFF인 것으로 가정한다. 이 상태에서 ON(포화)인 Q_1의 베이스에 연결된 다이오드 D_1에 순간적으로 음의 트리거 펄스를 가하면 음의 펄스는 D_1을 통과할 수 있다. 음의 펄스에 의한 트랜지스터 각 부분의 전압 변화는 그림에서 화살표로 표시되어 있으며 전압 상승은 "↑" 로, 전압 하강은 " ↓"로 표시하였다.

먼저 음의 트리거 입력은 Q_1의 베이스 전압을 낮추어(1) Q_1이 포화 영역에서 활성 영역으로 진입하게 만든다. 그 결과 Q_1의 컬렉터 전압이 상승하며(2) 이는 Q_2의 베이스 전압을 상승시킨다(3). 따라서 Q_2가 차단 영역에서 활성 영역으로 진입하게 만들어 Q_2의 컬렉터 전압을

▶그림 14-35
쌍안정 다중 바이브레이터의 트리거

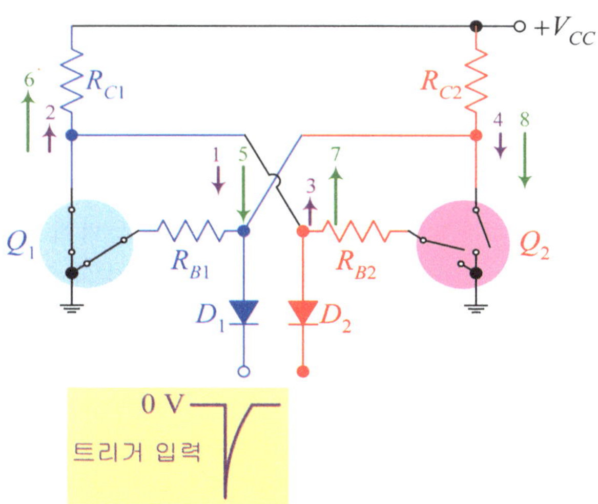

하강하게 한다(4). Q_2의 컬렉터 전압 하강은 다시 Q_1의 베이스 전압을 더욱 하강하게 하는 정궤환이 되며(5) 이에 따라 Q_1의 컬렉터 전압은 더욱 상승하고(6) Q_2의 베이스 전압도 더욱 상승하여(7) Q_2의 컬렉터 전압은 더욱 하강하게 만든다(8). 따라서 Q_1의 상태는 포화→활성→차단으로 전이되며, Q_2의 상태는 차단→활성→포화로 전이되며 이를 재생 작용이라 한다. 물론 재생 작용은 정궤환에 의해 순간적으로 이루어진다. 이상으로 트리거 입력의 작용은 다음과 같음을 알 수 있다.

트리거 입력은 포화된 트랜지스터와 차단된 트랜지스터를 모두 활성 영역으로 끌어들인 다음 정궤환에 의해 포화된 트랜지스터는 차단 상태로, 차단된 트랜지스터는 포화 상태로 바꾸어 주는 재생 작용이 일어나게 한다.

쌍안정 다중 바이브레이터에서 외부로부터 가해지는 트리거 입력을 정보로 보면, 새로운 정보가 들어오기까지는 그 전의 정보에 의한 상태를 저장하는 능력이 있다. 이러한 능력으로 쌍안정 다중 바이브레이터는 디지털 회로에서 중요한 기억(메모리) 소자로 사용되고 있다.

단안정 MV

쌍안정 다중 바이브레이터를 수정하여 하나의 안정된 상태만 가질 수 있도록 한 것을 단안정 다중 바이브레이터라 하며 이는 그림 14-36(a)와 같다. 이 회로의 안정 상태는 Q_1이 OFF이고 Q_2가 ON인 한 가지 밖에는 없다. 즉 외부 트리거에 의해 Q_1이 ON이고 Q_2가 OFF인 상태가 되더라도 일정한 시간이 지나면 다시 Q_1이 OFF이고 Q_2가 ON인 상태로 되돌아 오게 되며 이는 R_{B2}와 결합한 C_2의 충전 작용 때문이다.

그림 14-36(a)에서 Q_1이 OFF이고 Q_2가 ON인 상태에서 트리거 입력을 가하면 재생 작용에 의해 Q_1이 ON이고 Q_2가 OFF인 상태로 전이된다. 그 결과 Q_1과 Q_2에 대한 등가회로는 그림 14-36(b)와 같음을 알 수 있다. 특히 Q_1이 ON이므로 Q_1의 컬렉터는 접지와 같기 때문에 커페시터 C_2의 왼쪽 단자는 접지와 같다. 따라서 Q_2에 대한 등가회로는 그림 14-36(b)에서 보인 바와 같으며 이는 그림 14-32의 (b), (c)와 같은 원리로 동작하게 된다. 커페시터 C_2는 시정수 $\tau = R_{B2}C_2$로써 전압 $+V_{CC}$를 향해 충전되기 시작하며 어느 순간에 C_2의 양단 전압이 다이오드 도통 전압 V_T에 이르면 Q_2는 차단 영역에 서 활성 영역으로 진

▶그림 14-36
단안정 다중 바이브레이터의 (a) 구성; (b) 트리거 펄스가 가해진 직후의 등가 회로.

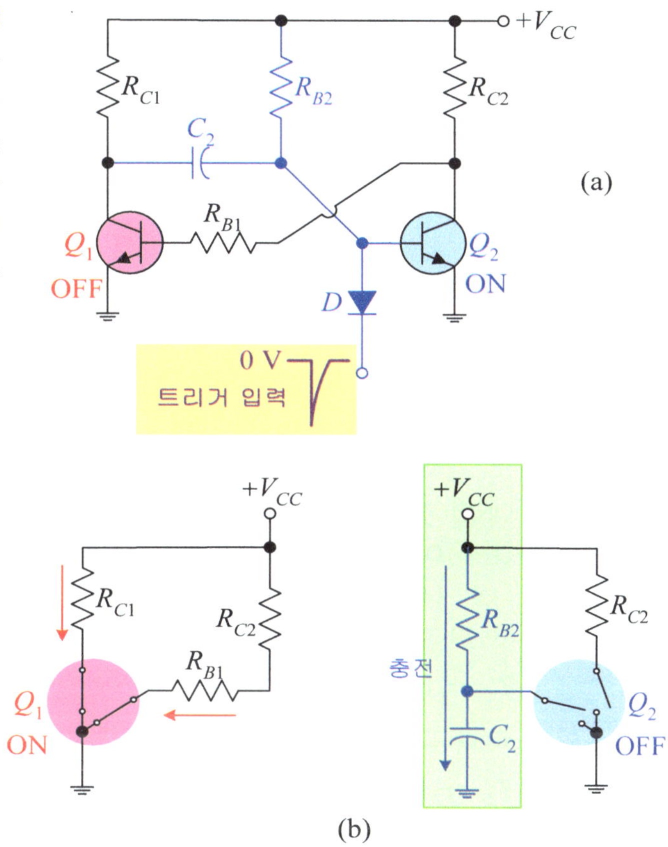

입하게 된다. 따라서 이 후로는 정궤환에 의한 재생 작용이 일어나게 되어 다시 Q_1이 OFF이고 Q_2가 ON인 안정 상태로 복귀하게 되는 것이다. 즉 트리거 입력이 가해진 후 일정한 시간 T가 지나면 안정 상태로 복귀되며 T는 다음과 같이 정해진다.

$$T = \tau \ln 2 = 0.7 R_{B2} C_2 \quad [27]$$

이처럼 단안정 다중 바이브레이터는 일정한 폭 T의 펄스를 형성하는데 유용하며 레이더(radar) 등에 많이 활용된다.

비안정 MV

그림 14-36(a)의 단안정 다중 바이브레이터에서 Q_2뿐 아니라 Q_1의 베이스에도 RC 충전 회로를 연결하게 되면 그림 14-37의 비안정 다중 바이브레이터를 구성할 수 있다. 단안정 다중 바이브레이터의 원리를

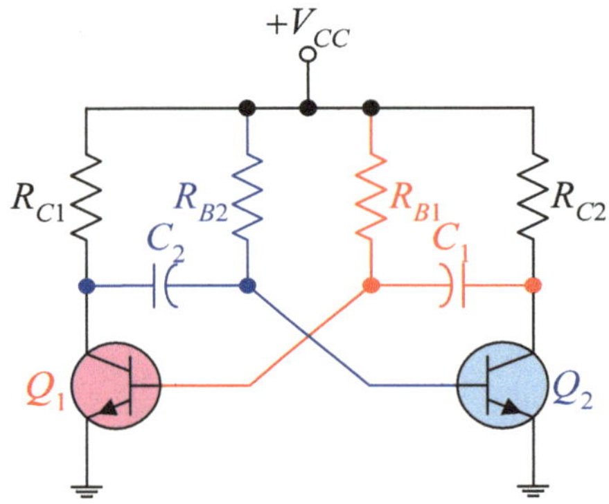

▶그림 14-37
비안정 다중 바이브레이터

확장하면 비안정 다중 바이브레이터는 안정 상태가 하나도 없을 것이라는 것을 예견할 수 있다. 예를 들어 그림 14-37에서 Q_1이 OFF이고 Q_2가 ON인 상태에서의 등가회로는 그림 14-38의 (a)와 같고 Q_1이 ON이고 Q_2가 OFF인 상태에서의 등가회로는 그림 (b)와 같으며 두 경우 모두 그림 14-36(b)와 같은 원리이다. 따라서 식 [27]의 결과를 이용하면 그림 14-38(a)의 경우 상태 전이에 필요한 시간 T_1은

$$T_1 = \tau_1 \ln 2 = 0.7 R_{B1} C_1 \tag{28}$$

이다. 그리고 그림 14-38(b)의 경우 상태 전이에 필요한 시간 T_2는

$$T_2 = \tau_2 \ln 2 = 0.7 R_{B2} C_2 \tag{29}$$

이다. 따라서 그림 14-38의 비안정 다중 바이브레이터에서 그림 (a) 상태에서는 시간 T_1이 경과하면 그림 (b)의 상태로 전이되며 그림 (b)의 상태는 시간 T_2가 지나면 다시 그림 (a)의 상태로 전이된다. 따라서 이와 같은 전이 과정이 끊임 없이 지속되므로 발진 주기 T_o 및 발진 주파수 f_o는 다음과 같이 주어짐을 알 수 있다.

$$\begin{aligned} T_o &= T_1 + T_2 = 0.7(R_{B1}C_1 + R_{B2}C_2) \\ f_o &= \frac{1}{T_o} = \frac{1}{0.7(R_{B1}C_1 + R_{B2}C_2)} \end{aligned} \tag{30}$$

위의 식에서 만일 $R_{B1}=R_{B2}=R$, $C_1=C_2=C$라면 발진 주파수는

$$f_o = \frac{1}{1.4RC} \tag{31}$$

로 주어진다. 비안정 다중 바이브레이터 역시 발진 주파수가 용량 C에 반비례하므로 아날로그 발진기에 비해 주파수 조정이 용이하다.

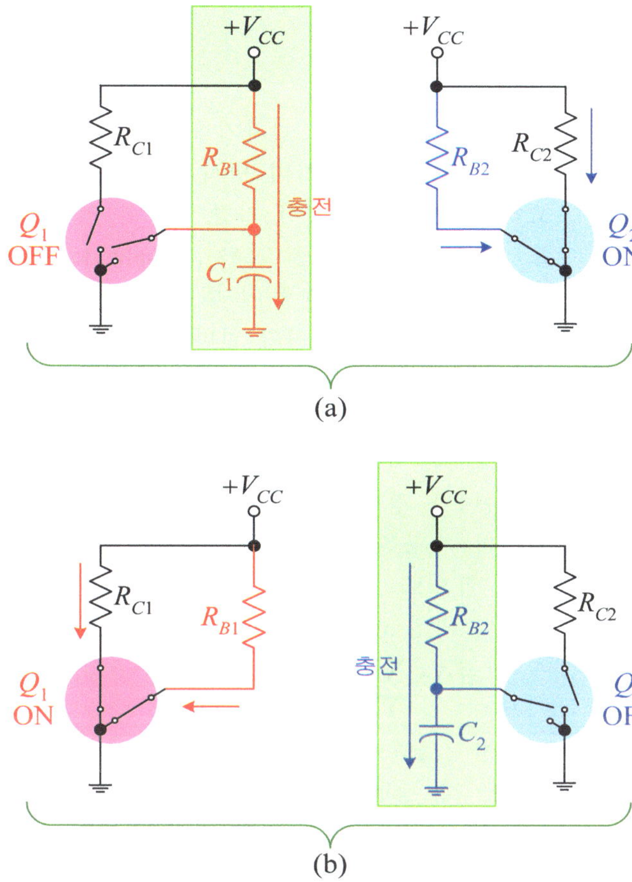

▶그림 14-38
그림 14-37에 대한 등가회로
(a) Q_1 OFF, Q_2 ON;
(a) Q_1 ON, Q_2 OFF;

예제 14-2

그림 14-37의 비안정 다중 바이브레이터에서 소자들이 다음과 같을 때 발진 주파수를 구하라.

$R_{B1}=R_{B2}=10\text{k}\Omega,\ C_1=C_2=0.1\mu\text{F}$

풀이 식 [31]로부터

$$f_o=\frac{1}{1.4RC}=\frac{1}{1.4\times10^4\times10^{-7}}=\mathbf{714\ Hz}$$

14.7 진폭 변조기

전기적인 신호를 전자기파를 통해 공중으로 방사하여 전달하는 것을 무선 통신이라 하며 방사 전에 변조(modulation) 과정이 반드시 필요하다. 변조 과정에서 가장 중요한 역할을 하는 것이 발진기이다. 변조 방식에는 진폭 변조(AM; amplitude modulation), 주파수 변조(FM; frequency modulation) 등이 대표적이며 변조를 이해하기 위해서는 스펙트럼 개념을 이해하여야 한다.

스펙트럼

양측 스펙트럼

자연계에는 수많은 파형들이 존재하지만 가장 관심의 대상이 되는 것 중 하나가 정현파이다. 즉 여러 종류의 정현파들을 적절히 혼합하면 임의의 파형을 만들 수 있기 때문이다. 다시 말해서 모든 파형은 정현파 합으로 표현할 수 있다는 것이며 이를 주파수 분석이라 한다. 임의의 파형 $x(t)$를 다음과 같이 표현할 수 있다고 하자.

$$x(t) = \sum_k a_k \cos(\omega_k t + \theta_k) \tag{32}$$

여기서 $\{\omega_k\}$는 $x(t)$를 이루고 있는 정현파의 주파수 집합이며 $\{a_k\}$ 및 $\{\theta_k\}$는 각 정현파들의 진폭과 위상이다. 여기서 a_k의 분포를 그림 14-39(a)와 같이 주파수 축에 따라 도시한 것을 진폭 스펙트럼(spectrum)이라 하며 θ_k의 변화를 보이는 것을 위상 스펙트럼이라 한다. 그러나 일반적으로 진폭 스펙트럼이 더 중요한 경우가 많으므로 진폭 스펙트럼을 스펙트럼이라 부르는 것이 보통이다. 특히 그림 14-39(a)와 같이 스펙트럼이 주파수 상에서 불연속적이면서 선의 형태인 경우를 선 스펙트럼이라 한다.

그림 14-39의 (a)는 양의 주파수에 대한 스펙트럼만 도시한 것이며 그림 (b)는 주파수 0의 수직축에 대해 대칭이 되도록 하여 음의 주파수 성분까지 보인 것이다. 그림 (a)를 단측 스펙트럼이라 하고 그림 (b)를 양측 스펙트럼이라 한다. 실제로 음의 주파수는 존재하지 않고 다만 수학적인 차원에서만 나타나는 것이다. 그러나 스펙트럼이 이동하게 되면 음의 주파수가 양의 주파수로 실재하게 되며 이는 허수에 허수를 곱하면 실수가 되는 것과 같은 차원이다. 따라서 양측 스펙트럼이 중요하므로 이를 간단히 스펙트럼으로 하기로 한다.

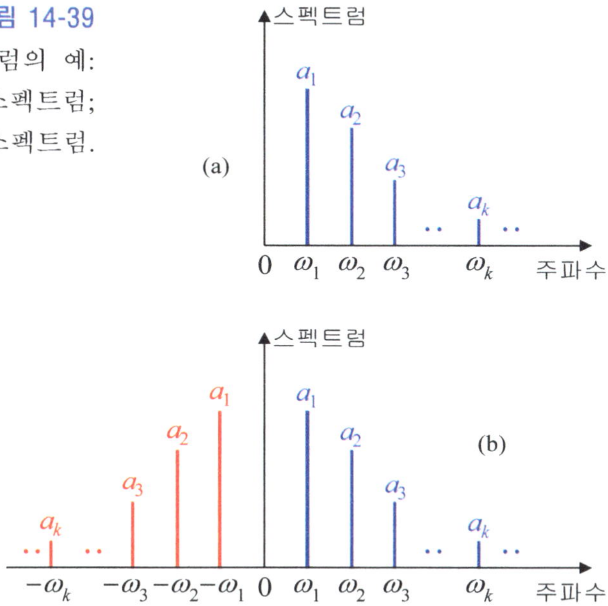

▶그림 14-39
선 스펙트럼의 예: (a) 단측 스펙트럼; (b) 양측 스펙트럼.

스펙트럼의 이동

변조의 핵심은 스펙트럼을 주파수 축상에서 이동시키는 것이다. 가장 간단한 예로 단일 톤인 $x(t)=A\cos\omega_1 t$를 생각해 해보자. 이 파형의 스펙트럼은 그림 14-40에 표시된 바와 같다. $x(t)$에 정현파 $\cos\omega_c t$를 곱한 $x(t)\cos\omega_c t$ (단 $\omega_c >> \omega_1$)는 삼각 함수 정리에 의해 다음과 같아 표현된다.

$$x(t)\cos\omega_c t = A\cos\omega_1 t\cos\omega_c t$$
$$= \frac{1}{2}\cos(\omega_c - \omega_1)t + \frac{1}{2}\cos(\omega_c + \omega_1)t \qquad [33]$$

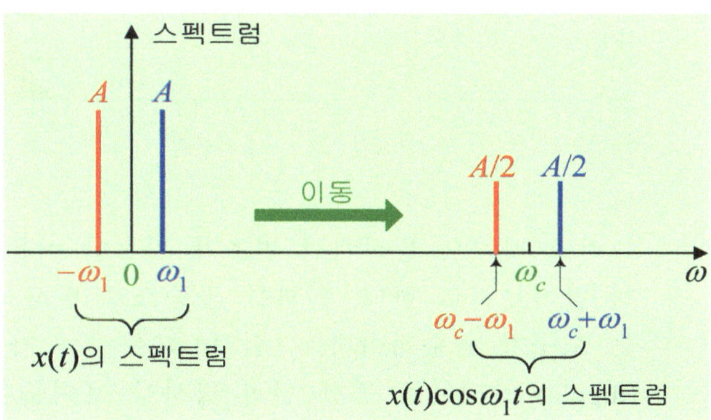

▶그림 14-40
스펙트럼의 이동 원리를 보여주는 예.

따라서 식 [33]의 스펙트럼은 그림 14-40에 표시된 바와 같이 ω_c를 중심로 $\omega_c-\omega_1>0$과 $\omega_c+\omega_1>0$의 두 성분이 대칭적으로 실재함을 알 수 있다. 여기서 $\omega_c+\omega_1$의 성분은 양의 주파수 성분 ω_1이 이동한 것이며 $\omega_c-\omega_1$의 성분은 음의 주파수 성분 $-\omega_1$이 이동한 것이다. 이상으로 임의의 파형에 특정 주파수의 정현파를 곱하면 스펙트럼이 정현파 주파수만큼 이동함을 알 수 있으며 이를 변조 원리라 한다. 물론 그림 14-40에서는 $x(t)\cos\omega_c t$의 단측 스펙트럼만 보인 것뿐이며 음의 주파수 스펙트럼이 대칭적으로 존대한다.

파형의 스펙트럼이 그림 14-41(a)와 같이 주파수축에 대해 연속적이면 연속 스펙트럼이라 한다. 물론 연속 스펙트럼 경우도 그림 14-41(b)와 같이 변조 원리가 그대로 적용된다. 일반적으로 선 스펙트럼에 비해 연속 스펙트럼이 보편적이므로 앞으로는 연속 양측 스펙트럼을 단지 스펙트럼이라 칭하기로 한다. 무선 통신에서 필수적인 스펙트럼 이동, 즉 변조는 정현파에 의해 이루어지며 이로부터 정현파를 발생시키는 발진기의 중요성을 인식할 수 있다.

▸그림 14-41
연속 스펙트럼과 스펙트럼의 이동

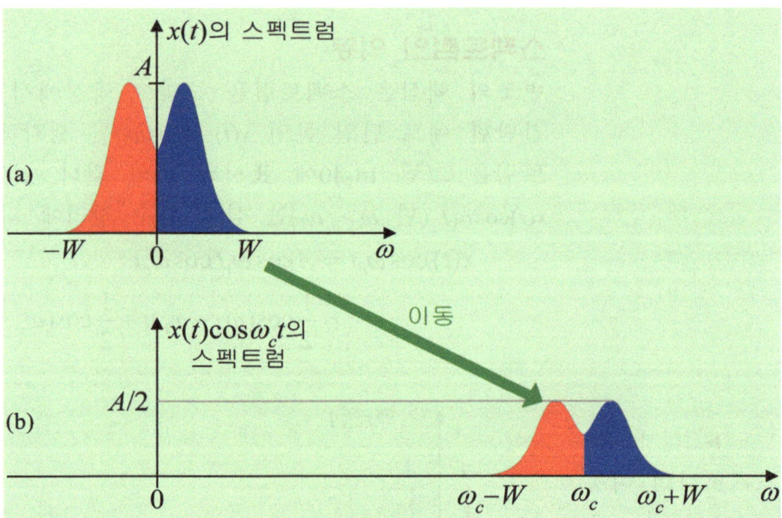

변조의 필요성

그러면 라디오 통신에서 변조가 필요한 이유는 무엇인가에 대해 간단히 알아보기로 한다. 전파를 공중으로 방사시키기 위해서는 안테나라는 도구가 필수적이다. 그림 14-42에서는 가장 간단한 형태인 다이폴(dipole) 안테나를 통한 전파 방사를 보여준다. 다이폴 안테나는 전파

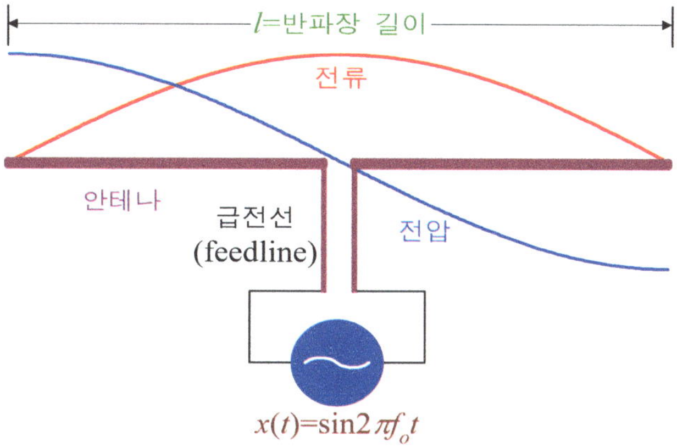

▶그림 14-42 다이폴 안테나를 통한 전파의 전파.

하고자 하는 전파의 반파장 정도의 길이에서 가장 효율적으로 방사할 수 있다. 그리고 대부분의 안테나 역시 그 길이가 전파의 파장 수준이다. 따라서 전파의 주파수가 낮을수록 안테나의 길이는 비례하여 증가하게 된다. 예를 들어 주파수 f_o=1 kHz의 정현파를 다이폴 안테나로 전파하고자 하면 요구되는 안테나 길이 l은(c는 광속)

$$l = \frac{\lambda_o}{2} = \frac{c}{2f_o} = \frac{3\times10^8}{2000} = 150\text{ km}$$

로서 현실 불가능한 길이이다. 따라서 신호의 스펙트럼을 변조에 의해 높은 주파수 대역으로 이동시켜 전송하면 안테나 길이가 현실적인 수준이 될 수 있다. 예를 들어 f_o=1 kHz의 정현파에 f_c=1 MHz의 정현파를 곱하면 스펙트럼은 f_1=1 MHz−1 kHz=999 kHz와 f_2=1 MHz+1 kHz=1001 kHz의 두 성분이 생기며 각 주파수에 대한 안테나 길이는 다음과 같이 현실적인 크기가 된다.

$$l_1 = \frac{c}{2f_1} = \frac{3\times10^8}{2(999\times10^3)} \cong 150\text{ m}$$
$$l_2 = \frac{c}{2f_2} = \frac{3\times10^8}{2(1001\times10^3)} \cong 150\text{ m}$$

전송하고자 하는 $x(t)$를 변조 신호라 하고 $x(t)$에 곱하는 $\cos\omega_c t$를 반송파(carrier)라 한다. 그리고 $x(t)\cos\omega_c t$를 피변조 신호라 한다. 피변조 신호의 스펙트럼은 ω_c를 중심으로 높은 주파수에 위치하며 이 주파수

대역을 RF(radio frequency) 대역이라 한다

변조의 또 다른 필요성은 채널 분리, 즉 다중 통신에 있으며 그림 14-43이 이를 보여준다. 모든 무선 통신은 공중이라는 단 하나의 전송 매체를 이용하므로 모든 전파들이 시간상에서 합해져 분리할 수 없게 될 수 있다. 이를 막기 위해 그림에서 보듯이 각 국(station)의 전송 신호를 서로 다른 반송파로 곱함으로써 주파수 영역상에서 서로 분리되도록 할 수 있으며 이를 주파수-분할 다중 통신이라 한다. 현재 주파수-분할 다중화는 AM과 FM에 사용되고 있다.

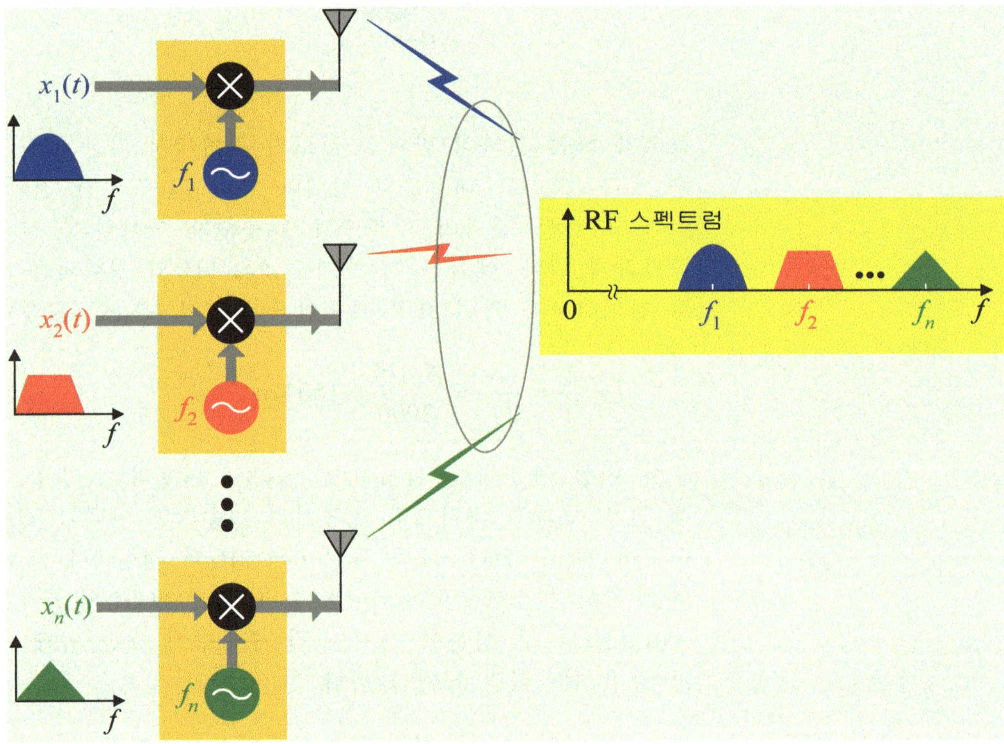

▲그림 14-43 주파수-분할 다중 통신 방식

진폭 변조기

진폭 변조에서는 변조 신호 $x(t)$를 반송파 $\cos\omega_c t$와 곱하기 전에 항상 $x(t)+K>0$이 되도록 $x(t)$에 일정한 직류 K를 더한 다음 반송파를 곱한다. 즉 AM에서의 피변조 신호를 $\phi_{AM}(t)$라 하면 다음과 같다.

$$\phi_{AM}(t) = (x(t)+K)\cos\omega_c t \quad [34]$$

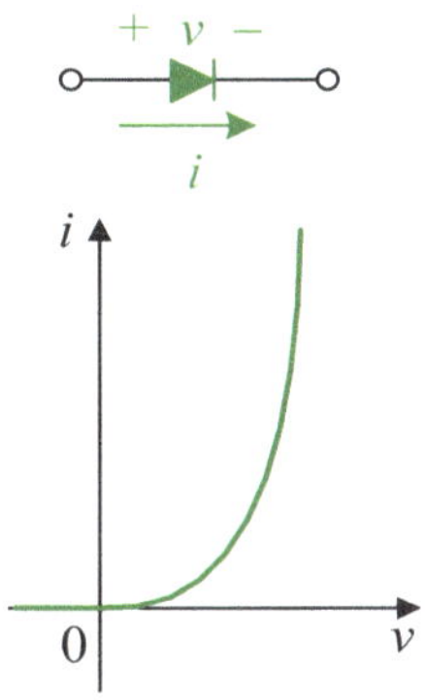

▲그림 14-44
다이오드의 비선형성

이 이유는 수신기에서의 복조(demodulation)를 간편하게 하기 위함이며 이에 대해서는 뒤에서 설명한다. 진폭 변조에서 필요한 것은 곱셈기이며 곱셈기는 집적 회로 형태로 제공되므로 단가가 비싸다. 따라서 실제 AM 변조기에서는 더하기를 이용하여 곱하기 효과를 얻을 수 있는 혼합기(mixer)라는 간단한 회로를 이용한다.

혼합기의 원리는 비선형 소자를 이용하는데 있으며 가장 대표적인 비선형 소자가 그림 14-44의 다이오드이다. 즉 다이오드는 전압과 전류의 관계가 직선적이지 않고 지수적인 비선형성이 있다. 다이오드 비선형적인 전압-전류 특성을 테일러 급수 전개로 전개할 수 있으며

$$i = a_0 + a_1 v + a_2 v^2 + \cdots \qquad [35]$$

이다(a_i는 모두 상수). 그리고 해석의 편의를 위해 자승 항 이상은 무시하기로 한다. 여기서 다이오드 전압을 $v(t)=x(t)+\cos\omega_c t$로 하면 전류는 다음과 같이 표현된다.

$$\begin{aligned} i(t) &= a_0 + a_1(x(t)+\cos\omega_c t) + a_2(x(t)+\cos\omega_c t)^2 \\ &= a_0 + a_1 x(t) + a_2 x^2(t) + (2a_2 x(t) + a_1)\cos\omega_c t + a_2 \cos\omega_c^2 t \end{aligned} \qquad [36]$$

위의 식에서 $\cos\omega_c^2 t=0.5+0.5\cos 2\omega_c t$의 관계를 이용하여 정리하면 다음과 같이 세 성분의 합으로 표현된다.

$$\begin{aligned} i(t) &= \underbrace{a_0 + 0.5a_2 + a_1 x(t) + a_2 x^2(t)}_{\text{중심주파수}=0} \\ &\quad + \underbrace{[2a_2 x(t) + a_1]\cos\omega_c t}_{\text{중심주파수}=\omega_c} \\ &\quad + \underbrace{0.5a_2 \cos 2\omega_c t}_{\text{중심주파수}=2\omega_c} \end{aligned} \qquad [37]$$

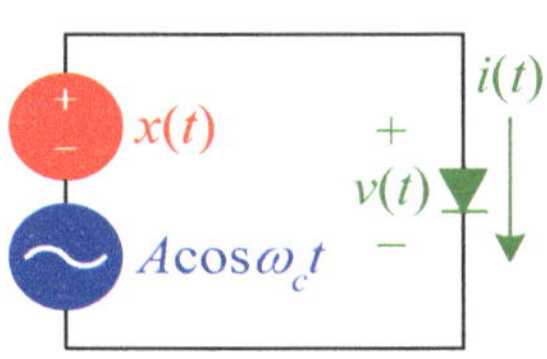

▲그림 14-45
다이오드 혼합기

그 결과 세 성분들은 서로 다른 대역에 자리잡게 되므로 스펙트럼이 서로 분리된다. 따라서 전류를 중심 주파수가 ω_c인 대역통과 필터를 통과시키면 원하는 성분 $[2a_2x(t)+a_1]\cos\omega_c t$만 추출할 수 있으며 이는 바로 식 [34]의 AM 신호에 해당한다(AM에서의 피변조 신호는 간단히 AM 신호로 부르기로 한다). 이상의 원리를 이용한 혼합기가 그림 14-45이며 $v(t)=x(t)+A\cos\omega_c t$이다. 그러나 그림 14-45의 문제점은 다이오드 전류를 감지하여 필터링하기 위해 외부 단자를 접속하기 어렵다는 것이다. 다이오드 대신 트랜지스터를 사용하면 이 문제를 해결할 수 있을 뿐 아니라 증폭 기능도 겸할 수 있으며 이에 대해 알아본다.

타려(他勵) 헤테로다인 방식

혼합기는 서로 다른 두 주파수를 곱하며 이러한 기능을 헤테로다인(heterodyne)이라 한다. 그림 14-46의 (a)는 트랜지스터 혼합기의 기본 회로이며 발진기는 외부로부터 공급된다. 그림 (b)는 (a)의 등가회로이며 베이스-이미터 루프는 그림 14-45와 같다. 즉 베이스-이미터 다이오드의 양단 전압이 $v_{BE}=x(t)+A\cos\omega_c t$이다. 따라서 베이스 전류 i_B는 식 [37]과 같으며 이를 증폭한 βi_C가 컬렉터 전류로 나타난다. 그리고

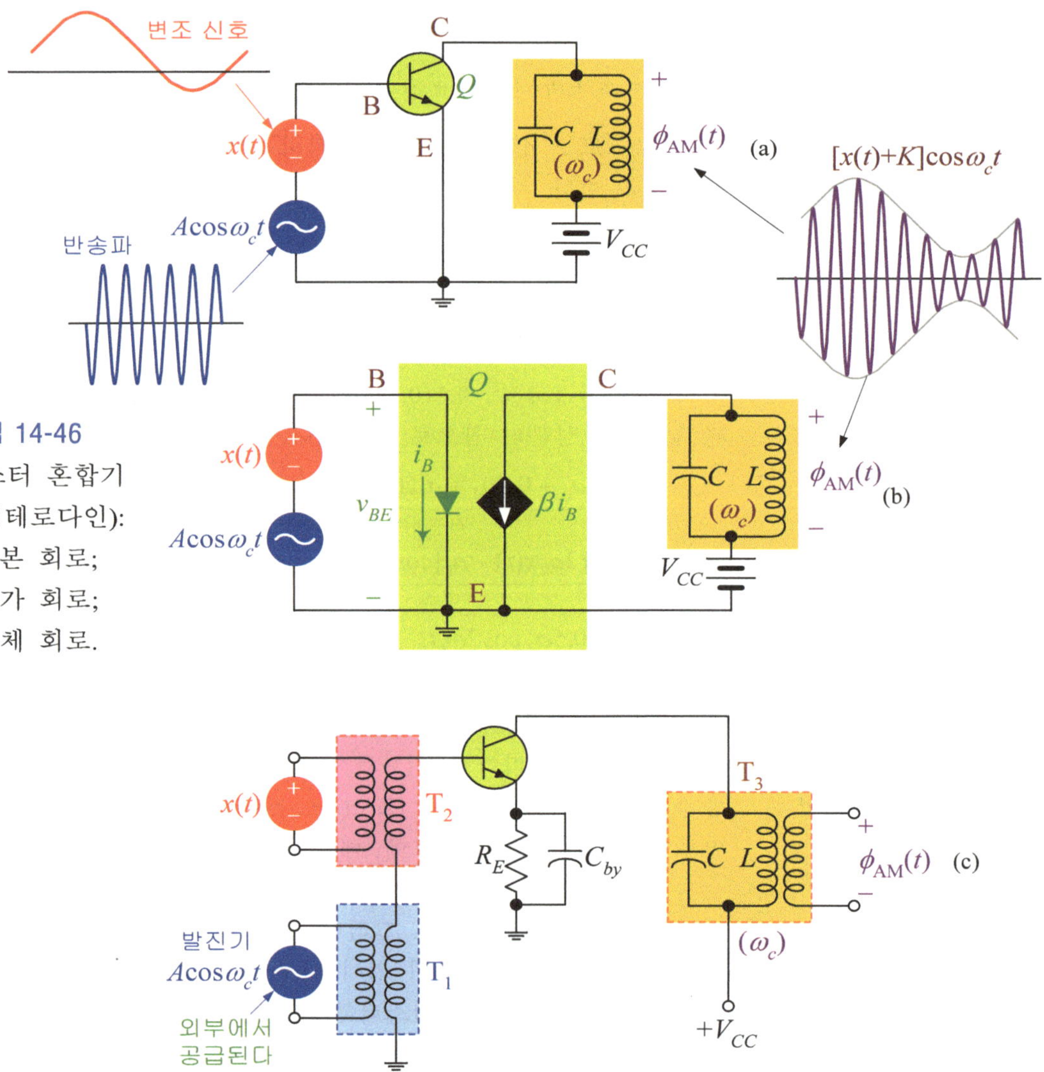

▶그림 14-46
트랜지스터 혼합기 (타려 헤테로다인):
(a) 기본 회로;
(b) 등가 회로;
(c) 전체 회로.

컬렉터에 설치된 LC 공진 회로는 중심 주파수가 ω_c인 대역통과 필터 역할을 한다. 따라서 컬렉터 전류가 LC 공진 회로를 통과하면서 식 [37]의 두 번째 성분, 즉 $[x(t)+K]\cos\omega_c t$만 전압으로 나타나며 나머지 전류 성분에 대한 전압은 거의 없어진다. 즉 LC 공진 회로의 양단 전압 $\phi_{AM}(t)$는 식 [34]에 비례하게 된다. 그림 14-46의 (c)는 (a)에 대한 전체 회로이며 발진기 출력은 변압기 T_1을 통해, 변조 신호는 변압기 T_2를 통해 혼합기에 주입된다. 특히 그림 (c)와 같이 반송파가 외부의 발진기로부터 공급되는 방식을 타려 헤테로다인 방식이라 한다.

그림 14-47은 또 다른 타려 헤테로다인 구성이다. 그림 (a)에서 변조 신호 $x(t)$는 혼합기의 베이스로 입력되고 발진기 출력은 혼합기의 이미터로 각각 주입되며 $v_{BE}=x(t)-A\cos\omega_c t$이다. 그 밖의 동작 원리는 그림 14-46(a)와 같다. 그림 14-47(b)는 그림 (a)의 전체 회로이다. 변조 신호는 변압기 T_2를 통해 베이스로 입력되며 발진기 출력은 결합 커페시터를 통해 이미터 저항 R_E 양단에 인가된다. 그리고 T_3는 중심 주파수가 ω_c인 대역통과 필터이며 양단 전압은 AM 신호이다.

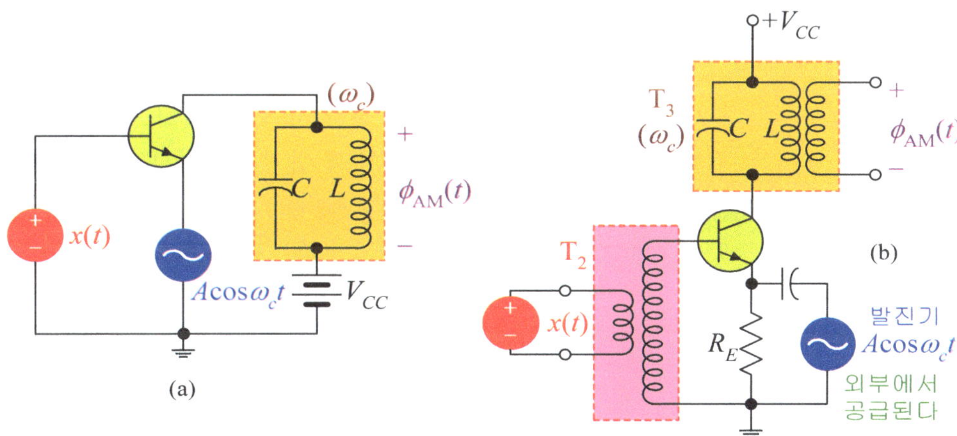

▲그림 14-47 베이스에 변조 신호를 입력하고 이미터에 반송파를 주입시키는 타려 헤테로다인 방식: (a) 기본 회로; (b) 전체 회로.

그림 14-48은 혼합기의 이미터에 변조 신호와 반송파를 주입시키는 방식으로 $v_{BE}=-[x(t)+A\cos\omega_c t]$이다. 그 밖의 동작 원리는 앞서 설명한 회로들과 같으며 그림 (b)는 전체 회로의 구성을 보여준다.

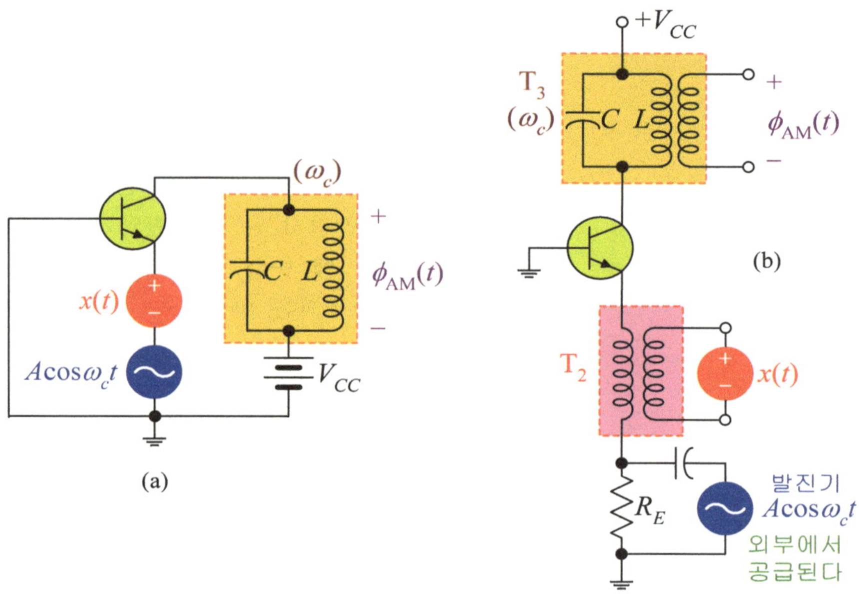

▶그림 14-48
이미터에 변조 신호와 반송파를 주입시키는 타려 헤테로다인 방식:
(a) 기본 회로;
(b) 전체 회로.

자려(自勵) 헤테로다인 방식

타려 헤테로다인 방식은 발진기와 혼합기를 각기 다른 트랜지스터로 구성하여 결합한다. 이에 비해 한 개의 트랜지스터로써 발진기와 혼합기를 겸하도록 구성하는 방식을 자려 헤테로다인이라 한다. 그림 14-49의 (a)는 베이스 동조 발진기(그림 14-7(b) 참조)의 베이스에 변조 신호 $x(t)$를 주입시킨다. 따라서 $x(t)$는 발진기 탱크 회로 T_1의 반송파와 직렬로 결합되어 베이스-이미터 다이오드 양단 전압으로 인가되므로 발진기의 트랜지스터는 혼합기 역할을 겸하게 된다. 따라서 트랜

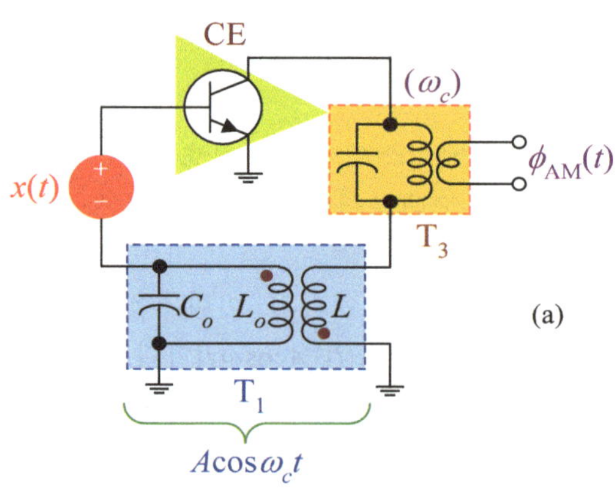

▶그림 14-49
베이스 동조 발진기로 구성한 자려 헤테로다인 혼합기:
(a) 기본 회로;
(b) 전체 회로.

▶그림 14-49
(계속)

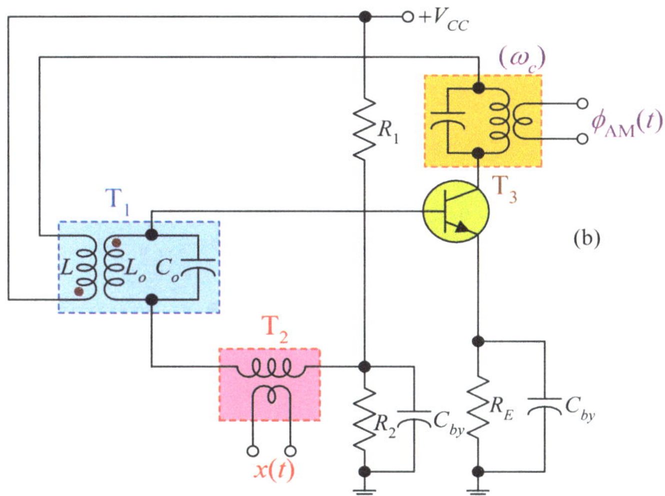

(b)

지스터의 컬렉터 전류는 식 [37]과 같은 형태가 되며 $[x(t)+K]\cos\omega_c t$ 성분만 컬렉터에 설치된 대역통과 필터 T_3에 의해 선택된다. 그림 14-49(b)는 그림 (a)의 전체 회로이며 이는 그림 14-9(a)의 베이스 동조 발진기에 변압기 T_2와 대역통과 필터 T_3를 결합한 것이다.

그림 14-50(a)는 이미터 동조 발진기(그림 14-7(c))의 베이스에 변조 신호 $x(t)$를 주입시키며 이는 발진기의 반송파와 직렬로 결합되어 베이스-이미터 다이오드 양단 전압으로 인가된다. 따라서 트랜지스터는 발진기와 혼합기 역할을 겸하게 되며 동작 원리는 그림 14-49(a)와 같

▶그림 14-50
이미터 동조 발진기로 구성한 자려 헤테로다인 혼합기:
(a) 기본 회로;
(b) 전체 회로.

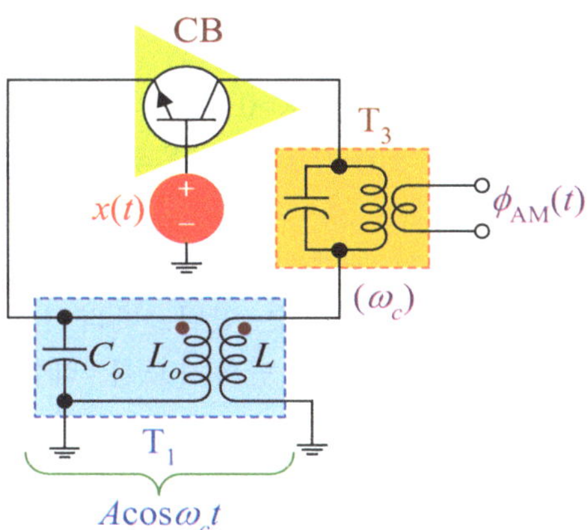

(a)

▶그림 14-50
(계속)

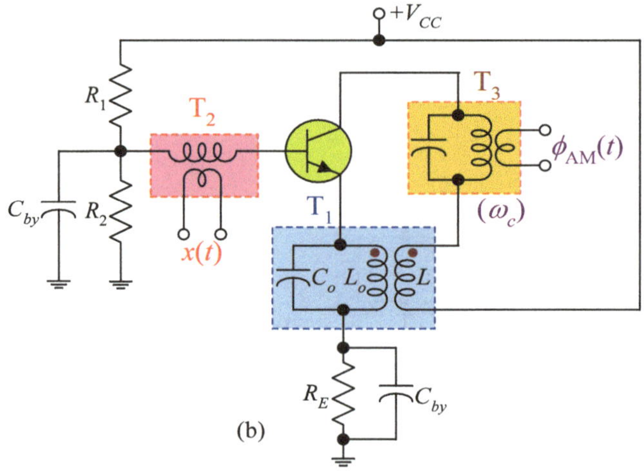

(b)

다. 그림 14-50의 (b)는 (a)에 대한 전체 회로이며 이는 그림 14-9(b)의 회로에 변압기 T_2와 대역통과 필터 T_3를 결합한 것이다.

포락선 검파기

변조 신호에 직류를 더해 항상 0보다 크게 하여 변조하는 이유는 수신기에서 포락선 검파기라는 매우 간단한 복조기를 구현할 수 있기 때문이다. 여기서 복조(demodulation)란 피변조 신호 $[x(t)+K]\cos\omega_c t$로부터 변조 신호 $x(t)$를 찾아내는 기능을 말하며 복조를 검파(檢波)라 하기도 한다.

AM 신호 $\phi_{AM}(t)=[x(t)+K]\cos\omega_c t$에서 $x(t)+K$를 포락선(envelope)이라 한다. 즉 AM 신호의 포락선에 원하는 정보인 $x(t)$가 포함되어 있으므로 포락선만 검출하면 복조가 이루어지는 것이다. 그림 14-51은 $x(t)$와 K의 관계에 따른 포락선의 변화를 보여준다. 먼저 그림 (a)의 경우는 K가 충분히 커 항상 $x(t)+K>0$을 만족하는 경우의 포락선을 보여준다. 그리고 그림 (b)는 $x(t)+K\geq 0$인 경우의 포락선이다. 이 두 경우는 포락선에 $x(t)$가 왜곡없이 포함되어 있다. 그러나 그림 (c)는 K가 충분히 크지 않아 $x(t)+K<$인 경우가 생기는 것으로 $x(t)+K<0$인 부분의 포락선은 180도 반전되됨을 알 수 있다. 따라서 포락선 검파기를 이용하기 위해서는 항상 $x(t)+K>0$을 만족하도록 직류를 삽입하여야 한다. 물론 이 경우는 AM 신호 $[x(t)+K]\cos\omega_c t$가

$$\phi_{AM}(t) = x(t)\cos\omega_c t + K\cos\omega_c t \quad [38]$$

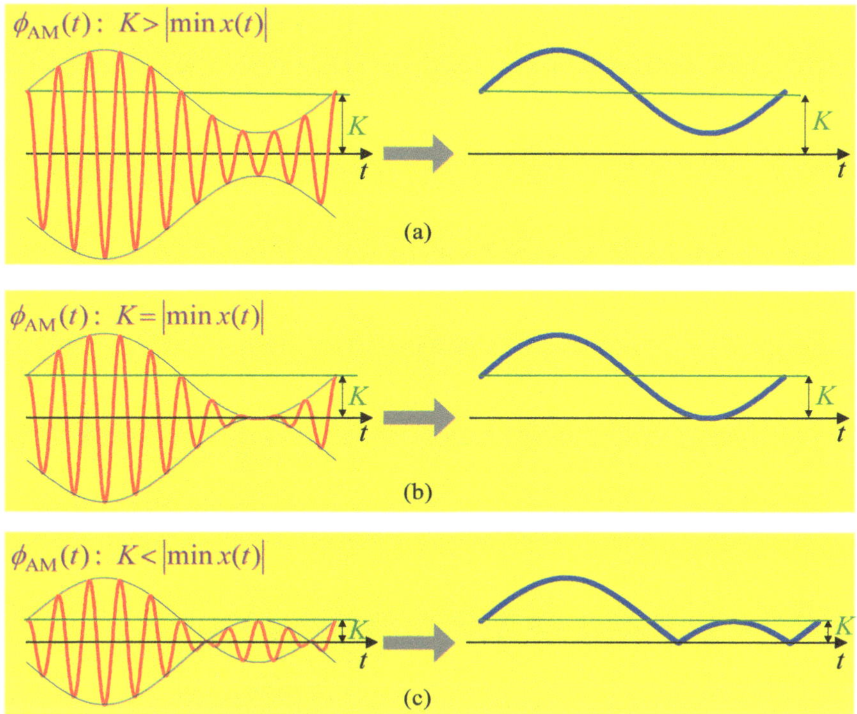

▶그림 14-51
AM 신호의 포락선

이므로 우변 두 번째 항과 같이 반송파가 별도로 첨부되는 것과 같다. 그러나 실제로 반송파에는 정보 $x(t)$가 포함되지 않으므로 전력 낭비를 초래하는 결과가 된다. 다만 그 대가로 수신기의 검파가 간단해지는 것이다.

수신기의 첫번째 과정은 그림 14-52와 같이 동조 증폭기(그림 12-28 참조)를 통해 원하는 채널의 스펙트럼을 선택하는 일이다. 공진 회로의 주파수는 다이얼을 이용해 용량성 소자를 조정하여 이루어지며 이를 동조(tuning)라 한다. 참고로 AM 방식에서는 RF 대역이 540 kHz에서 1600 kHz 사이로 할당되어 있으며 각 채널의 대역폭은 10 kHz로 제한하고 있다.

그림 14-52의 선택된 AM 신호 $\phi_{AM}(t)$는 그림 14-53과 같이 포락선 검파기를 거쳐 복조된다. 그림 14-53의 (a)는 포락선 검파기로 그림 10-13을 통해 설명한 반파 정류기이다. 반파 정류기는 그 구조가 매우 간단하며 동작 원리는 그림 10-14와 같다.

▶그림 14-52
수신기의 동조 작업

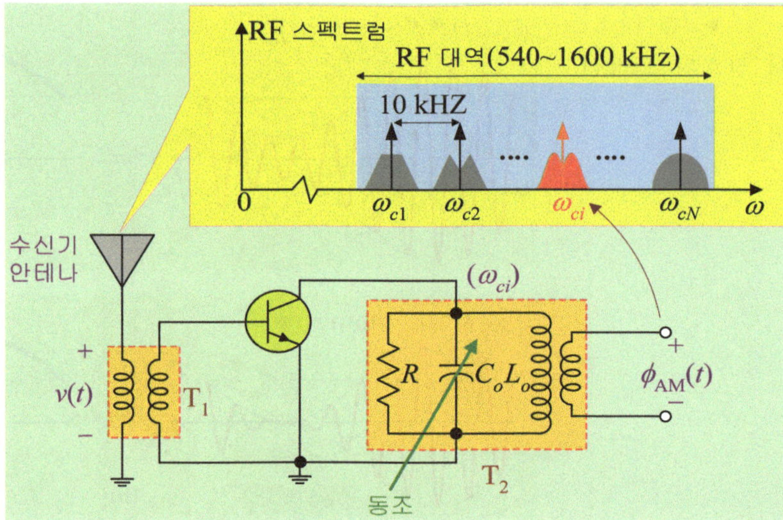

▶그림 14-53
(a) 포락선 검파기;
(b)~(d) 각 부의 파형.

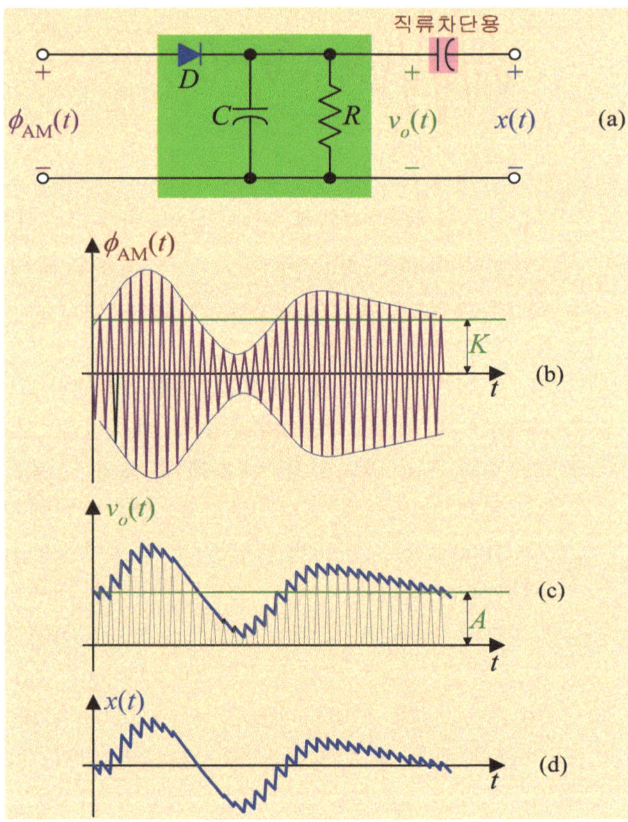

송신기에서 전송된 전파는 그림 14-54와 같이 여러 방향으로 반사되어 수신기로 입사되며 이를 다중 경로(multipath) 반사라 한다. 다중 경로 반사에 의해 여러 개의 전파가 위상이 합해지도록 간섭을 일으키면 전파의 세기가 강해지며 반대로 위상이 반대가 되도록 합해지면 전파의 세기는 약해진다. 이러한 간섭 효과는 시간에 따라 변하며 예측할 수 없다. 따라서 수신기에서는 자동이득 제어(AGC; automatic gain control)를 이용하여 전파의 세기를 안정시킨다.

▶그림 14-54
다중 경로 반사

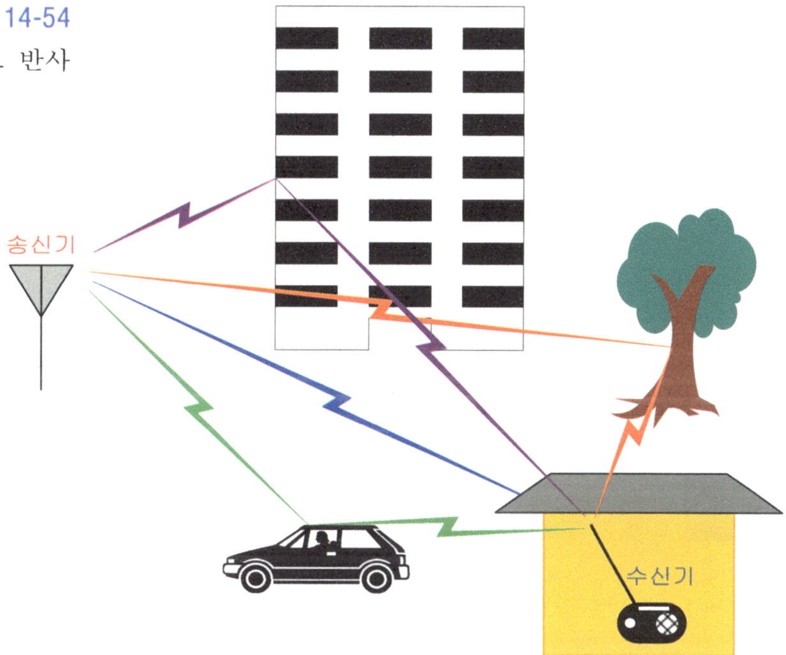

그림 14-55는 AGC를 채용한 포락선 검파기의 전체적인 동작 원리를 보여준다. AM 신호 $\phi_{AM}(t)=[x(t)+K]\cos\omega_c t$에서 다중 경로 반사가 없다면 변하지 않을 것이 포락선의 직류 성분인 K이다. 따라서 포락선 검파기에서 포락선의 직류 성분 K만 추출하여 이를 일정하게 유지되도록 궤환을 걸어주면 수신된 전파의 세기는 안정되게 유지되는 것이다. 이것이 AM 수신기의 AGC 원리이다. 그림 14-55에서 포락선 검파기 출력인 (C)로부터 저역통과 필터(R_{LP}, C_{LP})를 거쳐 직류 성분 K만 추출한 것이 (E)이다. 이 전압은 증폭기의 이득 A에 부궤환을 가하여 증폭기 이득을 변화시킨다. 즉 K가 크면 이득 A를 줄이고 K가 작으면

▶그림 14-55 AM 수신기의 AGC 원리

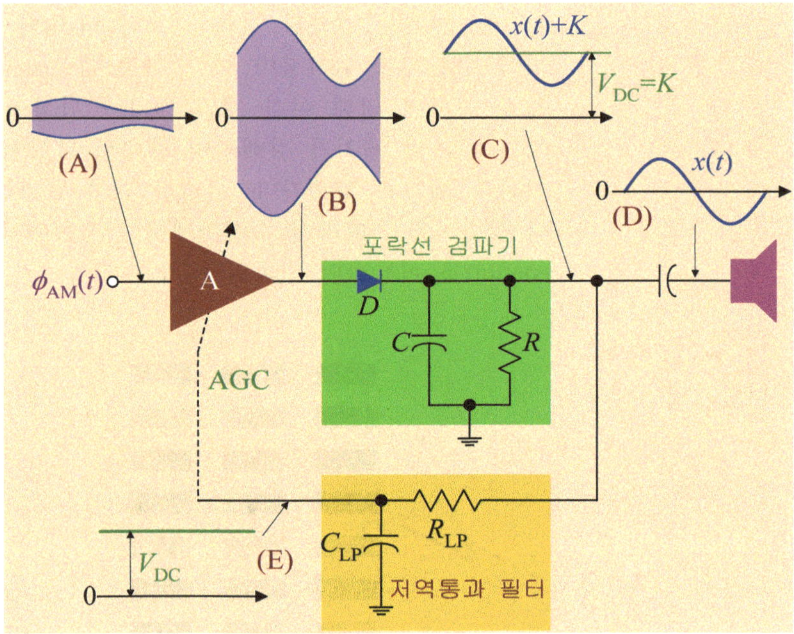

이득 A를 늘임으로써 항상 일정한 K가 유지되도록 하는 것이다. 만일 AGC 작용이 없다면 수신기 출력은 매우 듣기 거북할 것이다.

14.8 주파수 변조기

주파수 변조(FM)은 AM과 더불어 아날로그 통신의 대명사이다. 특히 FM은 잡음에 대한 내구성이 강해 AM에 비해 월등한 음질을 누릴 수 있으므로 가장 대중적인 통신 방식으로 군림하고 있다. AM에서는 변조 신호 $x(t)$로 반송파 $\cos\omega_c t$의 진폭을 변조시키고 반송 주파수 ω_c는 일정하게 한다. 이에 비해 FM에서는 반송파의 진폭을 일정하게 하고 주파수를 변조 신호 $x(t)$로 변조시킨다. 즉 FM 신호는

$$\phi_{FM}(t) = \cos\left[\omega_c t + k_f \int_{-\infty}^{t} x(\tau)d\tau\right] \quad [39]$$

이며 순시 주파수 ω_i는 다음과 같다.

$$\omega_i(t) = \omega_c + k_f x(t) \quad [40]$$

위의 식에서 k_f는 상수이다. AM과 FM의 가장 큰 차이는 피변조 신호

의 스펙트럼이며 그림 14-56이 한 예를 보여준다. AM의 경우는 변조 후 스펙트럼의 형태가 그대로 유지되면서 위치만 이동한다. 그러나 FM의 경우는 스펙트럼의 위치가 변할 뿐 아니라 형태가 완전히 달라진다. 그리고 변조 전의 스펙트럼과 후의 스펙트럼 사이의 관계를 수식적으로 정확히 표현하는 것이 거의 불가능하며 다만 변조후의 대역폭에 대한 근사적인 식이 있을 뿐이다. 이러한 복잡한 이론들은 이 책의 범주를 벗어나므로 생략한다. 종종 AM 방식은 선형 변조라 하고 FM 방식은 비선형 변조라 한다. FM 방식은 주파수를 변조한다는 원리에 의해 진폭을 변조하는 AM보다 잡음에 대한 내구성이 강한 것이 큰 장점이다. 그러나 변조 후의 대역폭은 AM에 비해 수십배에 달한다.

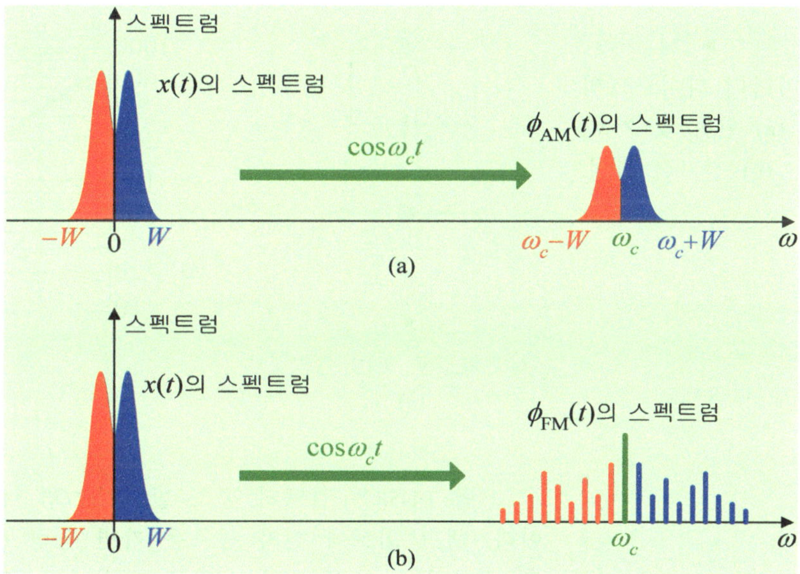

▸그림 14-56 변조 전과 후의 스펙트럼 관계: (a) 진폭 변조(AM); (b) 주파수 변조(FM).

주파수 변조기

주파수 변조기의 핵심은 식 [40]과 같이 발진기의 발진 주파수 ω_i가 전압에 의해 제어되어야 한다는 것이며 이를 전압-제어 발진기라 한다. 전압-제어 발진기는 간단히 VCO(voltage-controlled oscillator)로 부르며 전자 회로에서 대단히 중요한 역할을 담당한다. 발진기의 주파수를 전압으로 제어하기 위해서는 전압에 의해 리액턴스가 가변될 수 있는 소자가 필요하며 가장 대표적인 것이 바락터(varactor) 다이오드이다. 바락터 다이오드는 다이오드의 결핍층에 형성되는 부유 용량을 이용하는 것으로 그림 14-57이 이를 설명한다. *PN* 접합 다이오드의 결핍층에는 부유 용량이 생김을 13장에서 설명한 바 있다. 부유 용량이 형성되는 접합부의 폭은 다이오드에 가해지는 바이어스의 크기와 방향에 따라 변하며 이것이 곧 부유 용량의 변동으로 이어진다. 즉 그림 14-57(a)와 같이 다이오드에 역방향 바이어스 전압 V_R을 가해주고 V_R을 변화시키면 용량이 변하게 된다. 다이오드를 가변 용량으로 사용할 때 바락터 다이오드라 하며 그 기호는 그림 (a)에 표시된 바와 같다. 그리고 전압에 의해 용량이 변하는 것을 전자 동조용 가변 용량이라 하며 그림 (a)에 표시된 커패시터 기호로 표시한다. 그리고 그림 (b)는 바락터 다이오드의 역방향 바이어스 전압 V_R에 따른 용량의 변화를 예로 보여주고 있다.

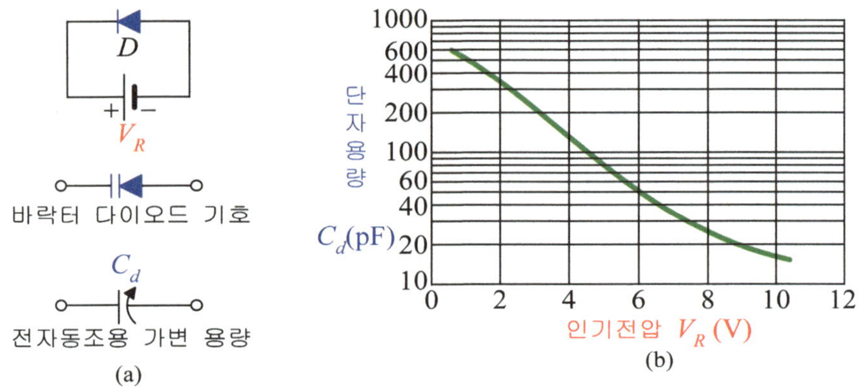

▶그림 14-57
바락터 다이오드의
(a) 원리 및 기호;
(b) 전기적 특성.

그림 14-58은 컬렉터 동조 발진기(그림 14-8(a))를 VCO로 사용한 예이다. 탱크 회로에 전자 동조용 가변 용량 C_d를 고정 용량 C_o와 직렬로 결합하여 전체 등가 용량을 가변시켜 준다. 물론 C_d 양단에 변조 전압 $x(t)$를 인가하여 C_d를 가변시킨다. 그림 14-58에서 해석을 간단히 하기 위해 $C_o \gg C_d$로 가정하고 가변 용량 C_d는

$$C_d = C_D - \Delta C x(t) \tag{41}$$

로 한다. 그러면 발진기의 순시 주파수 ω_i는 다음과 같이 주어진다.

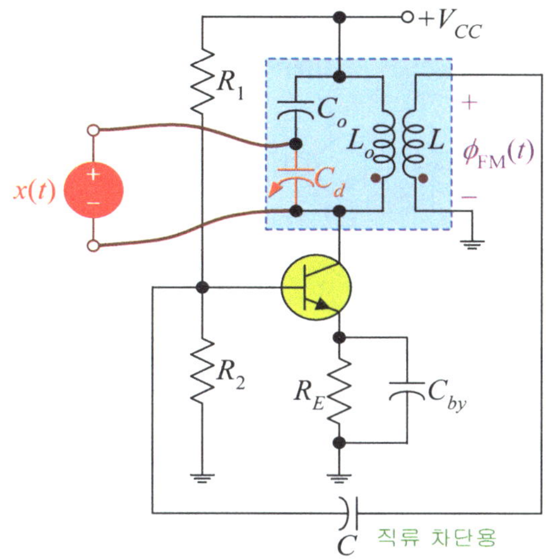

►그림 14-58
컬렉터 동조형 VCO

$$\omega_i = \frac{1}{\sqrt{L_o C_D\left(1-\dfrac{\Delta C}{C_D}x(t)\right)}} \tag{41}$$

위의 식에서 $\Delta Cx(t)/C_D \ll 1$로 하면 $(1+x)n \cong nx$, $x \ll 1$의 근사식에 의해 다음과 같이 근사화할 수 있다.

$$\omega_i \cong \frac{1}{\sqrt{L_o C_D}}\left(1+\frac{\Delta C}{2C_D}x(t)\right) = \omega_o\left(1+\frac{\Delta C}{2C_D}x(t)\right) \tag{42}$$

단 $\omega_o=(L_oC_D)^{-1/2}$이며 이는 $x(t)=0$일 때의 발진 주파수이므로 자주(自走) 발진 주파수라 한다. 이상으로 식 [42]는 다음과 같이 표현할 수 있다.

$$\omega_i \cong \omega_o + k_f x(t) \qquad \left(k_f \equiv \frac{\omega_o \Delta C}{2C_D}\right) \tag{43}$$

즉 그림 14-58은 주파수 변조기로 동작한다.

그림 14-59는 이미터-공통 하틀리 발진기(그림 14-17 참조)를 VCO로 구현한 것이며 가변 용량 역할을 하는 콘덴서 마이크로폰을 이용하고 있다. 콘덴서 마이크로폰은 입력 $x(t)$에 따라 자체의 용량 C_M이 변하므로 그림 14-59 역시 식 [43]과 같은 효과를 얻을 수 있다. 그리고 그림 14-60은 클랩 발진기로 구성한 VCO의 예이다(그림 14-21 참조).

▶그림 14-59
콘덴서 마이크로폰을 가변 용량으로 삼은 하틀리 형 VCO

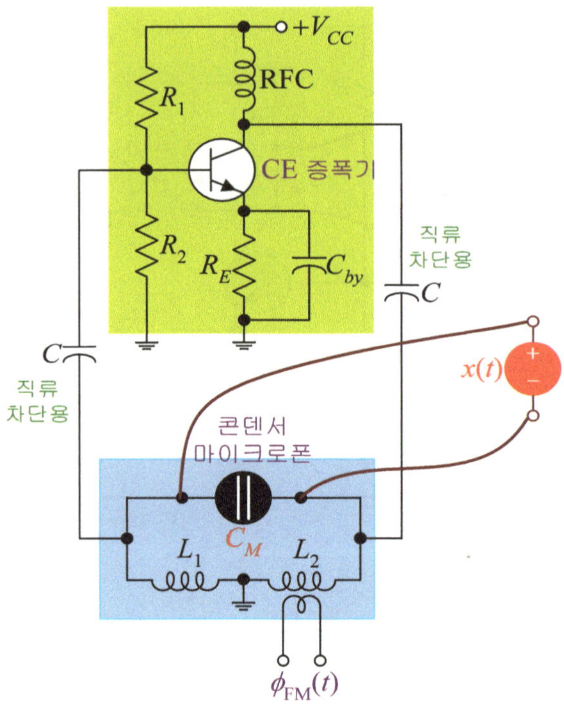

▶그림 14-60
클랩 발진기 형 VCO

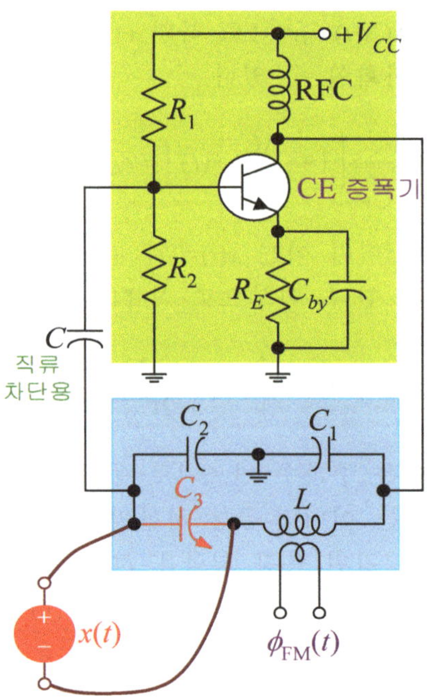

위상동기 루프

VCO는 위상동기 루프(PLL; phase-locked loop)라는 매우 중요한 장치에도 필수적으로 사용된다. PLL의 구조는 그림 14-61과 같으며 VCO의 출력 $\phi_o(t)$는 입력 $\phi_i(t)$와 위상이 동기되도록 궤환 루프에 의해 조절된다. 즉 $\phi_i(t)$의 위상 $\theta_i(t)$가 변하면 $\phi_o(t)$의 위상 $\theta_o(t)$도 $\theta_i(t)$를 추종하여 종국에는 $\Delta\theta=\theta_i(t)-\theta_o(t)=0$이 되도록 하며 동기된다. 물론 동기되는 데 시간이 필요하며 그 정도는 PLL의 성능에 달렸다. 위상 검출기는 입력과 VCO 출력간의 위상차 $\Delta\theta=\theta_i(t)-\theta_o(t)$를 검출하여 이에 비례하는 전압을 발생시킨다(비례 상수는 K_Φ). 위상 검출기의 출력은 저역통과 특성인 루프 필터 $H(\omega)$를 거치며 이는 위상 검출 과정에서 생길 수 있는 불필요한 고주파 성분을 제거한다. 따라서 루프 필터의 출력은

$$v_o(t) = K_\Phi(\theta_i - \theta_o) = K_\Phi \Delta\theta \qquad [44]$$

이다. 필터 출력 전압 $v_o(t)$는 궤환 경로를 통해 VCO의 입력 전압으로 궤환되며 이 전압에 의해 VCO의 출력 주파수가 제어된다. 먼저 VCO의 위상이 입력에 비해 뒤질 경우 $\Delta\theta>0$이며 $v_o(t)>0$이다. 따라서 VCO의 출력 주파수가 증가하여 입력과의 위상차를 좁혀 나가게 된다. 이상의 과정은 그림 14-62의 (a)로 비유할 수 있다. 이와 반대로 VCO의 위상이 입력에 비해 앞설 경우 $\Delta\theta<0$이며 $v_o(t)<0$이다. 따라서 VCO의 출력 주파수가 감소하여 입력과의 위상차를 좁혀 나가게 되며 이 과정은 그림 14-62의 (b)로 비유할 수 있다. 위상차 $\Delta\theta$에 의한 VCOdml 주파수 변동량은 다음과 같다.

$$\Delta\omega = K_V v_o(t) = K_V K_\Phi \Delta\theta \qquad [45]$$

PLL은 비단 위상 사이뿐 아니라 주파수 사이도 동기시킬 수 있으며

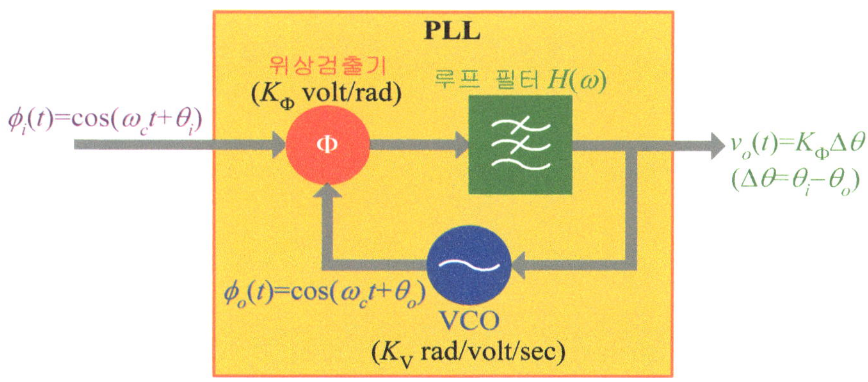

▶그림 14-61
PLL의 구조

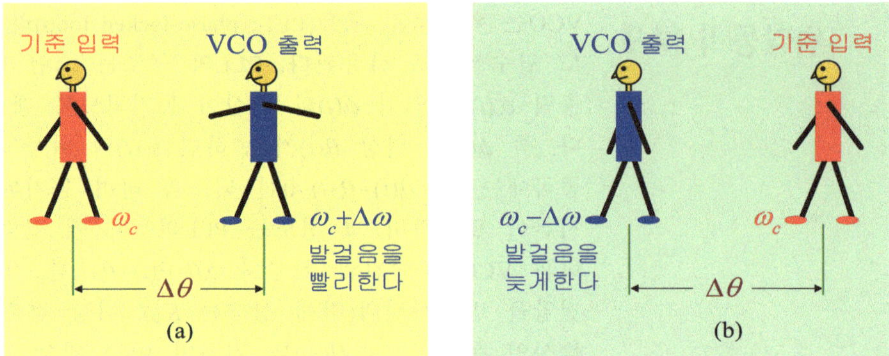

▶그림 14-62 PLL의 동작 원리 (a) VCO 위상이 뒤질 경우; (b) VCO의 위상이 앞설 경우.

그 이유는 위상의 미분이 주파수이기 때문이다. 즉 주파수 동기 루프로도 작용하는 것이다. 따라서 그림 14-61에서 입력 $\phi_i(t)$를 FM 신호인 $\phi_{FM}(t)$로 하면

$$\theta_i(t) = k_f \int_{-\infty}^{t} x(\tau)d\tau \qquad [46]$$

이다. 그리고 VCO의 주파수 변동량은 $\Delta\omega = d\theta_o/dt$이므로

$$\Delta\omega = \frac{d\theta_o(t)}{dt} = K_V v_o(t) \qquad [47]$$

이다. 따라서 PLL 동작에 의해 $\theta_o(t)=\theta_i(t)$로 동기되면 위의 두 식으로부터 다음과 같은 관계를 얻을 수 있다.

$$\frac{d\theta_i(t)}{dt} = k_f x(t) = K_V v_o(t) \qquad [48]$$

즉 VCO의 출력 전압 $v_o(t)$는 변조 신호 $x(t)$에 비례하여 복조가 이루어지게 된다. 이 외에도 다양한 FM 복조기가 있지만 더 이상 언급하지 않기로 한다. 다만 PLL은 현대 통신 장비에 채용되는 속도가 증가 일로에 있으므로 별도로 언급한 것이다.

♣ 연습 문제 ♣

14-1 *LC* 탱크 회로의 전기적인 진동과 진자의 기계적인 진동간의 유사점을 설명하라.

14-2 *LC* 발진기의 기본 구조는 증폭기와 *LC* 공진 회로의 결합에 있다. 증폭기와 *LC* 공진 회로의 각기 고유한 역할에 대해 설명하라.

14-3 발진기에서는 정궤환이 필수적임을 설명하라.

14-4 발진기의 발진 조건을 정하는 바우크하우젠 기준에 내포된 의미를 간단히 말로 설명해 보아라.

14-5 특정 주파수에 대해 루프 이득의 위상이 0이라 할 때 이 주파수에서 루프 이득의 크기가 1보다 작을 때, 1일 때, 1보다 클 때 각각 어떠한 현상이 일어나겠는가?

14-6 동조 발진기는 증폭기와 공진 회로 및 이를 결합시켜주는 변압기 세 요소의 결합임을 보여라.

14-7 BJT 동조 발진기의 유형을 열거하라.

14-8 동조 발진기에서 증폭기 이득의 부호가 변압기의 결합에 주는 영향을 설명하라.

14-9 *LC* 3소자 발진기가 갖추어야 할 기본 요건에 대해 설명하라.

14-10 발진기에서 증폭기의 역할은 *LC* 공진 내의 저항 성분에 의한 에너지 손실을 보충함에 있음을 설명하라.

14-11 그림 14-12의 콜핏츠 발진기에서 L=100μH, C_1=0.01μF, C_2=0.05μF일 때 발진 주파수를 구하라.

14-12 그림 14-12에서 L=50μH, C_1=2500pF, C_2=750pF일 때 발진 주파수를 구하라.

14-13 그림 14-12에서 커 페시터 C_1과 C_2의 위치를 바꾸어도 발진 주파수에는 변동이 없지만 발진 조건을 충족시키기 위해서는 C_2가 C_1에 비해 클수록 유리한 이유를 설명하라.

14-14 그림 14-16의 하틀리 발진기에서 C=100μF, L_1=L_2=750μH일 때 발진 주파수를 구하라.

14-15 그림 14-16의 하틀리 발진기에서 C=200pF, L_1=L_2=1.5mH일 때 발진 주파수를 구하라.

14-16 그림 14-16의 하틀리 발진기에서 인덕터 L_1과 L_2의 위치를 바꾸어도 발진 주파수에는 변동이 없지만 발진 조건을 충족시키기 위해서는 L_1이 L_2에 비해 클수록 유리한 이유를 설명하라.

14-17 클랩 발진기가 콜핏츠 발진기에 비해 안정된 주파수를 얻을 수 있는 이유는 무엇인가?

14-18 수정 진동자는 직렬 공진과 직렬 공진의 두 전기적인 특성이 함께 일어남을 설명하라.

14-19 수정 진동자의 직렬 공진 주파수와 병렬 공진 주파수가 거의 같은 이유를 설명하라.

14-20 인덕터로 동작하는 수정 진동자와 코일로 만든 일반 인덕터간의 기능상의 차이를 설명하라.

14-21 수정 진동자를 *LC* 탱크 회로 내의 인덕터 소자로 사용하는 발진기에서 다른 커 페시터나 인덕터 소자가 발진 주파수에 영향을 미치지 않음을 설명하라.

14-22 수정 발진기는 왜 발진 주파수가 정

확한가?

14-23 수정 제어 발진기에서 수정 진동자의 역할은 무엇인가?

14-24 트랜지스터의 스위칭 동작에 대해 설명하라.

14-25 이장 발진기와 정현파 발진기의 원리상 차이는 무엇인가?

14-26 식 [25]를 증명하라.

14-27 쌍안정 다중 바이브레이터가 두 가지의 안정 상태를 갖는 이유를 설명하라.

14-28 쌍안정 다중 바이브레이터가 기억 소자로 사용될 수 있는 이유는 무엇인가?

14-29 다중 바이브레이터에서의 재생 작용을 설명하라.

14-30 그림 14-37의 비안정 다중 바이브레이터에서 $R_{B1}=R_{B2}=5.6\text{k}\Omega$, $C_1=C_2=50\text{pF}$일 때 발진 주파수를 구하라

14-31 디지털 발진기가 아날로그 발진기에 비해 주파수 조정이 용이한 이유는 무엇인가?

14-32 진폭 변조기의 유형을 열거 해보아라.

14-33 AM 변조에서 포락선의 개념에 대해 설명하라.

14-34 AM 방식의 AGC는 무엇을 이용하여 이득을 제어하는가?

14-35 주파수 변조기는 VCO임을 설명하라.

14-36 PLL의 동작 원리를 설명하라.

14-37 PLL이 FM 검파기로 사용될 수 있는 이유는 무엇인가?

5부 제어 계측

15장
자동 제어
(Automatic Control)

인간이 사용하는 도구는 옛날의 단순한 연장들과는 달리 대단히 정교하고 복잡해 졌다. 예를 들면 로봇, 초음속 비행기, 인공 위성, 미사일 등등이며 이들이 제대로 동작하도록 제어하는 기술이 필수적이다. 특히 제어 시스템은 여러 가지 다른 물리계들이 조합되어 하나의 시스템을 이루며 그 대표적인 예가 기계계와 전기계계의 결합이다. 기계계는 인체의 근육이나 골격에 비유할 수 있으며 전기계는 신경계나 두뇌에 비유할 수 있다. 따라서 근자에는 이 두 시스템을 결합하여 연구하는 메카트로닉스(mechatronics)가 중요한 연구 분야로 취급되고 있다. 이 장에서는 제어의 기본 이론을 설명하며 특히 기계계를 등가적인 전기계로 변환시키는 법을 이해시킴으로써 메카트로닉스 영역을 보다 쉽게 입문할 수 있도록 하였다. 이 장의 내용은 다음과 같다.

15.1 시스템과 제어

제어 현대에 사용되는 도구들은 자동차, 배, 항공기, 우주선, 우주 왕복선, 로봇(robot) 등등 옛날과는 비할 수 없이 다양해지고 복잡해지고 있다. 이들은 많은 기계적 또는 전기적 요소들이 복합적으로 구성되어 있으므로 시스템(system)이라 부른다. 시스템은 총체적으로 하나의 고유한 기능을 수행하며 이 기능이 보다 원하는 수준이 되도록 조치하는 것을 제어(control)라 한다. 시스템은 매우 광범위하다. 대표적으로는 기계적인 요소들로 구성된 기계계, 전기적인 요소들로 구성된 전기계 등이 있는가 하면 화학적인 공정(process)을 취급하는 시스템, 열을 다루는 시스템 등등 무수히 많다. 엄밀히 말하면 현실계에서는 시스템이 아닌 것이 없으며 물리계의 시스템을 수학적인 모델로 표현하는 것이 첫번째 중요한 작업이다.

제어하고자 하는 시스템을 제어 시스템(controled system) 또는 제어 공정(controled process)이라 한다. 제어 시스템은 인간이 할 수 없는 많은 기능을 대신하며 이들의 발전이 문명 사회의 척도라 볼 수 있다. 제어 시스템은 그림 1-1(a)와 같이 간단히 하나의 블록 선도로 표현할 수 있으며 제어 시스템에 내리는 명령을 지시 또는 입력이라 한다. 그리고 제어 시스템이 입력에 보이는 반응을 응답 또는 출력이라 한다. 신호 처리를 위주로 하는 시스템과 달리 제어 시스템은 응답이 지시에 가능한 한 가까워야 한다. 한 마디로 말해 출력이 입력과 같을 때, 즉 전달 함수가 $G(p)=1$일 때 가장 이상적인 제어 시스템이 되는 것이다. 그러나 제어 시스템을 아무리 정밀하게 제조해도 그 기능에는 한계가 있기 마련이다. 따라서 이를 보상하기 위해 그림 1-1(b)와 같이 또 다른 부시스템(subsystem)을 제어 시스템과 결합하여 사용하며 이로부터 많은 제어 이론들이 출발하게 되었다. 제어 시스템의 성능이 개선되도록 보상해주는 부시스템을 제어기(controller)라 한다. 기실 제어기의 도움없이는 우주선도 미사일도 로봇도 생각할 수 없다.

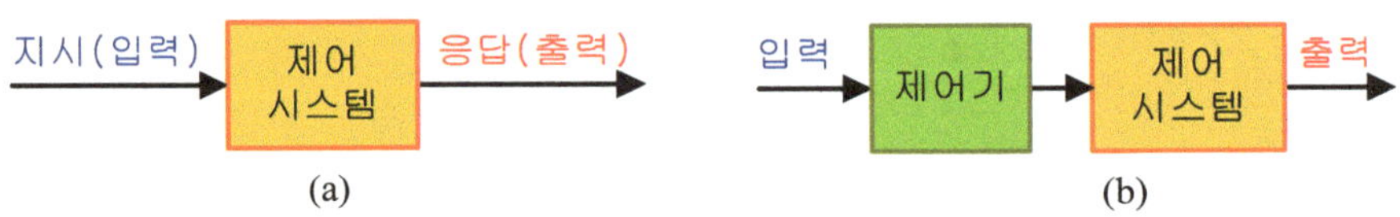

▶그림 15-1 제어 시스템의 블록선도 표현

궤환제어 시스템

시스템을 자동적으로 제어하는 자동 제어는 부궤환을 위주로 한다. 즉 그림 1-2와 같이 출력(응답)의 일부를 궤환 시스템을 거쳐 입력(지시)으로 되돌려 응답과 지시의 오차를 최소로 하는 방향으로 제어해 나가는 것이다. 부궤환은 자연계의 보편적인 제어 원리로서 정신적인 성찰뿐 아니라 수많은 생물학적 제어도 모두 부궤환을 바탕으로 한다. 따라서 이 현상계를 자연, 즉 자동이라 하는 것이다.

그림 1-2에서 보는 바와 같이 궤환 제어 시스템에서는 출력과 입력 간에 루프(loop)가 형성되므로 폐루프(closed-loop) 시스템이라 부른다. 이에 비해 그림 1-2에서 궤환 시스템을 없앤 그림 1-1을 개루프(open-loop) 시스템이라 한다. 개루프 시스템은 출력에 문제가 있어도 이를 보정할 방법이 없지만 폐루프 시스템에서는 가능하다. 즉 출력에서의 문제는 오차로 이어지며 이 오차는 출력의 문제를 최소로 하는 방향으로 제어 시스템을 유도하기 때문이다. 진정한 의미에서의 자동 제어는 곧 부궤환을 통한 제어라 할 수 있다.

▸그림 15-2
궤환제어 시스템

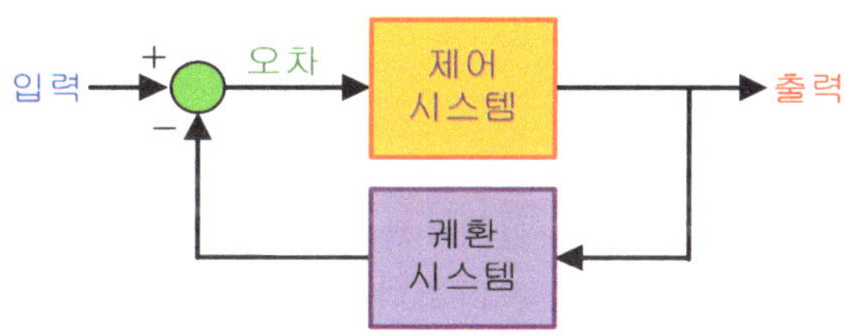

제어의 역사는 문명화의 역사와 보조를 같이 한다. 궤환을 이용한 자동 제어의 효시는 기원전 300년 경에 고대 그리스의 Ktesibios가 고안한 자동 물시계로서 그 원리는 그림 1-3과 같다. 맨 아래 수조의 수위가 시간에 따라 일정한 비율로 증가하면 부표에 부착된 지시 막대에 의해 시간의 흐름을 알 수 있는 것이다. 이를 위해 가운데 수조로부터 흘러 나오는 물의 속도는 일정하여야 한다. 흘러 나오는 물의 시간당 양은 토리첼리의 원리에 의해 수위의 제곱근에 비례하므로 가운데 수조의 수위는 항상 일정하게 유지되어야 한다. 만일 수위가 정해진 수준보다 낮아지면 부표가 아래로 내려가 맨 위의 수조에서 물이 흘러들어오게 되며 정상 수위가 되면 다시 부표에 의해 맨 위 수조의 배수구가 닫히게 된다. 여기서 가운데 수조에서 유지되어야 하는 일정한 수위를 입력으로 보면 순간 순간의 수위는 출력이 되며 입력과 출력의 오차가 부표에 의해 항상 0을 향해 제어되는 것이다. 물

▶그림 15-3
Ktesibios 물시계

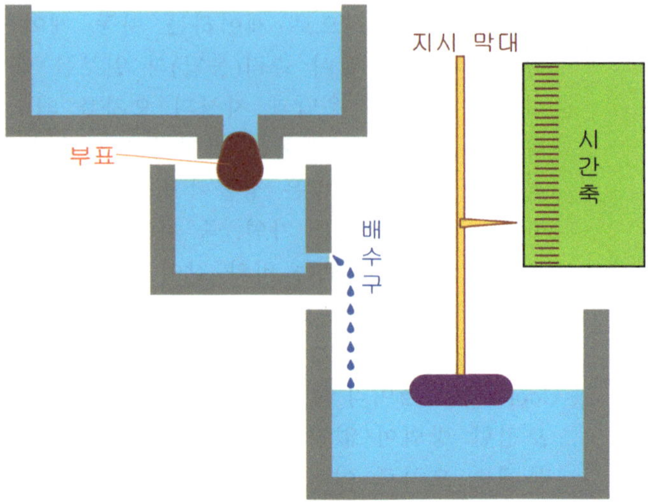

론 조선 시대의 자격루 역시 자동 제어의 하나이다. 유럽에서 고안된 최초의 궤환 제어 시스템으로는 네델란드의 Drebbel에 의한 온도 제어 및 Papin에 의한 증기 보일러 압력 제어 등이 있다. 이러한 원리는 모두 Ktesibios 물시계의 수위 제어 기능과 유사하다.

현대의 자동 제어 이론은 궤환제어 시스템을 기본으로 하며 다양한 해석 기법이 있다. 특히 컴퓨터 발달로 이러한 기술을 매우 쉽게 사용할 수 있어 편리하다. 현대는 전자 공학의 시대라 할 수 있으며 반도체 집적 기술의 놀라운 발전으로 모든 것이 소형화, 경량화, 저렴화되면서 기능은 더욱 고차원적이 되고 있다. 따라서 거의 모든 제어 시스템에 전기계가 필수적으로 접목되고 있으며 자동차, 배, 항공기, 우주선, 고도의 전자 무기, 자동 자동화, 로보틱스 등 거의 모든 분야를 망라한다. 특히 로봇의 경우는 인공 지능을 겸비하기 시작하여 감정까지 묘방할 수 있는 단계에 이르고 있다. 또한 자동 제어는 대규모 공정 뿐 아니라 반도체 칩 제조 등 매우 미세한 분야까지 필수적이다. 그리고 컴퓨터를 이용하여 가정 자동화도 실용화 단계에 들어서고 있다.

전달 함수

시스템의 해석의 전부라 할 수 있는 것이 전달 함수이다. 즉 주어진 시스템의 전달 함수를 알게 되면 시간 및 주파수 상에서의 모든 특성을 파악할 수 있다. 전기계의 전달 함수는 4.3 절에서 설명한 바 있다. 전기계에서는 회로 방정식이 전달 함수가 되고 기계계에서는 운동 방

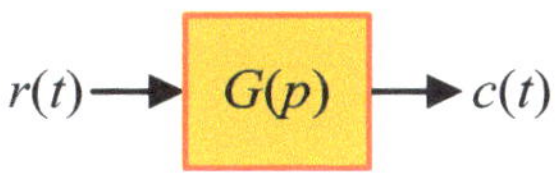

▲그림 15-4
시스템의 전달 함수

정식이 전달 함수가 된다. 입력과 출력 관계가 직선적인 선형 시스템의 입력과 출력은 그림 15-4와 같이 미분 연산자 p를 이용하여 간편하고 표현할 수 있다. 여기서 시스템의 전달 함수가 $G(p)$이므로 입력과 출력 관계는 다음과 같다.

$$\frac{c(t)}{r(t)} = G(p) \quad \text{또는} \quad c(t) = G(p)r(t) \qquad [1]$$

전달 함수는 비단 입력과 출력 관계를 표현하기에도 좋을 뿐 아니라 이로부터 미분 방정식을 직접 풀어 시스템의 시간상 특성을 쉽게 구할 수 있다(4.3 절 참조). 다시 말해서 전달 함수의 중요성은 아무리 강조해도 지나치지 않다. 지금까지는 전기계에 대한 전달 함수, 즉 회로 방정식에 대해 설명하였지만 조금 뒤에 기계계의 운동 방정식으로부터 전달 함수를 구하는 법도 설명할 것이다.

15.2 시스템의 결합

두 개 이상의 시스템이 다양한 방법으로 결합될 때 전체 시스템의 등가 전달 함수를 구하는 법에 대해 알아본다.

직렬 결합

그림 15-5의 (a)와 같이 하나의 시스템의 출력이 다음 시스템의 입력이 되도록 결합한 것을 직렬 결합이라 한다. 그림에서

$$\begin{cases} w(t) = G_1(p)r(t) \\ c(t) = G_2(p)w(t) \end{cases} \qquad [2]$$

이므로 전체 전달 함수 $G_{eq}(p)=c/r$는 다음과 같다.

$$G_{eq}(p) = G_1(p)G_2(p) \qquad [3]$$

즉 두 시스템을 직렬 결합하면 전달 함수는 곱해지며 이는 결합하는 시스템의 수에 상관없다.

병렬 결합

그림 15-5의 (b)와 같이 두 시스템의 입력을 같게 하고 각각의 출력을 더한 것을 전체 출력으로 하는 것을 병렬 결합이라 한다. 여기서

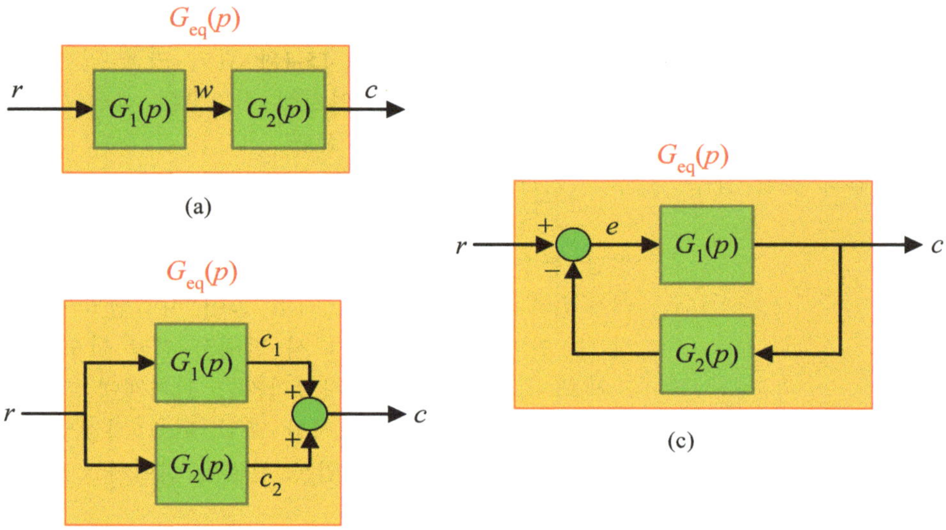

▸그림 15-5

시스템의 결합:
(a) 직렬 결합;
(b) 병렬 결합;
(c) 궤환 결합

$$\begin{cases} c_1(t) = G_1(p)r(t) \\ c_2(t) = G_2(p)r(t) \end{cases} \qquad [4]$$

이므로 $c=c_1+c_2$는

$$c = G_1(p)r(t) + G_2(p)r(t) = [G_1(p) + G_2(p)]r(t)$$

이다. 따라서 전체 전달 함수 $G_{eq}(p)=c/r$는 다음과 같다.

$$G_{eq}(p) = G_1(p) + G_2(p) \qquad [5]$$

즉 두 시스템의 병렬 결합 결과 전체 전달 함수는 각각의 전달 함수를 더한 것과 같으며 이 역시 결합하는 시스템 수와 상관없다.

궤환 결합

그림 15-5의 (c)는 궤환 결합이며 이에 대해서는 13.3 절에서 설명한 바 있다. 제어 시스템의 입력 e가

$$e(t) = r(t) - G_2(p)c(t) \qquad [6]$$

이므로 출력 c는 다음과 같다.

$$c(t) = G_1(p)e(t) = G_1(p)[r(t) - G_2(p)c(t)] \qquad [7]$$

위의 식을 c에 대해 정리하면 $G_{eq}(p)=c/r$는 다음과 같다.

$$G_{eq}(p)=\frac{G_1(p)}{1+G_1(p)G_2(p)} \qquad [8]$$

4.6 절에서 설명한 바와 같이 전달 함수의 분모 다항식이 바로 시스템의 특성 방정식에 해당하며 그 근인 특성근은 시스템의 특성에 지대한 영향을 미친다. 특성근을 분모 다항식의 p에 대입하면 전달 함수가 무한대가 되므로 특성근을 특별히 극점(pole)이라 부르며 매우 중요하게 취급되고 있다. 시스템을 결합하면 전체 전달 함수가 변하며 이는 시스템의 극점이 변한다는 뜻이다. 따라서 시스템을 적절히 결합하면 원하지 않는 극점들을 제거하거나 또는 극점을 바꿀 수 있는 이점이 있다.

예제 15-1

입력과 출력간의 관계가 다음과 같은 두 개의 시스템이 있다.

시스템 1: $\dfrac{d^2c_1}{dt^2}+3\dfrac{dc_1}{dt}+2c_1=\dfrac{dr_1}{dt}+3r_1$

시스템 2: $\dfrac{dc_2}{dt}+2c_2=\dfrac{dr_2}{dt}+r_2$

두 시스템을 다음과 같이 결합할 때 전체 전달 함수를 구하라.
(a) 직렬 결합; (b) 병렬 결합; (c) 궤환 결합(시스템 2를 궤환 시스템으로 한다).

풀이 시스템 1과 2의 전달 함수를 $G_1(p)$, $G_2(p)$라 하면

$$G_1(p)=\frac{p+3}{p^2+3p+2},\quad G_2(p)=\frac{p+1}{p+2}$$

(a) $G_{eq}(p)=G_1(p)G_2(p)=\dfrac{p+3}{(p+1)(p+2)}\times\dfrac{p+1}{p+2}$

위의 식을 정리하면

$$G_{eq}(p)=\frac{p+3}{(p+2)^2}$$

(b) $G_{eq}(p)=G_1(p)+G_2(p)=\dfrac{p+3}{p^2+3p+2}+\dfrac{p+1}{p+2}$

위의 식을 정리하면

$$G_{eq}(p)=\frac{p^2+3p+4}{p^2+3p+2}$$

(c) $G_{eq}(p) = \dfrac{G_1(p)}{1+G_1(p)G_2(p)}$ 이며 (a)의 결과를 이용하면

$$G_1(p)G_2(p) = \frac{p+3}{p^2+4p+4}$$

따라서

$$G_{eq}(p) = \frac{\dfrac{p+3}{p^2+3p+2}}{1+\dfrac{p+3}{p^2+4p+4}} = \frac{(p+2)^2(p+3)}{(p^2+5p+7)(p+1)(p+2)}$$

위의 식을 정리하면

$$G_{eq}(p) = \frac{p^2+5p+6}{p^3+6p^2+12p+7}$$

예제 15-2

그림 15-6은 전형적인 모습의 궤환제어 시스템 예이다. 전체 전달 함수 $G_{eq}(p)=c/r$을 구하라. 단 K_A, K_F 및 a는 상수이다.

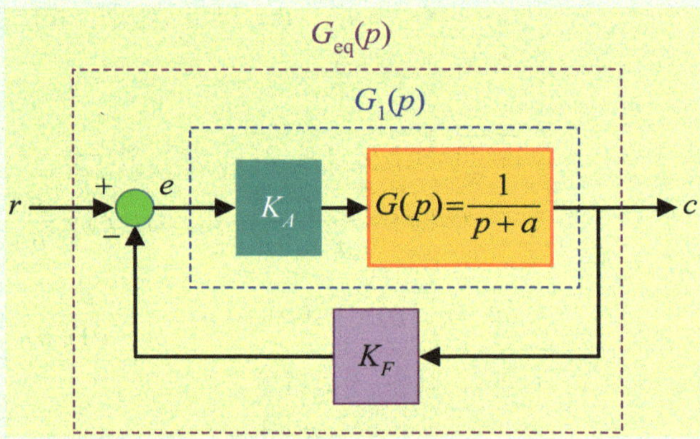

▲그림 15-6 예제 15-2의 그림

풀이 먼저 $G_1(p)=c/e$를 구하면

$$G_1(p) = \frac{K_A}{p+a}$$

그 결과 $G_1(p)$가 K_F와 궤환 결합을 이루므로

그 결과 $G_1(p)$가 K_F와 궤환 결합을 이루므로

$$G_{eq}(p)=\frac{G_1(p)}{1+K_F G_1(p)}=\frac{K_A/(p+a)}{1+K_F\,K_A/(p+a)}=\frac{K_A}{p+(a+K_A K_F)}$$

따라서 극점이

$$s=-(a+K_A K_F)$$

이므로 K_A와 K_F를 적절히 조절하면 극점을 원하는 위치로 이동시킬 수 있다(제어 시스템 $G(p)$의 극점은 $s=-a$).

예제 15-3

그림 15-7에서 전체 시스템이 임계 제동이 되도록 되도록 궤환 이득 K_F를 결정하라.

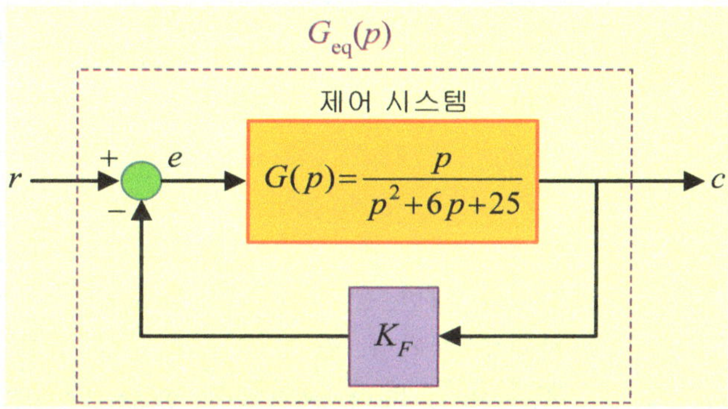

▲그림 15-7 예제 15-3의 그림

풀이 먼저 $G_{eq}(p)=c/r$를 구하면 다음과 같다.

$$G_{eq}(p)=\frac{G(p)}{1+K_F G(p)}=\frac{\dfrac{p}{p^2+6p+25}}{1+\dfrac{K_F p}{p^2+6p+25}}=\frac{p}{p^2+(6+K_F)p+25}$$

따라서 특성 방정식은

$$s^2+(6+K_F)s+25=0$$

이며 임계 제동이 되기 위해서는 판별식이 0이어야 하므로

$$(6+K_F)^2-100=0$$

$$(6+K_F)^2-100=0$$

$$\therefore K_F=4$$

그리고 특성근, 즉 극점은 $s=-5$이다. 이에 비해 주어진 원래 제어 시스템 $G(p)$는 특성 방정식 및 극점이

$$s^2+6s+25=0 \quad \therefore s=-3\pm j4$$

인 부족 제동 시스템이다.

15.3 계단 응답

시스템의 동작 특성을 시험해보기 위해 특수한 시험 신호를 인가한다. 대표적인 시험 신호는 그림 15-8과 같이 세 종류가 있다. 먼저 가능한 한 짧은 순간에 가능한 한 크게 입력시키는 충격(impulse) 함수가 있다. 충격 함수는 폭이 0이고 높이가 무한대이므로 보통 그림에서 표시한 바와 같이 화살표로 나타내며 함수 기호는 $\delta(t)$이다. 충격 입력에 대한 응답을 충격 응답이라 하며 시스템 해석에서 가장 중요하게 취급된다. 충격 응답은 일상 생활에서 빈번히 사용되고 있다. 예를 들어 수박이 익었는지 두들겨 보는 것이라든지 벽을 두들겨 보는

▶그림 15-8 시스템 시험에 사용되는 특수한 시험 신호들

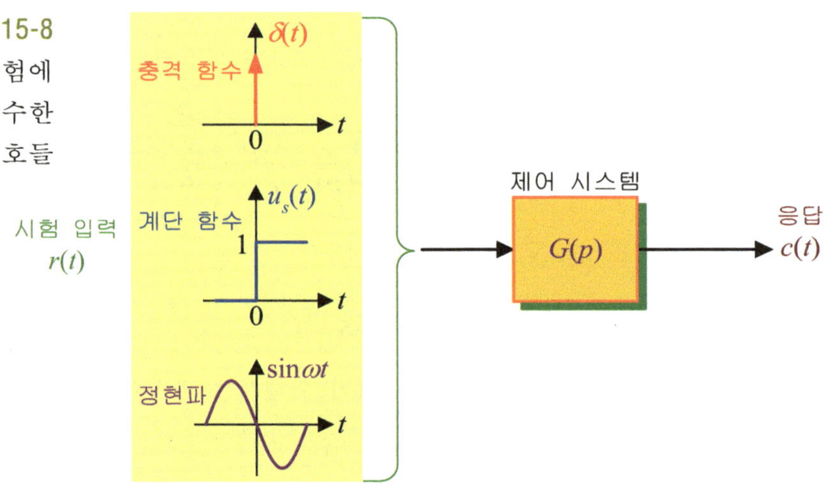

등이다. 그러나 이상적인 충격 입력에는 견뎌낼 시스템이 없으므로 수식상으로만 취급되고 있다.

제어 분야에서 가장 널리 사용되고 있는 응답이 계단(step) 응답이다. 계단 함수 $u_s(t)$는 그림 15-8에 표시된 바와 같이

$$u_s(t) = \begin{cases} 0, & (t < 0) \\ 1, & (t \geq 0) \end{cases} \quad [9]$$

로 정의된다. 계단 응답은 시스템에 갑작스러운 지시를 내렸을 때 그 지시를 얼마나 빨리 그리고 안정되게 수행하는가를 보여주는데 유리하다. 예를 들어 정지해 있는 차를 순간적으로 급발진시켜 일정한 속도를 유지하게 하는 것 등이다. 그리고 시험 신호로 특정 주파수의 정현파를 사용하는 경우는 시스템의 주파수 응답을 알아보기 위함이다. 주파수 응답에 대해서는 5장의 교류 회로와 6장의 필터 그리고 13장의 증폭기 주파수 응답 등에서 설명한 바 있다.

시스템의 계단 응답에 대한 완전해를 구하기 위해서는 초기 조건이 필수적이다. 그러나 4.6 절에서 설명한 바와 같이 시스템의 초기 조건, 특히 도함수 초기 조건들은 구하기가 결코 쉽지 않다. 다만 다행히도 입력이 계단 함수일 때는 전달 함수 자체로부터 초기 조건들을 매우 쉽게 구할 수 있다. 초기 조건만 구하면 그 다음은 단순히 미분 방정식을 풀기만 하면 되는 것이다. 전달 함수가 $G(p)$인 시스템에서 출력 $c(t)$의 초기 조건은 $c(0)$는 다음과 같이 구할 수 있다.

$$c(0) = \lim_{p \to \infty} G(p) \quad [10]$$

위의 식에 대한 증명은 보다 복잡한 수학적인 배경이 필요하므로 언급하지 않기로 한다. 다만 구태여 말로써 표현하자면 다음과 같다: 입력이 계단 함수이면 t=0에서 불연속적이다. 따라서 $du_s(0)/dt=\infty$이며 이는 미분 연산자를 $p=\infty$로 한 것과 같은 결과로 볼 수 있다. 식 [10]을 이용하면 도함수의 초기 조건도 구할 수 있다. 즉 $w(t)=dc(t)/dt$라 하면 $w(t)=pc(t)$이므로 $w(t)$에 대한 전달 함수는 $w(t)/r(t)=pG(p)$이다. 따라서

$$\frac{dc(0)}{dt} = w(0) = \lim_{p \to \infty} pG(p) \quad [11]$$

이다. 위의 결과를 일반화시키면 다음과 같다.

$$\frac{d^n c(0)}{dt^n} = \lim_{p \to \infty} p^n G(p) \quad [12]$$

단 식 [12]는 t<0에서 시스템의 모든 초기 조건이 0일 때만 적용된다.

예제 15-4

입력이 $r(t)$이고 출력이 $c(t)$인 시스템의 전달 함수가

$$G(p)=\frac{p}{p^2+6p+25}$$

일 때 계단 응답을 구하라. 단 $t<0$에서는 시스템 내부의 모든 초기 조건은 0이다.

풀이

(a) 초기 조건: 식 [12]로부터

$$\begin{cases} c(0)=\lim_{p\to\infty}G(p)=\lim_{p\to\infty}\dfrac{p}{p^2+6p+25}=\lim_{p\to\infty}\dfrac{1}{p}=0 \\ \dfrac{dc(0)}{dt}=\lim_{p\to\infty}pG(p)=\lim_{p\to\infty}\dfrac{p^2}{p^2+6p+25}=1 \end{cases}$$

(b) 완전해: $r(t)=u_s(t)$를 대입하면

$$(p^2+6p+25)c(t)=pu_s(t)$$

$t\geq 0$에 대해서는 $u_s(t)$는 상수 1이므로 $pu_s(t)=0$이다. 따라서 미분 방정식은

$$(p^2+6p+25)c(t)=0,\quad t\geq 0$$

인 제차 방정식이다. 특성근이

$$s^2+6s+25=0 \qquad \therefore s=-3\pm j4$$

이로부터 완전해는 4장의 식 [56]으로부터

$$c(t)=e^{-3t}(K_1\cos 4t+K_2\sin 4t)$$

(a)에서 구한 초기 조건을 이용하면

$$\begin{cases} c(0)=K_1=0 \\ \dfrac{dc(0)}{dt}=-3K_1e^0\cos 0+4K_2e^0\cos 0=-3K_1+4K_2=1 \end{cases}$$

이로부터 $K_1=0$, $K_2=1/4$이므로 계단 응답은 다음과 같다.

$$c(t)=\frac{1}{4}e^{-3t}\sin 4t$$

일차 시스템

전형적인 일차 시스템의 전달 함수는

$$G(p)=\frac{a}{p+a} \qquad [13]$$

이며 a는 0보다 큰 실수이다. 이 시스템의 계단 응답을 구해보자. 먼저 $t \geq 0$에 대한 미분 방정식이

$$(p+a)c(t)=ar(t)=a \qquad [14]$$

이므로 특수해는 $c_p(t)=1$이다. 그리고 보조해가

$$c_c(t)=Ke^{-at}, \quad t \geq 0 \qquad [15]$$

이므로 계단 응답의 완전해는 다음과 같다.

$$c(t)=1+Ke^{-at}, \quad t \geq 0 \qquad [16]$$

여기서 미지수 K는 계단 입력일 때의 초기 조건

$$c(0)=\left.\frac{a}{p+a}\right|_{p=\infty}=0 \qquad [17]$$

을 이용하면 식 [16]의 계단 응답은 다음과 같이 주어진다.

$$c(t)=1-e^{-at}, \quad t \geq 0 \qquad [18]$$

식 [18]의 파형은 그림 15-9와 같다. 시정수는 $\tau=1/a$이며 이는 최종치 1의 63%에 도달하는 데 걸리는 시간이다. 그리고 최종치의 98%에 도달하는 시간을 정착 시간이라 하고 최종치의 10%에서 90%에 이르는 시간을 상승 시간이라 한다.

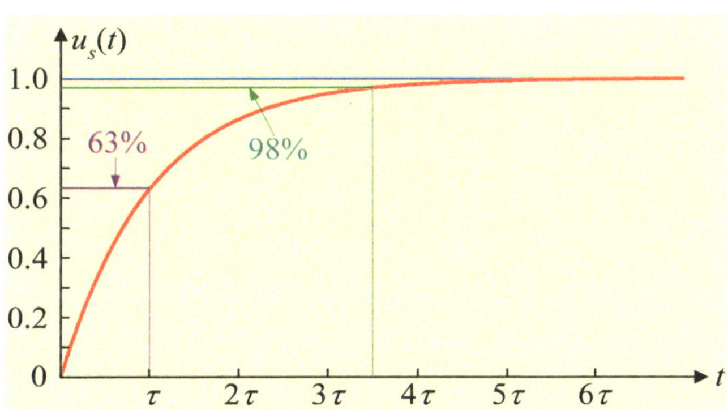

▶그림 15-9 전달 함수 $G(p)=a/(p+a)$의 계단 응답

이차 시스템

전형적인 이차 시스템의 전달 함수는

$$G(p) = \frac{b}{p^2 + ap + b} \qquad [19]$$

이며 a와 b는 모두 0보다 큰 실수이다. 이 시스템의 계단 응답은 $t \geq 0$에 대한 미분 방정식

$$(p^2 + ap + b)c(t) = br(t) = b \qquad [20]$$

로부터 특수해는 $c_p(t)=1$임을 알 수 있다. 그리고 보조해는 특성 방정식의 판별식 $D=a^2-4b$의 부호에 따라 다음과 같이 나누어진다.

$$c_c(t) = \begin{cases} K_1 e^{s_1 t} + K_2 e^{s_2 t} & (D > 0) \\ K_1 e^{st} + K_2 t e^{st} & (D = 0) \\ e^{\sigma t}(K_1 \cos \omega t + K_2 \sin \omega t) & (D < 0) \end{cases} \qquad [21]$$

따라서 완전해는 다음과 같다.

$$c(t) = \begin{cases} 1 + K_1 e^{s_1 t} + K_2 e^{s_2 t} & (D > 0) \\ 1 + K_1 e^{st} + K_2 t e^{st} & (D = 0) \\ 1 + e^{\sigma t}(K_1 \cos \omega t + K_2 \sin \omega t) & (D < 0) \end{cases} \qquad [22]$$

여기서 두 미지수 K_1과 K_2를 구하기 위한 초기 조건들은 다음과 같다.

$$\begin{cases} c(0) = \lim_{p \to \infty} \frac{b}{p^2 + ap + b} = 0 \\ \frac{dc(0)}{dt} = \lim_{p \to \infty} \frac{bp}{p^2 + ap + b} = 0 \end{cases} \qquad [23]$$

위의 두 식으로부터 계단 응답을 구할 수 있으며 그 파형은 그림 15-10과 같은 형태이다. 특히 부족 제동의 경우는 최종치를 초과하는 순간들이 생기며 가장 최고점에 달할 때의 초과량을 오버슛(overshoot)이라 한다. 물론 오버슛이 클수록 불안정한 시스템으로 분류된다. 부족 제동은 속도가 빠른 반면 진동이 생기므로 안정적이지 못하고, 과제동의 경우는 안정되지만 속도가 느리다. 따라서 이 두 상태의 경계에 있는 임계 제동이 제어에서는 가장 선호되고 있다. 그림 15-10은 특히 극점의 위치에 따른 시스템의 성능 변화를 보여주고 있다. 한 마디로 시스템의 제어란 전달 함수의 극점을 제어하는 것이다라고 말할 수 있다.

▸그림 15-10
전달 함수 $G(p)=b/(p^2+ap+b)$의 계단 응답

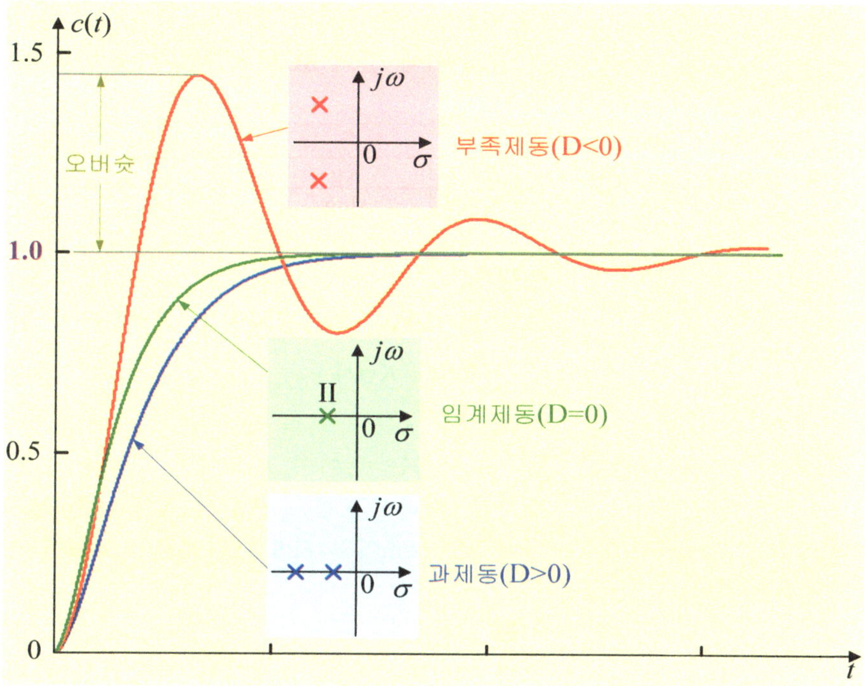

15.4 병진 기계계

병진 요소 기계계는 직선 운동을 하는 병진(並進) 기계계와 회전 운동을 하는 회전 기계계로 크게 나눌 수 있다.

질량

그림 15-11은 병진 기계계를 구성하는 세 가지의 중요한 요소를 보여준다. 먼저 그림 (a)는 질량에 대한 것이며 질량 M과 힘 F의 운동 방정식은 다음과 같다.

$$F(t) = Ma(t) = M\frac{du(t)}{dt} = M\frac{d^2y(t)}{dt^2} \quad [24]$$

▸그림 15-11
(a) 힘-질량 계;
(b) 힘-스프링 계;
(c) 힘-마찰 계;

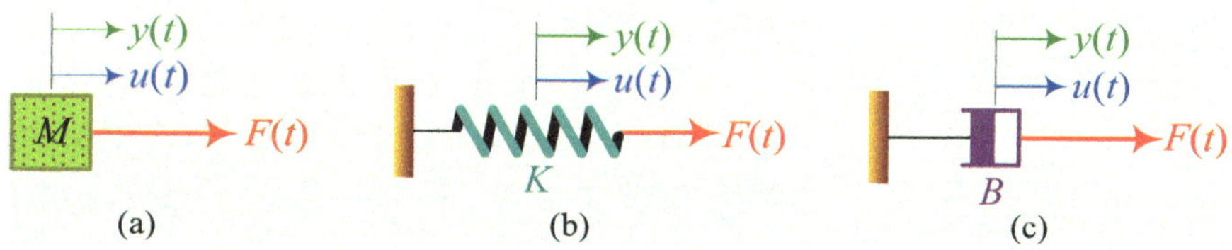

단 $a(t)$, $u(t)$ 및 $y(t)$는 가속도, 속도 및 변위이다. 기계계 단위는 다음의 표 15-1과 같이 SI 단위계와 FPS 단위계 두 종류가 있다.

▶표 15-1
기계계의 단위

단위	질량 M	가속도 a	힘 F
SI	Kg	M/s^2	Newton[N]
FPS	slug	Ft/s^2	Pound[lb force]

스프링

그림 15-11(b)의 스프링에서는 변위 $y(t)$가 힘 $F(t)$에 비례하므로

$$F(t) = Ky(t) \tag{25}$$

이며 상수 K는 스프링 상수이다. 스프링 상수가 K=0이면 무한히 늘어날 수 있다는 뜻이며 $K=\infty$이면 탄력성이 전혀 없는 견고한 물체라는 뜻이다. 따라서 K를 스프링의 경도(stiffness)라 하기도 한다. K는 SI 단위계로는 N/m이고 FPS 단위계로는 lb/ft이다.

마찰

그림 15-11(c)는 두 물체간의 마찰을 나타내며 이는 전기계의 저항과 같은 차원이다. 마찰력은 정확한 수식으로 표현하기 어려우며 운동에 제동을 거는 힘이므로 그림 15-11의 (c)와 같이 제동기(dashpot)를 기호로 사용한다. 실제로 널리 사용되는 마찰은 점성 마찰, 정지 마찰, 쿨롱 마찰의 세 종류가 있으며 그림 15-12가 이를 보여준다. 점성 마찰은 속도에 비례하여 제동을 거는 힘으로서 제동력과 속도의 관계는

$$F(t) = Bu(t) \tag{26}$$

이며 B를 점성 마찰 계수라 한다. B의 단위는 SI 단위계로는 N/m/s 또는 N-s/m이고 FPS 단위계로는 lb/ft/s 또는 lb-s/ft이다. 그리고 그림 15-12(b)는 정지 마찰의 특성으로 물체가 정지 상태에서 운동을 시작하고자 할 때만 생기는 제동력이다. 정지 마찰력은 부호가 운동 방향과 반대이며 일단 운동이 시작되고 나면 사라진다. 그림 15-12의 (c)는 쿨롱 마찰의 제동 특성이며 F_c를 쿨롱 마찰 계수라 한다. 쿨롱 마찰은 물체와 속도와 무관하게 일정한 제동력이며 부호는 속도의 반대 방향이다.

그림 15-11에서 스프링과 마찰은 한쪽이 고정되어 있으므로 다른 한 쪽의 속도(변위)가 스프링의 속도(변위)이다. 그러나 그림 15-13과 같이 양단이 모두 움직일 경우는 양단의 속도 차(변위 차)가 실제 속

▶그림 15-12
마찰의 유형:
(a) 점성 마찰;
(b) 정지 마찰;
(c) 쿨롱 마찰.

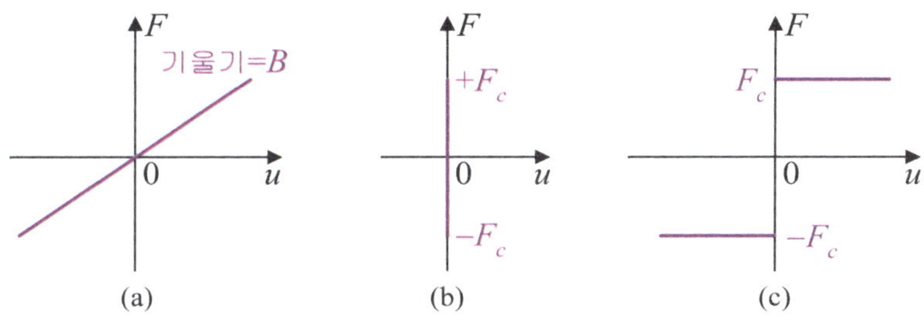

▶그림 15-13
스프링과 마찰의 실제 속도 $u=u_1-u_2$

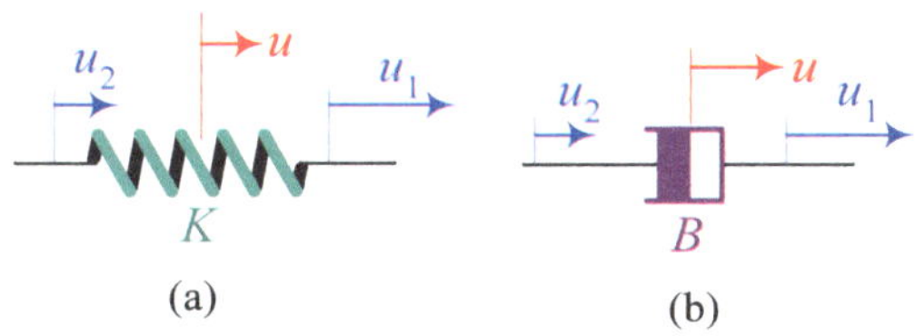

도(변위)이다.

그림 15-14는 흔하게 접하는 병진 기계계의 예를 보여준다. 기계계를 해석에 대해서는 조금 뒤에 설명하겠지만 주어진 기계계에서 가능한 모든 속도들을 변수로 표시해 주는 것이 우선이다. 그림 15-14의 (a)는 마찰과 질량로 된 시스템과 그에 대한 도식적 표현이다. 가능한 속도는 한 가지 뿐이며 이를 질량 M에 할당하고 있다.

그림 15-14의 (b)는 스프링과 마찰로 된 시스템이며 역시 속도는

▶그림 15-14
흔히 접하는 병진 기계계의 도식적 표현

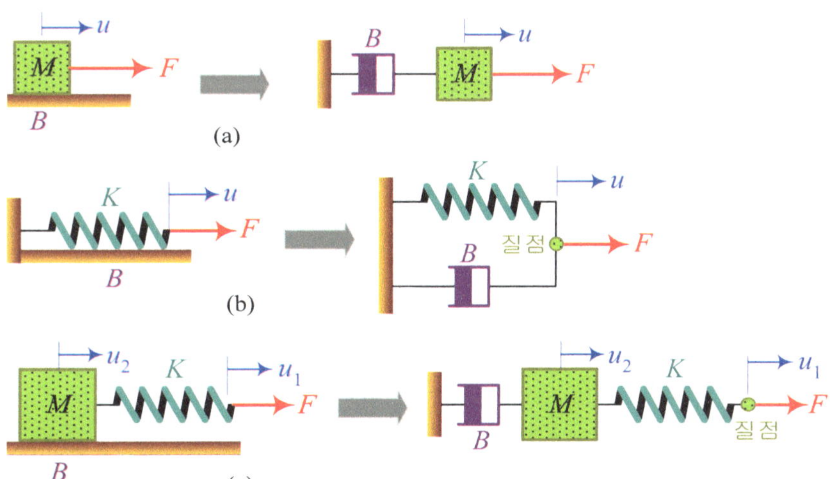

한 가지 뿐이다. 속도는 질량을 위주로 할당하면 편하며 만일 질량이 없는 곳에 속도를 할당해야 할 경우는 질량이 0인 질점(mass-point)이 있다고 생각하면 된다.

그림 15-14의 (c)는 질량과 마찰 및 스프링이 결합된 시스템이며 가능한 속도의 수는 두 개임을 알 수 있으며 질량이 없는 곳에는 질점을 이용해 속도를 지정해주고 있다. 그림 15-14에 대한 해석은 바로 다음에 설명한다.

상사 회로

기계계는 전기계와 결합하여 다양한 제어 시스템을 구현한다. 전기계를 지배하는 법칙은 앞에서 배운대로 키르히호프의 법칙이다. 그리고 기계계를 지배하는 법칙은 뉴톤의 운동 법칙이다. 그러나 여기서는 기계계를 등가적인 전기계로 바꿔줌으로써 뉴톤의 법칙을 적용하지 않고도 해석할 수 있는 법을 설명한다. 이렇게 하면 유리한 점이 다음과 같다: 첫째, 전기계와 기계계가 혼합된 시스템도 회로 일색으로 표현할 수 있으므로 편리하다. 둘째, 회로를 해석하는 다양한 기술과 도구들을 풍부하게 사용할 수 있다.

기계계를 등가적인 전기계로 바꾼 것을 상사(相似) 회로라 한다. 병진 기계계에 대한 상사 회로는 힘 F를 전압에 비유하고 속도 u를 전류에 상사시킴으로써 쉽게 구할 수 있다. 그림 15-11(a)의 질량-힘 시스템에서 힘과 속도의 관계가

$$F = M\frac{du}{dt} = Mpu \qquad [27]$$

이므로

$$\frac{F}{u} = pM \qquad (\text{질량 } M) \qquad [28]$$

로 표현할 수 있다. 여기서 F를 전압 v로, u를 전류 i로 상사시키면 인덕터의 전압-전류 관계인

$$\frac{v}{i} = pL \qquad (\text{인덕턴스 } L) \qquad [29]$$

와 일치한다. 따라서 그림 15-15(a)와 같이 질량 M은 인덕턴스 L과 상사이다. 그림 15-11(b)의 스프링-힘 시스템에서는 힘과 속도의 관계가

$$\frac{dF}{dt} = K\frac{dy}{dt} = Ku \qquad [30]$$

이므로 $pF=Ku$로 표현할 수 있다. 따라서

▶그림 15-15
병진 기계계에 대한 상사 회로

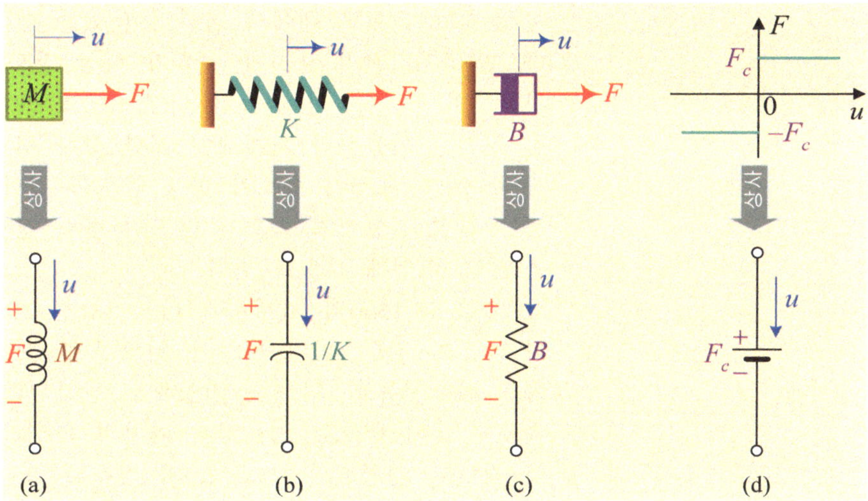

$$\frac{F}{u}=\frac{K}{p} \qquad (\text{스프링 } K) \qquad [31]$$

로 표현할 수 있으며 F를 전압 v로, u를 전류 i로 상사시키면 커패시터의 전압-전류 관계인

$$\frac{v}{i}=\frac{1}{pC} \qquad (\text{용량 } C) \qquad [32]$$

와 일치한다. 따라서 그림 15-15(b)와 같이 스프링 계수의 역인 $1/K$은 용량 C와 상사이다.

그림 15-12(a)의 점성 마찰에서는 힘과 속도의 관계가 간단히

$$\frac{F}{u}=B \qquad (\text{마찰 } B) \qquad [33]$$

이며 F를 전압 v로, u를 전류 i로 상사시키면 저항의 전압-전류 관계인

$$\frac{v}{i}=R \qquad (\text{저항 } R) \qquad [34]$$

와 일치한다. 따라서 그림 15-15(c)와 같이 점성 마찰 계수 B는 저항 R과 상사이다. 그리고 그림 15-12(c)의 쿨롱 마찰 경우는 속도, 즉 전류에 관계 없이 힘, 즉 전압이 일정하므로 그림 15-15(d)와 같이 직류 전압원 F_c로 상사된다. 다만 그림에 표시된 바와 같이 전압원의 극성은 전류(속도)의 흐름을 방해하는 방향으로 정해짐을 유의해야 한다.

소자들이 회로 내에서 결합되어 있는 형태는 직렬 및 병렬 결합이다. 만일 두 전기 소자가 전류가 항상 같도록 결합되어 있으면 직렬 결합이며 두 소자의 전류가 다를 수 있으면 병렬 결합이다. 이 간단한 원리를 이용하면 기계계에 대한 상사 회로를 간단히 구할 수 있다. 즉 두 기계 요소가 속도가 항상 같도록 결합되어 있으면 상사 회로에서는 직렬 결합이며 속도가 다르면 병렬 결합이다. 그림 15-16의 예들을 통해 확인해 보도록 한다.

그림 15-16(a)의 기계계에서는 가능한 속도가 하나 뿐으로 B와 M의 속도가 같다. 따라서 상사 회로상에서는 직렬로 결합된다. 그리고 속도 u는 전류로, 힘 F는 전압으로 상사된다. 그림 (b)의 기계계 역시 속도가 하나 뿐으로 스프링과 마찰의 속도가 같으므로 상사 회로상에서 직렬로 결합된다. 그림 (c)의 경우도 세 기계 요소의 속도가 같으므로 상사 회로상에서 직렬로 결합된다.

▶그림 15-16 기계계의 상사 회로를 구하는 예

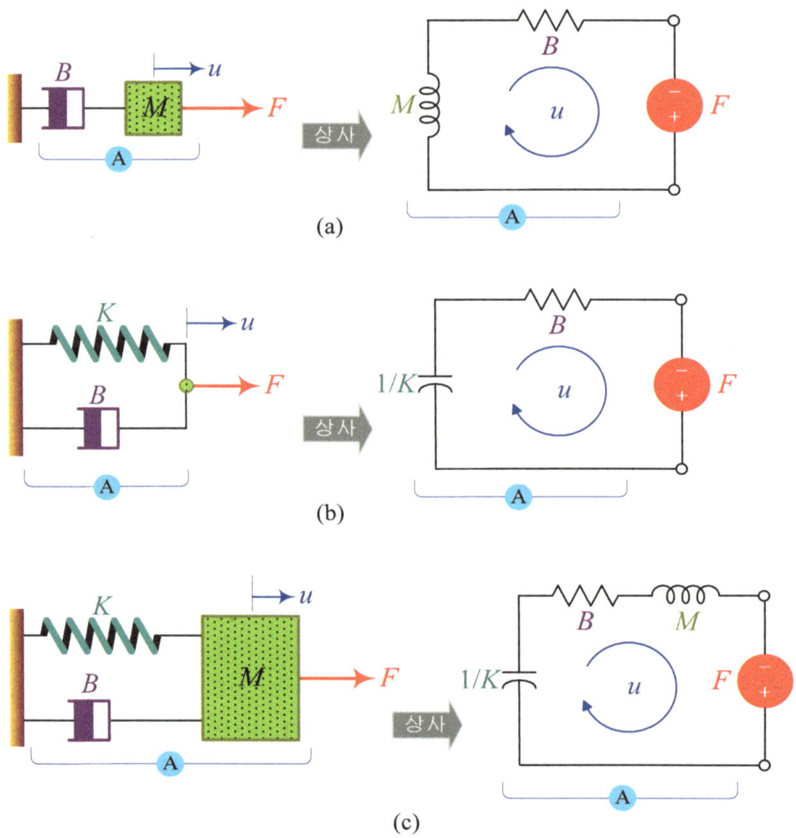

▸그림 15-16
(계속)

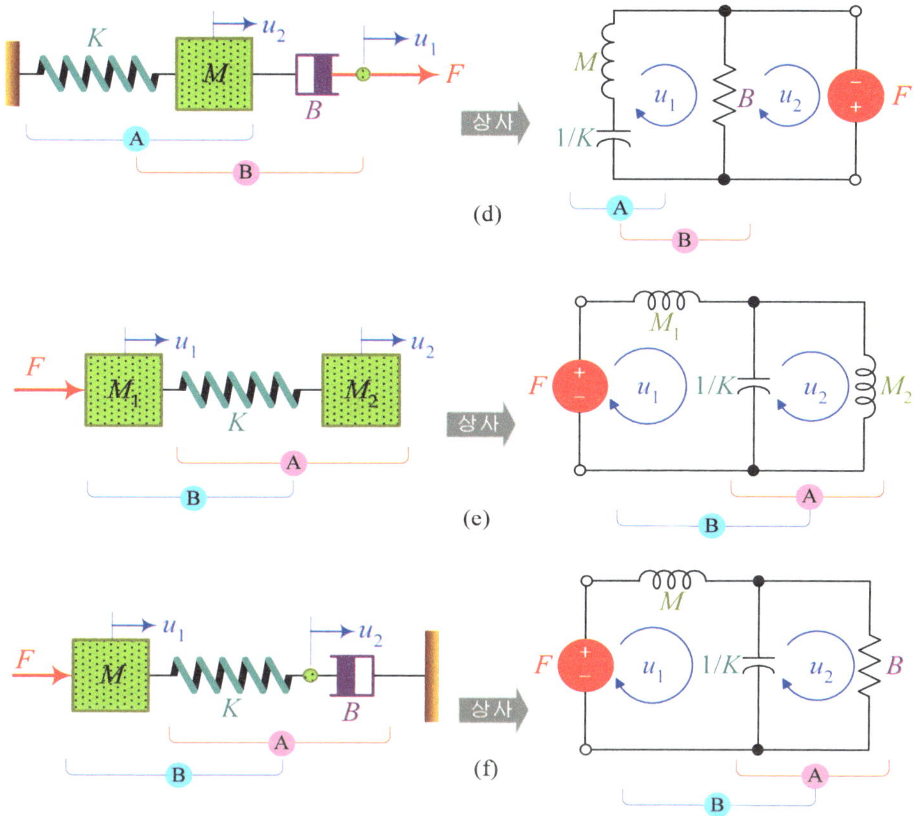

그림 15-16(d)의 기계계에서 가능한 속도를 모두 찾아보면 그림에 표시된 바와 같으며 속도 u_1을 위해 질점에 이용하였다. 먼저 K와 M은 속도 u_2로 같도록 결합되어 있으므로 상사 회로상에서는 직렬 결합이다. K와 M의 결합을 하나로 본 합성 요소 Ⓐ는 속도가 u_2이므로 마찰 B의 속도 u_1과 다르다. 따라서 상사 회로에서 보듯이 합성 소자 Ⓐ는 B와 병렬로 결합된다. 그리고 Ⓐ와 B의 합성 요소 Ⓑ는 최종적으로 힘과 결합하므로 상사 회로는 그림에 표시된 바와 같다.

그림 15-16(e)의 기계계에서는 M_2와 K의 속도가 다르므로 상사 회로상에서는 병렬로 결합된다. 그리고 M_2와 K를 하나로 한 합성 요소 Ⓐ는 속도가 u_1과 같다. 따라서 상사 회로상에서는 합성 소자 Ⓐ는 M_1과 직렬로 결합되며 그 전체가 합성 소자 Ⓑ이다.

그림 15-16(f)의 기계계에서는 B와 K의 속도가 다르므로 상사 회로상에서는 병렬로 결합되며 이 것이 합성 소자 Ⓐ이다. 그리고 합성

요소 Ⓐ는 속도가 u_1으로 M의 속도와 같으므로 합성 소자 Ⓐ는 상사 회로상에서 M과 직렬로 결합되며 그 전체가 합성 소자 Ⓑ이다.

이상으로 여러분들은 기계계의 상사 회로를 구하는 법을 이해하였으리라 생각한다. 그림 15-16에서 기계계에서의 힘과 속도의 방향 관계는 상사 회로상에서도 그대로 유지됨을 인식하였을 것이다. 즉 기계계에서 왼쪽에서 오른쪽으로 진행하는 방향을 회로상에서는 시계 방향으로 대응시켰으며 전압원 극성은 시계 방향의 전류를 도와주도록 극성이 정해져 있다. 만일 여러분들이 전류의 방향을 반시계 방향으로 하고자 하면 전압원 극성도 모두 반대가 되도록 해야 한다. 어떻든 힘과 속도의 방향 관계와 전압과 전류의 방향 관계에 일관성만 있으면 된다. 기계계를 상사 회로로 옮기고 나면 그 다음은 완전히 전기 회로 해석으로 귀결된다.

예제 15-5

그림 15-17에서 기계계 (a)의 상사 회로가 그림 (b)임을 설명하라.

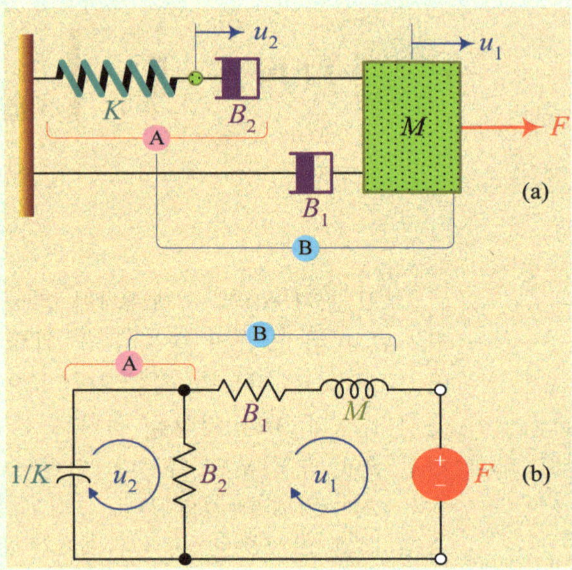

▲**그림 15-17** 예제 15-5의 그림

풀이 먼저 그림 (a)의 기계계에서 가능한 속도를 모두 찾아 질량을 중심으로 표시하면 그림에서 보는 바와 같다. 먼저 K와 B_2의 속도가 다르므로 그림 (b)의 회로상에서는 병렬 결합이다.

그리고 K와 B_2의 합성 Ⓐ는 B_1과 M과 더불어 모두 속도가 같으므로 회로상에서 Ⓐ와 B_1 및 M은 모두 직렬 결합된다. 따라서 상사 회로는 그림 (b)와 같음을 확인할 수 있다.

예제 15-6

그림 15-18의 (a)는 특수 진동 주파수를 흡수하는 충격 흡수기이며 그 원리에 대해 알아본다. 충격 흡수기는 K_2와 M_2로 이루어지며 가능한 속도를 모두 표시하면 그림과 같음을 알 수 있다. 힘 F는 충격으로부터 보호하고자 하는 질량 M_1에 가해지는 충격을 나타낸다. 그림 (a)에서 K_2와 M_2는 속도가 다르므로 그림 (b)의 상사 회로상에서 병렬로 결합된다. 그리고 K_2와 M_2의 합성은 나머지 요소 K_1, B, M_1과 속도가 같다. 따라서 그림 (b)와 같이 K_2와 M_2의 합성은 K_1, B, M_1과 직렬로 결합됨을 알 수 있다. 그 결과 그림 (b)에서 보듯이 충격 흡수기는 회로적으로는 LC 병렬 공진 회로와 같으며 공진 주파수는 다음과 같다.

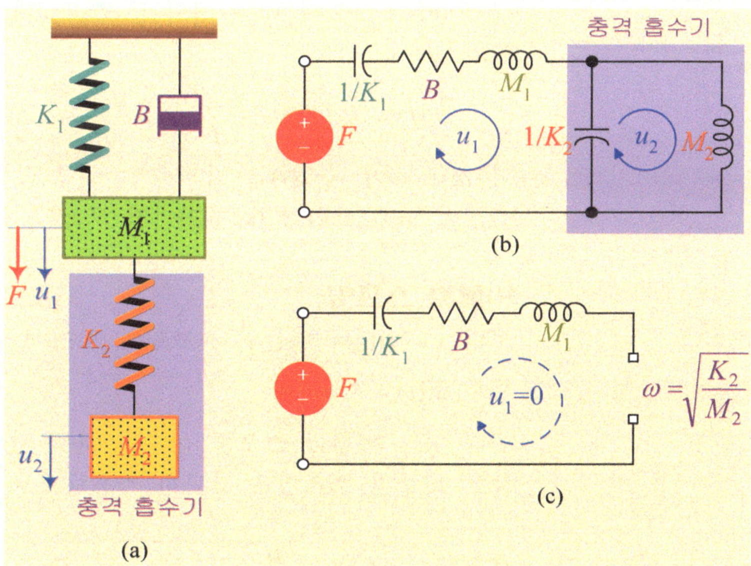

▲그림 15-18 예제 15-5의 그림

$$\omega = \frac{1}{\sqrt{M_2(1/K_2)}} = \sqrt{\frac{K_2}{M_2}}$$

그리고 공진 주파수에서는 LC 병렬 공진 회로는 임피던스가 무한대가 되어 개방 회로와 같다. 따라서 그림 (b)의 공진 주파수에서의 등가회로는 그림 (c)와 같으며 K_1, B, M_1에 흐르는 전류는 i_1=0이 된다. 즉 위의 식으로 주어지는 주파수의 충격은 질량 M_1에 전해지지 않는다. 이상으로 특정 주파수를 흡수하는 충격 흡수기는 바로 전기적으로는 LC 공진 회로와 같다.

15.5 회전 기계계

회전 요소

관성

그림 15-19는 회전 기계계를 구성하는 세 가지의 요소이며 그 중에서 그림 (a)는 관성에 대한 것이다. 관성 J와 토크 T의 운동 방정식은 다음과 같다.

$$T(t) = J\alpha(t) = J\frac{d\omega(t)}{dt} = J\frac{d^2\theta(t)}{dt^2} \qquad [35]$$

단 $\alpha(t)$, $\omega(t)$ 및 $\theta(t)$는 각가속도, 각속도 [rad/s] 및 각변위 [rad]이다. 관성의 SI계 단위는 [kg-m2]이며 토크의 단위는 [N-m]이다.

비틀림 스프링

그림 15-19(b)의 비틀림 스프링은 토크에 비례하여 각변위가 생기며

$$T(t) = K\theta(t) \qquad [36]$$

이다. K는 비틀림 스프링 상수라 하며 SI계 단위는 N-m/rad이다. 앞으로는 비틀림 스프링은 간단히 스프링으로 부르기로 한다.

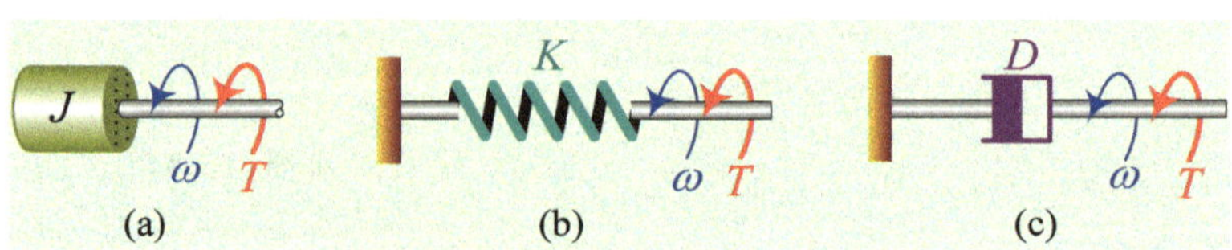

▶그림 15-19
(a) 관성; (b) 비틀림 스프링; (c) 마찰

마찰

그림 15-19(c)의 회전 운동계의 마찰 역시 점성 마찰과 정지 마찰 및 쿨롱 마찰이 대표적이다. 점성 마찰의 경우는

$$T(t) = D\omega(t) = D\frac{d\theta(t)}{dt} \qquad [37]$$

와 같이 제동력은 회전 속도에 비례하며 D는 마찰 계수이다. 그림 15-20의 (a)는 점성 마찰을, 그림 (b)는 정지 마찰을, 그림 (c)는 쿨롱 마찰을 각각 나타낸다.

▸그림 15-20 마찰의 특성: (a) 점성 마찰; (b) 정지 마찰; (c) 쿨롱 마찰.

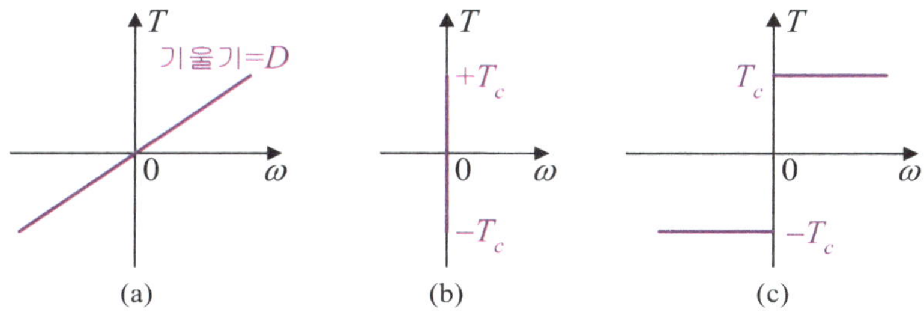

그림 15-19의 스프링과 마찰은 한쪽이 고정되어 있지만 그림 15-21과 같이 양단이 모두 회전할 경우의 실제 속도는 $\omega=\omega_1-\omega_2$이다.

▸그림 15-21 스프링과 마찰의 실제 속도 $\omega=\omega_1-\omega_2$

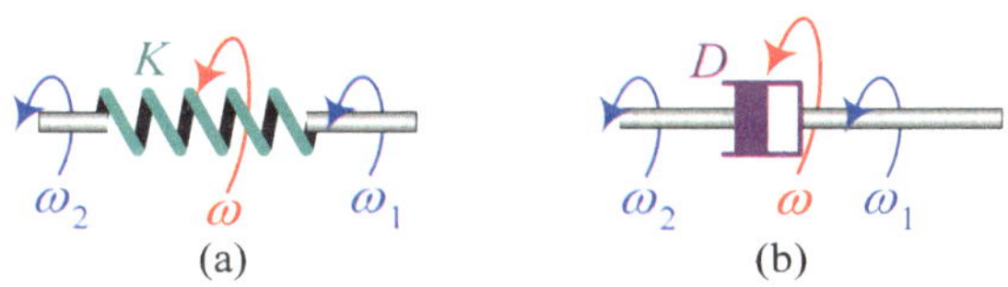

그림 15-22는 회전 기계계의 몇 가지 예를 보여주고 있다. 그림 (a)는 회전축의 마찰 D와 관성 J로 구성된 시스템이며 도식적으로는 오른쪽 그림과 같이 표현된다. 다음으로 그림 (b)는 뒤틀림이 생기는 회전축을 묘사한 것이며 K는 회전축의 스프링 계수이다. 마찰 각속도는 ω_2이지만 스프링 각속도는 $\omega_1-\omega_2$이다. 따라서 오른쪽 그림과 같이 표현해야 한다. 그림 (c)의 경우는 그림 (b)와 달리 회전축의 마찰 각속도와 스프링 각속도가 관성의 각속도와 모두 같기 때문에 오른쪽 그림과 같이 표현해야 한다.

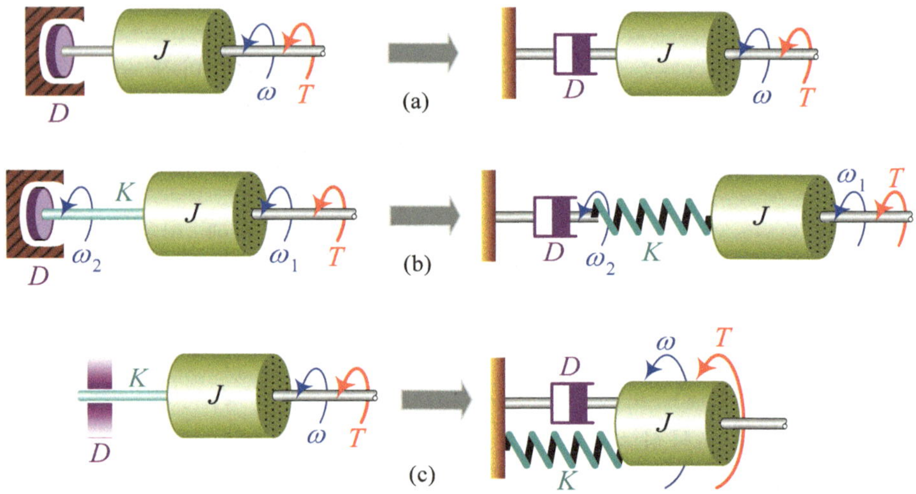

▶그림 15-22
회전 기계계의 예

상사 회로

그림 15-19(a)의 관성-토크 시스템에서 토크과 각속도의 관계가

$$T = J\frac{d\omega}{dt} \qquad [38]$$

이므로

$$\frac{T}{\omega} = pJ \qquad (\text{관성 } J) \qquad [39]$$

로 표현할 수 있다. 여기서 T를 전압 v로, ω를 전류 i로 상사시키면 인덕터의 전압-전류 관계인 $v/i=pL$과 일치한다. 따라서 관성 J는 인덕턴스 L과 상사이며 그림 15-23(a)가 이를 보여준다.

그림 15-19(b)의 스프링-토크 시스템에서는 토크 각속도의 관계가

$$\frac{dT}{dt} = K\frac{d\theta}{dt} = K\omega \qquad [40]$$

이므로 $pT=K\omega$로 표현할 수 있다. 따라서

$$\frac{T}{\omega} = \frac{K}{p} \qquad (\text{스프링 } K) \qquad [41]$$

로 표현할 수 있다. 여기서 T를 전압 v로, ω를 전류 i로 상사시키면 식 [41]은 커페시터의 전압-전류 관계인 $v/i=1/pC$과 일치한다. 따라서 그림 15-23(b)와 같이 스프링 계수의 역인 $1/K$은 용량 C와 상사이다.

그림 15-20(a)의 점성 마찰 D의 경우는 T와 ω의 관계가 단순히

$$\frac{T}{\omega} = D \qquad (\text{마찰 } D) \qquad [42]$$

▸그림 15-23 회전 기계계의 상사 회로

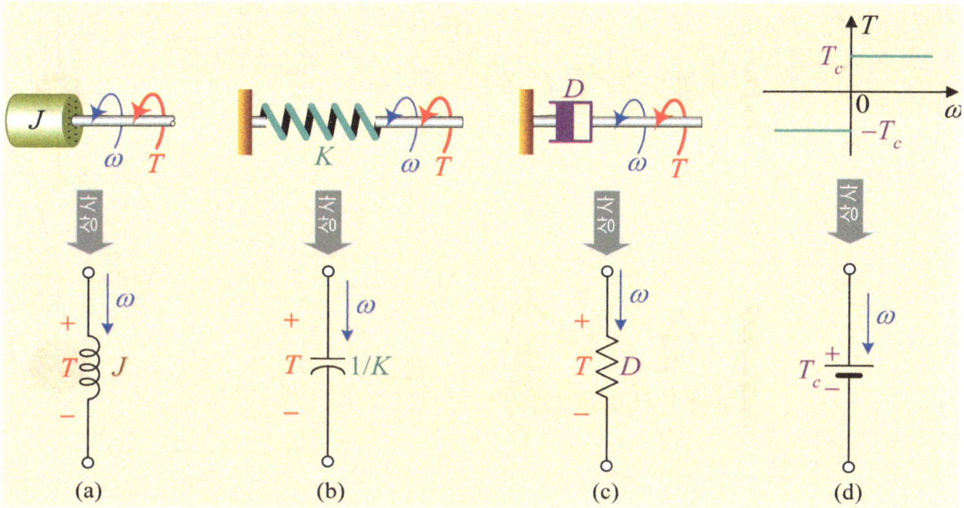

이므로 T를 v로, ω를 i로 상사시키면 저항의 특성인 $v/i=R$과 같다. 따라서 점성 마찰 D는 그림 15-23(c)와 같이 상사된다. 그리고 쿨롱 마찰 T_c의 상사 회로는 그림 15-23(d)임을 쉽게 알 수 있다.

회전 기계계의 상사 회로를 구하는 요령은 병진 기계계에서와 동일하다. 즉 T를 v로, ω를 i로 상사시키고 기계계에서 각속도가 같으면 회로상에서는 직렬 결합이며 그렇지 않으면 병렬 결합이다. 그림 15-24는 몇 가지 회전 기계계에 대한 상사 회로의 예를 보여준다.

그림 15-24(a)에서는 D와 J의 각속도가 같으므로 그림과 같이 회로상에서는 직렬로 결합된다. 그리고 그림 (b)에서는 세 요소 D, K, J의 속도가 모두 같으므로 회로상에서 모두 직렬 결합된다.

그림 15-24(c)의 경우는 먼저 K와 J의 속도가 ω_2로 같으므로 회로에서 직렬로 결합된다(Ⓐ). 그리고 기계계에서 합성 요소 Ⓐ의 속도는 ω_2이고 D의 속도는 ω_1으로 서로 다르므로 Ⓐ와 D는 회로상에서 병렬로 결합된다(Ⓑ).

그림 15-24(d)에서는 먼저 D와 F_c 및 J_2의 속도가 ω_2로 같으므로 이 세 요소는 회로에서 직렬로 결합된다(Ⓐ). 여기서 유의할 것은 전압원 T_c의 극성으로 ω_2를 방해하는 방향이다. 다음으로 합성 요소 Ⓐ의 속도는 ω_2이지만 K의 속도는 $\omega_1-\omega_2$이므로 Ⓐ와 K는 회로상에서 병렬로 결합된다(Ⓑ). 끝으로 합성 요소 Ⓑ의 속도와 J_1의 속도가 ω_1으로 같으므로 Ⓑ와 J_1은 회로에서 직렬로 결합된다(Ⓒ).

▶그림 15-24 회전 기계계의 상사 회로를 구하는 예

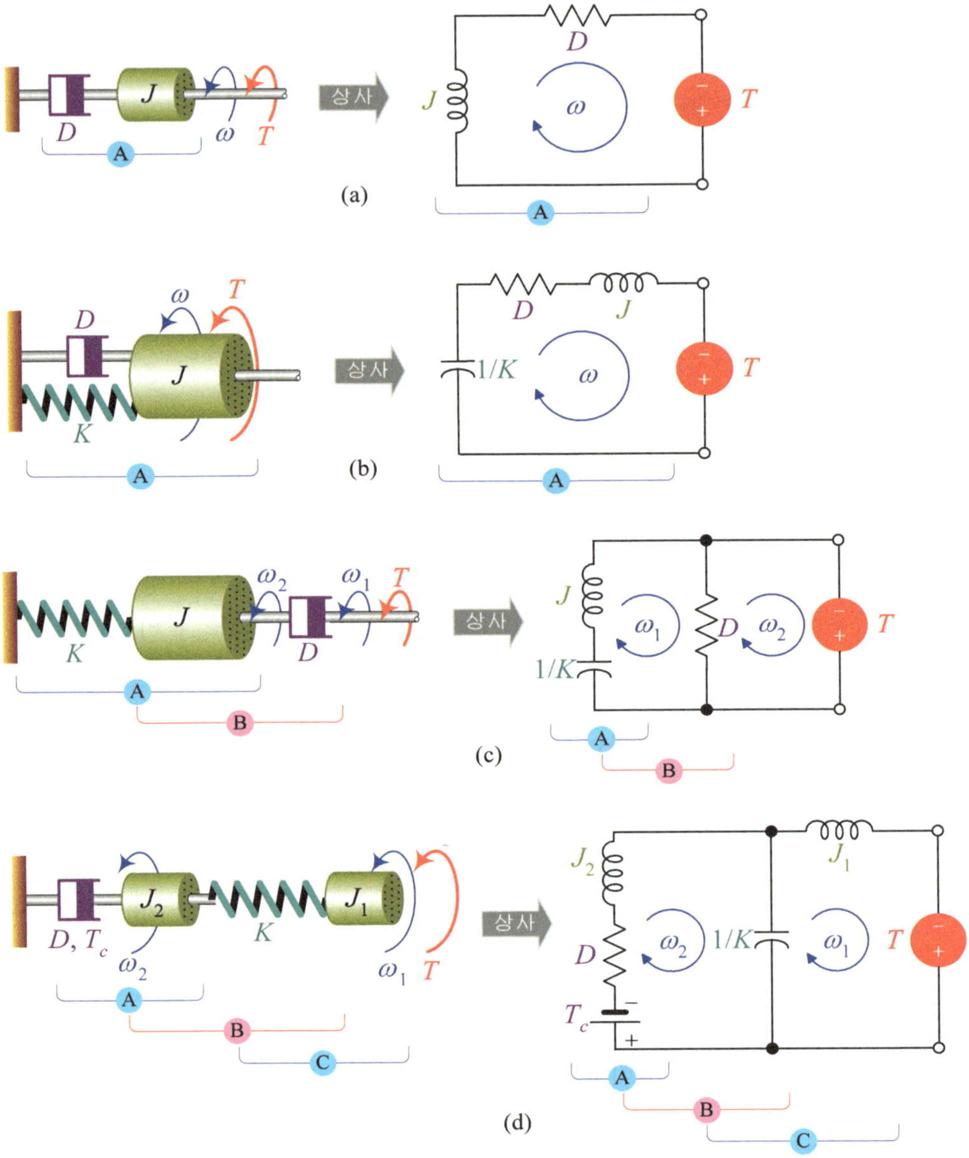

기어 전기계의 변압과 같은 역할을 하는 것이 기계계의 기어(gear)와 도르래(pulley)이며 그림 15-25는 변압기와의 상사 관계를 보여준다. 여기서 N_1과 N_2는 각 기어의 이빨 수이며 기어비 $n=N_1/N_2$는 변압기의 권선비에 해당한다(변압기에 대해서는 7.3 절 참조). 일차측 기어의 T_1, ω_1과

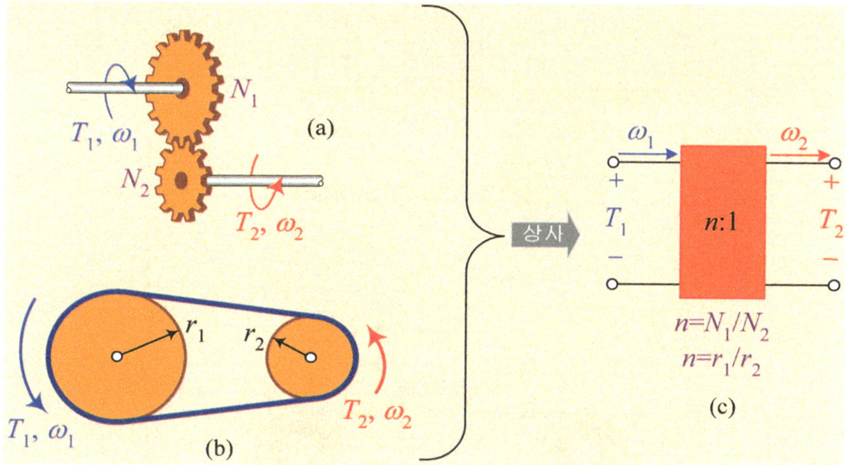

▶그림 15-25
(a) 기어
(b) 도르레
(c) 상사 회로

이차측 기어의 T_2, ω_2 사이의 관계는

$$n = \frac{N_1}{N_2} = \frac{T_1}{T_2} = \frac{\omega_1}{\omega_2} \qquad [43]$$

이며 도르래의 경우는 다음과 같다.

$$n = \frac{r_1}{r_2} = \frac{T_1}{T_2} = \frac{\omega_1}{\omega_2} \qquad [44]$$

병진 운동과 회전 운동을 함께 하는 회전-병진 기계계에서는 회전 운동을 병진 운동으로, 병진 운동을 회전 운동으로 변환시켜주는 장치가 필요하다. 여기에는 그림 15-26의 (a), (b), (c) 등이 있으며 이들은 그림 (d)의 변압기와 상사이다. 톱니 바퀴와 톱니 막대로 된 그림 (a)나 도르래와 벨트로 된 그림 (b)의 경우는 각속도와 속도 사이가

$$u = r\omega \qquad [45]$$

이다. 따라서 상사 회로상에서는 그림 (d)와 같이 권선비가 r인 변압기로 나타낼 수 있다(전류는 권선비에 반비례한다). 그리고 그림 (c)는 전동기와 엄지나사를 결합하여 전동기의 회전 운동이 부하에는 병진 운동으로 나타나게 한다. 엄지 나사가 한 번 회전하는 동안 질량이 이동한 직선 거리를 리드(lead) L이라 하며 나사의 반경이 r이면 $L=2\pi r$이다. 따라서 그림 (c) 역시 그림 (d)의 상사 회로로 표현된다.

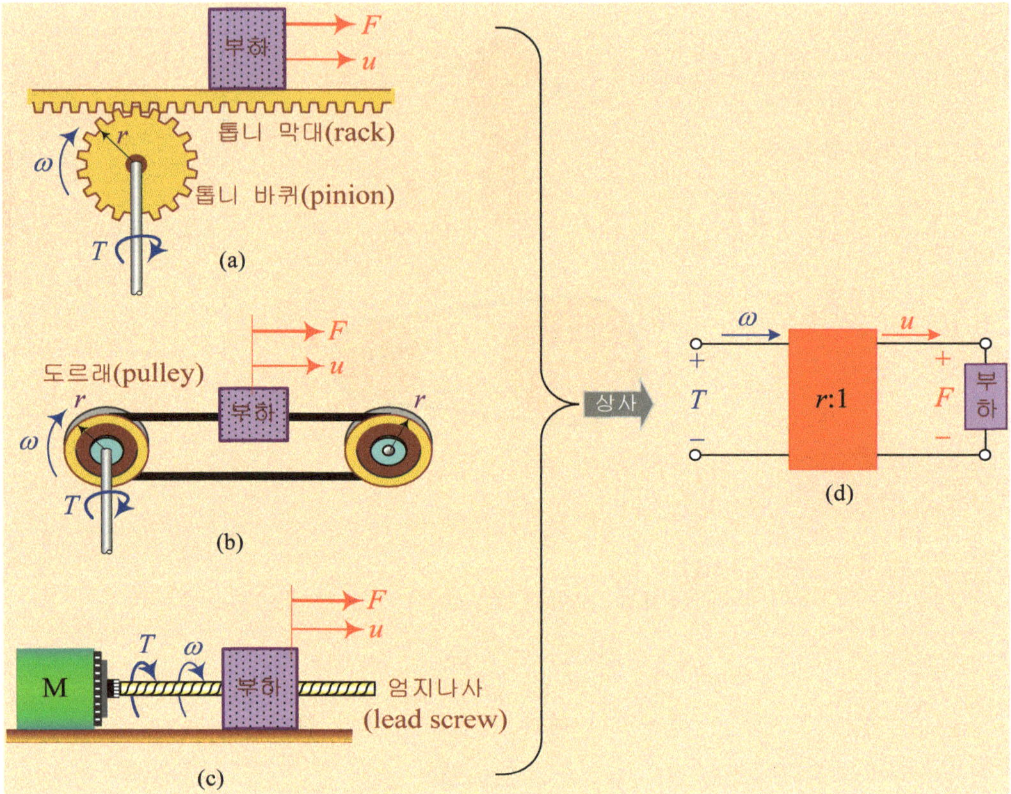

▲그림 15-26 회전-병진 운동계: (a) 톱니 바퀴와 톱니 막대; (b) 도르래와 벨트; (c) 엄지 나사; (d) 상사 회로.

변압기는 전압은 권선비에 비례하고 전류는 반비례하며 임피던스는 권선비의 자승에 비례한다. 특히 이미 정해진 부하를 변압기를 통해 임피던스 변환시킴으로써 원하는 특성을 얻을 수 있으며 이를 임피던스 변환이라 한다. 따라서 그림 15-25와 15-26의 장치들은 기계계에서도 임피던스 변환을 가능하게 해주는 중요한 역할을 한다.

예제 15-7

그림 15-27(a)의 회전-병진 기계계에 대한 상사 회로를 구하고 전류 ω_2에 대한 식을 구하라.

풀이 그림 (a)의 기계계에서 J_1, D_1, F_{c1}의 세 요소는 각속도가 같으므로 상사 회로상에서는 직렬 결합된다(Ⓐ). 그리고 J_2, D_2, F_{c2}의

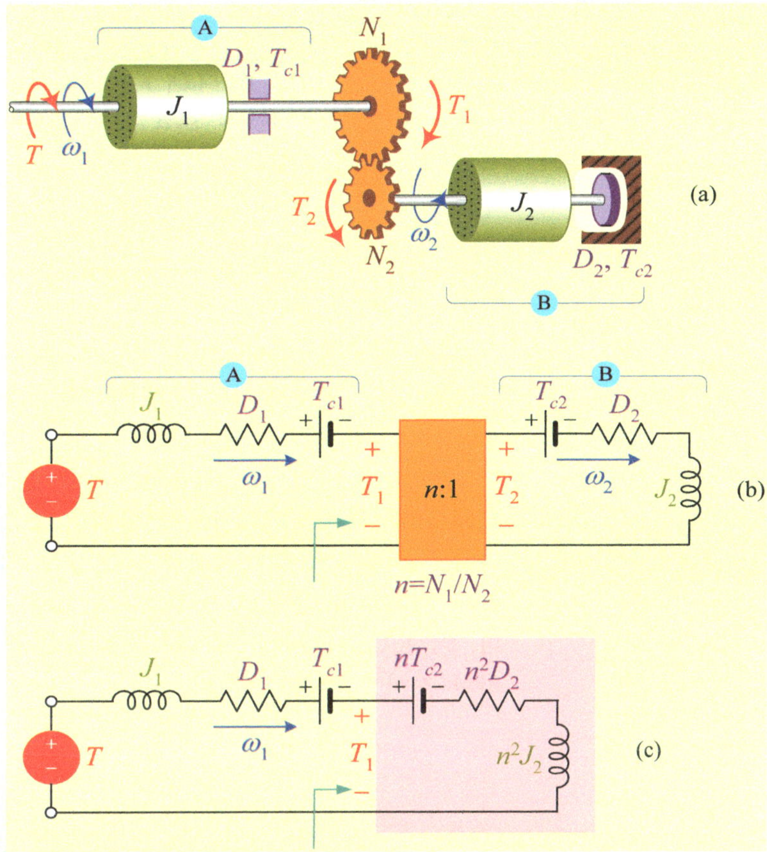

▲**그림 15-27** 예제 15-7의 그림: (a) 회전-병진 기계계; (b) 상사 회로; (c) 일차측으로 환산한 등가회로.

요소들 역시 각속도가 같으므로 회로상에서 직렬로 결합된다(Ⓑ). 따라서 상사 회로는 그림 (b)와 같으며 기어는 변압기로 표현된다. 여기서도 T_{c1}과 T_{c2}는 각각 전류 ω_1과 ω_2를 방해하는 극성임을 유의하여야 한다. 그림 (b)에서 변압기의 이차측을 일차측으로 환산하면 전압원 T_{c2}는 nT_{c2}로 변환되며, 임피던스에 해당하는 D_2와 J_2는 각각 n^2D_2와 n^2J_2로 자승에 비례하여 변환된다. 따라서 일차측에서 본 등가 회로는 그림 (c)와 같으며 전류 ω_1은 연산자 임피던스를 이용해 다음과 같이 쉽게 구할 수 있다.

$$\omega_1 = \frac{T - T_{c1} - nT_{c2}}{(J_1 + n^2 J_2)p + (D_1 + n^2 D_2)}$$

따라서 변압기 작용에 의해 $\omega_2 = n\omega_1$이므로 다음과 같다.

$$\omega_2 = \frac{n(T - T_{c1} - nT_{c2})}{(J_1 + n^2 J_2)p + (D_1 + n^2 D_2)}$$

위의 예제를 통해 알 수 있듯이 매우 복잡해 보이는 기계계도 상사 회로를 적용하면 쉽게 해석할 수 있다. 즉 상사 회로는 구하기 쉬울 뿐 아니라 회로적인 차원에서 일괄 해석할 수 있으며 회로 이론의 다양한 기술을 그대로 적용할 수 있다. 그리고 근래에는 회로 해석을 위한 다양한 소프트웨어가 개발되어 있으므로 상사 회로는 더욱 유용하다. 특히 전기계와 기계계가 혼합된 시스템을 해석할 때는 상사 회로의 편리함을 충분히 느낄 수 있으며 이에 대해서는 뒤에서 설명한다. 이상으로 앞에서 설명한 기계계에 대한 상사 회로를 종합하여 정리한 것이 그림 15-28이다.

(A)

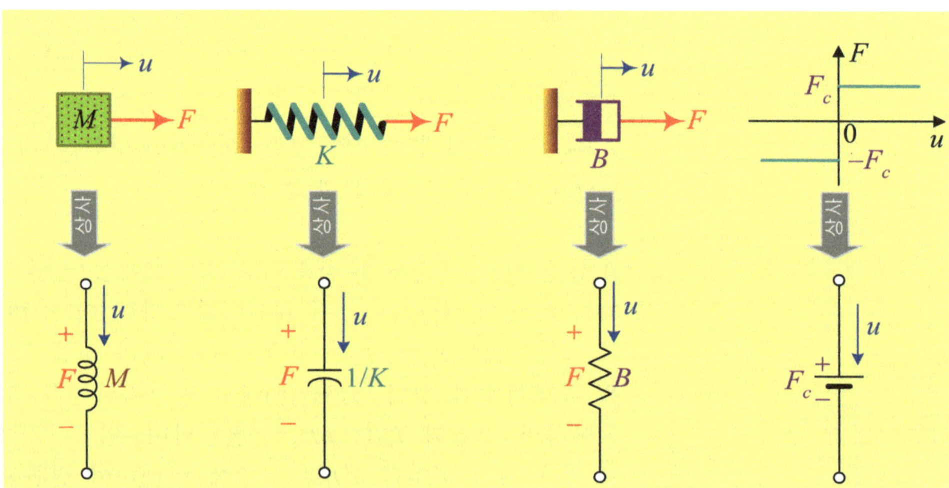

▲그림 15-28 전기계의 상사 회로: (A) 병진 기계계; (B) 회전 기계계; (C) 회전-병진 기계계.

▶그림 15-28
(계속)

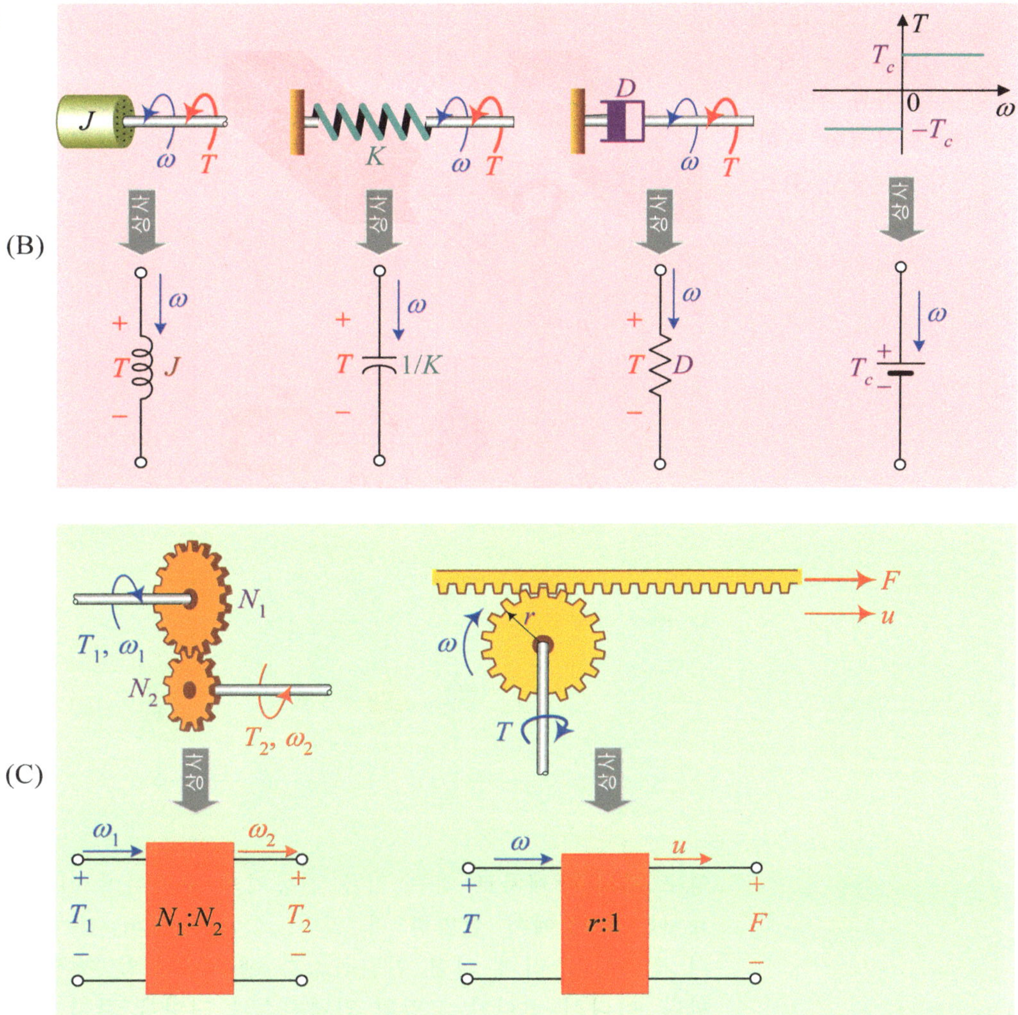

15.6 직류 전동기

전기계와 기계계를 이어주는 가장 중요한 장치 중 하나가 전동기이다. 특히 영구 자석을 계자로 하는 직류 전동기는 부피가 작아 제어 시스템에서 널리 사용되고 있는 매우 중요한 장치이다. 따라서 여기서는 직류 전동기의 상사 회로에 대해 알아본다. 그림 15-29의 (a)는

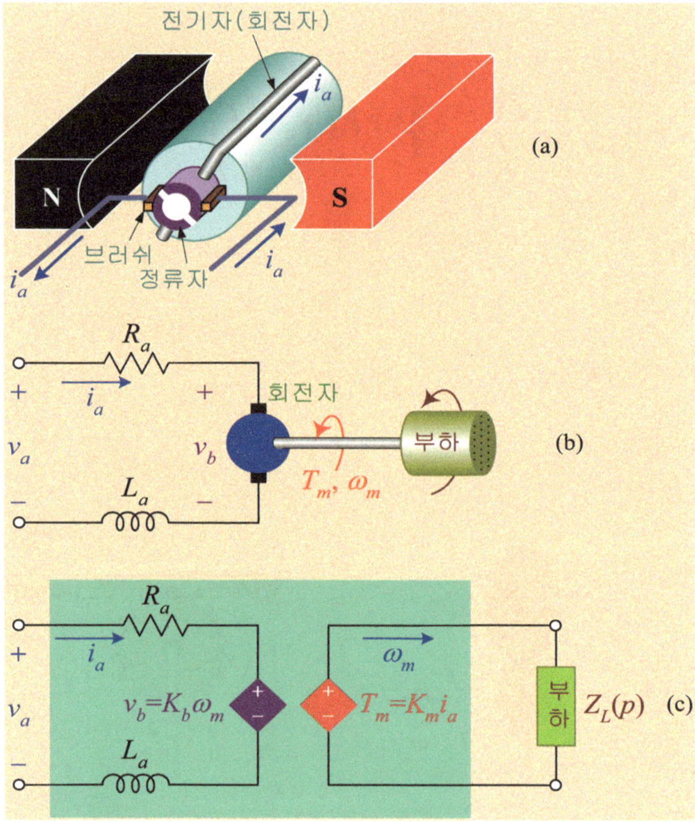

▶그림 15-29
(a) 영구 자석 직류 전동기;
(b) 도식적인 표현;
(c) 상사 회로.

영구 자석을 계자로 하는 직류 전동기의 구조이며 이 동작 원리에 대해서는 8.4절에서 설명한 바 있다. 그림 (a)에서 전기자(회전자) 코일의 권수를 늘리게 되면 인덕턴스가 생기며 코일 자체의 저항도 증가한다. 따라서 전기자 코일의 인덕턴스와 저항을 각각 L_a, R_a라 하면 그림 (a)는 그림 (b)와 같이 도식적으로 표현할 수 있다. 그리고 v_b는 회전자에 유도되는 역기전력으로서 $v_b=K_b\omega_m$으로 전동기 회전 속도 ω_m에 비례하며 K_b는 비례 상수이다. 역기전력 v_b의 극성은 전기자 전류 i_a를 방해하는 방향이다. 전동기의 회전력은 $T_m=K_m i_a$로 전류 i_a에 비례하며 비례 상수 K_m을 **토크 상수**라 한다. 여기서도 기계계의 토크를 전압으로, 각속도를 전류로 상사하면 그림 (b)의 상사 회로는 그림 (c)와 같이 구할 수 있으며 v_b와 T_m은 종속 전압원으로 표현된다. 그림 (c)의 상사 회로는 직류 전동기가 포함된 시스템을 해석할 때 유용하게 사용된다. 이를 위해 먼저 전달 함수 $G_m(p)=\omega_m/v_a$를 구해본다.

그림 15-29(c)에서 $v_b=K_b\omega_m$의 관계로부터 전기자 전류 i_a는

$$i_a=\frac{v_a-v_b}{pL_a+R_a}=\frac{v_a-K_b\omega_m}{pL_a+R_a} \quad [46]$$

여기서 부하의 임피던스를 $Z_L(p)$라 하면 $T_m=K_m i_a$의 관계로부터

$$\omega_m=\frac{T_m}{Z_L(p)}=\frac{K_m i_a}{Z_L(p)} \quad [47]$$

이므로 위의 두 식에서 i_a를 소거하면 $G_m(p)=\omega_m/v_a$은 다음과 같다.

$$G_m(p)=\frac{K_m}{(pL_a+R_a)Z_L(p)+K_bK_m} \quad \text{(직류 전동기)} \quad [48]$$

따라서 부하 임피던스만 주어지면 전동기의 전달 함수를 간단히 구할 수 있으므로 식 [48]은 전동기 해석에 매우 유용하다. 단 식 [48]에서 전기자 코일의 인덕턴스는 $L_a \cong 0$으로 무시하는 경우가 많다.

전동기의 회전 운도을 기어를 통해 병진 운동으로 변환시켜 사용할 수 있지만 그림 15-30과 같이 직접 병진 운동을 얻도록 구성할 수 있다. 그림 15-30의 (a)는 스피커의 원리를 그대로 이용한 것으로 음성-코일 전동기라 하며 간단히 VCM(voice-coil motor)이라 한다(스피커

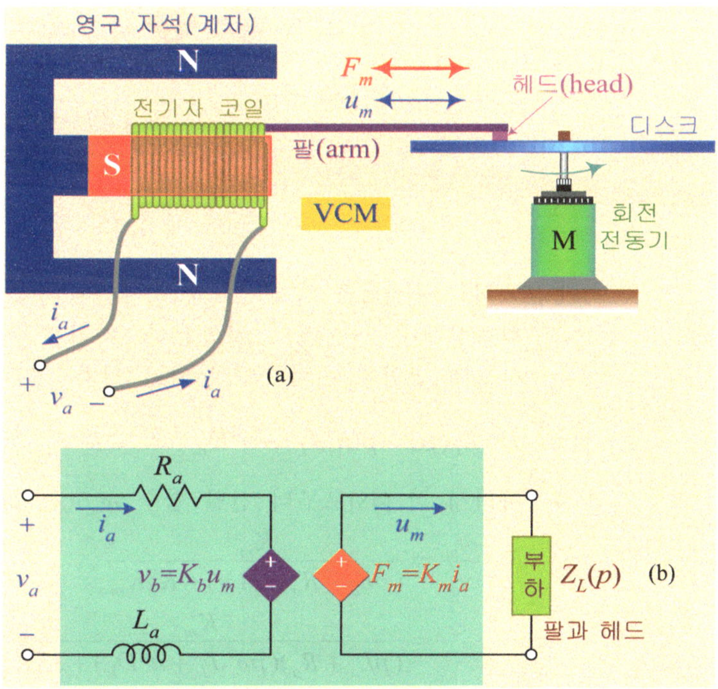

▶그림 15-30 음성-코일 전동기: (a) 구조 및 용도; (b) 상사 회로.

원리에 대해서는 그림 7-31 참조). 그림 15-30(a)의 상사 회로는 그림 (b)임을 쉽게 알 수 있을 것이다. 따라서 전달 함수 $G_m(p)=u_m/v_a$는 식 [48]과 동일하다.

예제 15-8

그림 15-31(a)는 부하가 기어를 통해 전동기와 결합한 그림이며 부하의 관성과 마찰은 J_L, D_L이다. 그림 (a)의 상사 회로가 그림 (b)와 같음을 보이고 전달 함수 $G_m(p)=\omega_L/v_a$을 구하라.

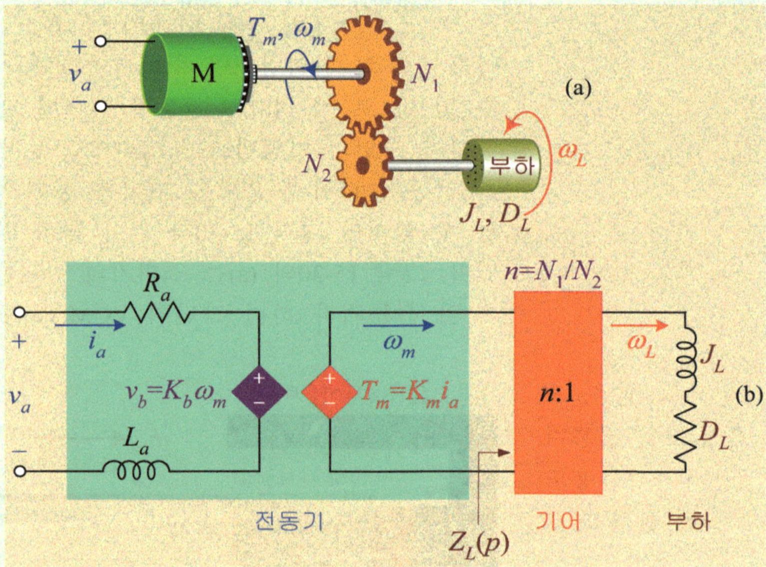

▲그림 15-31 예제 15-8의 그림.

풀이 그림 (a)의 기계계에서 J_L, D_L의 각속도 ω_L로 같으므로 상사 회로상에서는 직렬로 결합된다. 따라서 상사 회로는 그림 (b)와 같으며 변압기 이차측의 부하를 일차측으로 환산시킨 $Z_L(p)$는

$$Z_L(p)=p(n^2J_L)+n^2D_L$$

따라서 식 [48]로부터 전달 함수 ω_m/v_a은 다음과 같다.

$$\frac{\omega_m}{v_a}=\frac{K_m}{(pL_a+R_a)Z_L(p)+K_bK_m}$$

$$=\frac{K_m}{(pL_a+R_a)(pn^2J_L+n^2D_L)+K_bK_m}$$

변압기 작용에 의해 $\omega_L = n\omega_m$이므로 $G_m(p) = \omega_L/v_a = n\omega_m/v_a$이다. 따라서 약간의 계산을 거치면 전달 함수 $G_m(p)$는 다음과 같다.

$$G_m(p) = \frac{nK_m}{p^2 n^2 L_a J_L + pn^2(R_a J_L + L_a D_L) + (K_b K_m + n^2 R_a D_L)}$$

예제 15-9

그림 15-32(a)와 같이 팔이 관성이 크고 긴 로봇은 팔의 비틀림을 고려하여 그림 (b)와 같이 표현된다. 그림 (b)의 상사 회로가 그림 (c)임을 보이고 전달 함수 $G_m(p) = \omega_L/v_a$을 구하라(단 $L_a = 0$이다).

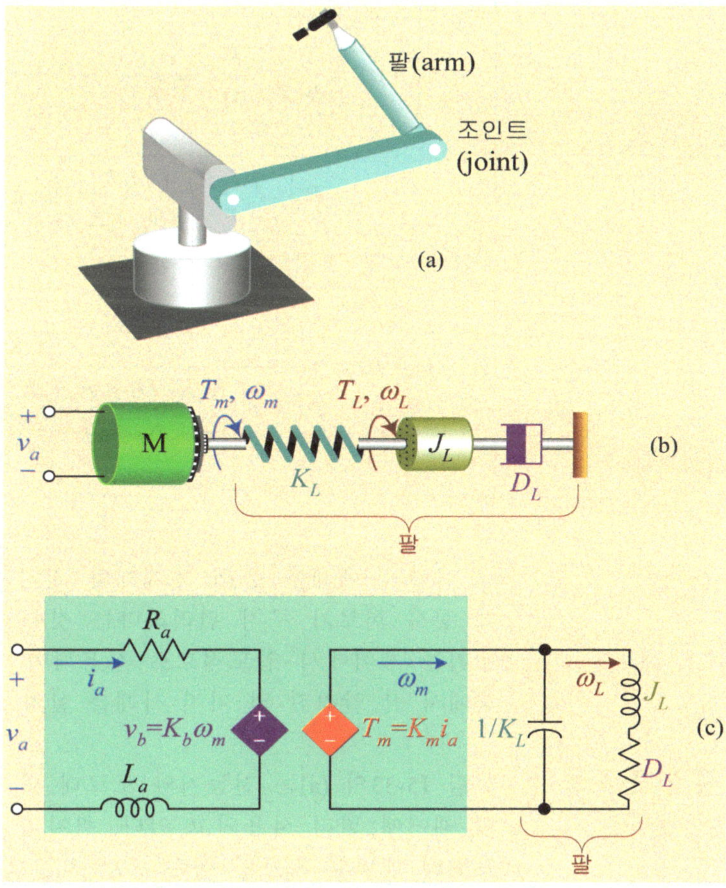

▲그림 15-32 예제 15-9의 그림.

풀이 그림 (b)의 기계계에서 J_L, D_L의 각속도가 ω_L로 같으므로 상사 회로상에서는 직렬로 결합된다. 다음으로 J_L, D_L의 합성은 K_L과 속도가 다르므로 회로상에서 병렬로 결합된다. 따라서 그림 (b)의 상사 회로는 그림 (c)와 같다. 그 결과 부하인 팔의 임피던스 $Z_L(p)$는 다음과 같다.

$$Z_L(p) = (pJ_L + D_L) \left\| \frac{K_L}{p} \right. = \frac{(pJ_L + D_L)K_L/p}{(pJ_L + D_L) + K_L/p}$$

$$= \frac{pJ_LK_L + D_LK_L}{p^2J_L + pD_L + K_L}$$

$Z_L(p)$를 식 [48]에 대입하고 L_a=0으로 하면 전달 함수 $G_m(p)=\omega_L/v_a$는 다음과 같다.

$$G_m(p) = \frac{K_m}{R_aZ_L(p) + K_bK_m}$$

$$= \frac{K_m}{R_a\left(\dfrac{pJ_LK_L + D_LK_L}{p^2J_L + pD_L + K_L}\right) + K_bK_m}$$

위의 식을 정리하면 다음과 같다.

$$G_m(p) = \frac{p^2(1/K_b) + p\left(\dfrac{D_L}{K_bJ_L}\right) + \dfrac{K_L}{K_bJ_L}}{p^2 + p\left(\dfrac{K_bK_mD_L + R_aJ_LK_L}{K_bK_mJ_L}\right) + \dfrac{K_bK_mK_L + R_aD_LK_L}{K_bK_mJ_L}}$$

이상의 예제를 통해 기계계와 전기계가 혼합된 시스템을 해석할 때 상사 회로가 무척 편리하다는 것을 느꼈을 것이다. 특히 직류 전동기는 제어에서 압도적으로 사용되며 그 응용 사례가 풍부하다. 그 중에서 잘 알려진 몇 가지 사례를 살펴 보기로 한다.

프린터 벨트 구동기

그림 15-33의 (a)는 전동기와 도르래 및 벨트의 조합으로 인쇄기의 위치 제어에 널리 사용되고 있다. 활자의 질량은 M이고 탄력성이 있는 프린터 벨트의 스프링 상수는 K이다. 그림에서와 같이 가능한 속도는 u_1과 u_2이며 M의 속도는 u_1이고 K의 속도는 u_1-u_2이다. 따라서 이 두 요소는 그림 (b)의 상사 회로상에서 병렬로 결합된다. 그리고 도르래

▸그림 15-33
프린터 벨트 구동기
(a) 도식적 표현;
(b) 상사 회로.

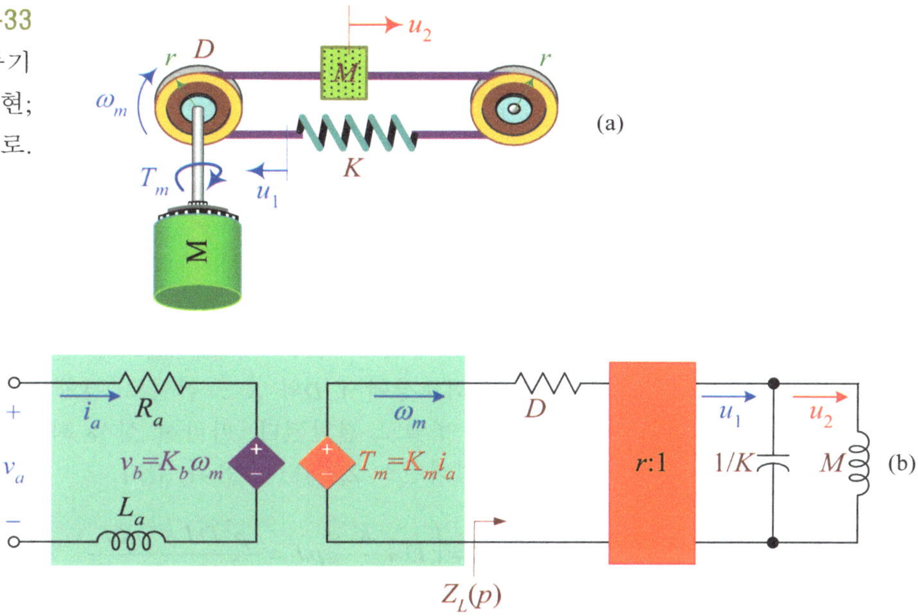

의 반경이 r이므로 회로상에서는 권선비가 r:1인 변압기와 같다. 그림 15-33의 (b)에서 부하 임피던스 $Z_L(p)$는 다음과 같다.

$$Z_L(p) = D + r^2\left(\frac{K}{p}\middle\|pM\right) = \frac{p^2D + pr^2K + DK/M}{p^2 + K/M} \qquad [49]$$

따라서 식 [48]에 $Z_L(p)$를 대입하면 전달 함수 ω_m/v_a를 구할 수 있다. 편의상 L_a=0으로 하여 약간의 계산을 거치면 다음과 같다.

$$\frac{\omega_m}{v_a} = \frac{p^2\dfrac{K_m}{R_aD + K_bK_m} + \dfrac{K_mK/M}{R_aD + K_bK_m}}{p^2 + p\left(\dfrac{r^2R_aK}{R_aD + K_bK_m}\right) + \dfrac{R_aDK/M + K_bK_mK/M}{R_aD + K_bK_m}} \qquad [50]$$

다음으로 $u_1 = r\omega_m$이므로

$$\frac{u_1}{v_a} = \frac{r\omega_m}{v_a} \qquad [51]$$

이다. 그리고 전류 분배 법칙에 의해 u_1과 u_2의 관계를 구하면

$$\frac{u_2}{u_1} = \frac{K/p}{pM + K/p} = \frac{K/M}{p^2 + K/M} \qquad [52]$$

이상의 세 식 [50], [51], [52]를 결합하면 전달 함수 $G_m(p)=u_2/v_a$는 다음

과 같이 구할 수 있다(단순한 계산 문제이다).

$$G_m(p)=\frac{\dfrac{rK_mK/M}{R_aD+K_bK_m}}{p^2+p\left(\dfrac{r^2R_aK}{R_aD+K_bK_m}\right)+\dfrac{R_aDK/M+K_bK_mK/M}{R_aD+K_bK_m}} \quad [53]$$

테이프 구동기

그림 15-34(a)는 테이프 구동기를 나타낸 것이다. D는 테이프와 캡스턴(capstan) 사이의 점성 마찰이며 테이프의 신축성은 스프링 계수 K로 나타내었다. D와 K는 각속도가 $\omega_L-\omega_m$으로 같으며 J는 각속도가 ω_L이다. 따라서 회로상에서 D와 K는 직렬로 결합되고 이 두 요소의 합성은 다시 J와 병렬로 결합된다. 따라서 상사 회로는 그림 15-34(b)와 같으며 부하 임피던스 $Z_L(p)$는 다음과 같다.

$$Z_L(p)=\left(D+\frac{K}{p}\right)\Bigg\|pJ=\frac{p^2DJ+pKJ}{p^2J+pD+K} \quad [54]$$

따라서 식 [48]에 $Z_L(p)$를 대입하면 전달 함수 ω_m/v_a를 구할 수 있으며 나아가 전류 분배 법칙으로 ω_m과 ω_L의 관계를 구할 수 있다. 그 결과 L_a=0으로 가정할 때 전달 함수 $G_m(p)=\omega_L/v_a$은 다음과 같다.

▶그림 15-34
(a) 테이프 구동기
(b) 상사 회로

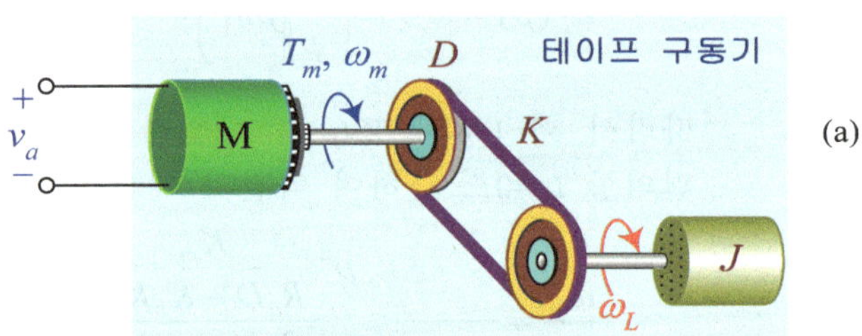

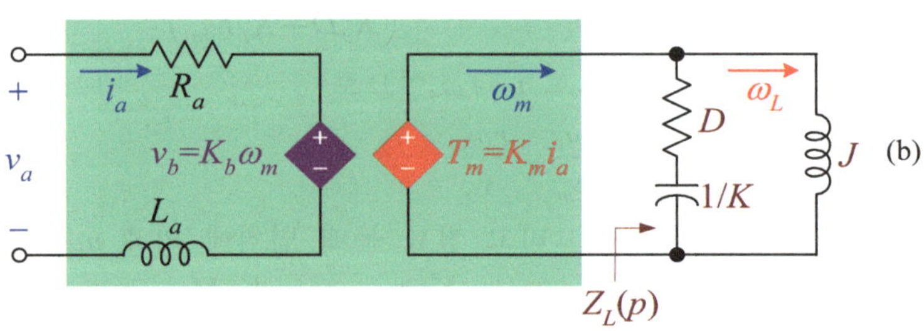

$$G_m(p)=\frac{p\left(\frac{K_mD}{R_aDJ+K_bK_mJ}\right)+\frac{K_mK}{R_aDJ+K_bK_mJ}}{p^2+p\left(\frac{R_aKJ+K_bK_mD}{R_aDJ+K_bK_mJ}\right)+\frac{K_bK_mK}{R_aDJ+K_bK_mJ}} \quad [55]$$

자기 디스크 구동기 그림 15-35(a)는 음성-코일 전동기(VCM)을 이용하는 자기 디스크 구동기이며 팔과 헤드는 직선 운동을 한다. 여기서 M은 헤드의 질량이며 B는 헤드의 마찰 계수이고 K는 팔의 스프링 상수이다. M과 B는 같은 속도이므로 상사 회로상에서는 직렬 결합이다. 그리고 이 두 요소의 합성은 다시 스프링과 병렬 결합을 이룬다. 따라서 상사 회로는 그림 15-35(b)와 같다. 그 결과 부하 임피던스 $Z_L(p)$는 다음과 같다.

$$Z_L(p)=\frac{K}{p}\Big\|(pM+B)=\frac{pMK+BK}{p^2M+pB+K} \quad [56]$$

L_a=0으로 하여 앞의 경우와 같은 방식으로 전달 함수 $G_m(p)=u_L/v_a$을 구하면 약간의 계산 끝에 다음과 같다.

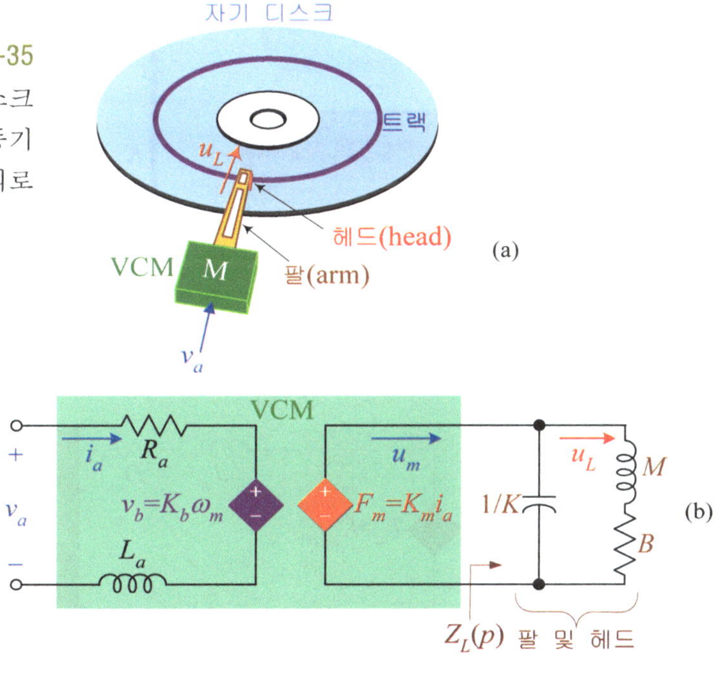

▸그림 15-35
(a) 자기 디스크 구동기
(b) 상사 회로

$$G_m(p) = \frac{\dfrac{K}{K_b M}}{p^2 + p\left(\dfrac{R_a MK + K_b K_m B}{K_b K_m M}\right) + \dfrac{R_a BK + K_b K_m K}{K_b K_m M}} \quad [57]$$

기중기 그림 15-36은 간단한 기중기 및 상사 회로를 보여준다. 그림 (a)에서 J_m과 D_m은 도르래의 관성과 점성 마찰을 나타낸다. 그리고 로프의 스프링 상수는 K이고 짐의 질량은 M이다. 두 요소 J_m과 D_m은 각속도가 같으므로 회로상에서 직렬 결합된다. 그리고 K와 M은 서로 속도가 다르므로 회로상에서는 병렬로 결합된다. 그리고 J_m과 D_m의 합성은 K와 M의 합성과 최종적으로 도르래를 통해 결합되므로 상사 회로는 그림 (b)와 같아진다. 이 회로의 전달 함수도 $Z_L(p)$를 구하여 역시 앞의 경우들과 같은 방법으로 구할 수 있으며 더 이상 설명하지 않기로 한다.

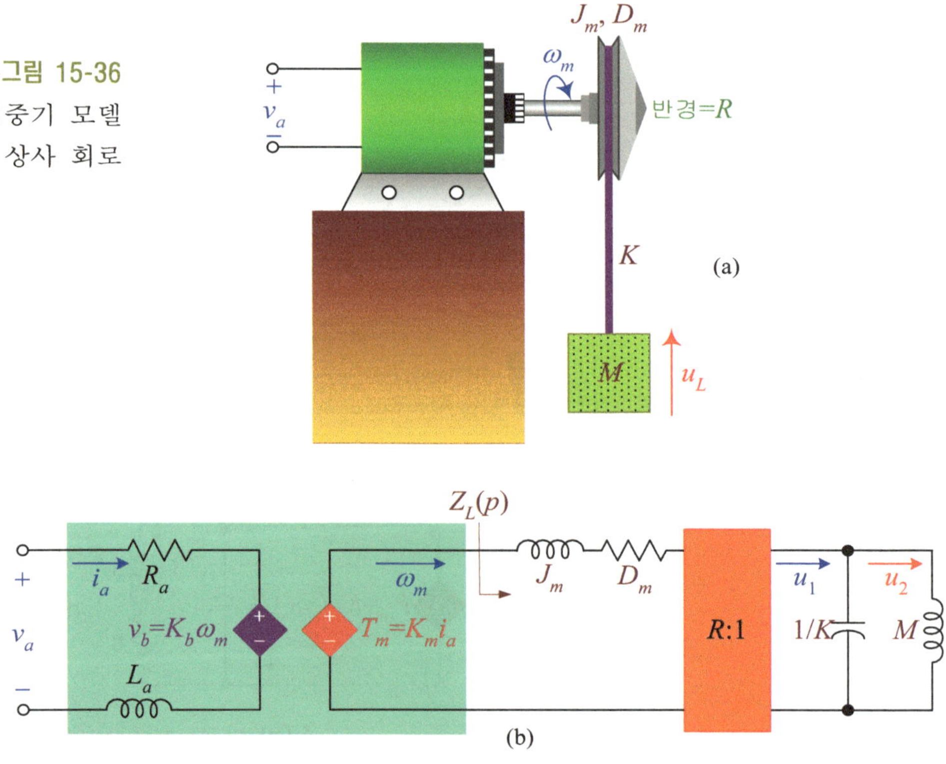

▶그림 15-36
(a) 기중기 모델
(b) 상사 회로

이상의 그림 15-33~15-36을 통해 전동기가 포함된 전기-기계계를 해석하는 방법에 대해 설명하였다. 그 결과 상사 회로의 편리성을 다시 한번 인식할 수 있을 것이다. 각 그림에서 요소들의 값만 주어지면 단지 2차 미분 방정식을 푸는 일만 남는다.

예제 15-10

그림 15-33에서 스프링 상수 K를 제외한 나머지 요소들의 값이 다음과 같다.

R_a=2 Ω, L_a=0 H, K_b=0 V/rad/s, K_m=2 N-m/A, D=0.25 N-m/rad/s, M=0.15 kg, r=0.15 m.

스프링 상수 K가 다음과 같을 때 각 경우에 대한 u_2의 계단 응답을 구하라: (a) K=1, (b) K=20, (c) K=100

풀이 식 [53]에 값을 대입하면 전달 함수는

$$G_m(p) = \frac{4K}{p^2 + (0.09K)p + 6.67K}$$

이다. 입력이 $v_a(t)=u_s(t)$이므로 $t\geq0$에 대한 u_2의 특수해는

$$u_{2p} = \frac{4K}{6.67K} = 0.6$$

로 K와 무관하다. 그리고 초기 조건 및 도함수 초기 조건은

$$\begin{cases} u_2(0) = G_m(\infty) = 0 \\ \dfrac{du_2(0)}{dt} = pG_m(p)\Big|_{p=\infty} = 0 \end{cases}$$

로 역시 K와 무관하다.

(a) K=1: 특성 방정식과 특성근(극점)이

$$s^2 + 0.09s + 6.67 = 0 \quad \therefore s = -0.045 \pm j2.58$$

따라서 완전해는 다음과 같다.

$$u_2(t) = 0.6 + e^{-0.045t}(K_1 \cos 2.58t + K_2 \sin 2.58t)$$

초기 조건 $u_2(0)=du_2(0)/dt=0$을 이용하여 K_1과 K_2를 구하면

$$\begin{cases} u_2(0) = 0.6 + K_1 = 0 \\ du_2(0)/dt = -0.045K_1 + 2.58K_2 = 0 \end{cases} \quad \therefore K_1 = -0.6,\ K_2 = -0.01$$

이상으로 K=1일 때의 계단 응답은 다음과 같다.

$$u_2(t) = 0.6 - e^{-0.045t}(0.6\cos 2.58t + 0.01\sin 2.58t)$$

(b) K=20: 특성 방정식과 특성근(극점)이

$$s^2 + 1.8s + 133.4 = 0 \quad \therefore s = -0.9 \pm j11.5$$

따라서 완전해는 다음과 같다.

$$u_2(t) = 0.6 + e^{-0.9t}(K_1 \cos 11.5t + K_2 \sin 11.5t)$$

초기 조건 $u_2(0)=du_2(0)/dt=0$을 이용하여 K_1과 K_2를 구하면

$$\begin{cases} u_2(0) = 0.6 + K_1 = 0 \\ du_2(0)/dt = -0.9K_1 + 11.5K_2 = 0 \end{cases}$$
$$\therefore K_1 = -0.6,\ K_2 = -0.047$$

이상으로 K=20일 때의 계단 응답은 다음과 같다.

$$u_2(t) = 0.6 - e^{-0.9t}(0.6\cos 11.5t + 0.047\sin 11.5t)$$

(c) K=100: 특성 방정식과 특성근(극점)이

$$s^2 + 9s + 667 = 0 \quad \therefore s = -4.5 \pm j25.4$$

따라서 완전해는 다음과 같다.

$$u_2(t) = 0.6 + e^{-4.5t}(K_1 \cos 25.4t + K_2 \sin 25.4t)$$

초기 조건 $u_2(0)=du_2(0)/dt=0$을 이용하여 K_1과 K_2를 구하면

$$\begin{cases} u_2(0) = 0.6 + K_1 = 0 \\ du_2(0)/dt = -4.5K_1 + 25.4K_2 = 0 \end{cases}$$
$$\therefore K_1 = -0.6,\ K_2 = -0.1$$

이상으로 K=100일 때의 계단 응답은 다음과 같다.

$$u_2(t) = 0.6 - e^{-4.5t}(0.6\cos 25.4t + 0.1\sin 25.4t)$$

위의 세 가지 계단 응답을 함께 그려보면 그림 15-37과 같다.

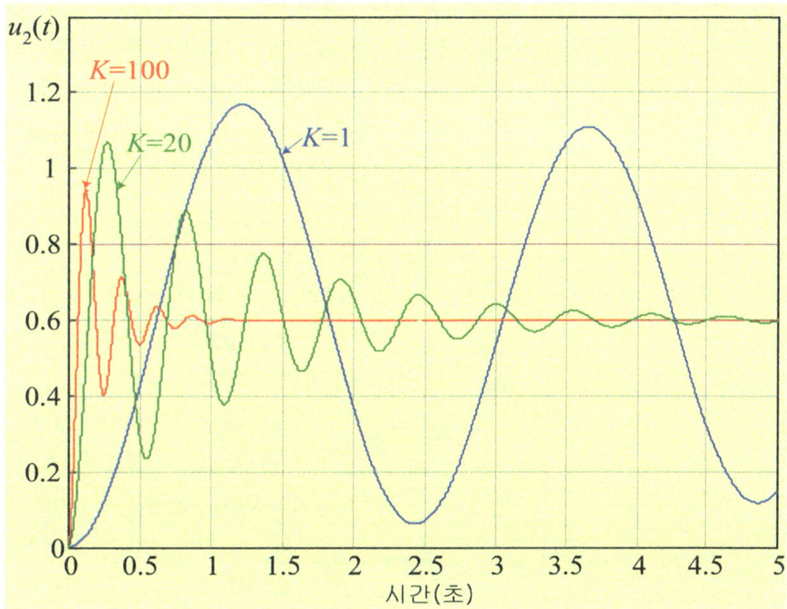

▲그림 15-37 예제 15-10의 계단 응답

15.7 궤환제어 시스템

폐루프 시스템

그림 15-38은 제어 변수를 궤환시켜 입력과의 오차를 줄여나가도록 제어하는 궤환제어 시스템의 전형적인 구성이다. 제어 변수는 속도, 위치, 온도 등 여러 가지 형태의 물리량이 있을 수 있으므로 이를 감지하기 위한 센서(sensor)가 필수적이다. 즉 센서는 하나의 물리량을 다른 차원의 물리량으로 변환시켜 주는 일종의 변환기이다. 센서에

▶그림 15-38 궤환제어 시스템의 전형적인 구성

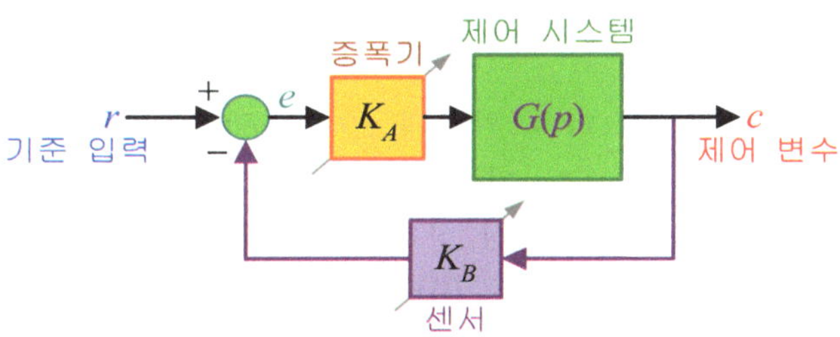

의해 감지된 제어 변수는 원하는 물리량으로 변환되며 그 대부분이 전기적인 양이다. 그 이유는 제어기를 제어하는 중요한 부분이 증폭기 등과 같은 전기계이며 이로 인해 지시 입력 r 또한 대체로 전기적인 양이기 때문이다(센서는 16장에서 자세히 설명한다).

그림 15-38에서 궤환 루프를 차단한 상태에서의 전달 함수를 개루프(open-loop) 전달 함수라 하며

$$G_{OL}(p) = K_A G(p) \qquad [58]$$

이다. 그리고 궤환 루프가 동작할 때의 전달 함수를 폐루프(open-loop) 전달 함수라 하며 $G_{CL}(p)$로 나타낸다. 그림 15-38의 개루프 및 폐루프 전달 함수의 관계는 다음과 같다.

$$G_{CL}(p) = \frac{G_{CL}(p)}{1 + K_B G_{CL}(p)} = \frac{K_A G(p)}{1 + K_A K_B G(p)} \qquad [59]$$

예를 들어 제어 시스템이 전형적인 이차 시스템일 경우

$$G(p) = \frac{b}{p^2 + ap + b} \qquad [60]$$

이므로 폐루프 전달 함수는 다음과 같다.

$$G_{CL}(p) = \frac{K_A b}{p^2 + ap + b(1 + K_A K_B)} \qquad [61]$$

따라서 증폭기의 이득 K_A와 센서의 이득 K_B를 조절하여 원하는 위치에 극점을 위치시킬 수 있다. 즉 시스템을 제어할 수 있다.

최종 조건

가장 이상적인 제어 시스템은 그림 15-39와 같이 폐루프 전달 함수가

$$G_{CL}(p) = 1 \quad \text{(이상적인 제어 시스템)} \qquad [62]$$

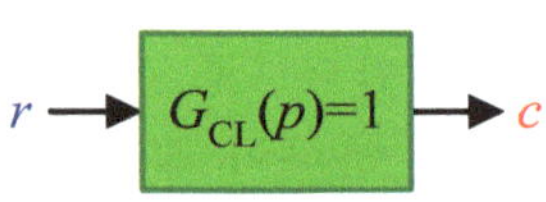

▲그림 15-39
이상적인 제어 시스템

이다. 즉 이 경우 $c(t)=r(t)$로써 제어 변수는 100% 지시 입력을 따르지만 현실적으로는 거의 불가능하다. 그림 15-38의 제어궤환 시스템의 목적은 식 [62]의 특성에 최대한 가깝도록 하는 것이다. 그림 15-38에서 $r(t)=u_s(t)$이면 $t \geq 0$에 대해 $c(t)$의 특수해는

$$c_p = G_{CL}(0) \qquad [63]$$

이다. 그리고 완전해 $c(t)=c_p+c_c(t)=G(0)+c_c(t)$에서 보조해인 $c_c(t)$는 시간이 무한대로 가면 지수적으로 감소하여 0으로 수렴한다. 즉 $c_c(\infty)=0$이다. 따라서 정상 상태($t=\infty$)에서의 계단 응답은 다음과 같다.

$$c(\infty) = G_{CL}(0) \quad \text{(최종 조건)} \qquad [64]$$

식 [64]를 계단 응답에 대한 **최종 조건**이라 하며 이는 식 [10]으로 표현되는 초기 조건인

$$c(0) = G_{CL}(\infty) \quad \text{(초기 조건)} \qquad [65]$$

와 대조를 이룬다. 그리고 정상 상태에서의 입력 r=1과 출력 $c(\infty)$의 차를 **정상 상태 오차**라 하여 e_{ss}로 표현하며

$$e_{ss} = 1 - c(\infty) = 1 - G_{CL}(0) \quad \text{(정상 상태 오차)} \qquad [66]$$

로 주어진다. 즉 e_{ss}=0이면 출력은 언젠가는 계단 지시 입력을 추종하게 되며 이를 위해서는 $G_{CL}(0)$=1이 되어야 한다. 이상으로 궤환제어 시스템의 목적을 요약하면 다음과 같다: 첫째, 정상 상태 오차가 가능한 한 0에 가깝도록 한다. 둘째, 정상 상태에 이르는 과도기에서 보조해 $c_c(t)$가 가능한 한 빨리 소멸되도록 한다.

센서

포텐쇼미터(potentiometer)

포텐쇼미터는 가변 저항기를 이용한 전압 분배기이며 그림 15-40의 (a)에서 전압 v_p는 직선적인 변위에 비례한다. 그리고 그림 (b)의 경우 v_p는 각변위에 비례하여

$$v_p = K_p\theta \qquad [67]$$

이며 K_p는 비례 상수이다. 포텐쇼미터의 도식적인 표현은 그림 (c)로 한다.

▸그림 15-40 포텐쇼미터: (a), (b) 구성; (c) 기호적 표현.

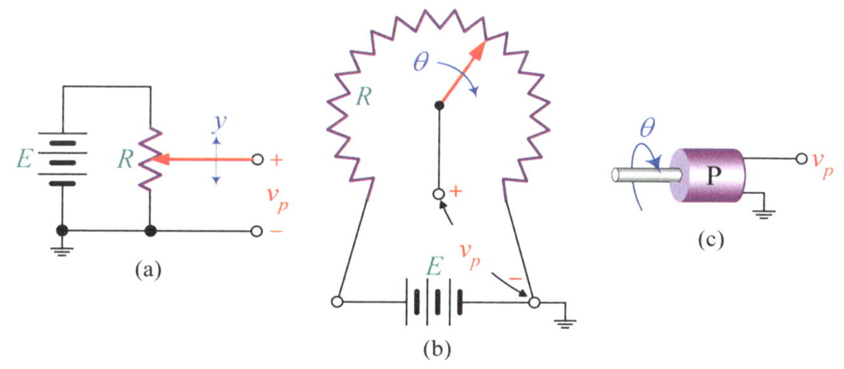

타코미터(tacometer)

타코미터는 그림 15-41(a)처럼 속도를 감지하여 이에 비례하는 전압

$$v_t = K_t\omega \qquad [68]$$

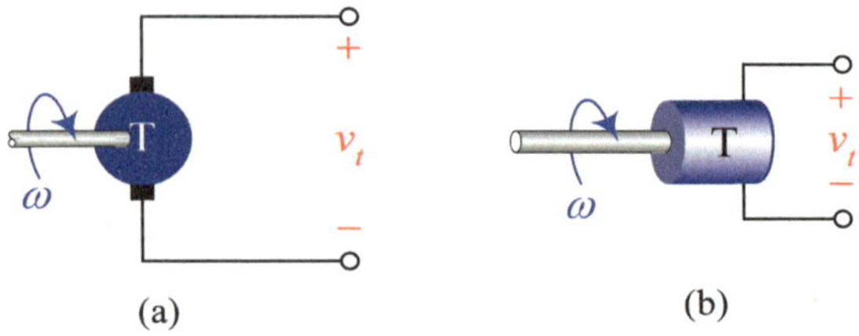

▶그림 15-41
타코미터:
(a) 동작 원리;
(b) 기호적 표현

을 발생시키는 일종의 발전기이며 K_t는 비례 상수이다. 타코미터의 도식적인 표현은 그림 15-41(b)로 한다.

증분 부호기(incremental decoder)

증분 부호기는 부호화된 원판으로서 그림 15-42와 같이 전동기 등과 같은 회전체에 탑재되어 각변위를 디지털 부호나 펄스 신호로 변환시켜 주는 장치이다. 부호화된 각변위는 복호기를 통해 각변위 및 속도에 비례하는 전압으로 변환된다.

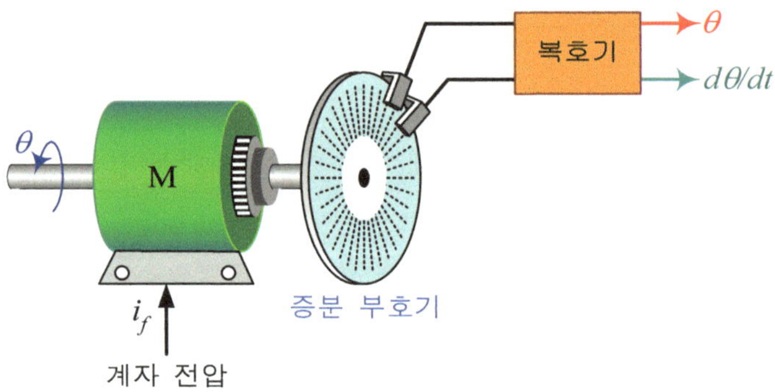

▶그림 15-42
증분 부호기를 탑재한 직류 전동기

속도 궤환제어

그림 15-43(a)는 속도를 제어하는 한 예인 턴테이블 동작을 보여준다. 턴테이블의 회전 속도 ω_m은 가변 저항의 전압 v_r이 지시한다. 회전 속도를 일정하기 위해 속도 ω_m을 궤환시켜 제어한다. 이를 위해 타코미터가 회전 속도를 감지하여 이에 비례하는 전압 $K_t\omega_m$을 입력단으로 궤환시킨다. 그 결과 지시 입력 v_r과 궤환 전압 $K_t\omega_m$의 차가 증폭기로 증폭되어 전동기의 전기자 전압 v_a로 입력된다. 그림 15-43(a)에 대한 블록선도는 그림 (b)이다. 전동기의 전달 함수 $G_m(p)$는 식 [48]에 의해 구할 수 있으며 $Z_L(p)$는 부하인 턴테이블에 의해 결정된다. 즉 턴테이블의 관성이나 마찰 등의 특성을 알면 회로적으로 $Z_L(p)$를 구하여 식

▶그림 15-43
속도 궤환제어의 예:
(a) 턴테이블 시스템;
(b) 블록 선도.

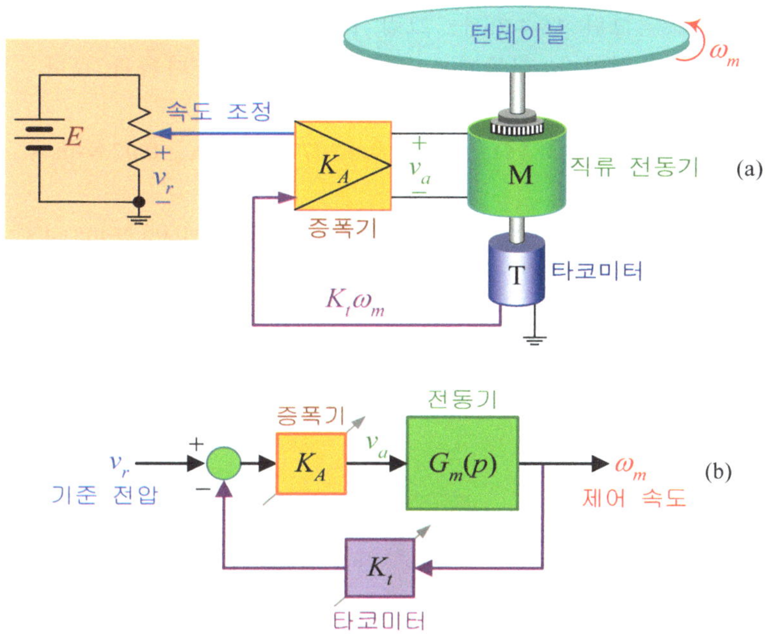

[48]에 대입하여 전동기 전달 함수 $G_m(p)$를 구한다. 일단 $G_m(p)$가 구해지면 그림 15-43(b)에서 개루프 전달 함수는

$$G_{\mathrm{OL}}(p) = K_A G_m(p) \quad \textbf{[69]}$$

이며 폐루프 전달 함수는 다음과 같다.

$$G_{\mathrm{CL}}(p) = \frac{G_{\mathrm{OL}}(p)}{1 + K_t G_{\mathrm{OL}}(p)} = \frac{K_A G_m(p)}{1 + K_A K_t G_m(p)} \quad \textbf{[70]}$$

위 식으로부터 계단 입력에 대한 정상 상태 오차는 다음과 같다.

$$e_{ss} = 1 - G_{\mathrm{CL}}(0) = 1 - \frac{K_A G_m(0)}{1 + K_A K_t G_m(0)} \quad \textbf{[71]}$$

따라서 증폭기 이득 K_A와 타코미터 상수 K_t를 알맞게 정하여 정상 상태 오차가 원하는 수준 이하가 되도록 할 수 있다. 이와 더불어 폐루프 시스템의 극점의 위치도 조절되어 과도 상태도 제어할 수 있다. 물론 정상 상태 오차와 극점의 위치를 한꺼번에 제어할 수 없을 때는 적절히 절충하여야 한다. 그림 15-43은 턴테이블 제어를 예로 들었지만 기타 속도 궤환제어 시스템의 블록선도는 그림 15-43(b)와 거의 대동소이하다.

예제 15-11

그림 15-44(a)는 그림 15-34의 테이프 구동기에 대한 속도 궤환제어 시스템이다. 전동기를 비롯한 각 요소는 다음과 같다.

[전동기]

R_a=0.4 Ω, L_a=0 H, K_b=0.07 V/rad/s, K_m=0.07 N-m/A,

[부하]

D=0.05 N-m/rad/s, K=20 N-m/rad, J=0.05 N-m/rad/s^2

[증폭기]

K_A=10

궤환 이득 K_t가 다음과 같을 때 경우에 대한 ω_L의 계단 응답과 정상 상태 오차를 구하라: (a) K_t=0(궤환이 없는 경우) (b) K_t=1

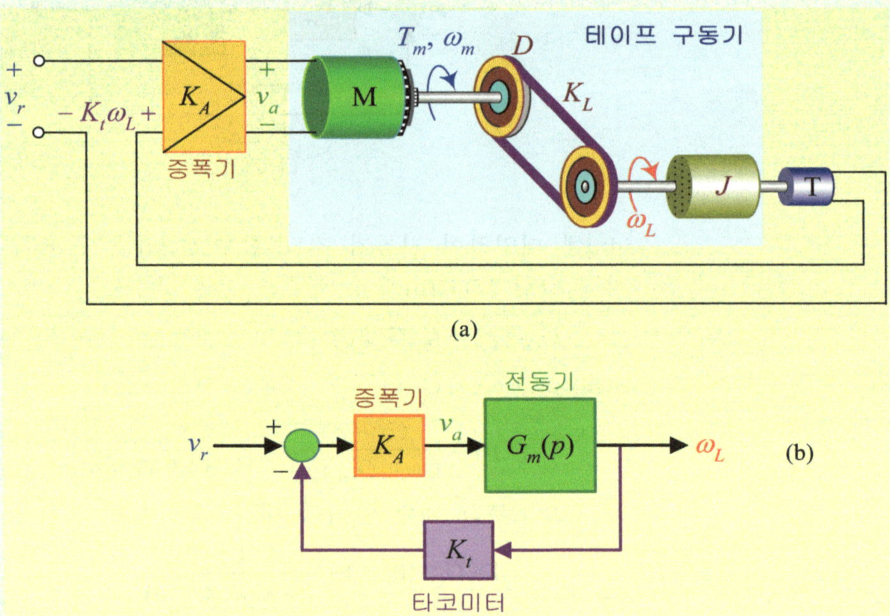

▲그림 15-44 예제 15-11의 그림

풀이 식 [55]에 주어진 값들을 대입하면 전동기 전달 함수 $G_m(p)$는

$$G_m(p) = \frac{2.81p + 1124.5}{p^2 + 321.5p + 78.7}$$

(a) 궤환이 없으므로 개루프 전달 함수를 구하면

$$G_{\mathrm{OL}}(p)=K_A G_m(p)=\frac{28.1p+11245}{p^2+321.5p+78.7}$$

식 [64]로부터 출력인 ω_L의 최종 조건은

$$\omega_L(\infty)=G_{\mathrm{OL}}(0)=\left.\frac{28.1p+11245}{p^2+321.5p+78.7}\right|_{p=0}=\frac{11245}{78.7}=143$$

정상 상태 오차는

$$e_{ss}=1-143=-142$$

초기 조건은

$$\begin{cases}\omega_L(0)=G_{\mathrm{OL}}(\infty)=0\\ \dfrac{d\omega_L(0)}{dt}=pG_{\mathrm{OL}}(p)\Big|_{p=\infty}=\left.\dfrac{28.1p^2+11245p}{p^2+321.5p+78.7}\right|_{p=\infty}=28.1\end{cases}$$

특성 방정식과 극점은

$$s^2+321.5s+78.7=0 \qquad \therefore s_1=-321,\ -0.245$$

따라서 ω_L의 완전해는

$$\omega_L(t)=143+K_1e^{-321t}+K_2e^{-0.245t}$$

에서 초기 조건을 이용하면

$$\begin{cases}\omega_L(0)=143+K_1+K_2=0\\ \dfrac{d\omega_L(0)}{dt}=-321K_1-0.245K_2=28.1\end{cases}$$

이로부터 K_1=0.02, K_2=−143이므로 ω_L의 계단 응답은 다음과 같다.

$$\omega_L(t)=143+0.02e^{-321t}-143e^{-0.245t}\cong 143(1-e^{-0.245t})$$

(b) 그림 15-44(b)의 블록선도에서 폐루프 전달 함수는 다음과 같다.

$$G_{\mathrm{CL}}(p)=\frac{K_A G_m(p)}{1+K_A K_t G_m(p)}=\frac{28.1p+11245}{p^2+349.6p+11324}$$

출력 ω_L의 최종 조건은 식 [64]로부터

$$\omega_L(\infty)=G_{\mathrm{CL}}(0)=\left.\frac{28.1p+11245}{p^2+349.6p+11324}\right|_{p=0}=\frac{11245}{11324}=0.99$$

정상 상태 오차는

$$e_{ss} = 1 - 0.99 = 0.01$$

초기 조건은

$$\begin{cases} \omega_L(0) = G_{\text{CL}}(\infty) = 0 \\ \dfrac{d\omega_L(0)}{dt} = pG_{\text{CL}}(p)\Big|_{p=\infty} = \dfrac{28.1p^2 + 11245p}{p^2 + 349.6p + 11324}\Bigg|_{p=\infty} = 28.1 \end{cases}$$

특성 방정식과 극점은

$$s^2 + 349.6s + 11324 = 0 \qquad \therefore s_1 = -313.5, -36$$

따라서 ω_L의 완전해는

$$\omega_L(t) = 0.99 + K_1 e^{-313.5t} + K_2 e^{-36t}$$

에서 초기 조건을 이용하면

$$\begin{cases} \omega_L(0) = 0.99 + K_1 + K_2 = 0 \\ \dfrac{d\omega_L(0)}{dt} = -313.5K_1 - 36K_2 = 28.1 \end{cases}$$

이로부터 K_1=0.03, K_2=−1.02이므로 ω_L의 계단 응답은 다음과 같다.

$$\omega_L(t) = 0.99 + 0.03e^{-313.5t} - 1.02e^{-36t} \cong 0.99 - 1.02e^{-36t}$$

이상으로 궤환이 없는 (a)의 경우는 정상 상태 오차가 무려 142이지만 궤환이 있는 (b)의 경우는 단지 0.01에 불과하다. 그리고 두 경우 모두 최대치를 1로 정규화하여 계단 응답을 그려보면 그림 15-45와 같다.

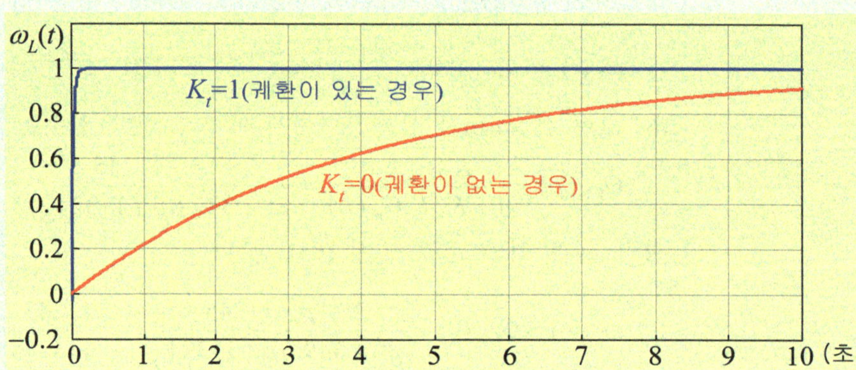

▲그림 15-45 예제 15-11의 계단 응답

위치 궤환제어

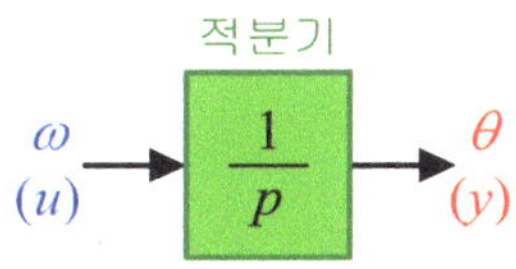

▲그림 15-46
속도와 변위 관계

속도 ω와 변위 θ의 관계는

$$\omega = \frac{d\theta}{dt} = p\theta \qquad [72]$$

이므로 속도를 입력으로 하고 변위를 출력으로 하면

$$\theta = \frac{1}{p}\omega \qquad \left(\theta = \int_{-\infty}^{t} \omega d\tau\right) \qquad [73]$$

이다. 따라서 시스템적으로 표현하면 그림 15-46과 같으며 $1/p$ 또는 p^{-1}은 식 [73]의 관계로부터 적분기의 전달 함수임을 알 수 있다. 물론 u와 y의 관계 역시 ω와 θ의 관계와 같이 $y=u/p$이다. 앞서 해석한 식 [48]의 전동기 전달 함수 $G_m(p)=\omega_m/v_a$은 입력 전압과 출력 속도간의 전달 함수이다. 따라서 전동기의 출력 변위 θ_m을 제어하고자 할 때는 그림 15-46의 관계를 이용하면 편리하며 그림 15-47이 이를 보여준다.

그림 15-47은 포텐쇼미터로 제어 위치(앞으로 변위는 위치로 대신한다)를 감지하여 궤환제어하는 시스템이며 전동기의 출력 속도와 위치 관계는 적분기를 이용해 표시하였다. 따라서 개루프 전달 함수는 다음과 같이 주어진다.

$$G_{OL}(p) = \frac{K_A G_m(p)}{p} \qquad [74]$$

▶그림 15-47
위치 제어 시스템의 일반적인 블록선도

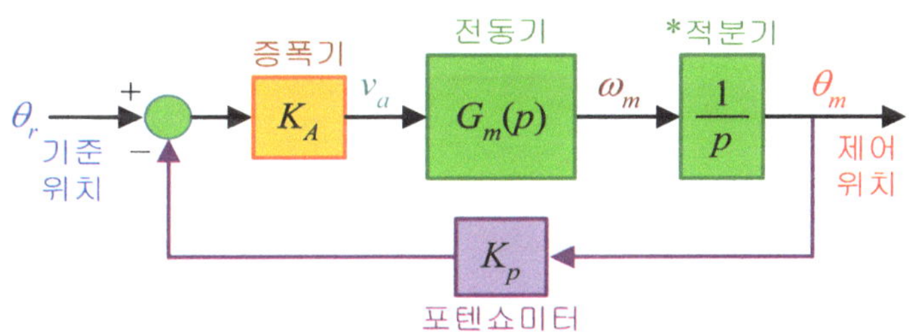

그림 15-48은 위성용 안테나의 방위각을 제어하는 시스템을 보여주며 그림 (b)는 그 블록선도이다. 인공 위성으로부터 오는 전파의 방위각이 주변 환경에 의해 변할 경우 그림 15-48과 같은 원리로 안테나의 방위각 θ_o를 전파의 방위각에 맞도록 조정한다. 따라서 제어 변수는 θ_o이며 변위와 속도는 기어비에 반비례한다. 따라서 블록선도는 그림 (b)와 같으며 이를 정리하면 그림 15-47의 형태가 됨을 알 수 있다.

▶그림 15-48
(a) 안테나 위치 제어 시스템;
(b) 블록선도

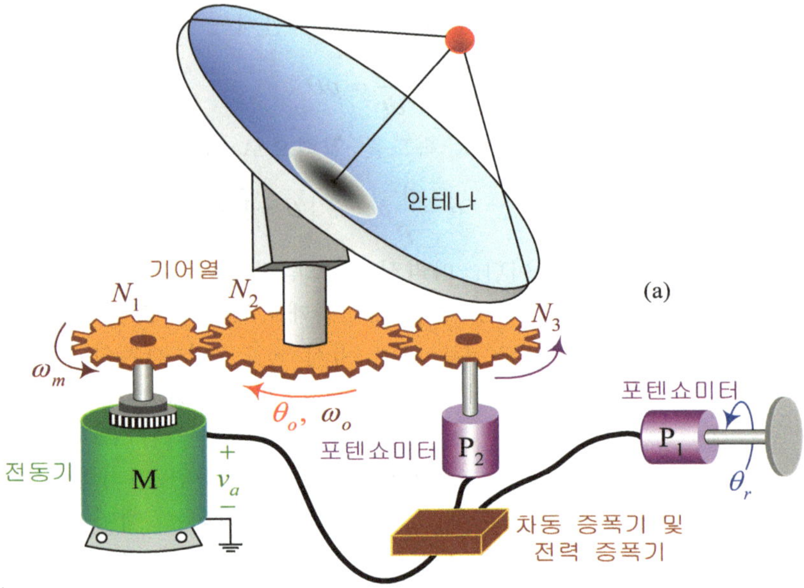

(a)

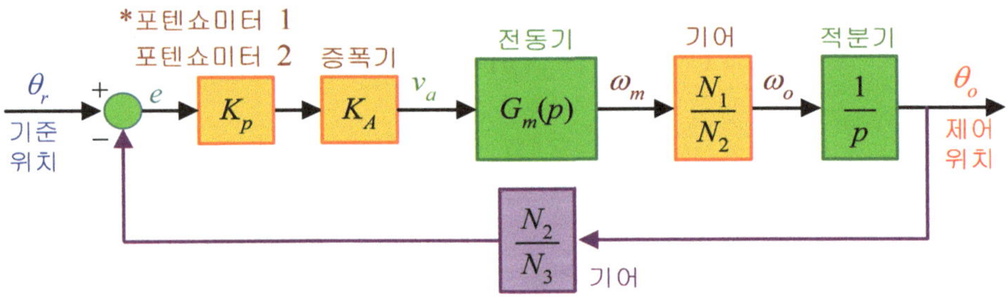

(b)

예제 15-12

그림 15-49는 그림 15-35의 자기 디스크 구동기의 위치를 제어하는 시스템이다. VCM을 포함한 각 요소들의 값은 다음과 같다.

[VCM]

R_a=1 Ω, L_a=0 H, K_b=10 V/m/s, K_m=130 N/A,

[부하]

M=0.02 kg, B=0.005 N/m/s, K=100 N/m

[증폭기]

K_A=10

위치 감지기의 이득 K_p가 다음과 같을 때 각 경우에 대한 y_o의 계단 응답을 구하라: (a) K_p=0(궤환이 없을 때) (b) K_p=1

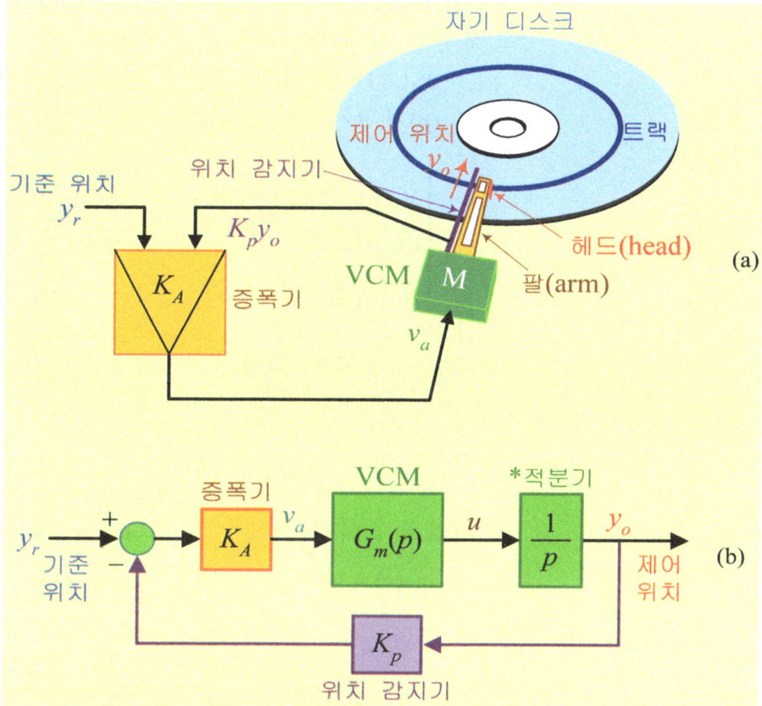

▲그림 15-49 예제 15-12의 그림

풀이 식 [57]에 값을 대입하면 전동기 전달 함수는 다음과 같다.

$$G_m(p) = \frac{500}{p^2 + 0.33p + 5000}$$

(a) 그림 15-49(b)에서 개루프 전달 함수는

$$G_{OL}(p) = \frac{K_A G_m(p)}{p} = \frac{5000}{p(p^2 + 0.33p + 5000)}$$

식 [64]로부터 출력인 y_o의 최종 조건은

$$y_o(\infty) = G_{OL}(0) = \infty$$

따라서 정상 상태 오차는

$$e_{ss} = 1 - \infty = -\infty$$

이므로 제어 불능이다.

(b) K_p=1이므로 폐루프 전달 함수는 다음과 같다.

$$G_{\mathrm{CL}}(p) = \frac{G_{\mathrm{OL}}(p)}{1+G_{\mathrm{OL}}(p)} = \frac{5000}{p^3+0.33p^2+5000p+5000}$$

출력 y_o의 최종 조건은 식 [64]로부터

$$y_o(\infty) = G_{\mathrm{CL}}(0) = 1$$

$G_{\mathrm{CL}}(p)$가 3차이므로 초기 조건은 다음의 세 가지가 필요하다.

$$\begin{cases} y_o(0) = G_{\mathrm{CL}}(\infty) = 0 \\ dy_o(0)/dt = pG_{\mathrm{CL}}(p)\big|_{p=\infty} = 0 \\ d^2y_o(0)/dt^2 = p^2G_{\mathrm{CL}}(p)\big|_{p=\infty} = 0 \end{cases}$$

특성 방정식과 극점은

$$s^3+0.33s^2+5000s+5000=0$$
$$\therefore s=-1,\ -0.165 \pm j70.7$$

따라서 y_o의 완전해는 특수해가 $y_{op}=y_o(\infty)=1$이므로

$$y_o(t) = 1 + \underbrace{K_1e^{-t} + e^{-0.165t}(K_2\cos 70.7t + K_3\sin 70.7t)}_{\text{보조해}}$$

에서 초기 조건을 이용하면

$$\begin{cases} y_o(0) = 1 + K_1 + K_2 = 0 \\ dy_o(0)/dt = -K_1 - 0.165K_2 + 70.7K_3 = 0 \\ d^2y_o(0)/dt^2 = K_1 - 5000K_2 - 23.3K_3 = 0 \end{cases}$$

위의 연립 방정식을 풀면 $K_1=-1$, $K_2=-0.0001$, $K_3=-0.014$이므로 y_o의 계단 응답은 다음과 같다.

$$y_o(t) = 1 - e^{-t} + 0.01e^{-0.165t}(0.01\cos 70.7t + 1.4\sin 70.7t)$$

그러나 진동하는 성분이 매우 작기 때문에 다음과 같이 근사화할 수 있다.

$$y_o(t) \cong 1 - e^{-t}$$

이상으로 궤환이 없을 때와 있을 때는 현격한 차이가 있다.

위치-속도 궤환제어

위치 제어 시스템에서 출력의 위치뿐 아니라 속도까지 궤환시면 보다 차원 높은 제어가 가능해지며 그림 15-50이 이를 보여준다. 그림 (a)에서 제어 변수는 θ_m이다. 변위 θ_m은 포텐쇼미터를 통해 궤환되고 더불어 속도 ω_m도 타코미터를 통해 궤환된다. 조금만 생각해 보면 그림 (a)는 그림 (b)로 표현할 수 있음을 알 수 있다. 즉 그림 (a)와 (b) 모두 타코미터를 통해 궤환되는 전압이 같다. 그 결과 그림 (b)에서 두 전달 수 K_tp와 K_p가 병렬 결합되므로 그림에 표시된 바대로 전체 궤환 전달 함수 $H(p)$는 다음과 같다.

$$H(p) = K_t p + K_p \qquad [75]$$

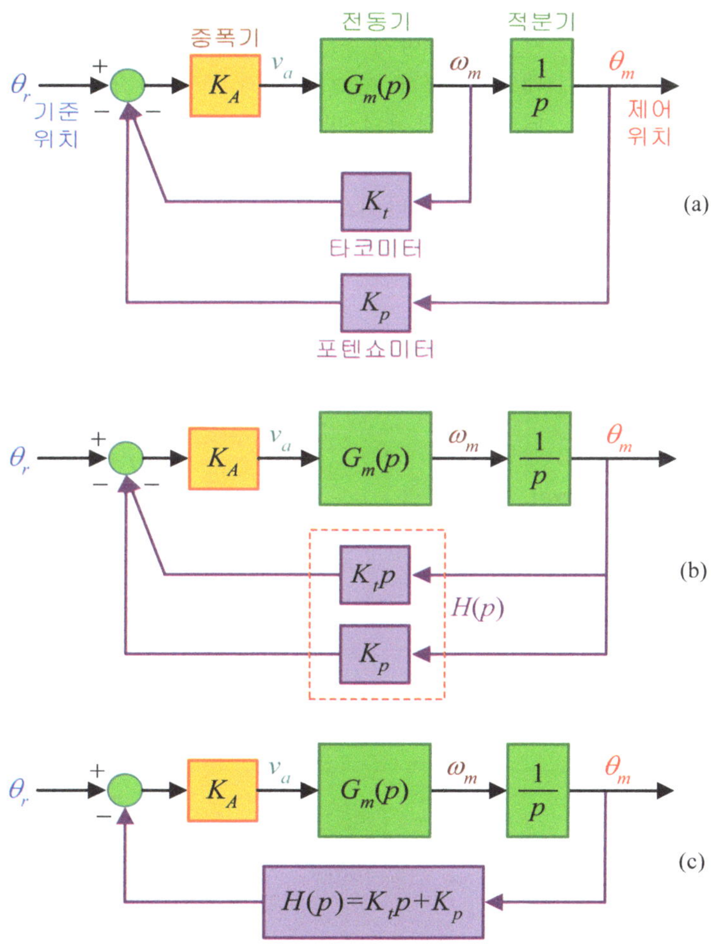

▸그림 15-50
위치-속도 궤환제어 시스템의
(a) 블록선도
(b) 등가 블록선도
(c) 등가 블록선도

따라서 그림 15-50(c)로부터 폐루프 전달 함수는 다음과 같이 구할 수 있다.

$$G_{CL}(p) = \frac{G_{OL}(p)}{1 + H(p)G_{OL}(p)}$$
$$\begin{cases} G_{OL}(p) = \dfrac{K_A G_m(p)}{p} \\ H(p) = K_t p + K_p \end{cases} \qquad [76]$$

그림 15-51은 태양광 추적(sun-seeker) 시스템으로 위치-속도 궤환제어 시스템의 좋은 예다. 태양전지는 빛 에너지를 전기적인 에너지로 변환시켜 주는 소자이며 외부의 전원 없이 전류를 흘려 줄 수 있으므로 전원으로 사용된다. 특히 인공 위성에서와 같이 전원을 교체하거나 재충전하기 어려운 환경에서는 태양 전지의 가치성은 매우 높다. 태양광 추적 시스템은 태양 에너지를 최대한 흡수하도록 태양으로부터 오는 광선의 방향을 추적하는 시스템이다.

그림 5-51에서 α는 태양 광선의 방향과 위성 방향의 차이며 이에 의해 두 광다이오드의 전류 i_A, i_B가 변한다. 두 전류의 차는 $i_A - i_B = A\alpha$이며 A는 상수이다. 물론 두 전류의 차는 어느 한도에서만 α에 비례

▸그림 15-51
태양광 추적 시스템

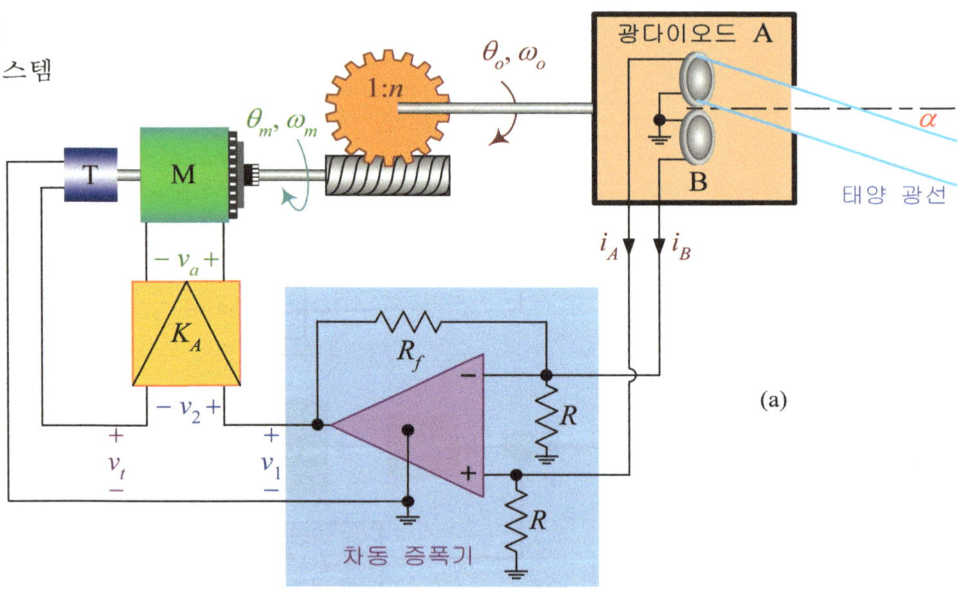

하지만 여기서는 비선형성을 무시한다. 광다이오드의 전류 차는 차동 증폭기에 의해 증폭되며 $R_f>>R$로 하면 차동 증폭기의 출력 전압 v_1은

$$v_1 \cong R_f(i_A - i_B) = AR_f\alpha \quad [77]$$

차동 증폭기의 출력 전압 v_1과 타코미터의 출력 전압 v_t의 차 v_2는 증폭되어 전동기에 입력된다. 전동기는 엄지 나사와 기어의 결합을 통해 부하와 연결된다. 이 시스템의 블록선도를 그려보면 그림 15-50의 (c)와 같은 형태임을 확인할 수 있으며 이는 여러분들에게 맡긴다.

예제 15-13

그림 15-52(a)는 항공기 자세 변화인 피치(pitch), 롤(roll), 편요(偏搖; yaw)의 세 유형을 보여준다. 그림 (b)는 롤링 ϕ를 안정화시키는 폐루프 시스템의 한 예를 보여준다. K_A=10일 때 다음 두 경우에 대한 ϕ의 계단 응답을 구하라: (a) K_ω=0, K_ϕ=1 (b) K_ω=0.5, K_ϕ=1

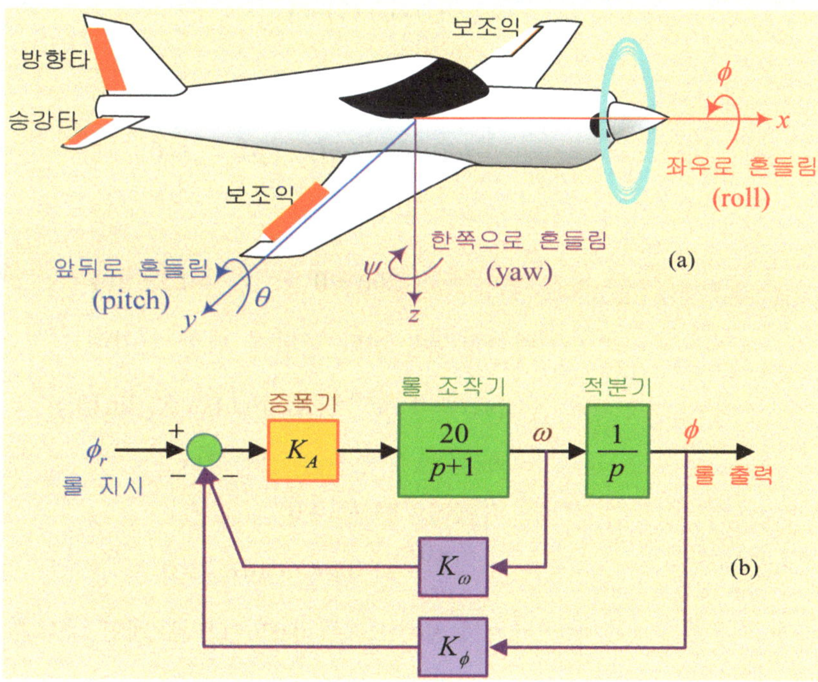

▲그림 15-52 예제 15-13의 그림

풀이 그림 15-50의 관계를 이용하면 그림 15-50(c)로부터 궤환 전달 함수 $H(p)$는

$$H(p) = K_\omega p + K_\phi = K_\omega p + 1$$

그리고 개루프 전달 함수는

$$G_{\mathrm{OL}}(p) = \frac{20K_A}{p(p+1)} = \frac{200}{p^2+p}$$

따라서 폐루프 전달 함수는 다음과 같다.

$$G_{\mathrm{CL}}(p) = \frac{G_{\mathrm{CL}}(p)}{1+G_{\mathrm{CL}}(p)H(p)} = \frac{200}{p^2+(200K_\omega+1)p+200}$$

(a) $K_\omega=0$: 폐루프 전달 함수가

$$G_{\mathrm{CL}}(p) = \frac{200}{p^2+p+200}$$

출력 ϕ의 최종 조건은 식 [64]로부터

$$\phi(\infty) = G_{\mathrm{CL}}(0) = 1$$

초기 조건은

$$\begin{cases} \phi(0) = G_{\mathrm{CL}}(\infty) = 0 \\ d\phi(0)/dt = pG_{\mathrm{CL}}(p)\big|_{p=\infty} = 0 \end{cases}$$

특성 방정식과 극점은

$$s^2+s+200=0 \qquad \therefore s = -0.5 \pm j14$$

따라서 ϕ의 계단 응답에 대한 완전해는

$$\phi(t) = 1+e^{-0.5t}(K_1\cos 14t + K_2\sin 14t)$$

여기에 초기 조건을 대입하면

$$\begin{cases} \phi(0) = 1+K_1 = 0 \\ \dfrac{d\phi(0)}{dt} = -0.5K_1+14K_2 = 0 \end{cases}$$

따라서 $K_1=-1$, $K_2=-0.036$이므로 계단 응답은 다음과 같다.

$$\begin{aligned} \phi(t) &= 1-e^{-0.5t}(\cos 14t + 0.036\sin 14t) \\ &\cong 1-e^{-0.5t}\cos 14t \end{aligned}$$

(b) K_ω=0.5: 폐루프 전달 함수가

$$G_{CL}(p) = \frac{200}{p^2 + 101p + 200}$$

출력 ϕ의 최종 조건은

$$\phi(\infty) = G_{CL}(0) = 1$$

초기 조건은

$$\begin{cases} \phi(0) = G_{CL}(\infty) = 0 \\ d\phi(0)/dt = pG_{CL}(p)\big|_{p=\infty} = 0 \end{cases}$$

특성 방정식과 극점은

$$s^2 + 101s + 200 = 0 \quad \therefore s = -99, -2$$

따라서 ϕ의 계단 응답에 대한 완전해는

$$\phi(t) = 1 + K_1 e^{-99t} + K_2 e^{-2t}$$

초기 조건을 대입하여 K_1과 K_2를 구하면 K_1=–0.02, K_2=–1.02이므로 계단 응답은 다음과 같다.

$$\phi(t) = 1 - 0.02e^{-99t} - 1.02e^{-2t} \cong 1 - e^{-2t}$$

그림 15-53은 K_ω=0, K_ω=0.5일 때의 계단 응답이다.

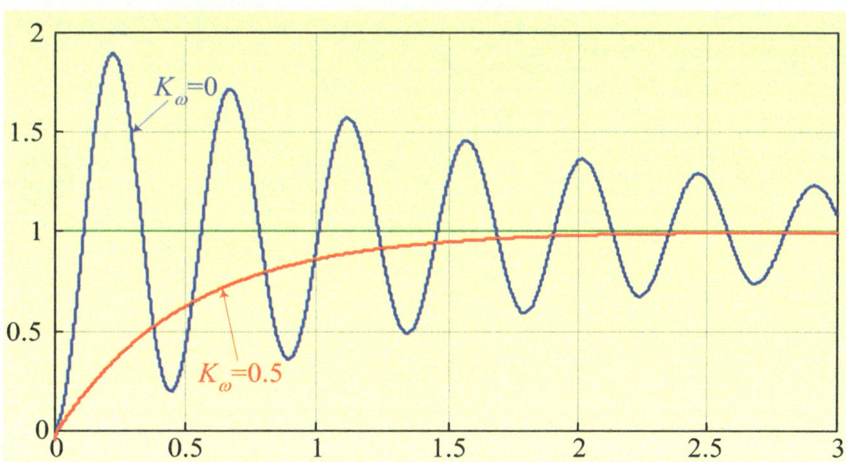

▲그림 15-53 예제 15-13의 계단 응답

유체 제어 시스템

그림 15-54는 일정한 용량의 탱크를 유체로 채우는 시스템이며 여기서 유체는 물이나 열 또는 가스 등 여러가지 형태일 수 있다. 그림 (a)에서 밸브를 통해 밑면적이 C인 탱크에 흘러들어오는 물의 양을 q_i m^3/sec이라 하고 배수구를 통해 빠져 나가는 물의 양을 q_o m^3/sec이라 한다. 그리고 탱크에 차오르는 물의 높이를 h m라 하면 q_o는 토리첼리의 원리에 의해 h의 제곱근에 비례한다. 그러나 해석을 간편하게 하기위해 q_o는 h에 비례하는 것으로 하면 $q_o=h/R$로 한다(R은 상수). 탱크에 축적되는 물의 양은 초당 $q_i-q_o=q_i-h/R$이므로 물 높이의 변화율 dh/dt는 다음과 같다.

$$C\frac{dh}{dt}=q_i-\frac{h}{R} \qquad \textbf{[78]}$$

따라서 h에 관한 미분 방정식은

$$\frac{dh}{dt}+\frac{1}{RC}h=\frac{1}{C}q_i \qquad \textbf{[79]}$$

이며 이로부터 전달 함수 $G(p)=H(p)/Q_i(p)$는 다음과 같다.

$$G(p)=\frac{1/C}{p+1/RC} \qquad \textbf{[80]}$$

위의 식은 시정수가 $\tau=RC$인 일차 시스템과 같다. 따라서 q_i와 q_o를 전류로, 높이 h를 전압으로 비유하면 그림 15-53(a)는 그림 (b)의 상사 회로로 표현할 수 있다.

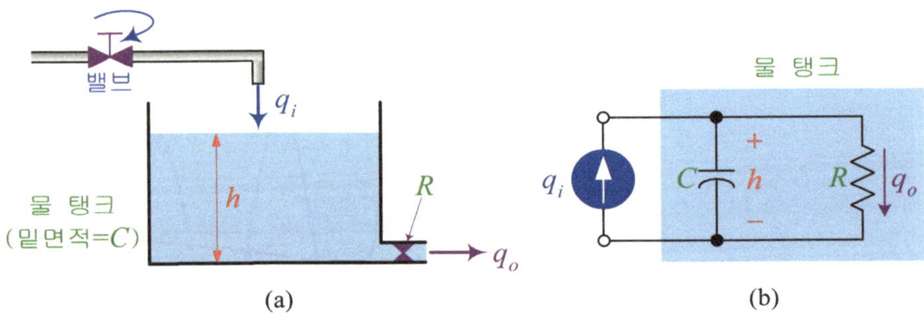

▶그림 15-54
(a) 탱크 시스템;
(b) 상사 회로.

그림 15-55(a)는 탱크에 저장된 물의 수위를 제어하는 시스템이며 지시 수위는 입력 h_r이며 h_o는 출력 수위이다. 전동기는 기어를 통해 저수조 밸브의 변위 θ_L을 제어하며 물위 유입 속도는 $q_i=K_q\theta_L$로 θ_L에 비례한다(K_q는 상수). 그리고 J, D는 기어에 결합된 밸브의 관성과 마찰이며 이것이 전동기에 부하 역할을 한다. 즉 전동기의 부하 $Z_L(p)$는

▶그림 15-55
(a) 수조 제어 시스템
(b) 블록 선도

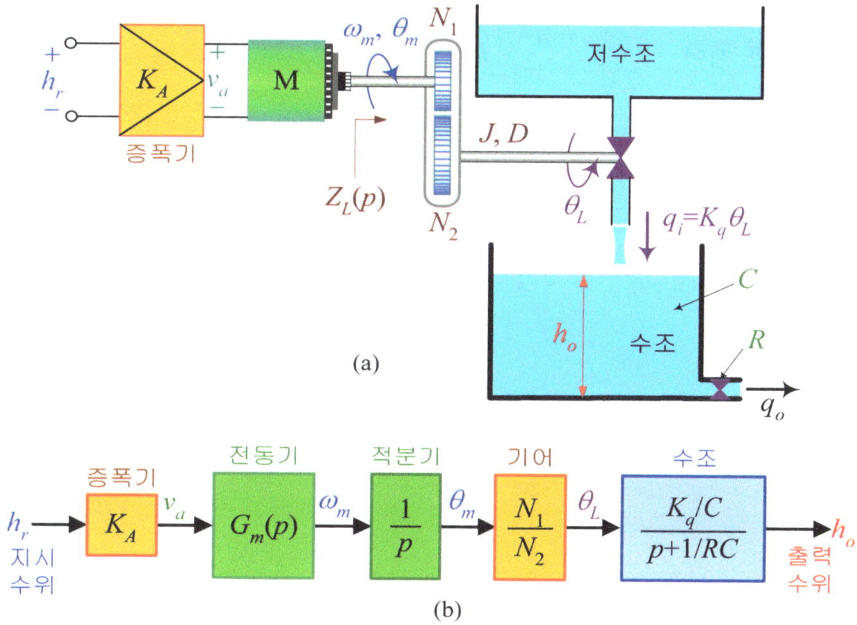

기어의 임피던스 변환 작용에 의해

$$Z_L(p) = (N_1/N_2)^2(pJ + D) \tag{81}$$

이므로 식 [48]에 의해 전동기의 전달 함수 $G_m(p)$는 다음과 같다.

$$G_m(p) = \frac{K_m}{(N_1/N_2)^2(pL_a + R_a)(pJ + D) + K_b K_m} \tag{82}$$

그리고 수조에 대한 상사 회로인 그림 15-54(b)를 이용하면 그림 15-55(a)의 블록 선도는 그림 (b)와 같이 표현할 수 있다.

그림 15-56은 그림 15-55의 수위를 제어하는 시스템이며 출력 수위 h_o는 부자(浮子)에 의해 감지되어 궤환 이득 K_h를 통해 입력으로 궤환된다. 이 시스템의 개루프 전달 함수는 그림 15-55(b)로부터 구할 수 있으며 전동기의 전달 함수는 식 [82]로부터 구한다. 그 결과 폐루프 전달 함수는 $G_{CL}(p)=G_{OL}(p)/(1+K_hG_{OL}(p))$로 구할 수 있다.

▶그림 15-56
그림 15-55에 대한 궤환 제어 시스템

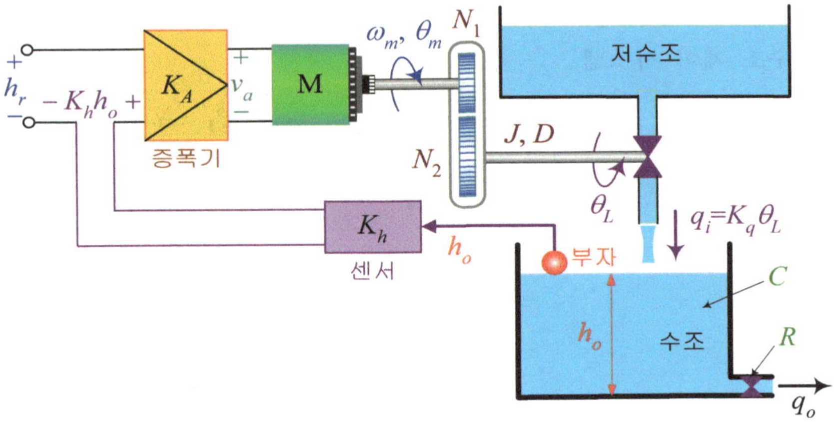

♣ 연습 문제 ♣

15-1 그림 P15-1의 각 시스템에 대한 전달 함수 c/r을 구하라.

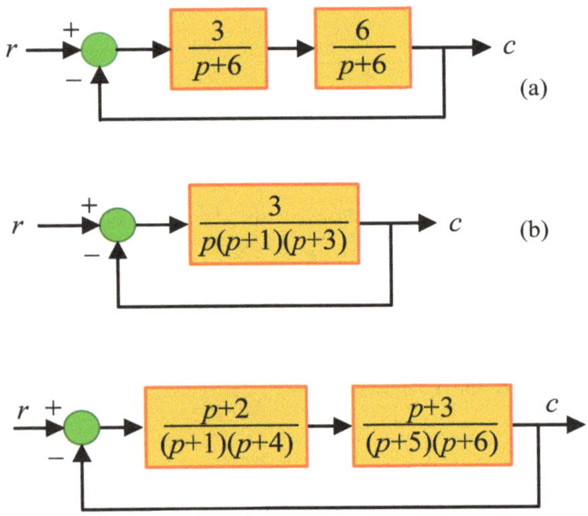

▲그림 P15-1

15-2 그림 P15-2의 각 시스템에 대한 전달 함수 c/r을 구하라.

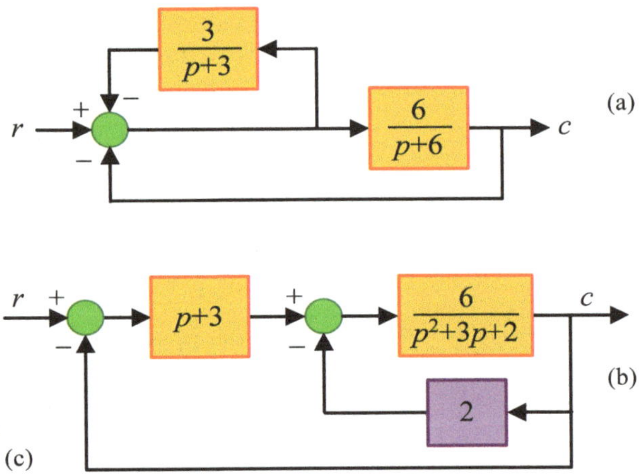

▲그림 P15-2

15-3 전달 함수 $G(p)$가 다음과 같은 시스템의 계단 응답을 구하라.

(a) $\dfrac{6}{p^2+5p+6}$ (b) $\dfrac{4}{p^2+4p+4}$

15-4 그림 P5-4의 각 병진 기계계에 대한 상사 회로가 그림과 같음을 보여라.

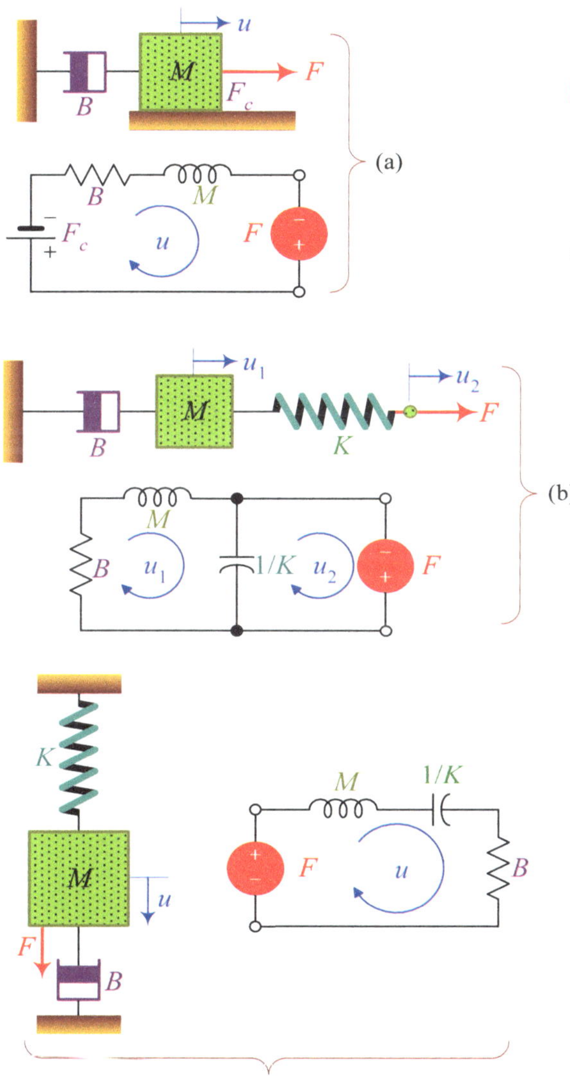

▲그림 P15-4

15-5 그림 P5-5의 각 회전 기계계에 대한 상사 회로가 그림과 같음을 보여라.

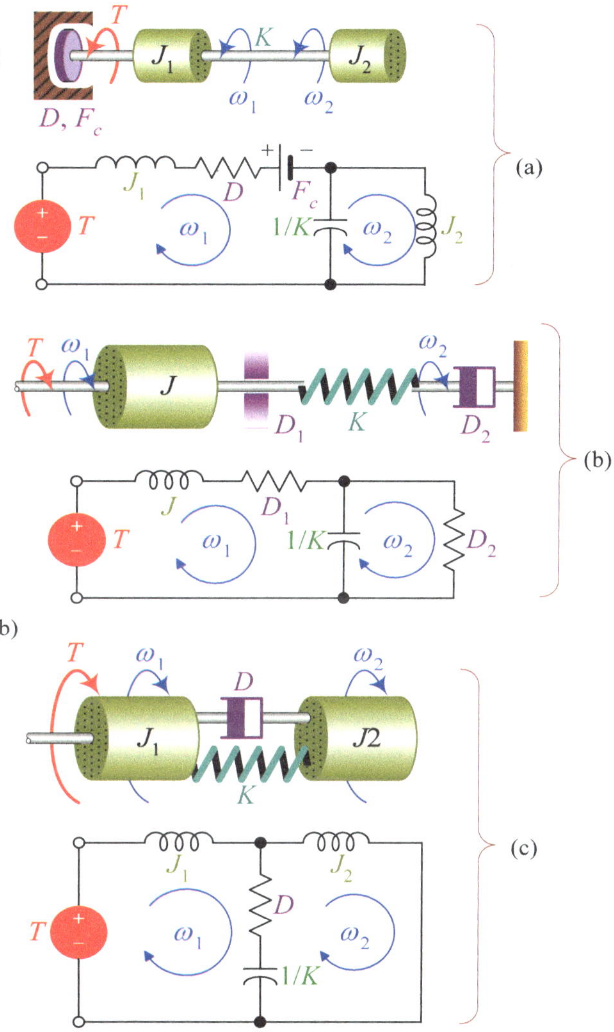

▲그림 P15-5

15-6 그림 P15-6의 기계계와 전기 회로는 서로 상사임을 보이고 전달 함수 ω_1/T에 대한 식을 구하라.

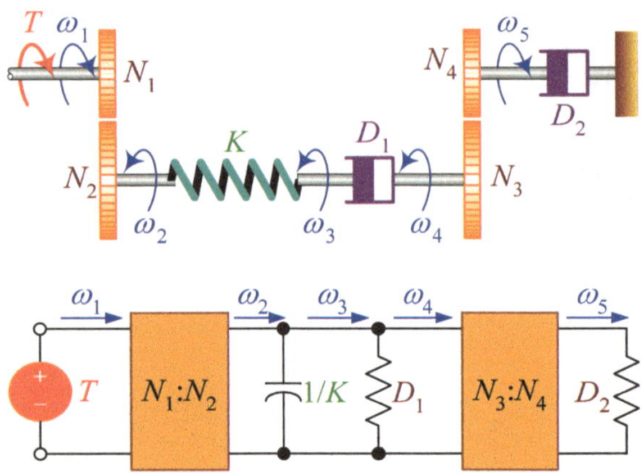

▲그림 P15-6

15-7 그림 P15-7(a)는 속도와 위치를 모두 궤환시키는 궤환제어 시스템이다.

(a) 그림 (a)는 그림 (b)와 등가임을 보여라.

(b) 각 파라미터 값들이 다음과 같을 때 전달 함수 θ/θ_r을 구하라: a=10, K_A=10, K_p=1, K_t=2.

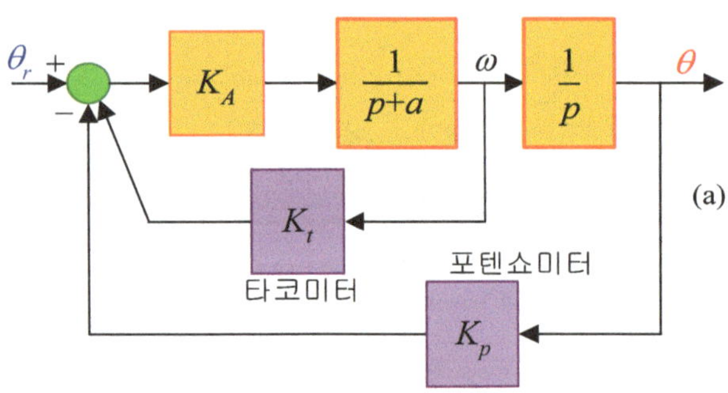

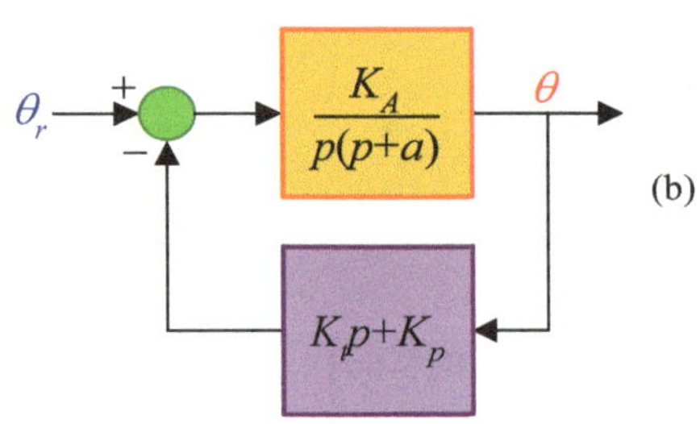

▲그림 P15-7

15-8 문제 15-7의 전달 함수에 대한 계단 응답을 구하라.

15-9 그림 15-56의 파라미터는 다음과 같다:

[전동기] L_a=0, R_a=2 Ω, K_m=10 N-m/A, K_b=0
J=0.6 kg-m^2, D=1 N-m/rad/s

[증폭기] K_A=10

[기어] N_2/N_1=10

[수조] K_q=100, C=50 m^2, R=1/50

[센서] K_h=1

(a) 개루프 전달 함수 $G_{OL}(p)$를 구하라.

(b) 폐루프 전달 함수 $G_{CL}(p)$를 구하라.

16장

계측과 센서

(Measurement $ Sensors)

특정 물리량을 측정하여 이를 전기적인 양으로 변환시켜 주는 것이 센서이며 여기에는 다양한 종류가 있다. 또한 센서의 출력인 전기량을 정확히 측정할 수 있는 여러 가지 계측기도 제공되고 있다. 이 장에서는 직류 계측기와 오실로스코프에 대해 설명한 다음 몇 가지 중요한 센서들을 소개하기로 한다. 이 장의 내용은 다음과 같다.

16.1 직류 계측

가동-코일형 계기

직류 전류를 측정하는 전류계를 암미터(ammeter)라 하고 직류 전압을 측정하는 전압계를 볼트미터(voltmeter)라 한다. 그리고 저항을 측정하는 것을 옴미터(ohmmeter)라 부른다. 직류 계측기에는 아날로그 형과 디지털 형이 있으며 그림 16-1은 아날로그 형 계측기의 개략도를 보여준다. 아날로그 방식은 전기적인 양을 지침을 통해 연속적인 값으로 표시해 준다. 이에 비해 디지털 방식은 A/D 변환기를 이용해 아날로그 양을 숫자로 표시해 주며 그림 16-2가 그 개략도이다. 볼트미터, 옴미터 및 밀리암미터를 하나로 한 것을 VOM(volt-ohm-milliammeter) 또는 멀티미터(multimeter)라 한다.

아날로그 계측기의 대표적인 원리는 가동-코일(moving-coil) 계측기이며 그림 16-3(a)가 그 원리를 보여준다. 전기자 코일의 전류가 0일 때는 지침은 눈금자의 가장 왼쪽에 위치한다. 말굽 자석속에 위치한 회전자 코일은 전류가 흐르면 전자석이 되어 영구 자석과 반발력이 생기므로 회전하게 되므로 가동 코일이라 한다. 가동 코일에 가해지

▶그림 16-1 아날로그 직류 계측기

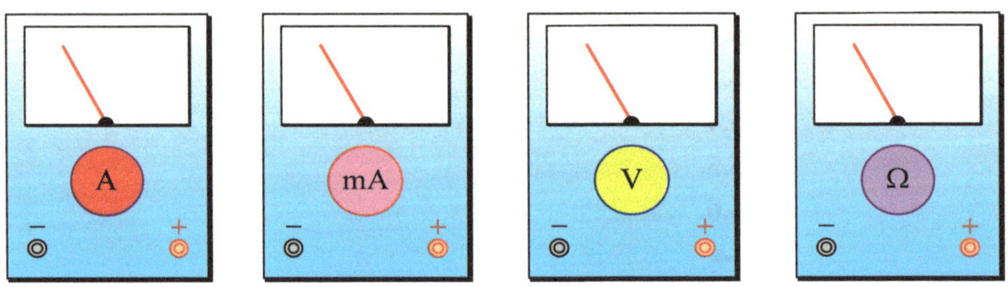

(a) 암미터 (b) 밀리암미터 (c) 볼트미터 (d) 옴미터

▶그림 16-2 디지털 직류 계측기

(a) 암미터 (b) 밀리암미터 (c) 볼트미터 (d) 옴미터

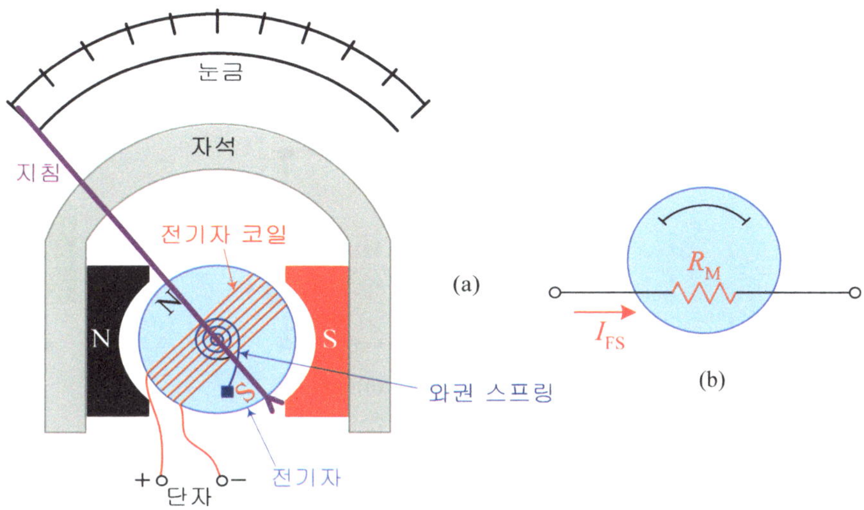

▶그림 16-3
가동-코일 형 계측기
(a) 구조 및 원리;
(b) 도식적 표현.

는 반발력은 흐르는 전류에 비례하며 이 힘은 지침을 눈금자의 오른쪽으로 이동시킨다. 와권 스프링의 토크는 회전각에 비례한다. 가동-코일은 전동기 원리를 응용한 것이며 D'Arsonval 형이라 하기도 한다. 가동-코일을 이용하면 전압, 전류 및 저항을 측정할 수 있다.

그림 16-3의 (b)는 그림 (a)의 도식적인 표현이다. 지침이 눈금자의 맨 오른쪽으로 오게 하는 가동 코일의 전류를 풀-스케일 전류라 하며 I_{FS}로 표현하고, 코일의 권선 저항은 R_M으로 한다. 전류 I_{FS}가 적을 때는 좀 더 강한 전자장을 만들기 위해 가동-코일의 권선수를 늘려야 하며 그 결과 권선 저항 R_M이 증가한다. 가동-코일 계기를 설계하기 위해서는 I_{FS}와 R_M을 알고 있어야 한다.

암미터

암미터를 이용해 소자에 흐르는 전류를 측정할 때는 전선을 절단하여 측정하고자 하는 소자와 암미터를 직렬로 결합하여야 한다. 그 이유는 직렬 결합이라야 전류가 같기 때문이며 그림 16-4는 그 예를 보여준다. 그림 (a)의 회로에서 저항에 흐르는 전류 I를 측정하고자 하면 그림 (b)와 같이 전선을 절단하여 암미터를 저항과 직렬로 결합한다. 물론 그림 16-4(b)에서 암미터의 내부 저항이 저항과 직렬로 결합되므로 전류 I에 영향을 줄 수 있다. 따라서 암미터의 내부 저항은 가능한 0에 가까운 것이 좋다.

그림 16-5는 임미터의 원리를 보여준다. 가동-코일의 풀-스케일 전류 I_{FS}를 초과하는 전류를 측정하기 위해 저항 R_{sh}를 가동-코일과 병렬

▶그림 16-4
암미터로 전류 측정

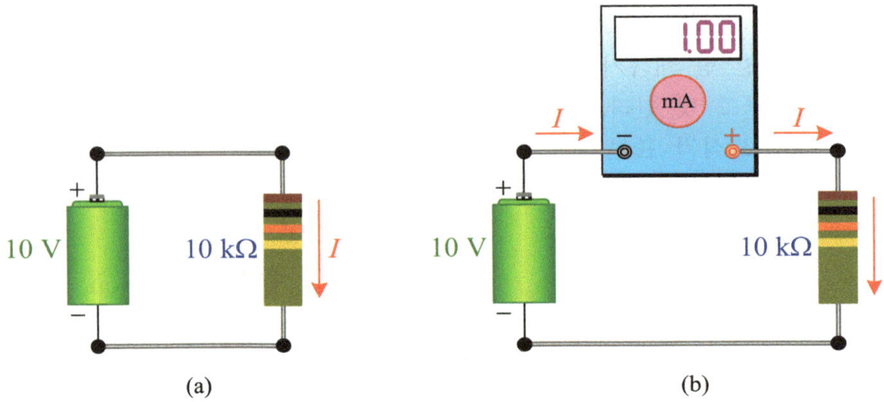

▶그림 16-5
암미터의 구조와 원리

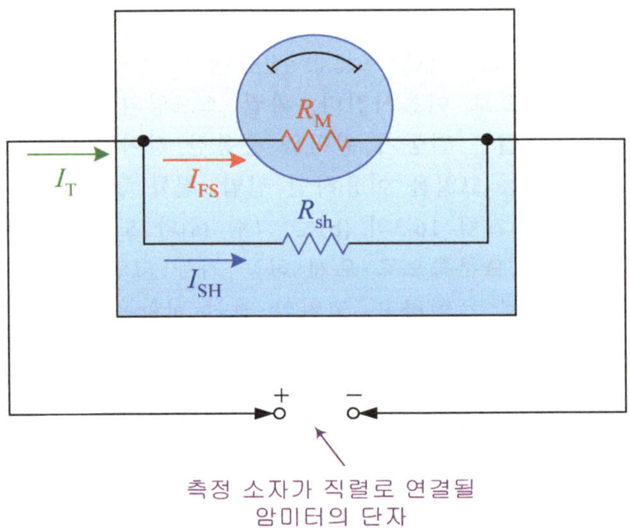

로 접속하여 사용한다. 저항 R_{sh}는 측정할 수 있는 전류의 범위를 결정하며 그 원리는 다음과 같다. 측정 전류 I_T는 전류 분배 법칙에 의해 $I_T = I_{FS} + I_{SH}$이므로

$$\begin{cases} R_{sh} I_{sh} = R_M I_{FS} \\ I_T = I_{FS} + I_{SH} \end{cases} \qquad [1]$$

의 연립 방정식을 만족하여야 한다. 따라서 R_{sh}는 다음과 같이 정해진다.

$$R_{sh} = \left(\frac{I_{FS}}{I_T - I_{FS}}\right) R_M \qquad [2]$$

예를 들어 가동-코일의 특성이 I_{FS}=1 mA, R_M=100 Ω일 때 풀-스케일 10 mA까지의 전류를 측정하고자 하면 I_T=10 mA이므로

$$R_{sh} = \left(\frac{1}{10-1}\right) \times 100\,\Omega = 11.11\,\Omega$$

로 정해진다. 따라서 사전에 여러 종류의 R_{sh}를 설정하여 필요에 따라 스위치로 선택할 수 있게 하면 다양한 범위의 전류를 측정할 수 있게 된다.

볼트미터 볼트미터를 이용해 소자 양단의 전압을 측정할 때는 전선을 절단하지 않고 소자와 볼트미터를 병렬로 접속한다. 그 이유는 병렬 결합이라야 전압이 같기 때문이며 그림 16-6은 그 예를 보여준다. 그림 (a)의 회로에서 표시된 전류 I와 전압 V를 측정하고자 하면 그림 (b)와 같이 한다. 그리고 그림 (b)에서 볼트미터의 내부 저항이 저항과 병렬로 결합되므로 전압 V에 영향을 줄 수 있다. 따라서 볼트미터의 내부 저항은 가능한 무한대에 가까운 것이 좋으며 이는 암미터의 경우와 정반대이다.

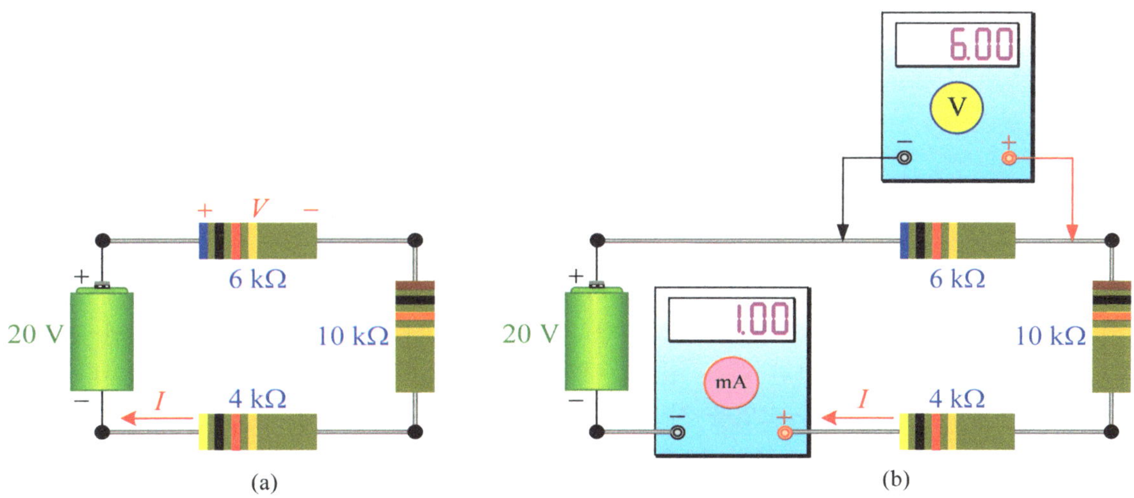

▲그림 16-6 볼트미터와 암미터의 사용 예: (a) 주어진 회로; (b) 전압과 전류를 측정하는 회로.

그림 16-7은 볼트미터의 구조와 원리를 보여주며 가동-코일과 직렬로 저항 R_{mult}를 결합시킨다. R_{mult}가 0이라면 측정할 수 있는 최대 전압은 $V_T=R_MI_{FS}$가 될 것이다. 측정 전압 V_T는 $V_T=I_{FS}(R_{mult}+R_M)$이므로

$$R_{mult}+R_M=\frac{V_T}{I_{FS}} \quad [3]$$

따라서 저항 R_{mult}는 다음과 같이 정해진다.

$$R_{mult}=\frac{V_T}{I_{FS}}-R_M \quad [4]$$

예를 들어 가동-코일의 특성이 I_{FS}=1 mA, R_M=100 Ω일 때 풀-스케일 10 V까지의 전압을 측정하고자 하면 V_T=10 V이므로

$$R_{mult}=\frac{V_T}{I_{FS}}-R_M=\frac{10}{0.001}-100=9900\ \Omega$$

이다. 이 역시 다양한 값의 R_{mult}를 설치하여 스위치로 선택함으로써 여러 가지 범위의 전압을 측정할 수 있다.

▶그림 16-7
볼트미터 구조와 원리

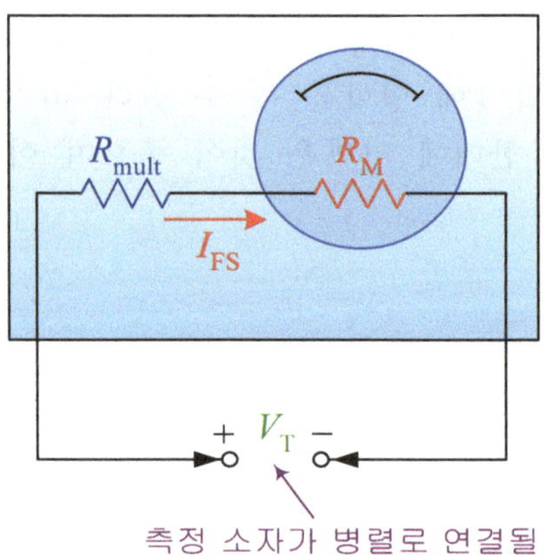

옴미터

그림 16-8은 옴미터의 사용법을 예로 보여준다. 그림 (a)에서 단자 A-B간의 등가 저항을 측정하고자 하면 그림 (b)와 같이 우선 전원을 차단한 다음 원하는 단자에 옴미터의 단자를 접속한다. 옴미터 역시 가동-코일을 사용하여 구성할 수 있으며 그림 16-9가 이를 보여준다.

그림 16-9에서 옴미터의 단자를 바로 연결하면 측정 저항이 0이 된다. 이 경우 가동-코일의 전류가 최대가 되므로 지침은 가장 오른쪽으로 휘게 된다. 그리고 옴미터의 단자를 개방하면 측정 저항이 무한대가 되며 가동-코일의 전류는 0이 된다. 따라서 지침은 가장 왼쪽으

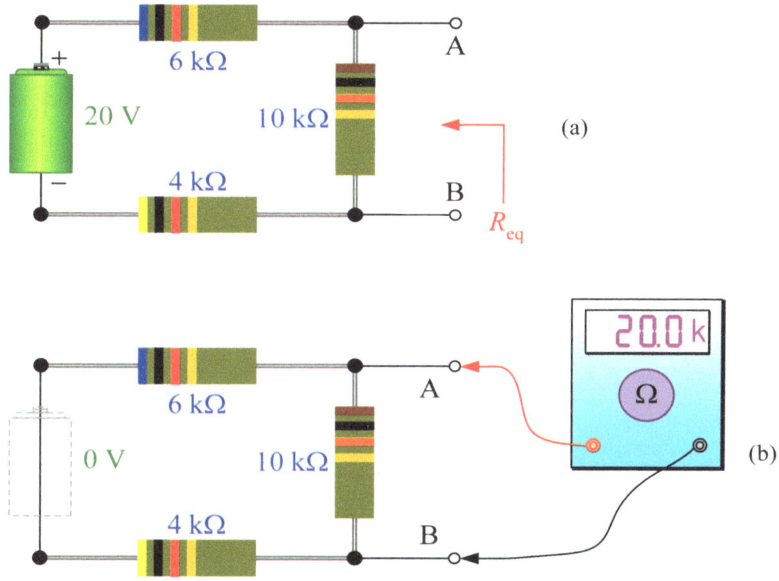

▶그림 16-8
옴미터의 사용
(a) 주어진 회로;
(b) 저항 측정.

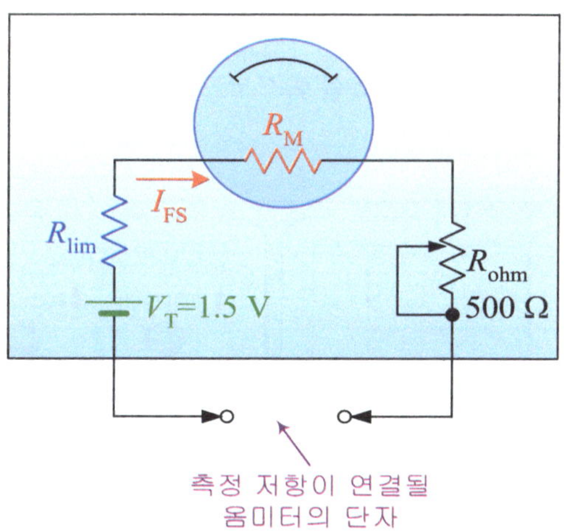

▶그림 16-9
옴미터의 구조와 원리

로 휘게 된다. 즉 암미터나 볼트미터와는 달리 옴미터에서는 지침이 가장 오른쪽에 있을 때가 측정 저항이 0이며 가장 왼쪽에 있을 때가 측정 저항이 무한대이다. 측정 저항이 0일 때 전류는 최대 전류 I_{FS}이므로 전체 저항 $R_T=R_{lim}+R_M+R_{ohm}$은 다음을 만족한다.

$$R_T = \frac{V_T}{I_{FS}} \quad [5]$$

따라서 저항 R_{limit}는 다음과 같이 정해진다.

$$R_{limit} = \frac{V_T}{I_{FS}} - R_M - R_{ohm} \quad [6]$$

예를 들어 가동-코일의 특성이 I_{FS}=1 mA, R_M=100 Ω일 때는

$$R_{limit} = \frac{1.5}{0.001} - 100 - 500 = 900\ \Omega$$

로 정해진다. 즉 R_{limit}가 900 Ω일 때 측정 저항 0에 대해 지침이 가장 오른쪽에 위치하게 된다. 이 상태에서 0이 아닌 저항을 측정하면 저항에 비례하여 지침은 왼쪽으로 휘게 된다.

16.2 오실로스코프

오실로스코프(oscillaoscope)는 단순히 전압의 크기를 재는 것 외에 파형을 직접 관찰할 수 있도록 하는 대단히 중요한 계측 장비이다. 오실로스코프에는 매우 다양한 종류가 있지만 단순화시킨 모습은 그림 16-10과 같다. 오실로스코프는 파형을 CRT(cathode-ray tube) 즉 스

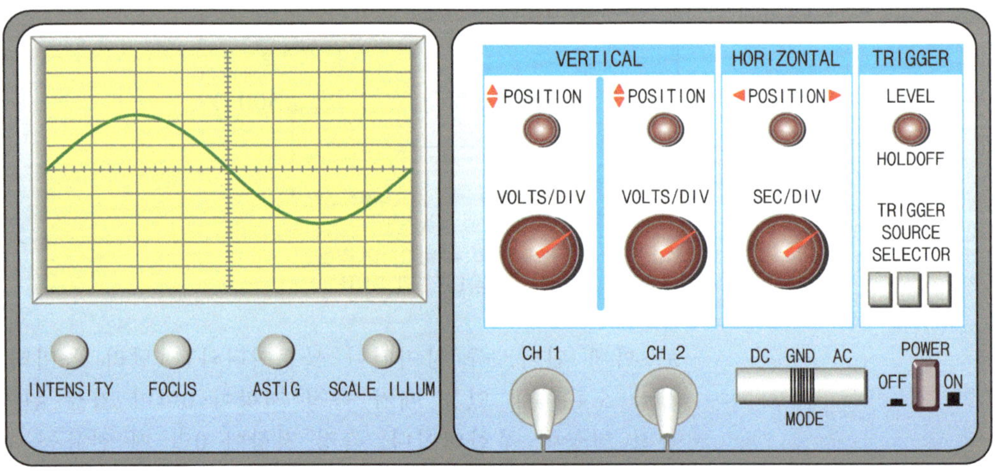

▲그림 16-10 오실로스코프의 단순화된 모습

크린에 영상을 보여주며 이는 CRT의 전자총에서 출발하는 전자빔이 스크린의 형광면에 충돌하면서 빛을 발하기 때문이다. 오실로스코프는 그래프와 같이 전압 파형을 두 개의 축으로 표현해 주며 수평축은 시간축이고 수직축은 전압축이다. 그림 16-10에서 'VERTICAL'은 전압축을 조정하는 단추들이며 눈금당 전압의 크기는 VOLTS/DIV을 통해 조절한다. 그리고 'HORIZONTAL'은 시간축을 조절하며 이는 SEC/DIV를 통해 이루어진다. 그리고 한 개 이상의 파형을 동시에 관찰할 수 있도록 두 개 이상의 CH(channel) 단자를 두고 있다.

그림 16-11은 오실로스코프의 핵심은 CRT의 구조이며 내부는 몇 개의 전자총으로 이루어진다. 전자빔은 필라멘트의 가열에 의해 캐소드로부터 생산되며 애노드 1과 2는 전자빔을 집속시켜준다. 캐소드로부터 방출되는 전자빔은 필라멘트에 가해지는 전압의 세기에 의한다. 스크린에 도달하기 전에 전자빔은 수직 편향판에 의해 상하로 편향되며 수평 편향판에 의해 좌우로 편향된다. 이 때 상하 및 좌우의 편향 정도는 수직 편향판 양단 전압과 수평 편향판 양단 전압에 의해 좌우된다. 만일 두 편향판 전압이 0이면 전자빔은 스크린 정중앙에 한 점으로 표시된다. 수평 편향판은 스크린 영상의 시간축을 제어하며 수직 편향판은 전압축을 제어한다. 스크린은 형광막으로 도포되어 있으며 여기에 도달한 전자빔이 형광 물질과 반응하여 사람이 볼 수 있는 빛으로 화한다.

그림 16-12는 수직 및 수평 편향판의 작용을 알기 쉽게 설명하고 있다. 그림에서 수직 편향판은 파란색으로, 수평 편향판은 빨간색으로

▶그림 16-11
CRT의 구조

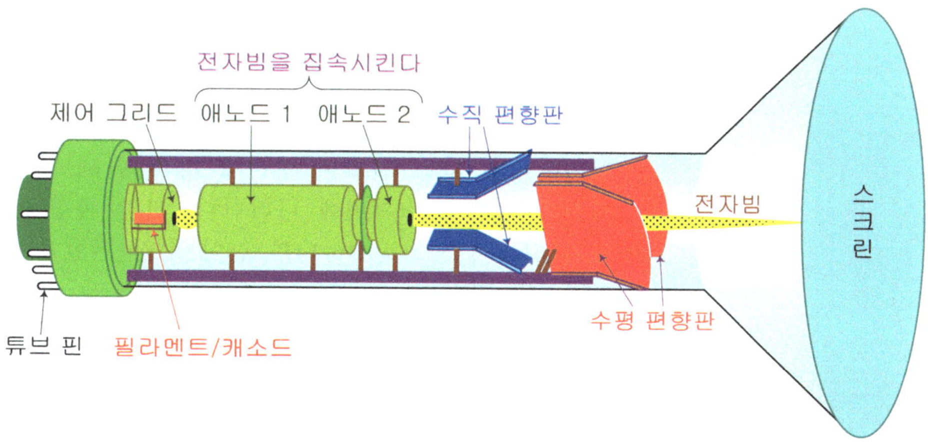

▶그림 16-12
CRT의 수직 및 수평 편향판 직류 전압이 영상에 미치는 영향

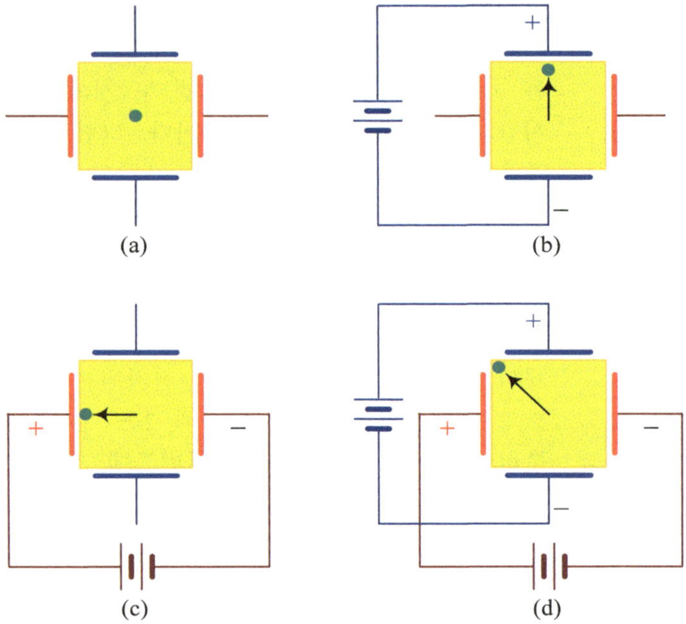

표시되어 있다. 먼저 그림 (a)는 편향판 전압이 모두 0인 경우로 스크린의 정중앙에 점이 나타난다. 그림 (b)는 수직 편향 전압만 가해진 것으로 위쪽 판이 아래쪽보다 전압이 높기 때문에 음의 극성인 전자빔은 위쪽으로 휘게 된다. 따라서 스크린의 상단에 점이 나타난다. 그림 (c)는 수평 편향 전압만 가해진 것으로 왼쪽 판이 오른쪽보다 전압이 높기 때문에 전자빔은 왼쪽으로 휘게 된다. 따라서 스크린의 좌측에 점이 나타난다. 그림 (d)는 그림 (b)와 (c)를 중첩시킨 것이므로 점이 스크린의 좌측 상단에 나타난다. 어느 경우나 편향 전압이 직류이므로 점은 한 위치에 고정된다.

그림 16-13은 편향 전압으로 교류를 가해줄 때이다. 이 경우는 그림 16-12와 달리 전압이 시간에 따라 변하므로 전자빔은 점이 아닌 직선의 형태로 스크린에 나타난다. 전압 파형을 시간축에 따라 표시하기 위해서는 그림 16-14와 같이 수평 편향판에 소인(sweep) 신호를 인가하면 된다. 소인 신호는 톱니파나 램프(ramp) 형태의 파이며 소인 신호를 소인 전압이라 한다. 소인 전압의 기본 주파수인 소인 주파수에 의해 시간축의 폭이 결정된다. 예를 들어 그림 16-14에서 수평 편향판에 인가되는 전압이 주파수 f_o인 정현파라 하자. 이 때 소인 전압

▶그림 16-13
CRT의 수직 및 수평 편향판 교류 전압이 영상에 미치는 영향

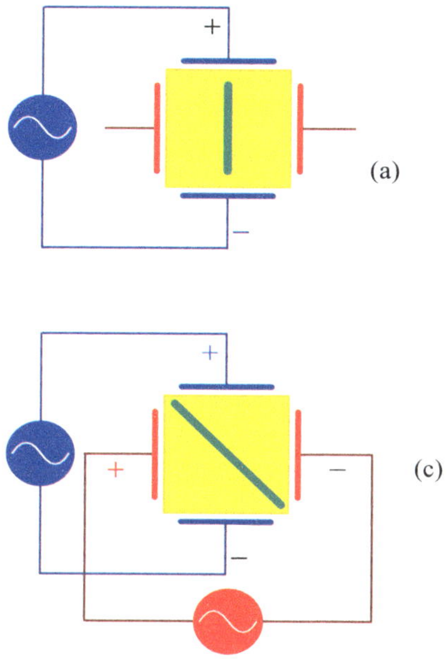

▶그림 16-14
수평 편향판에 소인 전압을 인가하여 수평축을 시간축으로 사용하는 방법

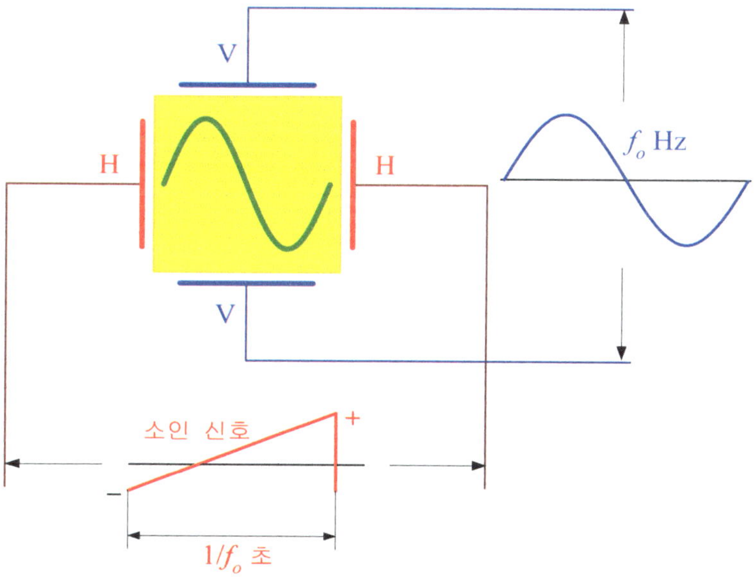

의 주기가 $1/f_o$이면(주파수는 f_o) 수평축인 시간축의 폭이 $1/f_o$ 초이므로 스크린에는 한 주기동안의 정현파가 나타나게 된다. 만일 소인 주파

수를 $f_o/2$로 하면 스크린 상에서는 두 주기의 정현파가 나타난다. 소인 신호의 주기는 그림 16-10에서 SEC/DIV 단자로 조정한다. 그리고 VOLTS/DIV을 조정하여 관측하고자 하는 전압의 진폭을 조절할 수 있다. 만일 VOLTS/DIV을 너무 작게 하면 진폭이 지나치게 확대되어 스크린에 다 표시할 수 없게 된다. 오실로스코프의 원리는 텔레비전의 수상기와 원리가 같으며 이에 대해서는 뒤에 설명한다.

16.3 브리지 회로

그림 16-15는 브리지(bridge) 회로라 하며 미지의 소자 값을 측정할 때 자주 사용된다. 그림에서 4 개의 저항이 적절한 관계를 맺게되면 단자 A와 B 사이의 전압이 0이 되며 이를 평형 상태라 한다. 브리지가 평형이 될 조건을 구해 보자. 단자 A와 B의 전압을 각각 V_A, V_B라 하면 다음과 같다.

$$V_A = \frac{R_4}{R_1 + R_4}V_s, \quad V_B = \frac{R_3}{R_2 + R_3}V_s \qquad [7]$$

따라서 단자 A와 B의 전압차 V_{AB}는

$$V_{AB} = V_A - V_B = \left(\frac{R_4}{R_1 + R_4} - \frac{R_3}{R_2 + R_3}\right)V_s \qquad [8]$$

►그림 16-15
브리지 회로의 평형

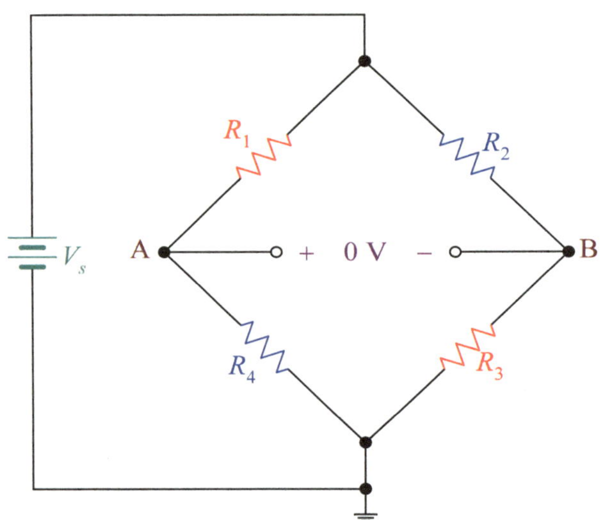

식 [8]에서 V_{AB}=0이 될 조건, 즉 평형이 될 조건을 구하면 다음과 같은 관계임을 알 수 있다.

$$R_1R_3 = R_2R_4 \qquad [9]$$

즉 대변 끼리의 저항을 곱한 것은 같아야 한다. 만일 그림 16-15에서 세 개의 저항은 알려진 것이고 하나만 미지수라면 식 [9]의 관계로부터 미지의 값을 알 수 있는 것이며 그림 16-16이 이를 보여준다. 그림에서 측정하고자 하는 저항은 R_X이며 R_V는 가변 저항이고 나머지 두 저항 R_2와 R_3는 고정된 저항이다. 볼트미터의 전압은 0이 될 때까지 가변 저항 R_V를 조절하여 브리지 회로를 평형시키면 R_X는

$$R_X = \left(\frac{R_2}{R_3}\right)R_V \qquad [10]$$

로 구할 수 있다.

▶그림 16-16
브리지 회로를 이용한 저항 측정

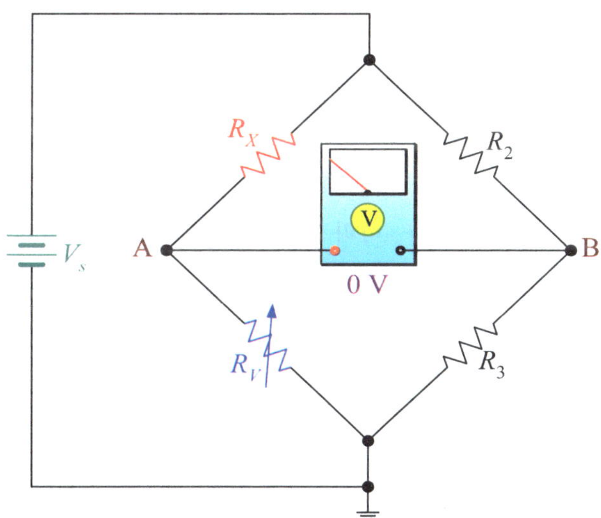

저항뿐 아니라 용량이나 인덕턴스도 브리지 회로로 측정할 수 있으며 그림 16-17은 용량을 측정하는 원리이다. 이어폰을 통해 오디오 신호를 들어가며 가변 용량 C_V를 조절하여 브리지가 평형되게 한다. 브리지가 평형되면 A, B 사이의 오디오 전압이 0이 되므로 이어폰에 아무런 소리가 들리지 않는다. 용량은 리액턴스에 반비례한다. 즉 C_X

▶그림 16-17
브리지 회로를 이용한 용량 측정

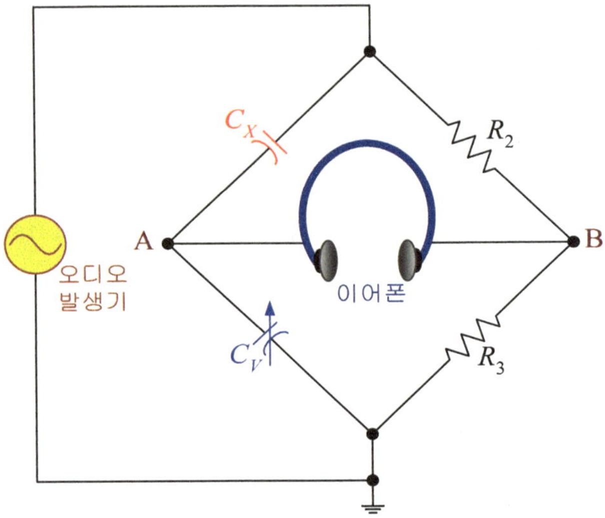

와 C_V의 리액턴스를 각각 X_X, X_V라 하면

$$X_X = \frac{1}{\omega C_X}, \quad X_V = \frac{1}{\omega C_V}$$

이며 평형 상태에서는

$$R_3 X_X = R_2 X_V$$

를 만족한다. 따라서 위의 두 식으로부터

$$C_X = \left(\frac{R_3}{R_2}\right) C_V \qquad [11]$$

와 같이 C_X를 측정할 수 있다. 물론 인덕턴스 경우도 그림 16-18과 같이 측정할 수 있다. 다만 인덕턴스의 리액턴스는 인덕턴스에 비례하므로 평형 상태에서는 다음과 같이 측정된다.

$$L_X = \left(\frac{R_2}{R_3}\right) L_V \qquad [12]$$

브리지 회로는 전기적 량이 아닌 다른 물리량을 전압으로 변환시키는데 널리 응용되며 그림 16-19가 이를 보여준다. 그림에서 변환기는 물리량의 변화를 저항의 변화 ΔR로 변환시켜 주는 일종의 센서이다. 변환기를 제어하는 물리량으로는 힘, 온도, 광 등 여러 가지가 있

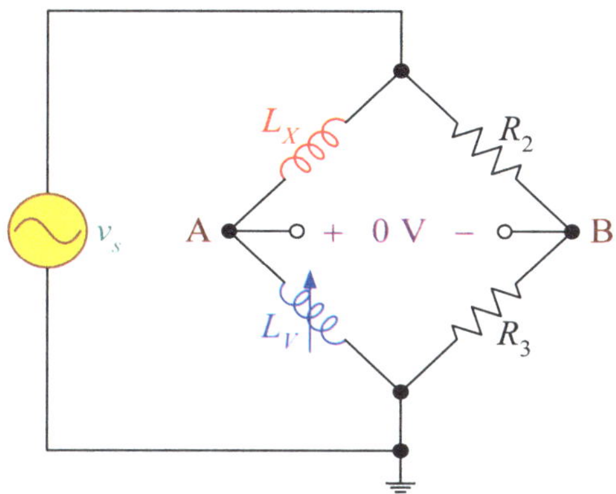

▶그림 16-18
브리지 회로를 이용한 인덕턴스 측정

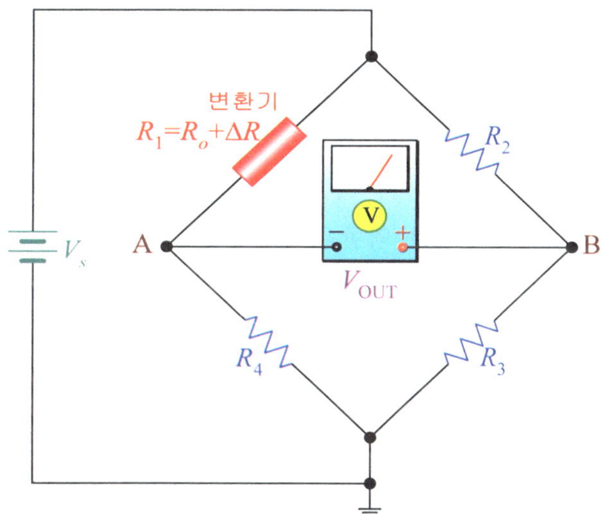

▶그림 16-19
변환기를 이용하여 물리량을 측정하는 브리지 회로

으며 이는 뒤에서 설명한다. 그림 16-19에서 $R_1=R_o$일 때($\Delta R=0$) 회로가 평형을 이룬다고 하자. 즉

$$R_oR_3 = R_2R_4 \quad [13]$$

이제 평형이 깨진 상태($\Delta R\neq 0$)에서 ΔR에 의해 나타나는 출력 전압 V_{OUT}를 구해보자. 단 $\Delta R \ll R_o$로 가정한다. 점 A와 B의 전압을 V_A, V_B라 하면 $V_{OUT}=V_B-V_A$는 다음과 같다.

$$V_{OUT} = \left(\frac{R_3}{R_2+R_3} - \frac{R_4}{R_o+\Delta R+R_4}\right)V_s \quad [14]$$

식 [13]와 $\Delta R << R_o$를 이용하여 식 [14]를 정리하면 다음과 같다.

$$V_{\text{OUT}} = \frac{\Delta R R_3}{(R_o + R_4)(R_2 + R_3)} V_s \qquad [15]$$

위의 식을 고쳐 표현하면

$$V_{\text{OUT}} = \left[\frac{R_3 V_s}{(R_o + R_4)(R_2 + R_3)} \right] \Delta R \qquad [16]$$

이상으로 변환기의 저항 변화량 ΔR에 출력 전압이 비례한다. 그리고 ΔR은 또 다른 물리량의 변화에 비례하므로 결국 물리량의 변화는 전압으로 변환되어 나타나게 되는 것이다.

16.4 센서(sensor)

사람의 오감에 해당하는 것이 센서이며 특히 여러 가지 형태의 물리량을 간단히 저항의 변화로 변환시킬 수 있는 센서들은 계측에서 매우 중요한 역할을 한다.

힘 센서 힘을 감지하는 힘 센서에서 가장 많이 사용되고 있는 것이 변형 게이지선(strain gauge wire)이다. 게이지선은 가느다란 금속선으로 길이가 늘어나면 전기 저항이 증가하고 반대로 줄어들면 저항이 작아진다. 그림 16-20(a)에서 금속선의 길이를 l이라 하고 단면적을 A라 하면 금속선의 저항은

$$R = \rho \frac{l}{A} \qquad [17]$$

로 주어지며 ρ를 저항률(tesistivity)이라 한다. 저항률은 재료에 따라 다르며 은, 동 알루미늄등은 작고(게이지선으로 사용) 전열기에 사용하는 니크롬선등은 크다.

그림 16-20에서 (a)의 금속선의 저항이 R이라 하자. 이 금속선이 그림 (b)와 같이 길이가 Δl만큼 늘어나면서 단면적이 ΔA만큼 좁아지면 저항은 $R+\Delta R$로 증가한다. 이 때 R과 ΔR의 관계는 재료의 영률(Young's modulus)과 포아송비(Poisson ratio) 등을 고려하여 계산하면 다음과 같이 주어진다.

▶그림 16-20
도체의 저항 변화

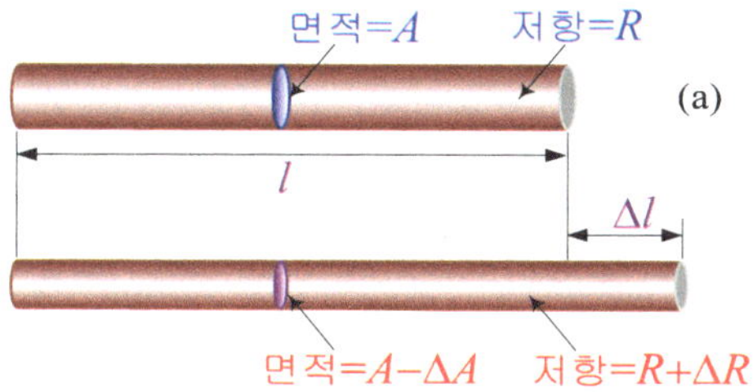

$$\frac{\Delta R}{R} \cong F\frac{\Delta l}{l} \qquad [18]$$

위의 식에서 상수 F를 게이지율이라 하며 $F \cong 2$이다. 변형 게이지는 압력, 하중, 변위, 속도, 가속도, 토크 등의 물리량을 전기적인 량으로 변환시켜 주는 요긴한 센서이다.

실제 게이지 형태는 그림 16-22와 같이 선(wire)과 박(foil)의 두 가지가 있다. 그림 (a)의 선게이지는 매우 가는 금속선을 여러 번 반복하여 플라스틱 필름 위에 부착한 것이다. 그리고 그림 (b)의 박게이지는 플라스틱 필름 위에 수 미크론 두께의 금속박을 붙이고 이 위에 에칭(etching)을 이용하여 패턴(pattern)을 뜬 것이다.

▶그림 16-21
게이지의 형태
(a) 선게이지;
(b) 박게이지.

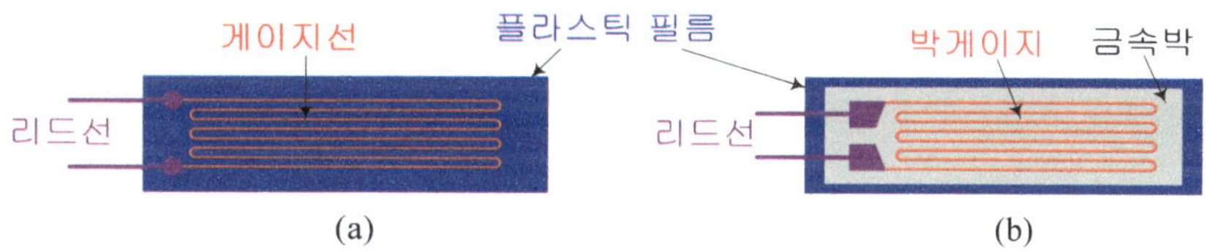

온도 센서

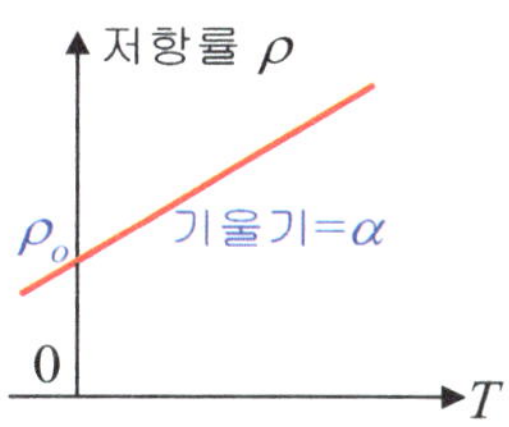

▲그림 16-22
온도에 의한 금속의 저항률 변화

금속은 주위 온도가 상승하면 격자를 이루고 있는 원자들의 진동이 심해진다. 따라서 자유 전자가 이동하면서 원자와의 충돌이 심해지므로 저항이 높아지게 된다. 금속의 온도에 따른 저항률 변화는 그림 16-22와 같은 특성을 보인다. 즉 저항률 ρ는 거의 온도 T에 비례하여

$$\rho = \rho_o(1+\alpha T) \qquad [19]$$

이며 α를 저항 온도 계수라 한다. 이와 같이 온도에 의해 변하는 금속의 저항을 이용하여 온도를 감지하는 센서를 측온 저항체라 부른다. 측온 저항체의 실제 구조는 가는 백금선을 마이카나 유리 스풀에 감고 보호관에 집어 넣은 형태이다. 금속과는 달리 반도체는 온도가 상

승하면 저항률은 감소한다. 그 이유는 온도가 상승하면 홀과 자유 전자가 더 많이 생성되어 전도율이 높아지기 때문이다. 따라서 도체의 온도 계수는 양이지만 반도체의 온도 계수는 음이다. 온도 계수가 음인 서미스터(thermistor)는 반도체에 금속 산화물(Mn, Ni, Co, Fe, Cu 등) 분말을 섞어 성형시킨 것으로 온도에 대한 감도가 측온 저항체에 비해 뛰어나다. 그림 16-23은 서미스터의 여러 가지 외관을 보여준다.

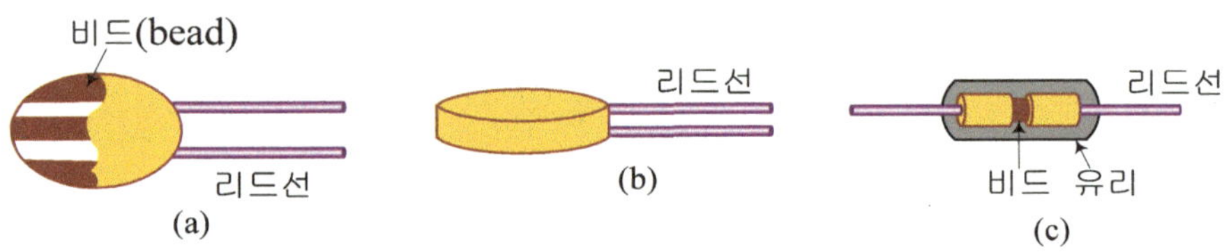

▶그림 16-23
서미스터의 외관

그림 16-24는 게이지선 및 서미스터를 이용하여 여러 가지 물리량을 감지하는 예를 든 것이다. 그림 (a)는 서미스터를 통해 물체의 온도를 감지하여 그 변화량을 저항의 변화로 변환시켜 준다. 그림 (b)는 어떤 물체의 지름의 편차를 측정하는 것이다. 즉 실험체의 지름이 정상보다 클수록 강판이 휘는 정도가 심해지므로 위쪽의 게이지선은 줄어들고 아래쪽 게이지선은 늘어난다. 따라서 위쪽 게이지선의 저항은 줄어들고 아래쪽 게이지선은 저항이 늘어나므로 이 두 저항 변화 차를 이용하면 지름의 편차 정도를 감지할 수 있다.

그림 (c)는 게이지선으로 유속을 측정하는 것이다. 유속이 증가할수록 부자를 통해 게이지선에 가해지는 힘이 증가하므로 게이선의 길이가 줄어들어 저항이 낮아진다. 즉 유속의 변화를 저항의 변화로 변환시키는 것이다. 그림 (d)는 점성 액체의 점성도를 감지하는 것이다. 안팎의 두 원통 사이에 시험하고자 하는 점성 액체를 넣고 외부 원통을 회전시켰을 때 내부 원통에 작용하는 회전력이 게이지선의 변형으로 이어진다. 즉 액체의 점성이 클수록 게이지선의 변형이 심하게 되는 것이다. 그림 (e)는 압력 센서로 유체의 압력에 의해 게이지선 G_1은 전후 방향으로 수축 팽창하며 G_2는 좌우 방향으로 수축 팽창한다. 즉 G_1은 전후 방향으로 작용하는 압력을, G_2는 좌우 방향으로 작용하는 압력을 감지하여 저항의 변화로 변환시킨다. 그림 (f)는 용기 내에 있는 기체의 밀도 또는 성분을 감지하는 것이다. 예를 들어 수소의 경우는 열전도도가 높기 때문에 수소 함유량이 클수록 백금선이 차가

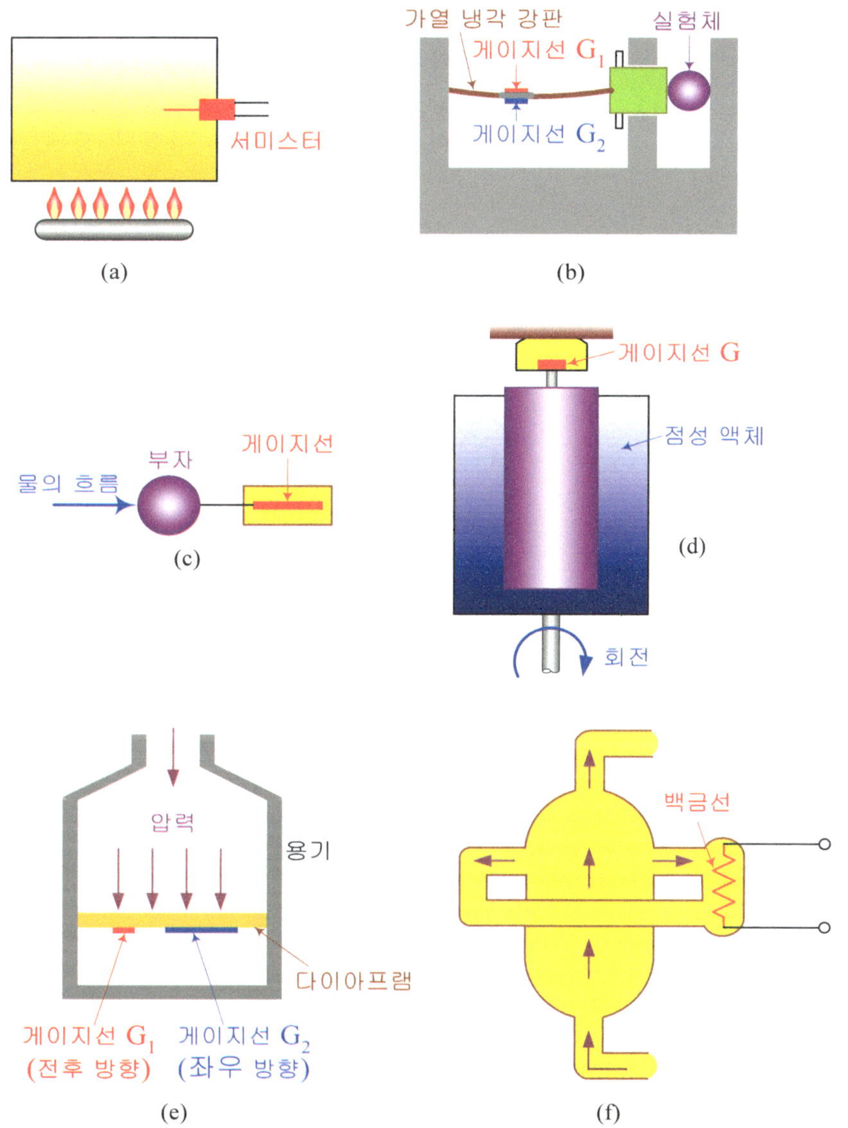

▶그림 16-24
센서의 응용 예
(a) 온도 감지;
(b) 지름 감지;
(c) 유속 감지;
(d) 점성도 감지;
(e) 압력 감지;
(f) 가스 성분 감지.

워져 저항이 감소하는 것이다. 즉 백금선의 저항 변화를 기록하면 용기 내의 수소 함유량 변화를 감지할 수 있다. 그림 16-24의 각 센서, 즉 변환기들의 저항 변화를 그림 16-19의 브리지 회로를 이용하여 전압으로 변환시킬 수 있다. 그 결과 온도, 길이, 유속, 점성도, 기체 함량 등의 물리량 변화를 전압으로 나타낼 수 있는 것이다.

그림 16-25는 브리지를 이용한 자동 평형 계기의 원리를 보여준다. 저항 R_3와 R_4는 실은 하나의 슬라이딩 저항기로서 접점 D의 위치에 의해 저항 R_3와 R_4는 가변되며 R_3+R_4는 일정하다. 그림 (a)는 변환기의 저항이 R_o로서 브리지가 평형된 상태, 즉 $R_oR_3=R_2R_4$이다. 따라서

►그림 16-25
브리지식 자동 평형 계기

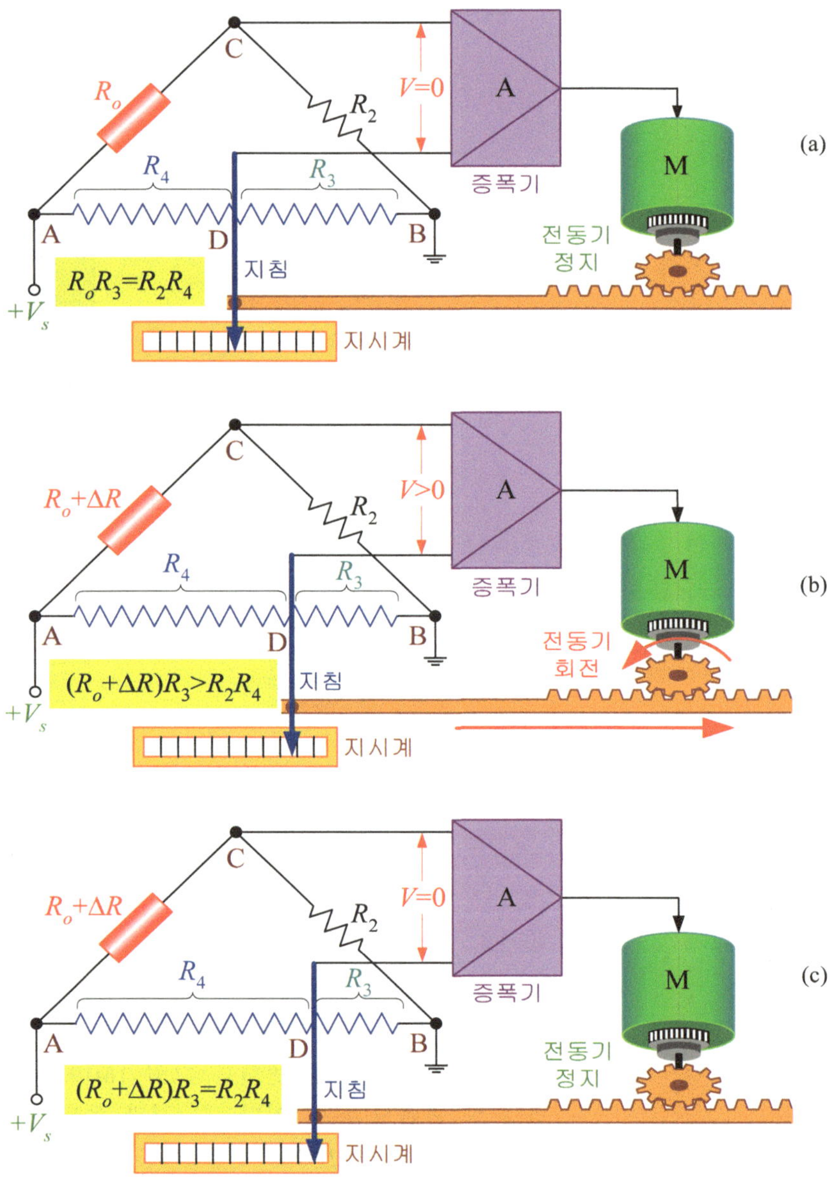

출력 전압은 V=0이 되므로 전동기는 정지 상태가 된다. 그림 (b)는 변환기의 저항이 R_o에서 $R_o+\Delta R$로 증가한 경우로 $(R_o+\Delta R)R_3>R_2R_4$이므로 평형이 깨진다. 따라서 출력 전압이 V>0이 되어 전동기가 반시계 방향으로 회전하게 된다. 이로 인해 지침은 오른쪽으로 이동하므로 슬라이딩 저항기의 접점 D도 오른쪽으로 이동한다. 그 결과 R_3는 점차 감소하고 R_4는 증가하므로 어느 순간에 $(R_o+\Delta R)R_3=R_2R_4$가 되면 브리지가 평형되어 출력 전압이 V=0이 되고 전동기는 다시 정지하게 된다. 따라서 지침이 움직인 변위가 바로 저항의 변화 ΔR에 비례하는 것이다. 이상과 같은 자동 평형 계기를 이용하면 여러 가지 물리량의 변화를 그래프로 기록할 수 있다.

광 센서

빛을 전기로, 전기를 빛으로 바꾸는 센서들 역시 일상 생활에 대단히 많이 사용하고 있다. 그림 16-26의 (a)는 광센서를 이용하여 물체의 이동을 감지하는 장치이다. 광원으로부터 방출되는 빛은 컨베이어 건너편에 있는 광다이오드 또는 광트랜지스터(phototransistor) 센서를 향해 비추고 있다. 컨베이어 벨트 위의 물체가 광원을 지나치는 순간 수광기에 입력되는 빛이 차단되므로 수광기의 광센서는 전류가 급격히 떨어지게 된다. 이 정보는 수광기의 제어 회로를 작동시켜 계수기(counter)를 하나씩 증가시켜 물체의 개수를 기록할 수 있다.

그림 (b)는 광트랜지스터를 센서로 하는 수광기의 회로를 예로 든 것이다. 물체가 광원의 LED와 광트랜지스터 Q_1 사이를 가릴 때는 입력되는 빛이 차단되므로 광트랜지스터는 차단된다. 따라서 Q_1의 컬렉터-이미터 사이는 개방 회로와 같으므로 Q_2의 베이스에는 저항 R_B를 통해 충분한 전류가 공급된다. 그 결과 Q_2는 포화되어($V_{CE}\cong 0$) 출력 전

▶그림 16-26 컨베이어 벨트 위를 통과하는 물체를 검출하는 광 센서 (a) 개요도; (b) 회로도.

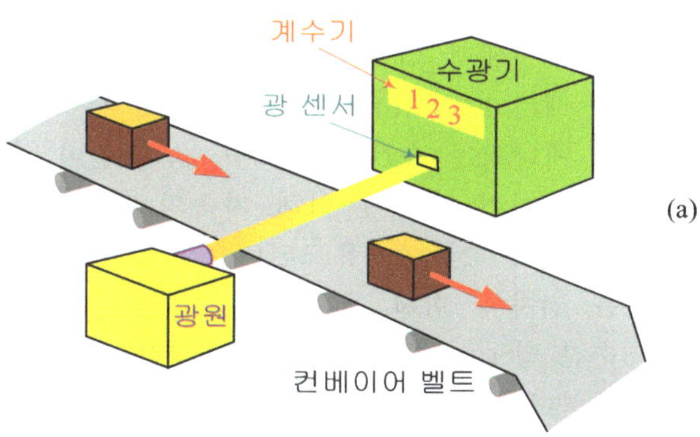

▶그림 16-26
(계속)

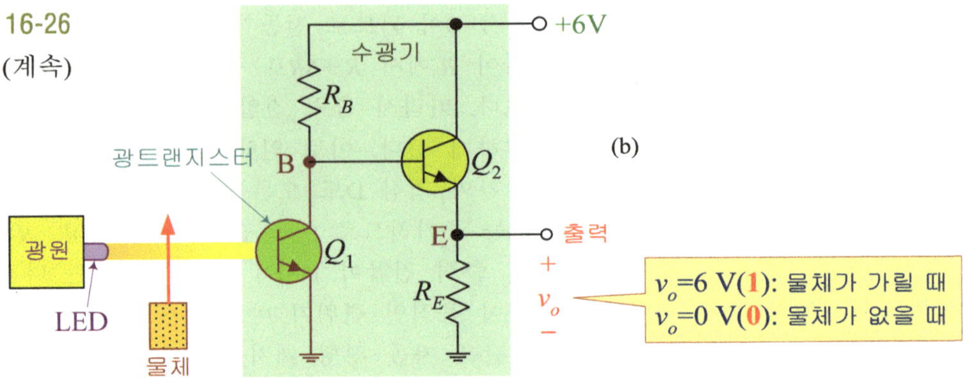

압 v_o는 약 6 V가 되어 높은 상태(1)가 된다. 그러나 광원과 Q_1 사이에 물체가 없을 때는 광트랜지스터는 충분한 빛이 입력되므로 포화된다. 따라서 Q_1의 컬렉터-이미터 사이는 거의 단락 회로와 같으므로 Q_2의 베이스 B의 전압은 낮아진다. 그 결과 Q_2는 차단되고 출력 전압 v_o는 0 V가 되어 낮은 상태(0)가 된다. 그림 16-26(b)의 회로는 레코드상의 곡을 자동 선곡, 자기 테이프의 시작과 끝을 검출, 사무기에서의 종이 여부 검출 등등에 널리 응용되고 있다.

회전 센서

기어나 크랭크축과 같은 기계적인 회전 속도를 전자기 유도를 이용해 전기적으로 감지하는 회전 센서에 대해 알아보자. 그림 16-27의 (a)는 자동차 크랭크축의 회전 속도, 즉 엔진 속도를 측정하는 장치이다. 철판으로 된 원판이 엔진의 크랭크축에 연결되어 있으며 원판 주위에 일정한 간격으로 돌출된 탭이 설치되어 있다. 원판이 크랭크축과 함께 돌면 탭은 주기적으로 영구 자석의 공극(air gap)을 통과하게 된다. 철은 공기보다 투자율이 높아 자기 저항이 훨씬 작기 때문에 동일한 자장 속에서 더 많은 자속을 생성한다. 따라서 탭이 공극 사이에 없을 때는 그림 (b)와 같이 영구 자석의 자속 변화가 없다가 탭이 공극을 지나치는 순간에는 그림 (c)와 같이 갑자기 자속이 증가한다. 따라서 전자기 유도에 의해 자속의 변화를 상쇄하려는 방향으로 코일에 순간적인 전압이 유도된다. 그림 16-28 역시 그림 16-27과 원리가 같은 전자식 회전 센서이다. 기어의 톱니가 회전 센서 앞을 통과하는 순간 영구 자석 주위에 감긴 픽업 코일에 순간적으로 유도 전압이 발생하며 이로부터 기어의 회전 주파수를 검출할 수 있다.

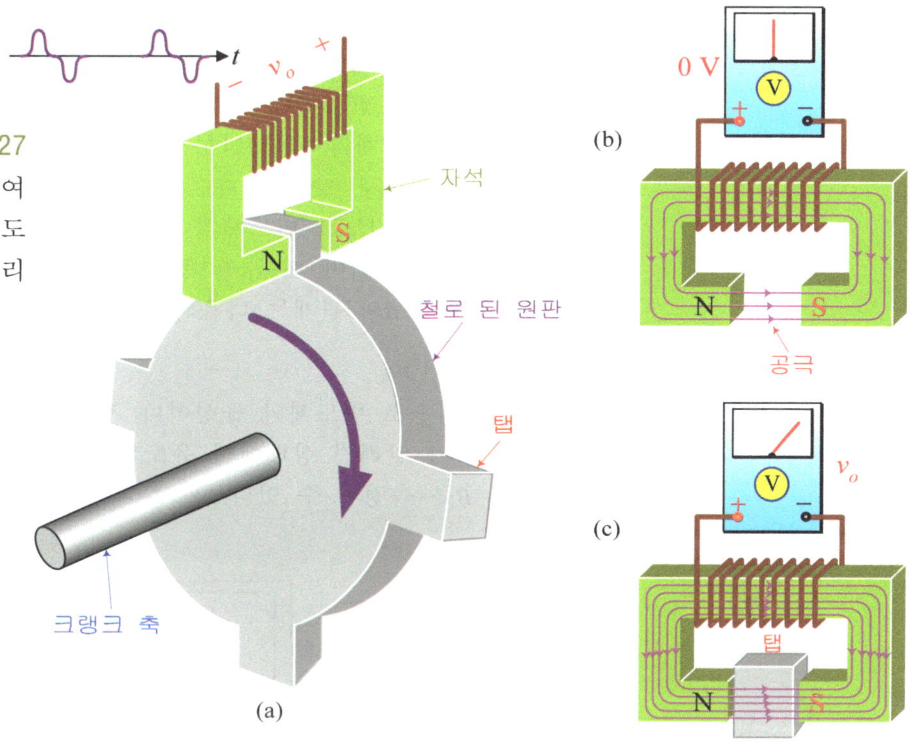

▸그림 16-27
회전 센서를 이용하여 크랭크축의 회전 속도를 검출하는 원리

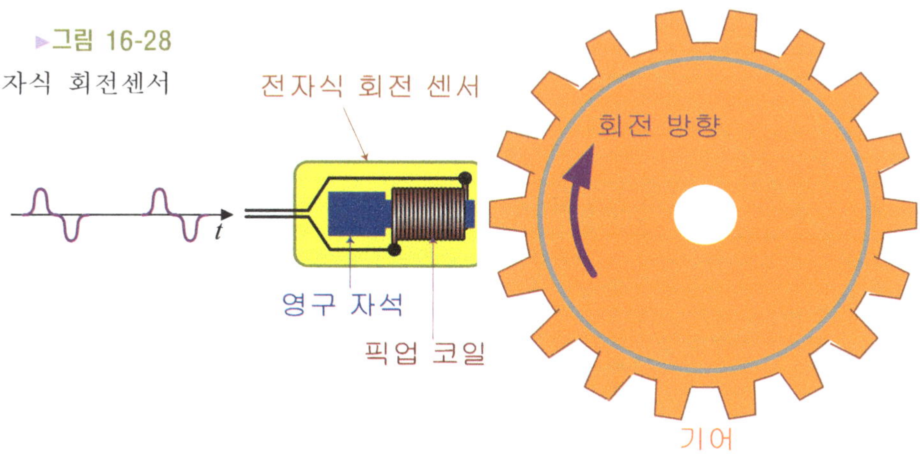

▸그림 16-28
전자식 회전센서

자기 센서

자기의 세기를 측정할 수 있는 원리가 홀(Hall) 효과이며 그림 16-29의 (a)가 이를 보여준다. 그림과 같이 P형 반도체에 수직으로 자장(B)이 걸린 상태에서 반도체의 길이 방향으로 전류 I_H를 흘려준다. 그러면 홀(hole)이 반도체의 넓이 방향으로 힘을 받게 되며 그림 (b)가 이 관계를 보여준다(홀은 양전하이다). 따라서 홀이 몰리는 쪽이 반대쪽에 비해 전압이 높아지므로 반도체의 폭 사이에는 그림에서 표시된 극성의 전압 V_H가 유도되며 이를 홀 전압이라 한다. 이 때 홀 전압 V_H와 전류 I_H 및 자장 B의 관계는 다음과 같다.

$$V_H = k_H B I_H \qquad [20]$$

단 k_H는 홀 정수로 반도체의 물성이나 치수에 의해 정해진다. 식 [20]에서 전류 I_H가 알려진 상태에서 유도되는 홀 전압 V_H를 측정하면 자장의 세기 B를 측정할 수 있다. 홀 효과를 이용하여 자장을 측정하는

▶그림 16-29
홀(Hall) 효과

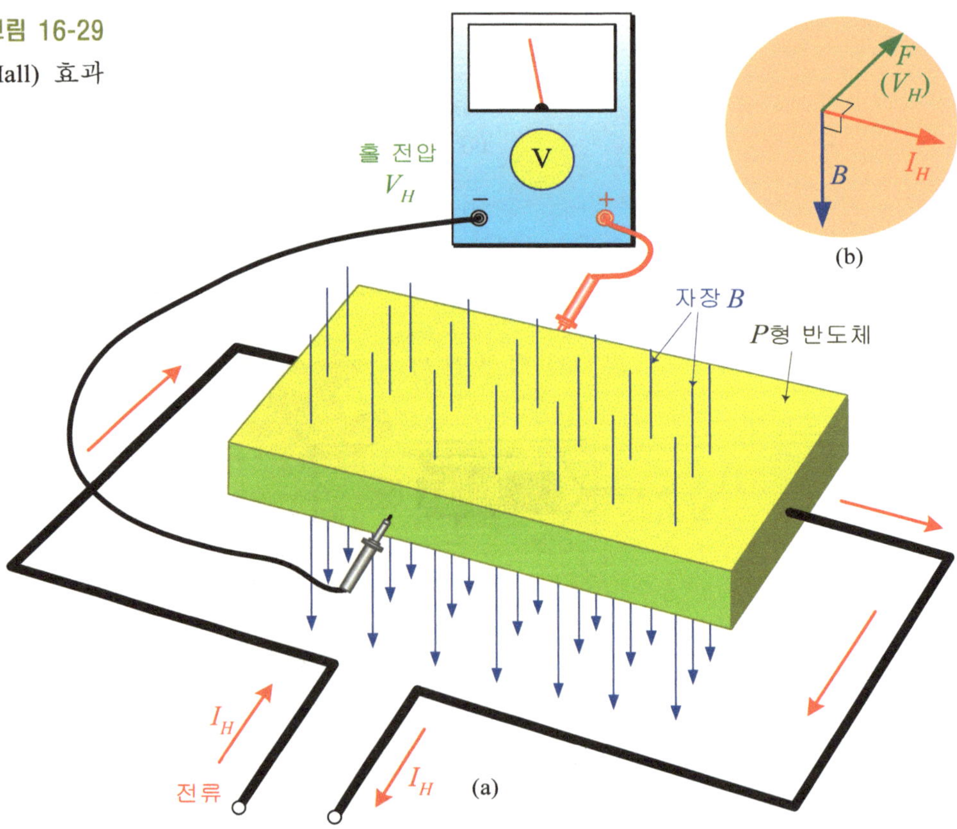

계기가 가우스미터(gaussmeter)이다. 홀 소자를 이용한 또 다른 응용으로 전력계가 있다. 즉 식 [20]에서 자장 B가 임의의 제어 전압 V에 비례하게 하면 홀 전압은

$$V_H = kVI_H \quad [21]$$

로 전압과 전류의 곱이 된다. 따라서 전압 V와 전류 I_H가 특정 소자의 전압과 전류가 되도록 하면 그 소자가 소비하는 전력을 측정할 수 있는 것이다. 그림 16-30은 홀 소자를 이용한 전력계의 기본 구조를 보여준다. 먼저 코일 L에 흐르는 전류를 부하 전압 V_L에 비례하게 한다. 그러면 코일에 의한 자장 B 역시 V_L에 비례하게 되며 이 자장이 홀 소자를 직교하게 한다. 다음으로 분류기 저항 R_S를 이용하여 홀 소자에 흐르는 전류 I_H가 부하 전류 I_L에 비례하게 한다. 그 결과 홀 전압 V_H는 식 [21]에 의해 V_L과 I_L의 곱, 즉 부하 전력에 비례하게 된다. 따라서 홀 전압을 측정하면 부하에 전달되는 전력을 구할 수 있다.

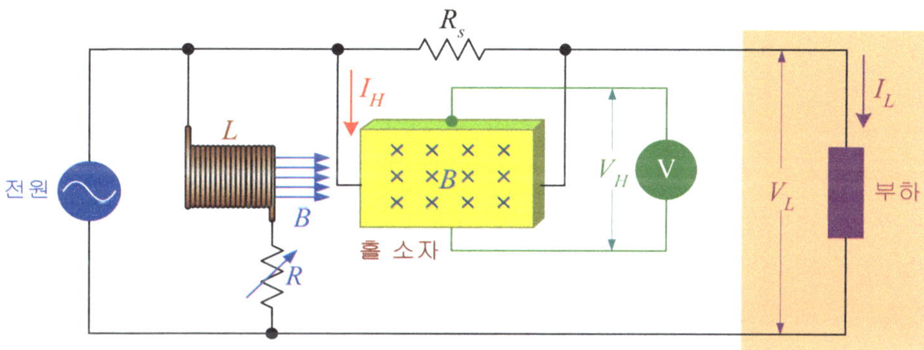

▶그림 16-30 홀 소자를 이용한 전력계의 구조

16.5 차동 변압기

그림 16-31의 (a)는 차동 변압기의 구조이다. 플라스틱 관(bobbin) 주위에 한 개의 일차 코일과 두 개의 이차 코일을 감되 두 이차 코일은 권선수가 같게 한다. 보빈 내에는 강자성체인 페라이트 코어를 삽입하되 아래위로 이동할 수 있도록 한다. 차동 변압기의 특성은 바로 페라니트 코어의 이동에 있다. 일반적으로 코일의 자심이 투자율이 높은 자성체일수록 동일한 조건하에서 더 많은 자속이 형성된다(그림 7-6 참조). 따라서 그림 16-31(a)에서 이차 코일 1과 이차 코일 2는 동

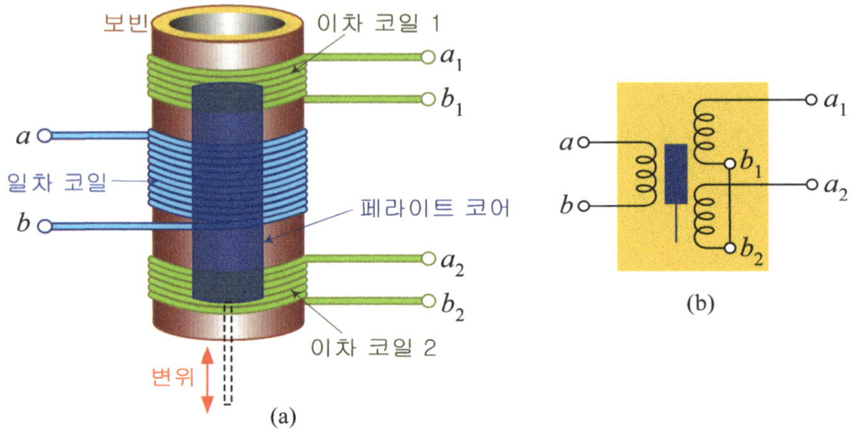

▸그림 16-31
차동 변압기의
(a) 구조와 (b) 기호

일한 조건이지만 페아니트 코어가 이동함에 따라 두 이차 코일에 유도되는 전압은 달라지게 된다. 그림 16-31(a)에서 단자 b_1과 b_2는 한 단자로 묶는 것이 보통이며 그림 (b)는 차동 변압기의 기호이다.

그림 16-32는 차동 변압기의 동작 원리를 보여준다. 먼저 그림 (a)는 페라니트 코어가 정중앙에 위치할 때이다. 이 경우는 이차 코일 1과 2의 내부 코어가 크기가 같으므로 두 코일의 출력 전압은 동일하다. 즉 $V_{a1}=V_{a2}$이므로 $V=V_{a1}-V_{a2}=0$이다.

그림 (b)의 경우는 페라이크 코어가 위쪽으로 이동한 것이며 그 결과 이차 코일 1은 이차 코일 2에 비해 내부에 코어가 더 많이 들어있게 된다. 따라서 이차 코일 1의 출력 전압 V_{a1}이 V_{a2}보다 크므로 출력 전압은 $V=V_{a1}-V_{a2}>0$이다.

그림 (c)는 그림 (b)와 반대이며 코어가 아래쪽으로 이동함으로써 이차 코일 1보다 2에 더 많은 코어가 들어있게 된다. 따라서 전압 V_{a2}가 V_{a1}보다 크므로 출력 전압은 $V=V_{a1}-V_{a2}<0$이다. 이상의 특성을 종합하면 그림 (d)와 같은 특성이 되며 출력 전압은 페라이트 코어의 변위에 비례한다. 단 위쪽으로 이동할 경우는 변위를 양으로 하고 아래쪽으로 이동할 경우는 변위를 음으로 한다. 이와 같이 차동 변압기는 변위를 전압으로 변환시켜 주므로 대단히 광범위하게 사용되고 있다. 뿐만 아니라 내진 내구성이 뛰어나며 마찰이나 히스테리시스가 없으며 소형이면서 가볍다. 그리고 0.01 μm에서 40 mm 까지의 변위 측정이 가능하며 코어와 코일은 기계적으로 분리되어 편하다. 그림 16-33은 차동 변압기를 이용한 몇 가지 센서의 예를 보인 것이다.

▶그림 16-32
(a)~(c) 차동 변압기의 동작 원리; (d) 특성.

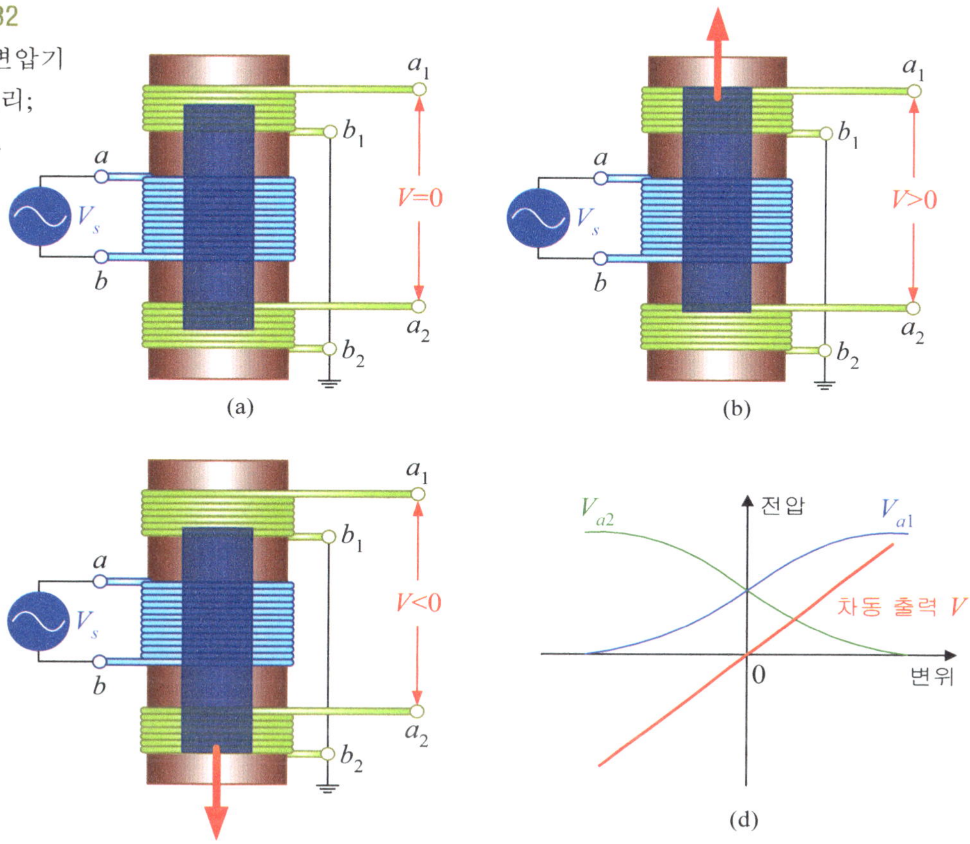

그림 16-33의 (a)는 유속 센서이며 유입되는 물의 양이 많아질수록 부자(浮子)가 위로 이동하여 변압기 출력 전압이 증가한다. 그림 (b)는 U자관을 통해 압력차를 감지하는 센서이며 수은의 레벨에 의해 코어의 변위가 결정된다. 그림 (c)는 롤러에 감긴 물질의 장력을 감지하는 것으로 장력이 클수록 롤러가 위쪽으로 이동한다. 롤러의 장력을 감지하여 물체가 찍어지거나 파열되지 않도록 하는 것은 실제 공정에서 매우 중요한 일이다. 그림 (d)는 온도를 감지하는 센서이다. 측정하고자 하는 액체의 온도가 상승할수록 감온부의 기체가 팽창하며, 기체의 팽창은 부르동(Bourdon) 관을 늘어나게 하여 코어가 위쪽으로 변위되게 한다. 이외에도 차동 변압기의 응용은 대단히 많다.

▶그림 16-33
차동 변압기의 응용:
(a) 유량 센서;
(b) 차압 센서;
(c) 장력 센서;
(d) 온도 센서

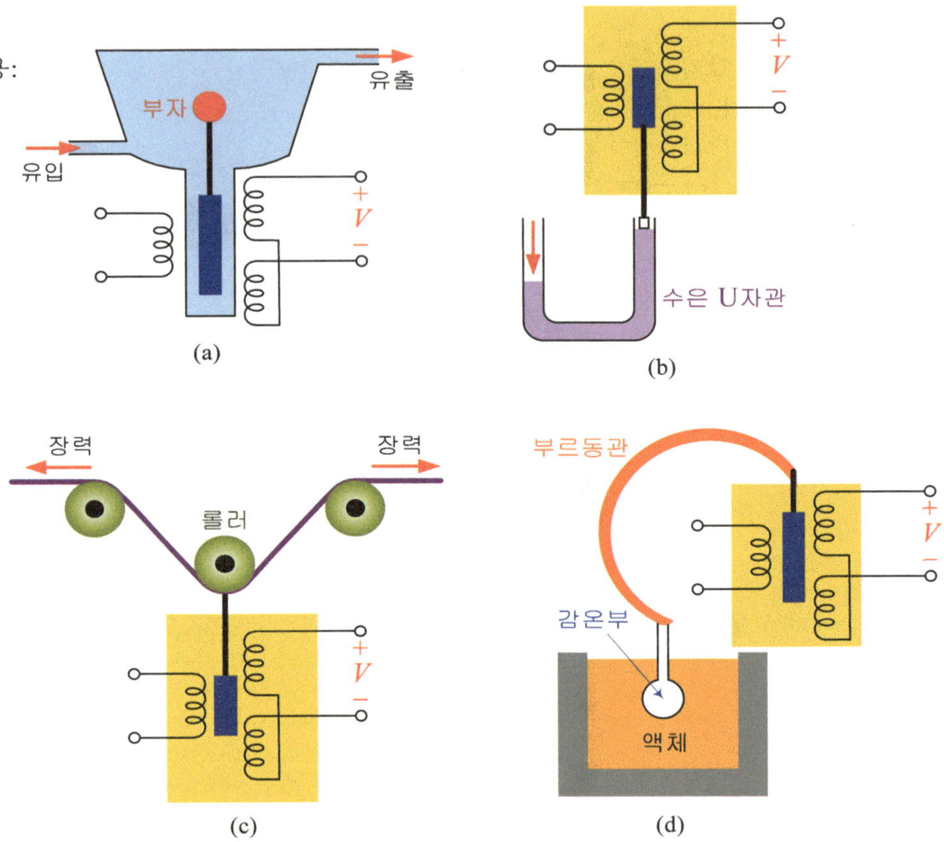

16.6 촬상관

광센서를 이용한 촬상관이나 TV 브라운관은 우리 일상과 뗄 수 없는 관계이다. 촬상관은 렌즈에 비추어 낸 빛의 영상 신호를 전기적인 신호로 변환시키는 장치이며 주사(走査; scanning) 방법을 이용한다. 그림 16-34는 촬상관 중 비디콘(vidicon)의 구조와 동작 원리를 보여준다. 비디콘은 빛에 의해 전기적인 저항이 변하는 광전도 효과를 이용한 것으로 현재 촬상관은 거의 이 방식을 사용되고 있다. 그림에서 광전도막은 일명 타겟(target)라 하며 렌즈에 의한 빛의 세기에 의해 전기 저항이 변한다. 따라서 타겟은 빛의 상을 전하의 상으로 축적하며 전자빔이 이 전하상을 주사하여 신호 전극을 통해 전기적인 신호

▶그림 16-34
비디콘 촬상관의 구조

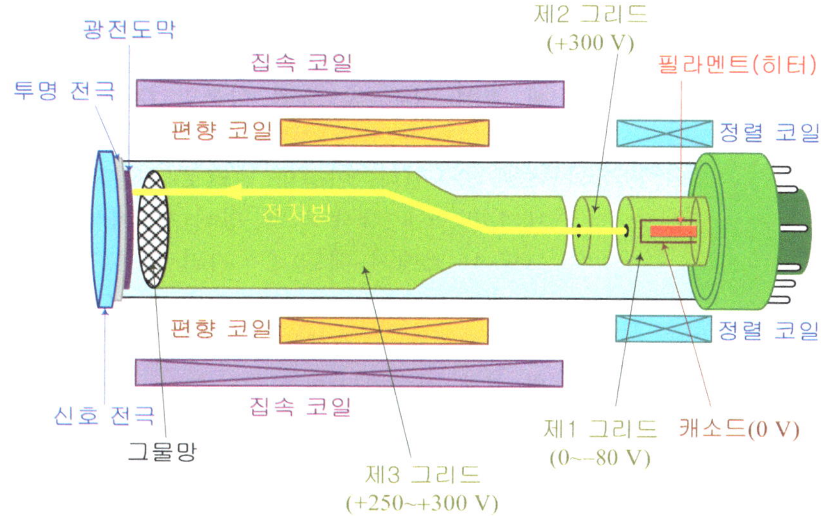

로 인출한다. 집속 코일은 전자빔을 집속시켜 주며 전자빔의 주사는 편향 코일에 의해 제어된다. 그리고 타겟 전체를 주사하는데는 1/60초가 걸리며 이는 초당 60매의 화면을 주사한다는 뜻이다.

그림 16-35는 피사체로부터 색상을 얻는 컬러 카메라의 원리를 보여준다. 렌즈를 통해 입사한 피사체의 삼원색 빛 성분들은 다이크로익 미러(dichroic mirror) D_1과 D_2에 의해 따로 분리된다. 가장 먼저 D_1

▶그림 16-35
컬러 카메라의 구조

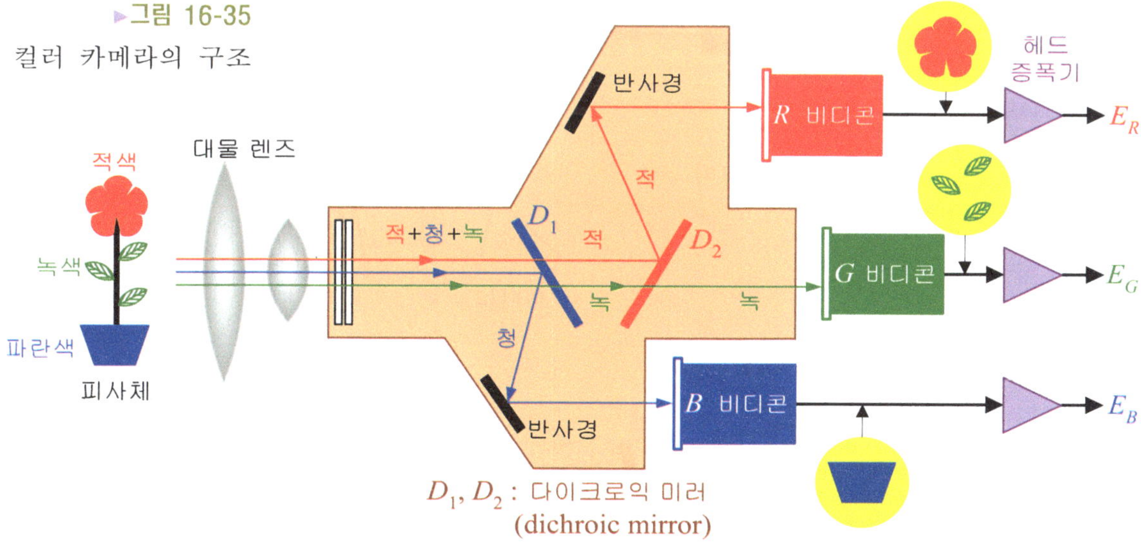

에 의해 적색과 녹색 성분만 통과하고 청색 성분은 전반사된 다음 반사경에 의해 B 비디콘 튜브로 입력된다. 다음으로 D_1을 통과한 적색과 녹색 성분 중 녹색 성분만 D_2를 통과하여 G 비디콘에 입력된다. 그리고 D_2에 의해 전반사된 적색 성분은 반사경을 통해 R 비디콘 튜브로 입력된다. 이상의 원리로 삼원색 성분이 분리되어 세 비디콘 튜브의 타겟에 각각 녹색 청색 및 적색 영상이 따로 맺어진다. 따라서 그림 16-35에서 헤드 증폭기의 출력 전압 E_R, E_G, E_B는 삼원색 각 성분에 비례하는 전압이다. 색신호 E_R, E_G, E_B는 명암을 나타내는 휘도 신호(흑백 신호)와 스펙트럼상에서 겹치지 않도록 변조된 다음 휘도 신호와 함께 전송된다(이를 합성 영상 신호라 한다).

컬러 카메라에서 분리된 세 색상 신호는 수상기에서 그림 16-36(a)와 같이 합성된다. 영상 신호를 매트릭스 회로를 통하면 세 색 신호 E_R, E_G, E_B로 복구되며 각 신호는 해당 전자총에 입력된다. 각 전자총은 해당 색상의 크기에 비례하여 전자빔을 방출하며 전자빔은 새도우

▶그림 16-36
(a) 컬러 수상기
(b) 전자총의 배열

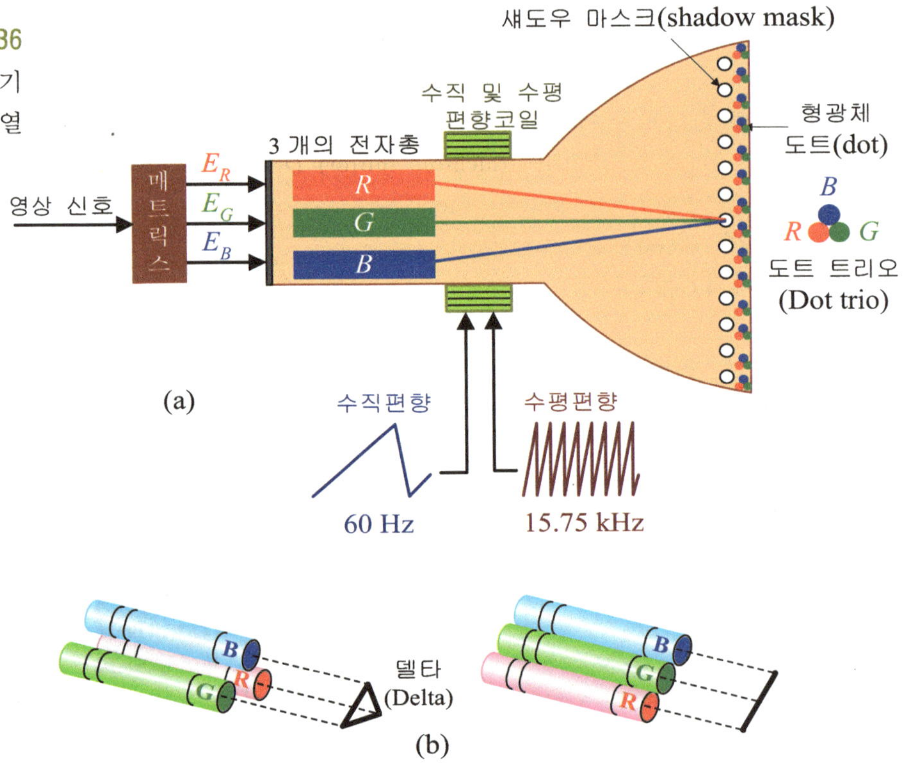

마스크(shadow mask)를 통과하여 지정된 위치의 형광체 도트(dot)를 발광시킨다. 섀도우 마스크는 얇은 금속판에 규칙적으로 많은 구멍들이 배열되어 있는 구조이며 이 구멍을 통과하는 전자빔이 닿는 위치에 형광체 도트가 도포되어 있다. 형광체는 그림에 16-36(a)에 표시된 것과 같이 점 모양의 적색, 청색 및 녹색 형광체 세 점이 모여 한 조를 이루고 있으며 각 전자총에서 방출된 전자빔은 해당 색상의 형광체에 정확히 닿도록 하여 색을 재현시킨다. 전자총은 여러 가지 형태로 배열할 수 있으며 그 예가 그림 16-36(b)의 델터형 배열과 일자형 배열이다.

♣ 연습 문제 ♣

16-1 가동-코일 형 직류 계측기의 원리에 대해 설명하라.

16-2 암미터, 볼트미터, 옴미터의 구조상 차이점을 설명하라.

16-3 오실로스코프에서 수평 편향판에 인가되는 소인 전압의 역할은 무엇인가?

16-4 브리지 회로의 평형에 대해 설명하라.

16-5 주변에 있는 여러 가지 센서들에 대해 알아보아라.

16-6 차동 변압기의 특징은 무엇인가?

16-7 촬상관의 기본 원리는 무엇인가?

♣부록♣

A 오일러 공식

일반적인 함수를 급수로 전개할 수 있으며 지수 함수와 정현 및 여현 함수의 급수 전개는 각각 다음과 같다.

$$e^x = 1 + \frac{x}{1!} + \frac{x^2}{2!} + \frac{x^3}{3!} + \cdots + \frac{x^n}{n!} + \cdots \quad \textbf{[A.1]}$$

$$\sin x = \frac{x}{1!} - \frac{x^3}{3!} + \frac{x^5}{5!} - \frac{x^7}{7!} + \cdots + (-1)^n \frac{x^{2n+1}}{(2n+1)!} + \cdots \quad \textbf{[A.2]}$$

$$\cos x = 1 - \frac{x^2}{2!} + \frac{x^4}{4!} - \frac{x^6}{6!} + \cdots + (-1)^n \frac{x^{2n}}{(2n)!} + \cdots \quad \textbf{[A.3]}$$

따라서 지수 함수의 지수가 $x=j\theta$와 같이 허수일 경우는 식 [A.1]의 급수는 다음과 같이 표현된다.

$$\begin{aligned} e^{j\theta} &= 1 + \frac{j\theta}{1!} + \frac{(j\theta)^2}{2!} + \frac{(j\theta)^3}{3!} + \cdots + \frac{(j\theta)^n}{n!} + \cdots \\ &= \left[1 - \frac{\theta^2}{2!} + \frac{\theta^4}{4!} - \frac{\theta^6}{6!} + \cdots + (-1)^n \frac{\theta^{2n}}{(2n)!} + \cdots\right] \\ &\quad + j\left[\frac{\theta}{1!} - \frac{\theta^3}{3!} + \frac{\theta^5}{5!} - \frac{\theta^7}{7!} + \cdots + (-1)^n \frac{\theta^{2n+1}}{(2n+1)!} + \cdots\right] \end{aligned} \quad \textbf{[A.4]}$$

위의 식 [A.2]와 [A.3]을 이용하면 식 [A.4]로부터 다음의 관계를 얻을 수 있다.

$$e^{j\theta} = \cos\theta + j\sin\theta \quad \textbf{[A.5]}$$

B 전파의 분류와 응용

▶그림 B

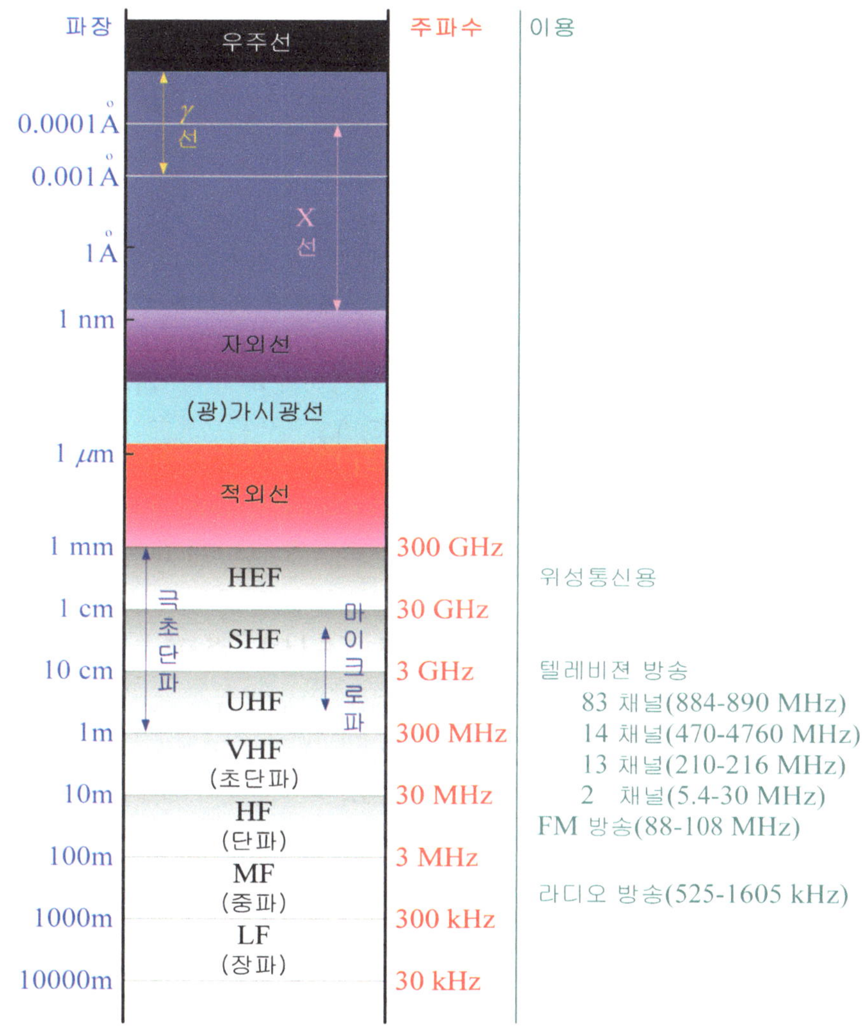

C 밀러 정리

그림 13-6의 (a)에서 마디 1의 전압 V_1과 마디 2의 전압 V_2의 비를 $K=V_2/V_1$으로 정의한다. 마디 1으로부터 흘러 나가는 전류 I_1을 구하면

$$I_1 = \frac{V_1 - V_2}{Z} = \frac{V_1(1-K)}{Z} = \frac{V_1}{Z/(1-K)} = \frac{V_1}{Z_1} \quad \text{[C.1]}$$

$$Z_1 \equiv \frac{Z}{1-K} \quad \text{[C.2]}$$

따라서 그림 13-6 (a)와 (b)는 마디 1으로부터 흘러 나가는 전류 I_1이 서로 같다. 마찬가지 방법으로 그림 13-6(a)에서 마디 2로부터 흘러 나가는 전류 I_2를 구해보면 다음과 같다.

$$I_2 = \frac{V_2 - V_1}{Z} = \frac{V_2(1-1/K)}{Z} = \frac{V_2}{Z[K/(K-1)]} = \frac{V_2}{Z_2} \quad \text{[C.3]}$$

$$Z_2 \equiv \left(\frac{K}{K-1}\right)Z \quad \text{[C.4]}$$

따라서 그림 13-6의 (a)와 (b)에서 마디 2로부터 흘러 나가는 전류 I_2는 같다. 이상으로 그림 13-6의 (a)와 (b)는 서로 등가이다.

D 14장의 식 [5]의 증명

그림 14-10(b)에서 출력 전압 $\mathbf{V}_o$에 의한 입력 전압 $\mathbf{V}_i$는 $R_i >> \mathbf{Z}_1$이므로

$$\mathbf{V}_i = \frac{\mathbf{Z}_1}{\mathbf{Z}_1 + \mathbf{Z}_3}\mathbf{V}_o \quad \text{[D.1]}$$

따라서 $\mathbf{V}_o$에 의해 출력에 다시 나타나는 $\mathbf{V}_o'$는

$$\begin{aligned}\mathbf{V}_o' &= -A\mathbf{V}_i \times \frac{(\mathbf{Z}_1+\mathbf{Z}_3)\|\mathbf{Z}_2}{R_o + (\mathbf{Z}_1+\mathbf{Z}_3)\|\mathbf{Z}_2} \\ &= -\frac{A\mathbf{Z}_1}{\mathbf{Z}_1+\mathbf{Z}_3}\mathbf{V}_o \times \frac{\mathbf{Z}_2(\mathbf{Z}_1+\mathbf{Z}_3)}{R_o(\mathbf{Z}_1+\mathbf{Z}_2+\mathbf{Z}_3)+\mathbf{Z}_1\mathbf{Z}_2+\mathbf{Z}_2\mathbf{Z}_3} \\ &= -\frac{A\mathbf{Z}_1\mathbf{Z}_2}{R_o(\mathbf{Z}_1+\mathbf{Z}_2+\mathbf{Z}_3)+\mathbf{Z}_2(\mathbf{Z}_1+\mathbf{Z}_3)}\mathbf{V}_o\end{aligned} \quad \text{[D.2]}$$

위의 식으로부터 루프 이득은 다음과 같이 주어진다.

$$\mathbf{T}(f) = \frac{\mathbf{V}_o'}{\mathbf{V}_o} = -\frac{A\mathbf{Z}_1\mathbf{Z}_2}{R_o(\mathbf{Z}_1+\mathbf{Z}_2+\mathbf{Z}_3)+\mathbf{Z}_2(\mathbf{Z}_1+\mathbf{Z}_3)} \quad \text{[D.3]}$$

E 그림 12-17의 증명(드레인-공통)

그림 12-17의 (b)와 (c)를 옮겨 그린 것이 다음 그림 E의 (a)와 (b)이다. 두 회로의 출력 저항은 v_{gd}=0인 상태에서의 $r_o=v_{sd}/i_s$이며 v_{gd}=0이므로 $v_{sd}=v_{gd}-v_{gs}=-v_{gs}$를 만족한다. 따라서 그림 (a)에서는

$$i_s\big|_{v_{gd}=0} = -g_m v_{gs} = g_m v_{sd} \qquad \textbf{[E.1]}$$

이므로 출력 저항 r_o는 다음과 같다.

$$r_o = v_{sd}/i_s = 1/g_m \qquad \textbf{[E.2]}$$

따라서 그림 (a)와 (b)는 입력단과 출력단에 대해 서로 등가이다.

▶그림 E

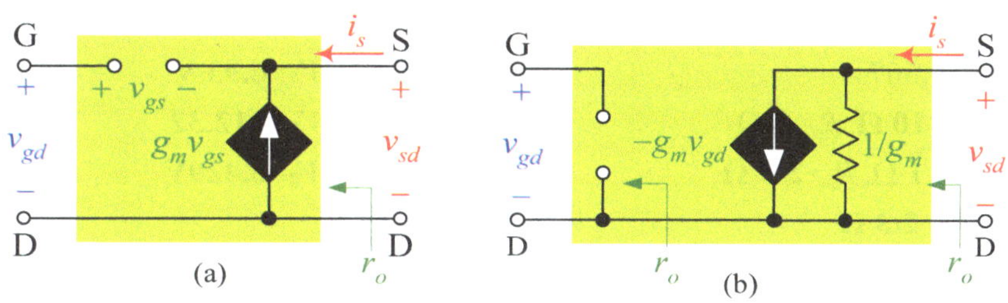

F 그림 12-18의 증명(게이트-공통)

그림 12-18의 (b)와 (c)를 옮겨 그린 것이 다음 그림 F의 (a)와 (b)이다. 그림 (a)에서 $v_{sg}=-v_{gs}$이며 $i_s=-g_m v_{gs}=g_m v_{sg}$이므로 입력 저항 $r_i=v_{sg}/i_s$는

$$r_i = 1/g_m$$

이다. 따라서 그림 F의 (a)와 (b)는 입력단에 대해 서로 등가이다. 다음으로 그림 (a)의 출력 전류가 $g_m v_{gs}$이며 그림 (b)의 출력 전류 역시 $-g_m v_{sg}=g_m v_{gs}$이다. 따라서 그림 (a)와 (b)는 출력단에 대해서도 서로 등가이다.

▶그림 F

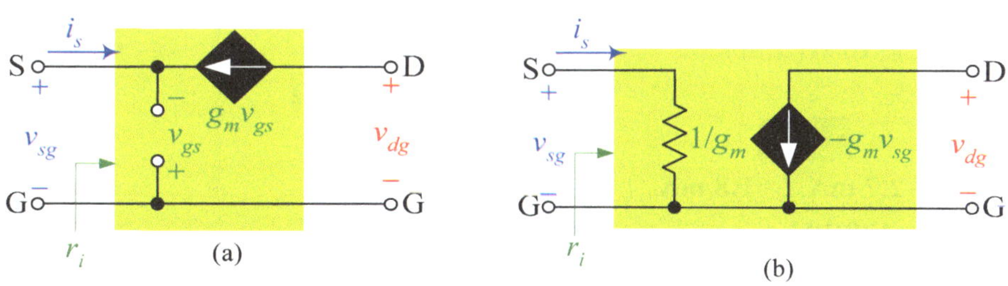

♣선별된 문제의 해답♣

1 장

1-1. **2 kΩ**

1-2. (a) $\mathbf{7R/3}$ (b) **6.25 kΩ**

1-3. V_1=**8 V**, V_2=**2 V**

1-4. (a) R_x=**10 kΩ**
(b) R_x=**330 Ω**
(c) R_x=**6.795 kΩ**

1-5. I=**6.667 A**

1-6. R_x=**10 Ω**, R_y=**5 Ω**

1-7. R_2=**1 Ω**, R_3=**2/3 Ω**,
R_4=**2/3 Ω**

1-8. R_x=**3 Ω**, v_x=**3 V**

1-9. v=**−37.3 V**

1-10. (a) V=**0 V**, V=**20 V**

1-11. (a) I=**0 A**, I=**2 A**

1-12. P=**200 W**

1-13. P=**1.25 W**

1-14.
(a) P_{10V}=**−0.05 W**(공급)
P_{5V}=**0.025 W**(소비)
P_R=**0.025 W**(소비)
(b) P_{2A}=**−20 W**(공급)
P_{1A}=**10 W**(소비)
P_R=**10 W**(소비)

2 장

2-1. I_1=**2.7 mA**, I_2=**1.8 mA**

2-2. V_A=**128/19 V**

2-3. V=**1.091 V**

2-4. I_1=**0.67 mA**,
I_2=**1.33 mA**,
V=**−16.5 V**

2-5. V=**1.091 V**

2-6. (a) I=**1.807 A**,
(b) I=**−1.2 mA**,

2-7. (a) V_1=**2.67 V**
(b) V_1=**18.14 V**, V_2=**6.93 V**
(c) V_1=**17.14 V**, V_2=**−12.32**
(d) V_1=**0.143 V**, V_2=**0.429V**

2-8. V_1=**5.415 V**,
V_2=**3.242 V**

2-9. (a) v_{op}=**3 V**, i_{sh}=**3 A**,
R_{eq}=**1 Ω**
(b) v_{op}=**−2 V**,
i_{sh}=**−0.421 A**,
R_{eq}=**4.75 Ω**

2-11. (a) v_{op}=**3 V**
(b) v_{op}=**−2 V**

2-13. (a) R_L=**1 Ω**
(b) R_L=**4.75 Ω**

2-14. (a) $P_{L(max)}$=**2.25 W**
(b) $P_{L(max)}$=**0.21 W**

2-15. (a) R_{eq}=**1 Ω**
(b) R_{eq}=**4.75 Ω**

3 장

3-2. $Q=10^{-5}$ **[C]**

3-3. (a) C=**8.85 pF**
(b) C=**203.6 pF**

3-4. (a) $E=10^5$ **[V/m]**
(b) C=**265.5 pF**

3-7. $A=0.0056\ \mathrm{m}^2$

3-8. **20 μF**

3-9. (a) **10 μF** (b) **1.6 μF**

3-10. $W_C=2.88\times10^{-4}$ **[J]**

3-11. 결합전; W_C=**0.05 [J]**
결합후; W_C=**0.033 [J]**

3-12. (a) **0.857 μF** (b) **2 μF**
(c) **1.97 pF** (d) **2.3 μF**

3-13. $0\le t<1$; **50 μA**
$1\le t<2$; **0 μA**
$2\le t<3$; **−50 μA**
$3\le t<4$; **50 μA**
$4\le t<5$; **−50 μA**

3-17. (a) **10 mH** (b) **6.1 mH**
(c) **4.8 mH** (d) **20 mH**

3-18. (a) **2.86 H** (b) **6 H**
(c) **6 mH** (d) **5 mH**

3-19. $W_L=10^{-4}$ **[J]**

4 장

4-1.(a) $v = Ri_s + L\dfrac{di_s}{dt}$

(b) $\dfrac{dv}{dt} = R\dfrac{di_s}{dt} + \dfrac{1}{C}i_s$

4-2. $i = 10^{-2}(1 - e^{-10^6 t})$

4-3. i=**0.1e^{-100t}**

4-4.(a) $i_R(0)=i_s(0)-i_L(0)$=**0.5**

(b) $v(0)=Ri_R(0)$=**50 V**

(c) $v(t)$=**50(1−e^{-1000t})**

4-5. $v = 0.1 - 0.05e^{-10^4 t}$

4-7. (a) $\dfrac{1}{p^2LC + pRC + 1}$

(b) $\dfrac{pRL}{p^2RLC + pL + R}$

(c) $\dfrac{pR_1R_2C + R_1}{p(R_1 + R_2)C + 1}$

(d) $\dfrac{pL}{p^2RLC + pL + R}$

4-8. (a) τ=**10 s** (b) τ=**1 ms**

(c) τ=**25 ms**

4-9. (a) τ=**11/30 ms**

(b) τ=**0.4 ms**

4-10. (a) v=**1 V** (b) v=**10 V**

(c) i=**2 A** (d) i=**1 A**

(e) i=**1 mA**

4-11.

(a) τ=**1 ms** (b) $v(\infty)$=**10 V**

(c) $v_C(t)$=**5(2−e^{-1000t}) V**

4-12.

(a) τ=**2 s** (b) $v(\infty)$=**2 V**

(c) $v_C(t)$=**2−$e^{-0.5t}$ V**

4-13.

(a) τ=**10^{-6} s** (b) $i_L(\infty)$=**5 mA**

(c) i_L=**5−2.5exp(−10^6t) mA**

4-14. (a) τ=**1 ms** (b) $i_L(\infty)$=**1 A**

(c) i_L=**1−0.5e^{-1000t} A**

4-15. v_C=**10 V**

4-16. v_C=**10(1−e^{-1000t}) V**

4-17. v_C=**2 V**

4-18. v_C=**2(1−$e^{-0.5t}$) V**

4-19. i_L=**5 mA**

4-20. i_L=**5[1−exp(−10^6t)]mA**

4-21. i_L=**1 A**

4-22. i_L=**1−e^{-1000t} A**

5 장

5-2. f=**200 Hz**

5-6. (a) $\mathbf{V} = 155\angle -45°$

(b) $\mathbf{V} = 5\angle -40°$

(c) $\mathbf{I} = 15.73\angle -4.1°$

(d) $\mathbf{I} = 271.6\angle -6.5°$

5-7. (a) $5.66\angle 45°$

(b) $5\angle 53.1°$

(c) $2.83\angle 45°$

(d) $5.83\angle -31°$

5-8. (a) **120.35+j440**

(b) **−227−j17**

(c) **2.75+j2.25**

(d) **−0.6+j0.3**

(e) **1.25**

5-9. (a) **1.59 kΩ**

(b) **0.159 Ω**

5-10. (a) **0.628 Ω**

(b) **6.28 kΩ**

5-11. (a) **265 Ω**

(b) **377.4 mA**

5-12. (a) **75.4 Ω**

(b) **2.65 A**

5-13.

(a) $\mathbf{Z} = 62.62\angle 37°\,\Omega$

$|\mathbf{Z}| = 62.62\,\Omega$

(b) $\mathbf{Z} = 269.7\angle -79°\,\Omega$

$|\mathbf{Z}| = 269.7\,\Omega$

(c) $\mathbf{Z} = 232.7\angle -77.6°\,\Omega$

$|\mathbf{Z}| = 232.7\,\Omega$

5-14.

(a) **1.6 A**; 전류는 전압보다 위상이 **37**도 뒤진다.

(b) **0.37 A**; 전류는 전압보다 위상이 **79** 도 앞선다.

(c) **0.43 A**; 전류는 전압보다 위상이 **77.6** 도 앞선다.

5-15.

(a) $\mathbf{Z} = 47.7\angle -17.5°\,\Omega$

$|\mathbf{Z}| = 47.7\,\Omega$

(b) $\mathbf{Z} = 39\angle 38.5°\,\Omega$

$|\mathbf{Z}| = 39\,\Omega$

(c) $\mathbf{Z} = 45\angle 25.7°\,\Omega$

$|\mathbf{Z}| = 45\,\Omega$

5-16.

(a) **2.1 A**; 전류는 전압보다 위상이 **17.5** 도 앞선다.

(b) **2.56 A**; 전류는 전압보다 위상이 **38.5** 도 뒤진다.

(c) **2.22 A**; 전류는 전압보다 위상이 **25.7** 도 뒤진다.

5-17. $\mathbf{I}_1 = 7.07\angle -90°$
$\mathbf{I}_2 = 7.07\angle 0°$

5-18.
(a) $H(p)=p+1000$
$v=1005\cos(100t+5.7°)$
(b) $H(p)=10^{-6}(p+1000)$
$v=1.005\times10^{-2}\cos(100t+35.7°)$
(c) $H(p)=\dfrac{3\times10^{-2}p+10}{6\times10^{-3}p+1}$
$v=9.7\cos(50t-8.2°)$
(d) $H(p)=\dfrac{10^{-5}p}{1.6\times10^{-3}p+1}$
$i=1.97\times10^{-3}\cos(100t+36°)$
(e) $H(p)=\dfrac{0.05p+25}{0.01p+10}$
$v=2.54\sin(100t+5.6°)$
(f) $H(p)=\dfrac{1}{2p+2000}$
$i=2.49\times10^{-3}\sin(100t+4.3°)$

5-19.(a) pf=**0.995**, P_{av}=**1kW**
(b) pf=**0.995**, P_{av}=**1 W**
(c) pf=**0.99**, P_{av}=**9.6 W**
(d) pf=**0.156**,
P_{av}=**6.16×10^{-4} W**

5-20. f_o=**225 HZ**
Q 직렬=**7.07**
B=**31.8 Hz**

5-21. f_o=**1591 HZ**
Q 병렬=**200**
B=**8 Hz**

6 장

6-3.
(a) f_c=**159 HZ**
(b) $|\mathbf{H}(j0.1\omega_c)|$=**0.995**
$|\mathbf{H}(j10\omega_c)|$=**0.0995**
(c) $|\mathbf{H}(j0.5\omega_c)|$=**0.988**
$|\mathbf{H}(j2\omega_c)|$=**0.45**

6-4. R=**637 Ω**

6-5. f_c=**95 HZ**

6-6. f_c=**159 kHZ**

6-7. (a) f_c=**1.59 kHZ**
(b) $|\mathbf{H}(j0.1\omega_c)|$=**0.1**
$|\mathbf{H}(j10\omega_c)|$=**0.995**
(c) $|\mathbf{H}(j0.5\omega_c)|$=**0.49**
$|\mathbf{H}(j2\omega_c)|$=**0.894**

6-8. R=**10.6 kΩ**

6-9. R=**942 Ω**

6-11.

(a) $|\mathbf{H}(j\omega)|=\begin{cases}0, \omega=0\\1/3, \omega=\infty\end{cases}$

∴ **HPF**
τ=**1.5×10^{-2} s**
f_c=**10.6 HZ**

(b) $|\mathbf{H}(j\omega)|=\begin{cases}2/3, \omega=0\\0, \omega=\infty\end{cases}$

∴ **LPF**
τ=**3.33×10^{-3} s**
f_c=**47.8 HZ**

(c) $|\mathbf{H}(j\omega)|=\begin{cases}0, \omega=0\\1/3, \omega=\infty\end{cases}$

∴ **HPF**
τ=**3×10^{-6} s**
f_c=**53 kHZ**

6-12.
(a) f_o=**318 HZ**
Q 직렬=**25**, B=**12.7 Hz**
(b) Q 직렬=**12.5**, B=**25.4 Hz**
(c) Q 직렬=**50**, B=**6.35 Hz**

6-13.
(a) f_o=**1591 HZ**
Q 병렬=**100**, B=**15.9 Hz**
(b) Q 병렬=**200**, B=**8 Hz**
(c) Q 병렬=**50**, B=**31.8 Hz**

6-14.
(a) f_o=**9.2 kHZ**
Q 직렬=**5.8**, B=**1.59 kHz**

6-15.
(a)

$$|\mathbf{H}(j\omega)|=\begin{cases}0, & \omega=0\\ \dfrac{R_2}{R_1+R_2}, & \omega=\omega_o\\ 0, & \omega=\infty\end{cases}$$

∴ **BPF**

$$Q_{직렬}=\frac{1}{R_1+R_2}\sqrt{\frac{L}{C}}$$

$$B=\frac{R_1+R_2}{L}$$

(b)

$$|\mathbf{H}(j\omega)|=\begin{cases}0, & \omega=0\\ \dfrac{R_2}{R_1+R_2}, & \omega=\omega_o\\ 0, & \omega=\infty\end{cases}$$

∴ **BPF**

$$Q_{병렬}=\frac{R_1R_2}{R_1+R_2}\sqrt{\frac{L}{C}}$$

$$B=\frac{R_1+R_2}{CR_1R_2}$$

(c)

$$|\mathbf{H}(j\omega)|=\begin{cases}1, & \omega=0\\ \dfrac{R_2}{R_1+R_2}, & \omega=\omega_o\\ 1, & \omega=\infty\end{cases}$$

∴ **BSF**

$$Q_{병렬}=\frac{R_1R_2}{R_1+R_2}\sqrt{\frac{L}{C}}$$

$$B=\frac{R_1+R_2}{CR_1R_2}$$

9 장

9-21. i_D=**4.3 mA**

9-22. (a) i_D=**4.5 mA**

(b) i_D=**4.2 mA**

10 장

10-3.

(a) 전류가 흐르지 않는다.

(b) I_D=**10 mA**

(c) I_D=**1 mA**

(d) I_D=**3.75 mA**

(e) I_D=**1 mA**

10-4. (a) r_d=**260 Ω**

(b) r_d=**26 Ω**

(c) r_d=**2.6 Ω**

10-5. V_{DC}=**31.8 V**

10-7.

(a) 양의 반주기만 나온다.

(b) 음의 반주기만 나온다.

10-9. V_{DC}=**63.6 V**

10-13. V_p=**20 V**

(a) r=**2.4%**

(b) V_{DC}=**19.2 V**

11 장

11-8. β=**99**

I_C=**0.99 mA**

11-12. $I_{C(\max)}$=**50 mA**

11-13. I_B=**0.148 mA**

I_C=**14.8 mA**

V_{CE}=**9.45 V**

11-14. $I_{C(\max)}$=**40 mA**

11-15. I_B=**0.1 mA**

$I_{C(\max)}$=**10 mA**

I_C=**20 mA**>$I_{C(\max)}$

따라서 I_C=**10 mA**

11-18. (a) I_{BQ}=**85.2 μA**

I_{CQ}=**10.2 mA**

I_{EQ}=**10.29 mA**

(b) r_π=**305 Ω**

(c) A_v=**−160**

11-19. A_v=**−1.8**

11-20. (a) I_{BQ}=**0.43 mA**

I_{CQ}=**30.1 mA**

I_{EQ}=**30.5 mA**

(b) r_π=**60.5 Ω**

(c) A_v=**−208**

11-21. A_v=**−1.3**

11-23. I_{BQ}=**27 μA**

I_{CQ}=**2.7 mA**

I_{EQ}=**2.73 mA**

V_{CEQ}=**3 V**

11-24.

β=50 일 때;

I_{BQ}=**49.2 μA**

I_{CQ}=**2.5 mA**

I_{EQ}=**2.51 mA**

V_{CEQ}=**3.25 V**

β=200 일 때;

I_{BQ}=**14.2 μA**

I_{CQ}=**2.8 mA**

I_{EQ}=**2.85 mA**

V_{CEQ}=**2.92 V**

11-25. I_{BQ}=**14.3 μA**

I_{CQ}=**1.29 mA**

I_{EQ}=**1.3 mA**

11-26. I_{BQ}=**0.11 μA**

I_{CQ}=**11 mA**

I_{EQ}=**11.1 mA**

V_{CEQ}=**5.84 V**

11-27. I_{BQ}=**0.12 mA**

I_{CQ}=**12 mA**

I_{EQ}=**12.1 mA**

V_{CEQ}=**12.74 V**

11-28. I_{BQ}=**48.2 μA**

I_{CQ}=**4.82 mA**

I_{EQ}=**4.87 mA**

V_{CEQ}=**2.45 V**

11-29. I_{BQ}=**18.2 μA**

I_{CQ}=**2.73 mA**

I_{EQ}=**2.75 mA**

V_{CEQ}=**1.22 V**

11-30. I_{BQ}=**55.7 μA**

I_{CQ}=**2.79 mA**

I_{EQ}=**2.84 mA**

V_{CEQ}=**14.4 V**

11-31. I_{BQ}=**21.4 μA**
I_{CQ}=**2.14 mA**
I_{EQ}=**2.16 mA**
V_{CEQ}=**7.75 V**

12 장

12-2. A_v=**−80**
12-3. (a) I_{BQ}=**18.7 μA**
I_{CQ}=**1.85 mA**
I_{EQ}=**1.87 mA**
r_π=**1.4 kΩ**
(b) A_v=**−156**
A_i=**−99**
12-4. (a) I_{BQ}=**33 μA**
I_{CQ}=**2.61 mA**
I_{EQ}=**2.64 mA**
r_π=**788 Ω**
(b) A_v=**−331**
A_i=**−79**
12-6. (a) I_{BQ}=**4.32 μA**
I_{CQ}=**0.56 mA**
I_{EQ}=**0.562 mA**
r_π=**6 kΩ**
(b) A_v≈**1**, A_i=**130**
R_i=**15.7 MΩ**
12-7. (a) I_{BQ}=**20 μA**
I_{CQ}=**1.78 mA**
I_{EQ}=**1.8 mA**
r_π=**1.3 kΩ**
(b) A_v=**−226**, A_i=**0.99**
R_i=**14.4 Ω**
12-8. A_v=**−3.3**
12-9. A_v=**−40**, A_i=**−40**
12-10. 문제 12-2 와 동일.
12-11. A_v=**−78**, A_i=**−49.5**
12-12. 문제 12-3 과 동일.
12-13. A_v=**−213.5**, A_i=**−28**
12-14. A_v=**−601.5**, A_i=**−79**
12-15. A_v=**0.96**, A_i=**118**
12-16. A_v=**−152**, A_i=**0.32**
12-17. A_v=**−1.94**
12-19.
(a) $I_{BQ2}=I_{BQ1}$=**10.3 μA**
$I_{CQ2}=I_{CQ1}$=**1.55 mA**
$I_{EQ2}=I_{EQ1}$=**1.56 mA**
(b) $r_{\pi1}=r_{\pi2}$=**2.52 kΩ**
(c) A_v=**11,250**
12-20.
(a) $I_{BQ2}=I_{BQ1}$=**12.6 μA**
$I_{CQ2}=I_{CQ1}$=**2.2 mA**
$I_{EQ2}=I_{EQ1}$=**2.22 mA**
(b) $r_{\pi1}=r_{\pi2}$=**2.06 kΩ**
(c) A_v=**16,454**
12-21. A_v=**29585**
12-22. A_v=**33991**
12-23. A_v=**150**
12-24. A_v=**10^6**
12-26. (a) C=**0.025 μF**
(b) $Q_{병렬}$=**796**
B=**1.26 kHz**
$A_{v(\max)}$=**500**
12-27. T_r=**1.22**
12-35. (a) A_v=**−15**
(b) A_v=**−21.3**
12-36. (a) A_v=**11**
(b) A_v=**101**

13 장

13-6. (a) f_L=**98 Hz**
(b) f_H=**3.09 MHz**
(c) A_{mid}=**21**
(b) GBW=**65×10^6**
13-7. C_{in}을 두 배로 한다.
13-6. f_H=**20.5 MHz**
13-9. (a) f_L=**10.6 Hz**
(b) f_H=**635 kHz**
(c) A_{mid}=**16.7**
(b) GBW=**1.06×10^7**
13-11. C_{out}를 두 배로 한다.
13-15. $\dfrac{A}{1+\beta A} \cong \dfrac{A}{\beta A} = \dfrac{1}{\beta}$
13-17. A=**200**
13-18. β=**0.0933**

14 장

14-11. f_o=**174.4 kHz**
14-12. f_o=**937 kHz**
14-14. f_o=**411 Hz**
14-15. f_o=**205.5 kHz**
14-26.

$$v_C(t) = -V_f e^{-t/\tau} + V_{\max}(1 - e^{-t/\tau})$$ 위

$$v_C(T) = V_f = \frac{R_3}{R_2 + R_3} V_{\max}$$

의 두 식을 풀면 된다.
14-30. f_o=**2.55 MHz**

15 장

15-1. (a) $\dfrac{18}{p^2 + 12p + 54}$

(b) $\dfrac{3}{p^3 + 4p^2 + 3p + 3}$

(c)

$$\frac{p^2+5p+6}{p^4+16p^3+90p^2+199p+126}$$

15-2. (a) $\dfrac{6p+18}{p^2+18p+54}$

(b) $\dfrac{6p+18}{p^2+9p+32}$

15-3. (a) $c=1-3e^{-2t}+2e^{-3t}$

(b) $c=1-e^{-2t}-2te^{-2t}$

15-6.

$$\frac{\omega_1}{T}=\frac{p}{(N_1/N_2)^2K_1}+\frac{1}{(N_1/N_2)^2D_1}+\frac{1}{(N_1N_3/N_2N_4)^2D_2}$$

15-7. (b) $\dfrac{\theta}{\theta_r}=\dfrac{10}{p^2+30p+10}$

15-8.

$$\theta=1+0.0116e^{-29.66t}-1.0116e^{-0.34t}$$
$$\cong 1-e^{-0.34t}$$

15-9.

$$\frac{1666}{p^3+2.667p^2+1.667p+1666}$$

찾아보기

ㄱ

ㄴ

ㄷ

ㅈ

ㅊ

전기전자공학 길라잡이

2014년 02월 20일 초판 인쇄

2024년 02월 28일 6 쇄 발행

저　　자　신윤기

발 행 인　송기수

발 행 처　**도서출판 GS인터비전**

편 집 처　**도서출판 GS인터비전**

인 쇄 처　트윈벨미디어

등록번호　제 25100-2016-000050 호

I S B N　979-11-5576-020-8(93560)

주　　소　서울시 은평구 증산로15길 69 2층

전　　화　02-976-7898

팩　　스　02-6468-7898

홈페이지　gsintervision.kr

E-Mail　gsinter7@gmail.com

정가　40,000원